Gert Zülch / Patricia Stock (Hrsg.)

Integrationsaspekte der Simulation: Technik, Organisation und Personal

Karlsruhe, 7. und 8. Oktober 2010

Integration Aspects of Simulation: Equipment, Organization and Personnel

Karlsruhe, 7th and 8th October 2010

Die ASIM-Fachtagung „Simulation in Produktion und Logistik“ ist die regelmäßige Tagung der Fachgruppe „Simulation in Produktion und Logistik“ der Arbeitsgemeinschaft Simulation (ASIM). Die ASIM ist zugleich der Fachausschuss 4.5 der Gesellschaft für Informatik (GI).

Dieses Buch ist registriert als ASIM-Mitteilung Nr. AM 131.

Programm Commitee

asim

KIT
Karlsruher Institut für Technologie

ifab
Institut für Arbeitswissenschaft
und Betriebsorganisation

Integrationsaspekte der Simulation: Technik, Organisation und Personal

Karlsruhe, 7. und 8. Oktober 2010

Integration Aspects of Simulation: Equipment, Organization and Personnel

Karlsruhe, 7th and 8th October 2010

Gert Zülch
Patricia Stock
(Hrsg.)

KIT Scientific Publishing

Impressum

Karlsruher Institut für Technologie (KIT)
KIT Scientific Publishing
Straße am Forum 2
D-76131 Karlsruhe
www.ksp.kit.edu

KIT – Universität des Landes Baden-Württemberg und
nationales Forschungszentrum in der Helmholtz-Gemeinschaft

KIT Scientific Publishing 2010
Print on Demand

ISBN 978-3-86644-558-1

Integrationsaspekte der Simulation:
Technik, Organisation und Personal
Gert Zülch & Patricia Stock (Hrsg.)
Karlsruhe, KIT Scientific Publishing 2010

Vorwort

Die Entwicklung von Simulationsmethoden und -verfahren und deren Anwendung in betrieblichen Planungsprojekten stellt immer wieder neue Anforderungen. Diese richten sich nicht nur an die Entwickler von Simulationswerkzeugen, sondern sie stellen auch eine Herausforderung an die Nutzer dar: Die Modellierung technisch-organisatorischer Systeme verlangt vor dem Hintergrund, dass immer wieder neue Ziele zur Bewertung von Planungslösungen angeführt werden, ein hohes Maß an das Abstraktions- und Formalisierungsvermögen in Bezug auf die Bereitstellung der notwendigen Daten zur Bewertung der Zielerreichung. Hinzu kommt die steigende Komplexität der Fragestellungen, denen sich Simulationsexperten gegenüber gestellt sehen. Dies resultiert sowohl aus dem Umfang der zu bewältigenden Daten als auch der Vernetzung der durch sie charakterisierten Simulationsobjekte. In vielfältiger Weise ergeben sich dabei Verknüpfungen und Abhängigkeiten zwischen diesen Objekten und erfordern deren Integration in die Methoden und Verfahren der Simulation.

Dies wird besonders deutlich im Bereich der Automobilindustrie, wo unterschiedlichste technische, organisatorische und personalbezogene Aspekte in Simulationsmodelle zu integrieren sind. Insbesondere ist dies dann der Fall, wenn mit Werkzeugen der Digitalen Fabrik komplexe Investitionsvorhaben mit Hilfe der Simulation auf ihre Zielerreichung hin überprüft und Entscheidungen dadurch abgesichert werden sollen. Die Planung von Logistiksystemen liefert weitere Beispiele zur Bewältigung der Komplexität auf dem Wege der Integration verschiedenartigster Lager- und Transportsysteme mit ihrer weiten Bandbreite an technischen Möglichkeiten und organisatorischen Strategien. Schließlich erfordert die Bauindustrie die Integration von Aspekten in Bezug auf Raum, Material, Betriebsmittel und Personal. Diese Anforderungen haben letztendlich auch Auswirkungen auf die informationstechnische Realisierung. Hier sind vor allem agentenbasierte Simulationsverfahren und verteilte Simulationssysteme als Wege aufzuführen, mit denen die steigende Komplexität der Fragestellungen bewältigt werden soll.

Die Integration technischer, organisatorischer und personalorientierter Aspekte in Simulationsverfahren ist daher das Leitthema der 14. Fachtagung der Arbeitsgemeinschaft Simulation (ASIM) innerhalb der Gesellschaft für Informatik (GI). Ausrichter dieser im zweijährigen Rhythmus stattfindenden Fachtagung war im Oktober 2010 das Karlsruher Institut für Technologie (KIT). Unter dieser Bezeichnung waren im Jahr 2009 die Universität Karlsruhe des Landes Baden-Württemberg und das nationale Forschungszentrum Karlsruhe in der Helmholtz-Gemeinschaft zusammengefasst worden. Das im Universitätsbereich des KIT beheimatete Institut für Arbeitswissenschaft und Betriebsorganisation (ifab) war federführend bei der

Ausrichtung dieser Fachtagung. In Anbetracht ihrer Bandbreite richtete sie sich nicht nur an Forscher, Entwickler und Nutzer der Simulation im deutschsprachigen Raum, sondern fand darüber hinaus – ebenso wie vorhergehende Fachtagungen – auch bei Experten aus dem europäischen Ausland Anklang. Der vorliegende Tagungsband gibt somit einen vertiefenden Einblick in neue Entwicklungen und Beispiele guter Praxis der Simulation über den deutschsprachigen Raum hinaus.

The development of simulation methods and procedures and their application in operational planning projects always represent new requirements. These are directed not only towards the developers of simulation tools, but also to the users: Given the steady introduction of new objectives for the evaluation of planning solutions, the modelling of technical and organizational systems requires a high level of abstraction and formalization in terms of providing the necessary data to assess the achievement of objectives. In addition to this, simulation experts are facing an increasing complexity of the issues. This concerns the amount of data to be handled, but also the networking of simulation objects characterized by them. In many ways, this brings about linkages and dependencies between these objects and their integration into the methods and procedures of simulation.

This is particularly clear in the scope of the automotive industry, where various technical, organizational and personnel issues have to be integrated into simulation models. Especially in case when complex investments are to be checked with tools of the digital factory in terms of their goal achievement and related decisions are to be secured thereby. The planning of logistics systems provides further examples to address the complexity in the process of integrating most varied storage and transport systems with their wide range of technical possibilities and organizational strategies. Finally, the construction industry demands the integration of aspects in terms of space, supplies, equipment, and personnel. These requirements ultimately have an impact on information technology implementation. Here, above all, agent-based simulation methods and distributed simulation systems shall be listed as ways in which the increasing complexity of the issues can be addressed.

The integration of technical, organizational and personnel-centred aspects into comprehensive simulation methods is therefore the main theme of the 14th ASIM Dedicated Conference on Simulation. The organizer of this bi-annual conference held in October 2010, was the Karlsruhe Institute of Technology (KIT). Under this umbrella the University of Karlsruhe of the federal state of Baden-Wuerttemberg and the National Laboratory Karlsruhe of the Helmholtz Association have been merged in 2009. As part of the university area of the KIT, the ifab-Institute of Human and Industrial Engineering was in charge for organizing this conference. In view of its bandwidth the conference aimed not only at researchers, developers and users of simulation in the German speaking countries, but – as previous conferences – even received experts from other European countries. Thus, these proceedings offer a deeper insight into new developments and examples of good practice of simulation beyond the German speaking countries.

Karlsruhe, September 2010

Prof. Dr.-Ing. Dipl.-Wirtsch.-Ing.
Gert Zülch

Contents

LOGISTIKSYSTEME UND -STRATEGIEN
LOGISTIC SYSTEMS AND STRATEGIES

KOMMISSIONIERTECHNIK
WAREHOUSING AND ORDER PICKING

TRANSPORTSYSTEME
CONVEYING SYSTEMS

Integrationsaspekte der Simulation:
Technik, Organisation und Personal
Gert Zülch & Patricia Stock (Hrsg.)
Karlsruhe, KIT Scientific Publishing 2010

Stand und Entwicklungstendenzen der personalorientierten Simulation

Status and development trends of human-centred simulation

Gert Zülch
Institut für Arbeitswissenschaft und Betriebsorganisation (ifab),
Karlsruher Institut für Technologie (KIT), Karlsruhe (Germany)
gert.zuelch@kit.edu

Abstract: Human-centred simulation activities carried out in Germany are based on publications from the 1980s. Twenty years later, the VDI (Association of German Engineers) published a new part for one of its guidelines providing a summary of the status of development, and grouping the different methods into human-integrated and human-centred simulators. This article deals mainly with the further developments of the second group of methods. The most significant aspect is the detailed modelling of personnel qualifications. Other aspects cover the modelling of attendance times of staff and the resulting implications, physiological and psychological work stress on the staff as a result of the work situation, and modelling of the allocation of staff or other operational decisions. As an aspect of current research, this article also deals with prediction of performance development of ageing employees through the example of a work system characterised by non-manual work. An outlook for further required developments, including in the context of tools of the digital factory, concludes the article.

1 Einbeziehung der Personals in produktionslogistische Simulationsverfahren

1.1 Frühe Verfahren der personalorientierten Simulation

In ihrer Veröffentlichung einer Simulationsstudie in Zusammenarbeit mit der Ford Motor Company in England fragen sich BAINES u.a. (2001), ob das Personal das fehlende Glied in der Fertigungssimulation sei. Diese suggestive Frage mag zwar im Bezug auf die Anwendung personalorientierter Simulationsverfahren in der betrieblichen Planungspraxis auch heute noch berechtigt sein, lässt aber die frühe Auseinandersetzung mit diesem Thema außer Acht, und dies nicht nur in Bezug auf die deutschsprachige Literatur. Bereits im Jahre 1991 hat der Verfasser auf internationaler Ebene über die personalorientierte Simulation berichtet (ZÜLCH 1991). Dissertationen über die darin verfolgten Ansätze waren zuvor von KLAUKE (1981) und ERNST (1991) vorgelegt worden. Den ersten englischsprachigen Veröffentlichungen folgten weitere (u.a. ZÜLCH, GROBEL 1993; ZÜLCH, HEITZ, SCHINDELE 1995, 1998); später erschienen neben einer Fülle deutschsprachiger Veröffentlichungen auch Beiträge auf Französisch (u.a. ZÜLCH 1996a; ZÜLCH, VOLLSTEDT 2001).

Die Ursprünge der personalorientierten Simulation reichen in Deutschland aber noch weiter zurück. Im Jahre 1980 veröffentlichte HÄUßERMANN einen Artikel über simulierte Tätigkeiten von Mitarbeitern in einem Fertigungsbereich. Mithilfe seines Programms *SIMEMA* ermittelte er die Verrichtungszeiten der Maschinenbediener bei produzierenden und stehenden Betriebsmitteln sowie deren Warte-, Wege- und Nebenzeiten. Beim Einrichten unterschied er zwischen Rüst- und Vorrüstzeiten sowie in Wartezeiten. Damit griff der Autor ein damals aktuelles Thema der Mehrmaschinenbedienung auf, für das beim Einsatz von NC-Maschinen nach Lösungen gesucht wurde.

Dieser Thematik entsprang auch das Verfahren *NC-APSIM* von KLAUKE (1981; siehe auch HACKSTEIN, KLAUKE 1981). Sein Ansatz basierte auf einer detaillierten Modellierung von Arbeitsplänen, die er in Bezug auf das Rüsten und Bedienen von NC-Maschinen in eine größere Anzahl von Funktionen untergliederte. Darüber hinaus betrachtete er auch indirekte Funktionen wie NC-Programmierung und Werkzeugvoreinstellung. Jeder der Arbeitsvorgänge ließ sich ggf. unterschiedlichen Maschinen und Personen zuordnen. Das Fertigungsprogramm bestand aus einer Anzahl einzelner Arbeitsvorgänge, die in eine Warteliste eingereiht waren.

Sobald eine Funktion auszuführen war, erfolgte im Sinne einer ereignisorientierten Simulation die Zuordnung dieser Funktion zu einer zu diesem Zeitpunkt verfügbaren Maschine (Abb. 1). Anschließend wurde eine Personalart gesucht, die diese Funktion beherrschte, und aus diesen wird eine Person ausgewählt, die zu diesem Zeitpunkt frei und für die in Frage stehende Maschine zuständig war. Anschließend wurde zum nächsten Ereignis fortgeschritten, bis das Ende der Simulationsdauer erreicht war.

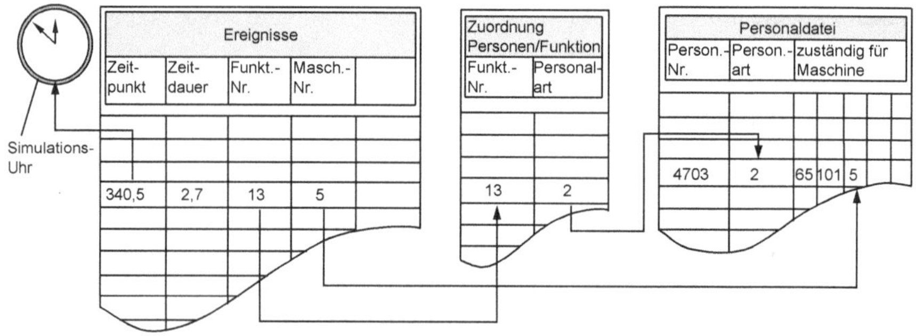

Abbildung 1: *Zuordnung von Maschinen und Personal zu einem Arbeitsvorgang im Verfahren SIMULAST (nach KLAUKE 1981, S. 45 ff.)*

Dieses Verfahren wurde später unter der Bezeichnung *SIMULAST* weiter entwickelt (vgl. KLAUKE, ZÜLCH 1985). Kernpunkt dieser Weiterentwicklung war es, nicht mehr nur einzelne Arbeitsvorgänge, sondern die für die Teilefertigung erforderlichen Sequenzen hiervon zu modellieren. Somit konnten dann auch Auftragsprogramme mit mehrstufiger Fertigung simuliert werden.

Bei dieser Art der Modellierung lässt jeder Funktion eine frei definierbare Bedeutung zuordnen. Dabei kann es sich beispielsweise um das Einspannen eines Werkstückes, einen Prüfvorgang oder auch um die Handhabung einer Last handeln. Auf diese Weise ist es dann auch möglich, neben den üblichen produktionslogistischen Kennzahlen, wie die Nutzung der Maschinen, die Auslastung der Personen und die Durchlaufzeiten der Aufträge, auch ergonomisch relevante Arbeitsvorgänge nach Häufigkeit und Zeitaufwand auszuwerten.

1.2 Ein- und Mehr-Ressourcen-Verfahren

Voraussetzung für diese Art von Auswertungen ist, dass Maschinen und Personen als eigenständige Simulationselemente modelliert werden. In diesem Falle lassen sich alle maschinellen und personellen Vorgänge in separater Form zeitlich bewerten. Basis hierfür sind die aus der REFA-Methodenlehre bekannten unterschiedlichen Sichten auf Arbeitsvorgänge bei der Datenermittlung (REFA 1992, S. 11 ff.; REFA 1997, S. 22 ff.; ZÜLCH 1996b, S. 12–97 ff.; ZÜLCH 2004, S. 7 f.): Aus dem Blickpunkt der Person ergibt sich die Tätigkeitszeit, die nicht mit der Nutzungszeit der Maschine übereinstimmen muss, auf der dieser Arbeitsvorgang ausgeführt wird. Die dritte Sicht ist diejenige auf den Auftrag, aus der sich beispielsweise die Durchlaufzeit ableitet.

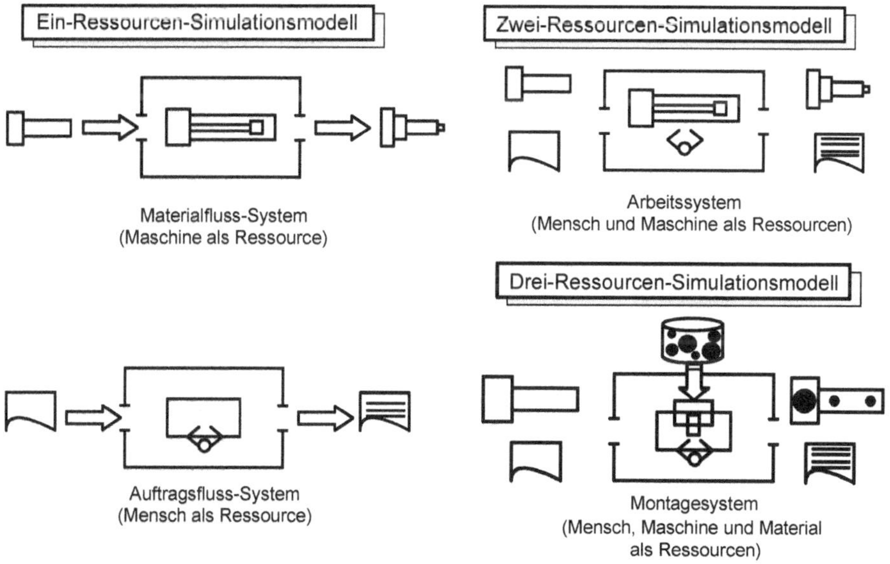

Abbildung 2: *Ein- und Mehr-Ressourcen-Simulationsmodelle*

Simulatoren, die nur jeweils eine Ressource, nämlich Personal oder maschinelle Einrichtungen betrachten, können als Ein-Ressourcen-Verfahren bezeichnet werden (Abb. 2). Dies ist bei der Simulation von Materialflusssystemen vielfach ausreichend (siehe z.B. ZÜLCH 1985), analog dazu auch bei Dienstleistungssystemen, bei denen die maschinellen Einrichtungen nur eine untergeordnete Rolle spielen. Zwei-Ressourcen-Verfahren wie *NC-APSIM* und *SIMULAST* benötigen gleichzeitig eine personelle und eine maschinelle Ressource zur Durchführung eines Arbeitsvorgangs, bei dem beide Ressourcen zusammenwirken müssen. Wird in der Simulation berücksichtigt, dass auch noch Material zur Verfügung stehen muss, um einen Arbeitsvorgang durchzuführen, so handelt es sich um ein Drei-Ressourcen-Verfahren; ein Beispiel hierfür ist das Simulationsverfahren *FEMOS* (GROBEL 1992, S. 25 ff.). Dies führt schließlich auf Mehr-Ressourcen-Verfahren, wenn über Verfügbarkeitstupel das Vorhandensein noch weiterer Voraussetzungen, wie NC-Programm, Arbeitsanweisung und Energieform, überprüft werden muss, bevor der Arbeitsvorgang begonnen werden kann.

1.3 Modellierung der Qualifikation

Bereits im Modellierungsansatz von *NC-APSIM* sind die notwendigen Relationen erkennbar, die zwischen den Objekten eines personalorientierten Simulationsverfahrens vorhanden sein müssen. Dies kann am Beispiel einer Teilefertigung veranschaulicht werden: Sobald personelle Funktionen in einem Zwei-Ressourcen-Verfahren simuliert werden sollen, sind nicht nur diese Funktionen zu modellieren, sondern auch die Arbeitsplätze bzw. Maschinen, an denen diese auszuführen sind, sowie die Personen, welche die jeweilige Funktion beherrschen und auch für den betreffenden (Maschinen-)Arbeitsplatz zuständig sind. Funktionen können dabei als eine Menge gleichartiger Arbeitsvorgänge verstanden werden. Im verallgemeinerten Falle handelt es sich auch bei den maschinellen und personellen Ressourcen um Mengen, nämlich um Arbeitsplatz- oder Maschinengruppen oder noch allgemeiner um Organisationseinheiten bzw. um Personalarten.

Die Elemente dieser Mengen sind (Maschinen-)Arbeitsplätze, einzelne Personen und auszuführende Funktionen. In vielen Fällen besteht dabei eine dieser Mengen auch nur aus einem Element, beispielsweise aus einer Fräsmaschine, einem Einrichter und einem speziellen Rüstvorgang. Die Zuordnung einer Funktion zu einem manuellen oder maschinellen Arbeitsplatz wird als Funktionselement bezeichnet. Ordnet man diesem eine Person zu, so ist dies ein Qualifikationselement dieser Person, deren Qualifikation insgesamt aus mehreren Qualifikationselementen bestehen kann. Im Simulationsmodell wird damit unterstellt, dass die Person im Planungszeitraum die erforderlichen Fähigkeiten besitzt.

Somit ergeben sich zwischen den Elementen eines personalorientierten Simulationsmodells folgende Relationen (Abb. 3; siehe in dieser Form bereits ZÜLCH 1995, S. 114 f.):

- die Ausführbarkeit einer Funktion an einer manuellen oder maschinellen Arbeitsplatzgruppe oder allgemeiner einer Organisationseinheit,
- die Relation der erforderlichen Fähigkeit für die Ausführung einer Funktion durch eine Personalart sowie
- die Zuständigkeit einer Personalart für eine Arbeitsplatzgruppe.

Mithilfe dieser Relationen lässt sich jedwede Art personeller Qualifikationen modellieren. Da hierbei durchaus auch mehrfache Relationen modellierbar sind, lassen sich unterschiedlichste Formen der Gruppenarbeit und Mithilfe bei Funktionen und somit auch komplexe Personalstrukturen abbilden. Die Erfahrung zeigt, dass diese Art der Modellierung bei Arbeitssystemen mit mehrfach qualifizierten Mitarbeitern durchaus zu Fehlern führen kann. Da jede dieser drei Relationen in Bezug auf jeweils ein Simulationselement vollständig vorhanden sein muss, lässt sich die Ausführbarkeit des Modells anhand einer Plausibilitätskontrolle überprüfen.

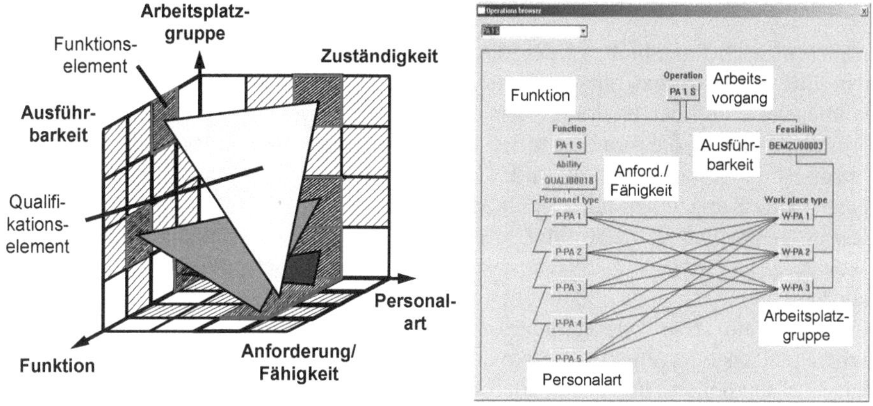

Abbildung 3: *Modellierung der Personalqualifikation und Plausibilitätskontrolle im Verfahren* FEMOS

1.4 Modellierung von Auftragsprogrammen

Zur Simulation eines Arbeitssystems wird ein Arbeitsprogramm vorgegeben, das sich aus einzelnen Durchlaufplänen zusammensetzt, die ihrerseits aus vernetzten, sequenziellen oder auch nur aus einzelnen Aktivitäten bestehen. Bei der Einsteuerung eines konkreten Arbeitsprogramms werden die Durchlaufpläne als Aufträge instanziiert und die Aktivitäten als Arbeitsvorgänge. Die Dauer der Arbeitsvorgänge wird über die Parameter Rüstzeit, Zeit pro Einheit und Auftragsmenge bestimmt, wobei maschinelle und personelle Arbeitsvorgänge unterschiedliche Zeitvorgaben beinhalten können. In aller Regel wird angenommen, dass die Zeitvorgaben einer Normalleistung entsprechen. Diese Annahme kann aber über den Zeitgrad als dem Verhältnis von vorgegebener zur benötigten Zeit (vgl. REFA 1997, S. 441) modifiziert werden. Analog dazu kann dies dann auch für Maschinen gelten. Zusätzlich zu einer solchen deterministischen Modellierung von Vorgangsdauern lassen sich diese auch als statistische Verteilungen vorgeben.

Die Aufträge oder auch einzelne Arbeitsvorgänge können deterministisch mittels vorgegebener frühester Startzeitpunkte oder alternativ stochastisch mit verteilten Zwischenankunftszeiten eingesteuert werden. Kleinere personal- und maschinenseitige Störungen werden im Grundsatz stochastisch modelliert. Größere Störungen dagegen, die den Kapazitätsbestand einer Maschine im Verhältnis zur Simulationsdauer maßgeblich beeinflussen, können im Rahmen von Sensitivitätsanalysen auch deterministisch eingesteuert werden.

2 Merkmale der personalorientierten Simulation

2.1 Personalintegrierte und personalorientierte Simulatoren

Im Jahre 2001 veröffentlichte der VDI erstmals ein Richtlinienblatt, in dem die Abbildung des Personals dargestellt wurde (VDI 36633, Blatt 6). Damit wurde etwa 20 Jahre nach den ersten Veröffentlichungen in Deutschland zu diesem Thema erstmals der Stand der Technik zusammengefasst.

In diesem Richtlinienblatt werden die Simulatoren, die explizit das Personal in seinem Zusammenwirken mit maschinellen Einrichtungen berücksichtigen, in personalintegrierte und personalorientierte Simulatoren unterschieden (Abb. 4). Die erste Gruppe beinhaltet die grundlegenden Funktionalitäten, die bei der Einbeziehung des Personals zu berücksichtigen sind. Hierzu zählen die Trennung in personelle und maschinelle Kapazitäten und die Unterscheidung in Arbeitszeiten des Personals und Betriebszeiten der Betriebsmittel, was nicht nur für einen Mehrschichtbetrieb von Bedeutung ist, sondern auch für personalreduzierte Pausen und Auslaufzeiten über das Schichtende hinaus. Schließlich gehören zu diesen Basisfunktionalitäten die Abbildung einfacher Personalqualifikationen mit der Zuordnung von Personen zu Arbeitsplätzen oder Funktionen sowie Möglichkeiten zur Modellierung von Mehrmaschinenbedienung und Gruppenarbeit.

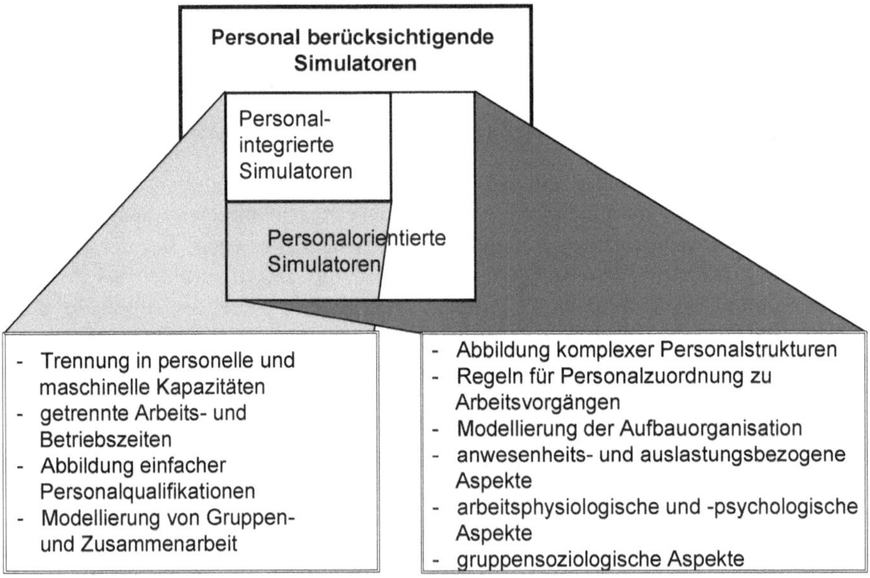

Abbildung 4: *Personalintegrierte und -orientierte Simulatoren (nach VDI 3633, Blatt 6, 2001, S. 2)*

Personalorientierte Simulatoren gehen über diese grundlegenden Funktionalitäten hinaus. Hierzu gehört die bereits in Kapitel 1.3 dargestellte Abbildung komplexer Personalstrukturen mit überlappenden Funktions- und Zuständigkeitsbereichen. Dies kann ergänzt werden durch Entscheidungsregeln für die konkrete Zuordnung, falls mehrere Personen zum Zeitpunkt dieser Zuordnung gleichermaßen wählbar sind. Eine erweiterte Funktionalität kann sich auch auf die Modellierbarkeit der Aufbauorganisation beziehen, was nicht nur die Bildung differenzierter Organisationseinheiten betreffen kann, sondern auch die Abbildung von Entscheidungsstrukturen (ZÜLCH 2000, 2009a).

2.2 Modellierung personalbezogener Aspekte

Einen besonderen Stellenwert im Rahmen von Simulationsuntersuchungen erhalten inzwischen arbeitswissenschaftliche Fragestellungen zur Bewertung zukünftiger Arbeitssysteme. In Bezug auf anwesenheitsbezogene Aspekte können sich derartige Fragen auf Produktivitätseffekte im Verlaufe der Arbeitsdauer (LICHT 2008, S. 133 ff.), im Dreischichtbetrieb (BAINES u.a. 2004, S. 520 f.) oder auch auf Effekte bei unterschiedlichen Schichtbesetzungen beziehen. Außerdem wurden die Auswirkungen rigider und flexibler Arbeitszeitmodelle mithilfe der personalorientierten Simulation untersucht (z.B. ZÜLCH, STOCK, BOGUS 2006). Weitere Aspekte betreffen das Lern- und Verlernverhalten (DIGIESI 2006, S. 34 ff.), das sich über Zeitgradverläufe modellieren lässt und damit Auswirkungen auf die Produktivität eines Arbeitssystems hat (siehe hierzu bereits ZÜLCH 1995, S. 122 ff.).

Wie bereits in Kapitel 1.1 angedeutet, können bei entsprechendem Detaillierungsgrad Funktionen semantisch mit arbeitsphysiologisch und -psychologisch belastenden Arbeitsvorgängen verknüpft sein. Diese Funktionen lassen sich dann nicht nur statistisch im Sinne einer Belastungsdauer auswerten, über den Parameter Zeitgrad können sie auch zu simulativ verlängerten und durch Erholungseffekte auch wieder verkürzten Vorgangsdauern führen (ZÜLCH 1995, S. 122 ff.; ZÜLCH, BOGUS, KRÜGER 1999).

Schwierig gestaltet sich demgegenüber die Modellierung gruppensoziologischer Aspekte. So ist es in Ermangelung allgemein übertragbarer quantitativer Zusammenhänge zwischen Parametern der Gruppenzusammensetzung und dem Leistungsvermögen von unterschiedlich zusammengesetzten Arbeitsgruppen heute noch nicht möglich, die daraus resultierenden Effekte durch Simulation zu ermitteln. Dies trifft auch für den Einfluss von Motivation und Erfahrung einer Person in Bezug auf ihre Leistungsfähigkeit zu. Zwar lässt sich auch dies durch den Parameter Zeitgrad abbilden, es fehlt jedoch weitestgehend noch an übertragbaren Erkenntnissen, in welchem Maße sich diese Einflüsse auf den Zeitgrad auswirken.

2.3 Anwendungsbereiche der personalorientierten Simulation

Nachfolgend werden anhand einiger Literaturstellen Anwendungsbereiche der personalorientierten Simulation aufgezeigt. Ohne dabei den Anspruch auf Ausschließlichkeit erheben zu wollen, erfolgt dies anhand von Grundlagen- und Anwendungsprojekten, die am Institut für Arbeitswissenschaft und Betriebsorganisation (ifab) des Karlsruher Instituts für Technologie (KIT, vormals Universität Karlsruhe) durchgeführt wurden.

Ein zentraler Anwendungsbereich der personalorientierten Simulation stellt die Suche nach einer geeigneten Personalstruktur dar, die durch die Anzahl und Qualifikation der in einem Arbeitssystem zur Ausführung eines definierten Arbeitsprogramms eingesetzten Personen definiert ist. Bewertungskriterium im Bezug auf das Personal können dabei neben der Personalauslastung beispielsweise auch deren Gleichmäßigkeit und die Personalkosten pro gefertigte Einheit sein. Im Verfahren *ESPE* (*E*ngpassorientierte *S*imulation von *Pe*rsonalstrukturen) steht eine Planungsheuristik zur Verfügung, die iterativ nach einer möglichst zielkonformen Personalstruktur sucht (siehe z.B. HEITZ 1994, S. 203 ff.).

Unter arbeitswissenschaftlichen Gesichtspunkten spielt das Anlauf- und Erholungsverhalten einer Person eine wichtige Rolle. Die dabei auftretenden Effekte wurden anhand der Simulation verschiedener Pausenregelungen analysiert (ZÜLCH, BOGUS, KRÜGER 1999). Hierbei zeigte sich, dass durch kürzere Pausen bei gleicher Arbeitsdauer eine bessere Auslastung der Ressourcen erreicht werden kann als bei längeren, die Durchlaufzeiten der Aufträge steigen dabei aber leicht an.

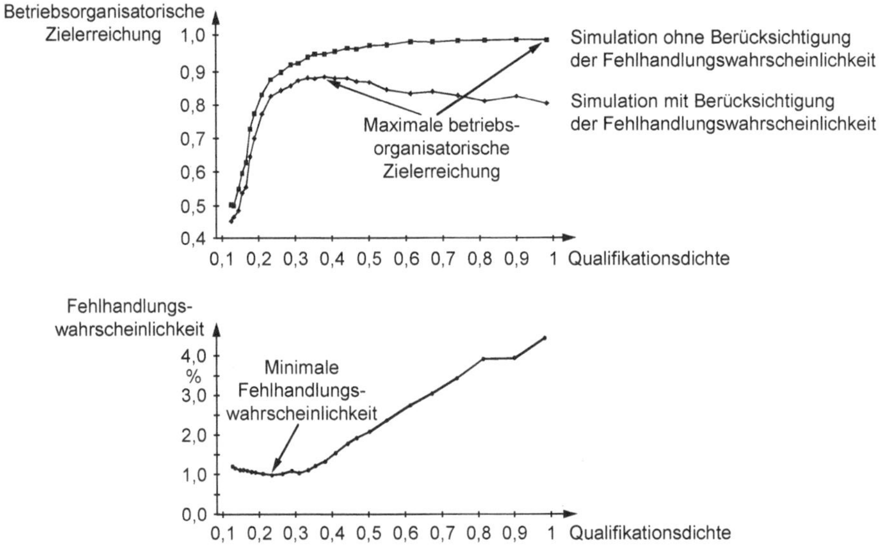

Abbildung 5: *Exemplarische Untersuchung des Einflusses menschlicher Fehlhandlungen (Quelle: SCHINDELE 1996, S. 166 und S. 170)*

Mit zunehmender Arbeitsdauer nimmt auch die physische und psychische Belastung zu und je nach Komplexität der Arbeitsaufgabe daraus folgende die Fehlhandlungswahrscheinlichkeit. Die hieraus resultierenden Effekte lassen sich mit dem Verfahren *EPSE-QS* (*ESPE* für *q*ualitätsförderliche Arbeits*s*ysteme; SCHINDELE 1996, S. 101 ff.) simulieren. Komplexe Arbeitsaufgaben, die zudem unter Zeitstress zu erledigen sind, führen insbesondere gegen Ende einer Schicht zu Fehlhandlungen, die produktionslogistische Vorteile bestimmter Formen der Arbeitsorganisation verschwinden lassen. Als wesentliche Gestaltungsgröße wurde dabei die Qualifikationsdichte identifiziert, also das Verhältnis der einem Mitarbeiter zugeordneten Funktionelementen zu allen vorkommenden im Arbeitssystem (ebda, S. 139 ff.; ZÜLCH, KRÜGER, SCHINDELE 1998, S. 28). Ein Ergebnis war die Erkenntnis, dass die produktionslogistisch zu befürwortende Höherqualifizierung von Mitarbeitern nicht nur in Bezug auf die Personalkosten, sondern auch in Anbetracht auftretender Fehlhandlungen durchaus auch Nachteile aufweisen kann (Abb. 5).

Mit dem Verfahren *OSim* (*O*bjekt-*Sim*ulator zur *G*estaltung von *A*rbeitszeit*m*odellen; BOGUS 2002, S. 160 ff.; JONSSON 2000, S. 181 ff.; ZÜLCH, FISCHER, JONSSON 2000) ist darüber hinaus auch der Zeitstress auswertbar, der sich im Grundsatz aus der Anzahl der für eine Person momentan anstehenden Arbeitsaufgaben ergibt (ebda., S. 152 ff.). Darüber hinaus können mit diesem Verfahren im Dienstleistungsbereich auch kundenbezogene Kennzahlen ermittelt werden, z.B. der Bedienungsgrad, also der Anteil bedienter an der Gesamtzahl eintreffender Kunden (ebd., S. 138 ff.). Aufgabe diesbezüglicher Projekte war es, Kenntnisse über die Wirkung rigider und flexibler Arbeitszeitmodelle zu gewinnen (z.B. ZÜLCH u.a. 2004; ZÜLCH u.a. 2008). Ein aktuelles Projekt befasst sich mit möglichen Konflikten zwischen Berufs- und Privatleben bei ungewöhnlichen und flexiblen Arbeitszeiten (STOCK u.a. 2010; siehe hierzu auch den Beitrag von LEUPOLD u.a. in diesem Band).

Strategien zur Steuerung des Personaleinsatzes wurden vor allem im industriellen Demontagebereich untersucht. Eines der Resultate bestand dabei in günstigen Regeln für die vorzeitige Beendigung der täglichen Arbeitszeit bei stochastischem Auftragseingang (FISCHER 2004, S. 231 ff.). Noch kürzerfristig geltende Regelungen betreffen die Umverteilung von Mitarbeitern in arbeitsteiligen Demontagesystemen aufgrund der für die Demontage typischen stochastischen Einflüsse (ZÜLCH, HRDINA 2010, S. 401 ff.).

Fragen der aufbauorganisatorischen Gestaltung wurden z.B. im Instandhaltungsbereich untersucht (VOLLSTEDT 2003; ZÜLCH u.a. 2003); andere Projekte betrafen Planungsentscheidungen im Spannungsfeld zwischen Funktions- und Objektorientierung (BRINKMEIER 1998; ZÜLCH, BRINKMEIER 2003). Ergebnis dieser Untersuchung war u.a. die Erkenntnis, dass die zum Paradigma gewordene Befürwortung von produkt- und projektbezogenen Formen der Aufbauorganisation durchaus nicht immer von Vorteil ist (ZÜLCH, WARRISCH 2004). Eine besondere Problematik ergibt sich, wenn nicht nur die aufbauorganisatorische Verteilung von operativen Funktionen auf Organisationseinheiten betrachtet wird, sondern auch die Einordnung betrieblicher Entscheidungsstellen (ZÜLCH, GAMBER, STOCK 2007; ZÜLCH 2009a). Gerade in der Verbindung operativer und entscheidungsbefugter Stellen zeigt sich hier noch ein erheblicher Forschungsbedarf, wenn nicht nur die zeitliche Dimension betrachtet werden soll, sondern auch die Qualität der Entscheidungen.

3 Produktivitätsentwicklung in mental geprägten Arbeitssystemen

Vor dem Hintergrund des demographischen Wandels wird nachfolgend eine Studie behandelt, bei der ein personalorientierter Simulator eingesetzt wurde. Derartige Studien wurden in jüngere Zeit bereits verschiedentlich durchgeführt, um die Auswirkungen einer älter werdenden Belegschaft zu analysieren. Untersuchungsbereich waren dabei hybride Montagesysteme mit einem hohen Anteil physisch belastender

Arbeitsvorgänge. Ergebnis war die Erkenntnis, dass selbst ergonomisch gut gestaltete Montagelinien einen merklichen Produktivitätsverlust aufweisen, wenn diese über zehn und mehr Jahre mit gleicher Belegschaft betrieben werden (z.B. WALDHERR, ZÜLCH 2010).

Während bei vorwiegend physisch belastenden Tätigkeiten mit zunehmendem Lebensalter der eingesetzten Personen eine Abnahme der menschlichen Leistungsfähigkeit zu erwarten ist (z.B. ZÜLCH, BECKER 2008), stellen sich die Auswirkungen des Alters bei mental geprägten Arbeitssystemen differenzierter dar. Nachfolgend wird auf einige Aspekte des mentalen Leistungswandels näher eingegangen. In einer anschließenden Studie werden die Auswirkungen älter werdender Mitarbeiter auf die Produktivität eines solchen Arbeitssystems untersucht.

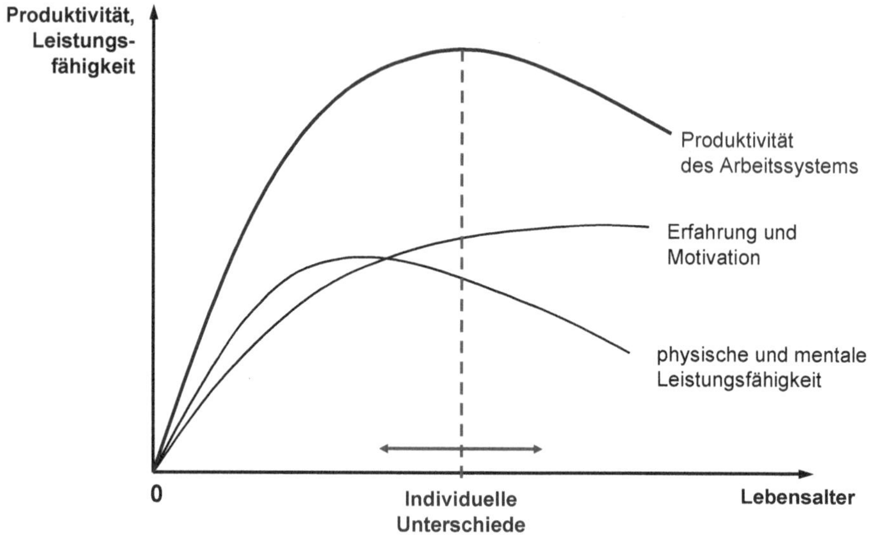

Abbildung 6: *Entwicklung der menschlichen Produktivität (nach BÖRSCH-SUPAN, DÜZGÜN, WEISS 2007, S. 3)*

3.1 Entwicklung der psychischen Leistungsfähigkeit

BÖRSCH-SUPAN, DÜZGÜN und WEISS (2007, S. 3 f.) gehen davon aus, dass sich die Produktivität eines arbeitenden Menschen einerseits aus der physischen und kognitiven Leistung und andererseits aus der Erfahrungsleistung zusammensetzt (Abb. 6). Während die erste Kategorie zunächst mit dem Lebensalter ansteigt, um dann allmählich wieder abzunehmen, steigt die Erfahrungsleistung von jüngeren Jahren ausgehend stetig an, wobei der Zuwachs im Alter geringer wird. Im Effekt gehen die Autoren davon aus, dass dadurch insgesamt die höchste Produktivität in einem späteren Lebensalter erreicht wird als zum Zeitpunkt der maximalen physisch-kognitiven Leistung. Die Verläufe schwanken dabei individuell sehr unterschiedlich.

LINDENBERGER, SMITH und BALTES (1989) konzentrieren sich auf die mentale Leistungsfähigkeit und unterscheiden dabei traditionell in flüssige und kristallisierte

Intelligenz. Die flüssige Intelligenz bildet dabei eine Basis, die durch die Umwelt nicht beeinflusst werden kann, bereits in jüngeren Jahren ein Maximum erreicht und danach mit dem Lebensalter abfällt. Demgegenüber ist die kristallisierte Intelligenz zwar von der flüssigen Intelligenz abhängig, kann aber durch die Umwelt beeinflusst werden, z.B. durch Wissenserwerb. Sie nimmt im Laufe des Lebens stetig zu, wenn auch mit zunehmendem Alter nur noch allmählich.

3.2 Modellierung der Entwicklung mentaler Leistungsmerkmale

Derartige qualitative Aussagen reichen jedoch nicht aus, um auch Prognosen über die Leistungsfähigkeit von Personen in einem mental geprägten Arbeitssystem zu erstellen. Vielmehr sind hierzu quantitative Modelle erforderlich, die eine Beziehung zwischen Lebensalter, mentaler Leistungsfähigkeit und Arbeitsproduktivität herstellen.

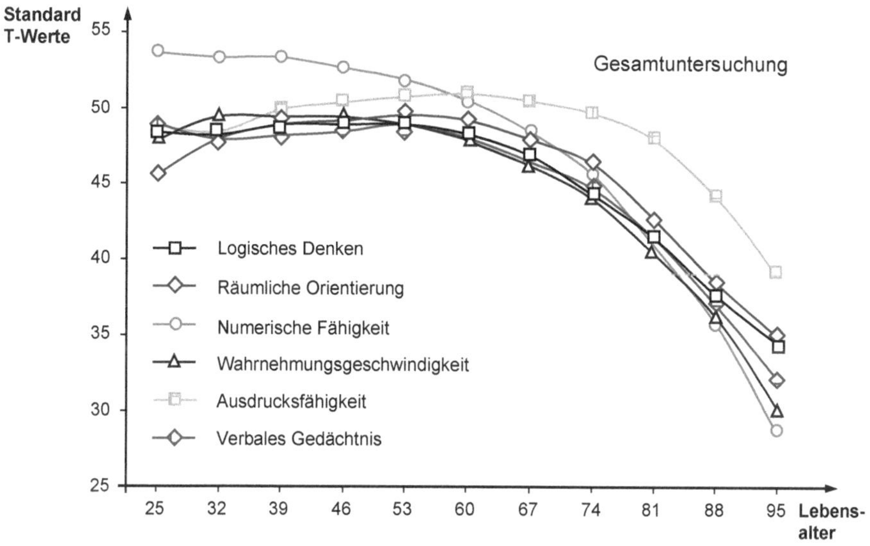

Abbildung 7: Längsschnittliche Altersveränderungen der latenten mentalen Konstrukte (Quelle: SCHAIE, WILLIS 2008, o.S.; übers. d. Verf.)

Als Ausgangspunkt für eine diesbezügliche Modellbildung wird nachfolgend auf die sogenannte "Seattle Longitudinal Study" zurückgegriffen. In dieser Studie ist es SCHAIE (2005) gelungen, Personengruppen jeweils im Abstand von sieben Jahren im Zeitraum von 1956 bis 2005 hinsichtlich ihrer mentalen Leistungsfähigkeit zu testen. Abbildung 7 zeigt als wesentliches Ergebnis die altersbedingten Veränderungen der vom Autor ermittelten latenten Konstrukte: logisches Denken, räumliche Orientierung, numerische Fähigkeit, Wahrnehmensgeschwindigkeit, Ausdrucksfähigkeit und verbales Gedächtnis (ebda., S. 123 ff.; SCHAIE, WILLIS 2008). Während die numerische Fähigkeit eine deutliche Verminderung mit zunehmenden Lebensalter aufweist, steigt die Ausdrucksfähigkeit mit zunehmendem Lebensalter allmählich an, um dann erst im Alter von 60 Jahren allmählich, ab etwa 80 Jahren deutlich abzunehmen.

Um die Daten dieser Längsschnittuntersuchung für eine Prognose nutzbar zu machen, muss zunächst im Rahmen einer Arbeitsanalyse ermittelt werden, welcher dieser latenten Konstrukte für eine erfolgreiche Bewältigung mental geprägter Arbeitsvorgänge erforderlich sind. In Abbildung 8 wird dies am Beispiel einer Arbeitsaufgabe dargestellt (in Anlehnung an FISCHER 1995, S. 274). Da Wechselwirkungen zwischen den einzelnen latenten Konstrukten unbekannt sind wird modellhaft bei den einzelnen Arbeitsvorgängen nur die Altersabhängigkeit des jeweils dominanten latenten Konstruktes berücksichtigt.

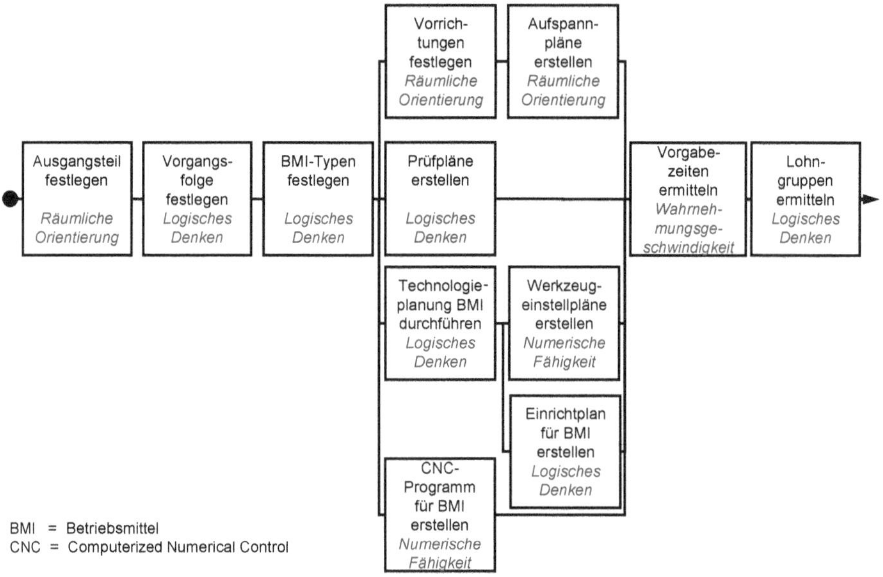

Abbildung 8: *Erstellung eines Arbeitsplans mit den dominanten latenten Konstrukten dieser Arbeitsaufgabe (in Anlehnung an Fischer 1995, S. 274)*

3.3 Fallbeispiel einer Arbeitsplanung

Dieser Ansatz wurde in einem Fallbeispiel auf eine Arbeitsplanung angewandt (s.a. die Kurzfassung bei ZÜLCH, SCHMIDT 2009). Dabei wurde neben der vorhandenen Arbeitsgruppe mit zehn Mitarbeitern mit einem Durchschnittsalter von etwa 42 Jahren bei einer Standardabweichung von 12 Jahren vergleichsweise eine um elf Jahre ältere fiktive Arbeitsgruppe mit 6 Jahren Standardabweichung angenommen. Das Renteneintrittsalter wurde mit 69 Jahren angenommen und ein ausscheidender Mitarbeiter im Modell durch einen 29-Jährigen ersetzt. Der Simulationszeitraum betrug 15 Jahre, sodass in diesem Fallbeispiel einige Mitarbeiter das Renteneintrittsalter erreichten.

Bei den von SCHAIE (z.B. 2005, S. 127) verwendeten Standard-T-Werten zur Bewertung der Altersabhängigkeit mentaler Fähigkeiten (siehe Abb. 7) handelt es sich um eine der Möglichkeiten zur Normierung psychologischer Tests (WIKIPE-

DIA 2010). Hierbei werden die Testergebnisse in der Weise standardisiert, dass der Mittelwert 50 und die Standardabweichung 10 beträgt. Der Standard-T-Wert von 50 bei SCHAIE wurde für die Simulationsstudie einem Zeitgrad von 100 % gleichgesetzt.

Die Ergebnisse dieser Simulationsstudie zeigen im Vergleich zu physisch geprägten Arbeitssystemen erwartungsgemäß eine weniger deutliche Abhängigkeit der Produktivitätskennzahl von der älter werdenden Belegschaft. In Abbildung 9 wird dies am Beispiel des Abarbeitungsgrades des eingesteuerten Arbeitsplanungsprogramms deutlich: Der angenommene Zeitgrad, der als Basis für die altersbedingte Modulation der individuellen Leistungsfähigkeit diente, erwies sich als deutlich sensibler als der Einfluss der mentalen Leistungsveränderungen. Dieser Einfluss machte sich erst bei einem hohen Zeitgrad von 120 % bemerkbar, dies aber auch nur bei der älteren Arbeitsgruppe in einigen späteren Jahren.

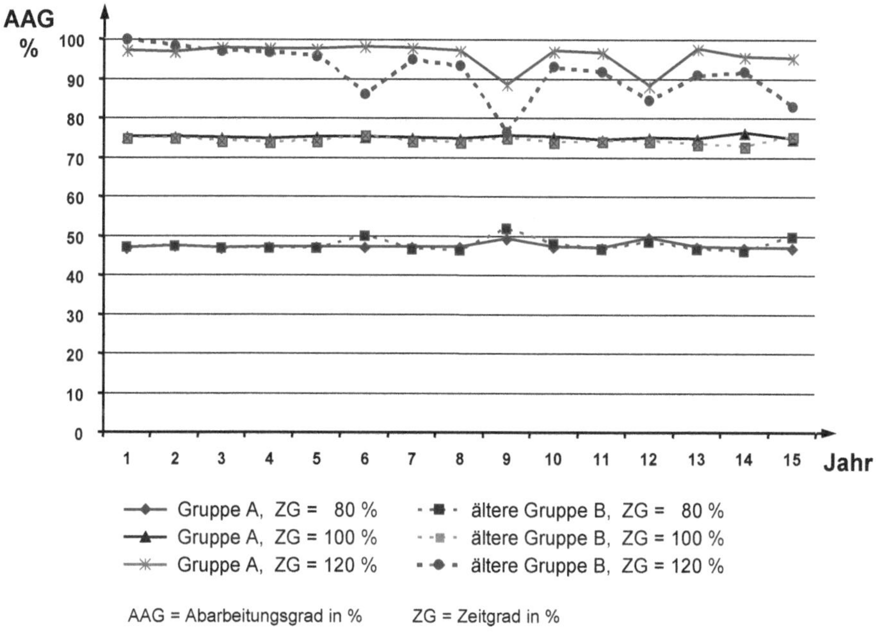

Abbildung 9: *Abarbeitungsgrad des Arbeitsplanungsprogramms*

4 Weiterführende Forschungsansätze

Die personalorientierte Simulation weist in vielfacher Weise Potenziale der Weiterentwicklung auf. Dies betrifft in besonderem Maße die Prognose der Produktivität von Arbeitssystemen in Anbetracht der Leistungsentwicklung älter werdender Mitarbeiter. Die bisher vorliegenden Erkenntnisse zeigen, dass Arbeitssysteme sowohl in fertigungsvorgelagerten Bereichen, als auch in Teilefertigungs- und Montagesystemen oftmals über viele Jahre hinweg mit nahezu unveränderter Personalbesetzung und Technologie betrieben werden. Da die Beibehaltung der Belegschaft nicht nur aus Sicht der Mitarbeiter, sondern auch aus betrieblicher Sicht zur Erhaltung von

Erfahrungswissen und Können angestrebt wird, ist jeweils fallspezifisch nach Arbeitshilfen für die älter werdenden Mitarbeiter und nach adäquaten Einsatzmöglichkeiten zu suchen. Darüber hinaus sind Maßnahmen zur Qualifizierung der Mitarbeiter vorzusehen. Das Konzept des Technologiekalenders mit seiner Erweiterung auf personelle Maßnahmen scheint diesbezüglich ein erfolgversprechender Weg (ROTTINGER 2005; ZÜLCH, ROTTINGER, SCHMIDT 2009).

Eine weitere Notwendigkeit für zukünftige Entwicklungsarbeiten betrifft die Einbeziehung des Menschen in Werkzeuge der Digitalen Fabrik. Hierzu ist ein neues Richtlinienblatt des VDI in Bearbeitung, das den Stand der Technik, aber auch die Begrenztheit der existierenden Werkzeuge aufzeigt (siehe ZÜLCH 2009b, 2010). Den Schwerpunkt existierender Werkzeuge bilden derzeit anthropometrische Fragestellungen der Erreichbarkeit und Sichtbarkeit von Arbeitspunkten sowie die Bewertung von Körperhaltungen ohne und mit Kraft- oder Lasteinwirkung.

Demgegenüber steht die Kopplung mit den im vorliegenden Beitrag erörterten, eher längerfristigen Auswirkungen von Belastungen auf die Mitarbeiter und die damit verbundene Risikoanalyse noch weitestgehend aus. Aber auch hier werden bereits Wege aufgezeigt, um dynamische Belastungen über einen längeren Zeitraum hinweg zu bewerten (z.B. ZÜLCH, BRAUN 1994; SCHNECK 2000, S. 84 ff.). Jedoch bedürfen gerade die damit verbundenen gesundheitlichen und wirtschaftlichen Auswirkungen noch einer weiteren Erforschung. Werkzeuge der personalorientierten Simulation können diesbezüglich in Zukunft eine noch weiter gehende Hilfestellung bei der prospektiven Arbeitsgestaltung liefern.

Literatur

BAINES, Tim; MASON, Stephen; SIEBERS, Peer-Olaf; LADBROOK, John: Humans: the missing link in manufacturing simulation? In: Simulation Modelling Practice and Theory, Amsterdam, 12(2004), S. 515-526.

BOGUS, Thomas: Simulationsbasierte Gestaltung von Arbeitszeitmodellen in Dienstleistungsbetrieben mit kundenfrequenzabhängigem Arbeitszeitbedarf. Aachen: Shaker Verlag, 2002. (ifab-Forschungsberichte aus dem Institut für Arbeitswissenschaft und Betriebsorganisation der Universität Karlsruhe, Band 31)

BÖRSCH-SUPAN, Axel; DÜZGÜN, Ismail; WEISS, Matthias: Altern und Produktivität: Zum Stand der Forschung. Mannheim: Universität, Mannheim Research Institute for the Economics of Aging, 2006. http://www.mea.uni-mannheim.de/mea_neu/pages/files/nopage_pubs/eav29m3ka608x80a_73-2005.pdf, 17.05.2010.

BRINKMEIER, Bernd: Prozeßorientiertes Prototyping von Organisationsstrukturen im Produktionsbereich. Aachen: Shaker Verlag, 1998. (ifab-Forschungsberichte aus dem Institut für Arbeitswissenschaft und Betriebsorganisation der Universität Karlsruhe, Band 17)

DIGIESI, Salvatore: Performance Evaluation of Human-based Production Systems. PhD thesis, Inter-polytecnic Doctorate School, Politecnico di Torino; Politecnico di Bari, 2006.

ERNST, Wolfgang: Beitrag zur Planung der Personalstruktur im Fertigungsbereich. Uni Karlsruhe, Diss. 1991. (ifab-Forschungsberichte aus dem Institut für Arbeitswissenschaft und Betriebsorganisation der Universität Karlsruhe, Band 1 - ISSN 0940-0559)

FISCHER, Axel Rainer: Objektorientierte Modellierung von Prozeßketten. Karlsruhe Universität, Diss. 1995. (ifab-Forschungsberichte aus dem Institut für Arbeitswissenschaft und Betriebsorganisation der Universität Karlsruhe, Band 11 - ISSN 0940-0559)

FISCHER, Jörg W.: Ein generisches Objektmodell zur Modellierung und Simulation operativer Entscheidungen in Produktionssystemen. Aachen: Shaker Verlag, 2004. (ifab-Forschungsberichte aus dem Institut für Arbeitswissenschaft und Betriebsorganisation der Universität Karlsruhe, Band 34)

GROBEL, Thomas: Simulation der Organisation rechnerintegrierter Produktionssysteme. Karlsruhe Uni: Institut für Arbeitswissenschaft und Betriebsorganisation, 1992. (ifab-Forschungsberichte aus dem Institut für Arbeitswissenschaft und Betriebsorganisation der Universität Karlsruhe, Band 3 - ISSN 0940-0559)

HACKSTEIN, Rolf; KLAUKE, Adolf: Planung von Arbeitsstrukturen für NC-Arbeitssysteme mittels Simulation. In: VDI-Zeitschrift, Düsseldorf 123(1981)5, S. 143-151.

HÄUßERMANN, S.: Mehrmaschinenbedienung führt zur Arbeitsbereicherung. In: VDI-Nachrichten, Düsseldorf, (1980)7, 15.02.80, S. 24.

HEITZ, Max-Jürgen: Ein engpaßorientierter Ansatz zur simulationsunterstützten Planung von Personalstrukturen. Karlsruhe Uni, Diss. 1994. (ifab-Forschungsberichte aus dem Institut für Arbeitswissenschaft und Betriebsorganisation der Universität Karlsruhe, Band 7 - ISSN 0940-0559)

JONSSON, Uwe: Ein integriertes Objektmodell zur durchlaufplanorientierten Simulation von Produktionssystemen. Aachen: Shaker Verlag, 2000. (ifab-Forschungsberichte aus dem Institut für Arbeitswissenschaft und Betriebsorganisation der Universität Karlsruhe, Band 21)

KLAUKE, Adolf: Entwicklung und Erprobung eines Simulationsmodells zur Planung der Arbeitsteilung an Arbeitssystemen mit numerisch-gesteuerten Werkzeugmaschinen. Aachen, TH Diss. 1981.

KLAUKE, Adolf; ZÜLCH, Gert: Simulation von Arbeitsstrukturen in der Teilefertigung. In: Moderne Fabrikorganisation. Hrsg.: BELOW, F. von; BORGES, A.; HILDEBRANDT, F. Berlin u.a.: Springer-Verlag, 1985, S. 473-498.

LICHT, Torsten: Entwicklung eines personenzentrierten Simulationsmodells zur Unterstützung des Multiprojektmanagements in der Produktentwicklung. Aachen: Shaker Verlag, 2008. (Schriftenreihe Industrial Engineering and Ergonomics, Band 3)

LINDENBERGER, Ulman; SMITH, J.; BALTES, Paul B.: Das Altern der Intelligenz: Möglichkeiten und Grenzen. In: Münchener Medizinische Wochenschrift, München, 131(1989)6, S. 93-96.

REFA - Verband für Arbeitsstudien und Betriebsorganisation (Hrsg.): Planung und Steuerung, Teil 3. München: Carl Hanser Verlag, 1992. (Methodenlehre der Betriebsorganisation)

REFA - Verband für Arbeitsstudien, Betriebsorganisation und Unternehmensentwicklung. (Hrsg.): Datenermittlung. München: Carl Hanser Verlag, 1997. (Methodenlehre der Betriebsorganisation)

ROTTINGER, Sven: Mehrphasige Personalentwicklungsplanung für Fertigungssysteme auf Basis des Technologiekalenderkonzeptes. Karlsruhe: Universitätsverlag, 2005. (ifab-Forschungsberichte aus dem Institut für Arbeitswissenschaft und Betriebsorganisation der Universität Karlsruhe (TH), Band 35)

SCHAIE, K. Warner: Developmental Influences on Adult Intelligence. Oxford: University Press 2005.

SCHAIE, K. Warner; WILLIS, Sherry L.: Die Seattle-Längsschnittstudie – Auswertung der Längsschnittstudie, der Kohortenvergleiche und der Generationsstudie. Vortrag, Arbeitstreffen des Schwerpunktprogramms 1184 der Deutschen Forschungsgemeinschaft, Utting, 25.-26.09.2008. (Unveröffentlichtes Manuskript)

SCHINDELE, Hermann: Planung qualitätsförderlicher Personalstrukturen im Fertigungsbereich. Karlsruhe Uni, Diss. 1996. (ifab-Forschungsberichte aus dem Institut für Arbeitswissenschaft und Betriebsorganisation der Universität Karlsruhe, Band 12 - ISSN 0940-0559)

SCHNECK, Milko: Ein Beitrag zur kennzahlenunterstützten Investitionsplanung komplexer Arbeitssysteme. Aachen: Shaker Verlag, 2000. (ifab-Forschungsberichte aus dem Institut für Arbeitswissenschaft und Betriebsorganisation der Universität Karlsruhe, Band 23)

STOCK, Patricia; SCHMIDT, Daniel; LEUPOLD, Michael; ZÜLCH, Gert: Wechselwirkungen zwischen beruflicher und außerberuflicher Lebenswelt bei Mitarbeitern des Dienstleistungsbereichs. In: Neue Arbeits- und Lebenswelten gestalten. Hrsg.: Gesellschaft für Arbeitswissenschaft. Dortmund: GfA-Press, 2010, S. 429-432. (Jahresdokumentation 2010)

VDI 3633, Blatt 6: Simulation von Logistik-, Materialfluss- und Produktionssystemen - Abbildung des Personals in Simulationsmodellen. Berlin: Beuth-Verlag, 2001.

VOLLSTEDT, Thorsten: Simulationsunterstützte Personalstrukturplanung auf Basis eines abnutzungsorientierten Instandhaltungskonzeptes. Aachen: Shaker Verlag, 2003. (ifab-Forschungsberichte aus dem Institut für Arbeitswissenschaft und Betriebsorganisation der Universität Karlsruhe, Band 32)

WALDHERR, Martin; ZÜLCH, Gert: Alternsrobuste Planung von gekoppelten Montagelinien. In: Neue Arbeits- und Lebenswelten gestalten. Hrsg.: Gesellschaft für Arbeitswissenschaft. Dortmund: GfA-Press, 2010, S. 819-822. (Jahresdokumentation 2010)

WIKIPEDIA (Hrsg.): Normskala. http://de.wikipedia.org/wiki/Normskala, Stand: 06.09.2010.

ZÜLCH, Gert: Simulationsverfahren in der Anwendung. Teil 2: Simulation einer auftragsabhängigen Anlagenmontage. In: wt - Zeitschrift für industrielle Fertigung, Berlin u.a., 75(1985)6, S. 377-380.

ZÜLCH, Gert: Staff oriented simulation of new production systems. In: International Journal of Production Economics, Amsterdam u.a., 24(1991), S. 199-206.

ZÜLCH, Gert: Aspekte weiterführender Forschungsarbeiten zur Simulation der Arbeitsorganisation. In: Neuorientierung der Arbeitsorganisation. Hrsg.: ZÜLCH, Gert. Karlsruhe: Universität, Institut für Arbeitswissenschaft und Betriebsorganisation, 1995, S. 109-132. (ifab-Forschungsberichte aus dem Institut für Arbeitswissenschaft und Betriebsorganisation der Universität Karlsruhe, Band 8 - ISSN 0940-0559)

ZÜLCH, Gert: L'utilisation des techniques de simulation pour structurer l'organisation humaine. In: L'ergonomie face aux changements technologiques et organisationnels du travail humain. Hrsg.: SPERANDIO, Jean-Claude. Toulouse: Octarès Éditions, 1996, S. 77-88. (=1996a)

ZÜLCH, Gert: Arbeitswirtschaft. In: Produktion und Management "Betriebshütte", Teil 2. Hrsg.: EVERSHEIM, Walter; SCHUH, Günther. Berlin, Heidelberg, New York: Springer-Verlag, 7. Auflage 1996, S. 12-94 - 12-124. (Hütte, Hrsg.: Akademischer Verein Hütte, Berlin) (=1996b)

ZÜLCH, Gert: Simulation der Aufbauorganisation in Produktionsunternehmen - Stand und Entwicklungspotenziale. In: Betriebs- und Arbeitsorganisation im Wandel der Zeit. Hrsg.: LUCZAK, Holger; EVERSHEIM, Walter; STICH, Volker. Köln: TÜV-Verlag, 2000, S. 123-140.

ZÜLCH, Gert: Zeitwirtschaftliche Voraussetzungen für die simulationsunterstützte Planung von Produktionssystemen. In: REFA-Nachrichten, Darmstadt, 57(2004)2, S. 4-11.

ZÜLCH, Gert: Produktivitätswirkungen der Delegation von Entscheidungen – Ansätze zur simulationsunterstützten Prognose. In: Produktivität im Betrieb. Hrsg.: LANDAU, Kurt. Stuttgart: Ergonomia Verlag, 2009, S. 213-225. (=2009b)

ZÜLCH, Gert: Perspektiven der Menschmodellierung als Werkzeug der digitalen Fabrikplanung. In: Digital Engineering – Herausforderung für die Arbeits- und Betriebsorganisation. Hrsg.: SCHENK, Michael. Berlin: GITO-Verlag für Industrielle Informationstechnik und Organisation, 2009, S. 105-124. (Schriftenreihe der Hochschulgruppe für Arbeits- und Betriebsorganisation, HAB) (=2009b)

ZÜLCH, Gert: Modellierung von Personen in Werkzeugen der Digitalen Fabrik. In: Neue Arbeits- und Lebenswelten gestalten. Hrsg.: Gesellschaft für Arbeitswissenschaft. Dortmund: GfA-Press, S. 19-28. (Jahresdokumentation 2010)

ZÜLCH, Gert; BECKER, Marcel: Nachhaltigkeit bei der Planung von Fertigungssystemen: Simulation unter dem Aspekt der Leistungsentwicklung einer Belegschaft. Hrsg.: RABE, Markus. In: Advances in Simulation for Production and Logistics Applications. Stuttgart: Fraunhofer IRB Verlag, 2008, S. 177-186. (ASIM-Mitteilung Nr. 118)

ZÜLCH, Gert; BOGUS, Thomas; KRÜGER, Jan: Übertragung des Prinzips der "lohnenden Pause" auf komplexe Arbeitsstrukturen - eine Simulationsstudie. In: REFA-Nachrichten, Darmstadt, 52(1999)1, S. 20-29.

ZÜLCH, Gert; BRAUN, Wolfgang Jürgen: Bewertung von Arbeitssystemen in der manuellen Montage. In: Wettbewerbsfähigkeit durch innovative Strukturen und Konzepte. Hrsg.: ZINK, Klaus J. München: Carl Hanser Verlag, 1994, S. 151-168. (REFA-Fachbuchreihe Betriebsorganisation)

ZÜLCH, Gert; BRINKMEIER, Bernd: Prototyping the departmental organisation of an enterprise. In: International Journal of Production Economics, Amsterdam, 83(2003)2, S. 143-151.

ZÜLCH, Gert; FISCHER, Jörg; JONSSON, Uwe: An integrated object model for activity network based simulation. In: Proceedings of the 2000 Winter Simulation Conference. Hrsg.: JOINES, Jeffrey A.; BARTON, Russel R.; KANG, Keebom; FISHWICK, Paul A. Piscataway, NJ: The Institute of Electrical and Electronics Engineers u.a., New York, NY: Association for Computing Machinery; San Diego, CA: The Society for Computer Simulation International. 2000, Volume 1, S. 371-380. http://www.informs-sim.org/wsc00papers/053.PDF, Stand: 03.05.2010.

ZÜLCH, Gert; GAMBER, Thilo; STOCK, Patricia: Analyse von Entscheidungssystemen im Fertigungsbereich mittels Simulation. In: Simulation und Visualisierung 2007. Hrsg.: SCHULZE, Thomas; PREIM, Bernhard; SCHUMANN, Heidrun. Erlangen: SCS Publishing House, 2007, S. 97-109.

ZÜLCH, Gert; GROBEL, Thomas: Simulating alternative organizational structures of production systems. In: Production Planning & Control, London, 4(1993)2, S. 128-138.

ZÜLCH, Gert; HEITZ, Max-Jürgen; SCHINDELE, Hermann: Simulation of Work Organization in Highly Automated Production Systems. In: Productions Research 1993. Hrsg.: ORPANA, V.; LUKKA, A. Amsterdam et al.: Elsevier Science Publishers, 1993, pp. 675-677. (Advances in Industrial Engineering, 17)

ZÜLCH, Gert; HEITZ, Max-Jürgen; SCHINDELE, Hermann: Use of simulation for planning of work organization in highly automated production systems - Two case studies. In: International Journal of Production Economics, Amsterdam, 41(1995), pp. 429-436.

ZÜLCH, Gert; HRDINA, Jan: Control of Disassembly Systems Based on the Division of Labour by Means of Dynamically Adapting Routing Plans. In: Advanced Manufacturing and Sustainable Logistics. Hrsg.: DANGELMAIER, Wilhelm; BLECKEN, Alexander; DELIUS, Robin; KLÖPFER, Stefan. Berlin, Heidelberg: Springer-Verlag, 2010, S. 396-407. (Lecture Notes in Business Information Processing LNPIP 46)

ZÜLCH, Gert; KRÜGER, Jan; SCHINDELE, Hermann: Planung qualitätsförderlicher Personalstrukturen im Fertigungsbereich. In: Zeitschrift für Arbeitswissenschaft, Köln, 52(24 NF)(1998)1, S. 22-29.

ZÜLCH, Gert; ROTTINGER, Sven; SCHMIDT, Daniel: Der personalorientierte Technologiekalender. In: Industrie Management, Berlin, 25(2009)1, S. 31-36.

ZÜLCH, Gert; SCHMIDT, Daniel: Perspektiven der Simulation mentaler Arbeitsleistungen bei Routinetätigkeiten. In: Entscheidungen und Veränderungen in Arbeit, Organisation und Wirtschaft. Hrsg.: KORUNKA, Christian; KIRCHLER, Erich; ULFERTS, Heike. Wien: Facultas Verlags- und Buchhandels AG, 2009, S. 122.

ZÜLCH, Gert; STEIH, Marco; STOCK, Patricia; FISCHER, Jörg: Simulationsbasierte Gestaltung von Arbeitszeitmodellen im industrienahen Dienstleistungsbereich. In: Betriebliche Tertiarisierung. Hrsg.: LUCZAK, Holger. Wiesbaden: Deutscher Universitäts-Verlag, 2004, S. 125-148.
(Gabler Edition Wissenschaft; Schriftenreihe der Hochschulgruppe für Arbeits- und Betriebsorganisation; HAB-Forschungsbericht 15)

ZÜLCH, Gert; STOCK, Patricia; BOGUS, Thomas: Simulationsbasierte Arbeitszeitgestaltung. In: Industrie Management, Berlin, 22(2006)5, S. 47-50.

ZÜLCH, Gert; STOCK, Patricia; HRDINA, Jan; GAMBER, Thilo: Arbeitszeitgestaltung mit Hilfe der Simulation. In: Arbeitsgestaltung für KMU. Hrsg.: Rektor der Technischen Universität Ilmenau, Scharff, Peter. Ilmenau: Verlag ISLE, 2008, S. 51-58.

ZÜLCH, Gert; VOLLSTEDT, Thorsten: Amélioration des structures du personnel en combinant simulation et algorithme heuristique. In: Conception, Analyse et Gestion des Systèmes Industriels. Hrsg.: DOLGUI, Alexandre; VERNADAT, François. San Diego CA u.a.: Society for Computer Simulation International; Gent: SCS-Europe, 2001, Volume 2, pp. 715-721.

ZÜLCH, G.; VOLLSTEDT, T.; ROTTINGER, S.; BECKER, M.: ESPE-IH. Ein Verfahren zur Personalstrukturplanung in Fertigung und Instandhaltung. In: wt Werkstattstechnik online, Berlin, 93(2003)4, S. 311-315.

ZÜLCH, Gert; WARRISCH, Wolfgang: Simulationsunterstützte Segmentierung einer mechanischen Teilefertigung. In: REFA-Nachrichten, Darmstadt, 57(2004)6, S. 5-11.

Integrationsaspekte der Simulation:
Technik, Organisation und Personal
Gert Zülch & Patricia Stock (Hrsg.)
Karlsruhe, KIT Scientific Publishing 2010

Manipulating Virtual Hair and Textiles

Manipulation von virtuellen Haaren und Textilien

Nadia Magnenat-Thalmann, Ugo Bonanni
MIRALab, University of Geneva, Geneva (Switzerland)

Guido Böttcher, Franz-Erich Wolter
Leibniz Universität Hannover, Hannover (Germany)

Abstract: The actions of modelling and manipulating virtual objects in three-dimensional environments are required for a number of applications in the virtual prototyping process for industrial production as well as in the movie and entertainment business. The research and development of interactive systems enabling such operations focus on reproducing the visual appearance, dynamic behaviour and contact response of the simulated objects. This paper presents two application examples of interactive manipulation frameworks which have been respectively designed for the interaction with virtual hair and virtual textiles.

1 Introduction

The 3D representation of animated objects is largely exploited in many industries since over two decades. The touch-based interaction with such objects for modelling purposes, on the other hand, is an increasingly active research area with huge application potential. However, simulating the contact interactions enabling to model complex deformable objects in virtual reality environments and reproducing the associated haptic sensations are challenging tasks. Their computationally intensive character requires defining an appropriate trade-off between the allowed simulation accuracy and the requested performance. Time-critical tasks must be individually computed at the desired speed and efficiently synchronized in order to enable a physically plausible interaction experience. Hence, applications enabling haptics-based manipulation require a tailored and computationally efficient design. In this paper we discuss two such systems for the interaction with hair and textiles.

2 State of the Art

While the computation of interaction forces arising during rigid object contact has been extensively discussed over the past decade and is now well understood, there are still many open challenges linked to the manipulation of deformable objects. Hair and textiles represent prominent examples of complex deformable objects displaying nonlinear and anisotropic dynamic and haptic behaviour.

The accurate handling of mutual hair-tool interactions requires accounting for hair-tool, hair-head and hair-hair collisions with ideally approx. 150,000 hair strands animated in hard real-time in a physically based way. Hence, all attempts proposing haptic interaction facilities with hair have been urged to strongly simplify these aspects. Pioneering approaches such as the interactive virtual hair dressing rooms and salons (cf. MAGNENAT-THALMANN et al. 2006; WARD et al. 2006) aim at the simplified reproduction of the actions performed in a real hairdressing context and achieved very interesting results. They allow a variety of interactions such as hair cutting, grasping, wetting/spraying and drying – but not brushing/combing for hairstyle purposes. Repulsive forces for haptic feedback are derived from the penetration depth of tool-hair contact, considering the hair as a volume. Later approaches have defined tool-hair interactions at strand level and introduced the handling of torque interactions (cf. BONANNI et al. 2009) using individual hair strand mechanics (cf. BERTAILS et al. 2006). Such systems however display a limited scalability and difficulties in maintaining contacting hair strands at explicit positions. Promising answers to these problems are given by the use of explicit approaches such as the discrete elastic rods model (cf. BERGOU et al. 2008) extended to handle hair specifics (cf. KMOCH et al. 2009).

Simulation of textiles has caught the interest of scientists for more than 20 years now. While some methods developed in that course just aim at generating visually pleasing results (e.g. WEIL 1986), others are based on physical principles. The latter approach employs numerical integration to solve the differential equation that combines the physical laws, describing acceleration of masses, and the material's constitutive equation, relating deformation to forces. Significant contributions to this group have been made by (TERZOPOULOS et al. 1987; BARAFF et al. 1998).

However, restriction in the available hardware in the early years, research at first concentrated on simulating the movement of cloth in a non-real-time fashion. With the advent of faster computers, it has become possible to perform the necessary calculations for small models in real-time and recently with increased physical accuracy (cf. VOLINO et. al 2005). This is a prerequisite to be able to create interactive simulations for haptic interaction.

3 Manipulating Virtual Hair

The cumbersome modelling process employed by most commercial software makes the creation of complex 3D objects – for example, the hairstyles of virtual characters – a long and tedious task lasting up to several hours. The optimization and speed-up of the hairstyling process can therefore significantly support 3D artists during their creative work. In this context, we make a step towards enhancing digital hairstyling with force-feedback. Our interaction framework aims at reproducing the contact forces arising during a virtual hair combing process in a simple way. We satisfy the real-time constraints through several optimizations, but at the same time we aim at physical plausibility, and base our approach on selected physical constants identified from the relevant literature in the hair science research domain. With respect to the full range of the physical properties of hair fibres, we identify a limited set of particularly relevant properties which we take into account for the computation of the hair dynamics and the haptic rendering. This simplification allows achieving real-time performance while maintaining the possibility to simulate different hair types on the basis of varying physical parameters.

Besides the hair mass and geometry, for the hair dynamics we model the major axis bending stiffness and centreline twisting rigidity. We neglect tensile hair properties since we assume that natural interaction with real hair will not elicit forces able to cause hair elongation. We also neglect the bending over the fibre's minor axis because the hair strands' elliptical cross section makes fibres naturally bend over their cross section's major axis only (cf. SWIFT 1995).

For the haptics parameters we rely on the concept of hair handle, which defines how far specific mechanical properties of hair fibres affect haptic sensations such as softness, smoothness, combing ease or manageability during handling interactions. Cosmetic research studies analysing hair handle have ranked the bending stiffness and the frictional properties of the hair fibre surface among the main haptically relevant physical properties (cf. WORTMANN et al. 2006).

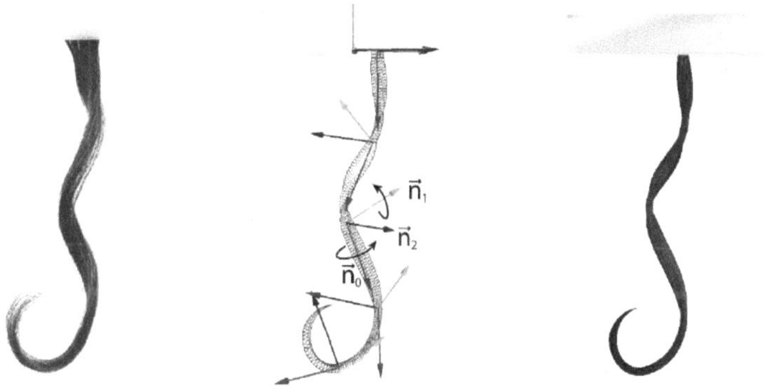

Figure 1: *A wisp of real hair (left) simulated as a Simplified Super-Helix (centre) whose five segments can twist around the centreline (n_0) or bend over the major axis (n_1). We render the 3D strand with a texture from the real sample (right).*

3.1 Simulation

We compute the dynamics of individual strands on the basis of the Cosserat Theory of Elastic Rods and taking into account the physical properties described in the previous Section. We represent hair strands as unshearable, inextensible Cosserat rods parameterized by the arc length. Each strand is composed by a centreline and an orthonormal material frame giving the orientation of the cross-section for each point on the centreline. We lean on the Super Helix model (cf. BERTAILS et al. 2006) and appropriately simplify its degrees of freedom. Reconstructing the centreline amounts to the sequenced attachment of helicoidal segments of piecewise constant twisting and major-axis-bending values (cf. Fig. 1). The computation of the hair dynamics consists in solving the equations of motion expressed in Lagrangian mechanics. The resulting system of equations relates the kinetic, potential and dissipation energies acting on the strand to the centreline mass influenced by gravity, wind, and external force and torque sensed from haptic interaction (cf. BONANNI et al. 2009).

3.2 Haptic Interaction

We compute the hair dynamics and the haptic interaction within separate threads running at different rates. Within the haptic thread, the interaction force is computed from the motion exerted by the user through the haptic device and the physical properties of the contacting hair strands considering the previously described haptically relevant parameters: bending modulus and surface friction. In addition to the translational component of the interaction we consider a torque component, which is especially required for tool-based interaction purposes. This contribution has a minimal effect on the system's computational load, but it greatly enhances the manipulation power of the user, who can now induce arbitrary curvature changes along the relevant axis according to the movement applied through the virtual tool. Force and torque are accumulated over the course of one visual simulation step. The update between the two threads eventually propagates the accumulated interaction dynamics to the simulated strands.

3.3 System Results

Our interaction scenario displays a brush-shaped tool (user-controlled through the haptic device) which allows to engage in interaction with hair strands (cf. Fig. 2).

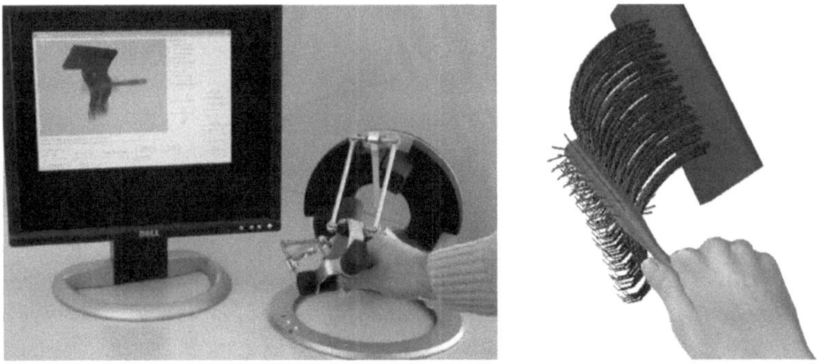

Figure 2: *Interaction framework (left) and a tool-hair interaction scene (right)*

The overall behaviour of virtual hair strands adequately corresponds to their real counterpart. Slight differences in detailed movements arise as a natural consequence of the necessary approximations of the simulation model. The evaluation of the force feedback perceived during haptic interaction is somewhat difficult. Users quickly gained confidence with the system after a short adaptation phase, but some of them also reported difficulties in the perception of a clear feedback because of the low forces involved in the tasks. Successive subjective evaluation ratings involving an augmented feedback (by 10 % and 25 %) showed a high standard deviation and could not provide statistically relevant insights about an ideal feedback scaling. The experiment performed without force feedback, however, was consistently rated less convincing than all variants returning interaction forces, confirming the positive influence of force rendering during object manipulation (cf. MORRIS et al. 2007).

4 Manipulating Virtual Textiles

The challenge in the manipulation of virtual textile is to create a visuo-haptic system that is able to form a link between numerical simulations computing physically correct deformations while having a high rate update in the contact force. Moreover, as the system has to allow the assessment of various mechanical parameters of textiles, it is necessary to consider the interaction with two fingers at minimum for grasping, i.e. sensing elasticity by stretching and roughness by rubbing over the fabric. Especially the latter action requires tactile devices providing small scale force components at the finger tips resembling the vibratory signals generated in the movement of the finger over the fabric's fine surface structure. Thus, an integrated system was designed to convey the aforementioned touch stimuli.

However, such interaction scenario (cf. Fig. 3, left) poses the problem of complex contact geometries during the touch as a fabric itself is mostly very flexible and tends to fold around the fingers. The separation in visual and haptic simulation was necessary in order to fulfil the demands of haptics and real-time simulation. This multi-rate approach (cf. BÖTTCHER et al. 2010) consists of a textile model (cf. VOLINO et. al 2005) which simulates the nonlinear large-scale mechanics of the whole cloth surface at visual rate and another computing the local deformation of textile and interaction forces at the contact area with high update rates of 1 kHz.

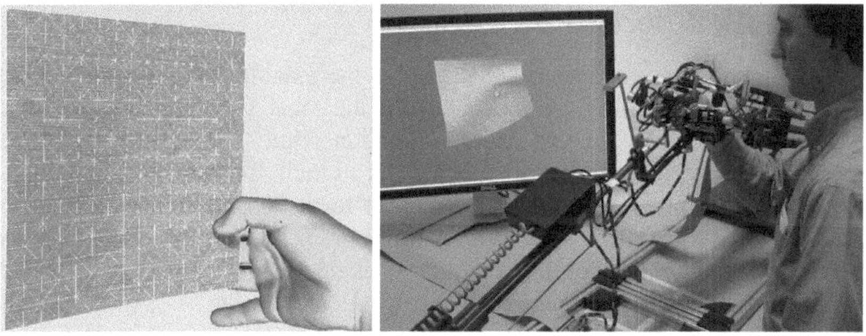

Figure 3: *Interaction Scenario (left) and user operating the system (right)*

4.1 Simulation

With the textile considered as a continuous and deformable body, its motion governed by the laws of continuum mechanics. However, the common way in mechanical engineering to apply FE-methods in order to find the exact motion is unsuitable for real-time animation. Instead, a particle system representation is used to simplify the computations of the non-linear differential equations involved in the physical laws. Despite the simplification to a particle system, the simulation is still able to represent the anisotropic mechanical response of textiles.

Applying special formulations (cf. VOLINO et al. 2005) reduces the computational effort in the textile simulation significantly to achieve very high update rates. More importantly, it also connects the force computation with the real material response measured in weft, warp and shear to reach higher physical realism.

The mechanical response of a textiles caused by deformations is obtained with the KES-F System (cf. KAWABATA 1980). To measure the mechanical resistance, e.g. against stretching, the machine (Fig. 4, left) elongates the piece of fabric constantly and measures the opposing force. The resulting values of the force are approximated by a spline curve for each deformation mode, i.e. weft, warp and shear. The curve is then (see Fig. 4, right) evaluated within the simulation to compute the complete force response.

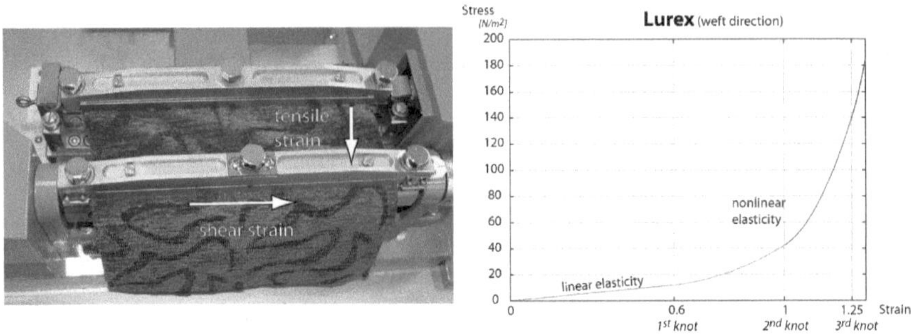

Figure 4: *Machine of KES-F system deforming fabric (left) and example of force response returning a nonlinear plot (right)*

4.2 Haptic Interaction

In the haptic rendering, representing the force at the user fingers touching the textile, the contact model is fed by the mechanics of the local simulation. Therefore, the model needs to construct the contact formulation within the small time frame as well. Unfortunately, the standard methods differ in their mechanical formulation not only yielding incompatible results with respect to the used particle model for the textile but also requiring finding the equilibrium in several iterations. The latter made them yet unusable for the constantly changing configuration of a highly deformable and very dynamic textile. As consequence, the standard mechanical models (e.g. by Signorini) used to model the contact were not yet suited for the real-time context. It is certainly desirable to express all possible contact states within a single contact model. However, real-time demands and stability issues dictate the use of several contact models specialised to different contact states. While the model used for single finger contact is an extension of the virtual proxy (cf. RUSPINI et al. 1997), the two finger grasp requires new algorithms being stable on deformable objects and thin surfaces. We have therefore developed a contact model that is able to provide stable contact and information on the movement of the contact for tactile rendering, (cf. BÖTTCHER et al. 2008).

4.3 System Results

Since the purpose of the VR system was to bring the illusion of touching real fabrics to the user, it is important to know if the system is successful in resembling the perception. The analysis of the results provided the conclusion to the quality of the system in terms of haptic perception. By rating each fabric twice, a correlation between the two trials was used to estimate the "repeatability". The "consistency" in perception was obtained by correlating the ratings from the two subjects using the

VR system. Finally, correlating the mean ratings of real fabrics with the virtual counterparts estimates the ``realism" of the system. The summarised results given in Fig. 5 showing good correspondence of elasticity and roughness perception of system compared to touching real textiles. However, bending stiffness is not conveyed by the system as seen in the results. An explanation to this result is found in the deficiency in limited accuracy of the numerical simulation and the haptic device displaying the very small forces occurring in the bending.

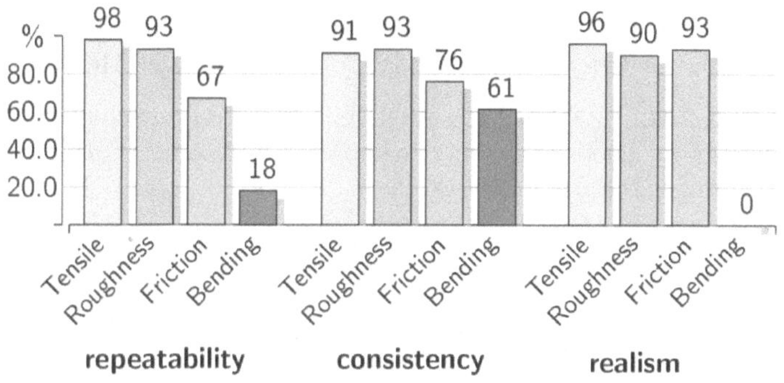

Figure 5: *Evaluation results (cf. SUMMERS 2008)*

5 Conclusions

Haptic interaction with deformable physical objects poses a lot of interesting challenges. The conflicting requirements in terms of accuracy and performance make a compromise necessary. The two frameworks described in this paper each presented an own solution, respectively by decoupling the force feedback from the physical simulation and by defining a simplified local interaction model.

Interacting with hair represents a first step towards the enhancement of 3D hairstyle modelling. Long-term consequences include commercial benefits to the video games and movie sectors, but also to the areas of cosmetics and fashion, where such methods could foster the virtual prototyping of hairstyles and related care products. Manipulating virtual textiles can be useful in the textile industry to both the rapid prototyping and the artistic garment design process, as well as to future virtual consumer assessment facilities during online purchasing of clothes – as originally envisioned by the HAPTEX Project (cf. MAGNENAT-THALMANN et al., 2007).

6 Acknowledgements

This research has been partially funded by the Swiss National Science Foundation (SNSF) with grant nr. 200020-121780.

References

BARAFF, D.; WITKIN, A.: Large steps in cloth simulation. Computer Graphics Proceedings, Annual Conference Series, (1998), S. 43-54.

BERGOU, M.; WARDETZKY, M.; ROBINSON, S.; AUDOLY, B.; GRINSPUN, E.: Discrete elastic rods. In: ACM Trans. Graph.. ACM 27(2008), S. 1-12.

BERTAILS, F.; AUDOLY, B.; CANI, M.-P.; QUERLEUX, B.; LEROY, F.; LÉVÊQUE, J.-L.: Super-Helices for Predicting the Dynamics of Natural Hair. In: Proc. SIGGRAPH 2006. ACM (2006), S. 1180-1187.

BONANNI, U.; KMOCH, P.; MAGNENAT-THALMANN, N.: Haptic Interaction with One-Dimensional Structures. In: Proc. VRST 2009.ACM(2009),S. 75-78.

BÖTTCHER, G.; ALLERKAMP, D.; GLÖCKNER, D.; WOLTER, F.: Haptic two-finger contact with textiles.The Visual Computer.Springer 24(2008),S.911-922

BÖTTCHER, G.; ALLERKAMP, D.; WOLTER, F.: Multi-rate coupling of physical simulations for haptic interaction with deformable objects. The Visual Computer. Springer 26(2010), S. 903-914.

KAWABATA, S.: The Standardization and Analysis of Hand Evaluation. (1980).

KMOCH, P.; BONANNI, U.; MAGNENAT-THALMANN, N.: Hair Simulation Model for Real-Time Environments. In: Proc. CGI 2009.ACM (2009), S. 5-12.

MAGNENAT-THALMANN, N.; MONTAGNOL, M.; GUPTA, R.; VOLINO, P.: Interactive Virtual Hair-Dressing Room. In: Computer-Aided Design & Applications. CAD Solutions 3(2006), S. 535-546.

MAGNENAT-THALMANN, N.; VOLINO, P.; BONANNI, U.; SUMMERS, I. R.; BERGAMASCO, M.; SALSEDO, F.; WOLTER, F. E.: From physics-based simulation to the touching of textiles: The HAPTEX Project. In: The International Journal of Virtual Reality. IPI Press 6(2007), S. 35-44.

MORRIS, D.; TAN, H.; BARBAGLI, F.; CHANG, T.; SALISBURY, K.: Haptic Feedback Enhances Force Skill Learning. In: Proc. WorldHaptics 2007. IEEE Comp. Soc. (2007), S. 21-26.

RUSPINI, D. C.; KOLAROV, K.; KHATIB, O.: Haptic interaction in virtual environments. In: Proc. IROS'97, IEEE/RSJ 1(1997) , S. 128-133.

SUMMERS, I.: Final Demonstrator and final integration report. (2008).

SWIFT, J.: Some simple theoretical considerations on the bending stiffness of human hair. In: J. Cosmet. Sci.. Blackwell 17(1995), S. 245-253.

TERZOPOULUS, D.; PLATT, J.; FLEISCHER, K.: Elastically Deformable Models. Computer Graphics. 21(1987) , S. 205-214.

VOLINO, P.; MAGNENAT-THALMANN, N.: Accurate garment prototyping and simulation. Computer-Aided Design & Applications 2(2005).

WARD, K.; GALOPPO, N.; LIN, M. C.: A Simulation-based VR System for Interactive Hairstyling. In:Proc. VR 2006.IEEE Comp. Soc.(2006),S. 257-260.

WEIL, J.: The synthesis of cloth objects. In: Proc. Siggraph.ACM 20(1986),S.49-54.

WORTMANN, F.-J.; SCHWAN-JONCZYK, A.: Investigating hair properties relevant for hair handle. Part I: hair diameter, bending and frictional properties. In: J. Cosmet. Sci.. Blackwell 28(2006), S. 61-68.

Integrationsaspekte der Simulation:
Technik, Organisation und Personal
Gert Zülch & Patricia Stock (Hrsg.)
Karlsruhe, KIT Scientific Publishing 2010

Auf dem Weg zum Standard – Von der Idee zur Umsetzung des VDA Automotive Bausteinkastens

The Road to Standardisation – from the Idea to the Realisation of the VDA Automotive Toolkit

Gottfried Mayer
BMW AG, München (Germany)
gottfried.mayer@bmw.de

Carsten Pöge
Volkswagen AG, Wolfsburg (Germany)
carsten.poege@volkswagen.de

Abstract: The VDA workgroup process simulation was founded in the year 2005. One of the first targets was the building of a simulation toolkit implementing automotive equipment for the compartments body shop, paint shop, assembly and logistics. This article shows the way from the first idea to the German wide standardisation of simulation in the environment of the VDA.

1 Einleitung

Die VDA (Verband der Automobilindustrie mit Sitz in Frankfurt) Unterarbeitsgruppe (UAG) "Ablaufsimulation" wurde im Jahr 2005 als ein Gremium innerhalb der VDA Arbeitsgruppe "Digitale Fabrikplanung" gegründet. Als erste Mitglieder fanden sich die OEMs (Original Equipment Manufacturer) Audi, BMW, Daimler und Volkswagen zusammen und wurden später um den Zulieferer ZF Friedrichshafen sowie die beiden OEMs Ford und Opel erweitert.

Die Unterarbeitsgruppe hat das Ziel, Methoden, Schnittstellen und Werkzeuge im Umfeld der Ablaufsimulation gemeinsam zu entwickeln und zu standardisieren. Ferner sollen Ergebnisse aus anderen Gremien, wie etwa der ASIM-Arbeitsgruppe Simulation in Produktion und Logistik, bezüglich ihrer Auswirkungen auf die Simulationsaktivitäten in den beteiligten Unternehmen geprüft werden und – wenn notwendig – Eingang in die Praxis finden.

Als eine der Aufgaben innerhalb der UAG wurde die Verwirklichung einer standardisierten Methodik für die Erstellung von Simulationsmodellen gesehen (CLAUSING, HEINRICH 2008, S. 23). Da nahezu alle Mitglieder einheitlich das Simulationstool "Plant Simulation" einsetzen, war es möglich, über einen gemeinsamen Werkzeugkasten innerhalb des Simulationstools nachzudenken. Die Idee des

VDA Automotive Bausteinkastens war geboren. Heute ist der Bausteinkasten als Standard innerhalb des VDA etabliert und dient als Basis für nahezu alle Simulationsprojekte mit Plant Simulation im Umfeld der Unterarbeitsgruppe.

2 Erste Schritte

Als erste Station auf dem Weg zu einem gemeinsamen Bausteinkasten erfolgte eine Bestandsaufnahme der zum damaligen Zeitpunkt bei den OEMs im Einsatz befindlichen Bausteine. Dabei stellte sich heraus, dass der Schwerpunkt bei den Mitgliedern auf den Bereichen Karosseriebau, Lackiererei, Montage und Logistik lag, so dass der Fokus zu Beginn auf diese Gewerke gerichtet wurde. Die grundsätzliche Philosophie orientiert sich dabei an den folgenden Leitgedanken:

- Der Bausteinkasten ist frei für alle Mitglieder verwendbar. Die Bibliothek wird auch Dritten, die im Auftrag eines der VDA-Partner arbeiten, kostenlos zur Verfügung gestellt.
- Über den Umfang der Weiterentwicklung wird gemeinsam entschieden, die entsprechenden Entwicklungs- sowie Wartungskosten werden zu gleichen Teilen von den beteiligten Partnern getragen.
- Die Bausteine werden nicht verschlüsselt, d.h. alle Methodentexte sind einsehbar. Jede Methode ist mit einem Methodenkopf versehen, der die Funktion sowie die Parameter beschreibt.
- Alle Bausteine sind zueinander und zum Plant Simulation Standardumfang kompatibel.
- Individuelle Anpassungen bleiben möglich. Kein Baustein bzw. keine Methode ist schreibgeschützt und kann bei Bedarf angepasst werden.
- Es ist strategisches Ziel, möglichst viele Funktionalitäten des Bausteinkastens in den Plant Simulation Standardumfang zu integrieren.

Da die überwiegende Anzahl der bereits existierenden Bausteine die gleichen Wurzeln hatte und die Schwerpunkte bei den OEMs unterschiedlich gesetzt waren, konnte relativ schnell eine erste Version des Bausteinkastens erstellt werden. Parallel zu den Bausteinen selbst wurde eine Dokumentation aller Bausteine, die auch die Beschreibung sämtlicher verwendeten Methoden und Variablen enthält, erstellt.

Da nicht alle Funktionen, die ein Bausteinkasten für die Belange des Automobilbaus haben muss, vereinheitlicht werden können und es zusätzlich Funktionen gibt, die unter die Geheimhaltung der einzelnen Partner fallen, wurde beschlossen, diese Umfänge in OEM-spezifischen Erweiterungspaketen bereitzustellen.

3 Bausteine allein sind keine Lösung

Eine Bausteinbibliothek, die dem Nutzer weitgehende Freiheiten bei der Anwendung ermöglicht, garantiert allein noch nicht die Erstellung standardisierter Modelle. Folgerichtig war der nächste Schritt die Erarbeitung einer Modellierungsrichtline für die Arbeit mit Plant Simulation und dem VDA Automotive Bausteinkasten, in der detailliert beschrieben wird, welche Vorgaben beim Aufbau von Simulationsmodellen zu beachten bzw. einzuhalten sind.

Da eine solche Richtlinie über mehrere Gewerke und verschiedene Unternehmen schwierig zu standardisieren ist, wurde entschieden, diese ebenfalls modular aufzubauen. So gibt es neben einem allgemeinen Teil jeweils einen Teil pro Gewerk. Für alle Vorschriften, die nicht in den für alle OEMs verbindlichen Teil aufgenommen werden können, ist es außerdem möglich, die VDA-Modellierungsrichtlinie durch eine unternehmensspezifische Richtlinie zu ergänzen. Diese ist dann auch verbindlich für die bereits erwähnten OEM-spezifischen Erweiterungspakete.

Die Modellierungsrichtlinie ist mittlerweile beschlossen und steht in deutscher und englischer Sprache zur Verfügung. Sie ist bei den Partnern sowohl bei internen als auch bei externen Projekten Grundlage für die Durchführung von Simulationsstudien und die Erstellung von Simulationsmodellen.

Eine weitere Herausforderung bei der Umsetzung eines Standards stellt die koordinierte Weiterentwicklung dar. Im Fall des VDA Automotive Bausteinkastens betrifft das die Weiterentwicklung des inzwischen recht umfangreichen Bausteinkastens (vgl. Abb. 1) an sich, sowie die Aktualisierung von vorhandenen Modellen, die auf dem Bausteinkasten basieren.

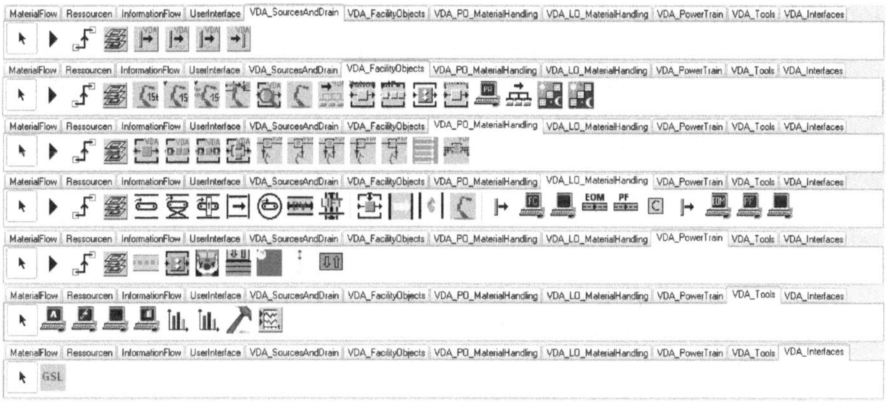

Abbildung 1: *Die Toolbars des VDA Automotive Bausteinkastens*

Die Weiterentwicklung erfolgte in der ersten Zeit nach Etablierung des Standards sehr inhomogen, da die einzelnen Bausteine eine unterschiedliche Reife aufwiesen. Häufige Aktualisierungen führten dazu, dass es extrem schwierig wurde, die Simulationsmodelle auf dem aktuellen Stand zu halten. Heute werden Weiterentwicklung und Wartung durch ein Releasemanagement koordiniert, das die Anzahl der Versionen begrenzt, ohne wichtige funktionale Erweiterungen zu vernachlässigen.

Im Rahmen des Releasemanagements wird der Bausteinkasten auch stetig auf eine aktuelle Version von Plant Simulation portiert. Dadurch kann die Arbeitsgruppe zeitnah auf Änderungen am Simulator reagieren. Dabei werden konsequent jene Funktionen, die als eigene Lösung im Bausteinkasten umgesetzt waren und die nun in einer neuen Version von Plant Simulation im Rahmen des Standardumfangs allgemein verfügbar gemacht werden, im Bausteinkasten zurückgebaut.

Seit der erstmaligen Implementation des VDA Automotive Bausteinkastens als Standard für die Modellerstellung war das Thema der Aktualisierung bestehender Modelle eine nicht zu unterschätzende Herausforderung. Plant Simulation bot zu jener Zeit keine explizite Möglichkeit, die Klassenbibliotheken zu aktualisieren. Für diese Problematik wurde federführend durch die BMW AG eine Methodik entwickelt, die über ein gezieltes Austauschen der Elemente in der Klassenbibliothek durch programmierte Methoden die Aktualisierung von Modellen auf die jeweils neueste Bausteinkasten-Version ermöglicht. Durch diese Erweiterungen ist es möglich, Simulationsmodelle über mehrere Jahre aktuell zu halten (MAYER, SPIECKERMANN 2008, S. 61). Mittlerweile bietet Plant Simulation eine Verwaltungsfunktion für Klassenbibliotheken, die in Zukunft im Bausteinkasten zum Einsatz kommen soll.

4 Wissensvermittlung

4.1 Schulungskonzept

Um sowohl den Simulationsexperten der beteiligten Partner als auch denen der für die Partner tätigen Dienstleister und Zulieferer den Einstieg in den Bausteinkasten und die damit verbundene Methodik zu erleichtern, musste ein Schulungskonzept erstellt werden, das sowohl einen Überblick über den Bausteinkasten als auch eine detaillierte Vorstellung der Bausteine für die einzelnen Einsatzbereiche in Karosseriebau, Lackiererei, Montage und Logistik umfasst. Um diesen Anforderungen gerecht zu werden, enthält das Schulungskonzept einen allgemeinen Teil, der die Philosophie des Bausteinkastens und eine Vorstellung der Grundbausteine sowie der Bausteine zur Verwaltung des Simulationsmodells und seiner Parameter zum Inhalt hat, sowie verschiedene Spezialteile, die die einzelnen Einsatzbereiche, wie z. B. die Verwendung der Bausteine für den Bereich der Lackiererei, detailliert vorstellen.

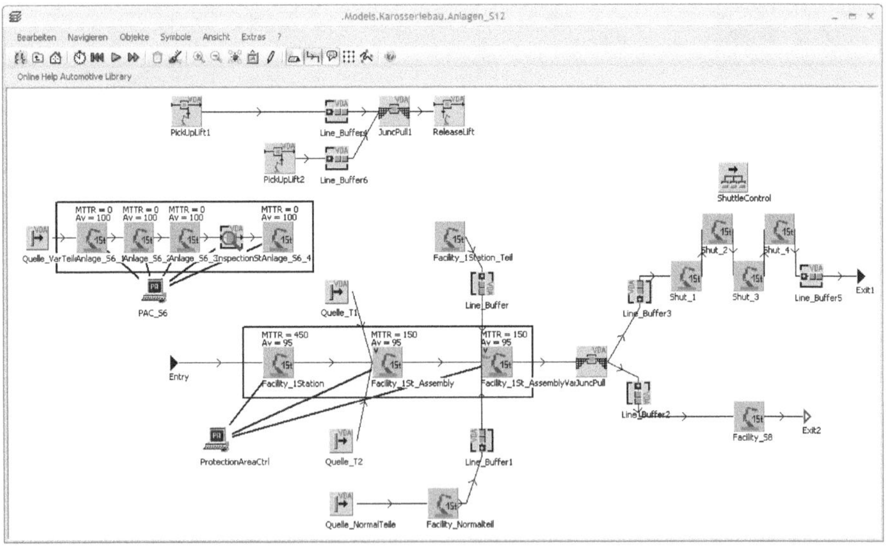

__Abbildung 2:__ Modell unter Verwendung des VDA Automotive Bausteinkastens

Parallel zum Schulungskonzept wurden Tutorials entwickelt, die das Einarbeiten in den Bausteinkasten ohne Schulung ermöglichen. Diese Tutorials sind fester Bestandteil des Bausteinkastens und werden mit diesem geupdatet, paketiert und verteilt. Sie sind speziell auf ein Gewerk oder eine Technologie, wie z. B. platzorientierte Fördertechnik oder längenorientierte Fördertechnik, zugeschnitten. Abbildung 2 zeigt beispielhaft ein Modell aus dem platzorientierten Modul des Tutorials.

4.2 Workshops an Universitäten

Um die Verbreitung des Bausteinkastens weiter zu forcieren, wurde in Zusammenarbeit mit der TU Ilmenau ein Konzept für einen Seminarworkshop erarbeitet. Bei diesem wird, Plant Simulation Kenntnisse vorausgesetzt, am ersten Tag ein Tutorial unter Anleitung bearbeitet und an einem zweiten Tag eine Aufgabe ohne zusätzliche Hilfe modelliert.

Dieses Vorgehen begünstigt zum einen die Aufnahme der Inhalte des Bausteinkastens in die Lehre und ermöglicht zum anderen einen Informationsrückfluss über die Anwendbarkeit des Bausteinkastens als wichtigen Input für die weitere Entwicklung. Zu diesem Zweck wird an jeden Teilnehmer ein Fragebogen verteilt, der Fragen zur Verständlichkeit des Tutorials und zu Problemen bei der Bearbeitung der Aufgabenstellung enthält. Die aggregierten Ergebnisse aus den Workshops werden zwischen den Partnern besprochen und fließen in die Weiterentwicklung des Bausteinkastens ein.

5 Schnittstellen und neue Module

5.1 Powertrain

Die ursprüngliche Version des VDA Automotive Bausteinkastens deckte bereits die Gewerke Karosseriebau, Lackiererei, Montage und Logistik ab. Schon bald wurde aber das das Thema Motorenbau als weiteres Einsatzgebiet identifiziert, für das die Erstellung eigener, spezialisierter Bausteine notwendig war. Nach der Erstellung und Abstimmung des Fachkonzeptes zwischen den Partnern wurde diese Erweiterung des Bausteinkastens entsprechend der entstandenen Spezifikation für die einzelnen Bausteine von zwei Dienstleistern in Kooperation umgesetzt. Zur Integration in den Gesamtbausteinkasten wurde die Dokumentation ergänzt und ein Tutorial erstellt.

5.2 Generische Standardlösung GSL

Da die Datenbeschaffung für die Ablaufsimulation einen großen Anteil am zeitlichen Aufwand eines Simulationsprojektes hat und die manuelle Datenbeschaffung viele Fehlerquellen birgt, stehen auch Schnittstellen zu anderen Systemen der Planung im Fokus der Arbeitsgruppe (vgl. Abb. 3).

Das erste Planungssystem, das dahingehend betrachtet wurde, war das CAD Werkzeug TriCAD, basierend auf dem System Microstation. Dieses wird in den Unternehmen zur 3D-Planung von Fördertechniksystemen verwendet. Da diese einen großen Umfang in den Simulationsprojekten verschiedener Gewerke bilden, wurde, federführend im Hause Daimler, die Schnittstelle GSL-FT (Fördertechnik) entwickelt. Durch diese Schnittstelle ist es möglich, den Materialfluss der Fördertechnik layoutkonform im Simulator zu erstellen, sowie die wichtigsten Parameter wie Länge und Geschwindigkeit aus dem CAD-System zu übernehmen.

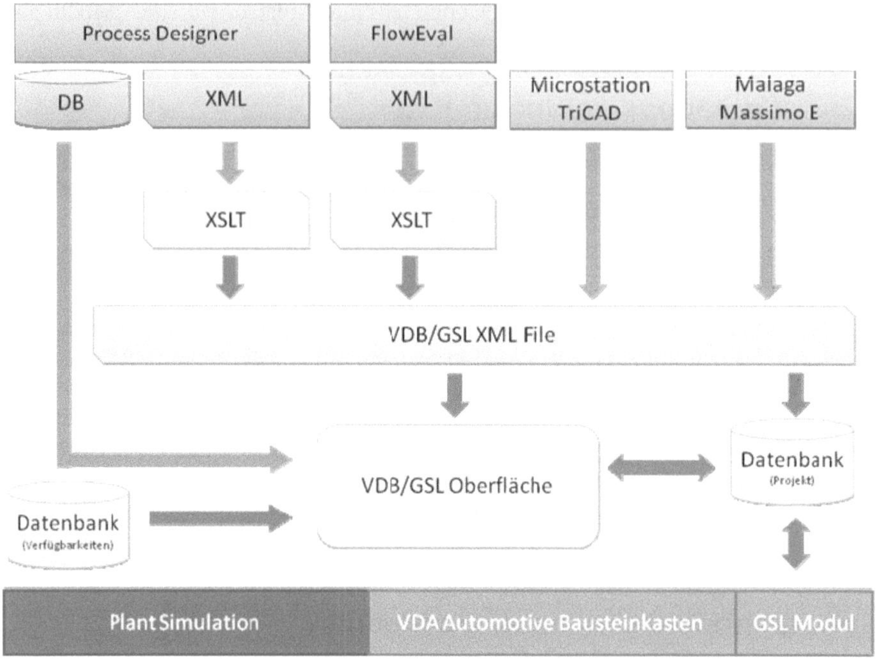

Abbildung 3: *Schematische Darstellung der Schnittstellen*

Als zweites Modul befindet sich derzeit die Schnittstelle GSL-L (Logistik) in Entwicklung. Diese ermöglicht es, Logistikdaten aus dem Werkzeug Malaga zu übernehmen und aus diesen – statisch abgesicherten – Daten ein dynamisches Simulationsmodell zu erzeugen, das auf den Elementen des VDA Automotive Bausteinkastens basiert. Somit kann die Aussage aus der statischen Absicherung der Logistik durch dynamische Simulationen präzisiert werden. Es wird zusätzlich möglich sein, den Logistikfluss mit dem Bauträgerfluss gemeinsam zu simulieren.

Eine Schnittstelle zur Verfügbarkeitsdatenbank (VDB) bildet das dritte, bereits existierende Kommunikationsmodul des VDA Automotive Bausteinkastens, dessen Entwicklung durch Volkswagen maßgeblich vorangetrieben wurde. Die VDB ist eine bei Volkswagen im Einsatz befindliche Oberfläche zur Verwaltung und Parametrierung von (Plant Simulation) Simulationsmodellen, die um Schnittstellenfunktionalitäten erweitert wurde. Die Bezeichnung ist historisch bedingt und auf die ursprüngliche Funktion, Simulationsmodelle mit Verfügbarkeiten auf Betriebsmittelbasis zu versehen, zurückzuführen. Dabei lassen sich unter Verwendung einer Bibliothek von Betriebsmitteln und den für sie definierten Verfügbarkeiten komplexe Betriebsmittelstrukturen abbilden und mit einer Verfügbarkeit versehen. Diese Verfügbarkeit wird dann im Simulationsmodell dem entsprechenden Baustein aufgeprägt. Über die VDB stehen heute weitere Funktionen – wie z.B. Schnittstellen zum Prozessplanungswerkzeug Process Designer und zum Tool FlowEval – zur Verfügung.

Alle genannten Schnittstellen setzten auf ein XML (eXtensible Markup Language) Format auf, das von der Unterarbeitsgruppe definiert wurde. Die Schnittstellenbeschreibung ist werkzeugneutral und kann theoretisch für alle gängigen Simulatoren genutzt werden. Es ist möglich, diese XML-Datei direkt in den Simulator zu laden, oder sie über ein zusätzliches Programm vorher zu prüfen bzw. zu ändern. Im Simulator übernimmt dann ein Modul die automatische Modellerstellung sowie die Parametrisierung des erzeugten Modells mit den vorhandenen Daten.

Durch die beschriebenen Schnittstellen ist es möglich, Simulationsmodelle teilweise oder vollständig (Logistik) im Simulator zu erzeugen und die Daten direkt, unter Ausschluss möglicher manuelle Übertragungsfehler, einzulesen. So ergibt sich neben dem Zeitvorteil noch eine zusätzliche Sicherheit in der Datenübertragung.

5.3 Public / Private Architektur

Die Elemente des Bausteinkastens waren bis zur Integration des Powertrain Umfangs relativ flach modelliert, d.h. interne Variablen und Standardmethoden sowie Methoden und Variablen für die Benutzereinstellungen befanden sich auf der gleichen Modellierungsebene und waren nur durch ihre Farbe zu unterscheiden. Dadurch waren komplexere Bausteine unübersichtlich und für den Anwender nur schwer zu verstehen.

Da nicht alle Parametrierungsmöglichkeiten eines Bausteins sinnvoll über einen Nutzerdialog zugänglich zu machen sind, wurde entschieden, die Benutzer- und Standardmodule zu trennen. Um dies zu erreichen wurde der komplette Bausteinkasten dahingehend überarbeitet, dass jeder Baustein auf der obersten Netzwerkebene nur noch die Benutzermodule enthält, während alle Standardmodule über ein Netzwerk mit dem Namen "Private" zugänglich sind. Durch diese Überarbeitung wurde die Anwenderfreundlichkeit der Bausteine deutlich erhöht.

6 Zusammenfassung und Ausblick

Die Erstellung eines Bausteinkastens ist für sich gesehen kein kompliziertes Vorhaben. Dies wird auch durch die große Anzahl der vorhandenen, lokal im Einsatz befindlichen Bausteinkästen bestätigt. Die kontinuierliche, koordinierte Wartung und Weiterentwicklung sowie die gezielte Verbreitung, bzw. Etablierung einer standardisierten Methodik unter Verwendung eines Bausteinkastens sind die weitaus größere Herausforderung. Der VDA Automotive Bausteinkasten ist heute als Standard für die Erstellung von Simulationsmodellen im Umfeld des Automobilbaus etabliert und weit verbreitet im Einsatz.

Trotzdem – oder gerade deshalb – ist die Entwicklung bei weitem noch nicht abgeschlossen. Derzeit sind im Auftrag der VDA UAG Ablaufsimulation Module für die Abbildung von komplexen Werkertätigkeiten und für die Erstellung von Modellen zum Wertstromdesign in Entwicklung.

Literatur

CLAUSING, Matthias; HEINRICH, Stefan: Man, Machine, Material – Standardizing workflow simulation in the automotive industry. In: ProductData Journal. Darmstadt, 1(2008), S. 23-25.

MAYER, Gottfried; SPIECKERMANN, Sven: Lebenszyklen von Simulationsmodellen: Anforderungen und Fallbeispiele aus der Automobilindustrie. In: Advances in Simulation for Production and Logistics applications. Hrsg.: RABE, Markus. Stuttgart: Fraunhofer IRB Verlag, 2008, S. 61-69.

Integrationsaspekte der Simulation:
Technik, Organisation und Personal
Gert Zülch & Patricia Stock (Hrsg.)
Karlsruhe, KIT Scientific Publishing 2010

Modellgenerierung im Kontext der Digitalen Fabrik - Stand der Technik und Herausforderungen

Model Generation in the Digital Factory Context - State-of-the-Art and Challenges

Steffen Straßburger, Sören Bergmann
Technische Universität Ilmenau, Ilmenau (Germany)
steffen.strassburger@tu-ilmenau.de

Hannes Müller-Sommer
Daimler AG, Sindelfingen (Germany)

Abstract: This paper discusses the state of the art in automatic simulation model generation focusing on the digital factory context in the automotive industry. Recent advances of the field are discussed and classified. Future challenges are introduced.

1 Einleitung

Dieser Beitrag gibt einen Überblick über verschiedene Ansätze zur automatischen bzw. teilautomatischen Generierung von Simulationsmodellen. Hierfür werden zunächst Klassifikationsmöglichkeiten für Modellgenerierungsansätze diskutiert. Im Folgenden werden aktuelle Arbeiten aus dem Kontext der Digitalen Fabrik der Automobilindustrie analysiert und in diese Klassifikation eingeordnet. Datenaustauschformate, die im Kontext der Modellgenerierung verwendet werden, werden auf ihre Praxistauglichkeit und ausgewählte Werkzeuge auf ihre Unterstützung der Modellgenerierung untersucht.

Aufbauend auf den dargestellten Resultaten werden Schlussfolgerungen gezogen, welche offenen Herausforderungen heute noch ungelöst sind, und was daher bei zukünftigen Modellgenerierungsansätzen zu beachten ist.

2 Datenquellen für die Modellgenerierung

Unter dem Begriff der (teil-)automatischen Modellgenerierung werden im Simulationskontext Ansätze verstanden, bei denen ein Simulationsmodell nicht manuell mit den Modellierungswerkzeugen des gewählten Simulators erzeugt wird, sondern vielmehr über Schnittstellen und Algorithmen aus externen Datenquellen generiert wird. Man spricht daher auch von "datengetriebener Modellgenerierung" (ECKARDT 2002; WENZEL 2009). Hierbei existiert ein breites Spektrum an potentiell geeigneten externen Datenquellen und zugehörigen IT-Systemen (vgl. Abb. 1).

Im Kontext der Planungswelt der digitalen Fabrik sind als Datenquellen insbesondere Prozessplanungs- und Layoutgestaltungswerkzeuge von Interesse. Im Falle des Einsatzes der Simulation zur Unterstützung des operativen Betriebes einer Fabrik kommen weitere betriebliche Informationssysteme (ERP/PPS, MES) als wichtige Datenquellen hinzu.

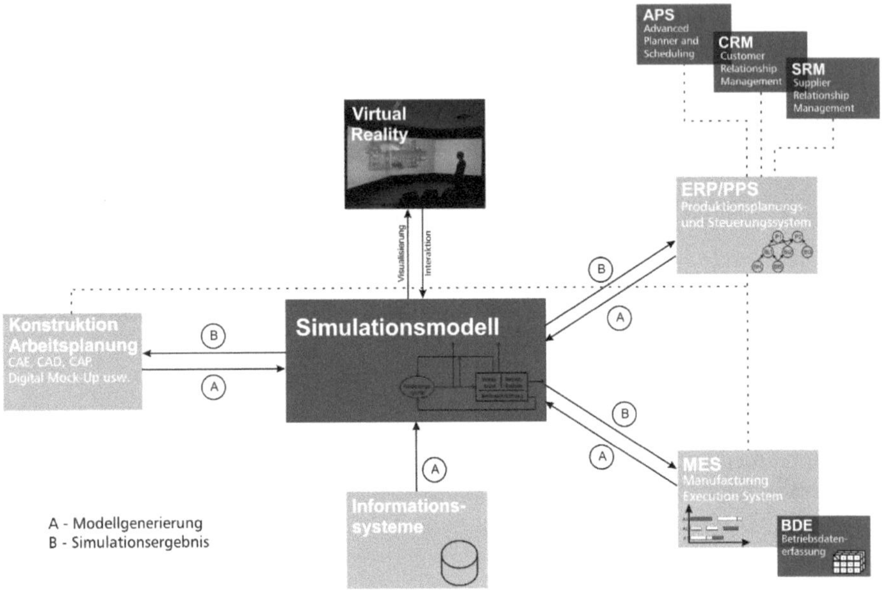

***Abbildung 1**: Datenquellen zur Modellgenerierung*

3 Klassifikationsmöglichkeiten

Es gibt ein recht breites Spektrum an Klassifikationsmöglichkeiten für Ansätze zur Modellgenerierung. In Anlehnung an (ECKARDT 2002) können drei Grundansätze zur Automatisierung der Erstellung diskret-ereignisgesteuerter Simulationsmodelle unterschieden werden:

1. Parametrische Ansätze: Kennzeichnend für diesen Ansatz ist, dass Modelle auf Basis existierender, in Bibliotheken gespeicherter Simulationsbausteine erstellt werden, die vom Modellgenerator auf Basis von Parametern selektiert und konfiguriert werden.

2. Strukturbasierte Ansätze: Ausgangspunkt der Modellgenerierung bilden in diesem Ansatz Daten, die die Struktur des abzubildenden Systems beschreiben. Hierzu zählen nach ECKARDT (2002) insbesondere Fabriklayoutdaten aus entsprechenden CAD-Systemen.

3. Hybrid-wissensbasierte Ansätze: Diese Ansätze kombinieren Verfahren der künstlichen Intelligenz (Expertensysteme, neuronale Netze u.ä.) mit den beiden bisher dargestellten Verfahren.

Betrachtet man die in Abschnitt 4 näher vorgestellten Ansätze, kann man kritisch hinterfragen, ob diese Klassifikation heute noch sinnvoll ist. Insbesondere im Kontext der digitalen Fabrik sind häufig sowohl strukturelle (d.h. layoutbasierte) Daten für die Modellbildung relevant, als auch Parameterdaten, die die simulationsrelevanten Eigenschaften grafischer Objekte näher beschreiben. Insofern könnten fast alle aktuellen Verfahren als "hybrid" klassifiziert werden und, da häufig ein Ziel auch die Nutzbarmachung von Expertenwissen ist, auch als hybrid-wissensbasiert.

In Tabelle 1 werden daher weiter untersetzte Möglichkeiten zur Klassifikation von Modellgenerierungsansätzen in Form eines morphologischen Kastens aufgezeigt.

<table>
<tr><th>Kriterium</th><th colspan="60">Ausprägung</th></tr>
<tr><td rowspan="2">Einsatzfall der generierten Simulationsmodelle</td><td colspan="30">planungsbegleitend</td><td colspan="15" rowspan="2">betriebs-begleitend</td><td colspan="15" rowspan="2">hybrid</td></tr>
<tr><td colspan="15">strategisch (z.B. Standort)</td><td colspan="15">taktisch (z.B. Layout, Puffergrößen)</td></tr>
<tr><td>Fertigungstyp</td><td colspan="20">Job-Shop</td><td colspan="20">Flow-Shop</td><td colspan="20">Open-Shop</td></tr>
<tr><td>Fokussiertes Gewerk</td><td colspan="12">Montage</td><td colspan="12">Lackie-rerei</td><td colspan="12">Logistik</td><td colspan="12">Förder-technik</td><td colspan="12">Andere</td></tr>
<tr><td>Nutzergruppe</td><td colspan="20">Fachabteilung</td><td colspan="20">Simulationsexperte</td><td colspan="20">Jeder</td></tr>
<tr><td rowspan="2">Grad der Automatisierung der Modellerstellung</td><td colspan="12" rowspan="2">keine</td><td colspan="36">teilautomatisch</td><td colspan="12" rowspan="2">voll auto-matisch</td></tr>
<tr><td colspan="12">Struktur</td><td colspan="12">Verhalten</td><td colspan="12">beides</td></tr>
<tr><td rowspan="2">Ansatz der Modellerstellung</td><td colspan="12" rowspan="2">Standardi-sierte Eingabe-formulare</td><td colspan="12" rowspan="2">Dialog-geführt (Wizzard o.ä.)</td><td colspan="12" rowspan="2">Referenz-modelle</td><td colspan="24">Direkter generischer Modellaufbau</td></tr>
<tr><td colspan="12">eine Daten-quelle</td><td colspan="12">alle rele-vanten Systeme</td></tr>
<tr><td>Unterstütze Phasen der Simulations-studie</td><td colspan="15">Modell-erstellung</td><td colspan="15">Verifikation und Validierung</td><td colspan="15">Experiment / Initialisie-rung</td><td colspan="15">mehrere</td></tr>
<tr><td>Technische Umsetzung der Schnittstelle</td><td colspan="15">textbasiert (z.B. *.csv)</td><td colspan="15">tabellen-basiert (z.B. Excel)</td><td colspan="15">XML (z.B. CMSD)</td><td colspan="15">Datenbank (z.B. SQL)</td></tr>
<tr><td>Art der fachlichen Schnittstelle</td><td colspan="15">layout-basiert (z.B. SDX)</td><td colspan="15">produkt-basiert (z.B. STEP)</td><td colspan="15">prozess-basiert</td><td colspan="15">sonstige / hybrid</td></tr>
<tr><td rowspan="2">Wiederverwendung des Modells</td><td colspan="24">Keine</td><td colspan="36">mehrmalig</td></tr>
<tr><td colspan="12">keine weiteren Frage-stellungen</td><td colspan="12">nicht wirt-schaftlich</td><td colspan="12">manuelle Nachbe-arbeitung</td><td colspan="12">Neupara-metri-sierung</td><td colspan="12">kontinu-ierliche Anpass-ung</td></tr>
</table>

Tabelle 1: *Klassifikationsmöglichkeiten von Modellgenerierungsansätzen*

4 Überblick über existierende Ansätze

Bestrebungen zur Automatisierung der Erzeugung von Simulationsmodellen sind als Idee nicht neu und werden seit über 15 Jahren verfolgt. Frühe Arbeiten zur layoutbasierten Modellgenerierung finden sich bereits bei LORENZ und SCHULZE (1995); bereits die Arbeiten von SPLANEMANN (1995) können als hybrid bezeichnet werden, weil hier sowohl CAD-Daten als auch Daten anderer Informationssysteme (PPS) für die Modellgenerierung herangezogen werden.

Ein wesentliches Problem der automatischen Modellgenerierung ist die Abbildung komplexeren Systemverhaltens. Das Problemspektrum beginnt bereits bei der Abbildung von einfachen Steuerstrategien (Pufferstrategien, Routingentscheidungen u.ä.). Diese sind zwar simulationsseitig häufig noch recht gut durch einfache Parametrisierung von Bausteinen abbildbar, vielfach fehlen jedoch in den Ausgangssystemen (Prozessplanungswerkzeuge, Fabriklayout-Tools) die entsprechenden Modellierungsmöglichkeiten, oder, so sie existieren liegt es nicht im Kompetenz- und Aufgabenbereich des Planers, diese zu nutzen.

Die Arbeit von ROOKS (2009) ist in diesem Kontext angesiedelt. Sie verwendet als Datenquellen die digitale Prozessplanung und ergänzt diese um Layoutinformationen aus einem anderen System. Der Vorschlag von Rooks ist, die typischerweise in Planungssystemen fehlenden Beschreibungen von Verhaltensregeln (wie Steuerstrategien) durch den Planer im Planungssystem ergänzen zu lassen, damit diese für die Modellgenerierung zur Verfügung stehen. Somit wird es technisch zwar möglich, lauffähige Simulationsmodelle zu generieren, ob diese Möglichkeit jedoch praktisch umsetzbar ist (fehlende Simulationskompetenz der Planer), hängt vom konkreten Einsatzszenario ab.

Einen anderen Ansatz für die Problematik der Generierung von Steuerstrategien untersucht die Arbeit von SELKE (2004). Hier ist die Modellgenerierung in einem betriebsbegleitenden Kontext angesiedelt und es wird versucht, die Steuerstrategien automatisch durch Auswertung von Zustandsdaten des realen Systems zu erkennen.

Der Schwierigkeitsgrad der automatisierten Generierung von Steuerungs- und Routingstrategien ist jedoch noch als relativ einfach zu bezeichnen. Das Problemspektrum der automatischen Generierung von komplexerem Systemverhalten geht jedoch noch wesentlich darüber hinaus. Dies spiegelt sich mit der Charakteristik bausteinorienterter Simulatoren, die - je nach Umfang der bereitgestellten Simulationsbibliotheken - zwar in der Lage sind, geschätzte 70-90 % eines realen Systems mit ihren vordefinierten Bausteinen über einfache Parametrisierungen abzubilden, jedoch für die restlichen 10-30 % händische Eingriffe des Modellierers auf der nächst tieferen Modellierungsebene benötigen. Auf dieser Ebene besteht dann die Möglichkeit, komplexere Verhaltenslogiken mittels algorithmischer Modellierungsansätze über eingebaute Skript- bzw. Simulationssprachen der Simulatoren abzubilden. Die automatische Generierung solcher Verhaltenslogiken ist jedoch schwierig und beschränkt sich typischerweise auf einfache Entscheidungsregeln bzw. -tabellen.

Mit dem Standardisierungsgedanken der digitalen Fabrik besteht die Hoffnung, trotz dieser generellen Problematik zu komplett automatisiert aufbaubaren Simulationsmodellen zu kommen. Hierfür werden dann u.U. Einschränkungen bzgl. der Allgemeingültigkeit der Ansätze in Kauf genommen und die Modellgenerierung z.B. auf ein spezifisches Gewerk und festgelegte Randbedingungen beschränkt. WURDIG und WACKER (2008) stellen eine derartige Lösung für den Bereich der Fördertechnik vor.

JENSEN (2007) entwickelte ein Verfahren zur Kopplung verschiedener industrieller produktionsnaher Datenhaltungssysteme mit dem Ziel einer automatischen Modellgenerierung. Kern seiner Arbeit ist das Zusammenführen verschiedener Datenquellen zu einem Datenframework auf der Basis von Web-Diensten. Diese enthalten eine Logik, mit der diese Daten flexibel in einer XML-Datei aufbereitet werden. Hierbei wird auch auf BDE-Daten der bestehenden Produktion zugegriffen, die in betriebsbegleitenden Systemen vorgehalten werden. Die XML-Datei kann auf einem Client-Rechner grafisch dargestellt und an Fragestellungen der Simulation angepasst werden. Danach erfolgt mittels XML-Parsern eine Übergabe an unterschiedlichen Simulatoren, die das Modell erzeugen, ausführen und analysieren. Es können mit dieser Lösung Fragestellungen wie Kapazitätsanalysen, Losgrößenbestimmung und Pufferdimensionierung adressiert werden.

Zusammenfassend lässt sich feststellen, dass diverse praxistaugliche Ansätze existieren, Simulationsmodelle zumindest teilautomatisiert zu generieren. Diese sind jeweils auf ein konkretes betriebliches Szenario (Gewerk, Untersuchungsziel, u.ä.) zugeschnitten. Weiterhin ist eine strikte Trennung in planungsbegleitende und betriebsbegleitende Ansätze zu erkennen. Die technischen Umsetzungen sind aufgrund fehlender Standards als sehr heterogen zu charakterisieren.

5 Datenstandards und Werkzeugunterstützung

Im Zuge einer möglichst allgemeingültigen Gestaltung von Ansätzen zur "datengetriebenen Modellgenerierung" ist zu diskutieren, welche Rolle hierbei Datenstandards zum Austausch der relevanten Informationen für die Modellgenerierung zukommt. Die Anzahl zur Verfügung stehender Standards ist als gering einzustufen. Das schon ältere SDX-Format (Simulation Data Exchange; vgl. SLY, MOORTHY 2001) sowie der neuere SISO-Standard CMSD (Core Manufacturing Simulation Data; vgl. SISO 2009) zählen zu den wenigen überhaupt existierenden Standards auf diesem Gebiet.

Das SDX-Format ist auf reine Layoutinformationen beschränkt. Geometrische Objekte können hierbei bereits im CAD-System (z.B. FactoryCAD) als simulationsrelevant gekennzeichnet und mit Parametern, die im Prozess der Modellgenerierung relevant sind, ausgestattet werden. SDX unterstützt hierbei nach SLY und MOORTHY (2001) sogar ansatzweise ein zyklisches Vorgehen. Modellgenerierungszyklen können danach mehrfach durchlaufen werden, wenn sich z.B. das Layout im CAD-System ändert, ohne dass im Simulator getätigte Ergänzungen verloren gehen. SDX wird von einigen kommerziellen Simulatoren (z.B. AutoMod, WITNESS, Simul8, Plant Simulation) als Importformat unterstützt, bei CAD-Systemen beschränkt sich die Unterstützung des SDX-Formats auf FactoryCAD.

SDX hat als Datenaustauschformat für geometriebezogene Daten zwar eine gewisse Verbreitung gefunden, für darüber hinausgehende Anforderungen im Rahmen einer Modellgenerierung ist es jedoch als unzureichend zu betrachten, da z.B. Informationen bzgl. Verhaltenslogiken oder Initialisierungsdaten nicht abgebildet werden können. SDX stellt auch keinen offenen Standard dar, da dessen Entwicklung in den Händen eines Hersteller (Siemens) liegt.

Das relative junge CMSD-Format stellt den Versuch eines offenen Standards dar, der neben layout- und strukturbezogenen Informationen auch Systemlastdaten (z.B. Aufträge) und Steuerdaten (Werkerzuordnungen, Schichtpläne, u.ä.) in ein standardisiertes, XML-basiertes Format integriert. Da die Eignung dieses Formats zur Modellgenerierung an anderer Stelle in diesem Tagungsband diskutiert wird (vgl. BERGMANN, STRASSBURGER 2010) soll hier auf eine detaillierte Diskussion verzichtet werden. Es sei hier lediglich angemerkt, dass auch CMSD keine vollständige Lösung für die Problematik der Generierung von Verhaltenslogiken liefert und dass bisher keine Unterstützung dieses Formats durch Systemhersteller existiert. Der Standard bietet jedoch nach Einschätzung der Autoren ein relativ hohes Potential für eine weitreichende Unterstützung von Modellgenerierungsansätzen.

Neben Formaten mit konkretem Simulationsbezug kommen in Modellgenerierungsansätzen z.T. auch allgemeinere Standards (z.B. STEP) oder spezielle Grafikimport und -export-Formate zum Einsatz. Diese werden für den jeweiligen Modellgenerierungszweck adaptiert und ggf. proprietär erweitert (vgl. SPLANEMANN 1995).

Diverse Ansätze basieren auch auf komplett proprietären Datenformaten, auch wenn diese häufig unter Nutzung von XML als Beschreibungssprache definiert werden.

Voraussetzung für die Implementierung von selbstentwickelten Modellgeneratoren auf Seiten der Simulatoren sind geeignete Schnittstellen zum Einlesen der Eingangsdaten und die Fähigkeit der simulatoreigenen Skriptsprache zur "ferngesteuerten" Erstellung bzw. Parametrierung von Modellen. Hierbei ist es hilfreich, wenn der Simulator über Grundkonzepte objektorientierter Programmierung verfügt. Aus eigenen Erfahrungen der Autoren bieten gängige Simulatoren der Digitalen Fabrik wie Plant Simulation oder QUEST, aber auch reine Simulationssprachen wie SLX hierfür die notwendigen Mechanismen.

Es ist somit festzuhalten, dass heutige Werkzeuge der Digitalen Fabrik den Prozess der datengetriebenen Modellgenerierung zwar prinzipiell ermöglichen, es sich bei existierenden Lösungen aufgrund fehlender Standards heute jedoch meist um proprietäre Insellösungen handelt, die auf eine konkrete Problemklasse zugeschnitten ist.

6 Offene Herausforderungen

Aus den Diskussionen der beiden vorhergehenden Abschnitten lassen sich Entwicklungsbedarfe ableiten, die in zukünftigen Forschungsarbeiten und idealerweise auch in den Roadmaps der Simulatorhersteller Berücksichtigung finden sollten.

So ist einerseits die Unterstützung zyklischer Vorgehensweisen (Modelle werden mehrfach generiert, da sich Planungsdaten ändern) ein kritisches Element für eine breite Akzeptanz von Modellgenerierungsansätzen. Die Notwendigkeit hierfür ergibt sich aus dem teilautomatisierten Charakter der meisten Modellgenerierungsansätze, bei denen gewisse Modellierungsumfänge händisch im Simulator nachgepflegt werden müssen. Ist dieser Aufwand bei jeder Iteration eines Modellgenerierungszyklus zu erbringen, sinkt die Akzeptanz der Modellgenerierung drastisch. Erste Ansätze zur Unterstützung zyklischer Vorgehensweisen existieren z.B. bei SDX-Importfiltern und dem AMG-Baustein von Plant Simulation, jedoch fehlt eine konsequente und systematische Weiterentwicklung.

Ein verwandtes Problem sind die häufig fehlenden Möglichkeiten des Rückspielens von Ergebnisdaten in die ursprünglichen Datenhaltungssysteme (STRASSBURGER u.a. 2006). Dies betrifft sowohl Modelländerungen, die sich als Ergebnis der Simulationsstudie ergeben, als auch Informationen, die den operativen Betrieb einer Fabrik im Sinne einer simulationsbasierten Fertigungssteuerung unterstützen könnten.

Generell stellt sich die Frage, wie Expertenwissen des Simulationsexperten, welches für die Modellerzeugung unverzichtbar ist und in Planungssystemen bzw. anderen Datenhaltungssystemen nicht abgebildet wird, erfasst und wiederverwendbar nutzbar gemacht werden kann. Ein Lösungsansatz wäre hier beispielsweise die Etablierung eines Simulationsgerüsts, welches in Analogie zum Mengengerüst einmalig für einen Simulationskontext gefüllt wird und in nachfolgenden Modellgenerierungszyklen bzw. Simulationsstudien mit ähnlichem Zweck automatisiert genutzt werden kann.

Weiterhin ist ein Fehlen von lebenszyklusübergreifende Modellgenerierungsansätzen, d.h. Ansätzen, die sowohl in der Planungsphase, also auch in der operativen Phase einer Fabrik anwendbar sind, zu konstatieren. Forschungsziele zur Etablierung derartiger Ansätze müssten sich u.a. mit Fragen einer teilautomatischen Validierung bzw. Kalibrierung von Modellen beschäftigen, die gewährleisten, dass Modelle, die auf Basis von Daten der Planungsphase generierte wurden, mit der real implementierten Fabrik übereinstimmen. Derartige Abgleiche könnten z.B. auf Daten der Betriebsdatenerfassung basieren.

Eine weitere Herausforderung der Grundlagenforschung besteht in der Problematik der tool-übergreifenden komponentenbasierten Modellbildung und betrifft die Frage, wie Interoperabilität zwischen automatisiert generierten Modellkomponenten in verschiedenen Simulatoren gewährleistet werden kann.

7 Zusammenfassung

In diesem Beitrag wurden verschiedene Klassifikationsmöglichkeiten von automatisierten Modellgenerierungsansätzen diskutiert und aktuelle Arbeiten entsprechend eingeordnet. Es ist festzustellen, dass es zwar ein weites Spektrum an teilautomatischen Lösungen gibt, für eine vollautomatisierte Modellgenerierung heute jedoch häufig noch prinzipielle Hemmnisse existieren und händische Eingriffe des Simulationsexperten notwendig sind. Zukünftige Entwicklungsbedarfe (Unterstützung zyklischer Modellgenerierungsansätze, phasenübergreifende Langzeitgültigkeit der generierten Modelle, Standardisierung von Datenformaten und Schnittstellen…) wurden aufgezeigt und diskutiert.

Literatur

BERGMANN, Sören; STRASSBURGER, Steffen: Generierung und Integration von Simulationsmodellen unter Verwendung des Core Manufacturing Simulation Data (CMSD) Information Model. In: Integrationsaspekte der Simulation: Technik, Organisation und Personal. Hrsg.: ZÜLCH, Gert; STOCK; Patricia. Karlsruhe: KIT Scientific Publishing, 2010, S. 461-468.

ECKARDT, Frank: Ein Beitrag zu Theorie und Praxis datengetriebener Modellgeneratoren zur Simulation von Produktionssystemen. Aachen: Shaker Verlag, 2002.

JENSEN, Sven: Eine Methodik zur teilautomatisierten Generierung von Simulationsmodellen aus Produktionsdatensystemen am Beispiel einer Job Shop Fertigung. Kassel: Dissertation, Universität Kassel, 2007.

LORENZ, Peter; SCHULZE, Thomas: Layout Based Model Generation. In: Proceedings of the 1995 Winter Simulation Conference. Hrsg.: ALEXOPOULOS, C.; KANG, K. New York: ACM Press, 1990, S. 728-735.

ROOKS, Tobias: Rechnergestützte Simulationsmodellgenerierung zur dynamischen Absicherung der Montagelogistikplanung bei der Fahrzeugneutypplanung im Rahmen der Digitalen Fabrik. Clausthal: Dissertation, TU Clausthal-Zellerfeld, 2009.

SELKE, Carsten: Entwicklung von Methoden zur automatischen Simulationsmodellgenerierung. München: Dissertation, Technische Universität München, 2004.

SISO: Standard for: Core Manufacturing Simulation Data – UML Model (Entwurfsversion vom 11. Mai 2009), Simulation Interoperability Standards Organization (SISO) – CMSD Product Development Group, 2009.

SLY, David; MOORTHY, Shreekanth: Simulation data exchange (SDX) implementation and use. In: Proceedings of the 2001 Winter Simulation Conference. Hrsg.: PETERS, B. A.; SMITH, J. S.; MEDEIROS, D. J.; ROHRER, M. W. Piscataway, NJ: IEEE, 2001, S. 1473-1477.

SPLANEMANN, Ralph: Teilautomatische Generierung von Simulationsmodellen aus systemneutral definierten Unternehmensdaten. In: Bremer Schriften zur Betriebstechnik und Arbeitswissenschaft Band 5. Bremen: Dissertation, Universität Bremen, 1995.

STRASSBURGER, Steffen; SEIDEL, Holger; SCHADE, Rico; MASIK, Steffen: Werkzeuge und Trends der digitalen Fabrikplanung - Analyse der Ergebnisse einer Onlinebefragung. In: Proceedings der 12. ASIM-Fachtagung Simulation in Produktion und Logistik. Hrsg.: WENZEL, Sigrid. Kassel: SCS Publishing House, 2008, S. 391-402.

WURDIG, Thomas; WACKER, Roland: Generische Simulationslösung für Fördertechnik. In: Advances in Simulation for Production and Logistics Applications. Hrsg.: RABE, Markus. Stuttgart: Fraunhofer IRB Verlag, 2008, S. 11-20.

WENZEL, Sigrid: Modellbildung und Simulation in Produktion und Logistik – Stand und Perspektiven. Dresden: ASIM Workshop, 2009.

Integrationsaspekte der Simulation:
Technik, Organisation und Personal
Gert Zülch & Patricia Stock (Hrsg.)
Karlsruhe, KIT Scientific Publishing 2010

Grenzen einer digitalen Absicherung des Produktionsanlaufs

Limitations of Digital Ramp-Up Validation

Karl-Josef Wack, Thomas Bär
Daimler AG, Ulm (Germany)
karl-josef.wack@daimler.com, thomas.baer@daimler.com

Steffen Straßburger
Technische Universität Ilmenau, Ilmenau (Germany)
steffen.strassburger@tu-ilmenau.de

Abstract: The resulting competitive situation in automotive industry and increasing market demands necessarily lead to higher complexity in product development, production planning and ramp-up processes. Longer production lifecycles based on flexible manufacturing systems with a rising number of integration processes during the running production call for new challenges, especially in the field of production engineering. One key challenge for gaining important time and cost potentials in production engineering projects is an early digital validation of the ramp-up. Under the premise to reduce physical prototypes, the following work critically presents requirements, solutions and challenges of a complete digital ramp-up validation focussed on assembly in automotive industry.

1 Einleitung

Steigende Variantenzahlen, u.a. bedingt durch neue Antriebskonzepte und kürzere Produktlebenszyklen (BÄR 2008), führen neben kürzeren Innovationszyklen zu vermehrten Produktionsanläufen in der Automobilindustrie (vgl. Abb. 1). Die durchschnittliche Anzahl der Serienanläufe bei dem deutschen Automobilhersteller Mercedes-Benz Cars hat sich beispielsweise in den letzten 20 Jahren pro Jahr mehr als verdreifacht. Längere Produktionslebenszyklen durch Re-Use von Produktionsanlagen sowie flexible und wandlungsfähige Produktionssysteme (ELMARAGHI 2009) führen dazu, dass die Anzahl der zu integrierenden Prozesse während einer laufenden Produktion zunehmen (BÄR 2008).

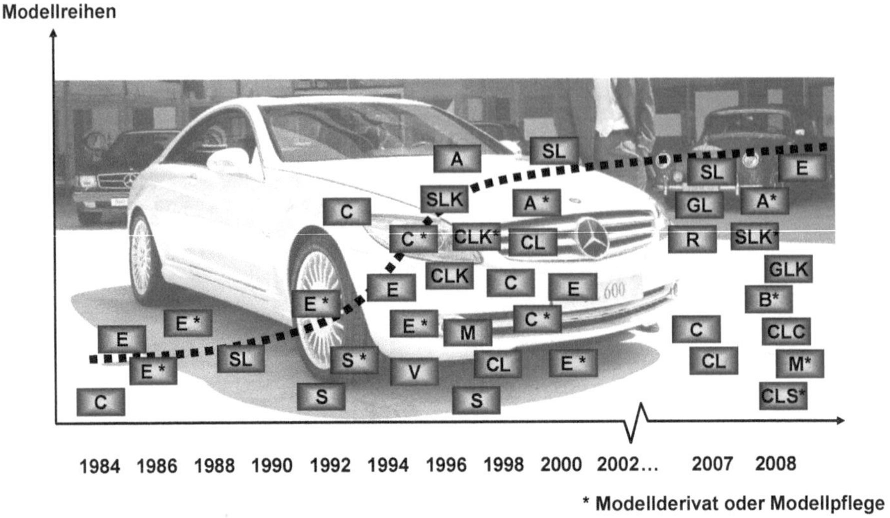

Abbildung 1: Zunahme der Modellwechsel und Produktoffensiven am Beispiel Mercedes-Benz Cars (ROOKS 2009)

Empirische Studien verdeutlichen zudem, dass ca. 40 % aller notwendigen Änderungsmaßnahmen erst ab der Nullserienphase und somit erst nach Erstellung von Serienwerkzeugen bzw. während der Phase des Serienanlaufs durchgeführt werden (ASSMANN 2000). Effiziente Produktionsanläufe gewinnen daher zunehmend an Bedeutung und bieten für die Unternehmen hohes Einsparpotenzial (FLEISCHER u.a. 2005).

Die Absicherung des Produktionsanlaufs in Bezug auf manuelle Montageumfänge erfolgt bei Mercedes-Benz Cars in der so genannten Phase der Produktionsvorbereitung physisch, d.h. durch einen realen, stationsweisen Aufbau von physischen Fahrzeugprototypen. Diese dienen neben der Verifikation des Produktes auch dazu, einen effizienten Produktionsanlauf sicherzustellen. Mit physischen Fahrzeugprototypen sind jedoch sehr hohe Kostenaufwände verbunden. Durch unterschiedliche Ansätze wird daher versucht, die Anzahl der physischen Fahrzeugprototypen möglichst gering zu halten. Hierzu zählen beispielsweise Methoden, welche zur Optimierung der Auslastung physischer Fahrzeugprototypen beitragen (CLAUSEN, WEBER 2006) oder aber auch die Verlagerung von Absicherungsumfängen in eine frühere, digitale Phase des Produktentstehungsprozesses. Ziel einer digitalen Absicherung ist es hierbei, frühzeitig Fehler zu identifizieren und zu beheben, bevor erste Hardware gefertigt oder erste Produktionsanlagen beauftragt werden.

Die Vision einer Absicherung von Produkt und Produktion unter einem vollständigem Verzicht auf physische Fahrzeugprototypen wird seit etlichen Jahren verfolgt (vgl. FUSCH, KRESS 2001), ist jedoch bis heute in der Praxis nur teilweise umgesetzt. Fortschritte bei Simulationsmethoden ermöglichen bei einem digitalen Fahrzeugprototyp zwar die Absicherung verschiedener Fahrzeugfunktionen, wie beispielsweise Betriebsfestigkeit, Crashverhalten oder Aerodynamik (BREITLING u.a. 2009). Im Hinblick auf eine vollständig digitale Absicherung des Produktionsanlaufs, analog zur bisherigen physischen Absicherung im Rahmen der Produktionsvorbereitung, bieten aktuelle Simulationsmethoden jedoch nur bedingt Möglichkeiten für eine ganzheitliche Bewertung und Optimierung der Produktion. Die durchgängig digitale Sicherstellung eines effizienten Produktionsanlaufes ist somit bislang noch nicht möglich.

Vor dem Hintergrund eines vollständigen Verzichts auf physische Prototypen werden in dem Beitrag, die Anforderungen und Grenzen digitaler Absicherungen und Simulationsmethoden des Produktionsanlaufs aufgezeigt. Der Hauptfokus liegt hierbei auf manuellen Montagevorgängen.

2 Physische Absicherung des Produktionsanlaufs

Digitale Absicherungen sind in den einzelnen Planungsbereichen der Automobilindustrie bereits gut etabliert und werden frühzeitig angewandt. Oftmals kommen digitale Absicherungen durch unterschiedliche Simulationsmethoden, wie beispielsweise Materialflusssimulation, Simulation von Ein- und Ausbaupfaden oder aber auch Ergonomiesimulation zum Einsatz. Die Bestätigung und finale Freigabe der Produktion findet aber weiterhin auf Basis von physischen Absicherungen statt.

Im Rahmen so genannter Produktionsvorbereitungsworkshops werden sowohl die physische Baubarkeit als auch produktionsrelevante Kriterien real überprüft und gegebenenfalls optimiert. Der Aufbau von physischen Fahrzeugprototypen ist hierfür eine geläufige Methode. Stationsweise werden in interdisziplinären Workshops mit Vertretern aus der Entwicklung und den einzelnen Bereichen der Produktionsplanung physische Fahrzeugprototypen nach entsprechenden Arbeitsvorgängen montiert, analysiert und bewertet (siehe Abb. 2). Auch Aspekte der Logistik werden hierbei überprüft. Durch dieses interdisziplinäre Vorgehen wird der zukünftige Produktionsablauf realitätsnah bewertet und somit ein effizienter Produktionsanlauf sichergestellt.

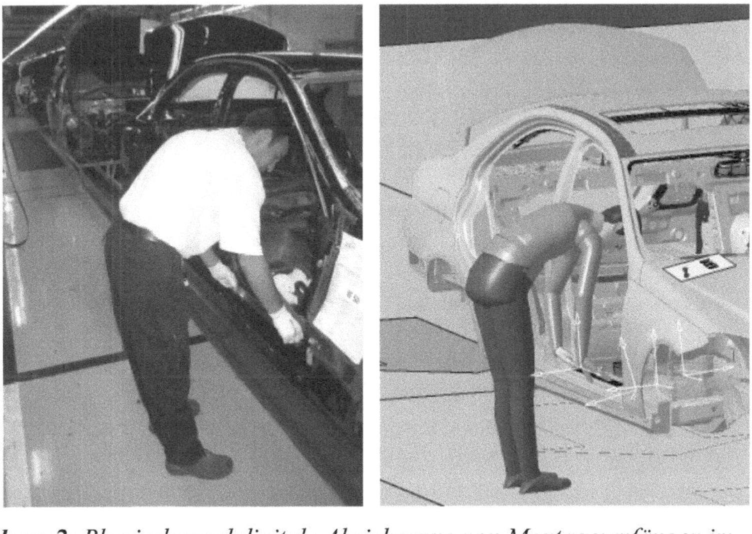

Abbildung 2: *Physische und digitale Absicherung von Montageumfängen im Vergleich*

3 Absicherungskriterien des Produktionsanlaufs

Die physische Produktionsvorbereitung (vgl. Kap. 2) integriert die einzelnen Planungsbereiche. Dadurch werden Kriterien der einzelnen Gewerke, wie beispielsweise Logistik und Montage zusammen überprüft. Zudem werden die Kennzahlen Engineering Hours Per Vehicle (EHPV) und Hour Per Vehicle (HPV) betrachtet. EHPV sowie HPV wurden von der Harbour Consulting Group in deren Harbour Report (HARBOUR CONSULTING 2006) geprägt, welche mehr als 50 Produktionen aus dem Bereich Automotive auf Produktivität untersucht haben. EHPV umfasst den konstruktivbedingten Arbeitsinhalt eines Fahrzeuges, wohingegen HPV eine Kennzahl für die Produktivität des Personals darstellt. HPV beschreibt somit alle Arbeitsstunden von direkten und indirekten Werkern bzw. Angestellten je Produkt.

Im Rahmen der physischen Produktionsvorbereitung wird das Produkt und die Produktion typischer Weise durch die folgenden vier Bereiche abgesichert:

- **Produktionsbezogene Produktabsicherung:** Absicherung von Produktaspekten im Hinblick auf die Produktion, wie beispielsweise die Baubarkeit des Produktes.
- **Produktbezogene Prozessabsicherung:** Absicherung aller wertschöpfenden Prozesse, welche zur Montage des Produktes verwendet werden. Hierzu zählen insbesondere Themen mit EHPV-Relevanz.
- **Produktionsbezogene Prozessabsicherung:** Absicherung aller Produktionsprozesse, auch nicht wertschöpfende Montageprozesse, wie beispielsweise Wege des Werkers am Band. Nicht wertschöpfende Themen sind besonders für die Ermittlung des HPV relevant.
- **Ressourcenabsicherung:** Absicherung der verwendeten Ressourcen, wie beispielsweise Ladungsträger, Handlingsgeräte oder Montagewagen.

Betrachtet man nun ein Beispiel eines Arbeitsvorgangs "Verschraubung eines Anbauteils", werden in der produktionsbezogenen Produktabsicherung beispielsweise die *Montagereihenfolge* oder aber auch *Ein- und Ausbaupfade* überprüft. Zur Absicherung der produktbezogenen Prozesse zählen in diesem Fall die Überprüfung des *Fügekonzepts* inkl. Betrachtung von *Toleranzeinflüssen*, eine *Zugänglichkeit von Verbindungselementen mit Standardwerkzeugen* der Serie (z.B. Schraubwerkzeug Winkelschrauber) sowie die *Zeitermittlung wertschöpfender Montagevorgänge*. Die produktionsbezogene Prozessabsicherung prüft bei diesem Arbeitsvorgang die *Zeitermittlung für alle Montagevorgänge* und bewertet die *Ergonomie*. Im Rahmen der Ressourcenabsicherung werden letztlich die *Ladungsträger* und deren Bereitstellung in der *Materialzone* am Band abgesichert. Hierzu zählt auch die Überprüfung spezifischer Betriebsmittel, wie beispielsweise *Handlingsgeräte* oder *Hochzeitsstationen*. Die nachfolgende Tabelle 1 verdeutlicht die für eine Absicherung des Produktionsanlaufs mit dem Schwerpunkt manuelle Montage in der Automobilindustrie typischen Absicherungskriterien der einzelnen Gewerke.

Gewerk	*Kriterium*	*Beispiel*
Montage	Zugänglichkeit von Ressourcen	Zugänglichkeit von Verbindungselementen durch entsprechende Werkzeuge sichergestellt
	Identifikation Schrauber- und Schraubeneigenschaften (z.B. Drehmoment)	Korrekte Werkzeuge beim Montagevorgang zur Verfügung gestellt, insbesondere bei Sicherheitsrelevanz
	Identifikation Sonderwerkzeuge	Zusätzlich zu Standardressourcen benötigte Werkzeuge
	Optimierung Werkzeugauswahl	Bereitstellung von Standardressourcen und Reduktion von Sonderwerkzeugen
	Ergonomie von Montagevorgängen	Bewertung von Zugänglichkeit, Körperhaltung und Belastung, Ermittlung der Bearbeitungszeiten
	Montagereihenfolge	Überprüfung und Optimierung der festgelegten Montagereihenfolge
Logistik	Materialbereitstellung	Vermeidung langer Wege für den Werker
	Ladungsträger	Optimalen Ladungsträgerinhalt ermittelt
	Logistikkonzept	Bereitstellung am Band entsprechend sichergestellt (JIT, JIS, ...)
Fabrik	Wege	Wege für Montage und Belieferung geprüft und optimiert
	Flächenbedarf	Flächen für Bandabschnitte und Materialbereitstellung sowie Lagerorte sind ausreichend

Tabelle 1: *Kriterien einer Absicherung für den Produktionsanlauf*

4 Methodisches Vorgehen zur digitalen Absicherung

Die digitale Absicherung des Produktionsanlaufs hat zum Ziel, die bislang physische Produktionsvorbereitung von der realen in die digitale Phase zu verlagern (vgl. Abb. 3), um so wertvolle Zeit- und Kostenvorteile zu erzielen.

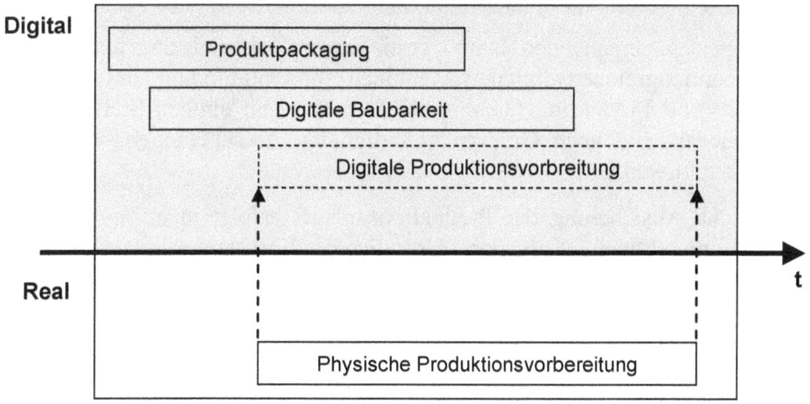

Abbildung 3: *Vision – Verlagerung der physischen Produktionsvorbereitung in die digitale Phase*

Um diese Vision umsetzen und möglichst alle Absicherungsumfänge berücksichtigen zu können, wird ein vierstufiges Schalenmodell für digitale Absicherungen vorgeschlagen (vgl. Abb. 4).

Das Schalenmodell differenziert, wie bereits im vorherigen Beispiel "Verschraubung eines Anbauteils" (vgl. Kap. 3) zu erkennen ist, nach vier Bereichen. Ausgehend von der produktionsbezogenen Produktabsicherung folgt die produktbezogene Prozessabsicherung, bevor dann die produktionsbezogene Prozessabsicherung und abschließend die Ressourcenabsicherung durchgeführt wird.

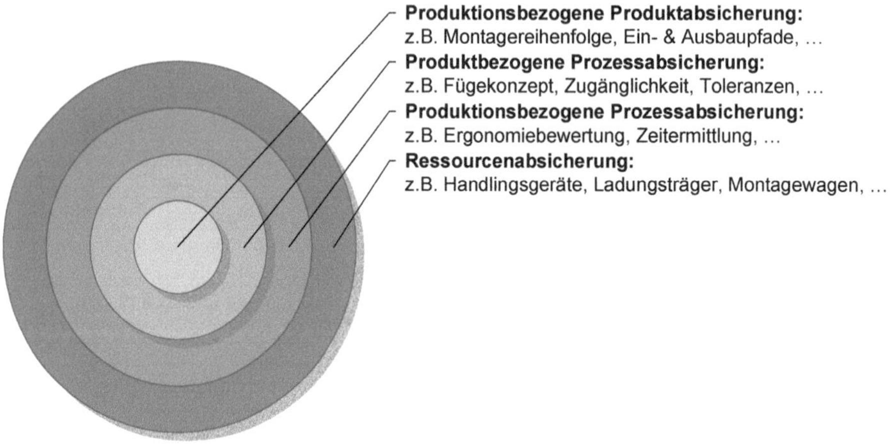

Abbildung 4: *Schalenmodell für digitale Absicherungen*

Durch diese Aufgliederung ist gewährleistet, dass alle Aspekte für eine digitale Absicherung eines Produktionsanlaufs berücksichtigt werden können. Das nachfolgende Kapitel zeigt jedoch auf, dass bislang nicht alle Kriterien digital abgesichert werden können.

5 Grenzen digitaler Absicherungen

Trotz der in den vergangenen Jahren gestiegenen Rechenleistung und bereits gut etablierten umfangreichen digitalen Methoden zur Optimierung und Absicherung von Produkt und Produktion (siehe Abb. 5) gibt es an einigen Stellen weiterhin Handlungsbedarf und auch Grenzen von digitalen Absicherungen, welche nachfolgend erläutert werden.

Die physische Absicherung des Produktionsanlaufs erfolgt in einem interdisziplinären und interaktiven Workshop. Um diesen Workshop digital entsprechend interaktiv durchführen zu können, spielt das Absichern und Simulieren in Echtzeit eine bedeutende Rolle. Absicherungsergebnisse müssen schnell visualisiert und Änderungen entsprechend interaktiv durchgeführt werden können. Sehr effiziente Simulationsmethoden (u.a. verteilte Simulation) sind vorhanden, dennoch bestehen weiterhin Handlungsbedarfe bei Echtzeitfähigkeit zur Realisierung von interaktiven Simulationen. Diese sind für eine effiziente Absicherung des Produktionsanlaufs und anderen kollaborativen Absicherungsthemen mit enormen Zeitvorteilen verbunden, u.a. bei der Visualisierung und Erstellung von Simulationsmodellen.

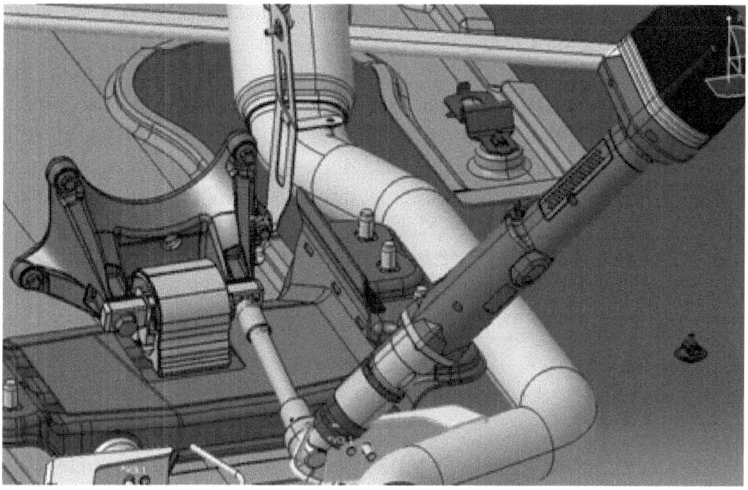

Abbildung 5: *Digitale Absicherung der Werkzeugzugänglichkeit*

Als ebenso relevant kann an dieser Stelle der Insellösungscharakter vieler Simulationswerkzeuge gesehen werden. So lassen sich einzelne Kriterien zwar in jeweiligen Spezialwerkzeugen simulieren und absichern, zur übergreifenden Absicherung, ihrer Kombination und ggf. existierender Wechselwirkungen fehlen oft adäquate Werkzeuge oder entsprechende Schnittstellen.

Ein weiterer Aspekt ist die Simulation des Materialverhaltens. Starre Körper stellen im Vergleich zu flexiblen Bauteilen keine Herausforderung mehr dar. Die Simulation von Toleranzen bei Dichtungen, das Simulieren von Dämmmatten oder von Kabeln und Schläuchen mit all ihren physikalischen Eigenschaften hingegen ist derzeit nur ansatzweise realisierbar. Auch die Simulation von Montageabläufen, wie beispielsweise das Fädeln von Kabeln ist derzeit nicht darstellbar.

Wertvolle Informationen über das Produktverhalten, wie beispielsweise Gewicht, Verformung oder auch die haptische Wahrnehmung durch den Werker während einer Montagesimulation sind derzeit nur bedingt digital realisierbar. Vor dem Hintergrund einer vollständig digitalen Absicherung eines Produktionsanlaufes in der Automobilindustrie sind dies jedoch wichtige Aspekte, die es zu berücksichtigen gilt. Als Beispiel seien hier Montagevorgänge genannt, welche das Anbringen von Clipsen beinhalten.

Abschließend zu erwähnen ist die prozessuale Verankerung digitaler Absicherungen mit den entsprechenden Verbindlichkeiten im Gesamtprozess. Diese ist neben dem schaffen neuer technischen Möglichkeiten zwingend erforderlich, um den Entwicklern und Produktionsplanern zudem eine mit physischen Absicherungen vergleichbare Aussagekraft bei digitalen Absicherungen zu ermöglichen.

6 Zusammenfassung & Ausblick

Ausgehend von der bisherigen physischen Absicherung in der Produktionsvorbereitung wurden Kriterien vorgestellt, welche durchgängig digital abgesichert werden müssen, um einen Produktionsanlauf in der Montage digital sicherstellen zu können. Die methodische Vorgehensweise für digitale Absicherungen unterstützt bei der Identifikation relevanter Kriterien. Die Grenzen digitaler Absicherungen bei der Simulation von manuellen Montagevorgängen wurden ebenfalls aufgezeigt. Insbesondere bei der Simulation flexibler Bauteile sowie des Materialverhaltens von mehrdimensionalen Körpern und deren Handhabung während einer Montage, wie beispielsweise beim Fädeln von Kabeln, sind neue Methoden notwendig. In Forschung und Entwicklung müssen daher neue Lösungen und effiziente Simulationsmethodiken erarbeitet werden, welche die derzeit kritischen Absicherungsumfänge in einer effizienten Art und Weise validieren können.

7 Literatur

ASSMANN, Gert: Gestaltung von Änderungsprozessen in der Produktentwicklung. Hrsg.: LINDEMANN, U. München: Herbert Utz Verlag, 2000.

BÄR, Thomas: Flexibility Demands on Automotive Production and their Effects on virtual Production Planning. In: Proceedings of the 2nd CIRP Conference on Assembly Technologies and Systems (CATS). Toronto, Canada, 2008, S. 16-28.

BREITLING, Thomas; GROSSMANN, Theodor; ZÖLLER, Albrecht: Digitale Prototypen unterstützen Entwicklung. In: Automobiltechnische Zeitschrift (ATZ) extra, Wiesbaden, (2009)1, S.162-171.

CLAUSEN, Uwe; WEBER, Jörg: Prototypenplanung im Nutzfahrzeugbau. In: Automobiltechnische Zeitschrift (ATZ), Wiesbaden, 108(2006)9, S. 740-744.

ELMARAGHY, Hoda A.: Changeable and Reconfigurable Manufacturing Systems. London: Springer-Verlag, 2009.

FLEISCHER, Jürgen; WAWERLA, Marc; ENDER, Thomas; NYHUIS, Peter; HEINS, Michael; GROSSHENNING, Patrick: Digitaler Serienanlauf beschleunigt den Markteintritt. In: Intelligenter produzieren, Frankfurt a. M., (2005)1, S. 36-37.

FRITZSCHE, Lars: Work Group Diversity and Digital Ergonomic Assessment as New Approaches for Compensating the Aging Workforce in Automotive Production. Dresden: Technische Universität, Dissertation, 2010.

FUSCH, Thomas, KRESS, Marcel: Strategien und Nutzen der virtuellen Produktion. In: Maschinenmarkt, Würzburg, (2001)42, S. 54-58.

HARBOUR CONSULTING: The Harbour Report. Harbour Consulting, Troy, MI, 2006.

ROOKS, Tobias: Rechnergestützte Simulationsmodellgenerierung zur dynamischen Absicherung der Montagelogistikplanung bei der Fahrzeugneutypplanung im Rahmen der Digitalen Fabrik. Aachen: Shaker Verlag, 2009.

Integrationsaspekte der Simulation:
Technik, Organisation und Personal
Gert Zülch & Patricia Stock (Hrsg.)
Karlsruhe, KIT Scientific Publishing 2010

Eine Automatische Modellgenerierung zur simulationsgestützten Planung und Optimierung von robotergesteuerten Fertigungsprozessen

Automatic Model Generation for the Simulation-Based Planning and Optimization of Robot-Controlled Production Processes

Kristina Dammasch, Hans Kaupp, Michael Rabuser
AUDI AG, Ingolstadt (Germany)
kristina.dammasch@audi.de, hans-heinrich.kaupp@audi.de,
michael.rabuser@audi.de

Abstract: Computer simulation can be used for analyzing and optimizing operation sequences of robot-controlled production processes and the effect of breakdowns and delays. However, due to the high complexity of the sequences and their frequent modification during the planning process, a manual implementation of a simulation model and its adjustments in corresponding detail is very time-consuming. For that reason, we would like to present an automatic model generation for simulating the operation sequence of these processes based on their cycle time diagram. This approach allows a fast and reliable estimation of the performance of the process and the mutual dependencies between involved resources. Different process designs and, if necessary, position and size of decoupling buffers can be evaluated to achieve the performance objectives.

1 Motivation und Rahmenbedingungen

Die Methode der Ablaufsimulation kommt bei der AUDI AG in der Planung und betriebsbegleitenden Optimierung der Fahrzeugfertigungsprozesse zur Anwendung. Die Detailplanung der Arbeitsfolgen robotergesteuerter Fertigungsanlagen, z.B. innerhalb eines Schutzkreises im Karosserierohbau, erfolgt zurzeit jedoch ausschließlich auf statischer Basis. Neben dem Anlagenlayout wird dabei ein tabellarisches Taktzeitdiagramm erstellt, das die zeitliche Abfolge der einzelnen Prozessschritte aller Ressourcen, wie Roboter oder stationäre Werkzeuge, und deren logische Verknüpfung enthält. Die Arbeitsfolge wird in einem ressourcenorientierten Gantt-Diagramm visualisiert. Die Gesamtverfügbarkeit der Anlage wird auf Basis der technischen Verfügbarkeiten der Ressourcen statisch berechnet. Bei einfachen Fertigungsprozessen kann die Anlagenleistung auf Basis einer solchen Berechnung ausreichend zuverlässig abgeschätzt werden. Bei komplexen Prozessen hingegen, in denen mehrere Roboter zueinander verriegelt und ihre Arbeitsfolgen stark voneinander abhängig sind (z.B. bei Schweißvorgängen durch mehrere Roboter in derselben Vorrichtung), kann die tatsächliche Anlagenleistung aufgrund möglicher gegenseitiger Aussperrungen bei Störungen oder anderen Abweichungen vom Regelablauf deutlich geringer sein. Das Ausmaß zeigt sich jedoch erst während der Inbetriebnahme. Dies hat zur Folge, dass die Anlage nachträglich solange angepasst werden muss, bis der Ablauf effizient funktioniert und der geforderte Durchsatz erreicht wird. Dies kann z.B. auch die Installation von zusätzlichen Vorrichtungen beinhalten, die in der ursprünglichen Planung nicht vorgesehen waren. So entsteht neben dem zeitlichen auch ein deutlicher finanzieller Mehraufwand.

Die zur Anlagen- und Prozessplanung eingesetzten Tools ermöglichen zwar eine Visualisierung der Fertigungsabläufe, können jedoch keine Verzögerungen im Prozess durch Störungen oder Wartungsarbeiten berücksichtigen. Eine Computersimulation kann genutzt werden, um solche Verzögerungen und deren Auswirkung auf den Gesamtprozess zu betrachten. Darüber hinaus kann die Simulation eine sinnvolle Positionierung und Dimensionierung von Entkopplungen innerhalb der Anlage unterstützen. Aufgrund der steigenden Komplexität der Prozesse und deren vielfache Modifikation während der Planung ist eine manuelle Modellerstellung und -aktualisierung jedoch sehr aufwändig. Aus diesem Grund möchten wir eine automatische Modellgenerierung (AMG) vorstellen, deren Fokus auf der Abbildung der Arbeitsfolgen aller Ressourcen liegt. Auf Basis des während der Planungsphase erstellten Taktzeitdiagramms wird dabei ein lauffähiges Simulationsmodell erzeugt, welches die Anforderung an den Detaillierungsgrad sowie die Möglichkeit zur Beurteilung von Verriegelungen und Abhängigkeiten erfüllt. Darüber hinaus sollen die Möglichkeiten für eine automatische Optimierung eines auf diese Weise abgebildeten Prozesses geprüft werden. Zu den Anforderungen an die Lösung gehört dabei auch, dass die Entwicklung im konzernweit eingesetzten Simulationstool Plant Simulation erfolgt, entwickelt von Siemens PLM Software. Weiterhin soll das in Microsoft Office Excel vorliegende Taktzeitdiagramm weitergenutzt werden, um den Aufwand für die Datenpflege und Fehler beim Datentransfer zu reduzieren.

2 Modellierungsansätze

Für gewöhnlich liegt bei den im Unternehmen durchgeführten Simulationen im Rahmen der Anlagenplanung der Fokus auf der Abbildung des Materialflusses und der Auslegung von Entkopplung zwischen verschiedenen Schutzkreisen. Dabei werden die beteiligten Ressourcen eines Schutzkreises zu einem abstrakten Objekt aggregiert und die Bauteile von Schutzkreis zu Schutzkreis bewegt. Die Verfügbarkeit des Schutzkreises wird anhand der einzelnen technischen Ressourcenverfügbarkeiten approximiert. Dies vernachlässigt jedoch die Reduzierung der Gesamtverfügbarkeit aufgrund möglicher Verriegelungen und Abhängigkeiten innerhalb der einzelnen Schutzkreise. Selbst bei einer Abbildung jeder Ressource als einzelnes Materialflussobjekt können Verriegelungen nur aufwändig, mithilfe zusätzlich zu implementierender Logiken, modelliert werden. Bei jeder Änderung im Prozessablauf müssen diese geprüft und gegebenenfalls umgeschrieben werden. Wenn man den Detaillierungsgrad bei der Modellierung weiter erhöht und für die Abbildung eines jeden Prozessschrittes, also eines jeden Eintrags im Taktzeitdiagramm, ein Objekt verwendet, ist die Modellerstellung und die Integration von Prozessänderungen sehr zeitaufwändig. Für kurzfristige Analysen und die schrittweise Prozessentwicklung und -anpassung ist diese Vorgehensweise nicht praktikabel. Eine AMG wäre hier sinnvoll, steht für Plant Simulation im Unternehmen jedoch nur für Fördertechnikelemente oder Streckennetze und deren Steuerung zur Verfügung.

3 Datenbedarf für die Generierung

Das Taktzeitdiagramm in der bisher verwendeten Form umfasst Informationen zur ausführenden Ressource [Res], zur Benennung des Prozessschrittes [Name] und zu Startzeit [Start], Dauer [Dauer] und Ende [Ende] des Prozessschrittes innerhalb des Taktes in Sekunden. Um ein Simulationsmodell des Ablaufes erzeugen zu können müssen die Angaben für jeden Prozessschritt erweitert werden. Dies beinhaltet die Vergabe einer eindeutigen ID und die Definition der Abhängigkeiten über die Angabe von Vorgänger-IDs [VIDs]. Das sind die IDs aller Prozessschritte, die abgeschlossen sein müssen, damit der aktuelle Prozessschritt abgearbeitet werden kann. Zur Abbildung von Verzögerungen im Prozess sind darüber hinaus die Verfügbarkeit in Prozent und die mittlere Reparaturzeit in Sekunden [V], [MTTR] sowie Wartungsintervall und -dauer in Sekunden [WI], [WD] für jede Ressource anzugeben. Tabelle 1 zeigt ein vereinfachtes Taktzeitdiagramm mit beispielhaften Werten, welches den Schweißprozess zweier Roboter beschreibt. Es soll im weiteren Verlauf der Erläuterungen zur Veranschaulichung herangezogen werden.

ID	Res	Name	V	MTTR	WI	WD	VIDs	Start	Dauer	Ende
1	10R1	Drehen in Schweißposition	99.90	600				0.00	2.00	2.00
2	10R1	Schweißen 1 in OP10	99.90	600	500	20	1	2.00	25.00	27.00
3	10R1	Schweißen 2 in OP10	99.90	600	500	20	2	27.00	23.00	50.00
4	10R1	Entnehmen des Bauteils	99.90	600			3	50.00	5.00	55.00
5	10R1	Einlegen in Behälter	99.90	600			4	55.00	5.00	60.00
6	20R1	Schweißen 1 Teil 2 in OP20	99.90	600	500	20		0.00	24.00	24.00
7	20R1	Drehen zu OP10	99.90	600			6	24.00	3.00	27.00
8	20R1	Schweißen 2 in OP10	99.90	600	500	20	7	27.00	23.00	50.00
9	20R1	Drehen zu OP20	99.90	600			8	50.00	3.00	53.00
10	20R1	Schweißen 1 Teil 1 in OP20	99.90	600	500	20	9	53.00	7.00	60.00

Tabelle 1: *Vereinfachtes Taktzeitdiagramm*

Im dargestellten Prozess schweißt zu Beginn des Taktes zunächst Roboter 10R1, sobald er sich in der korrekten Schweißposition befindet, am Bauteil in Vorrichtung OP10 (ID 2). Gleichzeitig schweißt Roboter 20R1 am Bauteil in Vorrichtung OP20 (ID 6). Sobald diese Arbeiten beendet sind, dreht sich 20R1 zu OP10 und beide Roboter schweißen dort gleichzeitig (ID 3, ID 8). Dann dreht sich Roboter 20R1 zurück und startet erneut das Schweißen in OP20 (ID 10). Roboter 10R1 entnimmt das Bauteil aus OP10, dreht sich zu einem Behälter und legt es ein. Anschließend startet der Ablauf für den nächsten Takt von vorn. Die Plantaktzeit liegt bei 60 s.

Zur Beschreibung der Abhängigkeiten zwischen den Prozessschritten ist zunächst für alle der laut Startzeit und Dauer jeweils vorangehende Schritt innerhalb der Ressource als Vorgänger anzugeben. Zusätzlich muss modelliert werden, dass beide Roboter nur synchron in OP10 schweißen dürfen (ID 3, ID 8). D.h. dass der Schweißvorgang nur gestartet werden darf, wenn beide Roboter ihre Vorgängerprozessschritte abgeschlossen haben. Dies kann entweder per Hand eingetragen werden, was bei großen und komplexen Prozessen jedoch fehleranfällig ist, oder es kann automatisch vom Simulator während der Generierung ausgewertet werden. Dazu müssen die synchron auszuführenden Prozessschritte eindeutig und identisch benannt werden und dieselben Zeiten aufweisen. Als Ergebnis würden Schritt 3 zusätzlich alle Vorgänger von Schritt 8 zugwiesen werden und umgekehrt. Die jeweiligen Nachfolger würden nun sowohl 3 als auch 8 als Vorgänger haben.

Zur einfacheren Beobachtung dieser Abhängigkeit sollen die synchron auszuführenden Schritte durch die AMG direkt untereinander angeordnet werden. Dazu muss Prozessschritt 8 die ID 4 zugewiesen werden, alle Einträge im Taktzeitdiagramm entsprechend verschoben und die Angaben zu Vorgänger-IDs korrigiert werden. Das Ergebnis dieser Modifikationen ist in Tabelle 2 zu sehen. Neben dem dunkel gekennzeichneten Schweißvorgang beider Roboter in derselben Vorrichtung sind die erweiterten Vorgängerbeziehungen der Nachfolger 5 und 9 hell kenntlich gemacht.

ID	Res	Name	V	MTTR	WI	WD	VIDs	Start	Dauer	Ende
1	10R1	Drehen in Schweißposition	99.90	600				0.00	2.00	2.00
2	10R1	Schweißen 1 in OP10	99.90	600	500	20	1	2.00	25.00	27.00
3	10R1	Schweißen 2 in OP10	99.90	600	500	20	2, 8	27.00	23.00	50.00
4	20R1	Schweißen 2 in OP10	99.90	600	500	20	2, 8	27.00	23.00	50.00
5	10R1	Entnehmen des Bauteils	99.90	600			3, 4	50.00	5.00	55.00
6	10R1	Einlegen in Behälter	99.90	600			5	55.00	5.00	60.00
7	20R1	Schweißen 1 Teil 2 in OP20	99.90	600	500	20		0.00	24.00	24.00
8	20R1	Drehen zu OP10	99.90	600			7	24.00	3.00	27.00
9	20R1	Drehen zu OP20	99.90	600			3, 4	50.00	3.00	53.00
10	20R1	Schweißen 1 Teil 1 in OP20	99.90	600	500	20	9	53.00	7.00	60.00

Tabelle 2: *Durch AMG modifiziertes Taktzeitdiagramm*

Im Taktzeitdiagramm ist weiterhin zu erkennen, dass für alle Schritte, die einen Schweißvorgang abbilden, Wartungsinformationen angegeben werden. Diese beschreiben, dass der Roboter, nachdem er für 500 s gearbeitet hat, den aktuellen Prozessschritt noch beendet und anschließend zur Wartungsposition verfahren muss. Nach Abschluss der Wartung wird mit dem folgenden Arbeitsinhalt fortgefahren. Die Verfahr- und Wartungszeit ergeben zusammen die Wartungsdauer.

4 Die Automatische Modellgenerierung

Die AMG erzeugt aus den beschriebenen Informationen ein Simulationsmodell, das durch Verwendung horizontal ausgerichteter, längenorientierter Streckenobjekte das Gantt-Diagramm nachbildet. Strecken werden in Plant Simulation für gewöhnlich genutzt, um Straßen und sich darauf bewegende Fahrzeuge abzubilden. Bei der AMG wird die Länge der Strecke in Metern entsprechend der Länge des Prozessschrittes in Sekunden parametriert. Die vertikale Anordnung der Prozessschritte erfolgt auf Basis ihrer ID und die horizontale auf Basis ihrer Startzeit.

Auf den Wegen bewegen sich Fahrzeugobjekte, die die Funktionalität von Markern übernehmen und den aktuellen Fortschritt für den Prozessschritt kennzeichnen. Da die Länge des Weges der Bearbeitungsdauer in Sekunden entspricht, muss die Bewegungsgeschwindigkeit des Markers exakt 1 m/s betragen um die Bearbeitung dieses Prozessschrittes abbilden zu können. Abbildung 1 zeigt das generierte Modellnetzwerk in Plant Simulation für das in Tabelle 1 vorgestellte Taktzeitdiagramm. Die Marker sind als weiße Rechtecke zu erkennen. Während der Generierung wurde das Taktzeitdiagramm einer automatischen (oder auch nutzergesteuerten) Analyse unterzogen, um die synchron auszuführende Prozessschritte zu finden und ihre Abhängigkeiten anzupassen. Die Wartung wurde zunächst vernachlässigt.

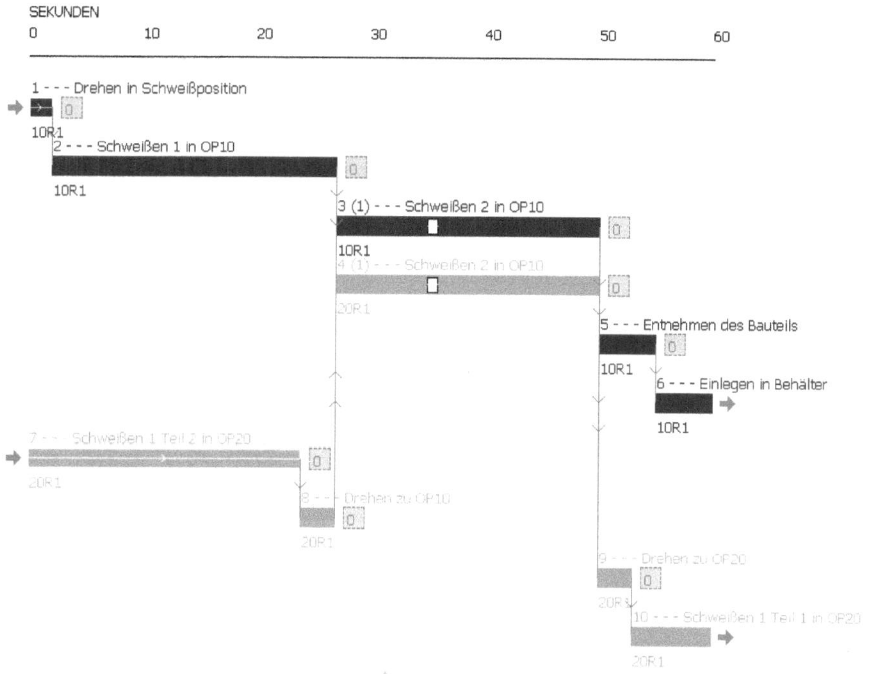

Abbildung 1: *Generiertes Simulationsmodell mit synchronisierten Prozessschritten*

Am oberen Rand des Modellnetzwerkes befindet sich eine Zeitleiste, die die Zeit in Sekunden markiert. Die Prozessschritte werden für jede Ressource farblich kodiert und anhand der definierten Vorgänger-IDs miteinander über Kanten verbunden. Darüber hinaus werden der Ressourcenname und ggf. weitere Informationen, wie ID, Name oder Vorgängerbeziehungen des Prozessschrittes, im Netzwerk angezeigt. Zusätzlich erzeugt die AMG virtuelle Puffer hinter den Prozessschritten, die zum Einen für die Simulationsmethodik und zum Anderen für die Abbildung von möglichen Entkopplungen genutzt werden.

Zur Abbildung von Störungen wird die technische Verfügbarkeit einer Ressource ihrem ersten Prozessschritt zugewiesen. Bei einer Störung dieses Objekts müssen dann alle Schritte der zugehörigen Ressource gestört werden. Befindet sich ein Marker auf einem betroffenen Prozessschritt, wird er – wie ein Fahrzeug auf einem gestörten Weg – angehalten und bewegt sich erst nach Ende der Störung weiter. Hat der

Marker das Ende des Weges erreicht ist der Arbeitsinhalt abgeschlossen und die Nachfolger können, insofern sie und wiederum alle ihre Vorgängerprozessschritte bereit sind, bearbeitet werden. Darüber hinaus kann ein Arbeitszeitmodell für die abzubildende Anlage in der Simulation berücksichtigt werden. Dazu wird analog des Störungsmechanismus der erste Bearbeitungsschritt der Ressource einem Schichtkalender zugewiesen. Wird die Ressource pausiert, werden auch alle anderen Prozessschritte der Ressource pausiert und die Bearbeitung unterbrochen. Einflüsse und Arbeitszeitmodelle von Werkern werden vernachlässigt.

Wenn Wartungsabläufe berücksichtig werden sollen und Angaben im Taktzeitdiagramm gemacht wurden, wird durch die AMG ein zusätzliches Objekt für jeden betroffenen Vorgang erzeugt, dessen Länge der Wartungsdauer entspricht. Abbildung 2 zeigt einen Ausschnitt aus dem Modell, hier separiert nur für Roboter 10R1.

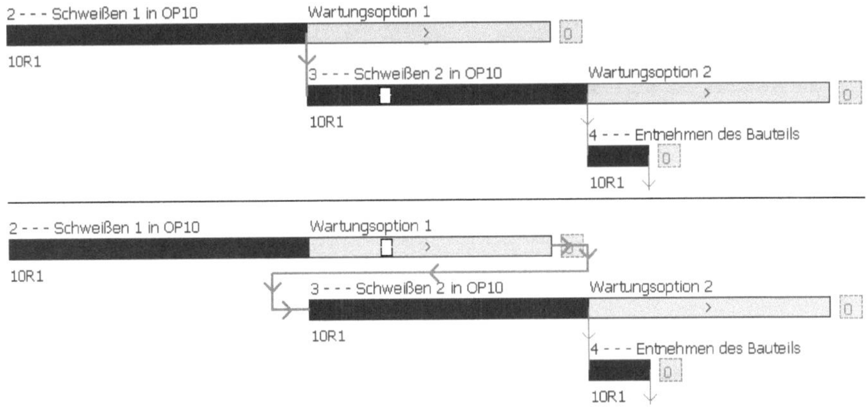

Abbildung 2: *Modellierung und Ausführung von geplanten Wartungsarbeiten*

Im oberen Abschnitt von Abbildung 2 ist der normale Prozessablauf ohne die Ausführung der Wartung zu sehen. Im unteren Abschnitt wird Wartungsoption 1 genutzt und die Wartungsarbeiten im Anschluss an Schweißen 1 durchgeführt, da der Roboter zu diesem Zeitpunkt mehr als 500 s geschweißt hat. Dazu werden automatisch alle betroffenen Kanten umgesetzt. Der Beginn des nächsten Schrittes verzögert sich um die Wartungszeit. Da die Roboter 10R1 und 20R1 nur gleichzeitig in OP10 schweißen dürfen muss in einem solchen Fall auch Roboter 20R1 (siehe Abb. 1) warten, bis die Wartungsarbeiten für Roboter 10R1 beendet sind. Nach Abschluss der Wartung werden die ursprünglichen Vorgängerbeziehungen wiederhergestellt.

5 Anwendung und Validierung

Zur Entwicklung und Validierung der AMG wurde das vorliegende Taktzeitdiagramm einer bereits in Betrieb genommenen Türenanlage um die genannten Informationen erweitert und daraus das Simulationsmodell generiert. Die Anlage besteht aus zwei Schutzkreisen, einer für die linke und einer für die rechte Tür, die vom Layout her gespiegelt zu einander angeordnet und durch einen zentralen Roboter miteinander verbunden sind. Abbildung 3 zeigt einen Ausschnitt aus einem Schutzkreis des vereinfachten Anlagenlayouts. Die Besonderheiten der Anlage liegen in der hohen Anzahl von Verriegelungen der Ressourcen untereinander und den Abhängigkeiten zwischen den Prozessschritten in den Schutzkreisen. So fahren z.B. die Roboter A1 und A2 auf derselben Achse (A), wobei einer der beiden die volle Länge der Achse ausnutzen muss und dadurch den zweiten Roboter bei einer Prozessverzögerung aussperren kann. An anderer Stelle arbeiten die Roboter V1, V2 und V3 gleichzeitig in derselben Vorrichtung (V). Dabei bleibt V3 nur ein Zeitfenster von wenigen Sekunden, um zur Vorrichtung zu drehen. Verpasst er dieses, schließen V1 und V2 ihre Schweißarbeiten vollständig ab und die Arbeiten von V3 können erst im Anschluss ausgeführt werden, was einen deutlichen Taktzeitverlust zur Folge hat. Für die Abbildung dieser speziellen Logik musste einmalig eine zusätzliche Steuerung im Modell implementiert werden, die – solange sich die Logik nicht ändert – dann jedoch für alle Simulationen des Prozesses gültig ist.

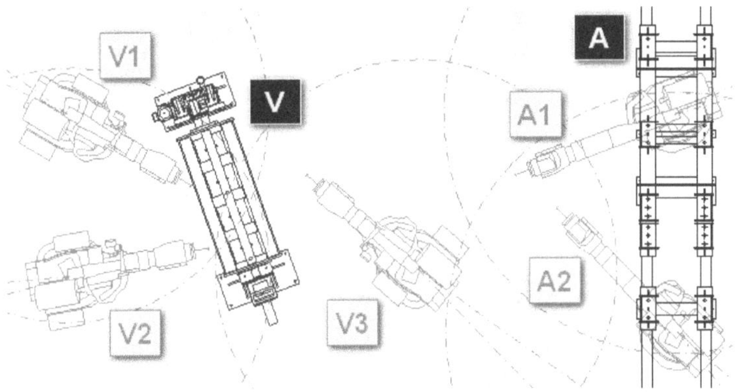

Abbildung 3: *Ausschnitt aus dem Layout der untersuchten Türenanlage*

In einem ersten Simulationsexperiment wurde der letzte Planungsstand vor der Inbetriebnahme simuliert und auf seine Ausbringung hin (Durchsatz und Gesamtverfügbarkeit) untersucht. Wie zu Beginn der realen Inbetriebnahme lag die simulierte Leistung bei 63 % und damit deutlich unter der statisch berechneten und geforderten Anlagenleistung von 85 %. Anschließend wurden verschiedene Prozessmodifikationen getestet, die während der Inbetriebnahme in der Anlage umgesetzt worden waren. Die gemessenen Leistungssteigerungen um jeweils wenige Prozent in der Realität konnten mit dem Simulationsmodell ebenfalls erzielt werden. Eine Optimierung des Ergebnisses über die Modifikation des Prozessablaufes ist jedoch in keinem Fall automatisiert möglich, da sie nur mit dem entsprechenden technischen Fachwissen bzgl. der zum Einsatz kommenden Fertigungsverfahren erfolgen kann.

Eine zweite Optimierungsmöglichkeit besteht in der Installation von Entkopplungspuffern innerhalb des Schutzkreises. Dazu muss ein erster Simulationslauf durchgeführt werden, in dem die Prozessschritte identifiziert werden, bei denen der Ablauf durch Abhängigkeiten verzögert wird. Allen virtuellen Puffern wird dabei zunächst eine unendliche Kapazität zugewiesen. Für solche, die während der Simulation dann auch tatsächlich gefüllt werden, kann in folgenden Experimenten iterativ, automatisiert oder teilautomatisiert, eine geeignete Kapazität ermittelt werden. Überraschend war jedoch, dass Entkopplungen in der vorgestellten Türenfertigung nur eine geringe Auswirkung auf die Anlagenleistung haben und eine Durchsatzsteigerung um nur wenige Prozent erbringen konnten. Für einfachere Taktzeitdiagramme, die im Rahmen der Validierung simuliert wurden, konnte mithilfe der Entkopplungen die Prozessleistung auf den gewünschten Wert erhöht werden. Die vorgestellte Türenanlage enthält jedoch derart viele Abhängigkeiten über den gesamten Prozess, dass diese nur bedingt ausgeglichen werden können und stattdessen der Fertigungsablauf überdacht werden muss. Des Weiteren gab es für diesen komplexen Prozess die Besonderheit, dass sich Wartungsaktivitäten positiv statt negativ auf den erbrachten Durchsatz ausgewirkt haben. Durch sie war es dem Prozess möglich, Verzögerungen in anderen Bereichen aufzuarbeiten, wenn z.B. die Wartung für Roboter V1 oder V2 erfolgt, solange diese noch auf Roboter V3 warten.

Die Experimente haben gezeigt, dass eine automatische Optimierung nicht immer sinnvoll ist. Zum Einen muss jede Veränderung des Prozessablaufes gezielt vom Anlagenplaner entwickelt und bewertet werden. Zum Anderen kann eine Optimierung durch die iterative Positionierung und Dimensionierung von Entkopplungen über mehrere Simulationsläufe nur bedingt und nur für einfachere Abläufe erfolgreich sein. Bei hochkomplexen Fertigungsprozessen wird nur eine gezielte Kombination verschiedener Maßnahmen zu einer Prozessvariante führen, die die festgesetzten Leistungsanforderungen erfüllt. Tatsächlich lieferte bei der vorgestellten Türenanlage erst die Simulation des aktuell installierten Prozessablaufes die heute in der Produktion erzielten Stückzahlen.

6 Bewertung und Ausblick

In diesem Paper wurde eine automatische Modellgenerierung für die Simulation von Arbeitsfolgen robotergesteuerter Fertigungsprozesse vorgestellt. Die implementierten Methodiken verarbeiten die eingelesenen Informationen und erzeugen ein lauffähiges Simulationsmodell, in welchem die Auswirkungen von Verriegelungen und Abhängigkeiten der Prozesse untereinander eindeutig visualisiert und bewertet werden können. So ist es möglich, Ursachen für mögliche Leistungsverluste schnell zu identifizieren und schon während der Planungsphase das Verständnis für den Fertigungsprozess und die Zusammenhänge zu fördern.

Indem die Methodiken nicht nur die Generierung des Modells sondern auch die Steuerungen zur korrekten Abarbeitung der Arbeitsfolgen enthalten, sind bei einer entsprechenden Aufbereitung der Eingabedaten nur geringe Modellierungskenntnisse erforderlich, um das Simulationsmodell zu erzeugen. Das ermöglicht dem Prozessplaner während der Entwicklung des Taktzeitdiagrammes weitestgehend eigenständig verschiedene Prozess- oder Teilprozessabläufe sowie Auswirkungen von Verzögerungen zu untersuchen. Die Prüfung des Modells und die statistische Auswertung der Prozessleistung sollten jedoch durch den Simulationsingenieur erfolgen.

Da die Definition der Vorgängerbeziehungen im Taktzeitdiagramm aufwändig und fehlerbehaftet bleibt, wurden im Laufe der Entwicklungsarbeiten Richtlinien für die Taktzeitdiagramme definiert und zusätzliche Methoden im Simulator sowie externen Anwendungen implementiert, die den Anwender dabei unterstützen können. Letztlich ist jedoch auch dies nur eine vorläufige Lösung. Langfristig soll die vollständige Umstellung auf die in einem anderen Softwaretool gehaltenen Daten erfolgen, welches zukünftig im Unternehmen durchgängig zur Planung robotergesteuerter Fertigungsprozesse eingesetzt werden soll.

Integrationsaspekte der Simulation:
Technik, Organisation und Personal
Gert Zülch & Patricia Stock (Hrsg.)
Karlsruhe, KIT Scientific Publishing 2010

Methoden zur Plausibilisierung von Eingangsdaten für Belieferungssimulationen in Logistik-Planungssystemen der Digitalen Fabrik

Methods for the Plausibility Check of Input Data for Intra-Logistic-Simulations

Hannes Müller-Sommer
Daimler AG, Sindelfingen (Germany)
hannes.mueller-sommer@daimler.com

Steffen Straßburger
Technische Universität Ilmenau, Ilmenau (Germany)
steffen.strassburger@tu-ilmenau.de

Abstract: The concept of the Digital Factory provides the possibilities to generate intra-logistic-simulations with validated input data through a standardized method. Therefore the focus on the input data is necessary. This paper discusses a first approach how to validate this data with different, independent methods. The objective is collecting all necessary data in the required quality in order to generate a reliable simulation model, avoiding costly iterations or even wrong conclusions.

1 Motivation

Diskret-ereignisorientierte Materialflusssimulationen haben sich bei Automobilherstellern gerade in Produktion und Logistik als wirkungsvolles Instrument bewiesen, um zeitdynamische Zusammenhänge abzusichern. Allerdings ist eine Simulationsstudie sehr aufwändig und fordert ein breites Simulations- und Situationsverständnis.

Simulationsstudien lassen sich nach BAIER u.a. (2006) in Zieldefinition, Datenbeschaffungsphase, Modellierungsphase, Modell-V&V-Phase und Experimentphase gliedern. Um gezielt die Eingangsdaten zu untersuchen, wird im vorliegenden Beitrag die Datenbeschaffungsphase um eine Datenplausibilisierungsphase erweitert (vgl. Abb. 1). Die Qualität einer Simulationsstudie hängt direkt mit der Qualität der Eingangsdaten zusammen. In einer im Rahmen dieses Beitrags durchgeführten Umfrage mittels Fragebogen unter dem jeweiligen Experten für Belieferungssimulationen der sechs deutschen Automobilhersteller zeigte sich (MÜLLER-

SOMMER 2010, S. 5), dass 17 % des Gesamtaufwandes einer Simulationsstudie auf die Plausibilisierung der Eingangsdaten entfällt (vgl. Tab. 1). Datenplausibilisierung wird hier verstanden als die Validierung und Verifikation der Eingangsdaten. WENZEL u.a. (2008, S. 40) sprechen in ihrem Vorgehensmodell von einer permanenten Validierung und Verifikation (V&V) der Daten und des Modells. SARGENT (2009, S. 167) unterscheidet zwischen Datenplausibilisierung und Modell-V&V und stellt fest: "there is not much that can be done to ensure that the data are correct". Dieser Handlungsbedarf wird hier aufgegriffen: Durch die methodische Unterstützung des Simulationsexperten soll es zu einer Reduktion der Aufwände von Belieferungssimulationen führen. In der Digitalen Fabrik bietet das Produktionsplanungssystem der Logistik (Planungssystem) hierbei eine breite Plattform, Belieferungssimulationen standardisiert mit Eingangsdaten zu versorgen.

Aufwand	Mittelwert in %	StAbw in %
Zielsetzung/Problemdefinition	6.67	2.58
Datenbeschaffung/-erhebung	25.00	6.32
Plausibilisierung Eingangsdaten	16.67	11.69
Modellierung	24.17	12.81
Modellvalidierung	14.17	4.92
Experimente/Analyse	13.33	6.06

***Tabelle 1**: Aufwand der Belieferungssimulation (MÜLLER-SOMMER 2010, S. 5)*

2 Bestandteile

2.1 Belieferungssimulation

Nach dem Verständnis der VDA-Unterarbeitsgruppe "Ablaufsimulation" (MÜLLER-SOMMER, STRASSBURGER 2009) untersucht die Belieferungssimulation das Zusammenspiel der unterschiedlichen Belieferungsprozesse mit den Einsatzfaktoren und den anderen Gewerken. Die Belieferungssimulation betrachtet den Teilefluss. Das Simulationsmodell basiert auf dem Layout der Produktionshalle. Ziel ist es, die zu verbauenden Teile unter den logistischen Vorgaben termingerecht am Bereitstellort (BO) vorzuhalten, und dies mittels der Simulation dynamisch abzusichern. Den größten Anteil der Eingangsdaten haben hierbei die parametrierten Transportketten. Eine Transportkette beschreibt nach DIN 30781 alle Orte (Logistikstationen) des Materialflusses von der Quelle über Lager- und Umschlagspunkte bis hin zur Senke. Die einzelnen Orte sind durch Versorgungsprozesse mit den benötigten Ressourcen verbunden, die den Materialtransport respektive Belieferungsprozess definieren. Somit ist für jede Positionsvariante eines Bauteils eine eigene Transportkette vorhanden. Belieferungssimulationen im Montagegewerk haben oft mehr als 1.000 verschiedene Bauteile und damit mindestens so viele Transportketten. Eine Transportkette für sich ist transparent, die Komplexität entsteht durch die hohe Anzahl und die Interaktion untereinander. Daher sind die Transportketten der Belieferungssimulation ein ideales Untersuchungsobjekt.

2.2 Vorabplausibilisierung der Digitalen Fabrik

Die Werkzeuge der Digitalen Fabrik sollen nach ROOKS (2009, S. 39) den Planer bereits während seiner Planungstätigkeit dahingehend unterstützen, unplausible Planungsergebnisse zu erkennen bzw. zu vermeiden. Bereits bei der Dateneingabe im Planungssystem der Produktionsplanung kann vor einem Modellaufbau eine Plausibilisierung integriert werden, beispielsweise wenn der Datentyp und der Wertebereich (integer, boolean, nur positive Werte erlaubt, ...) vorab untersucht wird. Darstellbar ist dies im Planungssystem durch vordefinierte Bausteine und Eingabefelder mit Plausibilitätsprüfungen. Hierbei können viele Inkonsistenzen bereits bei Eingabe unterbunden werden, allerdings sind diese Verfahren für eine umfassende Datenplausibilisierung alleine nicht ausreichend.

2.3 Qualitätsmerkmale

Die Bewertung von Informationen muss über Statistiken zur Vollständigkeit und Fehlerfreiheit der Objekte in Planungssystemen hinausgehen. Eigenschaften wie Übersichtlichkeit und Relevanz beschreiben weitere wichtige Merkmale, die die Qualität von Informationen bestimmen (ROHWEDER u.a. 2008, S. 25). Die Informationsqualität wird hier exemplarisch anhand von 15 Merkmalen, zusammengefasst in vier Kategorien, definiert (HILDEBRAND u.a. 2008, S. 26), weiter haben auch WAND und WANG (1996, S. 88) sowie HELFERT (2002, S. 181) wesentliche Beiträge zur Klassifikation beigetragen:

- **Zweckabhängigkeit:** Aktualität, Wertschöpfung, Vollständigkeit, Umfang, Relevanz
- **Systemunterstützung**: Zugänglichkeit, Bearbeitbarkeit
- **Inhärenz:** Ansehen, Fehlerfreiheit [Korrektheit], Objektivität, Glaubwürdigkeit
- **Darstellungsbezug:** Verständlichkeit, Übersichtlichkeit, einheitliche Darstellbarkeit, eindeutige Auslegbarkeit

2.4 Qualitätsmerkmale für Belieferungssimulationen

Alle diese Kategorien und Merkmale sind in der Digitalen Fabrik von Bedeutung und haben bereits in der Konzeptphase eine große Relevanz (single source of truth). Bezogen auf die Eingangsdaten einer Belieferungssimulation sind hier zwei Merkmale besonders hervorzuheben: Vollständigkeit und Korrektheit. Die mangelnde Vollständigkeit einer Transportkette kann in der Simulation zu falschen Ergebnissen führen. Wenn dies bemerkt wird, entsteht ein Mehraufwand im Simulationsmodell und im Mengengerüst. Sollte diese Unvollständigkeit nicht bemerkt werden, so kann sich dies direkt auf die Modellvalidierung und -verifikation sowie auf die Simulationsergebnisse auswirken. Eine mangelnde Korrektheit führt zwar zu einem Modellaufbau, hat aber ebenfalls direkte Auswirkungen auf die Modellvalidierung und -verifikation sowie auf die Simulationsergebnisse. Die Aussagekraft einer Belieferungssimulation mit einem verifizierten Modell ist nur bei vollständigen und korrekten Eingangsdaten gegeben.

3 Lösungskonzept

Die Digitale Fabrik bietet die komfortable Ausgangssituation, mittels einer standardisierten Methodik den Aufwand in der Datenbeschaffungs- und Plausibilisierungsphase signifikant zu reduzieren. Dieser Beitrag soll einen ersten Ansatz diskutieren. Das Ziel ist es, ausschließlich plausibilisierte Transportketten an die Belieferungssimulation zu übergeben. Daher werden in der Konzeptphase für die betrachteten Qualitätsmerkmale zusätzlich zu statistischen Analyseverfahren der Digitalen Fabrik unabhängige Filterklassen entwickelt. Diese Filterklassen können Transportketten qualifiziert bewerten: Referenzdatenbanken, komplementäre Werkzeuge und die Entscheidungsbaum-Schwellwertanalyse. Eine Filterklasse ist eine unabhängige Methode, die einzelne Attribute eines Datensatzes [hier: in einer Transportkette] untersucht und eventuelle Abweichungen vom erwarteten Ergebnis dokumentiert. Ein standardisierter Ablauf unterstützt die Planer (vgl. Abb. 1). Je unterschiedlicher die einzelnen Methoden der Filterklassen ausgelegt sind, desto größer ist die Möglichkeit, Inkonsistenzen und Unvollständigkeiten zu finden und diese zur Überarbeitung an die verantwortlichen Planer zurückzuspielen.

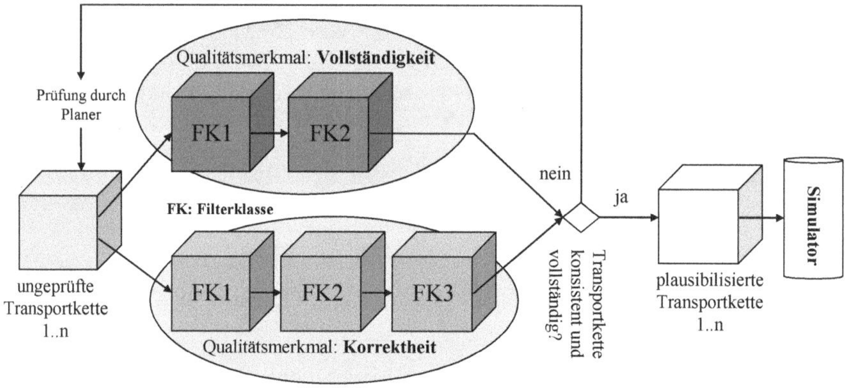

***Abbildung 1**: Plausibilisierung von Transportketten vor dem Modellaufbau*

3.1 Qualitätsmerkmal Vollständigkeit

Das Parametrieren von Transportketten auf der Grundlage von Standardprozessen unterstützt nachhaltig das Erkennen von Fehlern im Vorfeld (ROOKS 2009 S.49). Dies beinhaltet:

- Die Prüfung der Planungsobjekte hinsichtlich Sequenz und Vollständigkeit
- Die komplette Zuordnung von Ressource und Produkt
- Überprüfung, ob die Logistikstationen für die ausgewählten Transportmittel erreichbar sind

Die für die Simulation benötigten parametrierten Transportketten können unvollständig sein, z.B. durch fehlende Prozessverknüpfung, fehlende oder unvollständig parametriere Ressourcendaten bei Flurförderzeugen oder Ladungsträgern, fehlende Ladungsträgerinhalte, fehlende Logistikstationen sowie eine Abweichung von Logistikstationen im Prozess und im Layout. Diese fehlende Vollständigkeit in Prozess- und Ressourcendaten kann über die Filterklasse "Referenzdatenbank" oder über die Filterklasse "komplementäre Werkzeuge" geprüft werden (vgl. Kap. 3.2.1 und 3.2.3). Komplementarität steht hier für die Zusammengehörigkeit unabhängiger, aber sich ergänzender Werkzeuge, die auf das Mengengerüst aufsetzen. Sollte eine dieser Inkonsistenzen aus einem vorgelagerten System übernommen worden sein, so sind über einen Workflow die entsprechenden Beteiligten zu informieren, um die Korrekturen direkt im Quellsystem vorzunehmen. Redundante Datenhaltung ist zu vermeiden. Mit einem vollständig parametrisierten Mengengerüst ist die Voraussetzung geschaffen, alle relevanten Eingangsdaten an die Simulation zu übergeben. Inhaltliche und qualitative Aussagen können allerdings nicht bewertet werden, hierfür wird ein Ansatz im nächsten Kapitel aufgezeigt.

3.2 Qualitätsmerkmal Korrektheit

Systemseitig wird bisher die Vollständigkeit geprüft. Aussagen, die die Korrektheit der einzelnen Datensätze bestätigen, werden vom System bisher nicht betrachtet. Hier sind folgende Fragestellungen zu untersuchen:

- Sind die Logistikstationen richtig verknüpft?
- Sind die Stammdaten richtig?
- Sind die Ladungsträgerinhalte richtig?
- Sind die Logistikstationen richtig?

Für Belieferungssimulationen lassen sich miteinander kombinierbare Methoden zur Prüfung der Korrektheit identifizieren: die Kopplung einer Referenzdatenbank, die Nutzung vorgelagerter, komplementärer Werkzeuge und zusätzlich die Entscheidungsbaum-Schwellwertanalyse (EBS-Analyse). Das Qualitätsmerkmal "Korrektheit" setzt Referenzen und Erfahrungen des Logistikplaners voraus. Die folgenden Filterklassen untersuchen, ob der Datensatz inhaltlich korrekt sein kann.

3.2.1 Filterklasse "Referenzdatenbank"

Die Nutzung von bereits vorhandenen Referenzdatenbanken ermöglicht eine gute Ausgangssituation für eine Plausibilisierung der Transportketten (Produkt-, Prozess- und Ressourceninformationen), beispielsweise aus dem Mengengerüst der Vorgängerbaureihe (vertikal referenzierte Baureihe), aber auch mit anderen aktuellen Baureihen mit Gleichteilen – und identischen Prozessen (horizontal referenzierte Baureihe). Die überwiegende Anzahl an Bauteilen eines Fahrzeuges wird, wenn auch in abgeänderter Form, für weitere Baureihen verwendet. Auch ist die zunehmende Modularisierung in der Automobilindustrie hilfreich, identische Module von horizontal referenzierten Baureihen miteinander abzugleichen. Die Transportkette wird mit horizontal und vertikal referenzierten Baureihen verglichen. Dies beruht auf der Annahme, dass gleiche Bauteile auch identische Prozesse mit identischen

Ressourcen in verschiedenen Baureihen haben. Eventuelle Abweichungen außerhalb einer definierten Toleranz werden zurückgemeldet. Somit kann die Qualität der Planung nach einem Initialaufwand ohne weiteren operativen Mehraufwand sichergestellt werden, zeitaufwändige Fehlersuche oder sogar falsche Auswertungen können reduziert, allerdings nicht ausgeschlossen werden. Durch eine flexible Datenbankabfrage ist die Implementierung generisch und muss nicht auf spezifische Baureihen angepasst werden. Die Referenzdatenbank ist anwendbar auf die meisten Attribute einer Transportkette.

3.2.2 Filterklasse "komplementäre Werkzeuge"

Eine Simulationsstudie für interne Belieferungen setzt erst spät im Planungsprozess ein, meist nachdem die Bereitstellorte von der Montage definiert sind. Zuvor arbeiten weitere Werkzeuge auf dem Mengengerüst des Planungssystems, beispielsweise Programme zur Verknüpfung von Prozesslogistikstationen mit den tatsächlichen im Layout zugeordneten Logistikstationen oder Programme zur Festlegung und Optimierung von Versorgungsrouten. Auch Auswertungen zu bestimmten Meilensteinen wie Kostenabschätzungen greifen bereits früh im Planungsprozess auf die Planungsdaten im Mengengerüst zu. Diese Programme und Auswertungen setzten ein plausibles Mengengerüst voraus, da unter anderem Investitionsentscheidungen und Lieferantenvergaben direkt davon abhängen. Da die Belieferungssimulation spät im Produktplanungsprozess auf das Mengengerüst aufsetzt ist eine Vorabplausibilisierung (Prozess-, Ressourceninformationen) bereits für einen Großteil der Eingangsdaten für einen Modellaufbau erfolgt, sofern die vorgelagerten Werkzeuge systematisch eingebunden sind. Sollten Korrekturen direkt im komplementären Werkzeug erfolgen, so ist über eine Schnittstelle die Rückversorgung in das System sicherzustellen, in welchem die Daten erhoben wurden und durch zusätzliche Parameter zu dokumentieren, was und warum geändert wurde. Dadurch kann geprüft werden, ob der Datensatz bereits plausibilisiert wurde.

3.2.3 Filterklasse "Entscheidungsbaum-Schwellwertanalyse (EBS-Analyse)"

Um methodisch Entscheidungen im Planungsprozess zu treffen werden unter anderem Entscheidungsbäume verwendet. Um die Fragestellung an einem einzelnen Ast zu beantworten, kann es sein, dass diese Entscheidung in Unternetzwerken ermittelt wird. Jede dieser Entscheidung hat wiederum einen direkten Einfluss auf den Materialfluss in der Fabrik. Daher hat die Entscheidungsfindung einen großen Einfluss auf die Planungsqualität. Die Entscheidungen sind untereinander abhängig von diversen Rahmenbedingungen und werden in unterschiedlichen vorgelagerten Planungsschritten ermittelt. Die EBS-Analyse untersucht selbstständig den Weg der Entscheidungsfindung und kann mit auf aggregierter Ebene nachvollziehen, ob die vom Planer getroffene Entscheidung nach den gewählten Kriterien korrekt ist, bspw. für Produktinformationen (vgl. Abb. 2).

Die EBS-Analyse besteht aus einem binären Entscheidungsbaum auf Grundlage des Classification and Regression-Trees (CART)-Algorithmus (BREIMANN 1998) mit aggregierten Schlüsselfragen. Der CART-Algorithmus findet Entscheidungen in binären Entscheidungsbäumen. Die Beantwortung dieser Fragen setzt teilweise Kenntnisse voraus, die in Unternetzwerken in Vorfragen und vorgelagerten Vorfragen (V-Vorfragen) erst ermittelt werden (vgl. Abb. 2). Voraussetzung sind modellierte binäre Entscheidungsbäume für jede Fragestellung sowie jeweils geeignete plausible Datensätze mit definierten Schwellwerten sowie die entsprechenden Attribute am Datensatz. Die EBS-Analyse entscheidet anhand dieser definierten Schwellwerte und kann somit auch die übergeordneten Fragestellungen beantworten. Der Weg der Entscheidungsfindung ist transparent und nachvollziehbar, was unmittelbar der Glaubwürdigkeit der Simulationsstudie zu Gute kommt.

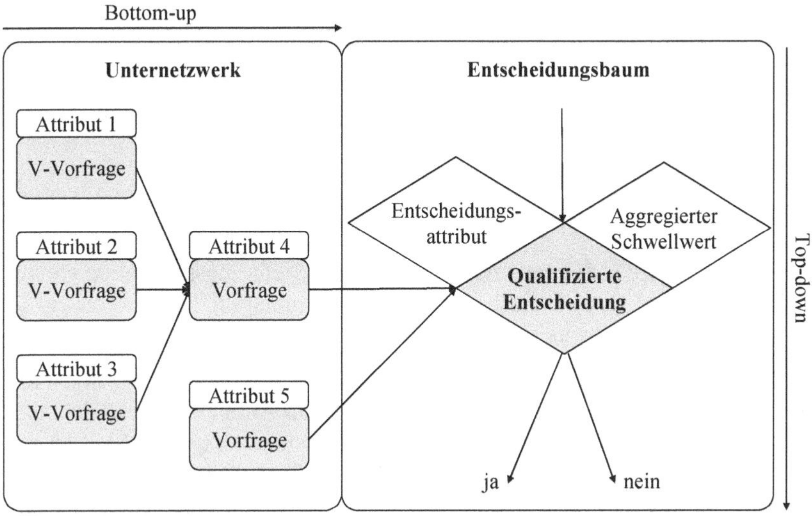

Abbildung 2: *Entscheidungsfindung mit aggregiertem Schwellwert*

4 Bewertung und Zusammenfassung

Die Aussagen einer Simulationsstudie sind maximal so gut wie die Qualität der Eingangsdaten. Daher ist es von großer Bedeutung, einen transparenten Planungsprozess und eine Rückverfolgbarkeit der einzelnen Datensätze bis zu ihrer Erhebung zu haben. Dieses Vorabkonzept zeigt für die Produkt-, Prozess- und Ressourceninformationen Möglichkeiten zur Prüfung der Vollständigkeit und der Korrektheit der Transportketten auf. Durch die Anwendung unterschiedlicher Filterklassen können Inkonsistenzen und Unvollständigkeiten aufgespürt werden. Bisher kann allerdings der Grad der Überprüfung nicht bestimmt werden, somit ist auch ein Soll-Ist-Vergleich nicht möglich. Dieses Vorabkonzept möchte einen Beitrag leisten, das Themenfeld Simulationseingangsdaten qualifiziert zu bewerten und in eine systematische Datenplausibilisierung zu überführen. Das Ziel ist die sowohl methodische als auch prozessuale Implementierung im Logistik-Produktionsplanungssystem der Digitalen Fabrik. Momentan wird ein Konzept mit den vorgestellten Methoden bei der Daimler AG, Sindelfingen, entwickelt. Ein Prototyp soll bis Ende 2010 erste Ergebnisse aufzeigen.

Literatur

BAIER, Jochen; RUF, Harald; HILL, Henning: Verknüpfung von Materialflusssimulation und Planungsdatenbanken. In: Zeitschrift für wirtschaftlichen Fabrikbetrieb, München, 101(2006), S.70-76.

BREIMAN, Leo: Classification and regression trees (Repr.). Boca Raton, FL: Chapman & Hall, 1998.

DIN 30781, Blatt 1. DIN - Deutsches Institut für Normung e.V. Berlin: Beuth Verlag, 1989.

FRITZ, Jürgen: Zielführende Modellierung und Analyse schlanker Fertigungssysteme mit der Digitalen Fabrik. Saarbrücken: LFT Lehrstuhl für Fertigungstechnik/CAM, Dissertation, 2007.

HELFERT, Markus: Planung und Messung der Datenqualität in Data-Warehouse-Systemen. Bamberg: Difo-Druck, 2002.

MÜLLER-SOMMER, Hannes: Aufwände einer Belieferungssimulation – eine Umfrage im VDA Unterarbeitskreis Ablaufsimulation. http://www.db-thueringen.de/servlets/DocumentServlet?id=15869, Stand: 05.06.2010.

MÜLLER-SOMMER, Hannes; STRASSBURGER, Steffen: Ausprägungen und Nutzung der Logistiksimulation im Umfeld der Automobilindustrie. In: Arbeitsgemeinschaft Simulation - 20. Symposium. Hrsg.: GNAUK, A.; LUTHER, B. Aachen: Shaker 2009, S. 353-361.

WENZEL, Sigrid; WEISS, Matthias; COLLISI-BÖHMER, Simone; PITSCH, Holger; ROSE, Oliver: Qualitätskriterien für die Simulation in Produktion und Logistik: Planung und Durchführung von Simulationsstudien. Berlin, Heidelberg: Springer, 2008.

ROHWEDER, Jan; KARSTEN Gerhard; MALZAHN, Dirk; PRIO, Andrea; SCHMID, Joachim: Informationsqualität – Definitionen, Dimensionen und Begriffe. Hrsg: HILDEBRAND, Knut; GEBAUER, Marcus; HINRICHS, Holger; MILKE, Michael: Daten- und Informationsqualität: Auf dem Weg zur Information Excellence. Wiesbaden: GWV Fachverlage, 2008.

ROOKS, Tobias: Rechnergestützte Simulationsmodellgenerierung zur dynamischen Absicherung der Montagelogistikplanung bei der Fahrzeugneutypplanung im Rahmen der Digitalen Fabrik. Aachen: Shaker Verlag, 2009.

SARGENT, Robert: Verification and Validation of Simulation Models. In: Proceedings of the 2009 Winter Simulation Conference; Energy Alternatives. Hrsg.: ROSSETTI, M. D.; HILL, R. R.; JOHANSSON, B.; DUNKIN, A.; INGALLS, R. G. New York, NY: Association for Computing Machinery Order Department; Piscataway, NJ: IEEE Service Center, 2009, S. 162-176.

WAND, Yair; WANG, Richard Y.: Anchoring Data Quality Dimensions in Ontological Foundations. In: Communications of the ACM. Hrsg.: Association for Computing Machinery. New York: Association for Computing Machinery, 1996 S. 86–95.

Integrationsaspekte der Simulation:
Technik, Organisation und Personal
Gert Zülch & Patricia Stock (Hrsg.)
Karlsruhe, KIT Scientific Publishing 2010

Robuste Primär- und Sekundärbedarfsplanung komplexer und variantenreicher Serienprodukte

Robust demand planning of configurable products

Jochen Kappler, Andreas Schütte, Heiko Jung
Daimler AG, Böblingen (Germany)
jochen.kappler@daimler.com, andreas.schuette@daimler.com,
heiko.jung@daimler.com

Dennis Arnhold, Uwe Bracht
Institut für Maschinelle Anlagentechnik und Betriebsfestigkeit,
TU Clausthal, Clausthal-Zellerfeld (Germany)
dennis.arnhold@imab.tu-clausthal.de, uwe.bracht@imab.tu-clausthal.de

Abstract: Nowadays the ability to provide resource-efficiently a high complex product, like a personalized car truly is, within 3 months to the customer states for OEMs one of the most crucial advantages in competition. In order to guarantee short order-to-delivery time of the offered variant spectrum, future demand for components and parts must be planned months before the actual Build-to-Order production process gets initiated. To due volatile markets this task develops to a critical challenge. In this paper we present a methodology to plan the future market and part demand more robustly by offering the OEM's forecasting and planning sales departments the ability to describe the uncertainty of future market demand with intervals. We provide an approach which enables the logistic departments to transform this range-based market demand information effectively into part intervals by respecting the logical product documentation.

1 Einführung in das Planungsumfeld

Im Zuge übersättigter Märkte und des zunehmenden Konkurrenzdrucks in der Automobilbranche versuchen OEM (Original Equipment Manufacturer) mit immer neuen Ausstattungsoptionen und der Einführung von Nischenbaureihen potentielle Kunden durch ein Höchstmaß an Individualisierung zu überzeugen. Neben den klassischen Differenzierungsmerkmalen von Produkten, wie z.B. Qualität und Preis, beeinflusst in letzter Zeit die Auftragsabwicklung, also vor allem die Lieferzeit und die Liefertreue eines Fahrzeugs, immer mehr die Kundenzufriedenheit. Um eine hohe Liefertreue bei gleichzeitig akzeptablen Lieferzeiten für kundenindividuelle

Produktkonfigurationen zu gewährleisten, ist eine kontinuierliche und robuste Prognose und Planung des zukünftigen Primär- und Sekundärbedarfs unabdingbar.

Bei hoher Variantenvielfalt und kundenauftragsorientierter Serienproduktion stellt die Planung sowohl der zukünftigen Nachfrage an Fahrzeugmodellen sowie der Quoten von Sonderausstattungsoptionen als auch der sich daraus ergebende Komponenten- und Teilemengenbedarf eine immense Herausforderung dar (STÄBLEIN, SCHÜTTE, BRACHT 2008, S. 127). Zudem erschweren kurzfristige Auftragsänderungen der Kunden (Late Configuration) und die Marktvolatilität im Allgemeinen die präzise Einschätzung der zukünftigen Nachfrage.

2 Herausforderungen in der mittelfristigen Planung

In Industrien mit kundenauftragsorientierter Serienfertigung stellt die mittelfristige Bedarfsplanung hohe Anforderungen an die beteiligten Planungs- und Logistikbereiche. Der in diesem Beitrag betrachtete Zeitraum deckt dabei, wie in der Automobilindustrie üblich, einen Zeitraum von 18 bis 3 Monaten vor Produktionsbeginn ab. In diesem Planungsbereich liegen normalerweise noch keine konkreten Ausprägungen der Produktvarianten in Form von Kundenaufträgen vor (MEYR 2004, S. 451). Kundenaufträge treffen im Regelfall erst 8 Wochen vor der eigentlichen Produktion dieser Varianten aus den Niederlassungen bei den Herstellern ein. Für diese konkreten Aufträge kann dann eine Stücklistenauflösung zur exakten Sekundärbedarfsbestimmung durchgeführt werden.

Im mittelfristigen Planungsbereich ist dies situationsbedingt nicht möglich. Deshalb werden für diesen Zeithorizont Prognosen über den zukünftig zu erwartenden Primärbedarf erstellt, um die internen Produktions- und Logistikbereiche frühzeitig mit Informationen zu versorgen. Dazu wird aus dem erstellten Primärbedarfsplan der resultierende Sekundärbedarf abgeleitet.

Die Planung des zukünftigen Primär- und Sekundärbedarfs stellt nicht nur eine entscheidende Grundlage für die Einrichtung und Anpassung der internen Produktionskapazität bei den Automobilherstellern dar. Angesichts der Tatsache, dass über 75 % der gesamten Wertschöpfung in der Automobilindustrie nach dem Prinzip der kundenauftragsanonymen "Build-to-Forecast"-Fertigung extern erbracht werden, kommt der Informationsversorgung des Supply Chain Netzwerks eine immer höhere Bedeutung zu. Eine unzureichende Planung des zukünftigen Bedarfs hat für OEMs unter Umständen weit reichende Folgen: kann sich die Zulieferkette aus Flexibilitätsgründen nicht schnell genug auf einen geänderten Bedarf bestimmter Teile einstellen, müssen potentielle Kundenaufträge zurückgestellt bzw. abgelehnt werden. Wurden auf Basis einer inkorrekten Bedarfsplanung zu viele Komponenten bestellt und vorproduziert, entstehen den OEMs Kapitalbindungs- und Lagerkosten, die die Hersteller oftmals dazu verleiten, Fahrzeuge ohne direkten Kundenauftrag zu fertigen und diese anschließend, wie bei einer "Build-to-Forecast"-Produktion, mit Preisnachlässen "in den Markt zu drücken". Studien sprechen von jährlich $ 80 Milliarden Zusatzkosten in der Branche durch Abweichungen in der prognosebasierten Fahrzeugproduktion bzw. von $ 500 - $ 1500 Einsparpotential pro Fahrzeug bei 100%-iger kundenauftragsorientierter Produktion (AGRAWAL, KUMARESH, MERCER 2001, S. 65).

Auch direkt bei den Zulieferern in der Supply Chain entstehen durch kurzfristige Änderungen von Bedarfsplänen zusätzliche Kosten. Diese fallen im Wesentlichen durch Sonderfahrten, Engpasssteuerung und Sicherheits- und Überbeständen als zusätzliche Logistikkosten bzw. in der Fertigung durch Sonderschichten, Rüst- und Wartungskosten sowie in diesem Zusammenhang generellen Störungen im Ablauf als zusätzliche Produktionskosten an (VDA 2008a, S. 6). In einer VDA-Studie werden diese entstehenden Mehrkosten durch Reaktionen auf Planänderungen als so genannte "Unruhekosten" bezeichnet und in einer Umfrage quantifiziert (VDA 2008b, S. 4). Die im Rahmen der Studie durchgeführte Befragung ergab, dass 62 % der Automobillieferanten der ersten Zulieferstufe regelmäßig Ad hoc-Maßnahmen einleiten müssen, um die Lieferfähigkeit aufrecht zu erhalten. Dadurch werden Kosten verursacht, die 2-7 % des Umsatzes ausmachen. Etwa 4 % der Befragten sind fast ausschließlich von Plananpassungen betroffen, die über 7 % Mehrkosten, bezogen auf den Umsatz, erzeugen (VDA 2008a, S. 9).

Bei der Planung des Primärbedarfs von komplexen Produkten mit einer hohen Variantenvielfalt stellt sich aufgrund der speziellen Form der Erzeugnisdokumentation der zulässigen Produktvarianten und deren zur Produktion benötigten Teile eine zusätzliche Herausforderung: für deutsche Premiumfahrzeuge bestehen heute bis zu 200 kundenwählbare Sonderausstattungen zwischen denen kombinatorische Beziehungen herrschen, welche bei der Planung des Primärbedarfs berücksichtigt werden müssen. Außerdem werden weitere Steuerungsmerkmale verwendet, um Ausstattungslinien, Pakete oder Ländervarianten zu verschlüsseln (SINZ 2004, S. 26). Beide Merkmalsklassen wirken gleichermaßen auf die Menge der benötigten Komponenten und Teile ein.

Durch den Einsatz von Strategien des "Mass Customization" soll den Individualisierungswünschen der Kunden entsprochen und gleichzeitig das Komponenten- und Teilespektrum zur Fertigung kundenindividueller Varianten überschaubar gehalten werden (STÄBLEIN, SCHÜTTE, BRACHT 2008, S. 127). Dieses Konzept führt jedoch auch zu einer höheren Beschreibungskomplexität zwischen einer merkmalbasierten Konfiguration und den dafür benötigten Komponenten. In der Produktdokumentation wird diese Beziehung zwischen Produktmerkmalen, Komponenten und Teilen beschrieben, wobei in der deutschen Automobilindustrie aufgrund der hohen Variantenanzahl üblicherweise ein so genanntes coderegelbasiertes Dokumentationssystem verwendet wird (SINZ 2004, S. 25). Diese Systematik gliedert ein Produkt in zwei Ebenen:

- Produktebene für den Vertrieb und das Marketing und
- Technische Ebene für die Produktion und Entwicklung.

Innerhalb der Produktebene kommt typischerweise ein Konfigurationsregelwerk zum Einsatz, das technische, kaufmännische und gesetzliche Abhängigkeiten und Bedingungen zwischen Ausstattungsmerkmalen und Produkteigenschaften beschreibt. Diese Beziehungen zwischen den Merkmalen werden über so genannte aussagenlogischen Baubarkeits- und Zusteuerregeln dokumentiert. Dabei wird festgelegt, welche Merkmale in einem Auftrag kombiniert werden können bzw. müssen. Die Verbindung mit der technischen Ebene wird durch so genannte Einbauregeln ermöglicht, die ebenfalls über aussagenlogische Ausdrücke die Verwendung von bestimmten Teilen an so genannten Positionsvarianten unter bestimmten Merkmalskombinationen beschreiben. Eben diese beiden Arten der aussagenlogischen Regelwerke für das Produkt wurden in der Vergangenheit von den vorhandenen Bedarfsplanungsverfahren nur unzureichend genutzt, obwohl dieses Wissen für den Fokusmonat, für den eine Prognose erfolgen soll, mit einem zeitlichen Vorlauf besteht.

3 Bestehende Bedarfsplanungsverfahren

Bei Automobilherstellern fanden in der Vergangenheit zur Bedarfsplanung auftragsbasierte Methoden (VOLLMANN, BERRY, WHYBARK 2005), der Ansatz der reellwertigen Auftragsgewichtung (STÄBLEIN, SCHÜTTE, BRACHT 2008), der coderegelbasierter Ansatz zur Prognose auf einer virtuellen Ebene zwischen Teile- und Produktebene (OHL 2000), Schätzungen von Merkmalskombinationen (DICKERSBACH 2005), graphisch probabilistische Modelle (HOLTZE 2000) sowie die Berechnung von Intervallschranken für Sekundärbedarfe (STÄBLEIN 2008) Beachtung.

Bei volatilen Marktverhältnissen in Verbindung mit einer zunehmenden Produktkomplexität und Variantenvielfalt zeigen diese Verfahren immer häufiger konzeptionelle Defizite, die sich in der Qualität der Bedarfsplanung ausprägen. Alle Methoden verlangen nach einem Produktionsprogramm mit idealen Primärbedarfsforderungen, die sich widerspruchsfrei zur Produktdokumentation und gegebenen Produktionskapazitäten verhalten sowie die Nachfrage in der Zukunft punktgenau quantifizieren. Diese ideale Datensituation liegt in der Praxis jedoch nicht vor. Vielmehr sind die Prognosedaten im Regelfall stark fehlerbehaftet (OHL 2000).

Keines der erwähnten Verfahren ist in der Lage, die quantifizierte Unsicherheit der Nachfrage, beispielsweise in Form von Bedarfsintervallen, auf Konsistenz zur Produktdokumentation und zu einer Kapazitätssituation zu prüfen bzw. automatisch einzustellen, um erst im Anschluss einen Sekundärbedarfsplan abzuleiten.

4 Eine neue Methodik zur robusten Primär- und Sekundärbedarfsplanung

Mit der hier vorgeschlagenen Methodik ist eine deutlich bessere und robuste Planung des Primär- und Sekundärbedarfs durch eine vollständige Integration der Produktdokumentation (Einbauregeln der Stückliste, Baubarkeits- und Zusteuerregeln der Produktübersicht) möglich. Auf der Primärbedarfsebene wird es den planenden Bereichen zum Einen ermöglicht werden, zukünftige Verbauquoten für Sonderausstattungsmerkmale in Form von Bedarfsbandbreiten vorzugeben. Zum Anderen besteht die Option, einen stückzahlintervallbasierten Basistypenmix in die Planung aufzunehmen und a priori einen quantifizierten Flexibilitätsbedarf in die weiteren Planungen integrieren zu können. Da in der Praxis nicht vorausgesetzt werden kann, dass sich Primärbedarfsprognosen variantenreicher Produkte im Generellen konsistent zur komplexen Produktübersicht und einer gegebenen Kapazitätssituation verhalten, wird mit dieser Arbeit eine Methodik bereitgestellt, die eine intervallbasierte Prognose prüft und ggf. konsistent zur Produktübersicht und Kapazitätsengpässen für kritische Bauteile "richtet". Die Arbeit entwickelt hierzu einen optimierungsbasierten Berechnungsansatz, der die komplexen Abhängigkeitsbeziehungen der Merkmale untereinander berücksichtigt und außerdem nicht explizit prognostizierte Häufigkeiten der Sonderaustattungsmerkmale in Abhängigkeit dieses Wissens sowie der Primärbedarfsprognose gezielt einschränkt. Zur Beschreibung des zulässigen Lösungsraums werden die logischen Regeln mit Hilfe einer neuen Intervallarithmetik algebraisiert, welche die Kombinierbarkeit der Merkmale berücksichtigt und nicht wie ein bestehender Intervallplanungsansatz (STÄBLEIN 2008) von logischer Unabhängigkeit der Merkmale ausgeht. Dadurch wird das Kombinationswissen der Produktübersicht noch effektiver genutzt und die Berechnung eines konsistenten Primärbedarfsplans ermöglicht und gewährleistet. Der beschriebene erste Methodenbestandteil ist in Abbildung 1 dargestellt.

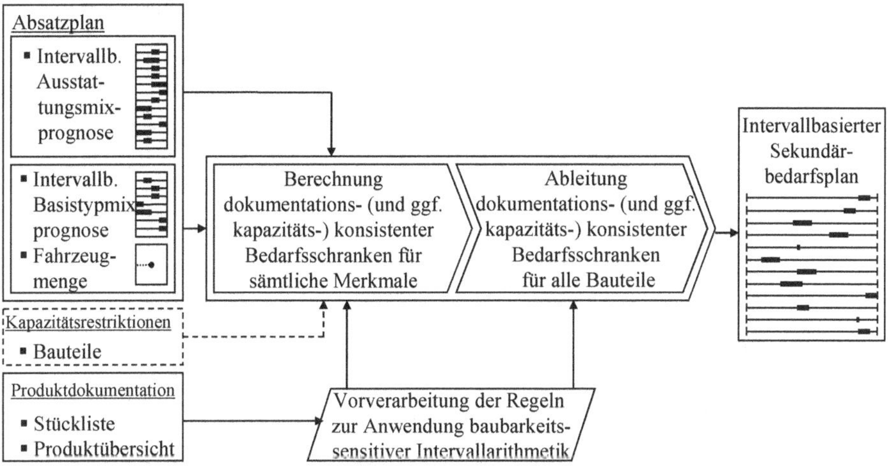

Abbildung 1: *Grundarchitektur des Gesamtverfahrens im Überblick*

Aufbauend auf dem Verfahrensschritt zur Herstellung eines konsistenten Primärbedarfsplans widmet sich der zweite Methodenbestandteil der Transformation des errechneten intervallbasierten Primärbedarfsplans in einen korrespondierenden Sekundärbedarfsplan. Der entwickelte Verfahrensschritt bestimmt zuerst das relative Bedarfsintervall einer jeden Positionsvariante aus den konsistent zur Produktübersicht berechneten Verbauquotenhäufigkeiten für sämtliche Codes, indem auf die zum Teil hochkomplexen logischen Einbauregeln der Stückliste ebenfalls die neu entwickelte Intervallarithmetik angewendet wird. In einem finalen Berechnungsschritt erfolgt die Aggregation der absoluten Positionsvariantenbandbreiten zu Bauteilbedarfsintervallen. Zur effektiven Bedarfsbestimmung der physischen Bauteile wird ein entsprechendes Optimierungsmodell aufgebaut.

Das entwickelte Gesamtverfahren bietet erstmalig die Möglichkeit, die Nachfragevolatilität komplexer und variantenreicher Serienprodukte durch intervallbasierte Primärbedarfsprognosen auf Produktebene abzubilden, zur Produktdokumentation konsistent einzustellen und in Sekundärbedarfsbereiche umrechnen zu können. Dadurch wird eine entscheidende Datengrundlage zur robusten und flexiblen Fabrik- und Prozessplanung in der gesamten Wertschöpfungskette eines Herstellers von komplexen und variantenreichen Produkten geschaffen.

5 Anwendung und Ergebnisvergleich mit einem existierenden Bedarfsplanungsansatz

Zur Demonstration der Leistungsfähigkeit der entwickelten Methodik wird ein Vergleichsszenario skizziert. Auf Grundlage eines intervallbasierten Primärbedarfsplans soll ein Sekundärbedarfsplan mit dem entwickelten Ansatz sowie mit einem bestehenden Intervallplanungsansatz berechnet werden. Dieses Szenario soll bei identischen, also konsistenten Planungsprämissen mit einem Spannweitenvergleich der berechneten Sekundärbedarfspläne die Effektivität der entwickelten Berechnungsmethodik herausstellen. Für dieses Testszenario wurde eine repräsentative Fahrzeugunterbaureihe eines deutschen Automobilherstellers herangezogen. Um "Chancengleichheit" bei der Ableitung des Sekundärbedarfsplans zu gewährleisten, wurden dem bestehenden Intervallplanungsansatz die mit der neuen Methodik berechneten dokumentationskonsistenten Verbauquoten für kundenwählbare Codes zugeführt (traditionell werden diese mit anderen, nicht zwangsläufig zur Produktübersicht konsistenten Verfahren prognostiziert, s.o.). Für die Berechnung wurde von keinem vorliegenden Kapazitätsengpass für eine Ressource ausgegangen. Die somit identischen Planungsprämissen beschränken sich jedoch nur auf die Verbauquoten der kundenwählbaren Merkmalausprägungen. Eine Zuführung der berechneten Verbauquoten für nicht prognostizierte Codes für den bestehenden Ansatz erfolgte nicht.

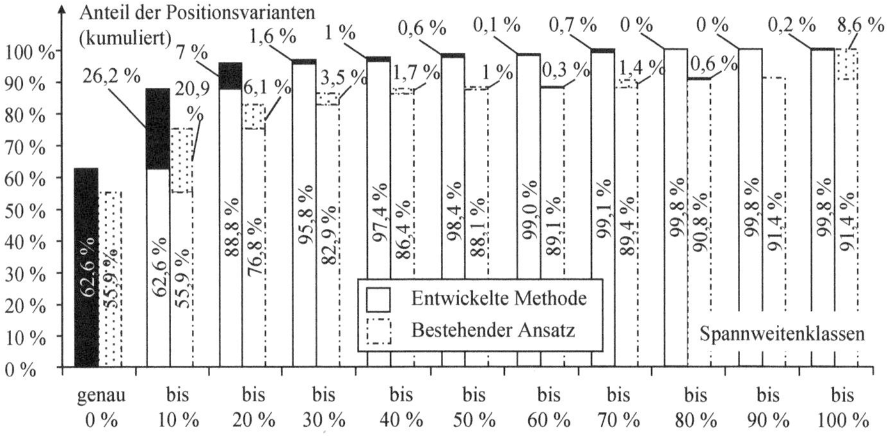

Abbildung 2: *Vergleich bei konsistenten Verbauquoten für wählbare Optionen*

In Abbildung 2 sind die Ergebnisse der Berechnung des Sekundärbedarfsplans jeweils nach dem *b*estehenden *I*ntervall*p*lanungs*a*nsatz (*BIPA*) und der hier entwickeltem *M*ethodik zur robusten und *k*onsistenten *B*edarfsplanung (*MKIB*) festgehalten. An der Abszisse ist die jeweilige relative Intervallspannweite bezogen auf die geplante Fahrzeugmenge aufgetragen, d. h. die Differenz zwischen Ober- und Unterschranke. Alle Spannweiten mit einem höheren Wert als 0 % werden in 10 %-Klassen aufgeteilt. Die Ordinate zeigt den jeweiligen kumulierten Anteil der Bauteile an der jeweiligen Spannweitenklasse.

Die Darstellung zeigt für das hier gewählte Szenario folgendes Ergebnis: mit dem bestehenden Intervallplanungsansatz lässt sich eine durchschnittliche Spannweite von 14,1 % pro Bauteil errechnen. Durch die Berechnung der Verbauquoten nicht prognostizierter Codes und durch die Anwendung der neu entwickelten Arithmetik auf die Einbauregeln der Stückliste ist es hingegen möglich, eine durchschnittliche Spannweite von 4,1 % zu gewährleisten. Bei konsistenten Planungsprämissen konnte für die ausgewählte Fahrzeugunterbaureihe mit der entwickelten Methodik eine Spannweitenreduzierung um mehr als den Faktor 3 gegenüber der bisher verfügbaren Berechnungsmöglichkeit in diesem Szenario erzielt werden.

6 Zusammenfassung

Premium-Automobilhersteller begegnen der zunehmenden Marktsättigung mit einem immer differenzierteren Produktportfolio und versuchen potentiellen Kunden bei stetig abnehmenden Lieferzeiten ein Höchstmaß an Individualisierbarkeit ihres zukünftigen Fahrzeugs zu bieten. Die Gewährleistung dieser "Build-to-Order"-Fertigung eines variantenreichen Produkts zu marktakzeptierten Lieferzeiten gelingt den Herstellern jedoch nur dann kosteneffektiv, wenn das Zuliefernetzwerk nach dem Prinzip "Build-to-Forecast" auf Basis eines Produktionsprogramms in produktive Vorleistung geht und dabei in der Lage ist, flexibel auf Nachfrageschwankungen reagieren zu können. Der Bedarfsplanung der OEM kommt angesichts der stetig voranschreitenden Auslagerung von Wertschöpfungsumfängen sowie der Tatsache, dass auf Basis zukünftiger Bedarfsinformationen Produktionskapazitäten und -flexibilitäten digital geplant und eingerichtet werden müssen, eine immer größere Bedeutung und Kostenwirkung zu. Gleichzeitig mangelt es jedoch zur robusten Planung des zukünftigen Bedarfs variantenreicher Serienprodukte an geeigneten Methoden. Im mittelfristigen Horizont werden Planungssysteme eingesetzt, die einen prognostizierten Primärbedarf nur "scheingenau", also als fixen Punktbedarf, verarbeiten können und diesen außerdem unzureichend bzw. inkonsistent zur Produktübersicht in die Sekundärbedarfsebene abbilden.

In diesem Beitrag wird deshalb ein neues Verfahren zur robusten Bedarfsplanung von variantenreichen Serienprodukten vorgestellt. Auf der Primärbedarfsebene soll es den planenden Bereichen ermöglicht werden, zukünftige Verbauquoten für Sonderausstattungsmerkmale in Form von Bedarfsbandbreiten vorzugeben und a priori einen Flexibilitätsbedarf in die weiteren Planungen aufnehmen zu können. Da in der Praxis nicht vorausgesetzt werden kann, dass sich Primärbedarfsprognosen variantenreicher Produkte im Generellen konsistent zur komplexen Produktdokumentation verhalten, ist es unabdingbar eine Methodik bereitzustellen, die eine intervallbasierte Prognose prüft und ggf. konsistent zur komplexen Produktdokumentation "richtet". Der Beitrag zeigt hierzu einen optimierungsbasierten Berechnungsansatz, der die komplexen Abhängigkeitsbeziehungen der Merkmale untereinander berücksichtigt und außerdem nicht explizit prognostizierte Merkmalhäufigkeiten in Abhängigkeit dieses Wissens sowie der Primärbedarfsprognose einschränkt. Es resultiert ein intervallbasierter Primärbedarfsplan, der sich konsistent zur Produktdokumentation verhält.

Der zweite Methodenbestandteil widmet sich der Transformation des intervallbasierten Primärbedarfsplans in einen korrespondierenden Sekundärbedarfsplan. Der entwickelte Verfahrensschritt berücksichtigt hierbei die zum Teil hochkomplexen logischen Einbauregeln der Stückliste und bestimmt ein möglichst kleines Bedarfsintervall einer jeden Sachnummer. Das in diesem Beitrag vorgestellte Gesamtverfahren bietet somit im variantenreichen Umfeld erstmalig die Möglichkeit, intervallbasierte Primärbedarfsprognosen auf Merkmalsebene vorzugeben und in Bedarfsbereiche in der Teileebene umrechnen zu können, wodurch eine entscheidende Datengrundlage zur robusten Fabrik- und Prozessplanung in der gesamten Wertschöpfungskette geschaffen wird.

Literatur

AGRAWAL, MANI; KUMARESH, T. V; MERCER, GLENN: The false promise of Mass Customization. In: McKinsey Quarterly, New York, 38(2001)3, S. 62-71.

DICKERSBACH, THOMAS: Characteristic Based Planning with mySAP SCM: Scenarios, Processes and Functions. Berlin: Springer-Verlag, 2005.

HOLTZE, PETER: Data Mining in der Bedarfsprognose von Komponenten und Teilen. Clausthal: Dissertation, Technische Universität Clausthal, 2000.

HUANG, GEORGE; LAU, JASON; MAK, L. K.: The Impacts of Sharing Production Information on Supply Chain Dynamics. In: International Journal of Production Research, London, 41(2003)7, S. 1483-1517.

MEYR, HERBERT: Supply Chain Planning in the German Automotive Industry. In: OR Spektrum, Berlin, 26(2004)4, S. 447-470.

OHL, STEFAN: Prognose und Planung variantenreicher Produkte am Beispiel der Automobilindustrie. Karlsruhe: Dissertation, Universität Karlsruhe, 2000.

SINZ, CARSTEN: Verifikation regelbasierter Konfigurationssysteme. Tübingen: Dissertation, Universität Tübingen, 2004.

STÄBLEIN, THOMAS: Integrierte Planung des Materialbedarfs bei kundenauftragsorientierter Fertigung von komplexen und variantenreichen Serienprodukten. Clausthal: Dissertation, Technische Universität Clausthal, 2008.

STÄBLEIN, THOMAS; SCHÜTTE, ANDREAS; BRACHT, UWE: Integrierte Planung der mittelfristigen Komponenten- und Teilebedarfe für variantenreiche Serienprodukte. In: Zeitschrift für wirtschaftlichen Fabrikbetrieb, München, 103(2008)3, S. 126-132.

VDA - Dynamik in automobilen Supply Chain-Systemen - Treiber, Auswirkungen, Stellhebel. http://www.vda.de/de/downloads/485/, Stand: 02.12.2009. (=2008a)

VDA 5009: Forecast-Qualitätskennzahl: Definition und Anwendung. November 2008.http://www.vda.de/de/downloads/503/?PHPSESSID=9oglqei7leo92g7moop26jeur0, Stand: 02.12.2009. (=2008b)

VOLLMANN, THOMAS; BERRY, WILLIAM.; WHYBARK, CLAY: Manufacturing Planning and Control Systems for Suppy Chain Management. New York: McGraw-Hill, 2005.

Integrationsaspekte der Simulation:
Technik, Organisation und Personal
Gert Zülch & Patricia Stock (Hrsg.)
Karlsruhe, KIT Scientific Publishing 2010

Integrierte Lackierprozess-Simulation am Digitalen Prototyp "Numerische Simulation von Tauchprozessen"

Paint Process Simulation of the Digital Prototype "Numerical Simulation of Dip-Processes"

Uwe Bracht
Institut für Maschinelle Anlagentechnik und Betriebsfestigkeit,
TU Clausthal, Clausthal-Zellerfeld (Germany)
uwe.bracht@imab.tu-clausthal.de

Frank Pfluger, Sebastian Roller
Mercedes-Benz Cars, Sindelfingen (Germany)
frank.pfluger@daimler.com, sebastian.roller@daimler.com

Abstract: To ensure the highest level of quality at ramp up of new models, the automotive industry employs modern planning approaches within the departments of development and production planning. One approach is the concept of the digital factory. It allows modelling, simulating and visualizing of production processes with the aid of physical simulations long before the construction of vehicle prototypes. This paper describes how paint processes can be simulated and optimized by methods from the field of numerical fluid dynamics. The simulation of dip-applications in the pretreatment stage for the electrodeposition coating is covered in detail. The fluid calculation yields the loads applied to the car body while submerged. These loads are transferred to a FE-simulation, where the resulting strains and stresses are calculated.

1 Einleitung

Bei den deutschen Fahrzeugherstellern ist eine Produktentwicklung ohne digitale Prototypen nicht mehr denkbar. Die Abbildung funktions- und sicherheitsrelevanter Fahrzeugeigenschaften in numerischen Simulationen erlaubt deren Optimierung lange bevor Fahrzeugprototypen in Hardware zur Verfügung stehen. Hierdurch werden eine kürzere Entwicklungszeit bis zur Markteinführung und ein deutlich höherer Reifegrad, besonders in frühen Phasen der Fahrzeugentwicklung erreicht.

Durch die verkürzte Zeit bis zum Produktanlauf und die geringere Anzahl an Hardware-Prototypen werden auch in der Fabrik- und Prozessplanung neuartige Planungs- und Arbeitsweisen nötig. Das Konzept der Digitalen Fabrik ist hierfür ein geeignetes Werkzeug (vgl. BRACHT, MASURAT 2005). So wird auch in den Planungsbereichen eine digitale Arbeitsweise ermöglicht. In der Definition der Digitalen Fabrik nach VDI-Richtlinie 4499 wird die digitale Planung bis auf die Detaillierungsebene des eigentlichen physikalischen Produktionsprozesses betrachtet. Man spricht in diesem Zusammenhang auch von der Virtuellen Produktion (vgl. ZÄH, PATRON, FUSCH 2003). Durch den Einsatz von digitalen Simulationsmethoden wird es möglich, Produktionsprozesse zu modellieren, zu berechnen und zu visualisieren. Produktionsprozesse können so schon digital bewertet und optimiert werden, bevor Fahrzeugprototypen zur Verfügung stehen.

In diesem Beitrag wird beschrieben, wie durch eine hinreichend genaue numerische Simulation Lackierprozesse abgebildet werden können. Als Beispiel wird die Simulation von Tauchprozessen in der Vorbehandlung zur kathodischen Elektrotauchlackierung (KTL) gewählt. Weitere Lackierprozesse, die im Rahmen der digitalen Absicherung von Fahrzeug-Prototypen bei Mercedes-Benz betrachtet werden, sind die Simulation der KTL- und der Decklackbeschichtung (vgl. KURZ, BRACHT 2006, S. 45 ff.), die Trocknung aufgebrachter Lackschichten (vgl. BRACHT, ROLLER 2009) und die Bestrahlung UV-aushärtender Klarlackmaterialien.

2 Beschreibung des betrachteten Lackierprozesses

Wichtigstes Ziel der Lackierung ist es, die Karosserie zuverlässig und dauerhaft vor Umwelteinflüssen wie zum Beispiel Korrosion, Steinschlag oder starker Sonneneinstrahlung zu schützen. Durch die Beschichtungsprozesse werden heutzutage nacheinander bis zu vier verschiedene Schichten Lack auf das Fahrzeug aufgetragen: Grundierung, Füller, Basislack und Klarlack. In der kathodischen Elektrotauchlackierung wird die Karosserie zunächst mit einer Grundierung versehen. Danach gleicht die Schicht des Füllers Unebenheiten der Oberfläche aus und gibt dem Metall zusätzlichen Schutz. Als dritte Schicht wird auf die Karosserie der farbgebende Basislack aufgebracht, den der kratzbeständige Klarlack abschließend versiegelt.

Die zuerst auf die Karosserie aufgebrachte kathodische Tauchlack-Schicht dient vornehmlich dem Korrosionsschutz. Der Auftrag erfolgt durch einen elektrolytischen Prozess. Vor dem eigentlichen KTL-Beschichtungsprozess durchläuft die noch unlackierte Rohbaukarosserie die Vorbehandlung. Hierbei handelt es sich um eine Folge von Prozessen zum Reinigen und Phosphatieren, in denen die Karosserie in Tauchbecken voll eingetaucht oder durch Spritzsysteme von allen Seiten mit Prozessmedien beaufschlagt wird (vgl. STREITBERGER, DÖSSEL 2008, S. 66 ff.).

Zum Transport der Fahrzeugkarosserien durch Vorbehandlung und Tauchlackierung kommen neben dem klassischen Pendelförderer in den letzten Jahren zunehmend moderne Rotations-Fördersysteme wie das RoDip-System von Dürr und das Vario-Shuttle von Eisenmann zum Einsatz. Diese ermöglichen eine von der Pendelbahn losgelöste Auslegung der Tauchbahnen (vgl. THOMER 2000).

Eines der Ziele beim Eintauchen der Karosserie in ein Prozessbecken ist eine vollständige Durchflutung aller Hohlräume, um Luftblasen die zu Beschichtungsfehlstellen führen, zu vermeiden. Hierzu ist eine frühzeitige Absicherung des Systems, bestehend aus Fahrzeug und Tauchverfahren notwendig. Bei Mercedes-Benz wird das Ein- und Austauchverhalten neuer Fahrzeuge im Rahmen der Absicherung von Digitalen Prototypen simuliert. Die Ergebnisse fließen direkt in die Produktentwicklung mit ein. In der Vergangenheit kam hierzu vor allem das Simulationsprogramm ALSIM (vgl. ZOHLHUBER 2006) zum Einsatz. Allerdings ist es mit diesem Programm nicht möglich, Fließgeschwindigkeiten zu berechnen. Es konnte daher nicht ermittelt werden, mit welcher Geschwindigkeit ein Tauchprozess ablaufen muss, um vollständiges Fluten und Leerlaufen von Hohlräumen zu gewährleisten.

In diesem Beitrag wird eine Methode vorgestellt, bei der die Tauchprozesse in einer numerischen Strömungssimulation abgebildet werden. Dadurch lässt sich der Vorgang des Flutens der Hohlräume beim Eintauchen und das Abfließen der Prozessflüssigkeiten beim Austauchen volltransient darstellen und visualisieren. Mit dieser Methode können sowohl Luftblasen, die sich beim Eintauchen bilden, als auch Pfützen, die nach dem Austauchen im Fahrzeug verbleiben, bestimmt werden. Das Hauptziel der Methode ist jedoch die Ermittlung von Kräften die während des Tauchprozesses auf die Karosserie einwirken:

Durch das Tauchen im Rahmen der Reinigungs- und Lackierprozesse wirken zum Teil erhebliche Kräfte auf die Rohbaukarosserie. Der Pegelunterschied, welcher beim Ein- bzw. Austauchen beobachtet werden kann, resultiert in einer Differenz des hydrostatischen Druckes. Karosserieteile, die als Grenzflächen zwischen Gebieten mit verschiedenen Pegelständen fungieren, werden deshalb mit einer Druckdifferenz belastet. Weiterhin kommt es aufgrund der Bewegungen in getauchtem Zustand zu Trägheitskräften. Diese entstehen, wenn das mit mehreren Tonnen Wasser geflutete Fahrzeug abgebremst oder beschleunigt wird. Um eine bessere Durchspülung des Fahrzeugs zu erreichen, wird es im getauchten Zustand durch die Rotationssysteme mehrfach geschwenkt. Hierbei treten aufgrund der Überlagerung von Rotations- und Translationsbewegung zum Teil hohe Geschwindigkeiten und Beschleunigungen auf, welche zu großen Trägheitskräften führen. Diese Kräfte belasten vor allem die Karosserieteile, die große Volumina, wie zum Beispiel den Innenraum, umschließen. Besonders beansprucht sind hierdurch PKW-Dächer oder bei LKW die Rückwand der Fahrerkabine. Sehr hohe Belastungen treten auch an den Skidaufnahmen auf, wo alle auf das Fahrzeug wirkenden Strömungskräfte in die Fördertechnik eingeleitet werden.

3 Simulationsgrundlagen

Die Tauchprozesse bei der KTL-Vorbehandlung sind – wie auch fast alle anderen Lackierschritte – Produktionsprozesse, welche von einem komplexen Strömungsfeld dominiert werden. Um sie abzubilden, kommt eine numerische Strömungssimulation (engl. Computational Fluid Dynamics (CFD)) zur Anwendung. Im vorliegenden Fall wird die Software *StarCD* von CD-adapco (vgl. CD-ADAPCO 2010) eingesetzt. Das Programm verwendet eine Finite-Volumen (FV) Beschreibung der geltenden Transportgleichungen (vgl. FERZIGER, PERIC 2002, S. 4 ff.). Um die problemspezifischen Eigenschaften der Tauchsimulation zu berücksichtigen, wurde das Programm durch eigene Programmteile – sogenannte *User-Functions* – erweitert.

Zur Modellierung der Turbulenz findet ein Wirbelviskositätsmodell Anwendung. Als bester Kompromiss aus Genauigkeit und Rechengeschwindigkeit hat sich das k-ε-Modell nach JONES, LAUNDER (1972) erwiesen. Weiterhin muss bei der Simulation von Tauchprozessen die Oberfläche zwischen den Phasen Wasser und Luft numerisch beschrieben werden. Hierzu kommt in StarCD ein *Volume of Fluid* (VOF) Modell zum Einsatz. Die Verteilung der einzelnen Phasen wird dabei durch eine Transportgleichung für einen Skalar beschrieben (vgl. CD-ADAPCO 2008, S. 14-1 ff.).

Um die mechanischen Beanspruchungen der Bauteile zu bestimmen, wird die durch die Strömungssimulation bestimmte Druckverteilung auf eine Finite Elemente (FE) Berechnung übertragen. Da eine plastische Verformung bereits im Produktionsprozess als Versagensfall zu bewertet ist, genügt ein linear-elastischer Ansatz zur Bestimmung der Beanspruchungen.

4 Modellbildung und Rechnung

4.1 Strömungssimulation

Als Geometriebasis des Fahrzeugs dient für die Simulationen eine Finite-Elemente-Diskretisierung, welche bei allen Prozesssimulationen aus dem Lackierbereich durchgängig zur Anwendung kommen kann. Dies ist besonders erstrebenswert, da für die Prozesssimulation eine sehr aufwendige Vernetzung benötigt wird, die auch kleinste Details berücksichtigt. Im Gegensatz zu anderen Berechnungsdisziplinen wird keine ausschließlich funktionale Repräsentation des Fahrzeugs benötigt, sondern eine geometrisch exakte. Blechbauteile werden aus diesem Grund nicht als zweidimensionale Schalenelemente abgebildet, sondern als dreidimensionale Bauteile. Hierdurch wird gewährleistet, dass auch kleinste Löcher, durch welche Flüssigkeiten und Luft in die Karosserie eindringen oder diese verlassen können, berücksichtigt werden. Neben dem Fahrzeug muss auch das Tauchbecken modelliert werden. Dazu wird die Umgebung des Fahrzeugs mit finiten Volumen aufgefüllt. Hierfür kommt ein speziell entwickeltes Verfahren zur Erstellung eines Hybridnetzes zum Einsatz. In Fahrzeugnähe wird ein Tetraedernetz verwendet, das in der Lage ist, auch komplizierte Geometrien abzubilden, während in geringem Abstand von der Karosserieoberfläche bereits auf ein Hexaedernetz mit sehr gutem Raumfüllungsvermögen gewechselt wird, um das übrige Anlagenvolumen zu vernetzen.

Zur Abbildung der zum Teil recht komplexen Bewegungen der Karosserie wird ein bewegtes Netz (engl. Moving Mesh) verwendet. Abbildung 1 zeigt wie durch Ändern der Topologie und Geometrie der Zellen alle hier möglichen kinematischen Freiheitsgrade, die beim Tauchen auftreten, vom Netz wiedergegeben werden können. Als Ausgangsbasis dient die reelle Bahnkurve der Anlage. Durch eine User-Function werden die sich aus dem Anlagenprogramm ergebenden Stützpunkte in die Simulation eingelesen, durch einen kubischen Spline interpoliert und anschließend durch Verschiebung der Netzknoten auf das Berechnungsnetz übertragen.

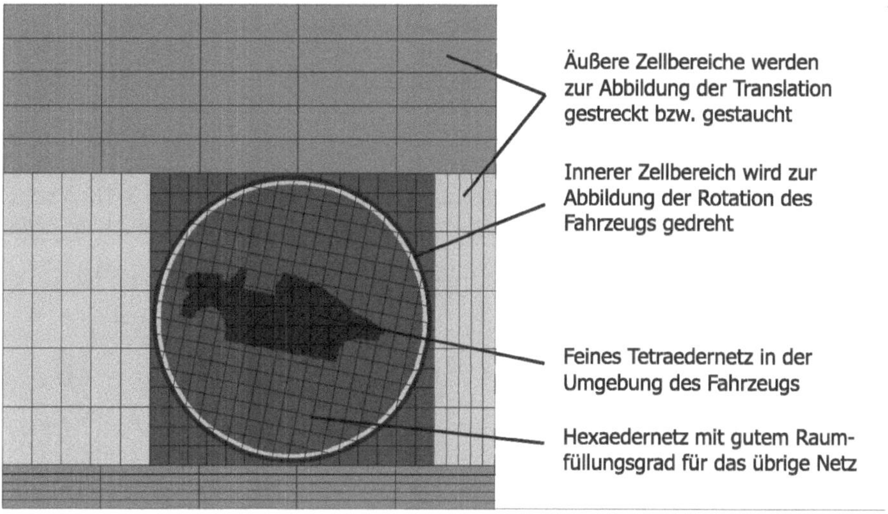

Abbildung 1: *Schematische Darstellung des Finite-Volumen-Berechnungsnetzes der Tauchsimulation*

Ein weiterer wichtiger Aspekt bei der Simulation von Tauchprozessen ist die Wahl der richtigen Zeitschrittweite. Die Strömungsverhältnisse variieren während des Prozesses sehr stark. So muss zum Beispiel der Druckstoß, der sich aufgrund eines schnellen Stoppens in getauchtem Zustand ergibt, zeitlich feiner aufgelöst werden als eine quasistationäre Fahrt. Es kommt daher eine User-Function zur Anwendung, welche die Zeitschrittweite stets den Strömungsbedingungen anpasst. Mit diesen Voraussetzungen ergibt sich eine Zeitschrittweite zwischen 1 und 1/1000 Millisekunde. Erfahrungsgemäß folgt daraus eine Rechenzeit für die Strömungssimulation von ungefähr 20–30 Tagen, auf einem High Performance Computing (HPC) Cluster mit 128 Prozessoren, um einen Vorbehandlungsprozess von 90 Sekunden Länge abzubilden. Im Allgemeinen genügt es jedoch, lediglich die Vorgänge von Interesse, wie das Ein- und Austauchen oder das Schwenken in getauchtem Zustand, zu betrachten.

4.2 Simulation der mechanischen Beanspruchung

Als Modell für die FE-Berechnung wird ein Netz der Betriebsfestigkeit verwendet. Durch *Mapping* werden auf dieses die Druck- und Scherkräfte aus der Strömungssimulation zu den Zeitpunkten, an denen die höchsten Belastungen auftreten, übertragen. Anschließend werden mit einer linearen FE-Simulation die Beanspruchungen und Verzerrungen der einzelnen Karosseriebauteile bestimmt. Die Rechenzeit hierfür beläuft sich in *Nastran* auf circa 20 Minuten.

5 Ergebnisse und Visualisierung

Die vorgestellte Methode findet bei Mercedes-Benz sowohl zur Absicherung digitaler Prototypen, als auch zur Bewertung neuer Konzepte in Produktentwicklung und Prozessplanung Anwendung. Hier sollen zwei Beispiele beschrieben werden.

5.1 Beispiel 1: Absicherung Aluminium-Dach

Um das Gewicht eines Fahrzeugs zu verringern und einen tieferen Schwerpunkt zu realisieren, bietet es sich an, das Dach aus einem leichten Material wie Aluminium zu bauen. Da dieses jedoch aufgrund der unterschiedlichen Temperaturdehnungen von Stahl und Aluminium erst nach dem KTL-Trockner fest mit der Karosserie verklebt werden darf, muss es in einem vorfixierten Zustand durch die KTL-Anlage transportiert werden. Dadurch wird das Dachblech während des Tauchvorgangs noch nicht durch die Dachspriegel versteift.

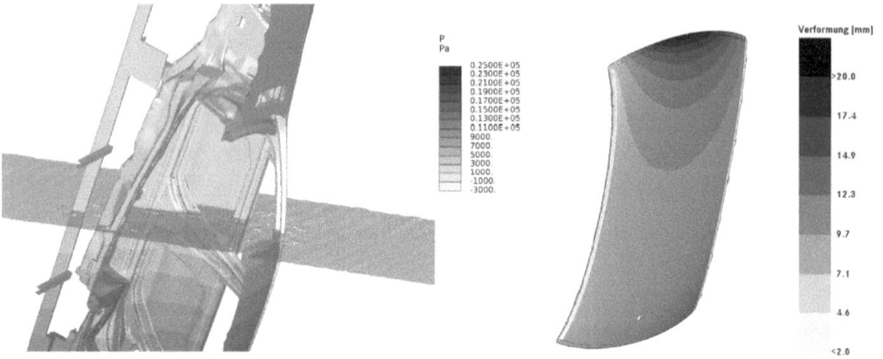

Abbildung 2: *Simulation des Austauchprozesses eines Fahrzeugs der Oberklasse mit Aluminium-Dach*

In Abbildung 2 ist links der simulierte Austauchvorgang eines Fahrzeugs der Oberklasse mit Aluminium-Dach in einer geplanten RoDip-Anlage abgebildet. Dargestellt ist neben der freien Oberfläche die Druckverteilung über der Karosserie. Beim Austauchen muss die Flüssigkeit aus dem Fahrzeug ablaufen. Hierdurch ergibt sich ein höherer Pegel im Innenraum des Fahrzeugs gegenüber außen, der das Dach durch hydrostatischen Druck belastet. Abbildung 2 rechts zeigt die in der FEM-Rechnung ermittelte Verformung des Dachs aufgrund dieses Pegelunterschieds. Die Rechnung dient der Absicherung eines eventuellen Umbaus der KTL-Anlage im Werk Sindelfingen. Die Simulationsergebnisse werden zur Planung der Anlage und zur Entwicklung neuer Dachkonzepte verwendet.

5.2 Beispiel 2: Absicherung Skid-Aufnahmen

Alle während des Tauchprozesses auftretenden Kräfte werden letztendlich über die Skid-Aufnahmepunkte des Fahrzeugs in die Fördertechnik eingeleitet. Diese müssen so ausgelegt sein, dass sie die maximal auftretenden Kräfte aufnehmen können. Um den Zeitpunkt der maximalen Belastung bei der VarioShuttle Anlage im Mercedes-Benz PKW-Werk in Rastatt zu ermitteln, wurde der gesamte KTL-Prozess simuliert. In Kooperation mit dem Institut für Maschinelle Anlagentechnik und Betriebsfestigkeit der TU Clausthal wurde eine Visualisierung erstellt, in der die Ergebnisse der Tauchsimulation gemeinsam mit den Ergebnissen der KTL-Beschichtungssimulation dargestellt werden. Diese ermöglicht eine ganzheitliche Betrachtung und Optimierung des KTL-Prozesses.

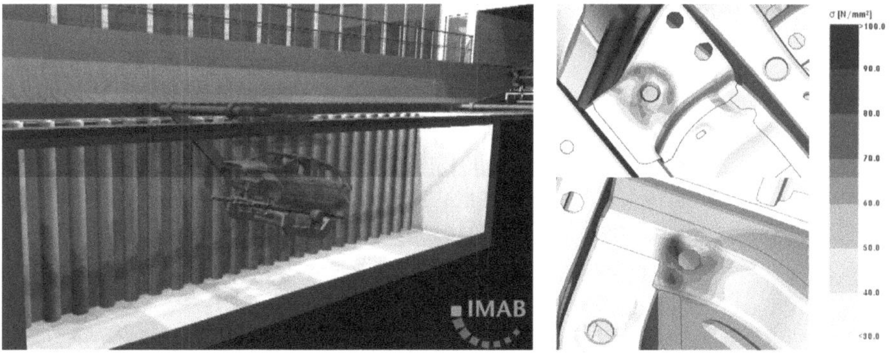

Abbildung 3: *Simulation der Tauchbahn für ein Fahrzeug der Kompaktklasse*

Abbildung 3 links zeigt einen Ausschnitt aus dem erstellten Video. Es wurde ermittelt, dass der Augenblick der maximalen Belastung beim Stoppen der Eintauchbewegung auftritt. In Abbildung 3 rechts sind die resultierenden Beanspruchungen an den vorderen (oberes Bild) und hinteren (unteres Bild) Skid-Aufnahmepunkten zu diesem Zeitpunkt dargestellt.

Aufgrund dieses Ergebnisses konnte die Bahn der VarioShuttle-Anlage gezielt geglättet werden, wodurch die Belastung auf das Fahrzeug verringert wurde. Zusätzlich konnten die Skid-Aufnahmepunkte der Nachfolgebaureihe bezüglich der benötigten Steifigkeit optimiert werden. Durch den Einsatz geringerer Blechstärken wird das Gewicht des Fahrzeugs reduziert, wodurch der Verbrauch und der CO_2-Ausstoß gesenkt werden.

6 Zusammenfassung und Ausblick

Das Konzept der Digitalen Fabrik ermöglicht die Absicherung von Produktionsprozessen an Digitalen Prototypen, lange bevor teure Hardware-Prototypen für Versuche und Messungen zur Verfügung stehen. Durch moderne numerische Berechnungsmethoden wird es möglich, Prozesse einschließlich der physikalischen Vorgänge abzubilden.

In diesem Beitrag wird gezeigt, wie durch numerische Strömungssimulation Lackierprozesse berechnet, visualisiert und optimiert werden können. Die Simulation von Tauchprozessen in der Vorbehandlung zur kathodischen Tauchlackierung wird dazu detailliert betrachtet. Aus der CFD-Simulation erhält man die während des Tauchvorgangs auf das Fahrzeug wirkenden Belastungen. Diese werden in eine FEM-Simulation übertragen, wo dann die Beanspruchungen der einzelnen Karosseriebauteile ermittelt werden.

Die gewonnenen Erkenntnisse können sowohl in der Produktionsplanung zur Optimierung von Prozessen und Anlagen als auch in der Produktentwicklung zur Absicherung neuer Konzepte und Baureihen verwertet werden. In Zukunft wird es mit Hilfe der vorgestellten und weiteren numerischen Berechnungsmethoden der Prozesssimulation möglich sein, eine Vielzahl von Fertigungsprozessen im Produktentstehungsprozess von Fahrzeugen frühzeitig zu optimieren und abzusichern. So werden durch diese Methoden der Digitalen Fabrik Markteinführungszeiten verkürzt und die Serienreife erhöht.

Literatur

BRACHT, U.; MASURAT, T.: The Digital Factory between Vision and Reality. In: Computers in Industry, Amsterdam u.a., 56(2005)5, S. 325-333.

BRACHT, U.; ROLLER, S.: Virtuelle Prozessabsicherung in der Automobilindustrie – Berechnung des Aufheizverhaltens von Rohbaukarosserien in Lackiertrocknern im Rahmen der Digitalen Fabrik. In: ZWF – Zeitschrift für wirtschaftlichen Fabrikbetrieb, München, 104(2009)01-02, S. 16-21.

CD-ADAPCO: Methodology, Star-CD Version 4.06, 2008.

CD-ADAPCO: Automated Flow, Thermal, and Stress Simulation Software and Services for CFD and CAE Solutions. http://www.cd-adapco.com/. Stand: 26.07.2010.

FERZIGER, J. H.; PERIC, M.: Computational Methods for Fluid Mechanics. Berlin: Springer-Verlag, 3. Auflage 2002.

JONES, W. P.; LAUNDER, B. E.: The Prediction of Laminarization with a Two-Equation Model of Turbulence. In: International Journal of Heat and Mass Transfer, Amsterdam u.a., 15(1972)2, S. 301-314.

KURZ, O.; BRACHT, U. (Hrsg.): Virtuelle Fertigungsprozessabsicherung und -optimierung : Einsatzpotentiale numerischer Berechnungsmethoden im Rahmen der digitalen Fabrik. Aachen: Shaker Verlag, 2006.

STREITBERGER, H. J.; DÖSSEL, K. F.: Automotive Paints and Coatings. Weinheim: Wiley-VCH, 2. Auflage 2008.

THOMER, K. W.: Durch kontinuierliches Rotationstauchen Oberflächenqualität verbessern. In: besser lackieren! Die Oberflächen-Zeitung, Hannover, 2(2000)13, S. 4.

VDI-Richtlinie 4499, Blatt 1: Digitale Fabrik Grundlagen. Februar 2008.

ZÄH, M. F.; PATRON C.; FUSCH, T.: Die Digitale Fabrik, Definition und Handlungsfelder. In: ZWF – Zeitschrift für wirtschaftlichen Fabrikbetrieb, München, 98(2003)3, S. 75-77.

ZOHLHUBER, E.: ALSIM Drain simulation – dip painting. Online verfügbar. 2006. http://www.alsim.at/ftp/documentation/ALSIM_Homepage_p.pdf, Stand: 11.07.2010.

Integrationsaspekte der Simulation:
Technik, Organisation und Personal
Gert Zülch & Patricia Stock (Hrsg.)
Karlsruhe, KIT Scientific Publishing 2010

VR-gestützte Struktur- und Layoutplanung auf Grundlage erweiterter virtueller Fabrikmodelle

VR based Layout Planning using Enhanced Virtual Factory Models

Uwe Bracht
Institut für Maschinelle Anlagentechnik und Betriebsfestigkeit,
Technische Universität Clausthal, Clausthal-Zellerfeld (Germany)
uwe.bracht@imab.tu-clausthal.de

Christian Schlange
Daimler AG, Sindelfingen (Germany)
christian.schlange@daimler.com

***Abstract*:** Conventional virtual models are mainly composed of geometric objects and do not easily allow the storage of advanced model parameters. This article introduces a new data management approach to effectively enrich virtual models by additional information and functionality. Thereby the design of problem specific models and the VR-based application of manual or automatic layout planning techniques are simplified. By integrating the method into a virtual factory planning framework offering modern CAD-interfaces and efficient realtime rendering a successful application to plant layout projects could be achieved.

1 Einleitung

Die effektive Nutzung der Virtuellen Realität (VR) in der Fabrikplanung setzt neben leistungsfähigen Algorithmen zur Echtzeitvisualisierung ebenfalls eine durchgängige Integration in die bestehende Prozess- und Systemlandschaft voraus. Notwendig dafür sind unter anderem der aufwandsarme Import von 3D-Fabrikmodellen sowie die Übernahme von Modellparametern und Ergebnissen, beispielsweise aus Planungsapplikationen der Digitalen Fabrik. Entsprechend dieser Anforderungen wurde die im vorliegenden Beitrag beschriebene Gesamtplanungslösung TeamPlan entwickelt und in der VR-gestützten Struktur- und Layoutplanung zur Anwendung gebracht.

In einer zweistufigen Vorgehensweise werden die Geometriedaten der Fabrikanlage zunächst aus dem Autorensystem (3D-CAD-System oder 3D–Modeler) übernommen. Durch Nutzung aktueller CAD-Austauschformate, wie beispielsweise JT, können auch komplexe Fabrikszenarien geometrisch korrekt und unter Erhalt der

Modellstruktur integriert werden. Über eine objektorientierte Erweiterungssystematik wird das Modell in der zweiten Stufe mit frei konfigurierbaren Informations- bzw. Funktionskomponenten verknüpft. Auf Grundlage dieser Erweiterten Virtuellen Modelle (EVM) bietet die beschriebene Gesamtplanungslösung ein Framework zur aufwandsarmen Implementierung und interaktiven Anwendung von Planungsverfahren in virtuellen Umgebungen.

Die praktische Anwendung der Lösung wird anhand eines typischen Restrukturierungsprojektes aufgezeigt. Dazu wird eine Methodik zur Aufnahme der Ist-Situation vorgestellt, bei der erfasste Informationen direkt im virtuellen Modell hinterlegt werden können. Des Weiteren wird die Umsetzung einer statischen Materialfluss- und Prozessvisualisierung beschrieben, die auf effizienten Wegefindungsalgorithmen im 3D-Layout basiert.

2 Integration in der Digitalen Fabrik

Ein wichtiges Erfolgskriterium zur nachhaltigen Anwendung der Digitalen Fabrik ist ein hoher Integrationsgrad der eingesetzten Systeme und Modelle. Die VDI-Richtlinie 4499 (S. 2) definiert die Digitale Fabrik in diesem Zusammenhang als "umfassendes Netzwerk aus digitalen Modellen, Methoden und Werkzeugen, die durch ein durchgängiges Datenmanagement vernetzt werden" und fordert damit gleichzeitig effiziente Integrationsprinzipien. Unterstrichen wird diese Notwendigkeit durch Studien, nach denen bis zu 35 % der Entwicklungs- und Wartungskosten eines typischen Softwareprojektes durch die Integration bestehender Applikationen verursacht werden (HEUTSCHI 2007, S. 2).

Beginnend mit dem Austausch von Planungsergebnissen zwischen beteiligten Applikationen bis hin zur Kopplung einzelner Systeme kann die Integration dabei auf verschiedenen Ebenen erfolgen. Um Softwaresysteme in einem integrierten Gesamtplanungsprozess zur Anwendung zu bringen, müssen zunächst die zugrunde liegenden Daten bzw. digitalen Modelle integriert werden. Datenintegration kann dabei als Problem der Kombination von Daten aus unterschiedlichen Quellen und der Bereitstellung einer einheitlichen Sicht auf diese Daten definiert werden (LENZERINI 2002, S. 233). Datenbestände können dazu physikalisch zusammengeführt oder aber als weiterhin eigenständige Einheiten über eine logische Sicht zugreifbar gemacht werden.

Um Daten in unterschiedlichen Applikationen nutzen zu können, sind häufig ebenfalls die zu Grunde liegenden Modelle zu integrieren. Dabei rücken neben der Modellsyntax auch die Modellbedeutung (Semantik) sowie die praktische Nutzung (Pragmatik) in den Blickpunkt. Unterschiedliche Modellwelten müssen in Begrifflichkeit und Bedeutung untersucht und in Beziehung gesetzt werden (WENZEL 2004, S. 54 ff.). In der Digitalen Fabrik kann die Integration von Planungsapplikationen sowie der genutzten Modelle grundsätzlich in mehreren Ausprägungen erfolgen. Beginnend mit der Ergebnisintegration über die Modellkopplung bis hin zur Modellintegration ist dabei ein steigender Integrationsgrad zu verzeichnen.

3 Erweiterungskonzept für virtuelle Modelle

Aufbauend auf der bereits erfolgreichen Anwendung der Virtuellen Realität in der Fabrikplanung, beispielsweise zur virtuellen Begehung geplanter Produktionsanlagen (BRACHT u.a. 2005, S. 197 ff.), wird im Folgenden ein Ansatz zur Nutzung integrierter Modelle in der VR-gestützten Struktur- und Layoutplanung beschrieben. Dieser basiert auf der dynamischen Verknüpfung herkömmlicher geometriebasierter VR-Modelle mit Zusatzinformationen und aktiven Funktionskomponenten. Durch diese als Modellerweiterung bezeichnete Technik wird der zeitsparende Aufbau problemspezifischer Modelle ermöglicht und eine geeignete Grundlage für die Anwendung rechnergestützter Planungsverfahren geschaffen. Das zu modellierende System kann in systemtheoretischer Sichtweise dabei als Paar $S = (T, R)$ aufgefasst werden, wobei es sich bei T um die Menge der Systemelemente und bei R um eine Menge von Relationen über T handelt, siehe beispielsweise (KLIR 2001, S. 9). Ausgehend von dieser Definition können alle grundlegenden Systemeigenschaften wie Funktion, Struktur und Subsystemhierarchie abgeleitet werden, die bei der Bildung fachspezifischer Systemmodelle zu berücksichtigen sind. Bei SCHMIGALLA (1995), S. 82, wird die Fabrik beispielsweise als Tripel $\Sigma = (M, P, S)$ aufgefasst, wobei M die Menge der Fabrikelemente (Ressourcen technischer und personeller Art) wiedergibt. Die Menge P fasst mögliche Produktionsprozesse zusammen, die als n-stellige Relationen über M modelliert werden. Die Struktur des Fabriksystems wird in ähnlicher Weise über die zweistellige Relation S abgebildet.

In Anbetracht der erwartet hohen Anzahl möglicher Fragestellungen und Modellformen wurde zur Umsetzung der Modellerweiterung eine dynamische Verknüpfung von Informations- und Funktionskomponenten mit dem geometriebasierten virtuellen Modell gewählt (siehe Abb. 1). Ziel ist es, hierarchische Fabriksysteme hinsichtlich Ressourcen (Elementen), Prozessen sowie Struktureigenschaften zu modellieren und in VR-gestützten Systemen zur Anwendung zu bringen.

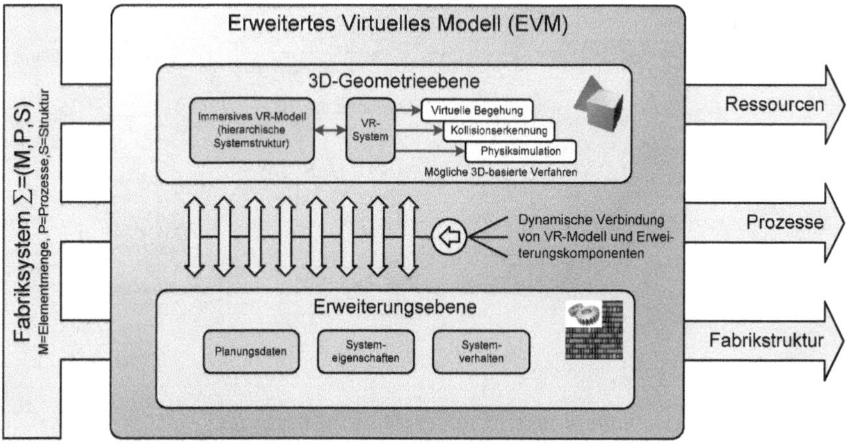

Abbildung 1: *Konzept der Erweiterten Virtuellen Modelle (EVM)*

Als Träger der erweiterten Information bzw. Funktion werden Objekte im Sinne der objektorientierten Programmierung eingesetzt, im Folgenden als Digitale Fabrikobjekte (DFO) bezeichnet. Dadurch können bestehende Systemelemente, beispielsweise die 3D-Objekte eines virtuellen Szenarios, nicht nur mit Informationen (Eigenschaften), sondern auch mit Funktion bzw. Verhalten (Methoden) hinterlegt werden. Zudem handelt es sich bei Klassen bzw. Objekten als deren Instanziierung um ein anerkanntes Werkzeug der objektorientierten Softwareentwicklung, das eine hohe Flexibilität bei der digitalen Systemmodellierung bietet.

Im Gegensatz zu einer vollständigen programmtechnischen Neuentwicklung eines Modells und der darauf aufbauenden Planungsverfahren ist die Technik der Verknüpfung mit externen Objekten ohne Eingriff in das Ausgangsmodell und damit ohne Neuerstellung der Programmlogik möglich. In der Umsetzung erhält der Planer die Möglichkeit, geeignete Fabrikobjekte aus einer Objektbibliothek zu wählen, zu instanziieren und dynamisch, d.h. zur Laufzeit, mit einem bestehenden virtuellen Modell zu verknüpfen. Dabei kommt das aus der Softwareentwicklung bekannte Entwicklungspattern "Prototyp-Instanz" zum Einsatz (GAMMA u.a. 1995, S. 117). Das eingesetzte Prinzip erlaubt gleichzeitig die Erweiterung beliebiger digital vorliegender Elemente, beispielsweise von Dateien oder Verzeichnissen, sofern diese durch eine eindeutige ID als Ziel der Verknüpfung identifizierbar sind. Abb. 2 fasst das beschriebene Erweiterungskonzept anhand eines beispielhaften Modellszenarios zusammen, bei dem sowohl die Elemente eines virtuellen Modells als auch eine Verzeichnisstruktur durch digitale Fabrikobjekte erweitert wurden. Zur Persistierung, d.h. dauerhaften Speicherung der digitalen Fabrikobjekte wurde ein objektorientiertes Datenbankmanagementsystem (OODBMS) eingesetzt. Gleiches gilt für vorhandene Verknüpfungen, die ebenfalls in Objektform vorliegen und somit gespeichert werden müssen.

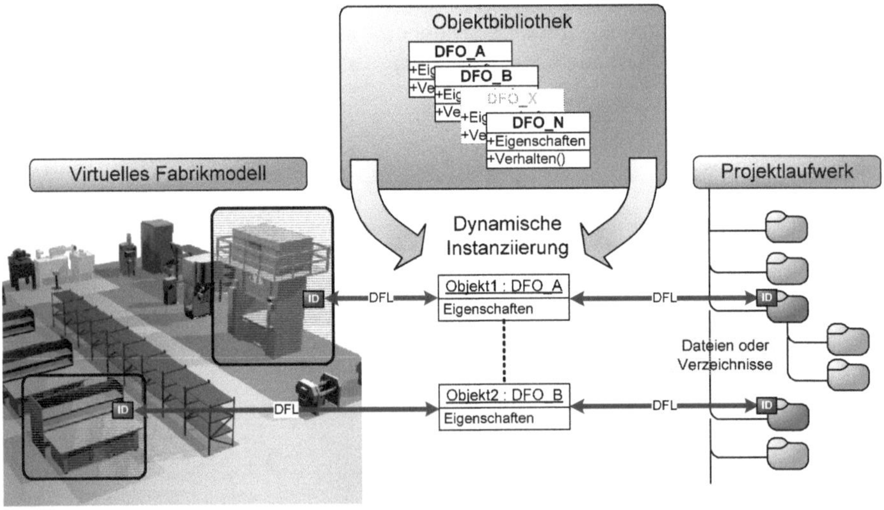

Abbildung 2: *Beispielhafte Anwendung der Modellerweiterung*

Im Gegensatz zu objektrelationalen Ansätzen, bei denen Objektstrukturen in Schemata eines herkömmlichen relationalen Datenbankmanagementsystems (RDBMS) abgebildet werden, ist die direkte Speicherung der Objekte insgesamt fehlerunanfälliger und auf Grund der erreichten Performanz besser für die VR-Echtzeitanwendung geeignet. Für Details zur technischen Umsetzung der Erweiterungssystematik sei auf SCHLANGE (2010) verwiesen.

4 Anwendung der Gesamtplanungslösung TeamPlan

Um die gezeigte Methodik der Modellerweiterung in der Praxis einsetzen zu können, wurde eine VR-gestützte Gesamtplanungslösung zur teambasierten Struktur- und Layoutplanung, kurz TeamPlan, entwickelt. Grundlage dieser Software ist eine modulare und offene Systemarchitektur auf Basis der .NET-Plattform, in die vorhandene bzw. neue Softwarekomponenten in einfacher Form integriert werden können. Ausgangspunkt der Modellerweiterung sind 3D-Fabrikmodelle, die mittels CAD-Schnittstelle in das VR-System importiert werden. Dabei hat sich insbesondere das im Umfeld der Digitalen Fabrik verbreitete JT-Format als geeignet erwiesen, mit dem Struktur, Geometrie und Materialeigenschaften des Originalmodells weitgehend unverfälscht übernommen werden können.

Im Kern von TeamPlan steht ein VR-System, das neben dem 3D-Rendering der virtuellen Fabrikmodelle unter anderem für die Benutzerinteraktion verantwortlich ist. Auf Grund der Komplexität typischer 3D-Fabrikszenarien werden dabei hohe Anforderungen an Renderingleistung und Darstellungsqualität gestellt. Um eine Bearbeitung des Layouts zu ermöglichen, müssen darüber hinaus effiziente Verfahren zur Objektselektion sowie -manipulation zur Verfügung stehen. Wichtig ist ebenfalls Funktionalität, um mehrere Layouts in unterschiedlichen Fenstern bearbeiten zu können. In Verbindung mit der freien Konfigurierbarkeit der graphischen Oberfläche wird damit ein wichtiger Grundstein für den werkzeugübergreifenden Einsatz gelegt. TeamPlan wird unter anderem für den Betrieb einer VR-Grossprojektionsanlage sowie eines 2D/3D-Fabrikplanungstisches genutzt. Im letzteren Fall lässt sich die Oberfläche der Software in zwei Bereiche aufteilen, eine orthogonale Ansicht zur Bearbeitung des Layouts auf dem Planungstisch sowie eine perspektivische 3D-Ansicht, die mittels Projektor großflächig dargestellt werden kann (siehe Abb. 3 links bzw. rechts).

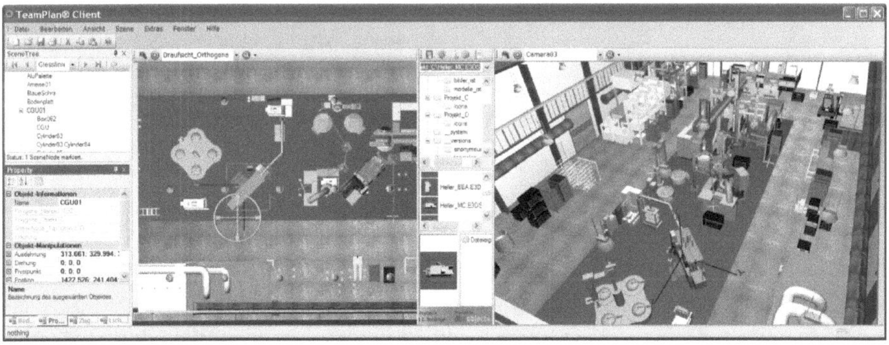

Abbildung 3: *Beispielhafte Oberflächenkonfiguration von TeamPlan*

Im Folgenden wird die Anwendung der Gesamtplanungslösung am Beispiel einer Restrukturierungsplanung für ein mittelständisches Unternehmen aufgezeigt und dabei auf die Möglichkeiten der Modellerweiterung eingegangen. Die Grundvoraussetzung für eine erfolgreiche Projektdurchführung ist die anforderungsgerechte Durchführung einer Ist-Aufnahme, die einen erheblichen Aufwandsanteil im Verlauf eines Struktur- und Layoutplanungsprojektes annehmen kann. Der bereits von AGGTELEKY (1982, S. 386) angegebene Wert von 30-40 % erscheint auch in aktuellen Planungsprojekten realistisch. Ein ähnlich hoher Aufwand ist bei der Ist-Aufnahme bzw. Datenerfassung in typischen Simulationsprojekten zu beobachten (FRITZ 2007, S. 41). Der Schwerpunkt liegt hier allerdings stärker auf der genauen Erfassung der Prozessabläufe und weniger auf der Dokumentation der räumlichen Struktur des Produktionsbereiches.

Zur Unterstützung der Ist-Aufnahme wurde daher eine Vorgehensweise entwickelt, um vor Ort erfasste Daten in ein virtuelles Modell der Fabrik integrieren zu können. Da in frühen Projektphasen häufig keine detaillierten 3D-Daten vorliegen, wird dazu zunächst ein auf Stellvertretermodellen basierendes Grobmodell erstellt. Mittels aktueller CAD-Systeme ist dieser Schritt aufwandsarm möglich, indem beispielsweise vorhandene 2D-CAD-Pläne mittels Extrusion in ein 3D-Layout überführt werden. Dieses wird nun im JT-Format in eine mobile TeamPlan-Version importiert und steht dort zur Datenerfassung zur Verfügung. Dazu wurde ein digitales Fabrikobjekt zur Speicherung der Ist-Daten entwickelt, das einzelnen Elementen des virtuellen Fabrikmodells zugeordnet wird. In einem Benutzerdialog können hier unter anderem Angaben zu Funktion und Dimension, aber auch zu verarbeiteten Produktgruppen sowie Vorgänger-/Nachfolgerbeziehungen aufgenommen werden (siehe Abb. 4).

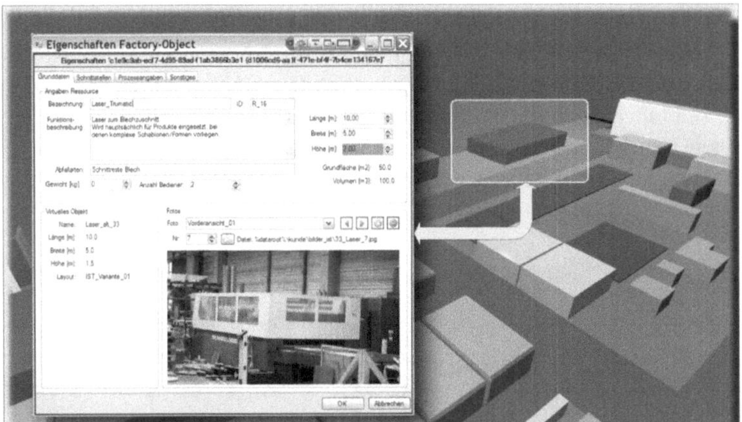

Abbildung 4: *Ist-Aufnahme im virtuellen Modell*

Nach erfolgter Eingabe wird das Fabrikobjekt automatisch in der Objektdatenbank abgelegt und dauerhaft gespeichert. Insgesamt stellt die beschriebene Vorgehensweise bereits in frühen Projektphasen ein virtuelles Modell mit hinterlegten planungsrelevanten Daten für teambasierte Planungssitzungen zur Verfügung. Auf Grund der freien Konfigurierbarkeit der erfassten Informationen bzw. der Benutzerdialoge ist eine Anpassung an weitere Anwendungsfälle möglich, beispielsweise zur Unterstützung bei der Parametrierung von Simulationsmodellen.

Um die Restrukturierung der Produktionsanlage materialflussoptimiert durchführen zu können, verfügt TeamPlan über die Möglichkeit einer wegetreuen Materialfluss- und Prozessvisualisierung im 3D-Layout. Wie die in Abbildung 5 dargestellte Vorgehensweise zeigt, sind vom Benutzer zunächst Marker (sogenannte Wegepunkte) im 3D-Grobmodell zu platzieren und durch Wege zu verbinden (1). Unter Anwendung eines effizienten Wegefindungsalgorithmus kann nun ein kürzester Pfad zwischen zwei gewählten Layoutelementen bestimmt werden (2, roter Pfad). Diese Funktionalität kann ebenfalls zur Visualisierung von Prozessabläufen einzelner Produktgruppen genutzt werden (2, blauer Pfad). Dazu wird ausgehend von einem gewählten Startelement der jeweils kürzeste Pfad zum nächsten im Prozessverlauf anzusteuernden Layoutelement bestimmt und somit sichergestellt, dass die definierte Produktionsfolge bei gleichzeitig optimalen Transportrouten durchlaufen wird. Die umgesetzte Prozessvisualisierung ist statischer Natur, d.h. berücksichtigt weder Fehlersituationen noch zustandsabhängige Verzweigungen. Ist eine dynamische Absicherung der Produktionsprozesse gefordert, sollte daher in jedem Fall ein entsprechendes Modell in einem Ablaufsimulator umgesetzt werden.

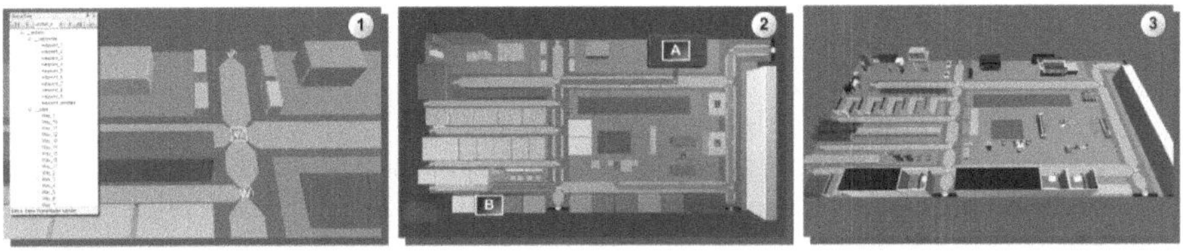

Abbildung 5: *Wegetreue Materialfluss- und Prozessvisualisierung*

Im vorliegenden Fall werden sowohl das Wegenetz als auch die Funktionalität zur Wegefindung in Form eines digitalen Fabrikobjekts abgebildet. Aufwändige Eingriffe in das VR-System sowie die Definition von Speicherformaten entfallen auf Grund der externen Persistierung damit. Ausgehend vom Grobmodell kann im weiteren Planungsverlauf eine schrittweise Detaillierung erfolgen, indem einzelne Stellvertretermodelle durch realistische 3D-Modelle ersetzt und die Anordnung der Layoutelemente im Bezug auf Materialfluss und Prozessablauf optimiert wird (3).

5 Zusammenfassung

Mit dem beschriebenen Ansatz wurde eine Möglichkeit aufgezeigt, um geometriebasierte VR-Modelle durch Informationen und aktive Funktionskomponenten zu erweitern und damit die Implementierung und Anwendung layoutbezogener Planungs- und Visualisierungsverfahren im virtuellen Modell zu vereinfachen. In der technischen Umsetzung werden dazu bestehende Modellelemente mit .NET-Objekten verknüpft, die in einer objektorientierten Datenbank gehalten werden. Durch die beispielhafte Umsetzung einer Vorgehensweise zur Ist-Aufnahme sowie einer wegetreuen Materialfluss- und Prozessvisualisierung im virtuellen Modell konnte der Mehrwert des Ansatzes für die VR-gestützte Struktur- und Layoutplanung belegt werden.

Literatur

AGGTELEKY, Béla: Fabrikplanung. Band 2 - Werksentwicklung und Betriebsrationalisierung. München Wien: Carl Hanser Verlag, 1982.

BRACHT, Uwe, SCHLANGE, Christian, ECKERT, Clemens, MASURAT, Thomas: Datenmanagement für die Digitale Fabrik, In: wt Werkstattstechnik online, Düsseldorf, 95(2005)4, S. 197-204.

FRITZ, Jürgen: Zielführende Modellierung und Analyse schlanker Fertigungssysteme mit der Digitalen Fabrik. Saarbrücken: Dissertation, Universität des Saarlandes, 2007.

GAMMA, Erich, HELM, Richard, JOHNSON, Ralph, VLISSIDES, John: Design Patterns (Gang of Four). Addison Wesley Verlag, 2009.

HEUTSCHI, Roger: Serviceorientierte Architektur - Architekturprinzipien und Umsetzung in die Praxis. Berlin: Springer-Verlag, 2007.

KLIR, George. J.: Facets of Systems Science. New York u.a.: Kluwer Academics, Plenum Publischer, Second Edition 2001.

LENZERINI, Maurizio: Data Integration: A Theoretical Perspective. In: Proceedings of the Twenty-first ACM SIGACT-SIGMOD-SIGART Symposium on Principles of Database Systems. Hrsg.: POPA, Lucian. New York. ACM Press, 2002, S. 233-246.

SCHLANGE, Christian: Integrierte Struktur- und Layoutplanung unter Nutzung erweiterter virtueller Fabrikmodelle. Clausthal: Dissertation TU Clausthal, Aachen: Shaker-Verlag 2010. (Erscheint demnächst)

SCHMIGALLA, Hans: Fabrikplanung: Begriffe und Zusammenhänge. REFA-Fachbuchreihe Betriebsorganisation. München: Carl Hanser-Verlag (Kommissionsverlag), 1995.

VDI 4499 Blatt 1: Die Digitale Fabrik, Grundlagen. Februar 2008.

WENZEL, Sigrid: Die Digitale Fabrik - Ein Konzept für interoperable Modellnutzung. In: Industrie-Management, Berlin, 20(2004)3, S. 54-58.

Integrationsaspekte der Simulation:
Technik, Organisation und Personal
Gert Zülch & Patricia Stock (Hrsg.)
Karlsruhe, KIT Scientific Publishing 2010

Simulationsbasierte Optimierung von Produktions- und Logistiksystemen mit Tecnomatix Plant Simulation

Simulation-based Optimization of Production and Logistics Systems using Tecnomatix Plant Simulation

Sven Völker
Hochschule Ulm, Ulm (Germany)
voelker@hs-ulm.de

Peter-Michael Schmidt
Siemens Industry Software GmbH & Co. KG, Stuttgart (Germany)
petermichael.schmidt@siemens.com

Abstract: Real-world problems in Production and Logistics often require simulation of complex systems. Usually, there is not only the task to analyze but also to optimize these systems. Therefore, methods of simulation-based optimization have to be applied. This paper describes how the widely used software system Plant Simulation can be used for simulation-based optimization. The notorious 10×10 job shop scheduling instance published by FISHER and THOMPSON (1963) serves as example.

1 Einleitung

Praktische Aufgabenstellungen zur Planung oder Analyse von Produktions- und Logistiksystemen sind häufig mit der Frage nach der Optimierung dieser Systeme verknüpft. Die Schwierigkeit derartiger Optimierungsaufgaben resultiert aus den starken Wechselwirkungen, denen die Komponenten von Produktions- und Logistiksystemen unterliegen, sowie den stochastischen Eigenschaften dieser Komponenten. Um eine Systemkonfiguration zu bewerten, müssen mehrere Simulationen durchgeführt und einer statistischen Analyse unterzogen werden.

In vielen Fällen verhindert die Komplexität der Optimierungsprobleme eine Lösung mittels exakter Verfahren. Deshalb werden häufig heuristische Verfahren der simulationsbasierten Optimierung angewandt, die auf der Kombination von Metaheuristiken mit Simulationsmodellen beruhen. Diese Verfahren liefern oft mit vertretbarem

Rechenaufwand hinreichend gute Näherungslösungen. Zu den auf diesem Gebiet am weitesten verbreiteten Heuristiken gehören Genetische Algorithmen.

Ein Simulationssystem, das im Produktions- und Logistikbereich breite Anwendung findet, ist Plant Simulation. Dieses System verfügt über ein integriertes Werkzeug zur simulationsbasierten Optimierung. Die folgenden Abschnitte beschreiben anhand eines Beispiels, wie simulationsbasierte Optimierung mit Plant Simulation realisiert werden kann.

2 Modellierung und Optimierung mit Plant Simulation

Plant Simulation bietet eine erweiterbare Bibliothek von Objekten zur Modellierung des Material- und Informationsflusses in Produktions- und Logistiksystemen. Der Materialfluss kann durch bewegliche Objekte visualisiert werden, die sich von Ressource zu Ressource bewegen und dabei Änderungen des Systemzustands auslösen. Die Grenzen des simulierten Systems erscheinen im Modell als Quellen und Senken für die beweglichen Objekte. Typischerweise erzeugt eine Quelle eine Folge von Aufträgen, die mit Freigabe- und Fälligkeitsterminen verbunden sind. Die Priorisierung der Aufträge zum Erreichen wirtschaftlicher Ziele ist ein bekanntes Optimierungsproblem der Produktionsplanung und -steuerung.

Zum Lösen derartiger Probleme bieten sich Genetische Algorithmen an (siehe z. B. SIVANANDAM, DEEPA 2008; AFFENZELLER u.a. 2009). Sie sind stochastische heuristische Suchverfahren, die durch Parametrisierung an das konkrete Optimierungsproblem angepasst werden können. Dadurch eröffnet sich eine breite Palette von Anwendungen (SCHMIDT, HEINICKE 2000). Ihr Einsatz verlangt nur geringe Kenntnisse über den Lösungsraum: Er kann sowohl diskret als auch kontinuierlich sein, muss also keine Forderung nach Stetigkeit oder Differenzierbarkeit der Zielfunktion erfüllen.

Die mathematischen Grundlagen Genetischer Algorithmen wurden in GOLDBERG (1989) gelegt. Genetische Algorithmen betrachten während des Optimierungsprozesses eine Menge (Population) potentieller Lösungen (Individuen), aus denen iterativ neue Lösungen abgeleitet werden. GOLDBERG konnte in seinem Fundamentalsatz der Genetischen Algorithmen zeigen, dass Eigenschaften, die zur guten Bewertung von Lösungen führen, durch die genetischen Operatoren Mutation, Inversion und Crossover weitergegeben werden und sich im Laufe des Optimierungsprozesses in der Population verbreiten.

Um dynamische, stochastische Systeme zu optimieren, werden Genetische Algorithmen mit Simulationsmethoden kombiniert. Dabei entspricht eine Lösung eines Optimierungsproblems den Ausprägungen der Modellparameter, die simulativ bewertet werden. Auf Basis der Simulationsergebnisse erzeugt der Genetische Algorithmus neue Lösungen, die wiederum einer Simulation unterzogen werden. Dieser Zyklus wird solange durchlaufen, bis ein Abbruchkriterium erfüllt ist.

In Plant Simulation kann eine simulationsbasierte Optimierung mittels Genetischer Algorithmen ausgeführt werden, ohne dass ein weiteres Softwaresystem zur Realisierung der Optimierungskomponente benötigt wird. Dabei wird unterstellt, dass sich ein Optimierungsproblem aus einer oder mehreren Teilaufgaben verschiedener

Typen zusammensetzt, nämlich Reihenfolge-, Auswahl- und Zuordnungsaufgaben. Jede dieser Teilaufgaben wird mittels eines spezifischen Objekts definiert, das einerseits Definitions- und Wertebereiche der jeweiligen Entscheidungsvariablen und andererseits die anzuwendenden genetischen Operatoren festlegt. Insgesamt stehen in Plant Simulation folgende Objekte zur Verfügung:

- *GAOptimization* ist das zentrale Steuerungsobjekt. Mit seiner Hilfe wird festgelegt, aus welchen Teilaufgaben das Optimierungsproblem zusammengesetzt ist. *GAOptimization* verwaltet die Individuen der Population und steuert den Optimierungslauf. Eine ausführliche Statistik ermöglicht es dem Anwender, den Fortschritt der Optimierung zu analysieren.
- *GASequence* definiert eine Reihenfolgeaufgabe, die darin besteht, allen Elementen einer gegebenen Menge eine Position in einer Rangliste zuzuordnen.
- *GASelection* definiert eine Auswahlaufgabe, bei der aus einer gegebenen Menge von Elementen eine Teilmenge auszuwählen ist.
- *GASetAllocation* bzw. *GARangeAllocation* definieren eine Zuordnungsaufgabe, die darin besteht, jedem Element einer gegebenen Menge ein Element einer anderen Menge zuzuordnen.
- *GAWizard* ist ein dialogorientierter Assistent, der den Anwender beim Definieren des Optimierungsproblems unterstützt und den Optimierungslauf ausführt.

Die effiziente Nutzung der Objektbibliothek zum Aufbau der Simulationsmodelle und der Einsatz der Objekte zur Realisierung Genetischer Algorithmen setzen eine gewisse Erfahrung im Umgang mit Plant Simulation sowie Programmierkenntnisse voraus. Ein geschulter Anwender kann eine simulationsbasierte Optimierung mit geringem Aufwand realisieren. Allerdings ist das Festlegen der Optimierungsparameter entscheidend für Rechenaufwand, Konvergenzverhalten und Lösungsgüte. Zur Parametrisierung von Metaheuristiken sei auf die Fachliteratur verwiesen (siehe z. B. DÖRING 2004; LOBO u.a. 2007).

3 Lösung des Maschinenbelegungsproblems

Das Lösen von Maschinenbelegungsproblemen ist eine wichtige Aufgabe im Rahmen der Produktionsplanung und -steuerung. Das klassische Maschinenbelegungsproblem ist folgendermaßen definiert (NEUMANN, MORLOCK 1993, S. 474 ff.): Gegeben ist eine Menge von Aufträgen und Maschinen. Jedem Auftrag ist ein auftragsspezifischer Arbeitsplan zugeordnet. Ein Arbeitsplan ist eine sequentiell abzuarbeitende Folge von Arbeitsgängen, wobei jeder Arbeitsgang durch seine Bearbeitungszeit und die zu belegende Maschine beschrieben wird. Gesucht ist der Maschinenbelegungsplan (d.h. die Reihenfolge, in der die Arbeitsgänge die Maschinen belegen), für den die Durchlaufzeit aller Aufträge minimal ist. Diese Definition des Maschinenbelegungsproblems unterstellt, dass die Bearbeitungszeiten deterministisch und bekannt sind. Exemplarisch soll das Fisher-Thompson-Problem gelöst werden, das aus zehn Aufträgen mit jeweils zehn Arbeitsgängen besteht, die auf zehn Maschinen ausgeführt werden müssen (FISHER, THOMPSON 1963).

Maschinenbelegungsprobleme wurden schon oft mit Hilfe Genetischer Algorithmen gelöst (siehe z. B. DELLA CROCE u.a. 1995; MATTFELD, BIERWIRTH 2004). Der Erfolg Genetischer Algorithmen hängt dabei wesentlich von der Kodierung des zu lösenden Problems ab. Maschinenbelegungsprobleme können als Reihenfolgeprobleme betrachtet werden, wobei die Permutationen aller Arbeitsgänge den Lösungsraum beschreiben. Diese Modellierung führt jedoch zu sehr großen Lösungsräumen, die einerseits zahlreiche unzulässige und andererseits viele gleichwertige Lösungen enthalten. Das wirkt sich negativ auf das Konvergenzverhalten des Genetischen Algorithmus aus.

Es gibt effizientere Ansätze, Maschinenbelegungsprobleme mit Genetischen Algorithmen zu lösen. Einer davon besteht in der Kombination Genetischer Algorithmen mit der Heuristik von GIFFLER und THOMPSON (1960). Diese Heuristik erzeugt den Maschinenbelegungsplan durch sukzessives Einplanen der Arbeitsgänge entlang der Zeitachse: Bei der Belegung einer freien Maschine steht jeweils eine relativ kleine Anzahl von Arbeitsgängen zur Disposition, die als Nächstes auf dieser Maschine bearbeitet werden könnten. Der Arbeitsgang mit der höchsten Priorität wird auf der Maschine eingelastet. Die Aufgabe des Genetischen Algorithmus besteht darin, für alle Arbeitsgänge aller Aufträge Prioritäten so festzulegen, dass der resultierende Maschinenbelegungsplan eine minimale Durchlaufzeit aufweist.

Diese Vorgehensweise kann in Plant Simulation abgebildet werden (siehe Abb. 1 links): Der von *GASequence* abgeleitete Baustein *Prioritäten* definiert das zu lösende Reihenfolgeproblem. Der Baustein *GAOptimierung* realisiert den Genetischen Algorithmus, wobei jedes Individuum einen kompletten Satz von Arbeitsgangprioritäten beschreibt. *GAOptimierung* legt für alle Arbeitsgänge aller Aufträge Prioritäten fest, die zur iterativen Erzeugung eines Maschinenbelegungsplans verwendet werden. Auf Grundlage dieser Prioritäten erzeugt die Methode *Scheduler* den jeweiligen Maschinenbelegungsplan und berechnet die Durchlaufzeit. Der beste gefundene Plan wird in der Tabelle *Zeitplan* gespeichert.

In jedem Schritt des Verfahrens wird ein Arbeitsgang eingeplant, der auf der Grundlage des bereits erzeugten partiellen Planes so zeitig wie möglich ausgeführt wird. Von allen noch nicht abgeschlossenen Aufträgen wird der als Nächstes einplanbare Arbeitsgang betrachtet. Zu jedem einplanbaren Arbeitsgang gibt es eine früheste Fertigstellungszeit, die aus dem Zeitpunkt, zu dem die von ihm benötigte

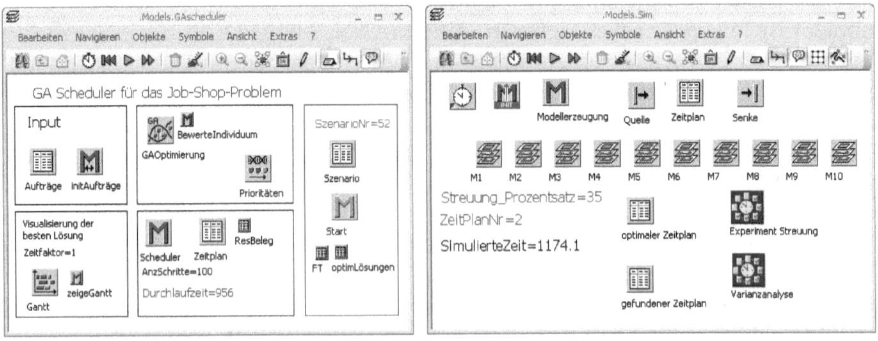

***Abbildung 1:** Lösung des Maschinenbelegungsproblems in Plant Simulation*

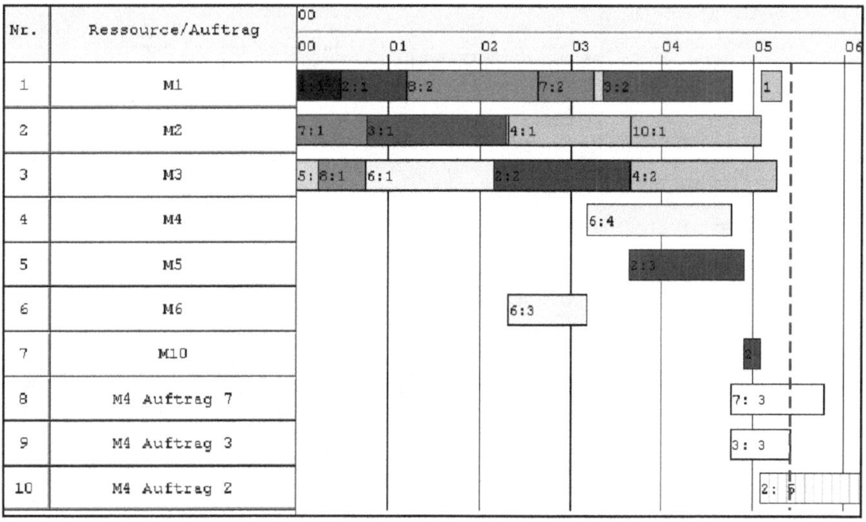

***Abbildung 2**: Partieller Maschinenbelegungsplan mit einplanbaren Arbeitsgängen*

Maschine frei wird, und der Bearbeitungszeit des Arbeitsganges resultiert. Die Maschine, auf der der Arbeitsgang mit der potentiell frühesten Fertigstellungszeit auszuführen ist, könnte alternativ auch mit anderen einplanbaren Arbeitsgängen belegt werden. Die Prioritäten dieser Arbeitsgänge entscheiden darüber, welcher von ihnen tatsächlich als Nächstes ausgeführt wird.

Abbildung 2 zeigt einen partiell aufgebauten Maschinenbelegungsplan. Von den drei einplanbaren Arbeitsgängen der zehn Aufträge ist der dritte Arbeitsgang des Auftrags 3 mit der frühesten Fertigstellungszeit verbunden (gestrichelte Linie). Dieser Arbeitsgang muss auf der Maschine M4 ausgeführt werden. Nun gibt es weitere Arbeitsgänge, die vor der frühesten Fertigstellungszeit auf der Maschine M4 gestartet werden könnten. Falls einer dieser Arbeitsgänge eine höhere Priorität besitzt als der dritte Arbeitsgang des Auftrags 3, wird er diesem vorgezogen. Arbeitsgänge, die erst nach der frühesten Fertigstellungszeit auf M4 gestartet werden könnten, müssen offensichtlich noch nicht berücksichtigt werden, da sie nicht mit dem dritten Arbeitsgang des Auftrags 3 kollidieren können. Im Beispiel wählt die Prioritätsregel den fünften Arbeitsgang des Auftrags 2 aus und lastet ihn auf Maschine M4 ein (schraffierter Balken).

Plant Simulation kann Maschinenbelegungspläne als Gantt-Diagramme visualisieren. Die Abbildungen 2 und 3 zeigen Maschinenbelegungspläne in ressourcenorientierter Darstellung, d.h. an der Ordinate sind die Maschinen abgetragen. Alternativ bietet Plant Simulation eine auftragsorientierte Sichtweise, bei der jede Zeile des Diagramms einen Auftrag repräsentiert.

Für das Fisher-Thompson-Problem fand der Genetische Algorithmus eine Lösung mit einer Durchlaufzeit von 956 Zeiteinheiten (siehe Abb. 3). Diese Lösung ist nur 2,8 % schlechter als die von CARLIER und PINSON (1989, S. 164 ff.) gefundene Optimallösung, deren Durchlaufzeit 930 Zeiteinheiten beträgt.

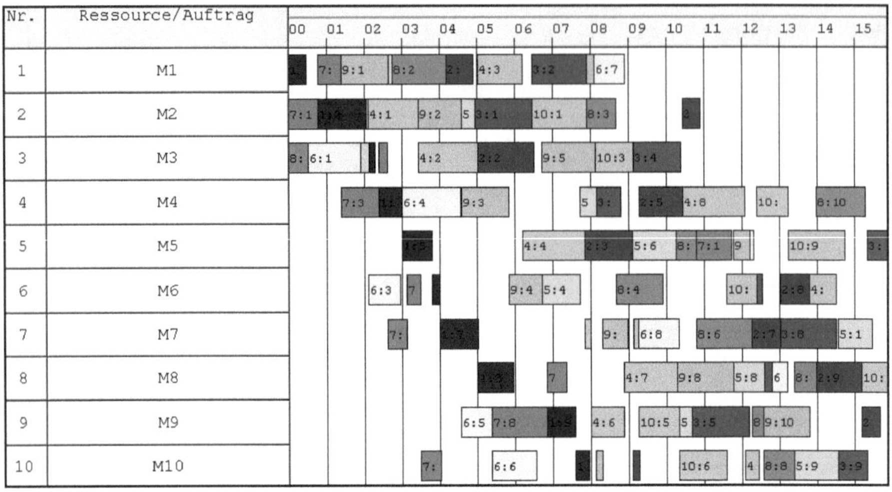

Abbildung 3: *Vollständiger Maschinenbelegungsplan*

4 Lösungsstabilität unter stochastischen Bedingungen

Reale Problemstellungen in Produktion und Logistik zeichnen sich in der Regel dadurch aus, dass sie stochastischen Einflüssen unterliegen, die nur unzureichend quantifiziert werden können. So sind beispielsweise die Bearbeitungszeiten in Maschinenbelegungsproblemen in der Regel Zufallsvariablen, die als Datenquelle verwendeten PPS-Systeme liefern aber nur feste Planzeiten und geben keine Auskunft über Streuungen und Verteilungstypen. Zeitgrößen sind häufig logarithmisch normalverteilt (SACHS 1999, S. 174).

Die Lösung eines Maschinenbelegungsproblems muss stets eindeutig angegeben werden – auch wenn das Problem stochastisch ist. Es kann daher legitim sein, während der Problemlösung zunächst von einem deterministischen Problem auszugehen, so wie in Abschnitt 3 geschehen. Allerdings muss dann die Frage nach der Zuverlässigkeit der Lösung untersucht werden. Zu einem durch den Genetischen Algorithmus erzeugten Maschinenbelegungsplan wird automatisch ein Simulationsmodell erzeugt, mit dem der Einfluss zufälliger Bearbeitungszeiten statistisch analysiert werden kann (siehe Abb. 1 rechts). Bei der Simulation wird jede Maschine gemäß der festgelegten Arbeitsgangreihenfolge belegt. Alle Bearbeitungszeiten sind logarithmisch normalverteilt mit den von FISHER und THOMPSON (1963) angegeben Zeiten als Mittelwert. Wird nun die Standardabweichung als Prozentsatz des Mittelwertes vorgegeben, können die von dem Genetischen Algorithmus gefundene Auftragsreihenfolge sowie die bekannte Optimallösung einer stochastischen Simulation unterzogen werden.

Für das Design von Simulationsexperimenten und für die statistische Analyse des Einflusses zufälliger Modellkomponenten steht in Plant Simulation der Experimentverwalter zur Verfügung. Die Streuung der Bearbeitungszeiten wurde von 0 % bis 100 % in Schritten von 10 % variiert, und für jeden Wert dieses Parameters wurde die Ausführung der beiden Maschinenbelegungspläne 100 Mal simuliert. Abbildung

4 zeigt die Box-Whisker-Plots und die Konfidenzintervalle der Durchlaufzeit für die gefundene Näherungslösung. Sowohl die Streuung als auch der Mittelwert der Durchlaufzeit nehmen mit wachsender Streuung der Bearbeitungszeiten zu. Dabei wirken die stochastischen Einflüsse in den meisten Simulationsläufen negativ, führen also zu einer Verlängerung der Durchlaufzeit. Nur in wenigen Fällen wird die Durchlaufzeit kürzer, wie die Beobachtungen der Durchlaufzeit für eine Streuung der Bearbeitungszeiten von 10 % zeigen.

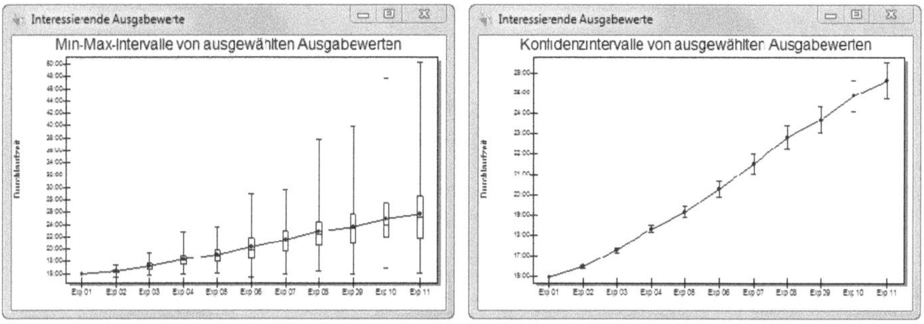

Abbildung 4: *Durchlaufzeit in Abhängigkeit der Streuung der Bearbeitungszeiten*

Abbildung 5 zeigt exemplarisch die Box-Whisker-Plots sowie die Konfidenzintervalle der Durchlaufzeit für die optimale und die Näherungslösung bei einer angenommenen Streuung von 35 %. Die Hypothese, dass beide Lösungen zur gleichen mittleren Durchlaufzeit führen, wird erst bei einer Irrtumswahrscheinlichkeit von 27 % abgelehnt. Damit wird deutlich, dass die tatsächliche Optimallösung in diesem Fall nur einen geringen Zusatznutzen gegenüber der Näherungslösung bietet, da die stochastische Schwankung der Zielgröße stärker als die Differenz zwischen optimaler und Näherungslösung ausfällt.

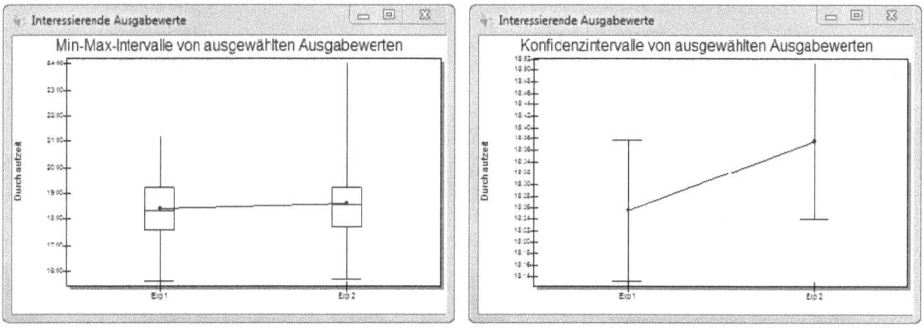

Abbildung 5: *Spannweiten und Konfidenzintervalle der Durchlaufzeit für die optimale Lösung (jeweils links) und die Näherungslösung (jeweils rechts)*

5 Zusammenfassung

Plant Simulation erlaubt, simulationsbasierte Optimierung auf einfache Art und Weise durchzuführen. Die Optimierung schließt sich im Rahmen einer Simulationsstudie an Modellerstellung und -validierung an. Es wird eine Systemkonfiguration gesucht, die eine Zielfunktion minimiert oder maximiert. Die Suche nach dem exakten globalen Optimum besitzt bei praktischen Aufgabenstellungen eher geringere Bedeutung, da sich dieses Optimum durch das nicht vorhersehbare Verhalten der zufälligen Systemkomponenten nicht realisieren lässt. Stattdessen kommt es darauf an, eine möglichst gute, aber auch robuste Lösung zu finden. Daher sollte die Robustheit gefundener Lösungen simulativ abgesichert werden.

Literatur

AFFENZELLER, Michael; WINKLER, Stephan; WAGNER, Stefan; BEHAM, Andreas: Genetic Algorithms and Genetic Programming: Modern Concepts and Practical Applications. Boca Raton: Chapman & Hall/CRC, 2009.

DELLA CROCE, Federico; TADEI, Roberto; VOLTA, Giuseppe: A genetic algorithm for the job shop problem. In: Computers and Operations Research, Amsterdam u.a., 22(1995)1, S. 15-24.

CARLIER, Jacques; PINSON, Éric: An Algorithm for Solving the Job-Shop Problem. In: Management Science, Hanover, MD, 35(1989)2, S. 164-176.

DÖRING, Thomas: Wissensbasierte Parametrisierung von Planungsverfahren. Technische Universität Ilmenau: Dissertation, 2004.

FISHER, H.; THOMPSON, G. L.: Probabilistic Learning Combinations of Local Job-Shop Scheduling Rules. In: Industrial Scheduling. Hrsg.: MUTH, John F.; THOMPSON, Gerald L. Englewood Cliffs: Prentice Hall 1963, S. 225–251.

GIFFLER, B.; THOMPSON, G. L.: Algorithms for Solving Production-Scheduling Problems. In: Operations Research, Linthicum, MD, 8(1960)4, S. 487-503.

GOLDBERG, David E.: Genetic Algorithms in Search, Optimization, and Machine Learning. Boston u.a.: Addison-Wesley, 1989.

LOBO, Fernando G.; LIMA, Cláudio F.; MICHALEWICZ, Zbigniew: Parameter Setting in Evolutionary Algorithms. Berlin: Springer, 2007.

MATTFELD, Dirk C.; BIERWIRTH, Christian: An efficient genetic algorithm for job shop scheduling with tardiness objectives. In: European Journal of Operational Research, Amsterdam u.a., 155(2004)3, S. 616–630.

NEUMANN, Klaus; MORLOCK, Martin: Operations Research. München: Hanser Verlag, 1993.

SACHS, Lothar: Angewandte Statistik. Anwendung statistischer Methoden. Berlin: Springer Verlag, 9. Auflage 1999.

SCHMIDT, Peter-Michael; HEINICKE, M.: Genetische Algorithmen im industriellen Einsatz. In: Computational Intelligence, VDI Berichte 1526. Baden-Baden, 2000, S. 179-189.

SIVANANDAM S. N.; DEEPA S. N.: Introduction to Genetic Algorithms. Berlin: Springer, 2008.

Integrationsaspekte der Simulation:
Technik, Organisation und Personal
Gert Zülch & Patricia Stock (Hrsg.)
Karlsruhe, KIT Scientific Publishing 2010

Planung ganzheitlicher Prozesseffizienz in hybriden Montagesystemen für die globale Serienproduktion mit Unterstützung digitaler Werkzeuge

Planning Holistic Process Efficiency in Hybrid Assembly Systems for Global Mass Production with the Support of Digital Tools

Hans Kaußler
Siemens AG, München (Germany)
hans.kaussler@siemens.com

Summary: The contribution puts the first practical results of a new planning methodology into the foreground. Developed by the SIEMENS AG, the methodology aims at the formation of assembly systems in defined steps for the series-production with the goal of holistic process-efficiency. Base of the methodology is a highly integrated planning-process, including the product-construction, the technology planning as well as the assembly system planning in order to reach a total optimum and to gain a completely new quality of the "Simultaneous Engineering" with it. The constant use of modern digital planning tools is a basic condition for success.

1 Problemstellung und Einführung

Das mit der neuen Planungsmethodik angestrebte Gesamtoptimum drückt sich in Form ganzheitlicher Prozesseffizienz aus, welche sich letztendlich in dem geringst möglichen Fixkostenanteil pro produziertes Stück manifestiert. Ausgehend von einer solchen, relativ bedarfsneutralen Gestaltungslösung wird ein Entwicklungspfad abgeleitet, der es erlaubt das Montagesystem dem tatsächlichen Marktbedarf folgend in definierten Stufen kapazitiv aus- bzw. abzubauen. Im Zentrum der folgenden Ausführungen stehen sogenannte hybride Montagesysteme, also Gestaltungslösungen für die Montage, die ausgehend von den technologisch begründeten Automatisierungen der Fügeprozesse einen relativ hohen Anteil manueller Arbeit beinhalten.

Dieser Trend in der Montagesystemplanung liegt in den steigenden Flexibilitätsanforderungen begründet, welche zunehmend konventionelle Produktivitätsforderungen zu Gunsten einer übergreifenden Effizienz und Wandlungsfähigkeit verschieben. Erklärtes Ziel der hybriden Montage ist es, mit quasi-universellen und schnell anpassbaren technischen Ressourcen in Kombination mit der hohen Flexibilität manueller Arbeit, standortneutrale und wettbewerbsfähige Montagesystem zu gestalten.

Aus der globalen Ausrichtung der Serienmontage in der Siemens AG resultiert auf Grund der hohen Marktdynamik zum Zeitpunkt der Planung neuer Montagesysteme erhebliche Unsicherheit, bezüglich der tatsächlich benötigten Kapazitäten, des Variantenspektrums und in Bezug auf die örtliche/regionale Verteilung der Produktionsstandorte (Abb. 1). Die von solchen Faktoren zunächst unabhängige Prozessorientierung in Verbindung mit der integralen Planung von Produkt, Technologie und Montagesystem schafft eine stabile Ausgangsbasis, die nicht nur das planerische Risiko einschränkt sondern auch wettbewerbsrelevante zeitliche Vorteile ausschöpft. Abbildung 2 fasst die Bausteine der integralen Planung ganzheitlicher Prozesseffizienz im Kontext von Zielstellung und konkreten Lösungsansätzen zusammen.

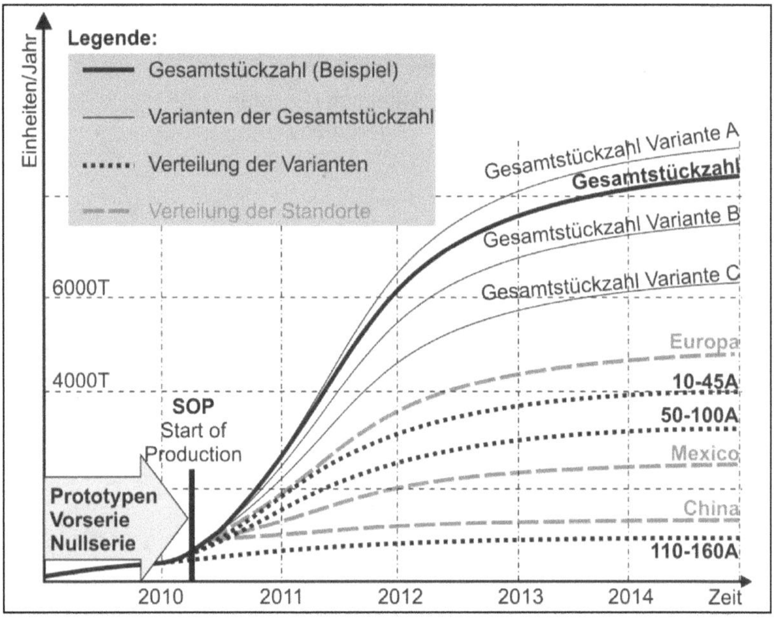

Abbildung 1: *Problem Prognoseunsicherheit*

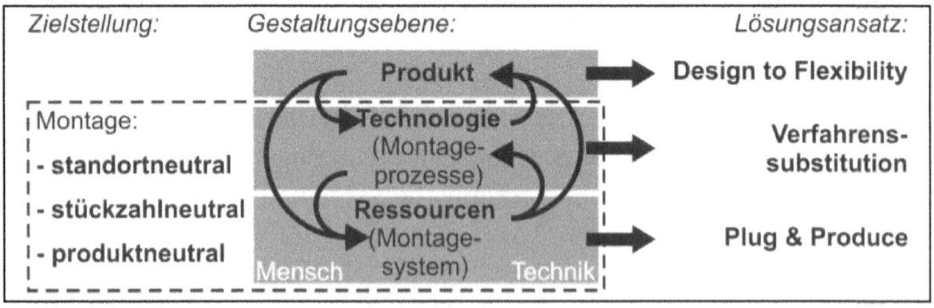

Abbildung 2: *Bausteine der integralen Planung ganzheitlicher Prozesseffizienz*

2 Design for Flexibility

Der direkte Einfluss der Ergebnisse der Produktkonstruktion auf die Möglichkeiten der Montage sowie auf die resultierenden Gesamtkosten eines Produktes ist unumstritten. Die Einflussnahme von Konstruktion und Montage, mit dem Ziel die übergreifenden Potenziale zu erschließen, konzentriert sich primär auf den Aufbau und die Zusammensetzung (Modular- und Plattformkonzepte) sowie den Technologie- und Technikeinsatz. Design for Flexibility baut grundsätzlich auf den Richtlinien der fertigungs- und montagegerechten Konstruktion auf. Abbildung 3 fasst beispielhaft entsprechende konstruktive Veränderungen zusammen.

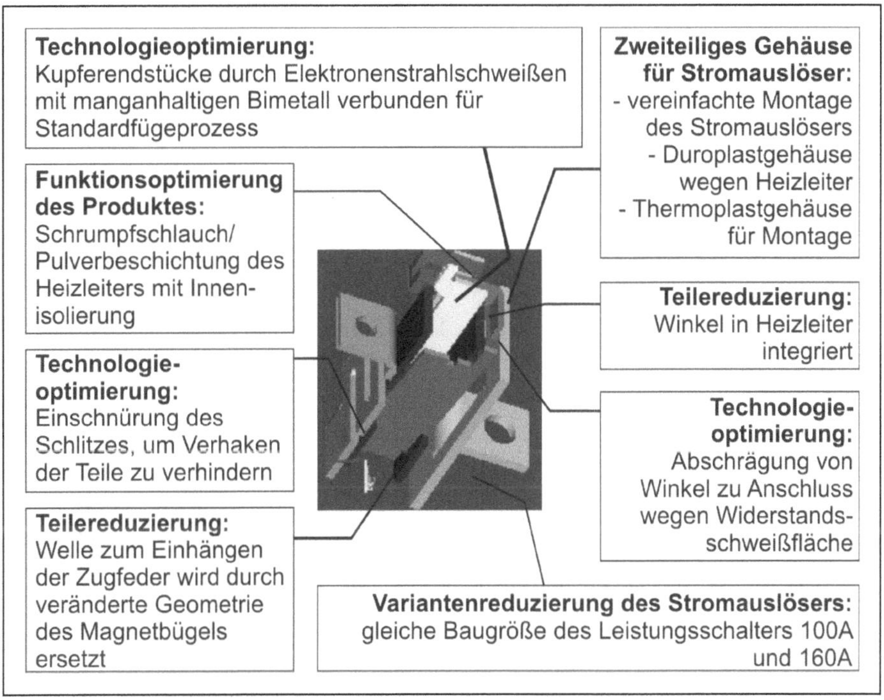

***Abbildung 3:** Design for Assembly*

Die Erweiterung fokussiert auf eine Beeinflussung des Technologie- und Ressourceneinsatzes in dem Sinne, dass über konstruktive Veränderungen der Produkte neue bzw. alternative Fügeverfahren zur Verbindung von Bauteilen einsetzbar sind. Hintergrund dieser Strategie ist eine systematische Reduktion der praktisch eingesetzten Verfahrensvielfalt zu Gunsten einer überschaubaren Anzahl von Kerntechnologien.

3 Verfahrenssubstitution

Ein weiterer direkter Hebel, der die Möglichkeiten der Montage sowie die resultierenden Gesamtkosten eines Produktes determiniert ist die Technologieplanung. Sie gründet sich auf den Ergebnissen der Produktkonstruktion und transformiert diese entsprechend des vorhandenen technologischen Know hows in konkrete Anforderungen zur serienreifen Umsetzung der Technologien.

Die mit der Verfahrenssubstitution angestrebte Konzentration auf Kerntechnologien ist kein inhaltlich neues Ziel. Neuartig ist jedoch die mit der Verfahrenssubstitution einhergehende Konsequenz in der praktischen Umsetzung. Verfolgt wird nicht das Outsourcing von Technologien, sondern die technische Transformation von bestimmten Fügeverfahren zu Gunsten von Kerntechnologien, wobei lokale technologische Optima zu Gunsten übergreifender Optima und Skaleneffekte aufgegeben werden. In Abbildung 4 wird das Potenzial zur Verfahrenssubstitution einer Baugruppe zusammengefasst. Die Konzentration von vier Verfahren auf ein Verfahren birgt erhebliche technische und organisatorische Potenziale.

Technologie **IST**	WIG-Schweißen	Nieten/ Löten	Widerstands-schweißen	WIG-Schweißen	WIG-Schweißen
	↓	↓		↓	↓
Technologie **SOLL**	Widerstands-schweißen	Widerstands-löten	**Widerstands-schweißen**	Widerstands-löten	Warm-nieten
	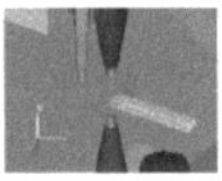			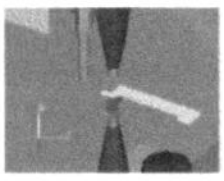	
Arbeits-gang	**[01]** Anschluss an Heizleiter	**[04]** Litze an Heizleiter	**[05]** Bimetall an Heizleiter	**[06]** Litze an Bimetall	**[07]** Verbindung an Bimetall

Abbildung 4: *Verfahrenssubstitution*

Die technische Transformation von bestimmten Fügeverfahren kann erreicht werden

- über die spezifische Veränderung der Produktkonstruktion, und/oder
- über die entsprechende Anpassung der Technologieeinheiten einschließlich Peripherie (z.B. Erweiterung des Funktionsumfangs, Abbildung 5).

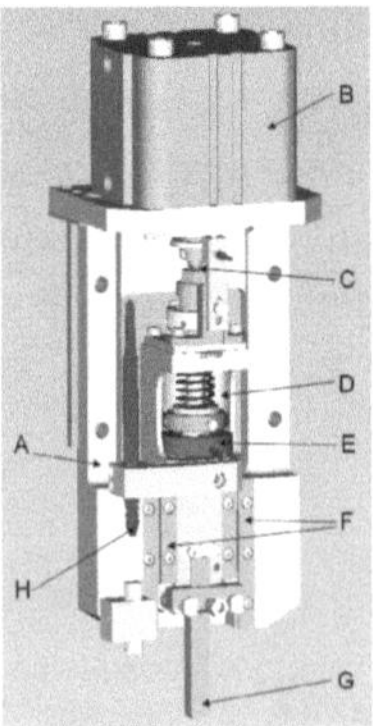

A Grundkörper
B Elektrodenantrieb (Pneumatikzylinder)
C Kolbenstange
D Federpaket
E Kraftmessdose zur Bestimmung der Schweisskraft
F Elektrodenführungen, paarweise angeordnet
G Elektrode
H Messtaster zur Bestimmung des Nachsetzweges

Abbildung 5: *Widerstandsschweißen – neu entwickelter Schweißkopf*

4 Plug & Produce

Plug & Produce ist ein innovatives Gestaltungsprinzip für Produktionstechnik, das im Wesentlichen durch den modularen Aufbau von Maschinen und Anlagen in Verbindung mit standardisierten, aufwandsminimiert lösbaren Schnittstellen charakterisiert werden kann.

Abbildung 6 stellt das neu entwickelte modulare Konzept für das Trägersystem vor. Montagetechnik, die so modular aufgebaut ist stellt einen konträren Gestaltungsansatz zum traditionellen Sondermaschinenbau dar.

Im Vergleich zu einem reinen Einzwecksondermaschinensystem, das mit einer hohen Produktivität optimal auf ein bestimmtes Produktspektrum und entsprechend konstante hohe Stückzahlen zugeschnitten ist, birgt ein aus Modulen konfiguriertes Maschinensystem ein wesentlich niedrigeres Investitionsrisiko im Hinblick auf mögliche Veränderungen der Produkte oder technologischen Prozesse. Bei ungewisser Marktlage kann zunächst eine Minimalkonfiguration der Anlage aufgebaut werden, die mit zunehmender Sicherheit der wirtschaftlichen Daten stufenweise erweitert wird. Das heißt, die Wahl der Anlagenkapazität kann entsprechend des zum Zeitpunkt der Beschaffung tatsächlich gegebenen Kapazitätsbedarfs erfolgen, was die Leerkosten und die Kapitalbindung reduziert (Abb.7).

Jede Kapazitätsstufe stellt in betriebswirtschaftlicher Hinsicht, gemessen an der Idealkonfiguration mit ganzheitlicher Prozesseffizienz, ein Suboptimum dar. Das heißt, dass auf dem Entwicklungspfad des Montagesystems zu Gunsten der finalen Konfiguration bewusst betriebswirtschaftliche Kompromisse eingegangen werden.

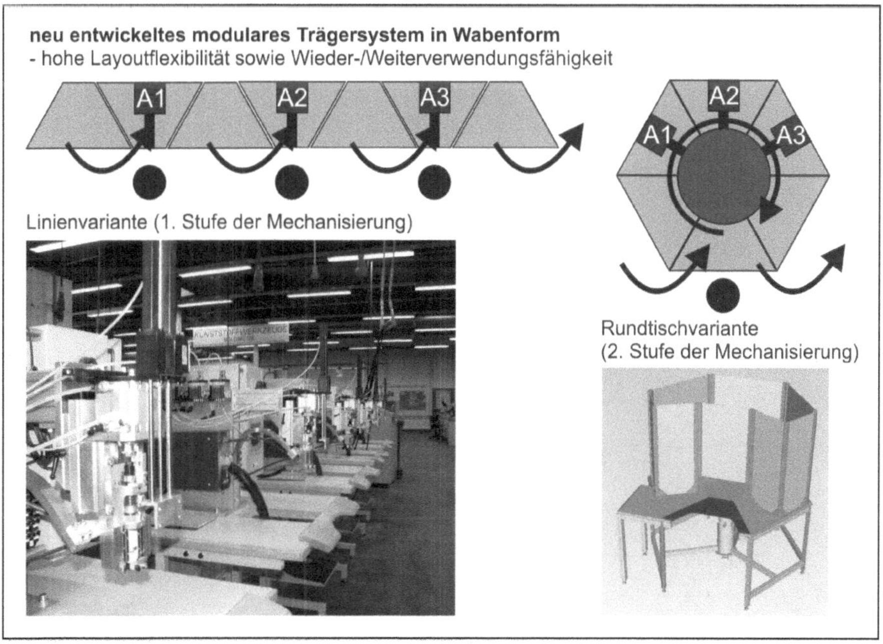

Abbildung 6: *Plug & Produce*

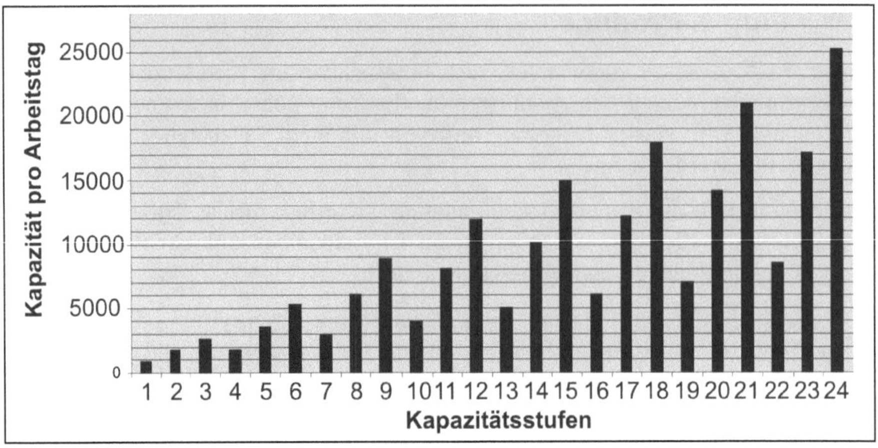

Abbildung 7: *Kapazitätsstufen*

Somit erschließt sich das Potenzial erst vollständig, wenn die Konstellation mit der höchsten Kapazität erreicht ist. Sollte diese Konstellation z.B. aus Gründen mangelnder Nachfrage nicht erreicht werden, dann wirkt das Konzept dennoch, da die Effizienz einer jeden Ausbaustufe immer nur im direkten Vergleich mit den, in einem Montagesystem mit fixer Kapazität, vorhandenen Überkapazitäten beurteilt werden kann. Abbildung 8 reflektiert auf die in Abbildung 1 dargestellten Szenarien.

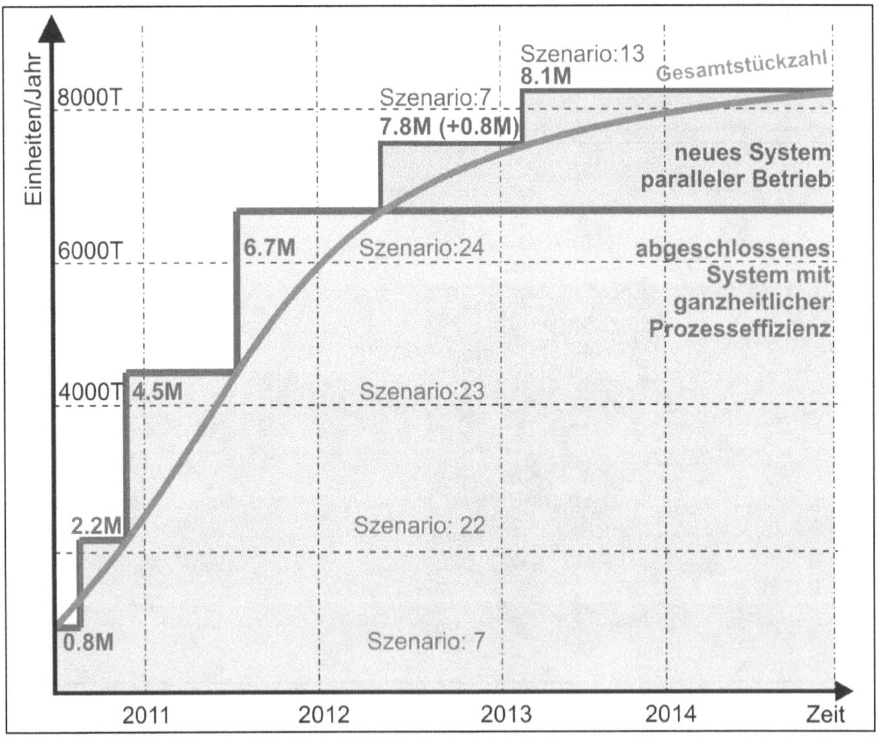

Abbildung 8: *Stufenweiser Aufbau von Kapazitäten*

5 Systemgestaltung mit der digitalen Fabrik

Die effiziente Planung und Gestaltung von Systemen erfordert den Einsatz moderner digitaler Methoden und Werkzeuge. Abbildung 8 fasst den aktuellen digitalen Planungsprozess der Software Tecnomatix zusammen. Abbildung 9 beinhaltet das digitale Planungs- und Simulationsergebnis für eine Baugruppe des Stromauslösers.

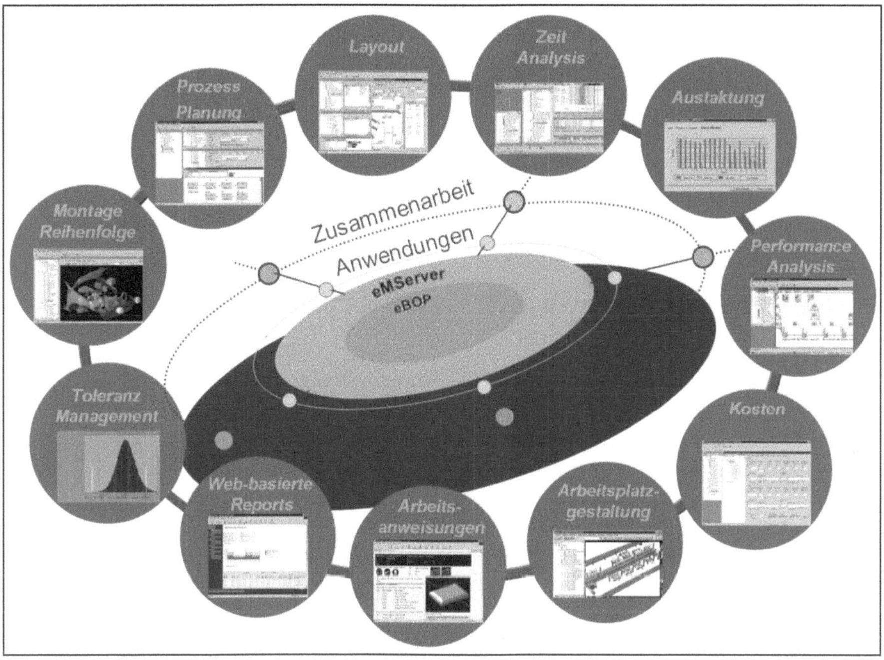

Abbildung 9: *Durchgängiger Digital Manufacturing Prozess - Software Tecnomatix*

Im Vergleich zum derzeitigen Planungsprozess wird für die Durchsetzung einer Planung von Montageprozessen nach der entwickelten Methodik ein größerer initialer Planungsaufwand erforderlich. Dies ist begründet durch

- die Berücksichtigung eines breiteren Lösungsspektrums,
- ein System gestufter Planungslösungen für eine effiziente Entwicklung des Montagesystems im Verlauf seiner Nutzung und
- einen höheren Grad an Integration und Partizipation.

Folgende spezielle Ziele werden mit dem Einsatz digitaler Werkzeuge verfolgt:

- Realisierung eines durchgängig digitalen Planungsprozesses für das Product Lifecycle Management und das Supply Chain Management.
- Durch eine schnelle Variantenbildung wird die effektive Suche nach einer optimalen Lösung für ein Arbeitssystem beschleunigt.

- weltweites "Simultaneous Engineerung", wobei in einem weltweit verteilten Planungsprozess Prozessstandards durchgesetzt und personelle Ressourcen global genutzt werden.
- Sichern eines optimalen "Change Managements" in der Wechselwirkung von Produkt - Prozess – Ressource.
- Hohe Prozesssicherheit und Verkürzung der Hochlaufphase, da vor der eigentlichen Realisierungsphase die Produkte digital produziert werden.
- Unterstützung partizipativer Planungsprozesse, z.B. durch Visualisierung der Planung, was die Verständnisbildung der Beteiligten befördert.
- breite Nutzung von Expertenwissen durch den Aufbau einer "Bibliothek der Zukunft", z.B. Ressourcen mit verfahrenstechnischen Parametern, Bewegungsparametern, thesaurierten Daten und Kosten für Angebote.

Abbildung 10 zeigt die Beziehung zwischen Produkt-, Prozess- und Ressourcenbaum. Über eine Bewegungsanimation wird die Mensch-Maschine-Schnittstelle gestaltet und die zeitliche Abstimmung der manuellen und automatischen Operationen optimiert.

Der hybride Arbeitsplatz ist mit Standardressourcen für die Technologien Schweißen, Löten, Warmnieten und Materialfluss aufgebaut, die aus einer Bibliothek abgerufen werden.

Die Basis für die Gestaltung und Bewertung der manuellen Operationen ist die MTM - Analyse, welche in Tecnomatix hinterlegt ist.

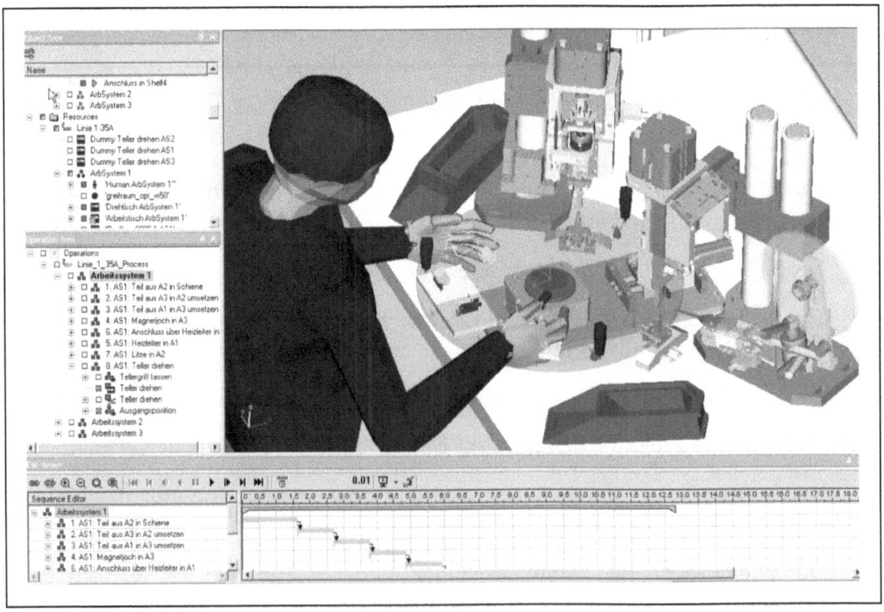

Abbildung 10: *Teilergebnis des Digital Manufacturing Prozesses mit Tecnomatix*

Integrationsaspekte der Simulation:
Technik, Organisation und Personal
Gert Zülch & Patricia Stock (Hrsg.)
Karlsruhe, KIT Scientific Publishing 2010

Simulation von Logistikstrategien im Bauwesen

Simulation of Logistic Strategies for Construction Processes

Julia K. Voigtmann, Hans-Joachim Bargstädt
Bauhaus-Universität Weimar, Weimar (Germany)
julia.voigtmann@uni-weimar.de, hans-joachim.bargstaedt@uni-weimar.de

Abstract: To plan construction logistics, numerous interferences between configurations of construction site and construction work have to be considered. Logistic systems on site are influenced by so various factors, that the assignment of an optimal network configuration and organisational structure is not trivial. To find a feasible solution requires a high number of simulation runs with many factor variations. Therefore an adequate simulation model, which enables network dimensioning and analysing organisational structures of logistic processes without programming, is essential. Furthermore the identification of qualified factor combinations, which depends on specific building attributes and the elimination of irrelevant factors, accelerate logistic planning. It also prevents experimental scheduling and the amount of simulation runs. Using these identified qualified factor combinations secures to raise and quickly access the existing optimisation potential.

1 Hintergrund

Die Simulation von Baustellen ist in jüngster Zeit verstärkt in den Fokus baubetrieblicher Forschung gerückt. Zielstellung ist die aussagekräftige Simulation von Bauabläufen zur Identifikation kritischer Prozesse auf Baustellen.

Insbesondere Ausbauprozesse weisen eine hohe räumliche und zeitliche Variabilität auf. Gleichzeit existiert für die unterstützenden Logistikprozesse eine Vielzahl Gestaltungsmöglichkeiten. Die grundsätzliche hohe Anzahl an möglichen Konfigurationen des Gesamtsystems Baustelle mit seiner Infrastruktur und seinen Teilprozessen widerspricht jedoch der Forderung nach einfachen Simulationsmodellen und einer schnellen und sicheren Identifizierung von Engpässen im Bauablauf (KUGLER, FRANZ 2008). Die voneinander losgelöste Betrachtung der Fertigungs- von den Logistikprozessen ist auf Grund der engen Verzahnung zwischen diesen Prozessen nicht zielführend.

Dennoch ist eine weitgehende Beschränkung der zu betrachtenden Prozesse zur Reduzierung des Modellierungs- und Simulationsaufwands und letztlich auch des

Planungsaufwands wünschenswert. Im Hinblick auf das Gesamtsystem Baustelle muss daher der grundsätzliche Einfluss verschiedener logistischer Tätigkeiten und Randbedingungen auf den Gesamtablauf hinterfragt werden.

2 Forschungsansatz und methodisches Vorgehen

Der vorliegende Forschungsbeitrag beschäftigt sich mit dem grundsätzlichen Einfluss verschiedener Logistikprozesse und logistischer Parameter der Baustelle auf den Gesamtablauf. Es soll untersucht werden, welche logistischen Teilprozesse und Faktoren im Gesamtsystem Baustelle einen nur marginalen Einfluss haben, sodass sie im Hinblick auf eine "schlanke" Simulation gezielt vernachlässigt werden können.

Ein weiterer Aspekt ist die zweckdienliche Kopplung verschiedener Logistikprozesse und ihrer speziellen Ausprägung zu Logistikstrategien. Zur Reduktion der Anzahl notwendiger Simulationsläufe soll es ermöglichst werden, inkompatible Kombinationen in Abhängigkeit der Parameter des Bauprojekts, der Bauprozesse und der Produktionsbedingungen bereits im Vorfeld auszuschließen.

In einem ersten Schritt wird das Bauprojekt mit seinen Bauprozessen hinsichtlich unterschiedlicher Merkmalsklassen strukturiert. Beispielsweise kann auf Prozessebene zwischen raumbildenden und nicht raumbildenden Prozessen unterschieden werden. Auch im Hinblick auf die räumliche Orientierung der Arbeitsorte (Wand/Boden/Decke) ist eine gute Unterscheidung möglich. Weitere Merkmalsklassen erfassen u.a. logistische Kriterien der Prozesse (z.B. Arbeitsplatzbedarf, Begehbarkeit der Arbeitsbereiche) und der Baustelle (vorhandene Lagerflächen, horizontale und vertikale Transportmittel).

Im nächsten Schritt werden die logistischen Baustellenprozesse analysiert. Für die auf Baustellen relevanten Logistikfunktionen sind in Anlehnung an die stationäre Industrie verschiedene Umsetzungsmöglichkeiten und Organisationsprinzipien, z.B. Lagerplatzstrategien, zu identifizieren. Die relevanten Strategien und Strategiekombinationen werden in einem Simulationsmodell implementiert. In Simulationsstudien werden dann unterschiedliche Kombinationen von Bauprozessmerkmalen und logistischen Gestaltungsmöglichkeiten hinsichtlich des Einflusses auf den Gesamtbauablauf analysiert.

3 Verwendetes Simulationsmodell

Die Analyse des Systemkomplexes aus Bauprozess, Baustellenrandbedingungen und Logistikstrategien erfolgt mit Hilfe der Simulation. Sie ermöglicht, komplexe Systeme mit dynamischen Prozessen nachzubilden und durch deren Untersuchung zu auf die Wirklichkeit übertragbaren Erkenntnissen zu gelangen (VDI 1996, S. 14). Die Verwendung eines universell einsetzbaren Simulationsmodells, das die Anwendung auf verschiedenartige (Aus-)Bauprozesse und Logistikprozesse auf Baustellen mit unterschiedlichen Gestaltungsmerkmalen ermöglicht, ist eine grundlegende Voraussetzung. Das hier verwendete Simulationsmodell verfolgt einen constraintbasierten Ansatz und wurde im Rahmen der Simofit-Kooperation (SIMoFIT 2010) zwischen der Flensburger Schiffsbaugesellschaft GmbH und der Bauhaus-Universität Weimar von KÖNIG, BEIßERT und Bargstädt (2007) zur Untersuchung von Ausbaustrategien entwickelt. Das Modell verwendet den Simulation Toolkit Shipbuilding (STS Schiffsbaukasten; STEINHAUER 2007) und basiert auf Simulationsprogramm Plant (SIEMENS PLM 2010).

Zur Berücksichtigung aller relevanten logistischen Aktivitäten ist die detaillierte Abbildung logistischer Aspekte der Bauprozesse einschließlich der relevanten Bauteil- und Prozesseigenschaften notwendig. Dazu wurden einerseits bestehende STS-Komponenten um neue Bausteine erweitert und andererseits logistisch relevante Eigenschaften der Bauteile und -materialien sowie der Bauprozesse (Tabelle 1) als zusätzliche Eingangsdaten erfasst.

Logistische Bauteil- und Materialeigenschaften	***Logistische Prozesseigenschaften***
Allgemeine Eigenschaften (Abmessungen, Gewicht, Stapelbarkeit) Liefereigenschaften (Abmessungen, Packungsgrößen, Transporthilfsmittel) Transporteigenschaften (benötigte Transportmittel, Trassen)	Notwendige Arbeitsbereiche Zugänglichkeit und Verfügbarkeit des Arbeitsbereichs für Lagerprozesse während und nach der Prozessausführung

Tabelle 1: *Logistisch relevante Bauteil- und Prozesseigenschaften*

Alle für die Berücksichtigung baulogistischer Belange notwendigen Routinen sind im Baulogistik-Baustein zusammengefasst. Er verarbeitet die logistisch relevanten Bauteil- oder Prozesseigenschaften. Die Anbindung an bereits vorhandene Bausteine erfolgt über bereitgestellte Schnittstellen in Form fakultativer Methodenaufrufe. Im Zusammenspiel mit anderen STS-Bausteinen werden logistische Prozesse automatisch generiert (Abb. 1).

Grundsätzlich können mit Hilfe des verwendeten Simulationsmodells von einem Nutzer ohne Programmierkenntnisse unzählige Kombinationen von Bauprozessen, Baustellenrandbedingungen und logistischen Organisationsprinzipien abgebildet werden. Die Konfiguration logistischer Netzwerkknoten (z.B. Lagerflächen) und die Auswahl verschiedener Organisationsprinzipien für logistische Prozesse erfolgt mit Hilfe von Anwenderdialogen.

Entladezonen, Lagerflächen und Bauaufzüge als Elemente der Baustelleneinrichtung können hinsichtlich ihrer Anzahl, Lage und Kapazität variiert werden. Für Lagerflächen kann die zeitliche Verfügbarkeit und die Nutzung für einzelne Nutzergruppen eingeschränkt werden. Ein weiterer Parameter zur Konfiguration der Baustelleneinrichtung ist die Anzahl verfügbarer Transportmittel (z.B. Stapler).

Zur Analyse geeigneter Organisationsstrukturen kann der Anwender auf vordefinierte Strategien aus den folgenden Bereichen zugreifen:

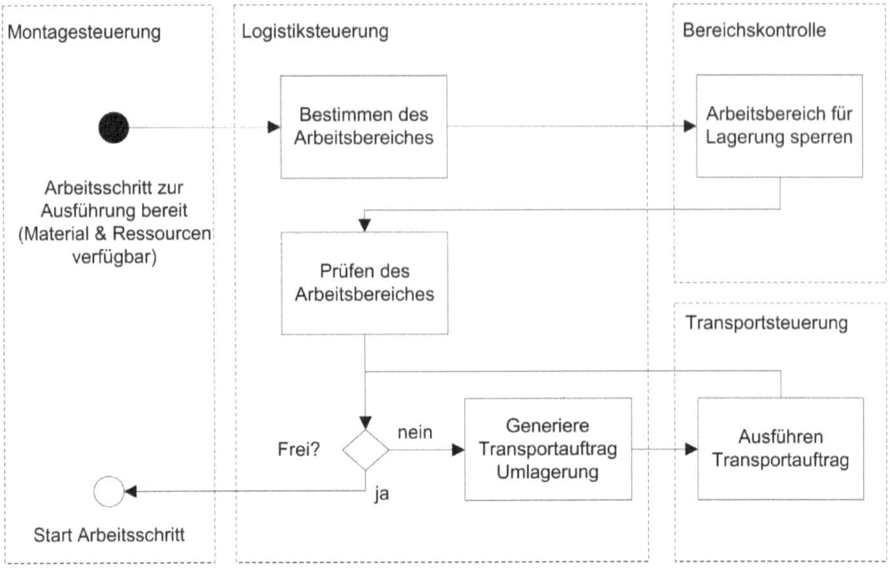

Abbildung 1: *Schematische Darstellung der Interaktion des Baulogistik-Bausteins mit weiteren STS-Bausteinen (VOIGTMANN, BARGSTÄDT 2008, S. 138)*

- Lieferstrategien
- Lagerstrategien,
- Entsorgungsstrategien,
- Um- und Beräumungsstrategien,
- Strategien zur Transportbündelung und
- Strategien zur Zuordnung und Priorisierung logistischer Prozesse.

Die verschiedenen Strategien sind nicht zwingend gewerkeübergreifend festgelegt, sondern können für die unterschiedlichen Gewerke individuell gewählt werden. Damit werden flexible Wahlmöglichen zur Konfiguration des Gesamtnetzwerks Baustelle zur Verfügung gestellt. Weiterführende Erläuterungen zur Verwendung des vorgestellten Simulationsmodells sind zu finden in BARGSTÄDT und VOIGTMANN (2010).

4 Simulationsbeispiel

Zur Identifikation von Haupteinflusskriterien auf die logistische Gestaltung des Gesamtnetzwerks Baustelle wird der Einfluss verschiedener logistischer Parameter und Organisationsprinzipien auf die Gesamtbauzeit analysiert. Die Untersuchungen erfolgen am Beispiel der Erstellung von Trockenbauwänden in einem 8-geschossigen Bürogebäude.

Im ersten Schritt werden die Elemente der Baustelle (Ladezonen, Lager, Aufzüge) positioniert deren Eigenschaften wie Kapazität, Standort, Verfügbarkeit u.a. parametrisiert. Nach dem Positionieren eines Aufzuges sind z. B. die Parameter für Tragkraft und Fahrgeschwindigkeit zu setzen. Auf diese Weise lassen sich die Randbedingungen aus dem Baustellenlayout und den Elementen der Baustelle erfassen.

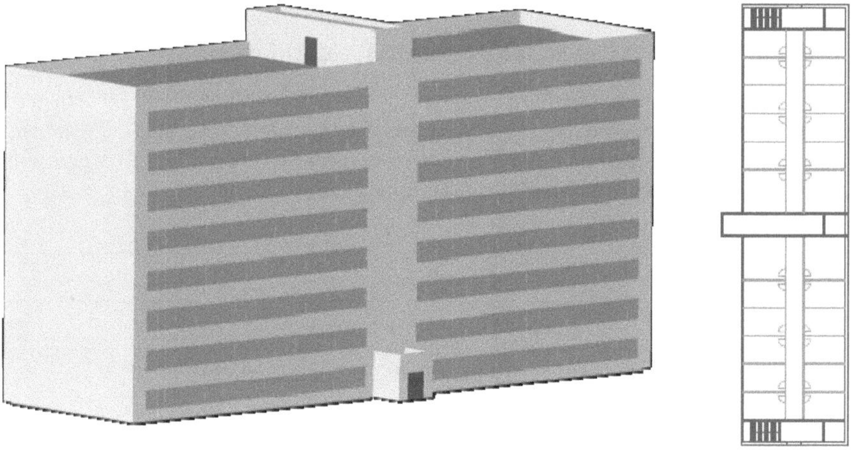

Abbildung 2: *Ansicht und Grundriss des simulierten Bürogebäudes*

Die im zweiten Schritt zu beschreibenden Eingangsdaten umfassen u. a. Angaben zu den zu liefernden Materialien, ihren Abmessungen und Einbaupositionen und zu den an ihnen auszuführenden Arbeitsschritten. Weitere Eingaben betreffen vorhandene Personalressourcen, ihre Qualifizierung und Einsatzzeiten. Durch Spezifikation der benötigten Mitarbeiteranzahl und deren erforderlicher Qualifikationen für einen Arbeitsschritt erfolgt während des Simulationslaufes die automatische Zuordnung freier Personalressourcen zu anstehenden Arbeitsaufträgen. Die Bearbeitungsreihenfolge der Teile und damit der Bauablauf werden mit Hilfe von Constraints beschrieben. Dazu werden z. B. einem speziellen Prozess oder einem Bauabschnitt notwendige Vorgängerprozesse mitgeteilt, die abgeschlossen sein müssen damit der betrachtete Prozess oder Bauabschnitt begonnen werden kann. Eine detaillierte Beschreibung der Vorgehensweise constraint-basierter Simulation von Bauprozessen findest sich in KÖNIG, BEIßERT und BARGSTÄDT (2007).

Exemplarisch wird im Folgenden der Einfluss unterschiedlicher Parameter der Basisinfrastruktur bzw. unterschiedlicher Organisationsprinzipien (hier: Tragfähigkeit/Fahrgeschwindigkeit/Standort des Bauaufzuges bzw. Zuordnung logistischer Tätigkeiten) untersucht. Die je Simulationsexperiment vorgenommene Parametervariation bezieht sich immer auf die Ausgangskonfiguration (siehe Tab. 2). Auf die zusätzliche Kombination der Parameter untereinander wurde zunächst verzichtet.

Die Ausgangskonfiguration ist durch folgende Einstellungen gekennzeichnet:

- abschnittsweise Montage von Trockenbauwänden (16 Bauabschnitte in vordefinierter Reihenfolge, innerhalb der Bauabschnitte keine vorgegebene Montagereihenfolge),

- komplette Materiallieferung zu Beginn der Baumaßnahme,
- Erbringung aller logistischen Leistungen durch eigenes Personal,
- Materiallagerung in Etagenlagern, wenn erforderlich Umlagerung in die Nähe des Einbauortes und
- Entsorgung leerer Ladungsträger (Paletten) auf Anforderung.

Die während der Simulationsläufe erfassten Daten werden immer mit der Ausgangskonfiguration (Experiment Nr. 1) verglichen. Im Vergleich zur Ausgangskonfiguration zeigen sich in den einzelnen Experimenten die in Abbildung 3 dargestellten Bauzeitveränderungen in Prozent des Gesamtaufwands.

Experiment Nr.	***Variierter Parameter***
1	– (Ausgangskonfiguration)
2, 3	Fahrgeschwindigkeit Bauaufzug erhöht
4, 5	Tragfähigkeit Bauaufzug erhöht
6	Standort Bauaufzug verändert
7 - 11	Logistische Zuständigkeit verändert (schrittweise Übertragung der Prozesse Abladen, Einlagern, Entsorgen, Umräumen und Materialtransport an Baulogistiker)

Tabelle 2: *Übersicht über die Parametervariationen*

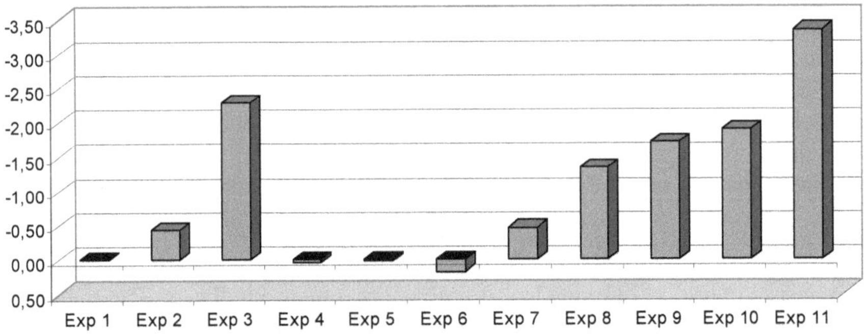

Abbildung 3: *Prozentuale Bauzeitveränderungen bezogen auf Experiment 1*

Die prozentuale Veränderung der Gesamtbauzeit durch Parametervariation bzw. Änderung der Organisationsstruktur gegenüber einer Ausgangskonfiguration wurde nun in Abhängigkeit der Etagenanzahl bzw. der Bearbeitungszeit je Einzelteil analysiert. Beide Kriterien wirken sich auf das Verhältnis zwischen der eigentlichen Gewerkearbeitzeit und der logistisch bedingten Einsatzzeit aus, z. B. für Wege und Materialtransporte. Deutlich erkennbar ist, dass mit steigendem Anteil der logistischen Einsatzzeit an der Gesamtarbeitszeit, z.B. durch Verringerung der Bearbeitungszeiten je Montageteil oder durch Reduktion der Etagenanzahl, auch die Auswirkungen der Veränderung einzelner Parameter ansteigen. Doch nicht alle Parameter haben gleich großen Einfluss (Abb. 4).

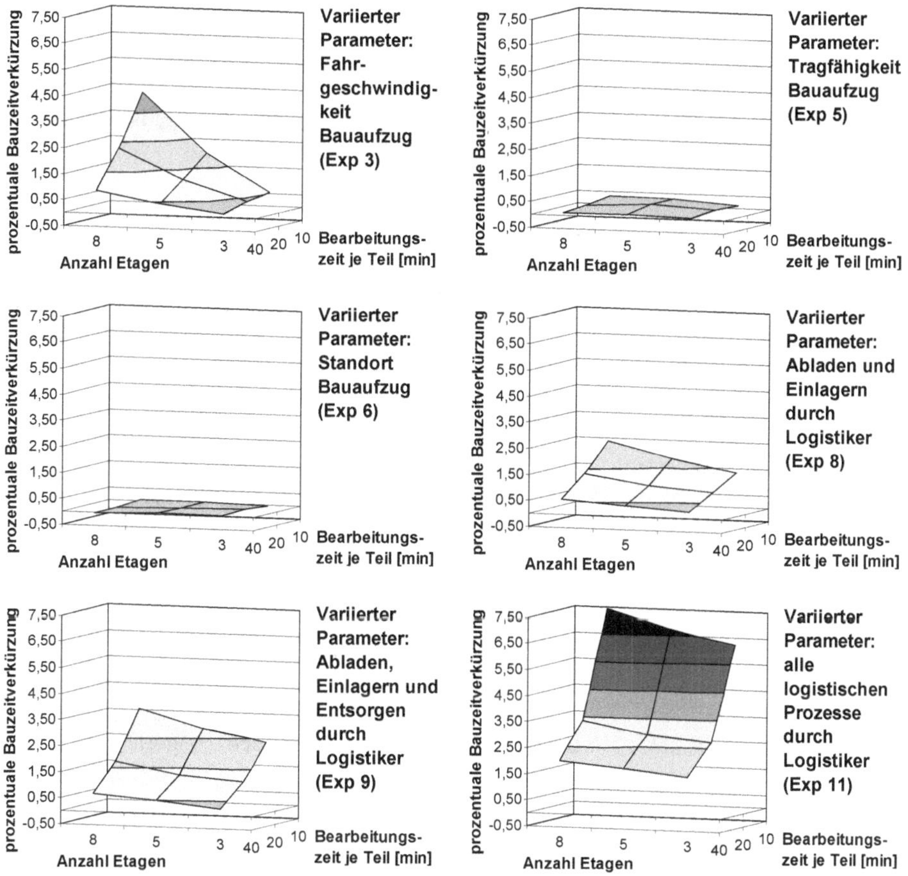

Abbildung 4: *Prozentuale Bauzeitverkürzung durch verschiedene Parametervariationen in Abhängigkeit der Etagenanzahl und Bearbeitungszeit je Bauzeit*

Im Ergebnis können nun vor weiteren Optimierungen die Parameter mit marginalen Auswirkungen auf die Bauzeit (hier: Tragfähigkeit des Bauaufzuges oder Übernahme nur der Entlade- und Einlagerungsvorgänge durch Logistiker) vernachlässigt werden.

5 Zusammenfassung und Ausblick

Die Auswertung der während der Simulationsexperimente erfassten Daten ergibt für das beispielhaft vorgestellte Bauvorhaben, dass sich die Bauzeit für das Gewerk Trockenbau durch Variation verschiedener logistischer Parameter und Organisationsstrukturen um bis zu 7 % verringern lässt. Dabei bewirken nicht alle Parameteränderungen Bauzeitverkürzungen in gleicher Größenordnung.

Gelingt es letztlich, für verschiedene Bauprozesse die bestimmenden Einflusskriterien aus den baulogistischen Randbedingungen zu identifizieren, kann der Aufwand bei der Modellierung und Simulation von komplexen Bauprojekten wesentlich besser fokussiert und damit erheblich reduziert werden. Gleichzeitig wird durch Ausschluss unerheblicher logistischer Parameter und ihrer möglichen Kombinationsvielfalt die Anzahl der Simulationsläufe beschränkt. Der Zeitaufwand bei der Untersuchung aktueller baubetrieblicher Fragestellungen kann letztlich optimiert und die Gesamtplanung zielorientierter durchgeführt werden.

Literatur

BARGSTÄDT, H.-J.; VOIGTMANN, J. K.: Simulationsgestützte Logistikplanung für Baustellen. In: 5. Wissenschaftssymposium Logistik. Hrsg.: Bundesvereinigung Logistik e.V. Darmstadt: in press, 2010, S. 1-18.

KÖNIG, M.; BEIßERT, U.; BARGSTÄDT, H.-J.: Constraint-Based Simulation of Outfitting Processes in Ship Building and Civil Engineering. In: Proceedings of the 6th EUROSIM Congress on Modelling and Simulation - Vol. 2: Full papers (CD). Hrsg.: ZUPANČIČ, B.; KARBA, R.; BLAŽIČ, S.. Ljubljana, Slovenia: SLOSIM - Slovene Society for Simulation and Modelling, 2007, S. 1-11.

KÖNIG, M., BEIßERT, U. and BARGSTÄDT, H.-J.: Ereignis-diskrete Simulation von Trockenbauarbeiten - Konzept, Implementierung und Anwendung. In: 1. IBW-Workshop Simulation in der Bauwirtschaft. Hrsg.: FRANZ, V.. Kassel: kassel university press, 2007, S. 15-28.

KUGLER, M., FRANZ, V.: Einsatz der Simulation ur Effizienzsteigerung von Produktionsprozessen im Bauwesen. In: Advances in Simulation for Production and Logistics Applications. Hrsg.: RABE, M. Stuttgart: Fraunhofer IRB-Verlag, 2008, S. 151-160.

SIEMENS UGS: http://www.emplant.de/, Stand: 27.03.2010.

SIMoFIT: http://www.simofit.de/, Stand: 12.07.2010.

STEINHAUER, D.: Simulation im Schiffbau und Kooperation mit der Bauhaus-Universität Weimar. In: 1. IBW Workshop Simulation in der Bauwirtschaft. Hrsg.: FRANZ, V.. Kassel: kassel university press, 2007, S. 1-14.

VDI - VEREIN DEUTSCHER INGENIEURE: VDI 3633: Simulation von Logistik-Materialfluß- und Produktionssystemen, Begriffsdefinitionen. Düsseldorf: Beuth, 1996.

VOIGTMANN, J. K.; BARGSTÄDT, H.-J.: Simulation von Baulogistikprozessen im Ausbau. In: Advances in Simulation for Production and Logistics Applications. Hrsg.: RABE, M. Stuttgart: Fraunhofer IRB-Verlag, 2008, S. 131-140.

Integrationsaspekte der Simulation:
Technik, Organisation und Personal
Gert Zülch & Patricia Stock (Hrsg.)
Karlsruhe, KIT Scientific Publishing 2010

Baubetriebliches Vorgehensmodell zur Integration von Multiagentensimulation und Ergonomie für Montageprozesse auf Baustellen

Workflow Model in Construction Management for the Integration of Multi-agent Simulation and Ergonomics in Production Processes on Construction Sites

Matthias Bergmann
TU Darmstadt, Institut für Baubetrieb, Darmstadt (Germany)
m.bergmann@baubetrieb.tu-darmstadt.de

Abstract: The following article describes a workflow model for multi-agent simulation that meets the requirements of the construction industry. The created workflow model consists of two phases which should be executed by experts of different domains. Through the integration of ergonomic aspects the simulation achieves a higher precision in the forecast of the performance of building workers in order to predict the construction progress. The application of the multi-agent simulation raises the efficiency of simulation in the construction industry because a multi-agent model is flexible enough to be applied for different projects. It is shown that the use of multi-agent simulation following the given workflow model can be used for scenario-based risk analysis and optimization during operations scheduling.

1 Einführung

Das Ziel der vorliegenden Forschungsarbeit ist die Verbesserung der Effizienz und Effektivität der Planung und Steuerung von Terminen und Ressourcen für Montageprozesse auf Baustellen durch Einsatz eines Vorgehensmodells zur Integration von ergonomischen Aspekten in ein agentenbasiertes Simulationsmodell der Montageprozesse. Die Effizienz der Planung und Steuerung wird verbessert, indem das Simulationsmodell der Montageprozesse mehrfach eingesetzt wird, an das jeweilige Projekt anpassbar ist und Varianten des Ressourceneinsatzes abbilden kann. Die Effektivitätssteigerung ist dadurch möglich, dass ergonomische Einflussfaktoren berücksichtigt und so die Rahmenbedingungen der Montageprozesse genauer abgebildet werden.

Dabei sind die Besonderheiten der Montage sowie der Montageplanung in der Bauindustrie in Abgrenzung zur stationären Industrie zu beachten. So ist das Ergebnis der Baumontage stets ein Unikat, das unter veränderlichen Randbedingungen erstellt wird, weshalb im Bauwesen jeder Montageprozess neu geplant werden muss. Im Unterschied zur stationären Industrie befindet sich die Baustelle stets am Bestimmungsort des Objektes, d.h. der Ort der Montage ist im Bauwesen veränderlich. Außerdem werden in den Planungsprozessen der stationären Industrie die Arbeitsplätze mit entwickelt, während auf die Gestaltung der Arbeitsplätze bei der Planung eines Bauwerks in der Regel keine Rücksicht genommen wird. Daraus ergeben sich für die Montagearbeiten im Bauwesen unter anderem Witterungseinflüsse sowie ungünstige Arbeitspositionen als spezifische ergonomische Belastungen. Zudem beträgt die Dauer einer Montagebaustelle ein Vielfaches der Dauer üblicher Montagen bei der Serienproduktion in der stationären Industrie und muss deshalb während der Ausführung gesteuert werden.

2 Ein baubetriebliches Vorgehensmodell für die agenten- und ergonomiebasierte Simulation

Die Erhöhung der Effizienz und Effektivität der Terminplanung und -steuerung in der Bauindustrie erfordert die Verfügbarkeit eines lauffähigen Simulationsmodells für die Arbeitsvorbereitung und Kontrolle der Leistungserstellungsprozesse bei Bauvorhaben. Dieses Modell soll die technologische Abfolge und den Ressourceneinsatz sowie die Auswirkungen der ergonomischen Einflussfaktoren abbilden. Dadurch liefern die Simulationsexperimente nach Aufstellen entsprechender Szenarien eine präzisere Prognose des Baufortschritts und Ressourceneinsatzes als die Terminplanung mit gemittelten Aufwandswerten.

Dazu ist eine agentenbasierte Simulation besonders geeignet, da Agenten dynamische Wechselwirkungen von Individuen und ihrer Umwelt optimal abbilden (KLÜGL 2001, S. 16 ff.). Außerdem existieren bereits vielversprechende Ansätze zur Integration der Geometrie von Bauwerken auf Basis von CAD-Daten in ein Multiagentenmodell (KUGLER 2009).

Die Anwendung bestehender Vorgehensmodelle (OECHSLEIN 2004, S.51 ff.) auf die Bauablaufsimulation erscheint nicht erfolgversprechend, da sie die Anforderungen der Bauindustrie nicht berücksichtigen. Insbesondere sehen die existierenden Vorgehensmodelle oft vor, dass die Modellierung und Experimentation in einer Hand liegen. Dies ist in der Bauindustrie nicht zielführend, da die Simulation während der oft sehr kurzen Phase der Arbeitsvorbereitung vor Projektbeginn durch Domänenexperten des Baubetriebs durchgeführt werden muss.

Zur Umsetzung der oben genannten Ziele und Defizite wurde ein Vorgehensmodell aufgestellt, das die Integration baubetrieblicher und arbeitswissenschaftlicher Forschung mit der rechnergestützten Multiagentensimulation ermöglicht und die Anforderungen der Bauindustrie an ein solches Software-Werkzeug befriedigt (siehe Abb. 1). Grundsätzlich besteht das unten abgebildete Vorgehensmodell aus zwei Stufen, die von Experten mit unterschiedlichen fachlichen Qualifikationen auszuführen sind. Das Aufstellen eines lauffähigen und kalibrierten Multiagentenmodells der Bauabläufe kann am effizientesten durch Simulationsexperten von Seiten der Software-Anbieter übernommen werden, die dann der Bauindustrie das lauffähige Modell anbieten.

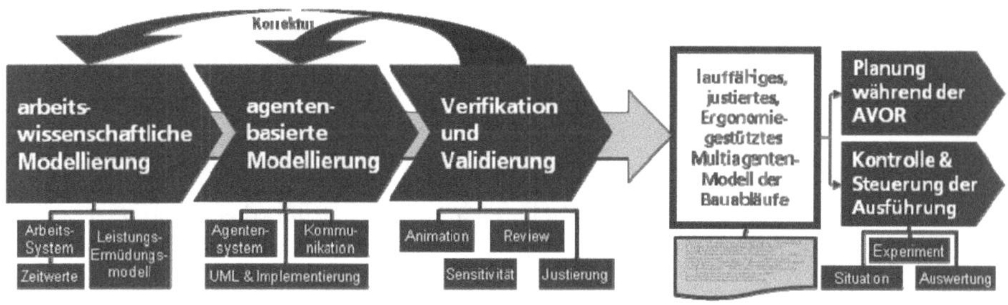

Abbildung 1: *Zweistufiges Vorgehensmodell für die ergonomiegestützte Multiagentensimulation im Baubetrieb*

In der ersten Stufe wird durch Simulationsexperten ein arbeitswissenschaftliches Modell der Montageprozesse aufgestellt und in ein lauffähiges Multiagentenmodell transformiert, das dann einer Verifikation und Validierung zu unterziehen ist. Wichtig ist dabei die Aggregation der REFA-Lehre, bestehend aus Arbeitssystem und Zeitaufnahmetechnik, der ergonomischen Erkenntnisse zur Leistungsfähigkeit von Arbeitskräften und der Modellierungstechniken für Multiagentensysteme.

In der zweiten Stufe sollten in den Unternehmen der Bauwirtschaft Domänenexperten des Baubetriebs das Modell als Hilfsmittel in der Arbeitsvorbereitung und im Controlling einsetzen, indem sie bauprojektspezifische Situationen aufstellen und per Experiment detaillierte Prognosen über den Bauablauf gewinnen. Die Situationen stellen dabei eine Variation des allgemeinen Bauablaufmodells dar, in dem die Werte für die ergonomischen Parameter festgelegt werden.

Bauablaufprognosen für unterschiedliche Ausgangssituationen können in der Arbeitsvorbereitung dazu dienen, optimale Ressourcenkonstellationen zu identifizieren oder eine Risikoanalyse hinsichtlich Witterung oder Ressourcenausfall durchzuführen. Im Rahmen der Kontrolle des Baufortschritts liefern Simulationsexperimente automatisiert Soll-Termine sowie Fertigstellungsprognosen basierend auf aktuellen Baustellendaten und können bei der Abweichungsanalyse verschiedene Thesen überprüfen.

3 Agenten- und ergonomiebasierte Modellierung

Die arbeitswissenschaftliche Modellierung für baubetriebliche Zwecke muss die Struktur und Randbedingungen von Bauprozessen abbilden. Für die Aufstellung eines Multiagentenmodells sind hierzu die Elemente des REFA-Arbeitssystems (SCHLICK u.a. 2010, S. 35) in dessen Entitäten zu überführen. Neben der Umwelt mit eigenem Verhalten, eigenen Zustandsvariablen und einem Abbild von Raum und Zeit sowie Ressourcen zur Modellierung von passiven Objekten wie Arbeitsgegenstände stehen die Agenten im Fokus. Das Verhalten der Agenten soll den Arbeitsablauf abbilden und lässt sich als Aktivitätsdiagramm darstellen.

Außer der Ausführung von Tätigkeiten umfasst das Agentenverhalten auch die Aufnahme und Verarbeitung von Informationen sowie die Kommunikation mit anderen Agenten, so dass auch kooperative Bauprozesse und Einflüsse durch die Umgebung modelliert werden können. Die Kommunikationsfähigkeit der Agenten wird genutzt, um eine dynamische Zusammenarbeit von Montage- und Transportagenten zu ermöglichen und um die verschiedenen Bauzustände eines Arbeitsgegenstands unter den Arbeitskräften auszutauschen. Durch diese Modellierung, bei der sowohl die Verfügbarkeit von Ressourcen als auch die Erfüllung technischer Vorbedingungen den Montagefortschritt bedingt, werden kapazitive und technologische Anordnungsbeziehungen im Simulationsexperiment automatisch berücksichtigt.

Im Kern geht es bei der baubetrieblichen Simulation darum, das Leistungsangebot einer Arbeitskraft zu jedem Zeitpunkt zu bestimmen. Dazu müssen die inneren und äußeren Einflüsse auf die Leistungsfähigkeit einer Arbeitskraft modelliert werden. Hierzu wurde das Belastungs-Beanspruchungsmodell nach ROHMERT (1984), in dem die Beanspruchung einer Arbeitskraft von den einwirkenden Belastungen und ihren individuellen Eigenschaften abhängt, erweitert und im Hinblick auf die baubetriebliche Multiagentensimulation modifiziert. Dabei wird das Leistungsangebot als dynamische Variable, die von verschiedenen Beanspruchungen sowie der Ermüdung der Arbeitskraft abhängt, modelliert. Die Ermüdung stellt wiederum eine dynamische Variable dar, deren Wert bei Tätigkeiten mit ermüdender Beanspruchung ansteigt und durch Erholzeiten wieder gesenkt wird. Das baubetriebliche Leistungs-Ermüdungsmodell formuliert die Zuordnung der Belastungen und Eigenschaften zu den Entitäten des Multiagentenmodells sowie deren Auswirkungen auf das Leistungsangebot und die Ermüdung plus die Zusammenhänge zwischen Ermüdung, Erholzeit, Leistungsangebot und Grundzeit (siehe Abb. 2).

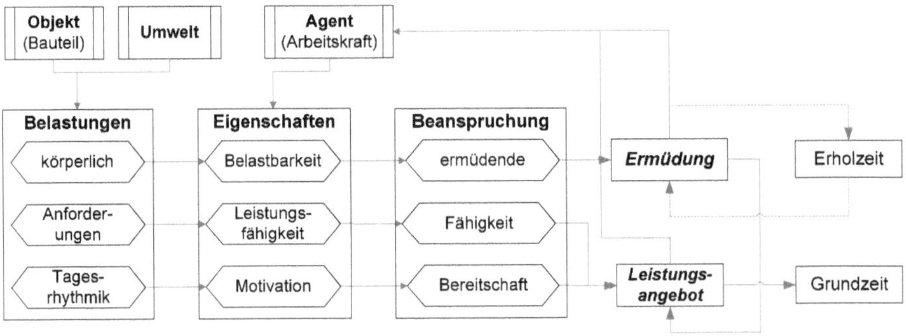

Abbildung 2: *Leistungs-Ermüdungsmodell und Multiagentenmodell*

Durch die Implementierung des Leistungs-Ermüdungsmodells innerhalb der Multiagentensimulation ist es möglich, die Eigenschaften jeder einzelnen Arbeitskraft den Belastungen aus Arbeitsaufgabe und Arbeitsumgebung dynamisch gegenüberzustellen, um so die aktuellen individuellen Beanspruchungen zu bestimmen. Aus den Beanspruchungen und der Ermüdung ergibt sich dann das zeitlich veränderliche Leistungsangebot, aus dem die Dauer der Grundzeit eines Arbeitsvorgangs resultiert. Besondere Bedeutung kommt der Modellierung der zur Ermüdung führenden körperlichen Belastung aus Arbeitsumgebung und Arbeitsaufgabe zu. Bei Bauarbeiten ohne Witterungsschutz stellt beispielsweise die Außentemperatur einen maßgeblichen Einfluss der Arbeitsumgebung dar. Die Ermüdung erzeugende Belastung aus der Arbeitsaufgabe setzt sich bei motorischen Tätigkeiten aus dem Kraftaufwand und der einzunehmenden Arbeitsposition zusammen.

Der Beginn und die Dauer der Erholzeit hängen von der Höhe der Ermüdung ab, die wiederum durch die Dauern und Höhen der Ermüdungsbeanspruchungen seit der letzten Erholpause bestimmt wird. Zum Ende jeder Montage wird ermittelt, ob die Arbeitskraft eine Erholpause beginnt, wobei die Wahrscheinlichkeit einer Pause umso höher ist, je größer der aktuelle Ermüdungswert ist. Die Erholzeit dauert in diesem Modell solange, bis die Ermüdung vollständig abgebaut wurde.

4 Einsatzbeispiel für die baubetriebliche Multiagentensimulation

Das Vorgehensmodell wurde für die Simulation der Montageprozesse eines modularen Fassadensystems eingesetzt und dadurch überprüft. Wichtige Aspekte bei der Modellierung waren die Transport- und Montageprozesse, die Kooperation und Kommunikation von Monteuren und Transportgeräten, die bedarfsgerechte Anlieferung der Fertigteile sowie die Modellierung der Baustellenbedingungen.

Im vorliegenden Fall einer Fassadenmontage arbeitet ein Monteur von einer Hubarbeitsbühne aus mit einem Teleskopstapler als Transportgerät zusammen, um die bis zu 9 Meter hohen Fassadenmodule an einer bestehenden Außenwand zu befestigen. Die Simulation erfolgt mit dem SeSAm-Simulator (LEHRSTUHL FÜR KÜNSTLICHE INTELLIGENZ UND ANGEWANDTE INFORMATIK), der u.a. die graphische Darstellung der Simulationsläufe ermöglicht (siehe Abb. 3).

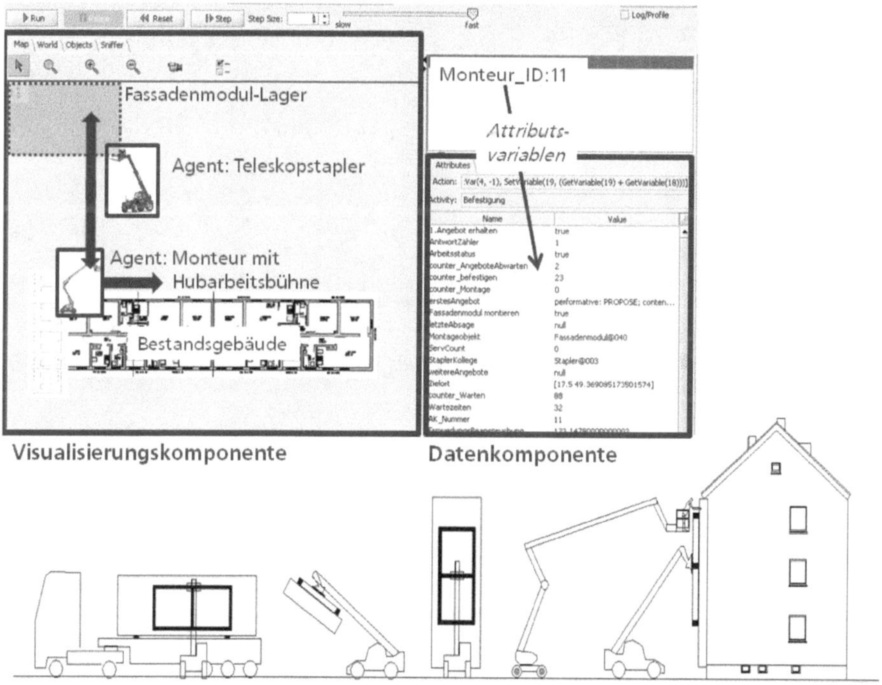

Abbildung 3: *Schema zum Montageablauf und Darstellung eines Simulationsexperiments in SeSAm*

Auf Basis des agenten- und ergonomiebasierten Modells kann beispielsweise die optimale Zusammensetzung einer Kolonne aus Monteuren und Transportgeräten ermittelt werden. Hierzu werden unterschiedliche Stereotypen von Arbeitskräften und eine unterschiedliche Anzahl und Zusammensetzung der eingesetzten Ressourcen verglichen. An den unten dargestellten Aufwandswerten und Gesamtdauern für vier unterschiedliche Kolonnenzusammensetzungen kann man erkennen, dass eine gleichzeitige Optimierung des Aufwands und der Gesamtdauer nicht immer möglich ist und dass die Leistung von den eingesetzten Arbeitskräften respektive deren Stereotypen abhängt (siehe Abb. 4). Die Stereotypen der Arbeitskräfte unterscheiden sich dabei hinsichtlich ihrer körperlichen Belastbarkeit, ihrer Motivation sowie ihrer Erfahrung und fachlichen Qualifikation. Als Beispiel für zwei Arbeitskräfte mit unterschiedlichen ergonomischen Eigenschaften werden hier ein unerfahrener, unqualifizierter Hilfsarbeiter und ein erfahrener, gut ausgebildeter Facharbeiter, deren Motivation und körperliche Belastbarkeit identisch sind, gegenübergestellt.

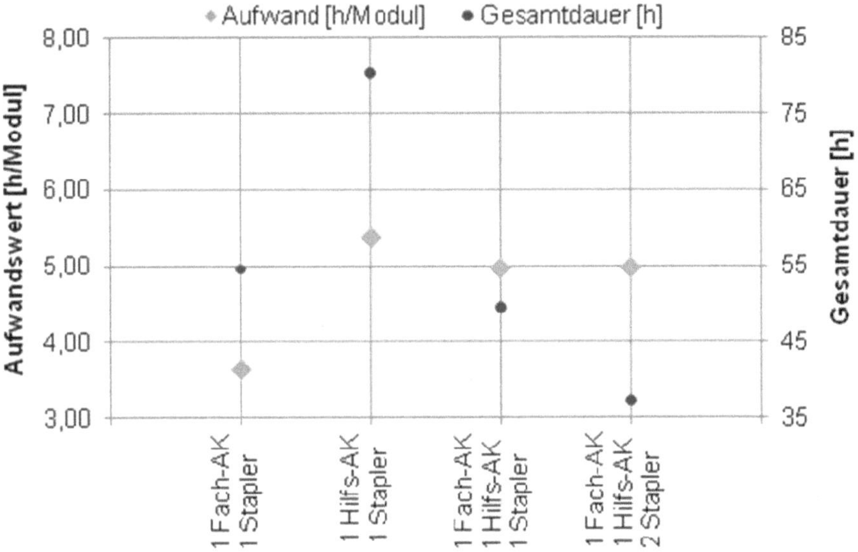

Abbildung 4: *Aufwandswerte und Gesamtdauer unterschiedlicher Szenarien zur Kolonnenzusammensetzung*

Daneben kann auch der zeitliche Verlauf der Ermüdung einzelner Arbeitskräfte analysiert werden. Dadurch werden die Wechselwirkungen zwischen den Eigenschaften und Belastungen sowie dem Leistungsangebot der Arbeitskräfte deutlich. Beispielhaft ist unten der Verlauf des Leistungsangebots einer Arbeitskraft während eines Arbeitstags in Relation zu den Teilbeanspruchungen und der Ermüdung dargestellt (siehe Abb. 5). Der sprunghafte Verlauf des Leistungsangebots resultiert dabei aus der Implementierung, bei der nur zu Beginn jeder Tätigkeit das Leistungsangebot als Grundlage für die Bestimmung der Tätigkeitsdauer berechnet wird. Die zeitliche Veränderung der Ermüdung resultiert aus Phasen ermüdender und nicht ermüdender Tätigkeit sowie Erholpausen.

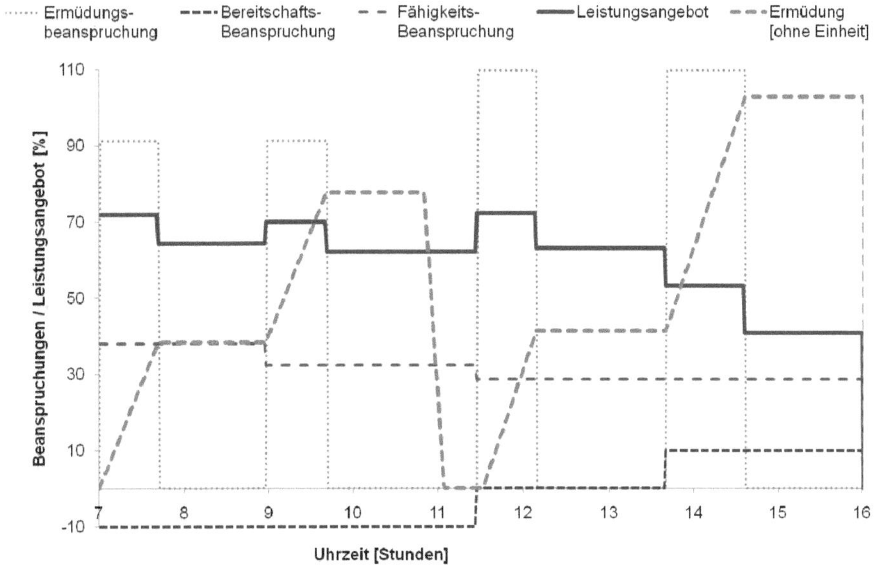

Abbildung 5: *Verlauf der Teilbeanspruchungen, der Ermüdung und des Leistungsangebots einer Arbeitskraft während eines Arbeitstags*

5 Fazit

Das baubetriebliche Vorgehensmodell zur Integration von Multiagentensimulation und Ergonomie für Montageprozesse auf Baustellen stellt einen Beitrag zur Einführung der Multiagentensimulation in der Bauindustrie dar. Es bietet eine Struktur zur multiagentenbasierten Simulation von Montageprozessen, die eine Arbeitsteilung im Sinne der Baupraxis ermöglicht und konkrete Anwendungsfälle der Multiagentensimulation in der Arbeitsvorbereitung aufzeigt. Dabei wird insbesondere ausgenutzt, dass mit Hilfe eines Simulationsmodells durch Experimente mit variierenden Parametern rasch eine Vielzahl von Varianten des Baufortschritts generiert werden kann.

Zugleich werden die Erkenntnisse der Ergonomie für den Baubetrieb nutzbar gemacht, da sie in das Simulationsmodell integriert wurden und so ohne großen Aufwand anwendbar sind. Die Einarbeitungs- und Einübungseffekte, die Auswirkungen von Motivation und Qualifikation sowie die Einflüsse der Ermüdung infolge Witterungsbedingungen und Schwere der Arbeitsaufgabe fließen in die Terminprognose ein. Damit kann die Multiagentensimulation einen Beitrag zur Erhöhung der Effizienz und Effektivität der Planung und Steuerung von Terminen und Ressourcen im Bereich der Bauausführung leisten.

Zukünftig wird es darüber hinaus das Ziel sein, die Multiagentensimulation mit der Sensorik und einem regelbasierten System zu verknüpfen, um eine zeitnahe Kontrolle und Steuerung von Bauprozessen implementieren zu können (MOTZKO u.a. 2010). Zugleich ist es notwendig, das ergonomiebasierte Multiagentenmodell zu kalibrieren, wofür digitale Baustellendaten besonders geeignet erscheinen.

Literatur

BERGMANN, Matthias; MOTZKO, Christoph: Ergonomiegestützte Multiagentensimulation im Baubetrieb. In: Bauportal, München, 122(2010)5, S. 34-37.

KLÜGL, Franziska: Multiagentensimulation – Konzepte, Werkzeuge, Anwendungen. München: Addison-Wesley Verlag, 2001.

KUGLER, Martin: Prozessdatenmodell für die Simulation im Hochbau. In: Tagungsband zum 20. Assistententreffen der Bereiche Bauwirtschaft, Baubetrieb und Bauverfahrenstechnik. Kassel: Schriftenreihe Bauwirtschaft, 2009.

LEHRSTUHL FÜR KÜNSTLICHE INTELLIGENZ UND ANGEWANDTE INFORMATIK, Universität Würzburg: SeSAm - Multi-Agent Simulation Environment. http://www.simsesam.de, Stand: 22.07.2010.

MOTZKO, Christoph; MEHR, Oliver; BERGMANN, Matthias: Echtzeitsteuerung von Bauprozessen. In: Die wirtschaftliche Seite des Bauens. Hrsg.: Institut für Bauwirtschaft und Baubetrieb, Prof. Wanninger. Braunschweig: Schriftenreihe des Instituts für Bauwirtschaft und Baubetrieb, Heft 50, 2010, S. 515-523.

OECHSLEIN, Christoph: Vorgehensmodell mit integrierter Spezifikations- und Implementierungssprache für Multiagentensimulationen. Aachen: Shaker Verlag, 2004.

ROHMERT, Walter: Das Belastungs-Beanspruchungs-Konzept. In: Zeitschrift für Arbeitswissenschaft. Köln, 38(1984)4, S. 193-200.

SCHLICK, Christopher; BRUDER, Ralph; LUCZAK, Holger: Arbeitswissenschaft. Heidelberg: Springer-Verlag, 2010.

Integrationsaspekte der Simulation:
Technik, Organisation und Personal
Gert Zülch & Patricia Stock (Hrsg.)
Karlsruhe, KIT Scientific Publishing 2010

Simulation des Einflusses von Witterungsbedingungen auf die Bauausführung

A Simulation Approach to Integrate the Weather Impact into the Execution Planning

Hong Ha Le, Hans-Joachim Bargstädt
Bauhaus-Universität Weimar, Weimar (Germany)
hong-ha.le@uni-weimar.de, hans-joachim.bargstaedt@uni-weimar.de

Abstract: The execution planning is complex because of many uncertainties occurring during the execution process. One major uncertainty, which clearly affects construction activities, is bad weather conditions, because most of the activities in construction are exposed to weather and are sensitive to some of its features. Therefore, in the executing stage, the short term weather forecast should be considered to make the execution plan for the upcoming days more realistic. This paper presents a simulation approach to incorporate the impact of weather factors into the constraint-based simulation of construction processes, where weather effects are described as constraints. The benefits of this reasearch are better supports in analyzing the impact of weather on execution processes, in preparing practicable execution schedules, and in making possible construction claims.

1 Einleitung

Bauplanung ist komplex, da viele Unsicherheiten während des Ausführungsprozesses auftreten. Die durch Wetterbedingungen verursachten Unsicherheiten können einen Bauzeitenplan erheblich beeinflussen. Im Vergleich zur Planung können erhebliche Terminabweichungen eintreten (SHAHIN u.a. 2007, S. 1798). In Forschungsarbeiten über die Auswirkungen auf Arbeitsproduktivität und Bauzeit wurden verschiedene Abhängigkeitsbeziehungen zwischen Wetterbedingungen und der Arbeitsproduktivität entwickelt (KOEHN, BROWN 1985, S. 133; THOMAS, YIAKOUMIS 1987, S. 633). Andere Arbeiten haben darauf hingewiesen, wie der Ablaufplan wegen des Wettereinflusses betroffen wird, und haben die Anforderung der Baustelle in bezug auf ihre Wetterabhängigkeit analysiert (MOSELHI, EL-RAYES 2002; HYUN-SOO u.a. 2005; SHAHIN u.a. 2007). Hier wurden in der Planungsphase die Einflüsse des Wetters auf den zu prognostizierenden Ablaufplan an Hand von Wetterdaten aus der Vergangenheit untersucht, oder es wurden die typischen Wettermuster von spezifischen Regionen analysiert. Jedoch ist der Wechsel der Wetterbedingungen häufig komplexer und lässt sich nicht immer aus der

Vergangenheit heraus ableiten. Deshalb wird hier ein Ansatz verfolgt, bei dem die aktuellen Wettervorhersagen für die spezifische Baustelle vor Ort betrachtet werden, um jeweils die Ausführungsphasen der nächsten Tage besser absichern zu können.

Im Forschungsprojekt "Simulation of Outfitting Processes in Shipbuilding and Civil Engineering" (SIMoFIT) der Bauhaus-Universität Weimar zusammen mit einem Flensburger Schiffbauer wurde ein constraint-basiertes Simulationskonzept entwickelt, um die Bauablaufplanung zu verbessern (BEIßERT u.a. 2008, S. 1).

Der vorliegende Beitrag stellt die Entwicklung eines Modells vor, das die Auswirkungen von Wetterfaktoren in dieses constraint-basierte Simulationskonzept für Bauprozesse einbindet. Hierbei werden die Auswirkungen von Wetterbedingungen als Constraints beschrieben. Das Modell gewährt eine Simulationssumgebung, welche die Handhabung der operativen Ausführungspläne bezüglich der Einflüsse von Wetterbedingungen unterstützen soll. Als Anwendungsbeispiel wird der Einfluss der Witterung bei der Herstellung eines Fassadensystems dargestellt. Hierauf basierend können auch andere Bauprozesse in ähnlicher Weise untersucht werden.

2 Die Witterungseinflüsse auf die Bauausführung

Bautätigkeiten werden häufig unter freiem Himmel durchgeführt, weshalb sie verschiedenen Wetterbedingungen wie Temperatur, Feuchtigkeit, Wind, Niederschlag ausgesetzt sind. Der Grad der Empfindlichkeit gegenüber diesen Faktoren ist sehr unterschiedlich und abhängig von der Art des jeweiligen Bauprozesses oder Prozessschritts (MOSELHI, EL-RAYES 2002, S. 12). Die prinzipiell möglichen Wirkungen von schlechtem Wetter können in drei Fallgruppen erfasst werden:

(1) die Arbeiter können vorübergehend keine Arbeiten ausführen. Derartige Wetterbedingungen, die die Arbeit temporär unmöglich machen, sind z. B. starker Regen, Schnee, Sturm, Frost, hohe Temperaturen und extreme Luftfeuchtigkeit. Studien haben gezeigt, dass oberhalb von +43 °C und unter -23 °C verbunden mit Luftfeuchtigkeit größer als 50 % die Bedingungen zum Arbeiten unerträglich werden und Arbeiten eingestellt werden müssen (KOEHN, BROWN 1985, S. 134).

(2) Der Betrieb von Maschinen oder Geräten muss eingestellt werden. Häufig betrifft diese Störungen die Belieferung mit Material, weil z. B. starker Wind verhindert, Transporte mit dem Baukran durchzuführen. Infolge dessen kann es zu Lieferengpässen kommen. Je nach Krantyp und Aufstellungsbedingungen sind maximale Windgeschwindigkeiten zu beachten, oberhalb derer der Kran nicht mehr betrieben werden kann. Dieser Grenzwert liegt in der Regel bei etwa v = 10 m/s bis 15 m/s. Je nach zu transportierender Last, z. B. bei großvolumigen Bauteilen, muss er wesentlich niedriger angesetzt werden.

(3) Die Arbeitsproduktivität wird reduziert, womit eine Verlängerung der Ausführungszeit der betreffenden Bauprozesse verursacht wird. Im Rahmen dieser Arbeit werden die Ansätze von Koehn und Brown übernommen (KOEHN, BROWN 1985, S. 134). Sie haben Abhängigkeiten zwischen dem Produktivitätsfaktor P_{TH}, der Temperatur und der relativen Luftfeuchtigkeit für allgemeine Bauarbeiten beschrieben, die sie mittels Regressionsanalyse aus beobachteten Daten formulieren (Abb.1). Der Produktivitätsfaktor kann maximal 1,0 sein und wird hier in Abhängigkeit der beiden Parameter abgemindert.

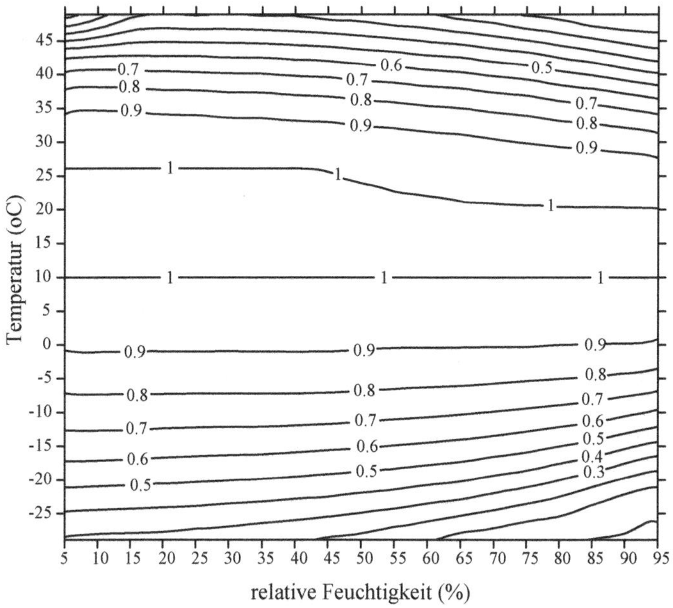

Abbildung 1: *Arbeitsproduktivität als Funktion von Temperatur und relativer Feuchtigkeit (KOEHN, BROWN 1985)*

Dieses Ergebnis basiert auf einer großen Anzahl von historischen Daten und beschreibt somit einen Einfluss auf die Arbeitsleistung des Menschen. Ein weiterer Faktor für eine komplexere Betrachtung von Baustellenbedingungen ist die Windgeschwindigkeit. Wird Wind als leichter Wind beobachtet, ändert dies die oben genannten Produktivitätsfaktoren nicht. Durch Befragen von Experten fanden die Autoren heraus, dass Wind bis zur Windstärke 2 ($v \leq 3{,}3$ m/s) praktisch keine Auswirkung auf die Arbeitsleistung hat. Bei Windstärken größer als 7 ($v > 17{,}1$ m/s) sollten die Arbeiten eingestellt werden. Für die Abhängigkeit zwischen Windgeschwindigkeit W und Produktivitätsfaktor P_{WC} schlagen die Autoren ein Regressionspolynom vor. Mit Gl. (1) wird die Windgeschwindigkeit im Intervall von 3,4 m/s bis 17,1 m/s approximiert. Es wird ferner ausgeschlossen, dass die Produktivitätswerte, die durch diese Gleichung berechnet werden, größer als 1,0 werden (d. h. falls $P_{WC} >$ 1,0, dann wird $P_{WC} = 1$ gesetzt).

$$P_{WC} = -\,0{,}000252W^3 + 0{,}003286W^2 - 0{,}038148W + 1{,}09 \qquad (1)$$

Der Produktivitätsfaktor P ergibt sich nun in Abhängigkeit von Temperatur, Feuchtigkeit und Windgeschwindigkeit als Produkt aus P_{TH} und P_{WC}, Gleichung (2).

$$P = P_{WC} \times P_{TH} \qquad (2)$$

3 Simulationskonzept

Die constraint-basierte Simulation wird im Rahmen eines diskreten ereignisorientierten Simulationsmodells eingesetzt. Es gibt in diesem Ansatz zwei Arten von Constraints, hard Constraints und soft Constraints. Hard Constraints definieren zwingende Voraussetzungen für den Start eines Bauprozesses. Sie müssen erfüllt sein, bevor ein Arbeitsschritt gestartet werden kann. Soft Constraints stellen dagegen zweckmäßige Bedingungen dar, die nicht bzw. nicht vollständig erfüllt sein müssen. Die Verletzung einer solchen Bedingung verursacht jedoch bestimmte Kosten.

Der gesamte Bauprozess wird in Arbeitsschritte heruntergebrochen. Jeder Arbeitsschritt benötigt eine bestimmte Ausführungsdauer und hat zu jedem Zeitpunkt einen der drei möglichen Zustandswerte: nicht begonnen, in Arbeit oder beendet. Jeder zu beginnende Arbeitsschritt bedingt die Verfügbarkeit bestimmter Materialien, Ressourcen und Arbeitsplätze. Diese werden während der Ausführung des Arbeitsschritts für alle anderen Arbeitsschritte gesperrt. Ist die geplante Ausführungszeit des Arbeitschritts beendet, wird sein Zustandswert von "in Arbeit" auf "beendet" gestellt, und alle gesperrten Ressourcen werden wieder freigegeben. Die Abfrage nach ausführbaren Arbeitsschritten wird so lange wiederholt, bis alle Arbeitsschritte den Status "beendet" haben. Aus der Protokollierung des Simulationslaufs kann ein Terminplan erstellt werden (KÖNIG u.a. 2007, S. 191).

Eingebettet in diesen constraint-basierten Simulationsansatz haben die Autoren einen Baustein WEATHER zur Integration von Witterungseinflüssen auf Basis des Prinzips von hard und soft Constraints entwickelt. Der Ansatz konzentriert sich auf die Auswirkungen der Wetterbedingungen in der Ausführungsphase und verwendet dazu die Daten einer jeweils aktuellen 5-Tage Wettervorhersage. Auf Basis dieser Vorhersage zu den Wetterbedingungen der jeweils folgenden Woche können die witterungsbedingten Beeinträchtigungen prognostiziert und kann die Arbeitsvorbereitung angepasst werden. Somit wird die Ausführungsplanung während des Ausführungsprozesses überprüft, und eine Auswahl möglicher Alternativen zur Vermeidung negativer Auswirkungen kann untersucht werden.

3.1 Constraint-basierte Simulation des Bauprozesses

Zunächst werden die Bedingungen der Baustelle aufgenommen. Informationen zu den Arbeitsschritten müssen den Bauprozess und seine technologischen Abhängigkeiten erfassen, die Ressourcenanforderungen definieren und Angaben zu den Ausführungsdauern beinhalten. Alle Simulationsobjekte wie Bauaufträge, Personen, Material, Ausrüstung werden durch Variable beschrieben. Notwendige Abhängigkeiten zwischen diesen Variablen, also z. B. Ausführungsreihenfolgen, Ressourcen oder Materialanforderungen, werden als hard Constraints definiert (BEIßERT u.a. 2009), womit die technologischen Abhängigkeiten erfasst sind. Z. B. kann eine Vorsatzschale erst montiert werden, wenn die darunter liegende Wärmedämmung eingelegt worden ist. Die Ausführungsdauer der Arbeitsschritte wird zunächst unter idealen Bedingungen angesetzt. Die gesamte Bauzeit während der Simulation wird durch eine Simulationssuhr erfasst, ebenso wie das jeweils erforderliche Material, die Personen usw.

3.2 WEATHER

Der Baustein WEATHER setzt die Wetterbedingungen aus der jeweiligen 5-Tage Prognose um in entsprechende Wetterparameter während der Ausführung (Abb. 2). Zu Beginn jedes neuen Arbeitsschritts wird die Zeit an der Simulationsuhr abgefragt und an den Baustein WEATHER gegeben. Darauf basierend erzeugt WEATHER die wetterbedingten Umgebungsparameter für diesen Arbeitsschritt.

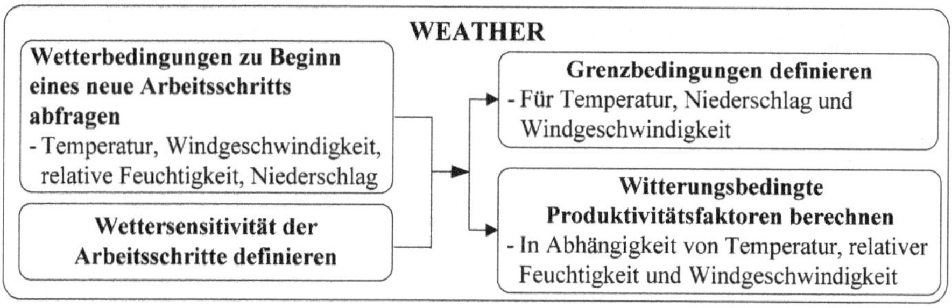

Abbildung 2: *Beschreibung des Bausteins WEATHER*

Die Fälle (1) und (3) aus Abschnitt 2 sind nun bereits im Baustein WEATHER implementiert. Der Fall (2) wird nachfolgend betrachtet. Es werden zunächst wetterempfindliche Arbeitsschritte identifiziert und ihre beeinflussenden Wetterfaktoren bestimmt. Daraus ermittelt WEATHER die Grenzwerte für Arbeitsstillstand des aktuellen Arbeitsschritts oder deren Produktivitätsverminderung. Wenn der Produktivitätsfaktor kleiner als 1,0 ist, wird die Dauer der Bautätigkeit verlängert. So wird die wetterabhängige Ausführungszeit D_W jedes Arbeitsschritts berechnet mit:

$$D_W = D / P \qquad (3).$$

Abbildung 3 erläutert die Integration des Bausteins WEATHER im Simulationsmodell.

4 Anwendungsbeispiel

Am Beispiel einer Sanierungsbaustelle, bei der ein 5-geschossiges Schulgebäude nachträglich eine vorgehängte wärmegedämmte Fassade erhält, wird der vorgestellte Ansatz illustriert. Die Arbeitsschritte des eingesetzten Fassadensystems bestehen aus vier Hauptkomponenten, die in zehn Teilarbeitsschritte zerlegt sind (Abb. 4). Die technologischen Abhängigkeiten sind übersichtlich. So müssen die Wandwinkel am Gebäude gesetzt sein, bevor das Vermessen und Zuschneiden des Dämmmaterials möglich ist.

Die Ausführungsdauer der Arbeitsschritte wurde der Kalkulation entnommen bzw. durch den Bauleiter vorab geschätzt, Bild 4. Für jeden Arbeitsschritt sind bestimmte Materialien und Personen erforderlich. Zur Befestigung der Wandwinkel sind ein Facharbeiter und mindestens noch ein Helfer sowie als Material ein Winkel mit den zugehörigen Befestigungsmitteln erforderlich. Zur Simulation des Arbeitsablaufs wird eine Kalenderzeit definiert. In diesem Beispiel ist eine tägliche Arbeitszeit montags bis freitags von 8:00 Uhr bis 17:30 Uhr inklusive einer Pause von einer Stunde festgelegt.

Mit diesem Modell kann nun der Ausführungsprozess sowohl ohne die Berücksichtigung von Witterungseinflüssen als auch mit konkreten Wetterdaten simuliert werden. Bei der Berücksichtigung der Wetterparameter werden im Modell jeweils die Wetterbedingungen einer gesamten 5-Tage Periode eingespielt. Das Startdatum in diesem Beispiel ist ein Wintertag. Die Simulation ergibt zwei unterschiedliche Abläufe (Abb. 5).

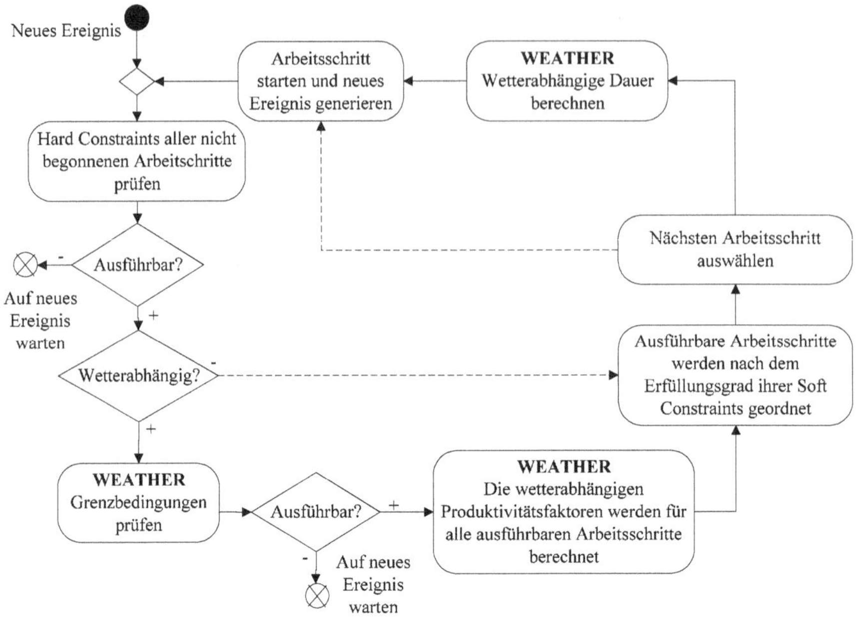

Abbildung 3: *Integration des Bausteins WEATHER im Simulationsmodell*

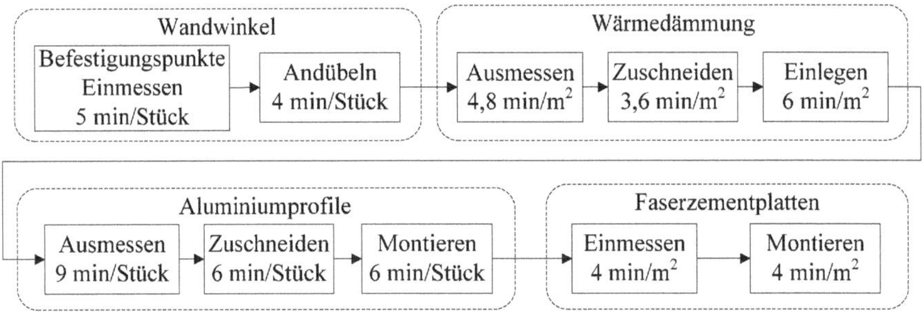

Abbildung 4: *Technologische Reihenfolge der Arbeitsschritte mit Leistungsansätzen ohne witterungsbedingte Einflüsse*

Ohne witterungsbedingte Behinderungen werden in 4 Werktagen 2126 Arbeitsschritte durchgeführt. Erfährt jedoch der Bauprozess während dieser 4 Werktage Verzögerungen, so verlängert sich die Arbeitsdauer einzelner Arbeitsschritte wegen des schlechten Wetters, und es können im gleichen Zeitraum nur 1742 Arbeitsschritte durchgeführt werden. Vergleichsweise wären diese 1742 Arbeitsschritte ohne den Einfluss schlechten Wetters bereits fast einen ganzen Tag eher fertiggestellt worden (7 h 51 min). Die Ursachen für diese Zeitdifferenz im realen Beispiel liegen darin, dass wegen Starkregens einige Stunden nicht gearbeitet werden konnte. In der übrigen Zeit ist die Arbeitsproduktivität wegen der ungünstigen Kombination der Wetterbedingungen zeitweise ebenfalls reduziert. Abbildung 5 stellt vergleichend die Einflüsse des Wetters auf den Ausführungsprozess dar.

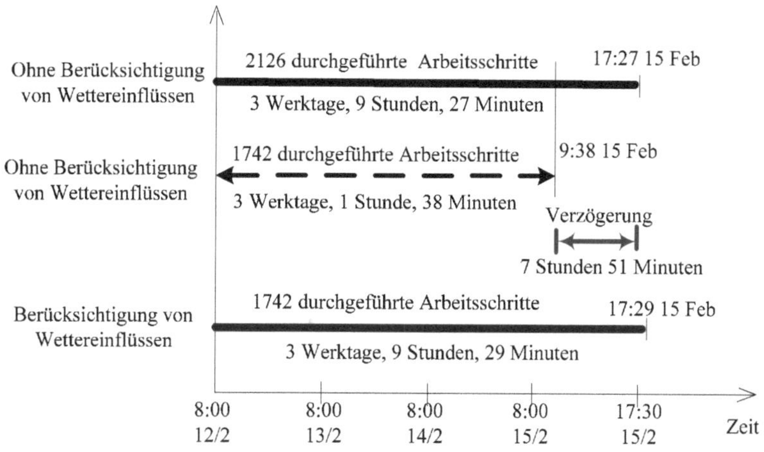

***Abbildung 5**: Vergleich Ausführungszeit und Anzahl durchgeführter Arbeitsschritte*

Nun können Simulationsexperimente durchgeführt werden, um bei der Vorbereitung alternativer Ausführungspläne zu unterstützen. Tabelle 1 stellt vier unterschiedliche Ergebnisse dar, in denen die baupraktisch möglichen Ablaufreihenfolgen bei gleicher wöchentlichen Wettervorhersage und gleicher Bauaufgabe zufällig verändert wurden. Jedes Simulationsergebnis weist einen möglichen Ausführungsplan aus, bei dem innerhalb der zwingenden Reihenfolge der Prozesskette die einzelnen Positionen am Gebäude jedoch in unterschiedlicher Parallelität zueinander abgearbeitet werden. Statt ohne witterungsbedingte Störungen die 2126 Arbeitsschritte in 4 Arbeitstagen zu beenden, ergeben sich unter den gegebenen Wetterbedingungen durchgehend weniger als 1800 Arbeitsschritte in dem vorgegebenen Zeitfenster von 4 Tagen. Dabei zeigt sich, dass in der im Experiment 2 gewählten Ablaufzuordnung deutlich mehr Arbeitsschritte erledigt werden als im Experiment 3. Es ist also möglich, angesichts der erwarteten Wetterentwicklung durch geschickte Vorab-Disposition der mehr und der weniger wetterabhängigen Arbeitsschritte eine Optimierung der Gesamtzeit zu erreichen.

Exp.	wetterverwandte Ausführungsprozess	
	Anzahl der durchgeführten Arbeitsschritte	**Bauzeit (dd:hh:mm:ss.ssss)**
1	1742	3:09:29:06.3419
2	1753	3:09:29:24.2820
3	1733	3:09:29:35.4949
4	1740	3:09:28:28.1313

Tabelle 1: *Ergebnisse der Ausführungsdauer und Anzahl der durchgeführten Arbeitsschritte von Experimenten*

5 Fazit

Wetterbedingungen sind Ursache für unplanmäßige Verlängerung von Bauzeit und sind oft mit erheblichen Mehrkosten verbunden. Das Reduzieren von wetterbedingten Störungen während der Ausführung liegt bisher ausschließlich in der Hand der Bauleitung und ist von deren Erfahrungen abhängig. Für eine zutreffendere Vorausplanung und Steuerung von Baustellen ist es deshalb wichtig, besser abzuschätzen, in welcher Weise mögliche schlechte Wetterbedingungen die Ausführungsprozesse beeinflussen könnten. Der Baustein WEATHER im Rahmen eines Simulationsmodells erlaubt eine flexible Handhabung der Beschreibung von Wetterbedingungen und deren Folgen. Das Modell wird durch die Beschreibung verschiedener hard und soft Constraints angepasst. Basierend auf den Simulationsergebnissen aus mehreren Wetterszenarien können die zu erwartenden Witterungseinflüsse auf den Bauprozess langfristig als auch kurzfristig vorab analysiert werden. Darauf aufbauend können verschiedene Ausführungsstrategien entwickelt werden, um die möglichen negativen Ausführungsfolgen zu minimieren. Der Baustein WEATHER wird derzeit noch weiter entwickelt, um die Ergebnisse zu verifizieren und die Aussagen in Richtung spezifischer Arbeitsanweisungen für das Personal auszubauen.

Literatur

BEIßERT, U.; KÖNIG, M.; BARGSTÄDT, H.-J.: Generation and Local Improvement of Execution Schedules Using Constraint-Based Simulation. In: ICCCBE-XII & Incite. Beijing, China, 12(2008), S. 1-8.

BEIßERT, U.; KÖNIG, M.; BARGSTÄDT, H.-J.: Considering quality aspects for construction scheduling using Constraint-Based Simulation. In: CIB W078 & MC4T - Managing IT in Construction. Istanbul, Turkey, 2009, S. 535-544

HYUN-SOO, L.; HAN-GUK, R.; JUNG-HO, Y u.a.: Method for Calculating Schedule Delay Considering Lost Productivity. In: Journal of Construction Engineering and Management, New York, 131(2005)11, S. 1147-1154.

KOEHN, E.; BROWN, G.: Climatic Effects on Construction. In: Journal of Construction Engineering and Management, New York, 111(1985)2, S. 129-137.

KÖNIG, M.; BEIßERT, U.; BARGSTÄDT, H.-J.: Visual Simulation - An Appropriate approach to support execution planning in building engineering. In: Proc. of the 7th International Conference on Construction Applications of Virtual Reality (ConVR). State College, PA: Pennsylvania State University, USA, 2007, S. 189-197.

MOSELHI, O.; EL-RAYES, K.: Analyzing Weather-Related Construction Claims. In: Cost Engineering, Morgantown, W Va, 44(2002)8, S. 12-19.

SHAHIN, A.; ABOURIZK, S.; MOHAMED, Y.; FERNANDO, S.: A simulation-based framework for quantifying the cold regions weather impacts on construction schedules. In: Proceedings of the 39th conference on Winter simulation. Washington D.C., 2007, S. 1798-1804.

THOMAS, H. R.; YIAKOUMIS, I.: Factor Model of Construction Productivity. In: Journal of Construction Engineering and Management, New York, 113(1987)4, S. 623-639.

Integrationsaspekte der Simulation:
Technik, Organisation und Personal
Gert Zülch & Patricia Stock (Hrsg.)
Karlsruhe, KIT Scientific Publishing 2010

Simulation von Bauprozessen unter Berücksichtigung zeitvarianter räumlicher Restriktionen

Construction Process Simulation under Consideration of Spatio-Temporal Constraints

Arnim Marx, Markus König
Lehrstuhl für Informatik im Bauwesen,
Ruhr-Universität Bochum, Bochum (Germany)
Arnim.Marx@rub.de, Koenig@inf.bi.rub.de

Abstract: The planning of complex construction projects depends on technological, temporal and financial constraints. These constraints determine the relationships between construction processes. Additionally, many activities require exclusive access to certain spaces on construction site, which mostly depend on the construction progress. If these spatio-temporal dependencies are not adequately considered during construction scheduling, they may cause spatial conflicts on the construction site, resulting in incalculable delays and extra costs. The consideration of spatial dependencies during construction scheduling can obviate such spatial conflicts. Since the influence of spatial aspects on the interactions between resources and construction processes are characterized by a high complexity a new concept for modeling and analyzing spatial inter-dependencies of resources at construction sites is proposed. As illustrated by the example of crane operations, spatial conflicts within the operations might have negative effects on the execution time, which can be avoided by spatio-temporal scheduling of construction works. For that purpose, a constraint-based discrete event simulation is introduced representing a practical approach to analyze and to evaluate execution sequences. Furthermore, the constraint-based approach is extended by spatial constraints to check spatial conflicts within a given execution sequence, as illustrated in this paper. Based on the discrete event simulation efficient construction schedules are generated, by applying the Monte Carlo simulation methods.

1 Einleitung

Eine effiziente Baubetriebsplanung stellt eine große Herausforderung sowohl an den Planer als auch an die verwendete Planungssoftware dar. Die Bauablaufplanung ist besonders komplex und aufwendig, da sich im Verlauf der Bauausführung sowohl das Bauwerk als auch die Baustelle verändern. Aus diesem Grund ist es für eine störungsfreie Bauausführung von entscheidender Bedeutung, diese zeitabhängigen räumlichen Aspekte schon während der Bauablaufplanung zu berücksichtigen.

In der Regel erfolgt die Bauablaufplanung unter Berücksichtigung von technologischen, zeitlichen und ressourcenbedingten Kriterien, welche sich aus der Vorgabe von Rahmenterminplänen, Kostenschätzung, der Projektbudgetierung und gewählten Bauverfahren ergeben. Die Bauvorgänge werden anhand ihrer Dauer, der Anordnungsbeziehungen zwischen den Vorgängen und der assoziierten Ressourcen koordiniert. Weder die Vorgänge noch die mit ihnen assoziierten Ressourcen werden bezüglich ihrer räumlichen Ausdehnung und Interaktionen auf der Baustelle betrachtet. Dies führt dazu, dass auftretende räumliche Konflikte, in deren Folge es zu gravierenden zeitlichen Verzögerungen in der Bauausführung kommen kann, erst während der Bauausführung erkannt werden. Die Berücksichtigung räumlicher Restriktionen schon während der Ausführungsplanung stellt somit eine Möglichkeit dar, räumliche Konflikte während der Bauausführung frühzeitig zu ermitteln und die daraus entstehenden außerplanmäßigen Verzögerungen zu vermeiden. Mit aktuellen Planungswerkzeugen ist eine Berücksichtigung dieser räumlichen Interaktionen in der Regel nicht möglich.

Im vorliegenden Beitrag wird ein Konzept zur Modellierung und Analyse typischer räumlicher Interaktionen bei der Bauausführung vorgestellt. Im Fokus steht die Interaktion von Baukränen beim Transport und Einbau von Betonfertigteilen. Dabei werden die Interaktionen von gleichzeitig operierenden Kränen sowie die Einhaltung von Sicherheitsbereichen berücksichtigt.

2 Modellierung von Bauräumen

In Anlehnung an Akinci et al. (AKINCI u.a. 2002, S. 127) werden Ausführungsbereiche, die Baustelle, die angrenzende Umgebung und die Vorgänge mit ihren assoziierten Ressourcen in drei zeitvariante räumliche Kategorien unterteilt: *Ressourcenbereich*, *Bauplatz* und *Vorgangsbereich* (Tab. 1).

Ressourcenbereiche sind die Bereiche, die von Arbeitsressourcen und Verbrauchsressourcen belegt werden. Arbeitsressourcen sind Arbeiter und Ausrüstungsgegenstände. Als Ausrüstungsgegenstände werden hier in erster Linie Baumaschinen wie Kräne, Betonpumpen oder Schalungen betrachtet. Verbrauchsressourcen sind Bauteile und Materialien, die im Zuge eines Bauprozesses verarbeitet werden.

Die Kategorie *Bauplatz* bildet das Bauwerk, die Baustelle und die angrenzende Umgebung ab. Die Baustelle umfasst Lagerbereiche, temporäre Einrichtungen sowie Verkehrs- und Fluchtwege. Die Baustellenumgebung umfasst räumliche Randbedingungen, gegeben durch bestehende Bebauungen und die Topologie der Umgebung.

Vorgangsbereiche sind Bereiche, die für die Durchführung eines Vorgangs erforderlich sind. Hierbei wird unterschieden in Arbeitsbereiche, Sicherheitsbereiche, Schutzbereiche und Nachbearbeitungsbereiche. Für die Ausführung eines Vorgangs muss ein wohl definierter Arbeitsbereich zur Verfügung stehen. Einige Vorgänge erfordern spezielle Sicherheitsbereiche, in anderen Fällen ist ein Schutzbereich erforderlich, um Bauteile vor möglichen Beschädigungen durch angrenzende Arbeiten zu schützen. Einige Bauteile benötigen eine spezielle Nachbearbeitung für die ein fester Bereich freigehalten werden muss. Die meisten Bereiche der drei beschriebenen Kategorien sind sowohl mit Vorgängen assoziiert als auch abhängig vom Baufortschritt.

Die Berücksichtigung von solchen zeitvarianten räumlichen Restriktionen schon während der Bauablaufplanung erfordert neue Konzepte zur Generierung und Analyse von Ressourcenbereichen, Bauplatzelementen und Vorgangsbereichen. Im Folgenden wird die Analyse dieser Bereiche anhand von Einbauprozessen von Betonfertigteilen unter Zuhilfenahme von Turmdrehkränen näher erläutert.

Ressourcenbereich	**Bauplatz**	**Vorgangsbereich**
Arbeitsressourcenbereich	Bauwerk	Arbeitsbereich
Personalbereich	Bauwerksbereich	Sicherheitsbereich
Ausrüstungsbereich	Baustelle	Schutzbereich
Verbrauchsressourcen-bereich	Lagerbereich	Nachbearbeitungsbereich
Bauteilbereich	Temporäre Einrichtungen	
Materialbereich	Verkehrswegebereich	
	Fluchtwegebereich	
	Baustellenumgebung	
	Externe Randbedingungen	

Tabelle 1: *Baustellenbereiche und ihre resultierenden räumlichen Restriktionen in Anlehnung an AKINCI u.a. (2002, S. 127)*

3 Räumliche Interaktionen

Die Analyse der räumlichen Abhängigkeiten erfolgt mit Hilfe von umschließenden geometrischen Körpern. Im Falle der Ressourcenbereiche und Bauplatzelemente werden die entsprechenden Körper von den geometrischen Abmessungen der jeweiligen Komponenten abgeleitet und sind somit in der Regel dreidimensionale Bounding Boxen. Vorgangsbereiche sind in ihrer Ausdehnung und Erzeugung weitaus komplexer, da sie mit Vorgängen assoziiert sind und somit dynamisch generiert werden müssen.

Nachfolgend wird am Beispiel der Betonfertigteilmontage mit Hilfe von Turmdrehkränen die Generierung von Vorgangsbereichen erläutert. Der Einbau von Betonfertigteilen auf der Baustelle erfordert in der Regel den Einsatz eines oder mehrerer Kräne, wobei die Kräne sowohl für den Transport als auch für die Montage benötigt werden. Der Startpunkt des Kranspiels hängt von der aktuellen Position des Betonfertigteils ab. Die Endposition wird durch den Einbauort des Betonfertigteils definiert. Der Körper für den Vorgangsbereich ergibt sich aus der Geometrie des Krans, den einzuhaltenden Sicherheitsbereichen und dem Transportbereich. Der Ausrüstungsbereich eines oben drehenden Turmdrehkrans setzt sich aus zwei Bounding Boxen zusammen: eine für den drehbaren Ausleger und eine für den starren Turm (siehe Abb. 1a). Der Bauteilbereich des Betonfertigteils definiert sich ebenfalls über eine Bounding Box. Ausgehend von der aktuellen Position des Betonfertigteils wird die Bounding Box des Betonfertigteils um einen Bereich für die Lastaufnahmeeinrichtung und einen Sicherheitsbereich unter der Last erweitert. Durch die Rotation der Bounding Box des Auslegers und der erweiterten Bounding Box des Betonfertigteils ergeben sich zwei Rotationskörper. Aus der Vereinigung der Rotationskörper mit der Bounding Box des Turms ergibt sich der Vorgangsbereich, der für den Transport des Betonfertigteils erforderlich ist (siehe Abb. 1).

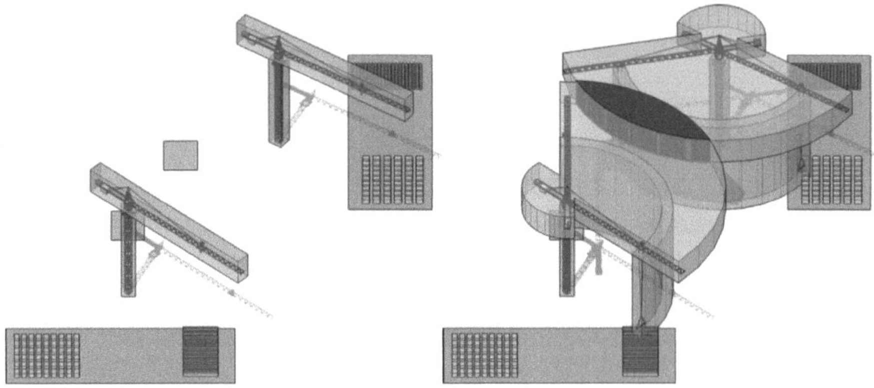

a) Bounding Volume Objekte von Kränen und Fertigteilen

b) Arbeitsbereiche mit zeitabhängigem räumlichen Konflikt

***Abbildung 1:** Räumliche Abhängigkeiten zwischen zwei Turmdrehkränen*

Da für die Ableitung des Vorgangsbereichs der Anfangszeitpunkt und die Dauer des Vorgangs nicht benötigt wurden, sind die beschriebenen räumlichen Restriktionen bis jetzt noch zeitinvariant. Für die Berechnung der räumlichen Abhängigkeiten während der Bauausführung müssen die räumlichen Restriktionen in einen zeitlichen Kontext gesetzt werden.

Am Beispiel aus Abbildung 1 wird der Einfluss von räumlichen Konflikten auf die störungsfreie Bauausführung erläutert. Im Rahmen der Baustelleneinrichtung wurden für das Beispiel zwei Turmdrehkräne geplant, deren Schwenkbereiche sich partiell überlappen. Beide Kräne bedienen einen gemeinsamen Baubereich, wobei jedem Kran ein eigener Lagerbereich zugeordnet ist. In der Regel erfolgt der Einsatz der Kräne entsprechend der im Bauablaufplan festgelegten Reihenfolgebeziehungen für die Montage der Betonfertigteile. Somit ergibt sich der Anfangszeitpunkt des Transportvorgangs aus den Zeiten und den Reihenfolgebeziehungen zu den im Bauablaufplan definierten Vorgängern. Die Transportzeiten ergeben sich aus den Leistungsdaten des Krans in Verbindung mit Art und Gewicht des Betonfertigteils und der erforderlichen Montagezeit. Die räumlichen Anforderungen des Vorgangsbereichs in Verbindung mit der Vorgangsdauer und den Anordnungsbeziehungen ergeben die zeitlichen räumlichen Restriktionen. Für den Einbau eines Betonfertigteils wird der gesamte Vorgangsbereich für die Zeit des Transports und der Montage durch den ersten Kran blockiert. Soll der zweite Kran zeitgleich so operieren, dass sein Schwenkbereich sich mit dem des ersten Krans überschneidet, resultiert daraus ein zeitabhängiger räumlicher Konflikt (siehe Abbildung 1b). Dies führt zu ungeplanten Wartezeiten, da der zweite Kran warten muss, bis das Kranspiel des ersten Krans beendet ist. Diese zeitlichen räumlichen Konflikte können einen signifikanten Einfluss auf die gesamte Bauausführungsdauer und den Auslastungsgrad der Kräne ausüben. Zur Generierung von effizienten und annähernd konfliktfreien Bauablaufplänen wird im Rahmen dieses Ansatzes die ereignisdiskrete Simulation verwendet.

4 Simulationsgestützte Analyse räumlicher Interaktionen

Mit Hilfe der sogenannten constraint-basierten Simulation können gültige Bauablaufpläne automatisch erzeugt werden (BEIßERT u.a. 2008; KÖNIG u.a. 2007). Es werden dabei notwendige Restriktionen formal als Constraints definiert. Alle Constraints eines Vorgangs müssen erfüllt sein, bevor der Vorgang im Rahmen der Simulation gestartet werden kann. Typische Constraints sind technologische Reihenfolgebeziehungen für bestimmte Bauverfahren, erforderliche Ressourcen oder verfügbares Material. Auch räumliche Randbedingungen können als sogenannte Spatial Constraints definiert werden. Mit Hilfe der constraint-basierte Simulation ist es möglich die Anzahl der zeitlichen räumlichen Konflikte und die damit verbundenen Wartezeiten zu erfassen.

Zur Berücksichtigung der räumlichen Restriktionen müssen die dreidimensionalen Bereiche Ressourcenbereich, Bauplatz und Vorgangsbereich in das Simulationsmodell integriert werden. Aktuell liegt der Schwerpunkt auf der Modellierung der Abhängigkeiten von Turmdrehkränen im Rahmen von Transport- und Montagevorgängen.

Zur Verdeutlichung der Auswirkungen von räumlichen Konflikten werden neun Betonfertigbauteile betrachtet, die mit zwei Turmdrehkränen montiert werden sollen. Zu jedem Fertigteil wird vereinfacht ein Montagevorgang definiert. In Abbildung 2 werden die technologischen Reihenfolgebeziehungen zwischen den Montagevorgängen A bis I dargestellt.

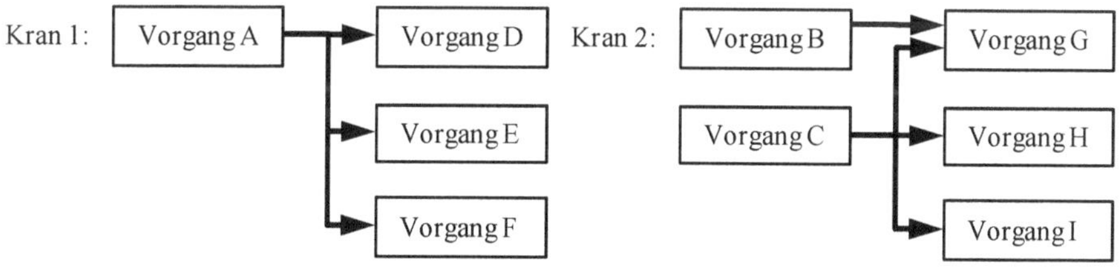

Abbildung 2: *Vorgänge mit Reihenfolgebeziehungen und Ressourcenabhängigkeiten*

Zusätzliche ressourcenbedingte Restriktionen ergeben sich infolge der zwei Turmdrehkräne. Unter Berücksichtigung aller Restriktionen kann der in Abbildung 3 dargestellte Bauablaufplan abgeleitet bzw. mit Hilfe der Simulation ermittelt werden. Räumliche Restriktionen sind aktuell noch nicht berücksichtigt. Daher werden im nächsten Schritt die räumlichen Restriktionen definiert. Diese ergeben sich sowohl aus den Einbauorten als auch den Standorten der Baukräne. Im Rahmen der

Simulation werden die Bauräume der Montagevorgänge automatisch berechnet und geprüft. Bei der Simulation des Bauablaufs ergeben sich drei räumliche Konflikte zwischen den Vorgangspaaren (C, D), (E, G), und (F, H) (siehe Abbildung 3).

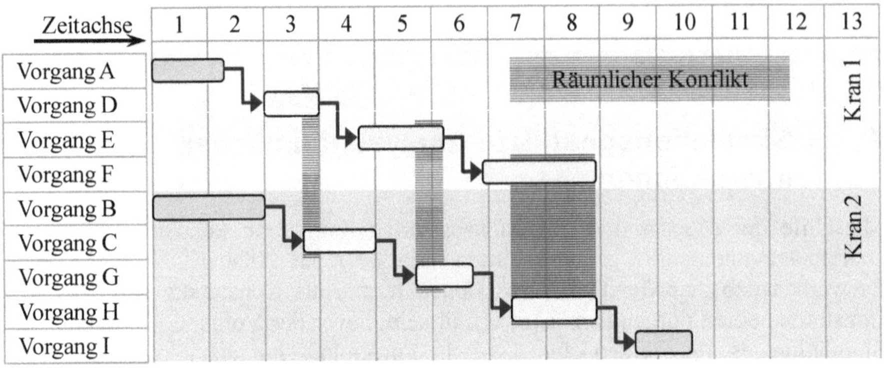

Abbildung 3: *Bauablaufplanung unter Berücksichtigung von technologischen und ressourcenbedingten Restriktionen ohne räumliche Restriktionen*

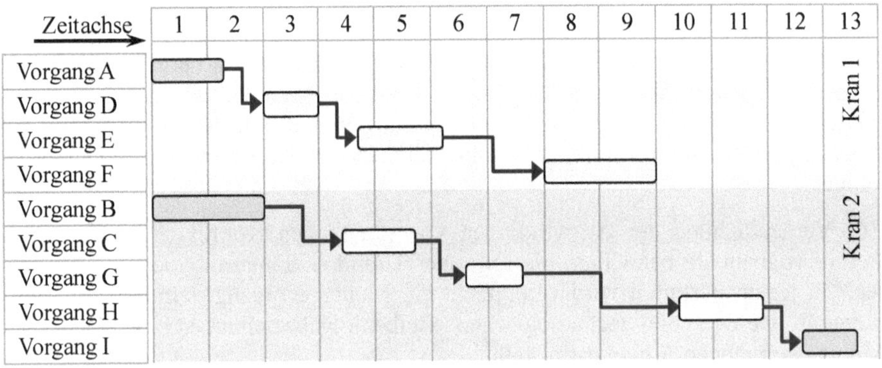

Abbildung 4: *Bauablaufplanung unter Berücksichtigung von technologischen und ressourcenbedingten Restriktionen mit räumlichen Restriktionen*

Auszugsweise wird der Konflikt zwischen den Vorgängen D und C betrachtet. Der Vorgang D ist unter Verwendung des ersten Krans gestartet worden. Für die Simulation bedeutet das, dass der gesamte Vorgangsbereich für die Dauer von Vorgang D geblockt wird. Im selben Zeitraum könnte der Vorgang C unter Verwendung des zweiten Krans gestartet werden. Es entsteht ein räumlicher Konflikt, da sich die beiden Vorgangsbereiche überlappen. Um den räumlichen Konflikt zu verhindern muss der zweite Kran mit der Ausführung von Vorgang C auf das Ende von Vorgang D warten. Somit kann der Montageprozess in Realität nur entsprechend der Bauablaufsequenz aus Abbildung 4 ausgeführt werden. Für die Analyse der räumlichen Sensitivität werden die auftretenden Konflikte gezählt und die Wartezeiten addiert. Durch die anfallenden Wartezeiten ergibt sich eine längere Gesamtdauer für die neue Bauablaufsequenz.

5 Verbesserung der Bauablaufplanung

Aufbauend auf den Simulationsergebnissen können neue Strategien zur Verbesserung der Bauablaufplanung entwickelt werden, um Wartezeiten und Störungen bereits in der Planungsphase zu berücksichtigen und zu vermeiden. Einen Ansatz hierfür bietet die Monte-Carlo-Simulation.

Mit Hilfe der Monte-Carlo-Simulation wird eine größere Anzahl von Bauablaufsimulationen durchgeführt, um einen effizienten Bauablaufplan zu ermitteln. Die Variation für die Monte-Carlo-Simulation erfolgt über die zufällige Variation der parallel ausführbaren Vorgänge. Das Ergebnis ist eine Menge zulässiger Bauablaufpläne, die alle technologischen, ressourcenbedingten und räumlichen Restriktion erfüllen. Die Bewertungskriterien sind die Gesamtdauer und die sogenannte räumliche Sensitivität. Die räumliche Sensitivität eines Bauablaufplans ergibt sich aus der Anzahl der möglichen räumlichen Konflikte und der Summe der resultierenden Wartezeiten.

Ein Bauablaufplan mit einer großen Anzahl von möglichen räumlichen Konflikten ist in der Regel anfälliger für Verzögerungen und Störungen auf der Baustelle. Im Rückschluss ist aber nicht automatisch der kürzeste Bauablaufplan die beste Lösung. Abhängig von den Bedingungen auf der Baustelle und dem Bauverfahren kann ein längerer, dafür aber weniger sensitiver Bauablaufplan eine stabilere und somit zuverlässigere Lösung bieten. Abbildung 5 zeigt als Ergebnis der Monte-Carlo-Simulation eine kürzere und räumlich robuste Variante des Bauablaufplans. Die Gesamtdauer ist genauso lang wie in der ersten Variante in Abbildung 3. Bei korrekter Bauausführung ist bei der verbesserten Variante kein räumlicher Konflikt zu erwarten.

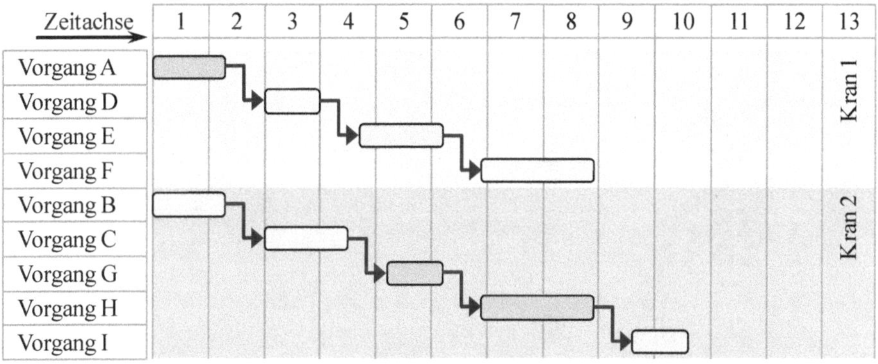

Abbildung 5: *Verbesserte Bauablaufplanung unter Berücksichtigung von technologischen, räumlichen und ressourcenbedingten Restriktionen*

6 Zusammenfassung und Ausblick

Auf der Baustelle treten häufig räumliche Konflikte auf, welche signifikanten Einfluss auf die weitere Bauausführung und die Gesamtdauer von Bauvorhaben haben. Insbesondere die optimale Interaktion von Kränen auf größeren Baustellen ist essentiell für eine effiziente Bauausführung. Die Simulation von Bauvorgängen kann helfen diese Konflikte bereits in der Planungsphase zu identifizieren und zu vermeiden. Durch die Kombination der ereignisdiskreten constraint-basierten Simulation mit der Monte-Carlo-Simulation ist es möglich zulässige und effiziente Bauablaufpläne zu generieren. Gegenwärtig befasst sich der hier beschriebene Ansatz lediglich mit zeitlichen räumlichen Interaktionen und Konflikten von Kränen. Im nächsten Schritt werden auch andere Bauräume näher betrachtet. Für die Aggregation der Daten für die drei beschriebenen Bereiche (Ressourcenbereiche, Bauplatz und Vorgangsbereiche) und die Aufbereitung für die Bauablaufsimulation sollen Daten aus Gebäudemodellen, Baustellenmodellen und Ressourcendatenbanken miteinander verknüpft werden. Die bisher verwendete Monte-Carlo-Simulation zur Verbesserung ist sehr rechenaufwändig und zeitintensiv. Aus diesem Grund sollen in Zukunft weiter Optimierungsansätze integriert werden.

Literatur

AKINCI, Burcu; FISCHER, Martin; LEVITT, Raymond; CARLSON, Robert: Formalization and automation of time-space conflict analysis. In: Journal of Computing in Civil Engineering, New York, 16(2002)2, S. 124-134.

BEIßERT, Ulrike; KÖNIG Markus; BARGSTÄDT, Hans-Joachim: Generation and local improvement of execution schedules using constraint based simulation. In: Proceedings of the 12th International Conference on Computing in Civil and Building Engineering (ICCCBE-XII), 2008, Beijing (China).

KÖNIG, Markus; BEISSERT, Ulrike; STEINHAUER, Dirk; BARGSTÄDT, Hans-Joachim: Constraint-Based Simulation of Outfitting Processes in Shipbuilding and Civil Engineering. Proceedings of the 6th EUROSIM Congress on Modeling and Simulation, 2007, Ljubljana (Slovenia), CD-ROM.

Integrationsaspekte der Simulation:
Technik, Organisation und Personal
Gert Zülch & Patricia Stock (Hrsg.)
Karlsruhe, KIT Scientific Publishing 2010

Evaluierung einer 3D-Modell-basierten Ablaufsimulation von Erdbauprozessen in der Praxis

Evaluation of 3D Model-based Discrete Event Simulation for Earthwork Processes

Johannes Wimmer, Tim Horenburg, Willibald A. Günthner
Lehrstuhl für Fördertechnik Materialfluss Logistik,
Technische Universität München, München (Germany)
wimmer@fml.mw.tum.de, horenburg@fml.mw.tum.de, günthner@fml.mw.tum.de

Yang Ji, André Borrmann, Ernst Rank
Lehrstuhl für Computation in Engineering,
Technische Universität München, München (Germany)
y.ji@bv.tum.de, borrmann@bv.tum.de, rank@bv.tum.de

Abstract: To reduce the complexity of planning processes in earthmoving an integrated solution for the discrete event simulation has been developed and evaluated on a demonstration object. The concept is based on a realistic modelling of relevant earthmoving processes on construction sites during the planning phase and serves as decision support to optimally organise the essential resources. With the help of the simulation results, an economic use of machines as well as adapted transportation routes can be planned in advance depending on the total construction site, so that the earthmoving processes are completed on time and cost.

1 Einführung

Die Planung im Erdbau stellt eine komplexe Aufgabe dar. Einerseits stehen in der Maschinenauswahl viele Alternativen zur Verfügung, zum Anderen ist es sinnvoll unterschiedliche Szenarien im Baustellenlayout (z.B. bezüglich der Transportrouten oder Zwischenlager) zu überprüfen. In der Praxis beruht dieser Planungsprozess auf der Erfahrung der Verantwortlichen, Tools zur Unterstützung von Entscheidungen werden bislang nicht eingesetzt. Speziell die Einsatzplanung von Aushub- und Transportgeräten ist von zentraler Bedeutung. Eine falsche Entscheidung kann dazu führen, dass die Arbeiten nicht fristgerecht erledigt werden und somit Projektdauer und -kosten beeinträchtigt werden.

Vorhandene Methoden zur Leistungsermittlung im Erdbau sind auf einzelne Geräte ausgelegt, die gegenseitige Einflussnahme mehrerer Tätigkeiten wird lediglich über Erfahrungswerte bzw. geschätzte Faktoren berücksichtigt. (BAUER 2003, GIRMSCHEID 2006) Im Rahmen des Forschungsverbunds ForBAU – Virtuelle Baustelle wurde daher ein Lösungsweg erarbeitet, mit dem die Planung von Erdbaustellen durch Anwendung der Simulationstechnik verbessert werden kann. Doch der Einsatz dieser Technik bisher zu aufwändig, um sie für jede Baustelle einzusetzen, da sich das Baustellenlayout und die anfallenden Arbeiten mit jeder Baustelle ändern. Daher ist vor allem auch die automatisierte Bereitstellung von Eingangsdaten für die Simulation ein wichtiger Bestandteil des Konzeptes. Hierbei wird auf die Arbeit von Charour aufgebaut, welche eine Kopplung von CAD und Simulation für den Erdbau entwickelt hat (CHAROUR 2007). Dieser Ansatz wird aufgegriffen und um Schnittstellen für projekt- und maschinenspezifische Eingangsdaten erweitert. Des Weiteren ist der constraintbasierte Simulationsansatz (KÖNIG, BEIßERT 2008), welcher im Hochbau verfolgt wird, auch im Erdbau anwendbar, wenngleich weit weniger räumliche Abhängigkeiten zwischen den verschiedenen Tätigkeiten vorherrschen.

2 Lösungsarchitektur für die Erdbausimulation

Wie in Abbildung 1 dargestellt, bilden die Modellierung der Trasse und des Geländes die ersten Schritte für den Lösungsansatz. Der ForBAU Integrator wurde entwickelt, um hochwertige Simulationsquelldaten aus den modellierten Plandaten zu generieren. Die Herausforderung liegt darin, dass verschiedene spezielle Datenmodelle, die in der Planungsphase konstruiert werden, in der Regel nicht miteinander verknüpft sind. Typische Datenmodelle in der Praxis sind die 2D-Trassenplanung, das digitale Geländemodell und das geotechnische Baugrundmodell. Die Schlüsselfunktion des ForBAU Integrators ist, diese voneinander unabhängigen Modelle in ein zentrales und durchgängiges 3D-Datenmodell, dem sogenannten Mastermodell, zu integrieren. Auf Basis des zentralen 3D-Modells werden genaue Simulationsquelldaten für das Simulationswerkzeug mithilfe eines sogenannten Voxelisierungsverfahrens generiert (JI, WIMMER 2009). Die Simulationsquelldaten bestehen aus einer Menge von Voxelelementen, jedes Voxelelement hat eine bestimmte Volumengröße, vordefinierte Geometrieeigenschaften (Länge, Breite und Höhe), dreidimensionale Koordinaten sowie geotechnische Materialeigenschaften. Letztere beeinflussen den Erdaushub, indem unterschiedliche Bodenarten/-klassen die benötigte Zeit für Aushub und Transporte variieren. Durch eine lineare Optimierung entlang der Trasse mit dem Ziel minimaler Transportwege werden den auszuhebenden Voxelelementen zusätzlich Zielpositionen zugeordnet.

Neben den Erdmassen werden Umgebungs- und Geländedaten aus einem CAD-System über eine eigens entwickelte Schnittstelle in das Simulationssystem übertragen. Der Fokus liegt hierbei in der Übernahme der Baugruppenstruktur aus dem CAD, so dass in der Simulation auf jedes Element bis in die tiefste Baugruppenebene zugegriffen werden kann. Eine weitere wichtige Datenquelle stellt die Baumaschinendatenbank EIS dar (GÜNTHNER, FRENZ 2008). Aus dieser können alle maschinenspezifischen Simulationsparameter sowie 3D-Modelle der einzelnen Geräte übernommen werden. Zudem können über eine XML-Schnittstelle funktionale Projektpläne, welche den zeitlichen und prozessualen Baustellenablauf beschreiben, aus einem konventionellen Projektmanagementtool in die Simulation importiert werden.

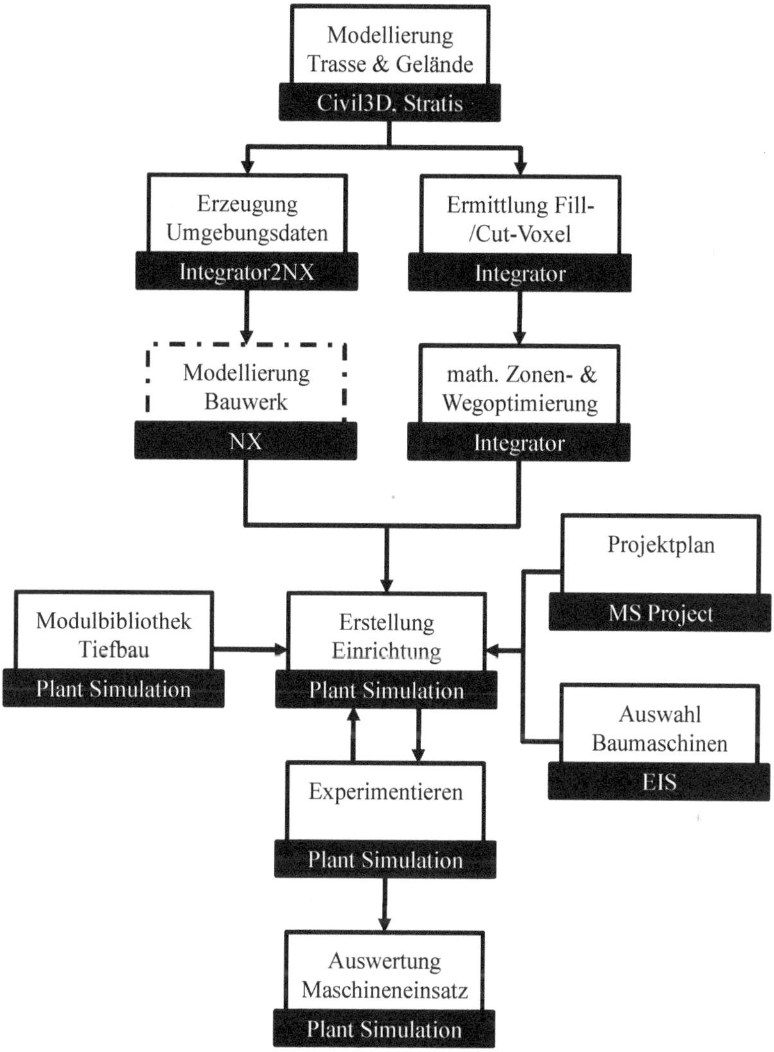

Abbildung 1: *Lösungsarchitektur für die simulationsgestützte Ablaufplanung im Erdbau*

Die Einrichtung der Baustellensimulation erfolgt zu definierten Zeitpunkten, sogenannten Events, die aus dem importierten Projektplan generiert werden. Die Simulation wird hierzu in zwei Phasen geteilt, die Modellierungs-/ Einrichtungsphase und die Simulationsphase. Während ersterer wird das Simulationsmodell erstellt und ein Simulationslauf entlang des importierten Projektplans durchgeführt. Zu jedem Vorgangsbeginn und -ende (Event) aus dem Balkenplan wird die Simulation angehalten, so dass Bausteine aus der Modulbibliothek (z.B. Transportwege und

Deponien) im Gesamtlayout platziert, angepasst oder gelöscht werden können. So kann die Baustelle planbasiert und für jede Erdbauphase in Abhängigkeit äußerer Randbedingungen eingerichtet werden. Parallel wird ein 3D-Modell der Baustelle herangezogen, um räumliche Kollisionen der Einrichtungsgegenstände im Layout aufzuzeigen.

Anschließend müssen die für einen oder mehrere Simulationsläufe vorhandenen Ressourcen (Personal, Geräte, Material) definiert werden. In der Auftragsverwaltung werden für jeden Vorgang im Projektplan, der detailliert betrachtet werden soll, Aufträge generiert, welche den zu verwendenden Prozessbaustein, die jeweiligen Ressourcen(typen) sowie spezifische Prozessparameter beinhalten. Wie bereits oben beschrieben werden die groben, ressourcenunabhängigen Aufträge für den Erdmassentransport vom Integrator übergeben. Diese werden innerhalb der Simulation in Arbeitsaufträge mit Ressourcenzuweisung umgewandelt und ebenfalls mit dem Projektplan in einen gemeinsamen Kontext gebracht. Des Weiteren besteht die Möglichkeit in globalen Verwaltungsbausteinen allen Ressourcentypen verschiedene Strategien zuzuweisen, um Einfluss auf die Reihenfolge der Tätigkeiten zu nehmen, indem diese auf Basis von Bewertungsfunktionen mit Prioritäten versehen werden.

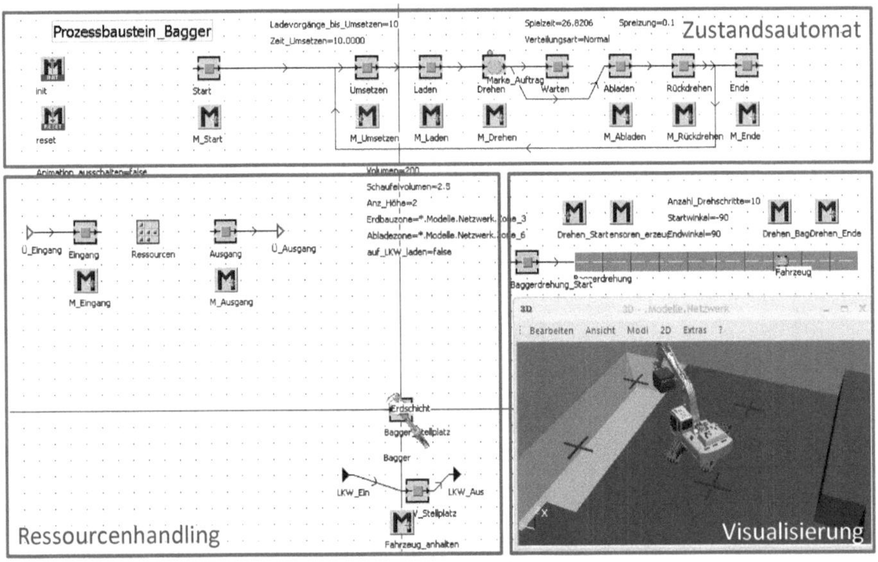

Abbildung 2: *Beispiel Prozessbaustein mit 3D-Visualisierung*

Die kombinierbaren Bausteine der tiefbauspezifischen Bibliothek sind nach dem Prinzip deterministischer Automaten entwickelt worden, wobei einzelnen Prozessschritten stochastische Verteilungen zugewiesen werden können, um eine realistische Abbildung der Realität zu gewährleisten. So sind beispielsweise Häufigkeitsverteilungen für Spielzeiten oder Ausfallzeiten und der entsprechenden mittleren Reparaturzeit hinterlegt. Diese schwanken auch in Abhängigkeit der übergebenen Bodenparameter aus dem Integrator. In Abbildung 2 ist beispielhaft der Prozessbaustein eines Baggers dargestellt. Neben dem Ablaufautomaten sind zusätzlich Funktionalitäten für das Ressourcenhandling und die Visualisierung implementiert. Da die Transporte einen entscheidenden Einfluss auf die Erdbauleistung haben, wird zur Berechnung der Transportgeschwindigkeiten eine Kinematiksimulation verwendet. Diese ermittelt die Geschwindigkeit eines Fahrzeugs in Abhängigkeit des Fahrzeugtyps, der Zuladung sowie des zurückzulegenden Streckenprofils.

In der Simulationsphase erfolgt durch eine genügend große Anzahl an Experimenten und der entsprechenden Auswertung eine Optimierung des Ressourceneinsatzes. Als Variationsparameter werden hier unterschiedliche Maschinenkombinationen, sowie Baustelleneinrichtungsversionen verwendet. Dadurch wird es möglich mehrere Varianten von Transportwegeführungen bei unterschiedlichem Ressourceneinsatz zu vergleichen. Untersucht werden kann beispielsweise, ob die Errichtung einer Baustraße wirtschaftlich ist, und welche Transportgeräte für das Szenario mit oder ohne Baustraße geeignet sind.

Zielparameter ist neben der Einhaltung des Fertigstellungstermins auch die Reduzierung der gesamten Produktionskosten, welche sich aus dem jeweiligen Ressourceneinsatz ermitteln lassen. Zusätzlich steht zur Veranschaulichung der Prozesse eine parallele 4D-Visualisierung zur Verfügung, die räumliche und prozessbedingte Kollisionen aufzeigt. Vorteil ist hierbei, dass die detaillierten Planungen anschaulich mit allen Beteiligten geteilt und diskutiert werden können, so dass Probleme frühzeitig erkannt werden.

Das vorgestellte Konzept für die Ablaufsimulation im Erdbau wurde zum größten Teil mit kommerziell verfügbarer Software umgesetzt. Der Fokus lag auf der Erstellung der Schnittstellen zwischen den Programmen und der baustellenspezifischen Simulationsbausteine. Für die Trassenmodellierung wurde Autodesk Civil3D, für die Bauwerksmodellierung und den Umgebungsdatenimport Siemens NX verwendet. Projektdaten wurden über XML aus MS Project importiert. Die Baumaschinendatenbank EIS liefert maschinenspezifische Daten, welche über eine direkte Datenbankabfrage importiert werden können. Für die Erstellung der Bausteinbibliothek und die Durchführung der Simulationsexperimente wird Plant Simulation von Siemens verwendet.

3 Evaluierung an Demobaustelle

Der vorgestellte Lösungsansatz wurde an einer realen Baustelle in die Praxis getestet. Bei dieser handelt es sich um ein 14km langes Teilstück eines Trassenneubaus mit insgesamt 33 Einschnitten bzw. Dammschüttungen. Dabei kann kein vollständiger Massenausgleich erfolgen, so dass überflüssiges Material auf Deponien gefahren werden muss. Aufgrund von drei zu erstellenden Brückenbauwerken gestaltet sich die Einrichtung der Baustelle mit Transportwegen und Deponien kompliziert, so dass unterschiedliche Szenarien in der Simulation abgebildet und untersucht werden können.

Als Eingangsdaten für die Simulation dienen die Ausschreibungspläne des Bauherrn. In diesen sind ein 3D-Modell des Urgeländes, die Bodenuntersuchungen, der Verlauf der Trasse sowie ein Terminplan für die Fertigstellung gegeben. Aus der Verschneidung im Integrator erhält man dann die verschiedenen aufzutragenden und abzutragenden Erdmassen. Jeder einzelne Einschnitt und Dammbereich wird zur genaueren Berechnung der Transportwege in mehrere Untergruppen unterteilt, welche wiederum die einzelnen Erdvoxel enthalten. In Abbildung 3 sind die voxelisierten Erdmassen eines Einschnitts und Damms zusammen mit dem Urgeländemodell und dem zugehörigen 2D-Plan in der Simulationsumgebung dargestellt. Ein Problem im ausgewählten Beispiel stellt die große Anzahl an Voxeln dar, die für eine ausreichend exakte Massenbestimmung benötigt wird. Durch eine Halbierung der Kantenlängen verachtfacht sich die Zahl der Erdkörper, so dass immer ein Kompromiss zwischen der Dauer eines Simulationslaufes beziehungsweise einer ausreichend genauen Massenermittlung und Visualisierung gefunden werden muss. Dieses Problem wird in dem gewählten Ansatz umgangen, indem eine Massenermittlung mit relativ kleinen Voxeln durchgeführt wird, diese aber für die Simulation in größere Voxel zusammengefasst werden. Diese werden anschließend mit dem Volumen aus den kleinen Voxel angereichert, um die ursprüngliche Genauigkeit zu bewahren.

Abbildung 3: *Screenshot 3D-Visualisierung der Erdbauzonen*

Nach der Massenermittlung wurde für die untersuchte Demobaustelle im Integrator eine lineare Optimierung der Erdbewegungen durchgeführt, um eine niedrige mittlere Transportdistanz zwischen Ausbau- und Einbaubereiche zu erhalten. Die ermittelten Transporte werden an die Simulation übergeben, und dienen als Grundlage für die ablaufenden Tätigkeiten auf der Erdbaustelle.

Neben den Informationen von Bauherrenseite werden für eine detaillierte Simulation auch die ablaufrelevanten Informationen von Seiten des ausführenden Bauunternehmens benötigt. Wichtige Bestandteile sind hierbei die zur Verfügung stehenden Geräte, mit denen auf der Baustelle gearbeitet werden soll, sowie ein Projektplan, der den zeitlichen und prozessualen Zusammenhang der relevanten Abläufe des Bauprojekts beschreibt. Neben der Einsatzplanung der Maschinen werden vom ausführenden Bauunternehmen auch die zu erstellenden Baustraßen und sonstigen Baustelleneinrichtungselemente festgelegt.

Die Wege an der untersuchten Baustelle verlaufen meist auf dem verdichteten Baufeld der späteren Trasse. Durch die anstehenden bindigen Böden ist die Fahrstrecke sehr witterungsempfindlich, so dass die Fahrzeiten der verwendeten Transportgeräte stark schwanken und teilweise die Arbeiten eingestellt werden müssen. Das Verhalten der Fahrzeuge auf den unterschiedlichen Bodenverhältnissen kann mit der implementierten Kinematiksimulation nachgebildet werden, so dass dem Modell sehr realistische Transportgeschwindigkeiten zu Grunde liegen, die sich so nicht in der rein mathematischen linearen Optimierung der Transporte abbilden lassen. Dadurch kann die Ablaufsimulation die Aufteilung der Transporte evaluieren.

Der Erdbau an der untersuchten Baustelle wird mit fünf Erdbaubetrieben an verschiedenen Einschnitten betrieben. Zu einem Erdbaubetrieb gehören ein Ladegerät (Bagger), eine der Fahrstrecke entsprechende Anzahl an Transportfahrzeuge (z.B. Dumper), ein Einbaugerät (Raupe) und mehrere Walzen zur Verdichtung. Die jeweiligen Arbeitsabläufe der verwendeten Geräte sind in der Modulbibliothek als Prozessbausteine vorhanden so dass der grobe Erdbau abgebildet werden kann. Nicht im Detail betrachtet werden Nebenarbeiten, wie z.B. das Anlegen von Böschungen oder das Legen von Kanälen, welche jedoch als Zeitverbrauch mit stochastischer Verteilung berücksichtigt werden können.

In Abbildung 4 dargestellt ist die Auswertung mehrerer Maschineneinsatzszenarien eines Erdbaubetriebs an einem Teilstück der untersuchten Baustelle. Variiert wurde hier die Anzahl der Transportfahrzeuge, welche das Erdreich vom Ladegerät zur Einbaustelle transportieren. Bei wenigen Fahrzeugen ist die Transportleistung entscheidend, die Gesamtdauer sinkt mit jedem zusätzlichen Fahrzeug. Ab vier Fahrzeugen ist die Ladeleistung entscheidend, so dass weitere Fahrzeuge keinen Einfluss auf die Gesamtdauer der Maßnahme haben und die Gesamtkosten linear mit der Fahrzeuganzahl steigen.

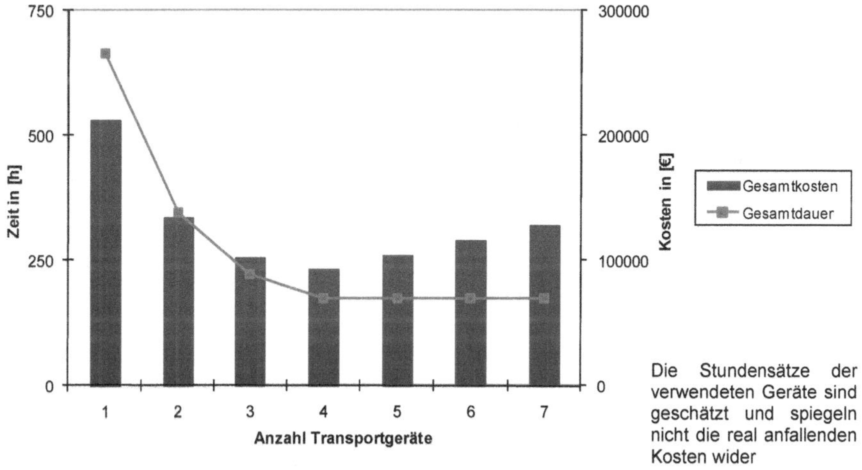

Abbildung 4: *Auswertung verschiedener Maschineneinsatzszenarien*

4 Zusammenfassung

Um die Komplexität von Planungsprozessen im Erdbau zu reduzieren, wurde im Forschungsverbund ForBAU ein durchgängiges Lösungskonzept entwickelt und an einem Demonstrationsobjekt evaluiert. Das Konzept basiert auf einer realitätsnahen Modellierung der erdbaurelevanten Prozesse auf Baustellen während der Planungsphase und dient den Verantwortlichen als Entscheidungshilfe, um die wesentlichen Ressourcen möglichst optimal einzuteilen. Mit Hilfe der Simulationsergebnisse können ein wirtschaftlicher Maschineneinsatz sowie entsprechende Transportrouten in Abhängigkeit der Gesamtbaustelle im Voraus geplant werden, so dass der Erdbau kostengünstig und termingerecht abgeschlossen werden kann.

5 Acknowledgements

Die Ergebnisse dieser Veröffentlichung wurden durch die Förderung der Bayerischen Forschungsstiftung im Rahmen des Bayerischen Forschungsverbundes ForBAU ermöglicht.

Literatur

BAUER, Hermann: Baubetrieb. Berlin: Springer-Verlag, 2006.

CHAROUR, Racha: Integration von CAD und Simulation auf Basis von Produktmodellen im Erdbau. Kassel: University of Kassel, 2007.

GIRMSCHEID, Gerhard: Leistungsermittlung für Baumaschinen und Bauprozesse. Berlin: Springer-Verlag, 2003.

GÜNTHNER, Willibald, FRENZ, Thorsten u.a.: Einsatz einer Baumaschinendatenbank (EIS) bei der Bayerischen BauAkademie. In: Tiefbau, München, (2008)12, S.736-738.

JI, Yang; WIMMER, Johannes u.a.: An Integrated 3D Simulation Framework for Earthwork Processes. In: Proc. of the 26th CIB-W78 Conference on Managing IT in Construction. Istanbul: 2009, S. 29-36.

KÖNIG, Markus; BEIßERT, Ulrike: Constraint-basierte Simulation von Bauprozessen. In: Auf dem Weg zum digitalen (Bau-)haus-Bau. Hrsg.: BARGSTÄDT, H.-J. Weimar: Schriften der Professur Baubetrieb und Bauverfahren, 2008, S.17-36.

Integrationsaspekte der Simulation:
Technik, Organisation und Personal
Gert Zülch & Patricia Stock (Hrsg.)
Karlsruhe, KIT Scientific Publishing 2010

CiSmo – CAD-integrierte Simulationsmodellierung für die Bauablaufsimulation im Hochbau

CiSmo – CAD-integrated Simulation Modelling for the Simulation of Construction Sequences

Martin Kugler, Volkhard Franz
Universität Kassel, Kassel (Germany)
m.kugler@uni-kassel.de, vfranz@uni-kassel.de

Abstract: This paper presents the simulation modelling environment "CiSmo". The simulation environment was developed in the course of a research project supported by the German Research Foundation (Deutsche Forschungsgemeinschaft - DFG). CiSmo provides several application-windows within the CAD-environment Architecture from Autodesk. The application-windows enable the creation of agent-based simulation models by using the data contained in the CAD-model of the building (i.e. coordinates, masses and material of the building components). The simulation model is intended to generate a prediction of the construction progress under defined circumstances. Additional data for the parameterisation and modelling of the simulation model, like for instance the building site facilities, can be added by using the application windows. The paper explains the used process model and the structure of the agent-based simulation model.

1 Einleitung

CAD-Modelle von Gebäuden beinhalten als zentrales Planungsdokument im Hochbau Daten, die auch in der Ausführungsplanung verwendet werden. So kann beispielsweise die Baustelleneinrichtung oder die Mengenermittlung für die Terminplanung auf der Basis von CAD-Dokumenten durchgeführt werden. Die Bedeutung von CAD-Modellen für die Parametrisierung von Simulationsmodellen wurde schon von verschiedenen Forschern erkannt und in erfolgreichen Forschungsarbeiten umgesetzt. WEBER (2007) implementierte eine CAD-Schnittstelle für die Simulation der Baustellenlogistik, mit deren Hilfe CAD-Daten als Systemlast für Simulationsmodelle in einer Datenbank gespeichert wurden. CHAHROUR (2007) entwickelte ein CAD-integriertes Simulationssystem für den Tiefbau, das im CAD-System über ein simulationsspezifisches Produktmodell CAD-Daten und weitere simulationsrelevante Parameter erfasst.

Das in diesem Artikel vorgestellte Simulationswerkzeug CiSmo dient der Unterstützung der Aufgaben der Arbeitsvorbereitung im Hochbau. Es ermöglicht eine systematische Prüfung der Terminplanung, der Baustelleneinrichtung und des Ressourceneinsatzes im Rahmen von Simulationsstudien. Parametrisiert werden können die Simulationsmodelle sowohl mit stochastischen wie auch mit deterministischen Parametern.

2 Das Modellierungswerkzeug

Das Modellierungswerkzeug CiSmo wurde im Rahmen eines von der DFG (Deutsche Forschungsgemeinschaft) unterstützten Forschungsprojekts entwickelt. CiSmo ermöglicht die Erstellung eines Simulationsmodells innerhalb der CAD-Umgebung Architecture von Autodesk. CAD-Systeme stellen für die meisten Ingenieure eine vertraute Arbeitsumgebung dar (vgl. CHAHROUR, 2007 S. 1) und bieten darüber hinaus einen vollumfänglichen Zugriff auf die CAD-Daten. Durch die Integration der Simulationsmodellierung in das CAD-System kann auf eine CAD-Schnittstelle in der Simulationsumgebung verzichtet werden. CiSmo verwendet bauteilorientierte 3-dimensionale CAD-Gebäudemodelle, deren Bauteilen sich zusätzliche Eigenschaftsdatensätze zuweisen lassen. Das Simulationsmodell wird in dem offenen Datenformat XML gespeichert, so dass die für die Simulation benötigten CAD-Daten direkt in das Simulationsmodell übertragen werden. So können beispielsweise die Materialien, die Mengen und die Koordinaten der Bauteile für das Simulationsmodell extrahiert werden.

Über die in Architecture integrierte Programmierschnittstelle VBA (Visual Basic for Applications) wurde das zusätzliche Menüsystem "Simulation" in Architecture integriert. Unter Verwendung dieses Menüsystems lassen sich Anwendungsfenster für die Modellierung und Parametrisierung des Simulationsmodells öffnen. Das Menü gliedert sich in die Untermenüpunkte:

- ***Projektbeschreibung:*** Hier können allgemeine Angaben zum Projekt eingegeben werden, wie Projektlaufzeit, Feiertage und Arbeitszeiten.
- ***Betriebsmitteldefinition:*** Dieses Anwendungsfenster dient der Definition der verfügbaren Betriebsmittel, wie Krane, Aufzüge, Schalungen usw.
- ***Materialdefinition:*** Hier werden alle Materialien definiert, die für den Bauprozesse benötigt werden.
- ***Personaldefinition:*** In diesem Anwendungsfenster können die benötigten Gewerke und das verfügbare Personal spezifiziert werden.
- ***Baustelleneinrichtung:*** Dieses Anwendungsfenster dient der Platzierung der Baustelleneinrichtungselemente, wie Kran, Bauaufzug, etc. und der Definition von Bauabschnitten im CAD-Modell.
- ***Prozessmodellierung*** mit den Untermenüpunkten ***Verfahrensauswahl*** und ***Verfahrensdefinition*** (zur Zuordnung von Bauverfahren, Spezifikation der Vorgänge und der Teilvorgänge der Verfahren)
- ***Modellgenerierung:*** Dieses Anwendungsfenster dient der automatischen Generierung des Simulationsmodells aus den gesammelten Daten.

2.1 Das Prozessmodell

Für die Sequenzierung der Bauprozesse wurde ein eigenes Prozessmodell entwickelt, welches die 3-dimensionale Struktur des Gebäudes und die definierten Bauabschnitte für die Sequenzierung des Bauablaufs verwendet. Dieses Prozessmodell wird über die Anwendungsfenster innerhalb der CAD-Umgebung parametrisiert. Das Prozessmodell definiert Bauverfahren, Vorgänge, Voraussetzungen für die Ausführung der Vorgänge (Abhängigkeitsbeziehungen), Aufwandswerte, Betriebsmittel und die erforderlichen Materialmengen.

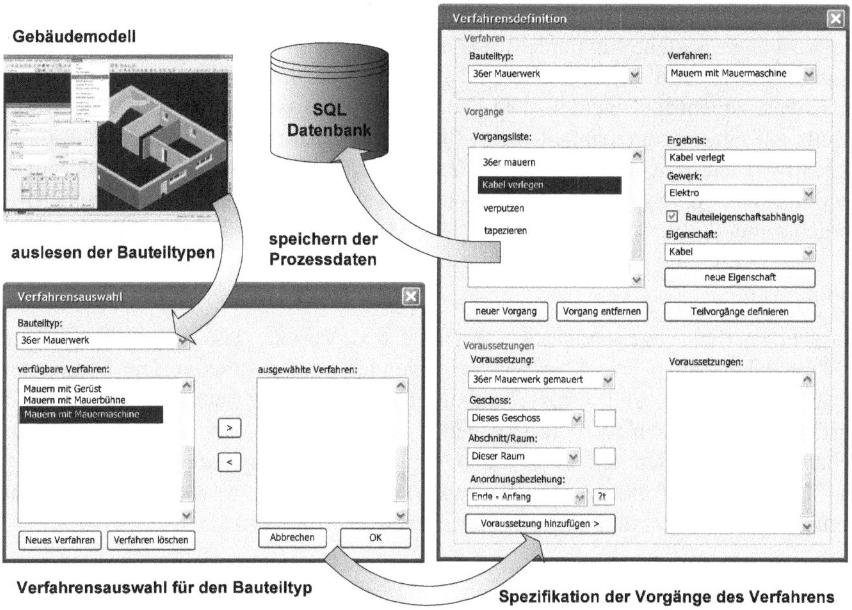

***Abbildung 1:** Anwendungsfenster zur Verfahrensauswahl und Verfahrensdefinition*

Die verschiedenen Bauteile des Gebäudemodells lassen sich jeweils einem bestimmten Bauteiltypen zuordnen. Für jeden Bauteiltypen des Gebäudemodells können verschiedene Verfahren ausgewählt werden (siehe Abb. 1). Diese Verfahren bestehen aus mehreren Vorgängen, die in einem separaten Anwendungsfenster spezifiziert werden. Für jeden der Vorgänge können mehrere Voraussetzungen definiert werden, die erfüllt sein müssen, damit der Vorgang bearbeitet werden kann.

Die Voraussetzungen können durch geometrische und durch zeitliche Relationen zu den Ergebnissen anderer Vorgänge definiert werden. Die räumlichen Relationen beziehen sich auf die Gebäudegeometrie, die im Prozessmodell durch Geschosse, Abschnitte, Räume und Bauteile repräsentiert wird. Die Voraussetzungen beziehen sich dabei aber nur auf die relative Lage des Bauteils zu anderen Bauteilen. Eine absolute Positionsbestimmung (wie z.B. die Decke über dem 1. Geschoss muss betoniert sein, damit das Außenmauerwerk im 2. Geschoss gemauert werden kann), wird nicht vorgenommen. Dadurch ist es möglich, die Voraussetzungen für alle Bauteile eines Bauteiltyps allgemeingültig zu formulieren. Die zeitlichen Relationen werden durch im Projektmanagement übliche Anordnungsbeziehungen (E-A, A-A, A-E, E-E) modelliert.

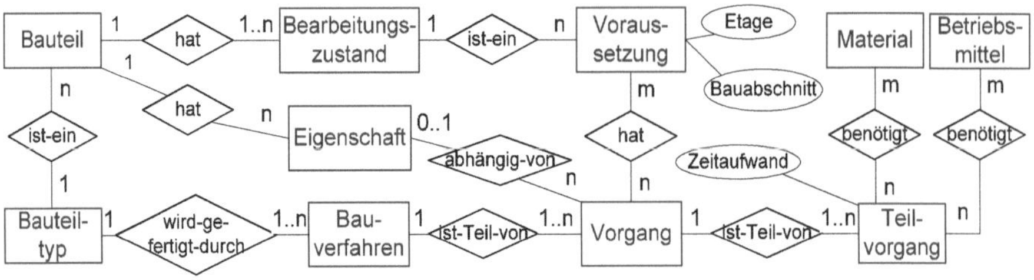

__Abbildung 2:__ Entity-Relationship Diagramm des Prozessmodells

Die Vorgänge bestehen außerdem aus einer frei definierbaren Anzahl an Teilvorgängen. Jedem Teilvorgang können Materialien, Betriebsmittel und ein Zeitaufwandswert zugeordnet werden. Die benötigte Menge und der Zeitaufwand werden jeweils auf eine Mengeneinheit des zu fertigenden Bauteils bezogen (m, m², m³, kg oder Stück). Gespeichert wird das Prozessmodell in einer SQL-Datenbank, auf die sowohl vom CAD-System wie auch von der Simulationsumgebung aus zugegriffen werden kann. Abbildung 2 enthält als Übersicht ein Entity-Relationship Diagramm des Prozessmodells, das als Grundlage für die Implementierung der Datenbank verwendet wurde.

Diese Form der Prozessmodellierung bietet den Vorteil, dass einmal spezifizierte Verfahren bei neuen Projekten wiederverwendet werden können. Die Schnittstelle zwischen Gebäude- und Prozessmodell besteht aus den Bauteiltypen, denen die Verfahren zugewiesen werden, und den Voraussetzungen, bei deren Formulierung Gebäudeeigenschaften mit einbezogen werden. Bei einem neuen Projekt müssen also lediglich die Verfahren den Bauteiltypen zugewiesen werden und die Voraussetzungen aktualisiert und auf ihre Gültigkeit überprüft werden.

3 Das Simulationsmodell

Aufgrund der besonderen Systemeigenschaften einer Baustelle wurde für den Entwurf und die Implementierung des Simulationsmodells ein agentenbasiertes Modellierungskonzept ausgewählt. Als Simulationsumgebung wird das an der Universität Würzburg entwickelte agentenbasierte Simulationsprogramm SeSAm (**Sh**e**ll** for **S**imulated **A**gent Syste**ms**) verwendet. SeSAm bietet sich für die Entwicklung prototypischer Systeme an, da es unter der General Public License (GNU) steht, wodurch der komplette Java-Quellcode des Programms für Weiterentwicklungen verwendet werden kann. Ein weiterer Vorteil besteht darin, dass die Simulationsmodelle in dem Datenformat XML gespeichert werden und sie dadurch von anderen Anwendungen aus bearbeitet werden können.

Nach WAGNER u.a. (2008) sind agentenbasierte Simulationsmodelle besonders für soziale, technische und sozio-technische Systeme, wie z.B. Verkehrs- und Logistik-Systeme, geeignet. Von KLÜGL u.a. (2002) wurden anhand der Implementierung eines Beispielmodells vier verschiedene Modellierungstechniken (Warteschlangen-Netze, Petri-Netze, Zellulare Automaten und agentenbasierte Modellierung) miteinander verglichen. Aufbauend auf diesem Vergleich empfehlen KLÜGL u.a. (2002) den Einsatz der agentenbasierten Modellierungstechnik bei folgenden Systemeigenschaften:

- bei inhomogenem Raum (besonders, wenn sich dieser zusätzlich umgestaltet),
- bei Interaktionen mit flexiblen, individuellen Akteuren, deren Beziehungen untereinander dynamisch sind.
- Wenn das Verhalten der Systemkomponenten abhängig von globalen Eigenschaften oder Werten ist.

Betrachtet man das System "Baustelle", spielen alle diese Faktoren eine wichtige Rolle. Der Bauprozess zeichnet sich insbesondere durch viele kleine logistische Prozesse in einem dynamischen, inhomogenen räumlichen Umfeld aus. Nach BOENERT und BLÖMEKE (2003) nimmt die eigentliche Haupttätigkeit am Gewerk bei einem Ausbauprojekt nur 30,9 % der benötigten Gesamtzeit in Anspruch. Transporttätigkeiten, zurückzulegende Wege, Materialsuche und Auf- und Umräumarbeiten nehmen zusammen 29,9 % der gesamten Bauzeit ein. Die Modellierung dieser logistischen Prozesse stellt eine große Herausforderung für die baubetriebliche Simulation dar. Aufgrund der ortsveränderlichen Produktion und den sich schnell wandelnden räumlichen Gegebenheiten auf einer Baustelle ist die Festlegung von Wegnetzen nicht sinnvoll.

Agenten besitzen aufgrund ihres räumlichen Wahrnehmungsvermögens bei der Simulation logistischer Systeme einen Vorteil gegenüber anderen Modellierungskonzepten. Die Agenten können sich im dynamischen räumlichen Umfeld der Baustelle selbstständig orientieren und eine adäquate Wegfindung vornehmen. Das ermöglicht es außerdem, sie in beliebigen Bauprojekten mit ganz unterschiedlichen Grundrissen und Bauzuständen einzusetzen.

Eine weitere Besonderheit des Baugeschehens besteht darin, dass zwar in der Regel eine übergeordnete Bauablaufplanung existiert, die konkrete Arbeit am Bauwerk aber dezentral von einer Arbeitsgruppe organisiert und ausgeführt wird. Die Zusammensetzung der Arbeitsgruppe, die Verfügbarkeit der Ressourcen und die Platzverhältnisse bestimmen mit darüber, wie die Arbeiten vor Ort ausgeführt werden. Eigene Zielstellungen der verschiedenen Arbeitsgruppen können zu gegenseitigen Behinderungen und zu einer Konkurrenz um die vorhandenen Ressourcen führen.

Die Interaktionsfähigkeit der Agenten ermöglicht es, diese Konkurrenzsituation auf der Baustelle nachzubilden. Durch den modularen Aufbau einer agentenbasierten Simulation können Arbeitsgruppen und Betriebsmittel nach den Projekterfordernissen in Ausgangsszenarien für die Simulationsläufe frei miteinander kombiniert werden. Über die Umwelt der agentenbasierten Simulationsmodelle können globale Einflussfaktoren, wie z.B. das Wetter, Arbeitszeiten und Feiertage, in das Modell integriert werden (vgl. KUGLER, FRANZ 2009, S. 188 f.).

3.1 Modellstruktur

Agentenbasierte Simulationsmodelle setzen sich in SeSAm aus drei verschiedenen Modellierungselementen zusammen. Passive Bestandteile des Modells werden als Ressourcen (Resources) modelliert, aktive Bestandteile als Agenten (Agents) und übergeordnetes Systemverhalten wird in die Umwelt (World) des Modells integriert. Zusätzlich lassen sich Ausgangszenarien (Situations) für Simulationsläufe definieren, in denen die Ressourcen und die Agenten räumlich angeordnet werden können.

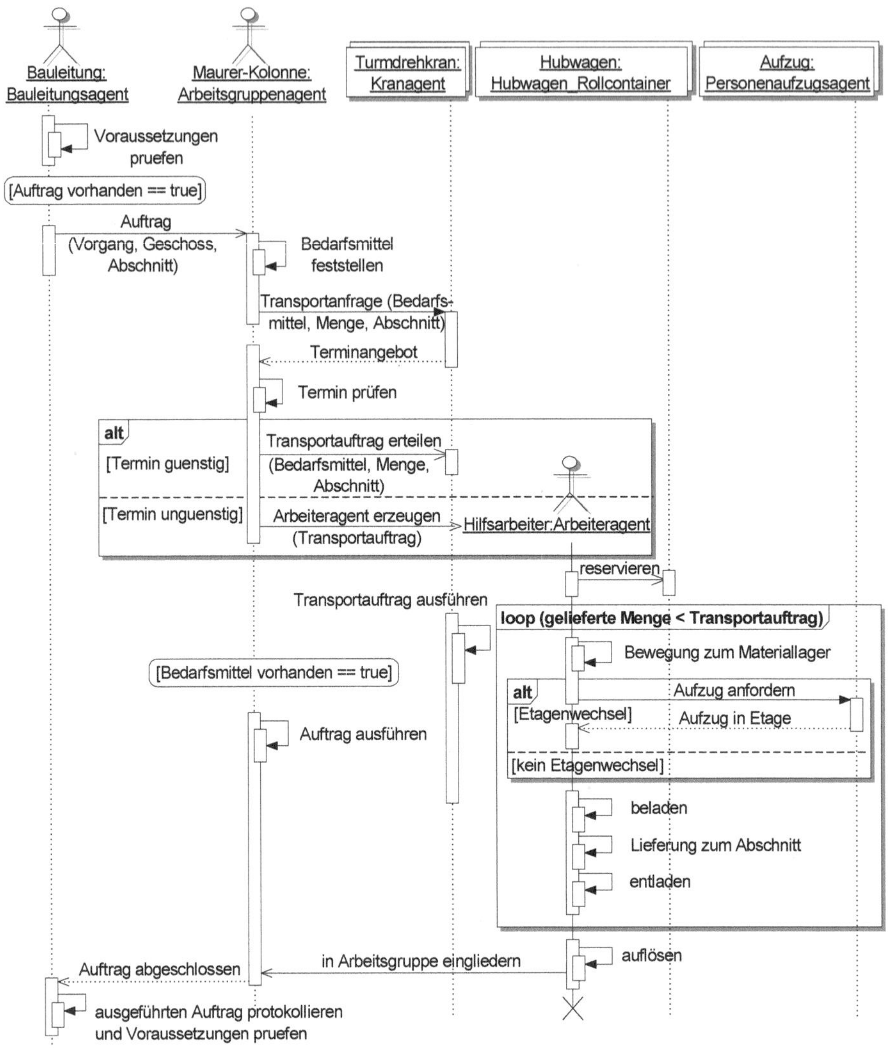

Abbildung 3: *UML-Sequenzdiagramm des Nachrichtenaustausches zwischen den Agenten des Simulationsmodells*

Das entwickelte agentenbasierte Simulationsmodell setzt sich aus einem Bauleiteragenten, Arbeitsgruppenagenten, Arbeiteragenten und verschiedenen Betriebsmittelagenten zusammen. Das aus dem CAD-System übertragene Gebäudemodell wird durch Bauteile repräsentiert, die als passive Ressourcen in einer "Situation" räumlich angeordnet werden. In der Umwelt des Modells wird die Systemzeit verwaltet, indem die Arbeitszeiten und die Feiertage berücksichtigt werden und es wird der Zugriff auf die externen Daten in der SQL-Datenbank gesteuert.

Der Bauleiteragent organisiert den übergeordneten Bauablauf, indem er an die verfügbaren Arbeitsgruppenagenten Aufträge vergibt (siehe Abb. 3). Um die ausführbaren Aufträge zu identifizieren, greift der Bauleiteragent auf das Prozessmodell in der SQL-Datenbank zu und überprüft gleichzeitig den Bearbeitungszustand der

Bauteile im Gebäudemodell des Simulationsmodells. Für jeden Bauabschnitt wird für die dort auszuführenden Vorgänge überprüft, ob alle Voraussetzungen für die Ausführung der Vorgänge erfüllt sind. Ist eine Arbeitsgruppe verfügbar, die für die Ausführung eines Vorgangs qualifiziert ist, wird an diese der Auftrag für die Ausführung des Vorgangs vergeben. Der Auftrag beinhaltet als Information den Arbeitsvorgang sowie den Abschnitt und das Geschoss, in dem der Vorgang ausgeführt werden soll.

Der Arbeitsgruppenagent wiederum organisiert die Ausführung des Auftrags, indem er Transportanfragen an Betriebsmittelagenten (z.B. einen Turmdrehkran) stellt, Betriebsmittel reserviert oder Transportaufträge an Mitglieder der eigenen Arbeitsgruppe (Arbeiteragenten) vergibt.

Geht bei einem Betriebsmittelagenten eine Transportanfrage ein, so berechnet dieser aufgrund der eigenen Leistungsdaten und der aktuellen Auftragslage den frühestmöglichen Lieferzeitpunkt und teilt diesen Zeitpunkt als Terminangebot dem Arbeitsgruppenagenten mit. Aus den eingehenden Terminangeboten wählt der Arbeitsgruppenagent das frühest mögliche Angebot aus. Ist der Transport per Hubwagen oder Rollcontainer durch Mitglieder der eigenen Arbeitsgruppe zeitlich sinnvoller, so wird ein Transportauftrag an Mitglieder der eigenen Arbeitsgruppe (Arbeiteragenten) vergeben.

Ist genügend Material am Fertigungsort vorhanden, wird von dem Arbeitsgruppenagent die Ausführung des Vorgangs an den Bauteilen des Abschnitts gestartet. Zeitgleich mit der Bearbeitung eines Bauteils können einzelne Mitglieder der Arbeitsgruppe damit beauftragt werden, weiteres Material für den Fortgang der Arbeiten zu beschaffen.

Die erfolgreiche Ausführung eines Auftrags wird von dem Arbeitsgruppenagenten an den Bauleiteragenten zurück gemeldet (siehe Abb. 3). Dieser protokolliert die fertiggestellten Aufträge für die Auswertung des Simulationslaufs. Nach der Beendigung eines Simulationslaufs werden die protokollierten Daten von dem Bauleiteragent in eine eigene SQL-Datenbank übertragen, in der die Ergebnisse der Simulationsläufe für die weitere Auswertung in Form von Terminplänen enthalten sind.

4 Fazit

Sowohl die Abbildung der Hierarchien wie auch die der Kooperationen auf einer Baustelle sind unter Verwendung eines agentenbasierten Simulationsmodells möglich. Die Selbstorganisation der Arbeitsaufträge durch die verschiedenen Arbeitsgruppen spiegelt die Eigendynamik einer Baustelle sehr gut wieder, die schnell zu Konfliktsituationen um Ressourcen, wie z.B. um Betriebsmittel, Material oder Räumlichkeiten, führen kann. Die vorgestellte CAD-integrierte Modellierungsumgebung CiSmo ermöglicht eine schnelle Entwicklung der Simulationsmodelle und eine einfache Parametrisierung, indem die benötigten Daten zum einen aus dem Gebäudemodell gewonnen werden und zum anderen ein wiederverwendbares Prozessmodell in einer SQL-Datenbank gespeichert wird.

Die zukünftige Arbeit wird sich auf die Validierung des Simulationsmodells anhand eines realen Rohbauprojektes konzentrieren. Außerdem wird die Erweiterung des

Systems für die Integration der komplexen Abhängigkeitsbeziehungen im Ausbau in den Fokus der Arbeit gestellt.

Besonderer Dank gilt der Deutschen Forschungsgemeinschaft (DFG) für die Unterstützung dieses Forschungsvorhabens.

Literatur

BOENERT, L.; BLOEMEKE, M.: Logistikkonzepte im Schlüsselfertigbau zur Erhöhung der Kostenführerschaft, In: Bauingenieur, München, 78(2003)6, S. 277-283.

CHAHROUR, Racha: Integration von CAD und Simulation auf Basis von Produktmodellen im Erdbau. Kassel: kassel university press GmbH, 2006.

KLÜGL, F.; OECHSLEIN, C.; PUPPE, F.; DORNHAUS, A.: Multi-Agent Modelling in Comparison to Standard Modelling. In: Tagungsband zur AIS'2002 (Artificial Intelligence, Simulation and Planning in High Autonomy Systems). Hrsg.: BARROS, F. J.; GIAMBIASI, N. Erlangen: SCS Publishing House, 2002, S. 105-110.

KUGLER, Martin; FRANZ, Volkhard: Development of a Simulation System for the Preparation of Work in Building Construction. In: Computation in Civil Engineering – Tagungsband zur EG-ICE Conference 2009, TU Berlin. Heftreihe des Instituts für Bauingenieurwesen. Aachen: Shaker Verlag, 2009, S. 186-193.

WAGNER, G.; GIURCA, A.; PEHLA, M.; WERNER, J.: Modellierung und Simulation von Multiagenten-Systemen. In: Forum der Forschung, Wissenschaftsmagazin der Brandenburgischen Technischen Universität Cottbus, Cottbus, 12(2008)21, S. 47-52.

WEBER, Jörg: Simulation von Logistikprozessen auf Baustellen auf Basis von 3D-CAD Daten. Dortmund: Dissertation an der Universität Dortmund, Fakultät Maschinenbau, 2007.

Integrationsaspekte der Simulation:
Technik, Organisation und Personal
Gert Zülch & Patricia Stock (Hrsg.)
Karlsruhe, KIT Scientific Publishing 2010

Konzepte zum effektiven Aufbau von Simulationsmodellen für die Unikatproduktion

Concepts for Effective Simulation Modelling of One-of-a-kind Production

Dirk Steinhauer
Flensburger Schiffbau-Gesellschaft mbH & Co. KG, Flensburg (Germany)
steinhauer@fsg-ship.de

Markus König
Ruhr Universität Bochum,
Lehrstuhl für Informatik im Bauwesen, Bochum (Germany)
koenig@inf.bi.rub.de

Abstract: The simulation of production and logistics is rarely used in one-of-a-kind production today. The main reasons are the extensive effort currently needed for building the models and the lack of detailed data about the product in the planning phase. This paper presents concepts for the effective and efficient building of simulation models for the production of complex one-of-a-kind products and the generation of sufficient product data for this simulation. These concepts are being developed within the interbranch cooperation SIMoFIT (Simulation of Outfitting in Shipbuilding and Civil Engineering) and contain software components based on a constraint satisfaction approach. The concepts have been successfully implemented in shipbuilding already supporting planning tasks in steel production.

1 Einleitung

Während die Simulation von Produktions- und Logistikabläufen in der stationären Serienproduktion eine gewisse Durchdringung erreicht hat, wird diese Technologie im Bereich der Produktion von komplexen Unikaten bisher nur vereinzelt angewendet. Im Schiffbau wird die Simulation seit Mitte der 1990er-Jahre u.a. bei der Flensburger Schiffbau-Gesellschaft mbH & Co. KG (FSG) an die Herausforderungen der Unikatproduktion angepasst und zur Unterstützung der Produktionsplanung eingesetzt (STEINHAUER 2006). Seit 2006 wird in der Kooperationsgemeinschaft SIMoFIT (Simulation of Outfitting in Shipbuilding and Civil Engineering) auch branchenübergreifend mit dem Bauwesen an dieser Aufgabenstellung gearbeitet.

Im Bauwesen wurden bisher nur vereinzelt und für ganz bestimmte Fragestellungen Fertigungs- und Logistiksimulationen durchgeführt. Zu nennen sind beispielsweise die Simulation von Linienfertigungen, wie im maschinellen Tunnelvortrieb (RUWANPURA u.a. 2001), einfache Prozesse wie dem Abbau und Abtransport von Erdaushub (CHAHROUR 2006) oder Fertigungsprozesse von Betonfertigteilen in Form einer temporären Fabrik. Häufig werden die Produktions- und Logistikprozesse auch für große Bauvorhaben nur auf Grund von Erfahrungswerten oder einfacher Annahmen analysiert und geplant. Verschiedene Varianten werden nicht geprüft. Insbesondere die Untersuchungen von möglichen Störungen oder die Optimierung der Prozessreihenfolgen unter Variation verschiedener Ressourcen finden nicht systematisch und nachvollziehbar statt. Nach Erkenntnissen der Autoren existiert jedoch ein großes Optimierungspotential, welches heutzutage nicht genutzt wird. Ein wesentlicher Grund für den geringen Einsatz der Simulationstechnik in der Unikatproduktion ist, dass heutzutage ein großer zeitlicher Aufwand beim Aufstellen von entsprechenden Simulationsmodellen betrieben werden muss. Bei der Unikatproduktion handelt es sich zumeist um Unikatprozesse mit einem hochkomplexen Wirkungs- und Abhängigkeitsgefüge. Für die Modellierung einer solchen Produktionsweise stehen aktuell keine kommerziellen Simulationslösungen zur Verfügung. Im Rahmen dieses Beitrages werden Konzepte vorgestellt, um den Aufbau von realistischen Simulationsmodellen für die Unikatproduktion effektiv zu unterstützen.

2 Besonderheiten beim Simulationseinsatz in der Unikatproduktion

Im Gegensatz zur stationären Serienproduktion spielen strategische Prozessverbesserungen bei der Anwendung der Simulation in der Unikatproduktion eine eher untergeordnete Rolle. Im Fokus steht hier die Unterstützung der Produktionsplanung und –steuerung. Eine wichtige Frage ist die Bewertung der Umsetzbarkeit und Robustheit von Produktionsplänen. Somit steht die grundsätzliche terminliche Machbarkeit im Vordergrund. Diese Bewertung erfolgt nicht nur vor Projektbeginn, sondern auch projektbegleitend, um geänderten Produktionsrandbedingungen oder Produktänderungen Rechnung zu tragen.

Die Unikatproduktion ist auch geprägt von vielen unvermeidbaren Produktionsstörungen, deren Auswirkungen aufgrund der Komplexität nur sehr schwer bewertet werden können. Mit Hilfe der Simulation kann der Einfluss möglicher Störungen durch Sensitivitätsanalysen untersucht werden. So können die für den Gesamtablauf kritischen Prozesse identifiziert werden. Typische Störungen des Produktionsablaufs sind fehlendes Material, mangelhafte Qualität von Einbauteilen oder Verzögerungen durch Schlechtwetterperioden. Diese Einflüsse können in der Regel nicht vollständig vermieden werden. Tatsächlich aufgetretene Störungen können mit der Simulation schnell auf ihre Auswirkungen untersucht und Kompensationsmaßnahmen bewertet werden. Maßnahmen werden heute auch ohne Simulation festgelegt, doch häufig erfolgt dieses ohne detaillierte Analyse. Somit haben Maßnahmen, wie beispielsweise Wochenendarbeit oder die Erhöhung des Personals, nicht den gewünschten Effekt oder sie sind überdimensioniert. Simulationen können dabei helfen, verschiedene Maßnahmen zu untersuchen und die zweckmäßigste und kostengünstigste zu ermitteln.

Bei der Unterstützung der Produktionsplanung komplexer Unikate können die Simulationsmodelle zumeist nicht aus anderen Projekten übernommen werden. Im Gegensatz zur stationären Serienproduktion, in der die Modelle der Produktionseinrichtungen für die Unterstützung der Produktionsplanung nur gepflegt und mit den aktuellen Systemlastdaten beaufschlagt werden, müssen die Simulationsmodelle in der Unikatproduktion mit jedem Projekt neu erstellt werden. Auch wenn grundsätzliche Teilabläufe aus vergangenen Projekten übernommen werden können, unterliegt jedes Projekt doch anderen Randbedingungen, welchen im Simulationsmodell Rechnung getragen werden muss. Beispielsweise erfolgt die Herstellung einer Wand in Ortbeton in der Regel in gleicher Art und Weise. In welcher Reihenfolge jedoch welche Wände hergestellt werden sollten, ist abhängig von projektspezifischen Gegebenheiten. Hierbei spielen das Baufeld, die Anlieferungskonzepte mittels Kran oder Betonpumpe sowie parallele Arbeiten eine wesentliche Rolle. Die Teilprozesse müssen unter den gegebenen Restriktionen zu einem effektiven jedoch einmaligen Gesamtablauf zusammengefügt werden.

Im Gegensatz dazu kann in der stationären Serienfertigung der Gesamtablauf sehr genau manuell und mit einem entsprechenden Vorlauf festgelegt werden. Es werden feste Transportwege und Arbeitsstationen definiert, die anschließend in ein Simulationsmodell übertragen werden. Die Arbeitsstationen lassen sich in der Regel auch sehr genau steuern, und die Prozesse unterliegen wenigen Schwankungen. Die Modellierungsprinzipien der kommerziellen Simulationswerkzeuge sind sehr stark vom Einsatz in der stationären Serienfertigung geprägt: es wird zumeist von Materialfluss entlang von Produktionsressourcen ausgegangen, der dann mit entsprechenden Simulationsbausteinen nachmodelliert werden kann. Die Aufstellung von solchen Materialflussmodellen ist mit den verfügbaren Simulationsumgebungen in einem vertretbaren Aufwand zu bewältigen. Für komplexe Unikatprozesse existieren solche Simulationsbausteine bisher nicht in den kommerziellen Simulationswerkzeugen. Mit den vorhandenen Komponenten könnten zwar entsprechende Materialflüsse dargestellt werden, jedoch ist dies aufgrund des zeitlich veränderlichen Produktionsumfelds, einer Vielzahl von Vorgängen und sehr langen Projektzeiträumen in der Regel nicht innerhalb des Planungszeitraums realisierbar.

Neben der reinen Definition eines Simulationsmodells ist eine weitere wesentliche Herausforderung bei der Simulation von Unikatprozessen die mangelnde Verfügbarkeit von Simulationsdaten zum Produkt und zu den Prozessen während der Planung. Oft ist das Produkt zum Zeitpunkt des Produktionsbeginns noch nicht vollständig beschrieben. Auch die Vielzahl der Beteiligten ist bei der Datenaufbereitung ein großer Aufwandsfaktor. Die verschiedenen Partner liefern die notwendigen Daten in unterschiedlichen Formaten und Detaillierungsstufen. Diese müssen aufwendig für die Simulation aufbereitet werden. Zudem herrscht je nach Branche und Kunde ein hoher Änderungsanteil während der Produktion, dem in der Simulation Rechnung getragen werden muss. Die Bewertung der Auswirkungen von Produktänderungen auf den Produktionsablauf ist eine besonders wichtige Funktion beim Simulationseinsatz. Produktionsänderungen müssen heutzutage aufwendig manuell in die entsprechenden Simulationsmodelle eingefügt werden. Ändern sich komplette Produktionsmethoden oder Bauverfahren, müssen große Teile des Simulationsmodells komplett neu erstellt werden. Sollen die Ergebnisse einer Simulation auf die reale Produktion übertragen werden, muss zuvor eine nachvollziehbare Verifikation und Validierung des entsprechenden Modells erfolgen. Die Validierung ist dabei äußerst schwierig, da die Produktion nur einmal durchgeführt wird und der reale Prozess häufig auf Grund der vielen Störungen und vorgenommenen Änderungen sehr hohe Abweichungen bezüglich der Simulation aufweist. Daher können in der Regel nur einzelne Teilprozesse validiert werden, und es muss mit einer gewissen Unsicherheit auf die Eignung des Modells zur Simulation des Gesamtablaufs geschlossen werden. Zur Anwendung der Simulation in der Produktionssteuerung ist das Aufsetzen auf den Fertigungsstatus erforderlich, um die aktuelle Situation der Produktion im Simulationsmodell zu berücksichtigen. In der stationären Serienfertigung kann der Fertigstellungsstatus sehr gut verfolgt werden, da die Maschinen und Teile zum einen eindeutig identifizierbar sind und zum anderen geringe Schwankungen der Fertigungszeiten vorliegen. Heutzutage ermöglichen Konzepte wie Barcode und RFID eine automatische Rückverfolgung, welche sich im Rahmen der Unikatprozesse allerdings noch nicht im erforderlichen Maß durchgesetzt haben. In der Unikatproduktion wird der Fertigstellungsstatus häufig nur manuell geschätzt oder indirekt über die Zeiterfassungen der Mitarbeiter oder Anlieferungsprotokolle erfasst. Diese heterogenen Informationen sind häufig nicht prozessorientiert und können nicht direkt in die Simulation übernommen werden. Somit werden häufig nur Näherungswerte angenommen, die zu großen Abweichungen in der Simulation führen können.

Obwohl die Unwägbarkeiten und Aufwände für eine Simulation von Unikatprozessen erheblich sind, können simulationsgestützte Analysen der Produktions- und Logistikprozesse die Sicherheit und Verbesserung der Planung deutlich steigern. Verschiedene Alternativen könnten durchgespielt und Auswirkungen von Störungen oder Änderungen transparenter gemacht werden. Im Folgenden werden daher erste Methoden zur Aufstellungen von Simulationsmodellen für Unikatprozesse und Konzepte zur Datenaufbereitung vorgestellt.

3 Konzepte zum Modellaufbau

Die einzelnen Produktionsprozesse und Produktionsbedingungen müssen bei der Unikatproduktion sehr flexibel beschrieben werden können. Im Rahmen der Kooperationsgemeinschaft SIMoFIT (Simulation of Outfitting in Shipbuilding and Civil Engineering) wurde daher ein Constraint-basierter Simulationsansatz entwickelt, um beliebige Montagebedingungen generisch zu definieren und in der Simulation zu berücksichtigen (KÖNIG u.a. 2007). Einige Konzepte wurden schon zuvor sehr erfolgreich im Rahmen des Simulationsbausteinkastens **Simulation Toolkit Shipbuilding** (STS) verwendet, welcher federführend durch die FSG im Rahmen der SimCoMar-Kooperation (Simulation Cooperation in the Maritime Industries) entstanden ist (STEINHAUER 2006). Die zentrale Idee dabei ist, dass nicht feste Produktionsprozesse, beispielsweise in Form eines Netzplans definiert werden, sondern einzelne Prozessschritte. Für jeden Prozessschritt werden verschiedene Restriktionen (Constraints) definiert. Typische Constraints sind technologische Abfolgen, notwendige Ressourcentypen, die Verfügbarkeit von Material und Transportmitteln, aktuelle Ist-Termine oder auch bestimmte Bau- bzw. Fertigungsräume. Mit Hilfe der Simulation werden die einzelnen Prozesselemente in eine bestimmte Reihenfolge gebracht, die sich aus der Erfüllung der Constraints ergeben. Wiederkehrende Prozesselemente werden mit Hilfe von Prozessmustern einmalig für bestimmte Teilverfahren beschrieben. In welcher Reihenfolge diese abgearbeitet werden, wird ausschließlich über die Constraints gesteuert. Somit werden keine starren Fertigungslinien aufgebaut, sondern die Prozessschritte und Constraints können zu jeder Zeit ergänzt und geändert werden. Dies ist besonders zweckmäßig, wenn erst im Laufe der Planung konkrete Details über das Produkt verfügbar werden. Im Folgenden werden einige Simulationskomponenten des STS zur Aufstellung eines Modells für die Simulation von Unikatprozessen beschrieben.

Mit Hilfe des **Auftragsgenerator**s werden die einzelnen Prozesselemente auf Basis der aufbereiteten Produktdaten erzeugt und an die Montagesteuerung übergeben. Die **Montagesteuerung** ist für das Ausführen der Prozesselemente zuständig. Zuerst werden alle Constraints der noch nicht ausgeführten Prozesse mit Hilfe des **ConstraintManagers** geprüft. Kann ein bestimmter Prozess gestartet werden, werden das entsprechende Material und die Ressourcen angefordert und gegebenenfalls zum entsprechenden Einbauort transportiert. Die angelieferten Materialelemente sowie deren aktueller Standort werden mit der **Materialverwaltung** organisiert. Die **Transportsteuerung** übernimmt die Auswahl von Transportmitteln und Transportwegen aufgrund entsprechender Transportanforderungen. Für bestimmte Transporte sind spezielle Transportmittel, z.B. Kräne, notwendig. Diese Elemente werden für ein bestimmtes Unikatprojekt spezifisch gesetzt. Des Weiteren existieren verschiedene Bauplätze, auf denen die entsprechenden Arbeiten ausgeführt werden müssen und die mit dem Baustein **Fläche** modelliert werden. Auch für die Lagerflächen werden damit projektspezifische Elemente definiert. Ein typisches Simulationsmodell zur Simulation von Rohbauarbeiten eines Gebäudes unter Verwendung der zuvor beschriebenen Elemente wird in Abbildung 1 dar gestellt.

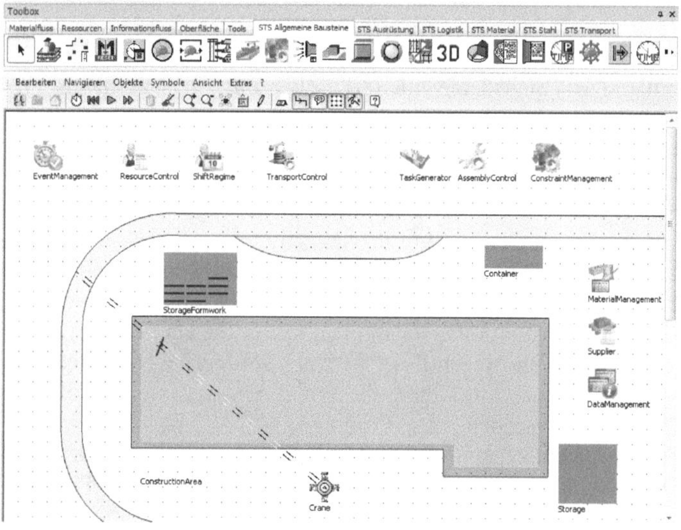

Abbildung 1: *Simulationsmodell für Unikatprozesse auf Basis des STS-Bausteinkastens*

Die einzelnen Prozesselemente ergeben sich aus den herzustellenden Bauelementen oder Bauwerken unter Berücksichtigung der entsprechenden Produktionsmethode bzw. des Bauverfahrens. Die geometrischen Informationen über die einzelnen Montage- bzw. Produktionsorte, die im Laufe der Simulation variieren, können im Idealfall automatisch aus den geometrischen Informationen des aufbereiteten Produktmodells ermittelt werden.

Eine große Herausforderung bei der Aufstellung eines solchen Modells ist die Definition der projektspezifischen Restriktionen. Hierzu gehören beispielsweise generelle Produktionsreihenfolgen oder Logistikketten. Ein Teil der Constraints kann aus den vorhandenen Produktdaten entnommen werden. Es existieren jedoch auch Restriktionen, die manuell ergänzt werden müssen. Hierzu sind entsprechende visuelle Eingabemöglichkeiten vorzusehen. Zum Beispiel werden Bauplätze, Lagerflächen, Transportwege mit den sprechenden Transportketten (z.B. kombinierte LKW-Kran-Transporte) oder auch generelle Produktionsreihenfolgen zwischen bestimmten Bauelementen bzw. Bauwerken interaktiv definiert. Durch die automatische Generierung der Prozesselemente auf Basis von Prozessmustern und entsprechenden Constraints kann jedoch der Aufwand erheblich reduziert werden. Für bestimmte Produktionsverfahren wurden spezielle Constraint-Generatoren abhängig von den verfügbaren Daten eines Produktmodells entwickelt. Beispielsweise existieren Generatoren für technologische Constraints für den Betonrohbau und Trockenbau im Hochbau oder für die Stahlbauprozesse im Schiffbau. Für den letzten Fall wurden bei der FSG Methoden entwickelt und in einem Softwarewerkzeug umgesetzt, welche aus der geometrischen Anordnung der zu montierenden Elemente in der aktuellen Baulage des Bauwerks, den Eigenschaften der Elemente und den zu berücksichtigenden Restriktionen des entsprechenden Bauortes automatisch die Montagebedingungen ermitteln.

4 Daten für die Simulation von Unikatprozessen

Die notwendigen Eingangsdaten müssen zielgerichtet aus vorhandenen Konstruktionsdaten bzw. ähnlichen Projekten übernommen werden können. Im Bereich des Schiffbaus wird zurzeit im Vorhaben GeneSim (Generisches Daten- und Modellmanagement für die schiffbauliche Produktionssimulation, gefördert durch das Bundesministerium für Wirtschaft und Technologie mit dem Förderkennzeichen 03SX274) in einem Konsortium um drei Werften ein generisches Datenmodell für die Simulation von schiffbaulichen Produktionsabläufen entwickelt (STEINHAUER 2010). Die Schiffsausrüstung als Unikatprozess spielt dabei eine wesentliche Rolle. Neben der Definition einer universellen Struktur für die simulationsrelevanten Daten im Schiffbau besteht eine wesentliche Aufgabe im Vorhaben GeneSim in der Entwicklung von Datengeneratoren für frühe Projektphasen, in denen das Produkt noch nicht im Detail beschrieben ist. Basierend auf Vergangenheitsdaten ähnlicher Schiffe bzw. auf Kennzahlen und Schätzungen sollen Daten für die Simulation erzeugt werden können, um die Simulation auch in frühen Projektphasen zur Verbesserung der Planung heranziehen zu können. Diese generierten Daten werden im Verlauf der Produktdefinition durch die realen Konstruktionsdaten ersetzt. Somit können die Auswirkungen des Konstruktionsfortschritts auf den geplanten Produktionsablauf mitlaufend bewertet werden.

Im Bauwesen werden durch die Ruhr-Universität Bochum innovative Konzepte zur automatischen Übernahme von Produkt- und Prozessinformationen entwickelt. Hierbei spielen wiederverwendbare Prozessmuster sowie formalisiertes Wissen zur Aufstellung von technologischen als auch geometrischen Randbedingungen eine entscheidende Rolle. Ein großer Teil der Simulationsdaten, wie Bauabschnitte, Bauelemente und die eigentliche Gebäudegeometrie werden aus einem standardisierten objektorientierten Bauwerksmodell abgeleitet. Das Bauwerksmodell ist im Industry Foundation Classes (IFC) Format beschrieben, welches direkt aus den gängigen CAD-Systemen für das Bauwesen exportiert werden kann. Für die einzelnen Bauelemente und Bauabschnitte werden bestimmte Bauverfahren anhand vorgegebener Typen (wie z.B. IFCWall, IFCColumn, etc.) schon bei der Konstruktion ergänzt.

Für jedes Bauverfahren sind in einer Datenbank bestimmte konfigurierbare Prozessmuster in Form von einzelnen Prozesselementen bzw. Vorgängen mit projektunabhängigen Constraints abgelegt. Die Vorgänge werden in einem nächsten Schritt um weitere Informationen ergänzt. Hierzu gehören unternehmensspezifische Aufwandswerte und notwendige Ressourcen. Diese Informationen werden im Rahmen eines Systems zur Verwaltung und Aufbereitung von Simulationsdaten manuell eingegeben oder auf Basis anderer Systeme interaktiv zugeordnet. Die Materiallisten werden auch aus bestehenden Systemen oder direkt aus den Bauteillisten des CAD-Systems übernommen und durch entsprechende Lieferzeiten ergänzt. Diese Informationen werden in dem System zur Datenaufbereitung zentral gehalten. In Zukunft soll dieses System auch zur Aufstellung von projektspezifischen Reihenfolgen erweitert werden. In Abbildung 2 sind das Zusammenspiel der einzelnen Datenquellen sowie die einzelnen Schritte der Datenaufbereitung schematisch dargestellt.

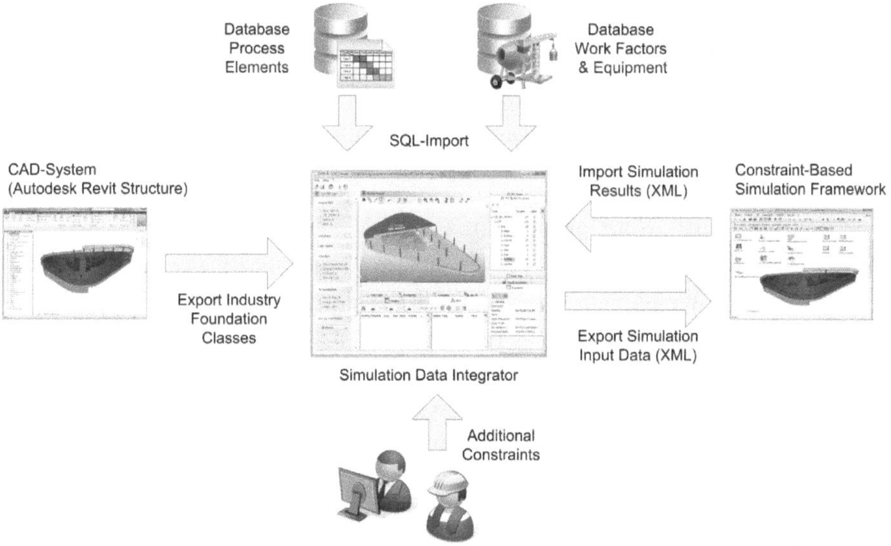

Abbildung 2: *Datenmanagement für die Simulation von Bauprozessen*

5 Fazit und Ausblick

Die Simulation der Produktion von komplexen Unikaten wird heutzutage in der Praxis wenig angewendet. Wesentliche Hindernisse dabei sind, der erhebliche Aufwand bei der Erstellung von Simulationsmodellen mit den aktuell verfügbaren Simulationsumgebungen sowie die schlechte Verfügbarkeit der erforderlichen Simulationseingangsdaten. Im Rahmen dieses Beitrags wurden erste Konzepte aus dem Schiffbau und Bauwesen vorgestellt, um den Aufwand beim Einsatz von Simulation für Unikatprozesse zu reduzieren. Es wurden spezielle Softwarekomponenten für Simulation von Unikatprozessen auf Basis eines Constraint-basierten Ansatzes entwickelt. Im Rahmen weiterer Forschungsaktivitäten werden innovative Konzept zur Zusammenstellung und Aufbereitung von Daten für die Simulation auf Basis von Produktdaten entwickelt. Im Bereich der Simulation von Unikatprozessen ist noch viel Forschungs- und Entwicklungsarbeit zu vollbringen. Insbesondere die Prüfung der Vollständigkeit der Simulationsdaten, die Korrektheit der definierten Constraints und deren intuitive Spezifikationen sowie die Automation des Informationsflusses zwischen den Konstruktions-, Planungs- und Simulationssystemen sind Aspekte zukünftiger Forschungsarbeiten.

Literatur

CHAHROUR, R.: Integration von CAD und Simulation auf Basis von Produktmodellen im Erdbau. Kassel: Universität Kassel, Institut für Bauwirtschaft, Dissertation, 2006.

KÖNIG, M.; BEISSERT, U.; STEINHAUER, D.; BARGSTÄDT, H-J.: Constraint-Based Simulation of Outfitting Processes In: Shipbuilding and Civil Engineering. Proceedings of the 6th EUROSIM Congress on Modeling and Simulation. Ljubljana, 2007, CD-ROM.

MARX, A.; ERLEMANN, K.; KÖNIG, M.: Simulation of Construction Processes considering Spatial Constraints of Crane Operations. In: Proceedings of the 13th International Conference on Computing in Civil and Building Engineering (ICCCBE-XIII). Nottingham, 2010, CD-ROM.

RUWANPURA, J. Y.; ABOURIZK, S. M.; ER, K. C.; FERNANDO, S.: Special purpose simulation templates for tunnel construction operations. In: Canadian Journal of Civil Engineering, Ottawa, 28(2001)2, S. 222-237.

STEINHAUER, D.: Simulation im Schiffbau – Unterstützung von Werftplanung, Produktionsplanung und Produktentwicklung bei der Flensburger Schiffbau-Gesellschaft. In: Simulation in Produktion und Logistik 2006; Tagungsband der 12. ASIM Fachtagung. Hrsg.: WENZEL, Sigrid. Erlangen: SCS Publishing House, 2006, S. 1-14.

STEINHAUER, D.: GeneSim – Development of a Generic Data Model for Production Simulation in Shipbuilding. In: Proceeding of 9th International Conference on Computer and IT Applications in the Maritime Industries (COMPIT '10). Hamburg: Technische Universität Hamburg-Harburg, 2010. (ISBN 978-3-89220-649-1, S. 304-310)

Integrationsaspekte der Simulation:
Technik, Organisation und Personal
Gert Zülch & Patricia Stock (Hrsg.)
Karlsruhe, KIT Scientific Publishing 2010

Ohne zutreffende Datenbasis keine Simulationsergebnisse

Realistic Simulation Results Rely on Reliable Data

Karin Ailland, Hans-Joachim Bargstädt
Bauhaus-Universität Weimar, Weimar (Germany)
karin.ailland@uni-weimar.de, hans-joachim.bargstaedt@uni-weimar.de

Abstract: Modern simulation tools can be applied with increasing success. Until this point, these tools for the optimization of construction and logistic processes have predominantly been used only in the start-up phase of a project. However, projects are often affected by unscheduled constraints and limitations that give reason to deviate from the formerly optimized plan and to find ad-hoc solutions, especially in the erection phase. In order to meet these requirements, the application of simulation tools from the planning phase can be extended to the erection phase. Hence a more specific database is needed. This paper outlines an approach based on accurate day-to-day data for the current project state at any time. These data then facilitate the simulation of possible variations for ongoing optimization.

The basis for accurate data pooling is an efficient and automated survey. This yields two challenges. First, it is necessary to determine which choice of data is significant and actually needed for evaluating the day-to-day status in construction progress. Secondly, the required data must be captured as efficiently as possible during the ongoing working activities.

1 Einleitung

Die Optimierung von Prozessen mit Hilfe von Simulationswerkzeugen gewinnt im Bauwesen immer mehr an Bedeutung. Bereits jetzt wird die Simulation in vielfältigen Anwendungsgebieten eingesetzt. Überdies werden immer komplexere Prozesse mittels Simulation optimiert (BEIßERT u.a. 2008). Wichtig hierfür sind jedoch verlässliche Eingangsdaten, denn Optimierungsergebnisse können nur so belastbar sein wie deren Datenbasis. Das vorgestellte Forschungsprojekt soll in diesem Kontext Grundlagen schaffen und praktisches Baustellenwissen für die Simulation aufbereiten.

Die Bauhaus-Universität Weimar arbeitet an der Umsetzung einer reaktiven Bauprozesssimulation nahezu in Echtzeit. Dieses wird es ermöglichen, einen Bauablauf nicht nur in Vorbereitung der Baumaßnahme zu optimieren, sondern die Optimierung gerade auch bei sich wandelnden Baustellenbedingungen projektbegleitend fortzusetzen. Zu diesem Zweck soll der Baufortschritt in definierten Zeitintervallen bestimmt und die Datenverarbeitung automatisiert werden, um somit eine Optimierung des weiteren Bauablaufs unter Berücksichtigung der aktuellen Randbedingungen zu ermöglichen. Es wurde hierzu ein Konzept entwickelt, das mit Hilfe von Informations-"Stützstellen" den Baufortschritt für die Simulation hinreichend genau erfasst, mit dessen Hilfe die Datenmengen aber insgesamt beherrschbar bleiben (BARGSTÄDT, AILLAND 2009). Dieses Konzept verlangt nach aktuellen Bau-Ist-Informationen. Deshalb wurde in "Feldstudien" u.a. der Frage nachgegangen, inwieweit der aktuelle Baufortschritt zutreffend aus Baustellendokumenten abgeleitet werden kann.

2 Datenbasis

Für die Entwicklung eines Stützstellen-Konzepts wurde die Ausgangsfrage gestellt: "Welche Informationen werden benötigt, um den Bauprozess in einem Simulationsmodell abbilden und optimieren zu können?" Hierbei wird zunächst als Optimierungsziel das Termincontrolling zugrunde gelegt. D. h. es müssen belastbare Daten hinsichtlich der Fertigstellungsgrade sowie Prozesszeiten erfasst werden, wogegen zunächst z.B. Qualitätsmerkmale noch vernachlässigt werden. Prinzipiell müssen die nachfolgenden Informationen ermittelt und in der Simulationsumgebung abgebildet werden.

Sowohl für prädiktive als auch für reaktive Simulationsansätze sind Daten erforderlich, die den Bauprozess exakt definieren. Dies sind Bauprozessdaten über die Teilprozesse, bestehend aus Aktivitäten und Ereignissen, die Dauern der einzelnen Aktivitäten (Prozesszeiten), die Abhängigkeiten (Constraints) der Aktivitäten untereinander, den Ressourcenbedarf der Teilprozesse, wie Material- u. Personalbedarf sowie die Optimierungsansätze für die Teilprozesse und den Gesamtprozess.

Für eine Simulation in Echtzeit werden darüber hinaus Daten benötigt, welche die aktuellen Randbedingungen der Prozessumgebung definieren. Dabei handelt es sich um Informationen (Ist-Daten) über den aktuellen Baufortschritt und die Baustellengegebenheiten, wie Materialbestand und Personalkapazitäten. Diese Daten müssen in regelmäßigen kurzen Intervallen, angepasst an den jeweiligen Teilprozess, immer wieder erfasst und in die Simulationsumgebung übertragen werden. Die Erfassung dieser Informationen ist wichtig für das Simulationsmodell, denn nur unter Berücksichtigung aller relevanten Randbedingungen können sinnvolle Optimierungsergebnisse erzielt werden. Allerdings stößt sowohl die Definition der Bauprozessdaten als auch die Erfassung der aktuellen Randbedingungen schnell an Grenzen. Bei den Bauprozessdaten handelt es sich überwiegend um Praxiswissen, über das erfahrene Bauleiter verfügen, welches aber bisher nur rudimentär aufbereitet und in der Fachliteratur wiedergegeben ist.

Um sowohl die Bauprozess- als auch die Ist-Daten näher beschreiben zu können, wurden deshalb mehrere Feldstudien auf Baustellen mit sehr unterschiedlichen Randbedingungen durchgeführt.

3 Feldstudien

Im ersten Projekt wurde der Bauablauf auf zwei Brückenbaustellen einer Autobahn-Neubaustrecke täglich begleitet, welche durch verschiedene Bauleiter des gleichen Bauunternehmens geführt wurden. Die Baumaßnahmen sind Teil eines PPP-Projekts, womit auch die Bauüberwachung auf Seiten der ausführenden Firma lag.

Bei dem zweiten Projekt wurde anhand der verfügbaren Baustellendokumentation der Bau eines komplexen Industriebaus nachvollzogen und auf diese Weise bewertet, inwieweit der Bauprozess anhand der Baustellendokumente im Nachhinein rekonstruierbar ist.

Im Rahmen des dritten Projekts wurde eine Brückenbaustelle auf Hochgeschwindigkeitsstrecke der Deutschen Bahn untersucht. Auch hier wurde eine tägliche Dokumentation vor Ort durchgeführt. Das Augenmerk lag auf den besonderen Anforderungen eines sehr professionellen Bauherrn.

Die Feldstudien wurden durchgeführt, um ein möglichst zutreffendes Bild eines realen Bauprozesses und potentielle Optimierungsansätze zu ermitteln. Zusätzlich wurde die Baustellendokumentation im Hinblick auf deren Inhalte und spätere Betrachtungen analysiert. Im Folgenden wird vertieft auf eine Feldstudie zu den Autobahnbrücken eingegangen.

3.1 Feldstudie Autobahnbrücke

Um der Untersuchung ein gut abgrenzbares Beispiel zugrunde zu legen, wurde der Oberbau der Brücke und dort im Speziellen der Herstellungsprozess der Brückenkappen betrachtet. Dieses Stahlbetonbauteil stellt ein gut überschaubares, nahezu unabhängiges, in sich abgeschlossenes Bauteil dar, an dem sich dennoch die wesentlichen Herstellprozesse einer Brücke sehr gut nachvollziehen lassen. Somit sind die Untersuchungsergebnisse auch auf andere Prozesse im Ingenieurbau übertragbar. Ferner kann der Bauprozess leicht so variiert werden, dass für das spätere Simulationsmodell eine ausreichende Möglichkeit zur Optimierung realistischer Ausführungsvarianten besteht.

Bei der Autobahnbrücke handelte es sich um eine 445 m lange Talbrücke, welche dabei zwei Wirtschaftswege, eine zweigleisige ICE-Bahnstrecke, eine Bundesstraße und einen Fluss überquert. Die Spannbetonbrücke erstreckt sich über 13 Felder, der Querschnitt ist ein zweistegiger Plattenbalken.

Diese Baustelle war für das Forschungsprojekt besonderes prädestiniert, da primär aus der querenden Bahntrasse, aber auch der Bundesstraße und der Flussquerung eine Vielzahl von Zwangspunkten resultierten, die großen Einfluss auf die Gestaltung und Optimierungspotentiale des Bauprozesses sowie auf die Prozessschritte und deren Prozesszeiten hatten.

3.2 Datenbasis

Um eine umfassende Basis an Bauprozessdaten zu schaffen, wurden täglich alle Vorgänge und Ereignisse einschließlich der Ausführungsdauern sowie der eingesetzten Geräte- und Personalkapazitäten sowie Materialressourcen aufgezeichnet. Weiterhin wurden die Abhängigkeiten zwischen den Vorgängen im Detail erfasst.

Unabhängig von der örtlichen Bauleitung erfolgte die Dokumentation durch Beobachtungen. Im Hinblick auf den Informationsbedarf der Simulation in Echtzeit wurden überdies alle Baustellendokumente erfasst und hinsichtlich ihrer Bau-Ist-Informationen analysiert.

Während der Feldstudie wurde offensichtlich, dass der Bauablauf bereits von Anfang an weit vom Soll-Ablaufplan abwich. Auf Grund von Lieferschwierigkeiten musste der Bauablauf immer wieder vom Bauleiter operativ angepasst werden. Die bisherigen Planungen wurden somit obsolet und sowohl die Steuerung des Bauablaufs, als auch die Einleitung von Beschleunigungsmaßnahmen basierten ausschließlich auf der Kompetenz des Bauleiters. Eine Betrachtung langfristiger Auswirkungen der Steuerungsmaßnahmen erfolgte nicht.

In Folge der Bauablaufstörungen wurde ein ganzes Spektrum von unterschiedlichen Abweichungen vom Soll-Ablauf und von diversen Beschleunigungsmaßnahmen vorgenommen, welche für eine spätere gezielte Aufbereitung von Entscheidungsgrundlagen für mögliche Optimierungen detailliert dokumentiert wurden.

3.3 Prozessmodell

Schließlich wurden die erfassten Bauprozess-Daten analysiert und in ein Prozessmodell überführt. Mit dem Ziel, Bau-Ist-Informationen für eine constraint-basierte Prozessoptimierung bereitzustellen, wurden die Daten in Anlehnung an (SAUER 2004, S. 40 ff.) und (BUCHHOP 2007, S. 6 ff.) wie folgt gegliedert und definiert, welche Zustände für einen reaktiven Simulationsansatz jeweils erfasst werden müssen. Das Modell wurde strukturiert in Haupt- und Teilprozesse, welche aus Aktivitäten und Ereignissen bestehen. Um den aktuellen Baufortschritt bestimmen zu können, muss erfasst werden, ob die Aktivitäten den Status "nicht begonnen", "begonnen" oder "abgeschlossen" haben. Die Ereignisse können den Status "nicht eingetreten" oder "eingetreten" annehmen. Um mögliche Lösungen des Ablaufproblems ermitteln zu können, müssen weiterhin Hard- und Soft Constraints sowie deren Status "eingehalten" oder nicht "eingehalten" beschrieben werden. Als Randbedingungen werden die Verfügbarkeit und die Menge der Material-Ressourcen sowie die Verfügbarkeit, Qualifikation und Menge der Personal- und Maschinen-Kapazitäten erfasst. Außerdem muss der Eintritt ungeplanter Ereignisse (Störungen) erfasst werden, welche sich in der Nichteinhaltung von Constraints äußern.

Im Anschluss an die Prozessmodellierung wurden alle Informationen, welche in Form von Baustellendokumenten, wie zum Beispiel Lieferscheinen und Prüfberichten bauprozessbegleitend erfasst wurden, den einzelnen Ereignissen zugeordnet.

Im Laufe der Feldstudien sind so mehrere Modelle entwickelt worden, die jeweils den projektspezifischen Bauablauf der Brückenkappenherstellung abbilden. Hieraus wurde ein verallgemeinertes Prozessmodell abgeleitet, welches alle Schritte zur Erstellung von Brückenkappen in parametrisierter Form und auf andere Projekte übertragbar abbildet. Die beobachteten Abweichungen vom Soll-Ablauf wurden für spätere Optimierungsansätze gesondert aufbereitet, um die in der Praxis angewandten Beschleunigungsmaßnahmen auch im Simulationsmodell abbilden zu können. Um definieren zu können, welche dieser vielfältigen Bau-Ist-Informationen erfasst werden müssen, um daraus ein zutreffendes Prozessmodell aufbauen zu können, kam das im Folgenden beschriebene Stützstellen-Konzept zur Anwendung.

4 Stützstellen-Konzept

Ein Simulationsmodell in Echtzeit erfordert die Erfassung und Verarbeitung von vielen Daten in kurzen Intervallen und kurzer Zeit. Gleichzeitig stellen die unterschiedlichen Teilprozesse sehr unterschiedliche Anforderungen an die Erfassungstechnik. Eine Bewertung des Stands der Forschung im Bezug auf die Bau-Ist-Erfassung ergab, dass sich viele Forschungsprojekte vorrangig mit der geometrischen Erfassung von Ist-Zuständen beschäftigen. Zu diesem Zweck werden Bild- oder Laserscanningdaten genutzt. Die Auswertung ist aufwendig und zeitintensiv und die hohe Genauigkeit der Daten kann in diesem Forschungsansatz nicht ausgeschöpft werden. Andere Forschungsansätze beschäftigen sich mit der RFID-Technologie. Sie erfassen primär die Baustellenrandbedingungen und bislang lässt sich der Fortschritt am Bauwerk nur begrenzt damit abbilden. Daher wurde ein neuer Ansatz gesucht und entwickelt. Im Hinblick auf das Termincontrolling wurde ein Konzept entwickelt, das den Baufortschritt weniger aufwändig, aber hinreichend genau für das angestrebte Optimierungsziel beschreibt.

Der Prozess wird bei der Analyse so in seine einzelnen Teilprozesse zerlegt, dass deren Status an signifikanten Stützstellen gut zu identifizieren sind. Der Begriff der Stützstellen wird hier in Analogie zur analytischen Algebra übernommen. Dort kann der Verlauf einer Kurve bestimmt werden, wenn der Typ der Funktion und dazu ausreichend viele diskrete Punkte, die Stützstellen, bekannt sind. Hier wird nun methodisch vorbereitet, dass eine ausreichende Anzahl geeigneter und zuverlässiger Zustandsinformationen bestimmt wird, mit der sicher auf das vollständige Gesamtbild des Ist-Zustands geschlossen werden kann. Diese Zustandsinformationen werden als Stützstellen für die Abbildung des Bau-Ist-Zustands genutzt. Welche Informationen und in welcher Dichte diese Informationen erfasst werden, wobei wie folgt vorgegangen wird.

Bei Stützstellen kann es sich um Informationen handeln, welche die Voraussetzung für den Beginn eines Arbeitsschritts darstellen (z.B. Anlieferung des Materials) oder den Abschluss eines betrachteten Arbeitsschritts markieren und damit dem Enddatum eines Vorgangs im Terminplan entsprechen. Es können aber auch zuverlässig beschreibbare Zwischenzustände, wie bspw. eine interne Begehung oder Bauabnahme als Stützstellen dienen. Schließlich muss mit Hilfe ausreichend vieler signifikanter Stützstellen ein hinreichend realistisches Abbild des Bauprozesses nachgezeichnet werden können. Nur so ist Simulation bei Bauprozessen in der Lage, trotz der vielfältig eintretenden Änderungen und externen Einflüsse die Suche nach neuen Optimierungen zu unterstützen und eine Folgenabschätzung zu leisten (AILLAND, BARGSTÄDT 2008).

Anhand der beschriebenen Feldstudien wurde nun der generelle Bauprozess von Brückenkappen beschrieben und konnten durch die Umsetzung des Stützstellenkonzepts die zu erfassenden Daten exakt definiert werden. Verifiziert wurden diese Ansätze durch Versuche an weiteren Simulationsmodellen, in denen die Eingangsdaten gezielt variiert wurden, um die daraus mit Hilfe der Simulation dann errechneten Abweichungen quantifizieren zu können.

5 Informationsquelle Baustellendokumentation

Auf diese Weise wurde ermittelt, inwieweit sich die Bauabläufe anhand der differenzierten Daten aus den Baustellendokumenten ausreichend nachvollziehen lassen, wo Datenlücken verbleiben, und mit welchem zeitlichen Verzug die Realität der Baustelle auf Basis dieser Daten erfasst werden kann.

Um der Frage nachzugehen, wie zutreffend der aktuelle Bau-Ist-Zustand mit Hilfe der verfügbaren Daten bestimmt werden kann, wurde ein Beispielprozess in einer Simulationsumgebung abgebildet und dabei konkret getestet, welchen Einfluss einerseits vermeidbare, aber andererseits auch unvermeidbare Datenmodifikationen und -fehler auf die Simulationsergebnisse haben können.

Vorangegangen war hierzu eine Literaturreche, wobei in Vorbereitung dieser Feldstudien ermittelt wurde, in welcher Weise bestimmte Baustellendokumentationen bereits als Pflichtrapporte in Regelwerken und Vorschriften verankert sind. Um die Erkenntnisse der Feldstudie verallgemeinern zu können, wurde ferner eine Umfrage unter Baufirmen durchgeführt, bei der um Auskunft dazu gebeten wurde, welche der vorgeschriebenen und zum "State-of-the-art" gehörenden Dokumente tatsächlich gepflegt werden, in welchen Zeitintervallen die Daten erfasst werden, und wie die Zuverlässigkeit dieser Daten eingeschätzt wird. Damit liegt eine verlässliche Einschätzung zur Erwartungshaltung hinsichtlich der Dokumente, ihrer Inhalte, der Erfassungsintervalle und der Zuverlässigkeit der Inhalte vor.

Abschließend wurde der Inhalt der Dokumente mit den erwarteten Inhalten aus Regelwerken und aus den Umfrageergebnissen sowie den Dokumenten der örtlichen Bauüberwachung abgeglichen. Es zeigte sich, dass auf Baustellen eine – vorsichtig ausgedrückt – hohe Variabilität nicht nur händisch erzeugter Bau-Ist-Daten zu beobachten ist, die eine sehr heterogene Basis für aktuelle Simulationsmodelle liefern.

5.1 Datenkontinuität und -seriosität

Aus dem vorgestellten Projekt ergaben sich wesentliche, aber für den Baubetriebsexperten nicht ganz neue Erkenntnisse zur Stringenz und Kohärenz bei der Bestimmung von Bau-Ist-Zuständen und der Rekonstruktion durchgeführter Bauabläufe. Erhebliche Datenlücken und Abweichungen von den eigenen Beobachtungen des Bauablaufs lassen darauf schließen, dass die Dokumentation häufig als lästige Zusatzarbeit eingestuft wird, welche dann erledigt wird, "wenn gerade Zeit ist." Auch wurden nicht unerhebliche "Datenanpassungen" beobachtet, welche eine nicht zu vernachlässigende Relevanz für den Ist- bzw. Startzustand in einem Simulationsmodell haben.

Der Abgleich des realen Bauablaufs mit dem Abbild des Bauablaufs, welcher sich aus den Baustellendokumenten entwickeln ließ, ergab, dass viele der Informationen nicht die Anforderungen an eine Bau-Ist-Erfassung in Echtzeit erfüllen. Viele Baustellendokumente werden in unterschiedlichem Maß, aber deutlich zeitverzögert erstellt. Deren Verfügbarkeit ist wiederum von der Art des jeweiligen Baustellendokuments abhängig. So werden Prüfprotokolle in der Regel am gleichen Tag erstellt, auch Lieferscheine. Andererseits werden Bautagebücher oft erst am Ende einer Woche geschrieben und auch die Übergabe von Lieferscheinen erfolgt so unregelmäßig, dass sie derzeit noch viel zu spät für eine Simulation in Echtzeit eingespeist werden können. Daraus kann sich dann ein in sich unlogisches Bild der Baustelle ergeben, da Prüfprozesse, welche am Ende eines Erstellungsprozesses stehen sollten, dann im Modell eher auftreten als der Herstellungsprozess selbst, der im Bautagebuch dokumentiert wurde. Bei einem der Praxisbeispiele fiel das im Simulationsmodell nachgebildete Abbild der Bauprozesse deshalb mit einer zeitlichen Verspätung von bis zu zwei Wochen aus und teilweise musste die Ablauflogik nachträglich noch korrigiert werden.

Ein Schwachpunkt bei der Analyse der Baustellendokumentationen in den verschiedenen Projekten war die Belastbarkeit der Daten. Ein Vergleich mit der Realität hat ergeben, dass die Baustellendokumentation so genannten Anpassungen ausgesetzt war. Da z. B. ein Bautagebuch auch von Bauherrn eingesehen und unterschrieben wird, wurden einige Informationen, welche für eine zutreffende Bau-Ist-Beschreibung eine hohe Relevanz für eine vertragstreue Vertragsabwicklung aufweisen, opportunistisch optimiert, d. h. sie wurden gegenüber der Realität verfälscht dargestellt oder sie blieben unerwähnt.

Ganz gezielt wurden alle verfügbaren Daten in die Untersuchung einbezogen, unabhängig davon, ob sie von Hand, teilautomatisiert oder vollautomatisch erfasst und weitergeleitet wurden. Bei allen Projekten stellte sich heraus, dass die Baustellendokumentation nach wie vor überwiegend von Hand und dabei meistens sogar in Formaten erfolgt, die nicht automatisch ausgewertet werden können. Digitale Bautagebücher und andere Erfassungswerkzeuge, welche digital auswertbar und kommunizierbar sind, werden bisher nur selten und nicht ohne Medienbrüche eingesetzt. Dieser Zustand wird, folgt man den Ergebnissen der Umfrage unter den deutschen Baufirmen, auch weiterhin noch länger anhalten.

5.2 Ergebnisse

Die Ergebnisse der Studie führen zu dem Schluss, dass die Baustellendokumentation unter den beschriebenen Einschränkungen durchaus für die Festlegung der entscheidenden Simulationsparameter nutzbar ist. Allerdings konnte gezeigt werden, dass die Informationen, die nur aus den ohnehin vorhandenen Baustellendokumenten entnommen werden, ein noch zu unscharfes Abbild des aktuellen Ist-Zustands liefern. Einerseits muss also die Datenerfassung für eine Simulation in Echtzeit stärker vorstrukturiert und vor allem automatisiert werden, um weniger fehler- und manipulationsanfällig zu sein. Dann können daraus effizient nutzbare Bau-Ist-Informationen generiert werden. Andererseits ist es erforderlich, bereits im Simulationsmodell noch mehr als bisher die grundsätzlichen baubetrieblichen Abhängigkeiten und dazu adäquat voreingestellte Parameter zu formulieren, deren Relevanz und Variation innerhalb des Simulationsmodells verständlich aufbereitet erkennbar wird und eine schnelle Entscheidung innerhalb vorgegebener Gültigkeitsgrenzen ermöglicht.

Notwendig ist deshalb sowohl die Ausweitung automatisierter Bauprozess-Erfassungen unter Einsatz moderner Erfassungstechniken und entsprechender digitaler Hilfsmittel (zum Beispiel digitale Bautagebücher) als auch eine transparente und nachvollziehbare Darstellung der im Simulationsmodell hinterlegten baubetrieblichen Prozessabhängigkeiten, sinnvoller Gültigkeitsschranken für variable Parameter und von voreingestellten Standardwerten.

6 Zusammenfassung und Ausblick

Zusammenfassend kam die Studie zu dem Schluss, dass mit Hilfe der Baustellendokumentation der Bauprozess in weiten Teilen nachvollzogen werden kann. Das Bild ist jedoch noch unvollständig und teilweise unscharf. Allerdings muss die Datenqualität deutlich verbessert werden, außerdem müssen die Daten zeitlich deutlich näher erfasst werden, die Zuverlässigkeit der Daten muss gesteigert werden und die Aufbereitung automatisiert erfolgen, um eine schnelle Umsetzung in das Simulationsmodell zu ermöglichen. Die entsprechenden Werkzeuge sind bereits am Markt verfügbar, jedoch noch nicht ausreichend aufeinander abgestimmt. Da die Informationsdichte für ein Simulationsmodell in Echtzeit aber noch nicht ausreicht, müssen die Daten durch den Einsatz gezielter ergänzender Messtechnik vervollständigt werden. Mit Hilfe moderner Messtechniken müssen die vorhandene Daten vervollständigt, plausibilisiert und konsolidiert werden, um eine seriöse Datenbasis für die Bauprozesssimulation zu schaffen.

Am Lehrstuhl für Baubetrieb und Bauverfahren der Bauhaus-Universität Weimar werden derzeit vielfältige Simulationsmodelle für Bauprozesse erarbeitet, die für die Optimierung von Bauabläufen und Logistikprozessen eingesetzt werden. Diese können durch eine taggenaue und stringente Bau-Ist-Erfassung in ihrem Anwendungsspektrum erweitert werden.

Die vorgestellte Arbeit wird derzeit durch Untersuchungen hinsichtlich des notwendigen Detaillierungsgrades des Simulationsmodells erweitert. Es wird der Frage nachgegangen, wie detailliert die einzelnen Prozessschritte abgebildet werden sollte, um ein Optimum zwischen Modellierungsaufwand und Simulationsergebnis zu erzielen.

Literaturverzeichnis

AILLAND, K.; BARGSTÄDT, H.-J.: Taggenaues Termincontrolling auf Baustellen mit Hilfe der Simulation. In: Advances in Simulation for Production and Logistics Applications. Hrsg.: RABE, Markus. Stuttgart: Fraunhofer IRB Verlag, 2008, S. 169-178.

BARGSTÄDT, H.-J.; AILLAND K.: Construction Process Simulation Based on Significant Day-to-day Data. In: Proceedings of the CONVR Conference 2009, Sydney (Australia), 2009, S. 323-332.

BEIßERT, U.; KÖNIG, M.; BARGSTÄDT, H.-J.: Simulation von Ausführungsstrategien mit Hilfe von Soft Constrains und lokaler Suche. In: Advances in Simulation for Production and Logistics Applications. Hrsg.: RABE, Markus. Stuttgart: Fraunhofer IRB Verlag, 2008, S. 141-150.

BUCHHOP, E.: Zeitliche Erfassung von Kernprozessen als Teil der Prozessanalyse. Bremen: CT Salzwasser-Verlag, 2007.

SAUER, J.: Intelligente Ablaufplanung in lokalen und verteilten Anwendungsszenarien. Stuttgart: Teubner-Verlag, 2004.

Integrationsaspekte der Simulation:
Technik, Organisation und Personal
Gert Zülch & Patricia Stock (Hrsg.)
Karlsruhe, KIT Scientific Publishing 2010

Verwendung von constraint-basierten Modellen zur Lösung von Bauablaufproblemen mit Hilfe der Constraint-Solver-Bibliothek firstCS.

Use of Constraint-based Modelling to Solve Construction Scheduling Problems Applying the Constraint Solver Library firstCS

Ramez Edris, Volkhard Franz,
Universität Kassel, Kassel (Germany)
ramez.edris@first.fraunhofer.de

Armin Wolf
Fraunhofer FIRST, Berlin (Germany)

Abstract: Nowadays, the Constraint Programming is a significant and steadily growing field of research and application. In practice, the Constraint Programming paradigm is successfully applied to solve combinatorial problems, in particular in scheduling, simulation and diagnosis, and also in many industrial areas (HOFSTEDT, WOLF 2007, S.VII). In this paper it is shown how the constraints of the constraint solver library firstCS (WOLF 2006) can be used efficiently for modeling of construction sequence problems. Moreover, the suitable constraint models as well as the searching heuristics of firstCS are used and discussed with the help of an application case.

1 Einleitung

Bei der Erstellung von Bauablaufplänen in Bauprojekten im Allgemeinen und im Hochbau im Besonderen ist eine Vielzahl von projektspezifischen Randbedingungen zu berücksichtigen. Bei der Erstellung von Ablaufplänen untergliedern sich die Aufgaben der Planer in drei Teilaufgaben: Bestimmung der Vorgänge, Festlegung der Beziehungen zwischen den Vorgängen und Bestimmung der Dauer der Vorgänge (HUHNT, ENGE 2007, S. 33). Zur Bestimmung der Terminpläne wird die Netzplantechnik als klassische Herangehensweise zur Ermittlung von Terminplänen benutzt (BRANDENBERGER, RUOSCH 1993, S. 43).

Bei der Netzplantechnik können nur die gegenseitigen Abhängigkeitsbeziehungen zwischen einzelnen Vorgängen dargestellt werden. In der Praxis sind aber auch andere Arten von Abhängigkeiten sehr wichtig, z.B. Abhängigkeiten, die wünschenswert, aber nicht unbedingt einzuhalten sind, oder Abhängigkeiten, die sich auf mehrere Vorgänge gleichzeitig beziehen. In dieser Arbeit wird eine Modellierungsmethode vorgeschlagen, die alle diese Abhängigkeiten berücksichtigen kann und dabei die wünschenswerten Abhängigkeiten von den zwingend notwendigen Abhängigkeiten unterscheidet.

2 Abhängigkeitsbeziehungen zwischen den Bauaufgaben in Bauabläufen (Constraints)

Im Allgemeinen lassen sich die Abhängigkeitsbeziehungen in technologische und kapazitative Abhängigkeiten unterteilen. Die kapazitativen Abhängigkeiten ergeben sich aus den Einschränkungen der Einsatzmittel sowie den zur Verfügung stehenden Ressourcen. Die technologischen Abhängigkeiten hängen von den ausgewählten Bauverfahren, der Baukonstruktion und anderen Randbedingungen ab. Die technologischen Abhängigkeiten können weiter in zwingende und zweckmäßige Abhängigkeiten unterteilt werden (NAGEL u.a. 1990). In diesem Beitrag werden die technologischen Abhängigkeiten analysiert und nach (ROSSI u.a. 2006) als lokale, die wieder in Soft- und Hard-Constraints unterteilt werden, sowie auch globale Constraints klassifiziert. Weiterhin werden die Gewerke als einzelne Ressourcen betrachtet, so dass jedes Gewerk nur eine Arbeitsgruppe hat.

2.1 Lokale Constraints der technologischen Abhängigkeiten zwischen den einzelnen Vorgängen

Die lokalen Constraints beziehen sich auf eine bestimmte Anzahl von Bauaufgaben. Sie können weiter in zwingende Abhängigkeiten (Hard-Constraints) und zweckmäßige Abhängigkeiten (Soft-Constraints) unterteilt werden:

- Hard-Constraints beschreiben die zwingenden zeitlichen Abhängigkeiten und ordnen die zugehörigen Bauaufgaben in eine zwingende Reihenfolge. Als Beispiele können die folgenden Prinzipien genannt werden: tragende vor aufliegenden Elementen, innenliegende vor äußeren Elementen und erforderliche Wartezeiten.

- Soft-Constraints beschreiben die zweckmäßigen Abhängigkeiten und bilden die gewünschte Reihenfolge der zugehörigen Bauaufgaben ab, z.B. sind die Malerarbeiten in einem Raum aus zweckmäßigen Gründen vor den Bodenbelagarbeiten auszuführen. Diese angestrebte Reihenfolge wird in diesem Beitrag als ein Soft-Constraint betrachtet.

2.2 Globale Abhängigkeiten zwischen mehreren Vorgängen (Globale Constraints).

"Globale Constraints entsprechen einer Konjunktion von Constraints. Man betrachtet diese Constraints zusammen und kann daher stärkere Lösungsalgorithmen einsetzen" (HOFSTEDT, WOLF 2007, S. 94). Diese Art der Constraints bezieht sich auf mehrere Vorgänge zusammen - wenn z.B. die Vorgänge eines Gewerkes nur innerhalb einer bestimmten vertraglichen Zeitperiode ausgeführt werden können, wobei die einzuhaltenden Termine vertraglich festgelegt werden müssen (PROPOROWITZ, MALPRICHT, WOTSCHKE 2008, S. 155) oder wenn eine Liste von Vorgängen - wegen Raumbelegungseinschränkungen o.ä. - gleichzeitig, nicht ausgeführt werden darf. Ein Beispiel ist, dass Malerarbeiten und Bodenbelagsarbeiten nicht gleichzeitig in einem Raum durchgeführt werden dürfen. Dafür können globale Constraints eingesetzt werden, welche die möglichen Kombinationen "Malerarbeiten vor Bodenbelagsarbeiten" sowie auch "Bodenbelagsarbeiten vor Malerarbeiten" erlauben, aber deren gleichzeitige Ausführung verhindern.

3 Constraint-basierte Ansätze im Baubetrieb

Bei COPs (Constraint Optimization Problems) kann man die optimale Lösung durch den Einsatz von Constraint-Lösern finden. Das ist im Allgemeinen nur mit einem sehr großen Rechenaufwand möglich. In KÖNIG, BEIßERT und BARGSTÄDT (2007) basiert daher die Lösung auf einer ereignis-diskreten Simulation. In jedem Simulationszeitschritt werden die Arbeitsschritte bestimmt, deren Hard-Constraints erfüllt sind und die damit ausführbar sind. Eine Auswahl der tatsächlich auszuführenden Schritte erfolgt nach einer Strategie, die in den Soft-Constraints definiert ist.

In BEIßERT, KÖNIG und BARGSTÄDT (2008) wird die Strategie "Verschmutzung vermeiden" in Ausbauprozessen als Beispiel für die Optimierung von Ausbaustrategien betrachtet. Die Arbeitschritte werden über Soft-Constraints gemäß der Verschmutzung gewichtet. Durch eine lokale Suche werden in jedem Simulationsschritt aus den möglichen Arbeitschritten (Hard-Constraints) diejenigen für die Ausführung ausgewählt, die die höchste Verschmutzung hervorrufen.

Im Rahmen unseres Beitrages werden die Reihenfolgen der Bauaufgaben in Form von Hard- und Soft-Constraints modelliert. Das gesamte resultierende COP wird mit dem Constraintssolver firstCS gelöst, wobei die ermittelte Lösung alle Hard-Constraints gewährleistet und eine maximale Anzahl von Soft Constraints erfüllt.

4 Problem der Optimierung von Reihenfolgen

Das Problem der Optimierung von Reihenfolgen in Bauabläufen tritt auf, wenn zeitparallel ausführbare Vorgänge nacheinander ablaufen sollen, weil u.U. dieselbe Kolonne die entsprechenden Aufgaben ausführen soll oder andere Kapazitätsbeschränkungen oder Raumbelegungseinschränkungen existieren. Verschiedene Ausführungsstrategien der Bauproduktion stehen in vielen Fällen im Widerspruch zueinander. Das bedeutet, dass für jede Ausführungsstrategie ein Optimum berechnet werden kann (BEIßERT, KÖNIG, BARGSTÄDT 2008) und daher verschiedene Optima für verschiedene Ziele ermittelt werden können. Gesucht wird jedoch ein Pareto-Optimum für alle Ziele zusammen, was mathematisch sehr rechenaufwändig sein kann (BURKE, KENDALL 2005, S. 288). Aus diesem Grund wird für den praktischen Einsatz eine gewichtete Summe der Zielkriterien untersucht, die bei Einsatz einer geeigneten Suchheuristik (siehe Kap. 7.3), die mit vertretbarem Rechenaufwand Lösungen ermittele.

5 Modellierung des Ablaufproblems

Das Planungsproblem sei durch eine endliche Menge von Bauaufgaben und Bauplätzen (Ebenen/Räume) charakterisiert, die einer endlichen Menge von Hard-Constraints und Soft-Constraints unterliegen. Auf der Basis der festgelegten Planungszeiträume der unterschiedlichen Gewerke und dem insgesamt zur Verfügung stehenden Zeitraum ist eine optimale Lösung gesucht.

Jede Bauaufgabe ist durch die folgenden Größen charakterisiert: Startzeit, Dauer und Ende. Die Start- und Endzeit sind variabel und sollen im Planungszeitraum liegen. Es gilt auch Start + Dauer = Ende. Die Dauer jeder Aufgabe ist fest und wird durch Abschätzung des Aufwandes ermittelt.

Das CSP (Constraint Satisfaction Problem) besteht aus den folgenden drei Elementen: den Variablen, ihren Wertebereichen und den Constraints.

- Die Variablen sind die Start- und Endzeiten der Bauaufgaben,
- Wertebereiche sind mögliche Intervalle der Start- und Endpunkte der Bauaufgaben und
- Constraints beschreiben die Beziehungen zwischen den Bauaufgaben.

Das Optimierungsproblem besteht nun darin, die Bauabläufe so zu planen, dass alle Hard-Constraints erfüllt sind und die maximale Erfüllung der Soft-Constraints unter Einhaltung der zur Verfügung stehenden Zeiträume der unterschiedlichen Gewerke sowie der gesamten Ablaufzeit garantiert wird.

6 Lösungsansatz

In diesem Beitrag soll eine Näherungslösung vorgestellt werden, die mit vertretbarem Rechenaufwand alle Hard-Constraints erfüllt und die gesamten Soft-Constraints so gut wie möglich erfüllt.

Die vier bekannten Verknüpfungsmöglichkeiten der Netzplantechnik sind in dieser Klasse dadurch integriert, dass man die Start- oder Endevariable eines Vorgangs (x) mit der Start- oder Endevariable eines Vorgangs (y) miteinander in einem Constraint verknüpft. So wird beispielsweise die Bedingung, dass y nach x auszuführen ist, durch die Ungleichung Ende(x) $\leq$ Start(y) dargestellt.

Alle Soft-Constraints werden durch Differenzen zwischen den Start-/Endezeiten zweier Vorgänge x und y modelliert: Start(y) – Ende(x). Der Erfüllungsgrad wird durch normierte Bewertungen b folgendermaßen definiert: Ist die Differenz Start(y) – Ende(x) > 0, dann ist die Bewertung b = 1, ist sie kleiner 0, dann ist die Bewertung b = -1, ansonsten sei b = 0. Für die Modellierung von Soft-Constraints werden dafür die Constraint-Klassen "DistanceSign" eingesetzt.

Diese Bewertung bildet die Basis für die Optimierung der Reihenfolgen der Vorgänge. Die Reihenfolge, die die maximale Erfüllung der Soft-Constraints erreicht, ist die optimale Ausführungsvariante. Die Zielfunktion, die es zu optimieren gilt, ist die Summe der normierten Bewertungen aller Soft-Constraints.

7 Beispiel

Das folgende Beispiel betrachtet das Ablaufproblem in einem sechsstöckigen Gebäude. Zunächst werden die in jeder Etage auszuführenden Bauaufgaben und deren Abhängigkeiten analysiert.

7.1 Konstruktion der Etagen im Beispiel

Im folgenden Beispiel werden mehrere Ablaufreihenfolgen für die in Abbildung 1 vorgestellte Konstruktion innerhalb einer Etage gezeigt.

Die Ablaufanalyse dient der Beantwortung der Frage, ob ein Vorgang vor dem anderen aus zweckmäßigen oder zwingenden Gründen auszuführen ist. Die Grundlage dieser Analyse bilden die Abhängigkeitsbeziehungen zwischen den Vorgängen. Die Analyse kann in die lokale und globale Ablaufanalyse unterteilt werden. Die lokale Ablaufanalyse betrifft die am selben Ort auszuführenden Vorgänge. Diese Analyse wird hier für die Ausbauarbeiten in einem Raum am Beispiel einer Trennwandkonstruktion (siehe Abb. 1) durchgeführt.

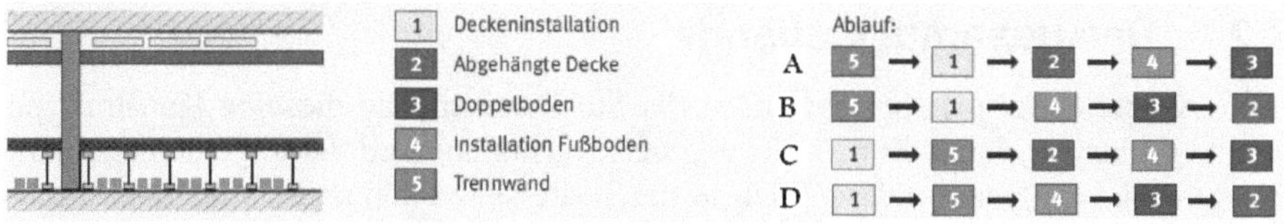

Abbildung 1: *Ablaufvarianten innerhalb eines Raumes (SOMMER 1994, S. 92)*

Im Beispiel ist eine Trennwand vom Rohboden bis zur Rohdecke zu erstellen. In dieser Variante kann entweder mit der Trennwand oder mit der Deckeninstallation begonnen werden. Danach ist die abgehängte Decke oder die komplette Fußbodeninstallation durchzuführen. Das ergibt insgesamt vier mögliche Ablaufvarianten (aus Sicht der Autors), wobei alle Räume einer Etage entsprechend einer gemeinsamen Variante gebaut werden.

Die folgenden fünf Hard-Constraints sind innerhalb der Etage zu betrachten: Aufgabe 5 vor Aufgabe 2, Aufgabe 5 vor Aufgabe 3, Aufgabe 5 vor Aufgabe 4, da die Trennwand vor der abgehängten Decke, dem Doppelboden sowie der Installation des Fußbodens auszuführen ist. Aufgabe 1 vor Aufgabe 2, Aufgabe 4 vor Aufgabe 3, da innenliegende Elemente vor äußeren Elementen auszuführen sind.

Die beiden Soft-Constraints sind: Aufgabe 5 vor Aufgabe 1, damit die Montagewände genau ausgerichtet werden und die Installation darauf abgestellt werden kann. Aufgabe 2 vor Aufgabe 3, da die oberen Arbeiten vor den unteren Arbeiten aus mehreren Gründen besser auszuführen sind.

In dem Beispiel empfiehlt der Autor, die Variante A auszuwählen, da alle zweckmäßigen und auch zwingenden Abhängigkeiten eingehalten sind. Es ist aber auch der Ablauf C möglich. Die Abläufe B und D sind grundsätzlich möglich, da diese die zwingenden Bedingungen (Hard-Constraints) erfüllen; sie sind jedoch weniger geeignet, da zweckmäßige Bedingungen (Soft-Constraints) ignoriert werden.

In Tabelle 1 werden die möglichen Ablaufvarianten mit der Zahl der erfüllten Soft-Constraints und deren erreichten Zielfunktionswert innerhalb einer Etage nach der Lösung mit Hilfe der Constraint-Bibliothek firstCS dargestellt.

Variante	Reihenfolgen					Soft-Constraints	Zielfunktionswert
A	5	1	2	4	3	2	2
B	5	1	4	3	2	1	0
C	1	5	2	4	3	1	0
D	1	5	4	3	2	0	-2
E	5	4	3	1	2	1	0

Tabelle 1: *Mögliche Ablaufvarianten innerhalb einer Etage*

Der Tabelle ist zu entnehmen, dass die Variante A die optimale Variante ist. Zusätzlich zu den vom Autor in Abbildung 1 dargestellten vier Varianten ist eine weitere fünfte Variante (E) möglich. Diese Variante ist zwar keine optimale Variante könnte aber bei einer Planänderung nützlich sein.

7.2 Das gesamte Gebäude

Das erweiterte Beispiel besteht aus sechs Stockwerken, die dieselbe Konstruktion wie Abbildung 1 haben. Zur Festlegung der Constraints wird der allgemeine Ablauf der Gewerke analysiert. Diese Analyse liefert die sinnvollen und zwingenden Fertigungsrichtungen der einzelnen Gewerke. In diesem Beispiel werden die Gewerke, wo möglich, die unteren Geschosse zuerst bearbeiten. Es könnte aber auch eine Fertigungsrichtung von oben nach unten oder eine gemischte Fertigungsrichtung eingegeben werden, je nach Wunsch der beteiligten Gewerke.

Innerhalb jeder Etage sollen sowohl die Hard-Constraints als auch die Soft-Constraints (Kap. 7.1) berücksichtigt werden. Weiterhin kommen zusätzliche Soft-Constraints hinzu, die die gewünschte Reihenfolge der gleichen Bauaufgaben in unterschiedlichen Etagen beschreiben, z.B. Trennwand im Erdgeschoss vor der Trennwand im 1. Obergeschoss, Trennwand im 1. Obergeschoss vor der Trennwand im 2. Obergeschoss, usw. Das ergibt für die sechs sich wiederholenden Aufgaben weitere fünf Soft-Constraints, die deren gewünschte Reihenfolge beschreiben. Zusammen sind dies dann zusätzliche 25 Soft-Constraints. Dabei wird folgender Zeitbedarf pro Etage angenommen: 2 Tage für die Trennwände, 4 Tage für die Deckeninstallation, 3 Tage für die abgehängte Decke, 4 Tage für die Installation des Fußbodens und 2 Tage für den Bodenbelag Sofern alle Soft-Constraints eingehalten werden, wird eine lange Gesamtdauer von 45 Tage benötigt. Ist die zur Verfügung stehende Ausführungsdauer kürzer als 45 Tage, so sind die Reihenfolgen zu berechnen, die eine maximale Erfüllung von Soft-Constraints gewährleisten. Die folgenden zwei Constraints werden dabei als globale Constraints eingesetzt:

- *Zeitlich überlappungsfreie Platzierung von Arbeitsgängen auf einer Ressource:* sowohl für die Arbeitsressourcen als auch die Arbeitsplätze.
- *Paarweise Verschiedenheit (AllDifferent):* verhindert, dass die zugehörigen Variablen denselben Wert annehmen können. Z.B. die Abbrucharbeiten der Deckeninstallation dürfen nur in einer Etage gleichzeitig stattfinden.

7.3 Lösung des Constraint-Optimierungsproblems mittels problemangepasster Suche

Zur Lösung des Constraint-Optimierungsproblems wurde die Branch&Bound-Methode so umgesetzt, dass beginnend mit der Suche nach einer initialen Lösung, durch Beschränkung des Zielfunktionswerts nach immer besseren Lösungen im verbleibenden Suchraum gesucht wird, bis letztlich eine optimale Lösung gefunden wurde, d. h. wenn eine Lösung mit Zielfunktionswert v gefunden wurde, wird dies durch Beschränkung der Zielfunktion g mittels $g > v$ erreicht. Der Einsatz einer naiven Tiefensuche mit chronologischem Rücksetzen beim Auftreten einer Inkonsistenz, das jeder Startzeit-Variablen einen Wert zuordnet, ist – wie unsere Versuche gezeigt haben – nicht zielführend: Die Optimierung war auch nach über einer Stunde Rechenzeit erfolglos. Ein Grund dafür ist, dass es viele Wertekombinationen gibt, welche weder die Reihenfolge der Vorgänge noch die Bewertung der Soft-Constraints (Vorzeichen von Differenzen) verändern, was bei der Suche einen sogenannten "Thrashing"-Effekt ("auf der Stelle treten") zur Folge hat. Aus diesem Grund wurde zur Optimierung eine chronologische Tiefensuche eingesetzt, die zwei zeitlich anzuordnende Vorgänge, die noch ungeordnet sind, auswählt und ordnet, so dass durch die beiden Alternativen "A vor B" oder "B vor A" ein binärer Suchbaum aufgespannt wird, der durch Ausschluss widersprüchlicher Teilordnungen beschnitten wird, so dass maximal $n!$ lineare Ordnungen bei n Vorgängen betrachtet werden, d.h. die Suche terminiert nach endlich vielen Schritten, sobald die Vorgänge linear geordnet sind und damit alle Bewertungen der Soft-Constraints eindeutig sind. Eine Belegung der Startzeit-Variablen mit Werten ist nicht erforderlich – ganz im Gegenteil: die Größe der Wertebereiche gibt Hinweise auf zeitliche Puffer: ist der Start eines Vorgangs durch die Anordnung bestimmt, so liegt dieser Vorgang auf einem "kritischen Pfad", jede zeitliche Abweichung verletzt entweder ein Hard-Constraint oder führt zumindest zu einer suboptimalen Lösung.

7.4 Ergebnisse

Für eine gegebene Zeitdauer wird das Optimierungsproblem gelöst. Dazu werden Ablaufreihenfolgen ermittelt, die die Einhaltung einer maximalen Anzahl von Soft-Constraints erlauben. Für eine maximale Ablaufzeit von 35 Tagen ergeben sich z.B. 12 optimierte Varianten mit derselben Anzahl erfüllter Soft-Constraints. Aus einer möglichen Variante sind in Tabelle 2 die Intervalle der Startzeiten der Aufgaben Trennwände im gesamten Gebäude dargestellt. Diese Ergebnisse wurden auf einem Windows-PC (2GHz CPU, 2GByte RAM) in wenigen Sekunden berechnet.

Bauaufgabe	**Etage**	**Startzeiten(Tagen)**
Trennwände	EG	0
Trennwände	1 OG	2..4
Trennwände	2 OG	6..8
Trennwände	3 OG	8..12
Trennwände	4 OG	10..16
Trennwände	5 OG	4..6

Tabelle 2: *Startzeiten der Aufgaben Trennwände*

8 Zusammenfassung und Ausblick

Es wurde ein constraint-basierter Lösungsansatz zur Bauablaufplanung im Hochbau vorgestellt. Zukünftige Arbeiten zur Erweiterung des Modells umfassen die Definition von Constraints für die unterschiedlichen Ressourcenarten (exklusiv, kumulativ, etc.), sowie die Entwicklung von Methoden zur Gewichtung der Soft-Constraints auf der Basis einer Nutzwertanalyse. Ferner muss das gesamte Konzept anhand eines realen Projekts validiert werden.

Literatur

BEIßERT, Ulrike; KÖNIG, Markus; BARGSTÄDT, Hans-Joachim: Simulation von Ausführungsstrategien mit Hilfe von Soft-Constraints und Lokaler Suche. In: Advances in Simulation for Production and Logistics Applications. Hrsg.: RABE, Markus. Stuttgart: Fraunhofer IRB Verlag, 2008, ASIM 2008 , S. 141-150.

BRANDENBERGER, Jürg ; RUOSCH, Ernst: Ablaufplanung im Bauwesen, Dietikon: Baufachverlag AG, 1993.

BURKE, Edmund K.; KENDALL, Graham : Search Methodologies, New York: Springer Verlag, 2005.

HOFSTEDT, Petra; WOLF, Armin: Einführung in die Constraint-Programmierung, Berlin: Springer-Verlag, 2007.

HUHNT, Wolfgang; ENGE, Felix : Simulationsmodelle für die Ausführung von Bauleistungen" In: 1. IBW-Workshop Simulation in der Bauwirtschaft. Hrsg.: FRANZ, Volkard. Kassel: kassel university press, 2007, S. 29-50

KÖNIG, Markus; BEIßERT, Ulrike; BARGSTÄDT, Hans-Joachim: Ereignis-diskrete Simulation von Trockenbauarbeiten - Konzept, Implementierung und Anwendung. In: 1. IBW-Workshop Simulation in der Bauwirtschaft. Hrsg.: FRANZ, Volkard. Kassel: kassel university press, 2007, S. 15-27.

NÄGEL, Ulrich; GÖTTING, Kurt; HÄNEL, Klaus; WAGNER, Christoph: Ausbauprozesse. Berlin : VEB Verlag für Bauwesen, 1990.

PROPOROWITZ, Armin; MALPRICHT, Wolfgang; WOTSCHKE, Michael: Baubetrieb-Bauwirtschaft. Leipzig: Fachbuchverlag im Carl Hanser Verlag, 2008.

ROSSI, Francesca; VAN BEEK, Peter; WALSH, Toby: Handbook of Constraint Programming, Amsterdam : 1. Aufl. Elsevier, 2006.

SOMMER, Hans.: Projektmanagement im Hochbau, Berlin, Heidelberg: Springer-Verlag, 2. Auflage 1994.

WOLF, Armin: Object-Oriented Constraint Programming in Java Using the Library firstcs. In: 20th Workshop on Logic Programming. Wien: Technische Universität, 2006, S. 21-32.

Integrationsaspekte der Simulation:
Technik, Organisation und Personal
Gert Zülch & Patricia Stock (Hrsg.)
Karlsruhe, KIT Scientific Publishing 2010

Wegunabhängige Simulation der Bewegung von Fahrzeugen in der Fläche

Track-independent simulation of vehicles moving through an area

Marek Heinrich, Carsten Eckert, Gerd Holbach
Technische Universität Berlin,
Fachgebiet Entwurf und Betrieb Maritimer Systeme, Berlin (Germany)
eckert@naoe.tu-berlin.de, holbach@naoe.tu-berlin.de

Lars Wagner
Technische Universität Hamburg Harburg,
Institut für Produktionsmanagement und -technik, Hamburg (Germany)
l.wagner@tu-harburg.de

Abstract: This paper demonstrates, how the limitations, due to the rail-born character, of Plant Simulation's build-in material flow component "Track", can be overcome in means of a more area orientated behaviour of movement. Therefore paths are not predefined, units do move freely, choosing their preferred or optimal paths on their own, while avoiding collisions. For achieving that a couple of adaptations needed to be made to the underlining A*-Algorithm concerning the size of the vehicle, its typical behaviour of movement and collision avoidance. The presented solution includes exiting STS-Tools. The focused vehicles are ships, operating on inland waterways (simulation of inland shipping/ inland navigation), whereas the approach is likeable to be applied to a broad variety of movable entities.

1 Einleitung

In diesem Beitrag wird ein Konzept zur Simulation der spurunabhängigen Bewegung von mehreren Fahrzeugen auf einer Fläche vorgestellt. Es wird insbesondere für Schiffe erläutert, eignet sich aber für eine Vielzahl anderer Fahrzeugtypen.

Das Konzept wurde für ein Verkehrssimulationstool für die Binnenschifffahrt entwickelt, welches auf dem *STS*-Bausteinkasten (Simulation Toolkit for Shipbuilding; siehe: Flensburger Schiffbaugesellschaft; SimCoMar 2010) und damit auf Plant Simulation beruht.

Das Konzept wird verwendet um die Spurbindung des Materialflusselements "Weg" zu überwinden. Plant Simulation benutzt vorwiegend starre Verknüpfungen zwischen den Knotenpunkten eines Netzwerks. Diese werden meist manuell in das

Modell eingefügt und sind während der Laufzeit in ihren Parametern wie Länge, Ausrichtung und Kurvenführung festgelegt, was zu einer Spurbindung der zu simulierenden Fahrzeuge führt.

Dieser Ansatz entspricht nicht dem Bewegungsverhalten von Schiffen und anderen Fahrzeugen, wenn diese in ihrem Bewegungsverhalten nicht an genau definierte Spuren gebunden sind.

Schiffe können ihren Kurs über ein Gewässer annähernd frei und selbständig bestimmen und verfügen dabei über eine Vielzahl von alternativen Routen. Zudem müssen sie anderen Fahrzeugen ausweichen.

Der flächenorientierte Ansatz dient auch der Darstellung von Bewegungsabläufen auf Baustellen und Bauplätzen, sowie von logistischen Prozessen während des Be- und Entladens von Schiffen.

Die Umsetzung des Ansatzes erweitert die Funktionalität des für die Produktionssimulation zentralen STS-Bausteins "Fläche ", welcher zurzeit zur Abbildung von Bauplätzen dient. Ausgehend von einem Flächenlager in dem, mittels eines Krans, unterschiedlich dimensionierte Baugruppen gestaut werden, wurde der Baustein später um die Befahrbarkeit mit einem Fahrzeug erweitert (siehe VOIGTMANN, BARGSTÄDT 2008).

Aufgrund der Laufzeitperformace von Plant Simulation und dessen Programmiersprache SimTalk konnten Ansätze aus der Robotersteuerung, wie bspw. LI u.a. (1994) oder HYUN und SUH (1995) oder aus der Simulation des Verhaltens von Fußgängern (siehe FOUDIL u.a. 2009; KOH u.a. 2008) nicht in die bestehenden Ansätze des STS integriert werden.

2 Die Fläche und ihre Repräsentation durch Matrizen

Über der zu betrachtenden Fläche wird ein Raster aufgespannt, welches die Fläche in quadratische Zellen aufteilt. Das Teilgebiet, das von einer Zelle abgedeckt wird, wird durch den Zellenmittelpunkt x_{ij} repräsentiert. Zur Darstellung von nicht-rechteckigen Flächen können einzelne Zellen, z.B. an den Ecken und Rändern, als gesperrt markiert werden. Durch das Sperren von Zellen können auch statische, also unbewegte, Hindernisse innerhalb der Fläche imitiert werden. Das vom A*-Algorithmus benötigte Netzwerk, das *Grid*, wird anhand der Ur-Matrix M generiert.

3 Anpassungen des A*-Algorithmus für die Simulation von Binnenschiffen auf Gewässern

Bisher wurde für die STS-Fläche ein leicht modifizierter A*-Algorithmus verwendet (siehe RABIN 2002) mit den Matrix-Zellen-Mittelpunkten x_{ij} als Knoten. Durch die bisherige Implementation des A* ergeben sich folgende Probleme:

- Die Fahrzeuge werden als punktförmig angenommen.

- Alle Matrixelemente, die den aktuellen Knoten umgeben, werden – sofern diese nicht gesperrt sind – für das Fahrzeug als erreichbar eingestuft. Das Fahrzeug müsste daher sehr beweglich sein, um alle benachbarten Knoten erreichen zu können (Gabelstapler/Fußgänger).
- Andere bewegte Fahrzeuge können nicht beachtet werden, es kann auch nicht festgestellt werden ob zwei Fahrzeuge einen Knoten gleichzeitig belegen. Kollisionen bleiben unbemerkt und ohne Konsequenzen.

3.1 Statische Überprüfung der Knoten

Der A*-Algorithmus sucht den günstigsten Weg durch ein Netzwerk aus Knoten. Bei der bisherigen STS-Implementierung wurde dabei das Fahrzeug als punktförmig angenommen. Da nur der Mittelpunkt des Schiffes betrachtet wurde, könnte dieser sich entlang einer für ihn zulässigen Route bewegen, während andere Teile des Schiffes mit Hindernissen oder gesperrten Knoten kollidieren.

Um dies zu vermeiden wird der Schiffskörper v_1 orthogonal auf das Raster M projiziert mit $A = \{P_1 : v_1 \rightarrow M\}$ wobei A die Menge aller abgeschatteten Punkte ist. Die Schiffsform v_1 wird durch abschnittsweise definierte Geradengleichungen angenähert, jedoch unter Berücksichtigung der aktuellen Position x_{ij} sowie des Kurswinkels α_1 zwischen der Schiffslängsachse und des Rasters, also $A(v_1, x_{ij}, \alpha_1)$. Sollte einer der so abgeschatteten Knoten gesperrt sein, und somit ein Hindernis darstellen, dann ist der aktuelle Knoten, unter Berücksichtigung des Kurswinkels, für die Wegfindung unzulässig und wird von dieser ausgeschlossen.

3.2 Kollisionsvermeidung und zeitliche Überprüfung

In der bisherigen STS-Implementierung wurden andere Fahrzeuge ignoriert, Kollisionen blieben konsequenzlos. Bei dem vorgestellten Ansatz weichen die Einheiten einander aus, Verkehrsregeln könnten zusätzlich je nach Verkehrsart als Einschränkungen in den Algorithmus eingeführt werden. Um Kollisionen zwischen dem zu betrachtenden Schiff v_1 und seinem potentiellen Kollisionsgegner v_k bereits in der Wegfindung zu vermeiden werden Knoten in Abhängigkeit von der Zeit gesperrt.

Für jeden Knoten des Rasters x_{ij} wird berechnet, wann der Kollisionsgegner v_k diesen frühestens abschattet $t_{ij}(v_k)$. Die *forecast*-Matrix T ergibt sich aus: $t_{ij} = \min(t_{ij}(v_k)) \forall k$. Die berechneten Werte geben an, wann der Knoten frühestens von einem Kollisionsgegner v_k belegt sein könnte. Hat das Schiff zu diesem Zeitpunkt den Knoten bereits verlassen kann keine Kollision stattfinden.

Um dies nun im Wegfindungsalgorithmus zu berücksichtigen, wird bei jedem aktuell zu befahrenden Knoten bestimmt, zu welcher Zeit dieser erreicht wird $t_{ij}(v_1)$. Ebenfalls wird festgestellt welche Knoten im Vergleich zum vorherigen Knoten nicht mehr belegt sind: $D = \{A(v_1, x_{ij}, \alpha 1)A(v_1, x_{mn}, \alpha j)\}$. Für jeden freigeworden Knoten wird die Zeit $t_{ij}(v_1)$ mit der in der *forecast*-Matrix t_{ij} gespeicherten Zeit verglichen. Die frei werdenden Knoten werden rechtzeitig verlassen, wenn gilt: $t_{ij}(v_1) < t_{ij}$. Anderenfalls wird der Vorgänger- Knoten (rückwirkend), ebenso wie seine Nachfolger, von der Wegfindung ausgeschlossen.

3.3 Betrachtung mehrerer entfernter Punkte

In der bisherigen STS-Implementierung des A*-Algorithmus werden in jedem Iterationsschritt alle benachbarten Knoten berücksichtigt, auch diejenigen, die das Fahrzeug aufgrund seines gegebenen minimalen Kurvenradius nicht erreichen kann. Auch werden nur die unmittelbar benachbarten Knoten betrachtet. Abbildung 1 zeigt die unterschiedlichen Ansätze: Nur die grau hinterlegten Matrixelemente können vom Schiff erreicht werden; der STS-A* hingegen betrachtet nur alle unmittelbar benachbarten Knoten.

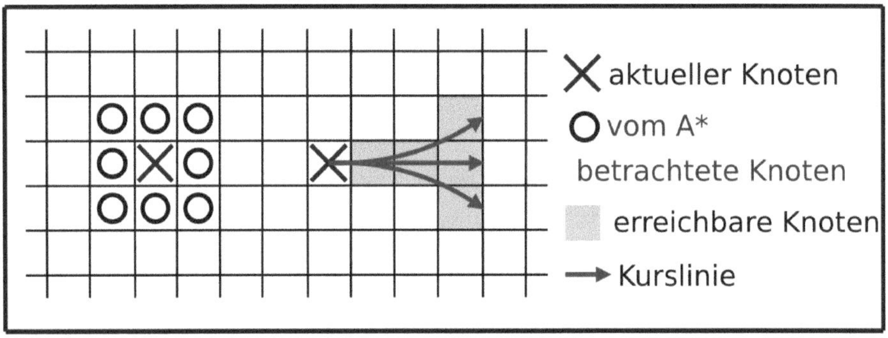

Abbildung 1: *Gegenüberstellung der betrachteten Knoten von ursprünglichem (STS) (links) und angepasstem A* (rechts)*

Aufgrund der Rundung der Position des Schiffes auf die Mittelpunkte der Rasterzellen, führt der größere Kurvenradius zu einer scheinbaren Überlappung des ursprünglichen Kurses k_0 und des geänderten Kurses $k_{steu/back}$, da die Abweichung zwischen beiden erst nach dem Überstreichen mehrerer Knoten sichtbar wird. Denn:

$k_0(t+\Delta t) \approx k_{steu}(t+\Delta t) \approx k_{back}(t+\Delta t)$ für Δt klein, sowie

$P_\perp(k_0(t+\Delta t)) \approx P\perp(k_{steu}(t+\Delta t)) \approx P\perp(k_{back}(t+\Delta t))$ für

$\Delta k = |k_i(t) - x_{mn}|$, wobei a_m die Kantenlänge eines Rasterelementes ist.

Um den A* an die großen Kurvenradien anzupassen werden zwischen den Iterationen als mögliche erreichbare Knoten jene bestimmt, bei denen sich die verschiedenen Kurse zum ersten Mal unterscheiden lassen.

Von besonderer Bedeutung als nächste erreichbare Punkte sind:

- Je der erste Punkt auf dem Hart-Steuerbord-Kurs k_{steu} bzw. Hart-Backbord-Kurs k_{back}, der nur auf diesem erreicht werden kann.
- Der erste Punkt der Geradeaus-Fahrt, der nicht auch durch den k_{steu} Hart-Steuerbord-Kurs oder den k_{back}, Hart-Backbord-Kurs erreicht werden könnte.

Die dazwischenliegenden Punkte werden dem Geradeaus-Kurs k_0 zugeschrieben.

Auf diese Weise wird die Einhaltung des minimalen Kurvenradius des Schiffes gewährleistet, jedoch können auch größere Radien durch Vermengung von Geradeaus-Fahrt und einem anderem Kurs realisiert werden.

3.4 Erweiterung der Knotendefinition um die Lage des Schiffes

Welche Knoten von einem aktuellen Knoten aus erreichbar sind hängt von dem Winkel zwischen der Schiffslängsachse und den Rasterlinien ab (Kurswinkel α_j). Da auch die von dem Schiff abgeschattete Fläche von dem Winkel abhängt, unter dem ein Knoten angesteuert wird, ist auch für die Wegfindung eine Unterscheidung der Winkel notwendig.

Insbesondere bei der Sperrung von Knoten ist es wichtig, den zugehörigen Kurswinkel zu speichern, denn beispielsweise könnte das Schiff in vertikaler Ausrichtung das Hindernis streifen, in horizontaler jedoch nicht.

Daher wird die Definition der Knoten des Netzwerkes erweitert um den Winkel, unter dem der jeweilige Knoten angesteuert wurde ($x_{ij\varphi}$). Die Winkel werden zur Reduktion der Knotenanzahl in $\pi/6$ -Intervalle unterteilt.

Ist die Passage eines Matrixelementes unter einem gegeben Winkel unzulässig wird es nur im Bezug mit diesem Winkelintervall gesperrt, unter anderen Winkeln bleibt das Element zunächst ansteuerbar.

4 Zusammenfassende Darstellung des Ablauf des angepassten A*-Algorithmus für die Binnenschifffahrtssimulation

Zur Verwaltung der Knoten werden folgende Listen geführt:

Die *OpenList* (A*-typisch) beinhaltet alle Punkte, die vom A* bereits berechnet und geschätzt, aber noch nicht abschließend betrachtet wurden. In der *closedList* (A*-typisch) werden alle vom A* bereits abschließend betrachtenden Knoten gespeichert. Die Liste *nächsteOffeneKnoten* (Erweiterung) enthält alle Knoten, die das Schiff, ausgehend von seiner aktuellen Position und unter dem aktuellen Kurswinkel, erreichen kann. In *not_save_to_leave* (Erweiterung) werden alle Knoten aufgeführt, die das Schiff nicht ohne Kollision mit statischen Hindernissen erreichen bzw.

nicht rechtzeitig verlassen kann, sodass eine Kollision mit anderen Fahrzeugen droht.

Zu Beginn des Algorithmus müssen die Tabellen *Grid* (Knoten des Netzwerkes) und die *forecast-Matrix* T, also die ZeitpunkteTabelle der Kollisionsgegner, bereits erstellt worden sein.

4.1 Beschreibung eines Iterationsschrittes

Zunächst wird bestimmt, welche Punkte vom aktuellen Knoten $x_{ij\varphi}$, unter Berücksichtigung des Kurswinkels α, erreichbar sind. Zudem werden die zugeordneten Werte wie die geschätzte Entfernung zum Ziel, die bisherige Strecke, die Dauer, usw. berechnet und gespeichert.

Um nur Punkte zu berücksichtigen, die bisher noch nicht betrachtet wurden, werden jene, die bereits als *not_save_to_leave* oder in der *ClosedList* gespeichert sind, aus der Liste *nächsteOffeneKnoten* gelöscht. Gleiches gilt für Punkte, die bereits in der *OpenList* enthalten sind, wobei diese ggf. aktualisiert werden muss.

Statische Hindernisse: Für alle Punkte der *nächsteOffeneKnoten*-Liste wird überprüft, ob das Schiff einen gesperrte Knoten überschattet, also mit diesem kollidiert.

Zeitliche Überprüfung der Knoten: Der Vergleich des Zeitpunktes des Verlassens der freiwerdenden Knoten (Differenzmenge der abgeschatteten Fläche des aktuellen und des Vorgängerknotens) mit den Einträge der *forcasted*-Tabelle gibt an, ob das Schiff die Knoten rechtzeitig verlässt.

Sollte es in einem der beiden Fälle eine Kollision geben, so werden alle *nächsteOffeneKnoten* sowie der Ausgangsknoten als *not_save_to_leave* markiert. Anderenfalls wird der aktuelle Knoten in die *ClosedList* aufgenommen und die *nächsteOffeneKnoten* werden in die *OpenList* verschoben.

Nachdem die *OpenList* nach der Länge der Gesamtstrecken (realisierte Entfernung und geschätzte restliche Entfernung) sortiert wurde wird der Knoten mit der kürzesten Gesamtstrecke als nächster zu untersuchender Knoten ausgewählt.

Die Iteration beginnt von Neuem bis der optimale Pfad gefunden wurde, welcher von dem Schiff kollisionsfrei befahren werden kann. Da dieser jedoch Umwege enthalten kann, die aus der Vorhersage der möglichen (aber nicht realisierten) Positionen der Kollisionsgegner resultieren, muss der Pfad periodisch angepasst werden. Dabei ist die, dann neue, Position des Schiffes Ausgangspunkt für den Algorithmus, die veränderten Positionen der Kontrahenten liefern die neue *forecasted*-Matrix. Für die zeitlichen Abstände der Anpassungen sind vor allem die Geschwindigkeiten und die Bremsdauer der beteiligten Schiffe entscheidend.

5 Fazit und Ausblick

Ausgehend von einem bereits bestehenden Ansatz zur Abbildung der Bewegung von Fahrzeugen auf einer Fläche wurde der verwendete A*-Algorithmus erweitert, um Aspekte wie die Ausdehnung und das Bewegungsverhalten von Fahrzeugen so sowie die Kollisionsvermeidung zu berücksichtigen. Der vorgestellte Algorithmus wurde in Plant Simulation implementiert und erfolgreich getestet.

Da die Handhabung von Tabellen in Plant Simulation sehr rechenintensiv ist, wird angestrebt, die Wegfindung in ein C-Programm auszulagern. Des Weiteren wird an formalisierten Bausteinen gearbeitet, die das Zusammenstellen von Flusslaufszenarien erleichtern sollen. Neben der Kapazitätsanalyse von Binnenwasserstraßen wird zudem langfristig ein Bewertungsmodel für sozioökonomische und ökologische Einflüsse des Binnenschifffahrtsverkehrs angestrebt, um damit Environmental Assessments (IEA & SEA for inland shipping/ inland navigation) zu erleichtern.

6 Literatur

ECKERT, Carsten; FLIEGE, Felix; STEINHAUER, Dirk: Bausteinbasierte Simulation logistischer Prozesse in RoRo-Terminals. In: HANSA International Maritime Journal, Hamburg, (2010)1, S. 80-84.

FOUDIL, Cherif; NOUREDDINE, Djedi; SANZA, Cedric; DUTHEN, Yves: Path Finding and Collision Avoidance in Crowd Simulation. In: Information Technology Interfaces ,17(2009)3, S. 217-228,

HYUN, Woong Keun; SUH, Il Hong: A hierarchical collision-free path planning algorithm for robotics, In: International Conference on Intelligent Robots and Systems-Volume 2. IEEE Computer Society, Los Alamitos,1995, S. 2488-2496

KOH, Wee Lit; LIN Lin; ZHOU, Suiping: Modelling and Simulation of Pedestrian Behaviours. In: Proceedings of the 22nd Workshop on Principles of Advanced and Distributed Simulation. IEEE Computer Society, Los Alamitos, 2008, S. 43-50.

LI, Wei; ZHANG, Bo; JASCHEK Hilmar: Real-time collision-free path planning for robots in configuration space. In: Journal of Computer Science and Technology, Boston, 9(1994)1, S. 37-52

RABIN, Steve: AI Game Programming Wisdom. Hingham, MA: Charles River Media, 2002.

Simulation Cooperation in the Maritime Industries: Simulation Toolkit for Shipbuilding (STS). http://www.simcomar.com, Stand: 28.05.2010.

VOIGTMANN, Julia; BARGSTÄDT, Hans-Joachim: Simulation von Baulogistikprozessen im Ausbau. In: Advances in simulation for production and logistics applications. Hrsg.: RABE, Markus. Stuttgart: Fraunhofer IRB Verlag, 2008, S. 131-140.

Integrationsaspekte der Simulation:
Technik, Organisation und Personal
Gert Zülch & Patricia Stock (Hrsg.)
Karlsruhe, KIT Scientific Publishing 2010

Anwenderfreundliche und komplexitätsreduzierte Bewertung und Robustheitsuntersuchung von Lean-Methoden bei kleinen und mittleren Unternehmen

Assessment and Robustness Analysis of Lean Production Methods for Small and Medium-Sized Enterprises in a User-Friendly and Complexity-Reduced Simulation Environment

Gisela Lanza, Kathrin Peter, Annabel Jondral
wbk Institut für Produktionstechnik,
Karlsruher Institut für Technologie (KIT), Karlsruhe (Germany)
lanza@wbk.uka.de, peter@wbk.uka.de, jondral@wbk.uka.de

Abstract: Willing to enhance productivity and to ensure their position against competitors from low cost countries small and medium-sized enterprises need to efficiently (re-)configure their production systems. Therefore, various companies plan to introduce Lean Production Methods following the Toyota Production System or Production Systems of further major corporations. Applying Lean Production Methods systematically and in an optimized manner implies quantitative methods to seize their effects on a system's productivity. Moreover, did the consequences of the economic crisis on the engine building industry, e.g. a reduction of demand of 44 % in June to August 2009 compared to the previous year, show that a sustainable and efficient (re-)configuration of production systems with the help of Lean Production Methods is feasible only with knowledge about the range of use depending on varying conditions of a production area. In order to minimize financial risk and associated unprofitable investments as well as to preserve employees varying conditions of a production area can be evaluated using simulation techniques.

1 Herausforderungen bei der Simulation von Lean-Methoden in kleinen und mittelständischen Unternehmen

Kleine und mittlere Unternehmen (KMU) verfügen im Vergleich zu Konzernen häufig über beschränkte finanzielle Ressourcen, geringe Mitarbeiterzahlen und wenig Planungs-Knowhow (vgl. DOMBROWSKI u.a. 2009, S. 5). Auswirkungen des Einsatzes von Methoden schlanker Produktionssysteme (Lean-Methoden) können daher nicht aus Pilotprojekten abgeleitet werden, sondern müssen Produktionsplanern zur gezielten Auswahl zeitnah zur Verfügung gestellt werden. Diesen Anforderungen zur schnellen quantitativen Erfassung der Effekte von Lean-Methoden und deren Abhängigkeiten mit der Leistungsfähigkeit von Produktionssystemen kann nur die Analytik oder Simulationstechnik gerecht werden. Vorteile der Simulation liegen dabei in einer detailgetreuen Modellierung der realen Produktionsbereiche und der einfachen Abbildung sich ändernder Eingangsgrößen eines Systems. Nichts desto trotz bestehen bei den vorhandenen Möglichkeiten zur Modellierung von realen Produktionsbereichen und ausgewählten Lean-Methoden in Simulationsumgebungen – beispielsweise in der Fabrikplanungssoftware Plant Simulation® – Entwicklungspotentiale in Bezug auf die erforderte Zeit zur Modellerstellung sowie auf benötigte Programmierkenntnisse. Bausteine zur Implementierung verbreiteter Lean-Methoden, z.B. einer Kanban-Steuerung, existieren, sind jedoch bezüglich ihrer Verknüpfungs- und Auswertemöglichkeiten häufig inflexibel. Lean-Methoden, die im Speziellen bei KMU Anwendung finden, wie beispielsweise eine ConWiP (Constant Work in Process)-Steuerung als Auftragsfreigabeverfahren in Produktionsbereichen mit komplexem Materialfluss und einer hohen Variantenanzahl (vgl. LÖDDING 2005, S. 327 ff.), sind in kommerziellen Anwendungen oft nicht implementiert. Das eigenständige Programmieren von Lean-Methoden erfordert Kenntnisse der Produktionsplaner, die aufgrund des breiten Fachwissens von Mitarbeitern in KMU nicht vorausgesetzt werden können. Um die Implementierung flexibler Lean-Methoden in Plant Simulation® dennoch zu ermöglichen, werden am wbk Institut für Produktionstechnik sogenannte Prozessmuster entworfen (vgl. LANZA u.a. 2010). Prozessmuster sind vorprogrammierte Standardschnittstellen zwischen den Unternehmensdaten und dem Simulationsmodell, die dem Planer die Möglichkeit bieten, lediglich durch Einlesen relevanter Eingangsgrößen die Implementierung von Lean-Methoden im Simulationsmodell zu initialisieren und – sofern vorhanden – methodenbestimmende Parameter zu dimensionieren.

Der anwenderfreundlichen und komplexitätsreduzierten Abbildung von Lean-Methoden in Simulationsmodellen folgt im Rahmen der nachhaltigen effizienten Gestaltung von Produktionsbereichen die Auswahl im Einzelfall anzuwendender Methoden. Lean-Methoden, die auf Basis von Analysen bestehender Systeme ausgewählt werden, bringen nach ihrer Einführung häufig nicht den gewünschten Erfolg. Eine Ursache kann sein, dass sich im Laufe der Einführung wesentliche Eingangsgrößen des Produktionssystems geändert haben. Um auch künftige Entwicklungen von Eingangsgrößen eines Produktionssystems in die Untersuchung einzuführender Lean-Methoden aufzunehmen, sollte die Robustheit der einzelnen Methoden gegenüber möglichen Veränderungen untersucht werden. Somit können die nachhaltigsten Lean-Methoden zur Umsetzung identifiziert werden.

2 Vorgehensweise der simulativen Abbildung und Robustheitsuntersuchung des Einsatzes von Lean-Methoden

Zur Bewertung und Optimierung von Lean-Methoden in Produktionssystemen wurde am wbk Institut für Produktionstechnik eine Methodik in fünf Phasen entwickelt (vgl. PETER 2009, S. 85 ff.). Diese Vorgehensweise beinhaltet zunächst die Analyse eines bestehenden Produktionssystems im Rahmen einer Produkt- und

Wertstromanalyse (Phase 1), im Anschluss daran die Erstellung und Verifikation eines Simulationsmodells des Untersuchungsbereichs in Plant Simulation® (Phase 2) sowie zeitgleich die Auswahl und Abbildung zu untersuchender Lean-Methoden im Simulationsmodell (Phase 3). Plant Simulation® ist eine in der Wissenschaft und Praxis weit verbreitete Standardsoftware zur objektorientierten, graphischen und integrierten Modellierung, Simulation, Animation und Optimierung von Produktion, Logistik und Geschäftsprozessen. Der Vorteil besteht darin unterschiedliche, sehr komplexe Systeme und Steuerungsstrategien realitätsgetreu und in hoher Genauigkeit abbilden zu können, wie es bei der Bewertung von Lean-Methoden notwendig ist. Die vierte Phase umfasst die simulative Analyse und Optimierung des Einsatzes ausgewählter Lean-Methoden. In der fünften und letzten Phase werden auf Basis der durchgeführten Sensitivitätsstudien Handlungsempfehlungen für den Einsatz von Lean-Methoden mit höchstem Verbesserungspotenzial in Bezug auf zuvor festgelegte Zielgrößen gegeben.

Aktuelle Forschungsarbeiten am wbk zielen darauf ab, zum einen die Abbildung von Lean-Methoden (Phase 3) durch den Einsatz von Prozessmustern zu vereinfachen, um eine anwenderfreundliche und komplexitätsreduzierte Bewertung zu ermöglichen. Zum anderen werden die in Phase 4 der genannten Methodik durchgeführten Sensitivitätsstudien ergänzt, um die Robustheit des Systems hinsichtlich äußerer Einflüsse zu ermitteln. Diese Weiterentwicklungen werden im Folgenden erläutert.

Prozessmuster beschreiben im Allgemeinen eine Menge von Aktivitäten, die zur Lösung eines Problems ausgeführt werden können. Sie werden eingesetzt, wenn das Lösen häufig auftretender Probleme durch einen erprobten Prozess beschrieben werden kann. Vor diesem Hintergrund können Prozessmuster auch zur Abbildung von Lean-Methoden genutzt werden. Die Modellierung der Lean-Methoden durch Prozessmuster erleichtert einerseits die Erstellung des Simulationsmodells, andererseits wird eine Übertragung auf unterschiedliche Anwendungsfälle in der Simulationsumgebung, hier Plant Simulation®, unterstützt. Es entfällt damit der Programmieraufwand des Produktionsplaners. Wie in der schematischen Darstellung (vgl. Abb. 1) angedeutet, benötigen Prozessmuster als Eingangsgrößen Realdaten des zu untersuchenden Bereichs, wie beispielsweise technische und organisatorische Informationen sowie Systemlastdaten (vgl. VDI 3633) in einer für den Produktionsplaner leicht wiederzuerkennenden Form, z. B. Excel®-Tabellen. Diese oft schon zur Modellierung vorhandenen Daten (Phase 2) werden dem Lösungsmuster entsprechend eingesetzt und ermöglichen anschließend die Übertragung der Wirkweise der Lean-Methode auf das Simulationsmodell des bestehenden Systems.

Beispielsweise werden Prozessmuster von Auftragsfreigabeverfahren zur Steuerung des Informationsflusses in einem Produktionsbereich eingesetzt. Somit wird eine höhere Anwenderfreundlichkeit und Reduktion der Komplexität bei der Abbildung von Lean-Methoden erreicht, da der Produktionsplaner Daten in einem für ihn vertrauten Format in Prozessmuster eingibt, auf diese Art die Wirkweise einer Lean-Methode automatisiert initiiert wird und somit manueller Programmieraufwand in der Simulationsumgebung entfällt. Um die Anwendbarkeit der Prozessmuster in unterschiedlichen Anwendungsfällen sicherzustellen, werden diese in methodenspezifischen Netzwerken modelliert. Netzwerke bieten in Plant Simulation® die Möglichkeit Produktionsumgebungen modular aufzubauen. Sie sind durch Schnittstellen untereinander verbunden. Diese können Informationsflüsse durch den Aufruf von Methoden in anderen Netzwerken oder durch den Zugriff einer Methode auf Ressourcen anderer Netzwerke beinhalten. Die Schnittstellen können aber auch Materialflüsse netzwerkübergreifend auslösen.

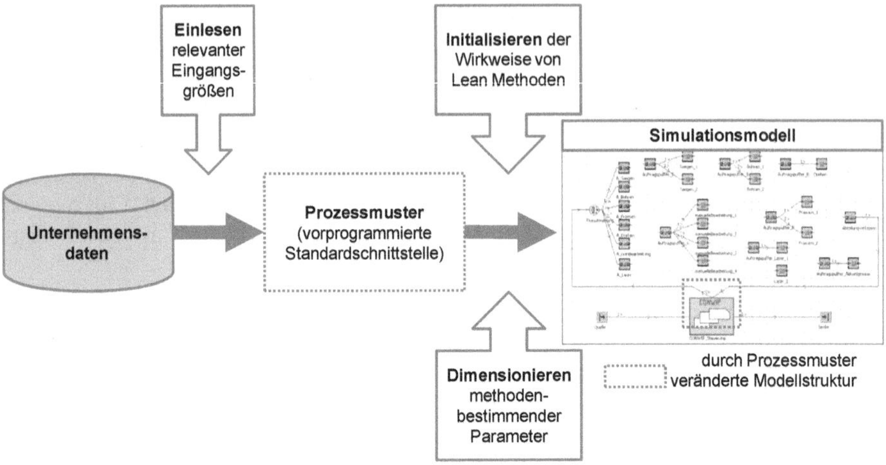

Abbildung 1: *Schematische Darstellung eines Prozessmusters*

Im Anschluss an die komplexitätsreduzierte Abbildung von Lean-Methoden und deren Auswahl in einem speziellen Anwendungsfall werden die Methoden auf ihre Robustheit bei sich ändernden Rahmenbedingungen untersucht. Einem Experimentendesign folgend werden bei der Untersuchung zum einen externe Eingangsgrößen, beispielsweise die Anzahl von Aufträgen in einem festgelegten Zeitfenster sowie deren Zusammensetzung oder die Materialverfügbarkeit variiert. Zum anderen werden Schwankungen interner Eingangsgrößen des Produktionssystems abgebildet. Dazu gehören unter anderem schwankende Bearbeitungs- und Rüstzeiten sowie die Variation von Stördauern, -häufigkeiten und Ausschussraten. Im Simulationsmodell wird die Variation der erwähnten Eingangsgrößen folgendermaßen abgebildet (vgl. Tab. 1).

Schwankende Eingangsgröße		Zu variierende Größe im Simulationsmodell
extern	Nachfrageverhalten	Wahrscheinlichkeitsverteilung der Auftragsmenge pro Zeitintervall
	Materialverfügbarkeit	Wahrscheinlichkeitsverteilung der Materialverfügbarkeit pro Zeitintervall
intern	Bearbeitungszeit	Wahrscheinlichkeitsverteilung der Bearbeitungszeiten pro Zeitintervall
	Rüstzeit	Rüstzeitanteil an der Gesamtbearbeitungszeit
	Störverhalten	Wahrscheinlichkeitsverteilung der Anzahl Störungen pro Zeitintervall sowie der Stördauer
	Qualitätsrate	Wahrscheinlichkeitsverteilung der Ausschussmenge pro Zeitintervall

Tabelle 2: *Abbildung variierender Eingangsgrößen im Simulationsmodell*

Robustheitsuntersuchungen ermöglichen in einem nächsten Schritt dem Produktionsplaner unter Berücksichtigung künftiger Entwicklungen die Lean-Methoden mit größtem Potential für eine nachhaltig effiziente Gestaltung eines Produktionsbereichs auszuwählen. Dazu werden bei der Robustheitsuntersuchung Schwellwerte erfasst, in deren Grenzen sich eine Leistungssteigerung des untersuchten Produktionssystems bei Anwendung einer Lean-Methode einstellt. Auf Basis dieser Schwellwerte ist es möglich Handlungsempfehlungen für Lean-Methoden unter Berücksichtigung ihrer Abhängigkeiten in Bezug auf stochastische Einflussgrößen, beispielsweise das Nachfrageverhalten bzw. die Verbrauchshäufigkeit, zu geben. Derartige Zusammenhänge können für ausgewählte Lean-Methoden mit Hilfe sogenannter Lean-Methodenketten beschrieben werden. Abbildung 2 zeigt beispielhaft die Lean-Methodenkette für Fertigungssteuerungsverfahren bezogen auf die Regelmäßigkeit des Verbrauchs von Produktvarianten und die Auftragsanzahl pro Zeitintervall.

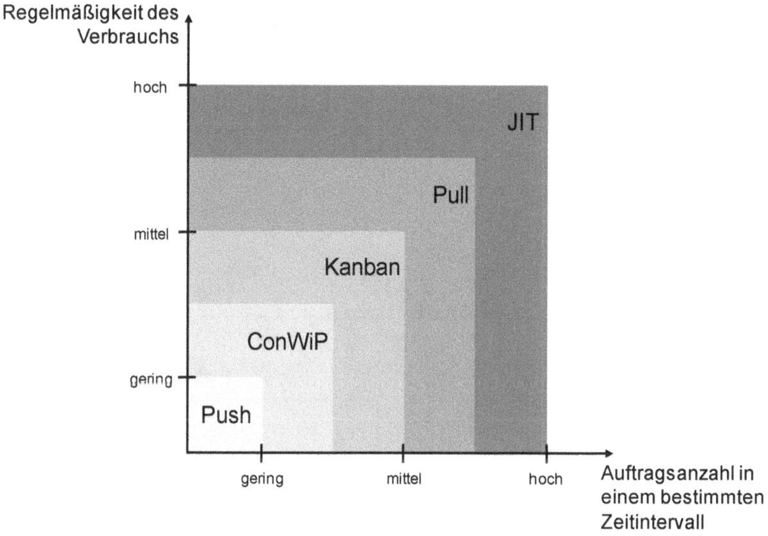

Abbildung 3: *Beispiel der Lean-Methodenkette "Fertigungssteuerungsverfahren" als Funktion von Verbrauchsregelmäßigkeit und Auftragsanzahl*

3 Simulative Abbildung des Einsatzes von Lean-Methoden am Beispiel einer ConWiP-Steuerung

In einer auftragsorientierten und kundenindividuellen Produktion mit hoher Variantenanzahl und einer stochastischen Nachfrage, wie sie häufig in KMU zu finden ist, können die Potenziale einer Kanban-Steuerung kaum genutzt werden. Es bietet sich in diesem Umfeld - für den Fall, dass die Bestandsregelung das bestimmende Merkmal ist - die Anwendung des Auftragsfreigabeverfahrens Constant Work in Process an, einer Mischform aus Push- und Pull-Produktion (vgl. HOPP u.a. 2000, S. 360). Grundidee des Verfahrens ConWiP ist es, das Bestandsniveau eines Fertigungsbereichs konstant zu halten. Nur wenn eine definierte Bestandsgrenze unterschritten ist, werden Aufträge für den untersuchten Produktionsbereich freigegeben. Ein freigegebener Auftrag kann dabei sortenfremd sein, solange sein Arbeitsumfang, gemessen in Stunden oder Stückzahlen, nicht mehr als die insgesamt freie Maschinenkapazität beansprucht (vgl. LÖDDING 2005, S. 330). Abbildung 3 zeigt das implementierte ConWiP-Prozessmuster in Plant Simulation® im Anwendungsfall eines mittelgroßen Werkstattfertigers. Die ConWiP-Wirkweise wird durch die Verbindung automatisiert initiiert, d.h. der manuelle Aufwand zur Beschränkung des Umlaufbestandes beispielsweise durch Verkleinerung der Puffer eines Produktionssystems entfällt.

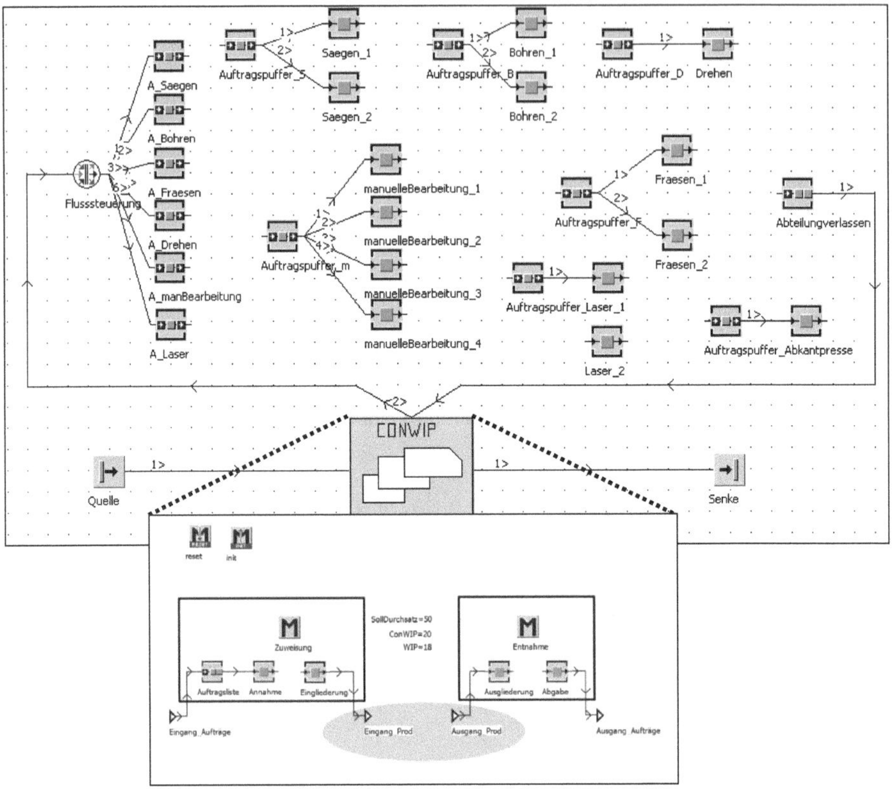

Abbildung 3: *Einbindung eines Prozessmusters in die Simulationsumgebung am Beispiel einer ConWiP-Steuerung*

Bei den durchgeführten Sensitivitätsstudien am Prozessmuster ConWiP wurde zum einen getestet, ob die Anwendung der Lean-Methode zu einer Leistungssteigerung im Hinblick auf zuvor festgelegte Zielgrößen des untersuchten Bereichs führt. Zum anderen wurde analysiert, auf welchem Niveau im Vergleich zum Modell des Ist-Zustandes des Produktionssystems ohne Anwendung des Prozessmusters sich der maximale Umlaufbestand einpendelt. Im Anschluss an die Sensitivitätsstudien des einzelnen Prozessmusters konnten Lean-Methoden im Verbund getestet werden. Ergebnis dieser Optimierung einer Lean-Methodenkombination für das Beispiel des mittelgroßen Werkstattfertigers war, dass eine Anwendung der Lean-Methode ConWiP die Systemleistung steigern kann mit einer Bestandreduktion von durchschnittlich 55,57 Teilen bei einem Ausgangswert von 178,44 Teilen, einer Erhöhung der Termintreue um 7,13 % und einer Reduktion der durchschnittlichen Durchlaufzeit um 1,93 Tage. Der maximale Umlaufbestand wurde dabei auf 92 % des Umlaufbestandes im Modell des Ist-Zustandes des Produktionssystems festgelegt.

Abschließend kann festgestellt werden, dass eine Anwendung der Lean-Methode im Referenzfall zweckmäßig ist. Ziel weiterer Untersuchungen ist den Einsatzbereich von Lean-Methoden zu ermitteln, das heißt das Wertespektrum der Eingangsgrößen zu identifizieren, in dem eine Leistungssteigerung des Systems erfolgt. Im Beispiel der Anwendung des Prozessmusters ConWiP im Produktionsbereich des mittelgroßen Werkstattfertigers müssen im Rahmen der Robustheitsuntersuchung die Variantenzahl und das Nachfragevolumen bestimmt werden, bei denen Zielgrößen des Produktionssystems Verbesserungen anzeigen.

4 Zusammenfassung

Der vorliegende Beitrag umreißt die Herausforderungen bei der Simulation von Lean-Methoden in KMU und beschreibt einen Ansatz zur simulativen Abbildung und Robustheitsuntersuchung des Einsatzes von Lean-Methoden.

Um KMU bei der nachhaltigen und effizienten Gestaltung ihrer Produktionssysteme zu unterstützen, werden im Rahmen eines aktuellen Forschungsprojekts am wbk Institut für Produktionstechnik des Karlsruher Instituts für Technologie (KIT) Prozessmuster zur anwenderfreundlichen und komplexitätsreduzierten Abbildung von Lean-Methoden in der Simulationsumgebung Plant Simulation® entworfen und implementiert. Die Nutzung von Prozessmustern bei der Abbildung der Lean-Methoden vereinfacht und beschleunigt die Modellerstellung in der Simulationsumgebung für den Produktionsplaner. Durch eine Robustheitsuntersuchung ausgewählter Lean-Methoden wird gewährleistet, dass die Auswahl anzuwendender Methoden nicht allein auf der Analyse bestehender Produktionssysteme und den aktuellen Anforderungen basiert, sondern Zukunftsprognosen im Entscheidungsprozess mit einbezogen werden.

5 Danksagung

Die Autoren dieses Beitrags möchten sich an dieser Stelle bei der Baden-Württemberg Stiftung gGmbH für die Förderung der vorgestellten Forschungsarbeiten bedanken. Bei diesem Projekt handelt es sich um einen Forschungsauftrag, der aus Mitteln der Baden-Württemberg Stiftung gGmbH finanziert wird.

Literatur

DOMBROWSKI, U.; HERRMANN, C.; LACKER, T.; SONNENTAG, S.: Modernisierung kleiner und mittlerer Unternehmen – Ein ganzheitliches Konzept. Berlin, Heidelberg: Springer-Verlag, 2009.

HOPP, W.; SPEARMAN, M.: Factory Physics. New York: McGraw-Hill, 2000.

LANZA, G.; JONDRAL, A.; PETER, K.; TOEWE, H.: Reorganisation von Produktionssystemen in kleinen und mittelständischen Unternehmen mit Hilfe simulationsbasierter Prozessmuster für Lean-Methoden. In: wt Werkstattstechnik online, Düsseldorf, 100(2010)3, S. 125-130.

LÖDDING, H.: Verfahren der Fertigungssteuerung – Grundlagen, Beschreibung, Konfiguration. Berlin: Springer-Verlag, 2005

PETER, K.: Bewertung und Optimierung der Effektivität von Lean-Methoden in der Kleinserienproduktion. Aachen: Shaker, 2009. (Forschungsberichte des Instituts für Produktionstechnik (wbk), Band 151, Universität Karlsruhe (TH))

VDI 3633: Simulation von Logistik-, Materialfluss- und Produktionssystemen – Begriffsdefinitionen. November 1996.

Integrationsaspekte der Simulation:
Technik, Organisation und Personal
Gert Zülch & Patricia Stock (Hrsg.)
Karlsruhe, KIT Scientific Publishing 2010

Performancevergleich zwischen simulationsbasierter Online- und Offline-Optimierung anhand von Scheduling-Problemen

Performance Comparison between Simulation-based Online and Offline Optimization on the Basis of Scheduling Problems

Christian Heib
Robert Bosch GmbH, Homburg (Germany)
info@wertstrom.info

Stefan Nickel
Karlsruher Institut für Technologie (KIT), Karlsruhe (Germany)
stefan.nickel@kit.edu

Abstract: The demand for a partial mathematical optimization within simulation models increases through more complex production processes. Previous optimization methods have long operating times, need a lot of information about the future and therefore they are not often applicable in practice. The simulation-based online optimization in this article has a different proceeding which shortly reach a good performance even though there is not required any lookahead.

1 Einleitung

In der Unternehmenspraxis finden Simulationssysteme immer dann Anwendung, wenn komplexe Wirkzusammenhänge zwischen unterschiedlichen Prozessen bestehen, eine Vielzahl an stochastischen und zeitabhängigen Parametern existieren, dynamische Effekte betrachtet werden sowie eine hohe Planungssicherheit gefordert ist. Mithilfe der Simulation lässt sich das unternehmerische Risiko neuer Vorhaben senken, Projekte können kostengünstiger umgesetzt werden und es besteht ein besseres Systemverständnis durch transparente simulationsgestützte Prozessdarstellung.

Neben dieser Prozessvisualisierung besteht oft der Bedarf, bestimmte Bestandteile des Modells mithilfe mathematischer Verfahren zu optimieren, beispielsweise in Form einer Reihenfolgeoptimierung von Maschinen. Zur Umsetzung einer solchen Optimierung innerhalb eines ereignisdiskreten Simulationsmodells existieren grundsätzlich zwei Vorgehensweisen. Die klassische Optimierungsvariante wird als "Offline-Optimierung" bezeichnet. Hierbei existiert keine Interaktion zwischen dem

Optimierer und der Simulation ("offline"), weshalb vor Beginn der Optimierung alle möglichen Eingabedaten der gesamten Optimierungsperiode bekannt sein müssen. Dieses vollkommene Wissen ist jedoch in der Praxis meist nicht vorhanden. Des Weiteren bringt die Offline-Optimierung die Problematik mit sich, dass in komplexen Modellen sehr lange Optimierungslaufzeiten zur Prüfung der relevanten Parameterkonstellationen verursacht werden. Eine neuere, praxisorientiertere Optimierungsform ist die sogenannte "Online-Optimierung" (vgl. LAVROV, NICKEL 2005, S.6 ff.). Hierbei wird von dem Optimierer gefordert, bei Eintritt eines Ereignisses "online" eine Entscheidung auf Basis keiner oder nur sehr geringer zukünftiger Informationen zu treffen.

Neben der unterschiedlichen Optimierungsvorgehensweise können beide Varianten entweder mithilfe von Metaheuristiken oder fallspezifischen Heuristiken gelöst werden.

Zur Erprobung der Performance der unterschiedlichen Optimierungsformen werden in den folgenden Abschnitten Scheduling-Probleme betrachtet. Diese Optimierung der Ablaufplanung ist weit verbreitet und besitzt eine Fülle von Anwendungsmöglichkeiten auch in unterschiedlichsten Unternehmensbranchen (vgl. PINEDO 2008, S.1).

2 Umsetzung der simulationsbasierten Online-Optimierung

Die praxisrelevante Online-Optimierung wurde erstmals in 2010 mithilfe einer standardisierten Verknüpfung zwischen einem Optimierer und einer Simulationssoftware durchgeführt (vgl. HEIB 2010, S. 181). Eine Online-Optimierung kam in Simulationsmodellen vor allem in Methoden zur Steuerung des Materialflusses vor.

Innerhalb der bisher angewandten simulationsbasierten Offline-Optimierung diente die Simulation nur zur Bewertung der unterschiedlichen Parameterkonstellationen.

Die Online-Optimierung verfolgt hingegen die Systematik, sehr viele Optimierungsvorgänge innerhalb eines Simulationslaufs durchzuführen. Hierzu ruft die Simulation bei Eintritt bestimmter Ereignisse oder zu festgelegten Zeitpunkten den Optimierer auf, dem die aktuellen Modellparameter übermittelt werden. In Folge wird das jeweils aktuelle Optimierungsproblem mithilfe von Heuristiken statisch gelöst (statische Optimierung) und das Ergebnis an die Simulation zurückgegeben. Die Simulation läuft im Anschluss regulär weiter, bis der nächste Aufrufpunkt der Optimierung erreicht wird. Dieser Mechanismus wiederholt sich so oft, bis der Simulationslauf beendet ist.

3 Online- und Offline-Optimierung mithilfe von Metaheuristiken

Zur Erprobung der wirklichen Performance in der Praxis werden Online- und Offline-Optimierung an Modellen getestet, die auf Basis realer Systeme geschaffen wurden.

Es wird hierzu ein ereignisdiskretes Simulationsmodell der Robert Bosch GmbH – Diesel Systems des Werks Homburg innerhalb von Plant Simulation verwendet. Das zu untersuchende Objekt ist eine Hülsenfertigung, die aus vier parallel arbeitenden, identischen Maschinen besteht, mit nachfolgenden Rahmenbedingungen:

- Fixe Bearbeitungs- und Rüstzeit in Abhängigkeit des zu fertigenden Produktes
- Stochastische Maschinenstörungen
- Zwei Produkttypen
- Optimierung der Produktionsliste für einen Monat

Als Optimierungsroutine kommt die Software ISSOP der Dualis IT zum Einsatz. Mit der direkten Anbindung an Plant Simulation werden innerhalb der Simulation bis zu sieben quasiparallele Metaheuristiken wie beispielweise der genetische Algorithmus zur Problemlösung eingesetzt. Mithilfe mehrerer Modifikationen kann ISSOP die Offline- als auch Online-Optimierungsvorgehensweise abbilden.

Entgegen der Notwendigkeit des vollkommenen Wissens innerhalb der Offline-Optimierung, benötigt die Online-Optimierung in diesem Beispiel nur die nachfolgenden sechs Aufträge für die Optimierung (Lookahead / Vorausschau = 6). In dem betrachteten Beispiel hat sich die Optimierung von jeweils 6 Aufträgen am effizientesten erwiesen, da bei weiter steigender Auftragsanzahl die wachsende Problemgröße die Performance der Optimierung verschlechtert. Nach Anwendung beider Optimierungsverfahren zeigt der Ergebnisvergleich, dass die Offline-Optimierung innerhalb einer praxisrelevanten Laufzeit von 2 Stunden nur eine sehr geringe Stückzahlsteigerung in Höhe von 3 % erreicht. Dies ist auf die Größe des Suchraums bei einer Optimierung der gesamten Monatsproduktion zurückzuführen. Die Online-Optimierung führt hingegen trotz der geringen Input-Informationen in nur 1,5 Stunden zu einer 10 %-igen Steigerung der Produktionsleistung. Durch die Erzielung einer solchen Produktivitätssteigerung wären im Falle der Nachfragesteigerung keine Zusatzinvestitionen in neue Maschinen notwendig. Geht man von einer gleichbleibenden Nachfrage aus, so ergibt sich eine große Zeit- und somit Kostenersparnis.

4 Verwendung fallspezifischer Heuristiken zur Lösung des Online-Problems

Die Optimierungsprobleme wurden bis dato mittels Metaheuristiken gelöst, welche unabhängig vom jeweiligen Problem universell verwendet werden können. Es stellt sich jedoch die Frage, ob mit einer problembezogenen (Online-) Heuristik die Performance der simulationsbasierten Optimierung weiter gesteigert werden kann.

Zur Lösung des betrachteten Scheduling-Problems ist eine Heuristik erforderlich, welche die Produktionsliste von mehreren parallel arbeitenden, identischen Maschinen optimiert inklusive der Berücksichtigung von Rüstzeiten bei Produktwechsel. Der GRAHAM-Algorithmus (vgl. KRUMKE, RAMBAU 2005, S. 44 ff.) stellt einen Assignment-Algorithmus dar und kann als Basis dienen, da er bereits eine indirekte Optimierung der Produktionsreihenfolge durch sinnvolle Zuweisung von

Aufträgen zu Maschinen (*Assignment*) durchführt, hierbei jedoch keine Rüstzeiten berücksichtigt.

GAMBOSI und NICOSIA (2000) haben den K-ratio-Algorithmus als Erweiterung des GRAHAM-Algorithmus veröffentlicht, der auch Rüstzeiten einbezieht und wie folgt vorgeht:

Symbol	**Beschreibung**
M	Menge aller Maschinen
J	Menge aller Produkttypen
I	Menge aller Aufträge
s_j	Bearbeitungszeit des Produkttyps $j \in J$ inkl. vorangegangenem Rüstvorgang
t_j	Bearbeitungszeit des Produkttyps $j \in J$ ohne Rüstvorgang
L_m	Gesamte Bearbeitungszeit der Maschine $m \in M$
K	Beliebige rationale Zahl

Es gilt:

$$s_{\max} = \max_{j \in J} \{s_j\}; \qquad L_{\max} = \max_{m \in M} \{L_m\};$$

$$s_{\min} = \min_{j \in J} \{s_j\}; \qquad L_{\min} = \max_{m \in M} \left\{1, \min_{m \in M}\{L_m\}\right\};$$

$$K > 1;$$

Zu Beginn ist jede Maschine $m \in M$ auf den Produkttyp $j \in J$ gerüstet und wird diesen Typ fertigen, solange gilt:

$$L_{\max} \leq \frac{2K}{K-1} s_{\max}$$

Ist diese Bedingung nicht mehr erfüllt, werden nachfolgende drei Fälle zur Zuteilung eines Auftrages $i \in I$ mit dem Produkttyp $j \in J$ zu einer Maschine unterschieden:

1. Ist keine Maschine auf den Produkttyp $j \in J$ gerüstet, so wird dieser Auftrag der nicht kritischen Maschine zugeordnet, auf der die geringste Produktionseinplanung vorliegt. Eine Maschine wird als nicht kritisch bezeichnet, wenn mindestens eine weitere Maschine existiert, die aktuell denselben Produkttyp herstellt. Es wird hierfür die Zeit s_j angerechnet.

2. Es sind mindestens zwei Maschinen auf den Produkttyp $j \in J$ gerüstet und $m \in M$ ist die Maschine mit der geringsten Produktionseinplanung:

a) Wenn $L_m + t_j \leq K\,L_{\min}$, wird der Auftrag i der Maschine m zugeteilt und verursacht die Produktionszeit t_j.

b) Ist jedoch $L_m + t_j > K\,L_{\min}$, so wird der Auftrag i auf der Maschine produziert, auf der über alle Maschinen hinweg die geringste Produktionseinplanung vorliegt, und verursacht dadurch eine Produktionszeit von s_j.

3. Es existiert genau eine Maschine $m \in M$, die auf den Produkttyp $j \in J$ gerüstet ist:

a) Wenn $L_m + t_j \leq K\,L_{\min}$, wird der Auftrag i der Maschine m zugeteilt und verursacht die Produktionszeit t_j.

b) Ist jedoch $L_m + t_j > K\,L_{\min}$, so wird der Auftrag i auf der nicht kritischen Maschine produziert, auf der die geringste Produktionseinplanung vorliegt. In diesem Fall wird die Produktionszeit von s_j verursacht.

Um die reale Performance dieser Scheduling-Heuristik zu ermitteln und mit den bisherigen Ergebnissen der Online- und Offline-Optimierung vergleichen zu können, muss die Heuristik in die Simulationsumgebung eingebunden werden, was mithilfe der C-Schnittstelle von Plant Simulation möglich ist. Die Heuristik wurde in C++ programmiert und wird wie in Abbildung 1 dargestellt mit der Simulation interagieren.

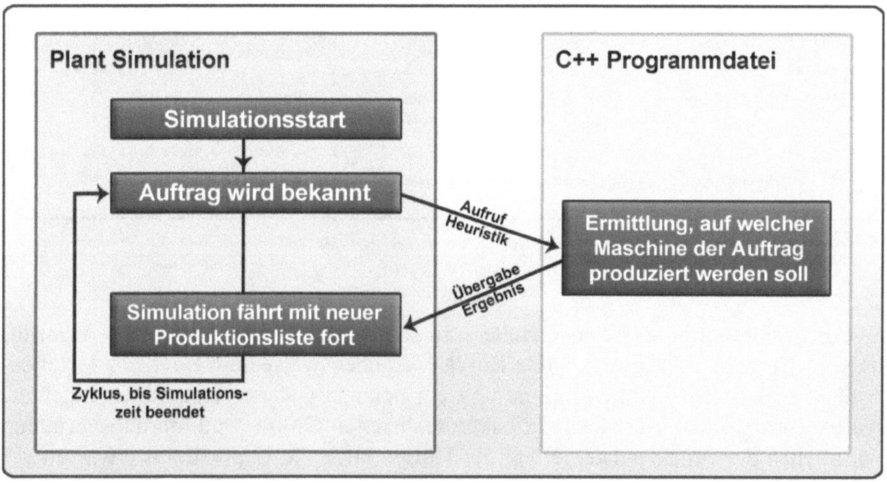

Abbildung 1: *Verwendung des K-ratio-Algorithmus in der Simulationsumgebung (Quelle: HEIB, 2010, S. 207)*

Diese Anbindung von individuell in C++ programmierten Heuristiken an Plant Simulation bietet maximale Flexibilität bei der Nutzung problemspezifischer

Heuristiken. Es wird hierdurch ermöglicht jedes Optimierungsproblem mit spezifischen Heuristiken anstelle von Metaheuristiken zu lösen.

Der K-ratio-Algorithmus kennt im Gegensatz zu den vorangegangenen Beispielen einer Online-Optimierung nur den gerade bekannt werdenden Auftrag und keinen weiteren Lookahead. Darüber hinaus wird von der Heuristik nur dieser eine Auftrag eingeplant und keine Umplanung vorangegangener Aufträge durchgeführt, wodurch eine Optimierung ohne Preemptions vorliegt. Der K-Wert innerhalb des Algorithmus ist verantwortlich für die Wahl des Rüstzeitpunktes der Maschinen. Die Analyse unterschiedlicher K-Werte ergab, dass die Optimierungsleistung für die Hülsenproduktion bei einem Wert von K = 1,5 am größten ist.

Der Algorithmus erzielt unter diesen Rahmenbedingungen im Vergleich zu den bisherigen Optimierungsverfahren folgende Ergebnisse:

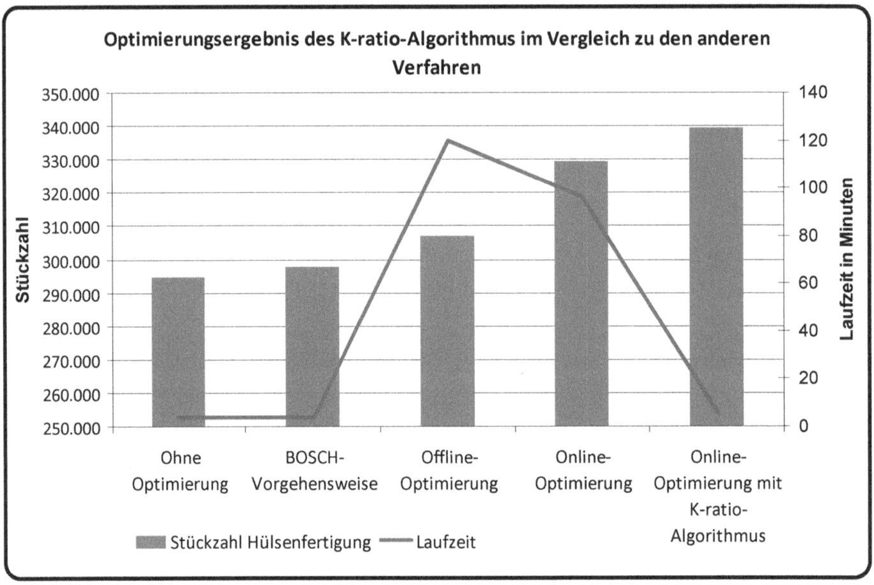

Abbildung 2: Optimierungseffekt des K-ratio-Algorithmus

Wie in Abbildung 2 sowie in Tabelle 1 zu sehen ist, erreicht der K-ratio-Algorithmus im Vergleich zur bestehenden Bosch-Vorgehensweise sowie der mit Metaheuristiken realisierten Online-Optimierung ein nochmals stark verbessertes Ergebnis. Aufbauend auf dem mit Metaheuristiken realisierten Online-Optimierungsverfahren wird neben der Stückzahlsteigerung der Hülsen auch die Laufzeit auf etwas über 6 % der ursprünglichen Laufzeit verkürzt.

	Bosch-Vorgehensweise	Online-Optimierung	Online-Optimierung K-ratio-Algorithmus
Stückzahl pro Monat	297.686	329.387	**336.820**
Laufzeit	4 Min.	96 Min.	**6 Min.**
Stückzahlerhöhung	-	31.701	**39.134**
Verbesserung pro Minute Laufzeit (in Stück)	-	330	**6.522**

Tabelle 1: *Ergebnis des K-ratio-Algorithmus (Quelle: HEIB 2010, S. 208)*

Das gezeigte Beispiel verdeutlicht, dass problembezogene Heuristiken im direkten Vergleich zu Metaheuristiken ein verbessertes Optimierungsergebnis und eine wesentlich geringere Laufzeit bewirken. Darüber hinaus ist zu erwähnen, dass diese Performance erreicht wird, obwohl weniger Ausgangsinformationen für die Optimierung (kein Lookahead) zur Verfügung stehen. Folglich ist eine Verwendung spezieller Heuristiken empfehlenswert (vgl. HEIB 2010, S. 209).

5 Fazit

Die simulationsbasierte Offline-Optimierung wurde in der Vergangenheit in komplexen Modellen aufgrund sehr langer Modelllaufzeiten nicht angewendet. Eine neue praxisrelevantere Optimierungsform mit kürzeren Laufzeiten und einem geringeren Informationsbedarf wurde mit der simulationsbasierten Online-Optimierung umgesetzt. Es zeigt sich, dass diese in kurzer Zeit auch in komplexen Modellen eine sehr gute Leistung besitzt. Gerade in praxisnahen Anwendungen ermöglicht diese Form der Optimierung zeitnah Scheduling-Probleme mit wenigen Informationen zufriedenstellend zu lösen. Besonders der Einsatz fallspezifischer Heuristiken hat im Vergleich zu Metaheuristiken eine entscheidende Performanceverbesserung bewirkt.

Literatur

GAMBOSI, G.; NICOSIA, G.: On-line scheduling with setup costs. In: Information Processing Letters, Amsterdam, 73(2000)1-2, S. 61-68.

HEIB, C: Kostenorientierte Optimierung komplexer Fertigungssysteme mithilfe von Simulationsmodellen. Aachen: Shaker-Verlag, 2010.

KRUMKE, S. O.; RAMBAU, J.: Online Optimierung, 2005, Abruf am 10.08.2010, http://optimierung.mathematik.uni-kl.de/~krumke/Notes/online.pdf

LAVROV, A.; NICKEL, S: Simulation und Optimierung zur Planung von Kommissionierungssystemen. VDI-Seminar, 2005.

PINEDO, M. L.: Scheduling: Theory, Algorithms and Systems. Berlin: Springer-Verlag, 3. Auflage 2008.

Integrationsaspekte der Simulation:
Technik, Organisation und Personal
Gert Zülch & Patricia Stock (Hrsg.)
Karlsruhe, KIT Scientific Publishing 2010

Modellierung von multiagentenbasierten Materialflusssystemen für die verteilte Simulation

Modelling of Multi-agent-based Material Flow Systems for Distributed Simulation

Damian Daniluk, Michael ten Hompel
Fraunhofer-Institut für Materialfluss und Logistik IML, Dortmund (Germany)
damian.daniluk@iml.fraunhofer.de, michael.ten.hompel@iml.fraunhofer.de

Abstract: Distributed Simulation is a feasible tool to utilize memory and processors of many computer systems that cannot be provided by a single system. Particularly when using commercial material flow simulators in the field of intralogistics for analysis of multi-agent-based material flow control, there is a need to speed up simulations and to have greater computer resources available. The paper presents a modeling methodology for multi-agent-based material flow systems, describes influence factors for automatic partitioning of simulation models in this context and outlines a general scenario for distributed simulation of multi-agent-based material flow systems.

1 Motivation

Die Auswirkungen der RFID-Technologie auf die Logistik lassen sich in dem Begriff Internet der Dinge subsumieren (GÜNTHNER, TEN HOMPEL 2010). Eine konsequente Umsetzung der Vision des Internet der Dinge, bei der Prinzipien des Internets auf die Gegenstände der Logistik übertragen werden, führt zu einer Ablösung von konventionellen, hierarchisch strukturierten Steuerungsarchitekturen logistischer Materialflusssysteme (MFS) durch eine dezentralisierte Steuerungsebene, in der die logistischen Objekte selbständig ihren Weg zum Ziel finden und die eine hohe Adaptivität des MFS an neue Gegebenheiten gewährleistet. Das Forschungsgebiet der Multi-Agenten-Systeme (MAS) als Teildisziplin der Künstlichen Intelligenz stellt Methoden zur Verfügung, die sich besonders gut zur Umsetzung der Idee des Internet der Dinge eignen. Das Ziel von MAS ist die Lösung von Problemen durch das Zusammenspiel von autonomen Software-Einheiten, den so genannten *Agenten*.

Zur Erforschung der Funktions- und Leistungsfähigkeit einer dezentralen, multiagentenbasierten Steuerung von MFS ist aufgrund der hohen Systemkomplexität der Einsatz der Simulation unverzichtbar, da die Beschreibung des Systemverhaltens mit analytischen Modellen nicht mehr handhabbar ist. Damit sich aus den Simulationsexperimenten hinreichend genaue Aussagen über die Eigenschaften einer multiagentenbasierten Steuerung ableiten lassen, muss das Simulationsmodell die Realität adäquat abbilden. Da im Vergleich zu konventionellen Steuerungsmechanismen zu erwarten ist, dass die Umsetzung des der Vision Internet der Dinge insbesondere in komplexen Materialflussumgebungen zu spürbaren Vorteilen in Hinblick auf Wartbarkeit, Flexibilität und Adaptivität der Anlage führt, ist die Untersuchung von Auswirkungen der multiagentenbasierten Steuerung auf solche von Komplexität geprägten logistischen Strukturen von besonderem Interesse.

Den Stand der Technik zur Modellierung von intralogistischen Abläufen bilden leistungsfähige kommerzielle Simulationswerkzeuge. Die Simulation großer, industrieller MFS unter Verwendung solcher ereignisgesteuerter Simulationswerkzeuge ermöglicht die Analyse der komplexen Entscheidungsstrukturen von dezentralen Steuerungsalgorithmen in einer realistischen Umgebung. Die bisher aus Materialflusssimulationen mit multiagentenbasierter Steuerungsphilosophie abgeleiteten Ergebnisse gehen allerdings aus Simulationsmodellen hervor, deren Abstraktionsstufe die Abbildung physikalischer Datenübertragungsvorgänge und der Sensorik nicht vorsieht. Diese Vernachlässigung der Modellierung des Verhaltens von Sensoren wie Lichtschranken und RFID-Lesegeräten beschränkt den Erkenntnisgewinn, der aus der Simulation erwächst, und lässt keine Rückschlüsse auf die Umsetzbarkeit der dezentralen Steuerung unter Berücksichtigung einer konkreten, gegebenen Hardwareinfrastruktur zu. Durch eine detaillierte Modellierung ist beispielsweise die Ableitung von für den Betrieb der realen Anlage notwendigen Hardware-Spezifikationen, z. B. die Leserate (entspricht der maximalen Geschwindigkeit, mit der Daten gelesen werden können, ausgedrückt als Bytes pro Sekunde) eines RFID-Lesegerätes, möglich. Entsprechende Simulationsmodelle erfordern einen hohen Rechenaufwand und besitzen deshalb hohe Laufzeiten. Hinzu kommt die Tatsache, dass zur Untersuchung des Systemverhaltens und zur Findung einer optimalen Steuerungsstrategie viele voneinander abhängige Simulationsläufe mit verschiedenen Input-Parametern notwendig sind, wobei die Ergebnisse möglichst schnell verfügbar sein sollen. Insgesamt erwächst daraus erstens ein Zeitproblem. Zweitens stellen komplexe Simulationsmodelle teilweise sehr hohe Anforderungen an den Speicherausbau des Rechners. Somit ist das Erreichen einer hohen Detailgenauigkeit bei der Simulation auf einem Rechner unter Verwendung von kommerziellen Materialflusssimulatoren für große Simulationsmodelle problematisch. Als Ausweg bietet sich hier die Verwendung der verteilten Simulation an (LENDERMANN 2006). Durch die Nutzung kommerzieller Materialflusssimulatoren sowie die Integration von dezentralen Steuerungsmechanismen im Simulationsmodell von ereignisgesteuerten Materialflusssimulatoren ergeben sich neue Herausforderungen für die Realisierung von verteilten Simulationssystemen.

Im vorliegenden Beitrag wird zunächst eine allgemeine Modellierung von Stetigfördersystemen vorgeschlagen, in die jedes entsprechende Simulationsmodell überführt werden kann (Kapitel 2). Anschließend wird das Modell derart erweitert, dass es zur Abbildung eines agentenbasierten Steuerungsansatzes verwendet werden kann (Kapitel 3). Das dezentrale Steuerungsprinzip ermöglicht es, neben den Infrastrukturkomponenten des Simulationsmodells auch die Steuerungslogik im Rahmen der verteilen Simulation auf unterschiedlichen Rechnern zu simulieren. Das entwickelte Modell bildet die Grundlage, um das Simulationsmodell eines MFS (automatisiert) in mehrere Teilmodelle, auch *logische Prozesse* (LP) genannt, zu unterteilen (Partitionierung). Bei der verteilten Simulation wird jeder LP einem auf einem separaten Rechner ausgeführt. Der Beitrag beschreibt die Ziele einer Partitionierung sowie die Nutzung des Modells in diesem Kontext (Kapitel 4). Danach wird ein allgemeines Szenario beschrieben, wie das entwickelte Modell praktisch für die Durchführung einer Simulationsstudie herangezogen werden kann und auf die im Rahmen der verteilten Simulation von MFS notwendigen und geplanten Forschungsaktivitäten eingegangen (Kapitel 5).

2 Modellierung von MFS

Ein Materialflusssystem kann als ein Netzwerk von Quellen, Senken, (Bearbeitungs-)Stationen und Lagermitteln angesehen werden, die durch die Verbindungselemente miteinander verknüpft sind (vgl. GUDEHUS 2005, S. 472). Zur Modellierung von Materialflusssystemen wird häufig die Graphentheorie herangezogen (DIESTEL 2005). Mit Hilfe eines Graphen können alle wichtigen Informationen eines Materialflusssystems in eine vergleichsweise einfache Darstellung überführt werden. Aufgrund der Nähe zu den Eingabedaten von Partitionierungsmethoden (SCHLOEGEL, KARYPIS, KUMAR 2003; JOHANNES 1996) und der Nähe zur üblichen Beschreibungsgrundlage für Routingverfahren (LEON-GARCIA, WIDJAJA 2000, S. 484 ff.) eignet sich die Modellierung des Materialflusssystems als Graph besonders gut.

Zur mathematischen Beschreibung des im Simulationsmodell abgebildeten Materialflusssystems wird der gerichtete *Stationengraph* $G_S = (V_S, E_S)$ eingeführt. Die Knotenmenge $V_S = \{S_i \mid i = 1, \ldots, n\}$ entspricht der Menge der Stationen S_i des Materialflusssystems. Die *Stationen* eines Materiaflusssystems umfassen Elementarstationen und Transportelemente. Zu den *Elementarstationen* gehören alle Ursprungspunkte (Quellen), an denen die Arbeitsgegenstände, im Folgenden auch *Lastobjekte* genannt, in das Simulationsmodell eingesteuert werden sowie alle Zielpunkte (Senken, Bearbeitungsstationen, Lagermittel), die von den Lastobjekten als (Zwischen-)Ziele adressiert werden können. Die *Transportelemente* (Verbindungselemente, Verzweigungen, Zusammenführungen, Kreuzungen) ergeben sich durch die Verknüpfung von Förderstrecken. Sowohl Elementarstationen als auch Transportelemente lassen sich durch den Ordnungstyp charakterisieren, wobei der Ordnungstyp für die Transportelemente ein eindeutiges Charakterisierungsmerkmal darstellt. Eine Station besitzt die *Ordnung* $o = n + m$ genau dann, wenn sie n Eingangsfördergutströme in m Ausgangsfördergutströme überführt. Die Station ist dann vom *Ordnungstyp* (n, m) (vgl. GUDEHUS 2005, S. 475).

Ein Knoten S_i des Stationengraphen mit Eingangsgrad n und Ausgangsgrad m repräsentiert somit eine Station vom Ordnungstyp (n, m). In Tabelle 1 sind die Stationen mit dem Ordnungstyp und einer Kurzbeschreibung aufgeführt.

Die Kantenmenge $E_S \subseteq V_S \times V_S$ des Stationengraphen repräsentiert die gerichteten Transportbeziehungen zwischen den Stationen auf Materialflussebene. Eine Kante entspricht damit immer auch einer physischen Förderstrecke des Systems mit der jeweiligen Förderrichtung. Die Kanten modellieren damit immer einen Zeitverbrauch bei dem Transport eines Lastobjektes.

	Station	Ordnungstyp	Beschreibung
Elementarstation	Quelle	$(0, m)$ mit $m \geq 1$	Erzeugung von Lastobjekten
Elementarstation	Senke	$(n,0)$ mit $n \geq 1$	Entfernung von Lastobjekten aus dem Simulationsmodell
Elementarstation	Bearbeitungs-station	(n, m) mit $n, m \geq 1$	Verknüpfungspunkt Bearbeitungsstation: Ausübung einer Tätigkeit am Lastobjekt
Elementarstation	Lagermittel	(n, m) mit $n, m \geq 1$	Verknüpfungspunkt Lagermittel: Lagerung des Lastobjektes
Transportelement	Verbindungs-element	$(1,1)$	Verbindung zwischen zwei Fördertechnikabschnitten
Transportelement	Verzweigung	$(1, m)$ mit $m \geq 2$	Verteilung von einem Eingangsfördergutstrom auf mehrere Ausgangsfördergutströme
Transportelement	Zusammen-führung	$(n,1)$ mit $n \geq 2$	Zusammenführung von mehreren Eingangsfördergutströmen zu einem Ausgangsfördergutstrom
Transportelement	Kreuzung	(n, m) mit $n,m \geq 2$	Verteilung von mehreren Eingangsfördergutströmen auf mehrere Ausgangsfördergutströme

***Tabelle 1**: Elemente eines Materialflussmodells*

3 Agentenbasiertes Modell von MFS

Ein Agent ist eine proaktive Entscheidungsinstanz, die sich fortlaufend an die dynamische Umwelt anpasst (vgl. BUSSMANN, JENNINGS, WOOLDRIDGE 2004, S. 143). Als solche muss der Agent in einem MFS gewisse Entscheidungen treffen. Ebenso können allen Entitäten in einem MFS, denen Entscheidungsaufgaben zugeordnet werden können, Agenten zugeordnet werden.

Legt man den Fokus auf die Routingfunktion, so können allen Infrastrukturelementen des Stetigfördersystems Agenten zugeordnet werden. Die Infrastrukturelemente sind die *Fördertechnikmodule (FTM)*. Um zusätzlich Lagermittel und Bearbeitungsstationen als autonome Betriebseinheiten in das MFS integrieren zu können (vgl. Tabelle 1), werden darüber hinaus Lagermittel- und Bearbeitungsstation-Module eingeführt, die mit den FTM verknüpft sein können. Lagermittel, Bearbeitungsstationen und FTM werden übergeordnet als *Materiaflussmodule (MFM)* bezeichnet. Ein MFS kann damit als Menge von miteinander verknüpften MFM angesehen werden.

Ein FTM ist eine Förderstrecke mit n Eingängen und m Ausgängen zu benachbarten FTM. Es entspricht einer Verkettung einer Menge von Stationen, wie sie in Tabelle 1 aufgeführt sind. Unter einer Verkettung von Stationen wird hier eine Folge $(S_1, S_2, \ldots, S_n)$ von Stationen verstanden, bei der Station S_i mit Station S_{i+1} über eine gerichtete Kante von S_i nach S_{i+1} verbunden ist ($i \in \{1, \ldots, n-1\}$) und es gilt: $\forall i, j \in \{1, \ldots, n\} : i \neq j \Rightarrow S_i \neq S_j$. Jedes FTM hat eine festgelegte Förderrichtung. Allgemein gilt für ein MFM:

- Ein MFM enthält eine eigene Steuerung, die unabhängig von den Steuerungen anderer MFM ist.

- Ein MFM kann mit den an den Eingängen und Ausgängen angeschlossenen (Nachbar-) MFM kommunizieren.
- Betritt ein Lastobjekt das MFM, so ist das MFM in der Lage, die Zielinformation des Lastobjektes auszulesen.

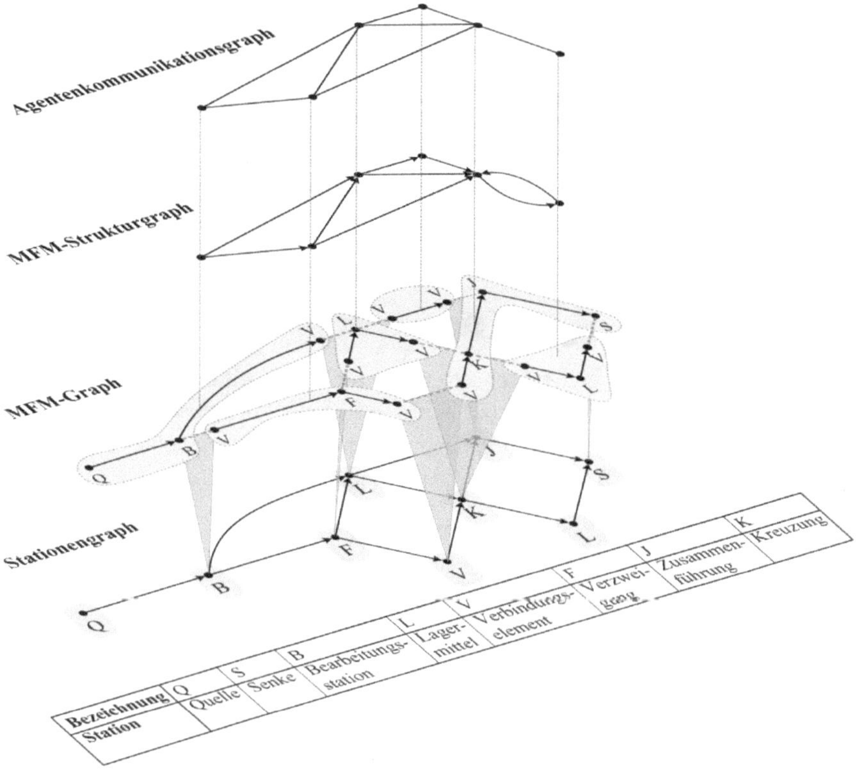

***Abbildung 1**: Darstellung des Zusammenhangs zwischen Stationengraph, MFM-Graph, MFM-Strukturgraph und Agentenkommunikationsgraph*

Eine unzusammenhängende Menge von MFM wird als *MFM-Graph* $G_M = (V_M, E_M)$ mit Knotenmenge $V_M = \{v_i \mid i = 1,\ldots,n\}$ und Kantenmenge $E_M \subseteq V_M \times V_M$ dargestellt. In Abbildung 1 ist ein MFM-Graph skizziert. Die insgesamt sechs MFM sind dabei grau hinterlegt. Der MFM-Graph spezifiziert eine Menge von Infrastrukturelementen (MFM), denen jeweils ein Agent zugeordnet wird. Damit aus den einzelnen MFM ein MFS entsteht, müssen diese miteinander verknüpft werden. Die grau gestrichelten Linien zwischen den MFM des MFM-Graphen aus Abbildung 1 geben eine mögliche Ausprägung von Verknüpfungen zwischen den MFM an und beschreiben damit eine mögliche Struktur des aus den abgebildeten MFM zusammengesetzten MFS. Legt man diese Strukturinformationen zu Grunde, so ist eine Überführung des MFM-Graphen in einen Stationengraphen möglich. Die MFM werden dabei an den entsprechenden Eingangs- und Ausgangsstationen zusammengeführt. Der Stationengraph stellt den zentralen Routinggraphen des MFS dar. Neben dem Stationengraphen lässt sich unter Verwendung der Strukturinformationen der *MFM-Strukturgraph* angeben, welcher die Flussbeziehungen (Verknüpfung der MFM und Richtung des Materialflusses) zwischen den MFM wiedergibt. Ein dezentrales Routing kann nun durch die Kommunikation der den einzelnen MFM zugeordneten Agenten realisiert werden. Die Kommunikationsinfrastruktur, d. h. die Nachbarschaftsbeziehungen zwischen den Agenten, ergeben sich durch Umwandlung der gerichteten Kanten des MFM-Strukturgraphen in ungerichtete Kanten. Der daraus resultierende *Agentenkommunikationsgraph* $G_A = (V_A, E_A)$, der dem Datennetzwerk für das Routing entspricht, ist ebenfalls in Abbildung 1 dargestellt. Jeder Agent kennt dabei den ihn betreffenden Teil des MFM-Graphen, um Routingentscheidungen treffen zu können. Dies umfasst die Stationen des MFM, deren Verknüpfung sowie die Transportdauern zwischen den Stationen. Durch Interaktion realisieren die Agenten ein zielgerichtetes Routing der Lastobjekte im Stetigfördersystem. Auf diese Weise wird eine multiagentenbasierte Steuerung von MFS realisiert.

4 Partitionierung von MFS

Der MFM-Strukturgraph eignet sich als Basis für die Partitionierung des Simulationsmodells. Ist P ist die Menge aller MFM des Simulationsmodells, so gilt für die Partitionierung $P_1,\ldots,P_n$ des Simulationsmodells in n Teilmodelle: $\cup_{i=1}^{n} P_i = P$; $\forall i, j \in \{1,\ldots,n\}: i \neq j \Rightarrow P_i \cap P_j = \varnothing$. Ein logischer Prozess LP_i simuliert die Partition P_i. Jeder LP wird auf einem separaten Rechner ausgeführt.

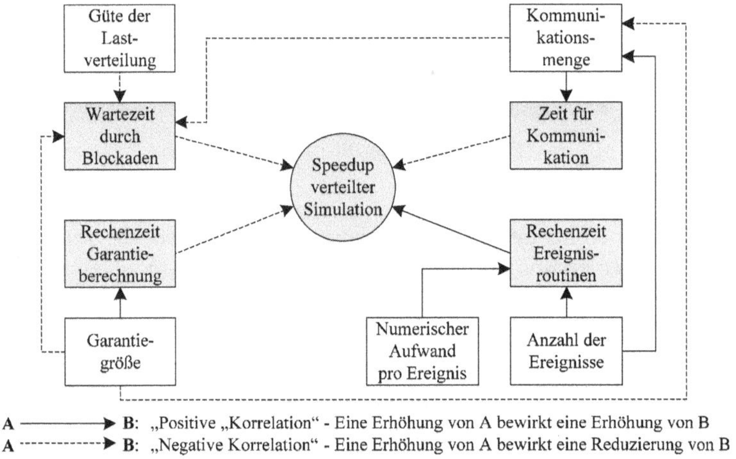

***Abbildung 2**: Einflussfaktoren auf den Speedup der verteilten Simulation*

Abbildung 2 stellt die wesentlichen im Rahmen der Forschungsaktivitäten identifizierten Einflussfaktoren auf den Speedup der verteilten Simulation dar. Die grau hinterlegten Kästchen beschreiben die Elemente, aus denen sich die Ausführungszeit der verteilten Simulation zusammensetzt sowie deren Auswirkung auf den Speedup der verteilten Simulation. Darüber hinaus sind die wichtigsten Einflussfaktoren und deren Wechselwirkungen skizziert. Ein Partitionierungsverfahren muss diese Einflussfaktoren berücksichtigen, um eine möglichst hohe Beschleunigung der verteilten Simulation zu erzielen. Das Partitionierungsverfahren muss das Gesamtmodell unter anderem derart in Teilmodelle unterteilen, dass die Kommunikation zwischen den logischen Prozessen minimiert und gleichzeitig die Ausführungsparallelität des Gesamtsystems maximiert wird (MEHL 1994).

5 Szenario und Ausblick

In Abbildung 3 ist die Vorgehensweise bei einer Simulationsstudie unter Verwendung der sequenziellen Simulation der Vorgehensweise bei einer Simulationsstudie unter Verwendung der verteilten Simulation gegenübergestellt.

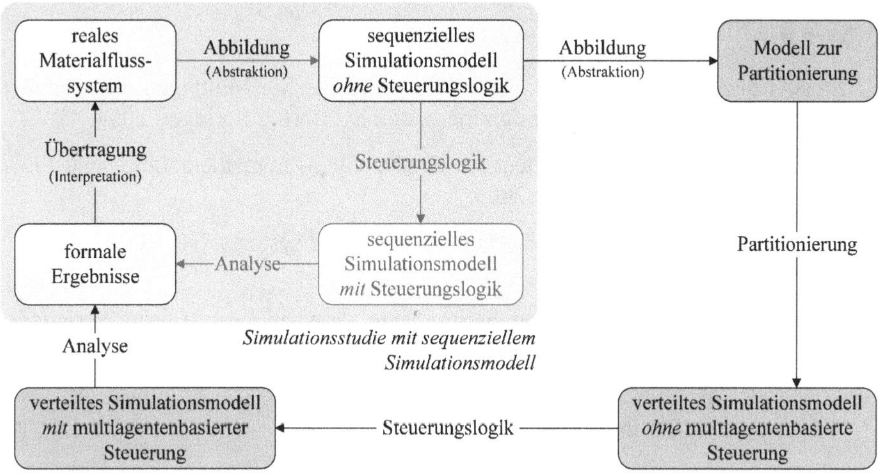

Abbildung 3*: Vorgehensweise bei der Simulationsstudie mit einem verteilten Simulationsmodell gegenüber einem sequenziellen Simulationsmodell*

Bei einer Simulationsstudie erfolgt im ersten Schritt ausgehend von dem realen MFS eine Abbildung als Simulationsmodell. Da die kommerziellen ereignisdiskreten Materialflusssimulatoren die Abbildung von agentenbasierten Steuerungskonzepten nicht von Hause aus unterstützen, muss die Agentenlogik bei der sequenziellen Simulation im nächsten Schritt in das so erzeugte Simulationsmodell eingefügt werden. Anschließend werden Experimente mit dem Simulationsmodell durchgeführt. Die so gewonnenen formalen Ergebnisse können anschließend auf das reale MFS übertragen werden.

Im Fall der verteilten Simulation erfolgt eine Transformation des sequenziellen Simulationsmodells in ein Modell, welches die zur Partitionierung relevanten Informationen beinhaltet. Hierzu eignet sich der in dem vorliegenden Beitrag vorgestellte MFM-Strukturgraph. Dieses Modell dient als Ausgangspunkt für die anwendungsoptimierte Partitionierung, bei der die in Kapitel 4 beschriebenen Einflussfaktoren zu berücksichtigen sind. Nach der Partitionierung existiert ein verteiltes Simulationsmodell, d.h. es liegen mehrere sequenzielle Teilmodelle vor, die zusammengenommen das Gesamtmodell bilden. Im nächsten Schritt werden diese Teilmodelle mit der Agentenlogik versehen, um anschließend Experimente mittels verteilter Simulation durchzuführen. Ebenso wie im sequenziellen Fall können die so gewonnenen formalen Ergebnisse anschließend auf das reale MFS übertragen werden.

Die aktuelle Forschung am Fraunhofer-Institut für Materialfluss und Logistik IML umfasst die Entwicklung eines Frameworks, das die automatisierte Partitionierung und Modellgenerierung unter Verwendung des kommerziellen Materialflusssimulators *AutoMod* der Firma Brooks Automation, Inc. realisiert. Das Ziel liegt in der Untersuchung des erzielbaren Speedups der Simulation von multiagentenbasierten Materialflusssteuerungen mittels verteilter Simulation und der automatisierten Teilmodellerzeugung. Durch die verteilte Simulation können auch sehr komplexe Modelle durch Nutzung mehrerer Rechner und deren Ressourcen analysiert werden.

Literatur

BUSSMANN, S.; JENNINGS, N. R.; WOOLDRIDGE, M.: Multiagent systems for manufacturing control. A design methodology. Berlin: Springer, 2004.

DIESTEL, R.: Graph theory. Reihentitel: Graduate texts in mathematics, Band 173. Berlin: Springer, 3. Auflage 2005.

FUJIMOTO, R. M.: Parallel and distributed simulation systems. New York: Wiley, 2000.

GUDEHUS, T.: Logistik. Grundlagen, Strategien, Anwendungen. Berlin: Springer, 3. Auflage 2005.

GÜNTHNER, W.; TEN HOMPEL, M. (Hrsg.): Internet der Dinge in der Intralogistik. Berlin: Springer, 2010.

JOHANNES, F. M.: Partitioning of VLSI circuits and systems. In: Proceedings of the 33rd annual conference on Design automation. New York, NY: ACM Order Dep., 1996, S. 83-87.

LENDERMANN, P.: About the need for distributed simulation technology for the resolution of real-world manufacturing and logistics problems. In: Proceedings of the 2006 Winter Simulation Conference. Los Alamitos, CA: IEEE Computer Society, 2006, S. 1119-1128.

LEON-GARCIA, A.; WIDJAJA, I.: Communication networks. Fundamental concepts and key architectures. Boston, MA: McGraw-Hill, 2000.

MEHL, H.: Methoden verteilter Simulation. Braunschweig: Vieweg, 1994.

SCHLOEGEL, K.; KARYPIS, G.; KUMAR, V.: Graph partitioning for high-performance scientific simulations. In: Sourcebook of parallel computing. San Francisco, CA: Morgan Kaufmann Publishers Inc., 2003, S. 491-541.

Integrationsaspekte der Simulation:
Technik, Organisation und Personal
Gert Zülch & Patricia Stock (Hrsg.)
Karlsruhe, KIT Scientific Publishing 2010

Untersuchung von Taktungsvorgängen in der Flugzeugmontage

Analysis of Synchronised Transport Processes in the Assembly of Aircrafts

Uwe Füssel, Volkmar Flemming, Markus Busenbach
Technische Universität Dresden,
Institut für Oberflächen- und Fertigungstechnik, Dresden (Germany)
volkmar.flemming@tu-dresden.de

Abstract: The transport processes in the assembly of aircrafts are often personnel-intensive and determine the flow and the output of such systems. For analysis of such complex assembly systems it is necessary to model the material flow with a lot of transport systems and equipment, the logistics chain from the delivery to assembly and the staff assignment. Especially the staff assignment is a complex problem by itself. In most cases it is necessary to simplify the control function to get results with an acceptable effort. For the visualisation of the staff assignment it is useful to utilise different forms of data preparation.

1 Einleitung

Im Rahmen einer Forschungskooperation zwischen der TU Dresden und der Airbus Deutschland GmbH wurden Untersuchungen zu Taktungsprozessen in der Flugzeugmontage durchgeführt. Taktungsprozesse beinhalten den eigentlichen Transport der Baueinheiten von Station zu Station, das Zuführen von Großbauteilen an den Stationen sowie die vor- und nachbereitenden Arbeiten (z.B. Öffnen und Schließen von Klappen, Sicherheitseinrichtungen u.ä.). Diese Prozesse sind neben den eigentlichen Montageprozessen sehr personalintensiv und bezogen auf die Abbildung sehr komplex, da sowohl der Materialfluss (der Transport der Baueinheiten), die Anlieferungslogistik der Großbauteile und der konkrete Personaleinsatz den Ablauf beeinflussen.

Das Ziel der simulationsbasierten Untersuchungen bestand darin, Varianten der Einordnung der Transportprozesse bei unterschiedlichem Schichtregime der eigentlichen Montageprozesse zu untersuchen sowie eine Entscheidungsunterstützung bei der Umsetzung zu liefern. Bei der zweischichtigen Realisierung der Montageprozesse, bei der die Transportprozesse in der Nachtschicht vorgenommen werden, reduzierte sich die Untersuchung im Wesentlichen auf die Ermittlung der Anzahl, der für den Transport einzusetzenden Mitarbeiter sowie mögliche Varianten der Gruppenbildung und die Erprobung von Steuerregeln für den Personaleinsatz bei stochastischen Einflüssen durch verzögerte Fertigstellung der Montageprozesse. Wesentlich komplexer ist die Problematik bei dreischichtiger Realisierung der Montageprozesse, da die Durchführung der Transportprozesse eine Unterbrechung der eigentlichen Montageprozesse an den Stationen erfordert, welche nur sinnvoll möglich ist, wenn die Pausen- und Schichtübergänge als Transportzeiten genutzt werden können und durch Personalkapazitätsausgleich die notwendigen Fertigstellungstermine an den Stationen abgesichert werden können.

Für die beschriebenen Untersuchungen wurde ein Modell entwickelt, welches die verschiedenen Transportmittel (Kräne, Transportfahrzeuge) und Transporthilfsmittel (Montagegestelle, Transportgestelle), die typabhängige Logistik der Bauteilanlieferung und die spezifische Art der Mitarbeiterbindung für die Prozesse abbildet. Die Eigenschaften des Modells werden nachfolgend vorgestellt.

2 Modellaufbau

Für den Modellaufbau wurde ein 3D-Simulationssystem eingesetzt, mit dem es möglich ist, die situationsabhängigen Transportbewegungen mit ihrem Zeitverbrauch entsprechend der aktuellen Wegstrecken sowie der Fahrgeschwindigkeiten und -beschleunigungen abzubilden. Zum anderen wurde die 3D-Animation genutzt, um die im Modell implementierte Transport- und Personalsteuerung in der Modellierungsphase durch Beobachtung zu validieren sowie die Abläufe für die Ergebnispräsentation zu visualisieren.

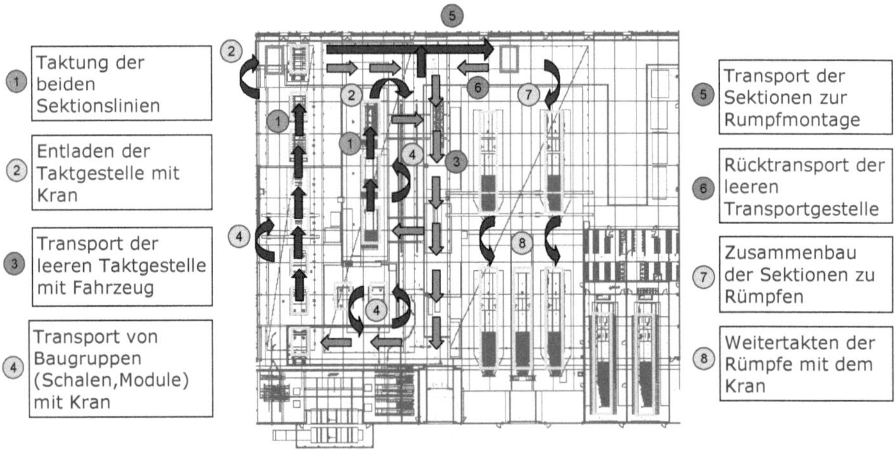

Abbildung 1: *Transportvorgänge*

In dem betrachteten Bereich (Abb. 1) werden die Bauteile mit unterschiedlichen Transportsystemen bewegt. Die Vormontage von zwei Baugruppen (Sektionen) erfolgt auf getakteten Fließlinien, in denen die Bauteile in Montagegestellen (Taktgestellen) montiert und transportiert werden. Im Übergang zur Endmontage werden die Baugruppen auf Transportgestellen per Fahrzeugtransport bewegt. Das Umladen erfolgt dabei mit dem Kran. Im Bereich der Endmontage erfolgt eine stationäre Montage, wobei der Transport von Station zu Station hier ebenfalls mit dem Kran realisiert wird. Alle Transporthilfsmittel, wie Montage- und Transportgestelle müssen dabei leer wieder zurückgeführt werden. Dies erfolgt mit Transportfahrzeugen.

Speziell für die Transportaufgaben, welche mit der Anlieferung der Großbauteile und -baugruppen verbunden sind, war es notwendig eine Logistik-Steuerung zu implementieren, um die typabhängige Just-in-Time-Anlieferung (JIT) abzubilden (Abb. 2). Ausgangspunkt der Logistik-Steuerung bildet die Einsteuerfolge der Erzeugnistypen. Um ausgehend von der Einsteuerfolge im Materialflusssimulator die Erzeugung der einzelnen Objekte (Anlieferungsteile, Sektionen, Rümpfe) vornehmen zu können, wurde in einer Datenstruktur die Zusammenbaustruktur der Erzeugnistypen (Gozintograph) angelegt und mit Ortsinformationen zu den Anlieferungspunkten ergänzt. Die Zusammenfassung von Produkt- und Prozessstruktur in Petri-Netzen, wie sie von WEIGERT, HENLICH und KLEMMT (2008) für die Optimierung genutzt werden, wurde hier nicht eingesetzt, da die Produktstruktur separat zur Ansteuerung des Simulators benötigt wurde und diese Trennung die Komplexität der Daten reduziert.

Nach der Erzeugung der einzelnen Objekte, werden Sie, getrennt nach den Anlieferungspunkten, just-in-sequence (JIS) virtuell vor der Fertigung aufgereiht. Für die beiden Sektionslinien erfolgt die Einsteuerung nach dem Push-Prinzip. Die Anlieferung der Großbauteile und das Anfordern der Sektionen im Bereich der Endmontage erfolgt nach dem Pull-Prinzip durch spezielle entwickelte Freigabe-Puffer, welche den Transport der Bauteile erst anfordern, wenn Sie an den Stationen benötigt werden. Dadurch wird verhindert, dass Transportprozesse begonnen werden, welche nicht abgeschlossen werden können (Verhinderung von Deadlocks).

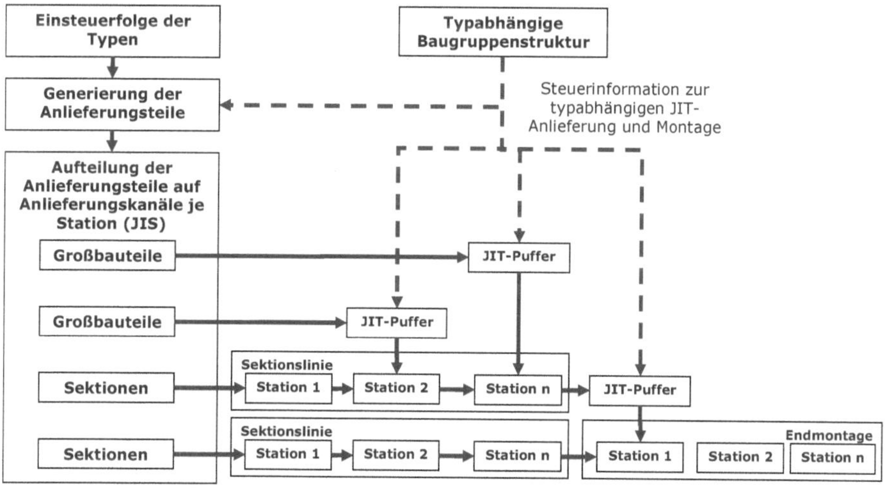

Abbildung 2: *Prinzip der Logistik-Steuerung des Modells*

Alle bisher beschriebenen und im Modell abgebildeten Transportaufgaben sind mit einem entsprechenden Personaleinsatz verbunden. Der abgebildete Personaleinsatz umfasst die Be- und Entladevorgänge, das Begleiten der Kran- bzw. Fahrzeugtransporte als auch die vor- und nachbereitenden Tätigkeiten an den Montagestationen. Die vor- und nachbereitenden Tätigkeiten wurden in Form von Vorranggraphen (Netzplänen) aufbereitet. Vorranggraphen bieten gegenüber Petri-Netzen den Vorteil, dass alternative Ablaufvarianten durch fehlende Vorrangbeziehungen implizit beschrieben sind (FLEMMING 1989, S. 40 ff.). Solange die dabei auftretenden unterschiedlichen Aufbauzustände des Produktes oder des Systems nicht ablaufrelevant sind, bieten Vorranggraphen eine aufwandsarme Beschreibungsform, welche vor allem als Eingangsinformation für die Abtaktung von Montagelinien im Rahmen der Systemplanung (GANS 2008, S. 37 ff.) genutzt wird. Bei der Airbus Deutschland GmbH wird diese Beschreibungsform ebenfalls zur Montageplanung und -steuerung eingesetzt.

Für die Aufbereitung der Prozessschritte der Transportaufgaben wurde MSProject genutzt, welches als Standard-Werkzeug zur Datenhaltung von Vorranggraphen genutzt werden kann. Über einen Exportfilter werden die Vorranggraphen in eine vom Simulator lesbare Datei überführt und nach dem Einlesen in eine modellinterne Datenstruktur übertragen. Durch die Nutzung der Vorranggraphen ist eine sehr variable Realisierung der Prozesse, entsprechend der Verfügbarkeit des Personals möglich. Die Be- und Entladeprozesse werden in einer Prozessliste gehalten und über das Fahrzeug, den Be- bzw. Entladepunkt und das Bauteil zugeordnet. Die Personalbindung bei Transportbewegungen wurde dem jeweiligen Transportmittel global zugeordnet.

Der Personaleinsatz selbst wird über einen Personal-Dispatcher koordiniert, welcher alle anliegenden Personalforderungen aufnimmt und nach verschiedenen Zuteilungsregeln das Personal zuordnet. Die Umsetzung erfolgte in einem einheitlichen Prozess für alle Stationen, welcher in Abbildung 3 dargestellt ist.

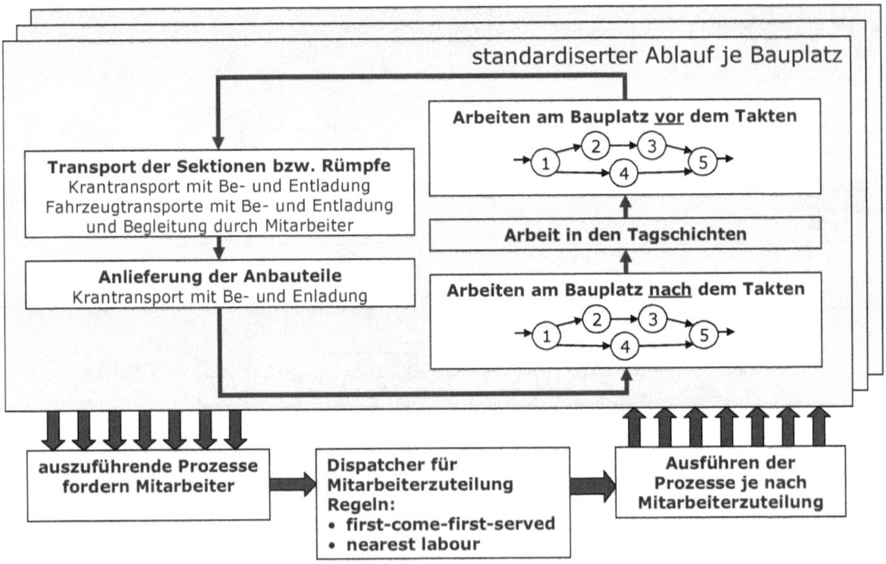

Abbildung 3: *Dispatcher für Personaleinsatz*

Neben der Variante, dass alle Taktungsvorgänge in der arbeitsfreien Nachtschicht realisiert werden, sollte ebenfalls untersucht werden, ob und wie es möglich ist, bei dreischichtiger Arbeit die Taktungsprozesse zu integrieren und welche Auswirkungen auf den Personaleinsatz sowohl bezogen auf die Taktungsprozesse als auch auf die Montagevorgänge zu erwarten sind. Aus einer statischen Analyse der Arbeitsinhalte der Taktungsvorgänge heraus wurde ermittelt, dass es prinzipiell möglich ist, die Taktungsvorgänge innerhalb typischer Arbeitsunterbrechungen (Mittagspausen, Schichtübergängen) zu realisieren, wobei als Voraussetzung für das Konzept, die Pausen der verschiedenen Bereiche zeitlich versetzt sein müssen. Um diesen Ansatz simulieren zu können, war es notwendig bereichsspezifische Arbeitszeit- und Pausenmodelle in die Simulation integrieren zu können.

Zudem musste ein Steuerprinzip (Abb. 4) entwickelt werden, das es ermöglicht, den Personaleinsatz für die Montagearbeiten so einzustellen, dass der notwendige Arbeitsumfang an einer Station zu einem bestimmten gewünschten Taktungstermin fertig gestellt werden kann. Um dies in der Simulation mit vertretbarem Aufwand abbilden zu können, wurden die eigentlichen Montageprozesse an den Stationen vereinfacht mit ihrem summarischen Mannaufwand abgebildet und als Steuergröße die Mitarbeiterzahl zwischen einem Minimal- und Maximalwert variiert. Dieser Ansatz wurde auch von (MAJOHR 2008) bei der Entwicklung eines Personalleitstandes verfolgt.

Ausgehend von einer gewünschten Zielstückzahl wird im Simulationsmodell für jede Station eine Zieltaktzeit berechnet. Bei der Berechnung werden dynamisch die bisher durch die Taktung durchschnittlich hervorgerufenen Unterbrechungen mit eingerechnet. Daraus lässt sich der nächste mögliche Taktzeitpunkt (große Pause oder Schichtübergang) ermitteln. Abschließend wird die notwendige Mitarbeiterzahl bestimmt, mit der die Montagearbeiten zu dem gewählten Taktzeitpunkt fertig gestellt werden können.

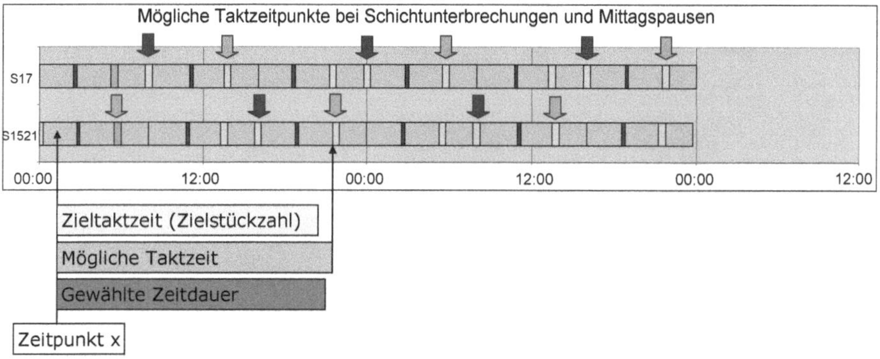

Abbildung 4: *Steuerprinzip für Mitarbeitereinsatz zur Takterreichung*

Die für diese integrierte Personleinsatzplanung notwendige Vorausschau auf die verbleibende Arbeitszeit (unter Berücksichtigung des bereichsspezifischen Arbeitszeit- und Pausenmodells) ist in den gängigen Materialflusssimulatoren nicht möglich. Es wurde deshalb sowohl die Verwaltung des Arbeitszeit- und Pausenmodells als auch die darauf basierende Vorausschaufunktion zusätzlich implementiert.

3 Versuchsdurchführung und Visualisierung

Für die Phase der Modellerstellung und Modellpräsentation wurde die 3D-Animation des Modells genutzt. Dazu wurden verschiedene unterstützende Visualisierungen in das Modell integriert (Abb. 5)

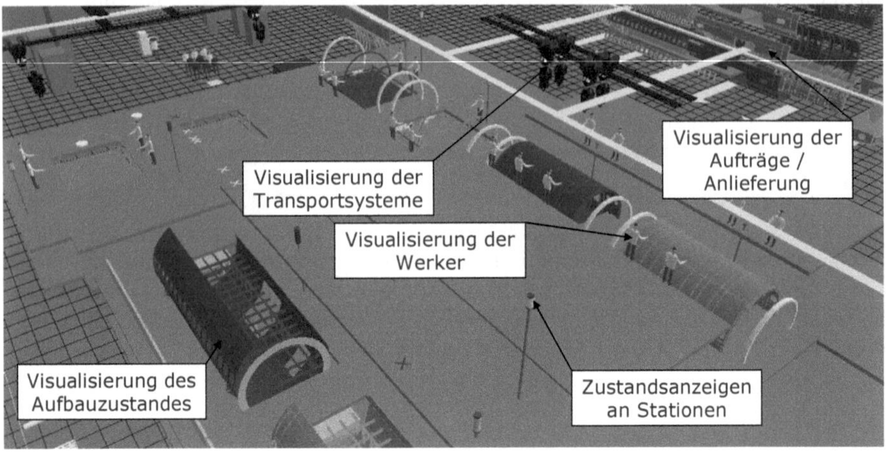

Abbildung 5: *3D-Visualisierung*

Bei den Untersuchungen wurden verschiedene Einflussgrößen variiert (Variante der Gruppenbildung, Variante des Arbeitszeit- und Pausenmodells, Steuerregel für die Mitarbeiterzuteilung, spezielle Regeln für die Bereitstellung der Großbauteile u.w.) und dann mit jedem Parametersatz jeweils eine Simulationsexperiment mit veränderlicher Mitarbeiteranzahl durchgeführt, um zu ermitteln, mit welcher minimalen Mitarbeiterzahl die Taktzeitpunkte eingehalten werden können.

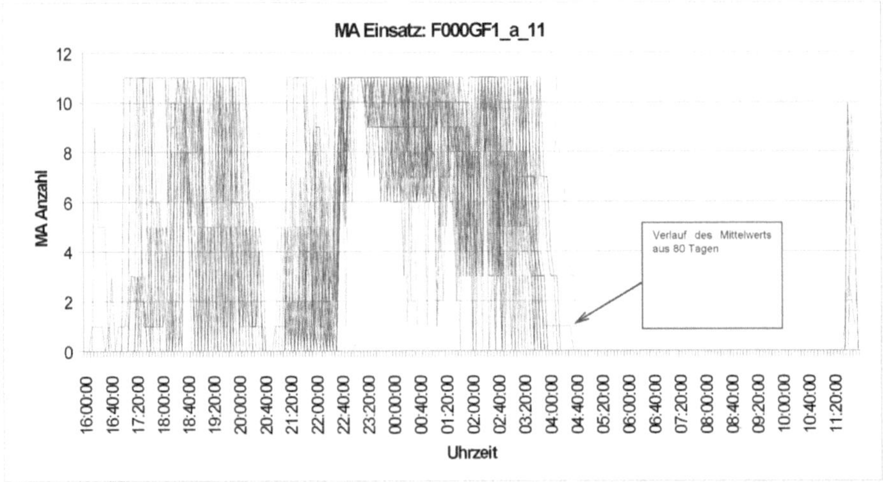

Abbildung 6: *Exemplarische Verlaufsfunktion des Mitarbeitereinsatzes*

Ergänzend wurden für die Auswertung der Simulationsexperimente die Mitarbeitereinsatzzahlen in einem festen Zeitraster über mehrere Tage mitgeschrieben und in MS-Excel ausgewertet. Es zeigte sich, dass neben den Verlaufsfunktionen (Abb. 6) vor allem die Visualisierung mit farbigen Flächen, vergleichbar zur Falschfarbendarstellung, die Situation des Mitarbeitereinsatzes sehr gut verdeutlichen (Abb. 7).

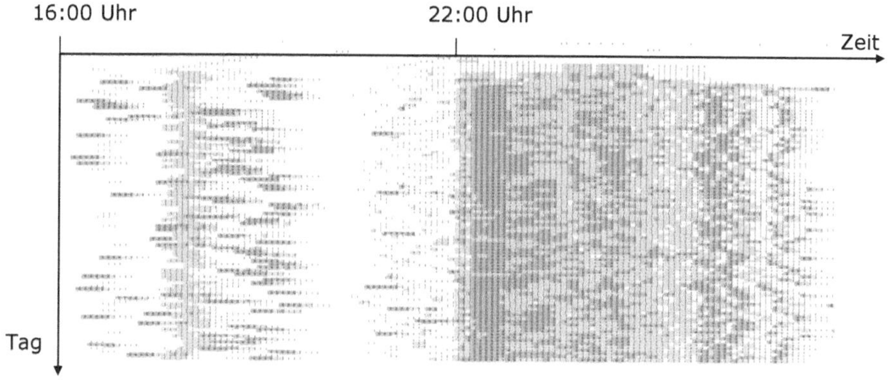

Abbildung 7: *Farbflächendarstellung zur Visualisierung des Mitarbeitereinsatzes*

4 Ausblick

Mit dem beschriebenen Simulationsmodell und den genannten Visualisierungsmitteln konnten Untersuchungen zu verschiedenen Varianten der Taktung vorgenommen werden. Auf eine Darstellung zu den konkreten Untersuchungsergebnissen wurde hier bewusst verzichtet, da sie betriebsinterne Informationen darstellen.

Es zeigte sich, dass bei derart komplexen Modellen der Visualisierung eine wichtige Rolle zukommt. Die 3D-Animation spielt vor allem in der Modellierungsphase und bei der Ergebnispräsentation eine wichtige Rolle. Für die Variantenbetrachtung ist es hingegen notwendig, geeignete andere Darstellungsformen zu finden. Die flächenhafte Visualisierung der Personaleinsatzzahlen unterstützt den Prozess der Beurteilung der Lösung, vor allem bei variantenreicher Produktion, bei der die Mitarbeitereinsatzzahlen starken Schwankungen unterliegen.

Für die Umsetzung der Lösungen in die Praxis, ist es notwendig, die Steuerung des Personaleinsatzes zu unterstützen. Für die Variante des Zweischichtbetriebes, wurden die im Simulationsmodell verwendeten Regeln des Einsatzes der Transportarbeiter, den Mitarbeitern als Regeln für die Selbstorganisation übergeben. Der Personaleinsatz für die Montagearbeiten wurde in dem vorliegenden Modellstand nur vereinfacht abgebildet. Durch Beschreibung aller möglichen Prozessvarianten in Netzplänen kann der Personaleinsatz aber auch simulationsbasiert detailliert geplant werden. Ein Ansatz dazu wurde von (MAJOHR, ROSE, VÖLKER 2008) entwickelt.

Literatur

FLEMMING, V.: Statische und dynamische Bewertung von Montageprozessen und -systemen auf der Basis von Verrichtungsfolgegraphen VFG (M). Dresden: Dissertation, TU Dresden, 1989.

GANS, E.: Neu- und Anpassungsplanung der Struktur von getakteten Fließproduktionssystemen für variantenreiche Serienprodukte in der Montage. Paderborn: Dissertation, Universität Paderborn, 2008.

MAJOHR, Falk Martin: Heuristik zur personalorientierten Steuerung von komplexen Montagesystemen. Dresden: Dissertation, TU Dresden, 2008.

MAJOHR, Martin Falk; ROSE, Oliver; VÖLKER, Michael: Simulationsbasierte Heuristik zur personalorientierten Steuerung komplexer Montagelinien. In: Advances in Simulation for Production and Logistics Applications. Hrsg.: RABE, Markus. 13. ASIM Fachtagung Simulation in Produktion und Logistik. Stuttgart: Fraunhofer IRB Verlag, 2008, S. 387-396.

WEIGERT, Gerald; HENLICH, Thomas; KLEMMT, Andreas: Methoden zur Modellierung und Optimierung von Montageprozessen. In: Advances in Simulation for Production and Logistics Applications. Hrsg.: RABE, Markus. 13. ASIM Fachtagung Simulation in Produktion und Logistik. Stuttgart: Fraunhofer IRB Verlag, 2008, S. 479-488.

Integrationsaspekte der Simulation:
Technik, Organisation und Personal
Gert Zülch & Patricia Stock (Hrsg.)
Karlsruhe, KIT Scientific Publishing 2010

Auslegung von Kanbansteuerungen bei starken Produktionsschwankungen mit Hilfe diskreter Simulation

Calculation of Kanban Systems Subject to Strong Variations in Production Output Employing Discrete Event Simulation

Hans-Peter Barbey
Fachhochschule Bielefeld, Bielefeld (Germany)
hans-peter.barbey@fh-bielefeld.de

Abstract: Nowadays production systems are often controlled by Kanban. An important precondition is that the variation in the production parameters is relatively small. These variations are taken into account in the calculations of a Kanban including a safety factor. The dynamic behaviour of a Kanban will be illustrated by employing discrete event simulation. If the Kanban is close loop controlled, a reduction of the circulating Kanban cards is possible, provided that the cycle time of variation in the output rate is longer than the fourfold cycle time of a container. If an predictive controller is installed, a reduction is achieved as from more than twice the cycle time of a container. The control of a Kanban can be done manually; however, the installation of an e-Kanban is a better option.

1 Einsatz von Kanban

Kanbansteuerungen werden häufig eingesetzt, um Bestände in Produktion und Montage zu minimieren. Diese Bestandsminimierung wird dadurch erreicht, dass die im Kanbankreislauf vorhandene Behälterzahl beschränkt ist. Die limitierte Behälterzahl setzt voraus, dass die Produktion nur in schon vorher bekannten Grenzen schwankt. Produktionsschwankungen werden häufig als Argument dafür benutzt, um sich gegen den Einsatz von Kanban zu entscheiden. Allerdings werden Art und Größe von Schwankungen selten quantifiziert. Produktionsschwankungen können einerseits statistisch verteilte Unregelmäßigkeiten in der Prozesskette und anderseits saisonale Schwankungen sein. Da Produktionsschwankungen dynamische Vorgänge sind, die Berechnungsgleichungen aber gewissermaßen nur statische Werte unter Berücksichtigung entsprechender Sicherheitsfaktoren liefern, ist eine optimale Anpassung des Kanban an die Produktionsbedingungen nicht möglich. WEBER (2008, S.94 und S.105) erwähnt im Rahmen einer Produktionsplanung die Anpassung einer Kanbansteuerung, ohne dies zu quantifizieren. MORITZ (2000) beschreibt einen sehr komplexen, stark regelungstechnisch geprägten Ansatz zur

Anpassung eines Kanban. Eine regelungstechnische Betrachtung liefert bei diskreten Vorgängen zwar ähnliche Werte, sie kann aber als analoges Rechenmodell nicht die exakten Werte liefern (BARBEY 2008, S.361). Hier kann der Einsatz der diskreten Simulation zur Abschätzung des Einflusses der Produktionsschwankungen auf eine Kanbansteuerung genauere Werte zur Auslegung liefern.

2 Auslegung einer Kanbansteuerung

Im Hinblick auf den Einsatz der diskreten Simulation wird von den üblichen Berechnungsverfahren abgewichen. Alle Elemente eines Kanbankreislaufes werden nur noch als Zeitverbraucher aufgefasst (Abb. 1). Als Zeitverbraucher wurden für die Simulation vier Elemente festgelegt:

- Erzeuger, t_{Herst}: Zeit zur Herstellung bzw. zur Bereitstellung eines vollen Behälters
- Materialtransport, t_{Trans}: Zeit zum Transport eines vollen Behälters vom Erzeuger zum Verbraucher
- Verbraucher, t_{Verbr}: Zeit zum Leeren eines Behälters vom Verbraucher
- Kanbankarte, t_{Info}: Zeit für den Rücklauf der Kanbankarte oder des leeren Behälters vom Verbraucher zum Erzeuger

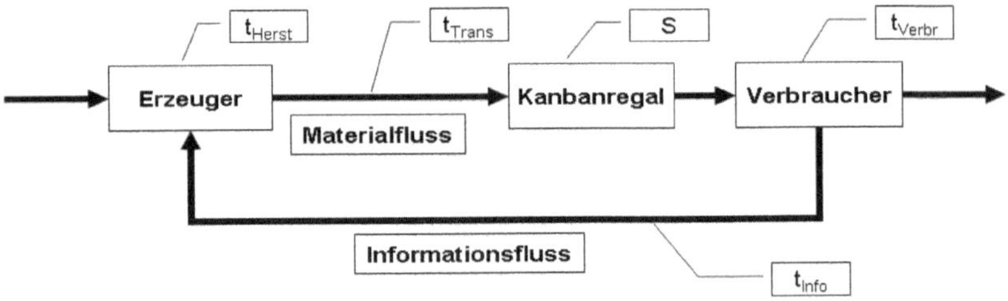

Abbildung 1: *Kanban mit zeitverbrauchenden Elementen*

Basierend auf dieser Darstellung wird die Anzahl der Behälter im Kreislauf A_{Beh} berechnet über die Wiederbeschaffungszeit t_{WBZ}, die Verbrauchszeit t_{Verbr} und den Sicherheitsbestand s:

$$A_{Beh} = \frac{t_{WBZ}}{t_{Verbr}} + S = \frac{t_{Trans} + t_{Info} + t_{Herst} + t_{Verbr}}{t_{Verbr}} + S \qquad (1)$$

Der wesentliche Unterschied zu den üblichen Berechnungsgleichungen ist der Sicherheitsbestand S, der hier durch zusätzliche Behälter im Kanbanregal erscheint. Üblicherweise geht der Sicherheitsbestand als mutliplikativer Faktor in die Auslegung ein (KOETHER 2008, S.112). Der Sicherheitsbestand wird nun in der folgenden Simulation als Sollwert verwendet, nach dem die Anzahl der Karten im Kanbankreis geregelt wird. Sofern alle Zeiten konstante Größen sind, bleibt auch die notwendige Anzahl an Karten konstant. Für die Simulation wird nun angenommen, dass als einziger Parameter die Verbrauchszeit der Behälter variiert. Das bedeutet für reale Systeme, dass eine Fertigung oder Montage jeder Änderung der Abnahme der Produkte z.B. durch personelle Aufstockung auch folgen kann. Diese Auslegung bedeutet eine Idealisierung, da außer der Verbrauchzeit alle anderen Zeiten konstant gehalten wurden. Eigene Plausibilitätsbetrachtungen am beschriebenen Simulationsmodell zeigten jedoch, dass durch die Änderung der Verbrauchszeit der größte Einfluss zu erwarten ist. Durch die Änderungen der Verbrauchszeiten schwankt dann auch der Sicherheitsbestand im Kanban. Gegenüber einem Kanban gemäß Abbildung 1 wird der Kreis um die Erfassung der Verbrauchszeit erweitert (Abb. 2). Über die Erfassung der Verbrauchszeit soll nun der Kanban über den Kartenpuffer durch Entnahme oder Hinzufügen von Karten nach Formel 1 so geregelt werden, dass der Sicherheitsbestand S möglichst konstant gehalten wird.

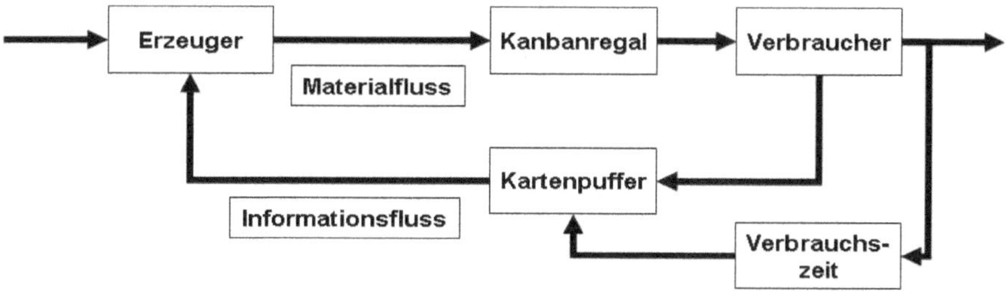

Abbildung 2: *Geregelter Kanban*

Einerseits bedeutet diese Art der Auslegung eine Abkehr von dem bisherigen Einsatz, der den Kanban als eine einmal festgelegte Produktionseinheit definiert. Andererseits ergibt sich ein Mehraufwand durch die Erfassung der Verbrauchszeit und Anpassung der Kartenzahl.

3 Simulation

Basierend auf den in Kapitel 2 festgelegten Voraussetzungen wurde der Kanbankreislauf als diskretes Simulationsmodell abgebildet (Abb. 3). Mit diesem Modell wurden verschiedene Simulationsläufe durchgeführt. Um das charakteristische Verhalten zu ermitteln, wurde zunächst eine sprunghafte Änderung der Verbrauchzeit aufgegeben. In einer weiteren Simulationsreihe änderte sich die Verbrauchszeit nach einer harmonischen Funktion. Das Simulationsmodell wurde so gestaltet, dass sowohl ungeregelte als auch geregelte Parameterläufe gemacht werden konnten.

3.1 Verhalten des ungeregelten Kanban

Die Simulation des ungeregelten Kanban dient dazu, um einerseits das grundsätzliche Zeitverhalten zu klären und andererseits die Bezugswerte für den geregelten Kanban zu liefern. In Abbildung 4 ist der Verlauf des Sicherheitsbestandes dargestellt, wenn sich die Verbrauchszeit eines Behälters sprunghaft ändert. Damit eine möglichst allgemeingültige Darstellung erreicht wird, ist die Simulationszeit sowie die Verbrauchszeit eines Behälters auf die Behälterumlaufzeit bezogen worden. Der sprunghaften Änderung der Verbrauchszeit folgt erwartungsgemäß eine kontinuierlich Abnahme oder Zunahme des Sicherheitsbestandes. Nach einem vollständigen Behälterumlauf stellt sich wieder ein stabiler Zustand ein.

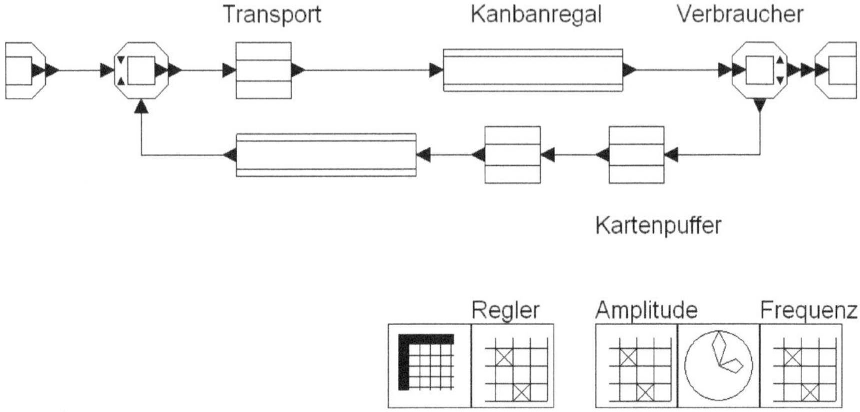

Abbildung 3: *Kanbankreislauf als Simulationsmodell (DOSIMIS)*

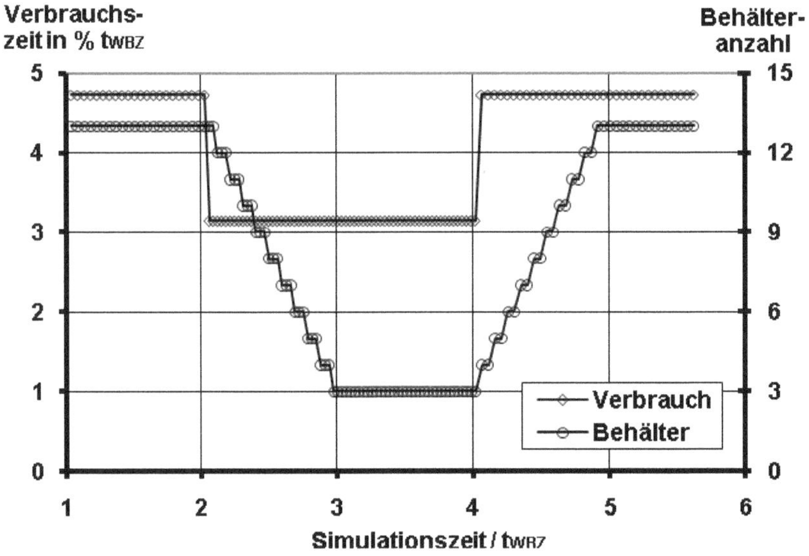

Abbildung 4: *Behälteranzahl im Puffer bei sprunghafter Änderung der Verbrauchszeit*

Ein ähnliches Verhalten ergibt sich, wenn sich die Verbrauchszeit nach einer harmonischen Funktion ändert. Diese harmonische Funktion kann als Simulation eines Trends wie z.B. einer saisonalen Schwankung gesehen werden (Abb. 5).

Verändert sich die Verbrauchszeit über die Simulationsdauer nach einer harmonischen Funktion, schwankt die Behälterzahl des Sicherheitsbestandes zwischen einem Maximum und Minimum und einer Phasendifferenz von einer halben Periode zur Verbrauchszeit.

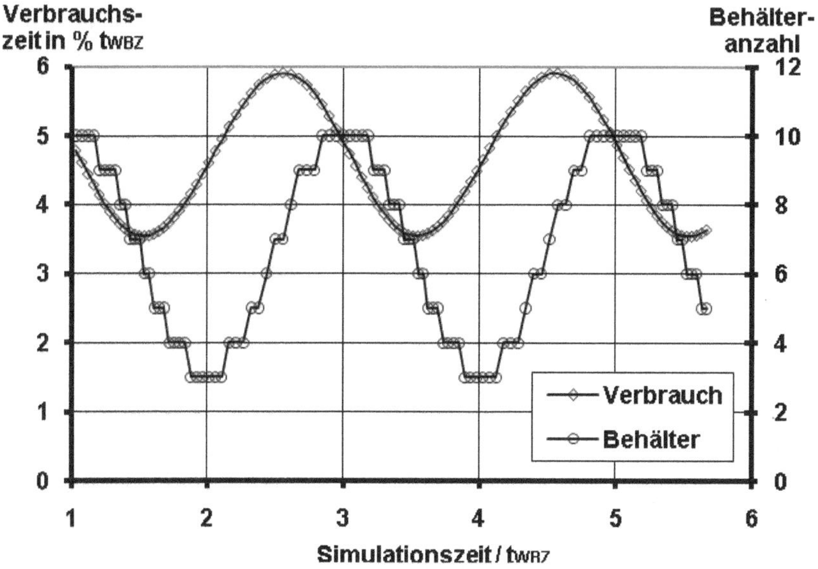

Abbildung 5: Behälteranzahl im Puffer bei harmonischer Änderung der Verbrauchszeit

3.2 Verhalten des geregelten Kanban

Das Regelverhalten des Kanban wird folgenden Simulationsläufen ermittelt:

- Regelung der Behälterzahl bei sinusförmiger Änderung der Verbrauchszeit der Behälter
- Prädiktiver (vorausschauender) Regler bei sinusförmiger Änderung der Verbrauchszeit der Behälter
- Ausregeln einer statistisch verteilten Verbrauchszeit der Senke

Um das Verhalten des geregelten Kanban, in dem die Anzahl der Karten laufend angepasst wird, zu beurteilen, werden die Ergebnisse der beiden ersten Testläufe auf den ungeregelten Fall bezogen. Die Schwankung des Sicherheitsbestandes im geregelten Fall wird bezogen auf die des ungeregelten Falls gemäß Abbildung 5. Die periodische Änderung der Verbrauchszeit wird hier in Einheiten der Behälterumlaufzeit angeben. So ergibt sich eine Verstärkungsfunktion wie in Abbildung 6 dargestellt. Die Amplitude der Änderung der Verbrauchszeit hat bei der Darstellung der relativen Lagerdifferenz nahezu keinen Einfluss auf den Regelvorgang. Daher wird sie bei der Simulation nicht weiter betrachtet. Dagegen ist die relative Periodendauer von entscheidendem Einfluss. Im Bereich von einer relativen Periodendauer von 1 befindet sich der Kanban gewissermaßen als "logistischer

Schwingkreis" in der Resonanz. Man erhält eine starke Überhöhung des Signals und damit eine Verschlechterung gegenüber dem ungeregelten Fall. Bei einer relativen Periodendauer von 4 entspricht das Ergebnis bei der Regelung über die Verbrauchszeit dem des ungeregelten Falls. Bei höheren Periodendauern wird eine Verbesserung erzielt. Deutliche besser ist hier die prädiktive Regelung. Ab einer relativen Periodendauer von 2 liegt das Ergebnis unterhalb dem des ungeregelten Kreises. Ab einer Periodendauer der vierfachen Behälterumlaufzeit lässt sich die harmonische Störung mit einem prädiktiven Regler vollständig kompensieren.

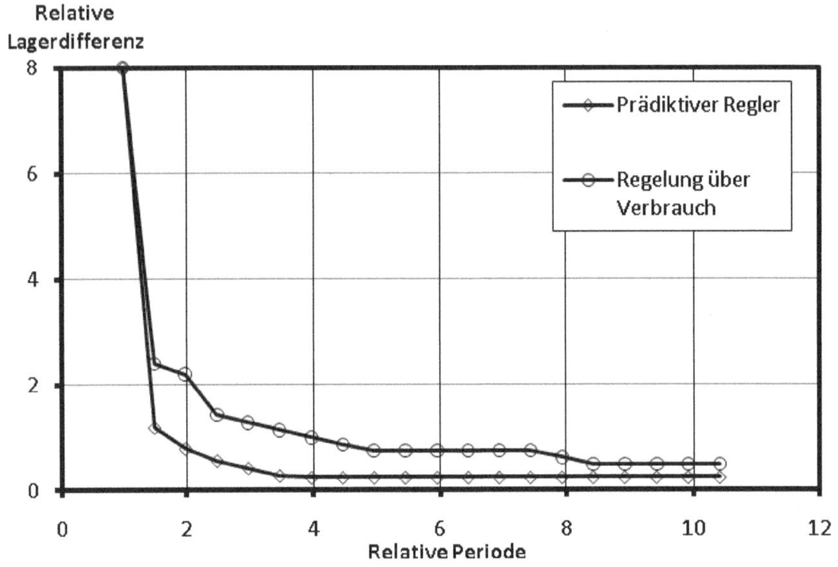

Achsendefinition:

Relative Periode: Periodendauer der Änderung der Verbrauchszeit bezogen auf die Wiederbeschaffungszeit t_{WBZ}

Relative Lagerdifferenz: Differenz aus Maximal- und Minimalbestand des geregelten Kanban bezogen auf die Differenz des ungeregelten Kanban

Abbildung 6: *Verstärkungsfunktion des geregelten Kanban*

Abbildung 7 zeigt die Änderung der Lagerbelegung beim Einschalten des Reglers. Der Sollwert wird exakt erreicht, dagegen versagt die Regelung bei einem statistisch verteilten Signal. Die Schwankung der Lagerbelegung wird durch die Regelung noch verstärkt. Durch geeignete Filtermaßnahmen lässt sich diese Schwankung in der Simulation beseitigen. Allerdings ist der für das verwendete Simulationsmodell entwickelte Regelalgorithmus derartig komplex, dass er sich für eine manuelle Umsetzung in einem Kanban nicht eignet. Daher wird der Algorithmus an dieser Stelle nicht näher erläutert.

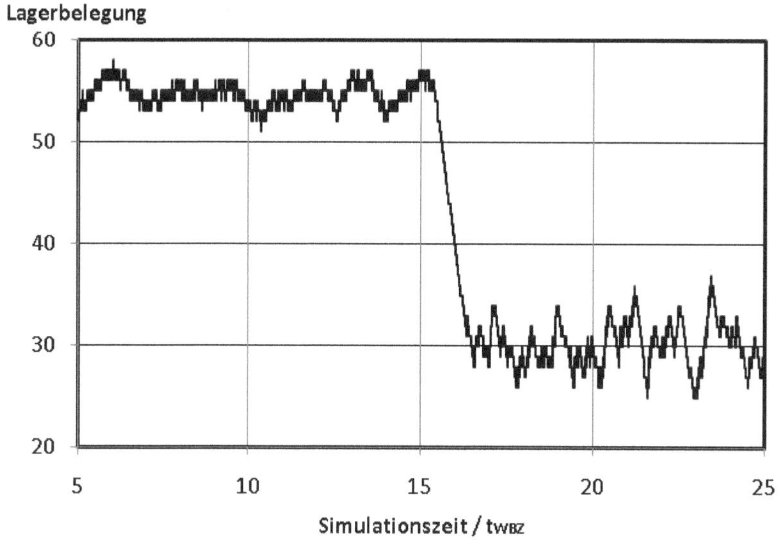

Abbildung 7: *Regelung auf den Sollwert der Lagerbelegung bei einer überlagerten statistischen Störung der Verbrauchszeit*

4 Umsetzung in die Praxis

Der Vorteil konventioneller Kanbansteuerungen liegt darin, dass diese einmal gestaltet werden und dann keinen weiteren Steuerungsaufwand benötigen. Um auch unter schwankenden Produktionsbedingungen die Vorteile der Bestandsminimierung und der kurzen Durchlaufzeiten beizubehalten, kann der Kanbankreis durch Anpassen der Kartenzahl geregelt werden. Das bedeutet natürlich zusätzlichen Aufwand an der verbrauchenden Stelle, da die Verbrauchszeit eines Behälters zusätzlich erfasst werden muss. Dies kann manuell geschehen, sowie auch das Entfernen oder Hinzufügen von Kanbankarten. Sofern die Charakteristik des Kanbankreises vorher bestimmt wurde, kann der Regelvorgang gemäß Formel 1 manuell ausgeführt. Periodische Änderungen lassen sich damit sehr gut Ausregeln. Das Ausregeln statistisch verteilter Änderungen führt mit dem einfachen angewendeten Regelalgorithmus nach Formel 1 zu großen Schwankungen. Wird der Regelalgorithmus optimiert, wird er derartig kompliziert, dass eine manuelle Handhabung nicht sinnvoll erscheint. Dann ist aber eine Anwendung als e-Kanban mit einem Barcodesystem (Weber 2008, S.166-S.168) durchaus denkbar, da hier der Regelalgorithmus im Rechner implementiert werden kann.

Interessant ist der Einsatz eines prädiktiven Reglers. Damit wird der Kanban zum Bestandteil einer Produktionsplanung. Die Produktionsplanung gibt damit ein zukünftiges Signal vor, welches in den Kanbankreislauf gegeben wird. Die daraus resultierende Änderung der Anzahl der Kanbankarten kann "von Hand" erfolgen, aber auch hier ist der Einsatz eines e-Kanban sinnvoller. Mit der Anwendung eines prädiktiven Reglers ist der Kanban wieder auf seine ursprüngliche Funktion nämlich das Kompensieren von statistischen Produktionsschwankungen zurückgeführt.

5 Zusammenfassung

Kanbansteuerungen werden heutzutage zur Steuerung von Produktionssystemen mit dem Ziel einer Bestandsminimierung eingesetzt. Wesentliche Voraussetzung ist, dass die Produktionsparameter nur in engen Grenzen schwanken. Mit Hilfe der diskreten Simulation wird das dynamische Verhalten eines Kanban gezeigt. Darauf aufbauend wird in den Kanban ein Regler integriert, der basierend auf der erfassten Verbrauchszeit eines Behälters die Zahl der Kanbankarten anpasst. Dabei zeigt sich, dass sich der Kanban bei periodischen Änderungen der Verbrauchszeit unterhalb der vierfachen Behälterumlaufzeit wie ein "logistischer Schwingkreis" verhält und der Behälterbestand steigt gegenüber dem ungeregelten Fall sogar an. Bei längeren Perioden ergibt sich dagegen eine Bestandsreduzierung. Beim Einsatz eines prädiktiven Reglers lassen sich bei periodischen Schwankungen Verbesserungen ab der zweifachen Behälterumlaufzeit erzielen und ab der vierfachen Behälterumlaufzeit vollständig kompensieren. Die Anpassung der Kanbankarten kann manuell erfolgen, sinnvoller ist aber der Einsatz eines e-Kanban.

Literatur

BARBEY, H.-P.: Simulation des Stabilitätsverhaltens von Produktionssystemen am Beispiel einer lagerbestandsgeregelten Produktion. In: Advances in Simulation for Produktion and Logistics Applications. Hrsg .: RABE, Markus. Stuttgart: Fraunhofer IRB Verlag, 2008, S. 357-366.

HERING E., GEIGER, E., KUMMER, R.: Kanban. In: Taschenbuch der Logistik. Hrsg.: KOETHER, Reinhard. München: Carl Hanser Verlag, 2008, S.109-120..

MORITZ, H. A: Verfahren zur simulationsgestützten Regelung der Kanban-Steuerung bei dynamischen Bedarfen. Chemnitz: Dissertation, TU Chemnitz, 2000.

WEBER, R.: Kanban-Einführung. Renningen: expert verlag, 6.Auflage 2008.

Integrationsaspekte der Simulation:
Technik, Organisation und Personal
Gert Zülch & Patricia Stock (Hrsg.)
Karlsruhe, KIT Scientific Publishing 2010

Ameisenalgorithmus zur Optimierung von Modellparametern in der Modellierung komplexer Materialflusssimulationsmodelle

Ant Algorithm for the Optimization of Model Parameters during Material Flow Modelling of Complex Simulation Models

Christoph Laroque, Sebastian Krimmer
Heinz Nixdorf Institut der Universität Paderborn, Paderborn (Germany)
christoph.laroque@hni.uni-paderborn.de, skrimmer@mail.uni-paderborn.de

Abstract: This article describes an automatic approach for a specific modelling support within material flow simulation studies. Based on the adoption of classical algorithms from the artificial intelligence, especially ant algorithms, parameters at forks as well as joins within material flow models are adjusted automatically. The designed method is implemented within the material flow simulation tool d³FACT insight, developed at the Heinz Nixdorf Institute of the University of Paderborn. First results show a good possibility for application, since even initial worst-case parameter settings are automatically arranged to a more optimal solution.

1 Motivation

Die heutige Angebotsstruktur in vielen Bereichen der industriellen Fertigung ist gekennzeichnet durch verkürzte Produktlebenszyklen, kundenorientierte Produktion und eine erhöhte Variantenvielfalt. Um dennoch kosten- und zeiteffizient fertigen zu können, werden neue Produkte fast vollständig am Rechner konstruiert, modelliert und optimiert. Die Vorteile dieser Methodik liegen unter anderem in reduzierten Entwicklungskosten und -zeiten (VDI 2008). Die fortschreitende Digitalisierung geht über reine Produktmodelle weit hinaus und bezieht sich zunehmend auf die Planung, Inbetriebnahme und den Betrieb aller relevanten Prozesse der Leistungserstellung (VDI 2008). Eine etablierte Methode zur Planung, Absicherung und Verbesserung von Produktionsprozessen ist die Materialflusssimulation. Typische Probleme, die in dieser Domäne untersucht werden, sind Planungsabsicherungen, Losgrößenplanung, Variantenplanungen von Layouts, Puffergrößenbestimmung, Personaleinsatzplanung und insbesondere auch die Entwicklung und Anpassung von Steuerungsregeln im zu planenden System (LAW, KELTON 2000).

Der Simulationsexperte steht innerhalb dieser Entwicklung insbesondere bei komplexen Simulationsmodellen (z.B. der Planung von Gepäckförderanlagen in Flughäfen usw.) vor der Fragestellung, welche Parameter für die jeweiligen Steuerungsregeln an einer bestimmten Materialflussverzweigung oder Zusammenführung verwendet werden sollen, um beispielsweise den Durchsatz des Gesamtsystems unter den gegebenen, zumeist noch stochastischen Einflüssen (Verfügbarkeiten von Maschinen, schwankende Bearbeitungszeiten, Ausfallraten usw.) zu verbessern. Hier unterstützt die hier vorgestellte Arbeit den Anwender im Rahmen der Modellierungsphase durch Verwendung eines automatischen Verfahrens bei einer möglichst guten Einstellung eben dieser Parameter. Es basiert auf einer Metaheuristik aus dem Bereich der künstlichen Intelligenz, dem Ameisenalgorithmus (DORIGO u.a. 1991).

2 Materialflusssimulation mit d³FACT insight

Am Heinz Nixdorf Institut wird seit Jahren der Materialflusssimulator d³FACT insight entwickelt, der neue Einsatzbereiche der Ablaufsimulation erschließen und den Anwender besser bei der Durchführung von Simulationsstudien unterstützen soll (LAROQUE, 2007; DANGELMAIER, LAROQUE 2008). Zurzeit befindet sich d³FACT insight in einer Redesign-Phase, wird aber stetig weiterentwickelt. Aktuell werden alle Funktionen für die Materialflusssimulation als eine Java-Programmbibliothek (API) zur Verfügung gestellt, in der Simulationsmodelle modelliert, simuliert, analysiert und visualisiert werden können (d3FACT10-ol).

Die durch die Modellierung und anschließende Simulation erzielbare Performance eines modellierten Systems entscheidet häufig über die Auswahl einer bestimmten Planungsvariante und damit der Ergebnisse auf die Realität. Gerade im Hinblick auf die Modellierung der einzelnen Systemalternativen stellt sich also die Frage, inwiefern selbst erfahrene Simulationsexperten systematisch die entstehenden Lösungen von Hand verbessern können. Insbesondere bei stochastischen Einflüssen im Modell tritt hier in der realen Anwendung vor allem das Problem der Anzahl benötigter Simulationsläufe auf. Mit der Evaluierung und Verfeinerung jeder Konfiguration ist ein mehr oder weniger großer Rechen- und Zeitaufwand verbunden, weil durch die stochastischen Einflüsse für jedes Szenario mehrere Simulationsläufe benötigt werden (LAW, KELTON, 2000). Eine Optimierung der Modellparameter einer bestimmten Konfiguration findet in der betrieblichen Anwendung zumeist durch iterative Modellmodifikation statt. Im Hinblick auf die Zielsetzung des Beitrags stellt sich die zentrale Frage: Können Methoden der künstlichen Intelligenz aus dem Bereich des Operations Research (OR) eine automatisierte Optimierung eines konkreten Materialflussmodells hinsichtlich eines Maximierungsziels erzielen?

3 Vorbild Natur

Für viele der heute im Bereich des Operations Research (OR) verwendeten, heuristischen Lösungsverfahren stand die Natur in der ein oder anderen Form Pate. So lässt sich beispielsweise folgende Beobachtung machen: Ameisen bilden auf der Suche nach Futter Straßen zwischen ihrem Nest und der entsprechenden Futterquelle. Erstaunlich ist die Beobachtung, dass diese sich selbst organisierenden Ameisenstraßen scheinbar immer die direkte Verbindung finden, also den kürzesten Weg bilden. In einem sog. Double-Bridge-Experiment konnten Biologen bestätigen, dass Ameisen im Rahmen ihrer Futtersuche immer den kürzeren Weg finden (GOSS u.a. 1989). Dazu nutzen sie zwei wesentliche Eigenschaften:

1. Ameisen markieren während der Futtersuche ihren Weg mit Pheromonen (chemischer Duftstoff). Diesen können ihre Artgenossen wahrnehmen.

2. Die Ameisen treffen bei ihrer Wegentscheidung eine Wahrscheinlichkeitsauswahl. Je stärker der Weg mit Pheromonen markiert ist, desto wahrscheinlicher ist die Auswahl dieses Wegs für eine konkrete Ameise im Rahmen der Futterbeschaffung.

Der Italiener Marco Dorigo war der erste, der dieses Schema der Futtersuche bei Ameisen auf ein klassisches Optimierungsproblem, das Traveling Salesman Problem (TSP) übertrug (DORIGO 1991). Weitere Arbeiten haben mehrfach gezeigt, dass solche "Ameisenalgorithmen" auf verschiedene Arten von kombinatorischen Optimierungsproblemen angewendet werden können. Um den Ameisenalgorithmus möglichst flexibel auf Optimierungsprobleme anwenden zu können, existieren in der Literatur Erweiterungen und Verbesserungen (DORIGO, STÜTZLE 2004).

4 Idee: Der Anti-Ant-Algorithmus

Im Rahmen der hier vorgestellten Arbeit soll das Prinzip des Ameisenalgorithmus dazu verwendet werden, den maximalen Durchsatz durch ein vorhandenes Materialflussmodell zu identifizieren, indem die einzelnen Steuerungsparameter an Materialflussverzweigungen und Zusammenführungen so angepasst werden, dass der Gesamtfluss durch das Materialflussmodell maximiert wird. Eine simulative Evaluation der gefunden Konfiguration(en) soll die Auswahl des Ameisenalgorithmus in einem nachfolgenden Schritt validieren bzw. evaluieren. Der klassische Ameisenalgorithmus beantwortet die Frage, welchen Weg eine Ameise in einem Modell gehen muss, um als schnellstes im Ziel zu sein. Setzt man analog zu einer Ameise hier ein Werkstück im Materiaflussmodell, würde dieses mit Hilfe der Ameisenalgorithmen also sukzessive den schnellsten Weg durch das Materialflussmodell finden. Da in den klassischen Ansätzen der Ameisenalgorithmen die Beschränkung des Durchsatzes (Kapazitäten von Maschinen usw.) einzelner Wege nicht berücksichtigt wird, sind diese in ihrer ursprünglichen Form nicht anwendbar. Innerhalb der hier beschriebenen Arbeiten wurde der klassische Algorithmus dementsprechend so modifiziert, dass er nun die Frage beantworten kann, wie viele Werkstücke (resp. Ameisen) maximal in einem Zeitintervall im Modell im Ziel ankommen können. Dies entspricht der eigentlichen Aufgabenstellung nach der Suche des maximalen Durchsatzes.

Im Gegensatz zum klassischen Ameisenalgorithmus erhöht der hier entwickelte "Anti-Ant-Algorithmus" die Pheromon-Konzentration auf denjenigen logischen Verknüpfungen zwischen den Bausteinen des Materialflussmodells, auf denen die Ameise nicht gelaufen ist. Sofern keine dieses Vorgehen überschreibenden Regeln im Modell definiert sind, entspricht dieser Ansatz der Gleichverteilung zunächst dem Anspruch, möglichst viel Durchsatz zu erreichen.

Für die Entwicklung des Anti-Ants wurde dazu zunächst ein einfaches Materialflussmodell gewählt (siehe Abb. 1). Die Verteilung der abgebildeten Weiche soll in diesem einfachen Beispiel von dem entwickelten Anti-Ant-Algorithmus so eingestellt werden, dass möglichst viele Werkstücke im Ziel ankommen. Der Anti-Ant-Algorithmus wird dabei jeweils aufgerufen, sobald eine Säge ein Werkstück fertig bearbeitet hat. Im weiteren Verlauf wird dadurch sichergestellt, dass sich eine "gewichtete Verteilung" auf Basis der Leistung des der Weiche nachfolgenden Materialflusses abbilden lässt bzw. aus dem Algorithmus resultiert. Wie die spätere Analyse zeigt, können damit beispielsweise unterschiedliche Maschinenkapazitäten oder -leistungen berücksichtigt werden.

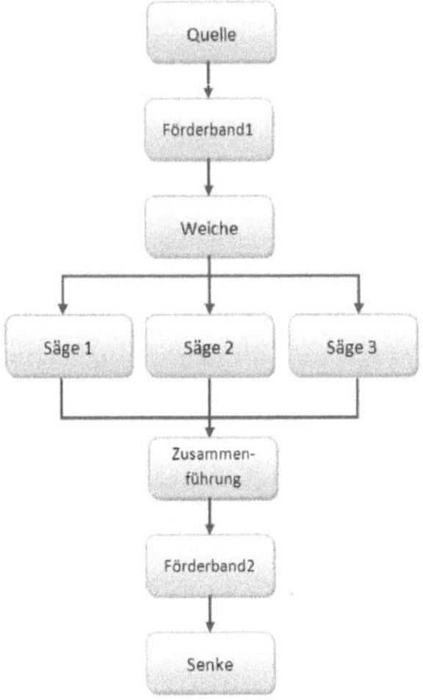

Abbildung 1: *Beispielmodell zur Parameteroptimierung*

5 Implementierung

In dem gewählten Beispielmodell führt von der Weiche eine logische Verknüpfung zur jeder Säge (zunächst sind hier alle Maschinen gleich). Je höher die Pheromon-Konzentration auf dieser Kante des Materialflussmodells ist, desto wahrscheinlicher wird ein Werkstück diesen Weg wählen. Jede Säge besitzt ein Attribut "letzte Bearbeitungszeit", das jeweils der letzten benötigten Bearbeitungszeit eines Werkstücks entspricht. Wenn nun ein Werkstück von einer der anderen Sägen fertig bearbeitet wurde, wird der entwickelte Anti-Ant-Algorithmus aufgerufen (vgl. Abb. 2). Anhand der Bearbeitungszeit des aufrufenden Werkstücks werden nun die Pheromon-Konzentrationen auf allen übrigen Wegen zeitgewichtet angepasst, mit Ausnahme desjenigen Weges, den das bearbeitete Werkstück passiert hat.

Die Pheromon-Konzentration, die auf einen Weg addiert wird, wird berechnet durch das Verhältnis von der Bearbeitungszeit des Werkstücks und der letzten Bearbeitungszeit der Säge zu der der Weg führt. Implizite Annahme ist hier, dass die ankommenden Werkstücke prinzipiell auf allen Sägen des Modells weiterverarbeitet werden können. Programmausdruck 1 zeigt die grundsätzliche Strategie des Anti-Ant-Algorithmus in Pseudocode. In dieser einfachen Implementierung des Anti-Ant-Algorithmus sind sinnvolle Erweiterungen, beispielsweise die Verdunstung von Pheromonen über die Zeit, bisher noch nicht integriert.

Der Zeitpunkt zu dem Säge *i* ein Werkstück von der Weiche zur Bearbeitung erhält, wird im Array *pst* gespeichert. Sobald das Werkstück fertig bearbeitet wurde, ruft Säge *i* den Anti-Ant-Algorithmus auf. Wie in Zeile 1 zu sehen ist, wird die letzte Bearbeitungszeit, die der Zeitdauer entspricht, die die Säge *i* für dieses Werkstück benötigt hat, in das Array *pt* eingetragen. Das Array *fork* speichert die Pheromon-Konzentration für jeden Weg als Doublezahl. *fork(f)* enthält zum Beispiel Pheromon-Konzentration für die Säge *f*. Beim ersten Aufruf des Algorithmus wurden für die anderen Sägen noch keine letzten Bearbeitungszeiten erfasst, daher werden diese in Zeile 4 geschätzt, indem die letzte Bearbeitungszeit von Säge *i* für alle anderen Sägen angenommen wird. Die Schleife in Zeile 2 berechnet nun für alle anderen Sägen ($f \neq i$) neue Pheromon-Konzentrationen, in dem das Verhältnis der letzten Bearbeitungszeiten von Säge *i* und Säge *f* auf die Pheromon-Konzentration von *f* addiert wird. Als letztes werden die neu berechneten Pheromon-Konzentrationen der Weiche in Zeile 7 zugewiesen.

```
anti_ant(i){
1. pt(i) = now()-pst(i)
2. for(f = 0; f < fork.length;
f++){
3.      if (pt(f)==0){
4.        pt(f)=pt(i)
5.      }
6.      if (f != i){
7.        fork(f)=fork(f)+
(pt(i)/pt(f))
8.      }
9. }
10. updateforkallocation(fork)
```

Abbildung 2: *Pseudocode des Anti-Ant-Algorithmus*

Im Beispiel-Model sind 3 Sägen vorhanden. Ein Werkstück wird von der Weiche mit folgender Wahrscheinlichkeit zu Säge *i* weitergeleitet:

$$P(i) = \frac{fork(i)}{\sum_{f=1}^{n} fork(f)} \qquad (1)$$

Solange Säge *i* noch ein Werkstück in Bearbeitung hat, blockiert die Weiche, welche ein Werkstück an Säge *i* weiter reichen will, diese Verknüpfung und reicht das Werkstück an freie Sägen weiter.

6 Testszenario

Im ersten Testmodel wurden die Verarbeitungsgeschwindigkeiten der einzelnen Stellen wie folgt in Tabelle 1 dargestellt gewählt.

Weiche und Zusammenführung verbrauchen keine Zeit. Ein Werkstück kann somit nach 13 Zeiteinheiten die Senke erreichen. Da alle Sägen hier zunächst gleich schnell arbeiten ist die optimale Verteilung der Weiche $P(i) = \frac{1}{n}$, d.h. in einem Drittel der Fälle leitet die Weiche ein Werkstück an Säge *i* weiter, wenn diese optimal eingestellt ist. Das Model wurde dreimal für jeweils 10000 Zeiteinheiten simuliert. Im ersten Simulationslauf wurde die Verteilung der Weiche dabei so gewählt, dass nur Säge 1 Werkstücke von der Weiche erhält (worst-case).

Stelle	Geschwindigkeit
Quelle	1
Förderband1	1
Säge1	10
Säge2	10
Säge3	10
Förderband2	1

Tabelle 1: *Konfiguration der Verarbeitungsgeschwindigkeiten im Testmodell*

Hintergrund war die Fragestellung, inwiefern durch den entwickelten Ameisenalgorithmus nicht nur eine optimale Einstellung ermöglicht werden kann, sondern auch, ob basierend auf schlechten Startwerten eine evolutionäre Entwicklung hin zu einer "optimalen" Einstellung der Bausteine ermöglicht wird. Ausgehend von der wenig optimalen Verteilung des ersten Simulationslaufs, wurde im zweiten Simulationslauf die Verteilung mit Hilfe des Anti-Ants-Algorithmus im Zeitverlauf verbessert. Um zu zeigen, wie effizient der Anti-Ant-Algorithmus sich dem maximalen Durchsatz des Models nähert, wurde im dritten Simulationslauf die Weiche von Anfang an mit der optimale Verteilung betrieben, um in der grafischen Auswertung den entsprechenden Benchmark darzustellen. Die resultierende Abbildung 3 zeigt die fertigen Werkstücke pro 100 Zeiteinheiten der einzelnen Simulationsläufe.

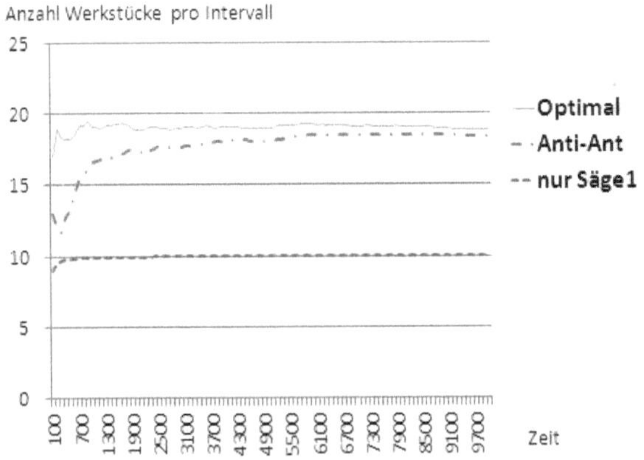

Abbildung 3: *Auswertung des Testmodells 1 unter Nutzung des Ameisenalgorithmus*

Im zweiten, angepassten Testmodell wurden die Bearbeitungszeiten der Sägen unterschiedlich gewählt. Auch hier wurde das Model im Rahmen des eigentlichen Simulationsexperimentes jeweils dreimal für 10000 Zeiteinheiten simuliert. Der erste Simulationslauf wurde erneut mit einer schlechten Verteilung initialisiert, indem alle Werkstücke an Säge 1 weitergereicht wurden. Im zweiten Simulationslauf wurde die schlechte Verteilung aus dem ersten Simulationslauf unter Anwendung des Anti-Ant-Algorithmus verbessert. Der dritte Simulationslauf lief mit der für dieses Modell noch leicht berechenbaren, optimalen Verteilung.

Hier entspricht die optimale Wahrscheinlichkeit für Säge *i* der 'Anzahl Werkstücke pro Zeiteinheit von Säge *i*' geteilt durch die 'Summe der Werkstücke pro Zeiteinheit von allen Sägen *f*':

$$P(i) = \frac{wze(i)}{\sum_{f=1}^{n} wze(f)} \qquad (2)$$

Die erzielten Ergebnisse zeigen, dass der Anti-Ant-Algorithmus funktioniert und klassische Restriktionen in Materialflussmodellen bereits in dieser einfachen Implementierung berücksichtigt werden. Sukzessive nähert sich der Algorithmus automatisch der optimalen Einstellung an (vgl. Abb. 4).

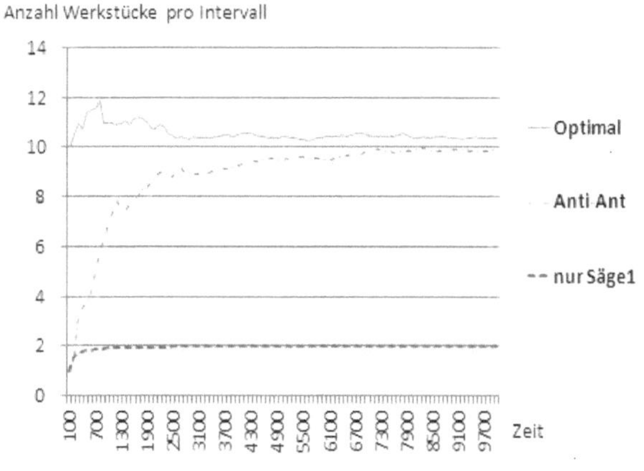

Abbildung 4: *Auswertung des Testmodells 2 (versch. Kapazitäten)*

So kann eine beliebig vorgegebene Verteilung eines Modells schnell und abhängig von den anderen Modellparametern optimiert werden. Die Implementierung des Algorithmus, bzw. der benötigten Bausteine im Materialflussmodell ist bewusst flexibel gehalten. Zusammengehörige Abschnitte können durch den Anwender einfach definiert und für die Berechnung der letzten Bearbeitungszeit verwendet werden. Somit können nicht nur einzelne Maschinen, sondern die Auslastung ganzer Materialflussketten definiert und optimiert werden. Überdies ist es durch die Struktur des verwendeten Materialflusssimulators möglich, die Anzahl der Sägen oder deren Bearbeitungszeiten in einem Model interaktiv zu verändern und automatisch über die Anpassung die optimale Weichenverteilung neu zu errechnen.

7 Fazit und Ausblick

Dieser Artikel beschreibt den Entwurf eines Verfahrens auf Basis der Prinzipien der Ameisenalgorithmen, um Simulationsexperten im Rahmen der Modellierung von Simulationsmodellen zur Materialflusssimulation bei der Einstellung von Materialflussmodellen zu unterstützen. Basierend auf der Annahme, dass die Maximierung des Durchsatzes ein erwünschtes Ziel der Planung ist, zeigen die erste Implementierung des Ansatzes und die Auswertung eine gute Funktionsweise. Dabei spielt die initiale Einstellung der Modellparameter beim Start der Verbesserung eine untergeordnete Rolle, kann durch den Simulationsexperten also eher glücklich oder unglücklich gewählt werden. Im einfachsten Fall kann hier also automatisch eine Gleichverteilung modelliert werden, die Verbesserung der Parametrierung erfolgt dann automatisch. Sukzessive werden über die Anwendung des vorgestellten Algorithmus die Parameter zwischen den ausgewählten Materialflussstrecken verbessert. Weitere Versuche müssen zeigen, inwiefern der Prozess der Ermittlung dieser "optimalen" Parameter durch Erweiterungen des eigentlichen Algorithmus beschleunigt werden kann. Darüber hinaus muss das Konzept in weiteren Studien mit deutlich komplexeren Modellen validiert werden.

Literatur

d3FACT10: Projektgruppe d FACT: d FACT2.1.x Projektwiki. https://macabeo.cs.upb.de/projects/d3fact/wiki, Stand: 11.08.2010.

DANGELMAIER, W.; LAROQUE, C.: Immersive 3D-Ablaufsimulation von richtungsoffenen Materialflussmodellen zur integrierten Planung und Absicherung von Fertigungssystemen. In: Management komplexer Materialflüsse mittels Simulation. Hrsg.: ENGELHARDT-NOWITZKI, Corinna; NOWITZKI, Olaf; KRENN, Barbara. Wiesbaden: DUV Verlag, 2007.

DORIGO, M.; MANIEZZO, V.; COLORNI, A.: Ant System: An outocatalytic optimizing prozess. Working paper No. 91-016 Revised. Mailand: Politecnico di Milano, 1991.

DORIGO, M.; STÜTZLE, A.: Ant Colony Optimization, MIT Press, 2004.

GOSS, S.; ARON, S.; DENEUBOURG, J.-L.; PASTEELS, J. M.: Self-organized shortcuts in the Argentine ant. In: Berlin, Naturwissenschaften, 76(1989), S. 579-581.

LAROQUE, C.: Ein mehrbenutzerfähiges Werkzeug zur Modellierung und richtungsoffenen Simulation von wahlweise funktions- und objektorientiert gegliederten Fertigungssystemen. Paderborn: HNI Verlagsschriftenreihe, 2007.

LAW, A. M., KELTON W. D.: Simulation Modeling and Analysis. Bosten, MA: McGraw-Hill, 2000.

VDI 4499 Blatt 1: Die Digitale Fabrik, Grundlagen. Februar 2008.

Integrationsaspekte der Simulation:
Technik, Organisation und Personal
Gert Zülch & Patricia Stock (Hrsg.)
Karlsruhe, KIT Scientific Publishing 2010

Thermische Simulation von Werkzeugmaschinen zur Verbesserung der Fertigungsgenauigkeit

Thermal Simulation of Machine Tools for the Advancement of Production Accuracy

Jörg Franke, Alexander Kühl, Nestor Andres Arteaga Martin
Universität Erlangen-Nürnberg, Lehrstuhl FAPS, Erlangen (Germany)
franke@faps.uni-erlangen.de, kuehl@faps.uni-erlangen.de,
arteaga@faps.uni-erlangen.de

Abstract: Higher engine and cutting performance along with an increase in the use of driven tools have led to an increment in thermal related deformation in machine tools. By combining a CFD (computational fluid dynamics) and a FEM (finite elements method) simulation it is possible to evaluate the thermal behavior and to quantify the thermal and mechanical induced strain in the machine, thus opening new possibilities for tool-center-point compensation approaches.

1 Überblick

Moderne Werkzeugmaschinen stellen hochkomplexe mechatronische Produktionssysteme dar, deren Entwicklung von einem enormen Innovations-, Zeit- und Kostendruck geprägt ist. Zeitlich variante und lokale Temperaturfelder führen auf Grund der mechanischen Eigenschaften der Maschinenstruktur zu Verformungen und damit zu einer Verlagerung des Wirkeingriffspunktes des Werkzeuges. Dieses Verhalten lässt sich auf Grund der Inhomogenität der Temperatur nur mittels aufwendiger und komplexer Berechnungen näherungsweise vorhersagen. Nachdem im vergangenen Jahrzehnt die Fertigungsgenauigkeiten von Werkzeugmaschinen in den Mikrometerbereich verbessert werden konnten (WECK, BRECHER 2006, S. 2), rückt auf Grund des hohen Kosten-, Leistungs- und Genauigkeitsdrucks vor allem der Fehler durch thermisch bedingte Verlagerungen immer weiter in den Fokus des Werkzeugmaschinen-Entwicklers.

Deutlich wird dies vor allem auch an Hand der Normen, die in den vergangenen Jahren zu diesem Thema erarbeitet wurden. Neben diversen anwendungsspezifischen Normen wurde die ISO 230, welche sich mit der Prüfung von CNC-Maschinen beschäftigt, bis 2007 um einen Teil, der sich der Ermittlung thermischer Effekte annimmt, erweitert (ISO 230-3).

Um thermische Fehler zu minimieren, sollte entweder bereits in den frühen Phasen des Konstruktionsprozesses versucht werden, auf thermomechanische Eigenschaften des Gesamtsystems einzugehen oder Kompensationen an der Maschine zu applizieren. Um den Aufwand und die Kosten für die genannten Maßnahmen zu verkleinern, nimmt, wie in vielen anderen technischen Bereichen, der Einsatz der Simulationstechnik zur Früherkennung zukünftiger Produkteigenschaften, darunter im besonderen Maße des thermischen Verhaltens, eine Schlüsselstellung ein. Bei der Analyse von Werkzeugmaschinen sind die mechanischen und die thermischen Eigenschaften gemeinsam zu betrachten. In den vergangenen Jahren wurde hierbei nach messtechnischer Untersuchung der Maschinen einerseits versucht, die Werkzeugmaschine (NEUGEBAUER, ZEINGENBERGER, KEHL 2009; GLEICH 2008) und den Prozess (GROßMANN, JUNGNICKEL 2008) möglichst genau in Computermodellen nachzubilden, während andererseits geeignete Regelungen für den Prozess gestaltet wurden (GROßMANN, JUNGNICKEL 2006).

Mittels eines multidisziplinären Ansatzes auf Grundlage der Methode der finiten Elemente unter Einbeziehung mechanischer, elektrischer sowie informationstechnischer Komponenten können wertvolle Erkenntnisse hinsichtlich eines thermisch verbesserten Aufbaus einer Werkzeugmaschine gewonnen werden. Daraus können z.B. Hinweise zur Anordnung der Messsysteme oder der Sensorik abgeleitet und Kompensationsstrategien implementiert werden.

2 Motivation und Vorgehen bei einer multidisziplinären Betrachtungsweise

Der thermische Einfluss verursachte in den vergangenen Jahren einen immer größer werdenden Anteil am Gesamtfehler. Auf Grund der Abhängigkeit von vielfältigen Einflussfaktoren, wie zum Beispiel den Umgebungsbedingungen (WECK, BRECHER 2006, S. 181 ff.), ist es in den Phasen der Maschinenentwicklung und -konstruktion nicht möglich, die Einflüsse des Wärmegangs auf die Maschine umfassend einzuschätzen und zu berücksichtigen. Die Entwicklung eines effektiven Werkzeuges zur Untersuchung thermisch bedingter Ungenauigkeiten erfordert daher, neben der frühen Ergebnisrückführung, vor allem die Betrachtung möglichst vieler Randbedingungen.

Die ausgetauschten Wärmemengen werden grundsätzlich auf drei verschiedene Arten übertragen und sind dementsprechend in Wärmestrahlung, Konvektion (freie und erzwungene) und Wärmeleitung zu unterteilen. Alle drei physikalischen Wärmeübertragungsmechanismen sind durch mathematische Gleichungen beschreibbar. Bei der Berechnung gilt es zu beachten, dass die Temperaturfelder skalare Größen sind, d. h. jedem Raumpunkt wird eine Temperatur zugeordnet.

Basierend auf einer durchgehenden Kette von Simulationswerkzeugen (Abb. 1) sollen die Ergebnisse der Analyse des thermischen und dynamischen Verhaltens der Gesamtkonstruktion Werkzeugmaschine den Konstrukteur bereits in frühen Stadien der Entwicklung dabei unterstützen, Maßnahmen zur Verminderung thermoelastischer Verformungen zu ergreifen. Die Zielstellung eines Verbundprojekts zwischen dem Institut für Werkzeugmaschinen und Betriebswissenschaften (iwb; Technische Universität München) und dem Lehrstuhl für Fertigungsautomatisierung und Produktionssystematik (FAPS; Universität Erlangen-Nürnberg) liegt somit in der grundlegenden Verbesserung des thermischen Verhaltens von Werkzeugmaschinen zur Verringerung temperaturbedingter Abweichungen. Dabei erfolgt auf Basis der Simulationsergebnisse die Erörterung von konstruktiven Maßnahmen und Kompensationsmöglichkeiten zur Erreichung einer höheren Genauigkeit. Das Vorgehen untergliedert sich in die folgenden Schritte: Zunächst wird eine simulationsgestützte Methode entwickelt, mit welcher der Wärmegang von Werkzeugmaschinen berechnet werden kann. Anhand dieser sind potentielle Wirkzusammenhänge festzustellen und an ausgewählten Demonstratoren nachzuvollziehen, so dass geeignete Kompensationsparameter ermittelt werden können. Zusätzlich erfolgt die Integration in den Entwicklungsprozess mittels wiederverwendbarer Modelldaten. Besonderes Augenmerk liegt auch auf der Übergabe der Simulationsergebnisse. Die Ergebnisse aus der numerischen Strömungssimulation werden der Simulation der dreidimensionalen Temperaturverteilung als Eingangsparameter übergeben, mit welcher der Wärmegang und die Wirkpunktverlagerung berechnet werden kann.

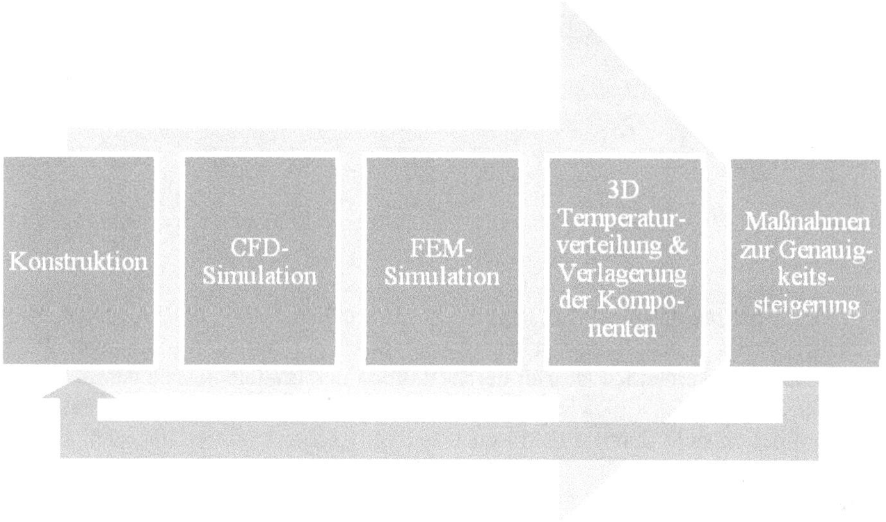

Abbildung 1: *Multidisziplinärer Simulationsansatz*

3 Messtechnische Erfassung des Wärmegangs an Werkzeugmaschinen zur Validierung der Simulationsergebnisse

Zur Erfassung der Erwärmung, zur Abschätzung der Auswirkung auf die Verschiebungen in der Werkzeugmaschine und zur späteren Validierung der Ergebnisse aus den Simulationen, wurde zu Beginn des Projekts eine ausführliche Messreihe an Demonstratoren durchgeführt. Im Folgenden werden die Messergebnisse der am Lehrstuhl FAPS untersuchten Fräsmaschine DMG DMU 35 M der Firma Gildemeister dargestellt. Zunächst wurde der Temperaturverlauf auf Basis der Thermografie aufgenommen (Abb. 2). Diese Methode lieferte den ersten Überblick der Temperaturverteilung und Temperaturverläufe über die Oberfläche der Maschine. An einzelnen Punkten erfolgte die Temperaturmessung mit Hilfe von zusätzlichen taktilen Sensoren. Die Erfassung der Position des Tool Center Points erfolgte einerseits durch ein Laser-Triangulationsmesssystem, welches außerhalb der Maschine aufgebaut war, andererseits durch Messuhren, welche fest auf dem Bearbeitungstisch appliziert wurden. Der Einfluss des Zerspanprozesses auf die Erwärmung wurde während der Messungen zunächst nicht berücksichtigt.

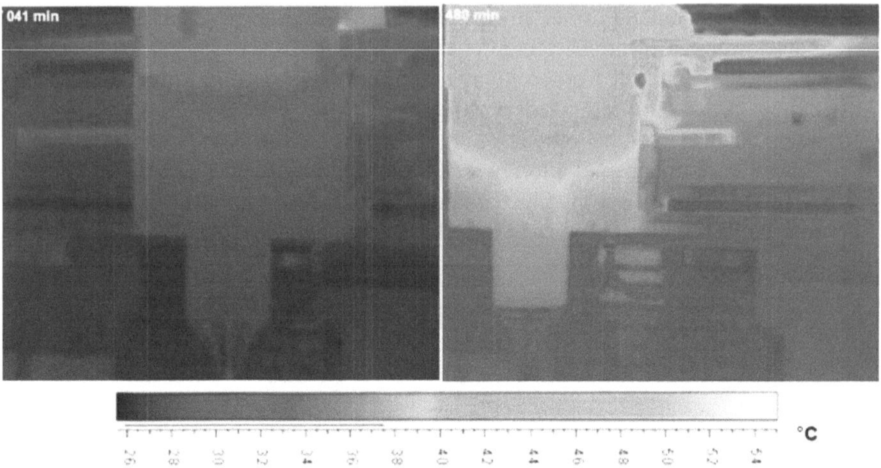

Abbildung 2: *Thermografieaufnahme der x-Achse mit Spindel nach 41 min und 480 min Laufzeit*

Um möglichst realitätsnahe Messergebnisse zu erhalten, wurde ein Probewerkstück gestaltet, dessen Herstellung mit maschinentypischen Bearbeitungsaufgaben (Planfräsen, Bohren) verbunden ist. Bei der Gestaltung des Bauteils wurde darauf geachtet, dass eine möglichst gleichmäßige Belastung der einzelnen Achsen entsteht. Der Probekörper entsteht durch das Fräsen von zwei Rechtecktaschen und dem Bohren von zwei Lochvollkreisen. Zwischen den einzelnen Zerspanvorgängen wurde in Eilganggeschwindigkeit (5000 mm/min Vorschubgeschwindigkeit) verfahren. Die Eilgangfahrten sowie die Bearbeitung der beiden Rechtecktaschen dienen der Erwärmung der energiewandelnden und -übertragenden Elemente in der x- und y-Achse.

Die Fertigung der beiden Lochkreise mit jeweils sechs Bohrungen bewirkt eine Erwärmung der Komponenten in der z-Achse. Unmittelbar nach der Bearbeitung findet die Messung der Position statt. Durch diese ca. 120 Sekunden dauernde Messung wird gleichzeitig die Rüstzeit im Arbeitsablauf berücksichtigt.

Zur Absicherung der Ergebnisse wurde die Messung mehrmals wiederholt. Zwischen den Messungen wurde eine ausreichende Pause eingehalten, so dass die Maschine wieder in den abgekühlten Beharrungszustand gelangen konnte. Die Messungen an der DMU 35 M zeigen, dass sich nach ca. 8 h ein angenäherter, erwärmter Beharrungszustand einstellt. Wie in Abbildung 3 zu sehen ist, steigt die Spindeltemperatur nach ca. 4 h bereits um ca. 15 °C. Im weiteren Verlauf der Messung kommt es zu keiner weiteren signifikanten Steigung. Die Hauptwärmequellen stellen erwartungsgemäß die Hauptspindel sowie die Lager der Kugelgewindetriebe dar. Bei der Analyse der Längenmessung zeigt sich, dass es nicht nur auf Grund der

Spindelerwärmung zu einer Verschiebung des Tool Center Points kommt, sondern dass auch der Bearbeitungstisch einem thermischen Drift unterliegt. In den aufgenommenen Messreihen ergibt sich durch die gleichen Vorzeichen der beiden Effekte eine, in Bezug auf die absoluten Verschiebungen, deutlich niedrigere relative Verschiebung im Bereich von 10 µm in x- und y Richtung und ca. 30 µm in z-Richtung.

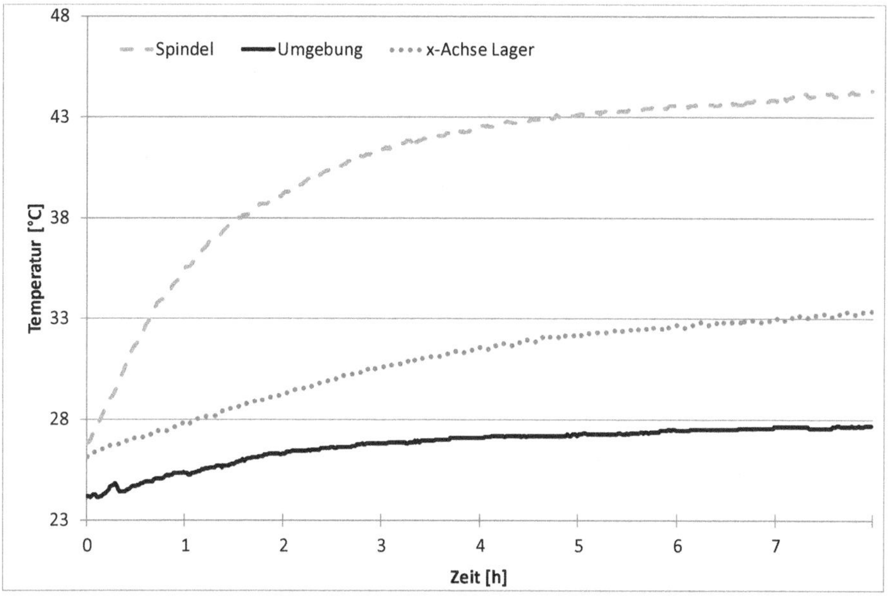

Abbildung 3: *Temperaturverläufe an ausgewählten Komponenten*

Da ein großer Anteil der Wärme durch den Zerspanprozess entsteht, soll dieser in weiteren Analysen ebenfalls berücksichtigt werden. Um das empfindliche Messequipment nicht unnötig zu belasten, wird der Zerspanprozess zunächst ausführlich aufgenommen und dann mit Hilfe einer Heizspirale nachgestellt. Dies ermöglicht den Einsatz derselben Messmittel und -strategie wie bei der Vernachlässigung des Zerspanprozesses.

4 Simulationsbasierte Methodik zur Analyse thermisch bedingter Verlagerungen

Die gewonnenen Erkenntnisse aus den Messungen zeigen, dass es durch den Wärmegang in Werkzeugmaschinen zu geometrischen Verschiebungen an der Wirkstelle des Werkzeuges kommt. Im Idealfall helfen die Ergebnisse dem Konstrukteur bereits im Entwicklungsprozess, diesem Effekt mit geeigneten Maßnahmen entgegenzuwirken. Aus diesem Grund bietet sich die Entwicklung einer simulationsbasierten Methodik an, welche allein auf Basis von CAD- und FE-Maschinenmodellen Rückschlüsse auf die Wärmeverteilung und die Verlagerungen von Maschinenkomponenten zulässt. Zur Realisierung des Vorhabens wird auf einen multidisziplinären Ansatz auf Grundlage der Methode der finiten Elemente unter Einbeziehung der numerischen Strömungssimulation zurückgegriffen. Die FEM bietet sich durch die hohe Verbreitung von FE-Modellen in den Entwicklungsabteilungen an. Zur genaueren Abbildung der Wärmeübertragung zwischen umgebender Luft und Maschinenoberfläche wird parallel zum Strukturmodell ein CFD-Modell (Computational Fluid Dynamics) aufgebaut. Die Simulationsergebnisse dienen als Eingangsdaten für die Ermittlung der dreidimensionalen Temperaturverteilung in der Maschine (Abb. 1).

Im Sinne einer schrittweisen Bearbeitung und einer damit verbundenen Erfolgskontrolle des Vorhabens ist es sinnvoll, die Betrachtungen nach stationären und instationären Betriebszuständen zu unterteilen. Für den komplexen Fall der Untersuchung instationärer Betriebsvorgänge wird eine grobe Zeitdiskretisierung angestrebt, wobei eine Zerlegung in quasistationäre Zustände erfolgt. Dabei kann die thermische Verlagerung zu definierten Zeitpunkten simuliert werden. Durch Aneinanderreihen der Einzelergebnisse kann der zeitliche Verlauf des Wärmeganges und somit der instationäre Betriebsvorgang näherungsweise nachgebildet werden. Für einen durchgängigen Entwicklungsprozesses ist hierbei der Lösungsansatz, der für die strukturmechanischen Eigenschaften entwickelt wurde, zu berücksichtigen. Bereits vorhandene FE-Modelle sollten beispielsweise für die Bestimmung der thermisch bedingten TCP-Verlagerung genutzt werden können. Durch die Wiederverwendung wird der Aufwand der Modellbildung wesentlich reduziert.

4.1 Strömungssimulation als Ausgangsbasis für die Struktursimulation

Als Grundlage für die CFD-Simulation dient ein CAD-Modell der Maschine. Dieses wird zunächst in das CFD-Programm eingelesen und anschließend vereinfacht. Dabei werden Regionen, welche für die Strömungssimulation nicht relevant sind, entweder stark vereinfacht oder komplett entfernt. Außerdem werden in diesem Schritt virtuelle Lücken zwischen den einzelnen Bauteilen im Mikrometerbereich, welche für die Konstruktion irrelevant, für eine Strömungssimulation jedoch bedeutend sind, mittels in der CFD-Software implementierten Algorithmen geschlossen.

Es folgt die Generierung des Netzes (siehe Abb. 4) und die anschließende Vorbereitung der Simulation. Hierbei werden beispielsweise Wärme- und Strömungsquellen (freie und erzwungene Konvektion) innerhalb der Maschine definiert und beschrieben. Nach erfolgter Simulation werden die gewonnenen Oberflächentemperaturen der Maschine der FEM Simulation als Eingangsdaten bereitgestellt.

4.2 FEM-Simulation zur Ermittlung der Temperaturverteilung und Verlagerungen in der Maschine

Ziel des Aufbaus des FE-Modells ist die Simulation der dreidimensionalen Temperaturverteilung auf der Basis der experimentell gewonnenen Temperaturdaten unter Einbeziehung der thermischen Ausdehnung. Die genannten Daten dienen während der ersten Modellierungsphase als Eingangsparameter und werden bei der genaueren Modellierung durch die bei der CFD-Simulation gewonnenen Randbedingungen ersetzt. Die Zusammenführung der strukturmechanischen Modelle (mechanische und thermomechanische Eigenschaftsanalyse) soll die Wiederverwendbarkeit von Modelldaten und Analysewerkzeugen ermöglichen und damit entscheidend zur Aufwandsminimierung in den Entwicklungsabteilungen beitragen (modelltechnische

Einbindung in den Entwicklungsarbeitsplatz). Darauf aufbauend erfolgt die simulative Ermittlung der Relativverlagerung zwischen Werkzeug und Werkstück auf der Basis thermischer Einflüsse.

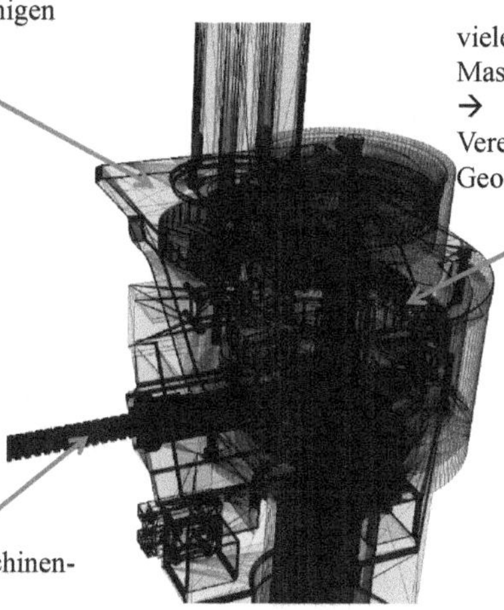

Abbildung 4: *Vernetzte Hauptspindel der Fräsmaschine DMU 35-M als Vorbereitung zur CFD Simulation*

4.3 Sinnvolle Kopplung der Strömungs- und Struktur-simulation

Da es sich bisher als sehr zeitaufwendig erwiesen hat, parallel zwei Simulationsmodelle aufzubauen und diese anschließend durch die Übergabe von Daten aufwendig zu verbinden, wird im noch zu bearbeitenden Teil des Verbundprojektes auch die sinnvolle Kopplung dieser beiden Simulationen untersucht.

Hierzu müssen jedoch zunächst alle nötigen Daten ermittelt und mit den zur Verfügung stehenden abgeglichen werden. Anschließend erfolgt die Definition einer Schnittstelle, mit welcher der Aufwand für die Analyse thermisch bedingter Verlagerung, auch durch Wiederverwendungsmöglichkeiten der Modelle, minimiert werden soll.

5 Zusammenfassung und Ausblick

Das dargestellte Verfahren liefert eine simulationsgestützte Methode, mit welcher der Wärmegang von Werkzeugmaschinen infolge unterschiedlicher Betriebszustände und -vorgänge, bezogen auf den statischen, lagegeregelten Zustand ermittelt werden kann. Anhand der Simulationsergebnisse soll erörtert werden, wie zukünftig konstruktive Maßnahmen oder Kompensationsmaßnahmen effektiver umgesetzt werden können, um eine Genauigkeitssteigerung zu erreichen. Daher wird abschließend exemplarisch, mittels der identifizierten thermischen Wirkketten sowie deren Korrelationen ein lineares Kompensationsverfahren erarbeitet werden. Parallel hierzu werden konstruktive Verbesserungen für die betrachteten Versuchsstände vorgeschlagen. Neben der Bauweise soll hierbei auch auf Materialien und Sensorik eingegangen werden. Basis hierfür ist die Wiederverwendbarkeit von Modelldaten und Analysewerkzeugen zur Aufwandsminimierung. Nötig dafür ist die Zusammenführung der strukturmechanischen Modelle zur mechanischen und thermomechanischen Eigenschaftsanalyse. Diese Maßnahmen sollen die Leistungsfähigkeit und das Potenzial des umgesetzten Ansatzes verdeutlichen.

Literatur

GLEICH, Sven: Simulation des thermischen Verhaltens spanender Werkzeugmaschinen in der Entwurfsphase. Chemnitz: Dissertation, TU Chemnitz, 2008.

GROßMANN, Knut; JUNGNICKEL, Günther: Prozessgerechte Bewertung des thermischen Verhaltens von Werkzeugmaschinen. Dresden: Institut für Werkzeugmaschinen und Steuerungstechnik, Lehrstuhl für Werkzeugmaschinen, 2006.

GROßMANN, Knut; JUNGNICKEL, Günther: Thermische Modellierung von Prozesseinflüssen an spanenden Werkzeugmaschinen. Dresden: Institut für Werkzeugmaschinen und Steuerungstechnik, Lehrstuhl für Werkzeugmaschinen, 2008.

ISO 230 Teil 3: Prüfregeln für Werkzeugmaschinen - Teil 3: Prüfung des thermischen Verhaltens. August 2007.

NEUGEBAUER, Reimund; ZWINGENBERGER, Carsten; KEHL, Gerhard: Verbesserung der Genauigkeit durch thermische Simulation. In: ATZproduktion, Wiesbade, 2(2009)03-04, S. 06-10.

WECK, Manfred; BRECHER, Christian: Werkzeugmaschinen 5 – Messtechnische Untersuchung und Beurteilung, dynamische Stabilität. Berlin, Heidelberg: Springer-Verlag, 7. Auflage 2006.

Integrationsaspekte der Simulation:
Technik, Organisation und Personal
Gert Zülch & Patricia Stock (Hrsg.)
Karlsruhe, KIT Scientific Publishing 2010

Prozess-Simulation als Methodenwerkzeug für den Funktionsnachweis komplexer Infra- und Suprastrukturplanungen am Beispiel eines Terminals für den intermodalen Ladungsverkehr

Process Simulation as Methodical Tool for the Functionality Evaluation of Complex Infra- and Suprastructure Planning explained by using the Example of a Terminal for the Intermodal Freight Handling

Birger Latki
Baltic Marine Consult GmbH, Rostock (Germany)
latki@bmc-info.de

Holger Pitsch
INCONTROL Simulation Solutions, Wiesbaden (Germany)
holger.pitsch@IncontrolSim.com

Christian Greinert
Baltic Marine Consult GmbH, Rostock (Germany)
greinert@bmc-info.de

Christoph Meyr
INCONTROL Simulation Solutions, Augsburg (Germany)
christoph.meyr@IncontrolSim.com

Abstract: Handling terminals in the intermodal traffic are subjected to a multiplicity of stochastic impacts which are only depending on each other conditionally. With analytical procedures the interactions of these impact factors can only be illustrated limited. For the dimensioning of new terminals respectively the extension of existing facilities towards flexible handling terminals which cover the whole range of intermodal transport multiplicity the utilisation of adequate models by which these interrelations can be detected is recommended. The following planning task describes the utilisation of the simulation tool Enterprise Dynamics as support for solving complex planning tasks.

1 Darstellung der Planungsaufgabe

Im Frühjahr 2008 wurde die Baltic Marine Consult GmbH als Teil eines internationalen Projektteams mit der Umgestaltung eines Terminals für den kombinierten Verkehr in Skandinavien beauftragt. Dieses Terminal soll den Übergang zwischen den Hauptverkehrsträgern Schiene und Straße gewährleisten. Dazu werden die Hauptfunktionsbereiche so ausgelegt, dass alle Arten von intermodalen Einheiten umgeschlagen, gelagert und abgefertigt werden können. Die dafür erforderliche Infrastruktur soll dabei so ausgerichtet werden, dass das Terminal auf sich ändernde Rahmenbedingungen des Marktes flexibel reagieren kann.

Worum geht es konkret?

Der kombinierte Verkehr verbindet die Verkehrsträger Schiene und Straße, wobei er dabei die Kapazitäten der Schiene auf langen Strecken und die Flexibilität der Straße in der Fläche nutzt. Im kombinierten Verkehr werden standardisierte Ladeeinheiten zwischen den Verkehrsmitteln Zug und Lkw umgeschlagen. An der Ladung selbst wird keine Leistung erbracht. Standardisierte Ladeeinheiten sind Container, Wechselbrücken und Trailer in unterschiedlichen Ausführungen, die bis zu 40 t schwer sein können. Der Wechsel zwischen den Verkehrsmitteln und Verkehrsträgern erfolgt in speziellen Terminals, in denen die Ladeeinheiten mit dem entsprechenden Equipment umgeschlagen und zwischengelagert werden. Um die daraus entstehenden Anforderungen abzudecken, bedarf es einer ausreichenden Dimensionierung der wesentlichen Bestandteile eines KV-Terminals, wie z.B. Ladegleise, Umschlaggeräte, Lagerflächen, inneren Verkehrswege u.a.m.

Im aktuellen Planungsfall soll ein Terminal mit einer gegenwärtigen Umschlagmenge von rund 0,5 Mio. Ladeeinheiten pro Jahr für die Aufnahme von 1,5 Mio. Ladeeinheiten pro Jahr ertüchtigt werden. Dabei soll der konventionelle Teil eines klassischen Eisenbahnterminals unter laufendem Betrieb in ein modernes Umschlagterminal mit den entsprechenden Umschlag-, Verkehrs- und Abfertigungsanlagen umgewandelt werden. Im Verlauf der Projektarbeit wurde einem modular aufgebauten Terminal, das aus mehreren baugleichen Umschlagmodulen besteht, die durch schienengebundene Portalkräne (RMG) überspannt werden, der Vorzug gegeben. Zur Veranschaulichung der Projektaufgabe sind in Abbildung 1 der Ist- und Sollzustand des zu überplanenden KV-Hubs dargestellt.

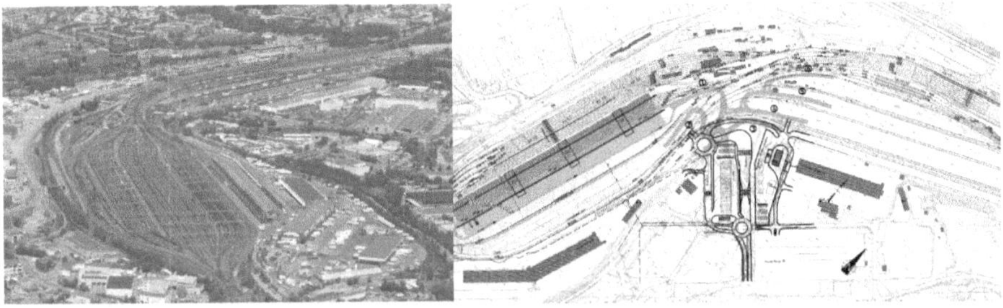

Abbildung 1: *Übersicht über die gegenwärtige Nutzung und Ausbau im ersten Bauabschnitt des KV-Terminals*

Die grau unterlegte Fläche in dem rechten Lageplan stellt eines der neuen Umschlagmodule dar, das auf dem konventionellen Rangierbahnhof errichtet wird, der in seinem aktuellen Zustand in der linken Abbildung zu sehen ist. Erschlossen werden die Umschlagmodule zukünftig über ein Tunnelsystem, welches im Lageplan grün dargestellt ist.

2 Aufgaben und Ziele der Terminalsimulation

2.1 Abgrenzung der Modellbildung

Sowohl die Umschlag-, Abfertigungs- als auch die Lagerprozesse werden mit zunehmender Ladungsträger-, Relations- und Kundenvielfalt immer heterogener. Sie lassen sich selbst bei tief strukturierter Datenbasis der Durchlaufprozesse und der Wirkungsweise der wesentlichen Einflussfaktoren mit analytischen Verfahren kaum hinreichend genau darstellen. Hierbei erscheint insbesondere die Abbildung der stochastischen Prozesse mit Hilfe eines Simulationsmodells äußerst hilfreich.

Auf Grund der Komplexität der Zu-, Ablauf-, Umschlag- und Lagerprozesse wurden die Durchlaufprozesse des Terminals in drei Bereiche unterteilt, die vorerst weitestgehend unabhängig voneinander betrachtet werden:

- Für den Zu- und Ablauf der Züge sowie für die erforderlichen Rangierfahrten wurde ein **Bahnbetriebsmodell** mit Hilfe der Simulationssoftware Open Track erstellt.
- Für den Zu- und Ablauf der Straßentransporteinheiten sowie für die innere Verkehrsführung zwischen den Umschlagmodulen wurde auf Basis der Simulationssoftware "ViSSim" ein **Abfertigungsmodell** entwickelt.
- Für die Umschlag- und Lagerprozesse wurde mit Hilfe der Simulationssoftware "Enterprise Dynamics" ein **Umschlagbetriebsmodell** eines Umschlagmoduls erstellt.

Die drei Simulationsmodelle wurden bewusst von unterschiedlichen Teams erstellt. Zwischen den einzelnen Modellen wurden lediglich die Schnittstellen definiert. So wurden zwischen dem Bahnbetriebsmodell und dem Umschlagbetriebsmodell der Fahrplan und seine Störungen aus dem Bahnbetriebsmodell als Eingangsdaten in das Umschlagbetriebsmodell implementiert.

Die Schnittstelle zwischen dem Umschlagbetriebsmodell und dem Abfertigungsmodell wurde als Pufferlager definiert. Die Ankunftsverteilungen beider Modelle werden nicht vom jeweils anderen übernommen, sondern sie bilden die Grundlage für die Dimensionierung eines eigenen Lagerbereichs am Eingangsbereich des KV-Terminals.

Das Umschlagbetriebsmodell bezieht sich auf ein in den vorangegangenen Planungsphasen entwickeltes Umschlagmodul, das aus Ladegleisen sowie Lager- und Übergabeflächen unterschiedlichster Ausführung besteht, die von mehreren schienengebundenen Portalkranen mit beidseitiger Auskragung überspannt werden. In Abbildung 2 ist der Aufbau eines Umschlagmoduls mit zentraler Anordnung der Ladegleise und beidseitige Anordnung der unterschiedlichen Lagerflächen im Schnitt dargestellt.

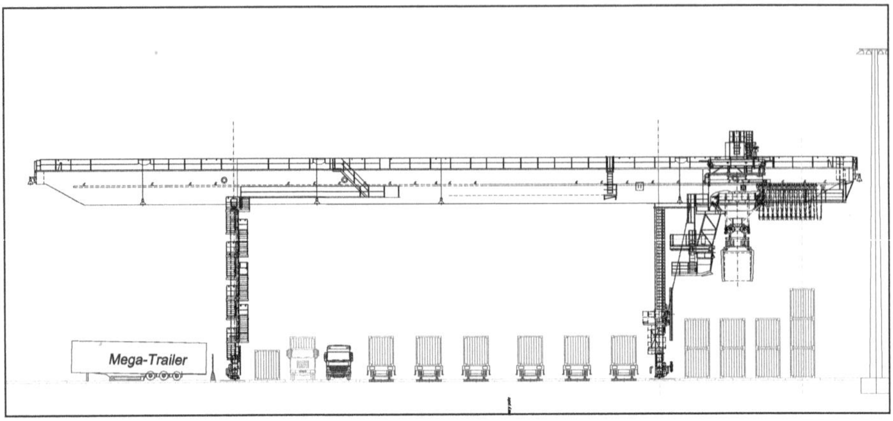

Abbildung 2: *Querschnitt des im Simulationsmodell abgebildeten Umschlagmoduls*

2.2 Notwendigkeit der Modellbildung

Mit den analytischen Ansätzen zur Dimensionierung der wesentlichen Funktionsbereiche wurden die dynamischen Umschlagprozesse nur bedingt berücksichtigt. Für die Dimensionierung der unterschiedlichen Lagerbereiche waren hier vorerst die allgemeinen Lager- und Umschlageigenschaften der Ladeeinheiten sowie die Anzahl und Auslegung der Umschlaggeräte, die auf die mittleren Zugstandzeiten und Lagerverweildauern angepasst wurden, ausschlaggebend. Die gegenseitigen Beeinflussungen durch die spezifischen Umschlageigenschaften der Ladeeinheiten, die äußeren Einflüsse sowie die nur bedingt aufeinander abgestimmten stochastischen Zulauf-, Lager- und Abholprozesse konnten hierbei jedoch nicht erfasst werden. Hierfür wurde das Umschlagbetriebsmodell in Enterprise Dynamics entwickelt.

Mit der Modellierung der stochastischen Umschlag- und Lagerprozesse soll der Funktionsnachweis der analytisch entwickelten Layouts erbracht werden. Die Modellbildung und Simulation erfolgte mit Hilfe der Simulationssoftware Enterprise Dynamics, die einen modularen und anpassungsfähigen Modellaufbau gewährleistet. In der modularen Grundstruktur der Simulationssoftware liegt eine der wesentlichen Stärken, die es ermöglicht, verschiedene Anordnungen der Funktionsbereiche, operative Strategien sowie unterschiedliche Ladungsstrukturszenarien, welche sich zudem im täglichen Betrieb eines Terminals kurzfristig ändern können, einfach abzubilden.

3 Aufbau des Umschlagbetriebsmodells

Mit der Modellierung werden die bis dahin deterministischen Ansätze für die Ladungsträgerstruktur, die Lagerverweildauern sowie die Umschlag- und Umfuhrzeiten als stochastische Prozesse betrachtet, welche den zu erwartenden realen Betrieb so detailliert wie möglich abbilden. Dabei werden die verschiedenen Einflussgrößen anhand der aus dem Evaluationsprozess abgeleiteten Verteilungsfunktionen als zufällige Ereignisse betrachtet. Die Simulationssoftware Enterprise Dynamics bietet die Möglichkeit, stationäre und bewegliche Modellelemente zu kreieren bzw. anzupassen, so dass physische und durchlaufbestimmende Eigenschaften mitgeführt, abgestimmt, gegenseitig beeinflusst und geändert werden können.

Als stationäre Modellelemente werden die Infrastrukturelemente Ladegleise, Transportstraßen und Lagerflächen betrachtet. Zusätzlich werden die Krane als stationäre Modelelemente betrachtet. Sie geben den beweglichen Modellelementen entscheidende Impulse während des Durchlaufprozesses.

Als bewegliche Modellelemente werden die umzuschlagenden Ladeeinheiten (Trailer, Wechselbrücken, Container) betrachtet. Zusätzlich werden die Transporteinheiten auf der Schiene und Straße betrachtet. Die Ladeeinheiten, die zwischen Waggons und LKWs umgeschlagen werden, durchlaufen das komplette Umschlagmodul. Ihr Durchlauf wird durch ihre Durchlaufzeit, ihre Umschlag- und Lagereigenschaften bestimmt.

In Abbildung 3 ist das Umschlagbetriebsmodell als Momentaufnahme eines Simulationslaufes abgebildet. Hier sind die Anordnung der stationären Modellelemente analog zum Aufbau des Umschlagmoduls (vgl. Abb. 2) sowie die Belegung der Züge in den Ladegleisen und die Belegung der Lagerflächen zu beiden Seiten der Ladegleise mit den beweglichen Modellelementen (Ladeeinheiten) zu erkennen.

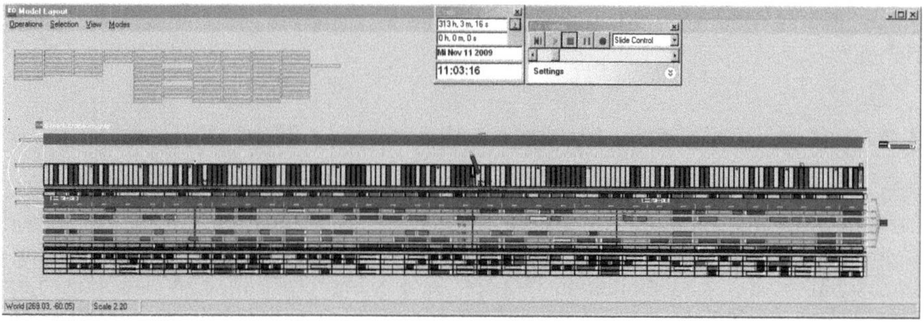

Abbildung 3: *Momentaufnahme des Simulationsmodells während eines Simulationslaufs*

3.1 Train Creator

Als wesentliche Einflussgröße wird dem Umschlagbetriebsmodell ein realer Fahrplan mit den zu erwartenden Störgrößen (Verspätungen) hinterlegt. In einem, dem eigentlichen Umschlagmodul vorgeschalteten Simulationsbaustein, dem so genannten **"Train Creator"**, werden die Züge zufällig mit Ladeeinheiten so belegt, dass sich die im Vorfeld aus den zu erwartende Marktentwicklungen abgeleiteten Ladungsträgerstrukturen und Zugauslastungen im Verlauf einer Simulationsperiode einstellen, einzelne Züge aber deutlich voneinander und von dem unterstellten Mittelwert abweichen. Der straßenseitige Zu- und Ablauf resultiert aus zufallsverteilten Verweildauern der Ladeeinheiten im Umschlagmodul, die letztlich vom Fahrplan und vom **"Train Creator"** definiert werden. Mit dem **"Train Creator"** und dem Fahrplan wird jeder Ladeeinheit, egal ob sie das Terminal mit dem Tug oder auf der Straße erreicht, ihre spezifische Eingang-, Ausgangs- und Durchlaufzeit durch das

Umschlagmodul mitgegeben. Letztlich ersetzt der **"Train Creator"** den Markt der die eigentlichen Umschlag- und Lagerbedarfe kreiert.

3.2 Ladeeinheiten als bewegliche Modellelemente

Grundsätzlich werden die Terminaldurchläufe der Ladeeinheiten über die Zeit gesteuert. Jede Ladeeinheit, die zwischen Waggon und Lkw verladen wird, hat eine klar definierte Verweildauer im Umschlagbereich. Diese Verweildauer setzt sich

- aus der Verweildauer auf dem Zug,
- der (den) Umschlagzeit(en) bzw. der Verweildauer(n) am Umschlaggerät und
- den Lagerverweildauern zusammen.

In Abhängigkeit der Verweildauer der Züge und der Ankunftsverteilung der Straßenfahrzeuge ergeben sich direkte Umschläge zwischen Zug und Lkw und indirekte Umschläge über die unterschiedlichen Lagerbereiche. Aus dem Anteil der indirekt über die Lagerbereiche umzuschlagenden Ladeeinheiten, deren Lagereigenschaften und deren Restverweildauer im Umschlagterminal ergeben sich letztlich die Lagerbedarfe. Sie unterscheiden sich für die unterschiedlichen Typen von Ladeeinheiten. Neben der Durchlaufzeit bestimmen die Umschlag- und Lagereigenschaften der Ladeeinheiten den Umschlagzeitpunkt und den Lagerort jeder einzelnen Ladeeinheit.

3.3 Krane als durchsatzbestimmende Modellelemente

Den Kranen – als die den Durchsatz bestimmenden Funktionselemente des Umschlagmoduls – kommt die größte Bedeutung im Simulationsmodell zu. Neben dem physischen Umschlag, bei dem die stochastischen Einflussgrößen (Umschlageigenschaften der Ladeeinheiten, Wetter- und Sichtverhältnisse, Verfassung und Ausbildung des Fahrers, ...) berücksichtigt werden müssen, erfüllt der Simulationsbaustein "Kran" eine Vielzahl weiterer Funktionen, die im realen Betrieb vom Kranfahrer und/oder von der Leitzentrale übernommen werden. So müssen die Krane mit jeder umzuschlagenden Ladeeinheit "Kontakt aufnehmen", um ihre individuellen Eigenschaften zu überprüfen. Im Simulationsmodell werden die Umschlagzeitpunkte vom Modellelement Kran mittels einer **"Jobliste"** erzeugt. Diese **Jobliste** legt letztlich fest, wie sich die Durchlaufzeit einer Ladeeinheit in die Verweildauer auf dem Zug, im Lagerbereich und auf die Umschlagzeit aufteilt.

Die **"Jobliste"** ist ein Resultat aus der Abfertigung der direkten Umschläge, die zu einem bestimmten Zeitpunkt an einer bestimmten Stelle des Umschlagmoduls gehandelt werden müssen, und der Wegeoptimierung des Kranfahrwerkes. Dabei wird die **"Jobliste"** von

- den technischen Parametern, die die Arbeitsspieldauern der Krane determinieren,
- den Suchalgorithmen der Krane in Abhängigkeit des Ladeeinheitentyps und des Füllgrades der Lagerbereiche und
- den Zu- und Ablauf der Straßentransporteinheiten auf die Übergabeplätze

determiniert und ständig aktualisiert. Die Krane fungieren hier im Zusammenspiel mit den Ladeeinheiten als Steuerzentrale des Terminals. Sie belegen die Lager wegeoptimal für die Umschlaggeräte und fordern zeitgenau die Transporteinheit zu dem festgelegten Umschlagplatz. Im Simulationsmodell wird diese Steuerung über einen Controllerbaustein abgebildet, welcher permanent auf die Jobliste zugreift, um die Dringlichkeit des Umschlages für alle anstehenden Ladeeinheiten zu aktualisieren, bevor der jeweils nächste Umschlagauftrag mit der höchsten Priorität an einen für diesen Terminalbereich zuständigen freien Kran übergeben wird und gegebenenfalls die Freigabe der zugehörigen Straßentransporteinheit zur Anfahrt des Übergabeplatzes erfolgt. Die dabei kontinuierlich durchlaufene Routine zeigt Abbildung 4. Mit dieser werden Prioritäten, Umschlagrichtungen, Umschlageigenschaften und die resultierenden Fahrweglängen ständig aktualisiert.

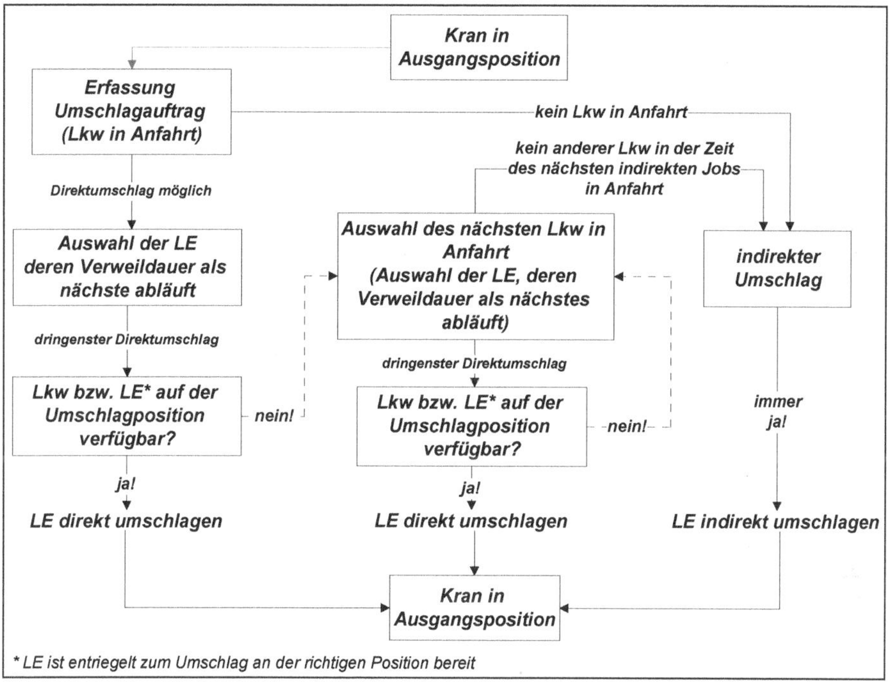

Abbildung 4: *Routine für das Erstellen der "Jobliste"*

3.4 Fazit

Mit Hilfe des Simulationsmodells können die Diskontunitäten im Zu- und Ablauf der unterschiedlichen Ladungsträger und die daraus resultierenden Wechselwirkungen der Umschlagprozesse beim Ladungsträgerwechsel, sowie die Ein- und Auslagerungsprozesse bei der Lagerbedienung detailliert ausgewertet werden. Die Nutzung bzw. die Sperrung einzelner Modulbereiche werden dabei im Simulationsmodell berücksichtigt und können jederzeit ausgewertet werden. Dazu werden definierte, flexibel implementierte Messpunkten ausgelesen. Mit diesen Daten kann der Auslastungsgrad jedes beliebigen Funktionselements über dem gesamten Terminaldurchlauf verfolgt werden.

Des Weiteren können die Wechselwirkungen der einzelnen Funktionsbereiche und auch ihrer Einzelelemente bei unterschiedlichen Durchlaufroutinen im Gesamtsystem aufgezeichnet und dargestellt werden. So liefert ein letztlich geeichtes Simulationsmodell erste Ansätze für ein Terminal-Steuerungs-System und somit den Einsatz im operativen Geschäft.

Gegenüber den analytischen Planungsschritten wird mit dem Simulationsmodell ein deutlich höherer Detaillierungsgrad erreicht. Es werden Spitzenbedarfe ermittelt, die in Abhängigkeit des Fahrplans, der Auslastung der Züge und der Ladeeinheiten auf den Zügen deutlich voneinander abweichende Bedarfe erzeugen. Diese Aufkommensdiskontinuitäten sowie die mit der Simulation aufgezeigten gegenseitigen Beeinflussungen unterschiedlicher Bedienprozesse und extremer Forderungen nach speziellen Funktionselemente zeigten deutlich, dass selbst bei relativ geringen Kapazitätsauslastungen spezielle Bedarfe schwer zu decken sind und sich daraus Störungen des Gesamtsystems ergeben können. Diese Szenarien können mit Hilfe der Simulation durchgespielt werden, und es lassen sich geeignete Strategien für das Tagesgeschäft ableiten.

Die operativen Abläufe in den Umschlagterminals des intermodalen Verkehrs eignen sich letztlich sehr gut für den Einsatz von Simulationsmodellen, da die Zu- und Abläufe in der Regel länger als 24 Stunden vorgebucht werden und somit die Chance besteht, die geeigneten Umschlagstrategien bzw. die erforderliche Zahl an Arbeitskräften für den kommenden Tag mit Hilfe der Simulation vorauszubestimmen. Erforderlich hierfür sind allerdings ein angepasstes, geeichtes Simulationsmodell auf Basis einer geeigneten Softwareplattform, wie sie Enterprise Dynamics darstellt und eine möglichst detaillierte Datengrundlage der realen Umschlag- und Lagerprozesse.

Integrationsaspekte der Simulation:
Technik, Organisation und Personal
Gert Zülch & Patricia Stock (Hrsg.)
Karlsruhe, KIT Scientific Publishing 2010

Simulation von Strategien der Hoflogistik in Sortierzentren

Simulation of Yard Management Strategies in Logistics Terminals

Ina Goedicke, Simon Deymann
Lehrstuhl für Verkehrssysteme und -logistik,
Technische Universität Dortmund, Dortmund (Germany)
goedicke@vsl.mb.tu-dortmund.de, deymann@vsl.mb.tu-dortmund.de

Abstract: It is a main challenge for transportation service providers to increase the handling performance within their network nodes because time slots are restricted due to up- and downstream processes. In this paper, strategies to improve the efficiency at the interface between the external processes on the road and the internal handling processes are developed and afterwards analysed by material flow simulation. The experiments show that efficient organisation of yard management processes has a major impact on the handling performance of a logistics terminal.

1 Einleitung und Motivation

Anbieter von Transportdienstleistungen haben einen hohen Standardisierungsgrad ihrer Prozesse erreicht, außerdem sind sowohl die Netzstrukturen des Transports als auch die Sortierung in den Netzknoten bereits in hohem Maße optimiert. Um das volle Potenzial dieser Möglichkeiten ausschöpfen zu können, ist jedoch im nächsten Schritt die Leistung an der Schnittstelle zwischen den außerbetrieblichen und innerbetrieblichen Prozessen auf dem Hof der Sortierzentren von Bedeutung (CLAUSEN u.a. 2006, S. 30). Die Organisation und die Steuerung der Prozesse der Hoflogistik sind für die Andienung der aus dem Transport kommenden Sendungen an die Sortierung verantwortlich. Um eine optimale Umschlagleistung in der zur Verfügung stehenden Zeit erzielen zu können, muss die Zuführung der Behälter durch spezielle Rangierfahrzeuge besonders effizient und schnell erfolgen. Verstärkt wird diese Herausforderung auf den Hofgeländen durch einerseits immer kürzer werdende Zeitfenster, z.B. durch die veränderten Lenk- und Ruhezeiten für Lkw-Fahrer und andererseits längere Transportzeiten aufgrund von stärkeren Konsolidierungen der Touren. In den heutigen Systemen wird das operative Steuerungspersonal zudem sehr stark durch die Organisation der Hofverkehre belastet, daher werden in diesem Beitrag durch die Effizienzsteigerung auch Automatisierungsmöglichkeiten für die Auftragsgenerierung und -zuweisung für Rangierfahrzeuge untersucht.

2 Herausforderung Hoflogistik und Modellierung

Aufgrund der hohen Dynamik und der komplexen Abhängigkeiten der Prozesse der Hoflogistik ist eine umfangreiche Analyse anhand des realen Systems kaum durchführbar. Aus diesem Grund ist es nicht sinnvoll, einzelne Teilbereiche ausschließlich mit Hilfe von Verfahren der mathematischen Optimierung zu verbessern, da nicht im Vorhinein bekannt ist, welche Teilbereiche den größten Einfluss auf die Systemleistung haben. Die Simulation hingegen bietet die Möglichkeit, das System mit seinen komplexen Entscheidungsstrukturen über einen zeitlichen Verlauf abzubilden und sowohl Kennzahlen für die Effizienz des gesamten Prozesses zu ermitteln als auch neue Steuerungsstrategien zu implementieren und deren Auswirkungen zu untersuchen. So kann eine fundierte Aussage über die Effizienz und Engpässe des Ist-Systems getroffen und darauf aufbauend der Effekt von Optimierungsmöglichkeiten der Prozesse quantifiziert werden. Ziel ist es, durch die Modellierung eines bestehenden Systems zunächst eine Möglichkeit zur Analyse der Effizienz des Ressourceneinsatzes zu schaffen, die in den meisten heutigen Systemen nicht gegeben ist. Im Anschluss werden Strategien zur Verbesserung der Ressourcennutzung implementiert und ihre Auswirkungen auf die Umschlagleistung untersucht. Besondere Herausforderungen sind dabei sowohl die weiten Transportwege auf typischen Grundstücken zwischen 30.000 und 100.000 m^2 als auch begrenzte Stellplatzkapazitäten, die optimal genutzt werden müssen. Wegenetzoptimierungen durch ein verändertes Layout, wie sie bei Containerterminals bereits erfolgreich untersucht wurden, sind nicht möglich (DUINKERKEN u.a. 2006).

2.1 Modellierung des Systems

Als Grundlage zur Modellierung der relevanten Strukturen ist eine Analyse der entsprechenden Prozesse in einem Sortierzentrum vorgenommen worden. Die Funktionsbereiche lassen sich dabei in statische und dynamische Komponenten unterteilen. Die statischen Komponenten wie z.B. der Pförtner, die Ladestellen und Warteplätze, formen das Anlagenlayout und sind somit die Grundlage des Modells. Ihre wesentlichen Eigenschaften wie z.B. die Größe und die Position auf dem Gelände werden mittels eines objektorientierten Modellierungsansatzes maßstabsgetreu entsprechend des realen Systems in der Simulationsumgebung TransSim Node abgebildet. Diese Simulationssuite welche speziell für Umschlaganlagen entwickelt wurde, basiert auf der Software Enterprise Dynamics der Fa. Incontrol (NEUMANN, DEYMANN 2008, S. 285 f.).

Die ca. 300 Tore, Warteplätze sowie der Pförtner repräsentieren die Quellen und Senken der Transporte und werden mittels eines Wegenetzes miteinander verbunden. Die einzelnen Wegabschnitte können anschließend hinsichtlich ihrer Kapazität und den möglichen Fahrtrichtungen parametrisiert werden. Im betrachteten Modell ist keine Kapazität eingestellt worden, da ausreichend Platz für Begegnungen vorhanden ist und die Fahrzeuge durch Menschen gesteuert werden. Die Fahrtzeit resultiert im Modell aus der Distanz sowie den technischen Parametern der Fahrzeuge (Beschleunigung, max. Geschwindigkeit, Bremsen).

Im Gegensatz zu den statischen Komponenten bewegen sich die dynamischen Objekte durch das System (Sendungen, Wechselbehälter, Fahrzeuge). Im vorliegenden System sind die ankommenden Sendungen in Wechselbehältern gebündelt und werden von Lkw in die Anlage gebracht. Entsprechend des Ladungstyps wird dem Behälter bei Ankunft durch den Pförtner eine geeignete Entladestelle zufällig zugewiesen. Der Lkw fährt dann die entsprechende Ladestelle innerhalb der Anlage an, setzt den Wechselbehälter dort ab und verlässt das Gelände unbeladen. Die dafür notwendige Steuerung der Fahrzeuge (LKW kommt mit zwei Behältern und verlässt die Anlage ohne Behälter) erfolgt über einen zentralen Steuerungsbaustein, das sog. Yard Management, in dem entsprechende Fahrtenketten vordefiniert sind. An der Ladestelle werden dann die Sendungen aus dem Behälter entladen, wobei pro Sendung eine Prozesszeit für den Entladevorgang hinterlegt ist. Befinden sich Sendungen unterschiedlichen Typs im Behälter, bekommt dieser anschließend eine weitere Ladestelle zugewiesen, an der die anderen Sendungstypen entladen werden können. Einem vollständig entladenen Behälter wird ein Warteplatz auf dem Gelände zugewiesen, auf dem dieser bis zu seiner nächsten Nutzung verbleibt. Sollte bei Ankunft kein passendes Tor für die Entladung eines Behälters zur Verfügung stehen, bekommt der voll beladene Behälter ebenfalls einen Warteplatz zugewiesen, auf dem dieser wartet bis eine entsprechende Ladestelle frei wird. Da die konventionellen Fahrzeuge der Transportunternehmer die Anlage direkt nach Abstellen der beladenen Behälter verlassen, ist der Einsatz der speziellen Rangierfahrzeuge notwendig um die Behälter innerhalb der Anlage zwischen den Ladestellen und Warteplätzen transportieren zu können. Die dynamisch im System resultierenden Aufträge werden im Yard Management in einer Tabelle verwaltet. Dabei können sowohl der Zielort eines Behälters als auch die Zuweisung des Auftrages zu einem Rangierfahrzeug mittels Strategien beeinflusst werden.

2.2 Messung der Systemleistung

Nach der Modellierung des Systems im Ist-Zustand können Untersuchungen zum Einsatz der Rangierfahrzeuge gemacht werden. Für die Effizienzanalyse ist es notwendig den Anteil von Lastfahrten, Leerfahrten und Wartezeiten über die Betriebszeit eines Fahrzeugs oder über alle Fahrzeuge zu ermitteln.

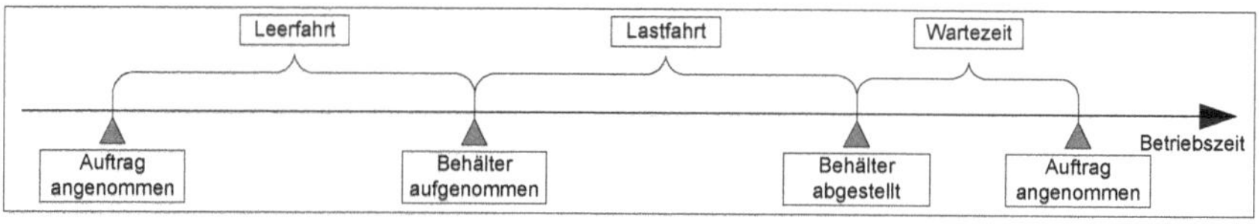

Abbildung 1: *Unterteilung der Betriebszeit eines Rangierfahrzeugs*

Wie in Abbildung 1 zu erkennen, werden als Lastfahrten alle Fahrten eines Rangierfahrzeugs bezeichnet, in denen ein Behälter von einem Quellort zu einem Zielort transportiert wird, um den nächsten Prozess des Sendungsumschlags durchlaufen zu können (z.B. Entladung). Zwischen zwei Lastfahrten muss immer eine Leerfahrt ausgeführt werden, da der nächste zu transportierende Behälter nicht direkt am Zielort des vorherigen Behälters aufgenommen werden kann (Anschlussfahrt). In den Wartezeiten stehen keine Aufträge für ein Fahrzeug zur Verfügung. Neben den in Abbildung 1 dargestellten Zeitanteilen an der Betriebszeit kann die Verteilung der Aufträge auf die Fahrzeuge im Zeitverlauf analysiert werden. Besonders wichtig ist darüber hinaus die Untersuchung des Zusammenhangs zwischen den Hofprozessen und der Umschlagleistung. Dazu wird für jeden Behälter die Andienungszeit ermittelt, welche die Wartezeit des Behälters von der Ankunft im System bis zum Beginn der Entladung beschreibt.

Aktuelle Hofsteuerungssysteme bilden diese strenge Differenzierung der Betriebszeit nur ungenügend ab, da insbesondere der Faktor Mensch bei unterschiedlicher Arbeitsweise eine Auswertung erschwert. Zudem können heute die Wechselwirkungen mit dem Sortiersystem nicht untersucht werden. Um die Potenziale von automatisierbaren Strategien zur Stellplatz- und Auftragsvergabe ausweisen zu können, wurde anhand von realen Systemlasten von drei Tagen aus einem Sortierzentrum zuerst die Ist-Situation simuliert. Als Regel für die Vergabe der Rangieraufträge und der Zuweisung von Stellplätzen wurde nach Prozessaufnahmen die FIFO-Strategie gewählt. Die Simulation zeigt, dass die Ausführung eines Auftrags im Schnitt 3,04 Min dauert, was durch Auswertungen der Zeitstempel im Hoflogistiksystem validiert werden konnte. Von der Prozesszeit entfallen im Mittel 38 % auf die Leerfahrt und 62 % auf die Lastfahrt. 16 % der Behälter können in diesem System quasi sofort innerhalb von 5 Min. angedient werden, 38 % der Behälter warten jedoch über 20 Min. auf den Beginn der Entladung.

3 Die Auswirkungen von Optimierungsstrategien

Anhand des Simulationsmodells wird anschließend überprüft, wie sich eine Verbesserung der Rangierfahrzeugnutzung, d.h. die Einflussnahme auf Last- und Leerfahrtzeiten, auf die Systemleistung auswirkt. Durch eine Änderung der Fahrzeugsteuerung kann bei dynamisch auftretenden Aufträgen Einfluss auf die Länge der Leerfahrten genommen werden (Auftragsvergabe). Die Länge der Lastfahrten wird durch die Vergabe von Stellplätzen beeinflusst. In diesen Fällen ist der Quellort eines Auftrags bekannt und ein geeigneter Zielort für den Behälter muss gefunden werden.

3.1 Leerfahrten - Auftragsvergabe

Für die Zuweisung der Aufträge zu Rangierfahrzeugen wird im Ist-System die Anwendung des FIFO-Prinzips vorausgesetzt. Einem frei werdenden Fahrzeug wird der älteste Auftrag im System zugeordnet bzw. einem auftretenden Auftrag wird das erste freie Fahrzeug in der internen Verwaltungstabelle zugewiesen.

Die Verkürzung der Leerfahrten ist bereits in vergleichbaren Transportsystemen untersucht worden (z.B. Gabelstaplerleitsysteme, AGV). Grundsätzlich zeigen diese Analysen, dass eine Zuordnung auf Grundlage der kürzesten Entfernungen eine sehr gute Möglichkeit darstellt, die Leerfahrten im System zu verkürzen. Dazu wird beispielhaft ein iteratives Verbesserungsverfahren basierend auf einer Nachbarschaftssuche genutzt (GOEL, GRUHN 2008). Die Anwendung dieser ausschließlich entfernungsbezogenen Entscheidungsregeln hat jedoch den Nachteil, dass in durch das Systemlayout ungünstig gelegenen Bereichen lange Wartezeiten bis zur Auftragsdurchführung entstehen. Die Zuordnungsentscheidung sollte daher auf der Basis mehrerer Kriterien getroffen werden, um diesen Zusammenhang zu berücksichtigen (KLEIN, KIM 1996, S. 109). Es existieren darüber hinaus weitergehende Ansätze, die vorausschauende Informationen über die Aufträge und Fahrzeuge einbeziehen (z.B. ICHOUA u.a. 2006). Die für die Anwendung eines solchen Verfahrens in der Hoflogistik notwendigen Informationen sind aufgrund der Dynamik des Systems jedoch nur schwierig zu ermitteln bzw. nur mit hohem finanziellen Aufwand bereitstellbar. Andere Verfahren der Auftragsvergabe basieren auf der Annahme, dass bei Zuweisung der Aufträge auch die Änderung bereits bestehender Zuordnungen erlaubt ist. Diese Methoden sind jedoch nicht für fahrergeführte Transportsysteme geeignet (LE-ANH, DE KOSTER 2005, S. 1727). MÖHRING u.a. (2004) präsentieren einen Algorithmus zur Steuerung von AGVs welcher Kollisionen und Blockierungen (deadlocks und livelocks) verhindert. Die Berechnungen der kürzesten Wege unter Berücksichtigung von Zeitfenstern werden in Echtzeit vorgenommen. Die Ergebnisse zeigen bereits deutliche Verbesserungen gegenüber statischen Ansätzen. Da diese Nebenbedingungen im vorliegenden manuell gesteuerten Rangiersystem nicht notwendig sind, bieten diese komplexen Verfahren nur einen geringen Vorteil, weshalb in diesem Stadium der Aufwand einer Abbildung nicht gerechtfertigt ist. Vielmehr sollen die Auswirkungen der Kombination der Last- und Leerfahrtoptimierung untersucht werden.

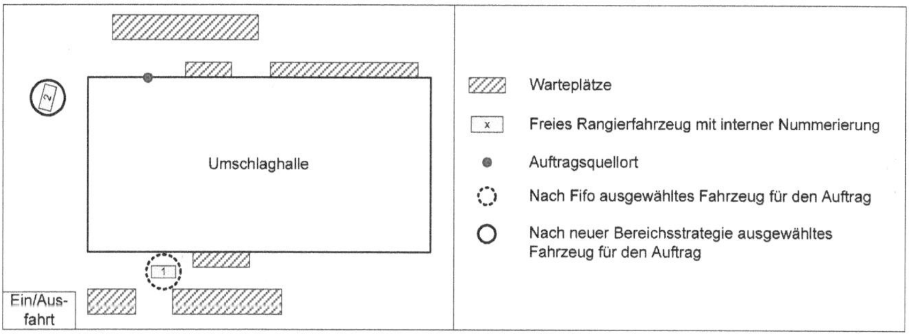

***Abbildung 2**: Schematische Darstellung der Auftragsvergabe*

Vor diesem Hintergrund ist für den vorliegenden Fall eines fahrergeführten Systems ein einfacher Ansatz ohne Einbezug vorausschauender Informationen gewählt worden, welcher auf einer Unterteilung des Anlagengeländes in Bereiche basiert. Wie in Abbildung 2 schematisch dargestellt, wird für jedes frei werdende Fahrzeug überprüft, ob sich ein Auftragsquellort im selben Bereich befindet und der jeweils älteste Auftrag zugeordnet. Dies verkürzt die Leerfahrten und verhindert gleichzeitig, dass Aufträge zu lange Wartezeiten haben. Sollte sich im gleichen Bereich keine Zuordnungsmöglichkeit ergeben, ist jeweils ein nahgelegener Bereich definiert, in dem die Suche durchgeführt wird. Tritt ein Auftrag auf, wird nach dem gleichen Prinzip nach einem freien Fahrzeug gesucht. Sollte nach den verbesserten Strategien keine Zuordnung möglich sein, erfolgt die Anwendung des FIFO-Prinzips, d.h. sofern ein freier Auftrag und ein freies Fahrzeug existieren, werden diese immer verknüpft.

3.2 Lastfahrten - Stellplatzvergabe

Die Länge der Lastfahrten wird durch die Zuweisung der Behälter zu bestimmten Warteplätzen und Ladestellen festgelegt. Bei einer Anwendung des FIFO-Prinzips, d.h. der Zuweisung des ersten passenden freien Stellplatzes in den internen Verwaltungstabellen, wird die Länge der Lastfahrt relativ willkürlich festgelegt. Eine Verkürzung der mittleren Weglänge für die Lastfahrten kann erreicht werden, indem der

Zielort eines Behälters möglichst nah zu seinem Quellort ausgewählt wird. Dieses Prinzip entspricht der Wahl des nahgelegensten freien Lagerplatzes für einen Artikel in einem Regalsystem (TEN HOMPEL, SCHMIDT 2008, S. 31). Zur Umsetzung dieser Vorgabe bekommen die Behälter nur Stellplätze innerhalb der Bereiche zugewiesen, in denen sie sich befinden. Ein Behälter, der in Bereich A entladen worden ist, bekommt somit auch innerhalb von Bereich A seine weitere Ladestelle bzw. seinen Warteplatz zugewiesen. So wird durch ein einfaches Vorgehen eine Verbesserung gegenüber dem FIFO-Prinzip erreicht und eine Grundlage zur Untersuchung der Auswirkungen auf die Lastfahrt geschaffen.

3.3 Durchführung und Auswertung der Experimente

Auf Basis der Kennzahlen des Ist-Systems werden die beiden Strategietypen getrennt voneinander variiert, um die jeweiligen Einflüsse auf das System zu messen. Wird die Vergabe der Rangieraufträge nach der im vorherigen Abschnitt beschriebenen Vorgehensweise ausgeführt, kann die durchschnittliche Ausführungszeit für einen Auftrag auf 2,96 Min verkürzt werden, indem die Länge der Leerfahrten reduziert wird.

Bei einer ausschließlichen Beeinflussung der Platzvergabe an die Behälter reduziert sich die durchschnittliche Ausführungszeit eines Auftrags auf 2,14 Min, also um fast 30 %. Da durch die Platzvergabe innerhalb der Bereiche insgesamt kürzere Strecken für die Aufträge entstehen, wird in diesem Fall sowohl die Länge der Last- als auch der Leerfahrt verringert.

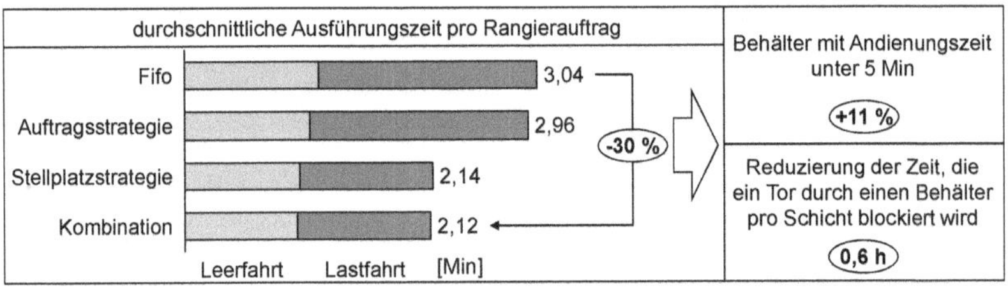

Abbildung 3: *Auswirkungen der veränderten Strategien*

Wird nun zusätzlich zur modifizierten Stellplatzvergabe auch die Auftragsvergabe an die Rangierfahrzeuge verbessert, kann die durchschnittliche Ausführungszeit auf 2,12 Min reduziert werden. Durch die verbesserte Stellplatzzuweisung reduziert sich damit absolut das Potenzial einer bereichsbezogenen Auftragszuweisungsstrategie.

Die schnellere Ausführung der Aufträge führt ebenfalls zu einer Verbesserung der Andienungszeit, es kann nun bei 27 % der Behälter quasi sofort innerhalb von 5 Min. nach Ankunft mit der Entladung begonnen werden. Nur noch 28 % der Behälter müssen länger als 20 Min. auf den Beginn der Entladung warten. Es zeigt sich also insgesamt, dass sich sowohl die Beeinflussung der Last- als auch jene der Leerfahrten positiv auf das System auswirkt. Eine entscheidende Auswirkung hat die kontrollierte Stellplatzvergabe, welche die Lastfahrten bestimmt, da diese maßgeblich die Andienungszeit der Behälter beeinflusst. Die Verbesserung aufgrund der modifizierten Auftragsvergabe an die Rangierfahrzeuge ist weniger signifikant. Im Durchschnitt wird die Zeit, in der ein eigentlich abgefertigter Behälter eine Entladestelle blockiert pro Schicht und Ladestelle um etwa 0,6 h reduziert. So kann die Entladeleistung unter Annahme gängiger Werte um ca. 36 Paletten bzw. 400 Pakete pro Ladestelle gesteigert werden (entspricht je nach transportiertem Sendungsmix 0,5-1 Wechselbehälter).

Im Anschluss an die Analyse der grundsätzlichen Strategievarianten werden weitere Szenarien simuliert. Das Modell bietet u.a. die Möglichkeit, die Auswirkung eingeschränkter Betriebszeiten der Rangierfahrzeuge und höherer eingehender Systemlasten zu untersuchen. Diese Systemänderungen führen zu höheren Auftragslasten für die Rangierfahrzeuge, da generell mehr Rangieraufträge ausgeführt werden müssen bzw. die Aufträge in bestimmten Zeitlagen stärker gestaut werden. Es zeigt sich, dass die Verkürzung der Anschlussstrecken durch die Modifizierung der Auftragsvergabe an die Fahrzeuge dann einen deutlicheren Effekt hat. Je kleiner das Zeitfenster für die Bearbeitung der Aufträge ist und je weniger Fahrzeuge im Einsatz sind, umso größer ist die Möglichkeit die Leerfahrtzeit zu verkürzen. Dies ist darin begründet, dass sich ausführbare freie Aufträge dann umso stärker aufstauen und für das Fahrzeug eine anschlussstreckenoptimalere Auswahl möglich wird. Gegebenenfalls kann also eine verbesserte Strategie zu einer Einsparung von einzusetzender Fahrzeugkapazität im System führen. Im Ist-System werden 58 % der eingesetzten Fahrzeugkapazität in Stunden, welche mit den Personalkosten der Fahrer gleichgesetzt werden kann, zur reinen Ausführung der Aufträge genutzt. Durch die Anwendung der modifizierten Strategien sinkt dieser Zeitanteil auf 40 % ab. Dies bedeutet einerseits, dass variable Kosten für die Fahrzeuge (Kraftstoff und Verschleiß) eingespart werden können, da kürzere Strecken zurückgelegt werden. Zusätzlich kann die insgesamt zur Verfügung gestellte Fahrzeugkapazität reduziert werden und somit eine Einsparung von Personalkosten erfolgen. Dies bedeutet, dass sich ein finanzieller Vorteil durch die Anwendung der modifizierten Strategien ergibt, und gleichzeitig die Andienungszeit der Behälter verkürzt, d.h. eine Steigerung der Systemleistung erreicht wird.

Sollen die Strategien in der Praxis eingesetzt werden, lässt sich die Leerfahrtoptimierung allein durch Ortungssysteme für die Rangierfahrzeuge und ein Verwaltungsprogramm für die Behälter auf dem Hofgelände umsetzen. Die Stellplatzzuweisung, die sich als ein entscheidender Faktor dargestellt hat, ist jedoch deutlich komplexer in ihrer Realisierung. Die Zuweisung von nahen Warteplätzen für leere Behälter ließe sich in einem ersten Schritt im realen System noch recht einfach automatisieren. Die Zuweisung von ankommenden Behältern, die nicht direkt an ein Tor angedient werden können, ist jedoch schon ungleich komplexer und kritischer für einen optimalen Umschlagprozess in der Halle. Für eine optimale Zuweisung müssen für diese Behälter vorausschauende Informationen zu den Entladevorgängen an allen Toren vorliegen. Zusätzliche Komplexität resultiert aus der Kombination der beiden Stellplatzzuweisungstypen, da beide um eine begrenzte Anzahl Stellplätze konkurrieren.

4 Zusammenfassung und Ausblick

Um die Auswirkungen modifizierter Strategien an der Schnittstelle Rampe auf die Prozesseffizienz einer logistischen Anlage analysieren zu können, wurde ein Simulationsmodell auf der Grundlage von Daten aus einem realen System entwickelt. Die

Anwendung einer ereignisgesteuerten Simulation eignet sich aufgrund der komplexen und dynamischen Abhängigkeiten sehr zur Abbildung und Untersuchung der Hoflogistik. Zunächst erfolgte die Modellierung eines bestehenden Systems, anschließend wurden neue Strategien zur Auftrags- und Stellplatzvergabe konzipiert und implementiert. Die Auswertung der Simulationsexperimente zeigt, dass je nach Ausgangssituation eine deutliche Verkürzung der Ausführungszeiten der Rangieraufträge um bis zu 30 % durch die Anwendung der modifizierten Strategien erreicht werden kann. Dadurch lassen sich die Andienungszeiten der Behälter verbessern und somit die Umschlagleistung der Anlage erhöhen. Die verschiedenen Strategien beeinflussen das System jedoch nicht in gleicher Weise. Mit einer kombinierten Anwendung der modifizierten Strategien zur Auftrags- und Stellplatzvergabe lässt sich vor allem in den kritischen Zeitfenstern, in denen eine große Menge an Aufträgen durchgeführt werden muss, eine Effizienzsteigerung erbringen. Aus einer Automatisierung des Rangierdienstes ergibt sich wesentliches zusätzliches Potenzial, wenn Wartezeiten auch zu einem erheblichen Teil durch das Steuerungspersonal verursacht werden. Weitere Optimierungen der Fahrstrecken können ggf. durch die Nutzung vorausschauender Informationen erreicht werden.

Literatur

CLAUSEN, U.; CHMIELEWSKI, A.; SCHLÜTER, O.; STEIN, F.: Schnittstellenoptimierung in logistischen Anlagen. In: Software in der Logistik. Hrsg.: TEN HOMPEL, Michael. München: Huss, 2006, S. 30-34.

DUINKERKEN, M.; OTTJES, J.; LODEWIJKS, G.: Comparison of Routing Strategies for AGV Systems using Simulation. In: Proceedings of the 2006 Winter Simulation Conference. Hrsg.: PERRONE L. u.a.. 2006, S. 1523-1530.

GOEL, A.; GRUHN, V.: A General Vehicle Routing Problem. European Journal of Operational Research, 191(3): 2008, S. 650-660.

ICHOUA, S.; GENDREAU, M.; POTVIN, J.-Y.: Exploiting Knowledge About Future Demands for Real-Time Vehicle Dispatching. Transportation Science, 40(2006)2, S.211-225.

KLEIN, C.; KIM, J.: AGV Dispatching. In: International Journal of Production Research, London, 34(1996)1, S. 95-110.

MÖHRING, R.; KÖHLER, E.; GAWRILOW, E.; STENZEL, B: Conflict-free Realtime AGV Routing. In: Operations Research Proceedings 2004. Hrsg.: FLEUREN, H. u.a.. Berlin: Springer Verlag, 2005, S. 18-24.

LE-ANH, T.; DE KOSTER, R.: On-line dispatching rules for vehicle-based internal transport systems. In: International Journal of Production Research, London, 43(2005)8, S. 1711-1728.

NEUMANN, L.; DEYMANN, S.: TRANSSIM-NODE - a simulation tool for logistics nodes. In: Industrial Simulation Conference. Lyon: The European Simulation Society, 2008, S.283-287.

TEN HOMPEL, M.; SCHMIDT, T.: Warehouse Management. Berlin: Springer-Verlag, 2008.

Integrationsaspekte der Simulation:
Technik, Organisation und Personal
Gert Zülch & Patricia Stock (Hrsg.)
Karlsruhe, KIT Scientific Publishing 2010

Simulation zur Verbesserung der Logistikprozesse eines Pharmagroßhandels

Applying simulation to a pharmaceutical wholesale branch

Felix Werth, Martin Beckers, Oliver Ullrich, Ewald Speckenmeyer
Universität zu Köln (Germany)
werth@informatik.uni-koeln.de, beckers@informatik.uni-koeln.de,
ullrich@informatik.uni-koeln.de, esp@informatik.uni-koeln.de

Abstract: *Gehe Pharma Handel GmbH* is one of Germany's biggest pharmaceutical wholesalers. This paper describes the development and application of a simulation software representing their logistic processes, built in cooperation with *Gehe's* Troisdorf branch. We start with an outline of the *Gehe* facility, describe the process of implementing and validating the software application, and show some sample results.

1 Einführung

Die *Gehe Pharma Handel GmbH* ist einer der größten deutschen Pharmagroßhändler mit etwa zwanzig Niederlassungen im Bundesgebiet. Dieser Beitrag beschreibt die im Rahmen einer Kooperation entstandene Simulationsanwendung zur Modellierung und Simulation der Kommissionierungs- und Logistikprozesse der *Gehe*-Niederlassung in Troisdorf bei Bonn.

Im Folgenden wird zuerst das reale System der Niederlassung beschrieben und kurz auf Analyse und Modellierung eingegangen. Im Anschluss wird von der Implementierung der Simulationsanwendung berichtet, kurz auf deren Kalibrierung und Validierung eingegangen und einige der analysierten Szenarien besprochen. Zum Schluss wird das Vorgehen kurz zusammen gefasst und ein Ausblick auf die weiteren Pläne gegeben.

2 Systembeschreibung und Modellbildung

Dieser Abschnitt enthält eine Zusammenfassung von WERTH u.a. (2010). *Gehe* sammelt die Bestellungen der Apotheken online, die Bearbeitungsreihenfolge wird dann mit einer Heuristik festgelegt. Die Medikamente werden in durch Barcodes eindeutig gekennzeichneten Transportwannen durch das Kommissionierungssystem geführt; jedem Auftrag wird dabei eine Wanne zugewiesen, größere Aufträge ggf. aufgeteilt.

Sobald ein Auftrag eingelastet wird, startet die entsprechende Wanne ihre Reise durch das System. Nachdem sie am Belegdrucker (siehe Abb. 1, KD) mit einem Kommissionierschein versehen worden ist, wird sie entweder am Kommissionierautomaten vorbei geführt oder unmittelbar zu den Handstationen geleitet. Bei dem Kommissionierautomaten handelt es sich um zwei sequentiell geschaltete Bestückungsroboter (A1 und A2), die ca. 5.000 der am häufigsten nachgefragten Medikamente vorhalten. Etwa 52 % aller Auftragspositionen werden durch die Maschine bedient, wobei allerdings nicht jedes Packungsformat zur maschinellen Bearbeitung geeignet ist.

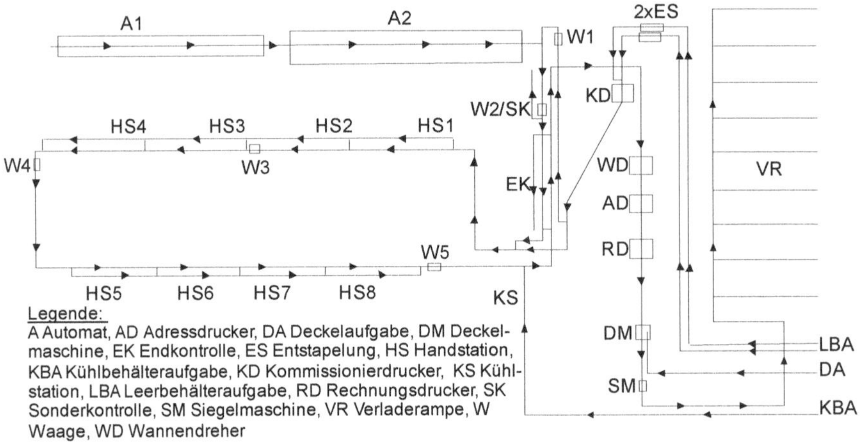

Abbildung 1: *Verlauf der Förderbänder*

Der nachfolgende manuelle Kommissionierbereich ist in acht Handstationen (HS1 bis HS8) eingeteilt. Diese enthalten jeweils einen bestimmten Satz an Medikamenten, die so in den Regalen angeordnet sind, dass die Laufwege möglichst kurz sind.

Muss ein Auftrag an einer Handstation bearbeitet werden, wird die entsprechende Wanne automatisch ausgeschleust. Jede Station verfügt über einen Puffer, aus dem die dieser Station zugeordneten Mitarbeiter die Wannen abarbeiten. Je nach Bedarf schickt der Lagerleiter Mitarbeiter zwischen den einzelnen Stationen hin und her.

Im Anschluss durchlaufen die bei den im Verlauf des Kommissionierprozesses immer wieder stattfindenden Gewichtskontrollen (W1 bis W5) aufgefallenen Wannen die manuelle Endkontrolle (EK).

Am Ende der Kommissionierung wird automatisch die Rechnung gedruckt (AD und RD) und in die Wanne befördert, bevor diese maschinell verschlossen und versiegelt (SM) wird. Die Auslieferung wird dann zu festgelegten Zeitpunkten durch einen externen Dienstleister vorgenommen.

Die Systemanalyse begann mit Gesprächen mit dem Management zum Festlegen des Rahmens und der Ziele der Simulationsstudie. Der Projektpartner interessierte sich für die Folgenabschätzung einer Erhöhung der Automatenquote, insb. der Anschaffung eines dritten Kommissionierautomaten. Weiterhin sollten die im operativen Einsatz verwendeten Heuristiken auf ihre Zweckmäßigkeit untersucht und Alternativen vor dem Feldeinsatz evaluiert werden. Besonders interessierte hier der Anteil der Wannen, die für die geplante Auslieferung zu spät oder sehr knapp die Verladerampe erreichen.

Zur Verfügung gestellt wurden Personaleinsatz-, Bestands- und Auftragsdaten für den Januar 2010, von *Gehe* erhobene tagesgenaue Kennzahlen wie bearbeitete Auftragspositionen pro Mitarbeiterstunde und Stammdaten wie Bandlaufgeschwindigkeiten, Packungsgrößen und -gewichte. Dazu wurden die Prozesse vor Ort beobachtet und dokumentiert, so ergab sich die Gelegenheit zum Erheben der fehlenden Daten wie z.B. der Bearbeitungszeiten an den einzelnen Stationen.

Auf der Basis dieser Analyseresultate wurde ein prozessbasiertes Simulationsmodell zur Abbildung des Kommissionier- und Logistikprozesses vom Auftragseingang bis zum Versand der fertig verpackten Wannen entwickelt. Das Modell umfasst 58 Serverknoten.

3 Implementierung einer prozessbasierten Simulationsanwendung

Ziel war die Implementierung einer interaktiven Simulationsanwendung zur Unterstützung der strategischen und operativen Planung in der *Gehe*-Niederlassung.

Für die Anwendung vor Ort sollte die Anwendung plattformunabhängig und lizenzkostenfrei bleiben. Darüber hinaus sollte ein Framework entwickelt werden, in das für zukünftige Simulationsstudien sehr einfach andere Modelle eingebettet werden können.

Dazu wurde eine visuelle Simulations- und Auswertungssoftware in Java 6 entwickelt, unter Verwendung der Swing-Bibliotheken für die graphische Bedienoberfläche. Die prozessbasierte Anwendung wurde auf Basis eines ereignisbasierten Kernels realisiert, der in typischen Simulationsläufen ca. 300.000 bis 600.000 Simulationsereignisse erzeugt und verarbeitet. Die logistischen Teilprozesse des entwickelten Modells wurden dabei als Objekte implementiert, die über eine gemeinsame Future Event List kommunizieren. In verschiedenen Laufzeitexperimenten erwies sich ein Minimum Heap für die Verwaltung der Future Event List als gut geeignet, die Laufzeit beträgt auf einem handelsüblichen Notebook etwa fünfzehn bis zwanzig Sekunden. Die Software besteht z.Zt. aus etwa 7.500 Zeilen Quellcode.

Die Anwendung soll von *Gehe*-Mitarbeitern verwendet werden, daher sind Parameter und Eingabedaten über eine graphische Bedienoberfläche anpassbar. Dazu besteht die Möglichkeit, reale Tage anhand von in einer mySQL-Datenbank zur Verfügung stehenden Eingangsdaten oder typische Betriebstage anhand von geschätzten Verteilungen zu simulieren.

Die Simulationsläufe werden sowohl schematisch visualisiert als auch mittels einer vereinfachten Aufsicht auf die Kommissionierhalle (siehe Abb. 2). Eine erste Ergebnisauswertung erfolgt sowohl graphisch als auch in Tabellenform. Darüber hinaus können Werte über die Zwischenablage und automatisch erzeugte Excel-Tabellen exportiert werden und so in speziellen Auswertungs- und Statistikprogrammen weiter verarbeitet werden.

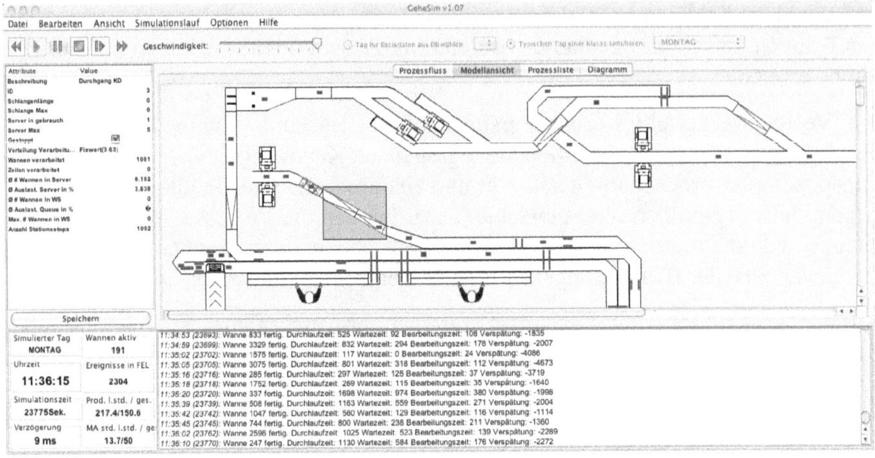

Abbildung 2: *Simulationsanwendung – Modellansicht*

4 Kalibrierung und Validierung mit Realdaten

Wegen der hohen Zuverlässigkeitsansprüche an die Prozesse ist eine hohe Aussagekraft der Simulationsanwendung sehr wichtig. Daher wurde auf die ergebnisbezogene Validierung besonderer Wert gelegt. Um Überanpassungen zu vermeiden wurden die zur Verfügung stehenden Daten in Kalibrierungs- und Testdaten aufgeteilt.

Für die Bedienzeiten der einzelnen Stationen wurden mittels *maximum-likelihood*-Verfahren Verteilungen geschätzt, meist erwiesen sich Lognormal-Verteilungen als passend. Neben der Anzahl bearbeiteter Zeilen pro Mitarbeiterstunde ist für die Projektpartner die Pünktlichkeit, mit der die fertig verarbeiteten Wannen an der Auslieferungsrampe ankommen, eine wichtige Kennzahl. Während dies in der Simulation leicht zu messen ist, wird sie von *Gehe* nur in Ausnahmefällen nachgehalten – nämlich wenn eine Wanne nicht rechtzeitig fertig bearbeitet wird. Die Anwendung berechnet weitere Kennzahlen wie Serverauslastung, Bearbeitungs- und Wartezeiten, die allerdings in der *Gehe*-Niederlassung nicht genutzt werden.

An einem typischen Wochentag bearbeitet die Niederlassung ca. 3.500 bis 4.000 Wannen mit 25.000 bis 35.000 Auftragspositionen.

Die Validierungsschritte ergaben, dass die Anwendung sowohl bestehende Betriebstage nachvollziehen als auch typische Betriebstage simulieren kann.

5 Anwendung zur Verbesserung der Logistikprozesse

Die Vorstellung einiger der untersuchten Szenarien beginnt mit der Evaluierung verschiedener Verfahren zur Einlastung der Wannen ins System. Anschließend werden einige Heuristiken zur Wahl der nächsten zu bearbeitenden Wanne an den Handstationen überprüft. Schließlich werden noch die Auswirkungen von Veränderungen der Automatenquote betrachtet.

Als Untersuchungszeitraum wird jeweils der Zeitraum von 10.00 bis 14.00 Uhr an einem typischen Wochentag gewählt, da in diesem Zeitraum der Großteil der Bestellungen eingeht.

5.1 Festlegung der Einlastreihenfolge

Bislang werden die Wannen ins System eingelastet, sobald der Auftrag angenommen wird. Ist das System bereits ausgelastet, wird eine *First Come First Serve*-Warteschlange (*FCFS*) gebildet. Ausgangspunkt für die betrachteten Alternativen ist das Bündeln der Aufträge, die während einer bestimmten Zeitperiode angenommen werden. Diese Bündel werden entweder nach dem Auslieferungszeitpunkt sortiert ins System eingelastet (Heuristik *ALZP*), oder zusätzlich noch die voraussichtliche Durchlaufzeit im System beachtet (Heuristik *ALZP-DLZ*, hier wird nach der Differenz aus Auslieferungszeitpunkt und geschätzter Aufenthaltsdauer sortiert). Als Bearbeitungsreihenfolge der Wannen an den Handstationen wird *FCFS* gewählt, da sonst durch die sofortige Neupriorisierung dort die Einlastreihenfolge nicht relevant bleibt.

Obwohl sich schon ab einer Bündelungsperiode von einer Sekunde die Reihenfolge der Wannen ändert, sind die Auswirkungen auf die Kennzahlen nicht signifikant (siehe Abb. 3 und Tab. 1). Auch wenn sich die Wannen wegen der dort verwendeten *FCFS*-Heuristik innerhalb einer Station nicht überholen können, ist dies außerhalb durch das Anfahren verschiedener Stationen möglich. Daher wird offenbar schon frühzeitig die bei der Einlastung vorgesehene Reihenfolge zerstört, so dass auch der positive Effekt auf die Kenngrößen verloren geht.

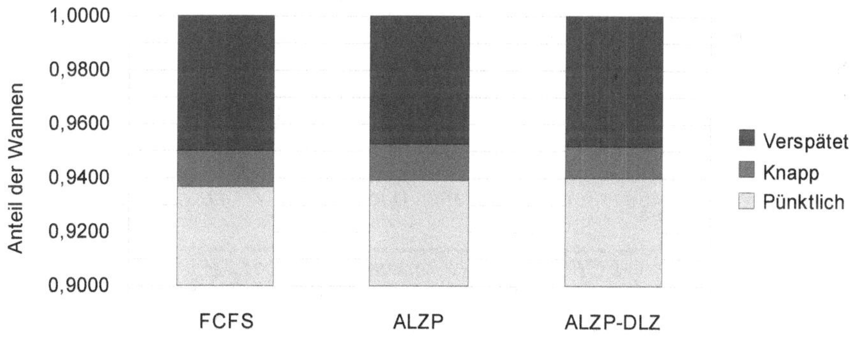

Abbildung 3: *Variation der Einlastreihenfolge*

Die Automaten, die von der Veränderung der Einlastung direkt betroffen sind, bilden keinen Engpass, so dass sich mögliche Verbesserungen hier kaum auswirken.

Im Folgenden wird daher die Möglichkeit untersucht, alle Aufträge sofort einzulasten und dann mithilfe von geeigneten Heuristiken an den Handstationen knappe Wannen ggf. vorzuziehen.

	FCFS	*ALZP*	*ALZP-DLZ*
% verspätet	4,99	4,74	4,78
% knapp	1,30	1,30	1,20
Ø Bedienzeit	132,5	132,8	131,8
Ø Wartezeit	388,4	383,2	374,2

Tabelle 1: *Variation der Einlastreihenfolge*

5.2 Festlegung der Bearbeitungsreihenfolge

Bislang ist die Bearbeitungsreihenfolge der Wannen an einer Station dem jeweiligen Mitarbeiter überlassen, der sich eine beliebige Wanne aus der Warteschlange seiner Station nehmen kann. Der Mitarbeiter verfügt über lokale Informationen über den Startzeitpunkt der Auslieferungstour, der jeweils auf den Wannen vermerkt ist.

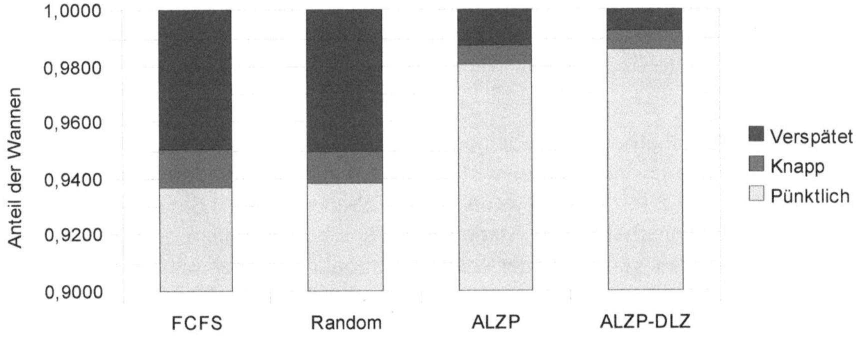

Abbildung 4: *Variation der Bearbeitungsreihenfolge*

Hier wurde eine Reihe von Heuristiken auf ihre Eignung untersucht: Eine randomisierte Auswahl, das Vorgehen gemäß dem *FCFS*-Prinzip, die Wahl der Wanne mit dem nächstliegenden Auslieferungszeitpunkt (Heuristik *ALZP*) und zuletzt die Berücksichtigung sowohl des Auslieferungszeitpunktes als auch der noch zu erwartenden Bearbeitungs- und Wartezeiten (Heuristik *ALZP-DLZ*).

	FCFS	*Random*	*ALZP*	*ALZP-DLZ*
% verspätet	4,99	4,87	1,24	0,80
% knapp	1,30	1,15	0,07	0,06
Ø Bedienzeit	132,5	132,0	132,4	132,8
Ø Wartezeit	388,4	382,4	385,1	365,3

Tabelle 2: *Variation der Bearbeitungsreihenfolge*

Offenbar bringt die Bearbeitung in einer randomisierten Reihenfolge im Vergleich zum Standardfall (Bearbeiten per *FCFS*, Einlasten per *FCFS*, Automatenanteil

52 %) kaum Vorteile, während die Beachtung der Auslieferungszeitpunkte einen Rückgang der verspäteten Wannen um ca. 75 % und der knappen Wannen um ca. 95 % mit sich bringt (siehe Abb. 4 und Tab. 2). Die zusätzliche Beachtung der geschätzten Durchlaufzeit verbessert das Ergebnis nochmals, so dass ca. 84 % der im Standardfall verspäteten Wannen die Auslieferungsrampe rechtzeitig erreichen.

Mithilfe der bereits an den Wannen aufgedruckten Abfahrtszeitpunkte kann die *ALZP*-Heuristik vor Ort ohne zusätzliche Kosten angewandt werden. Für die Nutzung von *ALZP-DLZ* ist ein gewisser Aufwand nötig, da ein Onlineinformationssystem für die Mitarbeiter eingerichtet werden müsste.

5.3 Erhöhung des Automatenanteils

Weiterhin wurden die Auswirkungen der Erhöhung des Anteils der automatisch kommissionierten Auftragspositionen untersucht. Die große Lösung ist hier die Anschaffung eines dritten Bestückungsroboters. Der dazu notwendige Aufwand wäre sehr groß, da u.a. bauliche Veränderungen an der Halle vorgenommen werden müssten. Daher wurde zusätzlich untersucht, wie sich die Kennzahlen bei einer geringen, mglw. durch Optimierung der bestehenden Maschinenbestückung erreichbaren Erhöhung der Automatenquote um 2 % bzw. 5 % verändern. Als Einlastreihenfolge wurde *FCFS* verwendet, die Bearbeitungsreihenfolge wurde durch die Heuristik *ALZP* bestimmt.

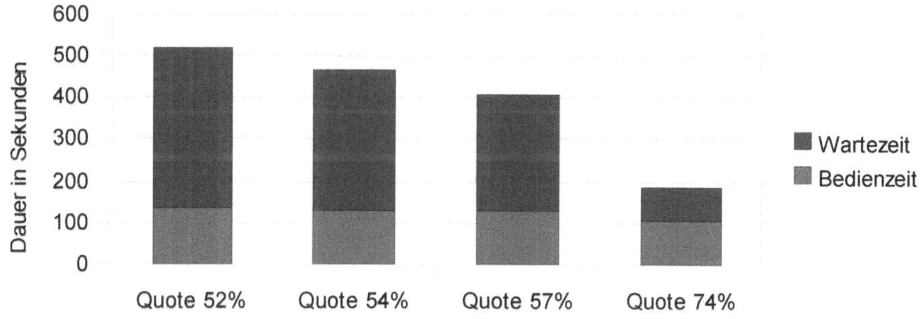

Abbildung 5: *Variation des Automatenanteils*

Da aus den vorliegenden Stammdaten nicht exakt hervorging, welche Medikamente für die Lagerung in den Maschinen ungeeignet sind, wurde angenommen, dass neben den 5.000 bereits in den Maschinen untergebrachten Medikamenten die jeweils am nächst häufigst verlangten zusätzlich in den Maschinen untergebracht werden sollen. Für die Anschaffung einer dritten Bestückungsmaschine erhöht sich so die Automatenquote von 52 % auf 74 %.

Die Ergebnisse (siehe Abb. 5 und Tab. 3) zeigen ein klares Absinken der Warte- und Bedienzeiten im Vergleich zum Standardfall. Weitere Experimente haben gezeigt, dass die Werte auch zwischen anderen Messpunkten linear sinken.

Bei einer Erhöhung der Automatenquote durchlaufen die einzelnen Wannen weniger Handstationen. Da die Bearbeitungszeit am Automaten nahezu konstant und wesentlich geringer ist, sinken ihre Warte- und Bedienzeiten. Die durchschnittliche Wartezeit aller Wannen sinkt zusätzlich, da sich die Wartezeiten für die an den Stationen verbliebenen Wannen durch die Verkürzung der Warteschlangen um die weggefallenden Wannen weiter senken. Ihre Bedienzeiten dagegen bleiben gleich.

Vorhandener Spielraum zum auch nur geringen Erhöhen der Automatenquote sollte also genutzt werden.

	Quote 52 %	*Quote 54 %*	*Quote 57 %*	*Quote 74 %*
% verspätet	1,24	0,59	0,28	0,04
% knapp	0,71	0,51	0,43	0,23
∅ Bedienzeit	132,4	129,3	125,8	104,5
∅ Wartezeit	385,1	336,5	281,7	82,1

Tabelle 3: *Variation des Automatenanteils*

6 Zusammenfassung und Ausblick

Auf der Basis einer ausführlichen Systemanalyse wurde ein prozessbasiertes Modell der Kommissionierungs- und Logistikprozesse eines Pharmagroßhandels erstellt, implementiert und validiert. Die so entstandene Simulationsanwendung wurde eingesetzt um die Auswirkungen von geplanten Veränderungen zu untersuchen und eine Reihe von Heuristiken vor dem Feldeinsatz auf ihre Eignung zu prüfen.

In einem zukünftigen Teilprojekt soll mit Hilfe von Methoden der kombinatorischen Optimierung die Positionierung der Medikamente in den Bestückungsautomaten und den Regalen der Handstationen verbessert und die Ergebnisse mit der Simulationsanwendung auf ihre Anwendbarkeit überprüft werden.

In das entstandene Framework können zudem andere Modelle aus dem Bereich Produktion und Logistik eingesetzt werden.

Literatur

WERTH, Felix; BECKERS, Martin; ULLRICH, Oliver: Modellierung und Simulation eines Pharmagroßhandels. In: ASIM-Treffen 2010 - Simulation technischer Systeme und Grundlagen und Methoden in Modellbildung und Simulation. Hrsg.: COMMERELL, Walter. Ulm: ASIM, Hochschule Ulm, 2010, S. 141-146.

Integrationsaspekte der Simulation:
Technik, Organisation und Personal
Gert Zülch & Patricia Stock (Hrsg.)
Karlsruhe, KIT Scientific Publishing 2010

Offline-Analyse, Modellierung und Simulation von Transportsystemen in der Halbleiterproduktion

Offline Analysis, Modelling and Simulation of Transport Systems in Semiconductor Manufacturing

Thomas Wagner, André Gellrich, Vladimir Vasyutynskyy, Klaus Kabitzsch
Technische Informationssysteme, Technische Universität Dresden (Germany)
thomas.wagner2@tu-dresden.de

Abstract: Modelling and analysis of transport systems in semiconductor manufacturing is difficult because of its complexity and the large amount of data originating from different sources. This article proposes an automated method for aggregating recorded event logs in a flexible data format and hereon building a high level model of the system. On the basis of this model, multiple parameters describing performance relevant characteristics are introduced and evaluated with the help of user definable rules. The results reveal the most interesting areas for selective optimization thus lowering the necessary effort for future simulations.

1 Einleitung

Das Produktspektrum existierender 200mm-Halbleiterfertigungen wandelt sich tendenziell zu kundenorientierten Halbleiterprodukten mit einer verbesserten Energieeffizienz. Dies geht allerdings einher mit einer steigenden Komplexität der Produkte, die wiederum einen überproportionalen Anstieg der Logistikschritte (Transport- und Handhabungsprozesse) innerhalb der Produktion bedingt. Es müssen daher innovative Methoden und Strukturen entwickelt werden, um mit diesem Trend Schritt halten zu können. Ziel des Forschungsvorhabens Cool Fab im Spitzencluster Cool Silicon ist es deshalb, verschiedene Ansätze für die Konzipierung zukünftiger Materialfluss- und Logistiklösungen zu erforschen, um den stetig wachsenden Anforderungen zur Herstellung von energieeffizienten Halbleiterprodukten zu begegnen.

Dazu ist es zunächst nötig, die Transportvorgänge zwischen den Produktionsequipments und alle relevanten Einflüsse auf die Performance der Transportlogistik im bestehenden System zu analysieren, um Schwachstellen, Engpässe und entsprechendes Optimierungspotential zu finden. Relevante Fragestellungen in diesem Umfeld sind beispielsweise:

- Welche Start-Ziel Beziehungen werden häufig beansprucht, und auf welchen Routen bewegen sich die Lose dabei typischerweise durch das Transportsystem?
- Gibt es Überschneidungen zwischen den Routen, d.h. viele gemeinsam genutzte Abschnitte bzw. Pfade? Entstehen dadurch performancerelevante Engpässe?
- Wie stark wirkt sich der Faktor Mensch aus (z.B. manueller Lostransport zum und vom Equipment durch einen Operator)?

Sind diese oder ähnliche Probleme identifiziert, können z.B. folgende Überlegungen zu deren Lösung angestellt werden:

- Kann man ihnen durch Einflussnahme auf die Steuerung (z.B. Ausweichrouten) entgegenwirken?
- Können durch das Hinzufügen neuer Förderelemente bzw. durch den Umbau vorhandener Elemente Verbesserungen erzielt werden?

Dieser Beitrag beschreibt einen Ansatz zur modellbasierten, semiautomatischen Analyse der nichtproduktiven Transportzeiten, welche den Ausgangspunkt für die Simulation alternativer Transportrouten und Transportsystemlayouts sowie der Optimierung des Schedulings der Transportaufträge, basierend auf den Produktionszeiten und der Auslastung des Fertigungsequipments, bildet.

2 Ausgangssituation

Die in der Einleitung formulierten Fragen könnten durch eine umfassende Simulationsstudie beantwortet werden. Die dafür notwendige Modellierung wurde jedoch aufgrund der Komplexität und des hohen Aufwands bisher nicht durchgeführt (laut FOWLER, ROSE 2004, S. 3 ein häufiges Problem in der industriellen Praxis). Im Projekt Cool Fab stehen daher im Wesentlichen folgende Informationen zur Verfügung:

- Ereignismeldungen (Logs) der ME- (Manufacturing Execution), Monitoring- und Testsysteme zu Transport- und Lageraufträgen sowie
- Strukturinformationen wie Layout, Zugehörigkeit einzelner Equipments zu Bereichen des Transportsystems und befahrbare Routen.

Die Menge (mehr als 100.000 Ereignismeldungen pro Tag) sowie die Heterogenität der zur Verfügung stehenden Daten machen, wie aus anderen Anwendungsfällen bekannt (FOWLER, ROSE 2004 S. 6), eine tiefgründige manuelle Auswertung der Logs unmöglich. Die (semi-)automatische Analyse von Equipment-Logs wird in RÖDER u.a. (2005) beschrieben, wobei jedoch die Untersuchung einzelner Tools im Vordergrund steht. Vorhandene Arbeiten zur automatischen Log-Auswertung umfassen weiterhin die Analyse von Simulations-Traces, wie beispielsweise in KEMPER und TEPPER (2005, 2009). Allerdings liegt der Fokus dieser Arbeiten ebenso wie bei BETTER (2007) auf der Validierung der Simulationsmodelle und nicht auf der Analyse realer Prozesse. Die auf Ereignisdaten basierende Untersuchung von Geschäftsprozessen wird unter anderem in COOK u.a. (2004)

und AALST u.a. (2007) diskutiert. Trotz der Ähnlichkeit in der Herangehensweise konzentrieren sich diese Autoren jedoch auf *Erkennung* von Prozessen, während der hier vorgestellte Ansatz sich primär auf deren *Wechselwirkungen* bezieht. STRUSS (2009) beschreibt die Post-mortem-Diagnose von verketteten Flaschenabfüllanlagen, was sich unmittelbar auf weitere Domänen anwenden lässt. Es wird jedoch einerseits das Vorhandensein eines detaillierten Gesamtprozessmodells vorausgesetzt, andererseits werden die transportierten Güter nicht voneinander unterschieden. Dadurch wird deren Rückverfolgung (beispielsweise zur Untersuchung der Route eines Loses mit sehr langer Gesamtbearbeitungszeit) unmöglich.

3 Modellbildung

Zum automatischen Parsen, Aggregieren und Auswerten der Daten wurde von den Autoren ein erweiterbares, modulbasiertes Analysetool entwickelt. Um den Wünschen der Industriepartner nach Verteilbarkeit, Flexibilität und Online-Fähigkeit zu entsprechen, wurden dessen Module basierend auf der AMES Agentenplattform (siehe THEISS 2009) implementiert.

Schritt 1: Die verschiedenen herstellerspezifischen Protokolldaten und Anlagenspezifikationen wurden in eine uniforme Ereignishistorie transformiert, um sie dem Modellbildungsverfahren zugänglich zu machen (siehe Schritt 2). Dieses Format sieht folgende Informationen für jedes Ereignis vor:

- **Load Identifier:** Kennung der aktuell transportierten Einheit (*Load*), in diesem Fall Fertigungslose
- **State Identifier:** Aktueller Zustand (*State*), hier das soeben befahrene Transportelement (Segment) oder ein verwendetes Equipment
- **Timestamp:** Ereigniszeitpunkt
- **Attributes:** Menge weiterer Informationen, welche für dieses Ereignis in Bezug auf die spätere Analyse relevant sind

Der Vorteil dieser Darstellung liegt zum einen in ihrer Flexibilität, da auch die Daten anderer Transportsysteme (z.B. Gepäckförderanlagen, Lagerlogistik- oder Materialhandling-Systeme) in dieser Weise abgebildet werden können und zum anderen in der Nutzbarkeit effizienter Zugriffs- und Speicherstrategien.

Schritt 2: Basierend auf diesen Daten wird vollautomatisch ein erweitertes Zustandsübergangsmodell, bestehend aus den Elementen ST, TR, L, E, P und A, generiert. Die Mengen der Zustände ST und Lose L werden direkt der Ereignishistorie entnommen. TR bezeichnet die Transitionen (Übergänge) zwischen den Zuständen. Die Existenz einer Transition wird, analog zu der in AALST 2004 präsentierten Methode, aus dem zeitlich unmittelbar folgenden Auftreten desselben Loses an zwei Segmenten abgeleitet (siehe Abbildung 1). Weiterhin gehören zu einem solchen Modell sämtliche Ereignisse E sowie die zulässigen Pfade und Routen P, auf denen sich die Lose durch das System bewegen. Die Menge der Attribute A ordnet jedem Modellelement beliebig viele Kenngrößen zu, die sich in statische und dynamisch berechnete Werte unterteilen, auf die im nachfolgenden Kapitel näher eingegangen wird. Abbildung 1 zeigt ein vereinfachtes Beispiel der Modellgenerierung.

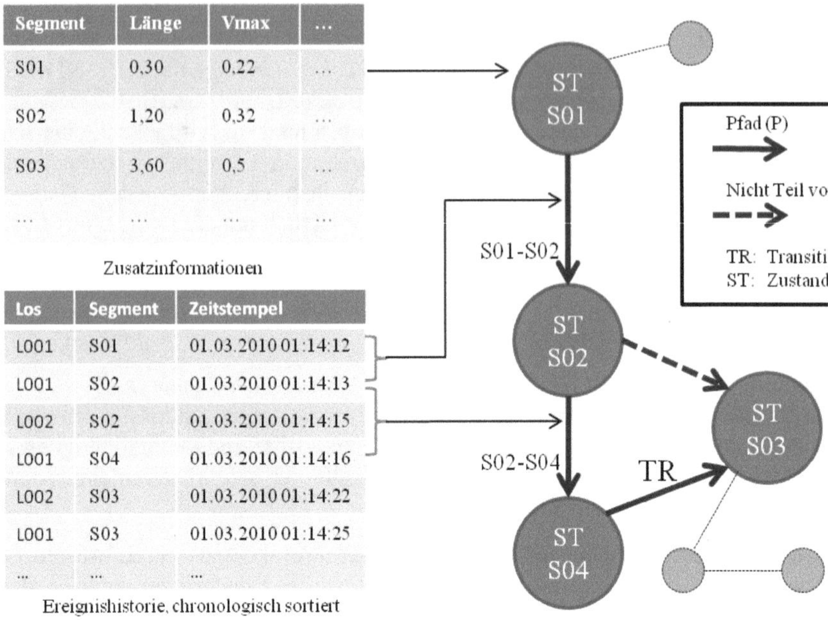

Abbildung 1: *Vereinfachtes Beispiel der Modellgenerierung*

4 Analyse

4.1 Kenngrößen

Liegt ein Modell des Anlagenverhaltens wie im vorigen Kapitel beschrieben vor, können dynamisch zu berechnende Kenngrößen definiert werden, die den Nutzer bei der Beantwortung der eingangs gestellten Fragen unterstützen. Für die Zustände relevante Kenngrößen sind unter anderem:

- *InterArrivalTime* $IAT_{ST(i)}$: Zeitlicher Abstand der Ankünfte zweier aufeinander folgender Lose am Segment
- *HoldingTime* $HT_{ST(i)}$: Haltezeit (Warte- bzw. Transportzeit) eines Loses auf einem Segment
- *Relevance* $\overline{R}_{ST(i)}$: normierter Anteil des Zustands *ST(i)* an den im betrachteten Zeitraum im Gesamtsystem transportierten Losen L_{ST}. Ist die Menge der über einen Zustand ST(i) transportierten Lose mit $L_{ST(i)}$ gegeben, können die relative Relevanz $R_{ST(i)}$ sowie die normierte Relevanz $\overline{R}_{ST(i)}$ folgendermaßen berechnet werden:

$$R_{ST(i)} = \frac{|L_{ST(i)}|}{|L_{ST}|} \qquad \overline{R}_{ST(i)} = \frac{R_{ST(i)}}{\underset{ST(j)\in ST}{Max}(R_{ST(j)})}$$

- *CrossSectionCorrelation* $CSC_{ST(i)}$: Sei *D* die Menge der Transportrichtungen eines Zustandes *ST(i)* zwischen dessen Vorgängern *Pre* und Nachfolgern *Suc*:

$$D = \{d_1 = [\mathrm{Pr}\,e_1(ST(i)), ST(i), Suc_1(ST(i))], \ldots, d_n\}$$

  So berechnet sich ein Element $CSC_{a,b}$ der Matrix $CSC_{ST(i)}$ durch die Korrelation der Haltezeiten $H(d_a)=\{HT_1, HT_2, \ldots, HT_p\}$ der Transportrichtung d_a mit der Losanzahl $C(d_b)=\{c_1, c_2, \ldots, c_p\}$ der Transportrichtung d_b innerhalb der jeweiligen Wartezeit. Dabei ist $c_{k\in\{1\ldots p\}}$ die Anzahl der Lose, die während der Wartezeit HT_k die Richtung d_b passieren.

Für die Pfade wurden beispielsweise folgende Kennwerte definiert:

- *AllocatedTime* $AT_{P(i)}$: Erwartete Transportzeiten, u. a. basierend auf statischen Zustandsmerkmalen (Länge usw.)
- *TimeDifference* $TD_{P(i)}$: Transportzeitabweichung, d.h. die mittlere Differenz der tatsächlichen Transportzeiten eines Pfades von den erwarteten Zeiten $AT_{P(i)}$

Insgesamt sind derzeit mehr als 50 Kenngrößen implementiert. Diese können je nach Bedarf jederzeit vom Endnutzer erweitert werden. Sämtliche Kenngrößen können bei Vorliegen neuer Ereignisdaten prozessbegleitend (online) aktualisiert werden.

4.2 Regelbasierte Analyse

Um die in der Einleitung gestellten Fragen weitestgehend automatisch beantworten zu können, müssen auf dem gewonnenen Modell formale Regeln angewendet werden. Diese können nach ihrer Zielstellung folgendermaßen unterteilt werden:

- Erkennung von **Symptomen** (Fehler oder suboptimales Verhalten)
- Iterative **Rückverfolgung** von Symptomen zu ihren Ursachen
- Vorschlagen von adäquaten **Gegenmaßnahmen**

Weiterhin können die Quellen für Regeln wie folgt unterschieden werden:

- **Modellbasierte Regeln** werden ausschließlich anhand abstrakter Eigenschaften des Modells (z.B. dessen Topologie und statistischen Kennwerten) erzeugt und können dementsprechend auf alle Modelle angewendet werden.
- **Expertenregeln** verwenden domänenspezifisches Wissen. Da diese auch während der Analysephase erzeugt oder erweitert werden können, wird der Experte bei der Arbeit mit dem Framework durch aussagekräftige Visualisierungen und Datenverarbeitungsschritte unterstützt.

Die Ergebnisse der Regelanwendung (z.B. aggregierte (sekundäre) Kennwerte, gefilterte und sortierte Modellelement-Listen) können wie folgt verwendet werden:

- Visualisierungen in Form von Tabellen, Graphen und Diagrammen erlauben dem Anwender einen tiefen Einblick in die Zusammenhänge des betrachteten Systems und unterstützen die Entscheidungsfindung bei der Optimierung.
- Weiterführende Analyse mit anderen Tools über Exportschnittstellen
- Ausführung von Gegenmaßnahmen, beispielsweise Auslösen von Alarmen

4.3 Beispiel

Anhand der Zuordnung von Losen zu befahrenen Routen lassen sich die am häufigsten verwendeten Routen sowie die durchschnittlich auf einer Route benötigte Zeit ermitteln. Von besonderem Interesse sind der potentielle Einfluss beim Ausfall eines Kreuzungspunktes sowie das Verhalten in Situationen mit hoher Last. Generell ist zu erwarten, dass Ausfälle oder Überlastungen (Staus) einzelner Segmente umso kritischer sind, je mehr Pfade durch dieses Segment führen und je mehr Lose auf diesen Pfaden transportiert werden. Um solche Brennpunkte zu identifizieren, wird die normierte mittlere Transportzeitabweichung $\overline{TD}_{ST(i)}$ jedes Zustands berechnet mit:

$$TD_{ST(i)} = avg(TD_{P(x)} \mid ST(i) \in P(x)) \qquad \overline{TD}_{ST(i)} = \frac{TD_{ST(i)}}{\underset{ST(j)\in ST}{Max}(TD_{ST(j)})}$$

Der Abweichungskoeffizient A eines Zustandes $ST(i)$ wird wie folgt definiert:

$$A_{ST(i)} = \overline{R}_{ST(i)} \cdot \overline{TD}_{ST(i)}; A_{ST(i)} \in R\{0...1\}$$

Abbildung 2 visualisiert $A_{ST(i)}$ für einen Ausschnitt des Transportsystems, indem jedem Zustand eine Hintergrundfarbe zwischen grün ($A_{ST(i)}$=0) und rot ($A_{ST(i)}$=1) zugewiesen wird.

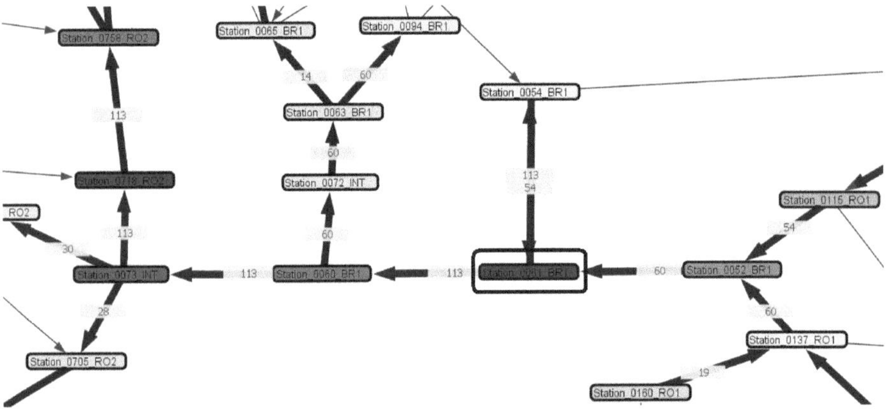

Abbildung 2: *Ausschnitt des betrachteten Systems mit mehreren Pfaden*

Im gezeigten Ausschnitt weisen die Übergangselemente zwischen zwei Produktionsbereichen hohe Werte von $A_{ST(i)}$ auf. Für das Segment "Station_0061_BR1" (im Bild umrahmt) wurden außerdem die bedeutendsten Transportrouten visualisiert (blau), die sich in nahezu alle Bereiche der Fabrik verästeln.

Man kann nun folgende Regel anwenden: *"Ermittle alle Zustände deren Abweichungskoeffizient größer als 0,9 ist und zeige dem Benutzer für diese die Matrix $CSC_{ST(i)}$ an".* Aus der Analyse der Matrix ergab sich für die Station "Station_0061_BR1" ein starker Zusammenhang zwischen der Wartezeit auf der Strecke *a* und dem Losdurchsatz auf Strecke *b* (siehe Abbildung 3).

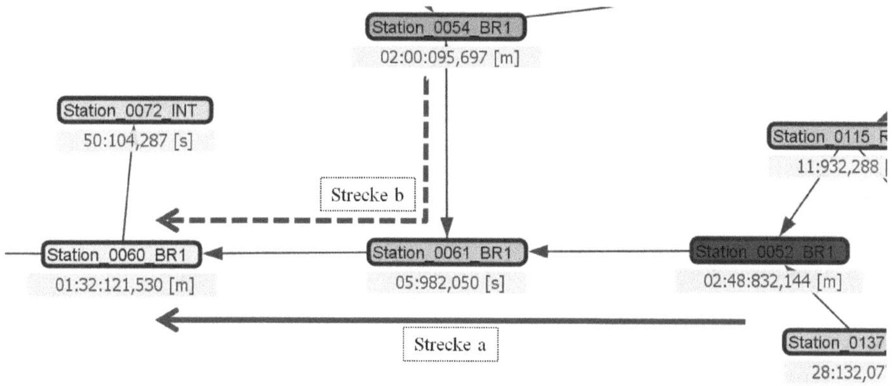

Abbildung 3: *Transport über die Strecken a und b, an den Stationen sind jeweils die Haltezeiten HT dargestellt*

Die Ursache-Wirkungsbeziehungen werden derzeit noch untersucht. Setzt man jedoch voraus, dass der Losdurchsatz die Wartezeit beeinflusst, wären mögliche Ansätze zur Entspannung des Problems z.B. der punktuelle Ausbau des Transportsystems oder die Umleitung einiger Lose über andere, parallele Segmente (im abgebildeten Ausschnitt nicht dargestellt). Obwohl letztere Lösung deutlich kostengünstiger in der Anwendung wäre ist zu erwarten, dass sich durch die daraus folgende Mehrbelastung anderer Segmente Situationen entwickeln, welche die Performance wiederum negativ beeinflussen. Eine genaue Evaluation der Ansätze ist demnach nur mittels einer Simulationsstudie zu erreichen.

5 Zusammenfassung und Ausblick

Das in diesem Beitrag beschriebene Framework und die Methode zur ereignisbasierten Modellierung und Analyse von Transportsystemen konnte aufgrund der erreichten Flexibilität bereits erfolgreich in anderen Anwendungsgebieten, wie der Analyse von Gepäckförderanlagen (WUSTMANN u.a. 2009), angewendet werden.

Durch die Einführung der erläuterten, domänenspezifisch erweiterten, statischen und dynamischen Kenngrößen können jetzt auch im Bereich der Halbleiterindustrie Engpässe und Anomalien in den zu untersuchenden Systemen aufgedeckt werden. Das erzeugte Modell wird zukünftig als Grundlage für Simulationsstudien dienen die es ermöglichen werden, verschiedene Optimierungsvarianten zunächst ohne Beeinflussung der realen Anlage zu testen. Da die Analyse der Modellkenngrößen wichtige Anhaltspunkte auf kritische Stellen des Systems liefert, ist dabei eine erhebliche Verringerung des zur Simulation von Alternativen nötigen Aufwandes zu erwarten. Exportschnittstellen für gängige Simulationswerkzeuge befinden sich derzeit in Entwicklung.

6 Förderhinweis

Das Forschungsprojekt Cool Fab wird im Rahmen des Spitzenclusters Cool Silicon vom Bundesministerium für Bildung und Forschung (BMBF) gefördert.

Literatur

AALST, van der W. M. P; WEIJTERS, T.; MARUSTER, L.: Workflow Mining: Discovering Process Models from Event Logs. In: IEEE Transactions on Knowledge and Data Engineering, Piscataway, NJ, 16(2004)9, S. 1128-1142.

AALST, van der W. M. P.; REIJERS, H.A.; WEIJTERS, A. J. M. M. u.a.: Business process mining: An industrial application. In: Information Systems, Amsterdam, 32(2007)5, S. 713-732.

BETTER, M.; GLOVER, F.; LAGUNA, M.: Advances in analytics: integrating dynamic data mining with simulation optimization. In: IBM Journal of Research and Development, New York, 51(2007)3, S. 477-487.

COOK, J. E.; DU, Z.; LIU, C.; WOLF, A. L.: Discovering models of behaviour for concurrent workflows. In: Computers in Industry, Amsterdam u.a., 53(2004)3, S. 297-319.

FOWLER, J. W.; ROSE, O.: Grand Challenges in Modelling and Simulation of Complex Manufacturing Systems. In: Simulation, Thousand Oaks, CA, 80(2004)9, S. 469-476.

KEMPER, P.; TEPPER, C.: Trace based analysis of process interaction models. In: Proceedings of the 37th conference on Winter simulation. Hrsg.: KUHL, M. E.; STEIGER, N. M.; ARMSTRONG, F. B.; JOINES, J. A. Orlando, Florida, 2005, S. 427-436.

KEMPER, P.; TEPPER, C.: Automated Trace Analysis of Discrete-Event System Models. In: IEEE Software Engineering, New York, 35(2009)2, S. 195-208.

RÖDER, A.; VASYUTYNSKYY, V. u.a.: Log-based State Machine Construction for Analyzing Internal Logistics of Semiconductor Equipment. In: MASM 2005, Singapore, 2005, S. 54-60.

STRUSS, P.; ERTL, B.: Post-mortem Diagnosis of Bottling Plants Based on Recorded Data. In: Safeprocess '09, 7th IFAC Symposium on Fault Detection, Supervision and Safety of Technical Processes, Barcelona, 2009.

THEISS, S.; VASYUTYNSKYY, V.; KABITZSCH, K.: Software Agents in Industry: a Customized Framework in Theory and Praxis. In: IEEE Transactions on Industrial Informatics, New York, 5(2009)2, S. 147-156.

WUSTMANN, D.; VASYUTYNSKYY, V., SCHMIDT, Th.: Ansätze zur automatischen Analyse und Diagnose von komplexen Materialflusssystemen. In: 5. Fachkolloquium WGTL. Hrsg.: TU Ilmenau, 2009, S. 1-19.

Integrationsaspekte der Simulation:
Technik, Organisation und Personal
Gert Zülch & Patricia Stock (Hrsg.)
Karlsruhe, KIT Scientific Publishing 2010

Simulation in der Grobplanungsphase – auf der Suche nach dem richtigen Kommissioniersystem

Simulation within Rough Planning – Search for the Best Order Picking System

Stefan Galka, Alexander Ulbrich, Willibald A. Günthner
Lehrstuhl für Fördertechnik Materialfluss Logistik,
Technische Universität München, München (Germany)
galka@fml.mw.tum.de

Abstract: A multiplicity of interactive factors presents a big challenge to the planers of order picking systems. To accomplish this challenge experience and appropriate means such as the progress simulation is needed. For the use in the phasis of rough planning simulation models have to be created and adapted quickly. Systematics for the development of simulation models to study heterogeneous picking systems are presented as an example in this paper. Based on this a planning software has been developed that allows a quick creation of simulation models. The practical application is illustrated by the results of a layout planning for a mail order company.

1 Einleitung

Kommissioniersysteme verursachen bis zu 70 % der Lager- und Distributionskosten, was einen Anteil von bis zu 5 % des Umsatzes ausmachen kann (PULVERICH, SCHIETINGER 2009, S. 17). Umso wichtiger ist eine systematische Planung der Kommissionierprozesse und -anlagen. Bei der Planung muss die für die Anforderung effizienteste Mischung aus dem Spektrum der unterschiedlichen Kommissionierverfahren ausgewählt werden. Entscheidend ist, dass eine hohe Lieferqualität und gleichzeitig eine hohe Wirtschaftlichkeit erzielt werden kann. Häufig besteht die richtige Lösung nicht nur aus einem bestimmten Kommissionierverfahren, sondern aus zwei oder drei verschiedenen. Solche heterogenen Kommissioniersysteme ermöglichen die Anpassung des gesamten Systems auf die spezifischen Anforderungen von bestimmten Sortiments- oder Auftragsumfängen.

In den Industriestaaten ist ein Trend zur Automatisierung der Kommissionierung zu erkennen (BREU 2007, S. 10). Die Folge dessen ist, dass die einzelnen Funktionsbereiche in einem Kommissioniersystem stärker miteinander verknüpft sind. Dadurch entstehen Abhängigkeiten, die in der Planung berücksichtigt werden müssen. Die Vernetzung innerhalb des Systems und darüber hinausgehend die Wechselwirkungen mit externen Systemen führen dazu, dass die Planung der Kommissionierung komplexer wird (DÖRRIE 2007, S. 60). Klassische Methoden der Materialflussplanung können diese Komplexität nicht im vollen Umfang abdecken. Wesentlich besser lassen sich die Wechselwirkungen mit Hilfe der Ablaufsimulation untersuchen. Allerdings müssen dafür im Rahmen der Systemfindung zahlreiche Varianten in der Simulation abgebildet werden. Der damit verbundene zeitliche Aufwand ist in dieser Phase der Planung oft nicht umsetzbar (FELDMANN, REINHART 2000). Zusätzlich besteht das Risiko, dass Planungsprämissen verändert werden und diese Anpassungen in den Simulationsmodellen notwendig machen.

Die Integration der Ablaufsimulation in einer frühen Planungsphase ist dann realisierbar, wenn der Aufwand für die Simulationsstudien überschaubar bleibt. Am Lehrstuhl fml wurde im Rahmen eines Forschungsprojektes eine Planungsumgebung entwickelt, mit der nachgewiesen wurde, dass mit entsprechenden Simulationsbausteinen eine Integration der Ablaufsimulation in die Grobplanung umsetzbar ist. Der Aufwand für die Erstellung der Modellbestandteile wird in eine projektunabhängige Phase verschoben. Die Bestandteile werden über Parameter an die projektspezifischen Anforderungen angepasst. Abbildung 1 stellt den zeitlichen Verlauf eines projektgebundenen Vorgehens einem im Forschungsvorhaben gewählten Vorgehen gegenüber.

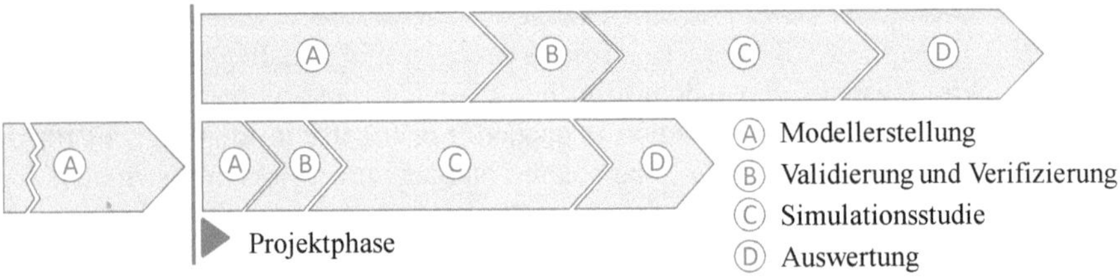

Abbildung 1: *Unterschied zwischen einer ausschließlich projektbezogenen Simulationsstudie und der Nutzung von parametrierbaren Simulationsbausteinen*

Die Simulationsmodelle für das im Kapitel 3 beschriebene Beispiel konnten innerhalb eines halben Tages von einer Person erstellt werden. Der zeitliche Vorteil resultiert aus einer sehr schnellen Modellerstellung. Da alle verwendeten Bestandteile des Modells bereits validiert wurden, ist nur eine kurze Prüfungsphase notwendig. Weiterhin kann der Zeitbedarf für die Auswertung reduziert werden. Die entwickelte Software verdichtet automatisch die Simulationsergebnisse zu aussagekräftigen Kennzahlen und stellt diese dar.

Der Einsatz von allgemein einsetzbaren Simulationsbausteinen ist nur dann erfolgsversprechend, wenn alle Planungsgrößen, die in der Grobplanung Berücksichtigung finden, im Baustein integriert und beeinflussbar sind. Im Folgenden wird der Aufbau der Planungsumgebung und der Simulationsbausteine vorgestellt.

2 Planungsumgebung

In Abbildung 2 ist die Struktur der entwickelten Planungsumgebung für Kommissioniersysteme dargestellt. Der Planer wird durch eine Benutzeroberfläche durch den Planungsprozess geführt. Dies beginnt mit der Erhebung und Analyse der Ist-Daten und endet mit der Ermittlung von Kennzahlen für einen Vergleich der Varianten. Im

Rahmen des Planungsprozesses werden alle möglichen Varianten für das zu planende Kommissioniersystem beschrieben. Die Beschreibung der Systeme erfolgt unabhängig von einer Simulationsumgebung. Dadurch ist die Nutzung auch ohne Wissen über die Simulationsumgebung möglich. Alle Daten, die für den Planungsprozess notwendig sind, werden in einer Datenbank gespeichert. Die Datenbank stellt gleichzeitig die Schnittstelle zur Simulationsumgebung dar.

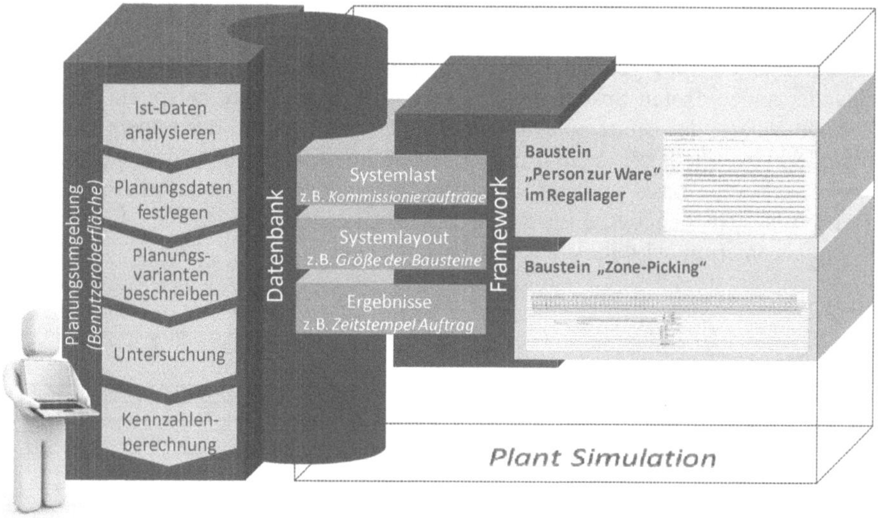

Abbildung 2: *Struktur der entwickelten Planungsumgebung*

In Plant Simulation wurden Simulationsbausteine entwickelt, die unterschiedliche Kommissionierverfahren repräsentieren. Aktuell kann das Kommissioniersystem aus den folgenden Bausteinen zusammengestellt werden:

- Person-zur-Ware im Regallager
- Person-zur-Ware im Hochregallager mit manuellem Regalfahrzeug
- ZonePicking
- ZonePicking mit dynamischer und statischer Artikelbereitstellung
- Ware zur Person in Kombination mit einem automatischen Hochregallager
- Inverses Kommissionieren
- Zweistufiges Kommissionieren

Diese Simulationsbausteine können über ein Framework beliebig miteinander kombiniert werden. Das Framework übernimmt die zentrale Steuerung des Material- und Informationsflusses sowie die Simulationslaufverwaltung. Durch die Kombination mehrerer Bausteine lassen sich heterogene Kommissioniersysteme abbilden.

Die Simulationsbausteine bestehen aus Elementen mit denen das Layout des Kommissionierbereiches beschrieben wird. Hinzu kommen etliche Methoden, die die Strategien und Regeln bei der Kommissionierung abbilden. Sowohl das Layout als auch die Regeln und Strategien können über Parameter angepasst werden. Im Folgenden wird beispielhaft auf einen Simulationsbaustein näher eingegangen.

Das abstrahierte Layout eines Person-zur-Ware (PzW) Kommissioniersystems im Regallager (vgl. Abbildung 3) wird über die Anzahl der Zonen, Gassen, Spalten und Zeilen beschrieben. Eine Zone beschreibt einen Arbeitsbereich, der eine eigene Basis für die Auftragsannahme und -abgabe enthält. Durch die Unterteilung eines Kommissioniersystems in mehrere Zonen kann eine Arbeitsteilung auf mehrere Kommissionierer vorgenommen werden. Jede Gasse besteht aus zwei Regalzeilen die durch einen Gang getrennte sind und deren Länge durch die Anzahl der nebeneinander angeordneten Spalten beschrieben wird. Eine Spalte entspricht in diesem Zusammenhang der Breite eines Ladungsträgers. Die Anzahl der Lagerplätze übereinander wird durch die Anzahl der Zeilen definiert. Um die Auftragsablagen von einer Quelle zur Basis und von der Basis zu einer Senke zu befördern, wird ein Transportsystem benötigt. Eine schematische Übersicht des Layouts für die PzW Kommissionierung wird in Abbildung 3b dargestellt.

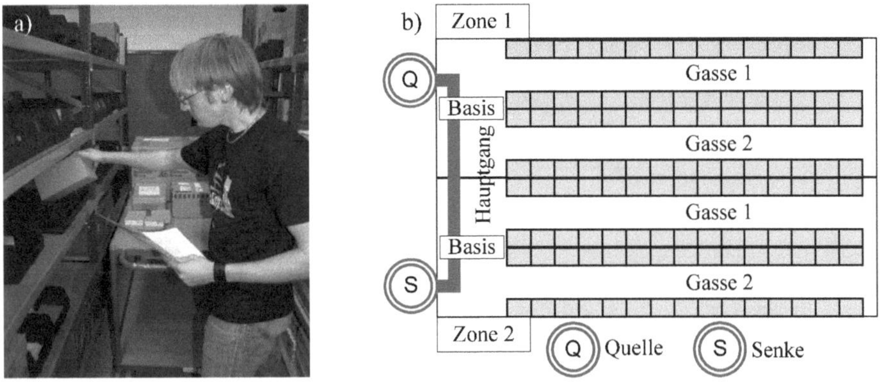

Abbildung 3: *a) Beispiel einer klassischen PzW-Kommissionierung im Durchlaufregallager, b) Schematische Darstellung der PzW-Kommissionierung*

Durch Zerlegung des abstrahierten Layouts in die grundlegenden Bausteinelemente lässt sich der Simulationsbaustein über die in Abbildung 4 dargestellte hierarchische Baumstruktur beschreiben.

Jede Zone besteht neben der Basis aus einem Gassensystem. Dieses Gassensystem wird durch die Verkettung von Gassenelementen und Gassenwechselwegelementen aufgebaut. Ein Gassenelement beschreibt zwei gegenüberliegende Spalten mit dem dazwischen liegenden Gassenweganteil entlang dieser Spalten. Dieses Gassenelement erlaubt die Abbildung von Wegstrecken aus der Gassenmitte zum Regal. Weiterhin ist eine Entnahme aus einer Regalspalte nur dann möglich, wenn der davor liegende Arbeitsplatz frei ist. Somit können auch Behinderungen beim Kommissionieren abgebildet werden. Um den Gassenwechsel auch innerhalb einer Gasse zu ermöglichen, können in den Gassen Gassenwechselwegelemente integriert werden.

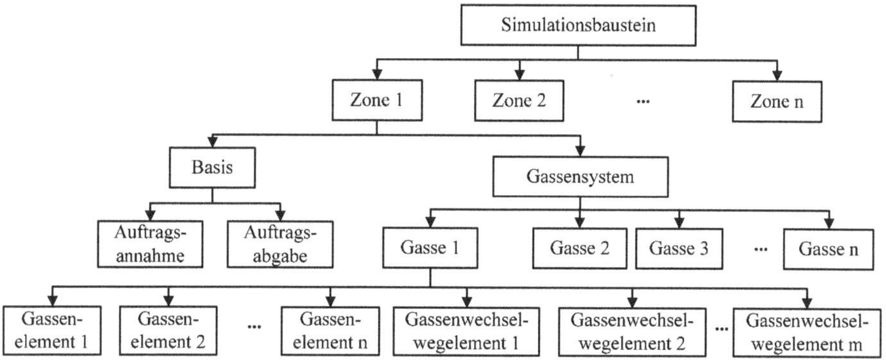

Abbildung 4: *Hierarchische Struktur der Bausteinelemente für die PzW Kommissionierung*

Der Baustein verfügt über Methoden, die z.B. die Wegeführung der Mitarbeiter kontrollieren und steuern. In Abhängigkeit der festgelegten Wegstrategie bewegen sich die Kommissionierer auf unterschiedlichen Wegen durch das Lager. Für das klassische Kommissionieren sind alle gängigen Wegstrategien, die Stichgangstrategie, Schleifengangstrategie, Largest-Gap-Strategie und weitere, implementiert. Andere Methoden überwachen den Entnahmeprozess aus dem Bereitstellbehälter. In Abhängigkeit der vorgegebenen Greifmenge, der notwendigen Entnahmemenge und des genauen Lagerortes wird die benötigte Zeit ermittelt. Darüber hinaus verfügt der Simulationsbaustein über Tabellen und Methoden zur Lagerplatz- und Bestandsverwaltung.

3 Beispiel eines Planungsprojektes

Im Rahmen eines Industrieprojektes wurde die Planungsumgebung eingesetzt. Das Kommissierlager eines Online-Shops für Vollwertkost und Gluten-freie Nahrungsmittel musste in ein neues größeres Gebäude umziehen. Das Lagerlayout stand dabei im Mittelpunkt der Planung.

3.1 Anforderungen an die Planung

Der bestehende Kommissionierprozess wird mit Hilfe von Methods-Time-Measurement (MTM) analysiert. Aus dem genutzten Warehouse-Management-System werden die aktuellen Auftrags- und Artikelstrukturdaten als Grundlage für die Planungsaufgabe verwendet. In der Ausgangssituation besteht das Sortiment aus 3.042 Artikeln. Die Auftragsstruktur ist gekennzeichnet durch 1.500 Aufträge je Tag bei einer durchschnittlichen Positonsanzahl von 4 pro Auftrag mit je 1,5 Entnahmeeinheiten. Die zukünftige Geschäftsentwicklung wird mit drei unterschiedlichen Szenarien beschrieben. Dabei wird in einem ersten positiven Szenario ein Artikelwachstum von 8 % bei einem gleichzeitigen Auftragswachstum von 10 % pro Jahr prognostiziert. In einem zweiten positiven Szenario wird das Wachstum etwas geringer eingestuft und ein Artikelwachstum von 4 % und ein Auftragswachstum von 5 % erwartet. Das dritte Szenario geht als Vergleichsbasis zu den anderen Szenarien von konstant bleibenden Artikel- und Auftragsstrukturen aus.

3.2 Modellierung von Planungsvarianten

Die maximalen Dimensionen des Kommissioniersystems sind bereits durch einen für das neue Gebäude abgeschlossenen Mietvertrag eingeschränkt worden. Auf Grund der schnellen Marktveränderungen des Geschäftsfeldes worden im Vorfeld hohe Investitionen in Automatisierungstechnik ausgeschlossen, so dass das neue Kommissioniersystem nach einem PzW-Prinzip aufgebaut werden soll.

Planungsvarianten

Variante	Kopfgang	Mittelgang	Basis außen	Basis innen	Basis mittig	Anz. Abkürzungen
1A	X		X		X	0
1B	X		X		X	1
1C	X		X		X	2
1D	X		X		X	5
2A		X	X			0
2B		X	X			1
2C		X	X			2
2D		X	X			3
3A		X		X	X	0
3B		X		X	X	1
3C		X		X	X	2
3D		X		X	X	3

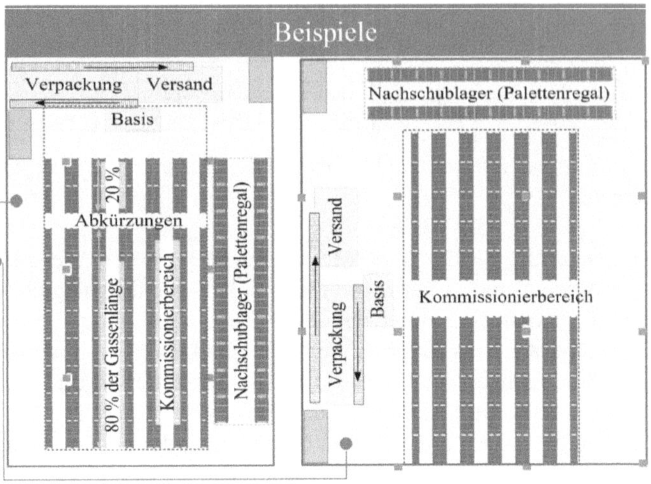

Abbildung 5: *Übersicht über Planungsvarianten mit zwei Beispiellayouts*

In Abbildung 5 werden die verschiedenen Planungsvarianten vorgestellt, die als Lösungen erarbeitet und modelliert wurden. Die Varianten unterscheiden sich durch die Lage des Hauptganges (Kopf- oder Mittelgang) und die der Basis, an der die Kommissionierer mit der Bearbeitung eines Auftrages beginnen sowie die Anzahl der Abkürzungen zwischen den Gassen des Kommissioniersystems.

3.3 Ergebnisse und Bewertung

In Abbildung 6a werden die über Simulation ermittelten durchschnittlichen Kommissionierzeiten je Position dargestellt.

Der eingekreiste Wert in Abbildung 6c ist unter allen untersuchten Planungsvarianten die beste zu erzielende Kommissionierzeit je Auftragsposition. Infolge der zentralen Lage der Basis können die Anteile der Gassenwechselzeiten reduziert werden. Einen großen Nachteil dieser Variante stellt jedoch der Transport der Auftragsbehälter von der Basis zum Versandbereich dar. Damit ein kontinuierlicher Fluss möglich ist, wird eine Fördertechnik benötigt. Diese muss mit einem Ebenenwechsel konzipiert sein und erhöht die Investition. Eine Auswahl der Planungsvariante darf nicht allein auf Basis der erreichbaren Leistung getroffen werden, sondern muss auch die Kosten berücksichtigen. Um die Kommissionierkosten und daraus die Kosten je Auftrag bzw. Position zu ermitteln, werden aus den Investitionen die Abschreibungen pro Jahr ermittelt und mit den jährlichen Betriebskosten summiert. In der Abbildung 6b werden für die untersuchten Planungsvarianten die Kosten je Auftrag dargestellt. Bei der Variante vom Typ 2A - Mittelgang mit der Basis am

Rand – fallen die geringsten Kosten pro Position an. Dieses Ergebnis wird auch in einer Veröffentlichung von SCHULTE (2003) bestätigt.

Mit den dargestellten und über die Simulation ermittelten Kennzahlen lassen sich Planungsvarianten transparent und quantifizierbar vergleichen. Die ausgeprägte und detaillierte Kenntnis der Leistungs- und Kostenkennzahlen über den gesamten Planungshorizont erhöhen die Sicherheit des Planungsergebnisses im Vergleich zu einer statischen Kostenbetrachtung in der Gegenwart wesentlich. Bei dieser Planungsaufgabe wird letztlich auf Basis des ermittelten Kennzahlengerüsts die Planungsvariante vom Typ 2A (Mittelgang und Basis am Rand) empfohlen.

a)

Variante	Seriengröße		
	eins	drei	sechs
1A	21,60	13,20	**9,84**
1B	19,80	12,60	**9,90**
1C	18,82	12,61	**10,05**
1D	18,86	12,63	**10,90**
2A	19,80	12,00	**9,18**
2B	19,75	12,20	**9,66**
2C	19,78	12,21	**9,84**
2D	19,80	12,22	**10,38**
3A	18,00	11,40	**8,88**
3B	18,10	11,70	**9,24**
3C	18,25	11,72	**9,50**
3D	18,30	11,73	**10,00**

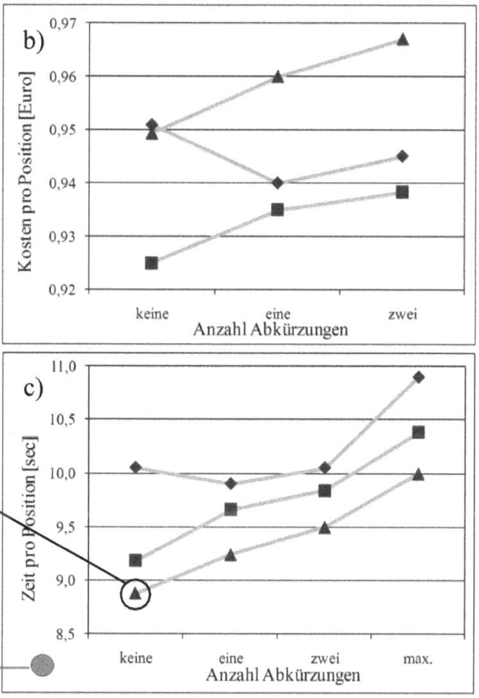

Abbildung 6: *a) Durchschnittliche Kommissionierzeiten je Position im angenommenen Szenario "Positiv A" in Sekunden (Durchschnitt gebildet aus je fünf Simulationsläufen); b) Kostenvergleich zwischen den Varianten; b) Kommissionierzeit je Position bei einer Auftragsseriengröße von sechs*

4 Zusammenfassung

Eine Vielzahl sich gegenseitig beeinflussender Faktoren stellen die Planer von Kommissioniersystemen vor Herausforderungen. Für die Bewerkstelligung dieser Herausforderungen sind Erfahrungen und geeignete Hilfsmittel notwendig. Ein solches Hilfsmittel ist die Ablaufsimulation. Durch den Einsatz von parametrierbaren Simulationsbausteinen können Modelle mit einem für die Grobplanung vertretbares Zeitaufwand erstellt werden. Durch die Bewertung von Planungsvarianten mit Hilfe der Ablaufsimulation kann die Qualität der Bewertungsgrundlage erhöht werden, was zu einer besseren Absicherung der Planungsergebnisse führt. Der Komplexität von heterogenen Kommissioniersystemen wird damit Rechnung getragen und Wechselwirkungen zwischen den Systembereichen können bereits in der Systemfindung genau berücksichtigt werden.

5 References

BREU, Leo: Kein isolierter Prozess. In: Materialfluss, Landsberg, (2007)05, S. 10-13.

DÖRRIE, Henning: Modularität ist eine Planungsgrundlage für zukunftsfähig angelegte Lagerkomplexe. In: MM Das Industriemagazin, Würzburg, 37(2007), S. 60.

FELDMANN, Klaus; REINHART, Gunther: Simulationsbasierte Planungssysteme für Organisation und Produktion. Berlin, Springer Verlag, 2000.

PULVERICH, Michael; SCHIETINGER, Jörg: Handbuch Kommissionierung. München: Verlag Heinrich Vogel, 2009.

SCHULTE, Joachim: Gestaltung von Kommissioniersystemen. In: Hebezeuge und Fördermittel, Berlin, 43(2003)6. (Sonderdruck)

Integrationsaspekte der Simulation:
Technik, Organisation und Personal
Gert Zülch & Patricia Stock (Hrsg.)
Karlsruhe, KIT Scientific Publishing 2010

Simulation zur Bestimmung des Leistungsgewinns bei kombiniertem Einsatz mehrerer Kommissionierstrategien – in Abhängigkeit von Layout und Auftragslast

Determine the Performance Benefit by Combining Multiple Order Picking Strategies using Simulation

Jörg Zellerhoff, Michael ten Hompel
Lehrstuhl für Förder- und Lagerwesen,
Technische Universität Dortmund, Dortmund (Germany)
joerg.zellerhoff@flw.mb.tu-dortmund.de, tenHompel@iml.fhg.de

Abstract: This paper examines the performance benefit gained by combining different storage and order picking policies. The authors use simulation to analyze the dependencies on order picking layout, order structure and picking strategies. The results indicate that multi-order-picking has the greatest potential for decreasing the order picking time. By adding further picking strategies the performance is increased by a diversifying amount. This makes it necessary to consider the ratio between cost and benefit for each individual case.

1 Einleitung

Im Warenfluss vom Produzenten zum Verbraucher bilden Lager- und Distributionssysteme die Kernelemente. Sie unterliegen immer steigenden Anforderungen an Schnelligkeit, Qualität und Kostenminimierung der logistischen Leistung, um die Wettbewerbsfähigkeit zu gewährleisten. Innerhalb der Lager- und Distributionssysteme wird die Kommissionierung als arbeitsintensivster und zeitkritischster Prozess beurteilt (TEN HOMPEL, SCHMIDT 2007; TOMPKINS u.a. 2003).

Bei der Kommissionierung werden ausgehend von einem Kundenauftrag die geforderten Mengen der bestellten Produkte aus dem Lager entnommen und kundenspezifisch zusammengefasst (siehe auch VDI 3590, Blatt 1). Durch die Kombination aus steigenden Anforderungen und arbeitsintensivstem Prozess wird die Kommissionierung als einer der wichtigsten Bereiche zur Effizienzverbesserung gesehen.

Dieser Beitrag fokussiert die manuelle, auftragsweise Kommissionierung. Eine Systematisierung der verschiedenen Ausprägungsformen von Kommissioniersystemen bietet (z.B. AIF 2010). Die Leistung in manuellen Kommissioniersystemen ist abhängig von der Kommissionierzeit. Während Greif-, Basis- und Totzeiten im Allgemeinen geringes Rationalisierungspotenzial bieten, können Wegzeiten durch Kommissionierstrategien deutlich reduziert werden. Kommissionierstrategien werden eingesetzt, um eine kurze Route für Touren durchs Lager zu bestimmen (Wegstrategien), um beim Multi-Order-Picking Sammelaufträge aus Kundenaufträgen mit gleichen oder ähnlichen Haltepunkten zu bilden (Batchalgorithmen) oder die Bereitstelleinheiten optimiert den Lagerplätzen zuzuordnen (ABC-Zonung, Clusterbildung usw.).

In der Praxis werden diese Strategien zumeist in Kombination eingesetzt. In diesem Beitrag wird deshalb dargestellt, welche Leistungsgewinne bei kombiniertem Einsatz mehrerer Kommissionierstrategien erreicht werden können und inwieweit diese Leistungsgewinne von der spezifischen Auftragslast und dem Layout eines Kommissioniersystems abhängen. Die Untersuchung erfolgt mit Hilfe der Simulation.

2 Stand der Technik

Während die Auftragslast eines Kommissioniersystems aus Sicht der Intralogistik nicht veränderbar ist, kann sowohl auf das Layout, wie auch auf den Einsatz von Kommissionierstrategien Einfluss genommen werden. Eine Reihe wissenschaftlicher Untersuchungen befassen sich daher mit der Suche nach dem optimalen Layout, der besten Wegstrategie, der besten Lagerplatzzuordnung und dem besten Batchalgorithmus beim Multi-Order-Picking (eine Übersicht bietet bspw. ROODBERGEN u.a. 2007). Veröffentlichungen zu dieser Thematik fokussieren im wesentlichen Aspekte zur Umsetzung bzw. Implementierung der genannten Strategien in Kommissioniersysteme. Zur Untersuchung des Leistungsgewinns bei kombiniertem Strategieeinsatz wird aber ein allgemeingültiges Verfahren zur Leistungsermittlung benötigt.

Einen Überblick der publizierten analytischen Verfahren zur Leistungsermittlung in der manuellen Kommissionierung bietet SADOWSKY (2007). Er entwickelt, motiviert durch die Einschränkungen der bestehenden Berechnungsverfahren, eine allgemeingültige Lösung für den Fall, dass die Zugriffshäufigkeiten innerhalb der Kommissioniergasse einer beliebigen Verteilungsfunktion genügen und eine beliebige Anzahl an Positionen in einem Kommissionierauftrag vorliegt. Allerdings werden nur Wegstrategien mit geometrischen Heuristiken (vgl. Tab. 1) unterstützt. Auch Quergänge, Multi-Order-Picking und eine Lagerplatzzuordnung im Segmentsystem (vgl. Tab. 1) können nicht berechnet werden.

Ein analytischer Ansatz zur Abschätzung der Kommissionierzeit wird durch CHEW und TANG (1999) publiziert. Hierbei ist eine Betrachtung des Multi-Order-Picking für Batchbildung nach dem First-Come-Fist-Serve-Verfahren möglich Aufgrund diverser Einschränkungen besitzt dieser Ansatz nur Gültigkeit für ein kleines Spektrum an Systemen und Auftragslasten.

Weitere Ansätze zur Abschätzung der Kommissionierzeit werden von Le Duc und De Koster veröffentlicht. Sie erweitern den Ansatz von Chew und Tang, so dass Lagerplatzzuordnungen im Streifensystem mit einem Quergang berechnet werden können (LE DUC, DE KOSTER 2005). Zusätzlich publizieren sie einen Ansatz, der Batchbildung in Lägern mit maximal einem Quergang unterstützt. Dieser Ansatz wird aber nur in Kombination mit Schleifenstrategie und zufälliger Lagerplatzvergabe beschrieben (LE DUC, DE KOSTER 2007).

Da ein allgemeingültiger analytischer Berechnungsansatz nicht existiert und aufgrund der Problemkomplexität und sich gegenseitig beeinflussender Faktoren mindestens sehr aufwendig hergeleitet werden müsste, wird die Simulation als Methode genutzt. Mit Hilfe der Simulation ist es prinzipiell möglich sämtliche Parametervariationen zu betrachten. In PETERSEN und AASE (2004) sowie in CHEN u.a. (2010) wird ein ähnlicher Ansatz verfolgt. Allerdings lassen die Ergebnisse ihrer Simulationsexperimente aufgrund diverser Einschränkungen keine allgemeingültige Aussage zu. Es besteht damit die Notwendigkeit, ein erweitertes Simulationsmodell zu entwickeln.

Im Gegensatz zu den Modellen von PETERSEN und AASE (2004) bzw CHEN u.a. (2010) bestehen die signifikantesten Erweiterungen in der Möglichkeit beliebige Layouts (Quergänge, unterschiedliche Fachtiefen innerhalb einer Gasse) abzubilden. Weiterhin ist die Verteilung der Zugriffshäufigkeiten auf Artikel beim Generieren von Aufträgen frei wählbar. Zusätzlich soll auch der Leistungsgewinn von Kommissionierstrategien untersucht werden, die in bisherigen Berechnungsansätzen und Simulationsexperimenten nicht thematisiert wurden (Querverteilung von Bereitstelleinheiten, Bereitstellung von TOP-Artikeln an der Basis – siehe dazu auch Tab. 1).

Kommissionierstrategie		**Ziel**	**Beschreibung**
Wegstrategien	Schleifenstrategie, Stichgangstrategie, Kürzeste-Wege-Strategie	Für die anzulaufenden Positionen einer Kommissioniertour wird von der Basis aus eine wegoptimale Rundreise gesucht.	Schleifen- und Stichgangstrategie gehören zu den geometrischen Heuristiken. Die Kürzeste-Wege-Strategie nutzt eine numerische Heuristik zur Wegfindung, die keine geometrische Regelmäßigkeit aufweist (z.B. Savings-Verfahren).
Lagerplatz-zuordnungen	zufällige Verteilung, Streifensystem, Segmentsystem	Verkürzung der durchschnittlichen Wege der Kommissionierer durch Lagerung von zugriffsstarken Artikeln in Basisnähe.	Im Streifensystem liegen zugriffsstarke Artikel am Gassenanfang – zugriffsschwache Artikel am Gassenende. Im Segmentsystem liegen zugriffsstarke Artikel in einer Gasse nahe der Basis – zugriffsschwache Artikel liegen in einer von der Basis entfernten Gasse.
Multi-Order-Picking		Durch Erhöhung der Positionsanzahl pro Kommissioniertour werden die Wege pro Position verringert.	Batchalgorithmen fassen Kundenaufträgen mit gleichen oder ähnlichen Haltepunkten zu einem Kommissionierauftrag zusammen.
Querverteilung der Bereitstelleinheiten		Ziel der Querverteilung ist es, denselben Artikel an mehreren Entnahmeorten bereitzustellen.	Sind mehrere Bereitstelleinheiten eines Artikels im Lager, so bestehen bei einer Querverteilung alternative Anfahrpunkte für Batchbildung und Wegeplanung.
TOP-Artikel an Basis		Die umsatzstärksten TOP-Artikel werden direkt an der Basis bereitgestellt.	Hierdurch kann neben einer Reduzierung der Kommissionierwege oft auch der Nachschub optimiert werden.

Tabelle 1: *Im Simulationsmodell untersuchte Kommissionierstrategien*

3 Simulationsmodell

Die charakteristischen Merkmale des entwickelten Simulationsmodells werden im Folgenden beschrieben.

Das Kommissionierlager besteht aus parallelen Regalgassen. Die Lagermittel (Palettenregal mit Bodenzeilenbereitstellung, Fachbodenregal, Durchlaufregal) sind individuell anpassbar und können innerhalb einer Gasse variieren. Die Definition beliebiger Layouts ist möglich (Anzahl Gassen, Gassenlänge, Anzahl Fächer, Fachabmaße, Anzahl Ebenen, Anzahl und Lage der Quergänge, Gangbreite usw.). An beiden Stirnseiten der Gassen befinden sich Kopfgänge.

Der Kommissionierer beginnt und beendet jede Kommissioniertour an der Basis. Diese ist mittig vor dem vorderen Stirngang platziert. Für die Übernahme und die Abgabe von Aufträgen an der Basis wird eine zufallsverteilte Zeit benötigt.

Der Kommissionierer nutzt entweder einen Kommissionierwagen und bewegt sich zu Fuß oder er fährt mit einem Horizontalkommissionierer. Die Entnahme einer Auftragsposition wird über eine zufallsverteilte Wartezeit abgebildet. Die Kommissionierung erfolgt nach dem Sort-While-Pick-Prinzip. Unabhängig von der Anzahl gleichzeitig bearbeiteter Aufträge wird für die Abgabe in den Auftragsbehälter ebenfalls eine zufallsverteilte Abgabezeit benötigt, welche allerdings nicht von der Batchgröße abhängig ist. Es hat sich gezeigt, dass im industriellen Umfeld die Identifizierungszeit bei heutigen Put-to-Light-Kommissionierwagen nahezu unabhängig von der Anzahl an Auftragsbehältern ist. Allerdings nimmt die Anzahl an Auftragsbehältern pro Kommissioniertour Einfluss auf die Kommissionierqualität (AIF 2010).

Je nach Vorgabe können Artikel einen oder mehrere Bereitstellplätze im Kommissionierlager belegen. Bei mehreren Bereitstellplätzen pro Artikel kann die Strategie der Querverteilung eingesetzt werden (vgl. Tab. 1).

Zur Untersuchung der Kommissionierstrategien ist ein parametrierbares Simulationsmodell erforderlich. Wie Abbildung 1 darstellt, wird dies durch die Verknüpfung von drei Komponenten erreicht. Im Modellgenerator können sämtliche Parameter zu Systemlayout, Systemlast und dem Einsatz von Kommissionierstrategien festgelegt werden. Im Anschluss wird mit dem Modellgenerator mittels Codegenerierung ein ausführbares AutoMod-Simulationsmodell erzeugt, welches alle zuvor festgelegten Eigenschaften besitzt.

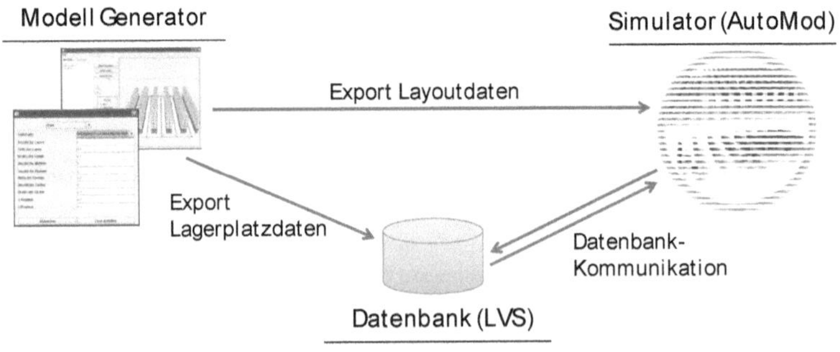

Abbildung 1: *Komponenten bei der Simulation*

	Systemgröße	Layout			Lagertechnik	Fortbewegung
	Bereitstell-einheiten	Gassen	Quer-gänge	Gassen-länge		
Referenzsystem 1	3.200	8	-	20,0m	Fachbodenregal	zu Fuß
Referenzsystem 2	3.200	8	1	22,5m	Fachbodenregal	zu Fuß
Referenzsystem 3	4.960	20	2	126,3m	Paletten in Bodenzeilen	Horizontal-Kommissionierer
Referenzsystem 4	12.288	8	1	98,5m	Fachbodenregal	Horizontal-Kommissionierer

Tabelle 2: *Ausgewählte exemplarische Referenzsysteme*

Hierbei wird unter anderem das erforderliche Wegenetz für den Kommissionierer mit entsprechenden Haltepunkten für den Zugriff auf alle Lagerfächer bei der Codegenerierung auf Grundlage des definierten Layouts erstellt. Zusätzlich wird eine Microsoft Access-Datenbank generiert, in der alle notwendigen Daten hinterlegt sind. Mithilfe dieser Datenbank und dem generierten AutoMod-Modell werden die Simulationsexperimente in AutoMod durchgeführt.

4 Auswertung und Ergebnisse

Um die Einflussgrößen auf die Effizienz von Kommissionierstrategien im Rahmen der Simulationsexperimente zu identifizieren, wurden verschiedene Parameterkombinationen untersucht. Praxisrelevante Layoutvarianten und Auftragslasten wurden in Simulationsexperimenten mit sämtlichen Kombinationen an Kommissionierstrategien analysiert. Eine Übersicht hierzu bietet AIF (2010). Auch für die detaillierte Auswertung der Simulationsexperimente und eine Beschreibung der daraus abzuleitenden Handlungsempfehlungen für die Industrie sei auf AIF 2010 verwiesen. Dieses Kapitel bietet eine Zusammenfassung der wichtigsten Ergebnisse der Simulationsstudie bezogen auf Referenzsystem 1 (siehe Abb. 2). Die Untersuchungen haben aber gezeigt, dass die hier genannten Einsparungspotenziale aus Referenzsystem 1 auch als guter Richtwert für andere Systemlayouts und Auftragsstrukturen gelten. Abbildung 2 veranschaulicht, dass bei den exemplarisch ausgewählten Referenzsystemen die prozentualen Leistungsgewinne durch Strategien und Strategiekombinationen ähnliche Ausprägungen haben.

Die optimale Wegstrategie ist immer die "Kürzeste-Wege-Strategie" (KW-Strategie). Die Wegzeitersparnis pro Position liegt bei einem Wechsel von Stichgangstrategie zur KW-Strategie bei ø 15 %, bei einem Wechsel von Schleifenstrategie zu KW-Strategie bei ø 20 %. Kann in dem Kommissioniersystem aus unterschiedlichen Gründen keine KW-Strategie realisiert werden, so hängt die Wahl zwischen Schleifenstrategie und Stichgangstrategie von der Anzahl der Anfahrpunkte auf einer Kommissioniertour ab. Bei Aufträgen mit wenigen Positionen sollte die Stichgangstrategie bevorzugt werden. Erhöht sich die Anzahl an Positionen, so ist die Schleifenstrategie der Stichgangstrategie ab einem bestimmten Punkt überlegen (ca. sieben Positionen in Referenzsystem 1).

Bei Betrachtung der Lagerplatzzuordnung kann die zufällige Einlagerung der Bereitstelleinheiten als Referenzwert angesehen werden. Für die Höhe der Wegzeiteinsparungen bei Verwendung einer ABC-Zonung konnte die Verteilung der Zugriffshäufigkeiten auf die Artikel als wichtiger Parameter identifiziert werden. Ausgehend von einer normalen Verteilung in der 80 % der Zugriffe auf 20 % der Artikel erfolgen (80/20) zeigt eine ABC-Zonung im Segmentsystem einen Wegzeitgewinn von ø 40 % pro Position im Vergleich zur zufälligen Einlagerung. Unter gleichen Voraussetzungen liegt der Wegzeitgewinn für eine ABC-Zonung im Streifensystem bei ø 30 %. Allerdings ist bei einer Zonung im Segmentsystem auch die Gefahr der gegenseitigen Behinderung von Kommissionierern am größten, da die zugriffsstärksten Artikel in einer Gasse gebündelt werden.

Variiert die Verteilung der Zugriffshäufigkeit, so ergibt sich keine Änderung der Allgemeinaussage, dass ein Segmentsystem leistungsstärker ist als ein Streifensystem. Es verändert sich ausschließlich die Ausprägung der Wegzeitgewinne.

Beim Multi-Order-Picking wird als Referenzwert für die Wegzeiteinsparung die Einzelbearbeitung der Aufträge (Single-Order-Picking) herangezogen. Als Ergebnis stellt sich zunächst heraus: Je höher die Anzahl an Aufträgen pro Kommissioniertour, desto höher auch die Wegzeiteinsparung durch diese Kommissionierstrategie. Im Vergleich zur Einzelbearbeitung liegt die Wegzeiteinsparung bei der Bearbeitung von drei Aufträgen gleichzeitig (Batchgröße 3) bereits bei ø 55 %. Werden 13 Aufträge gleichzeitig bearbeitet, so steigt die Reduzierung der Wegzeit unter gleichen Voraussetzungen im Mittel auf fast 85 %. Damit ist das Multi-Order-Picking die bisher effizienteste betrachtete Kommissionierstrategie.

Die Kommissionierstrategie zur Lagerung der zehn TOP-Artikel an der Basis bewirkt bei einer 80/20-Verteilung eine Wegzeitreduzierung von ø 10 %. Bei einer 80/5-Verteilung wird eine Wegzeitreduzierung von ø 30 % erreicht. Allgemein zeigen weitere Experimente, dass die Wegzeitreduzierung bei dieser Kommissionierstrategie abhängig von der Ausprägung der Verteilung der Zugriffshäufigkeiten ist. Je stärker die Verteilung ausgeprägt ist, desto größer die Wegzeitreduzierung.

Mit der Querverteilung von Bereitstelleinheiten (zwei Einheiten pro A-Artikel) wird eine Wegzeitreduzierung von ø 11 % gegenüber der "benachbarten" Lagerung zweier gleicher A-Artikel erreicht. Bei einer Querverteilung mit 3 Einheiten pro A-Artikel wird eine Wegzeitreduzierung von ø 14 % erreicht. Diese Kommissionierstrategie zeigt sich daher im Vergleich als nicht besonders effektiv, zumal in Verbindung mit Multi-Order-Picking der Steuerungsalgorithmus deutlich komplizierter wird. Weitere Experimente zu dieser Strategie lassen aber vermuten, dass durch effizientes Verteilen der Bereitstelleinheiten im Lager weitere Wegzeitreduzierungen möglich sind.

Nach der separaten Betrachtung der einzelnen Kommissionierstrategien sollen im Folgenden beispielhaft die verschiedenen Kombinationen von Strategien untersucht werden. Für eine ausführliche Beschreibung der Ergebnisse sei auch hier auf AIF (2010) verwiesen.

Wird Multi-Order-Picking und Lagerplatzzuordnung kombiniert eingesetzt, so verringert sich der Effekt der Lagerplatzzuordnung, da beide Kommissionierstrategien auf eine Bündelung der Entnahmeorte abzielen. Im Referenzsystem 1 bewirkt Batchgröße 9, wie in Abbildung 2 dargestellt, eine Wegzeitersparnis von ø 77 % im

Vergleich zur Einzelbearbeitung. Mit dem Einsatz eines Segmentsystems wird eine Wegzeitersparnis von ø 40 % im Vergleich zur zufälligen Einlagerung erreicht. Werden beide Strategien kombiniert, so entsteht eine Wegzeitersparnis bei Batchgröße 9 und Segmentsystem von ø 85 %.

Zusätzlich zum Multi-Order-Picking und der Lagerplatzzuordnung werden in Abbildung 2 die Querverteilung der Bereitstelleinheiten und die Lagerung von TOP-Artikeln an der Basis in die Betrachtung von Kombinationen von Kommissionierstrategien mit einbezogen (Kennlinie: *Alle Strategien kombiniert*). Die ø 85 % Wegzeitreduzierung durch Batchgröße 9 und Segmentsystem können so allerdings nur auf ø 87 % gesteigert werden.

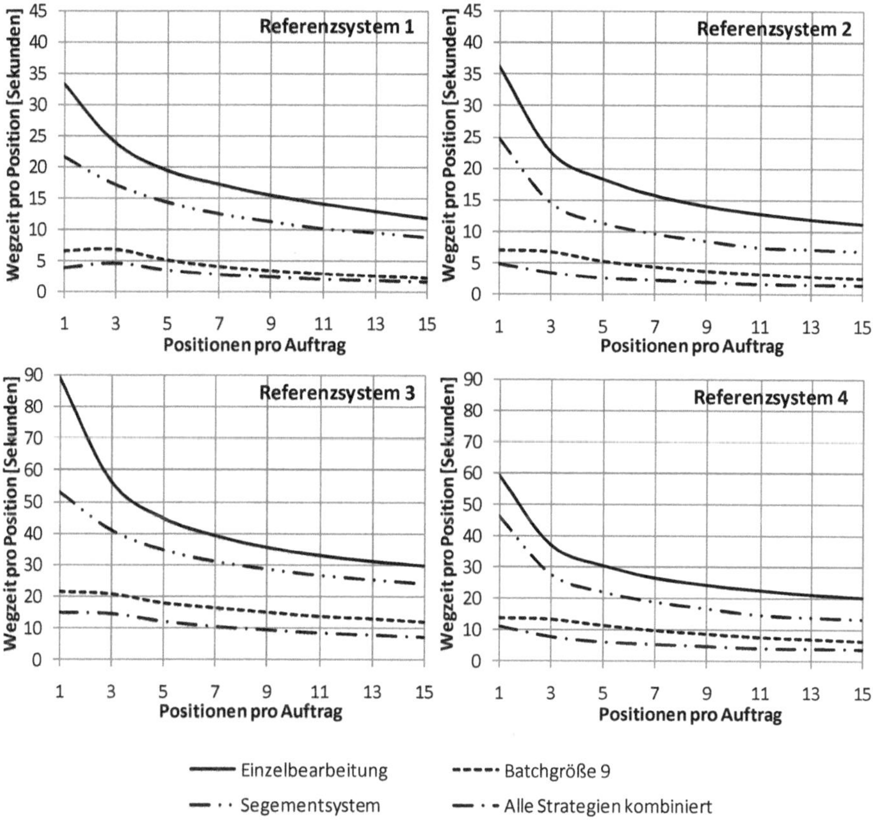

***Abbildung 2**: Beispielhafte Auswertung der Wegzeit*

5 Fazit

Die Leistung von Kommissionierstrategien wird im Wesentlichen durch die Einflussgrößen der Auftragsstruktur und des Systemlayouts bestimmt. Die Auftragsstruktur schwankt in vielen Branchen kurzfristig, während das Systemlayout nur durch mittelfristige Umstrukturierungen angepasst werden kann. Die Simulationsexperimente zur Leistungsbestimmung der Kommissionierstrategien in Abhängigkeit der Einflussgrößen haben gezeigt, dass unabhängig von deren Ausprägung für jedes System eine allgemeine Handlungsempfehlung formuliert werden kann. Daraus hat sich ergeben, dass in jedem Fall Multi-Order-Picking mit maximal möglicher Batchgröße eingesetzt werden sollte. Die Kombination mit einer zusätzlichen Kommissionierstrategie führt darüber hinaus immer zu einer Leistungssteigerung. Allerdings ist beim Einsatz von Strategiekombinationen zu beachten, dass abhängig von der Ausprägung der Einflussgrößen der Nutzen einer zusätzlichen Strategie und der Aufwand für deren Umsetzung in einem ungünstigen Verhältnis stehen können. Deshalb wurde aus den Ergebnissen der Simulationsstudie ein kennzahlbasierter Auswahlalgorithmus entwickelt, der abhängig von aktuellen Einflussgrößen die beste Kombination von Kommissionierstrategien vorgibt (AIF 2010).

Literatur

AIF – Arbeitsgemeinschaft industrieller Forschungsvereinigungen "Otto von Guericke" e.V.: Strategien für die flexible, auftragsweise Kommissionierung mit integrierter Prüfung. Abschlussbericht AiF-Vorhaben Nr. 15811 N, TU Dortmund, 2010.

CHEN, C.-M.; GONG, Y.; DE KOSTER, R.; VAN NUEN, J.: A Flexible Evaluative Framework for Order Picking Systems. In: Production and Operations Management, Oxford, 19(2010)1, S. 70-82.

CHEW, E. P.; TANG, L. C.: Travel time analysis for general item location assignment in a rectangular warehouse. In: European Journal of Operational Research, Amsterdam, 112(1999)3, S. 582-597.

LE DUC, T.; DE KOSTER, R.: Travel distance estimation and storage zone optimization in a 2-block class-based storage strategy warehouse. In: International Journal of Production Research, Oxfordshire, 43(2005)17, S. 3561-3581.

LE DUC, T.; DE KOSTER, R.: Travel time estimation and order batching in a 2-block warehouse. In: European Journal of Operational Research, Amsterdam, 176(2007)1, S. 374-388.

PETERSEN, C. G.; AASE, G.: A comparison of picking, storage, and routing policies in manual order picking. In: International Journal of Production Economics, Amsterdam, 92(2004)1, S. 11-19.

ROODBERGEN, K. J.; DE KOSTER, R.; LE-DUC, T.: Design and control of warehouse order picking: A literature review. European Journal of Operational Research, Amsterdam, 182(2007)2, S. 481-501.

SADOWSKY, V.: Beitrag zur analytischen Leistungsermittlung von Kommissioniersystemen. Dortmund: Dissertation, TU Dortmund, 2007.

TEN HOMPEL, M.; SCHMIDT, T.: Warehouse-Management Organisation und Steuerung von Lager- und Kommissioniersystemen. Berlin: Springer-Verlag, 2010.

TOMPKINS, J. A.; WHITE, Y. A.; BOZER, Y. A.; FRAZELLE, E. H.: Facilities Planning. Hoboken, NJ: John Wiley & Sons, 2003.

Integrationsaspekte der Simulation:
Technik, Organisation und Personal
Gert Zülch & Patricia Stock (Hrsg.)
Karlsruhe, KIT Scientific Publishing 2010

Simulation des Kommissionierprozesses für den flexiblen Einsatz von Prüfstrategien

Simulation of the Order Picking Process to Increase the Flexibility of Inspection Strategies

Jonas Mathis, Robert Refflinghaus, Daniel Strothotte
Dortmunder Initiative zur rechnerintegrierten Fertigung (RIF) e.V.,
Dortmund (Germany)
daniel.strothotte@rif-ev.de

Abstract: Because of its high flexibility at adequate performance and low inventory costs, manual picking is especially common in small and medium size enterprises. However, the aspect of flexibility is often neglected in practice and its potential is not fully exploited. In order to increase this flexibility, the paper demonstrates a method which allows adapting of manual picking to unstable order situations by modifying inspection activities. Based on the picking process simulations, the provided approach enables the user to establish appropriate inspections in the process chain and to make short term decisions in favor or against the implementation of specific inspection activities.

1 Einleitung und Problemstellung

In kleinen und mittelständischen Unternehmen erfreut sich die manuelle Kommissionierung aufgrund hoher Flexibilität bei geringen Investitionskosten großer Beliebtheit. Allerdings wird das mit dieser Flexibilität einhergehende wirtschaftliche Potential nur unzureichend ausgeschöpft. Umstellungen im Kommissionierprozess finden – wenn überhaupt - nur in größeren zeitlichen Intervallen statt. Im Rahmen des an der TU Dortmund durchgeführten Forschungsprojektes *Flexkom* wurde unter Zuhilfenahme von Simulationsmethoden untersucht, wie sich eine flexible und effiziente Kommissionierung umsetzten lässt, und welche Potentiale diese bietet.

Es existiert eine Vielzahl simulationsgestützter Ansätze, die das Ziel verfolgen, die Leistung des Kommissionierprozesses zu maximieren, dabei aber den Qualitätsaspekt vernachlässigen. Bereits mit dem Vorgängerprojekt *Quinkom* (vgl. AIF 2007) wurde versucht, diese Lücke zu schließen. Das Flexkom-Projekt erweitert den Quinkom-Ansatz nun um den Aspekt veränderlicher Rahmenbedingungen und kurzfristiger Flexibilität. Endziel des Flexkom-Forschungsvorhabens war die Entwicklung einer Methodik, die es erlaubt, den Kommissionierprozess durch kurzfristig umzusetzende Modifikationen an die Systemlast anzupassen und so eine optimale Ressourcenauslastung bei hoher Kommissionierqualität zu erzielen. Die *Systemlast* umfasst dabei die zum Betrachtungszeitpunkt vorliegende Artikel- und Auftragsstruktur, sowie das aktuelle Auftragsaufkommen.

Zur Realisierung der angestrebten Flexibilität bieten sich insbesondere variable Prüf- und Kommissionierstrategien an, da deren Umstellung innerhalb eines kurzen Planungshorizontes umzusetzen ist. Eine *Kommissionierstrategie* kann als eine Festlegung zur zeitlich-räumlichen Abarbeitung von Kommissionieraufträgen aufgefasst werden. *Prüfstrategien* betreffen dagegen Art und Umfang der Prüfungen, die in den Kommissionierprozess eingebunden werden. Sie dienen dem Ziel, eine hohe Kommissionierqualität sicherzustellen. Eine konkrete Prüfstrategie wird über sämtliche in den Kommissionierprozess integrierte Einzelprüfungen definiert. Diese lassen sich mit geringem organisatorischem Aufwand aktivieren bzw. deaktivieren, sofern die technischen Mittel für ihre Durchführung vorhanden sind.

Mit Kommissionier- und Prüfstrategien stehen folglich zwei Stellschrauben zur Verfügung, die eine situationsgerechte Modifikation des Kommissionierprozesses ermöglichen und im Flexkom-Projekt integrierend berücksichtigt wurden. Der vorliegende Beitrag befasst sich allerdings ausschließlich mit der simulationsgestützten Untersuchung der Prüfstrategien. Hinsichtlich der Kommissionierstrategien, die hier als veränderliche Eingangsgrößen und somit als Systemlast-Bestandteil aufgefasst werden, sei auf ZELLERHOFF und TEN HOMPEL (2010) verwiesen.

Charakteristisch für die Planung von Prüfungen in industriellen Prozessen ist das Vorliegen eines Zielkonflikts: Prüfungen sollen durch Gewährleistung eines hohen Qualitätsstandards zur Steigerung der Wirtschaftlichkeit beitragen, nehmen dabei aber selbst Ressourcen in Anspruch. Ihre Einführung wirkt sich demnach auf die beiden konkurrierenden Zielgrößen Qualität und Leistung aus. Die Lösung dieses Zielkonflikts lässt sich aufgrund der teilweise langfristigen Folgekosten mangelnder Qualität, die nicht mit ausreichender Genauigkeit beziffert werden können (NOE 2006, S. 128), kaum durch die Überführung in eine gemeinschaftliche, monetäre Zielgröße bewerkstelligen. Der im Flexkom-Projekt verfolgte Ansatz greift daher unmittelbar auf die einzelnen Zielgrößen zurück. Dank der Simulationen können diese situationsabhängig mit konkreten Werten für jede potentielle Prüfstrategie belegt und anschließend gegenübergestellt werden. Unter Berücksichtigung der vorliegenden Situation kann so diejenige Prüfstrategie ausgewählt werden, deren zugehörige Zielgrößen den aktuellen Anforderungen genügen.

2 Modellierung des Kommissionierprozesses

Im Rahmen des Flexkom-Projektes wurde auf unterschiedliche Software zurückgegriffen. Während die hier nicht betrachtete Simulation der Kommissionierstrategien die räumliche Abbildung von Wegen und Layouts erforderte und mit *Automod* durchgeführt wurde, setzt die Simulation von Prüfstrategien eine zeitdiskrete, prozessorientierte Sichtweise voraus. Zu diesem Zweck wurde die *Arena*-Simulationssoftware des Herstellers *Rockwell Automation* verwendet, die sich bereits im Vorgängermodell *Quinkom* (vgl. CROSTACK 2007; CROSTACK 2008) bewährt hat und dank leichter Erlernbarkeit und einer intuitiv zu bedienenden graphischen Oberfläche besonders für den späteren industriellen Einsatz geeignet ist.

Simulationsziel ist die Ermittlung der Auswirkungen unterschiedlicher Prüfstrategien auf die Zielgrößen Leistung (Bearbeitungszeit/Auftragsposition) und Qualität (Fehlerdurchschlupfrate). Um das Werkzeug für eine unternehmensspezifische Simulation bereitzustellen, wurden Module entwickelt, die die einzelnen Kommissionierschritte abbilden und eine einfache Modellierung des Gesamtprozesses ermöglichen. Prinzipiell lässt sich dabei der vollständige Kommissionierprozess (mit Ausnahme der Fortbewegung) durch lediglich zwei unterschiedliche Modultypen abbilden: Ein Kommissioniermodul zur Abbildung der Kommissioniertätigkeiten, das Zeit in Anspruch nimmt und ein gewisses Fehlerpotential aufweist und ein Prüfmodul zur Abbildung von Prüftätigkeiten, das ebenfalls Zeit in Anspruch nimmt, allerdings dazu dient, zuvor verursachte Fehler zu detektieren und Korrekturen zu veranlassen.

Das *Kommissioniermodul* repräsentiert sämtliche, vom Kommissionierer zur Erfüllung der Kommissionieraufgabe abzuarbeitenden Tätigkeiten und weist diesen separate Wahrscheinlichkeiten für die Verursachung unterschiedlicher Fehlerarten zu. Dabei ist nach LOLLING (2003, S. 128) zwischen vier Fehlerarten zu unterscheiden:

- *Mengenfehler:* Eine Auftragsposition liegt in abweichender Quantität vor.
- *Auslassungsfehler:* Eine Auftragsposition fehlt.
- *Typfehler:* Ein nicht vorgesehener Artikel wird kommissioniert.
- *Zustandsfehler:* Die Beschaffenheit eines kommissionierten Artikels ist fehlerhaft.

Wird ein Kommissioniermodul in eine Prozesskette eingebunden, so ist vom Anwender abhängig von der Tätigkeit die Auftretenswahrscheinlichkeit für jede der oben genannten Fehlerarten separat einzupflegen. Auf Basis dieser Daten werden in späteren Simulationsläufen Fehler generiert und die Grundlage für die Qualitätsbewertung geschaffen. Um darüber hinaus auch den Beitrag einer Kommissioniertätigkeit auf die Leistung des Systems abbilden zu können, sind dem Modul zusätzlich Tätigkeitszeiten zu hinterlegen.

Neben der Fehlerentstehung ist auch die Fehlerentdeckung im Modell abzubilden. Die zugehörigen Prozesse sind sämtliche Tätigkeiten, die darauf gerichtet sind, zuvor generierte Fehler zu detektieren. Wie bereits erwähnt ist hierfür das *Prüfmodul* implementiert worden. Die Anwendung ist vergleichbar mit der des Kommissionier-Moduls: Liegt in einem Kommissionierprozess eine Prüftätigkeit vor, so wird das Modul in die Prozesskette eingefügt, um anschließend die Entdeckungswahrscheinlichkeiten der verschiedenen Fehlerarten separat zu hinterlegen. Zudem ist auch hier die Tätigkeitszeit zur Bearbeitung der Prüfaufgabe einzupflegen und darüber hinaus der Prüfumfang zu definieren, um nur stichprobenartig durchgeführte Prüfungen modellieren zu können.

Unter Rückgriff auf die beiden Module kann die Modellierung des gesamten Kommissionierprozesses verwirklicht werden, indem die reale Prozesskette durch entsprechende Verknüpfungen einzelner Module, die jeweils einen Prozessschritt repräsentieren, nachgebildet wird. Die Vorgehensweise ist zur Veranschaulichung in Abbildung 1 anhand eines Prozesskettenausschnitts vereinfacht dargestellt.

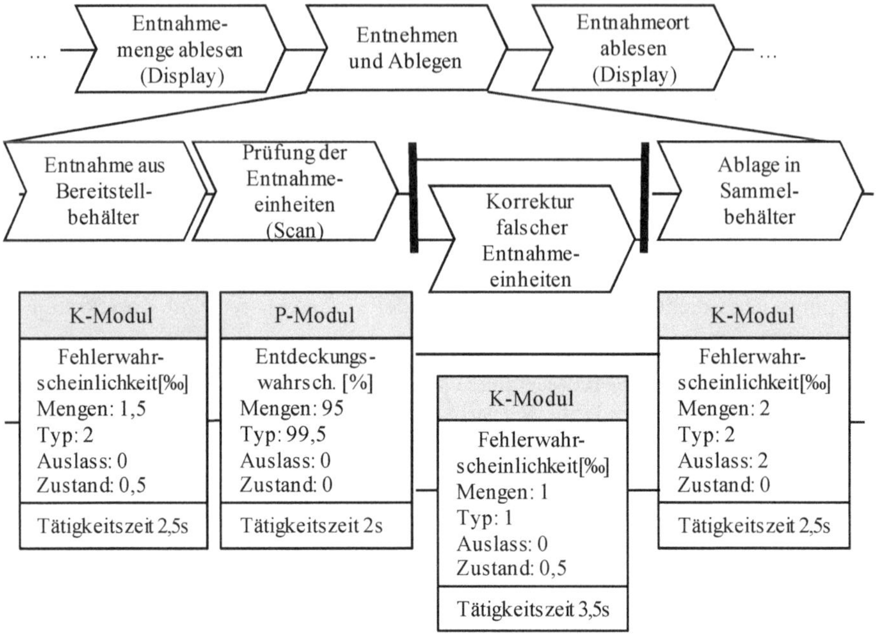

***Abbildung 1:** Modellierung mittels Prüf- und Kommissioniermodulen*

Werden nun Kommissionieraufträge durch die modellierte Prozesskette geschleust, so werden diese bei Passieren der Kommissioniermodule entsprechend der hinterlegten Wahrscheinlichkeiten mit Fehlern belegt. Wird ein Fehler innerhalb eines nachfolgenden Prüfmoduls entdeckt, führt er zu leistungsmindernden Korrekturtätigkeiten. Bei Nicht-Entdecken tritt dagegen ein qualitätsmindernder Fehlerdurchschlupf auf.

3 Simulationsexperimente

Um eine kurzfristige Anpassung der Prüfstrategie an die Systemlastschwankungen vornehmen zu können, ist unmittelbar auf die Information zurückzugreifen, wie sich eine bestimmte Prüfstrategie in der gegenwärtigen Situation auf die Zielgrößen auswirkt. Eine verzögerungsfreie Anpassung bedingt demnach, dass die Prüfstrategien vorab simuliert wurden und ein Pool an bewerteten, potenziell einsetzbaren Prüfstrategien vorliegt. Im Rahmen der Simulationstätigkeit des Flexkom-Projekts wurden für die untersuchten Referenzsysteme sämtliche Prüfstrategien simuliert. Nachfolgend wird der Simulationsumfang für ein Pick-by-Scan-Kommissioniersystem dargestellt. Bei derartigen Systemen erfolgt die Kommissioniererführung mittels Scanner und angeschlossenem Datenterminal, das vom Kommissionierer mitzuführen ist und die erforderlichen Daten bereitstellt.

Grundvoraussetzung für eine realitätsnahe Abbildung des Kommissionierprozesses, ist eine hohe Qualität der Daten, die den Modulen vor jedem Simulationslauf auf die bereits geschilderte Weise zuzuordnen sind. Bei der Erhebung dieser Daten für die Referenzmodelle wurde der Einsatz etablierter Methoden zur Bestimmung von Zeiten und Fehlerwahrscheinlichkeiten durch eigene Unternehmensbefragungen ergänzt, um ein möglichst repräsentatives Daten-Grundgerüst zu erhalten.

Die angestrebte Auswahl der situationsspezifisch besten Prüfstrategie erfordert, dass jede Situation in einem eigenen Szenario und innerhalb dieser Szenarien jede der potentiell einsetzbaren Prüfstrategien einzeln simuliert wird. Die Gesamtanzahl der durchzuführenden Simulationsläufe entspricht folglich der Anzahl zu untersuchender Szenarien multipliziert mit der Anzahl möglicher Prüfstrategien.

Die von der Systemlast abhängigen unterschiedlichen Szenarien wirken sich unmittelbar auf den Kommissionierprozess und die dabei zu verrichtenden Tätigkeiten aus. Das Handling der Entnahme-, Abgabe- und Ablegevorgänge verändert sich abhängig von der vorliegenden Artikel- und Auftragsstruktur sowie der angewendeten Kommissionierstrategie. Zur Abbildung eines Szenarios sind den Kommissionier-Modulen daher spezifische Werte zuzuweisen. Insgesamt wurden für das Pick-by-Scan-Referenzsystem systemlastabhängig elf unterschiedliche Entnahme-, fünf Ablage- und zwei Abgabesituationen hinterlegt, aus deren Kombinationsmöglichkeiten 110 unterschiedliche Szenarien resultieren.

Hinsichtlich der Prüfstrategien war zunächst zu untersuchen, welche Prüfmethoden bei einem Pick-by-Scan-System praxisrelevant sind. Dabei konnten fünf potentielle Prüfpunkte ausfindig gemacht werden, an denen Prüfungen sinnvoll in den Kommissionierprozess zu integrieren sind. An diesen Prüfpunkten kommen unterschiedliche Prüfmethoden zum Einsatz. Da eine Prüfstrategie – wie eingangs definiert – eine bestimmte Kombination von Einzelprüfungen repräsentiert und jede dieser Strategien untersucht werden soll, sind durch Aktivierung und Deaktivierung der potentiellen Prüfungen insgesamt $2^6=64$ Prüfstrategien zu berücksichtigen. In Kombination mit sämtlichen abzubildenden Szenarien ergibt sich so ein Simulationsumfang von $64 \cdot 110=7.040$ Simulationsläufen. Da hiermit ein erheblicher Aufwand einhergeht, wurde die vor jedem Simulationslauf vorzunehmende Modifikation der Daten automatisiert, um nach Vorgabe der Ausgangsdaten ohne weitere manuelle Eingaben eine Simulationsdatenbank zu generieren, in der die einzelnen Prüfstrategien für jedes Szenario hinterlegt und anhand der bekannten Zielgrößen Leistung und Qualität bewertet sind. Ergebnis der Simulationstätigkeit war somit für jede simulierte Situation ein Pool bestehend aus 64 Wertepaaren (Bearbeitungszeit/Auftragsposition und Fehlerdurchschlupfrate), die zur Strategiewahl herangezogen werden können. Dabei stellt sich der eingangs bereits erläuterte Zielkonflikt ein: Mit steigender Anzahl an Prüfungen, die in den Kommissionierprozess eingebunden werden, nimmt die Kommissionierleistung ab, während sich die Kommissionierqualität erhöht. Dieser Umstand ist in Abbildung 2 für den Fall des Pick-by-Scan-Referenzsystems veranschaulicht. Die vereinfachte Darstellung klassifiziert die Prüfstrategien dabei lediglich nach der Anzahl implementierter Einzelprüfungen und bildet anschließend einen Mittelwert bezüglich der Zielgrößen.

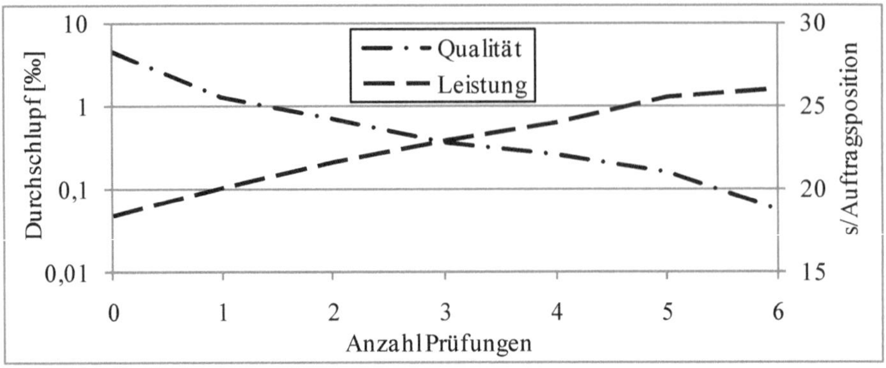

Abbildung 2: *Zielgrößen in Abhängigkeit der Prüfintensität*

4 Aufbereitung der Simulationsergebnisse

Die Simulationsergebnisse (vgl. Abb. 2) verdeutlichen, dass stets ein Kompromiss aus Leistung und Qualität zu treffen ist und keine generell überlegene Prüfstrategie existiert. Um die Ergebnisse nutzbar zu machen, ist eine Methodik anzuwenden, die es erlaubt, unter Rückgriff auf die Simulationsdatenbank sämtliche Prüfstrategien situationsbedingt zu beurteilen und so in jedem beliebigen Szenario die optimale Prüfstrategie zu ermitteln. Dieser Ansatz macht es sich zunutze, dass dank der vorgelagerten Simulationstätigkeit sämtliche Prüfstrategien für jedes betrachtete Szenario vorliegen. Aus dem Bestand an bewerteten Prüfstrategien ist also lediglich eine Auswahl zu treffen. Zu diesem Zweck wurde ein Auswahlalgorithmus implementiert, der den dargestellten Zielkonflikt löst.

Eine große Bedeutung innerhalb des Auswahlalgorithmus kommt der *Systemauslastung* zu. Diese Einflussgröße der Systemlast wurde bisher vernachlässigt, da sie weder Leistung noch Qualität des Prozesses unmittelbar beeinflusst, sondern als Anforderung an das Kommissioniersystem hinsichtlich der insgesamt zu erbringenden Leistung aufzufassen ist. Aus einer vorliegenden Menge an Auftragseingängen kann auf einfache Weise die für deren Abarbeitung minimal erforderliche Kommissionierleistung – die *Leistungsgrenze* – errechnet werden. Unter der Prämisse, dass Aufträge nicht so schnell wie möglich sondern lediglich so schnell wie nötig abzuarbeiten sind, da ansonsten ungenutzte Kapazitäten brachliegen, kann diese Leistungsgrenze den Zielkonflikt zwischen Leistung und Qualität lösen. Die optimale Prüfstrategie ist gefunden, wenn nur so viel fehlervermeidende Maßnahmen in den Kommissionierprozess eingebunden werden, dass der vorliegenden Systemlast mit der Sicherstellung der Erzielung einer ausreichenden Leistung genüge getan wird. Auf diese Weise ist gewährleistet, dass jederzeit die situationsbedingt maximal mögliche Qualität des Kommissionierprozesses erzielt wird. Um den Qualitätsaspekt bei der Prüfstrategieauswahl nicht zu vernachlässigen, bietet es sich an, außerdem eine *Qualitätsgrenze* zur Erfüllung von Mindestqualitätsanforderungen aufzustellen.

Der Algorithmus zur Prüfstrategieauswahl anhand der genannten Kriterien gliedert sich in vier chronologisch abzuarbeitende Schritte und wird nachfolgend kurz dargestellt:

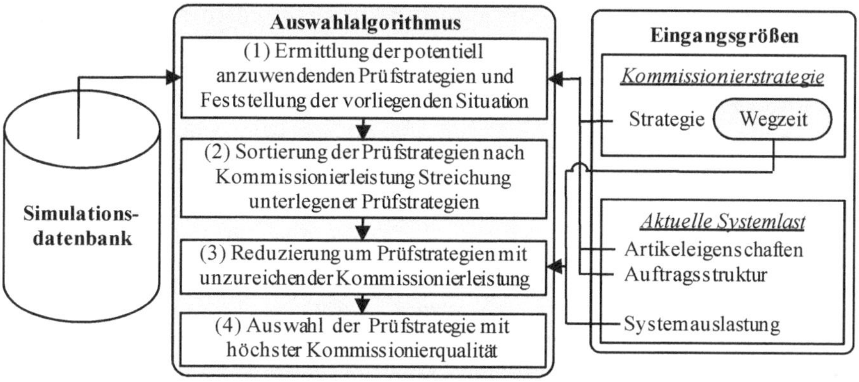

Abbildung 3: *Auswahlalgorithmus zur Prüfstrategiewahl*

Ausgangspunkt sind die der Datenbank zu entnehmenden Simulationsergebnisse, aus denen diejenigen Datensätze herausgefiltert werden, die der aktuell vorherrschenden Situation entsprechen (1). Für das Beispiel des Pick-by-Scan-Referenzsystems liegen anschließend 64 Datensätze vor, die jeweils eine Prüfstrategie repräsentieren und die Ausprägung der Zielgrößen bei dieser Strategiewahl enthalten.

Zur Vorbereitung der Prüfstrategieauswahl werden die Datensätze anhand ihrer Kommissionierleistung sortiert, um anschließend diejenigen Prüfstrategien aus der Liste zu streichen, die mindestens einer anderen sowohl bezüglich Leistung als auch bezüglich Qualität unterlegen sind (2).

Aus den übrigen, anhand der Leistung sortierten Prüfstrategien geht nicht hervor, welche Strategie konkret anzuwenden ist. Hierzu ist wie erläutert auf die Systemauslastung zurückzugreifen und die Liste der Prüfstrategien durch Abgleich der erforderlichen mit der erbrachten Leistung um diejenigen zu reduzieren, deren Kommissionierleistung unzureichend ist (3). Allerdings liefert die Simulationsdatenbank lediglich die für die betrachteten Kommissioniertätigkeiten benötigte Zeit ohne Wegzeiten zu berücksichtigen, da diese von der Kommissionierstrategiewahl abhängen und in einem gesonderten Simulationsmodell untersucht wurden. Folglich müssen die Wegzeiten im Rahmen einer Rückkopplung mit dem Simulationsmodell zur Abbildung der Kommissionierstrategien übergeben werden.

Abschließend greift der Auswahlalgorithmus auf die Kommissionierqualität zurück, die jeder Prüfstrategie in Form von Durchschlupfraten zugeordnet ist. Da nach der Streichung sämtlicher unzulässiger Prüfstrategien alle verbleibenden Prüfstrategien dem Kriterium der Kommissionierleistung genügen, ist vom Algorithmus diejenige Strategie zu identifizieren, die die höchste Kommissionierqualität aufweist (4).

5 Zusammenfassung

Die vorgestellte Methodik bietet die Möglichkeit, auf Basis von Simulationsexperimenten Prüftätigkeiten flexibel an die aktuelle Systemlast des Kommissioniersystems anzupassen. Unter Verwendung der bereitgestellten Module kann die individuelle Modellierung von Kommissionierprozessen auf einfache Weise verwirklicht werden. Die praktische Umsetzung wurde anhand eines Pick-by-Scan-

Referenzsystems demonstriert. Die anschließend durchgeführten Simulationsexperimente führten zu einer Datenbank, die unter Rückgriff auf den vorgestellten Algorithmus eine flexible Prüfstrategieauswahl ermöglicht. Der Anwender wird so in die Lage versetzt, die Prüftätigkeiten an vorherrschende Gegebenheiten anzupassen. Er erhält etwa Informationen, welche Prüfungskombination die höchste Kommissionierqualität erzielt, oder auf welche Prüfungen er bei kurzfristigem Anstieg des Auftragsaufkommens temporär verzichten sollte.

Der Beitrag basiert – wie eingangs erwähnt – auf dem Flexkom-Projekt, beschränkt sich dabei aber auf den Aspekt der Prüfstrategiewahl und vernachlässigt die simulative Analyse von Kommissionierstrategien, die in einem separaten Beitrag vorgestellt wird (vgl. ZELLERHOFF, TEN HOMPEL 2010). Obwohl die eigentliche Simulationstätigkeit und das prinzipielle Vorgehen bei der Prüfstrategieauswahl von einer integrierenden Betrachtung beider Strategietypen unberührt bleibt, macht es diese dennoch erforderlich, weitere Wechselwirkungen zwischen Kommissionier- und Strategieauswahl zu berücksichtigen. Hinsichtlich einer solchen, vollständig integrierenden Betrachtung, sei auf AIF (2010) verwiesen.

Literatur

AIF – Arbeitsgemeinschaft industrieller Forschungsvereinigungen "Otto von Guericke" e.V.: Optimierung von Kommissionierung und Verpackung durch geeignete Strategien für die Qualitätsprüfung unter Berücksichtigung der Retourenabwicklung. Abschlussbericht AIF-Vorhaben-Nr. 14368, Technische Universität Dortmund, 2007.

AIF – Arbeitsgemeinschaft industrieller Forschungsvereinigungen "Otto von Guericke" e.V.: Strategien für die flexible, auftragsweise Kommissionierung mit integrierter Prüfung. Abschlussbericht AIF-Vorhaben-Nr. 15811N, Technische Universität Dortmund, 2010.

CROSTACK, Horst-Arthur; GOLDSCHEID, Christian; SCHLÜTER, Nadine: Quality excellence by simulation - An approach in the field of Failure Management. Proceedings of the The 10th International QMOD Conference. Helsingborg: Linköping University Electronic Press, 2007.

CROSTACK, Horst-Arthur.; GOLDSCHEID, Christian; SCHLÜTER, Nadine: Damit die Lieferung stimmt - Simulation der Qualität von Kommissionierung und Verpackung. In: QZ, München, 53(2008)4, S. 181-183.

LOLLING, Andreas: Analyse der menschlichen Zuverlässigkeit bei Kommissioniertätigkeiten. Aachen: Shaker, 2003.

NOE, Manfred: Projektbegleitendes Qualitätsmanagement. Der Weg zum besseren Projekterfolg. Erlangen: Publics, 2006.

ZELLERHOFF, Jörg; TEN HOMPEL, Michael: Simulation zur Bestimmung des Leistungsgewinns bei kombiniertem Einsatz mehrerer Kommissionierstrategien – in Abhängigkeit von Layout und Auftragslast. In: Integrationsaspekte der Simulation: Technik, Organisation und Personal. Hrsg.: ZÜLCH, Gert; STOCK, Patricia. Karlsruhe: KIT Scientific Publishing, 2010, S. 285-292.

Integrationsaspekte der Simulation:
Technik, Organisation und Personal
Gert Zülch & Patricia Stock (Hrsg.)
Karlsruhe, KIT Scientific Publishing 2010

Optimierung des Hubwagenhandlings für eine Unterflurschleppkette einer Speditionsanlage mittels Simulation

Simulation-based Optimization of Pallet Truck Handling for In-floor-chain Conveyor Systems in Forwarding Agencies

Jan Kaffka. Larissa Mest, Simon Deymann
Technische Universität Dortmund,
Lehrstuhl für Verkehrssysteme und -logistik, Dortmund (Germany)
kaffka@vsl.mb.tu-dortmund.de, mest@vsl.mb.tu-dortmund.de,
deymann@vsl.mb.tu-dortmund.de,

Wassili Poliwanow
Streck Transportgesellschaft mbH, Freiburg (Germany)
wassili.poliwanow@streck.de

Abstract: This paper proposes a simulation tool for logistic nodes, e.g. forwarding agencies, which is developed based on Enterprise Dynamics. For the simulation-based optimization of pallet truck handling for in-floor-chain conveyor systems the forwarding terminal of Streck in Freiburg was modelled. Therefore the in-floor-chain conveyor system was specially developed for this project to take the staff, the number of pallet trucks and the processes into consideration. To increase the capacity of the automatic transportation system with two unloading zones three strategies for the return of empty pallet trucks were analyzed.

1 Hintergrund und Motivation

Strategische Planungsentscheidungen beeinflussen die Wirtschaftlichkeit des Betriebs logistischer Anlagen nachhaltig (BARTHOLDI, GUE 2000, S. 21). Am Lehrstuhl für Verkehrssysteme und -logistik der Technischen Universität Dortmund wird daher die Simulationsumgebung TransSim eingesetzt, um die operative Nutzung logistischer Knoten -insbesondere des Straßengüterverkehrs- zu untersuchen und Handlungsempfehlungen für einen wirtschaftlichen Ressourceneinsatz zu geben. Ein Schwerpunkt liegt dabei auf der Abbildung von Speditionsanlagen mit ihren inner- und außerbetrieblichen Funktionsflächen, Material- und Informationsflüssen. Die Simulationsumgebung TransSim basiert auf der Simulationssoftware Enterprise Dynamics und wurde um spezielle Atom-Bausteine erweitert. Dies ermöglicht die Abbildung einer Speditionsanlage auf mikroskopischer Ebene, d.h. die Modellierung und Simulation jeder einzelnen Sendung und den damit verbundenen inner- und außerbetrieblichen Prozessen (NEUMANN, DEYMANN 2008, S. 285). Dieser Beitrag thematisiert im Speziellen die Optimierung des innerbetrieblichen Transports.

2 Die Unterflurschleppkette

In Speditionsanlagen werden für den innerbetrieblichen Transport entweder Gabelstapler oder Unterflurschleppketten in Verbindung mit Handgabelhubwagen eingesetzt (CHMIELEWSKI 2007). Auch eine Kombination beider Techniken, bspw. in Abhängigkeit von der Zeit, ist möglich. Der Einsatz von Gabelstaplern bietet dabei die höchstmögliche Flexibilität, eine Unterflurschleppkette die Möglichkeit einer höheren Leistungsfähigkeit. Beim Neubau oder der Erweiterung einer Anlage steht daher immer wieder die Frage nach der zu wählenden Transporttechnik auf dem Projektplan, da eine Nachrüstung einer Unterflurschleppkette wirtschaftlich nur schwer möglich ist (BRÜSER 1991).

Die Unterflurschleppkette kann zum Transport von palettierten Sendungen mit einem zu definierendem Maximalgewicht (in Abhängigkeit von der Mitnehmerstabilität) eingesetzt werden. Dabei sind hinsichtlich der Auslegung einer Unterflurschleppkette beispielhaft die folgenden Aspekte zu beachten. Neben unterschiedlichen Layoutvarianten, wie bspw. Kreisketten mit oder ohne Stichbahnen, ist insbesondere die Dimensionierung der Unterflurschleppkette relevant. Dabei ist zwischen innen- und außenliegender Kettenführung zu unterscheiden, wodurch sich unterschiedliche Mitnehmerabstände ergeben. Diese wiederum sind – neben der Kettengeschwindigkeit – entscheidend für die maximale Transportkapazität einer Kette und müssen mit der Investition festgelegt werden.

Darüber hinaus gibt es im operativen Einsatz weitere Möglichkeiten, die Prozesse flexibel an das Geschäft anzupassen (CLAUSEN, GOERKE 2004). So hat zum Einen die Dimensionierung und Anordnung von Eingangszonen und Ausschleusezonen Auswirkungen auf den Durchsatz, zum Anderen beeinflusst die Personalkapazität und die Gesamtanzahl der im System vorhandenen Hubwagen diesen Kennwert, da hiervon die Aufgabe- und Abgabeleistung abhängt.

Um den Einsatz einer Unterflurschleppkette in Speditionsanlagen mit der Simulationssoftware untersuchen zu können, wurde ein zusätzliches Atom für die Simulationsumgebung entwickelt. Dieses Atom beinhaltet, neben dem Kettenkreislauf, Aufgabe- und Abnahmestationen.

Der Kettenkreislauf ermöglicht die Einstellung des kettenspezifischen Mitnehmerabstands und der Umlaufgeschwindigkeit der Kette.

Die Aufgabe- und Abgabestationen wurden bis auf die mikroskopische Ebene der Einzelprozesse entwickelt. Die Abbildung auf dieser Ebene ermöglicht eine detaillierte Darstellung der Prozesse bei der Aufnahme und Abgabe der Sendungen auf die Kette unter Einbezug von Handgabelhubwagen, Mitarbeitern und Sendungen.

Bei der Aufgabe- und Abgabestationen lassen sich jeweils die Anzahl der Mitarbeiter und die einzelnen Prozesszeiten für

- Hubwagenaushängen,
- Hubwageneinhängen,
- Weg zur Palettenaufnahme/-abgabe,
- Palettenaufnahme/-abgabe und
- Weg zurück zur Kette

einstellen.

Da die Unterflurschleppkette nicht zu allen Sendungsphasen und Lastsituationen wirtschaftlich betrieben werden kann wurde zusätzlich ein Schichtplanmodul entwickelt, welches es ermöglicht die Kette zu bestimmten Zeiten auszuschalten und das Sendungsaufkommen über ein Gabelstaplernetzwerk zu verbringen.

Somit ermöglicht das Atom der Unterflurschleppkette die Modellierung der unterschiedlichen Kettenvarianten mit variierenden Mitnehmerabständen, Schichtplänen und unterschiedlichen Abnahme- und Aufgabekonzepten. Des Weiteren wurde ein Interface zur automatischen Modellierung einer Unterflurschleppkette entwickelt, mit dem Ziel, den Modellierungsaufwand zu minimieren.

3 Einsatzmöglichkeiten der Simulation

Die Möglichkeiten der Parametrisierung von Unterflurschleppketten führen dazu, dass eine Unterflurschleppkette i.A. ihre maximal theoretische Leistung nicht erreicht, weil z.B. die Transportleistung aufgrund der ggf. erforderlichen Rückführung von leeren Handgabelhubwagen zu den einzelnen Eingangszonen reduziert wird. Der Einsatz der Simulation ermöglicht es, Prozessvariationen wissenschaftlicher und auch industrieller Aufgabenstellungen und Anforderungen zu prüfen und zu analysieren. Darüber hinaus kann der Simulator zur Validierung und Verifizierung von Planungen zukünftig zu erstellender Anlagen herangezogen werden. Auch neue wissenschaftliche Methoden, Erkenntnisse und Modelle können in der Simulationsumgebung unter Einbezug der Prozesse in einem logistischen Knoten getestet werden. Bezogen auf die Unterflurschleppkette sind folgende Anwendungsgebiete möglich:

- Bestimmung der Kettendimensionierung (Anzahl Kettenkreisläufe, Kreistyp, Transferstrecken)
- Bestimmung der Anzahl und Anordnung der Ein- und Ausgangsgangszonen
- Bestimmung der Anzahl benötigter Hubwagen
- Bestimmung von Strategien zum Leerwagenhandling

Zudem können mittels der Simulation Prozesszeitenanalysen auf Sendungsebene sowie Analysen zur Ketten- und Ressourcenauslastung getroffen werden.

4 Modellierung der Speditionsanlage

Die erweiterte Simulationsumgebung wurde eingesetzt, um die Stückgutspeditionsanlage der mittelständischen Spedition Streck Transportgesellschaft mbH in Baden-Württemberg zu modellieren, die eine Unterflurschleppkette ohne Ausschleusstrecken verwendet. Das Simulationsmodell dieser Anlage mit 97 Toren, ca. 350 Fahrzeugen und 2.750 Sendungen pro Tag wurde verwendet, um Erkenntnisse über Engpässe, z.B. bei der Torbelegung oder der Ressourcenauslastung im Tagesverlauf zu erhalten.

Mit Hilfe der Modellatome wurde die Umschlaghalle detailliert modelliert und die Sendungs- sowie Fahrzeugströme auf der Basis von Realdaten abgebildet. Die Strukturdaten der Spedition wurden hierfür in einem ersten Schritt in ein Layout in Microsoft Visio überführt. Mit Hilfe dieses Layouts kann daraufhin über eine entwickelte Schnittstelle die Speditionsanlage in TransSim automatisiert erzeugt werden (Abb. 1).

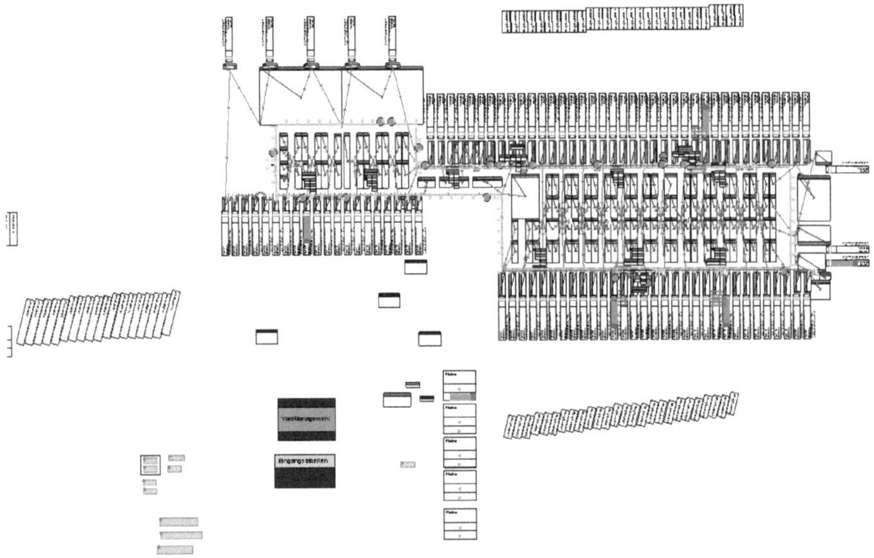

Abbildung 1: *Simulationsmodell der Speditionsanlage*

Dieses automatisch generierte Simulationsmodells beinhaltet neben den Strukturelementen (z.B. Tore, Entladezonen, Beladezonen, Pufferflächen) der Speditionsanlage und der Unterflurschleppkette ebenfalls die logischen Verknüpfung der Materialflusselemente und die steuerungs- und strategischen Einstellungen. Auf diese Weise konnte der Modellierungsaufwand zur Erstellung eines komplexen Systems minimiert werden.

5 Experimenteplan

In einem ersten Schritt wurde das Ist-Szenario analysiert, um Optimierungsmaßnahmen zu ermitteln und Referenzergebnisse zur Bewertung diese Maßnahmen zu erhalten.

Das Modell liefert unter anderem Auswertungen zur Auslastung der einzelnen Aufgabe- und Abnahmestationen sowie zu Leistungsparametern der Kette. Die Analyse der Ergebnisse hat gezeigt, dass das Leerwagenhandling und die Dimensionierung der Aufgabe und Abgabe der Handgabelhubwagen auf die Kette (Personalkapazität und Prozessdesign) die Leistungsfähigkeit der Unterflurschleppkette stark beeinflusst und somit ein hohes Optimierungspotenzial bietet. Aus diesem Grund wurden verschiedene Strategien für das Leerwagenhandling und die Auf- und Abgabe von Handgabelhubwagen auf die Kette entwickelt und mittels des Simulationsmodells untersucht.

Die Strategien für das Leerwagenhandling umfassen dabei Ansätze, welche die Leerwagen entweder geordnet an ihren Quellort oder chaotisch an den nächsten Bedarfsort zurückführen. Des Weiteren werden Strategien untersucht, die Leerwagenrückführung entweder teilweise oder komplett unabhängig von der Kette zu organisieren. Im Bereich der Aufgabe von Handgabelhubwagen wurden vor allem Personalkonzepte (Anzahl Mitarbeiter zur Aufgabe und Vorholung) entwickelt und getestet.

Zur Durchführung der Simulationsstudie wurden, neben dem Grundszenario der Ist-Situation, zwei Szenarien entwickelt.

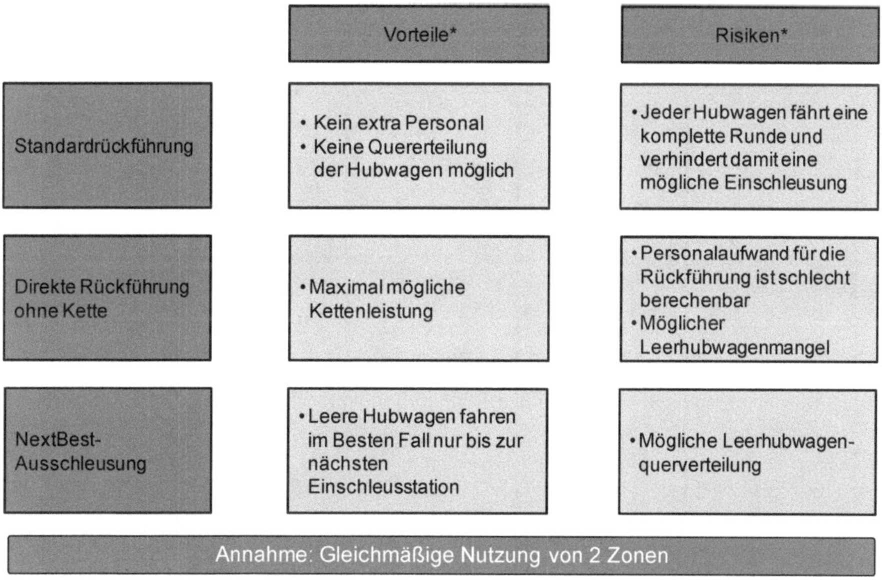

***Abbildung 2:** Auswahl der Szenarien*

Das Grundszenario beinhaltet eine komplett geordnete Rückführung der Hubwagen. Jeder Aufgabebereich bekommt dabei eine feste ID und einen festen Pool an leeren

Hubwagen. Die Dimensionierung dieses Pools erfolgt auf Basis der Sendungsmengen, die im Tagesverlauf in diesem Bereich gehandhabt werden. Leere Handgabelhubwagen können nur an Bereichen, die ihrer ID entsprechen entnommen werden.

Szenario 1 beinhaltet eine teilweise bis komplette Rückführung der leeren Handgabelhubwagen außerhalb der Kette. Hierzu wurde die Abgabestation soweit modifiziert, dass der Rückweg nicht mehr bis zur Kette erfolgt, sondern bis zur nächsten Aufgabestation. Der Zeitverbrauch hierfür lässt sich entweder über Verteilfunktionen angeben oder über eine direkte Weg-Zeit-Berechnung. Die direkte Rückführung erfolgt hier entweder nur bei Abgabestationen, welche sich in unmittelbarer Nähe zu einer Aufgabestation befinden oder bei allen Abgabestationen. Bei Stationen ohne direkte Rückführung werden die Hubwagen wie im Grundszenario zurückgeführt. Als Szenario wurde die direkte Rückführung nur bei in der Nähe liegenden Stationen ausgewählt.

In Szenario 2 wird das Konzept der chaotischen Rückführung gewählt. Bei der chaotischen Rückführung wird der leere Hubwagen an der Aufgabestation ausgeschleust, dessen Puffer für Hubwagen einen bestimmten Prozentsatz unterschritten hat, spätestens allerdings an der Aufgabestation mit der ID des Hubwagens. In diesem Szenario wurden Pufferfüllgrade zwischen 50 % und 100 % getestet.

6 Ergebnisse

Ziele dieser Optimierung waren die Minimierung von Beständen vor der Kette, die Maximierung der Auslastung der Kette und die Minimierung des Leerwagenanteils auf der Kette bei zwei Einschleusezonen. Wochenweise wurde dafür jeweils das System Unterflurschleppkette wie folgend dargestellt untersucht.

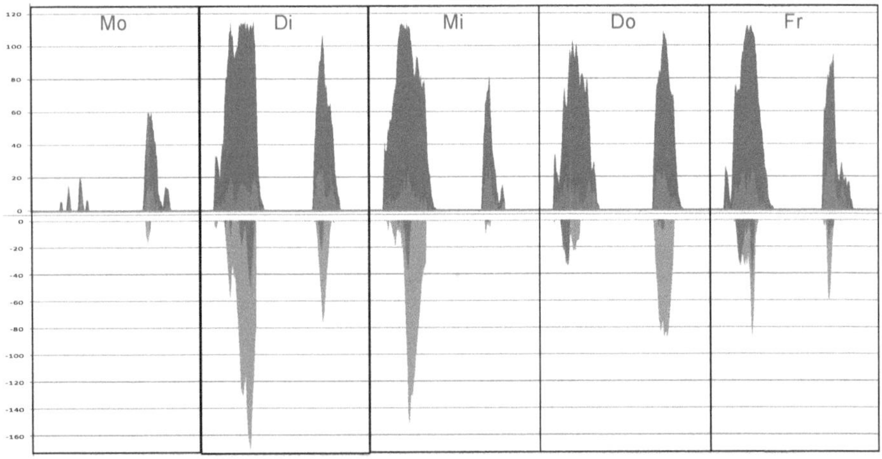

Abbildung 3: *Analyseparameter zum Betrieb einer Unterflurschleppkette*

Dunkelgrau ist die Anzahl beladener Hubwagen, hellgrau die Anzahl leerer Hubwagen im System dargestellt. Der Anteil der leeren Hubwagen beträgt dabei durchschnittlich 15 %. Negativ abgetragen sind die Pufferbestände in den beiden Einschleusezonen dargestellt.

Bei der Grundstrategie schafft das Fördersystem maximal eine Transportleistung von 231 Hubwagen pro Stunde. In der zu Grunde gelegten Beispielwoche werden so 5.588 Hubwagen transportiert.

Bei der direkten Rückführung werden alle Hubwagen von den Ausschleusepositionen manuell durch die Mitarbeiter mit 1m/s zu den Einschleusezonen zurück gefahren. Dabei sank die Leistung auf nur maximal 200 Hubwagen pro Stunde anstatt um 15 % zu steigen. Die Simulation zeigt, dass dies auf Hubwagen- und Personalmangel bei der Einschleusung zurück zu führen ist. Die Wochenleistung sinkt damit auf 5.495 Hubwagen.

Die beste Strategie zum Betrieb dieser Speditionsanlage ist NextBest. Dabei birgt diese jedoch zugleich die Gefahr, dass durch eine Querverteilung in der Halle nicht ausreichend leere Hubwagen in einer Zone zur Verfügung stehen. Daher wurden die Auswirkungen unterschiedlicher maximale Füllgrade der Puffer, bei denen diese Strategie greift, simuliert. Die folgende Abbildung zeigt die maximale Leistung in Abhängigkeit des maximalen Füllgrads.

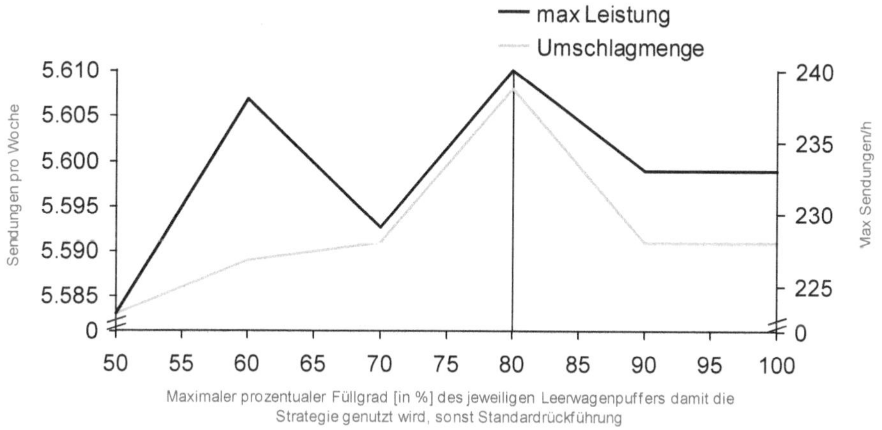

Abbildung 4: *Analyseparameter zum Betrieb einer Unterflurschleppkette*

Die höchste Leistung ist demnach bei einem maximalen Füllgrad von 80 % möglich. Damit lässt sich die Leistung auf 240 Hubwagen pro Stunde steigern. Die Analyse zeigt jedoch ebenfalls, dass die operative Umsetzung dieser Strategie nicht so konsequent umzusetzen ist und damit Leistungsschwankungen von ca. 4-5 % allein durch die Leerwagenrückführung erwartet werden müssen.

Literatur

BARTHOLDI, J. J.; GUE, K. R.: The Best shape for a crossdock. Technical Report. Monterey, CA: Naval Postgraduate School, 2000.

BRÜSER, D.: APULS – Arbeitsplätze in Umschlag- und Lageranlagen von Speditionsunternehmen. Berlin: Erich Schmidt Verlag, 1991.

CHMIELEWSKI, Annette: Entwicklung optimaler Torbelegungspläne in Stückgutspeditionsanlagen. Dortmund: Dissertation, TU Dortmund, 2007.

CLAUSEN, Uwe; GOERKE, Manuel. Nur gemeinsam überzeugend – Anforderungen an eine speditionelle Umschlaganlage. In: DHF - Deutsche Hebe- und Fördertechnik, Ludwigsburg, (2004)6, S.158-160.

NEUMANN, Larissa; DEYMANN, Simon: TRANSSIM-NODE - a simulation tool for logistics nodes. Industrial Simulation Conference. Lyon: The European Simulation Society, 2008, S. 283-287.

Integrationsaspekte der Simulation:
Technik, Organisation und Personal
Gert Zülch & Patricia Stock (Hrsg.)
Karlsruhe, KIT Scientific Publishing 2010

Empirisch ermittelte Prognosemodelle zur Auslegung von Stetigfördermodulen

Statistical Models empirically determined for the Embodiment Design of Continuous Conveyor Modules

Dorothee Wieczorek, Jan Eggert, Bernd Künne
Technische Universität Dortmund, Dortmund (Germany)
dorothee.wieczorek@tu-dortmund.de, jan.eggert@tu-dortmund.de,
bernd.kuenne@tu-dortmund.de

Abstract: Even though continuous conveyors have been used for many decades, guidelines for embodiment design which enable a design of continuous conveyors adapted to requirements are missing. To adapt continuous conveyor modules to customer requirements a multicriterial analysis has been made and statistical models have been empirically determined. Furthermore a simulation of a roller conveyor straight has been developed to become more generally acceptable results.

1 Einleitung

Stetigförderer stellen eine Untergruppe der intralogistischen Systeme dar. Stetigförderanlagen bestehen aus Modulen. Beispiele für solche Module sind Geraden und Kurven, aber auch Ein- und Ausschleuser sowie Horizontalfördermodule. In Abhängigkeit des geforderten Anlagenlayoutes werden die einzelnen Module zur Gesamtanlage zusammengesetzt.

2 Problemstellung

Derzeit steht bei der Entwicklung und Konstruktion von Stetigfördermodulen die technische Wertigkeit im Vordergrund. Darunter wird die maximale Erfüllung der an sie gestellten mechanischen Anforderungen verstanden. Dies beruht auf den in der Intralogistik geforderten hohen Verfügbarkeiten aufgrund von hohen Folgekosten bei einem ungeplanten Stillstand von Stetigförderern. Da bisher keine Leitregeln zur Konstruktion intralogistischer Anlagen zur Verfügung stehen, erfolgt die Auslegung anhand grober Anhalts- und Erfahrungswerte der Hersteller. Dieses Defizit und der starke Druck der Anlagenbetreiber auf die Hersteller hinsichtlich der Erfüllung der Verfügbarkeiten führen zu einer Überdimensionierung der Komponenten und Module. Da Stetigförderer jedoch oftmals aus einer hohen Anzahl wiederkehrender Komponenten und Module bestehen, hat die Überdimensionierung einen multiplikativen Effekt bezüglich der Gesamtanlage. Die Überdimensionierung äußert sich sowohl in der Anzahl eingesetzter redundanter Komponenten als auch in konstruktiven Aspekten, wie zum Beispiel der Wandstärke einer Komponente. Dies beruht darauf, dass die während des Förderprozesses auftretenden Kräfte, die auf die Anlagenkomponenten wirken, nicht ausreichend bekannt sind. Wäre es möglich, die Komponenten und Module entsprechend der tatsächlich auftretenden Belastung auszulegen, so wäre eine erhebliche Material- und Energieeinsparung in der Gesamtanlage möglich. Da in Stetigförderern eine Vielzahl der Komponenten über einen längeren Zeitraum elektronisch angetrieben ist, ist ein Umdenken bezüglich des Auslegungskonzeptes erforderlich.

Um eine beanspruchungs- und bedarfsgerechte Auslegung von Stetigfördermodulen zu ermöglichen, bedarf es einer multikriteriellen Untersuchung, da verschiedene Aspekte berücksichtigt werden müssen. Als Beispielanlage für die Untersuchung ist der Rollenförderer ausgewählt worden. Zur multikriteriellen Untersuchung des Sachverhaltes ist die Methode der Statistischen Versuchsplanung eingesetzt worden. Die Statistische Versuchsplanung wird beispielsweise zur Verbesserung von Produkten, zur Optimierung eines Prozessablaufes oder auch zum Vergleich der Qualität von Fertigungsmaschinen eingesetzt. Eine Voraussetzung zur Anwendung im technischen Bereich ist die Durchführung von Experimenten. Anhand derer wird die Abhängigkeit einer zu untersuchenden Zielgröße von Einflussgrößen ermittelt. Dieser Zusammenhang kann in einer mathematischen Formel wiedergegeben werden.

3 Verwendete Methode

Wie bereits erwähnt, wurde für die Versuchsdurchführung und -auswertung die Methode der Statistischen Versuchsplanung eingesetzt. Diese Methode soll nun zunächst näher erläutert werden.

Die Statistische Versuchsplanung kann überall dort eingesetzt werden, wo es um systematisches Experimentieren im Zusammenhang mit Einfluss-Wirkung-Beziehungen geht (SCHEFFLER 1997, S. 50). Aus diesem Grund sind aussagekräftige Ergebnisse Voraussetzung für die Nutzung der statistischen Versuchsplanung. Durch gezielte Steuerung von Faktoren und den Einsatz statistischer Analysemethoden erfolgt die Feststellung der Einfluss-Wirkung-Beziehung zwischen der Zielgröße und den Faktoren (GEIGER, KOTTE 2008, S. 457).

Bei der Planung der experimentellen Versuche werden sogenannte Versuchspläne aufgestellt. Mit Hilfe dieser Versuchspläne, bei deren Aufstellung statistische Kenngrößen berücksichtigt werden, lässt sich der Versuchsumfang so festlegen, dass einerseits möglichst wenige Einzelversuche durchgeführt werden müssen, und andererseits noch gewährleistet ist, dass aussagekräftige Ergebnisse erzielt werden können. Welcher Versuchsplan für die Experimente gewählt wird, hängt dabei von der Zielsetzung der Untersuchung ab.

Das einfachste Beispiel eines Prognosemodells ist eine Geradengleichung, die einen linearen Zusammenhang zwischen einer Zielgröße und einem Faktor wiedergibt. Zur Schätzung der Koeffizienten, in diesem Fall Achsenabschnitt und Steigung der

Geraden, wird die Methode der kleinsten Quadrate eingesetzt. Das erfolgt so, dass die Summe der quadrierten Abweichungen zwischen den Schätzwerten des Modells und den experimentell ermittelten Messwerten über alle Messwerte so klein wie möglich ist (KLEPPMANN 2009, S.164).

Bei dem aufgestellten Prognosemodell handelt es sich dann um eine empirisch hergeleitete Beschreibung des untersuchten Sachverhalts. Damit wird versucht, ein natürliches Phänomen zu beschreiben und zukünftig Aussagen über die Zielgröße treffen zu können, ohne erneut Experimente durchführen zu müssen.

4 Vorgehen

Die Ableitung und Verifizierung der konstruktionstechnischen Neuerungen machen die Durchführung von Versuchen an einem Demonstrator erforderlich. Aus diesem Grund ist am Fachgebiet Maschinenelemente der TU Dortmund ein Versuchsrollenförderer installiert worden. Eine Gerade dieses Demonstrators ist als Messstrecke zur Aufnahme der erforderlichen Messgrößen ausgewählt worden.

Bei Rollenförderern wird das Fördergut durch hintereinander angeordnete Tragrollen gestützt und angetrieben. Der Abstand dieser Tragrollen, auch Tragrollenteilung genannt, stellt einen Ansatzpunkt zur Reduzierung der Überdimensionierung von Rollenförderern dar. In der Literatur findet sich die Angabe, dass der Abstand der Tragrollen zueinander einen bestimmten Grenzwert nicht überschreiten sollte, da sonst ein Kippen des Fördergutes nicht vermieden werden könnte. In TEN HOMPEL, SCHMIDT und HAGEL (2007, S.131) wird ein Grenzwert von $< L/2$ und in ARNOLD u.a. (2008, S. 617) von $L/3$ angegeben, dabei beträgt L die Länge des Fördergutes. Dieser Grenzwert legt die Anzahl der Tragrollen fest, die in einem Modul eingebaut werden. Je geringer die Teilung, umso höher die Anzahl der Tragrollen in dem Modul, und umso höher die Anzahl der Tragrollen, die das Fördergut stützen. Sind die Belastungsgrenze einer Tragrolle und die dynamische Kraft, die während des Förderprozesses auf eine Tragrolle wirkt, bekannt, so könnte die Tragrollenanzahl genau an den Belastungsfall angepasst werden. Die dynamischen Kräfte sind nicht bekannt, da sie von verschiedenen Einflussgrößen abhängig sind. Aus diesem Grund wird bisher die Belastung der Tragrollen nur grob abgeschätzt. Dabei werden das Fördergewicht als statische Größe und ein sehr hoher konstruktiver Sicherheitsfaktor berücksichtigt. Das hat zur Folge, dass die Tragrollenteilung derzeit sehr gering ausgeführt wird. Um zukünftig die dynamische Belastung einer Tragrolle in Abhängigkeit der verschiedenen Einflussgrößen bestimmen und somit die Module basierend darauf belastungsgerecht auslegen zu können, soll eine multikriterielle Untersuchung durchgeführt und ein empirisch aufgestelltes Prognosemodell ermittelt werden.

Die Anzahl der Tragrollen bzw. die Tragrollenteilung hat aber nicht nur einen Einfluss auf die Belastung der Tragrollen. Darüber hinaus könnte durch die Änderung der Tragrollenteilung der Schlupf zwischen den Tragrollen und dem Fördergut zu- oder abnehmen. Im Extremfall wäre es bei einer sehr großen Tragrollenteilung möglich, dass das Drehmoment, das von den Tragrollen auf das Fördergut übertragen wird, nicht mehr ausreicht, um das Fördergut anzutreiben. Desweiteren erfährt das Fördergut während des Transportes auf den Tragrollen Erschütterungen. Die

Literatur gibt an, dass die Förderbewegung umso gleichmäßiger ist, je geringer die Tragrollenteilung gewählt wird. Somit hat die Tragrollenteilung Einfluss auf die Belastung der Tragrollen und die Gleichmäßigkeit des Förderprozesses. Aus diesem Grund sollen in dieser Untersuchung drei Zielgrößen erfasst werden. Dabei handelt es sich um die dynamische Kraft, die auf eine Tragrolle wirkt, die Erschütterungen, die auf das Fördergut wirken und die Relativgeschwindigkeit zwischen den Tragrollen und dem Fördergut.

Um diese drei Zielgrößen als Messwerte erfassen zu können, sind drei Messsysteme entwickelt worden. Dabei handelt es sich zum einen um eine Kraftmesstragrolle. Anhand von DMS-Sensoren lassen sich an beiden Tragrollenenden die Kräfte separat in Richtung der Gewichtsbelastung und in Förderrichtung messen. Desweiteren ist eine Tragrolle mit einem Lichtleitersensor ausgestattet worden. Der Lichtstrahl der Infrarot-Lichtquelle wird am Tragrollenmantel reflektiert. Auf dem Umfang befindet sich eine Markierung, die die Reflektion unterbricht. Auf diese Weise kann mit dieser Geschwindigkeitsmessrolle die Anzahl der Umdrehungen gemessen und auf die Umfangsgeschwindigkeit der Tragrolle geschlossen werden. Zusätzlich ist ein handelsüblicher Kleinladungsträger mit einem Lichtschrankenempfänger ausgestattet worden. In Kombination mit zwei Lichtschrankensendern, die in definiertem Abstand an der Messstrecke angebracht sind, kann die Durchschnittsgeschwindigkeit des Systembehälters ermittelt werden. Darüber hinaus ist in dieses Messfördergut ein Dreiachsbeschleunigungssensor integriert worden. Die Beschleunigung, die das Messfördergut in Richtung der Gewichtsbelastung erfährt, kann als Erschütterung aufgefasst werden.

Es ist zu vermuten, dass auf die drei Zielgrößen neben der Tragrollenteilung weitere Anlagen- oder Betriebsparameter einen Einfluss haben. Aus diesem Grund ist ein in der Statistischen Versuchsplanung übliches Screening durchgeführt worden. Bei diesem Screening wurden aus einer Vielzahl an möglichen Einflussgrößen diejenigen ermittelt, die einen signifikanten Einfluss auf die Zielgröße haben. Die drei Zielgrößen Belastung, Relativgeschwindigkeit und Erschütterung werden durch die Tragrollenteilung, die Anlagengeschwindigkeit und das Fördergewicht pro Behälter beeinflusst. Aus diesem Grund sind diese drei Einflussgrößen als Faktoren für die weitere Untersuchung ausgewählt worden.

Mit Hilfe der Regressionsanalyse sind anhand von Messwerten für die drei Zielgrößen Prognosemodelle aufzustellen. Um die Anzahl der Versuchsdurchführungen zu minimieren und dennoch aussagekräftige Ergebnisse zu erzielen, ist ein Versuchsplan aufgestellt worden. In diesem Zusammenhang hat sich ein zentral zusammengesetzter Versuchsplan angeboten.

5 Einsatz der Modelle

Anhand der Messergebnisse ist für die drei Zielgrößen jeweils ein Prognosemodell erstellt worden. Im Anschluss daran sind die Modelle anhand von Versuchen an dem Demonstrator validiert worden. Mit Hilfe dieser Modelle lassen sich die dynamische Belastung der Tragrollen, die Relativgeschwindigkeit zwischen den Tragrollen und dem Systembehälter und die Erschütterung, die durch die Tragrollen auf den Systembehälter wirkt, bestimmen. Die Modelle sind in Abhängigkeit von drei Einflussfaktoren aufgestellt worden. Dabei handelt es sich um die Tragrollenteilung, die Anlagengeschwindigkeit und das zu transportierende Fördergewicht pro Behälter.

Bei der Auslegung eines Rollenfördermoduls können diese Modelle berücksichtigt werden. Auf diese Weise können die Module an den tatsächlichen Einsatzfall angepasst werden. Dadurch kann eine Überdimensionierung vermieden und Energie und Material eingespart werden. Bei der Auslegung sollten die drei Modelle parallel berücksichtigt werden. Aufgrund der Komplexität der Modelle ist eine graphische Optimierung der Zielgrößen nicht möglich. Stattdessen kann die Optimierung mit Hilfe einer Statistiksoftware durchgeführt werden.

6 Einsatz von Simulationen

In dieser Untersuchung sind Prognosemodelle für drei Zielgrößen jeweils in Abhängigkeit von drei Faktoren aufgestellt worden. Diese drei Faktoren sind in einem Screening als die entscheidendsten Einflussgrößen ermittelt worden. Darüber hinaus sind jedoch noch weitere Einflussgrößen als signifikant erkannt worden. So beeinflusst zum Beispiel der Systembehälter selbst ebenfalls die Belastung der Tragrollen, die Erschütterungen, die dieser erfährt, und die Relativgeschwindigkeit zwischen den Tragrollen und dem Systembehälter. Der Einfluss wird durch die Bodengestaltung, zum Beispiel flacher, gerippter oder doppelt verstärkter Boden, oder auch die Größe des Behälters selbst bedingt. Für die experimentelle Untersuchung zur Aufstellung der Prognosemodelle ist deshalb stets derselbe Kleinladungsträger eingesetzt worden, um diesen Einfluss konstant zu halten. Unberücksichtigt ist auch das Antriebskonzept geblieben. Der Demonstrator wird mit einem Untergurt angetrieben. Eine Übertragung der Ergebnisse auf Rollenförderer mit Rundriemen- oder Kettenantrieb ist somit nicht ohne Verifizierungsversuche möglich. Desweiteren ist lediglich eine Fördergerade mit definierter Länge untersucht worden. Eine Rollenförderanlage wird jedoch aus verschiedenen Modulen, wie zum Beispiel Geraden, Kurven, Drehtischen, Aus- oder Einschleusern, zusammengesetzt. Die Durchführung von Experimenten, die alle signifikanten Einflussgrößen und jedes Modul berücksichtigen, ist jedoch aufgrund der Anzahl der durchzuführenden Versuche nicht mehr handhabbar. So könnte nicht länger gewährleistet werden, dass alle Versuche unter gleichen Rahmenbedingungen durchgeführt werden, und die große Anzahl der Einzelversuche erhöht die Wahrscheinlichkeit, dass Messfehler entstehen.

Abhilfe würde hier der Einsatz von Simulationen schaffen. Würde jedes Rollenfördermodul in einer Simulationsumgebung nachgebildet werden können, so könnte der Förderprozess simuliert und die Versuche anhand der Simulation durchgeführt werden. Verschiedene Antriebskonzepte und der Einsatz verschiedener Systembehälter könnten in einer Simulation ebenfalls abgebildet werden. Zur Durchführung der Versuche in der Simulation könnte dann wieder die Statistische Versuchsplanung eingesetzt werden, denn auch beim Einsatz von Simulationen ist die Reduzierung des Versuchsumfangs wünschenswert.

Diese Untersuchung bedarf jedoch einer Simulation, die die einzelnen Komponenten eines Rollenfördermoduls abbildet, und mit der sowohl Geschwindigkeiten als auch Kräfte und Beschleunigungen ermittelt werden können. Neben diesen drei Zielgrößen sind weitere Anforderungen der Betreiber denkbar, die dann ebenfalls in der Simulation abgebildet werden müssten. Erste Ansätze einer solchen Simulation wurden bereits am Fachgebiet Maschinenelemente der TU Dortmund erarbeitet. Dabei ist das dynamische Systemverhalten einer Rollenfördergerade abgebildet worden.

Für das Modell eines Rollenförderers mit Untergurtantrieb wurden die Bewegungsdifferentialgleichungen mit dem Euler-Lagrange-Verfahren aufgestellt. Das Gleichungssystem ist mit den Parametern eines beispielhaften Versuchsrollenförderers gelöst worden. Zur Lösung des Gleichungssystems wurde das Softwareprogramm Simulink verwendet (EGGERT u.a. 2009, S. 195 ff.).

Im Folgenden sind einige Ergebnisse der Simulation dargestellt. Für die Interpretation der Ergebnisse ist es notwendig, die Annahmen und Vereinfachungen zu kennen, die für dieses Modell getroffen wurden. Bei jeder Simulation ist von einem vereinfachten Modell auszugehen, das in weiteren Schritten immer weiter verfeinert, angepasst und verbessert werden muss. Da zwischen der Tragrolle und dem Fördergut eine reibschlüssige Verbindung besteht, der Reibbeiwert zwischen diesen beiden Reibpartnern jedoch viel geringer ist als zwischen dem Antriebsriemen und der Tragrolle, wird an dieser Stelle die Relativbewegung zwischen Fördergut und Tragrolle berücksichtigt. Die hier beispielhaft vorgestellten Simulationsergebnissen zeigen Anfahrvorgänge des Rollenförderers für verschiedene Belastungszustände. Dazu wird der Simulationsparameter "Fördergewicht" für jede Simulation in den Stufen 5, 10, 20, 30 und 40 kg variiert. Während der Simulation wird für jeden Freiheitsgrad das Geschwindigkeits- und Wegprofil simuliert. Abbildung 1 zeigt das Geschwindigkeitsprofil einer beliebigen Tragrolle für eine Belastung von 20 kg.

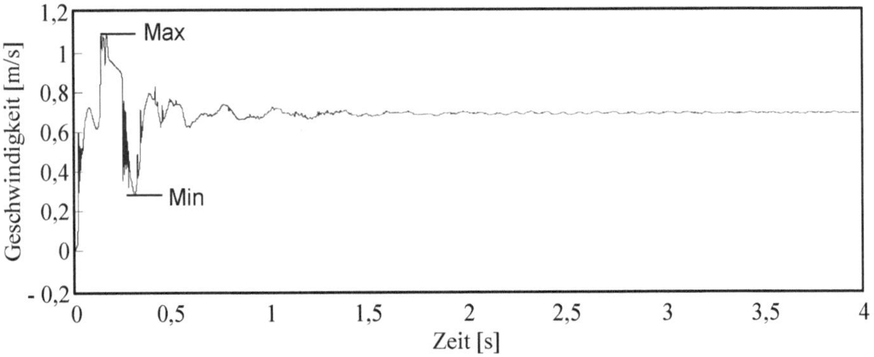

Abbildung 1: *Geschwindigkeitsprofil einer Tragrolle*

Dargestellt ist in diesem Fall die Umfangsgeschwindigkeit der Tragrolle am Rollenmantel, also der Stelle, an der die Tragrolle mit dem Fördergut in Kontakt steht. Als Soll-Fördergeschwindigkeit sind in der Simulation 0,7 m/s gewählt worden. In der Abbildung 1 ist zu sehen, dass es innerhalb der ersten 0,5 Sekunden des Anfahrvorgangs zu großen Geschwindigkeitsschwankungen kommt und sich erst nach ca. 1,5 Sekunden ein näherungsweise stationärer Betriebszustand ergibt. Zurückzuführen ist dies in erster Linie auf die starke Beschleunigung des Asynchronmotors, wodurch es typischer Weise bei Anfahrvorgängen zu Überschwingungen kommt.

Verstärkt wird dieser Effekt noch durch die Annahme, dass die Relativbewegung zwischen Antriebsriemen und Tragrolle vernachlässigt wird, also eine feste Verbindung vorausgesetzt wird. Somit wird in der Simulation kein Durchrutschen des Riemens berücksichtigt, was das Überschwingen unterbinden würde.

Als charakteristische Größen beim Anfahrvorgang sind die Maximal- und Minimalwerte, die die Geschwindigkeit während des Anfahrvorgangs annimmt, also der Maximalpeak und der Minimalpeak während der ersten 0,5 Sekunden des Anfahrvorgangs, identifiziert worden (Abbildung 1). Für verschieden große Fördergewichte ergeben sich laut den Simulationen unterschiedlich große Ausschläge. Wie in Abbildung 2 dargestellt, lässt sich mit zunehmendem Fördergewicht feststellen, dass die Minimalpeaks größer werden und die Maximalpeaks kleiner werden. Folglich sinkt die Bandbreite, zwischen der die Geschwindigkeit während des Anfahrvorgangs pendelt. Dies ist auf die zunehmende Trägheit größerer Massen zurückzuführen. Durch höhere Fördergewichte steigt die Trägheit des Systems, und große Schwingungsamplituden werden gedämpft.

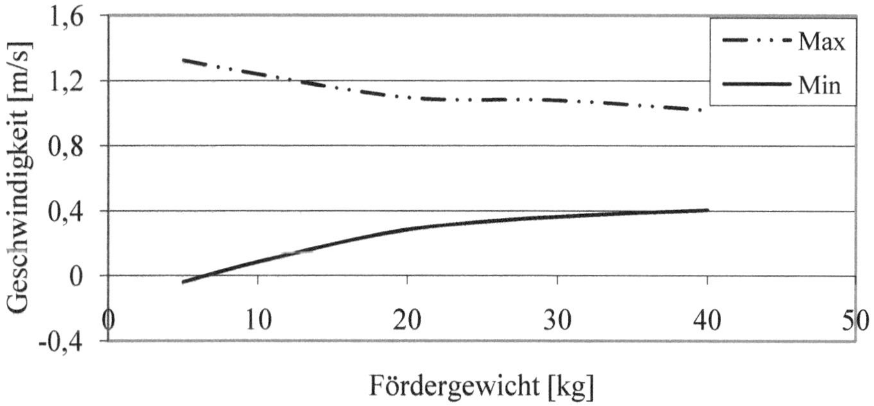

Abbildung 2: *Minimal- und Maximalwert der Geschwindigkeit beim Anfahrvorgang in Abhängigkeit vom Fördergewicht*

Die hier vorgestellten Simulationsergebnisse haben exemplarisch gezeigt, auf welche Weise das dynamische Verhalten eines intralogistischen Fördersystems simuliert werden kann. Dabei setzt die Simulation auf der numerischen Lösung von Differentialgleichungen auf, die mit Hilfe der Methode von Lagrange hergeleitet wurden. Das hier verwendete Verfahren kann auf andere intralogistische Förderanlagen übertragen werden, sofern deren Bewegungsgleichungen bekannt sind.

7 Zusammenfassung und Ausblick

In diesem Beitrag ist ein Vorgehen dargestellt worden, mit dem Kundenanforderungen an Stetigfördermodule anhand von Prognosemodellen bei der Auslegung dieser Module berücksichtigt werden können. Zur Ermittlung der zu berücksichtigenden Faktoren im Prognosemodell und zur Aufstellung der Modelle ist die Statistische Versuchsplanung genutzt worden. Es sind Modelle für eine Fördergerade eines

Rollenförderers erarbeitet worden. Es handelt sich um Modelle für die Zielgrößen Belastung einer Tragrolle, Erschütterung des Systembehälters und Relativgeschwindigkeit zwischen den Tragrollen und dem Systembehälter. Die Prognosemodelle berücksichtigen die drei Faktoren Tragrollenteilung, Anlagengeschwindigkeit und Fördergewicht pro Behälter.

Für die Auslegung von Rollenfördergeraden wird die Berücksichtigung dieser Modelle empfohlen, da auf diese Weise eine unnötige Redundanz und Überdimensionierung der Modulkomponenten vermieden werden kann. Die Gültigkeit der Prognosemodelle ist jedoch auf den untersuchten Einsatzfall beschränkt. Für die Auslegung verschiedener Module von Stetigförderern unter Berücksichtigung unterschiedlicher Antriebskonzepte und unterschiedlicher eingesetzter Systembehälter wird deshalb die Verwendung von Simulationen empfohlen. Erste Ansätze zur Simulation des dynamischen Systemverhaltens von Rollenförderer bestehen bereits. Hier besteht jedoch weiterhin Forschungsbedarf, um die Simulation stärker an die Einsatzbedingungen anzupassen und weitere physikalische Größen ermitteln zu können. Bei der Planung und Durchführung der Versuche in der Simulation sollte ebenfalls die Statistische Versuchsplanung eingesetzt werden. Auf diese Weise lässt sich der erforderliche Versuchsumfang reduzieren, ohne dass die Aussagekraft der Ergebnisse unzulässig verringert wird.

Literatur

ARNOLD, Dieter; ISERMANN, Heinz; KUHN, Axel; TEMPELMEIER, Horst; FURMANS, Kai (Hrsg.): Handbuch Logistik. Berlin, Heidelberg: Springer-Verlag, 3. Auflage 2008.

EGGERT, Jan; BENTHAUS, Burkhard; KÜNNE, Bernd; KULIG, Stefan: Unterstützung der Konstruktion von Stetigförderern durch die Simulation des dynamischen Systemverhaltens. In: 7. Gemeinsames Kolloquium Konstruktionstechnik. Hrsg.: BRÖKEL, K.; FELDHUSEN, J.; GROTE, K.-H. u.a. Bayreuth, 2009.

GEIGER, Walter; KOTTE, Willi: Handbuch Qualität. Wiesbaden: Vieweg-Verlag, 5. Auflage 2008.

KLEPPMANN, Wilhelm: Taschenbuch Versuchsplanung – Produkte und Prozesse optimieren. München, Wien: Carl Hanser Verlag, 6. Auflage 2009.

SCHEFFLER, Eberhard: Einführung in die Praxis der statistischen Versuchsplanung. Leipzig: VEB Deutscher Verlag für Grundstoffindustrie, 3. Auflage 1997.

TEN HOMPEL, Michael; SCHMIDT, Thorsten; NAGEL, Lars: Materialflusssysteme – Förder- und Lagertechnik. Berlin, Heidelberg: Springer-Verlag, 3. Auflage 2007.

Integrationsaspekte der Simulation:
Technik, Organisation und Personal
Gert Zülch & Patricia Stock (Hrsg.)
Karlsruhe, KIT Scientific Publishing 2010

Einfluss der Brammenlogistik auf den Energieverbrauch von Wärmeöfen in der Warmbreitbandstraße

Influence of Slab Logistics on Energy Consumption in the Continuous Furnaces of the Hot Rolling Mill

Niklas Labitzke, Thomas Volling, Matthias Wichmann, Thomas S. Spengler
Technische Universität Braunschweig, Institut für Automobilwirtschaft und Industrielle Produktion, Braunschweig (Germany)
n.labitzke@tu-bs.de

Abstract: In this contribution we present a DES model of the slab logistics processes in an integrated steel mill which incorporates energy consumption behaviour of the slab furnaces. This way, we can evaluate different modes of operational planning and logistics in terms of their effect on energy costs. The focus is laid on the modelling of the slab ovens and model validation. However, since this study is embedded in a broader research of value-oriented simulation, we will give a short outlook of the benefits from incorporating technical oriented consumption behaviour into DES models and applying them to decision-oriented accounting.

1 Einleitung

In einem integrierten Hüttenwerk zur Stahlerzeugung stellt das Warmwalzen die zentrale Schnittstelle zwischen der flüssigen Phase, in der die chemische Zusammensetzung der Stahlprodukte konfiguriert wird und der Kunden- bzw. weiteren Veredelungsseite dar. Die im Stahlwerk produzierten Brammen – quaderförmige Halbzeuge mit einem Gewicht zwischen 12 und 35 Tonnen – müssen für die losweise Bearbeitung in der Warmbreitbandstraße zunächst zwischengelagert und anschließend auf eine Umformtemperatur von ca. 1.250° C gebracht werden. Die Lagerung geschieht üblicherweise in Freilagern, die von Brückenkranen oder Reachstackern betrieben werden. Die Erwärmung erfolgt in gasbetriebenen Durchlauföfen und zählt mit zu den energieintensivsten Prozessschritten bei der Stahlherstellung.

Neben einer effizienten Ofenfahrweise haben insbesondere die vorgeschaltete Lagerlogistik sowie die operative Abstimmung zwischen Stahlwerk und Warmbreitbandstraße einen großen Einfluss auf den Energieeinsatz in den Wärmeöfen. Technische Lösungen wie Wärmehauben oder ein zügigerer Brammendurchsatz im Lager reduzieren den Enthalpieverlust der Brammen und damit die erforderliche Energiemenge in den Öfen. Für die Bewertung möglicher Gestaltungsalternativen der Brammenlogistik stehen jedoch keine geeigneten Analyse- und Auswertungsinstrumente zur Verfügung.

In diesem Beitrag wird daher die Konzeption und Entwicklung eines geeigneten Modellierungsansatzes auf Basis der ereignisdiskreten Ablaufsimulation beschrieben. Ziel ist es, die monetären Potenziale einer hinsichtlich des Energieverbrauches in den Wärmeöfen verbesserten Brammenlogistik zu identifizieren. Die Ablaufsimulation ist in diesem Zusammenhang um eine technische Energieverbrauchsfunktion und eine zugehörige betriebswirtschaftliche Bewertungskomponente zu erweitern.

Hierzu wird in Kapitel 2 zunächst die Problemstellung im betrachteten Hüttenwerk konkretisiert. Darauf aufbauend erfolgt die Beschreibung des Modellierungsansatzes (Kap. 3) und der Validierung insbes. des Ofenmodells (Kap. 4). Der Beitrag schließt in Kapitel 5 mit einem Ausblick auf die Potentiale, welche der Modellierungsansatz für die weitere Entscheidungsunterstützung offenbart.

2 Ausgangslage

Traditionell werden der Stranggießbetrieb im Stahlwerk und das anschließende Warmwalzwerk durch ein zwischengeschaltetes Brammenlager technisch und planerisch entkoppelt. Ein direktes Auswalzen der heißen Stränge ist zwar aus energetischer Sicht wünschenswert, jedoch technisch bisher nicht realisierbar. Ursächlich hierfür sind u.a. Reihenfolge-Restriktionen der Warmbreitbandstraße, die maßgeblich von den Walzbreiten der Brammen abhängen und nicht mit den Ausstoß-Reihenfolgen der Stranggießanlagen in Einklang stehen. Zudem ist ein Teil der Brammen vorher in einem sog. Adjustagebetrieb auf Oberflächenfehler zu inspizieren und ggf. von diesen zu befreien. Trotz des Ziels, den Wärmeenergieverlust, der durch die Lagerung der Brammen entsteht, durch eine möglichst kurze Lagerdauer zu minimieren, beträgt der Anteil heiß eingesetzter Brammen (>300° C) bisher weniger als 10 %.

Die signifikante Erhöhung der Heißeinsatzquote ist jedoch nur durch eine systematische Änderung des Planungsprozesses realisierbar. Bisher berücksichtigt die Planung fast ausschließlich abgegossene Brammen in den Walzprogrammen. Eine signifikante Verkürzung der Lagerdauer lässt sich jedoch nur erreichen, wenn die Walzplanung antizipativ auf Basis noch nicht abgegossener Brammen erfolgt. Dies birgt neben höheren Einstoßtemperaturen in den Öfen zusätzlich den Vorteil, dass Brammen reihenfolgebezogen eingelagert werden können und damit weniger häufig umzulagern sind.

Eine derartige Umstellung erfordert zum einen Investitionen in ein modernes Lagerverwaltungssystem. Zum anderen sind die am Planungsprozess beteiligten Organisationseinheiten von der Vorteilhaftigkeit und Umsetzbarkeit der alternativen Planungsprozesse zu überzeugen. Aus diesen Gründen ist eine Berechnung der monetären und logistischen Konsequenzen auf Basis fundierter und belegbarer Untersuchungen unerlässlich. Im betrachteten Hüttenwerk existiert bisher allerdings kein detailliertes Beschreibungs- und Analysemodell des Brammenlagers, anhand dessen die komplexen Wirkungszusammenhänge zwischen Lagerdauer der Brammen und Auslastung der Lagereinrichtungen im Kontext der vielfältigen technischen und zeitlichen Restriktionen identifizierbar wären. Des Weiteren ist auch nicht der kausale Zusammenhang zwischen der Lagerdauer und des Abkühlverhaltens (und damit der Einstoßtemperatur) bekannt. Zuletzt können die energetischen Effekte durch unterschiedliche Brammen-Einsatztemperaturen bisher nur auf Basis einer stark vereinfachenden, statischen Spreadsheet-Kalkulation abgeschätzt werden. Diese berechnet den stündlichen Energieeinsatz bei Vorgabe des Brammendurchsatzes sowie einer durchschnittlichen Einstoßtemperatur. Beide Parameter unterliegen jedoch in der Realität ständigen Schwankungen. In der Konsequenz können unterschiedliche Planungs- und Logistikprozesse somit nur auf Basis statischer, hochaggregierter Kalkulationen, die mit großer Unsicherheit behaftet sind, verglichen werden. In der Literatur erwähnen ASSAF u.a. (1997) eine ähnliche Problemstellung. Die Modellierung der Wärmeöfen wird aber nur verbal ausgeführt, die zugrundegelegte Basisquelle ist als Masterarbeit nicht zugänglich.

3 Modellierung

Der im Folgenden beschriebene Modellierungsansatz basiert auf der ereignisdiskreten Ablaufsimulation. Diese hat sich als ein geeignetes Instrument zur Gestaltung der meist sehr komplexen logistischen Stahlprozesse etabliert. In Erweiterung zu üblichen Simulationsstudien, bei denen die Analyse in der Regel auf die logistischen Kenngrößen eines Systems (z.B. Durchlaufzeit, Auslastung, Durchsatz) beschränkt bleibt, wird im Rahmen der hier modellierten Wärmeöfen der Fokus auf die Bestimmung des Mengen- und Wertgerüstes des Energieeinsatzes gelegt. Die Ablaufsimulation nimmt aus Sicht der Produktionstheorie somit die Funktion einer Verbrauchsfunktion wahr. Die den Wärmeöfen vorgeschaltete Brammenlogistik und das durch sie induzierte Abkühlverhalten der Brammen determiniert in diesem Zusammenhang die Ausprägungen des Mengengerüstes, d.h. von ihr hängen die Einstoßtemperaturen der Brammen ab. Das Layout des betrachteten Systems ist in Abbildung 1 dargestellt.

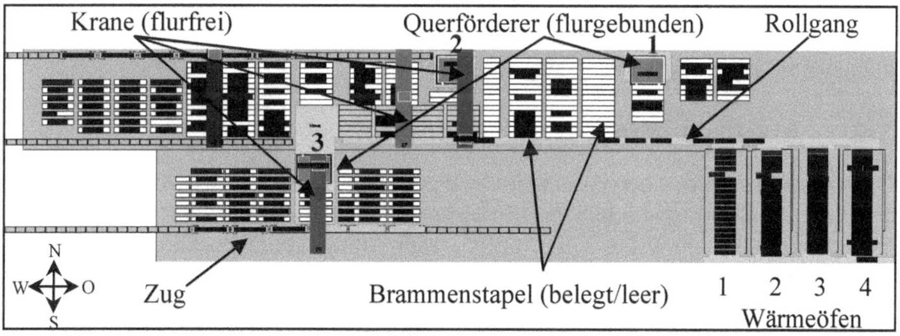

Abbildung 1: Draufsicht auf das Simulationsmodell

Der Materialfluss gestaltet sich wie folgt. Die Brammen gelangen einerseits direkt vom Stahlwerk per Zug in die mit insgesamt vier Brückenkranen betriebenen Blocklager. Andererseits werden Brammen, die in der Adjustage überarbeitet worden sind, über die Querfördereinrichtungen 1 und 2 in das Lager verfahren und eingelagert. Die täglichen Einfuhrmengen der verschiedenen Brammenkategorien unterliegen normalverteilten Schwankungen. Es werden keine real durchgelaufenen Brammenfolgen im Modell hinterlegt, sondern sämtliche Brammenquantitäten und -qualitäten auf Basis statistischer Verteilungen generiert. Jede eingefahrene Bramme besitzt dabei individuelle Eigenschaften bzgl. Masse, Dimension, Kategorie (determiniert den Einfahrtsweg und die Dringlichkeit der Einplanung) und der Position auf dem Zug.

Die Krane lagern die Brammen ein, die Stapelhöhe auf den Lagerfeldern beträgt dabei bis zu 15 Brammen. Später werden die Brammen gemäß ihrer Walzreihenfolge vorsortiert und zum Bedarfszeitpunkt auf einen Rollgang gelegt, der sie zu einem von insgesamt vier Wärmeöfen befördert. Brammen, die im südlichen Blocklager eingelagert werden, gelangen über die Querfördereinrichtung 3 in das nördliche Lager, wo sie direkt auf den Rollgang gelegt werden.

3.1 Brammenlogistik

Um die Auswirkungen unterschiedlicher Gestaltungsalternativen auf das Verhalten der Logistikeinrichtungen sowie auf die Abkühlung der Brammen evaluieren zu können ist ein hohes Detailniveau bei der Modellierung zu wählen. Die Bewegungen der Krane sowie die Position der Waggons, Rollgänge und Lagerplätze werden in x-, y- und z-Richtung maßstabsgetreu abgebildet. Eine besondere Herausforderung stellt die realistische Replikation der nicht-trivialen Steuerungsroutinen der Krane dar. Trotz ihrer sich überlappenden Aufgabenkomplexe dürfen sich diese nicht berühren. Die Zuordnung von Ein-, Um- und Auslagerungsaufträgen zu Kranen muss technische Restriktionen berücksichtigen und sich am aktuellen Lastzustand des Systems orientieren. Bspw. besitzen zwei der Krane Zangen zum Aufnehmen der Brammen und benötigen daher größere Abstände zwischen den Lagerfeldern (siehe Abb. 1). Die mit Magnet betriebenen Krane können demgegenüber keine Brammen aufnehmen, die heißer als 500°C sind. Im Rahmen der Wahl von Lagerplätzen für umzulagernde Brammen ist stets die Position der dadurch betroffenen Brammen im Walzprogramm zu berücksichtigen. Brammen, die früher aufzulegen sind, sollten nach Möglichkeit nicht zugedeckt werden. Insgesamt resultieren hieraus sehr umfangreiche Zuordnungsabfragen. Ziel ist es, das intuitive Entscheidungsverhalten der Kranfahrer möglichst realistisch darzustellen.

3.2 Abkühlverhalten der Brammen

Das Abkühlverhalten der Brammen während der Lagerung wird über empirisch ermittelte Funktionen modelliert. Die Grundlage hierfür bilden die umfangreichen Untersuchungen von VOIGT u.a. (1990) zum Abkühlverhalten von Brammen bei unterschiedlichen Bedingungen. Neben der (normalverteilten) Anfangstemperatur der Brammen beeinflussen die Lagerdauer und die Höhe der Brammen im Stapel die resultierende Temperatur.

$$T^{resultierend} = T^{Anfang} \cdot e^{-0{,}1343 \cdot \text{Höhe im Stapel}^{-0{,}485} \cdot \text{Lagerdauer}} \tag{1}$$

Je tiefer die Bramme im Stapel liegt, desto stärker profitiert sie von der Strahlung sie umgebender Brammen und desto weniger ist sie äußeren Witterungseinflüssen (Wind, Niederschlag) ausgesetzt. Sie kühlt daher langsamer ab. Die Temperatur

$T^{resultierend}$ einer Bramme wird bei jedem Umlagervorgang neu berechnet und stellt zuletzt die Einstoßtemperatur der Bramme dar.

3.3 Wärmeöfen

Der Modellierung des Energieverbrauches in den Öfen ging eine umfangreiche Datenanalyse voraus. Auf Basis der gemessenen Energieeinträge und der Informationen zu den eingestoßenen Brammen ließen sich starke Abhängigkeiten identifizieren. Diese sind allerdings nicht für einzelne Brammen, sondern lediglich für das gesamte im Ofen befindliche Brammenbündel beobachtbar. Starke Kausalitäten ergeben sich zwischen dem Energiegehalt (Enthalpie) des Brammenbündels, abhängig von der Masse und den Temperaturen der Brammen, und dem für das Brammenbündel erforderlichen Energieeintrag. Sinkt die Enthalpie des Brammenbündels, z.B. durch Ausstoß heißer Brammen und Zuführung kalter Brammen, erhöht sich der anschließend erforderliche Energieeintrag deutlich. Werden dagegen wärmere Brammen zugeführt, ist der erforderliche Energieeintrag geringer.

Um diese Zusammenhänge zwischen Enthalpie und Energieeintrag abbilden zu können, ist der Wärmeverlauf der einzelnen Brammen zu modellieren. Dies erfolgt über ein System gekoppelter Regelkreise. Die Brammen durchlaufen während ihrer Zeit im Ofen verschiedene Ofenbereiche mit unterschiedlichen Soll-Temperaturen und Heizintensitäten. Analog zum realen Prozess wird durch Regelkreise die jeweilige Abweichung von Soll- und Ist-Temperatur erfasst und der erforderliche Energieeintrag entsprechend eingestellt. In die Regelkreise gehen neben den Brammeneigenschaften (Temperatur und Masse) u.a. auch der Wirkungsgrad des Ofens, die spezifischen Wärmekapazitäten in Abhängigkeit der aktuellen Brammentemperatur und manuelle Fahrweisen bei Störungen und Wartungen ein.

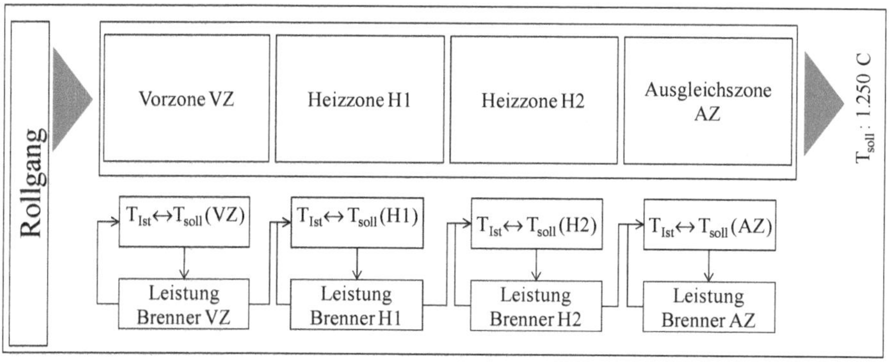

Abbildung 2: *Prozessablauf (vereinfacht) der Öfen und Ofenmodelle*

Die Regelung des Energieeintrags in den Heizzonen und die Aktualisierung der Ist-Temperaturen der Brammen erfolgt modellbedingt in diskreten Zeitintervallen (auf Minutenbasis). Diffusionseffekte des Energieeintrags zwischen den Heizzonen und Wärmeübertragungen zwischen den Brammen (Konvektion) werden nicht berücksichtigt. Hierzu wären kontinuierliche verfahrenstechnische Prozessmodelle für die Öfen zu entwickeln. Eine valide Replikation der thermischen Abläufe in den Öfen vermögen die hier dargestellten ereignisdiskreten Modelle daher nicht zu leisten. Sie sind stattdessen im Sinne einer Black-Box-Modellierung als ergebnisimitierende

Modelle, mit dem Zweck, den kausalen Zusammenhang zwischen Brammeneigenschaften und Energieverbrauch herzustellen, zu verstehen. Die Güte der Ofenmodelle lässt sich somit nur durch Vergleich von Modell- zu Realdaten beurteilen. In der Konsequenz ist für die Glaubhaftigkeit der Modellergebnisse der Validierung besondere Aufmerksamkeit zu schenken.

4 Modellvalidierung

Zur Validierung des Modells zur Brammenlogistik kommen aus der Literatur bekannte Verfahren wie der Ereignisvaliditätstest, das Monitoring, das strukturierte Durchgehen, der Vergleich mit aufgezeichneten Daten sowie statistische Techniken (Anpassungstests) zum Einsatz (RABE u.a. 2008, S. 95 ff.). Da sich dieser Teil des Modells nur wenig von üblichen Simulationsmodellen der Produktion und Logistik unterscheidet, soll die Anwendung dieser Techniken hier nicht vertieft werden.

Die Validierung der Abkühlfunktion erfolgt anhand des Vergleichs mit aufgezeichneten Daten. Aus den betrieblichen Datenerfassungssystemen lassen sich die Lagerdauern sowie die Einstoßtemperaturen sämtlicher durchgesetzter Brammen entnehmen. Für die Anfangstemperaturen der Brammen bei Eintritt in das Lager existieren Stichproben, die Stapelhöhe wird in den Betriebssystemen jedoch nicht festgehalten. Die Validierung der Abkühlfunktion erfolgt zum einen statisch anhand einer durchschnittlichen Stapelhöhe für variierende Lagerdauern. Zum anderen werden die ermittelten Einstoßtemperaturen aus dem Simulationsmodell entnommen. Da im Simulationsmodell keine real durchgelaufenen Brammenfolgen verwendet werden (siehe Kap. 3), lassen sich die realen Daten und die Simulationsdaten nur anhand statistischer Kenngrößen vergleichen. Dies sind zuvorderst die mittleren Einstoßtemperaturen für unterschiedliche Brammenkategorien und Lagerdauern sowie Streuungs- und Extremalwerte.

Die Validierung der Modelle der Wärmeöfen soll hier gemeinsam mit der vorher durchzuführenden Parametrierung beschrieben werden. Die Modelle beinhalten einige Parameter wie Maximalbrennerleistung, mittlere Brennerleistung, Brennerleistung im Fall einer Störung etc., die exogen vorzugeben sind und im Rahmen der Regelkreissteuerung nicht verändert werden. Sie können jedoch bei der Modellierung in Grenzen variiert werden und sind infolgedessen zur Erzielung einer möglichst hohen Modellvalidität zu parametrieren. Der Prozess der Parametrierung und Validierung ist in **Abbildung 3** dargestellt.

Zur Parametrierung und Validierung werden die Ofenmodelle zunächst isoliert, d.h. ohne vorgelagertes Brammenlogistikmodell und anhand real durchgelaufener Brammenfolgen betrachtet. Hierfür werden drei Untersuchungszeiträume von drei bis acht Tagen Länge als Testinstanzen ausgewählt. Analog zum Vorgehen bei einem künstlichen neuronalen Netz erfolgt die Parametrierung anhand einer Testinstanz a (Trainingsdaten), während die übrigen Testinstanzen (b und c) zur Validierung des Modells herangezogen werden. Das Ziel der Parametrierung besteht darin, die exogenen Parameter P_a^{exogen} so festzulegen, dass die Abweichungen zwischen den realen und den modellbezogenen Verbrauchsdaten (e_a^{real} und e_a^{modell}) minimiert werden. Dies erfolgt auf Basis der simulationsbasierten Optimierung mithilfe eines genetischen Algorithmus. Die Testinstanzen werden in weitere Subinstanzen untergliedert. Über die drei Untersuchungszeiträume stehen insgesamt 70 Subinstanzen zur Verfügung.

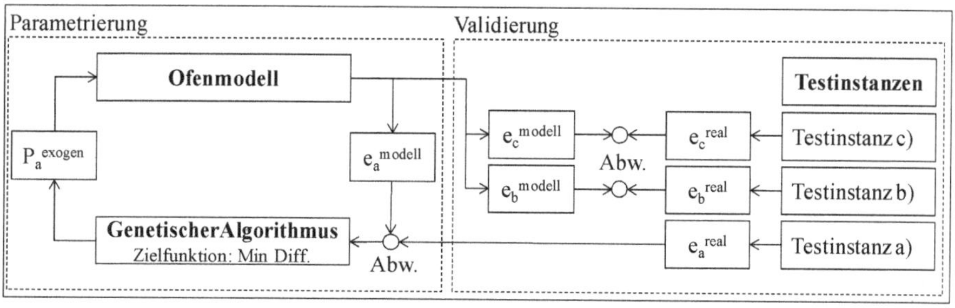

Abbildung 3: *Prozess der Parametrierung und Validierung*

Die Ergebnisse weisen auf eine gute Approximation der Energieverbräuche hin. In **Abbildung 4** sind die Mittelwerte, die Streuungen sowie die Maximalwerte der Abweichungen über alle Subinstanzen in allen drei Untersuchungszeiträumen dargestellt. Der linke Teil bezieht sich auf die Ofenmodelle, der rechte auf die statische Spreadsheet-Kalkulation. Die mittleren Abweichungen liegen bei den Ofenmodellen bei allen vier Öfen bei deutlich unter einem Prozent. Größere Abweichungen, insbes. die maximal gemessenen Abweichungen treten ausschließlich bei sehr kurzen Subinstanzen von weniger als einem Tag auf. Je länger die Subinstanz, umso geringer fallen in der Regel die Abweichungen auf. Da die Laufzeiten des Simulationsmodells mit 120 Tagen deutlich über den Zeitintervallen der Testinstanzen liegen, ist im Rahmen der Simulationsexperimente mit nur sehr geringen Abweichungen zu rechnen. Die in Kapitel 2 angesprochene statische Spreadsheet-Kalkulation weicht bei 54 von den 70 Subinstanzen stärker ab und approximiert die Energieverbräuche im Mittel um 3,51 Prozentpunkte schlechter. Auch die Streuung und die maximalen Abweichungswerte liegen deutlich höher (vgl. Abb. 4).

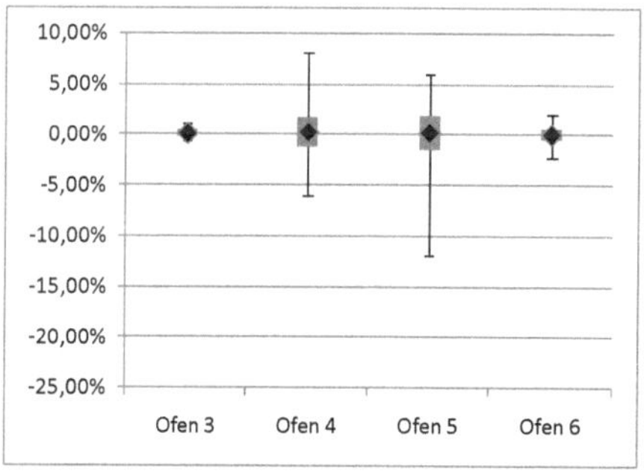

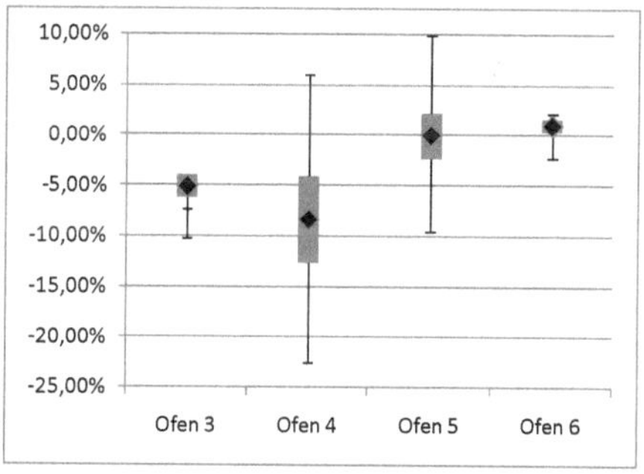

Abbildung 4: *Abweichungen von Modell- zu Realenergieverbräuchen (Mittelwert, Streuung sowie Maximum & Minimum). Links: Ofenmodell, Rechts: Spreadsheet.*

5 Ausblick

Die berechneten Energieverbräuche in den Modellen der Wärmeöfen können anhand der spezifischen Heizwerte für Erd- und Hochofengas in Gasverbräuche transformiert und durch Multiplikation der Beschaffungs- bzw. Opportunitätskosten der Gase anschließend monetär bewertet werden. Das vorliegende Modell ermöglicht somit die Evaluation unterschiedlicher Gestaltungsalternativen hinsichtlich der betriebswirtschaftlichen Effizienz der Wärmeöfen. Die entscheidungsorientierte Bewertung des gesamten Logistiksystems, z.B. durch Berechnung der Energiekosten der Krane anhand Heinen'scher Verbrauchsfunktionen und durch Berücksichtigung der Personal- und Kapitalbindungskosten kann hier jedoch nicht vertieft werden (vgl. LABITZKE u.a. 2009, S. 2500 ff.).

Der hier vorgestellte Ansatz einer Verknüpfung der Ablaufsimulation mit betriebswirtschaftlichen Bewertungskalkülen geht über die bisher in der Literatur diskutierten Ansätze der Kostensimulation hinaus. Letztere basieren fast ausschließlich auf aktivitätsorientierten, meist vollkostenorientierten Rechnungssystemen und zielen in erster Linie darauf ab, analytisch vorbestimmte Kosten möglichst gerecht auf Kostenträger, Ressourcen oder Aktivitäten zu verteilen (für einen Literaturüberblick siehe LABITZKE u.a. 2009, S. 2498 f.). Zur Gestaltung logistischer Prozesse bei der Stahlherstellung ist ein solches Vorgehen wenig zielführend. Hier sind die Energiekosten zu bedeutend, um sie im Kleid unechter Gemeinkosten pauschal zu verrechnen. Durch Nutzung technischer Verbrauchsfunktionen in hochauflösenden dynamischen Ablaufsimulationen lassen sich die Energiekosten endogenisieren und gegenüber analytischen Rechnungsansätzen wesentlich detaillierter darstellen. Dies ist die Quintessenz des hier vorgestellten neuartigen Ansatzes: Erst die Endogenisierung der Verbrauchs- und Kostenberechnung hebt die Kostensimulation qualitativ von analytischen Bewertungsansätzen für die logistische Prozessgestaltung ab. Die Proportionalisierung vorab festgesetzter Kostenhöhen schafft – abgesehen von der Bestimmung von Stückkosten für die Produktkalkulation – für die Entscheidungsunterstützung dagegen wenig Mehrwert.

Literatur

ASSAF, I.; CHEN, M.; KATZBERG, J.: Steel production schedule generation. In: International Journal of Production Research, Oxfordshire, 35(1997)2, S. 467-477.

LABITZKE, Niklas; SPENGLER, Thomas S.; VOLLING, Thomas: Applying decision-oriented accounting principles for the simulation-based design of logistics systems in production. In: Proceedings of the 2009 Winter Simulation Conference; Energy Alternatives. Hrsg.: Rossetti, M. D.; HILL, R. R.; JOHANSSON, B.; DUNKIN, A.; Ingalls, R. G. New York, NY: Association for Computing Machinery Order Department; Piscataway, NJ: IEEE Service Center, 2009, S. 2496-2508.

RABE, Markus; SPIECKERMANN, Sven; WENZEL, Sigrid: Verifikation und Validierung für die Simulation in Produktion und Logistik. Berlin: Springer-Verlag, 2008.

VOIGT, Hans; BULLERSCHEN, Klaus-Gerd; FRIEDRICH, Reiner: Untersuchungen zum Heißtransport von Stranggußbrammen. In: Stahl und Eisen, Düsseldorf, 110(1990)6, S. 97-105.

Integrationsaspekte der Simulation:
Technik, Organisation und Personal
Gert Zülch & Patricia Stock (Hrsg.)
Karlsruhe, KIT Scientific Publishing 2010

Autonomous Control in Serial Production with Time-Continuous and Discrete Event Models

Pinar Boyaci, Robert Bosch GmbH, Stuttgart (Germany)
Pinar.Boyaci@de.bosch.com

Sigrid Wenzel, Universität Kassel, Kassel (Germany)
s.wenzel@uni-kassel.de

Abstract: This paper presents a new approach for controlling serial production lines. Thereby, discrete event and time-continuous simulation are used and the utility of both methods is compared, concerning precision of the outcomes, as well as user friendliness. The main contribution is an autonomous control approach in an exemplary flow shop scenario with two production lines including three processors in each case. Two different types of products are produced in the presented production environment, whereas each type is preferably produced on one of the lines. The presented strategy enables the products to decide themselves which production line has to be chosen depending on the evolution of the inventory within the production environment.

1 Introduction

In classical production planning and control systems a central planning and controlling supervisory pre-plans all flows of parts and processes within the production network. This includes standard processes as well as deviation management in case of machine failures or absence of material. However central planning and control can yield suboptimal performance of the system which results in lower efficiency. In complex system it can even cause unforeseen dynamic effects (cf. SCHOLZ-REITER et al. 2008, p. 128). For this reason the benefits of autonomous control strategies are discussed for production planning and control as well as in logistics in recent literature (cf. SCHOLZ-REITER et al. 2008). Fundamental theories, adopted from nature's principles which can be especially used for controlling complicated processes, are already described in past publications (cf. BRUECKNER 2000). Different aims can be achieved by introducing autonomous control to production systems. These are the classical aims of production logistics like minimizing inventory, maximizing throughput or minimizing throughput times (cf. GÜNTHER, TEMPELMEIER 2009, p. 9). Since inventory costs are high and often the space for buffers is limited, we are looking for an autonomous control strategy which is able to lower inventory in a production system. Since serial flow shop production is typical for the automotive industry which counts a respectable part of industry nowadays, we are looking for approaches which can handle the complexity of a serial flow shop production especially by handling a lot of different variants and a large workload. There are different methods to analyze autonomous control strategies in given flow shop scenarios. The paper ties in with an analytic model approach (cf. DACHKOVSKI et al. 2006) controlling a shop floor consisting of two parallel machines producing two product types. Our approach is extended to two parallel production lines to analyze the behavior of a serial production environment. For the beginning, only two different product types are considered, however it builds a fundamental basis for enlarging the system to assess the behavior regarding a high number of different variants. Dynamic modeling of production and logistic systems is mostly done by simulation models. In this paper a discrete event and a time-continuous simulation model of the developed control strategy are performed and compared. Nearly a quarter century discrete event simulation (DES) has been dominating simulation methods in production and logistics (cf. WENZEL et al. 2010, p. 73). Hence, together with new control methods, new modeling approaches are gaining more attention within the production and logistics world, e. g. time-continuous models which can perform fluid approximation models of serial production lines. Here the rate of change of a queue in front of a machine is given by the inflow into the queue respectively the machine, minus their outflow (cf. ARMBRUSTER et al. 2005, p. 5). But most of these fluid models are coupled with partial differential equations, which will only make sense if the spatial state of a production lot is important for its control. We assume that in the considered production and logistics systems the inventory only changes over time, but not over space. Therefore, we have to look at the flow of the parts rather than at the density. In the paper, we will compare the outcomes of a discrete event simulation model with those of a time-continuous simulation model, in order to see how each simulation method performs within the considered environment.

Section 2 gives a short overview of dynamic analysis methods for production and logistics systems. In section 3 the new control strategy is worked out, whereas 3.1 characterizes the assumed production scenario, section 3.2 describes the time-continuous model, section 3.3 the discrete event model, in section 3.4 the control model is revealed and 3.5 points out the simulation results which are gained by using the numeric computing environment MATLAB for the time-continuous model. The discrete event model is implemented by using MATLAB SimEvents. We chose MATLAB as a tool which is capable of both time-continuous and discrete event simulation. In section 4 the comparison of discrete event and time-continuous simulation is shown and section 5 wraps up the results in a summary and is completed by a conclusion of the presented research.

2 Dynamic modeling approaches in production and logistics

In this section, we shortly describe the methods, we recognized in recent literature, for analyzing dynamic behavior in production and logistics.

Coming from physics, *cellular automata* represent discrete models for dynamical systems in order to investigate turbulence, chaotic behaviour and dynamics outside stability points (cf. BRUECKNER 2000, p. 7). *Petri nets* are a general formulation of automats and part of the class of analytical models. They are capable to show characteristics like deadlocks or reversibility of production and logistics systems (cf. KIENCKE 2006, p. 307). With the help of the *Max-plus algebra* discrete event systems can be described and analyzed analytically by using the large mathematical toolkit of the linear algebra. Furthermore the simulation is fast and efficient, similar to differential equations (cf. SCHOLZ-REITER et al. 2008, pp. 116). By using *queueing models*, probable relationships between the waiting time and the length of the queues as well as the service station's utilization times can be predicted, but probability distributions are assumed which cannot be guaranteed in practice (cf. NYHUIS, WIENDAHL 2008, p. 41, p. 48). In *discrete event simulation*, state transitions of the considered system are observed over time. The system is mapped by events, processes and activities (cf. KUHN, WENZEL 2008, p. 79). Maximizing the flexibility of production systems is one of the main targets of *agent systems*. It is especially suitable for shared organizational structures. Thereby the decision making is done by cooperation of several decision makers. The local coordination of processes in distributed production networks gives a perfect field of application for cooperating agents. Multi-agent systems shall simplify the cooperation between different companies (cf. PAWELLEK 2007, pp. 109). By approximating the behavior of a queueing process with differential equations, a *time-continuous simulation model* is obtained. Here either ordinary differential equations, describing the system's behavior over time, or partial differential equations, mapping the system's behavior over time and space (cf. ARMBRUSTER et al. 2005) can be used for modeling.

3 Autonomous control scenario in production flow shop

In the following section an exemplary scenario in a production logistic environment is rolled out in order to derive the control approach and execute it in discrete event and time-continuous simulation. The scenario is motivated by DASHKOVSKI et al (2004) as well as SCHOLZ-REITER et al. (2005), however contrary to them, a serial production instead of a shop floor is considered. The parameter values correspond mainly to those examined by GÖTTLICH et al. (2006).

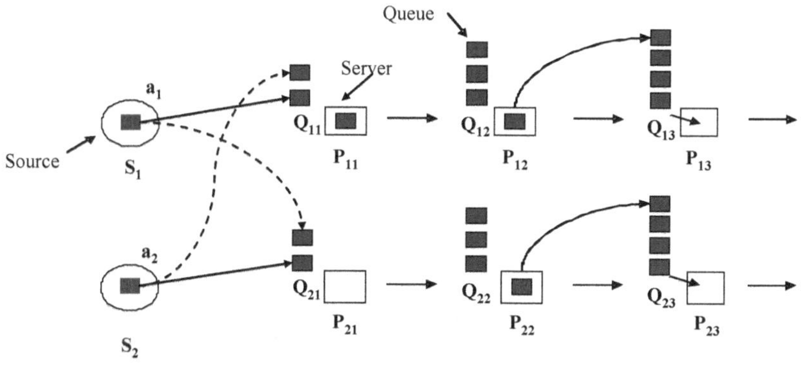

***Figure 1:** Flow shop scenario*

3.1 Flow shop scenario

The autonomous control is performed within a flow shop scenario consisting of two separate production lines which is shown in Figure 1. The parts arrive with arrival rate a_1 from source S_1 and arrival rate a_2 from source S_2. Without control, all parts from S_1 proceed to production line 1 and all parts from S_2 proceed to production line 2. Since we are modeling a serial production, once a production line is chosen, it cannot be changed again. In DACHKOVSKI et al. (2006) and SCHOLZ-REITER et al. (2005) the authors assume that parts have always the chance to interchange between the production lines. Production line 1 consists of three processors P_{11}, P_{12}, P_{13} with three queues Q_{11}, Q_{12} and Q_{13} and production line 2 consists of three processors P_{21}, P_{22} and P_{23} with three queues Q_{21}, Q_{22} and Q_{23}. The processors within production line 1 have the capacities c_{11}, c_{12}, c_{13} and the processors within production line 2 have the capacities c_{21}, c_{22}, c_{23}.

3.2 Continuous model

The evolution of the buffer queues within the production lines can be considered as a system of coupled ordinary differential equations. The general formulation of the differential equations of the queues is given by

$$\dot{Q}_{ij} = P_{ij}^{in} - P_{ij}^{out} \tag{1}$$

with: P_{ij}^{in} inflow into processor and P_{ij}^{out} outflow of processor

Since we model a serial production line where the output of one processor is fed into the next processor and can further assume that no goods are gained or lost during the production processes the system satisfies:

$$P_{ij}^{in} = P_{(i-1)j}^{out} \tag{2}$$

We process fractions in a time-continuous system rather than single parts, so the inflows into production line 1 and 2 can be described with the equations

$$P_{11}^{in} = \alpha_1 + \beta_1, P_{21}^{in} = \alpha_2 + \beta_2, a_1 = \alpha_1 + \alpha_2, a_2 = \beta_1 + \beta_2 \tag{3}$$

3.3 Discrete event model

In order to perform a discrete event simulation model to incorporate autonomous control within the described flow shop scenario, standard treatment of the system is enhanced. Within the simulation, the events are considered as deterministic, stochastic behavior is during the first modeling step not part of the analysis and will be analyzed in further research. In a discrete event simulation, different methods of internal process control can be used, like time control, event scheduling, activity scanning, process- interaction, transaction flow (cf. KUHN; WENZEL 2008, pp. 79). In the given context we use the event-based approach. In Figure 2 an exemplary extract of the implemented system is shown as a SimEvents screen shot.

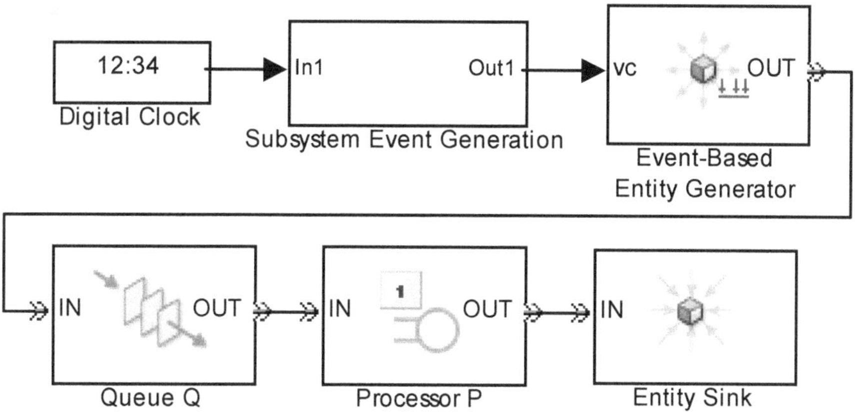

Figure 2: *Exemplary extract of the discrete event model in SimEvents*

3.4 The control model for time-continuous and discrete event simulation

In our model, we perform a control method, minimizing the inventory of the given production scenario. Since the production inventory is given by the content of the queues in front of each processor, the objective function of the optimization problem is given by minimizing the sum of the queue contents. To define the inventory minimizing control parameters, each possible state of the system is assessed by looking at the current buffer states and choosing the production line with the lowest sum of buffer contents by using

$$Q_1^*(t) = Q_{11}(t) + Q_{12}(t) + Q_{13}(t), Q_2^*(t) = Q_{21}(t) + Q_{22}(t) + Q_{23}(t) \tag{4}$$

Here, Q_1^* and Q_2^* denote the sum of the buffers in production line 1 and production line 2 at time t, respectively. The autonomous control is performed in a new approach which is only suitable for systems of the serial production, where the outflow location of the production line is determined by the inflow position. Table 1 shows the derived control parameters for the controlling approach in the time-continuous model.

In the discrete event model we choose the line with the smaller queue.

3.5 Simulation results

For the simulation we assume following processing capacities for both production lines: $c_{11} = c_{21} = 1/15, c_{12} = 1/10, c_{22} = 1/8, c_{13} = c_{23} = 1/15$. Figure 3 shows the continuous inflow profile of the parts, used in the time-continuous model and an extract of the variable generation times of the parts for the first production line, used in the discrete event system. The inflow of the second production line is the same as the inflow of the first, but delayed for 20 time units.

	$Q_2^* = 0$	$Q_2^* > 0$
$Q_1^* = 0$	$\alpha_1 = a_1$, $\beta_2 = a_2$, $\alpha_2 = 0$, $\beta_1 = 0$	$\alpha_1 = a_1$, $\beta_2 = \begin{cases} \min(a_2, c_2^*) & Q_{21} = 0 \\ c_2^*, & Q_{21} > 0 \end{cases}$ $\alpha_2 = 0$, $\beta_1 = a_2 - \beta_2$
$Q_1^* > 0$	$\alpha_1 = \begin{cases} \min(a_1, c_1^*) & Q_{11} = 0 \\ c_1^*, & Q_{11} > 0 \end{cases}$, $\beta_2 = a_2$, $\alpha_2 = a_1 - \alpha_1$, $\beta_2 = 0$	$\alpha_1 = \begin{cases} \left(\dfrac{\frac{1}{c_2^*}}{\frac{1}{c_1^*} + \frac{1}{c_2^*}} + \dfrac{Q_2^* - Q_1^*}{\frac{a_1}{c_1^*} + \frac{a_1}{c_2^*}} \right) \cdot a_1, & a_1 > 0 \\ 0, & a_1 = 0 \end{cases}$ $\beta_2 = \begin{cases} \left(1 - \left(\dfrac{\frac{1}{c_2^*}}{\frac{1}{c_1^*} + \frac{1}{c_2^*}} + \dfrac{Q_2^* - Q_1^*}{\frac{a_2}{c_1^*} + \frac{a_2}{c_2^*}} \right) \right) \cdot a_2, & a_2 > 0 \\ 0, & a_2 = 0 \end{cases}$ $\alpha_2 = a_1 - \alpha_1$, $\beta_1 = a_2 - \beta_2$
with	$c_1^* = \min(c_{11}, c_{12}, c_{13})$	$c_2^* = \min(c_{21}, c_{22}, c_{23})$

Table 1: *Parameters for controlling approach in the time-continuous model*

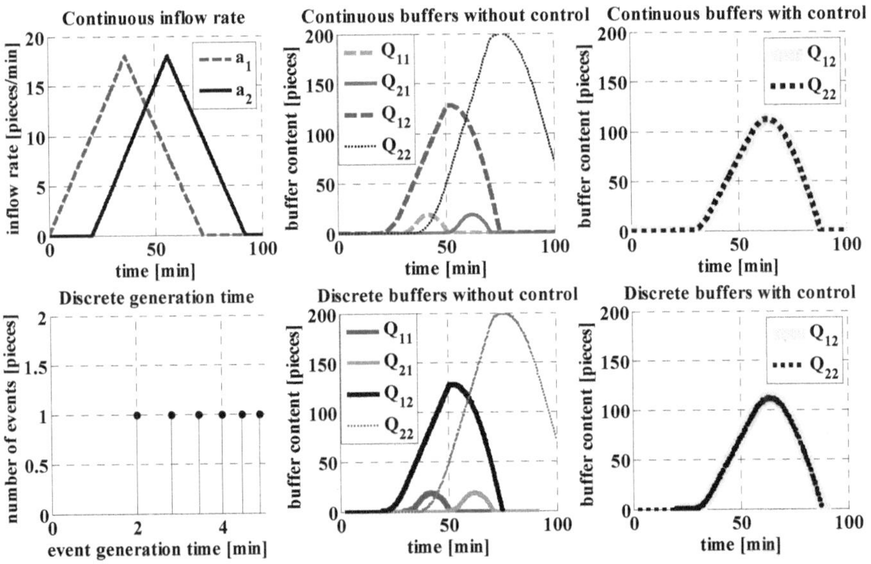

Figure 3: *Simulation results of the time-continuous and discrete event model*

In Figure 3 only buffers with contents greater than zero are shown. The efficiency of the control system can be seen by comparing the result of the buffer contents with and without control. The maximal buffer content is about 40 % lower and the buffers are emptied faster in the controlled situation. The evolution of the buffer queues in both approaches show the same characteristics, so both modeling methods are adequate.

4 Comparison of discrete event and time-continuous model

During application of both modeling methods we identified a set of relevant criteria for picking a suitable approach: qualification of the user, modeling of parts, evaluation during experimentation and computation time (see Tab. 2). Depending on the qualification of the user and on the expectations on the modeled system, applicants can decide which modeling method to use.

Criteria	Time-continuous simulation	Discrete event simulation
Qualification of user	The non-intuitive treatment of the system within the MATLAB environment requires experienced users for formulation and implementation.	Intuitive modeling process and user-friendly simulation programs facilitate the procedure.
Modeling of parts	Modeling of parts in fractions rather than single units due to fluid approximation makes the interpretation of the gained results more complicated. Extended systems with additional production lines or machines are executed fast and efficient.	Individual modeling of parts results in a more instinctive interpretation of the modeling results which is closer to reality. Extended systems with additional production lines or machines are harder to model, the greater they get. However a lot of simulation software provides features for handling complexity.
Evaluation during experimentation	Methods of dynamical systems can be applied, e.g. numerical integration of ordinary differential equations.	Software allows statistical analysis of the model in a competent way. Mean values are often gained.
Computation time	Efficient computation time for high volume of products makes the method attractive for modeling serial production.	Longer computation time for high product volume. In other setups similar to the time-continuous approach.

Table 2: *Comparison of time-continuous and discrete event simulation used in a serial production environment*

5 Conclusion

We presented a new controlling approach for autonomous control in serial production. The enhanced method was implemented in a time-continuous and in a discrete event simulation model to investigate the performance of both methods. A comparison of both approaches as a decision basis for interested users is provided. In further research the controlling approach is extended to integrate the aspect of high variant rates in automotive production as well as other modeling approaches as denoted in section 2 are tested for using.

References

ARMBRUSTER, D.; DEGOND, P.; RINGHOFER, C.: Continuum models for interacting machines. In: Networks of Interacting Machines. Eds.: ARMBRUSTER, Dieter; MIKHAILOV, Alexander; KANEKO, Kunihiko. New Jersey et al.: World Scientific, 2005, pp. 1-32.

BRUECKNER, S.: Return from the Ant: Synthetic Ecosystems for Manufacturing Control. Berlin: Humboldt University Berlin, Department of Computer Science, Dissertation, 2000.

DASHKOVSKI, S.; WIRTH, F.; JAGALSKI, T.: Autonomous control of shop floor logistics: analytic models. In: Manufacturing, Modelling, Management and Control. Eds.: CHRYSSOLOURIS, G.; MOURTZIS, D. Amsterdam et al.: Elsevier Science Ltd., 2006.

GÖTTLICH, S.; HERTY, M.; KLAR, A.: Network Models for Supply Chains. In: Communications in mathematical sciences, Somverille, MA, 3(2005). 4, pp. 545-559.

GÜNTHER, H.-O.; TEMPELMEIER, H.: Produktion und Logistik. Berlin: Springer, 8th Edition 2009.

KIENCKE, U.: Ereignisdiskrete Systeme: Modellierung und Steuerung verteilter Systeme. Munich: Oldenburg Verlag, 2nd Edition, 2006.

KUHN, A.; WENZEL, S.: Simulation logistischer Systeme. In: Handbuch Logistik. Eds.: ARNOLD D.; ISERMANN, H.; KUHN, A.; TEMPELMEIER, H.; FURMANS, K., Berlin, Heidelberg: VDI Springer, 2008, pp. 73-94.

NYHUIS, P.; WIENDAHL, H.-P.: Fundamentals of Production Logistics. Theory, Tools and Applications. Berlin, Heidelberg: Springer, 2009.

PAWELLEK, G.: Produktionslogistik. Planung – Steuerung – Controlling. München: Hanser Verlag, 2007.

SCHOLZ-REITER, B.; DE BEER, C.; FREITAG, M.; HAMANN, T.; REKERSBRINK, H.; TERVO, J. T.: Dynamik logistischer Systeme. In: Beiträge zu einer Theorie der Logistik. Eds.: NYHUIS, P. Berlin: Springer, 2008, pp. 109-138.

SCHOLZ-REITER, B.; FREITAG, M.; JAGALSKI, T.: Modelling Dynamics of Autonomous Logistic Processes: Discrete-event versus Continuous Approaches. In: Annals of the CIRP, 55(2005)1, pp. 413-417.

WENZEL, S.; BOYACI, P.; JESSEN, U.: Simulation in Production and Logistics: Trends, Solutions and Applications. In: Advanced Manufacturing and Sustainable Logistics. Eds.: DANGELMAIER, W. et al. Berlin, Heidelberg: Springer, pp. 73-84.

Integrationsaspekte der Simulation: Technik, Organisation und Personal
Gert Zülch & Patricia Stock (Hrsg.)
Karlsruhe, KIT Scientific Publishing 2010

Simulation einer selbstorganisierenden Fertigungssteuerung auf Basis der Ant-Colony-Optimierung

Simulation of Self-organizing Manufacturing Control Based on Ant Colony Optimization

Patricia Stock, Gert Zülch
Institut für Arbeitswissenschaft und Betriebsorganisation (ifab),
Karlsruher Institut für Technologie (KIT), Karlsruhe (Germany)
patricia.stock@kit.edu, gert.zuelch@kit.edu

Abstract: As a reaction to the growing demands of the market on enterprises, ever more complex procedures for production control are being developed. The *ifab*-Institute of the Karlsruhe Institute of Technology has developed the procedure *Ant-Control* for the short-term, operative manufacturing control based the Ant Colony Optimization. *AntControl* has been integrated into the organisation-oriented simulation procedure *OSim*, which results in the new simulation procedure *OSim-Ant*. An exemplary simulation study within a manufacturing enterprise has being carried out to evaluate the behaviour of *AntControl*.

1 Selbstorganisation in der Fertigungssteuerung

Als Reaktion auf die wachsenden Anforderungen des Marktes müssen Unternehmen immer flexibler auf Kundennachfragen reagieren. Im Bereich der Produktionsplanung und -steuerung wurden daher neuartige Konzepte entwickelt, um diesen Ansprüchen gerecht zu werden (zur Vertiefung siehe z.B. ONWUBOLU 2002; DEEN 2003; ONWUBOLU, BABU 2004). Insbesondere für die Fertigungssteuerung werden dabei verstärkt verteilte, reaktive Verfahren eingesetzt, die eine höhere Robustheit und Flexibilität gegenüber Störungen und Veränderungen aufweisen als traditionelle Verfahren wie z.B. Prioritätsregeln (nach BRÜCKNER 2000, S. II; SMITH 2003, S. 7; KRESKEN, BAUMANN 2006, S. 269). Bei steigender Komplexität verspricht die Selbststeuerung einen Grad der Zielerreichung, der mit zentralisierten, fremdgesteuerten Systemen nicht realisierbar wäre (SCHOLZ-REITER u.a. 2006, S. 11). Als Grundlage für die selbstorganisierte Fertigungssteuerung kann die *Ant-Colony-Optimierung* (ACO) dienen, deren Algorithmen sich durch Robustheit, Flexibilität und Anpassungsfähigkeit auszeichnen (FISCHER, STOWASSER 2003, S. 65).

Die *Ant-Colony-Optimierung* basiert auf dem Verhalten von Ameisenkolonien während der Futtersuche (DORIGO, STÜTZLE 2004, S. 2): Zunächst erfolgt die Suche nach Futterquellen in ungeordneter Weise. Dabei markieren die Ameisen die von ihnen begangenen Wege mit chemischen Substanzen, den sog. Pheromonen. Die Ameisen bevorzugen in der Folge diejenigen Wege mit einer hohen Pheromonkonzentration. Da auf den kürzeren Wegen verhältnismäßig mehr Ameisen laufen als auf den längeren, weisen diese nach einiger Zeit eine intensivere Pheromonkonzentration auf, wodurch der kürzeste Weg zur besten Futterquelle identifiziert werden kann. Auch können neu auftauchende Barrieren identifiziert und nach einer Weile erfolgreich umgangen werden. DORIGO (1992) hat das Verhalten der biologischen Ameisen auf künstliche Ameisen übertragen und den ersten ACO-Algorithmus entwickelt, der als Prototyp für zahlreiche andere Ameisen-Algorithmen dient (einen Überblick geben z.B. DORIGO, STÜTZLE 2004, S. 65 ff.).

Forschungsarbeiten auf diesem Gebiet (zur Vertiefung z.B. DORIGO, STÜTZLE 2004, S. 167 ff.) befassen sich in der Regel mit der deterministischen Reihenfolgeplanung von Aufträgen, wobei die Ankunftszeiten der Aufträge sowie deren Durchführungszeiten als bekannt und nicht veränderlich vorausgesetzt werden. Insbesondere werden auch keine Störungen in der Auftragsbearbeitung berücksichtigt, z.B. durch Maschinenausfälle. Darüber hinaus verfolgen die existierenden Ansätze meist nur ein einziges Zielkriterium, vielfach die Zeit oder diejenigen Kosten, die sich durch Abweichungen von den geplanten Lieferterminen ergeben. Weitere betriebliche Zielkriterien wie Prozesskosten oder Ressourcenauslastung werden nicht berücksichtigt. Schließlich werden die Lösungsansätze meist nur auf sehr kleine Problemfälle angewendet. In der Praxis muss die Fertigungssteuerung jedoch eine große Anzahl von Aufträgen und Ressourcen sowie Beziehungen zwischen diesen bewältigen können.

2 Das Steuerungsverfahrens *AntControl*

Vor diesem Hintergrund wurde am Institut für Arbeitswissenschaft und Betriebsorganisation (*ifab*) des Karlsruher Instituts für Technologie (vormals Universität Karlsruhe) das Verfahren *AntControl* zur kurzfristigen operativen Fertigungssteuerung auf Basis der *Ant-Colony-Optimierung* entwickelt. Bei der Übertragung dieses Konzeptes auf ein Fertigungssystem nehmen die Aufträge die Stellung der Ameisen bei der Futtersuche ein. Das Verhalten der Ameisen, d.h. die Steuerung der Aufträge, wird durch die neu entwickelte Heuristik *ACS-CTRL* bestimmt (vgl. Abb. 1).

Hierzu wurde die existierende ACO-Heuristik *Ant Colony System (ACS;* DORIGO, STÜTZLE 2004, 76 ff.*)* um spezifische Elemente der Fertigungssteuerung erweitert. Zu diesem Zweck wird angenommen, dass in jedem Fertigungssystem Entscheidungsaufgaben existieren, an denen für die weitere Auftragsbearbeitung unterschiedliche Alternativen zur Verfügung stehen: Einerseits kann die Auswahl der Ressourcen (Betriebsmittel bzw. Personal) oder auch eine alternative Zuordnung von Arbeitsvorgangsfolgen erfolgen, andererseits können verschiedene Steuerungsstrategien eingesetzt werden (z.B. Veränderung von Auftragsreihenfolge oder Losgröße).

Die Wahl der Steuerungsalternative erfolgt unter Berücksichtigung des Zielsystems der Auftragsabwicklung. In einem Fertigungssystem existieren auftragsbezogene Ziele (z.B. Minimierung der Durchlaufzeiten, Minimierung der Prozesskosten) und ressourcenbezogene Ziele (z.B. Maximierung der Kapazitätsauslastung). Ein Zielsystem setzt sich aus einem oder mehreren dieser Ziele sowie den ihnen zugeordneten Gewichtungsfaktoren zusammen. In einem Fertigungssystem können für bestimmte Klassen von Aufträgen unterschiedliche Zielsysteme vorliegen (im Folgenden als Auftragsart bezeichnet). So wird beispielsweise ein Normalauftrag tendenziell versuchen, den vorgegebenen Liefertermin einzuhalten und die Kosten zu minimieren, während ein Eilauftrag versuchen wird, seine Durchlaufzeit zu minimieren. Auch könnten Aufträge bestimmter Kunden priorisiert werden.

Gemäß der entwickelten Heuristik *ACS-CTRL* (vgl. Abb. 1) wählen die Aufträge autark die für sie beste Alternative aus. Bei einer anstehenden Entscheidungsaufgabe wird zunächst nach Formel (1) über eine Zufallsvariable probabilistisch ermittelt, ob automatisch die (gemäß dem jeweiligen Zielsystem) beste sich bietende Handlungsalternative ergriffen werden soll. Ist dies nicht der Fall, so wird für jede Handlungsalternative deren Auswahlwahrscheinlichkeit mittels Formel (2) bestimmt, die proportional zur Güte der Handlungsalternative ist. Anschließend wird die Handlungsalternative probabilistisch ausgewählt.

Die Güte einer Alternative wird dabei auf Basis von zwei Kennzahlen berechnet (vgl. ZÜLCH, STOCK 2006, S. 173):

- Der Heuristikwert η prognostiziert die voraussichtliche Zielerreichung der Alternative zum Zeitpunkt der Entscheidungsfindung. Hierbei werden in der Regel Informationen zum aktuellen Systemzustand herangezogen, wie z.B. Wartezeit, Durchführungszeit oder Prozesskosten. Es können aber auch Informationen aus externen Quellen einbezogen werden, z.B. Erfahrungswissen des Maschinenbedieners oder des Meisters.

- Der Pheromonwert τ repräsentiert das gesammelte Wissen früherer Aufträge, welche die Alternative bereits durchlaufen haben. Somit dient er einerseits dazu, die beste Alternative bei früheren Auftragsdurchläufen zu identifizieren (sog. "exploitation"). Andererseits führt der Pheromonwert auch zur Bewertung der übrigen Alternativen (sog. "exploration"). Dies soll vermeiden, dass an einer potenziell suboptimalen Lösung festgehalten wird. Der Pheromonwert wird zu Beginn des Verfahrens mit einem konstanten Wert initialisiert und dann von den Aufträgen während der Auftragsbearbeitung aktualisiert.

Die Berechnung der Heuristikwerte sowie die Initialisierung und Aktualisierung der Pheromonwerte erfolgt spezifisch je nach Zielsystem des Auftrags (vgl. ZÜLCH, STOCK 2007, S. 68 f.). Daher existiert für jedes Zielsystem ein eigenes Pheromonsystem.

$$c^*_{ka} = \begin{cases} arg\,max_{c \in C_{ka}} \left\{ \tau^{\alpha}_{ca} \cdot \eta^{\beta}_{ca} \right\} & \ldots falls\ q < q_0 \\ zufällig_{c \in C_{ka}} \left\{ p_{ca} \right\} & \ldots sonst \end{cases} \quad (1)$$

$$p_{ca} = \frac{\tau^{\alpha}_{ca} \cdot \eta^{\beta}_{ca}}{\sum\limits_{c \in C_{ka}} \tau^{\alpha}_{ca} \cdot \eta^{\beta}_{ca}} \quad (2)$$

mit:

a	Index für Auftragsarten
c	Index für Handlungsalternativen
C_{ka}	Indexmenge der Handlungsalternativen für Entscheidungsaufgabe k
c^*_{ka}	ausgewählte Handlungsalternative für Entscheidungsaufgabe k
k	Index für Entscheidungsaufgaben
p_{ca}	Wahrscheinlichkeit für die Auswahl von Handlungsalternative c unter Berücksichtigung von Auftragsart a
q	gleichverteilte Zufallsvariable in [0, 1]
q_0	Anpassungsparameter für die Aggressivität der probabilistischen Entscheidung
α	Anpassungsparameter für den Einfluss des Pheromonwertes τ_{ca}
β	Anpassungsparameter für den Einfluss des Heuristikwertes η_{ca}
η_{ca}	Heuristikwert der Handlungsalternative c unter Berücksichtigung der Auftragsart a
τ_{ca}	Pheromonwert der Handlungsalternative c unter Berücksichtigung der Auftragsart a

***Abbildung 1**: Parameter der Heuristik ACS-CTRL zur Auswahl einer Alternativen bei einer Entscheidungsaufgabe (ZÜLCH, STOCK 2007, S. 68)*

3 Das Simulationsverfahren *OSim-Ant*

Das Steuerungsverfahren *AntControl* wurde in das am *ifab* entwickelte objektorientierte Simulationsverfahren *OSim* (*O*bjekt*sim*ulator; JONSSON 2000) integriert, wodurch das Simulationsverfahren *OSim-Ant* entstand. Die Modellierung der verschiedenen Auftragstypen erfolgt in *OSim* mit Hilfe von Durchlaufplänen, die netzgraphenartig die zeitlich-logischen Abhängigkeiten der Arbeitsvorgänge bei der Auftragsbearbeitung darstellen. Ein Durchlaufplan kann von internen oder externen Ereignissen ausgelöst werden, z.B. durch das Eintreffen eines Kundenauftrages oder der planmäßigen Instandhaltung eines Betriebsmittels. Den Durchlaufplänen werden sog. Auslöser zugewiesen, welche deterministisch oder stochastisch die Zwischenankunftszeiten der eintreffenden Aufträge definieren. Die Auslöser beinhalten auch die Informationen über das Zielsystem, das von dem assoziierten Auftrag verfolgt wird.

Ein Fertigungssystem wird somit durch die Gesamtheit aller Durchlaufpläne und die verfügbaren Ressourcen (Personal, Betriebsmittel, Arbeitsplätze, Material) sowie deren Abhängigkeiten untereinander beschrieben. Die Entscheidungsaufgaben werden im Durchlaufplan als Knoten abgebildet. In diesem können die verschiedenen Handlungsalternativen modelliert werden, wobei in der derzeitigen Implementierung sowohl das Losgrößensplitting als auch eine Veränderung der Auftragsreihenfolge (bzw. eine Kombination aus beiden) abgebildet werden können (ZÜLCH, STOCK 2006, S. 175).

4 Simulationsstudie zur Validierung von *AntControl*

Nach Implementierung des Konzepts wurde eine Simulationsstudie durchgeführt, um die Wirksamkeit des Steuerungsverfahrens *AntControl* zu überprüfen. Hierzu wurden am Beispiel von Elektrogeräten die Fertigungssteuerung mittels verschiedener Prioritätsregeln mit der selbstorganisierenden Fertigungssteuerung durch *AntControl* verglichen.

Im Fertigungssystem werden insgesamt 80 verschiedene Erzeugnisse gefertigt, die sich hinsichtlich der Anzahl der verwendeten Baugruppen, der auszuführenden Arbeitsvorgänge sowie deren Durchführungszeiten unterscheiden. Abbildung 2 zeigt ein Erzeugnis, dass aus drei Baugruppen besteht, die parallel gefertigt und abschließend montiert werden. Es stehen insgesamt 21 Betriebsmittel zur Verfügung, die im Durchschnitt während 5 % ihrer Betriebszeit gestört sind. Für einige Arbeitsvorgänge stehen zudem unterschiedliche Betriebsmittel zur Verfügung, die sich bei gleicher Bearbeitungszeit hinsichtlich ihrer fixen und variablen Kosten unterscheiden. Die Fertigung läuft im Zweischichtbetrieb von 6 bis 22 Uhr, wobei die Fertigung an den Wochenenden ruht.

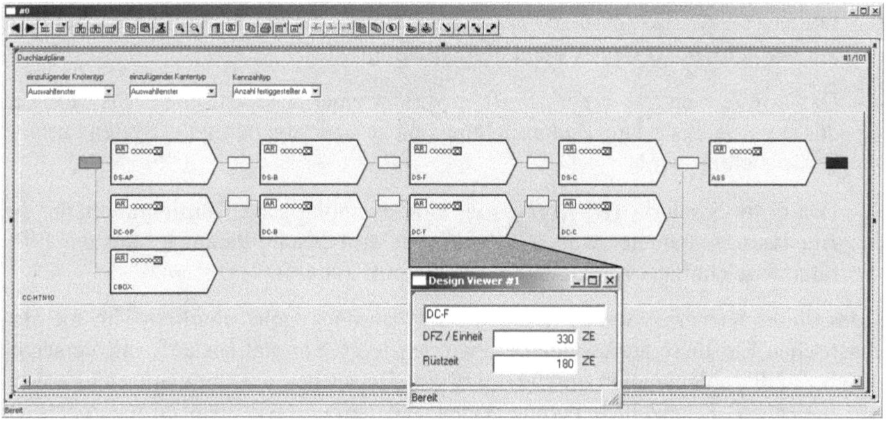

Abbildung 2: *Durchlaufplan eines Erzeugnisses in der Ausgangssituation*

Im Simulationszeitraum von vier Wochen werden insgesamt 331 Aufträge eingesteuert, deren Losgrößen zwischen 5 und 30 variierten und im Durchschnitt bei 13 Stück lagen. Es existieren Normalaufträge und Eilaufträge, die sich hinsichtlich der Gewichtung *w* der Zielerreichung von Durchlaufzeit, Prozesskosten und Termintreue unterscheiden (Tab. 1). Abbildung 3 zeigt einen Eilauftrag mit der Losgröße 20 sowie das zugehörige Zielsystem.

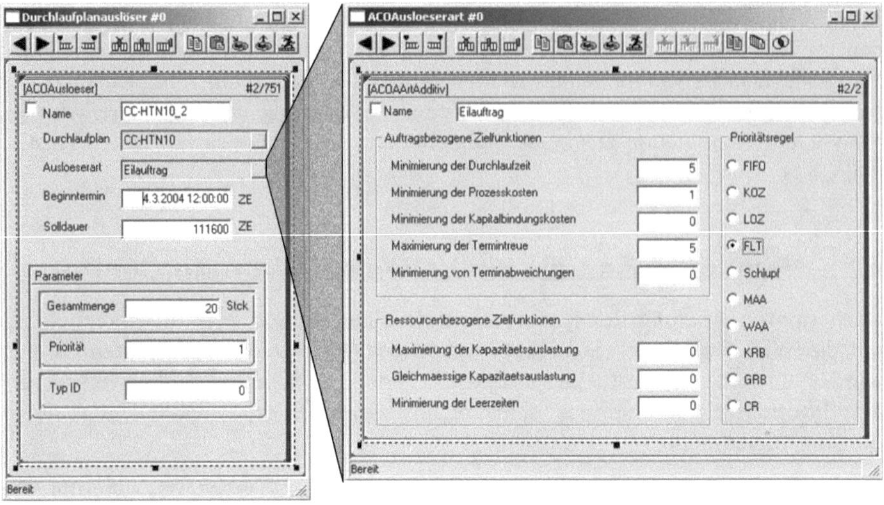

Abbildung 3: *Auslöser eines Auftrags mit dessen spezifischen Zielsystem*

In der Simulationsstudie wurde zunächst die Ausgangssituation mit fünf verschiedenen Prioritätsregeln simuliert (Tab. 1), wobei die Aufträge in einer zentralen Warteschlange vor dem folgenden Arbeitsvorgang warten. Dabei erfolgt keine feste Zuordnung zu einem Betriebsmittel, sondern es wird immer derjenige Auftrag mit der höchsten Priorität (gemäß der anzuwendenden Prioritätsregel) auf ein geeignetes, frei werdendes Betriebsmittel eingesteuert. Zur Bewertung von *ACS-CTRL* wurde drei Szenarien definiert:

- Das erste Szenario ($\alpha=0,\ \beta=1$) entspricht einem Greedy-Algorithmus, bei dem nur der aktuelle Systemzustand berücksichtigt wird.
- Das zweite Szenario ($\alpha=1,\ \beta=0$) entspricht einer stochastischen Auswahl, bei der nur die bisherige Zielerreichung, nicht aber der aktuelle Systemzustand berücksichtigt wird.
- Das dritte Szenario ($\alpha=1,\ \beta=5$) ist eine exemplarische Konfiguration für die Anpassungsparameter von *ACS-CTRL*, die an typische Parameter aus der Literatur angelehnt ist (vgl. DORIGO, STÜTZLE 2004, S. 71).

Jedes dieser Szenarien wurde mit den fünf Prioritätsregeln simuliert. Um die stochastischen Einflüsse auszuschließen, wurden je 20 Simulationsläufe mit verschiedenen Zufallszahlenkeimen durchgeführt. Zur Bewertung der Simulationsläufe wurden diejenigen Kennzahlen herangezogen, auf deren Basis auch gesteuert wurde. Zum besseren Vergleich wurde zusätzlich ein Gesamtzielerreichungsgrad gemäß Formel (3) ermittelt, wobei es sich bei w um eine frei wählbare Gewichtung handelt.

$$GZG = \frac{w_{11} \cdot ZDZ_1 + w_{12} \cdot ZPZ_1 + w_{13} \cdot ZTT_1 + w_{21} \cdot ZDZ_2 + w_{22} \cdot ZPZ_2 + w_{23} \cdot ZTT_2}{w_{11} + w_{12} + w_{13} + w_{21} + w_{22} + w_{23}} \qquad (3)$$

Erwartungsgemäß schneidet die stochastische Auswahl (Szenario 2) am schlechtesten ab, da diese den aktuellen Systemzustand vernachlässigt. Die Konzentration auf den aktuellen Systemzustand unter Vernachlässigung der Erfahrungswerte früherer

Aufträge (Szenario 1) liefert ähnliche Werte wie die Simulation der Ausgangssituation. Szenario 3 hingegen liefert für die Prioritätsregel "Frühester Liefertermin" (*FLT*) ein tendenziell besseres Ergebnis als die beste Lösung der Ausgangssituation. Dies zeigt, dass mit *ACS-CTRL* prinzipiell eine verbesserte Fertigungssteuerung möglich ist. In der aktuellen Lösung ist die tatsächliche Verbesserung mit 0,5 % zwar eher gering, allerdings kann dies an der zufälligen Auswahl der Anpassungsparameter liegen.

		Normalauftrag			Eilauftrag			GZG
		ZDZ_1	ZPZ_1	ZTT_1	ZDZ_2	ZPZ_2	ZTT_2	
		$w_{11}=1$	$w_{12}=4$	$w_{13}=1$	$W_{21}=5$	$w_{22}=2$	$w_{23}=5$	Formel 3
Ausgangssituation: zentrale Warte-Schlange	**FIFO**	32,4 %	48,7 %	78,9 %	34,5 %	48,7 %	40,5 %	43,3 %
	KOZ	48,2 %	48,6 %	98,8 %	46,1 %	49,0 %	61,9 %	54,4 %
	LOZ	34,8 %	48,3 %	65,6 %	37,1 %	49,4 %	41,7 %	43,7 %
	FLT	40,7 %	49,0 %	98,0 %	60,3 %	48,2 %	94,0 %	66,8 %
	Schlupf	41,0 %	48,8 %	97,2 %	62,1 %	48,5 %	92,9 %	67,0 %
Szenario 1: ACS-CTRL mit *α=0, β=1*	**FIFO**	28,2 %	51,5 %	74,9 %	43,9 %	46,6 %	56,9 %	50,3 %
	KOZ	38,6 %	51,7 %	95,4 %	51,5 %	47,2 %	72,8 %	58,7 %
	LOZ	27,1 %	51,5 %	59,5 %	41,3 %	46,9 %	48,0 %	46,2 %
	FLT	32,5 %	51,6 %	94,4 %	62,8 %	47,8 %	92,4 %	66,9 %
	Schlupf	29,8 %	51,7 %	91,6 %	61,0 %	47,9 %	89,1 %	65,2 %
Szenario 2: ACS-CTRL mit *α=1, β=0*	**FIFO**	5,5 %	45,5 %	7,5 %	6,4 %	44,9 %	4,9 %	18,9 %
	KOZ	34,0 %	49,1 %	79,4 %	33,6 %	44,5 %	49,1 %	45,1 %
	LOZ	25,0 %	44,6 %	62,3 %	26,1 %	44,9 %	35,7 %	36,9 %
	FLT	19,7 %	47,7 %	48,6 %	34,8 %	44,4 %	55,1 %	44,3 %
	Schlupf	19,7 %	47,6 %	50,3 %	35,6 %	44,3 %	53,9 %	44,2 %
Szenario 3: ACS-CTRL mit *α=1, β=5*	**FIFO**	27,8 %	51,7 %	74,8 %	46,1 %	46,4 %	61,4 %	52,2 %
	KOZ	37,4 %	51,9 %	95,3 %	53,5 %	46,9 %	74,0 %	59,5 %
	LOZ	27,0 %	51,6 %	60,5 %	43,2 %	46,7 %	50,8 %	47,6 %
	FLT	32,2 %	51,8 %	94,2 %	64,3 %	47,6 %	92,9 %	67,5 %
	Schlupf	29,7 %	51,8 %	91,7 %	62,0 %	47,5 %	91,3 %	66,1 %

Legende:	FIFO	Prioritätsregel "First-in-first-out"
	FLT	Prioritätsregel "Frühester Liefertermin"
	GZG	Gesamtzielerreichungsgrad
	KOZ	Prioritätsregel "Kürzeste Operationszeit"
	LOZ	Prioritätsregel "Längste Operationszeit"
	Schlupf	Prioritätsregel "Kleinste Schlupfzeit"
	ZDZ	Zielerreichungsgrad Durchlaufzeit
	ZPZ	Zielerreichungsgrad Prozesskosten
	ZTT	Zielerreichungsgrad Termintreue

Tabelle 2*: Durchschnittliche Zielerreichung bei jeweils 20 Simulationsläufen*

5 Zusammenfassung und Ausblick

Die Fertigungssteuerung ist eine hoch komplexe Aufgabe und stellt hohe Anforderungen an den Fertigungsbetrieb. Vor diesem Hintergrund wurde am *ifab* das Verfahren *AntControl* zur Fertigungssteuerung entwickelt und in das am *ifab* entwickelte Simulationsverfahren *OSim* integriert, wodurch das Simulationsverfahren *OSim-Ant* entstand. Eine erste Simulationsstudie mit einer exemplarischen Konfiguration der Anpassungsparameter zeigte, dass das Steuerungsverfahren prinzipiell bessere Ergebnisse als Prioritätsregeln erzielen kann.

Es ist davon auszugehen, dass eine gezielte Konfiguration der Anpassungsparameter die Ergebnisse noch weiter verbessern kann. Als nächster Schritt wird daher eine systematische Simulationsuntersuchung im Hinblick auf die Wirkungszusammenhänge der Anpassungsparameter von *AntControl* durchgeführt, um allgemeine Handlungsrichtlinien für den Einsatz von *AntControl* in der Praxis abzuleiten.

Literatur

BRÜCKNER, Sven: Return from the Ant - Synthetic Ecosystems for Manufacturing Control. Berlin, Humboldt-Universität Dissertation. 2000.

DEEN, S. M. (Hrsg.): Agent-based manufacturing: advances in the holonic approach. Berlin, Heidelberg u.a.: Springer-Verlag, 2003.

DORIGO, Marco; STÜTZLE, Thomas: Ant colony optimization. Cambridge, MA: MIT Press, 2004.

FISCHER, Jörg; STOWASSER, Sascha: Fertigungssteuerung nach dem Prinzip der Ant Colony Optimization. In: PPS Management, Berlin, 8(2003)4, S. 65-67.

JONSSON, Uwe: Ein integriertes Objektmodell zur durchlaufplanorientierten Simulation von Produktionssystemen. Aachen: Shaker Verlag, 2000.

KRESKEN, T.; BAUMANN, M.: Selbst ist der Auftrag: Selbstorganisierende Verfahren zur Produktionssteuerung. In: Zeitschrift für wirtschaftlichen Fabrikbetrieb, München, 101(2006)5, S. 269-272.

ONWUBOLU, Godfrey C.: Emerging optimization techniques in production planning and control. London: Imperial College Press, 2002.

ONWUBOLU, Godfrey C.; BABU, B. V.: New optimization techniques in engineering. Berlin, Heidelberg u.a.: Springer-Verlag, 2004.

SCHOLZ-REITER, B.; PHILIPP, T.; DE BEER, C. u.a.: Einfluss der strukturellen Komplexität auf den Einsatz von selbststeuernden logistischen Prozessen. In: Steuerung von Logistiksystemen - auf dem Weg zur Selbststeuerung. Hrsg.: PFOHL, H.-Ch.; WIMMER, Th. Hamburg: Deutscher Verkehrs-Verlag, 2006, S. 11-25.

SMITH, Stephen: Is Scheduling a Solved Problem? In: The Next Ten Years of Scheduling Research. Hrsg.: COWLING, Peter; KENDALL, Graham. San Francisco, CA, USA: 2003, S. 116-120.

ZÜLCH, Gert; STOCK, Patricia: Holonische Fertigungssysteme - Selbstorganisierende Fertigungssteuerung mit Ameisen-Algorithmen. In: Prozessorientiertes Gestalten und Lenken von Flüssen. Hrsg.: BIEDERMANN, Hubert; ENGELHARDT-NOWITZKI, Corinna; BÄCK, Sabine. München: LogBuch, 2006, S. 167-180.

ZÜLCH, Gert; STOCK, Patricia: Selbstorganisierende Fertigungssteuerung auf Basis der Ant-Colony-Systeme. In: Industrie Management, Berlin, 23(2007)5, S. 67-70.

Integrationsaspekte der Simulation:
Technik, Organisation und Personal
Gert Zülch & Patricia Stock (Hrsg.)
Karlsruhe, KIT Scientific Publishing 2010

A WIP Balance Study from Viewpoint of Tool Group in a Wafer Fab

Studie zur WIP-Balancierung von Lastverbünden in der Halbleiterfertigung

Zhugen Zhou, Oliver Rose
Dresden University of Technology, Dresden (Germany)
zhugen.zhou@tu-dresden.de, oliver.rose@tu-dresden.de

Abstract: In a wafer fab, work-in-process (WIP) fluctuation occurs quite often due to tool random failure, setup change, batch processing etc. In this paper, a pull/push concept is proposed in order to balance WIP from viewpoint of tool group. We call it pull and push because on one hand a WIP Control Table is used to measure the pull request of downstream tool group dynamically; On the other hand among the lots which fulfill demand from the downstream tool group with pull request, the upstream tool group tries to schedule an optimal lot considering lot status and local tool group constraint. The simulation results demonstrate that the proposed pull/push concept is superior over First-in-First-out (FIFO) and Minimum Inventory Variability Scheduling (MIVS) with regard to average cycle time as well as cycle time variance under a high fab loading.

1 Introduction

In a wafer fab, material flow is generally nonlinear due to different events such as unpredictable tool failure, setup change, batch processing and so on. ROSE (2003, pp. 1401) pointed out that WIP increases in the first critical tool group in the line. When applying Critical Ratio (CR) dispatching with a tight due date under a high fab loading, because old lots are assigned high priority to be speeded up, more and more fresh lots in the first processing steps are passed by old lots and only waiting in queue. When a critical tool group has a breakdown, the situation gets worse. Consequently, fresh lots pile up in front of the critical tool groups with breakdown, which causes line imbalance and has great impact on cycle time as well as on time delivery. From process operation viewpoint, this WIP imbalance taking place in critical tool groups is caused by WIP imbalance of operations. Old lots are accelerated while fresh lots are waiting, which means the WIP of early operations are accumulated, in contrast, WIP of late operations are always processed.

Many WIP balance approaches have been already developed to correct for WIP imbalance. SPEARMAN and ZAZANIS (1992, pp. 521) presented a detailed discussion about lot release approach in pull production system like Kanban and CONWIP (CONstant Work In Process), and concluded that there is less WIP congestion improvement of pull system than push system. DABBAS and FOWLER (2003, pp. 501) proposed a global Line Balance algorithm combined with local single dispatching rules to minimize the deviation of actual WIP to target WIP of operation. Minimum Inventory Variability Scheduling (MIVS; cf. LI, TANG, COLLINS 1996, pp. 1) is a representative approach to balance the WIP of operations. MIVS considers both upstream operation and downstream operation, and tries to keep the WIP of each operation close to the average target WIP level. It gives the highest priority to an operation which has a high WIP and its downstream operation has a low WIP, in order to avoid starvation at downstream operation. In contrast, it gives the lowest priority to an operation which has a low WIP and its downstream operation has a high WIP. Table 1 describes the principle of MIVS.

		Downstream Operation	
		Actual WIP < Target WIP	***Actual WIP >= Target WIP***
Upstream Operation	***Actual WIP >= Target WIP***	Priority 1	Priority 2
	Actual WIP < Target WIP	Priority 3	Priority 4

Table 1*: MIVS principle*

MIVS succeeds in reducing line imbalance like CR performs, through pulling WIP into a low WIP operation, thus reducing WIP variability and cycle time. However, there are several potential problems of MIVS. First of all, although MIVS is able to keep the dynamic WIP close to the target WIP in long-term view, the tool group which is shared by different operations may have a high WIP and be overloaded in a short-term period. If this tool group has a breakdown, lots have to experience longer queue time, which leads to starvation of other tool groups. Secondary, MIVS considers WIP balance in each operation, which indirectly speeds up lots if they are late. It tells us that MIVS only takes lot status into account, and falls short of considering local tool group constraints, e.g. workload, utilization, failure, setup and batching requirement, when making decision which lot is suitable for processing.

In our opinion, considering local tool group constraint is also important when the fab is running under high capacity loading. Because there are hundreds of tool groups in a wafer fab, on one hand they subject to random failure, preventive maintenance, on the other hand appropriate scheduling to meet setup and batching requirement results in reduction in total setup time and capacity loss. What if watching WIP balance from tool group point of view instead of from operation viewpoint? This study is motivated by not only considering lot status like MIVS, but also considering local tool group constraint. Like traditional pull system, we try to pull WIP to a low WIP tool group based on the downstream tool group status, e.g. high WIP or low WIP, in order to balance WIP in tool groups. After determining which downstream tool group has a pull request, the upstream tool group tries to schedule an optimal lot based on lot status and local tool constraint among lots suitable for the downstream tool group with pull request, which performs like a push system with scheduling work based on demand. Therefore, we propose this pull/push concept in order to take advantage of pull while remaining make-to-order character of push.

This paper is organized as follows. In Chapter 2, we describe the proposed pull/push concept in detail. In Chapter 3, we present and compare the simulation results with MIVS and First-in-First-out (FIFO) with regard to average cycle time, cycle time variance. Chapter 4 gives conclusion and further work.

2 Pull/Push Concept for WIP Balance of Tool Group

2.1 WIP Control Table

To deal with WIP imbalance of tool group, a WIP Control Table is proposed for each tool group. Each upstream tool group maintains a WIP Control Table which contains current WIP information of all its downstream tool groups, e.g. target WIP level, actual WIP level, WIP difference and utilization of downstream tool groups. Figure 1 describes an example of WIP Control Table.

Tool Group	*Target WIP (lot)*	*Actual WIP (lot)*	*WIP Difference (%)*	*Utilization (%)*
3	12	8	-33.3	90
4	16	10	-37.5	70
5	10	14	40	50

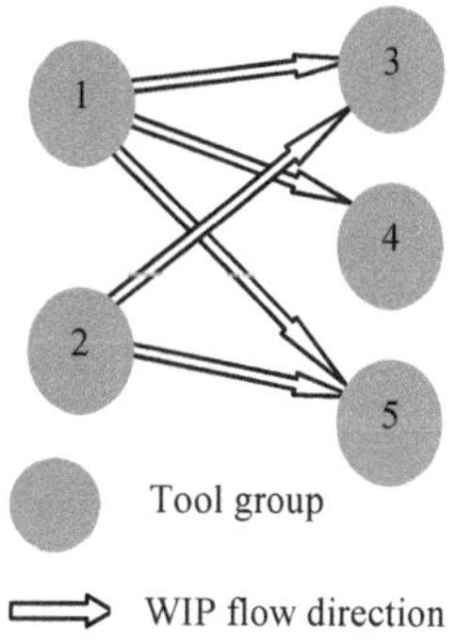

Figure 1: *WIP control table of tool group 1*

The terms in WIP Control Table are described as follows:

- **Target WIP**: the desired WIP level of tool group wanted to be maintained. It is based on simulation model, historical data or engineer's experience.
- **Actual WIP**: the current WIP level of tool group including lots in queue and in process.
- **WIP Difference**: the deviation of actual WIP to target WIP.

$$WIP\ Difference = \frac{Actual\ WIP - Target\ WIP}{Target\ WIP} \quad (1)$$

- **Utilization**: tool group utilization from lot release to current time.
- The Actual WIP, WIP Difference and Utilization will be updated in case of lot move in/out and tool status change (on/off line) of tool group 1.

The objectives of WIP Control Table are:

1. Measuring pull request of downstream tool group;
2. Minimizing deviation of actual WIP to target WIP of downstream tool group.

In case of lot move in/out and tool status change (on/off line), the WIP Control Table will be updated. Through comparison between actual WIP and target WIP, the upstream tool group discovers which downstream tool group runs out of WIP and which downstream tool group has a high WIP dynamically.

2.2 Measure Pull Request of Downstream Tool Group

The following are two steps to distinguish pull request of tool group:

Step 1: For each downstream tool group, if WIP Difference is less than Delta (Delta is predefined negative value, which represents this tool group is running short of WIP), this downstream tool group has a pull request;

Step 2: Compare the utilizations of tool groups which have pull request from Step 1, the one with higher utilization has a stronger pull request. Rank the tool groups with pull request from top to bottom.

2.3 Proportion of WIP Required to be Pushed

After determining which downstream tool group runs short of WIP and has a stronger pull request, the upstream tool group has to push lots to balance the WIP of this downstream tool group. Using the WIP Control Table, the upstream tool group identifies the proportion of WIP needed to be pushed to the downstream tool group.

$$Proportion\ \ of\ WIP = ceiling(\frac{|\,Actual\ \ WIP - Target\ WIP\,|}{Numbers\ \ of\ Upstream\ \ Tool\ Groups}) \quad (2)$$

Where actual WIP and target WIP are described in the WIP Control Table above, numbers of upstream tool groups is the quantity of upstream tool groups which the downstream tool group has.

In this study, this proportion of WIP ignores capacity availability in the upstream tool groups. We just assume the upstream tool group theoretically has to push average quantity of lots to its downstream tool group, no matter whether the upstream tool group has lots in queue or not.

2.4 Push Optimal Lot to Downstream Tool Group

As we mentioned in Chapter 2.1, the WIP Control Table is only used to measure the pull request of tool group. In order to optimize other wafer fab's performance indicators such as average cycle time and cycle time variance, local tool group constraint, e.g. batch processing, setup change, failure, and lot status, e.g. lot due date, operation time boundary have to be taken into account.

- A lot needs to be accelerated if it is delayed.

- If the time spent by a lot in queue exceeds time boundary, the lot needs to be accelerated. This could avoid:
    1. Upstream tool group processes a lot for a particular high utilized downstream tool group as soon as a lot for this particular downstream tool group arrives. While other lots for the low utilized downstream tool groups could not be processed but only waiting remarkable time in queue;
    2. High variability of time lot spends in operations.
- Try to make batch as full as possible, which can reduce total setup time and capacity loss.

Lots which belong to these 3 categories will be assigned a high priority and pushed to downstream tool group with pull request as soon as possible. In case upstream tool group can no find out lots which fulfill those 3 requirements above. It will push the lot of minimum operation due date to downstream tool group with pull request.

3 Simulation Results and Performance Analysis

3.1 Simulation Model

A wafer fab dataset MIMAC6 from Measurement and Improvement of MAnufacturing Capacities (MIMAC; cf. FOWLER, ROBINSON 1995) is used to test the proposed pull/push concept. MIMAC6 is a typical 200 mm wafer fab model including:

- 9 products, 9 process flows, maximum 355 process steps. 24 wafers in a lot. 2777 lots are released per year under fab loading of 100 %.
- 104 tool groups, 228 tools. 46 single processing tool groups, 58 batching processing tool groups.
- Setup avoidance, rework, MTTR (mean time to repair) and MTBF (mean time between failures) of tool group.

The simulation experiments are carried out with Factory eXplorer (FX) from WWK. The proposed method is not provided by the FX simulation package, but FX supports customization via a set of user-supplied code and dispatch rules. We used a customized FX interface developed by WOLF (2008) to implement the pull/push concept.

3.2 Simulation Results

The simulation length of MIMAC6 was carried out for 18 months. The first 6 months were considered as warm-up periods, and not taken into account for statistic. We simulated the fab with 3 dispatching rules: the pull/push concept, MIVS and FIFO, under 5 different fab loadings of 70 %, 75 %, 80 %, 85 % and 95 %.

At first we consider average cycle time, cycle time variance and cycle time upper pctile 95 % as main performance measures. Table 2 lists the simulation results. For the 75 % and 80 % fab loading case, there is no significant cycle time difference between MIVS and pull/push concept, both of which are better than in the case of FIFO. Moreover, the cycle time variance and cycle time upper pctile 95 % of MIVS are superior over the cases of pull/push concept and FIFO. It seems that using MIVS dispatching is better than the pull/push concept in a low fab loading. Because most of the tool groups have a low WIP, which implies the materials flow quite smoothly through the tool groups and WIP does not need to be balanced in tool group. In this case, considering WIP balance from viewpoint of operation is more efficient, and directly contributes average cycle time and cycle time variance improvement. However, if the fab is running under a high loading, more and more lots enter the fab, due to tools random failure, the situation becomes more complex. Lot piling up in front of the critical tool groups is relatively high. In this case, only considering lot status like MIVS is not enough. As soon as a high WIP taking place in one downstream tool group, the upstream tool group has to stop feeding lots to this high WIP downstream tool group and delivers lots to other low WIP downstream tool groups in time, which can avoid a longer queue time in the high WIP downstream tool group and starvation in the low WIP downstream tool group. As we can see the results, the pull/push concept outperforms MIVS and FIFO in the 85%, 90% and 95 % fab loading cases, with regard to these 3 performance measures. Especially for the 95 % fab loading case, the pull/push concept gets 0.5 and 1.6 days average cycle time improvement compared with MIVS and FIFO cases respectively. Further more, the pull/push concept achieves a better cycle time variance compared with in the case of MIVS and FIFO, which can lead to a better prediction of product completion time.

	Fab loading (%)	*75*	*80*	*85*	*90*	*95*
Avg. Cycle Time (days)	*Pull/Push*	20.3	21.5	22.9	24.8	28.0
	MIVS	20.3	21.4	23.1	25.2	28.5
	FIFO	20.5	21.6	23.3	25.7	29.6
Cycle Time Variance (days^2)	*Pull/Push*	0.97	1.01	1.09	1.18	1.28
	MIVS	0.87	0.98	1.15	1.32	1.71
	FIFO	0.91	1.18	1.20	1.38	1.65
Cycle Time Upper Pctile 95 % (days)	*Pull/Push*	25.4	26.8	28.2	31.8	35.4
	MIVS	24.8	26.5	28.8	32.6	37.2
	FIFO	26.2	27.6	29.8	33.1	39.1

***Table 2**: 3 Performance measures of MIMAC6 under different fab loading*

Secondary, we take a close look at tool group behavior under fab loading of 95 %. Table 3 lists the cycle time contribution by top 10 tool groups of product 38090964_B5C. For these 3 different dispatching rules, the furnace tool group 11026_ASM_B2 contributes most cycle time to this product. For FIFO case, 16.5 %

of cycle time is spent in this tool group, which means the line is imbalance. The MIVS is more balanced than FIFO, because this critical tool contributes less cycle time. When the pull/push concept is applied, this critical tool group contributes 3.13 days which is one day less than MIVS. Look at other major contributors, although they contribute a little more compared with MIVS and FIFO cases, the pull/push concept successfully avoids a high WIP occurrence in 11026_ASM_B2 and shifts certain amount of WIP from 11026_ASM_B2 to other tool groups. Therefore, lots do not experience a huge queue time in 11026_ASM_B2. In another word, the pull/push concept balances the WIP among different tool groups, and the line is more balanced than MIVS.

Pull/Push			***MIVS***			***FIFO***		
TG	***CTC (days)***	***PoT (%)***	***TG***	***CTC (days)***	***PoT (%)***	***TG***	***CTC (days)***	***PoT (%)***
11026_ASM_B2	3.13	8.9	11026_ASM_B2	4.17	11.6	11026_ASM_B2	6.54	16.5
20540_CAN_0.43_MII	2.84	8.1	20540_CAN_0.43_MII	2.65	7.3	20540_CAN_0.43_MII	2.76	6.9
12553_POSI_GP	2.15	6.1	12553_POSI_GP	2.16	6.0	12553_POSI_GP	2.46	6.2
13024_AME_4+5+7+8	1.53	4.3	13024_AME_4+5+7+8	1.47	4.1	13024_AME_4+5+7+8	1.52	3.8
15121_LTS_3	1.32	3.7	17421_HOTIN	1.29	3.6	11024_ASM_A4_G3_G4	1.32	3.3
17421_HOTIN	1.26	3.5	15121_LTS_3	1.21	3.3	15121_LTS_3	1.28	3.2
11024_ASM_A4_G3_G4	1.23	3.5	11024_ASM_A4_G3_G4	1.20	3.3	17421_HOTIN	1.26	3.2
16221_IMP - MC _1+2	1.15	3.2	16221_IMP - MC _1+2	1.05	2.9	11027_ASM_B3_B4_D4	1.06	2.6
15627_HIT_S6000	1.04	2.9	11027_ASM_B3_B4_D4	1.02	2.8	16221_IMP - MC _1+2	1.06	2.6
17221_K_SMU236	0.99	2.8	15627_HIT_S6000	1	2;7	15627_HIT_S6000	1	2.5
Where TG stands for tool group, CTC represents cycle time contribution, PoT means percent of total.								

Table 3: *Cycle time contribution by top 10 tool groups of product 38090964_B5C*

4 Conclusion and Further Work

In this study, we proposed a pull/push concept for WIP balance from viewpoint of tool group in a wafer fab. This was accomplished by the WIP Control Table which contains current WIP information of downstream tool groups. Through comparison between the actual WIP and target WIP, the upstream tool group was able to measure the pull request of the downstream tool groups. Apart from that, local tool group constraints and lot status were taken into consideration to push an optimal lot to the downstream tool group with pull request, in order to optimize average cycle time and cycle time variance. The simulation results demonstrated:

1. Under low fab loading case, the pull/push concept is not superior over MIVS, because material flows smoothly through tool groups. In this case, considering WIP balance from viewpoint of operation can directly contribute average cycle time and cycle time variance improvement;
2. Under high fab loading case, the pull/push concept has advantage of shifting WIP among different tool groups, so as to reduce queue time in some critical tool groups, especially during tool random failure period. Therefore, the pull/push concept outperforms MIVS in this case. It tells us that only considering lot status is not enough under high fab loading, local tool group constraint is also extremely important.

Our next step is to apply this pull/push concept in a real wafer fab model, to figure out whether the pull/push concept has good or bad impact on low volume products.

5 Acknowledgements

This work was supported by Infineon Technologies AG, Dresden, Germany.

References

DABBAS, Russ M.; FOWLER, John: A New Scheduling Approach Using Combined Dispatching Criteria in Wafer Fab. In: IEEE Transaction on Semiconductor Manufacturing, New York, 16(2003)3, S. 501-510.

FOWLER, John; ROBINSON, Jennifer: Measurement and Improvement of Manufacturing Capacities (MIMAC): Final Report. Technical Report 95062861A-TR, Austin, TX: SEMATECH, 1995.

LI Shu; TANG, Tom; COLLINS, Donald W.: Minimum Inventory Variability Schedule with Application in Semiconductor Fabrication. In: IEEE Transactions on Semiconductor Manufacturing, New York, 9(1996)1, S. 145-149.

ROSE, Oliver: Some Issues of the Critical Ratio Dispatch Rule in Semiconductor Manufacturing. In: Proceeding of the 2002 Winter Simulation Conference, Eds: YÜCESAN, E.; CHEN, C.-H.; SNOWDON, J. L.; CHARNES, J. M. New York: Association for Computing Machinery et al., 2002, S. 1401-1405.

SPEARMAN, Mark L; ZAZANIS, Michael A.: Push and Pull Production Systems: Issue and Comparisons. In: Operations Research, 40(1992)3, S. 521-532.

WOLF, René: Entwicklung einer Steuerungsschnittstelle für den Simulator Factory Explorer einschließlich ausführlichem Test am Beispiel der Abfertigungsregel "Operation Due Date (ODD)". Dresden: Computer Science Department, Dresden University of Technology, Master Thesis, 2008.

Integrationsaspekte der Simulation:
Technik, Organisation und Personal
Gert Zülch & Patricia Stock (Hrsg.)
Karlsruhe, KIT Scientific Publishing 2010

Using simulation to Provide Alternative Solutions to the flowshop sequencing problem

Einsatz von Simulation zur Generierung alternativer Lösungen für das Flowshop Sequencing Problem

Angel Juan, Antoni Guix, Ferran Adelantado
Open University of Catalonia, Barcelona (Spain)
ajuanp@uoc.edu

Pau Fonseca i Casas
UniversitatPolitècnica de Catalunya, Barcelona (Spain)
pau@fib.upc.edu

Ruben Ruiz
ITI-Universidad Politécnica de Valencia (Spain)

Abstract: In this paper we present SS-GNEH, a simulation-based algorithm for the Permutation Flowshop Sequencing Problem (PFSP). Given a PFSP instance, the SS-GNEH algorithm incorporates a randomness criterion to the classical NEH heuristic and starts an iterative process in order to obtain a set of alternative solutions, each of which outperforms the NEH algorithm. Thus, a random but oriented local search of the space of solutions is performed, and a list of "good alternative solutions" is obtained. We can then consider several desired properties per solution other than maximum time employed, such as balanced idle times among machines, number of completed jobs at a given target time, etc. This allows the decision-maker to consider multiple solution characteristics other than just those defined by the aprioristic objective function. Therefore, our methodology provides flexibility during the sequence selection process, which may help to improve the scheduling process. Several tests have been performed to discuss the effectiveness of this approach. The results obtained so far are promising enough to encourage further developments on the algorithm and its applications in real-life scenarios.

1 Introduction

The Permutation Flowshop Sequencing Problem (PFSP) is a well-known scheduling problem that can be formulated as follows: a set J of n independent jobs has to be processed on a set M of m independent machines. Every job $j \in J$ requires a given fixed processing time on every machine $i \in M$. This processing time can be denoted as $p_{ij} \geq 0$. Each machine can execute at most one job at a time, and it is assumed that the jobs are processed by all machines in the same order they have been processed by the first machine. The classical goal here is to find a sequence for processing the jobs in the shop so that a given criterion is optimized. The criterion that is most commonly used is the minimization of the maximum completion time (makespan) of the production sequence. The described problem is usually denoted as Fm|prmu|Cmax, using the notation proposed by GRAHAM et al. (1979). It is a combinatorial problem with *n!* possible sequences which, in general, is NP-complete. Similar to what has happened with other combinatorial problems, a large number of different approaches have been developed to deal with the PFSP. These approaches range from the use of pure optimization methods, such as mixed integer programming, for solving small-sized problems, see REDDI and RAMAMOORTHY (1972), to the use of heuristics and meta-heuristics that provide near-optimal solutions for medium and large-sized problems, NAWAZ et al. (1983) or CHANDRASEKHARAN and ZIEGLER (2004).Most of these methods focus on minimizing makespan. However, utility functions of decision-makers are difficult to model and, frequently, criteria other than total time employed to process the list of jobs should be also considered in real-life scenarios. For that reason, there is a need for more flexible methods able to provide a large set of alternative near-optimal solutions with different properties, so that decision-makers can choose among different alternative solutions according to their specific necessities and preferences.

2 Literature Review

A large number of heuristics and metaheuristics have been proposed to solve the PFSP, mainly because of the difficulty encountered by exact methods to solve medium or large instances. As explained before, most existing approaches focus on the objective of minimizing makespan. NAWAZ et al. (1983) introduced the NEH heuristic (Nawaz, Enscore and Ham), which is commonly considered as the best performing heuristic for the PFSP. Basically, what the NEH heuristic proposes is to calculate the total processing time required for each job (i.e., the total time each jobs requires to be processed by the set of machines), and then to create an "efficiency list" of jobs sorted in a descending order according to this total processing time. At each step, the job at the top of the efficiency list is selected and used to construct the solution, that is: the "common sense" rule is to select first those jobs with the highest total processing time. Once selected, a job is inserted in the sorted set of jobs that are configuring the on-going solution. The exact position that the selected job will occupy in that ongoing solution is given by the minimizing makespan criterion. TAILLARD (1990) introduced a data structure that reduces the NEH complexity. Other interesting heuristics are those from SULIMAN (2000) or FRAMINAN and LEISTEN (2003), which also consider several extensions of NEH when facing other (single) objectives than makespan. Different metaheuristic approaches have been also proposed for the PFSP. Using Simulated Annealing an interesting work is OSMAN and POTTS (1989). A Tabu Search algorithm known as SPIRIT was proposed by WIDMER and HERTZ (1989). Other authors propose the use of Genetic Algorithms for solving the PFSP which were also based on the NEH heuristic (CHEN et al. 1995; REEVES 1995; ALDOWAISAN, ALLAHVEDI 2003). As examples of other works which also rely on the use of the NEH heuristic an interesting approach is the presented in the Ant Colony Optimization algorithm of

(CHANDRASEKHARAN, ZIEGLER 2004). All the aforementioned work has in common that the algorithms proposed are easy to code and therefore the results can be reproduced without too much difficulty. In addition, many of the above algorithms can be adapted to other more realistic flowshop environments. Additionally, there are other highly elaborated hybrid techniques for solving the PFSP. However, as RUIZ and STÜTZLE (2007) point out, "they are very sophisticated and an arduous coding task is necessary for their implementation". In other words, it is unlikely that they can be used for solving realistic scenarios without direct support from the researchers that developed them.

3 Our Approach

The approach presented in this paper aims to provide a simple probabilistic algorithm which will be able to improve the results provided by the NEH heuristic in just a few iterations. Also, this algorithm should avoid complex or time-consuming fine-tuning processes. As explained before, a second goal of our approach is to provide not only a good solution, but a set of alternative solutions. In order to meet those goals, we decided to combine Monte Carlo Simulation (MCS) techniques with the NEH heuristic. In particular, our approach introduces a special random behaviour within the NEH heuristic and then starts an iterative process. This random behaviour helps us to start a search process inside the space of feasible solutions. Each of these feasible solutions will consist of a list of sorted jobs. As explained before, the NEH heuristic is an iterative algorithm which uses a sorted list of jobs to construct a solution for the PFSP. At each step of this iterative process, the NEH chooses the job which is at the top of that list – jobs are sorted in the list according to the total time they require to be processed by all the machines. As a result, the NEH provides a "common sense" deterministic solution. Our approach, instead, assigns a probability of selecting each job in the jobs list. According to our design, this probability should be coherent with the total time that each job needs to be processed by all machines, i.e., jobs with higher total times will be more likely to be selected from the list than those with lower total times. Finally, this selection process should be done without introducing too many parameters in the methodology – otherwise, it would be necessary to perform fine-tuning processes, which tend to be non-trivial and time-consuming. To reach all those goals, we employ the geometric statistical distribution with parameter α $(0 < \alpha < 1)$ during the solution-construction process (JUAN et al. 2010): each time a new job has to be selected from the list, a geometric distribution is randomly selected. This distribution is then used to assign exponentially diminishing probabilities to each eligible job according to its position inside the list, which has been previously sorted by its corresponding total-processing-time value. That way, jobs with higher processing times are always more likely to be selected from the list, but the probabilities assigned are variable and they depend upon the concrete distribution selected at each step. By iterating this procedure, an oriented random search process is started. Notice that this general approach has many similarities with the Greedy Randomized Adaptive Search Procedure (GRASP; FEO, RESENDE 1995). To some extent, our approach could be considered as part of the large family of Hybrid GRASP algorithms. Figure 1 illustrates the basics of our approach, which are detailed next. (i) Given a PFSP instance, construct the corresponding data model and use the classical NEH algorithm to solve it. (ii) Choose a probability distribution (e.g. a geometric or a zipf) for adding random behaviour to the algorithm. (iii) Start an iterative process to generate solutions using the Generalized NEH for the Scheduling flowshop Sequence problem (SS-GNEH) algorithm. (iv) For each iteration, save the resulting solution in a database only if it outperforms the one provided by the NEH algorithm, i.e., we will consider that a solution is a good one only if it outperforms the NEH solution from a makespan perspective.

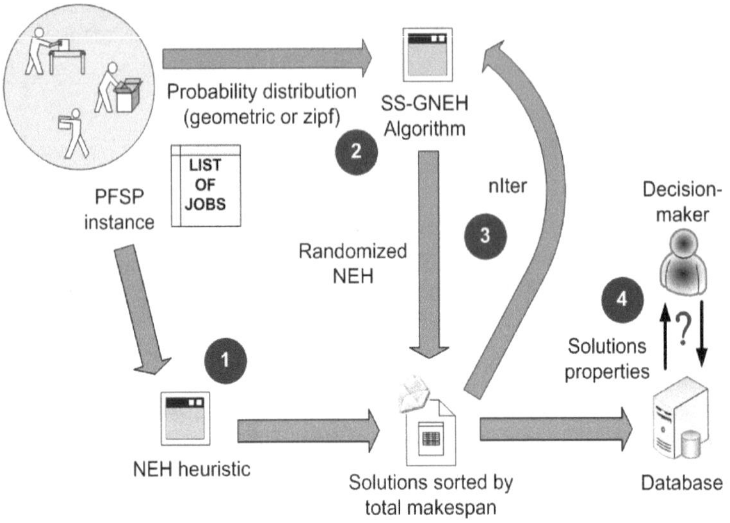

Figure 1: *Basic schema of our approach*

Figure 2 shows the main procedure of the SS-GNEH algorithm, which drives the solving methodology. Roughly speaking, if the size of the jobs list in the current step is large enough, the parameter α can be interpreted as the probability of selecting the job with the highest total-processing-time value at the current step of the solution-construction process.

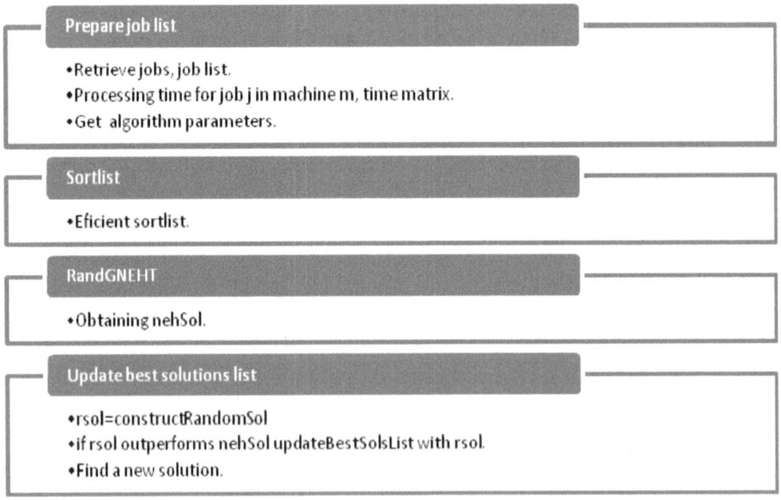

Figure 2: *SS-GNEH main procedure*

Choosing a relatively low α-value (e.g. $\alpha = 0.05$) implies considering a large number of jobs from the list as potentially eligible. On the contrary, choosing a relatively high α-value (e.g. $\alpha = 0.25$) implies reducing the list of potential eligible jobs to just a few of them. Once a value for α is chosen, the first job must be selected. This same value of α can be used for all future steps. In that case, the selection of the α-value might require some minor fine-tuning process. However, based on the tests we have performed, we prefer to consider this α-value as a random variable whose behaviour is determined by a well-known continuous distribution, e.g.: a uniform distribution in the interval *(0.05, 0.25)*. This way, we do not only avoid a fine-tuning process, but we also have the possibility to combine different values of this parameter at different job-selection steps of the same solution-construction process.

4 Experimental Results

The methodology described has been implemented as a Java application that runs directly on the Eclipse IDE for Java. A standard personal computer, Intel® Core™2 Duo CPU at 2.4 GHz and 2 GB RAM, was used to perform all tests. We tested the first 60 benchmark instances from TAILLARD (1993). We performed 15 executions for each instance. These instances can be found at http://mistic.heig-vd.ch/taillard/default.htm. For each tested instance, we also considered its associated best-known solution (BKS) as reported in ZOBOLAS et al. (2009). Table 1 shows the results for the first 30 Taillard's instances, which consider 20 jobs cases. Notice the significant reduction in the average gap with respect to the best-know solution (BKS), from *3.86 %* (NEH) to *0.01 %* (SS-GNEH). Table 1 shows that for the first 30 Taillard's instances our methodology is able to provide either the optimal solution or an alternative one (gap < *0.01 %*). Regarding the reported CPU times, the average time for solving these instances is about 1 second. These times can be easily improved by just coding the algorithm in C/C++ instead of Java. Table 2 shows results for the Taillard's instances with 50 jobs. These are larger instances but again our methodology provides a significant reduction in the average gap (from *4.15 %* to *1.44 %*) in a reasonable amount of computing time. According to the experimental tests carried out, each iteration is completed in just a few milliseconds. By construction, odds are than the generated solution outperforms the one given by the NEH heuristic. This means that our approach provides, after a few iterations, a feasible solution which outperforms the NEH heuristic as regards makespan. Moreover, as verified by testing, several alternative solutions improving the NEH can be obtained after some more iterations (which take more CPU time), each of them having different attributes regarding criteria such as balanced idle times among machines, number of completed jobs at a given target time, etc.

5 Conclusions

In this paper a simple probabilistic methodology for solving the Permutation Flowshop Sequencing Problem (PFSP) has been presented. This methodology, which does not require any particular fine-tuning or configuration process, combines the classical NEH heuristic with simulation using a geometric distribution. An important point to consider is the simplicity of the presented methodology. In effect, our algorithm needs little instantiation and does not require any fine-tuning or set-up processes. This is quite interesting, since as it was noticed before, some of the most efficient meta-heuristics are not used in practice because of the difficulties they present when trying to implementing them. On the contrary, simple hybrid approaches like the one introduced here tend to be more flexible and, therefore, they seem more appropriate to deal with real restrictions and dynamic work conditions. Results show that our methodology is able to improve the NEH heuristic in just a few iterations. Moreover, being a constructive approach, it can generate several alternative good solutions in a reasonable time-period.

Taillard's Instance	# Jobs	# Machines	NEH Solution	Best-Known Solution (BKS)	Gap BKS-NEH	SS-GNEH Solution	Gap BKS-SS-GNEH	Running Time (mm:ss)
1	20	5	1286	1278	0.63%	1278	0.00%	00:00
2	20	5	1365	1359	0.44%	1359	0.00%	00:00
3	20	5	1159	1081	7.22%	1081	0.00%	00:00
4	20	5	1325	1293	2.47%	1293	0.00%	00:00
5	20	5	1305	1235	5.67%	1235	0.00%	00:00
6	20	5	1228	1195	2.76%	1195	0.00%	00:00
7	20	5	1278	1239	3.15%	1239	0.00%	00:00
8	20	5	1223	1206	1.41%	1206	0.00%	00:00
9	20	5	1291	1230	4.96%	1230	0.00%	00:00
10	20	5	1151	1108	3.88%	1108	0.00%	00:00
11	20	10	1680	1582	6.19%	1582	0.00%	00:00
12	20	10	1729	1659	4.22%	1659	0.00%	00:06
13	20	10	1557	1496	4.08%	1496	0.00%	00:02
14	20	10	1439	1377	4.50%	1377	0.00%	00:05
15	20	10	1502	1419	5.85%	1419	0.00%	00:00
16	20	10	1453	1397	4.01%	1397	0.00%	00:03
17	20	10	1562	1484	5.26%	1484	0.00%	00:00
18	20	10	1609	1538	4.62%	1538	0.00%	00:09
19	20	10	1647	1593	3.39%	1593	0.00%	00:02
20	20	10	1653	1591	3.90%	1591	0.00%	00:01
21	20	20	2410	2297	4.92%	2297	0.00%	00:08
22	20	20	2150	2099	2.43%	2099	0.00%	00:02
23	20	20	2411	2326	3.65%	2328	0.09%	00:05
24	20	20	2262	2223	1.75%	2223	0.00%	00:00
25	20	20	2397	2291	4.63%	2296	0.22%	00:04
26	20	20	2349	2226	5.53%	2226	0.00%	00:01
27	20	20	2362	2273	3.92%	2273	0.00%	00:05
28	20	20	2249	2200	2.23%	2202	0.09%	00:04
29	20	20	2320	2237	3.71%	2237	0.00%	00:00
30	20	20	2277	2178	4.55%	2178	0.00%	00:05
Averages					*3.86%*		*0.01%*	*00:01*

***Table 1**: Results for Taillard's instances 1 to 30 (20 jobs)*

Taillard's Instance	# Jobs	# Machines	NEH Solution	Best-Known Solution (BKS)	Gap BKS-NEH	SS-GNEH Solution	Gap BKS-SS-GNEH	Running Time (mm:ss)
31	50	5	2733	2724	0.33%	2724	0.00%	00:00
32	50	5	2843	2834	0.32%	2838	0.14%	00:00
33	50	5	2640	2621	0.72%	2621	0.00%	00:00
34	50	5	2782	2751	1.13%	2751	0.00%	00:00
35	50	5	2868	2863	0.17%	2863	0.00%	00:00
36	50	5	2850	2829	0.74%	2829	0.00%	00:01
37	50	5	2758	2725	1.21%	2725	0.00%	00:00
38	50	5	2721	2683	1.42%	2683	0.00%	00:00
39	50	5	2576	2552	0.94%	2552	0.00%	00:00
40	50	5	2790	2782	0.29%	2782	0.00%	00:00
41	50	10	3135	2991	4.81%	3055	2.14%	00:07
42	50	10	3032	2867	5.76%	2931	2.23%	00:02
43	50	10	2986	2839	5.18%	2905	2.32%	00:09
44	50	10	3198	3063	4.41%	3071	0.26%	00:01
45	50	10	3160	2976	6.18%	3034	1.95%	00:00
46	50	10	3178	3006	5.72%	3053	1.56%	00:04
47	50	10	3277	3093	5.95%	3142	1.58%	00:02
48	50	10	3123	3037	2.83%	3061	0.79%	00:09
49	50	10	3002	2897	3.62%	2934	1.28%	00:05
50	50	10	3257	3065	6.26%	3128	2.06%	00:06
51	50	20	4082	3850	6.03%	3958	2.81%	00:05
52	50	20	3921	3704	5.86%	3799	2.56%	00:06
53	50	20	3927	3640	7.88%	3755	3.16%	00:00
54	50	20	3969	3720	6.69%	3814	2.53%	00:03
55	50	20	3835	3610	6.23%	3711	2.80%	00:10
56	50	20	3914	3681	6.23%	3771	2.44%	00:03
57	50	20	3952	3704	6.70%	3800	2.59%	00:05
58	50	20	3938	3691	6.69%	3791	2.71%	00:08
59	50	20	3952	3743	5.58%	3838	2.54%	00:05
60	50	20	4079	3756	8.60%	3861	2.80%	00:06
Averages					4.15%		1.44%	00:03

***Table 2**: Results for Taillard's instances 31 to 60 (50 jobs)*

References

ALDOWAISAN, T.; ALLAHVEDI, A.: New heuristics for no-wait flowshops to minimize makespan. In: Computers and Operations Research, Oxford et al., 30(2003)8, pp. 1219-1231.

CHANDRASEKHARAN, R.; ZIEGLER, H.: Ant-colony algorithms for permutation flowshop scheduling to minimize makespan/total flowtime of jobs. In: European Journal of Operational Research, Amsterdam et al., 155(2004)2, pp. 426-438.

CHEN, C. L.; VEMPATI, V. S.; ALJABER, N.: An application of genetic algorithms for flow shop problems. In: European Journal of Operational Research, Amsterdam et al., 80(1995)2, pp. 389-396.

FEO, T. A.; RESENDE, M.: Greedy randomized adaptive search procedures. Journal of Global Optimization, Dordrecht et al., 6(1995)2, pp. 109-133.

FRAMINAN, J. M.; LEISTEN, R.: An efficient constructive heuristic for flowtime minimisation in permutation flow shops. In: OMEGA, Amsterdam et al., 31(2003)4, pp. 311-317.

GRAHAM, R. L.; LAWLER, E. L.; LENSTRA, J. K.; RINNOOY KAN, A. G. H.: Optimization and approximation in deterministic sequencing and scheduling: A survey. In: Annals of Discrete Mathematics, (1979), pp. 287-326

JUAN, A.; FAULIN, J.; RUIZ, R.; BARRIOS, B.; CABALLE, S.: The SR-GCWS hybrid algorithm for solving the capacitated vehicle routing problem. In: Applied Soft Computing, Amsterdam et al., 10(2010)1, pp. 215-224.

NAWAZ, M.; ENSCORE, E. E.; HAM, I.: A heuristic algorithm for the m-machine, n-job flowshop sequencing problem. In: OMEGA, Amsterdam et al., 11(1983)1, pp. 91-95.

OSMAN, L.; POTTS, C.: Simulated annealing for permutation flow-shop scheduling. In: OMEGA, Amsterdam et al., 17(1989)6, pp. 551-557.

REEVES, C. R.: A genetic algorithm for flowshop sequencing. In: Computers and Operations Research, Oxford et al., 22(1995)1, pp. 5-13.

REDDI, S. S.; RAMAMOORTHY, C. V.: On flowshop sequencing problem with nowaitin process. In: Operational Research Quarterly, (1972)23, pp. 323-331

RUIZ, R.; STÜTZLE, T.: A simple and effective iterated greedy algorithm for the permutation flowshop scheduling problem. In: European Journal of Operational Research, Amsterdam et al., 177(2007)3, pp. 2033-2049.

SULIMAN, S.: A two-phase heuristic approach to the permutation flow-shop scheduling problem. In: International Journal of Production Economics, Amsterdam et al., 65(2000)1-3, pp. 143-152.

TAILLARD, E.: Some efficient heuristic methods for the flow shop sequencing problem. In: European Journal of Operational Research, Amsterdam et al., 47(1990)1, 65-74.

TAILLARD, E.: Benchmarks for basic scheduling problems. In: European Journal of Operations Research, Amsterdam et al., 64(1993)2, pp. 278-285.

WIDMER, M.; HERTZ, A.: A new heuristic method for the flow shop sequencing problem. In: European Journal of Operational Research, Amsterdam et al., 41(1989)2, pp. 186-193.

ZOBOLAS, C.; TARANTILIS, C.; IOANNOU, G.: Minimizing makespan in permutation flow shop scheduling problems using a hybrid metaheuristic algorithm. In: Computers and Operations Research, Oxford et al., 36(2009)4, 1249-1267.

Integrationsaspekte der Simulation:
Technik, Organisation und Personal
Gert Zülch & Patricia Stock (Hrsg.)
Karlsruhe, KIT Scientific Publishing 2010

Benchmark bei der Mitarbeiterauslastung durch Personalsimulation

Benchmark in Employee Utilisation through Personnel Simulation

Gerhard Fuchs
BMW Motoren, Steyr (Austria)
gerhard.gf.fuchs@bmw.com

Abstract: Man and machine in an ideal interaction, this is the core aim of work and time management. The essential success factors for an efficient enterprise hereby are the ergonomic design of the workflow, the number of required personnel and staff qualification.

At BMW Motoren GmbH in Steyr a machining line's workflow is systematically being examined for potential improvements and constantly being refined in teams. It is being supported by the method of personnel simulation providing answers to a variety of issues in personnel planning and control. Analysis and key figures offer support, grant a transparent overview of all machining lines and present potential for optimization.

In order to create a more cost-effective use of personnel simulation in future projects, a worker kit is being developed by the VDA Automotive workgroup providing a transparent depiction of staff tasks and workflow and consequently contributing to an optimized personnel organisation.

1 Einleitung

Der Einsatz der Technischen Simulation zur Konzeptauslegung, Planungsbestätigung und Serienoptimierung ist Standard im Bereich der Mechanischen Fertigung aller Automobilhersteller. Der durchgängige und flächendeckende Einsatz der Personalsimulation, mit permanenter Verbesserung der Mitarbeiterproduktivität, hat aber noch nicht denselben Durchdringungsgrad erreicht wie die Technische Simulation.

Mensch und Maschine in idealer Interaktion, das ist das Ziel der Arbeits- und Zeitwirtschaft. Wesentliche Erfolgsfaktoren für einen wirtschaftlichen Betrieb bilden die ergonomische Gestaltung der Arbeitsabläufe, die erforderliche Mitarbeiteranzahl und die Mitarbeiterqualifikation.

Bei der BMW Motoren GmbH in Steyr werden die Arbeitsabläufe von Fertigungslinien systematisch auf Verbesserungspotenziale untersucht und im Team weiterentwickelt. Dabei unterstützt die Methode Personalsimulation bei den zahlreichen Fragestellungen zur Personalplanung und Personalsteuerung. Diese Fragen werden anhand von Analysen und Kennzahlen beantwortet, die einen transparenten Überblick über alle Fertigungslinien liefern und Optimierungspotenziale aufzeigen

Da in der Mechanischen Fertigung im Gegensatz zur Montage nicht mit Planzeiten gearbeitet werden kann, und Mitarbeiter nicht ortsfest mit fest vordefinierten Wegen und Tätigkeiten eingesetzt werden, bedienen wir uns der Personalsimulation.

Um den Einsatz der Personalsimulation für neue Projekte in Zukunft kostengünstiger gestalten zu können, wird im Rahmen der VDA Automotive Arbeitsgruppe ein neuer Werkerbausteinkasten entwickelt, der die Mitarbeitertätigkeiten und Arbeitsabläufe transparent darstellt und so zur Findung einer optimalen Mitarbeiterorganisation beiträgt.

2 Was verstehen wir in der Mechanischen Fertigung der BMW Motoren GmbH unter Personalsimulation

Durchgeführt wird die Personalsimulation, wie in der VDI 3633 (Blatt 6) beschriebenen Simulationsrichtlinie als "Personalintegrierte Simulation", wo in einem Modell die Trennung von personellen und maschinellen Kapazitäten mit jeweils getrennt hinterlegten Schichtplänen ausgeführt wird. Die Gruppen- und Zusammenarbeit einer Fertigungsabteilung wird über Arbeitszonen realisiert, wo die Mitarbeiter mit unterschiedlicher Personalqualifikation geführt werden.

Bei den Simulationsläufen fordern die Maschinen und Anlagen bei Störungen, Werkzeugwechseln, bei der Stichprobenprüfung oder anderen Ereignissen einen Mitarbeiter mit entsprechender Qualifikation an. Es findet also eine ständige Interaktion zwischen Maschinen und Personal statt, wobei das Ziel der Personalbemessung eine ausgewogene Balance ist, sodass es zu keinem Stückzahlverlust bei einer zu geringen Mitarbeiteranzahl, aber auch zu keiner zu niedrigen Auslastung bei einer zu hohen Mitarbeiteranzahl kommt.

3 Anwendungsgebiete: Produktentstehungsphase & Serieneinsatz

Die Personalsimulation wird sowohl in der PEP- (Produktentstehungsphase) als auch in der Serienproduktionsphase eingesetzt.

3.1 Produktentstehungsphase

In dieser Phase gilt es, den Personalbedarf und die Qualifikationen für neue Linien zu ermitteln, die Bildung von effizienten Arbeitszonen vorzuschlagen, im Team zu diskutieren und die Mitarbeitereinsatzszenarien weiterzuentwickeln.

Ein Team aus Planern, Produktionsverantwortlichen, Werkzeugtechnologen, Qualitätsbeauftragten bis hin zu den Spezialisten aus Arbeits- und Zeitwirtschaft, sind die entscheidenden Prozessgestalter, die für den zukünftigen Personaleinsatz verantwortlich zeichnen.

Die benötigten Eingangsdaten für die Personalsimulation sind Plandaten, die vorerst auf Basis von vergleichbaren Anlagen abgeleitet werden.

Das Team, das den Prozess formt, sieht nach den Simulationsläufen auch die Ergebnisse und kann somit bereits im Planungszeitraum Ablaufverbesserungen und eine Personaleinsatzoptimierung vornehmen.

3.2 Serienproduktionsphase

Nachdem die Anlagen von der Planung an die Produktion übergeben wurden, d.h. die Produktivphase begonnen hat, startet in Steyr im Bereich der Arbeits- und Zeitwirtschaft ein jährlicher Durchlauf, in dem alle Fertigungslinien mittels Simulationsmodellen auf Rationalisierungspotenziale untersucht werden.

In der Serienproduktionsphase werden die Simulationsmodelle über Schnittstellen mit anderen IT Systemen gekoppelt, um die umfangreichen Eingangsdaten computerunterstützt, und damit aktuell und sehr schnell in die Modelle einlesen zu können. Diese Eingangsdaten sind harte Eingangsgrößen; Beispiele sind unter anderem die Stördaten der Anlagen, die vom BDE System übernommen werden, der Prüfplan, der mit Stichprobenintervallen und den gestoppten Prüfzeiten von der Arbeits- und Zeitwirtschaft aus dem SAP System kommt, sowie die Rüstmatrix und die Werkzeugwechselzyklen, um die Wichtigsten zu nennen.

Das Tätigkeitsspektrum setzt sich also aus Haupt- und Nebentätigkeiten zusammen, die sich sowohl als planbar, wie das Rüsten, dem Werkzeugwechsel, die Stichprobenprüfung, usw., als auch als nicht planbar, wie z.B. das Teile-puffern von Hand wegen Störungen oder der Werkzeugbruch, darstellen.

4 Aufgabenstellungen und Ziele

Ziel der Personalsimulation ist es, den idealen Betriebspunkt zur wirtschaftlich günstigsten Produktion zu erarbeiten, deshalb spielt die optimale Arbeitsorganisation mit den minimal benötigten Mitarbeitern in der erforderlichen Qualifikation für die geforderte Teileausbringung eine entscheidende Rolle. Dabei unterstützt die Simulation mit folgenden Auswertungen oder Kennzahlen:

- die Mitarbeiter- und Arbeitszonenauslastung,
- die Visualisierung der Tätigkeitsanteile der einzelnen Mitarbeiter,
- die zurückgelegten Wegzeiten und Wegstrecken und
- die Warte- und Überwachungszeiten der Mitarbeiter

Typische Fragestellungen an die Personalsimulation lauten:

- Welche Mitarbeiteranzahl wird für eine Gruppe von Maschinen benötigt?
- Welche Maßnahmen sind erforderlich, dass ein Mitarbeiter statt 14 künftig 20 Bearbeitungszentren ohne Stückzahlverlust bedienen kann?
- Welche Ausbringung kann in einer "Mann-armen Dritten Schicht" erreicht werden?
- Wie kann man durch die richtige Mitarbeitersteuerung den "Ausbringungsverlust durch Rüsten" um 50 % senken?
- ...

Als Maßnahme aus dem Ergebnis einer Simulationsstudie kommt es häufig vor, dass einzelne Arbeitszonen zusammengelegt werden, was den Vorteil mit sich bringt, dass für die erforderlichen Einsatzfälle ein größerer Mitarbeiterpool zur Verfügung steht und damit die Tätigkeiten rascher in Angriff genommen werden können. Für die erforderliche Qualifizierung der betroffenen Mitarbeiter, die zusätzliche Aufgaben und Tätigkeiten übernehmen müssen, sind praxisgerechte Schulungen zu planen.

An dieser Stelle muss aber auch erwähnt werden, dass sich eine flächendeckende und zyklisch wiederholende Personalsimulation nur dann wirtschaftlich durchführen lässt, wenn entsprechende Betriebsdatensysteme zur Verfügung stehen, die die Eingangsdaten weitgehend automatisch zur Verfügung stellen. Eine händische Aufnahme aller Eingangsgrößen, wie z.B. das Störverhalten von Fertigungsanlagen und der damit verbundene erforderliche Mitarbeitereinsatz zeigen schnell die wirtschaftlichen Grenzen der Methode Simulation auf.

5 Fallbeispiel: Effizienter Personaleinsatz beim Aufbau einer zusätzlichen Schichtgruppe

Wegen der erhöhten Nachfrage an Fahrzeugen ist es erforderlich, auf einer Fertigungslinie von 2- auf 3-Schichtbetrieb zu wechseln. Dazu treffen sich Teammitglieder aus Vorgesetzten und Fachspezialisten, wie im Kapitel 3 beschrieben, zur Erarbeitung einer Mitarbeiter Auslastungsstudie mit dem Ziel, eine effiziente neue Schichtgruppe aufzubauen. Deshalb ist es notwendig, die Tätigkeitsanteile und das Auslastungsprofil der einzelnen Mitarbeiter zu kennen, Arbeitszonen auf gleichmäßige Auslastung zu überprüfen und für die neuen Mitarbeiter in den einzelnen Arbeitszonen ein maßgeschneidertes Schulungsprogramm abzuleiten.

Für das Simulationsmodell wird der Zeitraum zur Übernahme von Eingangsdaten aus verschiedenen Systemen bestimmt, bedarfsweise eine Aktualisierung der Zeitaufnahmen beim Prüf- und Werkzeugplan vorgenommen und Linienspezifische Zusatztätigkeiten, die in keinem System geführt werden, überprüft und bestätigt. Die Daten werden in das Simulationsmodell eingelesen, der Basislauf aufgesetzt und die Ergebnisse ausgewertet.

Beim Folgetermin werden die Ergebnisse erörtert, sowie Auffälligkeiten und Potenziale im Team besprochen. Verbesserungsvorschläge werden im Anschluss mit dem

Modell dahingehend geprüft, ob die Erreichung der erforderlichen Stückzahlausbringung nach wie vor gewährleistet ist.

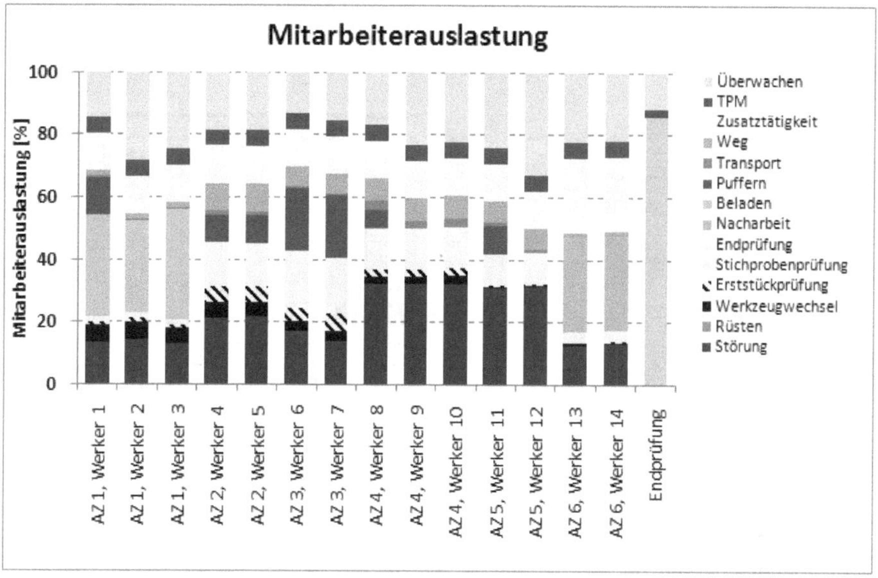

Abbildung 1: *Visualisierung der Tätigkeitsanteile je Werker in der jeweiligen Arbeitszone (AZ x), der Arbeitsverteilung, der Wegzeiten bis hin zur Mitarbeiterauslastung, die sich abzüglich des Überwachungsanteils zwischen 70 und 90 % bei den einzelnen Mitarbeitern darstellt.*

Als Maßnahme wird eine Umverteilung von Prüf- und Puffertätigkeiten von der Arbeitszone 4 und 5, in benachbarte Arbeitszonen vorgenommen, und damit freie Mitarbeiterkapazitäten in diesen Arbeitszonen geschaffen. Das führt dazu, dass die Arbeitszonen 4 und 5 zu einer "neuen Arbeitszone 4" zusammengelegt wird und für den Aufbau der neuen 3 Schicht, ein Mitarbeiter weniger in dieser Arbeitszone erforderlich ist.

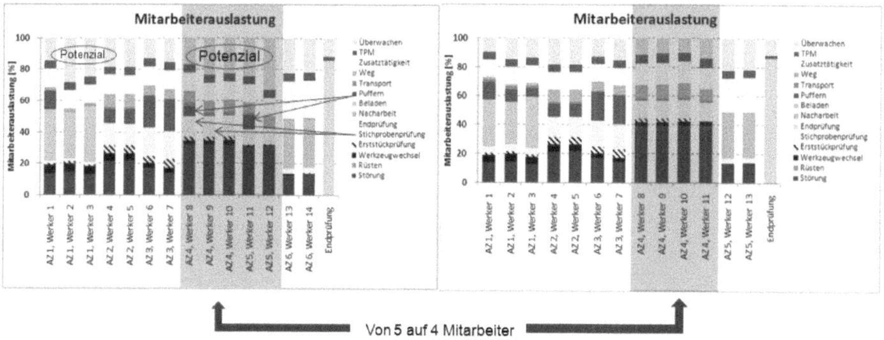

Abbildung 2: *Zusammenlegung der Arbeitszone 4 und 5 zu einer neuen, effizienten Arbeitszone mit 4 Mitarbeitern*

5.1 Linienvergleiche und interne Benchmarks

Abbildung 3 zeigt die Übersicht der Fertigungslinien mit den Tätigkeitsanteilen und den rot gekennzeichneten Auffälligkeiten, die die Grundlage für die zukünftigen Ablaufverbesserungen bilden. Auf Basis der ausgewiesenen Mitarbeiterauslastung wird unser interner Benchmark durchgeführt.

Mitarbeitertätigkeiten	Darstellung Farbe	Mittelwert Fertigungslinien [%]		Fertigungslinien								
				L 1	L 2	L 3	L 4	L 5	L 6	L 7	L 8	L 9
Störung		x	%	x	x	x	x	x	x	x	x	x
Rüsten		x	%	x	x	x	x	x	x	x	x	x
Werkzeugwechsel		x	%	x	x	x	x	x	x	x	x	x
Erststückprüfung		x	%	x	x	x	x	x	x	x	x	x
Stichprobenprüfung		16,3	%	13,5	19,1	9,8	18,6	19,3	16,6	19,3	15,8	14,4
Endprüfung		x	%	x	x	x	x	x	x	x	x	x
Nacharbeit		x	%	x	x	x	x	x	x	x	x	x
Beladen		x	%	x	x	x	x	x	x	x	x	x
Puffern		x	%	x	x	x	x	x	x	x	x	x
Sondertätigkeit		x	%	x	x	x	x	x	x	x	x	x
Transport		x	%	x	x	x	x	x	x	x	x	x
Wegzeiten		x	%	x	x	x	x	x	x	x	x	x
Zusatztätigkeit + TPM		x	%	x	x	x	x	x	x	x	x	x
Maschinenüberwachen		x	%	x	x	x	x	x	x	x	x	x
Mitarbeiterauslastung				82,9	88,1	84,8	81,3	87,8	79,2	87,8	96,0	77,0

x ... Werte gelöscht

Abbildung 3: *Darstellung der Tätigkeitsanteile und die Mitarbeiterauslastung je Fertigungslinie*

5.2 Entwicklung der Mitarbeiterauslastung und Mitarbeiterproduktivität:

Abbildung 4 zeigt die Steigerung der Mitarbeiterauslastung vom Jahr 2007 bis 2009 um 16,6 %, sowie den Ausblick auf 2010, wo auf Basis der Simulationsergebnisse eine Einschätzung der Steigerung der Mitarbeiterauslastung auf 19,3 % vorgenommen wurde. Die gesteigerte Mitarbeiterauslastung im Jahr 2009 basiert zu 45 % auf der effektiven Verbesserung der Mitarbeiterproduktivität, der Rest wird durch die Rücknahme von Fremdleistungen belegt.

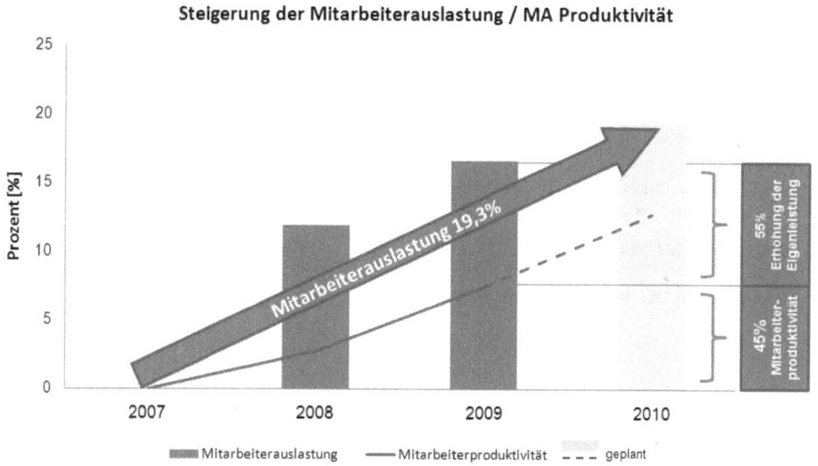

Abbildung 4: Steigerung der Mitarbeiterauslastung und Mitarbeiterproduktivität ausgehend vom Basisjahr 2007 in Prozent

6 Aktueller Status zur Personalsimulationssoftware

Die Modelle der einzelnen Fertigungslinien wurden von unterschiedlichen Simulationsdienstleistern programmiert, was auch zu firmenspezifischen Personalbausteinen führte, die im Laufe der Zeit durch zusätzliche Anforderungen aus dem Projekt- und Tagesgeschäft immer wieder erweitert wurden.

Im Zug der Installation eines neuen Motorprojektes im BMW Werk Steyr gab es im Jahre 2009 die Forderung, einen dienstleisterübergreifenden Simulationsstandard für das Thema Personalsimulation zu schaffen. Dies wird im Rahmen der VDA Automotive Arbeitsgruppe mit den Teilnehmern Audi, BMW, Daimler, VW und ZF auf Basis der Software "Plant Simulation" umgesetzt.

Hier die wichtigsten Punkte zum neuen Personalstandard: Zur Personalsteuerung steht ein Baustein namens "Personnel Broker" zur Verfügung, der die Anforderung und Disposition der Mitarbeiter mit entsprechender Qualifikation managt. Des Weiteren gibt es die "Workplace" Bausteine, also die Arbeitsplätze der Mitarbeiter, wo die einzelnen Tätigkeiten ausgeführt werden. Die individuellen Personalbausteine werden auf Basis des Mitarbeiters als BE (Bewegliches Element) ausgelegt. Durch diese technische Umsetzung sind im Simulationssystem die Mitarbeiter nicht fest mit einem in Bearbeitung befindlichen Teil verbunden, es können flexible Mitarbeiteranforderungen und Mitarbeiterfreigaben zu beliebigen Zeitpunkten realisiert werden. Dies war bisher mit den Standardfunktionen des eingesetzten Simulationssystems nicht möglich. So gestatten die neuen Funktionen beispielsweise auch einen flexiblen Personalaustausch und die zeitweise parallele Anwesenheit mehrerer Mitarbeiter.

- Weitere Funktionalitäten des VDA Bausteinkastens sind: Störungsmanagement mit mehreren unterschiedlichen Störgründen bei Bearbeitungszentren, Transferstraßen, Ladeportalen usw.,
- Ermittlung der Aufwände zur Qualitätssicherung auf Basis von standardisierten Prüfabläufen bei Erststück- und Stichprobenprüfung,
- Mitarbeiterzuteilung in Arbeitszonen bzw. alternativen Arbeitszonen (= benachbarte Arbeitszonen, wo Tätigkeiten mit definierten Qualifikationen durchgeführt werden können),
- Automatische Koordinatenübernahme zur Ermittlung der Wegstrecken und Wegzeiten,
- OEM übergreifender BDE Daten Import mit Datenvisualisierung,
- Ergebnisabgleich – Vergleich der Ergebnisse des Simulationsmodells mit den BDE System,
- Standardisierte Auswertungen zur Mitarbeiterauslastung, Arbeitszonenauslastung, Mitarbeiteranforderung je Maschine, Rüstdiagramme, usw.

7 Fazit und Ausblick

Durch die Steigerung der Mitarbeiterauslastung über die gesamte Mechanische Fertigung in Steyr leistet die Anwendung der Personalsimulation einen wertvollen Beitrag zur Produktivitätsverbesserung. Dabei zeichnet sich die Methode durch hohe Akzeptanz beim Team vom Planer, Linienleiter bis zum Betriebsrat aus.

Ab dem Jahr 2011 steht der VDA "Werker Bausteinkasten" zur Verfügung, der die Simulationsanwendung des Personals standardisiert, der die Kosten für die Simulationsmodellerstellung senkt, der zur Ermittlung und Transparenz der Arbeitsabläufe beiträgt und der als Basis für die laufende Optimierung von Abläufen und Tätigkeiten einen Beitrag zum Erhalt der Arbeitsplätze in der europäischen Automobilindustrie leisten wird.

Literatur

VDI 3633 Blatt 6: Simulation von Logistik-, Materialfluss- und Produktionssystemen – Abbildung des Personals in Simulationsmodellen. Oktober 2001.

Integrationsaspekte der Simulation:
Technik, Organisation und Personal
Gert Zülch & Patricia Stock (Hrsg.)
Karlsruhe, KIT Scientific Publishing 2010

Simulationsbasierte Bewertung von Arbeitszeitmodellen bezüglich der Work-Life-Balance

Simulation-based Evaluation of Working Time Models Regarding Work-Life-Balance

Michael Leupold, Patricia Stock, Daniel Schmidt, Gert Zülch
Institut für Arbeitswissenschaft und Betriebsorganisation (ifab),
Karlsruher Institut für Technologie (KIT), Karlsruhe (Germany)
michael.leupold@kit.edu, patricia.stock@kit.edu,
daniel.schmidt@kit.edu, gert.zuelch@kit.edu

Abstract: During the course of the last few years, changes in the professional and private lives of employees could be observed, which negatively affect their work-life-balance. Methods to improve this balance include work-organizational measures such as the adaptation of individual working times. In order to prospectively evaluate working time models, the simulation procedure *OSim-GAM* is being developed. This paper introduces the basic approach of the procedure and presents the results of a simulation study in which different working time models are compared regarding the employees' load situation resulting from the interference of job and private life.

1 Wechselwirkungen zwischen den Lebenswelten

Im Laufe der letzten Jahre konnten Veränderungen im Berufs- und Privatleben von Beschäftigten beobachtet werden, die Auswirkungen auf deren Work-Life-Balance haben, also die Balance zwischen ihrer beruflichen und außerberuflichen Lebenswelt. Auf beruflicher Seite kann beispielsweise beobachtet werden, wie erhöhte Anforderungen an die Weiterqualifizierung der Mitarbeiter zu zusätzlichen Belastungen durch lebenslanges Lernen führen, zumal die berufliche Weiterbildung zunehmend durch Individualisierung und Verlagerung in die erwerbsfreie Zeit gekennzeichnet ist (vgl. LINNE 2002, S. 46). Durch Arbeitszeitflexibilisierung versuchen insbesondere Dienstleistungsunternehmen, ihre zeitlich schwankenden Personalbedarfe besser abzudecken (vgl. BEERMANN 2001, S. 6). Für die Mitarbeiter kann dies allerdings zu einer Entgrenzung der Arbeit führen, bei der die Linie zwischen Arbeits- und Privatleben zu verschwimmen droht (z.B. PICKSHAUS, SCHMITTHENNER, URBAN 2001).

Auf privater Seite ist unter anderem eine hohe Zahl von Alleinlebenden zu beobachten (DESTATIS 2009). Daneben ist ein hohes Maß nicht-kommerzieller Tätigkeiten wie z.B. Ehrenämter oder Pflegetätigkeiten im häuslichen Bereich zu verzeichnen (z.B. UNI TILBURG 2001). Wechselwirkungen und Konflikte zwischen den beiden Lebenswelten entstehen auch dadurch, dass sich für viele Beschäftigte nicht mehr die Frage nach alternativ erfülltem Privat- oder Berufsleben stellt, sondern dass sie sich die Erfüllung ihrer beruflichen und ihrer privaten Ziele wünschen (GROTE, HOFF 2004, S. 76).

Die Wechselwirkungen zwischen der beruflichen und der privaten Lebenswelt können zu unterschiedlichen Konflikten führen, die in der Folge negative Auswirkungen auf die Beschäftigten haben, so z.B. psychischen Stress, ein verschlechterter Gesundheitszustand oder eine geringere Zufriedenheit mit Privat- oder Berufsleben (z.B. FRONE, RUSSEL, COOPER 1997, S. 330 ff.). Dies hat auch Auswirkungen auf den Betrieb; so kann es beispielsweise zu vermehrten problem- oder motivationsbedingten Fehlerzeiten (Absentismus), einer höherer Fluktuation oder einem im Branchenvergleich erhöhten Krankenstand kommen (vgl. z.B. KOSSEK, OZEKI 1998). Letztendlich bedeutet dies, dass eine Reduktion der Konflikte nicht nur im Sinne der Mitarbeiter, sondern auch des Betriebes ist.

2 Arbeitszeitgestaltung zur Verbesserung der Work-Life-Balance

Zur Verminderung von Konflikten und zur Verbesserung der Work-Life-Balance existieren verschiedene arbeitsorganisatorische Möglichkeiten, deren Auswirkungen zur Zeit jedoch nur wenig erforscht und nicht prospektiv bewertbar sind, und dies insbesondere im Bereich der Arbeitszeitgestaltung. Dieser Gestaltungsbereich wird im Rahmen des BMBF-Projektes *ARBWOL* näher untersucht. Eine Forschungshypothese dieses Projektes ist, dass verschiedene soziale Rollen existieren, die Mitarbeiter hinsichtlich ihrer außerberuflichen Belastungen charakterisieren. Die soziale Rolle kennzeichnet die Stellung der ihr zugeordneten Beschäftigten im außerberuflichen Umfeld und bestimmt somit die daraus resultierenden Verpflichtungen und Erwartungen. Aus den rollenspezifischen Parametern des privaten Bereiches können im Zusammenwirken mit der beruflichen Lebenswelt negative Auswirkungen für den Beschäftigten entstehen, so z.B. Zeit- oder Rollenkonflikte sowie Überbeanspruchung (vgl. z.B. GREENHAUS, BEUTELL 1985, S. 76). Zur Identifikation der verschiedenen sozialen Rollen und der daraus resultierenden Belastungssituation wird im Rahmen des Projektes zurzeit eine Mitarbeiterbefragung durchgeführt.

Darauf aufbauend wird im Rahmen des Forschungsvorhabens untersucht, wie diese Konflikte durch den Einsatz spezifischer Arbeitszeitmodelle vermindert werden können. Unter einem Arbeitszeitmodell wird dabei die Regelung verstanden, die einerseits den inhaltlichen Dispositionsspielraum, nämlich die Dauer und Lage der Arbeitszeit festlegt, andererseits die formalen Grenzen festlegt, innerhalb derer Betrieb und Mitarbeiter den Spielraum nutzen dürfen (vgl. BOGUS 2002, S. 55 ff.). Neben der Belastungssituation gilt es bei der Wahl eines geeigneten Arbeitszeitmodells auch verschiedene Bestimmungen zu berücksichtigen, die durch Gesetze, Verordnungen, Tarifverträge oder auch Betriebsvereinbarungen vorgegeben sind. Zur Bewertung von Arbeitszeitmodellen gibt es im Dienstleistungsbereich eine Vielzahl konkurrierender betrieblicher, mitarbeiter- und kundenorientierter Kennzahlen (KNAUTH 2002, S. 52), die eine Bestimmung guter Modelle verkomplizieren.

Vor diesem Hintergrund wird im Rahmen des Forschungsvorhabens das Werkzeug der Simulation eingesetzt, mit dessen Hilfe die quantitative Bewertung und der Vergleich verschiedener Arbeitszeitmodelle im konkreten Anwendungsfall durchgeführt werden kann. Durch Variation verschiedener Einflussparameter wie Kundenfrequenz oder Personaleinsatz sollen Kausalzusammenhänge aufgedeckt und Richtlinien für die Gestaltung von Arbeitszeitmodellen im Dienstleistungsbereich unter dem Gesichtspunkt der Work-Life-Balance entwickelt werden.

3 Modellierung und simulationsbasierte Bewertung von Arbeitszeitmodellen

Als Werkzeug zur Bewertung von Arbeitszeitmodellen dient das am Institut für Arbeitswissenschaft und Betriebsorganisation (ifab) des Karlsruher Instituts für Technologie (KIT, vormals Universität Karlsruhe) entwickelte objektorientierte Simulationsverfahren *OSim-GAM* (*O*bjekt-*Sim*ulator zur *G*estaltung von *A*rbeitszeit*m*odellen; BOGUS 2002), das die Simulation sowohl von Produktions- als auch von Dienstleistungsbetrieben ermöglicht.

OSim-GAM nutzt Durchlaufpläne zur Modellierung verschiedener Kundentypen. Diese stellen netzgraphenartig in zeitlich-logischer Abfolge die am Kunden zu erbringenden Dienste dar (vgl. BOGUS 2002, S. 105 ff.). Jedem Knoten des Durchlaufplans sind dabei modellhaft entsprechend qualifizierte Mitarbeiter zur Leistungserbringung zugewiesen. Die Ankunft eines Kunden im System wird durch sogenannte Durchlaufplanauslöser gesteuert. Diese bestimmen entweder deterministisch die Ankunft eines einzelnen Kunden zu einem bestimmten Zeitpunkt oder die stochastische Ankunft mehrerer Kunden mit verteilter Zwischenankunftszeit (vgl. BOGUS 2002, S. 109 ff.). Zur Modellierung von Arbeitszeitmodellen und der Einsatzzeiten der Mitarbeiter werden Arbeitszeitkorridore definiert, die den modellierten Mitarbeitern in einem Einsatzplan dann tageweise zugeteilt werden.

3.1 Modellierungskonzept für soziale Rollen und zeitliche Konflikte

Das Simulationswerkzeug *OSim-GAM* wurde im Rahmen des Projektes zur Modellierung von sozialen Rollen und zeitlichen Konflikten erweitert. Soziale Rollen werden dabei durch den Rollennamen gekennzeichnet und mit den ihnen zugehörigen Mitarbeitern im Dienstleistungssystem verknüpft. Sie dienen als Behälter für rollenspezifische Belastungen und Konflikte, ordnen diese somit den einzelnen Mitarbeitern zu und bieten gleichzeitig die Möglichkeit, Simulationsergebnisse rollenspezifisch zu gruppieren. Mögliche zeitliche Konflikte, also Zeiten in denen Mitarbeiter aufgrund privater Verpflichtungen nicht arbeiten können oder möchten, werden im Simulationsverfahren wochenweise erfasst. Jeder mögliche Konflikt wird durch seinen Beginn- und Endetermin sowie durch die Konfliktklasse dargestellt. Letztere charakterisiert die resultierenden Konsequenzen beim Auftreten eines Konfliktes als schwerwiegend, mittelschwer oder leicht.

3.2 Bewertung von Arbeitszeitmodellen

Zum Vergleich verschiedener Arbeitszeitmodelle in Dienstleistungsunternehmen ist ein geeignetes Bewertungskonzept erforderlich, das betriebs-, mitarbeiter- und kundenorientierte Kennzahlen beinhaltet. Die meisten dieser Kennzahlen haben sich bereits in Vorgängerprojekten bewährt (ZÜLCH, STOCK, HRDINA 2006; BOGUS 2002), andere müssen zur Bewertung von Konflikten neu definiert werden. Zur vergleichenden Bewertung der Auswirkungen von Arbeitszeitmodellen kann insbesondere die mitarbeiterbezogene Kennzahl "Physische Belastung" herangezogen werden. Diese durch die Arbeitstätigkeit entstehende Belastung liegt zwischen den Werten 0 (keine Belastung) und 1 (hohe Belastung). Sie wird während der Simulation tageweise protokolliert und am Simulationsende durch Durchschnittsbildung kumuliert (siehe "Ermüdungsgrad" bei BOGUS 2002, S. 146 ff.).

Zusätzlich gilt es, eine Bewertungsmöglichkeit von Arbeitszeitmodellen bezüglich ermittelter zeitlicher Konflikte zu schaffen. Jede Überlappung zwischen der vorgesehenen Einsatzzeit und einer privaten Verpflichtung wird dabei als ein Konflikt erfasst. Die Konflikte werden nach Konfliktklasse gezählt. Zum Vergleich verschiedener Szenarien müssen die ermittelten Werte einer Vergleichsmethode zugeführt werden. Eine Möglichkeit dafür besteht darin, die Werte mit unterschiedlichen Gewichtungsfaktoren für jede der Konfliktklassen additiv zu aggregieren:

$$GKA = \sum_k (GEW_k \cdot AKO_k) \qquad (1)$$

mit
GKA Gesamtkonflikthöhe, aggregiert
k Indexmenge für Konfliktklassen
GEW_k Gewichtungsfaktor für Konflikte der Konfliktklasse k
AKO_k Anzahl der Konflikte der Konfliktklasse k

***Formel 1**: Additive Präferenzfunktion zur Berechnung der kumulierten Konflikthöhe*

Diese Methode berechnet somit einen kumulierten Wert für die Konflikthöhe. Nachteilig hierbei ist, dass die "richtigen" Gewichtungsfaktoren nicht bekannt sind und daher geschätzt werden müssen. Alternativ ist die Verwendung einer lexikographischen Präferenzfunktion möglich, bei der die zu vergleichenden Arbeitszeitmodelle zuerst nach der Zahl der schwerwiegenden, dann nach der Zahl der mittelschweren und zuletzt nach der Anzahl leichter Konflikte geordnet werden. Obwohl immer anwendbar, lässt diese Methode außer Acht, dass viele leichte Konflikte durchaus auch schwerwiegende Auswirkungen für einen Beschäftigten haben können. Ein Beispiel für beide Methoden ist in Tabelle 1 dargestellt. Dabei werden für die additive Präferenzordnung Gewichtungsfaktoren von 3, 2 und 1 angenommen.

Arbeitszeit-modell	*Konfliktzahl*			*Rang bzgl. Präferenzordnung*	
	schwer	*mittel*	*leicht*	*additiv (GKA)*	*lexikographisch*
Modell 1	1	3	31	2 (40)	2
Modell 2	2	5	16	1 (32)	3
Modell 3	0	10	23	3 (43)	1

***Tabelle 1**: Additive und lexikographische Präferenzordnungen zum Vergleich der Konflikthöhe von Arbeitszeitmodellen*

4 Simulationsstudie zur Konzepterprobung

Mittels des beschriebenen Simulationsverfahrens wurde eine pilothafte Simulationsstudie durchgeführt, um das Modellierungs- und Bewertungskonzept zu erproben. Als Basis wurde dabei die durchlaufplanorientierte Modellierung einer ambulanten Abteilung eines Krankenhauses gewählt, die in verschiedenen Szenarien bezüglich Arbeitszeitmodell und Zusammensetzung des Personals aus verschiedenen sozialen Rollen im Zeitraum von je einem Monat simuliert wurde.

4.1 Beschreibung des Dienstleistungssystems

Beim Personal wird der ärztliche Dienst in der Abteilung betrachtet. Dieser besteht aus einem Chefarzt, zwei Oberärzten und zehn Assistenzärzten, die als Universalisten modelliert werden. Das Simulationsmodell besteht aus 14 Patiententypen, die jeweils als Durchlaufplan dargestellt werden. Das Patientenaufkommen wird durch 9408 stochastisch verteilte Auslöser abgebildet, die Patienten mit betaverteilter Zwischenankunftszeit in das System einsteuern. Die Verteilung der Patienten auf die Patiententypen und deren Ankunftszeiten orientieren sich abhängig von Wochentag und Tageszeit an der relativen Häufigkeit in den empirisch aufgenommenen Daten.

4.2 Soziale Rollen und Rollenverteilung

Da die Identifizierung der sozialen Rollen derzeit noch nicht abgeschlossen ist, wurde für die Simulationsstudie ein hypothetisches Rollenmodell entworfen, das sich am traditionellen Familienzyklusmodell (nach WELLS, GUBAR 1966) orientiert:

- *Single:* Person ohne Kinder; Fokus auf Freizeitgestaltung, Zeiten für Behördengänge u.a. erforderlich
- *Newly Married oder Empty Nest:* Junges oder älteres Ehepaar (ohne Kinder); Fokus auf gemeinsamer Freizeitgestaltung, Entlastung durch Partner
- *Full Nest I:* Jung verheiratet mit Kindern im Vorschulalter; Fokus auf Kinderbetreuung, Öffnungszeiten der Betreuungseinrichtungen
- *Full Nest II:* Verheiratet mit Kindern im schulpflichtigen Alter; Kinderbetreuung nach der Schule gewährleisten

Für die Rollen wurden zeitliche Konflikte festgelegt, die für die Simulationsstudie beispielhaft aus der textbasierten Rollenbeschreibung abgeleitet wurden. Es wurden drei Szenarien formuliert, in denen sich die Belegschaft mit verschiedenen Anteilen aus den sozialen Rollen zusammensetzt (Tabelle 2).

Rollenverteilung	***Single***	***Empty Nest***	***Full Nest I***	***Full Nest II***
Junges Team	5	5	2	1
Gemischtes Team	3	3	3	4
Kinderreiches Team	0	0	6	7

***Tabelle 2**: Zusammensetzung der Belegschaft aus sozialen Rollen*

4.3 Untersuchte Arbeitszeitmodelle

Im nächsten Schritt wurde anhand des Patientenaufkommens und der in den Durchlaufplänen hinterlegten Vorgangszeiten der zahlenmäßige Personalbedarf in der Krankenhausabteilung bestimmt. Für die Untersuchung wurden vier Arbeitszeitmodelle ausgewählt, die eine möglichst gute Abdeckung des Personalbedarfs ermöglichen. Arbeitszeitmodell 1 ist ein langrotiertes, kontinuierliches Dreischichtsystem mit vier Schichtgruppen, bei dem ein Schichtblock aus vielen gleichen Schichten besteht. Arbeitszeitmodell 2 und Arbeitszeitmodell 3 sind zwei unterschiedliche kontinuierliche Dreischichtsysteme mit vier Schichtgruppen. Arbeitszeitmodell 3 ist ebenfalls ein kontinuierliches Dreischichtsystem mit vier Schichtgruppen. Arbeitszeitmodell 4 beinhaltet ein Schichtsystem, bei dem am Wochenende Zwölf-Stunden-Schichten eingesetzt werden.

4.4 Versuchsplan und Simulationsergebnisse

In der Simulationsstudie wurden die drei Versionen der Rollenverteilung mit den vier gewählten Arbeitszeitmodellen kombiniert, sodass sich insgesamt zwölf Szenarien ergaben. Um die stochastischen Einflüsse im Patientenaufkommen auszuschließen, wurden je 20 Simulationsläufe mit unterschiedlichen Zufallszahlenkeimen durchgeführt.

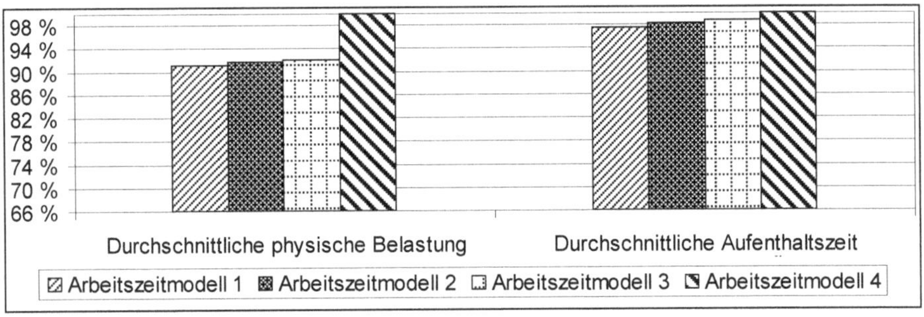

***Abbildung 1**: Vergleich der der Arbeitszeitmodelle bezüglich physischer Belastung der Mitarbeiter und mittlerer Aufenthaltszeit der Patienten*

Abbildung 1 zeigt eine Gegenüberstellung der Ergebnisse der simulierten Arbeitszeitmodelle. Zur besseren Vergleichbarkeit wurde aus den Einzelwerten dabei jeweils der Zielerreichungsgrad in Bezug auf das beste erreichte Ergebnis gebildet, höhere Werte entsprechen also einer geringeren mittleren Aufenthaltszeit der Patienten bzw. einer geringeren physischen Belastung der Mitarbeiter. Dabei wird ersichtlich, dass der Einsatz verschiedener Arbeitszeitmodelle trotz ähnlicher Bewertung aus betriebswirtschaftlicher Sicht durchaus zu signifikanten Abweichungen bei den mitarbeiterbezogenen Kennzahlen führen kann.

Abbildung 2 zeigt die durchschnittliche Anzahl der auftretenden Konflikte, gegliedert nach Konfliktschwere und Arbeitszeitmodell, für die Rollenszenarien "Junges Team" und "Gemischtes Team". Es wird ersichtlich, dass je nach Zusammensetzung der Belegschaft aus sozialen Rollen unterschiedliche Arbeitszeitmodelle eingesetzt werden sollten, um das Vorkommen von Konflikten zu vermindern. Basierend auf den in Kapitel 3 eingeführten Präferenzordnungen wäre so für das Gemischte Team bei lexikographischem Vergleich Arbeitszeitmodell 3 das Belastungsärmste. Bei der Auswertung zum Jungen Team zeigt sich die bereits angesprochene Schwäche der lexikographischen Präferenzordnung: Trotz einer deutlich größeren Anzahl von leichten und mittleren Konflikten würde das Verfahren dazu raten, Arbeitszeitmodell 1 den drei anderen Möglichkeiten vorzuziehen.

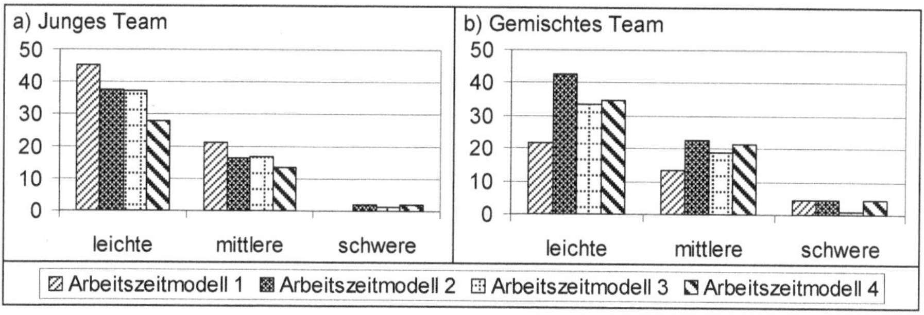

***Abbildung 2**: Anzahl auftretender Konflikte für die Rollenverteilungen "Junges Team" und "Gemischtes Team", gegliedert nach Arbeitszeitmodellen*

5 Zusammenfassung und Ausblick

Die Gestaltung konfliktreduzierender Arbeitszeitmodelle ist ein komplexes Problem, insbesondere wenn die belastungsbezogenen Kennzahlen multikriteriell mit teilweise konkurrierenden betrieblichen Kennzahlen kombiniert werden sollen, um somit sowohl für den Betrieb als auch für Belegschaft und Kunden bzw. Patienten eine geeignete Organisationsform zu finden. Das vorgestellte Simulationsverfahren liefert dabei einen ersten Beitrag zur quantitativen Bewertung von Arbeitszeitmodellen.

In einem weiteren Schritt sollen weitere belastungsorientierte Kennzahlen definiert und in das Verfahren integriert werden. Ein integraler Bestandteil dabei sind die Mitarbeiterbefragungen und die damit im Zusammenhang durchgeführten Simulationsstudien bei den im *ARBWOL*-Projekt kooperierenden Dienstleistungsunternehmen.

6 Danksagung

Die Forschungsarbeit wird im Rahmen des Forschungsprojektes "*Ar*beitszeitgestaltung unter *B*erücksichtigung der *Wo*rk-*L*ife-Balance mit Hilfe der rechnerunterstützten Simulation – *ARBWOL*" durchgeführt. Das Projekt wird mit Mitteln des Bundesministeriums für Bildung und Forschung sowie des Europäischen Sozialfonds unter dem Förderkennzeichen 01FH09046 gefördert.

Literatur

BEERMANN, Beate: Leitfaden zur Einführung und Gestaltung von Nacht- und Schichtarbeit. Hrsg.: Bundesanstalt für Arbeitsschutz und Arbeitsmedizin. Bremerhaven: Wirtschaftsverlag NW, 2001.

BOGUS, Thomas: Simulationsbasierte Gestaltung von Arbeitszeitmodellen in Dienstleistungsbetrieben mit kundenfrequenzabhängigem Arbeitszeitbedarf. Aachen: Shaker Verlag, 2002. (ifab-Forschungsberichte aus dem Institut für Arbeitswissenschaft und Betriebsorganisation der Universität Karlsruhe, Band 31)

DESTATIS – Statistisches Bundesamt (Hrsg.): Haushalte nach Haushaltstypen. http://www.destatis.de/jetspeed/portal/cms/Sites/destatis/Internet/DE/Content/Statistiken/Bevoelkerung/Haushalte/Tabellen/Content75/Haushaltstypen.psml, 01.06.2010.

FRONE, Michael R.; RUSSEL, Marcia; COOPER, M. Lynne: Relation of work-family conflict to health outcomes. A four-year longitudinal study of employed parents. In: Journal of Occupational and Organizational Psychology. Lechworth u.a., 70(1997)4, S. 325-335.

GREENHAUS, Jeffrey H.; BEUTELL, Nicholas J.: Sources of Conflict Between Work and Family Roles. In: Academy of Management Review, Briarcliff Manor, NY, 10(1985)1, S. 76-88.

GROTE, Stefanie; HOFF, Ernst-H.: Zum Verhältnis von Berufs- und Privatleben: Subjektive Beschreibungen und Bewertungen. Forschungsbericht aus dem Projekt "PROFIL". Berlin: Freie Universität, 2004.

KNAUTH, Peter: Arbeitszeitflexibilisierung aus arbeitswissenschaftlicher Sicht. In: Arbeitszeitflexibilisierung im Dienstleistungsbereich. Hrsg.: ZÜLCH, Gert; STOCK, Patricia; BOGUS, Thomas. Aachen: Shaker Verlag, 2002, S. 51-74. (ifab-Forschungsberichte aus dem Institut für Arbeitswissenschaft und Betriebsorganisation der Universität Karlsruhe, Band 28)

KOSSEK, Ernst; OZEKI, Cynthia: Work-family conflict, policies, and the job-life satisfaction relationship: A review and directions for organizational behavior-human resources research. In: Journal of Applied Psychology, Routledge, 83(1998)2, S. 139–149.

LINNE, Gudrun: Flexibel arbeiten – flexibel leben? Die Auswirkungen flexibler Arbeitszeiten auf Erwerbschancen, Arbeits- und Lebensbedingungen. Düsseldorf: Hans Böckler Stiftung, 2002.

PICKSHAUS, Klaus; SCHMITTHENNER, Horst; URBAN, Hans-Jürgen (Hrsg.): Arbeiten ohne Ende. Neue Arbeitsverhältnisse und gewerkschaftliche Arbeitspolitik. Hamburg: VSA-Verlag 2001.

UNI TILBURG (Hrsg.): Europäisches Wertesurvey 1999-2000. Tilburg, Köln: Universität Tilburg, Zentralarchiv für empirische Sozialforschung, 2001.

WELLS, William; GUBAR, George: Life Cycle Concept in Marketing Research. In: Journal of Marketing Research, Chicago, IL, 3(1966)4, S. 355-363.

ZÜLCH, Gert; STOCK, Patricia; HRDINA, Jan: Simulationsbasierte Gestaltung flexibler Arbeitszeiten im Krankenhaus. In: Simulation in Produktion und Logistik 2006. Hrsg.: WENZEL, Sigrid. San Diego, Erlangen: SCS Publishing House, 2006, S. 183-192.

Integrationsaspekte der Simulation:
Technik, Organisation und Personal
Gert Zülch & Patricia Stock (Hrsg.)
Karlsruhe, KIT Scientific Publishing 2010

Agentenbasierte Planung und Simulation der Arbeitszeitgestaltung in Krankenhäusern

Agent-based Planning and Simulation of Working Time Configuration in Hospitals

Thilo Gamber, Gert Zülch
Institut für Arbeitswissenschaft und Betriebsorganisation (ifab),
Karlsruher Institut für Technologie (KIT), Karlsruhe (Germany)
thilo.gamber@kit.edu, gert.zuelch@kit.edu

Abstract: Hospitals have to ensure a continuous medical care and monitoring around the clock. For this purpose, they have to be staffed 7 days a week for 24 hours. However, this may lead to conflicts between work and private life of the employees. To reduce these conflicts, this paper deals with the organisation of socially acceptable working times. In order to improve an initial working time configuration, an agent based approach has been developed. To proof the efficiency of the developed approach, a simulation procedure is used which allows for an adequate modelling of real hospitals and for evaluation solutions in a multi-criterial way.

1 Persönliche Einsatzzeitpräferenzen des Krankenhaus-Personals

Patientenankünfte können in Krankenhäusern nur begrenzt im Vorhinein geplant werden. Wie auch in anderen Dienstleistungsbereichen ist der Personalbedarf stark schwankend, da er durch stochastische Ankünfte von Patienten determiniert wird. Der durch die Versorgung der Patienten entstehende Arbeitsinhalt ist wiederum abhängig von dem jeweiligen Behandlungsbedarf. Als Resultat erfordert dies in aller Regel eine Personalbesetzung rund um die Uhr. Dabei ist zu beachten, dass die Mindestbesetzung pro Tätigkeitsgruppe (Ärzte, Pflegepersonal) über die komplette Betriebsdauer hinweg nicht nur durch eine Person gewährleistet wird. Aus verschiedenen Gründen (u.a. durch Emigration von Ärzten ins Ausland) besteht zudem ein Mangel an Arbeitskräften, der bereits jetzt in einigen Regionen weiter zuzunehmen droht. Vor allem ist nicht zu erwarten, dass der Mangel an Fachkräften in absehbarer Zeit durch ausreichenden heimischen Nachwuchs gedeckt werden kann. Insgesamt waren im Jahre 2001 1,1 Millionen Personen im Krankenhausbereich in Deutschland beschäftigt (WEINMANN, ZIFONUN 2002, S. 527), 2007 nur noch rund

940.000 (WERBLOW, SCHOFFER 2010, S. 75). Dies bedeutet zum einen, dass die Patientenversorgung effizienter als bisher erfolgen muss. Zum anderen bedeutet dies aber auch, dass auf immer weniger Arbeitskräfte das gleiche oder sogar ein höheres Arbeitsvolumen entfällt und diese in der Zukunft tendenziell zu noch mehr Arbeit aufgefordert werden. Unter solchen Arbeitsbedingungen droht die Vereinbarkeit von Berufs- und Privatleben immer problematischer zu werden. Zwischen betrieblichem und privatem Lebensbereich entstehen dann insbesondere Konflikte hinsichtlich der zeitlichen Lage der Arbeitstätigkeit.

Die Frage nach der Vereinbarkeit von Berufs- und Privatleben bei der Arbeitszeitgestaltung wurde in der Forschung bisher nicht ausreichend untersucht (vgl. hierzu STOCK, BOGUS, STOWASSER 2004, S. 98). Daher soll hier ein Beitrag geleistet werden, um bestehende Konflikte zwischen betrieblichen und privaten Aufgaben zu vermindern. Hierzu sollen individuelle Einsatzzeitpräferenzen (vgl. zum Begriff der Präferenzen GAUDERER 2002, S. 91 ff.) im Rahmen der Personaleinsatzplanung bestmöglich berücksichtigt werden, und zwar ausgeglichen für das gesamte Personal einer Tätigkeitsgruppe (z.B. Arzt mit Arzt bzw. Pflegeperson mit Pflegeperson). Dabei wird von der Annahme ausgegangen, dass in einer Tätigkeitsgruppe bei gleicher Qualifikation unterschiedliche individuelle Einsatzzeitpräferenzen vorliegen. Diese Zielsetzung soll mit einem heuristischen Lösungsverfahren erreicht werden, das bestehende Einsatzzeitpläne dadurch verbessert, dass die persönlichen Einsatzzeitwünsche des Personals explizit berücksichtigt werden. Durch die Anbindung an ein Simulationsverfahren werden die ermittelten Einsatzzeiten, z.B. für den pflegerischen Dienst eine Krankenhausstation, mit Hilfe von betrieblichen, patientenbezogenen sowie personalorientierten Kennzahlen bewertet.

2 Agentenbasiertes Konzept zur Berücksichtigung individueller Einsatzzeitpräferenzen

Einen Überblick über das Themengebiet der Einsatzzeitplanung geben z.B. ERNST u.a. (2004) sowie PETROVIC und VANDEN BERGHE (2008). Hierfür wurden bereits Planungsansätze entwickelt, die auf einer Agentenmodellierung basieren; diesbezüglich sei auf PUPPE u.a. (2000), KREMPELS (2002), KAPLANSKY, MEISELS (2007) sowie CHIARAMONTE, CHIARAMONTE (2008) verwiesen.

In sozialen Systemen können neue Regelungsmechanismen nicht ohne Weiteres in Versuchsreihen getestet werden. Daher besteht die Notwendigkeit, hierfür ein geeignetes Rechenmodell zu entwickeln und mögliche Regelungsmechanismen in dieser Modellwelt im Hinblick auf die Erreichung vorgegebener Ziele zu bewerten. Um in einem solchen Rechenmodell das Personal individuell abbilden zu können, eignen sich agentenbasierte Verfahren. Neben individuellen Verhaltensweisen und Präferenzen können dabei auch Eigenschaften von Tätigkeitsgruppen (z.B. Ärzte, Pflegepersonal) modelliert werden. Ausgangspunkt eines solchen agentenbasierten Planungsverfahrens sind dabei Annahmen über das Patientenaufkommen in einem Planungszeitraum und der daraus resultierende Personalbedarf; das Ergebnis sind die individuellen Einsatzpläne des Personals in einer Tätigkeitsgruppe. Diese Einsatzpläne können mit traditionellen Methoden (z.B. ERNST u.a. 2004), die eine gute, also zielkonforme Ausgangslösung versprechen, oder personell durch einen Experten aufgestellt werden. Dabei ist im Krankenhausbetrieb stets geboten, ausreichend Personal zur zeitnahen Behandlung der Patienten vorzuhalten. Um dies zu gewährleisten, müssen voraussichtlicher Personalbedarf und -bestand gedeckt sein. Auf der Grundlage bestehender Einsatzpläne soll das agentenbasierte Verfahren durch virtuelle Verhandlungen (z.B. durch Tausch) Einsatzpläne verbessern. Dabei soll neben den individuellen Einsatzzeitpräferenzen auch der Aspekt der Ausgewogenheit der Erfüllung von Einsatzzeitwünschen innerhalb einer Tätigkeitsgruppe stärker als bisher berücksichtigt werden (vgl. auch GAMBER, BÖRKIRCHER, ZÜLCH 2010).

Für jede Arbeitskraft wird im Verbesserungsverfahren ein Agent, also ein elektronischer Vertreter modelliert, der ausschließlich das Ziel verfolgt, seinen eigenen Nutzen (hier den Grad der Umsetzung seiner Einsatzzeitpräferenzen) zu maximieren. Um eine Arbeitskraft als Agent im Rechner abzubilden, werden verschiedene Daten benötigt, die dann als Attribute des Agenten modelliert werden. So werden die jeweiligen Einsatzzeiten der Ausgangslösung als Einsatzzeitkalender bei den jeweiligen Agenten hinterlegt, die individuell geltenden Einsatzzeitwünsche in einem Einsatzzeit-Präferenzkalender (vgl. Abb. 1). Dabei können Einsatzzeitpräferenzen gewichtet werden: Stärker gewichtete Präferenzen werden im Verbesserungsverfahren vorrangig berücksichtigt. Darüber hinaus wird die Qualifikation der Arbeitskraft als Attribut des Agenten modelliert. Vereinfachend kann auch angenommen werden, dass das Personal einer Tätigkeitsgruppe gleiche Qualifikationen aufweisen und sich daher gegenseitig ersetzen können. Den Agenten können noch weitere Attribute hinterlegt werden, die für die Ausführung des Verfahrens relevant sind, beispielsweise individuelle Arbeitszeitregelungen, z.B. aus den Arbeitsverträgen.

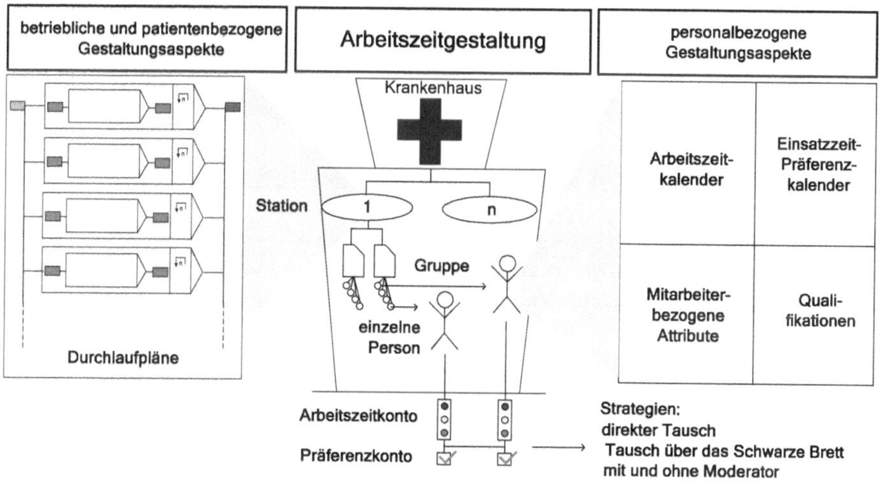

Abbildung 1: *Berücksichtigung von betrieblichen Einsatzzeitbedarfen und individuellen Einsatzzeitpräferenzen im agentenbasierten Planungsverfahren*

Das Verbesserungsverfahren basiert auf einem Tauschverfahren. Für die technische Realisation wurde die auf Java basierende Agentenplattform JADE (Java Agent Development Framework) ausgewählt. Hiermit wird die Softwareerstellung im Rahmen des Agentenparadigmas erlaubt. Die Agentenkommunikation erfolgt über den FIPA (Foundation for Intelligent Physical Agents). Eine notwendige Bedingung für einen Tausch von Einsatzzeiten ist, dass das tauschende Personal unterschiedliche Einsatzzeiten präferiert. Die Agenten streben eine Veränderung ihrer individuellen Einsatzzeiten an, um eine bessere Abstimmung von Berufs- und Privatleben zu erreichen. Dies kann durch Tauschverhandlung zwischen zwei Agenten, durch Verwendung eines Schwarzen Brettes oder durch Tausch über einen Moderator erfolgen. Bei einem einfachen Tausch verhandelt der Agent direkt mit einem potenziellen Tauschpartner. Die Initiierung einer Tauschverhandlung kann durch eine agenteninterne Entscheidungslogik ausgelöst werden. Alternativ dazu wird ein übergeordneter Koordinationsmechanismus eingesetzt. Hierbei kann z.B. anhand des Dienstalters der Initiator des Tausches bestimmt werden. Beim Tausch durch Verwendung eines Schwarzen Brettes wird durch einen Abgleich von Angebot und Nachfrage eine Verbesserung zwischen mehreren Agenten angestrebt. Dabei sind im Unterschied zum einfachen Tausch die Daten nicht verteilt, sondern zentral gehalten.

Da in den beiden bisher genannten Tauschverfahren die Verhandlungen nicht durch Restriktionen beschränkt werden, z.B. durch die Arbeitszeitgesetzgebung (z.B. bezüglich der Länge der täglichen Arbeitszeit) und tarifvertragliche Bestimmungen, wird zusätzlich ein Moderator in Kombination mit dem Tausch oder dem schwarzen Brett eingeführt. Der Moderator ist ebenfalls als Agent modelliert und überprüft Tauschvorhaben anhand formalisierbarer Arbeitszeitbestimmungen sowie arbeitswissenschaftlicher Erkenntnisse. Die im Ergebnis modifizierten Einsatzpläne sollen dabei jedoch nicht den geplanten Personalbestand verändern. Um die Ausgewogenheit des Ergebnisses zu bewerten, werden die erfüllten und nicht erfüllten Einsatzzeitwünsche jeder Arbeitskraft protokolliert. Zwischen den Einsatzzeitkalendern und Einsatzzeit-Präferenzkalendern innerhalb jeweils einer Tätigkeitsgruppe wird durch das Verbesserungsverfahren ein Abgleich durchgeführt. Überdies ist ein Bonus-Malus-Konzept vorgesehen, das z.B. Überträge in folgende Planungsperioden ermöglicht.

3 Kopplung von agentenbasierter Planung und Simulationsverfahren

Um das Patientenaufkommen in einer Krankenhausstation und die zur Behandlung eingesetzte Tätigkeitsgruppe in Verbindung mit den Einsatzplänen des Personals auf ihre Auswirkungen hin zu untersuchen, wird auf die Möglichkeiten der Simulation zurückgegriffen. Dabei sollen dynamisch variierende, aus den unterschiedlichen Arbeitsaufgaben resultierende Belastungen bewertet werden. Aus diesem Grund wird das vorgestellte Konzept zur agentenbasierten Einsatzzeitplanung mit einem Simulationswerkzeug gekoppelt. Dadurch lassen sich personalbezogene Kennzahlen zur Bewertung der durch das Agentenverfahren erstellten Einsatzpläne ermitteln, z.B. die Anzahl erfüllter Einsatzzeitwünsche.

Da das verwendete Simulationsverfahren eine Vielzahl von Kennzahlen zur Verfügung stellt, besteht die Möglichkeit einer multikriteriellen Bewertung von Planungslösungen. So können zusätzlich betriebliche, patientenbezogene und personalorientierte Bewertungskriterien herangezogen werden. Hierfür kann auf bereits vorliegende Kennzahlen zurückgegriffen werden (BOGUS 2002, S. 130 ff.). Hierzu zählen beispielsweise die Warte- und Verweilzeiten der Patienten, der Zeitstressgrad, die Auslastung sowie die physische Belastung des Personals (siehe "Ermüdungsgrad" bei BOGUS 2002, S. 146) und weitere betriebliche sowie monetäre Kennzahlen. Auf diese Weise lässt sich untersuchen, inwieweit sich diese Kennzahlen durch die Verwendung des Verbesserungsverfahrens im Vergleich zur Ausgangslösung verändern. Außerdem lassen sich im Rahmen einer Sensitivitätsanalyse die Auswirkungen von Veränderungen der Systemparameter untersuchen, wie beispielsweise ein verändertes Patientenaufkommen.

Für diesen Zweck wird das am Institut für Arbeitswissenschaft und Betriebsorganisation (ifab) des Karlsruher Instituts für Technologie (KIT, vormals Universität Karlsruhe) entwickelte ereignisgesteuerte, zeitdiskrete Simulationsverfahren *OSim-GAM* eingesetzt (Objektsimulator zur Gestaltung von Arbeitszeitmodellen; vgl. BOGUS 2002, S. 160 ff.). Dazu wird das voraussichtliche Aufkommen der Patienten über Durchlaufplanauslöser (um einen Durchlaufplan in konkrete Simulationsprozesse umzusetzen) und deren Behandlung mit Hilfe von Durchlaufplänen (z.B. Klinischen Pfaden) modelliert; hieran wird dann der Personaleinsatz flexibel angepasst. Jeder Durchlaufplan besteht aus einer Menge vernetzter Aktivitäten, die auf den jeweiligen Patiententyp angewendet werden. Dieses Verfahren hat sich bereits in mehreren Projekten zur Gestaltung und Evaluation von Arbeitszeitmodellen im Krankenhaus bewährt (zu Vorarbeiten vgl. ZÜLCH, STOCK, HRDINA 2006; ZÜLCH u.a. 2008). Das zentrale Element des Konzeptes ist die Kompromissfindung zwischen betrieblichen, patientenbezogenen und personalorientierten Anforderungen in Bezug auf die betrachtete Tätigkeitsgruppe in einer Krankenhausabteilung. Dazu werden das Verbesserungsverfahren und die Tauschstrategien verwendet. Zur simulativen Bewertung wird das Arbeitssystem mittels Durchlaufplänen in *OSim* modelliert. Nachfolgend wird das Ergebnis eines mehrfachen Tausches mit Hilfe des Simulationsverfahrens bewertet, um die Wirkungsweise des agentenbasierten Planungsverfahrens zu verdeutlichen.

4 Pilotanwendung der simulativen Bewertung des Tausches von Einsatzzeiten

Die nachfolgend dargestellte Pilotanwendung des Verfahrens hat die Arbeitszeitgestaltung des Pflegepersonals in einer Krankenhausstation zum Gegenstand. Dabei werden die Auswirkungen eines Tausches von Einsatzzeiten auf einige der genannten Kennzahlen simulativ ermittelt.

Bei dem untersuchten Arbeitssystem handelt es sich um eine Intensivstation mit 20 Betten und einem jährlichen Patientenaufkommen von ca. 5.500 Patienten. Die Aufnahme der Patienten erfolgt – bis auf wenige Akutfälle – abhängig von den im Krankenhaus geplanten Operationsterminen. Auf der untersuchten Station arbeiten 52 Pflegepersonen (30 in Vollzeit, 22 in Teilzeit). Die Pflegepersonen sind universell einsetzbar und arbeiten in einem traditionellen Dreischichtsystem, nämlich jeweils vier Schichtgruppen in Vollzeit und Teilzeit am Tage und einem zusätzlichem Nachtdienst. In der modellierten Station lassen sich sieben Patiententypen unterscheiden, die sich aus den betreffenden Klinischen Pfaden ergeben. Daraus resultieren Variationen bezüglich der Verweilzeit in der Intensivstation (von wenigen Stunden bis zu mehreren Tagen, abhängig vom individuellen Krankheitsverlauf). Neben der Patientenversorgung fallen auch diverse nicht unmittelbar auf die

Patienten bezogene Tätigkeiten an (z.B. Zimmerpflege, Material- und Medikamentenbestellung, Prüfung und Reinigung von Geräten). Die erforderlichen Tätigkeitszeiten wurden auf der Grundlage von Befragungen von Experten als Beta-Verteilungen mit jeweils angepassten Parametern modelliert.

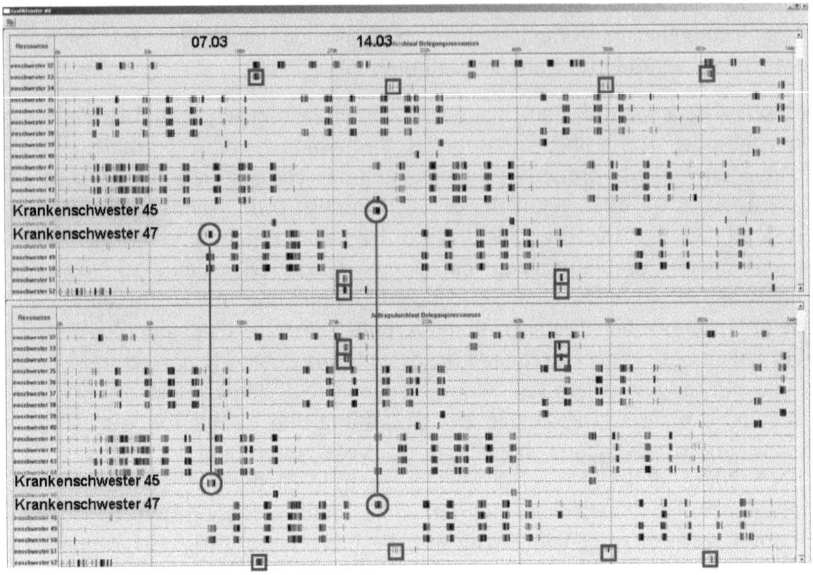

Abbildung 2: *Zeitbanddarstellung des Einsatzes pflegerischen Personals vor und nach Tauschverhandlungen*

Das Personal der Intensivstation hat durch ihre virtuellen Agenten die Möglichkeit, Einsatzzeiten zu tauschen. Bei einem Tauschvorgang ist zu erwarten, dass die Kennzahlen aus betrieblicher Sicht konstant bleiben, da die tauschende Person durch eine andere mit gleicher Qualifikation ersetzt wird. In dem in Abbildung 2 dargestellten Beispiel werden z.B. die Einsatzzeiten zweier Pflegekräfte und somit deren zeitliche Arbeitsbelastungen getauscht. Dabei wird die Frühschicht der "Krankenschwester 45" am Montag 07.03. mit der zu dieser Zeit ursprünglich nicht eingesetzten "Krankenschwester 47" getauscht; der Rücktausch erfolgt dann am 14.03. Die Ausgangslösung ist im oberen Durchlaufplan zu sehen; im unteren Durchlaufplan wird ein fiktives Ergebnis des Verbesserungsverfahrens (dessen Implementierung noch nicht abgeschlossen ist) angegeben und der Tausch durch Kreise verdeutlicht. Die anderen Tausche sind durch Rechtecke markiert.

An diesem Beispiel lässt sich zeigen, dass die Erfüllung individueller Einsatzzeitwünsche ohne zusätzlichen Personalbedarf verbessert werden kann. Mit den acht exemplarisch durchgeführten Tauschen verändern sich die für jede einzelne Arbeitskraft simulativ ermittelten Kennzahlen (Zeitstressgrad, physische Belastung sowie die Auslastung) abhängig davon, welche Aufgaben zu bestimmten Uhrzeiten und Wochentagen zu leisten sind. Somit kann ein Beitrag zur Verbesserung der individuellen Lebensqualität durch Erfüllung von Tauschwünschen geleistet werden, ohne betriebliche Nachteile (z.B. höhere Personalkosten durch erhöhten Personalbedarf) zu erhalten.

5 Ausblick auf zukünftige Forschungsarbeiten

Obwohl die Implementierung des agentenbasierten Verbesserungsverfahrens noch nicht abgeschlossen ist, konnte in dem hier vorgestellten Beispiel die Möglichkeit der Verknüpfung von agentenbasiertem Verbesserungsverfahren und Simulation als Bewertungsinstrument aufgezeigt werden. Im Laufe des nächsten Projektschrittes werden Restriktionen aus dem Arbeitszeitgesetz (ArbZG 1994), tarifvertraglichen Bestimmungen und aus arbeitswissenschaftlichen Erkenntnissen formalisiert und in das Agentenverfahren integriert. Häufig weisen einige Arbeitskräfte wiederkehrende und gleichartige Einsatzzeitpräferenzen auf. In einer erweiterten Version des agentenbasierten Planungsverfahrens ließen sich vermutlich wiederkehrende Einsatzzeitwünsche schon im Vorhinein berücksichtigen. Weiterhin ist zu erwarten, dass Erkenntnisse dieser Forschungsarbeit auch für die Arbeitszeitmodellbildung relevant sein werden. Zur Vermeidung von Konflikten zwischen Berufs- und Privatleben des Peronals könnte somit bereits im Vorhinein ein passenderes Arbeitszeitmodell ausgewählt werden (siehe hierzu auch den Beitrag von LEUPOLD u.a. 2010 in diesem Band). Eine Erweiterung des Planungsverfahrens hinsichtlich weiterer Aspekte der Personalsteuerung (z.B. aufgrund kurzfristiger Erkrankungen von Arbeitskräften) wäre möglich Außerdem käme eine Modellierung und Implementierung von Ausgleichszeiträumen und die Modellierung von Rufbereitschaften in Betracht, was die Nutzung des Einsatzzeitkalenders erweitern würde.

Die Autoren danken der Deutschen Forschungsgemeinschaft für die Förderung der in diesem Beitrag behandelten Arbeiten im Rahmen des Projektes "Vereinbarkeit von Berufs- und Privatleben durch Gestaltung sozialverträglicher Arbeitszeiten – dargestellt am Beispiel von Krankenhäusern".

Literatur

ArbZG:
Arbeitszeitgesetz. Vom 6. Juni 1994, zuletzt geändert am 15.7.2009.

BOGUS, Thomas: Simulationsbasierte Gestaltung von Arbeitszeitmodellen in Dienstleistungsbetrieben mit kundenfrequenzabhängigem Arbeitszeitbedarf. Aachen: Shaker Verlag, 2002.

CHIARAMONTE, Michael V.; CHIARAMONTE, Laurel M.: An agent-based nurse rostering system under minimal staffing conditions. In: International Journal of Production Economics, Amsterdam, 114(2008)2, S. 679-713.

ERNST, A. T.; JIANG, H.; KRISHNAMOORTHY, M.; OWENS, B.; SIER, D.: An Annotated Bibliography of Personnel Scheduling and Rostering. In: Annals of OR, Dordrecht, 127(2004)1-4, S. 21-144.

GAMBER, Thilo; BÖRKIRCHER, Mikko; ZÜLCH, Gert: Vereinbarkeit von Berufs- und Privatleben im Krankenhausbereich durch Gestaltung sozialverträglicher Arbeitszeiten. In: Neue Arbeits- und Lebenswelten gestalten. Hrsg.: Gesellschaft für Arbeitswissenschaft. Dortmund: GfA-Press, 2010, S. 409-412.

GAUDERER, Patric Claude: Individualisierte Dienstplangestaltung. Frankfurt/M. u.a.: Peter Lang, 2002.

KAPLANSKY, Eliezer; MEISELS, Amnon: Distributed personnel scheduling - negotiation among scheduling agents. In: Annals of OR, Dordrecht, 155(2007)1, S. 227-256.

KREMPELS, Karl-Heinz: Lösen von Scheduling-Konflikten durch Verhandlungen zwischen Agenten. In: Proceedings of the 16th Planen, Scheduling und Konfigurieren, Entwerfen. Hrsg.: SAUER, Jürgen. Freiburg: Planen, Scheduling und Konfigurieren, Entwerfen, 2002. http://www-is.informatik.uni-oldenburg.de/~sauer/puk2002/papers/krempels.pdf, Stand: 31.05.2010.

LEUPOLD, Michael; STOCK, Patricia; SCHMIDT, Daniel; ZÜLCH, Gert: Simulationsbasierte Bewertung von Arbeitszeitmodellen bezüglich der Work-Life-Balance. In: Integrationsaspekte der Simulation: Technik, Organisation und Personal. Hrsg.: ZÜLCH, Gert; STOCK, Patricia. Karlsruhe: KIT Scientific Publishing, 2010, S. 365-372.

PUPPE, Frank; KLÜGL, Franziska; HERRLER, Rainer; KIRN, Stefan; HEINE, Christian: Konzeption einer Agentenkomponente für Schedulingaufgaben im Krankenhausumfeld. In: Proceedings des 2. Kolloquium des Schwerpunktprogrammes "Intelligente Softwareagenten und betriebswirtschaftliche Anwendungsszenarien", Würzburg, Lehrstuhl für Informatik VI Künstliche Intelligenz und Angewandte Informatik, 2000. http://ki.informatik.uni-wuerzburg.de/~blandi/work/spp-kolloquium-2-ilmenau.pdf, Stand: 31.05.2010.

PETROVIC, Sanja; VANDEN BERGHE, Greet: Comparison of Algorithms for Nurse Rostering Problems. In: Practice and Theory of Automated Timetabling VII. Hrsg.: BURKE, Edmund K.; PAECHTER, Ben. Montréal, Canada, CIRRELT, 2008. http://w1.cirrelt.ca/~patat2008/PATAT_7_PROCEEDINGS/Papers/Petrovic-WD3c.pdf, Stand: 31.05.2010.

STOCK, Patricia; BOGUS, Thomas; STOWASSER, Sascha: Auswirkungen flexibler Arbeitszeitmodelle auf den Personaleinsatz und die Belastung des Personals. Aachen: Shaker Verlag, 2004.

WEINMANN, Julia; ZIFONUN Natalie: Gesundheitsausgaben und Gesundheitspersonal 2001. In: Wirtschaft und Statistik, Wiesbaden, (2003)6, S. 519-530.

WERBLOW, Andreas; SCHOFFER, Olaf: Entwicklung des Personalbestandes in allgemeinen Krankenhäusern Deutschlands 2002-2007. In: Krankenhaus-Report 2010. Hrsg.: KLAUBER, J.; GERAEDTS, M. ; FRIEDRICH, J. Stuttgart: Schattauer, 2010, S. S. 71-95.

ZÜLCH, Gert; STOCK, Patricia; HRDINA, Jan: Simulationsbasierte Gestaltung flexibler Arbeitszeiten im Krankenhaus. In: Simulation in Produktion und Logistik 2006. Hrsg.: WENZEL, Sigrid. San Diego, Erlangen: SCS Publishing House, 2006, S. 183-192.

ZÜLCH, Gert; STOCK, Patricia; HRDINA, Jan; GAMBER, Thilo: Arbeitszeitgestaltung mit Hilfe der Simulation. In: Arbeitsgestaltung für KMU. Hrsg.: Rektor der Technischen Universität Ilmenau, SCHARFF, Peter. Ilmenau: Verlag ISLE, 2008, S. 51-58.

Integrationsaspekte der Simulation:
Technik, Organisation und Personal
Gert Zülch & Patricia Stock (Hrsg.)
Karlsruhe, KIT Scientific Publishing 2010

Eine verteilte virtuelle Umgebung für Qualifizierungs- und Testarbeiten an den Logistiksystemen im Verpackungszentrum eines Pharma-Unternehmens

A Distributed Virtual Environment for Qualification and Testing Work on the Logistics Systems in the Packaging Center of a Pharmaceutical Company

Nico Zahn
TS concept GmbH, Bingen am Rhein (Germany)
nico.zahn@tsconcept.com

Heiko Reitzer
Boehringer Ingelheim Pharma GmbH & Co. KG, Ingelheim am Rhein (Germany)
heiko.reitzer@boehringer-ingelheim.com

Abstract: While building or changing an industrial plant it is necessary to do more than install machinery and material handling equipment. In modern plants which are equipped with advanced up to date systems like barcode readers or RFID-reading devices and complex interconnected computer systems integrated into the supply chain the information flow as well has to be tested and certified, while functioning as well. By testing and qualifying the developed solution virtually, enormous time and money savings can be achieved. This document treats with the technical side of a project as well as important facts regarding the project management during the creation of the virtual test system SIMLOG.

1 Einleitung

Bei dem Neuaufbau oder bei Änderungen einer industriellen Anlage sind nicht nur Fördertechnik, Maschinen und sonstige Betriebsmittel aufzubauen und in Betrieb zu nehmen. In modernen Anlagen, welche mit Sensorik wie z. B. Barcode-Scannern oder RFID-Lesegeräten und komplex vernetzten Rechnersystemen ausgestattet sind, gilt es, die steuernden und in die Supply Chain integrierten Informationsprozesse ebenfalls reibungslos und fehlerfrei zu implementieren. Inbetriebnahme- und Anlaufphasen müssen möglichst kurz gehalten werden, Störungen der laufenden Produktion sind unbedingt zu vermeiden.

Um die Entwicklung und Qualifizierung parallel zum Aufbau bzw. dem Betrieb der Anlage zu ermöglichen, wird auf die Simulationstechnik zurückgegriffen. Durch die simulative Abbildung der Anlage verknüpft mit Hardwarekomponenten, welche 1:1 denen aus der realen Anlage entsprechen, kann das steuernde System (ERP-System) ohne Produktionsverluste und mit geringerem Aufwand und Risiko entwickelt, getestet und qualifiziert werden.

Der hier dargestellte Fall beschreibt den Aufbau eines virtuellen Testsystems (SIMLOG), welches die Boehringer Ingelheim Pharma GmbH & Co. KG in Ingelheim im Frühjahr 2009 zusammen mit der TS concept GmbH, Bingen am Rhein, entwickelt und umgesetzt hat.

Wir möchten nicht nur die technische Seite der Umsetzung, sondern auch das Projektmanagement betrachten, welches zu einer funktionierenden Lösung geführt hat. Ferner wird auch auf die speziellen Anforderungen im regulierten Umfeld der pharmazeutischen Industrie eingegangen.

2 Virtuelles Testsystem für das LogiPack-Center

Bei SIMLOG handelt es sich um ein Testsystem für das LogiPack-Center (LPC) am Standort Ingelheim. Das LPC ist ein modernes Verpackungszentrum mit einer Kapazität von bis zu 240 Mio. Packungseinheiten p. a., mit ca. 300 Arbeitsplätzen, einem FTS (Fahrerlosen Transportsystem), Fördertechnik, einer direkten Anbindung an ein Logistikcenter mit Hochregallager und einem innovativen Materialflusskonzept, welches ohne Kommissionierung auskommt. Das im Dreischichtbetrieb produktiv genutzte LPC ist durch neue Produkte und Optimierungsmaßnahmen häufig Änderungen unterworfen.

3 Vorteile gegenüber der bisherigen Vorgehensweise

Einige Vorteile der Nutzung des SIMLOG schlagen sich direkt in Kosteneinsparungen nieder. Andere sind monetär nicht direkt zu beziffern.

Die Aussage eines SAP-Entwicklers: "Nach den Ergebnissen der ersten Tests mit SIMLOG habe ich unser Materialflusskonzept noch einmal komplett überarbeitet ...".

3.1 Kosteneinsparung bis zu 98 %

Die deutliche Reduzierung von Testkosten resultiert aus den folgenden Sachverhalten:

- Im Realsystem waren vor jedem Test umfangreiche Vorbereitungen nötig. Die Produktion musste angehalten, ein definierter Initialzustand hergestellt, Testmaterial und Testaufträge mussten bereitgestellt werden. Nach dem Test war der Produktionszustand wieder herzustellen. Hierdurch entstand ein hoher Personalaufwand auf Betriebs- und Zulieferseite.

Beim Arbeiten mit dem virtuellen Testsystem kommt es dagegen zu keinem Produktionsausfall in Verbindung mit den Tests. Tests im Simulationssystem verursachen nur ca. 2 % der Kosten verglichen mit Tests im Produktivsystem.

- Das Entwickeln, Testen, Qualifizieren und Produzieren ist parallel möglich. Dies führt zu einer verkürzten Umsetzungsdauer bei Änderungen am steuernden System.
- Durch eine frühzeitige Fehlererkennung und -behebung entstehen geringere Kosten in der Anlaufphase der Produktion (vgl. Abb. 1)

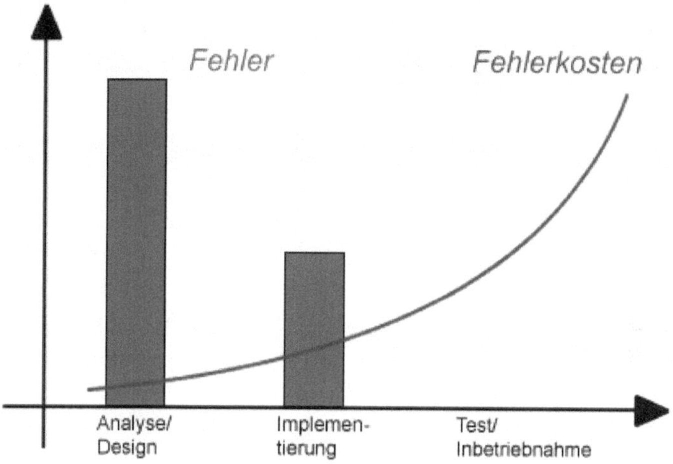

Abbildung 1: *Fehlerkosten und Fehlerhäufigkeit(RUSS 2010)*

3.2 Nicht direkt monetär bewertbare Einsparungen

Einige der Vorteile sind monetär nicht, oder nur sehr ungenau bewertbar.

- Durch die Testmöglichkeiten während der Entwicklung, die unabhängig vom realen System zur Verfügung stehen, erreicht man innerhalb der IT-Struktur eine höhere Stabilität der Prozesse und damit eine höhere Qualität der Lösungen in kürzerer Zeit. Hierdurch wird das Risiko für das eingesetzte Kapital verringert.
- Es kommt zu einer Verkürzung der Inbetriebnahmezeit durch weniger Fehler in der Software und besseres Prozessverständnis bereits vor der Inbetriebnahme. Hierdurch reduziert sich auch die Standby-Zeit der Zulieferer.
- Risikominimierung während der Tests: Es kann zu keiner Verwechslung von Produktions- und Testmaterial kommen. Schäden an Produktionsmaterial oder Betriebsmitteln während der Tests werden vermieden.
- Eine fehlerlose Umsetzung von Änderungen, ohne Unterbrechung der Produktion in der vorgesehenen Zeit gewährleistet eine kalkulierbare Ausbringung und hilft somit Bestände in den Vorratslägern für die Marktversorgung gering zu halten.

4 Beschreibung des virtuellen Test-Systems SIMLOG

Das SIMLOG stellt ein verteiltes System aus mehreren Komponenten dar (vgl. Abb. 2). Ziel beim Einsatz des Testsystems ist es, einzelne Komponenten ohne Einfluss auf das produktive System zu testen. Hierzu werden die Komponenten des produktiven Systems als Hardware oder durch Simulation abgebildet. Die Kommunikation unterhalb der ERP-Ebene wurde 1:1 zu dem produktiven System nachgebildet. Das SIMLOG ist komplett von einem Arbeitsplatz aus bedienbar. Hierfür werden zwei Rechner mit vier Bildschirmen eingesetzt.

4.1 Aufbau des virtuellen Testsystems SIMLOG

4.1.1 Simulationsteil

Da es sich um ein verteiltes Testsystem handelt, stellte die Umsetzung der Schnittstellen zwischen den Systemen eine Herausforderung dar.

Für die simulative Abbildung der Fördertechnik, Handling-Units (Paletten und Container) und Bedienelemente (Taster) an der Fördertechnik wurde das ereignisdiskrete Simulationstool Flexsim eingesetzt.

Über die OPC Schnittstelle werden Scannersignale von Barcodescannern und Fördertechnik zwischen Simulation und der SPS (Speicherprogrammierbare Steuerung) der Fördertechnik ausgetauscht. Als OPC Server kam ein S7 OPC Server zum Einsatz. In die Simulationssoftware Flexsim konnte, aufgrund der offenen C++ Architektur des Simulators, ein OPC Client mittels einer DLL (Dynamic Link Library) integriert und der Simulator OPC-fähig gemacht werden.

Zu Beginn eines Tests ist es erforderlich, den vorbereiteten Initialbelegungszustand der Palettenplätze aus dem ERP-System mittels eines RFC (Remote Function Call) abzufragen und in das Testsystem zu übernehmen.

Die Ausgabe scanbarer Barcodes geschieht aus der Simulation heraus.

Eine Kommunikation zwischen MFR (Materialflussrechner) sowie dem FTS-Leitrechner erfolgt über eine Socket Kommunikation, welche die Telegramme des MFRs an die Simulation weiterleitet.

In der Bedienoberfläche der Logistiksimulation erhält der Benutzer einen Überblick über den Belegungszustand an den einzelnen Palettenplätzen. Die Visualisierung bietet eine schnellere Übersicht als die tabellarische Darstellung des ERP-Systems. Durch Übersichtlichkeit, farbliche Unterscheidung unterschiedlicher Materialien, die direkte Anzeige von relevanten Informationen und aktiven Hinweisen kommt es zu einer schnellen und bildlichen Vorstellung (3D-Darstellung) des aktuellen Systemzustandes bei dem Benutzer. Die Navigation im System erfolgt mittels des Steuerdialogs und vorgegebener Ansichten. Es lassen sich Teilbereiche ausblenden, um eine Konzentration auf den zu testenden Bereich zu ermöglichen. Durch aktive Meldungen aus dem SIMLOG wird der Benutzer auf mögliche Komplikationen und Fehleingaben hingewiesen. Durch einen Regler auf der Bedienoberfläche ist es möglich, einen Zeitraffereffekt zu erzielen, so dass Wartezeiten des Benutzers auf abgeschlossene Fördervorgänge oder Transporte gering gehalten werden können. Die Durchführung der Tests ist somit beschleunigt möglich.

Um gezielt Fehlerfälle testen zu können, ist es möglich, in der Simulation Belegungszustände zu verändern (Paletten von Hand verschieben, Scannen von falschen Barcodeetiketten, etc.), um somit Fehlbuchungen im ERP-System zu erzeugen und die Stabilität des Systems gegen mögliche Fehlbedienungen zu testen.

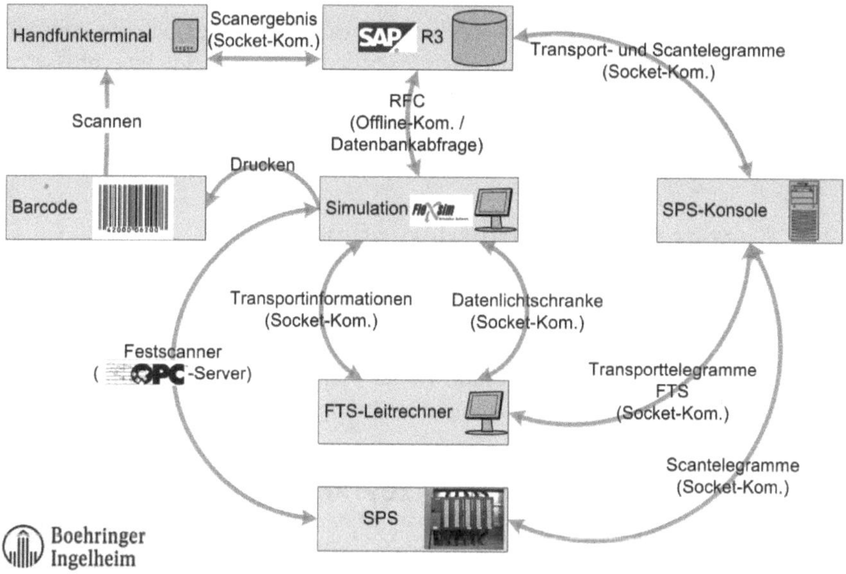

Abbildung 2: *Schnittstellen des SIMLOG*

4.1.2 Hardwareteil

Die SPS der Fördertechnik, der MFR und FTS-Leitrechner und die Handfunkterminals mit Scannern wurden baugleich zu dem produktiven System ausgeführt.

4.1.3 ERP-System

Das ERP-System BI-LOOPs verwaltet die Bestände und löst durch Abfrage der Sensorik (Scanner, Datenlichtschranken) und Benutzereingaben Ver- und Entsorgungsaufträge für das FTS und die vorgeschalteten Läger aus. Des Weiteren koordiniert es den Materialfluss bei einem Rüstvorgang und stellt die hierfür benötigten Materialien frühzeitig in einer oberen Lagerebene direkt an den Verpackungslinien zur Verfügung. Das ERP-System (SAP-R3) existiert in 3 Ausführungen: als Produktivsystem, als Qualifizierungssystem und als Entwicklungssystem. Das SIMLOG kann mittels Verbindungsparametern wahlweise an das Qualifizierungs- oder Entwicklungssystem angeschlossen werden.

Von Änderungen betroffene Funktionen im ERP-System müssen zuerst die Entwicklertests bestehen, bevor diese dann qualifiziert und anschließend in das Produktivsystem übernommen werden können.

5 Kritische Punkte und Erfolgsfaktoren

Während der Erstellung des SIMLOG ergaben sich einige kritische Punkte, und es stellten sich wichtige Erfolgsfaktoren heraus.

5.1 Zusammenstellung des Projektteams und Ressourcenzusage

Bei der Zusammenstellung des Projektteams ist es wichtig, die späteren Anwender und die Zulieferer miteinzubeziehen. Die Mitglieder des Projektteams müssen für das Projekt Ressourcen zur Verfügung stellen. Eine Ressourcenzusage durch das Management ist zwingend erforderlich, damit das Projekt koordiniert und ohne unnötige Verzögerungen ablaufen kann.

5.2 Festlegung der Anforderungen

Die Anforderungen der späteren Anwender wurden im Vorfeld in einem Workshop festgehalten und zu den USR (User Requirements) zusammengefasst. Nur mittels einer klaren Vorgabe der künftigen Benutzer kann ein System erstellt werden, welches die Anforderungen optimal erfüllt. Diese wichtige Grundlage vermittelte allen Projektbeteiligten eine klare Vorstellung der benötigten Systemfunktionalitäten.

5.3 Abschätzung der Umsetzbarkeit und Projektdauer

Die Umsetzbarkeit der Anforderungen wurde an kritischen Punkten (z. B. Schnittstellen zwischen ERP-System und Simulator) mittels Prototypen auf die technische Realisierbarkeit geprüft. Die Abschätzung der Projektdauer und die Art der Umsetzung von Anforderungen wurden in Aufgabenpakete zusammengefasst und ein erster Projektplan mit Meilensteinen erstellt. Die korrekte Einschätzung des Aufwands ist wichtig, damit der Starttermin für das Projekt so gelegt werden kann, dass die geforderten Ergebnisse zum gewünschten Zeitpunkt zur Verfügung stehen.

5.4 Erfolgsfaktor Projektmanagement-Werkzeuge

Eine klare Definition von URS, Pflichtenheft, Lastenheft, Betriebskonzept, Projektplan, Sitzungen zur Kommunikation und der konsequente Einsatz von Projektmanagementtools waren klare Erfolgsfaktoren. Das Projekt wurde so steuerbar. Besonders wichtig war das Führen von Protokollen während der Besprechungen. Dort wurde eine klare Aufgabenverteilung mit Terminen schriftlich festgehalten, um so Verantwortlichkeiten zu schaffen.

5.5 Umsetzung beim Auftraggeber vor Ort

Durch die Umsetzung direkt beim Auftraggeber waren die Kommunikationswege kurz. Die künftigen Anwender konnten viel aktiver an der Gestaltung beteiligt werden als dies bei einer externen Ausführung möglich gewesen wäre. Durch die Nutzung der IT-Infrastruktur des Auftraggebers wurde direkt in der Umgebung gearbeitet, in denen SIMLOG heute betrieben wird. Somit konnte der Aufwand für die Inbetriebnahme beim Auftraggeber gering gehalten werden.

5.6 Dokumentation

Es stellte sich heraus, dass die Dokumentation von Teilsystemen nicht immer ausreichend für die Abbildung im Simulationsmodell war. Grundsätzlich lässt sich feststellen, dass die Anforderungen an eine Systembeschreibung für eine simulative Abbildung höher sind als für ein reales System. Um die Dokumentationsgüte auf das benötigte Niveau zu heben, ist mit zusätzlichem Aufwand zu rechnen. Die Lieferanten der Teilsysteme müssen diese zum benötigten Zeitpunkt bereits in der notwendigen Tiefe beschreiben können.

5.7 Validierung des Systems unter Berücksichtigung der Anforderungen aus dem pharmazeutischen Bereich

Die Validität des SIMLOG muss sichergestellt werden, wenn durch dieses System Tests innerhalb der Produktivumgebung substituiert und die relevanten Programmteile vom SIMLOG 1:1 in die produktive Umgebung nach erfolgreichen Tests übernommen werden sollen.

Zur Validierung eines computerisierten Systems im regulierten Umfeld der pharmazeutischen Industrie ist der dokumentierte Nachweis zu führen, dass das System reproduzierbare und richtige Ergebnisse liefert.

Um dieser Anforderung gerecht zu werden, wurde zu Anfang des Projektes ein Validierungsplan erstellt, welcher die Art und Weise der zu erstellenden Dokumentation innerhalb des gesamten Lebenszyklus des SIMLOG definiert. Von der Erstellung des Lastenheftes über Tests in der Entwicklungsphase, dem Betrieb des Systems inkl. Vorgehen bei Änderungen (Versionskontrolle) bis hin zur Außerbetriebnahme wurden dort die notwendigen Schritte definiert. Außerdem erfolgte dort auch die Zuweisung der Rollen und Verantwortlichkeiten innerhalb der Projektphasen und für den späteren Betrieb des SIMLOG. Der Validierungsplan wurde nach Erstellung von den Verantwortlichen genehmigt und von der Qualitätssicherung freigegeben.

Es wurden folgende Qualifizierungsphasen dokumentiert durchlaufen:

1. Entwicklertests der einzelnen Module des verteilten Systems auf Basis der Modulspezifikationen
2. Installationsqualifizierung der Modulintegration (inkl. Versionskontrolle und der Schnittstellen innerhalb des verteilten Systems) auf Basis der Designspezifikationen
3. Funktionsqualifizierung auf Basis der Pflichtenhefte
4. Leistungsqualifizierung in Bezug auf die Anforderungen aus dem Lastenheft

Für diese Qualifizierungsschritte wurden im Vorfeld genehmigte Testpläne erstellt, die nach Durchführung freigegeben wurden. Die Durchführung kann nur sequenziell nach Freigabe der vorhergehenden Phase erfolgen.

Zur Definition der Tests wurde ein risikobasierter Ansatz gewählt. Damit konnte der Aufwand auf ein Minimum reduziert werden (ISPE 2008). Abschließend wurde ein Vergleich mit dem Echtsystem durch Experten vorgenommen.

5.8 Benutzung des Systems

Es handelt sich beim SIMLOG klar um ein Expertensystem. Zur Ergebnisauswertung ist einerseits ganzheitliche Systemkenntnis und andererseits umfassende Prozesskenntnis nötig. Es wurde ein Logging der Kommunikation und der Benutzereingaben erstellt, so dass Auffälligkeiten im Systemverhalten durch entsprechend qualifiziertes Personal auch zeitlich versetzt nachvollziehbar sind.

Ein erster Anwenderkontakt mit SIMLOG wurde im Rahmen von Schulungen mit kleinen Benutzergruppen hergestellt.

Änderungen an der Anlage durch Weiterentwicklung und Prozessoptimierungen werden im Vorfeld der Übernahme in das reale System im SIMLOG getestet. Die Qualifizierung des produktiven Logistiksystems erfolgt virtuell. Die für die Bediener der Anlage relevanten Änderungen können vorab im SIMLOG geschult werden, so dass möglichst wenige Komplikationen durch die neuen Bedienprozesse entstehen.

6 Ausblick

In der Projektphase wird die Anlage entwickelt und geplant. Ein Simulationsmodell kann die Planer bei der Auslegung der Betriebsmittel, Platzbedarfe, Auslegung der technischen Gebäudeausrüstung und Personalplanung unterstützen.

Dieses erste Simulationsmodell wird nun Stück für Stück mit den realen IT- und Steuerungssystemen gekoppelt und macht Tests der einzelnen Anlagenteile möglich, bevor diese baulich umgesetzt werden.

Des Weiteren kann dies dem Entwickler des IT-Systems oder der Steuerung helfen, ein fehlerfreies, benutzerfreundliches und ergonomisches System zu erstellen. Durch gezielte Entwicklertests ist es möglich, das System soweit zu entwickeln, dass eine virtuelle Inbetriebnahme ohne Fehler möglich ist.

Erste Schulungen können bereits im Vorfeld an dem System erfolgen und Schulungsteilnehmer sind in der Lage, Wirkungszusammenhänge zwischen ihren Eingaben und der Reaktion des Systems zu beobachten.

In der Pharmaindustrie kommt hinzu, dass die Anlagen qualifiziert und die mittels IT-Struktur abzubildenden Prozesse validiert werden müssen.

Literatur

ISPE: GAMP 5, A Risk-based Approach to Compliant Gxp Computerized Systems, 2008, http://www.ispe.org, Stand: 29.08.2010.

RUSS, Marc (Hrsg.): Embedded Quality. http://www.embedded-quality.de, Stand: 29.08.2010.

Integrationsaspekte der Simulation:
Technik, Organisation und Personal
Gert Zülch & Patricia Stock (Hrsg.)
Karlsruhe, KIT Scientific Publishing 2010

Modellierung und Simulation von Wertschöpfungsnetzwerken unter Berücksichtigung realer Entscheidungsstrukturen durch die Verwendung von Software-Agenten

Modelling and Simulation of Value-Added-Networks under Consideration of Real Decision Making Structures using Software Agents

Gisela Lanza, Johannes Book
wbk Institut für Produktionstechnik,
Karlsruher Institut für Technologie (KIT), Karlsruhe (Germany)
lanza@wbk.uka.de, book@wbk.uka.de

Abstract: Production in international value-added networks is becoming increasingly important. Companies have to handle and control numerous production sites and suppliers of different regional and cultural background to maintain key success factors as for instance cost and quality. To support companies in planning and controlling their value-added networks an approach for the simulation of production networks under consideration of different target systems for each unit in the network, like production plants, suppliers and also relevant decision makers, was developed at the wbk Institute for Production Science. The unconsidered influences during the implementation phase of network configurations developed with existing simulation and optimization tools are in focus of the approach. Therefore, the simulation model integrates realistic hierarchies, organizational borders and individual target systems.

1 Einleitung

Unternehmen erzielen ihre Wertschöpfung zunehmend in international verteilten und unternehmensübergreifenden Wertschöpfungsnetzwerken (MILBERG 2002, S. 3). Die kontinuierlich sinkende Wertschöpfungstiefe hat eine stärkere Vernetzung verschiedener Unternehmen zur Schließung der gesamten Wertschöpfungstiefe eines Produktes zur Folge (KOCH 2006, S. 91). In den letzten Jahren haben viele Unternehmen den Schritt zur Gründung von Standorten in Niedriglohnländern und zur Integration von lokalen Lieferanten gemacht. Diese Entwicklungen haben zur Folge, dass strategische Entscheidungen über die Planung und Steuerung des Unternehmensnetzwerks auf Grund der Zunahme an Möglichkeiten und Einflussgrößen immer komplexer werden. Außerdem wird der Betrieb des Produktionsnetzwerks durch die Zunahme an beteiligten Unternehmen mit unterschiedlichen Reifegraden und kulturellen Hintergründen schwieriger. Auf Grund dieser Herausforderungen werden immer öfter Simulations- und Optimierungsmodelle als Entscheidungs- und Planungsunterstützungssysteme zur strategischen Netzwerkgestaltung eingesetzt.

Nach der Beschreibung der Defizite und Herausforderungen von Entscheidungsunterstützungssystemen für die Planung und Steuerung von Wertschöpfungsnetzwerken wird der entwickelte Simulationsansatz unter Verwendung von Software-Agenten vorgestellt. Daran anschließend wird der mögliche Anwendungs- und Nutzungsrahmen des Simulationswerkzeuges dargestellt und das Lösungskonzept präsentiert.

2 Herausforderung der Simulation von Produktionsnetzwerken

Bisherige Zielstellungen bei der Simulation und Optimierung von Produktionsnetzwerken sind auf die bestmögliche Erreichung von Zielkriterien für das Gesamtnetzwerk durch die Variation von Parametern im Netzwerk, wie beispielsweise Bauteilspektren, Produktionsmengen usw. ausgerichtet. Diese Ansätze gehen in der Regel davon aus, dass die Netzwerkstruktur und die Tätigkeiten in den einzelnen Einheiten zentral gesteuert werden können (KOHLER 2008, S. 9; JACOB 2006, S. 13). Reale Produktionsnetzwerke sind jedoch nicht zentral gesteuert und basieren auf verschiedenen Hierarchieebenen. Obwohl die Kommunikation zwischen den Ebenen die Weisungsmöglichkeit von der höheren zur niederen Hierarchieebene beinhaltet, ist der Weisungsraum dennoch begrenzt. Zusätzlich zu dieser Eigenschaft sind reale Produktionsnetzwerke aus einer Vielzahl an Untereinheiten aufgebaut, von denen jede ein unternehmerisches Ziel (siehe Abb. 1), wie z.B. die Umsatz- oder Gewinnsteigerung, verfolgt. Die Führung dieser Einheiten liegt im Aufgabenbereich von Menschen in Entscheidungspositionen. Jeder dieser Akteure verfolgt wiederum ein eigenes Zielsystem aus Zielgrößen, wie z.B. die Einkommens- oder Ansehenssteigerung, persönliche Bestätigung, Verfolgung ideeller Ziele usw., die kulturell und individuell unterschiedlich sein können.

Viele existierende Ansätze zur Planung und Gestaltung von Produktionsnetzwerken zielen darauf ab unter den gegebenen Voraussetzungen und getroffenen Annahmen annähernd optimale Netzwerkkonfigurationen aufzuzeigen (LANZA 2009, S. 561). Die Umsetzung dieser Konfigurationen gestaltet sich in der Praxis jedoch auf Grund der dargestellten Unterschiede zur Realität häufig problematisch. Geplante Veränderungen lassen sich vielfach nicht durchsetzen, da sie nicht konform mit den Zielen von Untereinheiten und deren Akteuren sind. Unterstützungsaufwände zur Verbesserung von Lieferantenprozessen werden oft nicht angenommen, da dies nicht konform mit den Zielen der Untereinheiten ist und nicht die richtigen Anreize geboten werden.

Erste Ansätze der Netzwerkmodellierung begannen mit der Abbildung verschiedener Netzwerkvarianten und den daraus resultierenden Gesamtkosten (HAUG 1985, S. 83). In weiteren Arbeiten wurden die Optimierungsmodelle um zusätzliche Eingangsparameter und auch Zielgrößen erweitert (KOHLER 2008, S. 78). Systeme mit mehreren Zielgrößen, in der Regel jedoch nur wenigen, werden als multikriterielle Optimierungsmodelle bezeichnet (SUHL 2006, S. 18). Eine Auswahl der jeweils optimalen Lösung basiert auf der Gewichtung der einzelnen Zielkriterien. Für die Darstellung eines Netzwerkmodells mit einer Vielzahl an Zielsystemen erscheinen die hier gewählten konventionellen Modellierungs- und Optimierungslösungen jedoch auf Grund der Schwierigkeit, komplexe Zusammenhänge adäquat darzustellen, und des erforderlichen hohen Rechenaufwandes ungeeignet, und es müssen andere geeignete Umsetzungsmöglichkeiten identifiziert werden.

Eine Möglichkeit stellt die Modellierung und Simulation mittels Software-Agenten dar (MACAL, NORTH 2006, S. 81). Ein Software-Agent ist im Allgemeinen ein abgeschlossenes autonomes System, das mit seiner Umgebung in Kontakt steht und ein eigenes Zielsystem verfolgt. Auf der Basis der Eingangsgrößen aus der Umgebung und der individuellen Zielstellungen werden Ausgangsgrößen erzeugt, die einen begrenzten inhaltlichen Umfang haben. Die Inhalte werden von dem Agenten so aus dem Spektrum an Möglichkeiten ausgewählt, dass für den aktuellen Zustand eine bestmögliche Erfüllung seines Zielsystems erreicht wird (WOOLRIDGE 2002, S. 3). Diese Eigenschaften von Software-Agenten wurden bereits in verschiedenen Formen zur Unterstützung der Planung und des operativen Betriebs von Wertschöpfungsnetzwerken genutzt. Analog zur dezentralen Steuerung von standortinternen Produktionssystemen durch Agenten (LEITAO 2008, S. 982) wurden agentenbasierte Systeme zur standortübergreifenden operativen Steuerung entwickelt (STIEFBOLD 1998, S. 61; JIAO 2004, S. 245). Andere Ansätze nutzen Software-Agenten für die strategische Planung von Wertschöpfungsnetzwerkkonfigurationen (AKANLE 2008, S. 447). Unter dem Oberbegriff Unternehmensintegration werden von SHEN u.a. (2006) Ansätze zusammengefasst, die Software-Agenten verwenden, um einzelnen Einheiten im Wertschöpfungsnetzwerk durch Simulation die Auswirkungen ihres Handelns auf die gesamte Supply-Chain zu verdeutlichen. Ansätze zur Abbildung des Netzwerks unter Berücksichtigung der organisatorischen und individuellen Ziele zur Unterstützung der strategischen Planung und Steuerung existieren bisher nicht.

Zusammenfassend lässt sich sagen, dass die mittels bisheriger Modellierungs- und Optimierungsansätze entwickelten Netzwerkkonfigurationen in der Praxis Probleme bei der Umsetzung bereiteten. Dies ist in erster Linie auf die mangelnde Berücksichtigung realer Entscheidungsstrukturen zurückzuführen. Die Voraussetzungen zur Berücksichtigung dieser Einflussfaktoren bietet die Modellierung unter Verwendung von Software-Agenten. Bisherige Ansätze agentenbasierter Simulation fokussieren jedoch bisher entweder auf operative Steuerungs- und Planungsvorgänge oder auf die strategische Konfiguration von Supply-Chains.

Es stellt sich daher die Herausforderung, die Nutzbarkeit der Planungsergebnisse aus existierenden Netzwerksimulations- und Optimierungsmodellen zu verbessern, indem reale Entscheidungsstrukturen sowie organisatorische und individuelle Zielsysteme berücksichtigt werden. Somit können die Erreichbarkeit strategischer Zielsetzungen sowie die Eignung von strategischen Maßnahmenpaketen und Unterstützungsmaßnahmen bewertet werden.

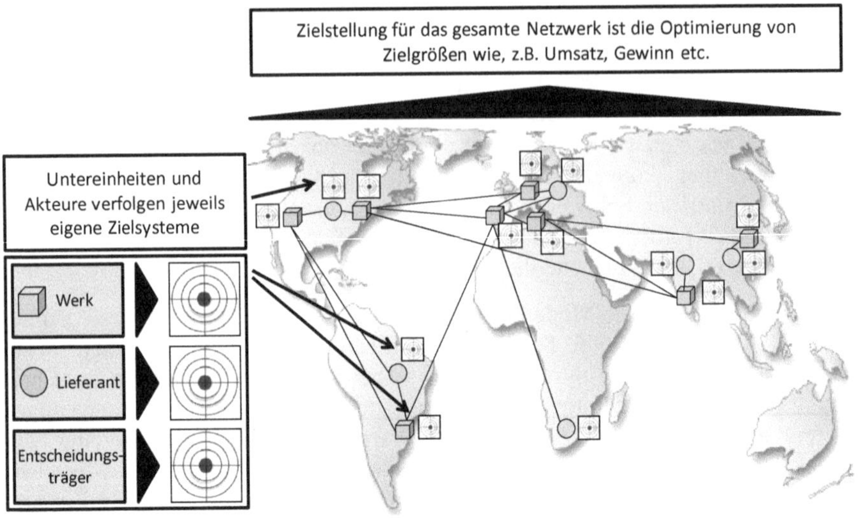

Abbildung 1: Zielsysteme in Wertschöpfungsnetzwerken

3 Entwicklung eines auf Software-Agenten basierenden Simulationsansatzes für Wertschöpfungsnetzwerke

Um den beschriebenen Herausforderungen zu begegnen, wurde am wbk ein Lösungsweg identifiziert, der die genannten Schwachpunkte bisheriger Entscheidungsunterstützungssysteme beheben soll und gleichzeitig eine geeignete softwaretechnische Umsetzung bei beherrschbarem Aufwand bietet. Das Lösungskonzept basiert auf dem Prinzip der agentenbasierten Simulation und Optimierung. Mit dem agentenbasierten Ansatz können die Zielsysteme einzelner Einheiten (Knoten) im Netzwerk abgebildet und das Transformationsverhalten dargestellt werden. Den Anwendungsrahmen des neuen Lösungskonzepts zeigt Abbildung 2. Der Nutzen wird sowohl in der Überprüfung der Auswirkungen von Missständen als auch in der Anpassung und Gestaltung von Maßnahmen zur Performancesteigerung eines Wertschöpfungsnetzwerks gesehen. Das Simulationswerkzeug kann somit eingesetzt werden, um zu untersuchen inwiefern die verschiedenen Unterziele der Organisationseinheiten und Entscheidungsträger die Erfüllung von Planungszielen für das gesamte Wertschöpfungsnetzwerk behindern und wie die Zielstellungen gestaltet sein sollten. Eventuell bestehende Zielkonflikte und deren Auswirkungen können identifiziert und bewerten werden. Darüber hinaus besteht die Möglichkeit Unterstützungs- und Entwicklungsmaßnahmen zu bewerten und für den jeweiligen Anwendungszweck zu adaptieren.

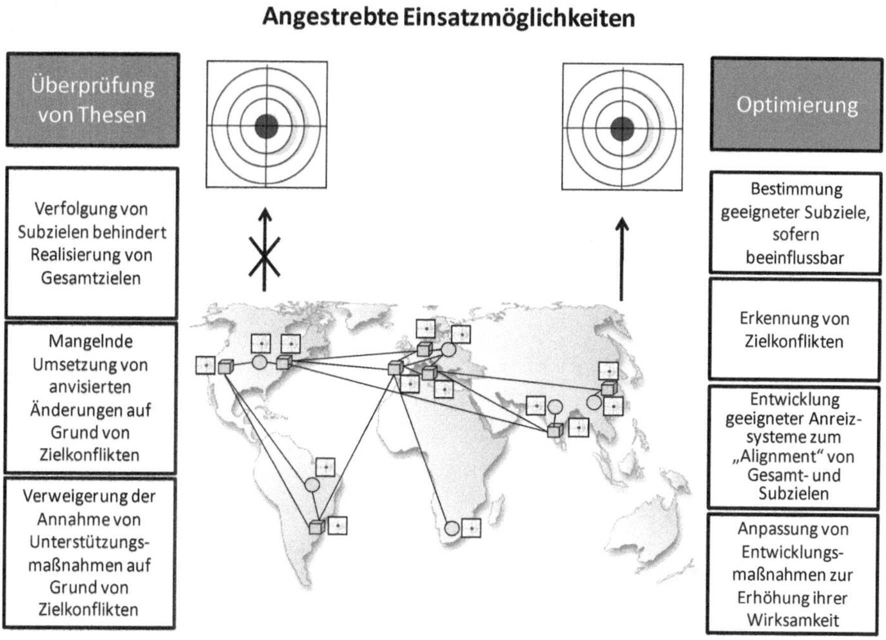

Abbildung 2: *Anwendungsmöglichkeiten des Simulationswerkzeugs*

Der Lösungsansatz gliedert sich in ein dreistufiges Verfahren. Inhalt von Stufe 1 ist die konzeptionelle Entwicklung und softwaretechnische Darstellung von Software-Agenten für die Darstellung der wichtigsten Einheiten und Akteure im Netzwerk, wie z.B. Produktionsstandorte, Lieferanten, Werksleiter usw. Abbildung 1 zeigt die in einer Kunden-Lieferanten-Beziehung beteiligten Rollen. Für diese werden realitätsnahe Zielsysteme identifiziert und dargestellt. Ein weiterer Schritt ist der Aufbau der Kommunikationsstruktur zwischen den Software-Agenten. Hierfür muss ein geeignetes Nachrichtenspektrum identifiziert und implementiert werden. Der Aufbau und die Implementierung der Software-Agenten erfolgt auf der Basis der JADE-Plattform (Java Agent Development Framework).

Das Wirkgefüge zwischen den im Netzwerk beteiligten Einheiten ist grundsätzlich durch eine Lieferanten-Abnehmer-Beziehung gekennzeichnet. Ziel der Stufe 1 ist es, ein Modell für die Akteure (Software-Agenten-Muster) und die Eigenschaften dieser Beziehung aufzubauen.

Nach der Konzeption und Implementierung der Software-Agenten-Muster wird in Stufe 2 zunächst auf der Ebene eines einzelnen Produktionsstandorts die Kopplung der Software-Agenten mit einem Modell der Wertschöpfungsprozesse innerhalb des Standorts entworfen und umgesetzt. Dies ermöglicht die Darstellung der Auswirkungen von Entscheidungen der Software-Agenten auf das Produktionssystem. Das finale Simulationsmodell wird experimentell mit Daten aus der Praxis abgeglichen und justiert. Anschließend können bereits auf Standortebene erste Untersuchungen, wie z.B. die Identifikation von Zielkonflikten durchgeführt werden und Optimierungsmöglichkeiten, wie z.B. die Verbesserung durch externe Anreize, dargestellt und bewertet werden.

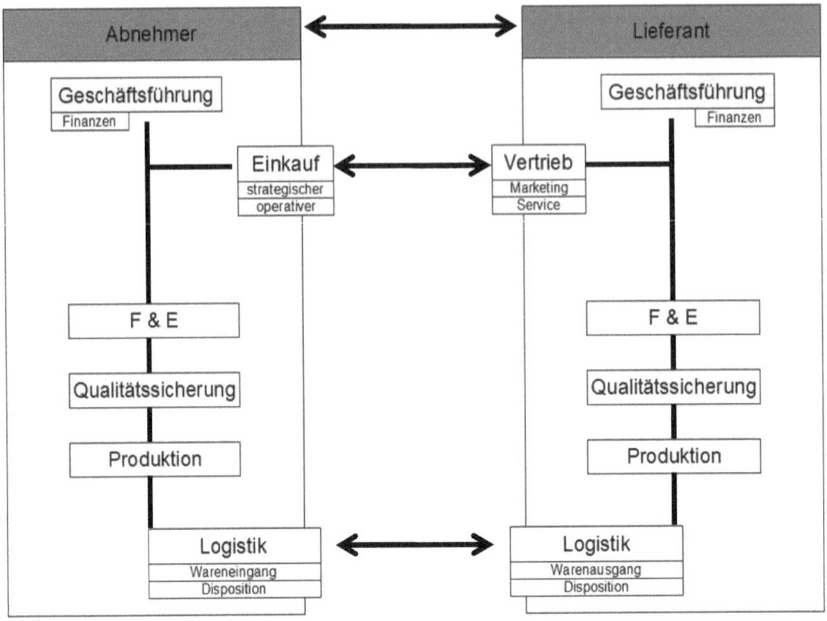

Abbildung 3: *Rollen in der Kunden-Lieferanten-Beziehung*

In Stufe 3 wird das Simulationsmodell auf den Umfang eines die Beziehungen aller Untereinheiten und deren Zielsysteme beinhaltenden Netzwerkmodells ausgeweitet. Hierfür sind insbesondere die Kommunikation über mehrere Hierarchieebenen und die Beschränkung von Weisungsräumen der Einheiten im Netzwerk darzustellen, als auch die Kopplung der Software-Agenten mit dem Modell eines Wertschöpfungsnetzwerks zu implementieren. Das resultierende Simulationsmodell zur realitätsnahen Darstellung der Entwicklungen im Wertschöpfungsnetzwerk basierend auf den Entscheidungen von Untereinheiten und Akteuren wird anschließend mit Praxisdaten in seinem Verhalten verglichen und der Anwendungsrahmen validiert. Das Modell spiegelt die Eigenschaften eines Netzwerks dahingehend wieder, dass das Verhalten einzelner Einheiten basierend auf ihren jeweiligen Zielsystemen möglichst realitätsnah dargestellt wird. Die Einflüsse dieses Verhaltens auf die Wertschöpfungsprozesse und die daraus resultierende Gesamtwertschöpfung werden abgebildet, um Eigenschaften und Veränderungen von Wertschöpfungsparametern visualisieren zu können.

4 Zusammenfassung

Um Unternehmen bei der Planung und Beherrschung von Wertschöpfungsnetzwerken zu unterstützen, wurde am wbk Institut für Produktionstechnik des Karlsruher Instituts für Technologie (KIT) ein Lösungsansatz für die Simulation von Wertschöpfungsnetzwerken unter Berücksichtigung von unterschiedlichen Zielsystemen der untergeordneten Organisationseinheiten, wie Produktionsstandorte und Lieferanten, sowie von Entscheidungsträgern identifiziert. Dieser Ansatz soll herkömmliche Planungsmodelle zur Identifizierung optimaler Netzwerkkonfigurationen durch die Integration realer Hierarchien, Organisationsgrenzen und Zielstellungen ergänzen. Somit kann die Umsetzbarkeit von geplanten Netzwerkkonfigurationen untersucht und der Erfolg und Nutzen von Unterstützungs- und Entwicklungsmaßnahmen bewertet werden. Die Autoren dieses Beitrags bedanken sich an dieser Stelle bei der Deutschen Investitions- und Entwicklungsgesellschaft (DEG) für die Förderung und beim Karlsruher Institut für Technologie (KIT) für die finanzielle Unterstützung im Rahmen des „Zukunftskonzepts" der Exzellenzinitiative.

Literatur

AKANLE, O. M.; ZHANG, D. Z.: Agent-Based Model for Optimising Supply-Chain Configurations. In: International Journal of Production Economics, Amsterdam, 115(2008)2, S. 444-460.

HAUG, P.: A Multiple-Period, Mixed-Integer-Programming Model for Multinational Facility Location. In: Journal of Management, Thousand Oaks, CA, 11(1985)3, S. 83-96.

JACOB, F.: Quantitative Optimierung dynamischer Produktionsnetzwerke. Aachen: Shaker, 2006.

JIAO, J.; YOU, X.; KUMAR, A.: An Agent-Based Framework for Collaborative Negotiation in the Global Manufacturing Supply Chain Network. In: Robotics and Computer-Integrated Manufacturing, Oxford, 22(2006)3, S. 239-255.

KOCH, W. J.: Zur Wertschöpfungstiefe von Unternehmen: die strategische Logik der Integration. Wiesbaden: Dt. Univ-Verlag, 2006.

KOHLER, K.: Global Supply Chain Design: Konzeption und Implementierung eines multikriteriellen Optimierungsmodells für die Gestaltung globaler Wertschöpfungsaktivitäten. Estenfeld: CfSM Centrum für Supply Management GmbH, 2008.

LANZA, G.; UDE, J.: Configuration of dynamic value added networks. In: Journal of Engineering Manufacture, London, 223(2009)5, S. 561.

LEITAO, P.: Agent-Based Distributed Manufacturint Control: A State-Of-The-Art Survey. In: Engineering Applications of Artificial Intelligence, Oxford 22(2009)7, S. 979-991.

MACAL, C. M.; NORTH, M. J.: Tutorial on Agent-Based Modeling and Simulation Part 2: How to Model with Agents. In: Proceedings of the 2006 Winter Simulation Conference. Hrsg.: PERRONE, L. Felipe; LAWSON, Barry G.; LIU, Jason; WIELAND, Frederick P. New York, NY: Association for Computing Machinery; Piscataway, NJ: IEEE Service Center, 2006, S. 73-83

MILBERG, J.: Erfolg in Netzwerken. In: Erfolg in Netzwerken. Hrsg.: MILBERG, J.; SCHUH, G. Berlin: Springer Verlag, 2002, S. 3-16.

SHEN, W.; HAO, Q.; YOON, H. J.; NORRIE, D.: Applications of Agent-Based Systems in Intelligent Manufacturing: An Updated Review. In: Advanced Engineering Informatics, Oxford, 20(2006)4, S. 415-431.

STIEFBOLD, O.: Konzeption eines reaktionsschnellen Planungssystems für Logistikketten auf Basis von Software-Agenten. Karlsruhe: Institut für Werkzeugmaschinen und Betriebstechnik Universität Karlsruhe, 1998.

SUHL, L.; MELLOULI, T.: Optimierungssysteme: Modelle, Verfahren, Software, Anwendungen. Berlin: Springer Verlag, 2006.

WOOLDRIDGE, M.: Intelligent Agents: The Key Concepts. Berlin: Springer Verlag, 2002.

Integrationsaspekte der Simulation:
Technik, Organisation und Personal
Gert Zülch & Patricia Stock (Hrsg.)
Karlsruhe, KIT Scientific Publishing 2010

Strategische Simulation – ein praxisorientierter Ansatz am Beispiel der Kosmetikindustrie

Strategic Simulation - A Practice-Oriented Approach Using the Example of Cosmetics Industry

Lars Werbeck
SDZ GmbH, Dortmund (Germany)
l.werbeck@sdz.de

Abstract: In cosmetics industry as in many other industries short product life cycles, high variant diversity in finished goods and resultant flexible production lines on all process levels with changing strategies in building production lot sizes and purchase order quantities are typical problems in production planning. When trying to find out future requirements of personnel and production facilities with respect to possible trends of the market there is the need of simulation because of at least two reasons. On the one hand future products must be generated, which implies for example sales quantities, bill of material structures and complexity per brands and variants. On the other hand, the generated article structure must be used to generate and evaluate the load for all parts of the plant. The results in the form of key performance indicators for requirements of storage space, transportation, operators and usage of facility groups as well as the amount and number of planned orders are used to calculate personnel requirements beside production, e.g. supply service teams, using empirical evaluated formulas. At the end in this way even the sum of personnel over all functional groups can be estimated.

1 Einleitung

In der Kosmetikindustrie erschweren kurze Produktlebenszyklen, die Variantenvielfalt vieler Sortimente und die zunehmende Bildung von Produktionsverbünden die strategische Planung bezüglich Personal, Ressourcen und Lagerkapazitäten. Das Werkzeug der strategischen Simulation in Form eines Masterplan-Tools liefert hierbei mithilfe verschiedener Szenarien und schneller Bewertung der Auswirkungen auf Bedarfsänderungen Entscheidungshilfen bezüglich Machbarkeit oder Maßnahmennotwendigkeit.

1.1 Strategische Simulation

Die strategische Simulation in der hier verwendeten Bedeutung dient zur Ermittlung notwendiger Anlagenkapazitäten und Personalbedarfe zur Erfüllung einer zukünftigen Werkslast (Einkauf, Produktion, Vertrieb). Der Simulationszeitraum erstreckt sich dabei über eine Zeitspanne von mehreren Jahren. Insofern sind die Ergebnisse von langfristiger und strategischer Bedeutung, da Anlageninvestitionen und Rekrutierungsbedarfe abgeleitet werden sollen.

Zur Umsetzung des Vorhabens einer strategischen Simulation in der vorliegenden Form steht zunächst die Frage im Raum, wie eine zukünftige Marktentwicklung parametriert werden kann. Ausgangspunkt jeder Werkslast ist die Vertriebslast (sogenannte Werksaufträge): Welche Menge welcher Produkte oder Produktgruppen oder Marken wird in welcher Form (Pakete, Paletten) wann verkauft. Diese Ausgangslast ist der Treiber für jede weitere Werkslast über die Produktion bis zum Einkauf. Die Auflösung der Vertriebslast in die einzelnen Komponenten der Werkslast ist unter anderem von der Komplexität der verkauften Produkte und deren Prozesstiefe abhängig (Stücklistenkomplexität). Diese ist aus Sicht des Verkaufsproduktes wiederum stark marktabhängig und muss daher im Simulationsmodell über die Zeit änderbar sein (siehe Kapitel 2.2).

Bezüglich des Simulationsverfahrens sind zwei Schritte zu unterscheiden. Im ersten Schritt wird der zukünftige Produktmix je Simulationsjahr erzeugt. Hierzu werden zufällig Produkte des Vorjahres gestrichen oder dupliziert (laut Zielvorgabe Szenariendefinition) und modifiziert (Stücklistenkomplexität laut Zielvorgabe). Gleichzeitig wird die Verkaufsstruktur übernommen (Werksaufträge). Anschließend erfolgt die Mengenanpassung gemäß Zielvorgabe Szenariendefinition. Ergebnis dieses Simulationsschrittes sind die Werksaufträge des nächsten Simulationsjahres (siehe Kapitel 3.1). Im zweiten Schritt erfolgt die Erzeugung der gesamten Werkslast für alle Prozessebenen aus den Werksaufträgen durch Stücklistenauflösung und Losgrößen-/Bestellmengenbildung. Ergebnis dieses Simulationsschrittes sind die Belastungen auf allen Prozessstufen (siehe Kapitel 3.2).

Wie steht nun der Personalbedarf in Beziehung zu den Werkslasten? Während in der Produktion eher eine Beziehung zur produzierten Menge besteht, steht für den Einkauf die Anzahl (im Gegensatz zur Menge) verschiedener Zukaufartikel in Beziehung zur Bearbeitungszeit und damit zum Personalbedarf. Die Planungsabteilung Produktion wiederum berechnet ihren Zeitbedarf über die Anzahl der zu verplanenden Lose (Fertigungsaufträge). Vorbereitende Aufgabe einer strategischen Simulation ist die Bestimmung dieser Abhängigkeiten zur Berechnung des Personalbedarfes. Die konkrete Berechnung erfolgt nachgelagert auf den Ergebnissen der strategischen Simulation, hat also keinen simulativen Charakter (siehe Kapitel 4.1).

1.2 Komplexität am Beispiel

Bereits die Betrachtung eines einzelnen Aspektes der strategischen Planung, der Umsatzentwicklung je Marke und ihrer Auswirkungen auf Kapazitätsbedarfe zeigt die Gründe für die Komplexität der Abhängigkeiten auf. Eine einzelne Marke besteht aus Sortimenten von Artikeln. Durch verschiedene Produktionsstrukturen der Artikel und den damit verbundenen individuellen Bedarfen an Ressourcen,

Lagerkapazitäten und Personal ergibt sich ein heterogenes Bild für Sortimente und damit Marken. Neben diesem Problem der Ermittlung der Abhängigkeiten zwischen einer Marke und ihren tatsächlichen Bedarfsanteilen kommt erschwerend hinzu, dass die Artikel der Sortimente der Marke teilweise aus neutralen Einsatzkomponenten bestehen und damit keine eindeutige Trennung nach Marken über die gesamte Wertschöpfungskette erfolgen kann. Weiterhin konkurrieren die Prozessschritte markenunabhängig um ihre Bedarfsdecker im Kontext. Die Gebindearten (Flaschen, Tiegel, Tuben, Ampullen, Spender usw.) sowie die Prozessschritte der Verpackung sind mit unterschiedlichen Anteilen in den Marken vertreten. Dies kann beispielsweise dazu führen, dass durch eine Mengenänderung einer Marke Rüst-/Wechselbedarfe erhöht oder gesenkt werden. Mengenänderungen können auch dazu führen, dass ein Wechsel innerhalb der Prozesskette erfolgen muss. Ein Beispiel hierfür ist der Wechsel auf eine größere oder kleinere Mischeranlage innerhalb der Zyklusplanung. Dieses Beispiel zeigt die komplexe Verflechtung der Kriterien aus Sicht der strategischen Planung.

2 Simulationsvorbereitung

2.1 Datenbasis

Eine große Herausforderung zur Durchführung einer strategischen Simulation stellen die notwendigen Datenaufbereitungen von Kennzahlen vergangener Zeitperioden dar, welche als Ausgangspunkt für Modifikationen in den Szenarien dienen. Es bietet sich hier an, neben Artikelstammdaten, Arbeitsplänen, Ressourcen, Schichtenmodellen, Personalverfügbarkeiten, Lagerkapazitäten und Stücklisten ebenfalls Kennzahlen aus der Produktion zur Ergänzung oder Korrektur heranzuziehen. Auf dieser Datenbasis wird die Ausgangssituation der Modelldaten konstruiert und anhand der Historie validiert. Alle Personalbedarfskategorien werden ebenfalls hinsichtlich ihrer Berechnungen justiert. Die Bedarfstreiber in Form der Versandstruktur müssen mit möglichst genauem Detaillierungsgrad importiert werden. Sie dienen als Ausgangspunkt der Generierung der gesamten Laststruktur über entsprechende Stücklistenauflösungen bzw. Rezepte und der Losgrößen-/Bestellmengenberechnung.

Im Beispiel werden ca. 400.000 Werksaufträge (Verkaufspositionen) aus den vergangenen zwei Jahren übernommen, die sich auf ca. 50.000 Artikel (Fertigware, Halbfertigware, Einkaufsartikel) insgesamt beziehen, die wiederum insgesamt über ca. 40.000 Stücklistenpositionen miteinander in Beziehung gesetzt sind. Für ein einzelnes Szenario über einen Zeitraum von 6 Jahren müssen unter anderem bis zu 2.000.000 Werksaufträge generiert werden, aus denen über Stücklistenauflösung sowie Losgrößen-/Bestellmengenkonsolidierung (MRP-Lauf; MRP – Material Requirement Planning – Materialbedarfsplanung) bis zu 6.000.000 Bedarfe als Lastträger der einzelnen Prozessebenen entstehen.

Je Prozessebene – einschließlich Lagerung – werden die momentan im Werk verfügbaren Kapazitäten im Modell als Stammdaten hinterlegt. Die Anlageneffizienz kann über die Szenariendefinition je Planungsperiode angepasst werden, um zu erwartende Effizienzsteigerungen in der Anlagenlandschaft berücksichtigen zu können. Die Artikelstammdaten beinhalten die für die jeweilige Prozessstufe relevanten Informationen zur Herleitung der Last. Beispielsweise ist zur Lastberechnung im Wareneingang die Menge pro Palette zur Herleitung der Palettenanzahl aus der Bestellmenge notwendig, da die Leistung des Wareneingangs in Paletten pro Zeit gegeben ist. Für die Mischeranlagen wiederum ist die Tonnage maßgebend. Für die Qualitätskontrolle ist die Artikelart (Inhaltsstoff, Verpackungsmaterial, etc.) ausschlaggebend für die Anzahl Prüflose und die damit verbundene Last.

2.2 Szenariendefinition

Neben der Umsatzentwicklung je Marke sind für die Zukunftsszenarien weitere Aspekte zu berücksichtigen. Die folgende Auflistung umfasst die Anforderungen an die Parametrierbarkeit der Szenarien. Eine Entwicklung ist jeweils klassifizierbar nach Marke, Firmencode oder Produktklasse und Planungsperiode.

- Mengenentwicklung (Gesamtstück-/menge)
- Artikelanzahl, Artikelkomplexität (Mächtigkeit Stückliste)
- Launchanteil (Anteil neuer Artikel in Planungsperiode)
- Relaunchanteil (Artikelerneuerung)
- Losgrößenstrategie (Produktion oder Bestellung)
- Versandauftragsstruktur (Paletten und Pick&Pack)
- Anlageneffizienz

Die Produktionslast sowie die Produktionskapazität werden auf diese Weise über die Zeit dynamisch und somit als "atmende Fabrik" (vgl. NOCHE 2003, S. 141) abgebildet.

3 Simulation

Die Simulation besteht aus den zwei Hauptstufen des Generierens von Artikeln sowie der Lasterzeugung für alle betrachteten Komponenten der Fabrik. Diese beiden Simulationsschritte werden in den folgenden Unterkapiteln erläutert.

3.1 Produktlebenszyklen generieren

Eine große Herausforderung sind die Modifikationen an der Anzahl Artikel einer Sorte und/oder Marke sowie Veränderungen an der Komplexität der Artikelstruktur in Form von Mutationen an Rezepten und Stücklisten. Hierfür müssen sämtliche Artikel des Artikelstamms zunächst hinsichtlich ihres Vorkommens in den verschiedenen Markenstrukturwolken auf Artikel- und Komponentenebene analysiert und gruppiert werden. Werden neue Artikel innerhalb einer Periode eines Szenarios benötigt und erzeugt, basieren diese zunächst auf einem vorhandenen Artikel. Jedoch müssen artikelspezifische Komponenten (Einsatzartikel) unmittelbar neu erzeugt werden, markenunabhängige Einsatzkomponenten erhalten bleiben und für marken- oder sortenspezifische Komponenten muss entschieden werden, ob sie in einem neuen Artikel Verwendung finden oder durch eine neue marken- oder sortenspezifische Komponente ersetzt werden müssen. Letzteres wird über eine Verteilung der marken- oder sortenspezifischen Einsatzkomponenten der konkreten Marke oder Sorte entschieden.

Aus der Szenariendefinition geht hervor, inwieweit die Artikelstruktur innerhalb der jeweiligen Produktgruppe über die Zeit verändert werden soll. Der Algorithmus zur Generierung dieser Struktur arbeitet mehrstufig und periodenweise.

Zunächst wird für das Folgejahr ermittelt, wie viele Artikel der jeweiligen Marke als Zielgröße für die Markenentwicklung generiert werden müssen. Nur neu generierte Artikel können hinsichtlich ihrer Stücklistenstruktur modifiziert werden, um die Zieländerung hinsichtlich der Komplexität zu erreichen. Nachdem das neue Artikelgefüge erzeugt wurde (neue Artikel entstehen aus vorhanden Artikeln und "erben" deren Verkaufsstruktur) werden die Mengen derart verändert, dass die Zielvorgabe hinsichtlich der Gesamtmenge der Marke erreicht wird. Zuletzt wird die Versandauftragsstruktur modifiziert, so dass der Zielanteil zwischen Pick&Pack und Versand (Paletten) der Szenariendefinition erreicht wird.

Es ist möglich, dass Zielvorgaben im Szenario nicht erreicht werden können. Ein Beispiel hierfür: Ist kein Launch- oder Relaunchanteil eingestellt und wird gleichzeitig eine Komplexitätsänderung gewünscht, kann diese Komplexitätsänderung nicht hergestellt werden, da keine neuen Artikel entstehen, deren Komplexität angepasst werden kann, um die durchschnittliche Komplexität zu verändern. In diesem Fall sind Anpassungen an den Szenariendefinitionen nötig.

Zusätzlich sei an dieser Stelle angemerkt, dass das Alter der Artikel herangezogen wird, um die Stufe im Produktlebenszyklus abzuleiten und die Wahrscheinlichkeit für einen Relaunch oder ein Auslaufen dieses Artikels unter den Zielvorgaben zu ermitteln. Standardartikel mit einem großen Marktanteil sollten hierbei einen längeren Lebenszyklus erhalten.

3.2 Lasterzeugung

Aus den generierten Werksaufträgen werden mithilfe eines MRP-Laufes die Planaufträge für die einzelnen Prozessstufen erzeugt. Es erfolgt entsprechend eine Stücklistenauflösung zur Bestimmung der Einzelbedarfe der Vorstufe (Produktion, Einkauf). Die Einzelbedarfe werden gemäß Produktions- oder Einkaufsstrategie zu Losen oder Bestellungen zusammengefügt.

Die Planaufträge werden anschließend in ihrem Planfenster wochengenau eingeplant. Durch Planaufträge induzierte Belastungen (Einlagerungen, Auslagerungen, Mitarbeiterbelegungen, Prüflose, etc.) werden berechnet und grafisch wie tabellarisch ausgewiesen.

4 Simulationsergebnisse

Als Ergebnis der Simulation werden je Szenario die Belastungen (Bedarfe) verschiedener Kennzahlengruppen ermittelt. Aus ihnen lassen sich teilweise direkt, teilweise über entsprechende Heuristiken Personalbedarfe ermitteln (siehe Kapitel 4.1):

- Bedarf (Auslastung) Wareneingang, Lager, Fabrikation / Produktion
- Bedarf FTE Fabrikation / Produktion (direkt ableitbarer Personalbedarf; FTE – Full Time Equivalent – Vollzeitäquivalent – Einheit für den Personalbedarf)
- Bedarf (Auslastung) Pick&Pack, Versand, Qualitätsmanagement

Die Auslastung setzt den ermittelten Bedarf mit dem aktuellen Kapazitätsangebot in Beziehung. So kann ebenfalls erkannt werden, ab wann aus heutiger Sicht Kapazitätsunterdeckungen oder Kapazitätsüberangebote vorliegen.

Je Kennzahlengruppe sind Auswertungen mit unterschiedlichen Ausprägungen möglich (Paletten, Tonnen, Stück, FTE, Transporte). Die Auslastung der Kennzahlengruppe Produktion gliedert sich beispielsweise zusätzlich nach Gebindeart, Handverpackungsbedarf, Stückzahlen und Aggregatauslastung. Die Kennzahlengruppe "Auslastung Lager" beinhaltet das Bulklager, das interne Hochregallager sowie das externe Lager. Der interne sowie externe Transportbedarf wird ausgewiesen. Die ermittelten Kennzahlen sind die Grundlage zur Berechnung des Personalbedarfes.

4.1 Personalbedarfsermittlung

Bei den Heuristiken zur Personalbedarfsermittlung handelt es sich um Funktionen der ermittelten Kennzahlen und Funktionen der Ergebnisse des Personalbedarfs einer Kategorie. Es wird nach folgenden Personalbedarfskategorien unterschieden.

- Wareneingang, Pick&Pack, Versand
- Fabrikation, Konfektion
- Betrieb, Technische Dienste, Controlling
- Supply Service Teams (SST) je Firmencode, Feinplanung, QS (SST – Supply Service Team – Abteilung zur Koordination des Einkaufs; QS – Qualitätssicherung)
- Rechnungswesen, Personal

Die einzelnen Fachabteilungen bringen ihren Personalbedarf mit Hilfe historischen Wissens in eine Abhängigkeit zur betriebswirtschaftlichen Situation und Entwicklung und kennen in der Regel ihre Abhängigkeiten von Kennzahlen (Belastungsfaktoren) oder können diese leicht herleiten. Da die Simulation bezüglich der Lastgenerierung aus den Werksaufträgen auch für die Vergangenheit mit den Ist-Werksaufträgen durchgeführt wird, können die Ergebnisse direkt für vergangene Zeitperioden mit den Ist-Personalbedarfen dieser vergangenen Zeitperioden verglichen und die Formeln auf diese Weise schnell evaluiert werden.

Die Belastungsfaktoren werden gemeinsam mit den jeweiligen Fachabteilungen für den Personalbedarf des jeweiligen Bereiches ermittelt. Zusätzlich wird in den meisten Bereichen von einer fixen Mitarbeiterzahl ausgegangen. Die Belastungsfaktoren wirken linear gewichtet auf den Personalbedarf.

Ein Beispiel für eine Funktion zur Berechnung des Personalbedarfes soll hier kurz vorgestellt werden und die Idee der Belastungsfaktoren verdeutlichen. Für ein konkretes Supply Service Team im Referenzprojekt ergibt sich ein Personalbedarf als Funktion mit Abhängigkeiten von den folgenden Kennzahlen.

- Anzahl Standardartikel SST Firmencode
- Anzahl Launches / Relaunches
- Einzukaufende Einsatzartikel

Neben einem kontextunabhängigen Personalbedarf von 2 Personen wird mit einem Bedarf von je einer Person je 800 Standardartikel, je 200 Launches / Relaunches sowie je 600 Zukaufartikeln kalkuliert. Es handelt sich im konkreten Fall daher um eine mengenunabhängige Personalbedarfskategorie. Der Einfluss von Marketingaktivitäten ist hingegen deutlich erkennbar (Komplexität der Produkte, Markteinführungen). Andere Personalbedarfskategorien sind deutlich mengenabhängiger (Feinplanung, Pick&Pack).

Die Summe aller Personalbedarfe der Abteilungen weist den Gesamtpersonalbedarf des Standortes innerhalb jeder Planungsperiode des Szenarios auf (Abbildung 1).

	2009	2010	2011	2012
MA_Wareneingang	11,0	11,8	12,7	13,6
MA_Fabrikation	27,4	28,0	28,0	28,2
MA_Konfektion	243,7	254,4	266,3	277,7
MA_Betrieb	12,7	13,0	13,4	13,7
MA_Pick & Pack	34,0	37,1	40,3	43,8
MA_Versand	10,8	11,1	11,4	11,7
MA_Technische Dienste	17,0	17,0	17,0	17,0
MA_Feinplanung	5,4	5,5	5,7	5,8
MA_Controlling	6,6	6,6	6,6	6,6
MA_Rechnungswesen	7,0	7,1	7,2	7,4
MA_SST B	5,0	5,0	5,0	5,0
MA_SST L	17,8	18,1	19,0	19,3
MA_QS	18,0	18,3	18,3	18,5
MA_Personal	7,3	7,4	7,5	7,6
Summe (ohne MA_Personal)	**423,7**	**440,4**	**458,4**	**475,7**

***Abbildung 1**: Gesamtpersonalbedarfsentwicklung als ein Simulationsergebnis (MA – Mitarbeiter – die SST sind aufgeteilt nach Großfirmen (anonymisiert B / L))*

5 Anwendungsgebiete

Die strategische Simulation ist besonders für Unternehmen interessant, die über ein MES (Manufacturing Execution System) verfügen und Kennzahlen in der erforderlichen Qualität als Ausgangspunkt der Simulation bereitstellen können.

Eine Aktualisierung der Ausgangsdaten der Simulation über eine entsprechende Schnittstelle zum MES ist mit geringem Aufwand realisierbar. Durch die vielfältigen Einstellmöglichkeiten für die Szenarien sind unter anderem auch Best-/Worst-

Case-Analysen möglich und Maßnahmenkataloge können für den Fall des Eintretens vorbereitet werden. Die potenziellen Bestandteile eines Maßnahmenkataloges zeigt die folgende Auflistung.

- Rekrutierungsmaßnahmen / Leiharbeiterbedarf
- Investitionsbedarf Anlagen
- Marketingstrategie hinsichtlich Artikelkomplexität und Sortiment
- Entscheidungen bezüglich Produktionsverbund

6 Zusammenfassung und Ausblick

Dank der Einbindung aller Fachabteilungen in das Projekt konnte eine breite Akzeptanz des Simulationsmodells und der damit ermittelbaren Ergebnisse erreicht werden. Die Simulation wird beim Kunden im Halbjahresrhythmus durch ein Masterplan-Team durchgeführt, das sich aus Vertretern der Fachabteilungen zusammensetzt. Die Ergebnisse zeigen, dass prognostizierte Entwicklungen in der Anlagenlast und im Personalbedarf hinreichend genau abgebildet sind, was durch wiederholte Simulation mit den eingetretenen Szenarienparametern gezeigt werden kann. Auf dieser nunmehr zweijährigen Erfahrung lässt sich zusammenfassen, dass die beschriebene Herangehensweise es einem Unternehmen ermöglicht, für diverse zukünftige Entwicklungen Handlungspläne abzuleiten und vorzubereiten, um bei Eintreten einer simulierten Variante unmittelbare Aktionen einzuleiten.

Eine interessante Erweiterung der hier beschriebenen strategischen Simulation wäre die Ergänzung um ein Kostenmodell. Weiterhin könnte mit zusätzlichen Artikeleigenschaften, die den Status hinsichtlich des Produktionslebenszyklus widerspiegeln würden, die Generierung neuer Artikel verbessert werden. Die größte Herausforderung für die nächsten Jahre wird es sein, ein Instrument zu schaffen, dass die beschriebene Funktionalität durch starke Kopplung an bestehende IT-Systeme (ERP, MES, PLS, ...) online ermöglicht und über Warnmechanismen die Verantwortlichen der strategischen Entscheidungsebene frühzeitig über notwendigen Handlungsbedarf informiert.

Literatur

NOCHE, Bernd: Strategische Studien zur Analyse ganzer Fabriken. In: Simulation in der Automobilproduktion. Hrsg.: BAYER, J.; COLLISI, T., WENZEL, S. Berlin: Springer-Verlag, 2003, S. 139-169.

Integrationsaspekte der Simulation:
Technik, Organisation und Personal
Gert Zülch & Patricia Stock (Hrsg.)
Karlsruhe, KIT Scientific Publishing 2010

Simulationsunterstütztes Wertstromdesign: Ansatz zur Steigerung des Wertschöpfungspotenzials in der Baustoffindustrie

Simulation-based Value Stream Mapping: An Approach to Increase Added Value in a Company of the Construction Materials Industry

Mikko Börkircher
ehemaliger wissenschaftlicher Mitarbeiter am
Institut für Arbeitswissenschaft und Betriebsorganisation (ifab),
Karlsruher Institut für Technologie (KIT), Karlsruhe (Germany)
mikko@boerkircher.de

Thilo Gamber
Institut für Arbeitswissenschaft und Betriebsorganisation (ifab),
Karlsruher Institut für Technologie (KIT), Karlsruhe (Germany)
thilo.gamber@kit.edu

Abstract: The production of high quality, customer-oriented but equally competitive products should encourage the manufacturers of construction materials to ensure that the non value-adding activities are continuously reduced within production. Against this background, an approach was developed, based on a combination of static value stream mapping and dynamic simulation. By means of a pilot study from a company of the construction materials industry, the developed approach is presented.

1 Wertstromanalyse und -design als statische Verfahren

Kundenindividuelle Produkte in hoher Qualität ohne lange Lieferzeiten und zu günstigen Preisen anzubieten ist die Herausforderung, die der Markt heutzutage an die Wettbewerbsfähigkeit von Baustoffunternehmen stellt. Ein wesentliches Ziel in der Baustoffindustrie ist es deshalb, ressourcenschonend zu arbeiten und kontinuierlich zu überprüfen, ob die jeweiligen Prozesse zur Wertschöpfung beitragen. Um dies zu erreichen, muss der gesamte Wertstrom bei einem Produkt – und zwar vom Rohmaterial bis zum Kunden – im Detail analysiert und möglichst günstig organisiert werden. Dabei kann die Methode der Wertstromanalyse zum Einsatz kommen. Sie wurde vom japanischen Autohersteller Toyota entwickelt und ist ein zentraler

Bestandteil des so genannten Toyota-Produktionssystems (vgl. z.B. BRUNNER 2008, S. 9 f.).

Die Wertstromanalyse ist eine geeignete Methode, um den Ist-Zustand einer Produktion übersichtlich und umfassend darzustellen. Im Zuge der Anwendung dieser Methode werden sukzessive Material- und Informationsflüsse dokumentiert. Der Materialfluss ist der Durchlauf eines Bauteils oder fertigen Produktes; der Informationsfluss bildet die Steuerung und Regulierung des Wertstroms ab. Einfache, in der Literatur standardisierte Symbole stellen produktionsrelevante Sachverhalte graphisch dar (vgl. ROTHER, SHOOK 2006, S. 28 f.). Damit kann eine schnelle Visualisierung des gesamten Wertstroms vom Lieferanten bis hin zum Kunden erreicht sowie ein Verständnis der aktuellen Funktionsweise eines Produktionssystems erleichtert werden. Bei der Aufnahme des Ist-Zustandes ist das Sammeln von Prozesskennzahlen, z.B. zu Taktzeiten, das Identifizieren von Beständen sowie die Erfassung der Durchlaufzeiten für die beobachteten Prozesse notwendig.

An die Wertstromanalyse schließt sich das Wertstromdesign an. Ausgehend vom Ist-Zustand ist dabei der Soll-Zustand eines Wertstroms, möglichst frei von Verschwendungen, in der Regel betriebsspezifisch zu konzipieren. Hierzu können allgemein gültige Leitlinien herangezogen werden. Diese Leitlinien beruhen auf einer Reihe von bewährten Prinzipien und Regeln, wie z.B. die Einführung einer kontinuierlichen Fließfertigung. Dabei steht die Effizienz und Kundenorientierung im Vordergrund, wenn es um die Ableitung von Verbesserungspotenzialen geht.

Vor diesem Hintergrund wurde ein Ansatz entwickelt, der auf einer Verbindung von statischem Wertstromdesign und dynamischer Simulation basiert. Anhand einer Pilotstudie aus einem Unternehmen der Baustoffindustrie wird der entwickelte Ansatz vorgestellt. Der Beitrag erläutert dazu das Wertstromdesign, seine Implementierung in einem Simulationsverfahren und die Ergebnisse der Pilotstudie.

2 Verknüpfung von Wertstromdesign mit dynamischer Simulation

Beim Wertstromdesign handelt es sich um eine statische Planungsmethode, die in ihrer Aussagefähigkeit hinsichtlich verbesserter Soll-Zustände bei der Berücksichtigung von komplexen und dynamischen Rahmenbedingungen, wie im Falle stochastischer Prozesszeiten oder Störungen, schnell an ihre Grenzen stößt. Die statische Modellierung eines zukünftig verbesserten Soll-Zustandes kann lediglich als Hinweis dienen, wie später der Produktionsprozess aussehen könnte; die tatsächliche Machbarkeit dieses Prozesses bzw. seine Überprüfung im Sinne seiner Dynamik findet im Rahmen des Wertstromdesigns nicht statt. Ablaufalternativen oder variierende Produktionsprogramme lassen sich daher mit Hilfe des Wertstromdesigns allein nicht miteinander vergleichen. Ebenso wenig ist es möglich, die Komplexitätszunahme einer Produktion, z.B. aufgrund aufkommender kundenbedingter Forderungen, beispielsweise nach mehr Produktvarianten, hinsichtlich produktionslogistischer und monetärer Zielkriterien zu bewerten.

In der Entwicklung eines simulationsbasierten Verfahrens wird ein geeigneter Ansatz gesehen, um die Planung von Prozessen und Abläufen in Unternehmen besser zu unterstützen und ihre dynamische Leistungsfähigkeit zu analysieren. Dazu ist das statische Wertstromdesign mit einem Simulationsverfahren zu kombinieren. Diese Art der Kombination ist nicht neu. Bereits in dem Beitrag "Digitales Wertstromdesign" von BRÜGGEMANN und MÜLLER (2008, S. 578 f.) werden im Rahmen einer Marktanalyse kommerzielle Simulationstools hinsichtlich ihrer Eignung zur Abbildung digitaler Wertströme anhand unterschiedlicher Kategorien untersucht. Darauf aufbauend erstellen die Autoren ein spezifisches Modul zur Integration des Wertstromdesigns in ein kommerzielles Softwaretool. Zusätzlich dazu werden "Optimierungskomponenten" entwickelt, mit denen der Anwender Produktionsabläufe in der Automobilindustrie verbessern kann. Ein solches Modul kann dann in Verbindung mit Werkzeugen der Digitalen Fabrik genutzt werden. Die Autoren beschreiben dann anhand von Menüoberflächen sowie Bildschirmabzügen, wie das herkömmliche Wertstromdesign Eingang in ein Softwaretool gefunden hat. Simulationsstudien werden jedoch nicht weiter behandelt und somit werden auch keine Simulationsergebnisse vorgestellt.

Diesbezüglich geht der Beitrag von HÜTTER (2008, S. 73 f.) einen Schritt weiter: Der Autor zeigt mittels des Einsatzes der Simulation auf, dass sich durch eine Nivellierung der Produktion – im Sinne der Umstellung von einer Push- zu einer Pull-Steuerung – sowohl Losgrößen reduzieren als auch Durchlaufzeiten verringern lassen. Dies führt dann zwangsläufig zu einer Abschwächung von unternehmensübergreifenden Peitschenschlag-Effekten in der Automobil-Zuliefererindustrie, die Hütter als Untersuchungsschwerpunkt heranzieht. Es geht aus dem Beitrag jedoch nicht hervor, ob ein kommerzielles oder eigens entwickeltes Simulationsverfahren eingesetzt wird.

Im Gegensatz zu diesen beiden Quellen, baut das hier zugrunde gelegte Simulationsverfahren *OSim-BAU* (*O*bjekt-*Sim*ulator für die *Bau*produktion) auf dem nicht kommerziellen, von JONSSON (2000, S. 181 ff.) entwickelten Simulationsverfahren *OSim* (*O*bjekt-*Sim*ulator) auf. Dieser Simulator wird am Institut für Arbeitswissenschaft und Betriebsorganisation (ifab) des Karlsruher Instituts für Technologie (KIT, vormals Universität Karlsruhe) sukzessive in zahlreichen Forschungsarbeiten weiterentwickelt. Das Verfahren basiert auf einem generischen Objektmodell, das zur durchlaufplanorientierten Simulation von Produktions- und Dienstleistungsprozessen dient. Die Benutzungsoberfläche von *OSim-BAU* ist für die Modellierung des Wertstroms von Produktionsprozessen besonders geeignet, da dies mit Hilfe netzgraphenartiger Durchlaufpläne erfolgt und die Planung in der Bau- sowie Baustoffindustrie vielfach bereits auf Basis der Netzplantechnik geschieht.

Die dynamische Betrachtung eines Wertstroms wird in *OSim-BAU* zusätzlich noch mittels einer Berücksichtigung von Ablaufstörungen erweitert. Mit Hilfe der Simulation ist es damit möglich, im Vorhinein mehrere Ablaufalternativen bzw. alternative Wertströme unter Berücksichtigung zufällig auftretender Störungen als "What-if-Analysen" zu bewerten; dies ist in der ursprünglichen Form des Wertstromdesigns nicht vorgesehen bzw. nicht möglich.

Ablaufalternativen lassen sich aus einem Ausgangsmodell z.B. durch das Vermeiden von Prozessschritten ableiten: Überflüssige oder redundante Schritte, die nicht zum Prozessziel beitragen, können weggelassen werden und tragen damit zur Konzentration auf die Wertschöpfung bei. Weiterhin ist es möglich, Prozessschritte zu parallelisieren bzw. simultan durchzuführen: Statt sequenziellen Schritten ist zu prüfen, ob sie parallel bearbeitet werden und damit zu einer Zeitersparnis und Harmonisierung des Prozesses beitragen können. Ein Katalog zu möglichen Ablaufverbesserungen sowie zur Modellierung von Ablaufalternativen kann BÖRKIRCHER und ZÜLCH (2009, S. 226 f.) entnommen werden. Abbildung 1 zeigt das Prinzip des simulationsunterstützten Wertstromdesigns, wobei anstelle der herkömmlich verwendeten Symbolik des Wertstromdesigns die Benutzungsoberfläche von *OSim* dargestellt ist.

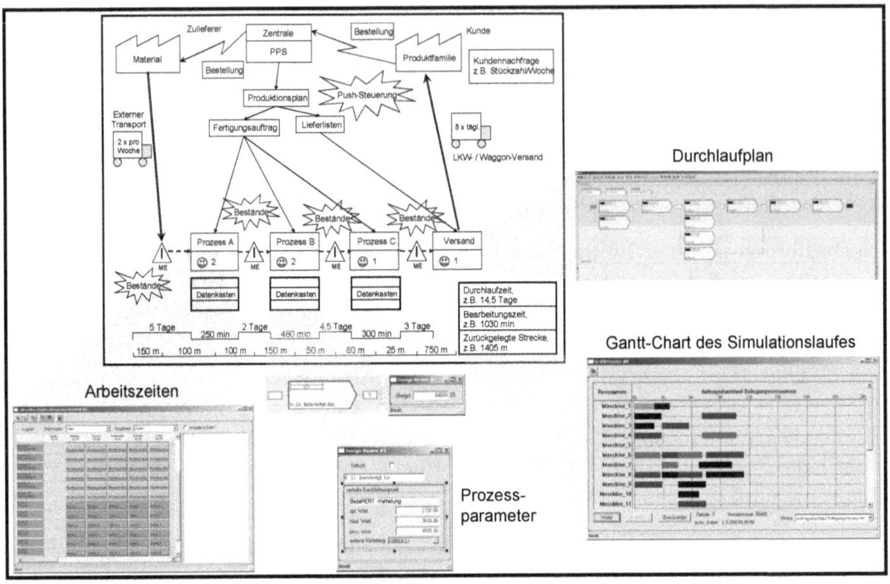

Abbildung 1: *Elemente des simulationsunterstützten Wertstromdesigns*

3 Methodische Vorgehensweise anhand eines Fallbeispiels aus der Baustoffindustrie

Die Anwendung des Simulationsverfahrens *OSim-BAU* wird im Folgenden an einer Pilotstudie aus der Baustoffindustrie dargestellt. Dem Fallbeispiel liegt die Aufgabe einer Neugestaltung von Prozessen im Bereich der Verladung von Endprodukten zugrunde; es handelt sich um eine rein kommerzielle Simulationsstudie.

Im Rahmen der Pilotstudie findet zunächst eine Modellvalidierung statt. Dazu wird der Ist-Zustand modelliert und dessen Simulationsergebnisse mit real ermittelten Kennzahlen verglichen. Im Anschluss an diese simulative Analyse erfolgt die Modellierung des Soll-Zustandes in einem Rechnermodell. Das statische Wertstromdesign wird sozusagen über die Komponenten der Modellierung und anschließenden Simulation in eine dynamische Analyse- und Designphase überführt. Die Lösungsentwicklung erfolgte im Team mit den betroffenen Abteilungen Produktion, Vertrieb/Versand, Qualitätslabor und Instandhaltung.

3.1 Aufnahme des Ist-Zustandes mit Hilfe der Wertstromanalyse

Die Nivellierung einer Produktion sollte an einem bestimmten Prozess des Wertstroms starten, dem so genannten Schrittmacherprozess (vgl. ROTHER, SHOOK 2006, S. 53 f.). Dies ist im betrachteten Fallbeispiel der Takt definierende Prozess, nämlich die Verladung von Endprodukten, die durch Kundenaufträge gesteuert wird. Die Handhabung von Waggons zur Verladung von Endprodukten ist zwar auf den ersten Blick nur ein unterstützender Prozess und kein Kernprozess. Eine mangelhafte Versorgung mit Waggons wirkt sich jedoch bei näherer Betrachtung unmittelbar auf den Kernprozess Produktion aus und führt im Extremfall zu längeren Produktionsausfällen und zur Nichteinhaltung von Lieferterminen.

Überall dort, wo Waggons bei der Verladung verwendet werden, lassen sich durch ein gezieltes "Waggonmanagement" hohe Einspar- und Erfolgspotenziale ausschöpfen. Nachfolgend werden im Rahmen der durchgeführten Ist-Analyse einige derjenigen Defizite aufgeführt, die eine nivellierte Verladung behindern können:

- Die oft zu geringe Anzahl bzw. Vorhaltung von Waggons hat eine Zunahme der ohnehin begrenzten Silo- und Bunkerbestände zur Folge mit der weiteren Konsequenz, dass die Produktionsmenge gedrosselt oder sogar einzelne Produktionsanlagen kurzfristig stillgelegt werden müssen. Aufgrund der allgemein zunehmenden Belastung aller Betriebe durch steigende Energiepreise ist es besonders wichtig, einen möglichst kontinuierlichen Anlagenbetrieb anzustreben, um durch eine hohe Produktmenge die spezifischen, auf die Tonne eines Endprodukts bezogenen Energiekosten zu senken. Das erneute Anfahren einer Anlage, u.a. unter Einsatz von Erdgas, stellt hierbei einen erheblichen Kostenfaktor dar. Weiterhin sind Ersatzlieferungen mittels Lastkraftwagen erforderlich, falls der für einen bestimmten Kunden erforderliche Waggontyp nicht rechtzeitig zur Verfügung steht.

- Nach der Befüllung werden den Waggons zusätzlich Proben der geladenen Produkte entnommen und den Kundenanforderungen entsprechend analysiert. Bei einer Überschreitung der vereinbarten Grenzwerte hat das zur Folge, dass die Waggons entleert und wieder befüllt werden müssen. Dies führt zwangsläufig zu weiteren Lieferverzögerungen.

- Stillstandszeiten innerhalb der Verladung sowie Produktionsausfälle kommen nicht nur wegen fehlender Waggons zustande, sie entstehen auch durch ungeplante Instandhaltungsarbeiten an kritischen Anlagenteilen. Aufgrund von Störungen und damit zwangsläufigen Unterbrechungen der Verladung durch Instandhaltungsmaßnahmen können bei dem vorgesehenen 3-Schicht-Betrieb sehr oft nur zwei bis zweieinhalb Schichten effektiv zur Verladung genutzt werden.

Die durchgeführte Ist-Analyse im Rahmen der Wertstromanalyse diente dazu, die bestehenden Prozesse im Bereich der Verladung zu verstehen. Als Ergebnis lässt sich für das Fallbeispiel Folgendes festhalten: Die Ist-Situation ist gekennzeichnet durch Intransparenz hinsichtlich des Bestandes an unterschiedlichen Waggontypen, eine niedrige Verladeflexibilität, eine ungenügende Qualitätssteuerung durch die derzeit praktizierte Probennahme, hohe Kosten für die Bereitstellung von Zusatztransporten sowie Fehler und Störungen, die während der Verladung auftreten und sich auch auf die vorgelagerten Produktionsprozesse auswirken. Die Ist-Situation erfordert als Resümee damit eine Neugestaltung des Schrittmacherprozesses Waggonmanagement.

3.2 Verbesserter Soll-Zustand durch Wertstromdesign

In Baustoffbetrieben gibt es im Allgemeinen – aufgrund unterschiedlicher Anwendungsfelder bzw. Kundenspezifikationen der Endprodukte – eine variantenreiche Massenproduktion. Bei der Betrachtung eines Schrittmacherprozesses können dynamische Effekte von konkurrierenden Wertströmen auftreten, die sich dieselben Ressourcen (z.B. Verladebänder, Förderbänder oder -schnecken) teilen müssen. Ziel des Wertstromdesigns im konkreten Fallbeispiel ist es daher, die Material- und Informationsflüsse so zu gestalten, dass alle überflüssigen Bestände eliminiert und damit ein Produktionsspektrum mit unterschiedlichen Verladezeiten (abhängig von der Waggongröße, der zu verladenden Qualität usw.) in einen gleichmäßigen Fluss gelenkt wird.

Für eine erfolgreiche Umsetzung des Wertstromdesigns ist dort anzusetzen, wo die größte Wirkung erwartet wird. Nach diesem Kriterium wurde im Fallbeispiel die Produktfamilie "Mineralgemisch" ausgewählt, für die ein Soll-Zustand aufgrund der identifizierten Defizite sowie gemäß den Regeln einer schlanken Produktion ausgearbeitet werden sollte. Dazu ermöglichen bewährte Gestaltungsrichtlinien (vgl. ROTHER, SHOOK 2006, S. 51 ff.) die Erstellung eines verbesserten Soll-Konzeptes. Folgende Gestaltungsoptionen für den Schrittmacherprozess wurden im Team herausgearbeitet, von denen in der anschließenden Simulationsstudie mehrere Einzelmaßnahmen sowie Kombinationen davon untersucht wurden:

- Standardisierung der Waggontypen (Option A)
- Zielgerichtete Ansteuerung der Verladebunker und -silos nach Produktqualitäten (Option B)
- Zustandsbezogene Instandhaltungsarbeiten an festgelegten Terminen (Option C)
- Parallelisierung der Waggonverladung (Option D)
- Auslagerung der nicht zu erbringenden Verlade- bzw. Versandmengen an Tochtergesellschaften oder Mitbewerber; Aushilfslieferungen (Option E)

Die Gestaltungsoptionen A und B wurden im Simulationsverfahren modelltechnisch als Ablaufalternativen umgesetzt. Der Option C konnte in *OSim-BAU* dadurch in adäquater Weise Rechnung getragen werden, dass ein Modellgenerator eingesetzt wurde, mit dem einzelne Störungen unter Verwendung der Modellparameter Zwischenankunftszeit und Störungsdauer erzeugt und für einen betrachteten Simulationslauf zu einem Störungsszenario zusammenstellt werden können. Dementsprechend konnten ungeplante bzw. geplante zustandsbezogene Instandhaltungsarbeiten mit zufallsbedingten bzw. fixen Zwischenankunftszeiten sowie Störungsdauern modelliert und anschließend simuliert werden.

3.3 Systematische Simulationsexperimente

Tabelle 1 zeigt die Simulationsergebnisse der untersuchten Gestaltungsoptionen im Vergleich zur Ausgangssituation. Hierbei wurden die drei produktionslogistischen Zielerreichungsgrade (vgl. zum Begriff z.B. WEDEMEYER 1989, S. 69 ff.; JONSSON 2000, S. 246 ff.) Durchlaufzeitgrad und Termintreue der Aufträge sowie Nutzungsgrad der Betriebsmittel als Bewertungskriterien herangezogen. Bei den Veränderungen der Zielerreichungsgrade im Vergleich zur Ausgangssituation wurde in Verbesserungen bzw. Verschlechterungen unterschieden.

Gestaltungsoptionen	Auswirkung auf den Zielerreichungsgrad		
	Durchlaufzeit	Nutzungsgrad	Termintreue
A	++	+	++
B	+	-	+
C	-	+	+
A + B	+	-	+
A + C	-	+	+
B + C	+	-	++
A + B + C	-	+	+

Legende: + Verbesserung (0 bis 5 %) ++ Verbesserung (ab 5 %)
- Verschlechterung (0 bis 5 %) -- Verschlechterung (ab 5 %)

Tabelle 1: *Simulationsergebnisse in Bezug auf den Schrittmacherprozess*

Durch die Gestaltungsoption A konnten alle Zielerreichungsgrade zumindest leicht verbessert werden. Allerdings wird diese Alternative – was sich erst nach Durchführung der Simulationsexperimente herausstellte – nicht von allen Kunden des Baustoffbetriebs als günstig angesehen. Grund hierfür ist, dass sich die Waggontypen aus Kompatibilitätsgründen nicht bei jedem Kunden standardisieren lassen. Damit scheiden auf den ersten Blick auch die Gestaltungsoptionen aus, die mit Option A kombiniert sind. Ihre einzelnen positiven Ergebnisse lassen jedoch Spielraum für bevorstehende Vertragsverhandlungen. Hingegen stellt Option B eine anhand der ermittelten Zielerreichungsgrade lohnende Gestaltungsoption dar. Die Steuerung nach Produktqualitäten ließe sich relativ leicht und kostengünstig verwirklichen; ein entsprechendes Umsetzungsprojekt könnte unter Bezugnahme auf die durchgeführte Simulationsstudie in die nächste Budgetrunde aufgenommen werden. Bei der Gestaltungsoption C wurde hauptsächlich auf den Vorarbeiten von ZÜLCH und BÖRKIRCHER (2008, S. 607 f.) aufgebaut. Hierbei findet ein bewährtes Konzept der Störungsbetrachtung im Bauwesen Anwendung. Die Kombination von Option B mit C zeigt deutliche Verbesserungen gegenüber der Ausgangssituation auf. Die Gestaltungsoptionen D bzw. E, dem Bau einer zweiten Gleisverladung bzw. der Verlagerung der Verladung zu anderen Unternehmensstandorten, wurden von der Geschäftsführung abgelehnt, so dass diese nicht in die Simulationsstudie aufgenommen wurden.

4 Zusammenfassung und Ausblick

Im Mittelpunkt dieses Beitrages stand die Entwicklung eines Verfahrens, das zur Modellierung und Simulation von Wertströmen eingesetzt werden kann. Die Simulation von Produktionsszenarien ermöglicht dem Benutzer eines simulationsunterstützten Wertstromdesigns, die Leistungsfähigkeit von Ablaufalternativen im dynamischen Kontext zu analysieren. Die aus der Simulation abgeleiteten Erkenntnisse können nachfolgend in eine erneute Wertstromanalyse bzw. -design einfließen.

Die Simulationsstudie wurde anhand vereinfachter Daten sowie Annahmen durchgeführt. Die vorliegenden Ergebnisse sollen diesbezüglich ausschließlich als ein Trend hinsichtlich der Zielerreichung aufgefasst werden. Eine Simulationsstudie für die Geschäftsführung zur Entscheidungsunterstützung bzw. sogar -findung liegt hiermit noch nicht vor. Weitere Untersuchungen mit der vorgestellten Methodik sind im Baustoffbetrieb angedacht; vornehmlich in Bereichen, die unterstützende Aufgaben erfüllen (z.B. Instandhaltungsprozesse).

Literatur

BÖRKIRCHER, Mikko; ZÜLCH, Gert: Unterstützung der Arbeitsvorbereitung im Baubetrieb durch Prozess-Simulation. In: Forum Bauinformatik 2009. Hrsg.: BOTH, Petra von; KOCH, Volker. Karlsruhe: Universitätsverlag, 2009, S. 223-235.

BRÜGGEMANN, Holger; MÜLLER, Patrick: Digitales Wertstromdesign. In: Advances in Simulation for Production and Logistics Applications. Hrsg.: RABE, Markus. Stuttgart: Fraunhofer IRB Verlag 2008, S. 575-584.

BRUNNER, Franz J.: Japanische Erfolgskonzepte. München, Wien: Carl Hanser Verlag, 2008.

HÜTTER, Steffen H.: Simulation einer nivellierten Produktion in der Automobilzuliefererindustrie. In: Advances in Simulation for Production and Logistics Applications. Hrsg.: RABE, Markus. Stuttgart: Fraunhofer IRB Verlag 2008, S. 71-80.

JONSSON, Uwe: Ein integriertes Objektmodell zu durchlaufplanorientierten Simulation von Produktionssystemen. Aachen: Shaker Verlag, 2000.

ROTHER, Mike; SHOOK, John: Sehen lernen. Aachen: Lean Management Institut, 2006.

WEDEMEYER, Hans-Georg von: Entscheidungsunterstützung in der Fertigungssteuerung mit Hilfe der Simulation. Düsseldorf: VDI-Verlag, 1989.

ZÜLCH, Gert; BÖRKIRCHER, Mikko: Simulation-based Analysis of Networked Processes in Civil Engineering under the Influence of Disturbances. In: Innovations in Networks. Hrsg.: SMEDS, Riitta. Espoo: Helsinki University of Technology, 2008, S. 603-612.

Integrationsaspekte der Simulation:
Technik, Organisation und Personal
Gert Zülch & Patricia Stock (Hrsg.)
Karlsruhe, KIT Scientific Publishing 2010

Wertstromorientierte Konfiguration der Produktionssteuerung mit Enterprise Dynamics

Value Stream Oriented Configuration of Production Control with Enterprise Dynamics

Günther Schuh, Achim Kampker, Till Potente, Astrid Stollwerk, Christiane Müller
Werkzeugmaschinenlabor (WZL), RWTH Aachen, Aachen (Germany)
g.schuh@wzl.rwth-aachen.de, a.kampker@wzl.rwth-aachen.de,
t.potente@wzl.rwth-aachen.de, a.stollwerk@wzl.rwth-aachen.de,
ch.mueller@wzl.rwth-aachen.de

Abstract: The dilemma of production planning and control is to achieve high process efficiency, low throughput times and good planning confidence in spite of a turbulent environment with short product-lifecycles, an increasing variety and a growing individualization of demands. Today's solutions in production control are numerous and leave the decision maker with an vast amount of choices. Therefore the basic framework for the value stream oriented configuration of production control is a generic simulation model in Enterprise Dynamics which consists of three layers. They represent the value stream of the production process to be configured, the production control logic fulfilled via different mechanisms (e.g. Kanban, MRP, etc.) and basic information such as operation charts, workplans and Master Production Schedule. Via defining control sections within the value stream a differentiated control strategy can be implemented. The concept of this new approach will be introduced in this paper.

1 Einführung

Das derzeit in Deutschland und den meisten industrialisierten Ländern herrschende Marktumfeld ist von einer verstärkten Marktvolatilität geprägt, die unter anderem in kurzfristigen Absatzschwankungen, Konsumentenwanderungen, Technologieverschiebungen und Überkapazitäten zum Ausdruck kommt. Gerade mittelständische Unternehmen müssen auf rasant ändernde Konsumentenwünsche immer schneller reagieren (SCHUH 2004 S. 123 ff.). Damit sind Fertigungsunternehmen auch gezwungen, kontinuierlich die Leistungsfähigkeit ihrer Produktionsplanung und -steuerung (PPS) zu steigern.

Dort müssen dem Planer Entscheidungshilfsmittel zu Verfügung gestellt werden, mit deren Hilfe die Komplexität und Dynamik der aktuellen Planungssituation dargestellt und analysiert werden können.

Die Produktionssteuerung übernimmt die Aufgaben der Auftragserzeugung, Auftragsfreigabe, Reihenfolgebildung und operativen Kapazitätssteuerung. LÖDDING (2005; vgl. Abb. 1) Diese Aufgaben müssen konsistent für einzelne Produktionsabschnitte festgelegt werden. Somit ist die Produktionssteuerung der zentrale Stellhebel für die Erreichung der logistischen Zielgrößen und determiniert die Produktionsperformance.

Im Rahmen des Excellenceclusters wird am WZL der RWTH-Aachen ein Simulationsbaukasten zur Evaluierung von Steuerungsregeln der Produktionssteuerung insbesondere für den Maschinen- und Anlagenbau entwickelt.

Die Methodik der "Wertstromorientierten Produktionssteuerung" (WoPs) kombiniert erfolgreich Lean Prinzipien mit den klassischen Steuerungsmethoden eines ERP- oder MES-Systems (beispielsweise MRP, Kanban, CONWIP). Die Bedürfnisse der variantenreichen Einzel- und Kleinserienfertigung werden dabei berücksichtigt

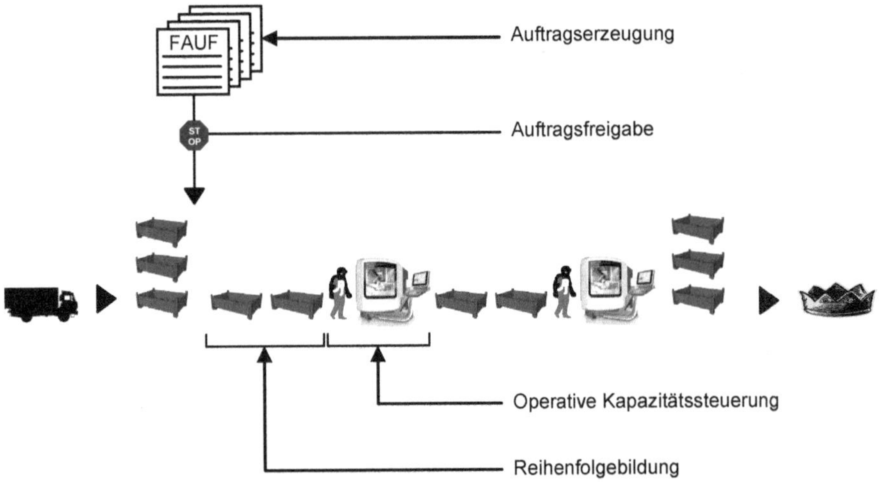

Abbildung 1: *Zuordnung der Aufgaben der Produktionssteuerung*

2 Herausforderung und Zielsetzung der Produktionssteuerung

Es existieren viele Verfahren der Produktionssteuerung (vgl. z.B. LÖDDING 2005). Die Verbreitung und der Einsatz dieser Verfahren sind jedoch sehr unterschiedlich. Erfahrungen aus der Industrie zeigen, dass es sowohl bei der Auswahl der einzelnen Verfahren als auch bei der Interaktion der verschiedenen Funktionen Verbesserungspotenzial gibt. Somit stellt sich die Herausforderung, die beste eine gute Kombination der Planungsmethoden für bestimmte Einflussfaktoren zu bestimmen. Simulation ermöglicht verschiedene Szenarien zur Auftragserzeugung, Auftragsfreigabe und Reihenfolgebildungen vor Maschinen oder Maschinengruppen zu testen, um so die geeignetste Kombination für die aktuellen Anforderungen einer Firma zu bestimmen. Dies wurde in vielen Projekten gezeigt. Da sich aber sowohl die Kunden mit ihrem Bestellverhalten, wie auch die Lieferanten mit ihren Lieferbedingungen ändern, kann eine auf die heutige Situation abgestimmte Steuerung morgen schon nicht mehr passend sein (SCHUH 2006). Die Produktionssteuerung unterliegt sich ständig ändernden Anforderungen und bedarf somit regelmäßiger Überprüfungen und Anpassungen. Simulation bietet die Möglichkeit, vorausblickend die Grenzen der Steuerungslogiken zu untersuchen.

Oft wird der Fokus nur auf die Abbildung der Produktion und ihrer Steuerung gelegt. Hierdurch allein wird nicht die Frage beantwortet, wie die logistischen Ziele erreicht werden können. Dabei wirken Auftragserzeugung, Auftragsfreigabe, Reihenfolgebildung und Kapazitätssteuerung auf die zu optimierenden Kennzahlen Termintreue, Bestand, Durchsatz, Durchlaufzeit, Betriebskosten und Auslastung. Nicht jede Einflussgröße wirkt auf alle Kennzahlen in gleichem Maße. Hier gilt es im Rahmen des Projektes zu untersuchen, in welchem Maße welche Parameter wie auf die Kenzahlen wirken (SCHUH 2007).

Es gilt demnach, die Steuerungsregeln entsprechend der logistischen Ziele anzuwenden.

3 Bestehende Ansätze

Das Konzept der Wertstromorientierten Produktionssteuerung (WoPS) baut auf den Ideen des Forschungsprojektes DIGIPRO (Digitales Wertstromdesign; Projekt der Fachhochschule und TU Braunschweig mit der Siemens PLM Solutions GmbH und zwei Pilotfirmen) auf. In DIGIPRO liegt der Schwerpunkt auf der Kopplung des Wertstromdesigns mit dem Ansatz der Digitalen Fabrik (BRÜGGEMANN 2008 S. 575 ff.). Der WoPS-Ansatz integriert darüber hinaus die Logik der Produktionssteuerung von LÖDDING (2005). WoPS umfasst nicht nur, wie die meisten Ansätze, die Steuerungsmethoden zur Auftragsfreigabe und Reihenfolgebildung an den Maschinen, sondern auch die zur Auftragserzeugung.

Dieser Ansatz wird bisher noch nicht verfolgt, obwohl der Einfluss aller Steuerungsfunktionen unbestritten ist. Bisherige Studien greifen meist nur Teilaspekte der oben genannten Einflussgrößen ab. In den Studien von GERAGHTY (2005) beispielsweise findet hauptsächlich der Vergleich zwischen CONWIP, Kanban und Basestock statt, während JODLBAUER (2008) die MRP-, CONWIP-, Kanban- und Engpasssteuerung betrachtet. PETTERSEN (2009) z.B. vergleicht ausschließlich CONWIP und Kanban. Allen gemeinsam ist, dass der Parameter Losgröße aus der Auftragserzeugung keinen Raum erhält, obwohl er großen Einfluss hat (ZÜLCH 1989). Nur durch das Einbeziehen aller Einflussgrößen der Produktionssteuerung kann aber eine für die Firma individuell optimierte Konfiguration gefunden werden. Aus diesem Grund verfolgt WoPS den Ansatz, den Einfluss der Konfiguration der Produktionssteuerung auf die logistische Leistung (Bestand, Termintreue, Durchlaufzeit, Auslastung) in der Gesamtheit zu ermitteln.

4 Wertstromorientierte Simulation der Produktionssteuerung

Zur konfigurationsbasierten Simulation der Produktionssteuerung wird am Lehrstuhl Produktionsmanagement des WZL's der RWTH-Aachen eine Bausteinbibliothek, basierend auf einem drei Ebenenmodell, unter Verwendung des Simulationswerkzeugs ED (Enterprise Dynamics) der Firma incontrol Simulation Solutions entwickelt (vgl. Abb. 2).

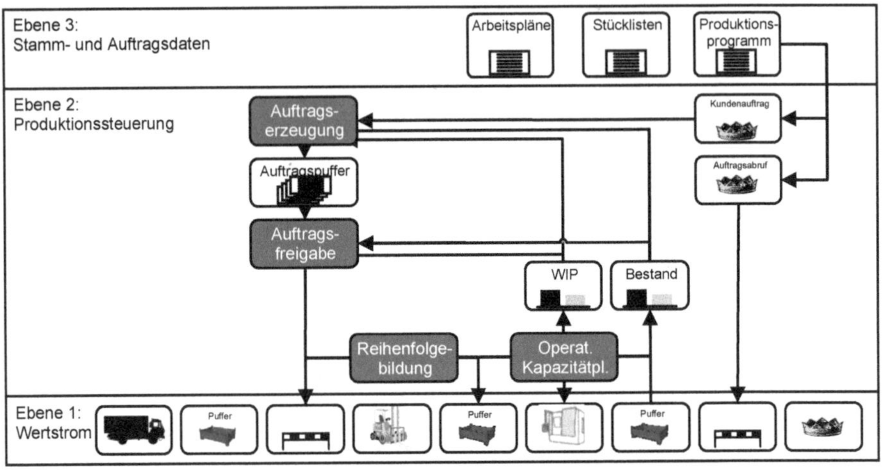

Abbildung 2: *Drei Ebenen der wertstromorientierten Produktionssteuerung*

Dabei kann der Nutzer zu Beginn den Wertstrom für den zu betrachtenden Bereich (vgl. Ebene 1 in Abb. 2) aus einer Bibliothek steuerungsneutral aufbauen. Als nächstes erfolgt die Eingabe bzw. das Einlesen der Stammdaten (Ebene 3). Sind diese Vorbereitungen getroffen, so können die Steuerungsregeln (Ebene 2) an die Wirkstellen (wie Puffer oder Freigabe) gebunden werden.

Der Bausteinkasten zum Ebenenmodell zeichnet sich durch eine einfache Bedienbarkeit aus. Alle Elemente können in das Modell gezogen werden. Auf die einfache Austauschbarkeit von Steuerungsfunktionen, die ebenfalls im Baukasten abgebildet sind, wurde besonderer Wert gelegt. Dies gilt ebenso für die Möglichkeit der Kombination von Funktionen. Dabei wurde besonderer Wert darauf gelegt, dass nicht nur Steuerungsfunktionen zur Reihenfolgebildung und Auftragsfreigabe zur Verfügung stehen, sondern auch zur Auftragserzeugung.

Im Folgenden wird der Aufbau der Ebenen näher erläutert. Die Arbeitsplan-, die Auftragsdaten und die Stückliste werden auf der Stammdatenebene (Ebene 3) aus Dateien mit standardisierten Schnittstellen eingelesen. Im Arbeitsplan sind die Artikelnummer, die Arbeitsgangnummer, die zu belegende Ressource, die Bearbeitungs- und Rüstzeiten, die Losgröße und zur Bewertung die Plandurchlaufzeit abgelegt. Zu den Auftragsdaten sind die Artikelnummer, eine Menge und der Bedarfstermin anzugeben. In der Stückliste wird der Aufbau der Baugruppen abgebildet.

Aus der WoPS-Bibliothek zieht der Benutzer die Tabellen in das Modell. Dabei wird über das Ereignis "Creation" eine Eingabemaske geöffnet, über die die Datenpfade zu den Input-Daten eingelesen werden.

Die Steuerungsebene (Ebene 2) enthält die austauschbaren Module für die Auftragserzeugung, die Auftragsfreigabe und die Reihenfolgebildung. Sie sind vom Benutzer den Anforderungen entsprechend beliebig kombinierbar. So kann beispielsweise als Auftragsfreigabe BOA (belastungsorientierte Auftragsfreigabe) mit der Auftragserzeugung MRP und einer FIFO–Regel (First In First Out) bei der Abarbeitung der Warteschlange vor einer Maschine kombiniert werden. Die Reihenfolgeregeln werden immer an einem "Puffer/Lager" vor einem Produktionsprozess angewendet.

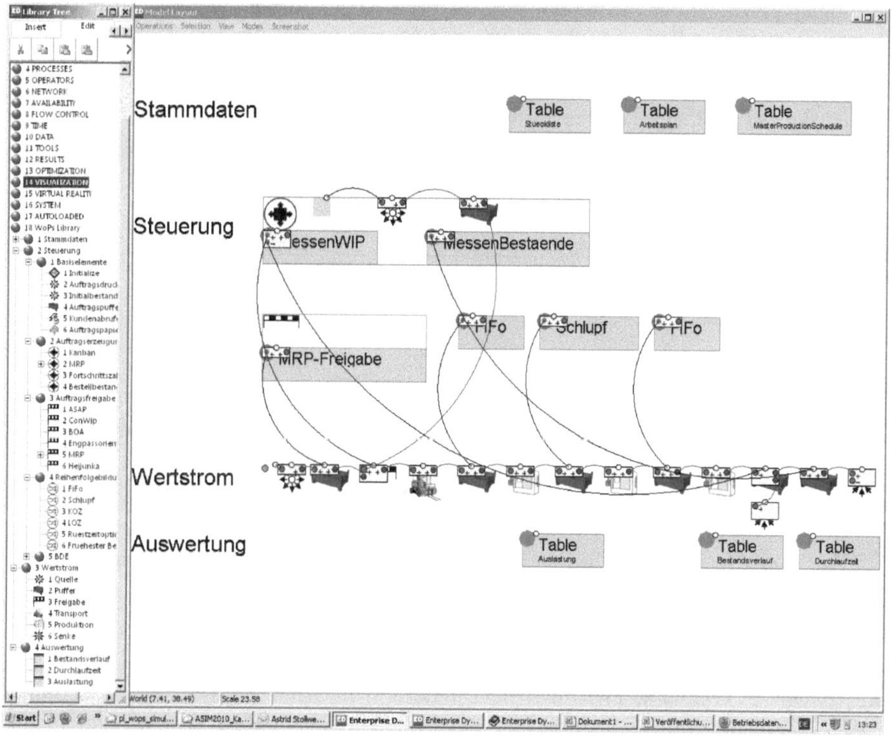

Abbildung 3: *WoPS-Bibliothek und Modell mit Auftragserzeugung und -freigabe über MRP sowie unterschiedliche Reihenfolgebildungsmethoden*

Bei der Entwicklung der Bibliothek wurde besonderer Wert auf die Austauschbarkeit der einzelnen Module geachtet. Im Wertstrom selbst wird daher keine Steuerungslogik abgebildet. Da nicht sofort alle Funktionen gleichzeitig programmiert werden konnten, wurden für WoPS zuerst die Bekanntesten erstellt:

- Zur Auftragserzeugung stehen bisher folgende Module zur Verfügung: Kanban, MRP, Fortschrittszahlen und das Bestellbestandsverfahren.
- Die Aufträge können über diese Regeln freigegeben werden: ASAP, CONWIP, BOA, Engpassorientierte Auftragsfreigabe, MRP-Termin, und Heijunka (SCHUH 2006).

- Eine weitere wichtige Komponente ist die Reihenfolgebildung in Puffern vor Bereichen bzw. Maschinen. Die Aufträge in Puffern lassen sich nach folgenden Prioritätsregeln sortiert auf die nachfolgende Maschine umlagern: FIFO, Schlupf, KOZ, LOZ, Rüstzeitoptimiert und nach frühestem Bedarfstermin (SCHUH, HÖHNE 2006 S. 233 ff.).

Jede dieser Steuerungselemente liegt vorbereitet in der WoPs-Bibliothek und kann in das Modell gezogen werden. Sollten Benutzereinstellungen nötig sein, so werden diese über einen entsprechenden Benutzerdialog abgefragt. Um den Bezug der Steuerungselemente zum Wertstrom abzubilden, müssen diese Elemente über Kanäle (Verbindungslinien) mit den Wertstromkomponenten verbunden werden. Soll beispielsweise ein Puffer über die Schlupf-Regel sortiert werden, so muss das Steuerungselement Schlupf (Eingangskanal 1) mit dem Puffer (Informationskanal) verknüpft werden.

In der Wertstromebene (Ebene 1) wird der Wertstrom (wertbildender Strom in der Produktion) des zu untersuchenden Steuerungsabschnittes abgebildet. Dabei werden als Symbole nicht die originalen Wertstromelemente genutzt, sondern durch folgende ersetzt bzw. ergänzt. (siehe Abbildung 4)

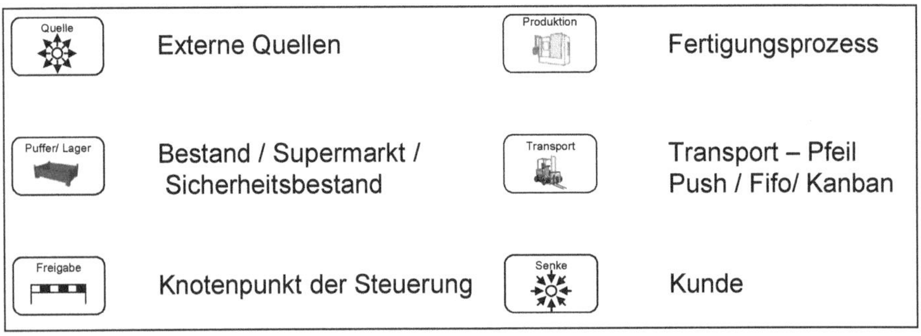

Abbildung 4:*Elemente des Wertstroms in WoPS*

Die ursprünglichen Wertstromelemente wurden bewusst nicht als Symbole genutzt, um die klare Trennung zwischen der Steuerung und der Produktion (Maschinen, Puffer, Transportmittel) sichtbar zu machen. Die originalen Wertstromelemente lassen zwar eine transparente Beschreibung einer Serienproduktion zu, nicht aber die eines chaotischen Materialfluss einer Werkstattfertigung. Mit den hier dargestellten Elementen, kann der Wertstrom auch im Maschinen- und Anlagenbau korrekt und übersichtlich abgebildet werden.

Bei der Modellierung der Produktion (Wertstrom) müssen lediglich alle Maschinen(-gruppen), Lager und Transporte abgebildet werden. Dieser "Ressourcenpool" verändert sich nur noch, wenn beispielsweise eine neue Maschine gekauft wird. Lediglich bei der Pufferdimensionierung ergibt sich noch ein Stellhebel zur Auslegung des Systems.

Die Regelung des Systems findet hauptsächlich durch die leicht austauschbaren Steuerungsmodule statt. Im Rahmen des Exzellenzclusters "Integrative Produktionstechnik für Hochlohnländer" werden Kriterien zur sinnvollen Auswahl der Steuerungen hergeleitet (SCHUH 2010).

Beim Start der Simulation erzeugt die Quelle die zu produzierenden Artikel (aus der Auftragstabelle in Ebene 3), die anschließend in einem Puffer/Lager auf die Freigabe warten. Erst wenn die Auftragsfreigabe entsprechend der gewählten Strategie (Steuerungslayer in Ebene 2) erfolgt, werden die Artikel mit der entsprechenden Losgröße zur "Bearbeitung" freigegeben. Sie werden durch ein Transportmodul (fakultativ) entsprechend des Arbeitsplans zur Bearbeitungskomponente befördert. Jeder Bearbeitungsschritt besteht aus einem Puffer/Lager-Atom (Element in der Simulationssprache ED) und dem Produktionsprozess-Atom. Zuerst gelangen die Teile in den vorgelagerten Puffer, der gegebenenfalls eine Reihenfolgeregelberechnung (vgl. Ebene 2), anstößt. Danach wird auf die Bearbeitungsstation umgelagert. Nach der Bearbeitung müssen die Lose im "UnPack-Atom" (einem Baustein zum Entpacken) wieder vereinzelt werden, um anschließend für die nächste Bearbeitung wieder zu neuen Losen, die dann einer erneuten Freigabe bedürfen, gepackt zu werden.

5 Zusammenfassung und Ausblick

Die Anwendung der Simulationsplattform zielt auf zwei Anwendungsbereiche. Zum einen ermöglicht die Plattform eine systematische Bewertung der Kombination von Steuerungslogiken. Zum anderen können bestehende Konfigurationen bei Unternehmen auf einfache Weise abgebildet werden und alternativen und deren Auswirkung auf die logistische Leistung bewertet werden. Gerade die Bewertung der Auswirkungen der Konfiguration auf die logistische Leistung birgt großes Potenzial zu einem besseren Verständnis der Zusammenhänge und Stellhebel der einzelnen Bausteine der Produktionssteuerung.

Der Ansatz zur wertstromorientierten Konfiguration der Produktionssteuerung mit Enterprise Dynamics wird vom Werkzeugmaschinenlabor (WZL) der RWTH-Aachen im Rahmen der Exzellenzcluster Initiative "Integrative Produktionstechnik für Hochlohnländer" (gefördert von der DFG) entwickelt. Ziel ist es, den Einfluss der Konfiguration der Produktionssteuerung auf die logistische Leistung (Bestand, Termintreue, Durchlaufzeit, Auslastung) zu ermitteln.

6 Literatur

BRÜGGEMANN, H.: Digitales Wertstromdesign. In: Advances in Simulation for Production and Logistics Applications. Hrsg.: RABE, Markus. Stuttgart: Frauenhofer IRB Verlag, 2008, S. 575- 584.

GERAGHTY, J.; HEAVEY C.: A review and comparison of hybrid and pull-type production control strategies. In: OR Spectrum, Berlin u.a., 27(2005)2-3, S. 435-457.

JODLBAUER, H.; HUBER A.: Service-level performance of MRP, KANBAN, CONWIP and DBR due to parameter stability and environmental robustness. In: International Journal of Production Research, London, 46(2008)8, S. 2179-2195.

LÖDDING, H.: Verfahren der Produktionssteuerung. Berlin, Heidelberg, New York: Springer-Verlag, 2005.

PETTERSEN, J.-A.; SEGERSTEDT A.: Restricted work-in-process: A study of differences between Kanban and CONWIP. In: International Journal of Production Economics, Amsterdam, 118(2009)1, S. 199-207.

SCHUH, G.; HÖHNE, T.; CLOOTS, M.: Parametrierung einer Schlupfregelung in der simulativen Produktionsplanung, in: Simulation in Produktion und Logistik 2006, Kassel, S. 233-242

SCHUH, G.: Produktionsplanung und -steuerung. Grundlagen, Gestaltung und Konzepte. Berlin: Springer-Verlag, 3. Auflage 2006.

SCHUH, G.; KLOCKE, F.; BRECHER, C.; SCHMITT, R.: Excellence in Production. Aachen: Apprimus-Verlag, 2007.

SCHUH, G.; NARR, C.; MÜLLER, C.; MERTINS, K.; KAMPKER, A.: Simulationsgestützte Produktionsplanung- und Steuerung - Ein Erfahrungsbericht. In: Experiences from the Future - New Methods and Applications in Simulation for Production and Logistics. Hrsg.: MERTINS, K.; RABE, M. Stuttgart: IRB Verlag, 2004, S. 123-132.

SCHUH, G.; FRANZKOCH, B.; POTENTE, T.; FUCHS, S.: Simulation based configuration of value stream oriented production control Conference Proceedings "POM 21st Annual Conference", POM 2010 Conference program bulletin, Vancouver, 2010. S 144

ZÜLCH, G.: Der strategische Steuerungsraum - Ein Ansatz zur Systematisierung von Strategien der Fertigungssteuerung. In:VDI-Z, Düsseldorf, 131(1989)5, S. 58-65.

Integrationsaspekte der Simulation:
Technik, Organisation und Personal
Gert Zülch & Patricia Stock (Hrsg.)
Karlsruhe, KIT Scientific Publishing 2010

Erhöhung der Wiederverwendbarkeit von Eingangsdaten für Belieferungssimulationen durch Expertensysteme

Using an Expert System to Enhance the Reusability of Intra-Logistic-Simulation

Torben Meyer
Technische Universität Ilmenau, Ilmenau (Germany)
torben-meyer@torben-meyer.de

Hannes Müller-Sommer
Daimler AG, Sindelfingen (Germany)
hannes.mueller-sommer@daimler.com

Steffen Straßburger
Technische Universität Ilmenau, Ilmenau (Germany)
steffen.strassburger@tu-ilmenau.de

Abstract: Due to the rising complexity of in-house logistics, the validation of the logistic planning gets more important. For this reason, automotive OEMs are performing in-house logistic simulations. This kind of simulations is in-depth, but the reusability is low. The simulation expert adds the missing data to an expert system. This is to increase the reusability of the additional knowledge.

1 Einführung

In diesem Artikel wird verdeutlicht, wie die Wiederverwendbarkeit von Simulationseingangsdaten unter Verwendung eines Expertensystems gesteigert werden kann. Dies wird demonstriert an einem Simulationsprojekt aus der Automobilindustrie.

Es hat sich herausgestellt, dass im Bereich Logistik in der Automobilindustrie nur eine geringe Zahl an unterschiedlichen Ausprägungen von Simulationsstudien durchgeführt wird. Dabei handelt es sich um die Supply-Chain-, Werks-, Belieferungs- und Verkehrssimulationen. Die Belieferungssimulation untersucht das Zusammenspiel der unterschiedlichen Belieferungsprozesse mit den Einsatzfaktoren und den anderen Gewerken (vgl. MÜLLER-SOMMER, STRASSBURGER 2009).

Da die Belieferungssimulation also den innerbetrieblichen Materialfluss fokussiert, lässt die Definition einen Rückschluss auf die Systemgrenzen zu. Das Simulationsmodell betrachtet den Bereich zwischen dem Wareneingang und -ausgang. Bernhard und Schönknecht haben gezeigt, dass die Belieferungssimulation auch außerhalb der Automobilindustrie eingesetzt wird (vgl. BERNHARD, KAHE 2008; SCHÖNKNECHT 2008), auch wenn dort die in der VDA-Unterarbeitsgruppe "Ablaufsimulation" übliche Bezeichnung "Belieferungssimulation" nicht gebräuchlich ist.

Der Zusammenhang zwischen der Wiederverwendbarkeit und dem Detaillierungsgrad hat sich nicht nur bei Simulationsmodellen als reziprok proportional erwiesen (vgl. WÜNSCH 2008). Aufgrund der hohen Detaillierung (MTM-Zeiten, Staplerleitsystem, etc.) und des ständig reifenden Mengengerüsts ist eine Wiederverwendung von Simulationsmodellen für interne Belieferungsprozesse praktisch ausgeschlossen. Da der geringe Abstraktionsgrad, der in diesem Fall durch die hohe Detaillierung der Simulationseingangsdaten begründet ist, die Wiederverwendbarkeit hemmt, setzt das in diesem Artikel vorgestellte Konzept an der Erhöhung der Wiederverwendbarkeit der Simulationseingangsdaten an.

Durch die Standardisierung von Prozessen wird eine geringere Komplexität der Intralogistik erreicht (vgl. ARNOLD 2006). Die zunehmende Standardisierung der Intralogistik wirkt ebenfalls indirekt auf die Erhöhung der Wiederverwendbarkeit des Simulationsmodells.

Nachdem in diesem Abschnitt eine Einführung in den Betrachtungsbereich durchgeführt wurde, wird im nächsten Abschnitt die Problemstellung verdeutlicht. Im Anschluss werden die Ergebnisse einer Befragung von Simulationsexperten zu diesem Themenfeld präsentiert um schließlich ein Lösungskonzept abzuleiten. Es schließen sich eine Diskussion, ein Praxisbeispiel sowie ein Fazit an.

2 Problemstellung

Aufgrund des hohen Detaillierungsgrads der Belieferungssimulation ist die Wiederverwendbarkeit der Simulationsmodelle für weitere Planungsvorhaben gering. Um eine Effizienzsteigerung bei der Durchführung von Belieferungssimulation zu erreichen muss der Aufwand reduziert werden.

Im Rahmen dieses Aufsatzes wurde unter den Simulationsexperten der deutschen Automobilhersteller eine Umfrage bzgl. der Aufwandsverteilung seitens des Simulationsexperten bei Belieferungssimulation überprüft. Die Datenbeschaffung und -aufbereitung sowie V&V-Schritte verursachen bei der Belieferungssimulation einen großen Teil des Gesamtaufwands (vgl. MÜLLER-SOMMER, STRASSBURGER 2010). Somit sind Maßnahmen der Effizienzsteigerung in diesen Arbeitsschritten anzusetzen.

Die Ursachen, warum eine vollautomatische Modellgenerierung (AMG) bei Belieferungssimulationen heute noch nicht zufriedenstellend funktioniert, sind ebenfalls im Bereich der Datenbeschaffung/-aufbereitung zu finden: Es können nicht alle für die AMG benötigten Informationen ohne manuelle Nacharbeit bereitgestellt werden beziehungsweise die Datenqualität ist trotz des hohen Detaillierungsgrades der Logistikplanung im Rahmen der Digitalen Fabrik nicht ausreichend (vgl. WACKER

2003). Jensen ist sogar der Meinung, dass bei dem "heutigem Detaillierungsgrad der Planungsdaten ein vollautomatischer Ansatz zur Modellgenerierung nicht möglich ist" (JENSEN 2007, S. 70).

Abbildung 1: *Sichtweisen der Logistikplanung und Simulation*

Die Unvollständigkeit der Daten ist in den verschiedenen Sichtweisen der Logistikplanung und der Simulation begründet (Abb. 1). Die Logistikplanung wird mit einer statischen Sicht auf die Produktdaten, die Stationen der Transportkette sowie die verknüpfenden Belieferungsprozesse durchgeführt (sog. Mengengerüst). Die Strukturierung erfolgt nach dem Produkt-Prozess-Ressource-Konzept (vgl. VDI 4499, 2008). Die Planungsabsicherung mittels Materialflusssimulation fokussiert im Gegensatz dazu die Dynamik und Interdependenzen der Belieferungsprozesse, welche mit analytischen Methoden nicht umfassend abgesichert werden können. Das Resultat der verschiedenen Sichtweisen ist eine Unvollständigkeit der zukünftigen Simulationseingangsdaten, die der Simulationsexperte durch weitere innerbetriebliche Datenquellen ausgleichen muss.

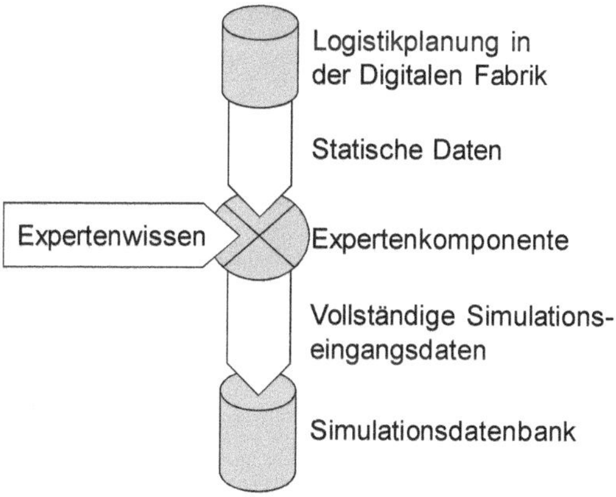

Abbildung 2: *Lösungskonzept*

3 Methode und Konzept

Der methodische Ansatzpunkt des in diesem Artikel vorgestellten Konzepts basiert auf der Idee, fehlende Informationen aus gespeichertem Expertenwissen wiederkehrend verfügbar zu machen. Die Ergänzung der unvollständigen und ggf. qualitativ unzureichenden, zukünftigen Simulationseingangsdaten wird innerhalb eines Expertensystems durchgeführt, welches die Wiederverwendbarkeit des zusätzlichen Wissens sichert (Abb. 2). Von Bedeutung ist bei der Ergänzung insbesondere die genaue Kenntnis der benötigten Simulationseingangsdaten, welche durch eine Datenanalyse spezifiziert werden. Die Datenanalyse erkennt damit auch die Differenz zwischen verfügbaren und zu ergänzenden Daten, welche für die Schritte der Datenbeschaffung und -aufbereitung relevant ist.

Der Erhöhung der Wiederverwendbarkeit von Expertenwissen kommt im Kontext einer planungsbegleitenden Simulationsstudie eine besondere Bedeutung zu. Die Datenbeschaffung und -aufbereitung als Aufwand wird vielfach ausgeführt, so dass sich ineffiziente Arbeitsschritte an diesem Punkt ebenfalls vielfach auswirken. Da die Befragung der VDA-Simulationsexperten in den Arbeitsschritten Datenbeschaffung und -aufbereitung einen hohen Aufwand identifiziert hat, fokussiert das vorgeschlagene Vorgehensmodell (Abb. 3) eben diese Schritte.

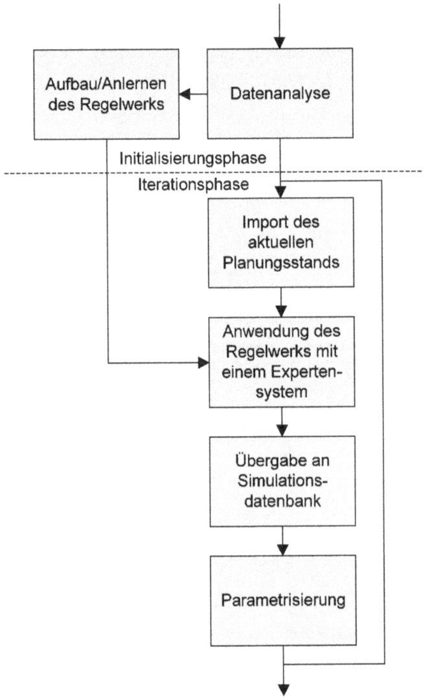

Abbildung 3: *Vorgehensmodell*

Generell ist bei dem Vorgehensmodell zwischen einer initialen und einer iterierenden Phase zu unterscheiden. Zur Initialphase gehören die Datenanalyse sowie das Anlernen eines Regelwerks:

- **Datenanalyse:** Bei der Datenanalyse werden die benötigten Simulationseingangsdaten definiert. Diese Daten sind abhängig von der Ausprägung der Simulation. In diesem Vorgehensmodell dient die Datenanalyse zur Bestimmung der Differenz zwischen den benötigten und den verfügbaren Daten, die dem Simulationsexperten zur Verfügung stehen. Darüber hinaus definiert die Datenanalyse auch die Struktur der Simulationsdatenbank.

- **Regelwerk anlernen:** Die Lernphase des Expertensystems findet idealerweise einmalig in der Simulationsstudie statt. Bei allen weiteren Durchführungen der Simulation (insbesondere die Datenbeschaffung und -aufbereitung) kann auf das angelernte Regelwerk und die aktualisierten Planungsdaten zurückgegriffen werden. In dem Regelwerk wird das Wissen hinterlegt, welches die Datenanalyse als Differenz zwischen den benötigten und den vorhandenen Daten ausgewiesen hat.

In der Iterationsphase wird der aktuelle Planungstand importiert um die Daten unter Anwendung des Regelwerks zu ergänzen, so dass schließlich vollständige Informationen für die Belieferungssimulation vorliegen.

Seitens des Simulationsexperten sind während der Lernphase zwei verschiedene Arten von Methodenwissen erforderlich. Dabei handelt es sich auf der einen Seite um Techniken der Informationsgewinnung (Interviewtechnik, Fragebögen usw.). Auf der anderen Seite sind Kompetenzen notwendig, um das zusätzliche Wissen in entsprechenden Regeln innerhalb des Expertensystems zu formulieren.

Zur Vervollständigung der zukünftigen Simulationseingangsdaten werden die Systemlastdaten in ein Expertensystem eingelesen. Während der Lernphase wird ein Regelwerk aufgebaut, welches mehrfach auf wiederkehrende Fragestellungen angewendet werden kann. Ein analoges Vorgehen wurde bereits von Rabe und Gocev auf die Simulation von Fertigungssystemen angewendet (vgl. RABE, GOCEV 2008). In diesem Fall wird das Vorgehen auf die Belieferungssimulation angewendet.

- **Import der aktuellen Planungsinformationen:** Zu Beginn der Iterationsphase wird der alte Planungsstand aus der Simulationsdatenbank entfernt, indem die Simulationsdatenbank geleert wird. Im Anschluss erfolgt der Import des aktuellen Mengengerüsts mit geeigneten Technologien (XML, Excel, Database Link etc.) in die Simulationsdatenbank.

- **Expertensystem:** In dem Expertensystem werden die aktuellen Planungsinformationen der Logistikplanung und das Regelwerk des Simulationsexperten zusammengeführt. Durch die Anwendung der Regeln werden die vorhandenen Daten ergänzt und Inferenzen generiert. Somit stehen alle benötigten Eingangsdaten zur Verfügung. Durch die wiederholte Anwendbarkeit des Regelwerks kann das Wissen wiederkehrend genutzt werden.

- **Export zur Simulationsdatenbank und Parametrisierung:** Die vollständigen Informationen werden schließlich an die Simulationsdatenbank übergeben. Somit verfügt die Simulationsdatenbank über alle Simulationseingangsdaten, die für die Belieferungssimulation benötigt werden. Das Simulationsmodell kann sich nun bei jedem Simulationsexperiment direkt aus der Simulationsdatenbank parametrisieren.

4 Diskussion

Es hat sich gezeigt, dass für das Anlernen und Anwenden des Regelwerks eine große Anzahl an Transformationssprachen zur Verfügung steht. Für die Speicherung der Expertensystems besteht ebenfalls die Auswahl zwischen verschiedenen Technologien.

Mit einer Transformationssprache werden die Regeln beschrieben und im Expertensystem angewendet. Tendenziell gibt es zwei Ausprägungen von Transformationssprachen, die an dieser Stelle diskutiert werden sollen.

Auf der einen Seite handelt es sich um die spezialisierten Transformationssprachen, welche für die Anwendung im Kontext von semantischen Netzwerken geschaffen wurden und einen weitreichenden Funktionsumfang aufweisen. Ein Vertreter dieser Ausprägung ist bspw. RuleML. Auf der anderen Seite befinden sich etablierte Technologien, deren zentrales Wirkungsfeld nicht im Zusammenhang mit semantischen Netzwerken liegt. Diese Technologien (z.B. SQL) verfügen nur über eingeschränkte Fähigkeiten zur Transformation von Daten und zur Inferenz von zusätzlichem Wissen im Vergleich zu den spezialisierten Transformationssprachen.

Analog zur Wahl der Transformationssprache gestaltet sich die Diskussion des Speicherorts des Expertensystems. Zu den spezialisierten Systemen zur Speicherung von semantischen Netzen zählt beispielsweise RDF/OWL. Bei den etablierten Technologien finden sich u.a. relationale Datenbanken.

Zusammenfassend besteht an dieser Stelle die Auswahl zwischen spezialisierten Technologien aus dem Kontext der semantischen Netze, die einen umfassenden Funktionsumfang bieten und hohen Einarbeitungsaufwand verursachen, sowie etablierten Technologien, die den Simulationsexperten vertraut sind und nicht den kompletten Funktionsumfang aufweisen.

Für jede Simulationsausprägung muss die Entscheidung separat getroffen werden. Für die von diesem Beitrag adressierten Einsatzfälle der Belieferungssimulation lässt sich feststellen, dass keine Transformation notwendig ist, welche den Funktionsumfang von SQL überschreitet. In dem folgenden Praxisbeispiel wurde daher die Entscheidung zu Gunsten von SQL als Transformationssprache und einer relationalen Datenbank getroffen. Dies reduziert weiteren Lern- und Schulungsaufwand seitens des Simulationsexperten, der einer Effizienzsteigerung gegenüber stehen würde.

5 Durchführung des Vorgehensmodells zur Belieferungssimulation

Das Vorgehensmodell wurde in einem Automobilunternehmen am Beispiel eines Premiumfahrzeuges durchgeführt. Mit der Belieferungssimulation wird die Planung der Intralogistik abgesichert. Weil erst in der fortschreitenden Logistikplanung der Planungsumfang erhöht wird, stehen zu Beginn der planungsbegleitenden Simulation nur unvollständige Datensätze mit volatiler Datenqualität zur Verfügung.

Die Analyse der Simulationseingangsdaten bei der Belieferungssimulation ergibt drei Datenkategorien:

1. Layout
2. Mengengerüst und Transportketten (Produkt-, Ressourcen-, Prozessinformationen; kurz PPR)
3. Dezentrale simulationsrelevante Daten (Ergänzung der PPR-Daten, Planungsprämissen, Simulationsparameter)

Es handelt sich in der ersten Kategorie um Layoutdaten, welches Informationen über Lager-, Kommissionier- und Bereitstellflächen sowie das Wegenetz zur Verfügung stellen. In die nächste Kategorie (Mengengerüst und Transportketten) fallen alle Daten, die von der Logistikplanung bezogen werden. Diese Daten sind nach dem PPR-Konzept strukturiert. In der dritten Kategorie (dezentrale simulationsrelevante Daten) sind diejenigen Informationen, die nicht von der Logistikplanung bereitgestellt werden, aber für die Belieferungssimulation benötigt werden. Es handelt sich dabei überwiegend um Daten, die die Dynamik der Simulation beschreiben.

Die Analyse der dynamischen Simulationseingangsdaten der Belieferungssimulation ergibt drei verschiedene Ausprägungen an Daten. Dabei handelt es sich neben der Ergänzung der PPR-Daten um dynamische Aspekte (z.B. Verfügbarkeiten, Erstbefüllung), den Planungsprämissen (Steuerungsstrategien, Vollgut-vor-Leergut oder Leergut-vor-Vollgut etc.) auch um die Initialwerte für die Simulationsparameter (Anzahl Transportmittel, Routenverläufe).

Bei Erreichung eines in sich abgeschlossenen Zustands der Logistikplanung (z.B. ein Meilenstein) wird die iterative Phase der Belieferungssimulation durchgeführt. Nach dem Import der aktuellen Planungsdaten aus der Digitaler Fabrik erfolgt die Anwendung der Regeln (hier in SQL formuliert) in dem Expertensystem (zwecks Vereinfachung direkt auf die Simulationsdatenbank; vgl. Diskussion). Durch die Anwendung der Regeln wurde der aktuelle Planungsstand um das Wissen des Simulationsexperten ergänzt, so dass alle benötigten Informationen vorliegen. Das Modell kann nun aufgebaut und parametrisiert werden. Darüber hinaus ist das Wissen für weitere Iterationsschleifen verfügbar.

6 Fazit

Das Ziel der hier vorgestellten Methode ist die Unterstützung des Simulationsexperten in den wiederkehrenden Arbeitsschritten Datenbeschaffung und -aufbereitung. Der Ansatzpunkt ist die Erhöhung der Wiederverwendbarkeit der Simulationseingangsdaten durch die Speicherung des Wissens des Simulationsexperten in einem Regelwerk bzw. im Expertensystem.

Das Praxisbeispiel konnte die Effektivität der vorgestellten Methode illustrieren. Bei Simulationsmodellen, die vielfach mit aktualisierten Daten versorgt werden, kann durch die Automatisierung der Datenaufbereitung und -vervollständigung der zukünftigen Simulationseingangsdaten eine Effizienzsteigerung erreicht werden. Somit ist diese Methode ein weiterer Beitrag in Richtung AMG.

Die Wiederverwendbarkeit der Planungsdaten für die Simulation konnte durch den Einsatz eines Expertensystems gesteigert werden. Der Simulationsexperte wird damit transparent bei planungsbegleitenden Simulationsprojekten in den Arbeitsschritte Datenbeschaffung und -aufbereitung entlastet.

Literatur

BERNHARD, Jochen; KAHE, Thorsten: Simulation und Modellmanagement in der Getränkeindustrie. In: Advances in Simulation for Production and Logistics Applications. Hrsg.: RABE, Markus. Stuttgart: Fraunhofer IRB Verlag, 2008, S. 199-208.

JENSEN, Sven: Eine Methodik zur teilautomatisierten Generierung von Simulationsmodellen aus Produktionsdatensystemen am Beispiel einer Job Shop Fertigung. Kassel: Kassel University Press, 2007.

MÜLLER-SOMMER, Hannes; STRASSBURGER, Steffen: Ausprägungen und Nutzungsgrad der Logistiksimulation im Umfeld der Automobilindustrie. In: Proceedings des 20. Symposiums Simulationstechnik ASIM 2009. Hrsg.: GNAUCK, Albrecht und LUTHER, Bernhard. Cottbus: Universität, 2009, S. 353-361.

MÜLLER-SOMMER Hannes; STRASSBURGER, Steffen: Methoden zur Plausibilisierung von Eingangsdaten für Belieferungssimulationen in Logistik-Planungssystemen der Digitalen Fabrik. In: Proceedings des 21. Symposiums Simulationstechnik ASIM 2010. Hrsg.: ZÜLCH, Gert. Karlsruhe, 2010.

RABE, Markus; GOCEV, Pavel: Semantic Web Framework for Rule-Based Generation of Knowledge and Simulation of Manufacturing Systems. In: Enterprise Interoperability III. Hrsg.: MERTINS, Kai u.a. London: Springer-Verlag, 2008, S. 397-409

SCHNEIDER, Markus: Taktische Logistikplanung vor Start-of-Production (SOP) – Aufgabenumfang und softwarebasierte Unterstützung im Rahmen der Virtuellen Logistik bei der AUDI AG. In: Anlaufmanagement in der Automobilindustrie erfolgreich umsetzen. Hrsg.: SCHUH, Günther; STÖLZLE, Wolfgang; STRAUBE, Frank. Berlin, Heidelberg: Springer-Verlag, 2008, S. 161-173.

SCHÖNKNECHT, Axel: Planung und Simulation intralogistischer Systeme. Hamburg: Forschungsinstitut für Logistik, 2008.

VDI 3633 Blatt 1: Simulation von Logistik-, Materialfluss- und Produktionssystemen, Grundlagen (Entwurf). März 2010.

VDI 4499 Blatt 1: Die Digitale Fabrik, Grundlagen. Februar 2008.

WACKER, Roland: Automatische Generierung von Simulationsmodellen auf Basis einer Socket-Lösung mit Planungsdatenbank und dem Simulationssystem Quest von Delmia, am Beispiel des Montagewerkes 2 in Tuscaloosa/USA des Unternehmens DaimlerChrysler. Diplomarbeit, Fachhochschule Esslingen, Institut für Produktionsmanagement und Logistik (IPL).

WÜNSCH, Georg: Methoden für die virtuelle Inbetriebnahme automatisierter Produktionssysteme. München: Herbert Utz Verlag, 2008.

*Integrationsaspekte der Simulation:
Technik, Organisation und Personal*
Gert Zülch & Patricia Stock (Hrsg.)
Karlsruhe, KIT Scientific Publishing 2010

Identifizierung und Bewertung von Anomalien im Materialflussverhalten auf der Basis von Ereignisdaten

Identification and Quantification of Anomalies in the Behaviour of Material Flow Systems Based on Event Logs

Thorsten Schmidt, David Wustmann
Technische Logistik, Technische Universität Dresden (Germany)
david.wustmann@tu-dresden.de

Vladimir Vasyutynskyy
Technische Informationssysteme, Technische Universität Dresden (Germany)

Abstract: A simulation study generates a huge amount of data. With increasing amount of data the available information potential is not fully used. This article proposes a (semi)automated procedure for the evaluation and identification of system characteristics on the basis of generated event data from the simulation. As a result, the simulation model developer obtains the condensed and ranked information on events, which describes the internal system behaviour, with anomalies pointing at possible problems. The presented method allows the systematic search and evaluation for sub-optimal events in the behaviour of simulated in-house logistic systems.

1 Einleitung

Das Standardwerkzeug der Materialflusssimulation beantwortet zwar die Frage, ob ein Systementwurf in Layout und Steuerung den globalen Anforderungen (Systemdurchsatz, Durchlaufzeit, u.a.) genügt, nicht jedoch wie gut bzw. schlecht er das tut. Die *interne* Funktionsgüte wird derzeit nur intuitiv oder visuell am Modell vom Entwickler, d.h. ohne Tool-Unterstützung, analysiert. Die Analyse von *systeminternen* kritischen Einflüssen hängt somit stark von der Erfahrung des Experten sowie vom Zufall ab (z.B. DANGELMAIER u.a. 2003, S. 4). Die Ursache hierfür ist im Bereich der Intralogistik einfacher Natur. Automatisierte Materialflusssysteme besitzen zwar nicht die typischen Eigenschaften komplexer Netzwerke, können jedoch schnell eine Gesamtförderstrecke von mehreren Kilometern übersteigen. Die Vielfältigkeit der Systemanforderungen, wie beispielsweise die Notwendigkeit zwischen Fördergütern mit unterschiedlicher Transportpriorität zu unterscheiden, spielt dabei die Rolle eines Multiplikators für die Analysekomplexität.

Die Simulation, zum Beispiel von Gepäckförderanlagen oder Paketsortieranlagen, liefert in kurzer Zeit enorme Mengen an Ereignisdaten (Trace-Data). Diese enthalten jede Zustandsänderung (Ereignisse) im System und können neben den notwendigen Ereignisattributen (Zeitstempel, Fördergut, Ereignisort) zahlreiche weitere Attribute enthalten. Die Gesamtheit der Ereignisse dokumentiert das globale Systemverhalten und, abhängig von der Detaillierung der Ereigniserfassung, interne Prozesse. Diese Daten werden selten für eine Analyse genutzt, um interne Schwachstellen bzw. Leistungsreserven zu identifizieren. Dem riesigen zur Verfügung stehenden Informationspotential zu internen Prozessen stehen keine Verfahren zur systematischen und strukturierten Suche nach lokalen und temporären Schwachstellen im Anlagenverhalten gegenüber. Dieser Beitrag schlägt einen Ansatz zur numerischen Identifikation und Bewertung dieser Schwachstellen vor.

2 Ausgangssituation

Die Idee, Ereignisdaten für die Analyse systeminterner Prozesse zu nutzen, ist nicht neu. Einen interessanten Ansatz stellen zum Beispiel KEMPER und TEPPER (2005, 2009) vor. Sie setzen auf die ausgeprägte (menschliche) Fähigkeit zur visuellen Wahrnehmung von Zusammenhängen. Die Autoren betrachten bislang nur relativ kleine Systeme. Zwar werden Vorschläge zur Aggregation größerer Datenmengen unterbreitet, jedoch liegt der Fokus auf der Darstellung des reduzierten Ereignisraumes mit Hilfe von "Message Sequenz Charts". Ein weiterer visueller Ansatz, der selbstorganisierte Merkmalskarten verwendet, wird in WÖLKER (2000) beschrieben. Dem numerischen Ansatz dieses Beitrages kommen BETTER u.a. (2007) methodisch am nahesten. Sie entwickeln eine Kombination von Dynamic-Data-Mining- und Optimierungs-Techniken, um die für die Optimierung von Systemparametern erforderliche Zahl an Simulationsläufen zu reduzieren. Die Zielsetzung ist demnach die Fehlerbehebung bei der Modellierung und nicht die interne Prozessanalyse. In STRUSS und ERTL (2009) wird eine Möglichkeit zur modellbasierten Prozessanalyse anhand des Layouts von Flaschenabfüllanlagen diskutiert. Dieser Ansatz beschränkt sich jedoch nur auf bestimmte Fehlertypen einzelner Komponenten.

Neben den grafisch geprägten Ansätzen für eine interne Prozessanalyse anhand von reduzierten Ereignisdaten existieren in anderen Domänen auch numerische Ansätze. In AALST u.a. (2007) werden zum Beispiel Methoden zur ereignisbasierten Analyse von Geschäftsprozessen diskutiert. Der Fokus des "business process mining" liegt jedoch in erster Instanz in der Erstellung adäquater Modelle und dem Erkennen von relevanten Prozessschritten.

Eine Methode zur numerischen Analyse intralogistischer Materialflusssysteme anhand von Ereignisdaten muss vielfältigen Anforderungen genügen. Unter anderem besitzen die heterogenen Anlagenziele und -anforderungen einen unmittelbaren Einfluss auf die Analyse. Zum Beispiel ist für die Bewertung der Transportprozesse einer Flaschenabfüllanlage der Gesamtdurchsatz relevant. Für Gepäckförderanlagen gilt zusätzlich eine maximale Durchlaufzeit, für die einzelne Flasche ist dies unbedeutend. Eine nähere Erläuterung der Problemstellung und des Gesamtkonzeptes zur (semi-)automatischen Materialflussdiagnose ist in WUSTMANN u.a. (2009) sowie WUSTMANN und VASYUTYNSKYY (2010) zu finden (vgl. Abb. 1).

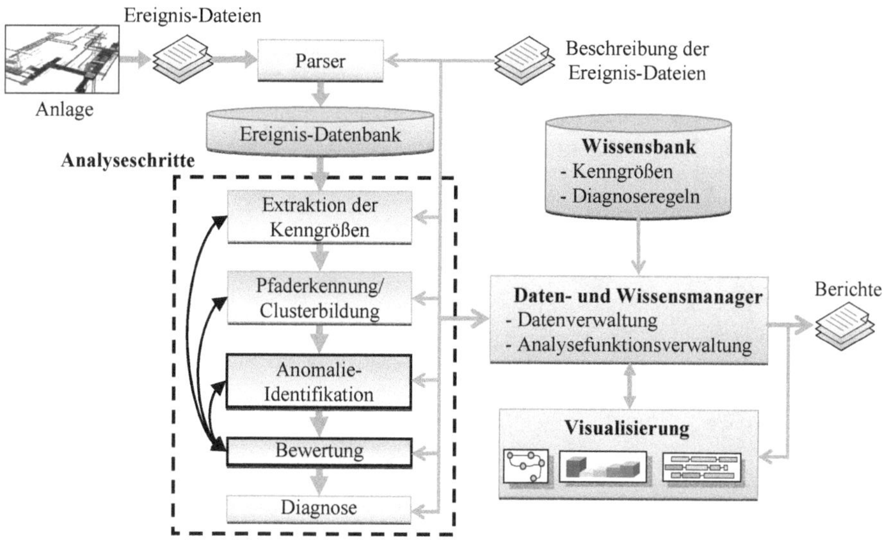

Abbildung 1: *Gesamtkonzept (semi-)automatische Materialflussdiagnose*

3 Numerische Ereignisdatenauswertung

Das Ziel der Materialflussdiagnose ist die Verbesserung der Analysemöglichkeiten für die verfügbaren Daten mittels möglichst automatischer, numerischer Ereignisdatenauswertung. Der aktuelle Fokus liegt auf spurgebundenen Fördersystemen.

Die rechnergestützte Analyse komplexer automatisierter Materialflusssysteme soll sich dabei für die verschiedensten Anlagetypen (Distributions-, Sortier- oder Transportanlagen) eignen. Die meisten Simulationswerkzeuge sind in Lage Ereignisse zu protokollieren und "beliebige" Ereignisinformationen zu erfassen. Die vorgestellte Methode in diesem Beitrag nutzt jedoch ausschließlich die drei (Standard-)Ereignisinformationen, d.h. *Zeitstempel*, *Ereignisort-ID* und *Fördergut-ID*. Vorteil dieser Herangehensweise ist die Unabhängigkeit vom betrachteten System sowie auch die Eignung für Datenströme bereits existierender Anlagen.

Auf Basis der Standardereignisattribute können verschiedene Kenngrößen berechnet und die Beziehungsrelationen zwischen den Ereignisorten in einem Knoten-Kanten- oder Zustands-Übergangs-Modell modelliert werden. Je nach bevorzugter Sichtweise sind die Objekte, Kanten bzw. Übergänge, zeitbehaftet oder zeitlos. Für die Betrachtung von Materialflüssen ist die Knoten-Kanten-Sichtweise zu empfehlen (vgl. HAMMEL u.a. 2008). Neben der Objektzuordnung (Kante, Knoten, Fördergut oder Pfad) der Kenngrößen können unabhängig von der Sichtweise verschiedene Kenngrößenarten unterschieden werden. Eine Übersicht sowie ein Auszug aus dem Kenngrößen-Katalog sind in Abbildung 2 dargestellt. Diese und weitere Kenngrößen bilden die Basis für die Identifizierung und Bewertung von Anomalieereignissen durch eine wissensbasierte Methode mit modularem Regelaufbau.

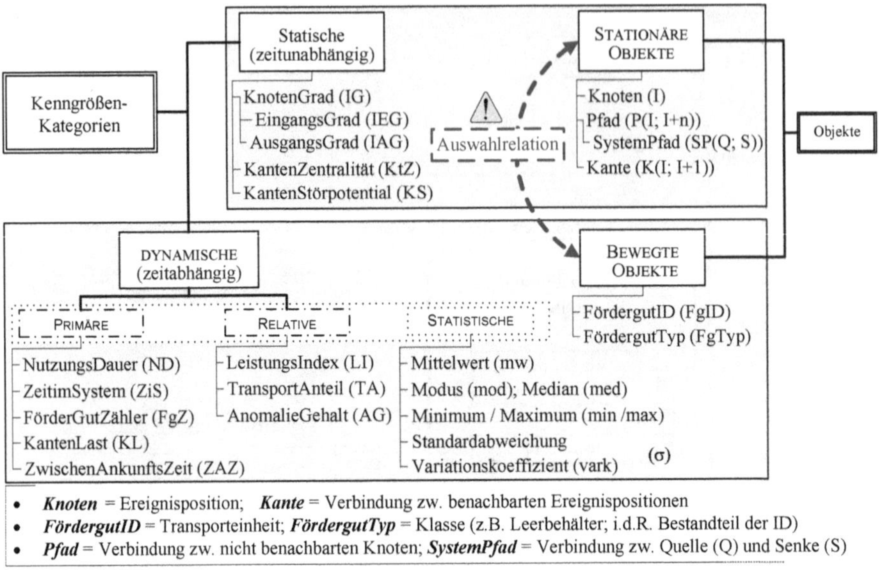

Abbildung 2: *Kenngrößen – Klassifizierung, Objektzuordnung, Beispiele (Auszug)*

Je nach Kenngröße und Objektauswahl beschreibt zum Beispiel der *LeistungsIndex (LI)* einen Quotienten aus Maximal-, Minimal- bzw. Sollwert und dem tatsächlichen Wert. Für *LI* bezogen auf die *Nutzungsdauer (ND)* eines *Fördergutes (FgID)* für eine *Kante (K(I; I+1))* ergibt sich beispielsweise die Gleichung (1). Die normierende Kenngröße des *LI* eignet sich, um *Kanten* oder *Pfade* zu vergleichen, unabhängig wie lang diese tatsächlich sind. Kleine Werte *(LI→0)* können Anomalien aufzeigen.

$$LI_{FgID,K(I;I+1)} = \left[\frac{\min ND_{K(I;I+1)}}{ND_{K(I;I+1),FgID}} \right]; LI_{FgID,K(I;I+1)} \in [0;1] \qquad (1)$$

Bei der Identifikation und Charakterisierung von Anomalieereignissen ist die Bestimmung des *OptimalBereiches (OB)* (bzw. *Normalbereiches*) je Kenngröße von Bedeutung. Das Erkennen und Bewerten auf Basis eines Optimalwertes gesteht den Prozessen keine Variabilität zu. Diese Variabilität sollte vom Prozess selbst abhängen. Bedingung für die Bestimmung von *OB* aus den Ereignissen ist eine ausreichend große Datenmenge, d.h. *systeminterne* Prozesse sollten mindestens einmal annähernd optimal verlaufen sein. Als erste Variante bietet es sich an, die Grenzen (*OB'*) von *OB* mit Hilfe der Standardabweichung (σ) zu ermitteln (Formel 2).

$$OB' = OW \pm \sigma \Rightarrow Beispiel: OB'(LI_{K(I;I+1)}) = 1 - \sigma_{LI_{K(I;I+1)}} \qquad (2)$$

OW für den Optimalwert der Kenngröße; Optimalrichtung ist zu beachten

Prozessbeschreibende Kriterien sind im Allgemeinen die Güte (z.B. *LI*), die *Spannweite* (*R*) (z.B. von *LI*) sowie die *Frequenz der Ereignisse* (*f*). Der *Optimalbereich (OB)* muss frei von *f* sein, da unabhängig von *f* derselbe Prozess beschrieben wird. Die *Spannweite* (*R*) erfolgt ohne Einordnung im entsprechenden Wertebereich, somit können schlechte Prozesse dieselbe Spannweite wie gute Prozesse aufweisen. Wichtiger als (*R*) ist die größte Abweichung eines Einzelwertes vom Optimalwert

Bsp. *LI=1*). Neben der Variante 1 ist demnach alternativ *OB'* durch Einbezug der größten Entfernung eines Einzelwertes vom Optimalwert bestimmbar (Formel 3).

$$OB' = [\underset{\forall EW}{Max}|OW - EW| * \sigma] \Rightarrow Beispiel: OB'(LI_{K(I;I+1)}) = [|1 - \min LI_{K(I;I+1)}|] * \sigma_{LI_{K(I;I+1)}} \quad (3)$$

OW für den OptimalWert der Kenngröße; EW für einen EinzelWert

Die Variante 2 wird aufgrund der besseren experimentellen Ergebnisse für verschiedene Simulationsdaten bevorzugt. Nach Variante 2 liegen um *OB'* in Richtung Optimalwert tendenziell weniger Einzelwerte, wodurch die Sicherheit Ereignisse als Anomalie zu identifizieren steigt (vgl. Abb. 3).

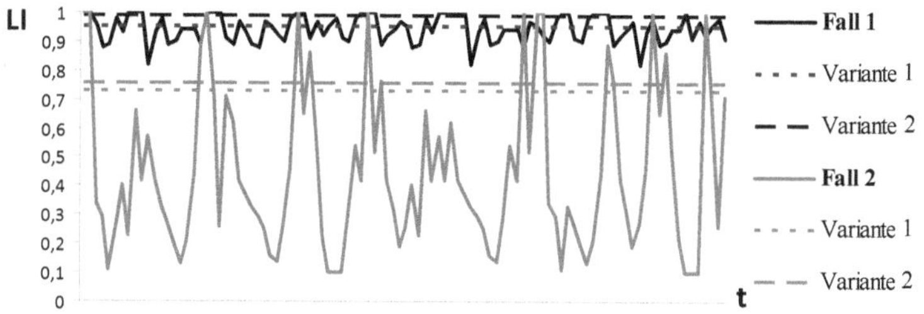

Abbildung 3: *Vergleich der Varianten zur Bestimmung des Optimalbereichs*

Die Kombinationen von Kenngrößen und deren regelbasierter Einsatz liefern zahlreiche Erkenntnisse aus nur wenigen Ereignisinformationen (vgl. VASYUTYNSKYY u.a. 2010). Die Tabelle 1 zeigt einige Beispiele.

Verwendete Kenngrößen		Beschreibung / Ergebnis
Objektzuordnung	**Größe**	
Kante (*K*)	*varkND; varkLI; minND; OB'(LI)*	Kanten mit großen Schwankungen in der *ND* bzw. im *LI* erkennen; *Anomalie- Fördergüter* auf *Kanten* identifizieren
Fördergut (*FgID*)	$ND_{K(I;I+1)}$, $LI_{K(I;I+1)}$	
SystemPfad *SP(Q;S)*	$minZiS_{I=S}$; $OB'(ZiS_{I=S})$	Anomalien auf *SystemPfaden* identifizieren; Einfluss von "*pfadfremden*" Fördergütern erkennen; Fördergüter identifizieren welche nicht im *OB* der Durchlaufzeit liegen.
Kante (*K*)	*minND; LI(mw); OB'(LI)*	
Fördergut (*FgID*)	$ZiS_{I=S}$; $ND_{K(I;I+1)}$; $LI_{K(I;I+1)}$	
Knoten (*I*)	*FgZ; IEG; IAG*	
Kante (*K*)	*KL; modKL; medKL; mwKL*	Analyse auf Über- und Unterlastphasen durch Vergleich der Kantenlasten zum Zeitstempel der Ereignisse an (*I+1*) und dem zugehörigen $LI_{FgID, K(I;I+1)}$
Fördergut (*FgID*)	$LI_{K(I;I+1)}$	

Tabelle 1: *Regelbeispiele*

Die Tests der Methode zur Identifizierung von Anomalieereignissen anhand von Ereignisdaten der Gepäckförderanlage des Flughafens in Kuala Lumpur zeigten neben der Funktionalität, die Notwendigkeit zur Charakterisierung dieser Ereignisse. Diese ist sehr eng mit der Identifikation verknüpft und kann u. U. nicht leicht von einander getrennt werden. Darüber hinaus wird aktuell untersucht, inwieweit die Ergebnisse für eine Ursachen-Wirkungs-Diagnose genutzt werden können. Bei einer Ausgangsbasis von über 3 Mio. Ereignissen und einer entsprechend großen Anzahl identifizierter Anomalien liefert deren Bewertung Informationen über die Relevanz dieser Ereignisse für das systeminterne Verhalten. Kriterien für die Charakteristik von Anomalieereignissen können zum Beispiel sein:

- Differenzierung nach der Kennwert-Ausprägung; Beispiel: Eine größere Abweichung vom Optimalbereich weist auf ein kritischeres Ereignis hin.
- Unterscheidung bezüglich des Ortes der Anomalie im Materialflusssystem; Beispiel: Unterscheidung zw. Neben- und Hauptpfad.
- Anomaliegruppierung; Beispiel: Es befinden sich Fördergüter im selben Stau.

Der Algorithmus beruht auf drei Säulen, welche die jeweilige Systemsicht widerspiegeln (Abb. 4). Die strukturbezogene Betrachtung des Systems dient der Einstufung des Ereignisortes im Netzwerk. Die zweite Säule veranschaulicht die Betrachtung für das bewegte Objekt durch das Gesamtsystem. Die dritte Säule repräsentiert die lokale Sichtweise, positionsbezogen werden die Anomalieereignisse bewertet. Das Bewertungsverfahren wurde am Modell einer Gepäckförderanlage (3000 Objekte) entwickelt und erfolgreich getestet.

	Strukturbezogene Bewertung	Fördergutbezogene Bewertung	Positionsbezogene Bewertung
Definition	• Robustheit des Graphen • Analyse unabhängig von bewegten Objekten (FgID) • Analyse Transportrelationen	• Begleitung des Gutes durch das System & Kantenanalyse ➢ LI über alle K(I;I+1)) ϵ P(Q;S) für FgID	• Kanten-basierende Analyse ihrer passierenden Güter ➢ LI für ∀FgID auf K(I;I+1) ➢ Fördergutzähler FgZ(I+1)
Vorbereitung	• Reduzierung des Graphen (Ereignisorte in Sequenz Knotengrad ≤ 2 werden im ersten Schritt zu einer Kante zusammengefasst und bei Bedarf wieder aufgelöst) • Betrachtung der Anomalieereignisse (Ereignisse außerhalb des optimalen Bereiches)		
Bewertungsphase	• KantenZentralität: Verhältnis wegfallender „kürzester Wege“ (bei Wegfall einer Kante) zur vorhandenen Anzahl an kürzesten Wegen für die Quelle-Senke-Relationen • KantenStörpotential: Verhältnis wegfallender Quelle-Senke-Beziehungen (bei Wegfall einer Kante) zur vorhandenen Anzahl an Quelle-Senke-Relationen • TransportAnteil: Verhältnis wegfallender Fördergüter (bei Wegfall einer Kante) zur Gesamtanzahl an Fördergütern	• Leistungsindex: ➢ 1. Stufe: Prozessregeneration ➢ 2. Stufe: Prozessalternierung ➢ 3. Stufe: Prozessdegeneration • AnomalieGehalt: Verhältnis identifizierter Anomalien zur Anzahl möglicher Anomalien	• Leistungsindex ➢ 1. Stufe: Prozessregeneration ➢ 2. Stufe: Prozessalternierung ➢ 3. Stufe: Prozessdegeneration • FördergutZähler ➢ Bildung von Zeitbereichen ➢ Bestimmung Auslastung je Zeitbereich • ZwischenAnkunftsZeit ➢ Behinderung an Kreuzungen ➢ Verhältnis minZAZ zu ZAZ • AnomalieGehalt: Verhältnis identifizierter Anomalien zum Fördergutzähler
Interpretation	• Geordnete Liste der bewerteten Anomalieereignisse • Darstellung der drei Säulen im Dreiecksdiagramm • Erneute Anwendung von Identifikationsregeln • Vorbereitung des anschließenden Diagnose-Schrittes		

Abbildung 4: *Bewertungskriterien – schematische Übersicht*

Für die 2. und 3. Bewertungssäule ist zum Beispiel die Prozessverlaufsbewertung ein Kriterium. Es wird jeweils das Vorgänger- und Nachfolgerereignis des identifizierten Anomalieereignisses genutzt, um den Prozess nach drei Stufen zu bewerten: Verbesserung des Prozesses (Stufe 1), alternierender Prozess (Stufe 2) und Verschlechterung des Prozesses (Stufe 3). Damit marginale Schwankungen im Prozessverlauf um das Anomalieereignis nicht überbewertet werden, erwies sich ein Toleranzbereich von ($\pm 0{,}5 \quad OB$) als sinnvoll. Die Abbildung 5 verdeutlicht die Prozessverlaufsbewertung anhand des *LI* für die 2. und 3. Säule.

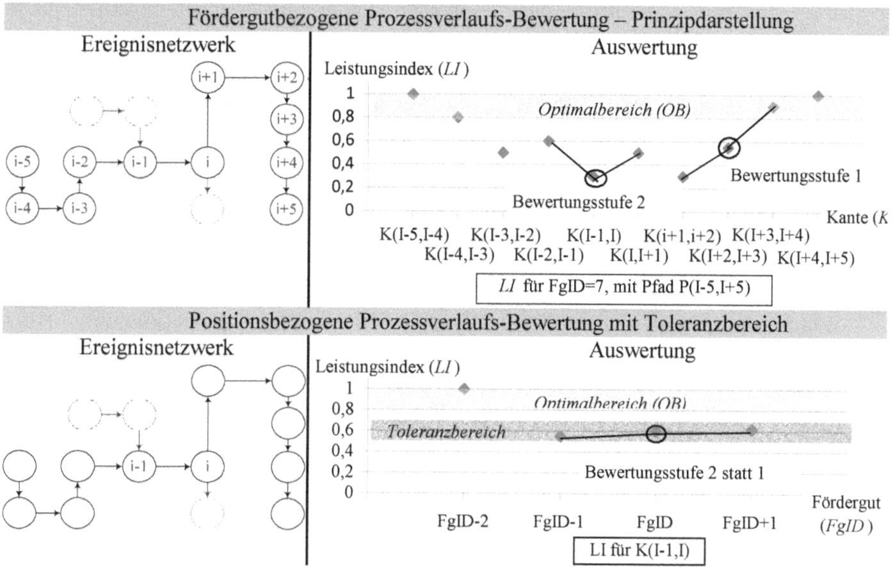

***Abbildung 5:** Prozessverlaufs-Bewertung der 2. und 3. Bewertungssäule - Beispiel*

4 Fazit und Ausblick

Dieser Beitrag zeigt Auszüge einer Methode zur ereignisbasierten Erkenntnisgewinnung aus der Materialflusssimulation. Dem Simulationsexperten werden *interne* Prozesse und deren Abweichungen vom gewünschten Normalverhalten zugänglich gemacht. Mit bereits wenigen Informationen zu Einzelereignissen ist es für spurgebundene Förderkomponenten in intralogistischen Systemen möglich, gezielt Anomalien zu erkennen und zu bewerten. Die Methoden wurden in einem Prototyp implementiert und anhand verschiedener Datensätze erfolgreich getestet (VASYUTYNSKYY u.a. 2010). Als Ergebnis werden verdichtete Informationen zu *internen* Anomalieereignissen zur Verfügung gestellt, die auf mögliche Probleme oder Engpässe deuten. Die Methode ermöglicht die effiziente Suche und Bewertung von Anomalie-Ereignissen im Verhalten intralogistischer Systeme und deren Simulation.

Die zukünftige Forschung fokussiert u.a. auf die Nutzung weiterer Ereignisinformationen. In Abhängigkeit vom konkreten Materialflusssystem sind verschiedene Ereignisattribute für die numerische Analyse sinnvoll bzw. verfügbar. Die Notwendigkeit eines generischen Eingabemodells zur Katalogisierung und Verwaltung von Wissen liegt auf der Hand. Die Analysemethoden und -regeln wurden daher von Beginn an modular aufgebaut, sodass diese bezüglich der spezifischen Anforderungen harmonisiert bzw. optimiert und ggf. geändert werden können.

Dieses Forschungsprojekt wurde mit Mitteln aus dem Haushalt des Bundesministeriums für Wirtschaft und Arbeit (BMWA) über die Arbeitsgemeinschaft industrieller

Forschungsvereinigung "Otto-von-Guericke" e.V. (AiF) im Auftrag der Bundesvereinigung Logistik (BVL) e.V. gefördert.

Literatur

AALST, v. d. W.M.P.; REIJERS, H.A. u.a.: Business process mining: An industrial application. In: Information Systems, Amsterdam u.a., 32(2007)5, S. 713-732.

BETTER, M.; GLOVER, F.; LAGUNA, M.: Advances in analytics: integrating dynamic data mining with simulation optimization. In: IBM Journal of Research and Development, New York, 51(2007)3, S. 477-487.

DANGELMAIER, W.; FRANKE, W.; MUECK, B.; FISCHER, M.: Komponenten zur aktiven Unterstützung der Analyse von Materialflusssimulationen in virtuellen Umgebungen. In: 2. Paderborner Workshop Augmented & Virtual Reality in der Produktentstehung. Hrsg.: GAUSEMEIER, J.; GRAFE, M. Paderborn: Heinz Nixdorf Institut, 2003, S. 141-151.

HAMMEL, C.; SCHULZE, F. u.a.: Application of methods from complex network theory to MHS Layout optimization. In: Progress in Material Handling Research: 2008. Hrsg.: ELLIS, K.; MELLER, R. u.a. Charlotte, NC: The Material Handling Institute, 2008, S. 526-542.

KEMPER, P.; TEPPER, C.: Trace based analysis of process interaction models. In: Proceedings of the 37th conference on Winter simulation. Hrsg.: KUHL, M. E.; STEIGER, N. M.; ARMSTRONG, F. B.; JOINES, J. A. New York u.a.: Association for Computing Machinery u.a., 2005, S. 427-436.

KEMPER, P.; TEPPER, C.: Automated Trace Analysis of Discrete-Event System Models. In: IEEE Software Engineering, Piscataway, NJ, 35(2009)2, S. 195-208.

STRUSS, P.; ERTL, B.: Post-mortem Diagnosis of Bottling Plants Based on Recorded Data. In: Safeprocess '09, 7th IFAC Symposium on Fault Detection, Supervision and Safety of Technical Processes. Barcelona, 2009.

VASYUTYNSKYY, V.; GELLRICH, A.; KABITZSCH, K.; WUSTMANN, D.: Analysis of Internal Logistic Systems based on Event Logs. In: Proceedings of the 15th IEEE International Conference on Emerging Technologies and Factory Automation. Bilbao, Spain, 2010. (accepted for publication)

WÖLKER, M. (2000): Analyse logistischer Systeme mit selbstorganisierenden Merkmalskarten. Dortmund: Dissertation Fraunhofer IML, 2000.

WUSTMANN, D.; VASYUTYNSKYY, V.; SCHMIDT, T.: Ansätze zur automatischen Analyse und Diagnose von komplexen Materialflusssystemen. In: 5. Fachkolloquium der Wissenschaftlichen Gesellschaft für Technische Logistik. Hrsg.: SCHEID, W.-M.. Ilmenau: Universitätsverlag, 2009, S. 1-20.

WUSTMANN, D. & VASYUTYNSKYY, V.: Diagnose komplexer Materialflusssysteme. In: Tagungsband – Institutskolloquium 2010 "Strategien zur Beherrschung der Komplexität". Hrsg.: SCHMIDT, T.; SCHMAUDER, M.. Dresden: Technische Universität, 2010, S. 13-25.

Integrationsaspekte der Simulation:
Technik, Organisation und Personal
Gert Zülch & Patricia Stock (Hrsg.)
Karlsruhe, KIT Scientific Publishing 2010

Discrete Rate Simulation als grundlegendes Paradigma bei der Entwicklung von mesoskopischen Flussmodellen

Discrete Rate Simulation as a Fundamental Paradigm for the Development of Mesoscopic Flow Models

Juri Tolujew, Tobias Reggelin
Fraunhofer-Institut für Fabrikbetrieb und -automatisierung IFF,
Magdeburg (Germany)
juri.tolujew@iff.fraunhofer.de

Alexander Kaiser
Otto-von-Guericke-Universität Magdeburg,
Institut für Logistik und Materialflusstechnik (Germany)

Abstract: This paper demonstrates that the discrete rate simulation paradigm implemented in ExtendSim simulation software is a suitable basis for the development of mesoscopic simulation models of logistics flow processes. The development of reference models of transportation and inventory processes with the newly developed MesoSim simulation software is described.

1 Einleitung

Dieser Beitrag beschäftigt sich mit der Nutzung der Discrete Rate Simulation (KRAHL 2009) als grundlegendes Paradigma bei der Entwicklung von mesoskopischen Flussmodellen und knüpft damit an den Beitrag der Autoren zur vorherigen ASIM-Fachtagung (TOLUJEW, REGGELIN 2008) an. In TOLUJEW und REGGELIN (2008) sowie in SCHENK, TOLUJEW und REGGELIN (2009) wurden die Grundideen einer mesoskopischen Vorgehensweise bei der Modellierung und Simulation von Prozessen in der Produktion und Logistik erläutert. Im Sinne der Modellierung besteht die Besonderheit dieser Vorgehensweise darin, dass der Modellentwickler bereits in der Phase der konzeptionellen Modellierung die Möglichkeit hat, mit aggregierten Daten zu Ressourcen bzw. zu bearbeitenden Objektmengen zu operieren. Da alle diesen Daten in der Regel einen dynamischen Charakter haben, werden sie in den Modellen in Form von Flüssen dargestellt, wobei diese Flüsse durch stückweise konstante Intensitätswerte gekennzeichnet werden. Da sich alle kumulativen Zustandsvariablen eines Modells unter dieser Bedingung nur linear verändern können, lassen sich die Zeitpunkte leicht berechnen, zu denen diese Variablen bestimmte (kritische) Werte erreichen. Die Besonderheit dieser Art der Simulation besteht darin, dass Ereignisse für kontinuierliche Prozesse geplant werden können, was zu einer Erhöhung von Performance und Genauigkeit der Simulation führt.

Das Konzept der Discrete Rate Simulation entspricht dem Mechanismus der Ereignisplanung der mesoskopischen Simulation. Die Tatsache, dass die Discrete Rate Simulation in dem weltweit anerkannten Simulator ExtendSim gut beschrieben und programmtechnisch realisiert wurde, ist eine hilfreiche Unterstützung bei der weiteren Entwicklung der mesoskopischen Vorgehensweise, da das Prinzip der Ereignisplanung für kontinuierliche Prozesse nicht mehr in jeder Publikation neu erklärt werden muss. Somit kann eine Fokussierung auf die Probleme der konzeptionellen mesoskopischen Modellierung erfolgen, deren Lösung neue Perspektiven für die praxisorientierte Logistiksimulation erschließt.

In diesem Beitrag wird über Erfahrungen bei der Entwicklung mesoskopischer Referenzmodelle für typische Logistiksysteme (WENZEL 2000) unter Anwendung des neu entwickelten Simulators MesoSim berichtet. Die Referenzmodelle dienen dazu, den Modellentwickler in der Phase der konzeptionellen Modellierung und bei der Anwendung der mesoskopischen Vorgehensweise zu unterstützen.

2 Discrete Rate Simulation

Zur Discrete Rate Simulation (DAMIRON, NASTASI 2008; KRAHL 2009) gibt es im Vergleich zu den bereits seit längerer Zeit existierenden ereignisdiskreten und kontinuierlichen (in Form von System Dynamics nach Forrester) Ansätzen wenig Veröffentlichungen. In den Standardwerken zur Simulation wird die Discrete Rate Simulation gar nicht oder nur am Rande erwähnt. Deswegen soll hier auf die Grundlagen der Discrete Rate Simulation eingegangen werden.

Die Discrete Rate Simulation ist ein Simulationsansatz für die Simulation von linearen Flusssystemen und von hybriden Systemen, in denen die Flussprozesse durch lineare kontinuierliche Prozesse beschrieben werden können, was für eine Reihe von Flusssystemen zutrifft. Anwendungsgebiete der Discrete Rate Simulation sind Prozesse mit hoher Geschwindigkeit und hohem Durchsatz, wie z.B. Verpackungsprozesse und Abfüllprozesse und die Verarbeitung von Pulvern, Flüssigkeiten, Gasen, Schüttgut, wie z.B. in der Nahrungsmittelindustrie, pharmazeutischen Industrie, petrochemischen Industrie, Rohstoffindustrie und Wasseraufbereitung. In der Literatur beschriebene Anwendungen der Discrete Rate Simulation im Produktionsumfeld sind die Produktion von Flaschen mit den Schritten Formen, Blasformen, Dichtheitsprüfung und Palettierung (KRAHL 2009, S. 336 ff.), die Herstellung von Furnierplatten (KRAHL 2008, S. 220), eine Flaschenabfüllanlage (PHELPS u.a. 2002, S. 182 ff.) und die Produktion von Joghurt (IMAGINE THAT 2007, S. 274 ff.). Die Discrete Rate Simulation ist als drittes Simulationsparadigma neben ereignisdiskreter und kontinuierlicher Simulation in der Simulationssoftware ExtendSim (IMAGINE THAT 2007) implementiert.

Ereignisdiskrete Modelle und kontinuierliche Modelle haben bei der Abbildung dieser linearen kontinuierlichen Flussprozesse entscheidende Nachteile. Ereignisdiskrete Modelle sind mit einem sehr hohen Aufwand verbunden, wenn Flusssysteme mit vielen Flussobjekten auf Objektebene abgebildet werden. Eine Aggregation in ereignisdiskreten Modellen führt zu Genauigkeitsverlusten und macht es schwieriger, Steuerungslogiken abzubilden. Kontinuierliche Modelle sind zu ungenau (STURROCK, DRAKE 1996, S. 432; FILMER u.a. 1994, S. 123 ff.).

Die Discrete Rate Simulation kombiniert deshalb Eigenschaften kontinuierlicher und ereignisdiskreter Simulationsmodelle. Discrete Rate Modelle arbeiten wie kontinuierliche Modelle mit Flussraten. Änderungen der Flussraten sind mit Ereignissen verbunden. Zwischen zwei Ereignissen bleiben die Flussraten konstant. Die resultierenden Bestandsgrößen sind demzufolge stückweise linear. Die Annahme stückweise konstanter Flussraten ist, wie der Name schon sagt, die Kernidee der Discrete Rate Simulation. Stückweise konstante Inputs und Outputs sind Voraussetzung für eine exakte ereignisdiskrete Darstellung kontinuierlicher Systeme (ZEIGLER u.a. 2000, S. 207).

Die Discrete Rate Simulation minimiert durch das ereignisbasierte Vorgehen im Vergleich zur kontinuierlichen Simulation die Anzahl der notwendigen Berechnungen, da nur bei Änderungen der Flussraten eine neue Berechnung durchgeführt wird. Es ist nicht mehr notwendig, den Systemzustand über eine zeitliche Diskretisierung mit hinreichend kleinen Zeitschritten und dem damit verbundenen schrittweisen Voranschreiten der Simulationszeit zu berechnen. Aufgrund der Linearität kann die zeitliche Entwicklung der Zustandsvariablen vorausberechnet werden und bei Erreichen vorher definierter Werte können Ereignisse geplant werden. Discrete Rate Modelle sind deshalb genauer als kontinuierliche Modelle. Gegenüber der ereignisdiskreten Simulation reduziert die Discrete Rate Simulation den Berechnungsaufwand, da keine einzelnen Objekte verfolgt werden.

Ein Ansatz, der der Discrete Rate Simulation ähnelt, wird durch (KOUIKOGLOU, PHILLIS 2001) unter dem Namen Hybrid Simulation Models of Production Networks beschrieben.

3 Mesoskopische Modellkomponenten

Ein wichtiges Merkmal der mesoskopischen Modellierung und Simulation besteht darin, dass sich eine netzförmige Struktur, die das zu modellierende Materialflusssystem abbildet, gleichzeitig als ein konzeptionelles (prinzipielles) und als ein ausführbares (konkretes) Modell interpretieren lässt. Das ist vor allem deshalb möglich, weil zur Darstellung der Knoten einer Modellstruktur nur sechs verschiedene Modellkomponententypen (Bausteine) existieren (siehe Tabelle 1). Diese Modellkomponenten sind auch in der Bausteinpalette des Simulators MesoSim enthalten, der speziell zur Erstellung, Bearbeitung und Untersuchung von mesoskopischen Modellen für Produktions- und Logistiksysteme entwickelt wurde. Im Unterschied zu den herkömmlichen Simulationswerkzeugen für kontinuierliche Prozesse wird anstatt eines einfachen Behälters (Tank) ein mehrkanaliger Trichter als zentraler Modellbaustein angewendet (TOLUJEW, REGGELIN 2008; SCHENK, TOLUJEW, REGGELIN 2009). An den Kanten des Modells werden nicht nur kontinuierliche Discrete Rate Flüsse, sondern auch impulsförmige Flüsse in Form von Ereignissequenzen modelliert. Jeder einzelne Fluss wird durch seinen Produkttyp gekennzeichnet und kann als eine Sequenz dargestellt werden, die aus identifizierbaren Produktportionen besteht.

Bezeichnung	*Symbol*	*Funktionen und Eigenschaften*	*Kenngrößen und Parameter*
Trichter (Tr)	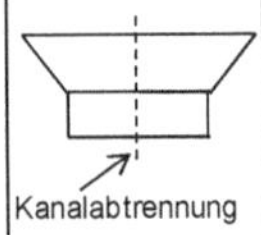	bildet Bearbeitungs- und/oder Lagerprozesse in einer Kapazitätseinheit ab verfügt über eine Grenzleistung μ, mit der begrenzte Bearbeitungsressourcen berücksichtigt werden Anzahl der Kanäle entspricht der Produkttypenzahl	Für jeden Kanal *i*: Aufzeichnung der Bestandsentwicklung B_i Steuerung des Ausgangsflusses λ_i^{out} über die Grenzleistung μ_i oder durch Impulsauslösung
Verzögerung (Ve)		bildet Transport- oder Lagerungsprozesse von bestimmter Dauer ab besitzt einen oder mehrere Kanäle, deren Anzahl der Produkttypenzahl entspricht	Ausgangsfluss λ_i^{out} entspricht dem um eine bestimmte Zeit τ verzögerten Eingangsfluss λ_i^{in}
Montage (Mo)		erzeugt einen neuen Produkttypen (Outputprodukt) durch Montage von Inputprodukten verfügt über eine Grenzleistung μ, mit der begrenzte Bearbeitungsressourcen berücksichtigt werden	Zusammensetzungsverhältnis (ZV) bestimmt, wie viele Mengeneinheiten der Inputprodukte für eine Mengeneinheit des Outputprodukts benötigt werden
Demontage (De)		erzeugt mindestens einen neuen Produkttypen (Outputprodukt) durch Demontage des Inputprodukts verfügt über eine Grenzleistung μ, mit der begrenzte Bearbeitungsressourcen berücksichtigt werden	Verteilungsverhältnis (VV) bestimmt, wie viele Mengeneinheiten je Outputprodukt aus einer Mengeneinheit des Inputprodukts entstehen
Quelle (Qu)	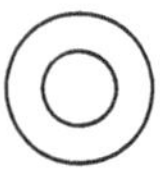	erzeugt Zuflüsse in das Modell besitzt einen oder mehrere Kanäle, deren Anzahl der Produkttypenzahl entspricht	Steuerung der Zuflusses λ_i^{out} mittels Intensität oder durch Impulsauslösung
Senke (Se)		bildet Abflüsse aus dem Modell besitzt einen oder mehrere Kanäle, deren Anzahl der Produkttypenzahl entspricht	Aufzeichnung der kumulierten Abflussmengen

Tabelle 1: *Mesoskopische Modellbausteine*

Die Annahme, Prozesse in Materialflusssystemen als Discrete Rate Prozesse abzubilden, scheint auf den ersten Blick eine sehr vereinfachte und grobe Abbildung zur Folge zu haben. In der Tat bietet diese Vorgehensweise eine große Freiheit bei der Auswahl des Detaillierungsgrades an, da die Länge der Zeitintervalle, in denen die Flussraten konstant sind, durch den Modellentwickler bestimmt werden kann. Der Modellentwickler kann in einem Modell Mittelwerte für Flüsse anwenden, die sich auf einzelne Stunden, Tage oder sogar Wochen beziehen. Bei Bedarf können auch impulsförmige Flüsse modelliert werden, die eine sehr detaillierte Darstellung von einzelnen Produktmengen ermöglichen.

4 Referenzmodelle der mesoskopischen Simulation

Die grundlegenden Standardprozesse der Logistik – Transport, Lagerung und Kommissionierung – wurden als elementare, universelle Module abgebildet, die sich aus nur wenigen mesoskopischen Modellkomponenten zusammensetzen (siehe Tabelle 1). Diese Module bilden die Gruppe der prozessorientierten Referenzmodelle. Die zweite Gruppe besteht aus den so genannten strukturorientierten Referenzmodellen. Dazu zählen Transportnetze, die in elementare Strukturen (Linien-, Ring- und Sternstruktur), Transportketten und typische Netzstrukturen (Zuliefer-, Distributions- und Speditionsnetze) unterschieden werden. Auch zur Modellierung von Produktionsnetzwerken ist die mesoskopische Vorgehensweise gut geeignet und erlaubt außerdem eine übersichtliche Darstellung von Prozess- und Systemstrukturen (KAISER 2010). Im Folgenden werden zwei Beispiele für mesoskopische prozessorientierte Referenzmodelle beschrieben.

4.1 Referenzmodell Transport

Das Referenzmodell Transport kann als allgemeingültige Vorlage zur Abbildung von Transporten mit stetigen Fördermitteln, z.B. Bandförderanlagen, oder unstetig fördernden Fahrzeugen, z.B. außerbetrieblichen Verkehrsmitteln und innerbetrieblichen Transportmitteln, angewandt werden. Grundlage ist der Standardprozess Transport, der auf zwei Trichtern (Tr2 und Tr3) und einem mesoskopischen Verzögerungselement Ve1 basiert (Abbildung 1). Ein Transport erfolgt entweder stetig als Fluss mit einer bestimmten Intensität oder als Impuls in diskreten Zeitschritten, wobei die Impulsmenge z.B. der in einen LKW verladenen Menge entsprechen kann.

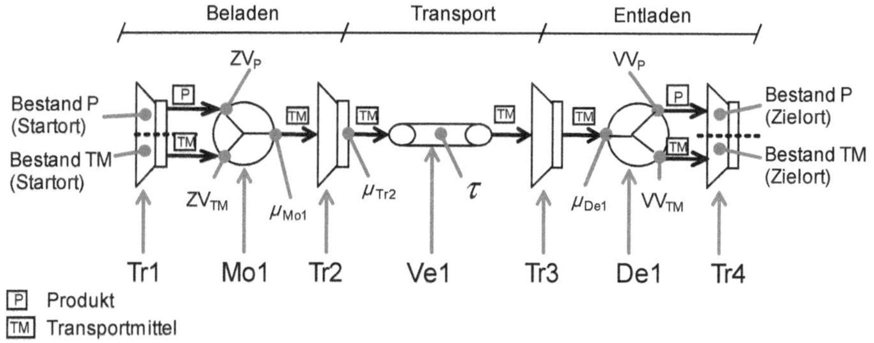

Abbildung 1: *Referenzmodell Transport als mesoskopisches Bausteinmodell*

In Abbildung 1 ist die Variante des Referenzmodells Transport mit unstetig fördernden Fahrzeugen abgebildet. Dabei werden Transportmittel und Transportgut als separate Flüsse am Eingang des Modells dargestellt. Beim Beladen werden Transportmittel- und Produktfluss in einem bestimmten Mengenverhältnis zusammengefügt, wozu ein Montageelement Mo1 verwendet wird. Das Zusammensetzungsverhältnis ZV_p beschreibt, wie viele Produktmengen als Zuladung in ein Transportmittel hinzugefügt werden. Der Output von Mo1 ist mit dem Input von Transportmitteln identisch, weshalb das Zusammensetzungsverhältnis ZV_{TM} immer Eins beträgt. Die Umschlagleistung beim Beladen wird durch die Grenzleistung der Montage μ_{Mo1} beschrieben. Die Transportmittel stauen sich im Warenausgang, wenn die aktuelle Transportleistung (Grenzleistung μ_{Tr2}) nicht ausreicht. Nach dem Transport wird eine Produktportion von TM, die im Trichter Tr3 wartet, in eine bestimmte Produktmenge VV_p und genau eine Transporteinheit von TM mithilfe des Demontageelements De1 umgewandelt.

4.2 Referenzmodell Lagerung

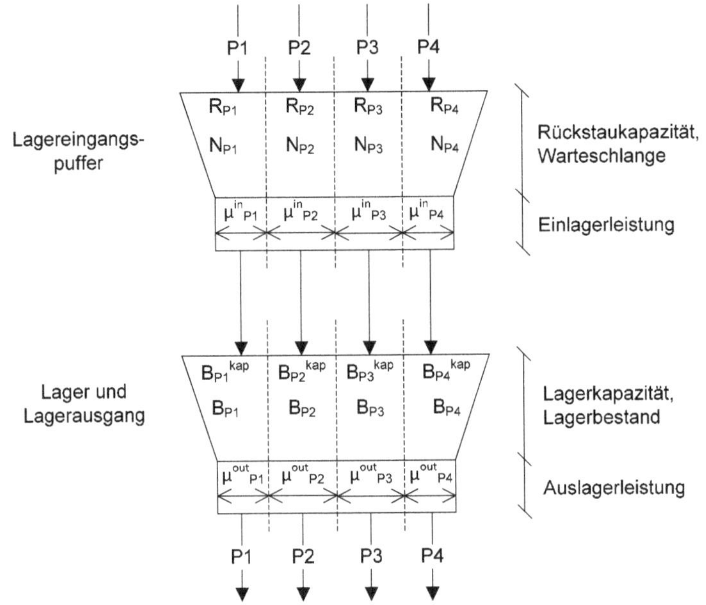

Abbildung 2: *Referenzmodell Lagerung als mesoskopisches Bausteinmodell*

Ein Lager wird allgemein mit zwei sequentiell angeordneten Trichtern dargestellt (Abbildung 2). Jedes Lager besitzt für jeden Produkttypen einen Kanal *i*. Im ersten Trichter befindet sich ein Eingangspuffer, der die einzelnen Warteschlangen N_i aufnimmt. Die Länge einer Warteschlange kann ggf. durch die Rückstaukapazität R_i begrenzt werden. Wenn die Länge der Warteschlange die Rückstaukapazität erreicht, wird der voranliegende Baustein blockiert, sodass dessen Ausgangsfluss unterbrochen werden muss. Die Einlagerung wird durch eine oder mehrere gleichartige Ressourcen durchgeführt. Dabei wird die verfügbare Ressourcenleistung auf die einzelnen Kanäle auf Basis einer beliebigen Strategie verteilt. Der zweite Trichter beinhaltet das Lager mit Lagerräumen und -stellplätzen. Die Kapazitäten B_i^{kap} und Bestände B_i werden abhängig vom Lagerbelegungstyp bestimmt. Der

Lagerausgang wird analog zum Lagereingang von Ressourcen bedient, die auf die einzelnen Kanäle verteilt werden.

Wenn die Ein- und Auslagerung durch dieselbe Ressource bzw. Ressourcengruppe durchgeführt wird, muss die verfügbare Leistung auf beide Trichter verteilt werden. Dabei ist die Bewegungsstrategie der Ressource von Bedeutung. Sie legt fest, in welcher Reihenfolge welche Ein-, Um- und Auslagerungen von den Lagerbetriebsmitteln durchgeführt werden, damit eine möglichst hohe Einlager-, Auslager- oder Durchsatzleistung erreicht wird.

5 Zusammenfassung und Ausblick

Aus folgenden Gründen besteht Bedarf, weitere Schritte zur Verbreitung eines auf den Prinzipien der Discrete Rate Simulation basierenden mesoskopischen Modellierungs- und Simulationsparadigmas für Flusssysteme zu unternehmen:

1. Es werden oft sehr detaillierte und aufwendige ereignisdiskrete Modelle für Aufgabenstellungen entwickelt, deren Lösung auch mit weniger aufwendigen Modellen möglich wäre. Ereignisdiskrete Modelle werden in großen Mengen entwickelt, weil entsprechende Simulationswerkzeuge verbreitet sind. Ein weiterer Grund für die Verbreitung ereignisdiskreter Modelle in der Logistik ist ihre direkte und intuitive Anwendung für diskrete Flüsse von Stückgütern.
2. Kontinuierliche Modelle in Form von System Dynamics Modellen werden für logistische Aufgabenstellungen nur sehr selten entwickelt. Dazu gibt es sowohl objektive als auch subjektive Gründe. Zu den objektiven Gründen gehört z.B. die Tatsache, dass oft Schwierigkeiten entstehen, wenn Mehrproduktsysteme dargestellt werden sollen oder Steuerungsalgorithmen geändert werden sollen. Im Vordergrund stehen jedoch subjektive Gründe, da abstrakte kontinuierliche Modelle hauptsächlich nur von Modellentwicklern mit Neigung zu abstrakten mathematischen Analysemethoden genutzt werden.
3. Das Discrete Rate Prinzip ist den meisten Modellentwicklern auf dem Gebiet der Produktion und Logistik bis heute nicht bekannt. Auch in Situationen, wenn das Simulationswerkzeug Mittel zur Realisierung dieses Prinzips anbietet, wird diese Möglichkeit ignoriert, da das Discrete Rate Prinzip in der Regel nur für die Simulation von echten physikalischen Flüssen empfohlen wird.

Die mesoskopische Vorgehensweise ist vor allem dadurch gekennzeichnet, dass das für Entwicklung von Modellen erforderliche Abstraktionsniveau wesentlich niedriger als bei der Systems Dynamics Modellierung ist. Die Entwicklung des speziellen Simulators MesoSim wurde mit dem Ziel verfolgt, ein "logistikfreundliches" Werkzeug anzubieten. Die eingeführte "mesoskopische Notation" ist sowohl zur Darstellung von prinzipiellen als auch von konkreten Modellen geeignet.

Literatur

DAMIRON, Cecile; NASTASI, Anthony: Discrete Rate Simulation Using Linear Programming. In: Proceedings of the 2008 Winter Simulation Conference. Hrsg.: MASON, S. J.; HILL, R. R.; MÖNCH, L.; ROSE, O.; JEFFERSON, T.; FOWLER, J. W. Piscataway: IEEE, 2008, S. 740-749.

FILMER, Peter J.; MARCONDES, Jorge A.; JOHNSTON, Robert E.: Simulation of High-Speed Packaging Lines. In: Packaging Technology & Science, Chichester, 7(1994)3, S. 123-130.

IMAGINE THAT, Inc.: ExtendSim User Guide. San Jose, 2007.

KAISER, Alexander: Entwicklung von Referenzmodellen der mesoskopischen Simulation für Produktions- und Logistiksysteme. Magdeburg: Diplomarbeit, Otto-von-Guericke-Universität, Institut für Logistik und Materialflusstechnik, 2010.

KOUIKOGLOU, Vassilis S.; PHILLIS, Yannis A.: Hybrid Simulation Models of Production Networks. New York: Kluwer Academic, Plenum Publishers, 2001.

KRAHL, David: ExtendSim 7. In: Proceedings of the 2008 Winter Simulation Conference. Hrsg.: MASON, S. J.; HILL, R. R.; MÖNCH, L.; ROSE, O.; JEFFERSON, T.; FOWLER, J. W. Piscataway: IEEE, 2008, S. 215-221.

KRAHL, David: ExtendSim Advanced Technology: Discrete Rate Simulation. In: Proceedings of the 2009 Winter Simulation Conference. Hrsg: ROSSETTI, M. D.; HILL, R. R.; JOHANSSON, B.; DUNKIN, A.; IngaLls, R. G. Piscataway: IEEE, 2009, S. 333-338.

PHELPS, Richard A.; PARSONS, David J.; SIPRELLE, Andrew J.: Non-Item Based Discrete-Event Simulation Tools. In: Proceedings of the 2002 Winter Simulation Conference. Hrsg.: YÜCESAN, E.; CHEN, C.-H.; SNOWDON, J. L.; CHARNES, J. M. Piscataway: IEEE, 2002, S. 182-186.

SCHENK, Michael; TOLUJEW, Juri; REGGELIN, Tobias: Mesoscopic Modeling and Simulation of Logistics Networks. In: Preprints of the 13th IFAC Symposium on Information Control Problems in Manufacturing. Hrsg.: Bakhtadze, N.; Dolgui, A. Moskau: V.A. Trapeznikov Institute of Control Sciences, Russia, 2009, S. 586-591.

STURROCK, David T.; DRAKE, Glenn R.: Simulation for High Speed Processing. In: Proceedings of the 1996 Winter Simulation Conference. Hrsg.: CHARNES, J. M.; MORRICE, D. J.; BRUNNER, D. T.; SWAIN, J. J. Washington, DC: IEEE, 1996, S. 432-436.

TOLUJEW, Juri; REGGELIN, Tobias: Mesoskopische Simulation: Zwischen der kontinuierlichen und ereignisdiskreten Simulation. In: Advances in Simulation for Production and Logistics Applications. Hrsg: RABE, M. Stuttgart: Fraunhofer IRB-Verlag, S. 585-594.

WENZEL, Sigrid (Hrsg.): Referenzmodelle für die Simulation in Produktion und Logistik. Ghent: Society for Computer Simulation International, 2000.

ZEIGLER, Bernard P.; PRAEHOFER, Herbert; KIM, Tag Gon: Theory of Modeling and Simulation: Integrating Discrete Event and Continuous Complex Dynamic Systems. San Diego: Academic Press, 2000.

Integrationsaspekte der Simulation:
Technik, Organisation und Personal
Gert Zülch & Patricia Stock (Hrsg.)
Karlsruhe, KIT Scientific Publishing 2010

Überwachung und Diagnose mit betriebsparallelen Simulationsmethoden

Monitoring and Diagnostics based on Synchronous Simulation Methods

Sebastian Kain, Frank Schiller
Fachgebiet für Automatisierungstechnik, Lehrstuhl für Informationstechnik,
Technische Universität München, Garching (Germany)
kain@itm.tum.de, schiller@itm.tum.de

Thomas Trenner, Siemens AG, Nürnberg (Germany),
trenner.thomas@siemens.com

Abstract: Fulfilling considerable requirements concerning flexibility, availability and efficiency, automation systems have become complex mechatronic systems. In the operation phase, the identification and analysis of failures is fundamental. Bearing the challenges of automation systems, a methodology is proposed, realizing monitoring and diagnostics based on an extended quantitative simulation approach with qualitative aspects. Therein, a simulation operated in parallel to the real system represents the functional behavior of the system.

1 Motivation

An Fertigungsanlagen werden hohe Anforderungen bezüglich Flexibilität und Effizienz gestellt. Aus Wirtschaftlichkeitsgründen soll in Anlagen z.B. die effiziente Bearbeitung unterschiedlicher Produkte in möglichst großer Anzahl und gemäß der erforderlichen Qualität möglich sein (WEIGERT, WERNER, KELLNER 2002, S.42; WIENDAHL, HEGER 2004). Ein Maß für die Performanz einer Anlage stellt die Gesamtanlageneffektivität (GAE) dar. Diese umfasst die drei Kennzahlen Verfügbarkeitsgrad, Leistungsgrad und Qualitätsgrad einer Anlage und ermöglicht die Bewertung der erzielten Wertschöpfung (HANSEN 2005). Im Anlagenbetrieb können unterschiedliche Einflüsse auf die Anlage einwirken und zu Abweichungen vom optimalen Anlagenbetrieb führen, daher kommen Überwachung und Diagnose des Anlagenbetriebs eine besondere Bedeutung zu.

Im Beitrag werden bestehende Konzepte zur Unterstützung des Anlagenbetriebs auf Basis quantitativer Modelle eingeordnet und ein weiterführendes Konzept zur

Online-Überwachung des Anlagenbetriebs vorgestellt. Der Beitrag ist folgendermaßen strukturiert: In Abschnitt 2 folgt die Einordnung unterschiedlicher quantitativer Simulationsverfahren zur Unterstützung des Anlagenbetriebs. Daran anschließend wird in Abschnitt 3 eine Architektur zur simulationsbasierten Online-Anlagenüberwachung und Diagnose vorgestellt, in Abschnitt 4 ein geeignetes Simulationsmodell vorgestellt und in Abschnitt 5 das notwendige Vorgehen diskutiert. Ein Konzept zur prototypischen Umsetzung folgt in Abschnitt 6, Abschnitt 7 schließt mit einem Ausblick.

2 Einsatz quantitativer Simulationsmodelle im Anlagenbetrieb

Im Entwicklungsprozess von Fertigungssystemen wird das Anlagenengineering mittlerweile wesentlich durch Modellbildung und Simulation unterstützt. In frühen Phasen der Entwicklung ermöglichen abstrakte ereignisdiskrete Modelle vorab Aussagen über das zu erwartende Anlagenverhalten, z. B. bei der Layoutplanung. Nachfolgend kommen im Engineering des Steuerungssystems und der Leittechnik bis hin zur virtuellen Inbetriebnahme quantitative funktionale Simulationsmodelle zum Einsatz (DEUTEL, SUHM 2002, S. 14).

Im Betrieb ermöglicht die Vorhersage des zu erwartenden Anlagenverhaltens die frühzeitige Bewertung und Optimierung des angestrebten Prozesses. Aus Kosten- und Aufwandsgründen wird eine Weiterverwendung der im Entwicklungsprozess erstellten Modelle im Anlagenbetrieb angestrebt. Dazu werden im Folgenden Simulationsmethoden zur Bestimmung des Anlagen- und Prozessverhaltens im laufenden Anlagenbetrieb vorgestellt und eingeordnet.

2.1 Simulationsbasierte Anlaufunterstützung

Besonders der Anlauf von komplexen Automatisierungssystemen stellt eine große Herausforderung dar. Kürzere Produktentwicklungszyklen und zahlreiche Produktvarianten erfordern einen aufwandsarmen Produktionsanlauf sowie einen wirtschaftlichen Betrieb (DÖBELE, BREGULA 2008, S. 3). In LANZA (2005, S. 54) wird ein Verfahren vorgestellt, in dem herkömmliche Ablaufsimulation um Funktionen erweitert wird, welche die Eignung des Prozesses beschreiben. Grundlage hierfür ist die Abbildung dieser Prozesseigenschaft in sog. Qualitätsfähigkeitskurven. Damit kann die zu erwartende Prozessqualität vorherbestimmt werden. Liegen Handlungsalternativen zum Produktionsanlauf vor, ermöglichen in der Simulation ermittelte GAE die Beurteilung der Alternativen. Damit können Anlaufverzögerungen reduziert und somit die Zeit bis zur Einführung des zu fertigenden Produkts am Markt verringert werden.

2.2 Betreibersimulation

Der Begriff "Betreibersimulation" wird in der Literatur nicht einheitlich verwendet. In VDI (2000, S. 4) werden Anwendungsfälle für Simulation in der Betriebsphase aufgezeigt, die den Betreiber durch vorausschauende Untersuchungen beim Betrieb des realen Systems unterstützen. Das Ziel der Betreibersimulation besteht darin, die

Produktionsplanung und -steuerung (PPS) mit Simulationsmethoden zu unterstützen (HOLZ 2007, S. 37). Die Aufgaben von PPS-Systemen umfassen neben Auftragskoordination, Lagerwesen und Controlling auch die Produktionssteuerung zur Durchführung und Überwachung der Produktion (GLASER, GEIGER, ROHDE 1992). Zweck der Betreibersimulation ist dabei i.A. die Vorhersage des Verhaltens kompletter Anlagen/Fabriken.

In KLOSE (2006, S.7) wird eine Implementierung für die innerbetriebliche Logistik der Automobilindustrie vorgestellt, in welcher die Parametrierung der Simulation auf Basis des aktuellen Prozessabbildes der Produktion erfolgt. Anschließend wird die Simulation durchgeführt, um Durchlaufzeiten, kumulierte Rückstände oder das Verhalten von Anlagenspeichern zu bestimmen.

Ein vergleichbarer Ansatz auf Linien-/Anlagenebene wird in SAUER (2000) als "betriebsbegleitende Simulation" vorgestellt. Ziel ist die Unterstützung der Produktionsplanung durch Vorhersagen über den weiteren Produktionsverlauf (z.B. der laufenden Schicht) mit Hilfe von vorwiegend ereignisdiskreten Simulationsmodellen.

2.3 Betreibersimulation auf Maschinenebene

In KAIN, HEUSCHMANN und SCHILLER (2008) wird ein simulationsbasierter Ansatz zur Identifikation des Optimierungspotentials von Automatisierungssystemen auf Maschinenebene vorgestellt. In einer Voraussimulation wird das zu erwartende Anlagenverhalten ermittelt und durch geeignete Auswertung evaluiert. Grundlage hierfür ist ein funktionales Verhaltensmodell der realen Anlage sowie eine Nachbildung des Steuerungssystems. Initialisiert mit dem aktuellen Zustand der Anlage und des Steuerungssystems ermöglicht die Voraussimulation die Berechnung des Systemverhaltens ohne Einwirkung äußerer Störungen. Die Validität des Modells der Anlage sowie des Steuerungssystems bestimmen maßgeblich die Belastbarkeit der Simulationsergebnisse. Die Autoren diskutieren deshalb eine Methodik zur Modellierung des Steuerungssystems unter Verwendung des originalen Steuerungscodes.

2.4 Einordnung und Bewertung der Simulationsansätze

Alle vorgestellten Simulationsansätze bieten eine Methodik an, den in dem Automatisierungssystem realisierten Prozess mit Hilfe von Maß- und Bewertungsgrößen zu charakterisieren. Die gewählten Begrifflichkeiten dienen maßgeblich zur Abgrenzung von bestehenden Simulationsmethoden und ermöglichen allein keine Strukturierung.

Bei der "Simulationsbasierten Anlaufunterstützung" liegt die Anlaufphase des noch veränderlichen Produktionsprozesses im Mittelpunkt. Im Anlagenbetrieb unterstützen "Betreibersimulation" und "Betriebsbegleitende Simulation" im Wesentlichen die Produktionsplanung und -steuerung. In der "Voraussimulation" liegt der Fokus der Vorherbestimmung auf Maschinenebene. Damit fokussieren die vorgestellten Simulationsansätze auf unterschiedliche Systemsichten und unterscheiden sich in dem Einsatzzweck und dem Detaillierungsgrad der Systemnachbildung.

Allen Anwendungen gemein ist der Ansatz, das zukünftige Anlagenverhalten vorher zu bestimmen und durch Eingriffe in die Auftragsplanung optimal zu gestalten. Damit können Auswirkungen von Störungen im Anlagenbetrieb zwar vermindert, nicht jedoch deren Auftreten erkannt werden. Im Folgenden wird ein Ansatz vorgestellt, welcher auf Basis einer parallel betriebenen Echtzeitsimulation die Überwachung und Diagnose von Fertigungsanlagen im Betrieb ermöglicht.

3 Überwachung des Anlagenbetriebs mit parallelbetriebenen Simulationsmodellen

In der Praxis kann die Produktivität einer Anlage durch eine Vielzahl von Faktoren gemindert werden, wie z. B. ungeplante Rüstzeiten, unsachgemäße Bedienung oder Störungen. Die Überwachung des Anlagenbetriebs ermöglicht die frühzeitige Identifikation von Störungen im Anlagenbetrieb.

Die Überwachung des Anlagenbetriebs wird im Folgenden auf Basis eines zeitlich parallel zur realen Anlage betriebenen quantitativen Anlagenmodells realisiert, in welchem die funktionalen Abhängigkeiten in der Anlage nachgebildet sind. Wirken, ausgehend von einem identischen Zustand, die gleichen Eingangsgrößen des Steuerungssystems auf die Simulation und die reale Anlage, stellt sich in beiden idealerweise derselbe Zustand ein (Wechselwirkungen in Regelstrecken der realen Anlage und des Steuerungssystems seien vernachlässigbar). Damit kann der Zustand des realen Systems mit Hilfe der parallel betriebenen Simulation, ähnlich einem Beobachter, ermittelt werden (vgl. Abb. 1).

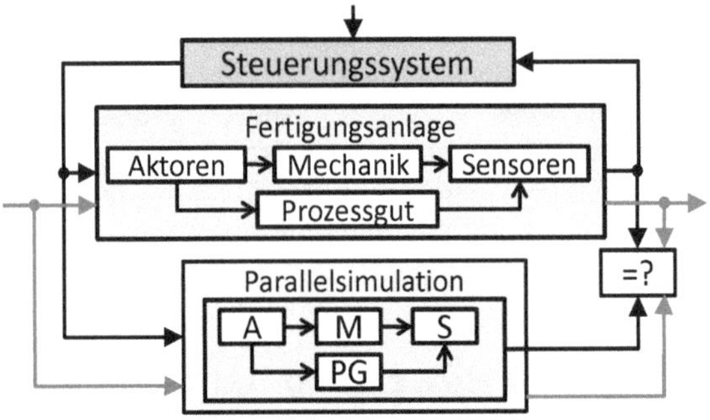

Abbildung 1: *Grundlegende Architektur Parallelsimulation*

Dies ist einem Hardware-in-the-Loop-Aufbau (STOEPPLER, MENZEL, DOUGLAS 2005, S.13) ähnlich, wobei die in der Simulation ermittelten Sensorsignale nicht in die Steuerung des realen Systems zurückgeführt werden. Durch Auswertung des realen und simulierten (fehlerfreien) Verhaltens kann die reale Anlage überwacht und Abweichungen vom spezifizierten Anlagenverhalten erkannt werden.

4 Modellierung für die betriebsparallele Simulation

Zur Ermittlung des Anlagenverhaltens wird die Wirkkette Aktorik-Mechanik-Prozessgut-Sensorik in der Anlagensimulation nachgebildet. Die Steuerungssignale bewirken Aktorzustände, die wiederum Eigenschaften des Prozessguts beeinflussen. Anschließend wird in Abhängigkeit des Prozessguts der Zustand der Sensorik bestimmt. Dies kann unter Verwendung von quantitativen funktionalen Simulationsmodellen erreicht werden, wie sie z. B. aus der Anlagenentwicklung zur Verfügung stehen (z.B. DEUTEL, SUHM 2002, S. 15; STOEPPLER, MENZEL, DOUGLAS 2005, S. 14).

Beim Einsatz quantitativer Modelle erfolgt auf Basis des hinterlegten Systemmodells stets eine exakte Berechnung des Systemverhaltens. Ebenso führen gleiche Startbedingungen und Einflussgrößen stets zu dem gleichen berechneten Systemverhalten (Determinismus). Treten bei dem Signalvergleich zwischen quantitativer Simulation und Realität Abweichungen auf, ist stets zu untersuchen, ob diese aus Unschärfe im Simulationsmodell (z. B. durch Abstraktion bei der Modellierung des Systems) oder aus Störungen in dem realen System resultieren.

Ist die Unschärfe bekannt, so ist die Auswertung der Abweichungen im Hinblick auf Störungen im Anlagenbetrieb effizient möglich. Um ohne Kenntnis der beschriebenen Unschärfe Störungen zu erkennen, entwerfen DVORAK und KUIPERS (1991, S. 68) Diagnosemethoden auf Basis qualitativer Modelle. Bei Fertigungsanlagen erfordert die Erstellung qualitativer Modelle zur Überwachung und Diagnose zusätzlichen Aufwand. Die Weiterverwendung der bereits im Entwicklungsprozess erstellten quantitativen funktionalen Modelle wäre aus Sicht der Modellbildung und Simulation effizient.

Es sind deshalb Simulationsmethoden zu entwickeln, welche die Realisierung von Überwachung und Diagnose bei Fertigungsanlagen unter Weiterverwendung der im Entwicklungsprozess bereits erstellten funktionalen Anlagenmodelle effizient ermöglichen. In diesem Beitrag wird ein Konzept vorgestellt, dies durch Erweiterung der quantitativen funktionalen Simulationsmodelle um qualitative Elemente zu realisieren:

- Einführung eines Konzepts zur Beschreibung unscharfer Simulationswerte durch Intervalle anstelle von einzelnen Werten.
- Bereitstellung der Möglichkeit zur Berechnung unterschiedlicher Simulationspfade, falls diese durch unscharfe Simulationswerte bedingt sind.

Bei der virtuellen Inbetriebnahme von Steuerungssystemen für Fertigungsanlagen mit dominierendem Materialfluss gilt es, die Position der einzelnen Prozessgüter detailliert zu modellieren, um die Wirkkette Aktor-Prozessgut-Sensor entsprechend der realen Anlage nachzubilden. Im klassischen quantitativen Ansatz kann eine Förderstrecke als Integrator der Prozessgutposition modelliert werden. Stochastische Einflüsse, z. B. durch Reibung an Führungsschienen, werden ggf. über die Mittellung von Modellparametern berücksichtigt. Bei der Simulation resultiert dann entsprechend ein Wert für die Position des Prozessguts, die im Parallelbetrieb statistisch mit dem realen Signal übereinstimmt.

Eine qualitative Erweiterung besteht darin, anstelle konkreter u. U. gemittelter Prozessgutpositionen stochastische Einflüsse mittels Aufenthaltswahrscheinlichkeiten zur Verfügung zu stellen. Zeitvariante Dichtefunktionen erlauben dann z. B. die Berechnung eines zulässigen Intervalls, in welchem sich das Prozessgut in der Realität aufhält (vgl. Abb. 2).

Die Berücksichtigung von Aufenthaltswahrscheinlichkeiten im Modell (und damit Unschärfe) kann dazu führen, dass unterschiedliche Simulationspfade (Kandidaten) gültig sind. Während der Ausführung des Simulationsmodells in Echtzeit sind diese durch Abgleich mit der realen Anlage einzuschränken und Unschärfen durch reale Messwerte zu reduzieren (Synchronisation). Bei der Überwachung des Anlagenverhaltens auf Signalebene erfolgt anschließend die Prüfung, ob sich die Signalverläufe der realen Anlage innerhalb der in der Simulation bestimmten Intervallgrenzen befinden.

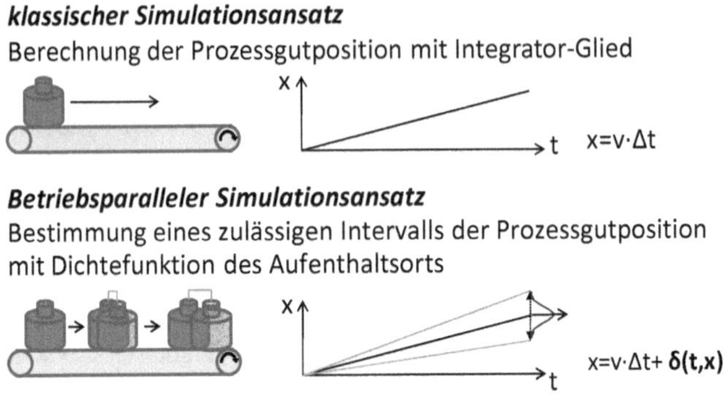

Abbildung 2: *Beispiel-Modellierung einer Förderstrecke nach klassischem Ansatz und betriebsparallel*

5 Vorgehen bei der Überwachung und Diagnose mit betriebsparalleler Simulation

Zur Anwendung der signalbasierten Überwachung und Diagnose von Fertigungsanlagen auf Basis der erweiterten betriebsparallelen Simulationsmodelle ist folgendes Vorgehen erforderlich:

Im Anlagen-Engineering wird auf Basis der für die Virtuelle Inbetriebnahme erstellten funktionalen Simulationsmodelle das Anlagenmodell für die Parallelsimulation erstellt. Damit umfasst das Simulationsmodell neben geometrischen Abmessungen auch die Funktion der Anlage sowie Abhängigkeiten der Anlagenkomponenten und den realisierten Prozess. Damit kann das Anlagenverhalten bereits näherungsweise abgebildet werden.

Nach der Inbetriebnahme der realen Anlage wird das Simulationsmodell in der Modellvalidierung feinparametriert. Grundlage hierfür ist der Parallellauf der Simulation mit der realen Anlage im fehlerfreien Fall. Dabei erfolgt u.a. die Bestimmung der Parameter zur Abbildung der Aufenthaltswahrscheinlichkeit der Prozessgüter im Simulationsmodell mit Hilfe der in der Anlage verbauten Sensorik.

Im Anlagenbetrieb wird das Simulationsmodell parallel zur realen Anlage in einer Echtzeitsimulationsumgebung ausgeführt. Bei dem Signalvergleich wird überprüft, ob sich der Verlauf der realen Sensorsignale innerhalb der in der Simulation berechneten erwarteten Grenzen befindet. Dies ermöglicht die Identifikation und Auswertung von Störungen in der realen Anlage.

6 Prototypische Realisierung

Neben dem zuvor beschriebenen Vorgehen zur signalbasierten Überwachung und Diagnose mit betriebsparalleler Simulation muss die Werkzeugunterstützung zusätzlich folgenden Anforderungen genügen:

- Echtzeitanbindung an die Anlage zur Signalerfassung, z.B. über Feldbus, sowie an das Leitsystem zur Ausgabe von Meldungen
- Nachbildung des Anlagenverhaltens in Echtzeit
- kurz- und langfristiger Vergleich des simulierten und realen Anlagenverhaltens, Diagnosesystem zur Auswertung von Abweichungen

Derzeit wird die in Abb. 3 dargestellte Werkzeugarchitektur unter Verwendung der Werkzeuge Siemens Simba Pro (Ankopplung Feldbus), Siemens Sinumerik MS (Echtzeitsimulation), Microsoft Access (Datenbanksystem) und Mathworks Matlab (Datenauswertung) implementiert.

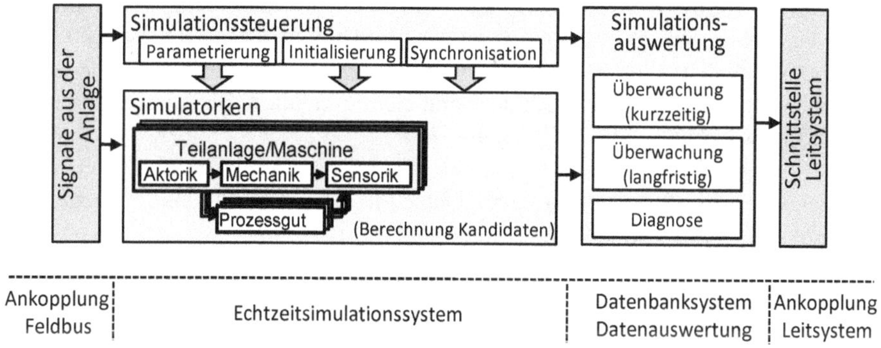

Abbildung 3: *Architektur Werkzeugunterstützung betriebsparallele Überwachung und Diagnose*

Zur Evaluation dient ein mit Speicherprogrammierbaren Steuerungen (S7-Technologie) und Feldbus (Profibus) ausgestatteter Demonstrator zur Lagerhaltung, Befüllung und Palettierung von Prozessgütern. Erste Ergebnisse der Evaluation am Demonstrator bestätigen das Vorgehen.

7 Ausblick

Betriebsparallele Simulationsmethoden auf Feldebene von Fertigungssystemen weisen großes Potential auf, den Anlagenbetrieb zu unterstützen. Das vorgestellte Simulationskonzept ist derzeit Forschungsgegenstand und wird im Rahmen des Verbundprojekts Avilus ("Angewandte Virtuelle Technologien im Produkt- und Produktionsmittellebenszyklus", Fkz. 01IM08001X, gefördert durch das BMBF im Rahmen der Hightech-Strategie der Bundesregierung) untersucht. Dazu erfolgt im Teilprojekt "Betriebsparallele Simulation" in Zusammenarbeit mit dem Anwendungspartner Siemens die Weiterentwicklung der skizzierten Methoden zur Betriebsparallelen Simulation für den effizienten Betrieb von komplexen Fertigungsanlagen.

Literatur

DEUTEL, Franz; SUHM, Christian: Simulation Based Engineering – ein vernetzter Prozess Durchgängiger Einsatz der Simulation über den gesamten Anlagenlebenszyklus. A&D Newsletter, München, Nr.10, Oktober 2002, S. 14-16.

DÖBELE, Mathias; BREGULA, Markus: Planung der Automatisierungstechnik auf Basis von standardisierten Planungskomponenten. In: 39. Jahrestagung des Siemens Automatisierungs-Kreis. Hrsg.: KLASEN, F. Köln: Eigenverlag FH Köln, 2008.

DVORAK, Daniel; KUIPERS, Benjamin: Process monitoring and diagnosis: a model-based approach. In: IEEE Expert, 6(1991)3, S. 67-74.

GLASER, Horst; GEIGER, Werner; ROHDE, Volker: PPS - Produktionsplanung und -steuerung. Wiesbaden: Gabler, 2. Auflage 1992.

HANSEN, Robert C.: Overall Equipment Effectiveness. New York, NY: Industrial Press, 2005.

HOTZ, Ingo: Simulationsbasierte Frühwarnsysteme zur Unterstützung der operativen Produktionssteuerung und -planung in der Automobilindustrie. Magdeburg: Dissertation Otto-von-Guericke-Universität Magdeburg, 2007.

KAIN, Sebastian; HEUSCHMANN, Christian; SCHILLER, Frank: Von der virtuellen Inbetriebnahme zur Betriebsparallelen Simulation. In: Automatisierungstechnische Praxis, 50(2008)8, S. 48-52.

KLOSE, Markus: Betreibersimulation Werk Leipzig- Ein webbasiertes und online gekoppeltes Prognosetool zur Unterstützung der Produktionssteuerung. BMW AG, Leipzig, 2006.

LANZA, Gisela: Simulationsbasierte Anlaufunterstützung auf Basis der Qualitätsfähigkeiten von Produktionsprozessen. Karlsruhe: wbk Institut für Produktionstechnik, 2005.

SAUER, Wilfried: Optimierung von Fertigungsprozessen in der Elektronikproduktion durch prozessbegleitende Simulation. In: Modellierung der Produktion, Abschlusskolloquium zum DFG Schwerpunktprogramm. Hannover: Universität Hannover, Institut für Fabrikanlagen, Hannover, 2000.

STOEPPLER, Guido; MENZEL, Thomas; DOUGLAS, Steve: Hardware-in-the-loop simulation of machine tools and manufacturing systems. In: Computing and Control Engineering, 16(2005), S. 10-15.

VDI: Simulation von Logistik-, Materialfluss- und Produktionssystemen, VDI 3633, Blatt 1, Grundlagen. Düsseldorf, 2000.

WEIGERT, Gerald; WERNER, Sebastian; KELLNER, Marc: Fertigungsplanung durch prozessbegleitende Simulation Einleitung. In: Anwendungen der Simulationstechnik in Produktion und Logistik-Tagungsband zur 10. ASIM-Fachtagung. Hrsg.: NOCHE, J.; DRUYEN, B. Erlangen: SCS Europe, 2002, S. 42-51.

WIENDAHL, Hans-Peter; HEGER, Christoph: Justifying Changeability. A Methodical Approach to Achieving Cost Effectiveness. In: The International Journal For Manufacturing Science & Production, 6(2004)1-2, S. 33-39.

Integrationsaspekte der Simulation:
Technik, Organisation und Personal
Gert Zülch & Patricia Stock (Hrsg.)
Karlsruhe, KIT Scientific Publishing 2010

Modellierung mit SysML zur Abbildung von Produktionsprozessen

Modelling of Production Systems with SysML

Oliver Schönherr, Oliver Rose
Technische Universität Dresden, Dresden (Germany)
oliver.schoenherr@tu-dresden.de, oliver.rose@tu-dresden.de

Abstract: In this paper, we present an approach for developing a simulation-tool-independent description for discrete processes and for converting such a general model into simulation-tool-specific models. Our aim is to develop models by means of SysML and to build converters from SysML models to models of a large variety of simulation tools. Based on this architecture, we develop a general model description for discrete processes which permits to create comprehensive scenarios. Our main domain is production systems but we show which elements are not domain specific and can be generalized to an approach for a standard to model discrete production planning and control problems.

1 Einleitung

In vielen Bereichen der Wissenschaft, wie der Informatik, der Elektrotechnik oder im Bauingenieurwesen haben sich Beschreibungssprachen wie die UML durchgesetzt (vgl. WEILKIENS 2006). Im Bereich der Modellierung diskreter Prozesse ist dem nicht so (WEILKIENS 2006, 261). Doch gibt es hier aus den zwei folgenden Gründen einen deutlichen Bedarf.

1. Durch Beschreibungssprachen können Projekte nach den Prinzipien des Systems Engineering wie Design-Synthese und System-Überprüfung umgesetzt werden, um auch bei großen Projekten den Überblick zu wahren und die Unsicherheit der Modelle (Diskrepanz zwischen Modell und Realität) zu reduzieren.

2. Beschreibungssprachen sind ein zentrales Element der automatischen Modellgenerierung.

In der Softwaretechnik ist die automatische Codegenerierung von UML-Modellen mittels sogenannter *CASE-Tools* weit verbreitet und standardisiert (FOWLER 2003, S. 23). In der Modellierung diskreter Prozesse hingegen gibt es zwar viele Ansätze, die unter dem Thema "*Model Based Software Engineering*" (MBSE) betrachtet werden (z.B. *Stateflow Coder*, ASCET, das Projekt ADAGE), jedoch setzte sich bisher keiner ausreichend durch (vgl. Fachausschuss Software Engineering 2004). Dies kann durch das Fehlen einer einheitlichen, ausreichend mächtigen oder nicht-proprietären Beschreibungssprache bedingt sein. Doch gerade bei der Modellierung diskreter Prozesse im Bereich der Produktion ist die automatische Codegenerierung sinnvoll, da in diesen eine Fülle an verschiedenen Werkzeugen eingesetzt wird, die mangels Standardisierung oft nicht in der Lage sind, ihre Modelle untereinander auszutauschen. Durch die automatische Codegenerierung aus einem Standardmodell können Modelle für verschiedene Werkzeuge automatisch generiert werden.

Die *Object Management Group* (OMG) nahm sich des Problems an und veröffentlichte im April 2006 die *Systems Modeling Language* (SysML) 1.0, einen Standard, der auf der *Unified Modeling Language* (UML) 2 aufbaut und sich im Bereich des *Systems Engineering* als standardisierte Beschreibungssprache etablieren soll. In der kurzen Zeit seit der Veröffentlichung von SysML, wurde die neue Beschreibungssprache kontrovers diskutiert (vgl. GfSE 2008). Die schnell steigende Nachfrage erkennt man daran, dass alle Modellierungswerkzeuge relevanter Herstellern wie ARTiSAN, Telelogic, I-Logix und Sparx Systems mittlerweile SysML unterstützen.

Diese Arbeit versucht, einen allgemeinen Ansatz für die Modellierung von diskreten Systemen bereitzustellen und eine Lösung zur automatischen Modellgenerierung von diskreten Prozessen zu geben. Der Ansatz sieht vor, Modelle mit SysML zu entwerfen, um sie anschließende für eine möglichst breite Menge an Simulationstools aufbereiten zu können. Ursprünglich wurde die Lösung von den Autoren für die Domäne der Produktion entworfen und ist daher für diese besonders geeignet. Um die Eigenheiten der Modellierung diskreter Modelle zu verstehen, wurde neben einer umfangreichen Literaturrecherche und einer Expertenbefragung eine weitreichende Marktanalyse von Produktions- und Simulationstools durchgeführt, welche in früheren Arbeiten eingesehen werden können (vgl. SCHÖNHERR, ROSE 2009). Die gewonnenen Erkenntnisse bildeten die Grundlage für die Erstellung eines allgemeinen Modells für die Modellierung von diskreten Prozessen, mit dem möglichst umfassend verschiedenste Szenarien abgebildet werden können.

Im ersten Teil des Papers wird die automatische Modellgenerierung, vom Entwurf eines Szenarios mit SysML bis zur Übersetzung eines Simulationswerkzeugs, beschrieben. Im zweiten Teil der Arbeit wird eine Domänenübergreifender Modellierungsansatz für diskrete Modelle beschrieben. Abschließend wird die Arbeit zusammengefasst und ein Ausblick

2 Ein Ansatz zur Automatischen Modellgenerierung

In unserer Arbeitsgruppe wurde ein Programm entwickelt, das aus SysML-Modellen automatisch Modelle für Simulationswerkzeuge generiert. Um das Programm möglichst effektiv zu gestalten, wurde eine mehrschichtige Architektur gewählt (vgl. Abb. 7). Zuerst muss das SysML-Modell mit Hilfe eines Modellierungstools entworfen werden, das das Modell in einem zur Weiterverarbeitung geeigneten Austauschformat bereitstellt.

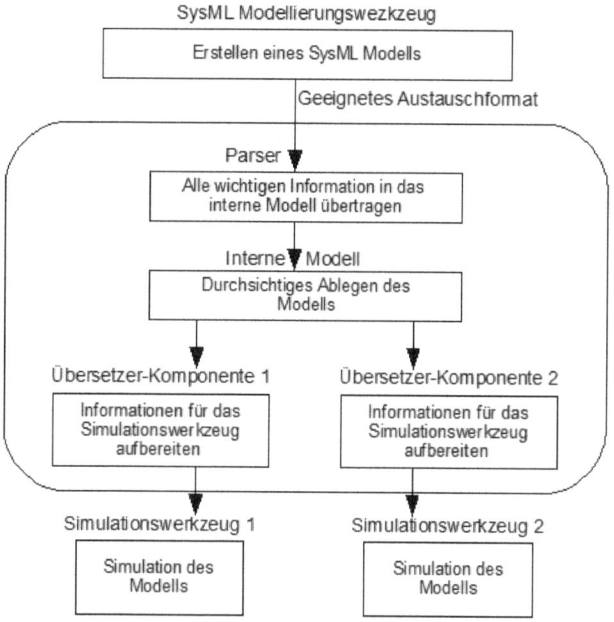

***Abbildung 1**: Systemarchitektur*

Wenn das SysML-Modell in einem geeigneten Austauschformat bereit steht, kann es in das Äquivalent eines Simulationswerkzeugs transformiert werden. Da es möglich sein soll, ein in SysML vorliegendes Modell in verschiedene Simulationsprogramme transformieren zu können, muss für jedes Programm eine eigene Ausgabe erzeugt werden. So erhält jedes Programm ein für sich geeignetes Modell in speziellem Format. Um den Arbeitsaufwand dafür möglichst gering zu halten, wurde die Erzeugung des Modells in zwei Schritte geteilt (vgl. Abb. 1). Im ersten Schritt kommt ein Programm, das als Parser bezeichnet wird, zum Einsatz. Dieses liest das im Austauschformat gespeicherte SysML-Modell ein und filtert alle wichtigen Informationen, die es anschließend in ein "internes Modell" überführt. Im zweiten Schritt wird ein "Übersetzer-Komponente" eingesetzt, das das "interne Modell" für ein Simulationsprogramm übersetzt. Dafür filtert das "Translator-Plugin" alle für das Simulationsprogramm wichtigen Daten aus dem "internen Modell" und bringt sie in das spezielle Format des Simulators. Da jeder Simulator ein eigenes Format hat, muss jeweils ein eigenes Translator-Plugin geschrieben werden.

Für die Erstellung der Modelle wird das SysML ModellierungswerkzeugMagicDraw verwendet. Aktuell arbeiten wir an einem freien Modellierungswerkzeug, das speziell auf die Bedürfnisse von Systemingenieuren angepasst wird. Die Entwicklung des internen Modells und des Parsers sind für das Verhaltens- und Strukturmodell abgeschlossen. Für die Simulationswerkzeuge Anylogic, Flexsim und Simcron Modeler sind bereits Übersetzer-Komponente entwickelt.

3 Ein allgemeiner Modellierungsansatz

Auf der Basis konzeptioneller Forschungsarbeiten im Bereich der Modellierung von Produktionssystemen (vgl. SCHÖNHERR, ROSE 2009), wurde ein allgemeiner Modellierungsansatz zur Abbildung diskreter Systeme entworfen. Diesem soll sich ein Großteil der diskreten Optimierungsprobleme unterordnen lassen. Besonders geeignet ist der Ansatz für die Domäne der Produktion und für die Beschreibungssprache SysML. Wie UML 2 unterteilt auch SysML das Gesamtmodell in Struktur- und Verhaltensteile. Während im strukturellen Modell die statische Struktur eines Systems bestehend aus Objekten und ihren Beziehungen beschrieben wird, beschreibt das Verhaltensmodell das dynamische Verhalten eines Systems über der Zeit. Systeme die von außen gesteuert werden, benötigen zusätzlich ein Kontrollmodell. Das Kontrollmodell beschreibt die Produktionsplanungs- und Produktionssteuerungskomponenten innerhalb eines Systems.

3.1 Das strukturelle Modell

Das strukturelle Modell beschreibt welche Objekte sich in einem System befinden und welche Beziehungen zwischen diesen Objekten bestehen. Es können drei Klassen, imaginäre Objekte, reale Objekte und Hilfsobjekte, unterschieden werden (vgl. Abb. 2). Die imaginären Objekte "Ankunft- und Abgangsprozess", "Warteschlange" und "Prozess" sind Teil vieler Anschauungen, wie der Warteschlangentheorie. Das Fließobjekt betritt ein System durch den Ankunftsprozess, verlässt es durch den Abgangsprozess und wird in Warteschlangen gelagert. Prozesse beanspruchen reale Objekte für eine festgelegte Zeit und können eine Zustandsänderung zufolge haben. Sie können zur Ausführung Ressourcen benötigen.

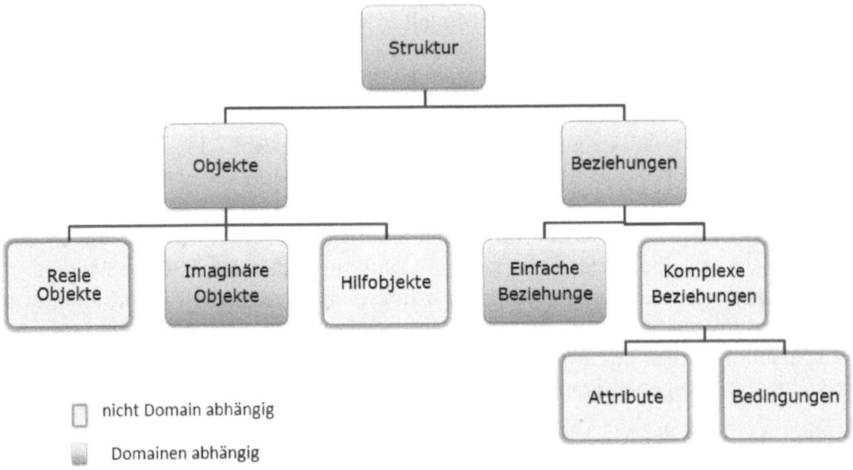

***Abbildung 2**: Übersicht Modellierung der Struktur*

Während diese imaginären Objekte in jedem diskreten System zu finden sind, wird die Domäne des Modells durch die realen Objekte und Hilfsobjekte bestimmt. Reale Objekte sind die Fließobjekte, welche das System durchlaufen (z.B. Werkstücke, Partien usw.) und die in ihren Ausprägungen sehr vielfältigen Ressourcen (Arbeiter, Maschine, Raum usw.). Hilfsobjekte werden nicht unbedingt benötigt, vereinfachen aber die Modellierung. Beziehungen zwischen den Objekten können einfache Beanspruchungen sein, wie die Reservierung eines realen Objektes durch einen Prozess. Doch können Beziehungen durchaus auch komplexer und mit Attributen oder Bedingungen belegt sein. Ein Beispiel hierfür wäre eine spezielle Ablaufeigenschaft, bei der ein Prozess eine benötigte Ressource nicht bis zu seinem Ende benötigt und daher früher freigibt. Ein weiteres Beispiel wäre eine Nachbedingung, welche einen Folgeprozess verpflichtet, die gleiche Ressource zu binden.

3.2 Das Verhaltensmodell

Im Verhaltensmodell werden das dynamische Verhalten der Objekte selbst und jenes zwischen ihnen beschrieben. Ein Beispiel aus der Produktion ist das Durchlaufen eines Werkstückes durch einen Maschinenpark. Die Modellierung des Verhaltensmodells kann nach der angestrebten Detailstufe und abhängig davon, ob bei dem Verhalten ein Rezept einzuhalten ist, klassifiziert werden (vgl. Abb. 3).Grundlegend muss zwischen Vorgängen, bei denen die Reihenfolge der Schritte eine Rolle spielt und anderen Vorgängen, unterschieden werden. Für die Abbildung der Vorgänge, bei denen die Reihenfolge der Schritte eine Rolle spielt, wird das SysML-Aktivitätsdiagramm von den Autoren favorisiert, bei der Abbildung von Ressourcen mit dynamischem Verhalten das Zustandsdiagramm.

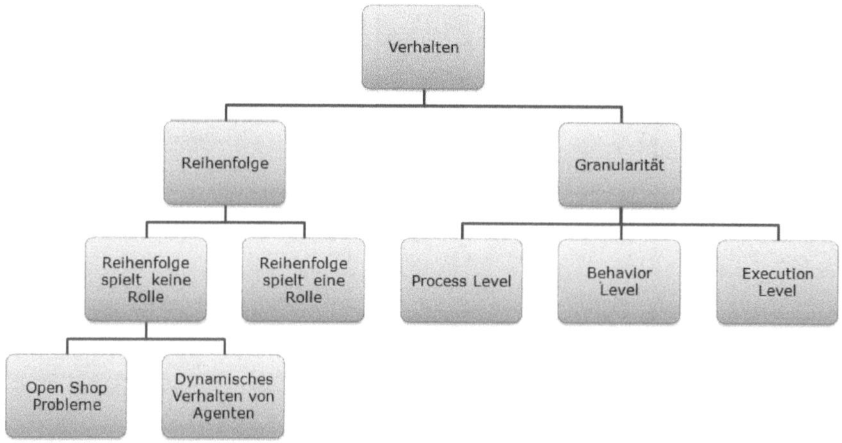

***Abbildung 3**: Übersicht Modellierung des Verhaltens*

Die Modellierung des Verhaltens kann zudem in verschiedenen Granularitätsstufen durchgeführt werden. So beschreiben beispielsweise Pieper und Röttgers, wie sie die Abbildung des Verhaltens von Workflows in Granularitätsstufen unterteilen (PIEPER, RÖTTGERS 2006, S.46 ff.). Auch STÖRRLE (2005, S. 194) weist darauf hin, dass Aktivitätsdiagramme verschiedene Granularitätsstufen beschreiben können.

Im Folgenden sollen die verschiedenen Granularitätsstufen für Modelle diskreter Prozesse anhand eines Beispiels aus der Produktion mit Hilfe von SysML-Aktivitätsdiagrammen erläutert werden. Die oberste Ebene soll allgemein als "Prozessebene" bezeichnet werden. Hier wird die Abfolge der einzelnen Prozesse abgebildet, die für den Durchlauf eines Werkstücks durch den Maschinenpark steht. Das Beispiel in Abbildung 4 zeigt die Bearbeitung eines Werkstücks, welches das System im Ankunftsprozess betritt, auf einer Maschine bearbeitet wird, anschließend abkühlt und das System wieder verlässt. Für viele Simulatoren wird die in Abbildung 4 gezeigte Darstellung als Eingabe genügen (z.B. Anylogic, Flexsim, Simcron). Andere Simulationswerkzeuge jedoch benötigen eine genauere Spezifikation.

Jeder Prozess der Prozessebene kann als imaginäres Objekt klassifiziert werden (Ankunftsprozess, Abgangsprozess, Prozess, Warteschlange). Diesem können nun in der nächsten Granularitätsstufe "Verhaltensebene" festgelegte Folgen von Verhaltensmuster zugeordnet werden. In dem gewählten Beispiel wird "maschinell bearbeiten" beschrieben. In einem ersten Schritt bindet der Prozess die benötigten Ressourcen. Anschließend kann das Werkstück maschinell bearbeitet werden. Abschließend werden die gebundenen Ressourcen wieder freigegeben (vgl. Abb. 5).

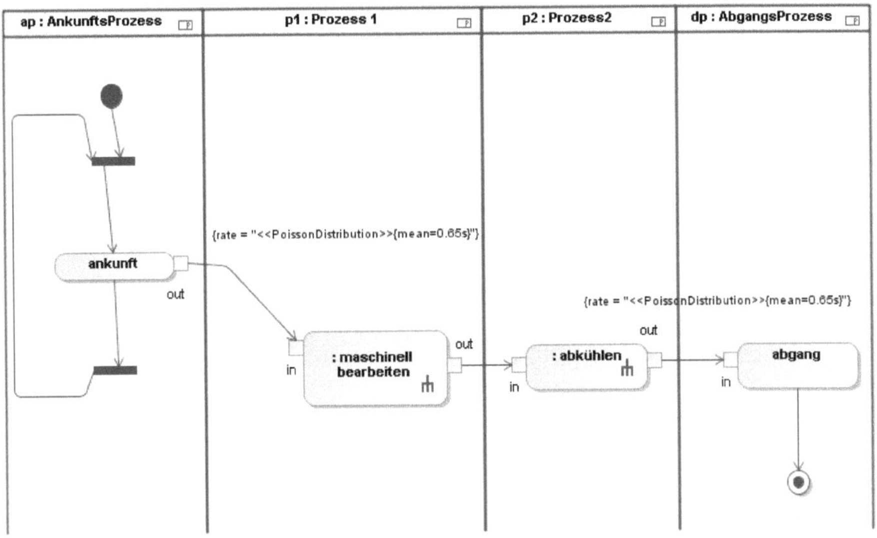

***Abbildung 4**: Beispiel Granularitätsstufe Prozessebene*

Während nun der Objekt- und Kontrollfluss des Verhaltens deterministisch und ausführbar beschrieben wird, fehlt noch die genaue Beschreibung der Aktionen, sobald diese zur Ausführung kommen. Hierfür stellt die OMG ca. 40 Aktionen als Elemente der UML 2 bereit, die eine Grundlage für die detailierte Beschreibung des Verhaltens darstellen (PIEPER, RÖTTGERS 2006, S.47). Die Aktivitäten werden in verschiedenen Veröffentlichungen ausführlich besprochen (WEILKIENS, OESTEREICH 2006, S 161 ff.; vgl. WEILKIENS 2006).

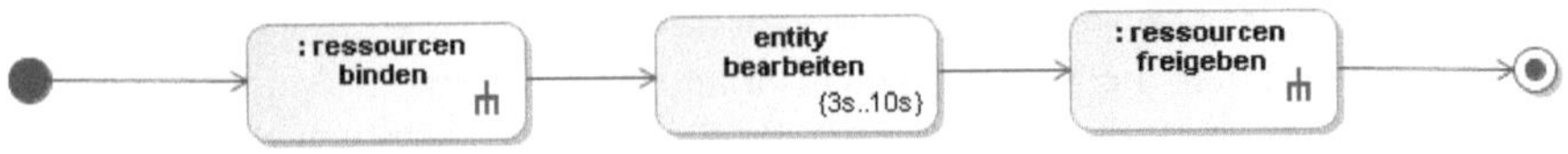

***Abbildung 5**: Beispiel Granularitätsstufe Verhaltensebene*

Das feingranulare Verhalten der Verhaltensmuster wird in der "Ausführungsebene" beschrieben. Im angeführten Beispiel wird das Verhalten der Aktion "Ressourcen binden" spezifiziert. Zuerst wird die Anzahl der benötigten Arbeiter mit den zur Verfügung stehenden Arbeitern verglichen. Sobald genug Arbeiter zur Verfügung stehen, werden die benötigten Arbeiter reserviert und von dem Ressourcenpool abgezogen (vgl. Abb. 6).

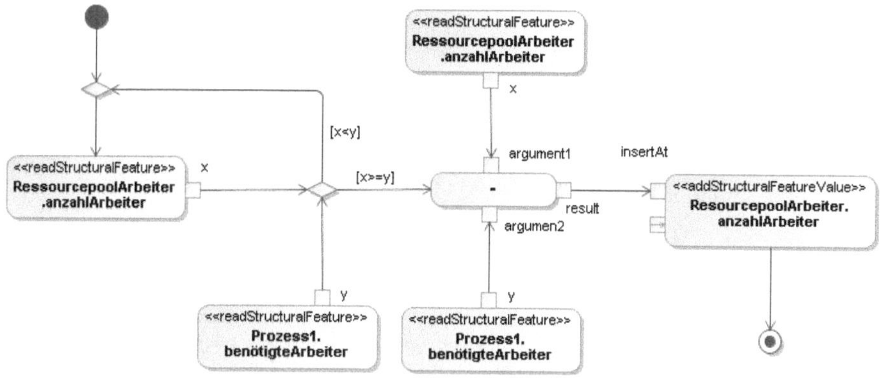

***Abbildung 6**: Beispiel Granularitätsstufe Ausführungsebene*

3.3 Kontrollebene

Das Kontrollmodell beschreibt die Produktionsplanung und Steuerung innerhalb eines Systems. Für die Modellierung der Steuerung sind die Schnittstellen zum Verhaltensmodell und Strukturmodell, die ausgetauschten Informationen und die Abbildung der Steuerungselemente wichtig. Elemente der Steuerung sind Eingangs-, Ausgangsrouten, Warteschlangen und das Anfordern von Ressourcen. Die Autoren konnten zeigen, dass sich das Strukturelle Modell und das Verhaltensmodell mit SysML abbilden lassen, das Kontrollmodell wird aktuell untersucht (vgl. SCHÖNHERR, ROSE 2009).

In derzeitigen Untersuchungen haben wir die Schnittstellen, Informationen und Elemente der Steuerung von Produktionsmodellen untersucht. In diesen Fällen war SysML mächtig genug, um sie abzubilden. Genauere Ausführungen zum Kontrollmodell würden jedoch den Rahmen dieses Artikels überschreiten.

4 Zusammenfassung und Ausblick

Es wurde versucht, der Modellierung von diskreten Systemen, insbesondere in Bezug auf Produktionsplanungs- und -steuerungsaufgaben, einen theoretischen Rahmen zu geben und deren signifikante Eigenschaften zu identifizieren und zu strukturieren (vgl. Kapitel 3). Sicher konnten nicht alle Eigenheiten identifiziert werden, da gerade die Steuerung solcher Systeme in der Regel sehr komplex ist. Der Entwurf von Produktionsszenarien und deren Übersetzung in verschiedene Simulationswerkzeuge konnte erfolgreich umgesetzt werden. Interessant wird es sein, Problemstellungen aus anderen Domänen, wie der Krankenhauslogistik oder dem Bauwesen zu überführen.

Durch eine abstrakte Sichtweise und einer großen Anzahl von Modellierungsmöglichkeiten ist die Anwendung von SysML für Ingenieure schwierig. Aktuell entwickeln wir ein auf TOPCASED basierendes Modellierungstool, das den Ingenieur in seinen Anforderungen unterstützt. Neben der Übersetzung der allgemein modellierten Szenarien für verschiedene Simulationswerkzeuge, arbeiten wir an einem SysML-Simulator. Dieser kann dann ohne Übersetzung direkt die mit SysML modellierten Szenarien simulieren.

Literatur

Fachausschuss Software Engineering: Code Generierung und modellbasierte Softwareentwicklung für Luft- und Raumfahrtsysteme. http://www.t6.dglr.de/Veranstaltungen/2004_MDSE/DGLR_T64_2004_bericht.html , Stand: 31.10.2009.

FOWLER, Martin: UML konzentriert: Eine kompakte Einführung in die Standardobjektmodellierungssprache. Heidelberg: Pearson Education, 2003.

GfSE – Gesellschaft für Systems Engineering e.V.: Tag des Systems Engineering. http://se-zert.com/index2.php?option=com_docman&task=doc_view&gid=9&Itemid=132, Stand: 27.04.2010.

PIEPPER, Daniel; RÖTTGERS, Carsten; GRUHN, Volker: MDA: effektives Software-Engineering mit UML 2 und Eclipse. Berlin: Springer Verlag, 2006.

SCHÖNHERR, Oliver; ROSE, Oliver: First Steps towards a general SysML model for discrete processes in production systems. In: Proceedings of the 2009 Winter Simulation Conference; Energy Alternatives. Hrsg.: ROSSETTI, M. D.; HILL, R. R.; JOHANSSON, B.; DUNKIN, A.; INGALLS, R. G. New York, NY: Association for Computing Machinery Order Department; Piscataway, NJ: IEEE Service Center, 2009, pp. 2335-2340.

STÖRRLE, Harald: UML 2 für Studenten. München: Pearson Verlag, 2005.

WEILKIENS, Tim: System Engineering mit SysML/UML. Heidelberg: dpunkt Verlag, 2006.

WEILKIENS, Tim; ÖSTEREICH, Bernd: UML-2-Zertifizierung : Fundamental, Intermediate und Advanced. Test-Vorbereitung zum OMG Certified UML Professional. Heidelberg: dpunkt Verlag, 2006.

Integrationsaspekte der Simulation:
Technik, Organisation und Personal
Gert Zülch & Patricia Stock (Hrsg.)
Karlsruhe, KIT Scientific Publishing 2010

Generierung und Integration von Simulationsmodellen unter Verwendung des Core Manufacturing Simulation Data (CMSD) Information Model

Generation and Integration of Simulation Models using the Core Manufacturing Simulation Data (CMSD) Information Model

Sören Bergmann, Alexander Fiedler, Steffen Straßburger
Technische Universität Ilmenau, Ilmenau (Germany)
soeren.bergmann@tu-ilmenau.de, alexander.fiedler@tu-ilmenau.de,
steffen.strassburger@tu-ilmenau.de

Abstract: Simulation technology has been demonstrated to be an effective tool for reducing costs, improving quality and shortening the time-to-market for manufactured goods in the manufacturing industry. But there are a number of technical and economic barriers that limit the use of this technology in the manufacturing industry. The costs of developing, implementing and integrating simulation systems with other manufacturing applications are high. This paper presents the purpose of the CMSD effort, provides an overview of the CMSD Information Model, and describes an approach on how the CMSD Information Model is used to support the generation and integration of manufacturing simulations. Additionally, a first prototype is introduced.

1 Motivation

Die Simulation hat sich in vielen Anwendungsbereichen innerhalb produzierender Unternehmen zu einem nicht mehr weg zu denkenden Werkzeug zur Entscheidungsfindung bzw. -unterstützung entwickelt. Die diskrete ereignisgesteuerte Simulation kann dabei von der Produkt- und Fabrikplanung bis hin zur Planung und Steuerung der Produktion zum Einsatz kommen. Oft wird schon in diesem Zusammenhang von der Digitalen Fabrik gesprochen (WENZEL 2009, S. 2). Die Idee, die kompletten Fertigungsprozesse rechnergestützt abzubilden und zu bewerten findet mittlerweile auch bei kleineren Unternehmen Anklang. Allerdings führt die Erstellung und Einbindung der Simulation immer noch zu erheblichen Kosten für Unternehmen. Schon geraume Zeit werden Ansätze verfolgt, die ermöglichen sollen, Modelle effizienter zu erstellen und den oft im Unternehmen nicht vorhandenen Simulationsexperten zu substituieren (ECKARDT 2002, S. 20). Diese Ansätze, so verschieden sie sind, lassen sich unter dem Begriff (teil-)automatische Modellgenerierung bzw. Modellbildung subsumieren. Einige Aspekte werden in vielen Ansätzen eher vernachlässigt. So wird auf die Ermittlung von Steuerstrategien und anderen dynamischen Verhalten erst in jüngster Zeit eingegangen, auf Betrachtungen hinsichtlich der Nutzbarmachung sowie Einbindung der automatisch erzeugten Modelle in die Anwendungslandschaft der Unternehmen wird oft verzichtet. Gerade aber die einfache Integration der Simulation ist ein entscheidender Erfolgsfaktor (SPIECKERMANN 2005 S.3 ff; FRICK 2004, S. 332; SELKE 2004, S. 23 ff.; FOWLER, ROSE 2004, S.474 f.). So mangelt es nicht nur an allgemein anwendbaren Beschreibungssprachen für Modelle (EHM u.a. 2009, S. 1696 ff.), sondern vor allem auch an Standards zum Datenaustausch, die die Bedürfnisse der Simulation berücksichtigen, sowohl bei der Modellgenerierung, bei der Initialisierung des Modells, der Verifikation und Validierung als auch bei der Nutzung der Simulationsergebnisse. Im folgenden Kapitel wird zunächst das CMSD Information Model vorgestellt, bevor auf die Modellgenerierung mittels des Standards eingegangen wird. In Kapitel 4 wird eine prototypische Umsetzung eines CMSD basierten Modellgenerators vorgestellt, abschließend erfolgt eine Diskussion der Perspektiven und Grenzen des Ansatzes.

2 Das Core Manufacturing Simulation Data Information Model

Der offene Standard Core Manufacturing Simulation Data (CMSD) Information Model wurde unter Federführung der Simulation Interoperability Standards Organization (SISO) in Zusammenarbeit mit universitären und industriellen Partnern und unter Führung des National Institute of Standards and Technology (NIST) entwickelt. Besondere Beachtung galt den durch die SISO veröffentlichten Leitsätzen, Richtlinien und Methoden. Die Ziele des Standards sind:

- die Unterstützung bzw. Förderung der Entwicklung und Nutzung von Simulation im produzierenden Gewerbe,
- der erleichterte Datenaustausch zwischen Simulation und anderen Anwendungen im Kontext der Fertigung (vgl. Abbildung 1),
- das Ermöglichen bzw. die Verbesserung von Tests und Bewertungen von Software im Fertigungsbereich sowie
- die Verbesserung der Interoperabilität zwischen Simulationsanwendungen und betrieblichen Systemen der Fertigung bzw. zwischen verschiedenen Anwendungen im Kontext der Fertigung, z.B. ERP/PPS, CAP, CAD, DES u.v.m. (vgl. Abbildung 1; SISO 2009, S. 10; LEONG u.a. 2006, S. 3).

Der Grundgedanke, dass die gleichen Datenstrukturen sowohl für die Simulation als auch für die reale Planung und Steuerung der Fertigungsabläufe genutzt werden, verspricht viele Vorteile, z.B. Verringerung von Redundanzen, Erhöhung der Datenintegrität, Senkung von Aufwänden bei der Simulationsmodellerstellung und Nutzung.

Die CMSD Spezifikation gliedert sich in 2 Teile, der erste Teil enthält die visuelle Darstellung des Informationsmodells in Form von UML Klassen- und Paketdiagrammen (SISO 2009), im zweiten Teil werden auf Basis des ersten Teils XML Schemata der einzelnen Datenstrukturen definiert. Teil 1 befindet sich zurzeit kurz vor Abschluss des SISO-Standardisierungsprozesses, Teil 2 ist in einer frühen Fassung verfügbar (SISO 2010).

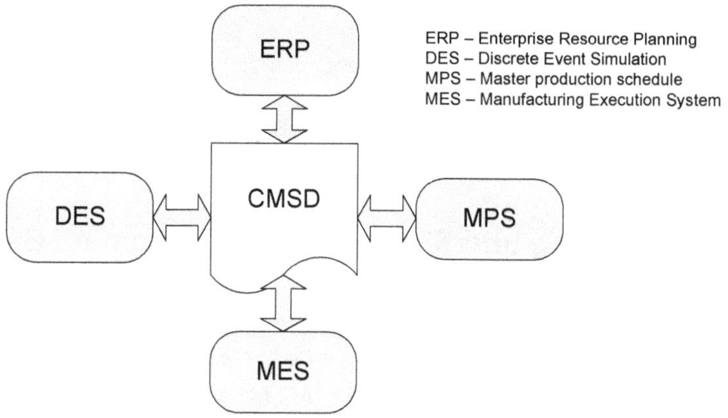

***Abbildung 1**: CMSD als neutrales Datenaustauschformat verschiedener Systeme der Fertigung (JOHANSSON u.a. 2007, S. 1674)*

Im CMSD Information Model sind die für die Simulation von Produktionssystemen nötigen Daten beschrieben. Die definierten Pakete enthalten verschiedenste Datenstrukturen und deren Beziehungen, die für den Austausch von Produktionsdaten während des gesamten Produktentstehungs- und Herstellungsprozesses nutzbar sind (vgl. Abbildung 2).

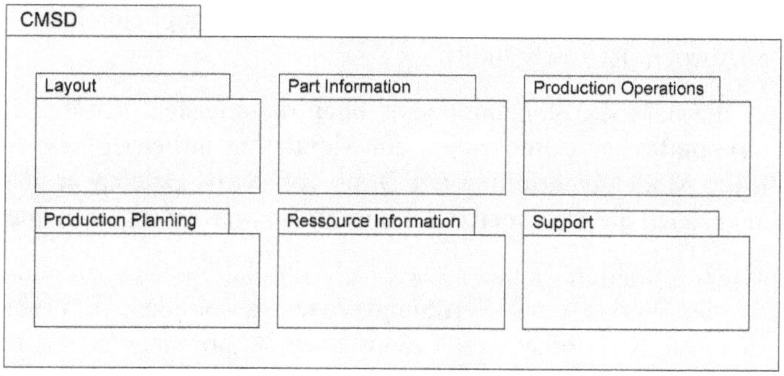

***Abbildung 2**: Pakete des CMSD Information Models (SISO 2009, S. 66)*

Dabei sind grundlegende Strukturen definiert, die als Eingangs- oder Ausgangsdaten für Simulationswerkzeuge dienen können. So ist sowohl der Aufbau des zu simulierenden Systems als auch dessen momentaner bzw. geplanter Zustand adäquat abbildbar. Einige grundlegende Kategorien von Informationsobjekten im CMSD Information Model sind bspw. Kalender- und Ressourceninformationen sowie Stücklisten u.v.m.

Abgerundet wird das CMSD Information Model durch ein umfangreiches Unterstützungspaket (Support Paket), das unter anderem das Definieren von eigenen Datentypen, Schlüsseln, statistischen Verteilungen, Kontexten und das Abstrahieren von Sachverhalten zum Zweck der Redundanzvermeidung ebenso wie das gezielte Erweitern des Standards durch verschiedene Merkmale (Properties) erlaubt (SISO 2009, S. 16 ff.; LEONG u.a. 2006, S. 3 ff.).

Erste Untersuchungen in realitätsnahen Umgebungen zeigen, dass die Ziele, die der Entwicklung des CMSD Information Models zugrunde liegen, zumindest in den untersuchten Szenarien und der zum Zeitpunkt der Untersuchung vorliegenden Version des Standards gut erreichbar sind (JOHANSSON u.a. 2007).

3 Modellbildung und Simulationsintegration auf Basis von CMSD

Ein vielfach untersuchter Ansatz, der Modelle auf Basis von Daten aus diversen Anwendungssystemen (z.B. ERP/PPS, MES, PDM, CAP, CAD Systemen) bzw. Datenbanken der Produkt- und Produktionsplanung generiert, wird als datengetriebene Modellgenerierung bezeichnet (FRICK 2009; ECKHARDT 2002). Zu beobachten ist, dass immer wieder versucht, wird ein geeignetes Datenformat bzw. eine geeignete Schnittstelle (z.B. für BDE Systeme) zu entwickeln (JENSEN 2007; ROOKS 2009) bzw. Standards im Bereich der Fertigung für die Simulationsmodellgenerierung zu adaptieren, z.B. den Standard zur Beschreibung von Produktdaten "STandard for the Exchange of Product model data – STEP" (SPLANEMANN 1995). Aktueller Stand der Wissenschaft ist, dass systemneutrale Austauschformate einen wesentlichen Beitrag zur weiteren Verbreitung der rechnergestützten Modellgenerierung leisten können (SPIECKERMANN 2005). Weiterhin unstrittig ist, dass XML für den Datenaustausch besonders geeignet scheint, da neben dem Vorteil der Systemunabhängigkeit bei der Nutzung von XML die Möglichkeit besteht, Daten strukturiert abzulegen (ROOKS 2009).

Die Nutzung des CMSD Standards geht über die meisten Ansätze hinaus und ermöglicht eine umfassende Integration der Simulation in betriebliche Abläufe. So kann sowohl die Modellgenerierung auf Basis von XML Dateien im CMSD Standard erfolgen als auch die Datenbereitstellung für Simulationsexperimente.

Im "Ressource Information" Paket lassen sich simulationsrelevante Informationen über Anlagen und Werker eines Fertigungsprozesses abbilden, in Verbindung mit den Daten des "Layout" Paketes zur räumlichen Anordnung ist somit eine gute Modellgenerierung möglich. Ergänzend können Daten aus dem "Production Planning" Paket (z.B. bzgl. der Schicht- und Wartungspläne), aus dem "Part" Paket (z.B. über Stücklisten) und aus dem "Production Operations" Paket, welches Prozessdetails der Fertigung kapselt (z.B. Prioritäten, Kosten, Pläne), genutzt werden (SISO 2009; LEONG 2006). Besonders hervorzuheben ist, dass in anderen Datenaustauschformaten vernachlässigte Simulationsparameter konsequent abbildbar sind, z.B. Verteilungen, Vor- und Nachfolgerbeziehungen, Fähigkeiten, Schichtkalender, Pausenzeiten, Wartungspläne, Rüstzustände und -zeiten u.v.m. Im CMSD Information Model ist die Möglichkeit detaillierte Produktionspläne zu definieren besonders ausgeprägt, ergänzend können die von WIEDEMANN (1999) beschriebenen und durch SELKE (2004) aufgegriffenen "Micro-Functions" (Strategien) in Ressourcen als Merkmal (Property) hinterlegt werden (vgl. Abbildung 3). Damit ist das Abbilden von dynamischem Verhalten bzgl. Reihenfolgeentscheidungen, Ressourcenauswahl und Losgrößenbildung im Simulationsmodell prinzipiell möglich.

Abbildung 3: *Auszug einer Beispiel CMSD Datei inklusive Schemabeschreibung*

Die für die Modellgenerierung genutzten Pakete kommen im Zuge der Simulationsnutzung wiederum zum Tragen, besonders die "Production Planning" und "Production Operations" Pakete beinhalten Daten, die zur Initialisierung, Validierung und für Simulationsexperimente benötigt werden. Beispielsweise können aktuelle Produktionssystemzustände, Auftragsdaten oder auch vorab aufgestellte Produktionspläne im CMSD Information Model abgebildet werden. Des Weiteren können auch Ergebnisdaten direkt in CMSD Objekten hinterlegt und somit für andere Systeme verfügbar gemacht werden, z.B. Durchlaufzeit direkt innerhalb eines Fertigungsauftrags, Auslastungen einer Ressource usw.

Im hier vorgestellten Konzept zur Modellbildung und Simulationsintegration auf Basis des CMSD Information Model ist schon bei der Modellgenerierung auf die Integrationsfähigkeit des Modells zu achten, d.h. es müssen schon bei der Modellerstellung die Schnittstellen, die für die spätere Modellnutzung nötig sind, mit generiert werden, um z.B. später auch eine Initialisierung mit aktuellen Fertigungssystemzuständen oder Auftragsdaten über Daten des CMSD Information Model zu ermöglichen. Dies erlaubt überhaupt erst die Nutzung des Simulationsmodells, z.B. im Rahmen der Fertigungssteuerung zur Validierung von Plänen.

4 Prototypische Umsetzung

Zur Untersuchung und Evaluierung des CMSD Information Model wird in Plant Simulation der Firma Siemens PLM Software eine prototypische Umsetzung eines allein auf dem CMSD Standard basierenden Modellgenerators für Werkstattfertigungen implementiert. Besonderer Anspruch des Generators ist es, Schnittstellen zur Modellinitialisierung und Ergebnisverarbeitung mit zu erzeugen. Die Modellinitialisierung beinhaltet die Abbildung:

- des aktuellen Systemzustands, z.B. der Pufferbelegung, Maschinenzustände,
- aller Fertigungsaufträge, z.B. Daten zur Menge, Art und Liefertermin und
- aller Steuerungsparameter, z.B. der Reihenfolgealgorithmen in einzelnen Puffern (als Merkmal/Property) oder Plänen für das gesamte System

und erfolgt ebenso ausschließlich im CMSD Datenformat.

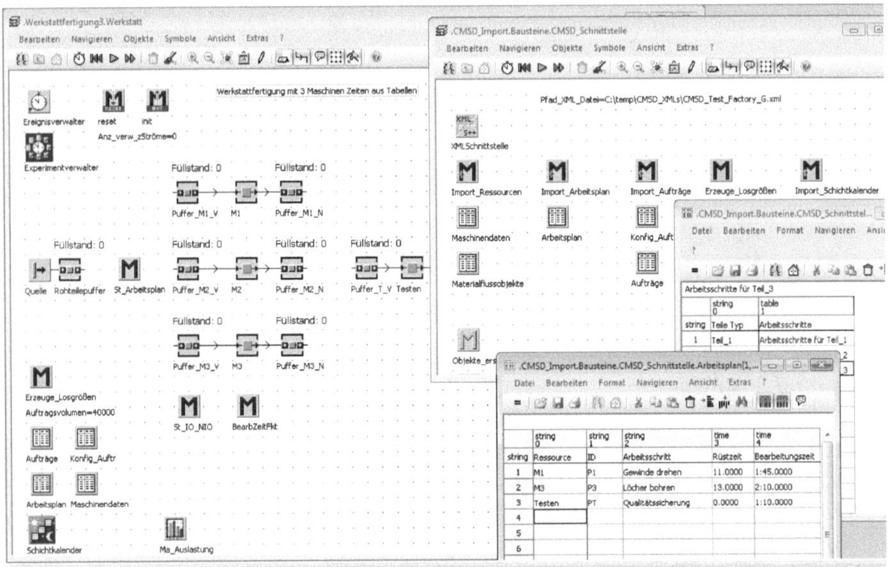

Abbildung 4: Prototyp des Modellgenerators

Die Implementierung erfolgt schrittweise am Beispiel einer Werkstattfertigung. Der Prototyp ist in zwei getrennten Schichten implementiert, zum einen einer Parsingschicht und zum anderen der Logikschicht, die die eigentliche Modellgenerierung und den Experimentinitalisator umfasst. Die Parsingschicht dient der in Plant Simulation nötigen Interpretation der XML Daten und speichert diese in Tabellen im Simulationsmodell zwischen (Abbildung 4, rechts). Auf dieser Ebene können erste

Prüfungen auf Plausibilität und Vollständigkeit der Daten und ggf. letzte Ergänzungen der Datenbasis erfolgen. In der 2. Schicht werden die Daten in konkrete Simulationsobjekte umgesetzt (Abbildung 4, links). Derzeit erfolgt eine Beschränkung der Steuerstrategien auf das Cluster "Reihenfolgeentscheidung". Die Strategiecluster "Losgrößenbildung" und "Ressourcenauswahl" werden derzeit vernachlässigt, könnten aber analog implementiert werden.

5 Zusammenfassung

Die Notwendigkeit der Verbesserung der Integration der Simulation mit anderen IT-Systemen ist weitestgehend unstrittig. Es bleibt abzuwarten inwieweit sich das CMSD Information Model als Datenformat in der Praxis durchsetzt. Bisher unterstützt kaum ein Softwaresystem der Fertigung den zugegebenermaßen recht neuen und noch nicht abschließend veröffentlichen Standard. Zweifellos hat das CMSD Information Model Potential, ggf. auch als Format zum Datenaustausch zwischen z.B. ERP/PPS und MES zum Einsatz zu kommen. Für weitere Analysen bezüglich Potentialen und Grenzen erscheint die erweiterte Umsetzung mit diversen CMSD Schnittstellen in einem Szenario mit realitätsnaher Softwarelandschaft lohnenswert.

Vorteile des CMSD Information Model sind, dass sowohl statische als zum Teil auch dynamische Informationen für die Modellgenerierung ebenso wie Daten für die Modellinitialisierung abbildbar sind. Damit ist CMSD umfassender nutzbar als andere, z.B. ausschließlich layoutbasierte Ansätze wie das Simulation Data Exchange (SDX) Datenformat. Des Weiteren ist von Vorteil, dass CMSD als offener Standard angelegt ist und nicht nur zum Datenaustausch von Simulationssystemen geeignet scheint. Grenzen des CMSD sind unter anderem bei der Kopplung verschiedener Simulationen (im Sinne einer Integration von Modellen verschiedener Simulationssysteme) zu vermuten, allerdings ist anzumerken, dass dies auch nicht Ziel der Entwicklung von CMSD war. Weitere Grenzen lassen sich bei der vollständigen Abbildung des Verhaltens eines Fertigungssystems identifizieren, wobei CMSD jedoch auch hier einen Beitrag zu leisten versucht und durch das im Standard hinterlegte Konzept der Merkmale (Properties) weitreichende Erweiterungsmöglichkeiten bietet.

Literatur

ECKARDT, Frank: Ein Beitrag zu Theorie und Praxis datengetriebener Modellgeneratoren zur Simulation von Produktionssystemen. Aachen: Shaker, 2002.

EHM, Hans; McGINNIS, Leon; ROSE, Oliver: Are simulation standards in our future? In: Proceedings of the 2009 Winter Simulation Conference; Energy Alternatives. Hrsg.: ROSSETTI, M. D.; HILL, R. R.; JOHANSSON, B.; DUNKIN, A.; INGALLS, R. G. New York, NY: Association for Computing Machinery Order Department; Piscataway, NJ: IEEE Service Center, 2009, S. 1695-1702.

FOWLER, John W.; ROSE, Oliver: Grand Challenges in Modeling and Simulation of Complex Manufacturing Systems. In: Simulation, San Diego, CA, 80(2004)9, S. 469-476.

FRICK, Rainer: Datenorientierte Modellbildung in der Simulation. In: Proceedings des 20. Symposium Simulationstechnik. Hrsg.: GNAUCK, A.; LUTHER, B. Cottbus: BTU Cottbus, 2009, S.332-337.

JENSEN, Sven: Eine Methodik zur teilautomatisierten Generierung von Simulationsmodellen. Kassel: Dissertation, Universität Kassel, 2007.

JOHANSSON, Marcus; JOHANSSON, Björn; SKOOGH, Anders; LEONG, Swee; RIDDICK, Frank; LEE, Y. Tina; SHAO, Guodong; KLINGSTAM, Pär: A test implementation of the core manufacturing simulation data specification. In: Proceedings of the 2007 Winter Simulation Conference. Hrsg.: HENDERSON, S.G.; BILLER, B.; HSIEH, M.-H.; SHORTLE, J.; TEW, J. D.; BARTON, R. R. Washington, D.C: IEEE, 2007, S 1673-1681.

LEONG, Swee; LEE, Y. Tina; RIDDICK, Frank: A Core Manufacturing Simulation Data Information Model for Manufacturing Applications. In: Proceedings of the 2006 Fall Simulation Interoperability Workshop. Hrsg.: Simulation Interoperability Standards Organization. Orlando: IEEE, 2006.

ROOKS, Tobias: Rechnergestützte Simulationsmodellgenerierung zur dynamischen Absicherung der Montagelogistikplanung bei der Fahrzeugneutypplanung im Rahmen der Digitalen Fabrik. Clausthal: Dissertation, TU Clausthal, 2009.

SELKE Carsten: Entwicklung von Methoden zur automatischen Simulationsmodellgenerierung. München: Dissertation, Technische Universität München, 2004.

SISO - Simulation Interoperability Standards Organization: Standard for: Core Manufacturing Simulation Data – UML Model. Core Manufacturing Simulation Data Product Development Group, 2009. http://www.sisostds.org/index.php?tg=fileman&idx=get&id=49&gr=Y&path=Specifications&file=SISO-STD-008-2009+(Draft+11+May+09).pdf, Stand: 26.05.2009.

SISO - Simulation Interoperability Standards Organization: Standard for: Core Manufacturing Simulation Data – XML Schema, 2010. http://simrest.svn.sourceforge.net/viewvc/simrest/CMSD/branches/fromUML/utils/Schema%20for%20CMSD%20V3b/, Stand: 27.07.2010.

SPIECKERMANN, Sven: Diskrete, ereignisorientierte Simulation in Produktion und Logistik – Herausforderungen und Trends. In: Simulation und Visualisierung. Hrsg.: SCHULZE, T.; HORTON, G.; PREIM, B.; SCHLECHTWEG, S. Magdeburg: Otto-von-Guericke-Universität, 2005, S.3-14.

SPLANEMANN, Ralph: Teilautomatische Generierung von Simulationsmodellen aus systemneutral definierten Unternehmensdaten. Bremen: Dissertation, Universität Bremen, 1995.

WENZEL, Sigrid: Modellbildung und Simulation in Produktion und Logistik – Stand und Perspektiven. Dresden: ASIM Workshop, 2009.

WIEDEMANN, Thomas: Database Oriented Modeling with Simulation Microfunctions. In: Proceedings of the 1999 Winter Simulation Conference. Hrsg.: FARRINGTON, P. A.; NEMBHARD, H. B.; STURROCK, D. T.; EVANS, G. W. Phoenix: IEEE, 1999, S. 586-590.

Integrationsaspekte der Simulation:
Technik, Organisation und Personal
Gert Zülch & Patricia Stock (Hrsg.)
Karlsruhe, KIT Scientific Publishing 2010

Simulation zur Kosten- und Risikobewertung von Produktionsszenarien

A Simulation Based Evaluation of Costs and Risks of Manufacturing Systems

Gisela Lanza, Kathrin Peter, Steven Peters, Jan Rühl
wbk Institut für Produktionstechnik,
Karlsruher Institut für Technologie (KIT), Karlsruhe (Germany)
lanza@wbk.uka.de, peter@wbk.uka.de, petersst@wbk.uka.de, ruehl@wbk.uka.de

Abstract: The increase in the number of product variants is one of the most important challenges of the industry today. It effects almost all departments of a company and is an important cost driver. Therefore, the overall aim of a company is to achieve an optimal degree of flexibility over the whole life cycle of a production system. In early planning stages however the quality and quantity of data is very poor and uncertainties about quantities and variants are challenging. So far appropriate analyses of costs per parts and as a consequence a monetary based decision between possible production system designs cannot be done. Within the framework of the collaborative research project VireS a scientific approach to evaluate different production scenarios in early planning stages was developed and implemented by the Institute of Production Science (wbk) of the Karlsruhe Institute of Technology (KIT). Using a simulation tool called F-One costs can be calculated depending on ranges of quantities and variants taking different kinds of uncertainties into account.

1 Herausforderung der modernen Produktionstechnik

Die klassische Massenproduktion war charakterisiert durch ein hohes Maß an Arbeitsteilung, hohem Einsatz von Kapital sowie Stückkostendegression (vgl. WOMACK 1992, S. 19). Die Maximierung der Auslastung der teuren Maschinen und Anlagen stand im Mittelpunkt der Optimierung betrieblicher Abläufe (vgl. WIENDAHL 2001 S. 489). Kunden wünschen heutzutage vermehrt individuelle Produkte und Vielfalt (vgl. PILLER 2007 S. 943), zudem werden Produktlebenszyklen (vgl. IBM 2006 S. 1, WITTE 2005 S. 227) kürzer. Gleichzeitig führt der internationale Wettbewerb zu einer Zunahme des Kostendrucks der Unternehmen (vgl. PILLER 2007 S. 943). Die Herstellkosten dürfen folglich trotz zunehmender Variantenvielfalt nicht erheblich steigen, um die Margen nicht zu gefährden. Dieser Umstand stellt allerdings ein nicht triviales Problem dar, denn wachsende Vielfalt hat in der Regel v.a. in klassischen, unflexiblen Produktionssystemen negative Konsequenzen auf die Produktionskosten, die Durchlaufzeiten und die Qualität. Dies ist u.a. bedingt durch eine schwankende Auslastung, höhere Rüstkosten, erhöhte Lagerbestände und größere Fehlerhäufigkeit sowie einen erhöhten Schulungsbedarf der Mitarbeiter sowohl in der Produktion als auch in Vertrieb und Planung (vgl. SELLADURAI 2004 S. 250 f.). Die Auswirkungen von Variantenvielfalt betreffen viele Bereiche der Unternehmung und sind somit schwierig monetär zu erfassen. Nichtsdestotrotz müssen diese Auswirkungen untersucht werden, um sie dem potentiellen Marktnutzen einer kundenindividuellen Produktpalette gegenüberstellen zu können. Idealerweise liegen Produktionskostenbewertungen bereits zu dem Zeitpunkt strategischer Marktentscheidungen vor. In aller Regel existieren jedoch in dieser frühen Phase noch sehr wenige Daten über Stückzahlverläufe und Variantenoptionen, sodass eine Analyse des Kostenverhaltens sehr erschwert wird.

Für Produktionsplaner stellt sich zusammenfassend die entscheidende Frage: Wie können Produktionssysteme bereits während einer frühen Planungsphase hinsichtlich ihrer Lebenszykluskosten und vor allem hinsichtlich ihrer Flexibilität für die praktische Anwendung im industriellen Umfeld bewertetet und vergleichbar gemacht werden?

2 Entwicklung einer Simulationssoftware zur frühen Bewertung von Produktionsszenarien

Zur Beantwortung dieser Fragestellung wurde am wbk eine wissenschaftliche Methodik entwickelt und im Softwaretool F-One implementiert, die Anwendern die Möglichkeit gibt, bereits zu frühen Zeitpunkten in der Produktentwicklung fundierte Erkenntnisse über Kostenstrukturen von zukünftigen Produktionssystemen zu erlangen. Dabei wurde der Fokus auf Unsicherheiten in frühen Planungsstadien gelegt. Diese Unsicherheiten ergeben sich beispielsweise aus der unsicheren Prognose von zukünftigen Absatzzahlen, angenommenen Erfahrungswerten oder sich ändernden Rahmenbedingungen auf den Märkten wie Wechselkursschwankungen und werden mit stochastischen Verteilungen der einzelnen Parameter abgebildet. Darüber hinaus unterstützt die Software den Vergleich zwischen verschiedenen Produktionsszenarien in einer integrierten grafischen Darstellung, so dass Break-Even-Bereiche einfach vom Anwender abgelesen werden können. Einen Vergleich von zwei Szenarien zeigt beispielhaft Abbildung 1. Die Darstellung verdeutlicht neben den Kostenverläufen auch kapazitive Engpässe der Maschinen und / oder des Personals in Abhängigkeit der Varianten. Zum Beispiel sind nicht beide Produktionssysteme in der Lage den gesamten Stückzahlbereich abzudecken, was an den Kanten der Ebenen abgelesen werden kann. Gleichzeitig gibt die Methode den genauen Prozess an, der zu dieser kapazitiven Beschränkung führt und sich damit als Engpass des Systems entpuppt.

Die Eingangsdaten eines zu simulierenden Produktionssystems bestehen aus allgemeinen Daten wie geplante Lebensdauer des Systems, Stückzahl- und Variantenbereiche, Wechselkurse, Schichtzuschläge und Arbeitszeiten. Zudem werden die einzelnen Produktionsvorgänge abgebildet und mit Kennwerten und entsprechenden Schwankungen bzw. Wahrscheinlichkeitsverteilungen zur Berücksichtigung von Unsicherheiten hinterlegt. Neben Takt- und Rüstzeiten werden für die spätere Berechnung der Herstellkosten Maschinenstundensätze und Stundenlöhne des

Personals benötigt. Alle Daten werden zunächst in einer benutzerfreundlichen Oberfläche einer Datenbank eingegeben und von der Simulationsroutine abgegriffen.

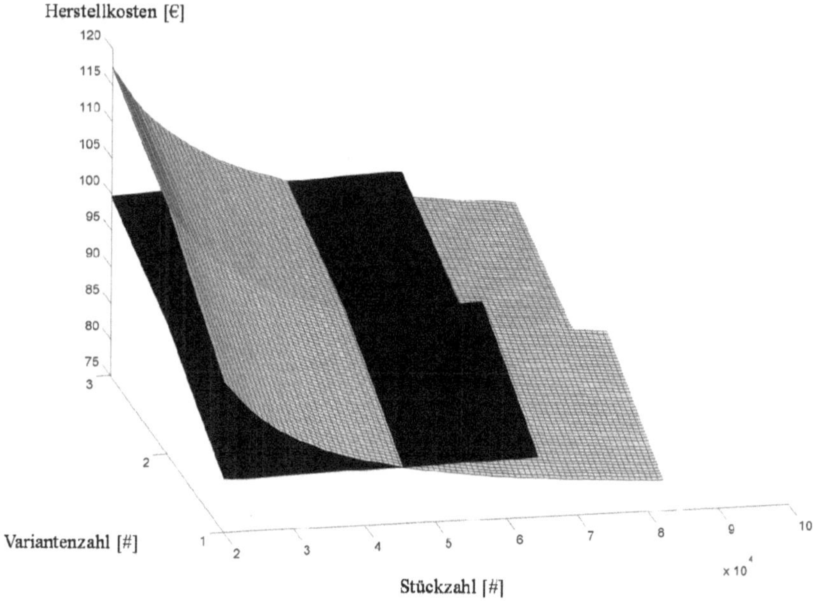

Abbildung 1: *Vergleich zweier Produktionssysteme (LANZA, 2010, S.534)*

Um Unsicherheiten detailliert in komplexen Systemen zu berücksichtigen, bietet sich ein Simulationsansatz auf Basis der Monte-Carlo-Methode an. So werden für jeden simulierten Produktionstag im betrachteten Lebenszyklus des Produktionssystems in mehreren Simulationsläufen Zufallszahlen an Hand der hinterlegten Verteilungen ermittelt. Der definierte Stückzahl- und Variantenbereich wird in inneren Schleifen iterativ abgearbeitet (vgl. Abb. 2). Zentrales Element dabei ist in Anlehnung an NAKAJIMA (1989) die Overall Equipment Effectiveness (OEE) als Kennzahl der Wertschöpfung eines Produktionssystems. Die Ermittlung der OEE dient zur Überprüfung, ob ausreichende Kapazitäten für die Produktion vorhanden sind. Mit Hilfe des aus den Taktzeiten ermittelten Zeit- bzw. Kapazitätsbedarfs können die Personal- und Maschinenkosten kalkuliert werden. Zusätzlich werden Material-, Puffer- und evtl. entstehende Ausfallkosten addiert, um die Gesamtkosten zu erhalten. Daraus werden anschließend die Herstellkosten pro Stück berechnet. Die ermittelten Kennwerte werden in Ergebnistabellen abgelegt, die ein detailliertes Protokoll der Simulationsläufe ergeben. Zu jedem Lauf werden die Kosten für jede Stückzahl- und Variantenkombination angegeben und identifizierte Engpässe aufgelistet. Eine aggregierte Auswertung auf Basis statistischer Größen wie Lage- und Streuungsparameter der Herstellkosten ermöglichen einen schnellen Überblick. Die detaillierten Ergebnisse werden an eine Auswertefunktion übertragen, die in The MathWorks™ MATLAB® implementiert wurde, und damit grafisch ausgewertet. Eine Tagesanalyse zeigt die Schwankungen der OEE-Kennzahl im Verlauf eines Jahres. Die Ablauflogik des Simulationsalgorithmus verdeutlicht Abbildung 2.

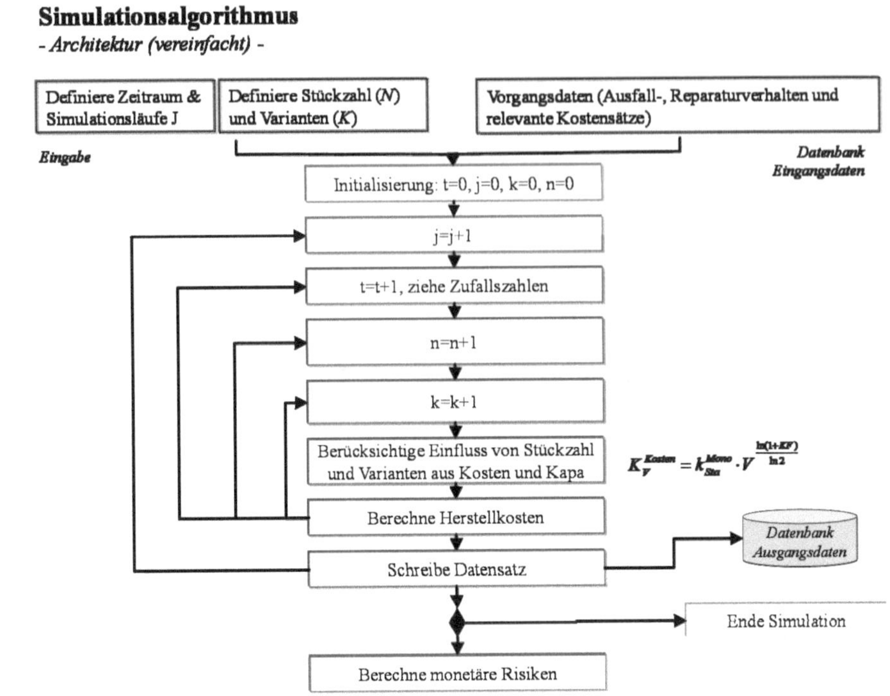

Abbildung 2: *Ablauflogik des Simulationsalgorithmus*

Dieser simulationsbasierte Ansatz bietet somit die Möglichkeit bereits parallel zur Produktentwicklung Auswirkungen von Stückzahl- und Variantenschwankungen zu erkennen und darüber hinaus monetär zu bewerten.

Um die aus den unsicheren Eingangsgrößen resultierenden Risiken monetär bewerten zu können werden die Simulationsergebnisse statistisch analysiert (vgl. LANZA, 2009, S. 1043). Für eine große Anzahl von Simulationsläufen n wird deutlich, dass die Herstellkosten einer jeden Stückzahl-Varianten-Kombination in guter Näherung normalverteilt um ihren Mittelwert schwanken, so dass zu jedem gewünschten Niveau α Quantile angegeben werden können. Mittelwert μ und Varianz σ^2 der Verteilung werden dabei aus der Stichprobe mit Hilfe des arithmetischen Mittels $\overline{x}$ und der korrigierten Stichprobenvarianz s erwartungstreu geschätzt. Es ergeben sich unter Verwendung der t-Verteilung (Studentverteilung; BRONSTEIN, 2001, S. 784 f.) folgende Quantile:

$$g_{unten} \approx \mu - t(n-1)_{1-\frac{\alpha}{2}} \cdot s \qquad (1)$$

$$g_{oben} \approx \mu + t(n-1)_{1-\frac{\alpha}{2}} \cdot s \qquad (2)$$

Mit einer Wahrscheinlichkeit von (1-α) liegen die Herstellkosten demzufolge zwischen diesen Grenzen. Diese Berechnungen werden für jeden Stückzahl-Variantenpunkt durchgeführt und grafisch mit einer oberen und einer unteren Grenzebene dargestellt. Abbildung 3 zeigt ein Beispiel für eine solche Risikobewertung. Die mittlere, dunkle Ebene stellt den Mittelwert der Herstellkosten dar, während die beiden hellen Ebenen die mögliche Schwankungsbreite nach oben und unten zum Sicherheitsniveau α angeben. Neben dieser Auswertung mit Hilfe der Grenzebenen wird eine sogenannte Robustheitskennzahl R für jede Stückzahl-Varianten-Kombination berechnet, die wie in Formel 3 dargestellt (vgl. GÜNTHER 2010, S.8), definiert wird:

$$R = \frac{1}{1+v} \tag{3}$$

Dabei ist v der nicht-negative Variationskoeffizient, d.h. die Standardabweichung der Herstellkosten dividiert durch den Mittelwert dieser Kosten. Je näher R bei 1 liegt, desto robuster ist das Produktionssystem gegenüber allen betrachteten Unsicherheits- und Schwankungsquellen.

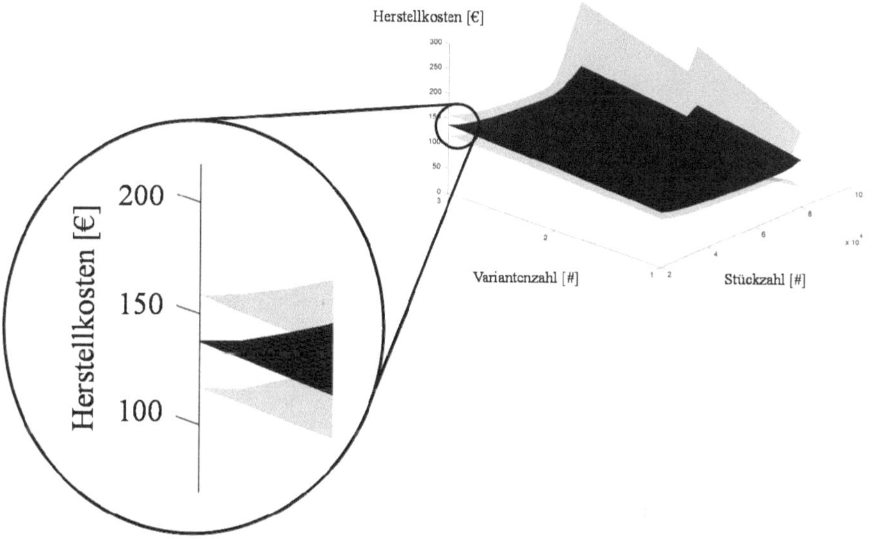

Abbildung 3: *Risikobewertung anhand der Schwankungen der Herstellkosten*

Im Gegensatz zu verbreiteten Ansätzen der Fabriksimulation liegt der besondere Fokus der vorgestellten Methodik auf den Einflüssen von Stückzahlen und Varianten. Die Ergebnisse können in einer sogenannten Vierfelderanalyse aufbereitet werden, um Entscheidungsträgern eine schnelle Übersicht bieten zu können (siehe Abbildung 4). Dazu wird ein angestrebter, als besonders wahrscheinlich angesehener Stückzahl-Variantenkombinationspunkt verwendet und die Abweichung der Kosten von diesem Punkt in Richtung der Stückzahl und der Varianten dargestellt. Auf diese Art werden die Aspekte der Mengen- und Variantenflexibilität integriert.

Insgesamt bietet der Einsatz des verwendeten Simulationsansatzes Unternehmen die Möglichkeit Risiken monetär zu erfassen und durch die Robustheitskennzahl und die Vierfelderanalyse insbesondere hinsichtlich Stückzahl- und Variantenflexibilität vergleichbar zu machen. Gleichzeitig wird durch die übersichtliche, grafische Aufbereitung eine breite Anwendbarkeit im industriellen Umfeld sichergestellt.

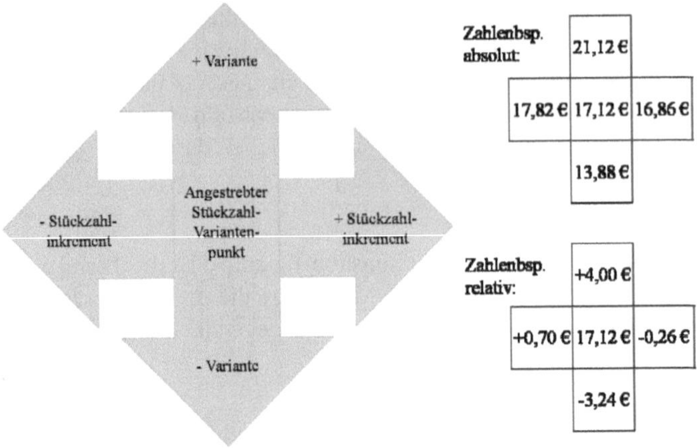

Abbildung 4: *Vierfelderanalyse zur Darstellung der Auswirkungen von Stückzahl- und Variantenveränderungen*

3 Praktischer Einsatz der Software F-One

An Hand eines mechatronischen Produkts eines mittelständischen Automobilzulieferers konnte das entwickelte Simulationstool erfolgreich im Produktionsalltag validiert werden. Zu drei alternativen Konstruktionsmöglichkeiten eines neuen Produkts wurden zwei denkbare Gestaltungsmöglichkeiten für das Produktionssystem erfahrungsgestützt in Expertengesprächen abgeleitet. Ausgehend von diesen Szenarien, die sich sowohl durch einzelne Fertigungs- und Montageprozesse wie auch durch ihren Automatisierungsgrad (teilautomatisiert vs. vollautomatisiert) stark unterschieden, wurden aus im Unternehmen vorhandenen ERP-Systemen empirische Daten wie Vorgabezeiten, Leistungsgrade, Ausfalldaten der Maschinen, Einkaufspreise usw. ausgelesen und für den Import in die Datenbank der Software F-One aufbereitet. Primäres Ziel des Einsatzes der Software war die Bewertung der Herstellkosten der drei Produktkonstruktionsmöglichkeiten abhängig von den beiden Gestaltungsmöglichkeiten der Produktion. Mit Hilfe der entwickelten Methodik und deren Implementierung konnten sehr einfach Erkenntnisse darüber gewonnen werden, in welchen Stückzahlintervallen welches Produktionssystem für welche Produktkonstruktion aus Kostengründen zu präferieren ist (siehe Abb. 5). Eine Kapazitätsanalyse zeigte die Grenzen des teilautomatisierten Systems in Form von kapazitiven Engpässen auf: Das System ist zwar aufgrund eines geringeren Investitionsvolumens für geringe Stückzahlen kostengünstiger, kann aber nicht den gesamten Stückzahlbereich abdecken und kann somit in der weiteren Planung nicht berücksichtigt werden. Gleichzeitig wurden die finanziellen Auswirkungen einer späteren zusätzlichen Varianteneinführung durch die vorgestellte Vierfelderanalyse für beide Produktionssysteme deutlich.

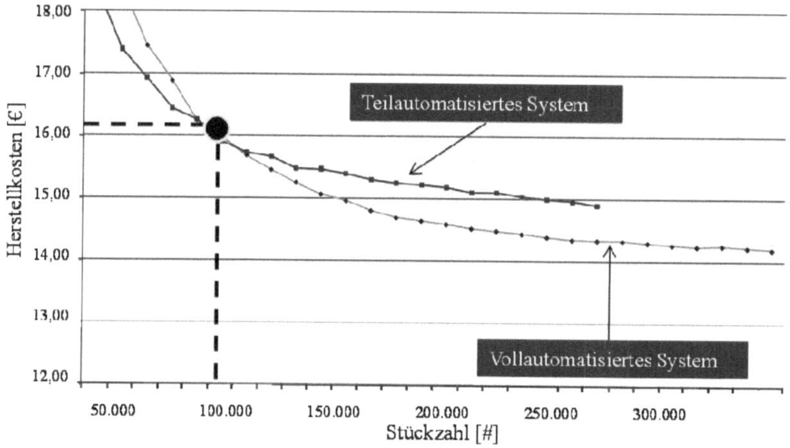

Abbildung 5: *Vergleich von zwei Produktionsszenarien für eine der drei Produktkonstruktionsalternativen*

4 Zusammenfassung

Mit der vorgestellten Simulationssoftware F-One wurde am Institut für Produktionstechnik (wbk) ein praxistaugliches Werkzeug zur frühzeitigen Kostenanalyse von Produktionssystemen entwickelt. Die dynamische Simulation erlaubt eine Analyse der Herstellkosten abhängig von Varianten und Stückzahlen und zeigt damit konkrete Flexibilitätsspielräume von Produktionssystemen auf. Die Robustheit des Produktionssystems sowie der enthaltenen Simulationsergebnisse bzgl. stochastischer Einflüsse wird dabei durch die Robustheitskennzahl vergleichbar sowie durch die Grenzebenen der Kosten sicht- und monetär quantifizierbar, womit eine Entscheidungsunterstützung für Verantwortliche in der Produktionssystem- und Anlagenplanung geschaffen ist.

5 Danksagung

Die Autoren dieses Beitrags möchten sich an dieser Stelle bei dem Bundesministerium für Bildung und Forschung (BMBF) für die Förderung der Forschungsarbeiten sowie beim Projektträger Forschungszentrum Karlsruhe (PTKA) für die Betreuung bedanken.

Literatur

BRONSTEIN, Ilja.N.; SEMENDJAJEW, K.A.; MUSIOL, Gerhard.;, MÜHLIG, Heiner: Taschenbuch der Mathematik, Verlag Harri Deutsch, 5. Auflage, Thun und Frankfurt am Main, 2001

GÜNTHER, Thomas; BRANDIS, Rinje; NORDSIEK, Daniel; PETERS, Steven; RÜHL, Jan: Frühzeitige und qualifizierte Kostenprognose für Produktionssysteme – Praxisbeispiel anhand einer mechatronischen Baugruppe, Karlsruher Arbeitsgespräche, März 2010

IBM Global Business Services: Perfect Product Launch. IBM Institute for Business Value, IBM Corporation, 2006.

LANZA, Gisela; RÜHL, Jan; PETERS, Steven: Bewertung von Stückzahl- und Variantenflexibilität in der Produktion. In: ZWF - Zeitschrift für wirtschaftlichen Fabrikbetrieb, München, 104(2009)11, S. 1039-1044.

LANZA, Gisela; RÜHL, Jan; PETERS, Steven: Monetäre Flexibilitätsbewertung von Produktionssystemen. In: wt Werkstattstechnik online, Düsseldorf, 100(2010)6, S. 530-534.

NAKAJIMA, Seiichi: Introduction to TPM. Cambridge: Productivity Press, 1989.

PILLER, Frank: Mass Customization. In: Handbuch Produktmanagement. Hrsg.: ALBERS, Sönke; HERRMANN, Andreas. Wiesbaden: Gabler, 3. Auflage 2007.

SELLADURAI, Raj: Mass customization in operations management: oxymoron or reality? Oxford u.a.: Omega, Amsterdam, 32(2004 4, S. 295-300.

WIENDAHL, Hans-Peter; RÖHRIG, Martin; BEHME, Uwe: Richtungswechsel in der Anlagenplanung. In: wt Werkstattstechnik online, Düsseldorf, 91(2001)8, S.489-492.

WITTE, Karl-Werner; VIELHABER, Wolfgang; AMMON, Christian: Planung und Gestaltung wandlungsfähiger und wirtschaftlicher Fabriken. In: wt Werkstattstechnik online, Düsseldorf, 95(2005)4, S.227-231 .

WOMACK, James; JONES, Daniel; ROOS, Daniel: Die zweite Revolution in der Autoindustrie. Frankfurt, New York: Campus Verlag, 5.Auflage 1992.

Integrationsaspekte der Simulation:
Technik, Organisation und Personal
Gert Zülch & Patricia Stock (Hrsg.)
Karlsruhe, KIT Scientific Publishing 2010

Szenariosimulation mit Simulationsbaukästen

Scenario Simulation based on Simulation Toolkits

Hermann Lödding, Axel Friedewald, Lars Wagner
Institut für Produktionsmanagement und -technik,
Technische Universität Hamburg-Harburg, Hamburg (Germany)
loedding@tu-harburg.de, friedewald@tu-harburg.de, l.wagner@tu-harburg.de

Abstract: Even simulation models, which are created using a simulation toolkit, need modifications due to changes in the production conditions. The paper describes a systematic approach to generate future-proof simulation models using a hierarchical and modular simulation structure to implement model and function aspects. This enables the simulation expert to define preconfigured simulation scenarios, which can be easily adapted by the simulation operator in daily business by using configuration rules. Examples from the shipbuilding industry illustrate the approach.

1 Neue Anforderungen an Simulationsbaukästen

Die Simulation ist mittlerweile ein bewährtes Verfahren zur Bewertung von Produktionsabläufen. Unsicherheiten im Produktentstehungsprozess führen zu Abweichungen vom geplanten Prozess. Die Simulation soll die Auswirkungen auf die Termin- und Kapazitätsplanung bereits im Vorfeld bewerten können (GIERTH 2006, S. 651). Ziel ist eine robuste Planung durch eine Variation des Planungsszenarios. Am Beispiel des Schiffbaus mit dem dort immanenten Mangel an Simulationsexperten soll gezeigt werden, wie Simulationsanwender mit Grundkenntnissen in der Simulation in die Lage versetzt werden können, diese Variationen durchzuführen. Grundidee ist es, dazu Alternativen bereitzustellen, die vom Simulationsexperten modelltechnisch abgesichert wurden. Klassische Stellgrößen für betriebliche Fragestellungen sind die personellen und materiellen Ressourcen, die Belastungen und die Auftrags- bzw. Arbeitsgangfolgen.

Werden die Kernelemente eines Simulationsszenarios (Simulationsdaten, Auswertungen und Simulationsmodell, Abb. 1) im Hinblick auf die unterschiedlichen betrieblichen Fragestellungen untersucht, werden Variationsbedarfe zum einen für das Modell und zum anderen für Datenquellen und Datengenauigkeit offenbar.

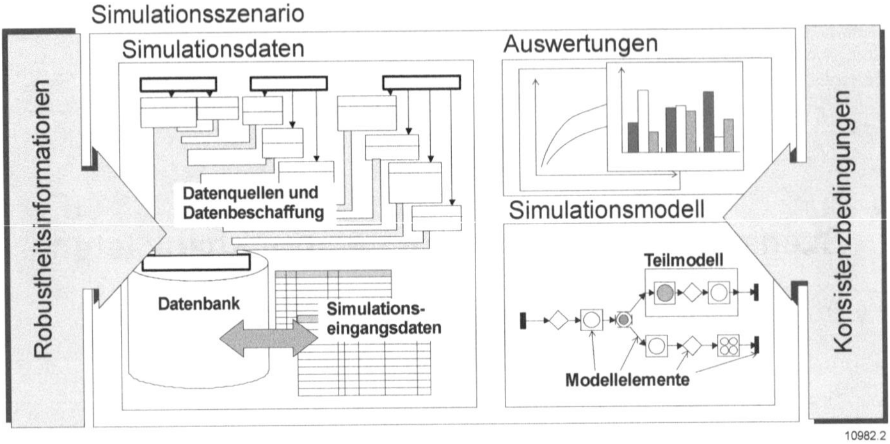

Abbildung 1: *Simulationsszenario (NEDESS 2009)*

Basis für die Erstellung (und Variation) des Simulationsmodells ist der für den Schiffbau entwickelte Simulationsbaukasten STS (Simulation Toolkit Shipbuilding; vgl. STEINHAUER 2006). Dieser besteht aus allgemeinen Bausteinen, z.B. zur Personalsteuerung, und spezifischen Bausteinen, z.B. zu Stahlbau oder Transportlogistik. Für die strukturierte Variation der Szenarien in festen Grenzen ist der Simulationsbaukasten für den Experten eine sehr gute Unterstützung, doch fehlen dem Simulationsanwender die Kenntnisse, um die Modelle anzupassen und die erforderlichen Daten zusammenzustellen. Zudem darf die Validität der Modelle durch die Anpassung nicht eingeschränkt werden (RABE 2008). Deswegen sind sowohl die Modellerstellung als auch die Datenbeschaffung zu systematisieren und für den Anwender wiederverwendbar zu modularisieren. Zusätzlich soll eine Anpassung an veränderte Fragestellungen (z. B. durch veränderte Rahmenbedingungen im Produktionsumfeld) vereinfacht und leicht nachvollziehbar dokumentiert werden.

2 Integration von Modell- und Funktionsaspekten

Lösungsansatz für diese Aufgabe ist eine hierarchische Modularisierung und ein ergänzendes Anpassungskonzept, das im Rahmen des vom Bundesministerium für Wirtschaft und Technologie geförderten Verbundprojekts GeneSim umgesetzt wird. Der Baukasten setzt sich wie bisher aus allgemeinen, elementaren Simulationsbausteinen zusammen, die sich zu Basismodulen für eine bestimmte Aufgabenstellung zusammenfügen bzw. vorkonfigurieren lassen. Die Basismodule stellen vollständige, lauffähige Modelle dar, die über Modell- und Funktionsaspekte angepasst werden können. Die Modellaspekte beschreiben die Struktur, d.h. die Zusammensetzung des Moduls aus seinen einzelnen Komponenten und deren Veränderung auf der Grundlage vordefinierter Modellvarianten bzw. Methoden-, Schnittstellen- oder Wertvarianten. Dies ermöglicht die Entwickung von Simulationsbausteinen auf der Basis einer durchgängigen Beschreibungssystematik. Die ergänzenden Funktionsaspekte bestimmen die Arbeitsweise des Moduls durch eine gezielte Ansteuerung von implementierten alternativen Simulationsalgorithmen, also ein Feintuning der Module.

Für typische Aufgabenstellungen können Basismodule zu Anwendungsmodulen erweitert werden. Dazu wird das Basismodul um allgemeine Bausteine ergänzt. Alternativ ist es möglich, mehrere Basisbausteine zu kombinieren. Das Gesamtmodell besteht dann aus Anwendungs- und Basismodulen und weiteren elementaren Simulationsbausteinen (Abb. 2).

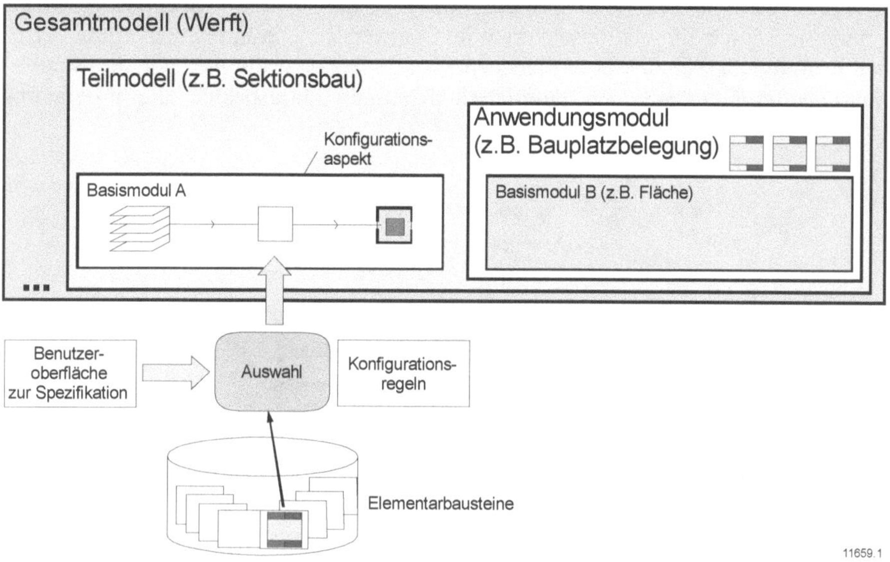

Abbildung 2: *Modellbildung mit einem hierarchischen Simulationsbaukasten*

Die Gesamtszenarien ließen sich prinzipiell in Referenzmodellen ablegen, was für den Simulationsanwender jedoch eine intensive Beschäftigung mit der Beschreibungssystematik erfordern würde. Um dies zu vermeiden, wird stattdessen ein generativer Modellierungsansatz gewählt, bei dem ein Simulationsszenario über den Erstellungsvorgang modelliert und konfiguriert wird. Dazu dienen Konfigurationsregeln, die ein der Spezifikation entsprechendes, fehlerfreies Simulationsszenario zusammenstellen. Voraussetzung ist eine Abbildung der Datenstruktur bzw. der Schnittstellen zwischen den einzelnen Modellelementen, um die Konsistenz des Simulationsszenarios programmbasiert untersuchen zu können. Sowohl für den Simulationsexperten als auch für den Anwender wird so eine kongruente, problemorientierte Konfiguration unter Einschluss von Varianten möglich.

Um die Auswahl der benötigten Bausteine und Module übersichtlich zu gestalten, werden die zu modellierenden Szenarien und die Simulationskomponenten über Deskriptoren systematisiert. Die Szenariendeskriptoren bestehen u. a. aus der Modellbezeichnung, Eckdaten der Datenbasis sowie den möglichen Einflussgrößen und Annahmen bei der Szenariobildung. Die Deskriptoren der Module und Bausteine umfassen die genannten Modell- und Funktionsaspekte, insbesondere die Schnittstellenbeschreibung. Ausgehend von der Aufgabe des Bausteins sind hierfür sowohl die materialflussbeschreibenden Kriterien zur physischen Bewegung von Simulationsobjekten als auch die Informationsflüsse der logischen Abläufe zu berücksichtigen, damit nur Bausteine mit übereinstimmenden Übergabeparametern ausgewählt werden können.

Zur Erleichterung der Neukonfiguration eines Szenarios wird die Beschreibungssystematik um Feature-Diagramme (CZARNECKI 2000) erweitert. Diese beschreiben die möglichen Variationen der entsprechenden Simulationskomponente (Abbildung 3). Die Alternativen sollen dem Simulationsanwender, der in der Regel eher über Praxis-Know-how als über vertiefte Programmierkenntnis verfügt (LÖDDING 2010), eine flexiblere Szenariobildung gestatten. Die Festlegung geschieht gemeinsam durch Simulationsexperten und -anwender. Die Implementierung der in den Feature-Diagrammen beschriebenen Funktionalität ist die Aufgabe des Simulationsexperten, der aus den definierten Konfigurationsaspekten die programmtechnische Modellstruktur ableitet.

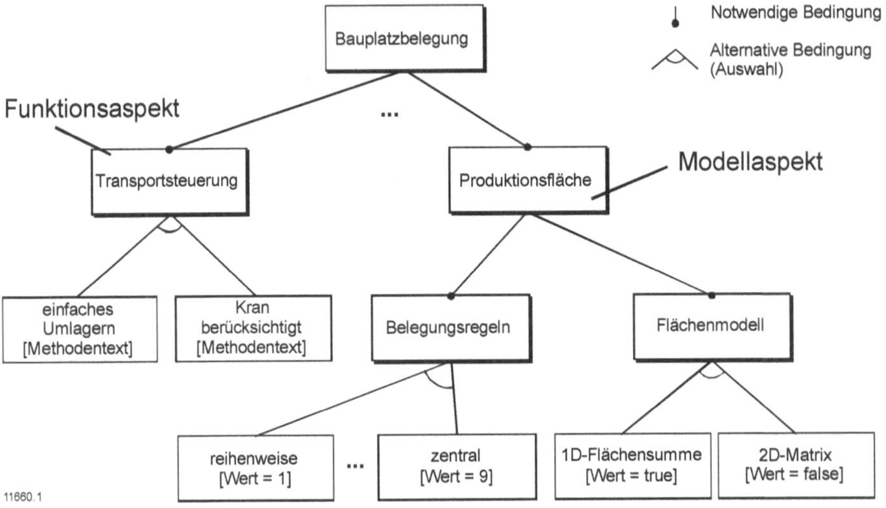

Abbildung 3: *Feature-Diagramm*

3 Szenarienanpassung

In der betrieblichen Praxis ist neben der Neukonfiguration von Szenarien aus den beschriebenen Elementen meist auch die Anpassung von Szenarien notwendig, insbesondere für noch nicht nach der neuen Systematik erstellte Modelle. Dazu werden zwei neue Modellierungsmethoden eingeführt:

1. die Verwendung von Anpassungskomponenten und
2. der Einsatz von Mappingverfahren zur Beschreibung vorhandener Modelle.

Die Anpassungskomponenten beschreiben die Veränderung eines vorhandenen Moduls, z.B. bei Ersatz von Schätzwerten durch Messwerte oder bei modifizierten Modellfunktionen. Dazu verfügen die Komponenten über unterschiedliche Ausprägungen, die ebenfalls über die Deskriptorensystematik erfasst werden. Im einfachsten Fall, einer Veränderung der Datenquellen, muss die notwendige Anpassungskomponente die Schnittstellenauswahl und deren Parametrisierung abdecken. Auch die Auswahl von intern definierten Funktionen, die schon bei der Entwicklung des Grundbausteins implementiert wurden, kann durch eine Anpassungskomponente einfach erfolgen. Sollen dagegen Simulationsalgorithmen verändert werden, ist Programmcode bzw. Methodentext zu ersetzen, wobei der Erhalt der Übergabevariablen und des Aufrufformats gesichert werden muss.

Für eine aufwandsarme Umstellung auf das erweiterte Modellierungskonzept ist der Erhalt bestehender Simulationsbausteine unabdingbar. Dazu wurden Mapping-Tabellen (Abb. 4) entwickelt; diese beschreiben die neuen Konfigurationsaspekte erweiterter Bausteinen in einer Form, die die Wiederverwendung des früheren Szenarios ermöglicht. Die Tabellen dokumentieren die Ausprägungen der bestehenden Szenarien und Szenariobausteine, so dass die Wiederverwendung eines früheren Szenarios unter denselben Bedingungen möglich ist. Die neuen Konfigurationsaspekte ergänzen die Modulbeschreibungen.

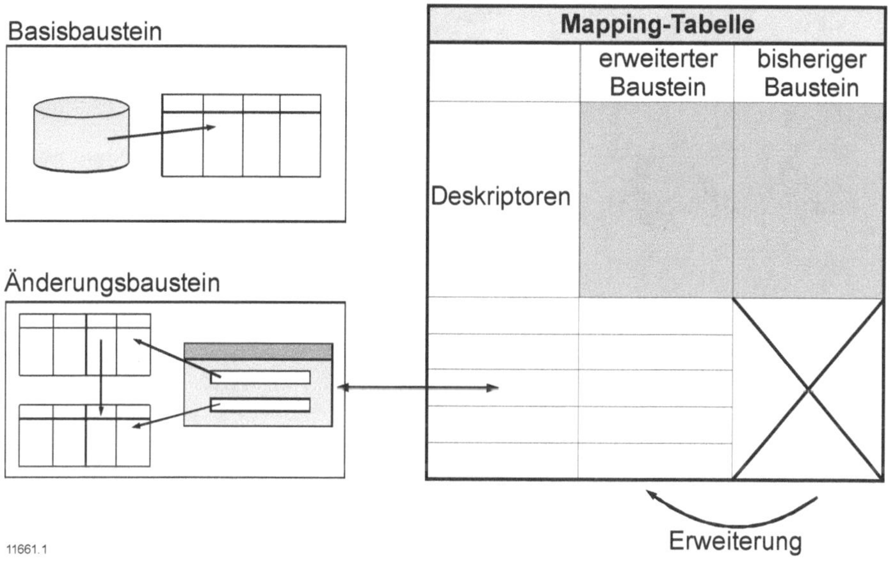

Abbildung 4: *Mapping-Tabelle*

Diese Strukturierung des Szenariobaukastens erlaubt es dem Simulationsanwender, für seine Fragestellungen gezielt vordefinierte Simulationsvarianten auszuwählen. Dazu wendet er innerhalb des Gesamtszenarios Auswahlregeln an, welche die Randbedingungen der aktuellen Termin- und Kapazitätssituation berücksichtigen. Feature-Diagramme ermöglichen es im Vorfeld zu überprüfen und sicherzustellen, dass nur modelltechnisch abgesicherte Simulationen oder Auswertungen erzeugt werden.

4 Anwendung für den Sektionsbau

Eine typische Anwendung der Simulation im Sektionsbau ist es, in der Termin- und Kapazitätsplanung die Fertigstellungs-, Vorausrüstungs- oder Konservierungstermine zu untersuchen und die benötigten Ressourcen (Personal, Flächen) zu bestimmen. Dazu sind je nach Planungsaufgabe unterschiedliche Detaillierungsgrade notwendig. So genügt es in der frühen Planungsphase, ausschließlich die Liegezeiten der Sektionen auf den Bauplätzen zu betrachten; in späteren Phasen ist es zusätzlich erforderlich, die detaillierten Montageschritte der Sektion abzubilden. Hierfür ist das bisherige Basismodul für den Sektionsbau (NEDESS 2007) umzugestalten. So sind z. B. die Modellaspekte von Flächen (eindimensional als Summe oder zweidimensional) und Personal (unterschiedlich genaue Abbildung von Qualifikation und Verfügbarkeit) und der Funktionsaspekt der Schwierigkeit der Schweißstöße zu integrieren und durch verschieden genaue Modelle abzubilden (Abb. 5).

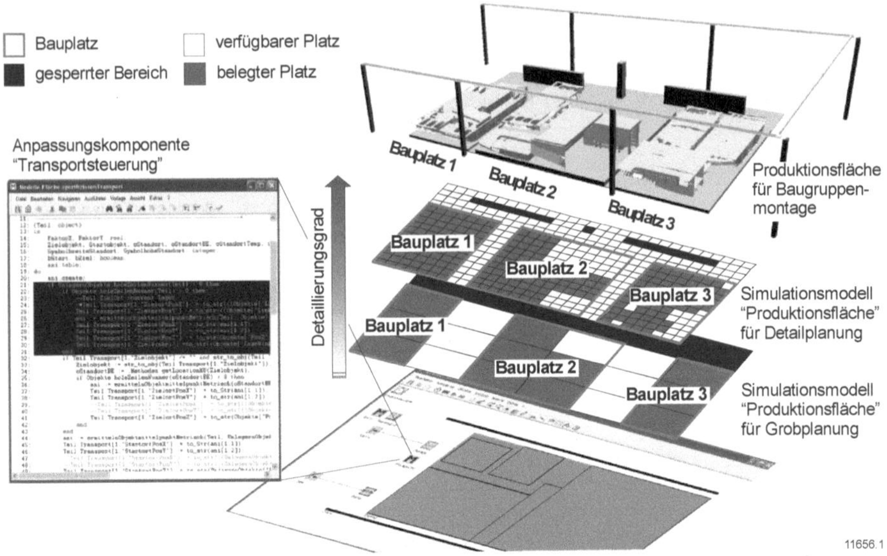

Abbildung 5: *Modifikationen des Simulationsmodells für den Sektionsbau*

Veränderungen der produktionstechnischen Randbedingungen erfordern weitere Modifikationen. Eine mögliche logistische Verbesserung des Sektionsbaus ist z. B. der Bau einer zusätzlichen Einfahrt für Schwertransporter. Dafür ist in der Simulation das ursprüngliche Modul um die veränderten Materialflussvarianten zu erweitern. Die neu entwickelte Systematik ermöglicht die Konfiguration über ein Anpassungsmodul, welches die Auswahl sowohl des früheren Zustands (ohne Schwertransporter) als auch des neuen Zustands (mit zusätzlicher Einfahrt) implementiert. Von der Nutzung des zusätzlichen Transportweges ist darüber hinaus die Steuerung des Hallenkrans betroffen, was eine Anpassung der internen Transportsteuerung im Sektionsbaumodul erfordert. Auch dieser erweiterte Funktionsumfang kann über die neue Anpassungskomponente konfiguriert werden.

Für eine einfache Nutzbarkeit durch den Simulationsanwender wurde die Auswahl der unterschiedlichen Szenariovariationen über Regeln abgebildet. Die Regelbedingungen werden dazu vom Simulationsexperten auf der Basis des Feature-Diagramms entwickelt, so dass die Konsistenz der Simulationsanwendung gesichert ist. Durch eine dialoggestützte Auswahl der Konfigurationsregeln wird der Anwender in die Lage versetzt, die Ablauflogik des Modells und damit den abgebildeten Materialfluss zu verändern und den geänderten Randbedingungen anzupassen. Zum einen kann der Anwender somit ein besseres Verständnis des betrachteten Systems erlangen und somit einfacher Problemlösungen für auftretende Engpässe in der Produktion finden. Und zum anderen kann ohne direkte Einbindung des Simulationsexperten in die tägliche Arbeit des Anwenders sichergestellt werden, dass das Werkzeug der Simulation korrekt verwendet und die richtigen Schlüsse aus den Simulationsergebnissen gezogen werden.

5 Zusammenfassung

Auch Simulationsmodelle, die mit Hilfe eines Simulationsbaukastens entwickelt werden, müssen an veränderte Randbedingungen im Produktionsumfeld angepasst werden. Am Beispiel des Schiffbaus werden eine weitergehende hierarchische Modularisierung und eine modulorientierte Anpassungssystematik zur Berücksichtigung von Modell- und Funktionsaspekten beschrieben. Diese ermöglicht es, Simulationsbausteine so neu zu erzeugen oder zu adaptieren, dass sie auch bei geänderten Rahmenbedingungen verwendbar sind. Damit kann der Simulationsexperte vorkonfigurierte, valide Simulationsszenarien definieren, die der Simulationsanwender mit Basis-Know-how in der täglichen Praxis anhand von Konfigurationsregeln einfach anpassen kann.

Literatur

CZARNECKI, Krysztof; EISENECKER, Ulrich W.: Generative Programming: Methods, Tools and Applications. Boston: Addison-Wesley, 2000.

GIERTH, Andreas; SCHMIDT, Carsten: Zeitdynamische Simulation in der Produktion. In: Produktionsplanung und –steuerung. Hrsg.: SCHUH, Günther. Berlin: Springer-Verlag, 2006, 3. Auflage S. 646-681

LÖDDING, Hermann; FRIEDEWALD, Axel; WAGNER, Lars: Rule-based resource allocation – an approach to integrate different levels of planning detail in production simulation. In: 9th International Conference on Computer and IT Applications in the Maritime Industries (COMPIT '10). Hrsg.: BERTRAM, Volker. Gubbio, 2010, S. 203-212.

NEDESS, Christian; FRIEDEWALD, Axel; WAGNER, Lars: Modellierung und Simulation von Produktionsflächen im Schiffbau. PPS Management, Berlin, 12(2007)2, S. 36-39.

NEDESS, Christian; FRIEDEWALD, Axel; WAGNER, Lars: Verbesserte Planung durch Ablaufsimulation von Szenarien. In: Digital Engineering - Herausforderungen für die Arbeits- und Betriebsorganisation. Hrsg.: SCHENK, Michael. Berlin: GITO-Verlag, 2009, S. 239-259.

RABE, Markus; SPIECKERMANN, Sven; WENZEL, Sigrid: Verifikation und Validierung für die Simulation in Produktion und Logistik: Vorgehensmodelle und Techniken. Berlin: Springer-Verlag, 2008

STEINHAUER, Dirk: Simulation im Schiffbau – Unterstützung von Werftplanung, Produktionsplanung und Produktentwicklung bei der Flensburger Schiffbau-Gesellschaft. In: Simulation in Produktion und Logistik 2006. Hrsg.: WENZEL, Sigrid. San Diego, Erlangen: SCS Publishing House, 2006, S. 1-14

Integrationsaspekte der Simulation:
Technik, Organisation und Personal
Gert Zülch & Patricia Stock (Hrsg.)
Karlsruhe, KIT Scientific Publishing 2010

Unterstützungssystem zur Verteilten Simulation

Supportsystem for Distributed Simulation

Marco Lemessi
Deere & Company European Office, Mannheim (Germany)
lemessimarco@johndeere.com

Gordon Rehn
Deere and Company World Headquarters , Moline, IL (USA)
rehngordonD@johndeere.com

Michael Raab
Fraunhofer Institut IFF, Magdeburg (Germany)
michael.raab@iff.fraunhofer.de

Thomas Schulze
Otto-von-Guericke-Universität Magdeburg (Germany)
tom@iti.cs.uni-magdeburg.de

Abstract: This article describes key aspects discovered during development of a support system for distributed simulations. After reviewing the deployment of distributed simulation in industrial domains, the necessary phases of executing an industrial distributed simulation application are described. The requirements for a support system for distributed simulation applications are explained. The main goal of such a support system is to offer a simple way to execute distributed simulation by inexperienced users. Phases and actions which can be hidden from users will be discussed. The architecture of support systems for distributed simulation is explained.

1 Motivation

Simulation ist seit Jahren ein anerkanntes Hilfsmittel zur Absicherung der Planung und des Betriebs von komplexen Produktions- und Logistiksystemen. Abhängig vom Anwendungsfokus werden hierzu Simulationsmodelle unterschiedlichster Größe, Detaillierung und verwendeter Simulationssoftware eingesetzt. Häufig werden einzelne Teile eines komplexen Produktionssystems getrennt voneinander simuliert. Diese eigenständigen Modelle, beispielsweise für die Bereiche Karosseriebau, Farbgebung und Montage, haben ihre definierten Systemgrenzen und sind typischerweise nicht miteinander verbunden. In komplexen realen Produktionsanlagen bestehen zwischen diesen Teilbereichen jedoch bidirektionale Beziehungen. So muss beispielsweise der Bereich Karosseriebau auf Zustandsänderungen in der Farbgebung reagieren, wenn der Farbgebungsprozess stoppt und umgekehrt. Die Beziehungen, die zwischen den realen Bereichen existieren, sind nicht oder nur unzureichend zwischen den Simulationsmodellen der Teilsysteme abgebildet. Daraus folgt, dass Aussagen zur Funktion des komplexen Gesamtsystems auf der Basis der nicht gekoppelten Simulationsmodelle nur bedingt getroffen werden können.

Ein Lösungsweg ist die Erstellung von monolithischen Gesamtmodellen, die aus den Teilmodellen abgeleitet werden. Dieser Weg ist gegenwärtig noch mit hohem manuellem Aufwand und einer Reduzierung des Detaillierungsgrades verbunden. Gerade die Verringerung des Detaillierungsgrades führt dazu, dass diese Art von Gesamtmodellen nicht zur Absicherung der Planung der Beziehungen zwischen den Teilbereichen verwendet werden können.

Eine weitere Möglichkeit ist die Kopplung der existierenden Simulationsmodelle der Teilbereiche, wobei gegebenenfalls ein weiteres Simulationsmodell zur Abbildung der Kopplungsbeziehungen erstellt und integriert werden muss. Vorteil dieses Verfahrens ist vor allem die Weiterverwendung bestehender Simulationsmodelle unter Beibehaltung des erreichten Detaillierungsgrades. Bei der Kopplung von Simulationsmodellen sind zwei Möglichkeiten zu unterscheiden: die Kopplung von homogenen bzw. heterogenen Modellen. Dabei bezeichnet die Homogenität nicht allein die Verwendung eines einheitlichen Simulationssystems (syntaktische Homogenität) sondern auch die Semantik zwischen den zu koppelnden Modellen muss identisch sein (semantische Homogenität). Eine Kopplung bzw. Integration von homogenen Simulationsmodellen wird i.a. von objekt-orientierten Simulationssystemen unterstützt. In vielen realen Planungssituationen sind hingegen heterogene Simulationsmodelle zu koppeln, d.h. die zu koppelnden Modelle operieren mit unterschiedlichen Zeiteinheiten (Minuten oder Sekunden), verschiedenen Schichtregimen und differenzierten Modellobjekten für die Teile.

Eine Kopplung von derartigen hetorogenen Simulationsmodellen kann mit den Methoden der verteilten Simulation erreicht werden, beispielsweise unter Verwendung der High Level Architecture (HLA), einer standardisierten Architektur zur Entwicklung und Durchführung verteilter Simulationen (IEEE 1516-2000).

Die Verknüpfung und synchronisierte Ausführung bestehender Simulationsmodelle ist eine komplexe Aufgabenstellung, die bisher ausschließlich von Simulationsexperten mit detailliertem Hintergrundwissen in den Bereichen verteilte Simulation und HLA bewältigt werden kann. Dies ist ein Grund für die bisher unzureichende Akzeptanz der verteilten Simulation in zivilen Anwendungen. Für eine breitere Anwendung der verteilten Simulation im industriellen Umfeld ist es notwendig, dass ein dem Nutzerprofil entsprechender Zugang zu dieser Technologie geschaffen wird. Daher ist die Entwicklung und Nutzung eines Unterstützungssystems mit einem dedizierten Interface für Planer und Betreiber zur Nutzung der verteilten Simulation notwendig.

In den folgenden Kapiteln soll ein Ansatz zur modellübergreifenden Konfiguration und Überwachung verteilter Materialflusssimulationen beschrieben werden, der die Komplexität verteilter Simulationsexperimente vor dem Simulationsanwender durch die Bereitstellung von einfach bedienbaren und intuitiven Nutzerschnittstellen verbirgt und somit die Akzeptanz der verteilten Simulation als Werkzeug der Planung erhöht.

2 Aktuelle Forschungsarbeiten zur Verteilten Simulation

Als verteilte Simulation wird die gleichzeitige, zeitlich und inhaltlich synchronisierte Ausführung von mehreren Simulationsmodellen bezeichnet (FUJIMOTO 2000). In diesem Kontext ist die High Level Architecture (HLA) aus der militärischen Forschung hervorgegangen und beschreibt ein standardisiertes Vorgehen zur Entwicklung und Durchführung verteilter Simulationen (IEEE 1516-2000). Über ein Run Time Interface (RTI) können unabhängige, homogene aber auch heterogene Simulationssysteme miteinander verbunden und synchronisiert ausgeführt werden.

Seit Jahren gibt es Bestrebungen die Methoden der verteilten Simulation und speziell die High Level Architecture auch im zivilen industriellen Bereich zu etablieren (RABE, JÄKEL 2001; STRASSBURGER 2001; BOER 2005; BERNHARD, WENZEL 2006).

Eine aktuelle Forschungsrichtung ist die Entwicklung von Referenzmodellen für die verteilte Simulation mittels "Commercial off-the-shelf simulation packages", wo eine standardisierte Lösung zu ausgewählten Problemstellungen vorschlagen wird, die bei der Entwicklung verteilter Materialflusssimulationen typischerweise zu lösen sind (STRASSBURGER, SCHULZE, LEMESSI 2007). Die vorgeschlagenen Referenzmodelle konnten bereits erfolgreich im industriellen Kontext einsetzt werden und bilden die Grundlage für die am Fraunhofer IFF entwickelten Konzepte zur automatischen Integration der HLA Dienste in bestehende monolithische SLX Simulationsmodelle (RAAB, SCHULZE, STRASSBURGER 2008)

Die existieren Forschungsergebnisse fokussieren überwiegend auf die notwendigen IT-Technischen Grundlagen für die verteilte Simulation. Allgemein wurden Aspekte der Unterstützung für die Anwendung der verteilten Simulation durch Planer und Betreiber von produktionstechnischen Anlagen bisher aus Forschungssicht nicht betrachtet. Die weiteren Ausführungen beziehen sich auf die HLA-basierte verteilte Materialflusssimulation.

3 Konfiguration verteilter Simulationsmodelle

Die Durchführung einer HLA-basierten verteilten Simulation in die folgenden drei Phasen einteilen: Vorbereitung, Konfiguration und Monitoring.

Die Vorbereitungsphase umfasst die Integration der HLA-Schnittstelle in jedes der beteiligten Simulationsmodelle, um jedem Modell das Betreten und Verlassen der verteilten Simulation, sowie die zeitliche als auch inhaltliche Synchronisation mit allen anderen Modellen zu ermöglichen. Des Weiteren sind die entsprechenden Kopplungsstellen der Modelle, die in monolithischen Modellen nicht vorhanden sind, zu implementieren. Die Vorbereitungsphase wird einmalig für jedes zu koppelnde Simulationsmodell durchgeführt.

In der Konfigurationsphase ist festzulegen, wie und vor allem welche Daten zwischen den Modellen auszutauschen sind. Gegebenenfalls sind zusätzliche Kopplungseinrichtungen wie z.B. Lager oder Transportsysteme zu modellieren und zwischen den Simulationsmodellen einzufügen, um den Übergang zwischen den Modellen abbilden zu können.

Die Monitoringphase umfasst das eigentliche Ausführen, das Überwachen und die Datensammlung während der verteilten Simulation. Die Konfigurations- und Monitoringphasen werden jeweils für ein Simulationsexperiment nacheinander ausgeführt und sind bei mehreren Experimenten somit auch mehrfach zu durchlaufen.

Für die Zielstellung der Nutzung der verteilten Simulation durch Planer und Betreiber ist es also notwendig, die notwendigen Arbeitsschritte soweit wie möglich automatisiert, also vor dem Nutzer vorborgen, ablaufen zu lassen. Eine vollständige Automatisierung der Phasen ist nicht vorgesehen, da der Entwurf für die Experimente mit dem Gesamtsystem vom Nutzer manuell spezifiziert wird. Im Folgenden wird die notwendige Vorgehensweise in der Konfigurationsphase beschrieben.

Unter Konfiguration werden hier die Auswahl der beteiligten Simulationsmodelle sowie die Spezifikation der Beziehungen zwischen den gewählten Modellen verstanden. Die Auswahl der Teilmodelle selbst ist ein sehr simpler Teilschritt. Hingegen muss bei der Spezifikation der Beziehungen zwischen den Modellen für jede Beziehung festgelegt werden:

- welche Teile unter welchen Bedingungen von Modell M_i an das Modell M_{i+1} gesendet werden,
- wie lang der Übergang von Modell M_i zu M_{i+1} dauert,
- an welcher Position im Modell M_{i+1}die Teile eingefügt werden.

Hierbei ist sicherzustellen, dass der Anwender in dieser Phase so unterstützt wird, dass ausschließlich valide Beziehungen zwischen den Modellen spezifiziert werden können. So sollten beispielsweise bei der Erstellung der Beziehungen zwischen Modell M_i und M_{i+1} nur die Teiletypen des Modells M_i zur Auswahl stehen, die auch im Modell M_{i+1} benötigt werden. Des Weiteren ist sicherzustellen, dass ein Einfügen der importierten" Teile nur an den im Modell M_{i+1} definierten Eingabepunkten erfolgen kann. Hierzu sind vor Beginn des Spezifikationsprozesses die entsprechenden Eingabedaten der Simulationsmodelle einzulesen und vor zu verarbeiten.

Im Ergebnis des Konfigurationsvorganges entsteht eine ganzheitliche, abstrakte, HLA unabhängige Beschreibung der Modellbeziehungen in Form einer globalen Konfigurationsdatei, welche die Basis für die Durchführung von verteilten Simulationsexperimenten darstellt.

4 Monitoring Verteilter Simulationsmodelle

An die Konfigurationsphase schließt sich die Monitoringphase an. Im soll Folgenden unter dem Begriff Monitoring das automatisierte Starten und Überwachen der Ausführung der verteilten Simulation sowie eine Darstellung von ausgewählten Ergebnissen verstanden werden.

Bei der manuellen Ausführung von Experimenten mit verteilten Simulationsmodellen obliegt es dem Simulationsexperten jedes Simulationsmodell einzeln zu initialisieren und dafür zu sorgen, dass der Start aller Simulationsmodelle synchron erfolgt. Dazu ist im Allgemeinen sicher zu stellen, dass zum Startzeitpunkt der verteilten Simulation jedes beteiligte Modell erfolgreich initialisiert wurde und die zeitlichen Abhängigkeiten zwischen den Modellen festgelegt wurden. Zur Laufzeit der verteilten Simulation erhält der Anwender typischerweise nur unzureichende Informationen über deren Fortschritt und das etwaige Auftreten von Fehlern. Nach Abschluss der Ausführung ist ebenfalls der Anwender dafür zuständig, aus den individuellen Ergebnissen der verschiedenen Simulationsmodelle Rückschlüsse auf modellübergreifende Abhängigkeiten zu ziehen bzw. Kennzahlen für das Gesamtmodell zu ermitteln.

Der Simulationsanwender muss auch in diesem Bereich unterstützt werden, indem die beschriebenen Tätigkeiten gekapselt und für den Simulationsanwender abstrahiert dargestellt werden.

Das Starten der verteilten Simulation setzt eine valide Konfiguration aller semantischen Beziehungen zwischen den Teilmodellen des Gesamtmodells voraus, die in der Konfigurationsphase erfolgte. Basierend auf dieser Gesamtkonfiguration wird automatisch für jedes Teilmodell aus der globalen Konfigurationsdatei eine lokale Konfigurationsdatei abgeleitet, die entsprechende Abhängigkeiten des Modells bzgl. angrenzender Modelle enthält. Nachdem für jedes Modell eine valide lokale Konfiguration generiert wurde, werden die Modelle unter Verwendung dieser Konfiguration initialisiert und gestartet. Zusätzlich ist die Middleware der High Level Architecture, das Run Time Interface (RTI), zu starten und zu konfigurieren.

Jedes ausgewählte Simulationsmodell (Federate) tritt dann dem verteilten Gesamtsimulationsmodell (Federation) bei. Dabei sind die entsprechenden zeitlichen Abhängigkeiten zu deklarieren. Die HLA Spezifikation unterscheidet bezogen auf die zeitliche Synchronisation zwischen regulierenden und abhängigen Federates, wobei auf ein Federate auch beide Eigenschaften zutreffen können. Jedes existierende Materialflusssimulationsmodell verfügt über eine eigene lokale Simulationsuhr, welche unabhängig, basierend auf den lokalen und externen Simulationsereignissen in diskreten Zeitschritten fortschreitet. Somit ist jedes Modell als zeitlich regulierend zu deklarieren.

Der Materialfluss des Gesamtmodells, modelliert über die Beziehungen zwischen Teilmodellen, stellt einen gerichteten Graphen dar, wobei jedes Modell über mindestens eine eingehende bzw. eine ausgehende Kante verfügt. Somit ist jedes mögliche Modellpaar zeitlich voreinander abhängig, sodass jedes Modell entsprechend als regulierend und abhängig zu kennzeichnen ist.

Um die Startphase der Gesamtsimulation abzuschließen, ist sicherzustellen, dass der Start des Zeitfortschrittes synchron erfolgt, d.h. es darf kein Simulationsmodell zeitlich fortschreiten ehe nicht alle beteiligten Modellen beigetreten und initialisiert sind. Um dieses Kriterium automatisch erfüllen zu können, wird ein zusätzliches Simulationsmodell, im folgenden Observer genannt, hinzugefügt.

An die Startphase schließt sich die Ausführungsphase der verteilten Simulation an. In dieser Phase erfolgt neben der zeitlichen Synchronisation der Teilmodelle vor allem der Austausch von simulationsrelevanten Ereignissen, die den Material- und

Informationsfluss zwischen den Teilmodellen abbilden. So sendet beispielsweise das Modell M_n eine HLA Interaktion (Nachricht) an das Modell M_{n+1}, welche die Übertragung eine Teils vom M_n an M_{n+1} dargestellt. Dieses Teil wird nach Eintreffen in einem Eingangspuffer im Modell M_{n+1} abgelegt werden, dessen Füllstand wiederum für Modell M_n von Relevanz ist und im Anschluss über ein HLA Objekt-Update an M_n gesendet wird. Abbildung 1 zeigt den Datenaustausch zwischen zwei Teilmodellen, die über einen Eingangspuffer miteinander gekoppelt sind.

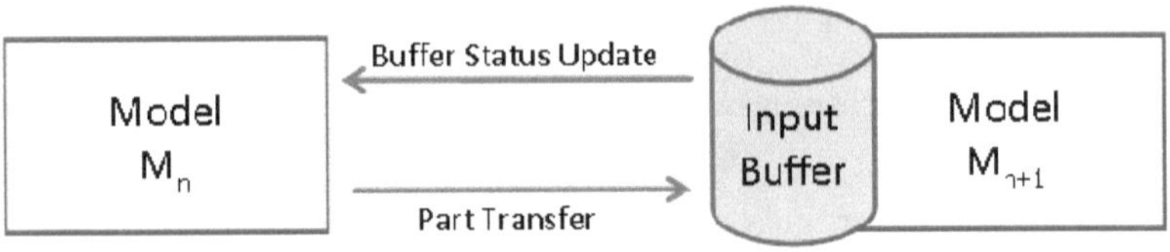

Abbildung 1: *Datentausch zwischen zwei Teilmodellen*

Der hier kurz dargestellte Austausch von Materialien und Informationen ist typischerweise nur von den im Gesamtmodellgraphen benachbarten Modellen von Interesse, könnte aber prinzipiell von jedem Modell im Verbund abonniert und abgehört werden. Diese Möglichkeit wird vom Observermodell zur Laufzeit genutzt, um zum einen ein Feedback an den Nutzer zum aktuellen Ausführungsstand zu generieren und zum anderen um Informationen über die beteiligten Teilmodelle zu sammeln und daraus Statistiken über das Gesamtmodell zu generieren.

Aus den vom Observer Modell zur Laufzeit gesammelten Daten werden simulationsmodellübergreifende Kennzahlen automatisch abgeleitet, die sonst vom Simulationsanwender nicht oder nur unter Verwendung aufwendiger Nachverarbeitungsschritte generiert werden können. Der generierte Mehrwert liegt vor allem in der Quantifizierung der Abhängigkeiten zwischen den gekoppelten Modellen. So lassen sich beispielsweise Wartezeiten von Teilen beim Übergang zwischen zwei Simulationsmodellen erfassen und entsprechend aufbereiten. Damit werden Kenngrößen zur Dimensionierung der Kopplungseinrichtungen zwischen den Modellen bzw. Teilbereichen, wie z.B. Transportsysteme oder Lager, gesammelt, um aus diesen Daten Informationen über mögliche Flaschenhälse abzuleiten. Mit entsprechenden Experimenten lassen sich Vorschläge zur Verbesserung der Leistung von den Kopplungseinrichtungen iterativ verbessern. Ein weiterer Vorteil ist die Möglichkeit, Kennzahlen zum Gesamtprozess zu sammeln.

5 Architektur des Ansatzes

Die Hauptkomponenten des entwickelten Ansatzes sind die nach der Vorbereitungsphase existierenden Modelle M, das HLA Run-Time-Interface RTI, ein generiertes Observermodell und das Distributed Simulation Support System (DiSu). Das DiSu hat in der Architektur zwei signifikante Aufgaben zu erfüllen:

- Nutzerinterface für die Nutzereingaben zur Konfiguration und für die Ergebnisdatenanzeige über das Gesamtmodell und
- Automatische Ausführung der Monitoringphase.

Das für den Nutzer sichtbare Frontend zur Konfiguration des Gesamtsystems ist eine grafische Nutzerschnittstelle auf Basis des .NET Frameworks. Alle beschriebenen Teilaspekte laufen in diesem Supportsystem zusammen (Kontrolle des Workflows zur Gesamtmodellgenerierung, Validierung der Konfiguration, Simulationsdurchführung sowie Ergebnisvisualisierung und -animation).

Damit kommuniziert der Nutzer nur über die graphische Nutzerschnittstelle des DiSu mit der verteilten Simulation. Es müssen hier nur die Informationen vom Nutzer eingegeben werden, die nicht automatisch aus vorhandenen Daten abgeleitet werden können. Der Nutzer muss somit nur die notwendigen Angaben für die Konfigurationsphase tätigen. Die Abläufe des Monitorings bleiben vor dem Nutzer verborgen. Damit ist es möglich, einen dem Nutzerprofil entsprechenden Zugang zu schaffen.

6 Zusammenfassung und Ausblick

Gesicherte Aussagen über das Verhalten eines Gesamtsystems lassen sich auf Basis des Verhaltens der Teilmodelle nur sehr bedingt treffen. Die Verwendung von gekoppelten Teilmodellen, also die Nutzung der verteilten Simulation, ist aus Gründen der Effizienz, Nachhaltigkeit und Interoperabilität in den meisten Fällen der expliziten Generierung eines monolithischen Gesamtmodells vorzuziehen.

Bisher war die Durchführung von verteilten Simulationen mit einem hohen manuellen Aufwand bei der Vorbereitung und Durchführung von Simulationsexperimenten verbunden. Zur Reduzierung dieses Aufwandes und der gleichzeitigen Fokussierung auf eine valide Beschreibung der Beziehungen zwischen den Teilmodellen wurde ein Unterstützungssystem entwickelt. Der Kern dieses Systems ist ein Distributed Simulation Support System (DiSu), das den Nutzer entsprechend seines Profils bei der Konfiguration und dem Monitoring unterstützt.

Die Architektur des Systems und die entwickelte Vorgehensweise lassen sich auch auf andere Applikationsfelder, wie der Kopplung von logistischen Teilsystemen oder Supply Chains übertragen.

Zukünftige Arbeiten fokussieren u.a. auf

- eine Reduzierung der Rechenzeiten für die verteilte Materialflusssimulationen und
- die Visualisierung von Teilmodellen bzw. des Gesamtmodells in unterschiedlichen Abstraktionsstufen.

Literatur

BERNHARD, J.; WENZEL, S.: Verteilte Simulationsmodelle für produktionslogistische Anwendungen – Anleitung zur effizienten Umsetzung. In: Proceedings der Tagung Simulation und Visualisierung. Hrsg.: SCHULZE, T.; HORTON, G.; PREIM, B.; SCHLECHTWEG, S. San Diego: SCS Publishing House, 2006, S. 169-178.

BOER, C.: Distributed Simulation in Industry. Rotterdam: Doctoral Thesis Eramus University Rotterdam, 2005.

IEEE 1516-2000: IEEE Standard for Modeling and Simulation (M&S) High Level Architecture (HLA) - Framework and Rules, 2000. http://ieeexplore.ieee.org/Xplore/defdeny.jsp?url=http%3A%2F%2Fieeexplore.ieee.org%2Fxpls%2Fabs_all.jsp%3Farnumber%3D893287&userType=inst , Stand: 20.05.2010.

FUJIMOTO, R.: Parallel and Distributed Simulation Systems. New York u.a.: Wiley-Interscience, 2000.

RAAB, M.; SCHULZE, T.; STRASSBURGER, S.: Management of HLA-based distributes legacy SLX-Models. In: Proceedings of the 2008 Winter Simulation Conference 2008. Hrsg.: MASON, S. J.; HILL, R. R.; MÖNCH, L.; ROSE, O.; JEFFERSON, T.; Fowler, J. W. Piscataway, NJ: IEEE, S. 1086-93.

RABE, M.; JÄKEL,F.-W.: Non military use of HLA within distributed manufacturing scenarios. In: Proceedings der Tagung Simulation und Visualisierung, Magdeburg 2001. Hrsg.: SCHULZE, T.; SCHLECHTWEG, S.; HINZ, V. Erlangen: SCS-European Publishing House, 2001, S. 141-150.

STRASSBURGER, S: Distributed Simulation based on the High Level Architecture in Civilian Application Domains. Magdeburg: Doctoral Thesis, University of Magdeburg, 2001.

STRASSBURGER, S.; SCHULZE, T.; LEMESSI, M:. Applying CSPI Reference Models for Factory Planning. In: Proceedings of the 2007 Winter Simulation Conference. Hrsg.: HENDERSON, S. G.; BILLER, B.; HSIEH, M.-H.; SHORTLE, J.; TEW, J. D.; BARTON, R. R.. Washington, D.C., 2007, S. 603-609.

Integrationsaspekte der Simulation:
Technik, Organisation und Personal
Gert Zülch & Patricia Stock (Hrsg.)
Karlsruhe, KIT Scientific Publishing 2010

Entwicklung von Methodiken zur systematischen Planung von Experimenten in Simulationsstudien

Approach for Systematic Experimental Design within Simulation Studies

Björn Bockel, Markus Schmitz, Sigrid Wenzel
Universität Kassel (Germany)
bockel@uni-kassel.de, m.schmitz@uni-kassel.de, s.wenzel@uni-kassel.de

Abstract: The necessity of a systematic experimental design for the simulation of production and logistic systems is indisputable. However, adjusting the designed experiments to the requested aims of investigation requires comprehensive expert know-how. This paper presents a conceptual approach of using checklists for the design of experiments based on the aims of investigation.

1 Einleitung

Im Bereich Produktion und Logistik sind an der Durchführung einer Simulationsstudie oftmals mehrere Personen unterschiedlicher Fachabteilungen eines Unternehmens beteiligt. Die Durchführung obliegt entweder einem unternehmensinternen Simulationsexperten oder einem externen Planungs- und Simulationsdienstleister (vgl. z.B. WENZEL u.a. 2008, S. 9 ff.). Die beteiligten Personen weisen aufgrund ihrer Aufgabenstellung im Unternehmen in der Regel unterschiedliches Simulations- und Fachwissen auf. Für die erfolgreiche Bearbeitung einer Simulationsstudie ist jedoch ein gemeinsames Verständnis in Bezug auf die erreichbaren Ziele, die Zweckmäßigkeit der Methodik sowie die Grenzen des Simulationseinsatzes notwendig. Dies betrifft vor allem die Phasen einer Simulationsstudie, die einerseits einen engen Bezug zu dem zu untersuchenden System und den zu beantwortenden Fragestellungen (Datenbeschaffung sowie Experimentplanung und -durchführung) aufweisen oder andererseits zur Rückführung der Ergebnisse ins Unternehmen dienen (Ergebnisinterpretation und -visualisierung). Hinzu kommt, dass in diesen Phasen die Freiheitsgrade hinsichtlich der möglichen Entscheidungen zu Inhalten der Simulationsstudie relativ hoch sind. Da die hohe Anzahl an Freiheitsgraden selbst für Simulationsexperten mit entsprechender Erfahrung eine große Herausforderung darstellt, müssen Möglichkeiten geschaffen werden, diese Experten geeignet zu unterstützen. Im Folgenden wird daher die Thematik der systematischen Planung von Experimenten für die Simulation aufgegriffen. Ausgehend von bestehenden

Arbeiten zur checklistenbasierten Unterstützung der Datenbeschaffung und der Modellbildung sowie der Experimentplanung wird die Realisierung eines Assistenzsystems zur Anwenderunterstützung im Rahmen des Projektes "AssistSim" erläutert. Hierfür wird zunächst das Konzept von "AssistSim" und anschließend die Umsetzung der Checklisten innerhalb des Prototyps vorgestellt. Das Projekt "AssistSim – Evaluation von Assistenzfunktionen für die Simulation logistischer Prozesse im Automotive-Bereich" (HA-Projekt-Nr.: 185/09-15) wird im Rahmen der Hessen Modellprojekte aus Mitteln der Europäischen Union (Europäischer Fonds für Regionale Entwicklung – EFRE) und aus Mitteln des Landes Hessen gefördert.

Nach einer kurzen Einführung zum Stand der Technik in Bezug auf Unterstützungsfunktionen im Rahmen von Simulationsstudien in Kapitel 2 wird in Kapitel 3 zunächst das Konzept des Assistenzsystems AssistSim aufgezeigt. Kapitel 4 erläutert den methodischen Hintergrund auf der Basis von Checklisten für die Experimentplanung. Der Beitrag schließt mit einer kurze Darstellung zukünftig geplanter Entwicklungsaktivitäten.

2 Stand der Technik

Im Folgenden werden entlang der Phasen des Vorgehensmodells für die Durchführung von Simulationsstudien nach RABE u.a. (2008, S. 5) einige Beispiele für Unterstützungsmethoden gegeben: Die Auswahl für *Beschreibungsmethoden in der Konzeptmodellerstellung* zu Beginn einer Simulationsstudie hat SCHMIDT (2008) erarbeitet. In KUHNT und WENZEL (2009) werden Methoden zur Informationsgewinnung für die Simulation detailliert. In CSANADY (2008) wird die *Ermittlung der Datenbasis* einer Simulation untersucht und der Grundstein für eine systematische Unterstützung der Untersuchungszielauswahl und die dafür notwendige Datenbasis gelegt (vgl. auch CSANADY u.a. 2008). Zur Unterstützung eines *effizienten Modellbildungsprozesses* diskutieren HEINRICH und MAYER (2006) die Standardisierung und Konsolidierung von Bausteinbibliotheken in der Automobilindustrie sowie die teilautomatische Modellerstellung. Methoden zur *Planung von Experimenten* werden in DEIST (2009) entwickelt, während HU (2005) Funktionen zur Durchführung von *Serienexperimenten*, zur automatischen Erzeugung von *Ergebnisdarstellungen* oder zur Szenarioverwaltung behandelt. Zur Szenarienfestlegung und -navigation innerhalb kollaborativer Simulationsaufgaben finden sich Ansätze z.B. bei BIJLSMA u.a. (2008). Die Umsetzung von Methoden und Funktionen zur übergeordneten organisatorischen Durchführung und Verwaltung von Simulationsstudien behandeln z.B. MÄRZ und SALER (2008). Spezifische Funktionen zur Simulationsergebnisauswertung bietet das Werkzeug SimView (vgl. auch SIMPLAN 2010).

3 Lösungskonzept zum Assistenzsystem AssistSim

Das Grundkonzept des Assistenzsystems AssistSim sieht vor, den Simulationsanwender bereits zu Beginn einer Simulationsstudie zu unterstützen und ihn entsprechend der jeweils notwendigen Schritte der Experimentplanung und -durchführung durchgehend zu begleiten.

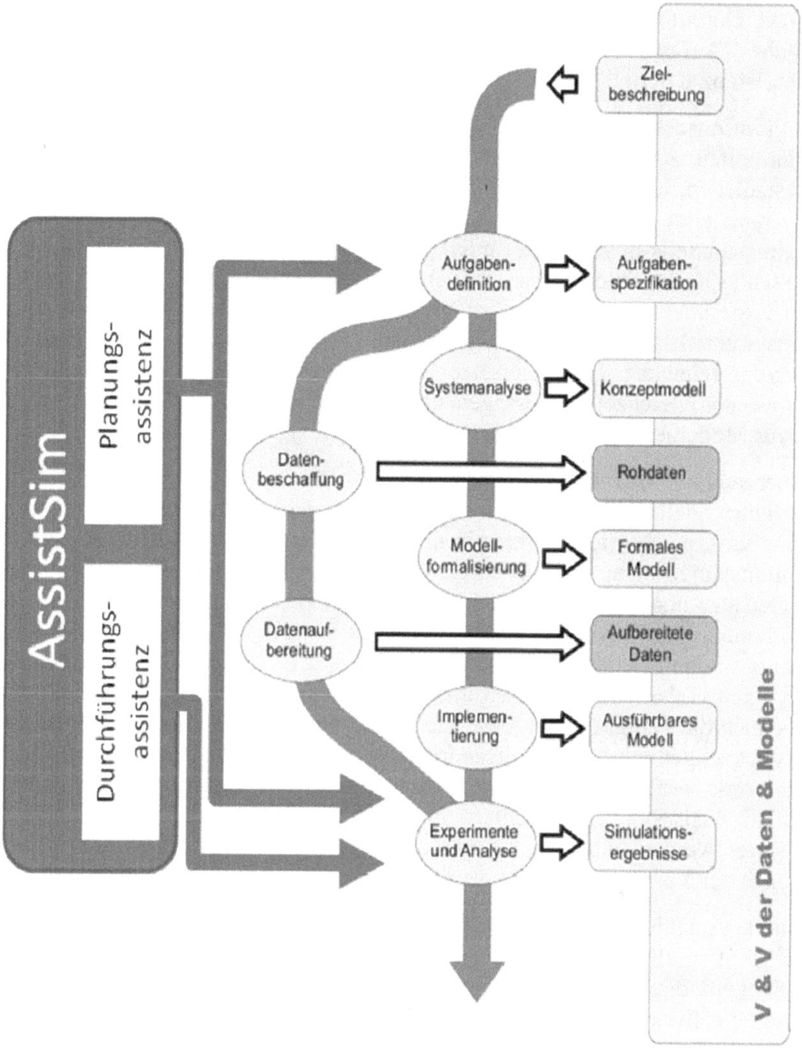

Abbildung 1: *Unterstützungsfunktionen von AssistSim im Projektablauf (i.A.a. RABE u.a. 2008, S. 5)*

Wie Abbildung 1 zeigt, setzt AssistSim bereits zu Beginn der Aufgabendefinition an, in der die Untersuchungsziele konkretisiert werden und ein erster Experimentplan vorbereitet wird. In Abhängigkeit von der Vorgehensweise bei der Zielbeschreibung und Angebotserstellung (vgl. WENZEL u.a. 2008, S. 69 ff.) kann die Konkretisierung der Untersuchungsziele noch vor der Aufgabendefinition erfolgen. Im weiteren Projektverlauf können die in AssistSim für die Experimentplanung und -durchführung notwendigen Daten sukzessive ergänzt und detailliert werden. Unter Verwendung der bereits im Vorfeld oder zu Beginn der Studie festgelegten Untersuchungsziele liegt der Fokus für AssistSim in der Experiment- und Analysephase, in der in der Regel der Experimentplan verabschiedet wird und die detaillierte Planung und Durchführung der einzelnen Experimente erfolgt. Entsprechend dieser inhaltlichen Aufgaben ist AssistSim in eine **Planungsassistenz** und **Durchführungsassistenz** unterteilt.

In der **Planungsassistenz** werden Funktionen bereit gestellt, die einem Simulationsexperten helfen, zusammen mit dem Auftraggeber in Abhängigkeit einer Fragestellung festzulegen, welche Untersuchungsziele in der Simulationsstudie zu bearbeiten sind. Daraus leitet die Planungsassistenz Vorschläge für die Gestaltung des späteren Simulationsmodells in Bezug auf mögliche Parametervariationen (Stellgrößen) und zu messende Kenngrößen (Messgrößen) ab und unterstützt bei der Festlegung der Art der Experimente (z.B. Optimierung bestimmter Parameter oder Exploration des Parameterraums). Darüber hinaus erfolgt eine teilautomatische Identifikation und Generierung relevanter Parametersätze. Über die Festlegung der Experimente erhält der Anwender gleichzeitig Aussagen über möglicherweise zusätzlich notwendige Daten zur Modellierung und Experimentdurchführung.

Der Übergang zur **Durchführungsassistenz** erfolgt im Vorgehensmodell, wenn ein Simulationsmodell einschließlich der benötigten Daten vorliegt. Die Durchführungsassistenz umfasst die (teil-)automatische Bestimmung der Anzahl und Dauer von Simulationsläufen unter Berücksichtigung der in der Planungsassistenz bestimmten Parametersätze und der unter statistischen Gesichtspunkten notwendigen Anzahl an Replikationen. Darüber hinaus bietet AssistSim sowohl Möglichkeiten, die für das Simulationsmodell benötigten Datenquellen (wie z.B. Access-Datenbanken, SQL-Server, Excel-Tabellen) einzulesen und entsprechend vorgegebener Inhalte zu prüfen, als auch die Fähigkeit, die jeweiligen Experimente in den angebundenen Simulationswerkzeugen auszuführen. Damit ist AssistSim in der Lage, sequenziell oder im Netzwerk verteilt, Experimente automatisiert durchzuführen. Die Ergebnisse werden in AssistSim zurückgeführt und können mithilfe von Statistikfunktionen ausgewertet werden, wobei auch hier zukünftig teilautomatische Unterstützungsfunktionen zur Verfügung gestellt werden sollen.

Detaillierte Ausführungen zur Durchführungsassistenz sind nicht Bestandteil dieses Beitrags, sollen aber in kommenden Veröffentlichungen detailliert betrachtet werden. Die methodische Basis der Planungsassistenz in Form von Checklisten wird in Abschnitt 4 näher erläutert.

4 Checklisten in AssistSim

In AssistSim kommen zur systematischen und strukturierten Unterstützung der Aufgabendefinition Checklisten zum Einsatz. Die Inhalte der Checklisten umfassen Expertenwissen aus verschiedenen Simulationsprojekten und basieren auf dem in DEIST (2009) beschriebenen Vorgehen.

- Für die durchzuführenden Experimente sind klassische Fragestellungen aus dem Bereich der Simulation in Produktion und Logistik abgelegt und nach technischen Bereichen entlang der Prozesskette einer Anlage gegliedert (z.B. Auftragsdaten und Produktionsprogramm, Wareneingang, Fertigung, Logistik und Transport, Lager).

- Ein oder mehrere Untersuchungsziele konkretisieren eine einzelne Fragestellung. Dabei ist gewollt, dass ein Untersuchungsziel zur Beantwortung mehrerer Fragestellungen dienen kann.

Den Untersuchungszielen sind jeweils Stell- und Messgrößen zugeordnet, die als Empfehlung der Experten in der Modellerstellung verwendet werden können.

Die Checklisten dienen dazu, klassische Fragestellungen zur simulativen Untersuchung von Produktions- und Logistiksystemen zu strukturieren und mit spezifischen Informationen in Bezug auf für diese Fragestellung interessante Untersuchungsziele zu hinterlegen. In Abbildung 2 wird ein schematischer Auszug der in AssistSim umgesetzten Checklisten bezogen auf eine konkrete Fragestellung dargestellt.

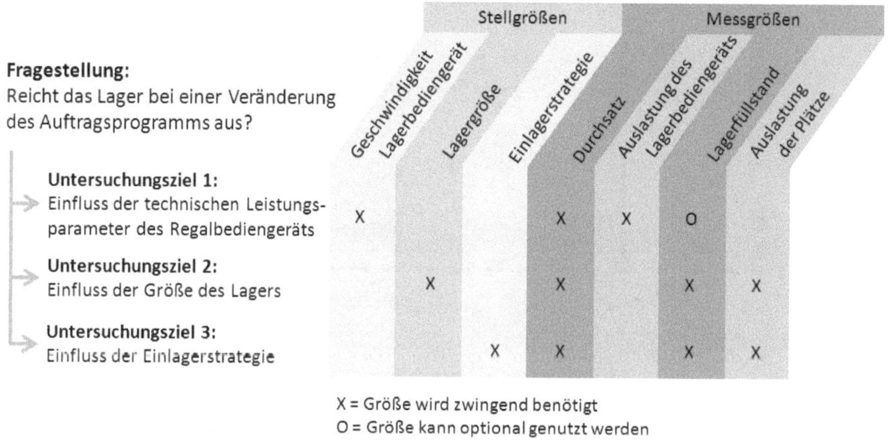

Abbildung 2: *Beispielhafter Auszug der Checklisten*

Die Abbildung zeigt schematisch den Zusammenhang zwischen der Fragestellung, den für diese Fragestellung relevanten Untersuchungszielen sowie die Verknüpfungen der jeweiligen Stell- und Messgrößen mit den Untersuchungszielen. Wie dargestellt gibt es hierbei drei Möglichkeiten. Eine Stell- oder Messgröße kann für ein Untersuchungsziel ohne Bedeutung sein (keine Verknüpfung), sie kann zwingende Voraussetzung für das Untersuchungsziel sein (dargestellt durch ein "X") oder optional ("O") nutzbar sein. Das in Simulationsprojekten gesammelte Expertenwissen stellt hierbei die Grundlage dar und wird sukzessive durch die Anwendung der Checklisten erweitert. Basierend auf bereits durchgeführten Projekten wurden die dort maßgebenden Fragestellungen extrahiert und daraufhin überprüft, welche Untersuchungsziele zur Beantwortung der Fragestellungen relevant waren und welche Stell- und Messgrößen zum Einsatz kamen. Die auf diesem Weg zusammengetragenen Erkenntnisse wurden konsolidiert und im nächsten Schritt an aktuellen Projekten des Fachgebietes evaluiert. Anschließend wurden die bestätigten Informationen in eine Gesamtmatrix überführt, in der, wie bei Abbildung 2 ersichtlich, die Untersuchungsziele auf der Y-Achse und die Stell- und Messgrößen auf der X-Achse aufgetragen sind. Eine derartige Matrix ist eine der Grundlagen für die in AssistSim genutzten Checklisten.

Die hier vorgestellte Methodik der Checklisten basiert auf einer dreistufigen Systematik, wobei Verknüpfungen jeweils zwischen Fragestellungen und Untersuchungszielen sowie zwischen Untersuchungszielen und Stell- bzw. Messgrößen existieren. Abbildung 3 zeigt ein entsprechendes Vorgehen in der Nutzung der Planungsassistenz.

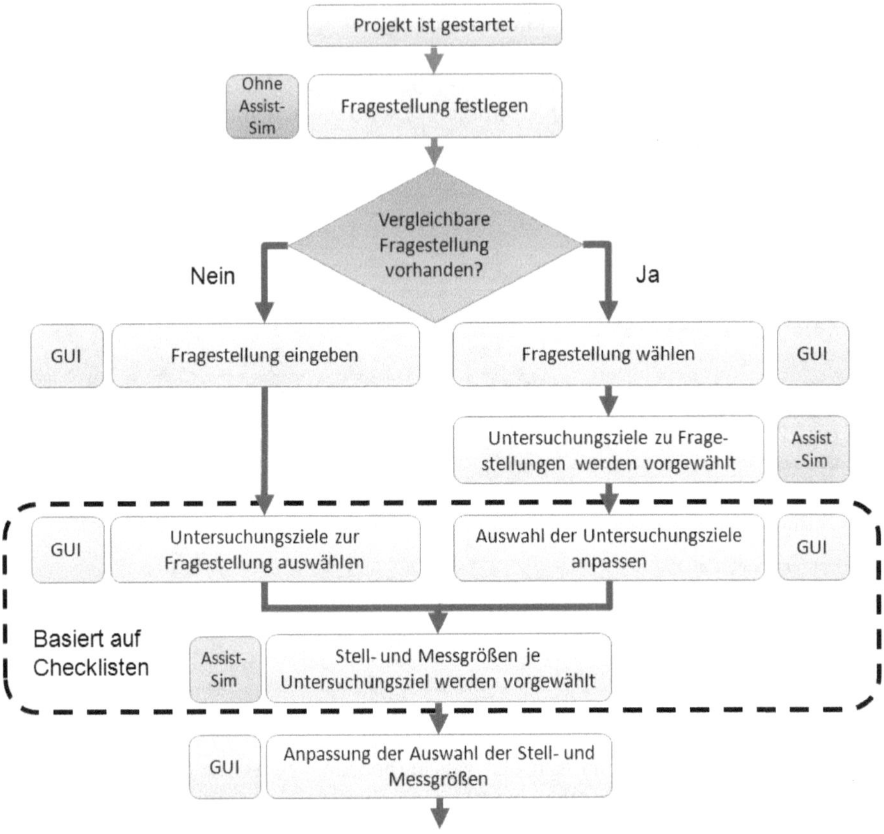

Abbildung 3: *Ablauf der Planungsassistenz in AssistSim, vereinfachte Darstellung*

Die Abbildung zeigt einen vereinfachten Ablauf innerhalb der Planungsassistenz, wobei jeweils angegeben ist, ob es sich um eine Eingabemöglichkeit in AssistSim (Graphical User Interface – GUI), eine automatische Funktion (AssistSim) oder eine von AssistSim losgelöste Aktivität handelt. Zunächst ist wichtig, dass der Simulationsexperte mit dem Auftraggeber zusammen die Fragestellung festlegt. Hier kann eine Liste der in AssistSim hinterlegten Fragestellungen als Hilfestellung dienen, dies ist jedoch keine Voraussetzung. Anschließend überprüft der Simulationsexperte, ob in seinem Datenbestand eine vergleichbare Fragestellung existiert. Ist dies der Fall, so wählt er diese Fragestellung aus und bekommt im nächsten Schritt eine vorselektierte Auswahl an geeigneten Untersuchungszielen, die er entsprechend anpassen kann. Existiert keine vergleichbare Fragestellung, so muss er die Fragestellung eingeben und anschließend die dazu passenden Untersuchungsziele auswählen. Die Kategorisierung nach technischen Bereichen entlang der Prozesskette sowie eine intelligente Filterung erleichtern hierbei die Auswahl innerhalb der Bedienoberfläche des Assistenzsystems. In beiden Fällen zeigt AssistSim dem Simulationsexperten aufgrund der hinterlegten Verknüpfungen nun für jedes Untersuchungsziel eine vorselektierte Auswahl an Stell- und Messgrößen. Diese Auswahl kann ebenfalls an die Bedingungen beim Auftraggeber und auf Basis der Erfahrungen des Simulationsexperten angepasst werden. Um sie für zukünftige Projekte nutzen zu können, lassen sich diese Anpassungen anschließend in den Datenbestand übertragen oder in Form von neuen Verknüpfungen zusätzlich ablegen.

5 Fazit und Ausblick

Die dargestellte Methodik der Checklisten und ihre Umsetzung im Projekt "AssistSim" stellt eine wichtige Neuerung auf dem Gebiet der Assistenzsysteme dar. Durch die klare Struktur der Abläufe und das gesammelte Expertenwissen wird die Qualität der Aufgabendefinition verbessert. Die Möglichkeit, Fragestellungen mit den dazugehörigen Untersuchungszielen und Stell- und Messgrößen für eine spätere Verwendung der Wissensbasis hinzuzufügen erlaubt es, den eigenen Erfahrungsschatz einzubringen oder spezifisches, auf bestimmte Auftraggeber oder Problemstellungen ausgerichtetes Wissen anzulegen. Das gewonnene Expertenwissen steht somit nach Abschluss einer Simulationsstudie für zukünftige Projekte zur Verfügung.

Im Rahmen des Projektes "AssistSim" erfolgt bis Ende November 2010 die Entwicklung eines lauffähigen Prototyps sowie eine Erweiterung und Überprüfung des in den Checklisten gesammelten Expertenwissens auf der Basis von zusätzlich erstellten Testszenarien. Probanden mit unterschiedlichem Simulationskenntnisstand führen einen typischen Prozessablauf im Rahmen der Planungsassistenz durch und bewerten diesen. Die Durchführungsassistenz wird in Verbindung mit den Simulationswerkzeugen Enterprise Dynamics und Plant Simulation sowohl anhand von einfachen Beispielen als auch auf der Basis von Simulationsmodellen realer Anlagen getestet. Dadurch soll sichergestellt werden, dass bereits der Prototyp alle Anforderungen erfüllt, um einen praxisrelevanten Einsatz bei realen Projekten gewährleisten zu können.

Literatur

BIJLSMA, R.; DE GAST, V.; VALENTIN, E.: Deploying Decision Support Systems Based on Simulation Models. In: Advances in Simulation for Production and Logistics Applications. Hrsg.: RABE, M. Stuttgart: Fraunhofer IRB Verlag, 2008, S. 531-544.

CSANADY, K.: Konzept zur Datenerhebung und -aufbereitung für eine Simulationsstudie in einem Industrieunternehmen. Kassel: Diplomarbeit, Universität Kassel, 2008.

CSANADY, K.; BOCKEL, B.; WENZEL, S.: Methodik zur systematischen Informationsgewinnung für Simulationsstudien. In: Advances in Simulation for Production and Logistics Applications. Hrsg.: RABE, M. Stuttgart, Fraunhofer IRB Verlag, 2008, S. 595-604.

DEIST, F.: Konzept zur strukturierten Durchführung von Experimenten im Rahmen einer Simulationsstudie. Kassel: Diplomarbeit, Universität Kassel, 2009.

HEINRICH, S.; MAYER, G.: Ablaufsimulation im VDA – Ein Bericht aus der Arbeitsgruppe. In: Simulation in Produktion und Logistik. Hrsg.: WENZEL, S. San Diego, Erlangen: SCS Publishing House, 2006, S. 423-428.

HU, Y.: A Guided Simulation Methodology for Dynamic Probabilistic Risk Assessment of Complex Systems. College Park, MD: Dissertation, University of Maryland, 2005.

KUHNT, S.; WENZEL, S.: Information Acquisition for Modelling and Simulation of Logistics Networks. In: Journal of Simulation, Basingstock, 4(2010)2, S. 109–115.

MÄRZ, L.; SALER, M.: Ein Analyse-, Planungs- und Entscheidungsinstrument für Lagerlogistikanwendungen. In: Advances in Simulation for Production and Logistics Applications. Hrsg.: RABE, M. Stuttgart: Fraunhofer IRB Verlag, 2008, S. 237-245.

RABE, M.; SPIECKERMANN, S.; WENZEL, S.: Verifikation und Validierung für die Simulation in Produktion und Logistik – Vorgehensmodelle und Techniken. Berlin: Springer-Verlag, 2008.

SCHMIDT, J.: Ein Beitrag zur Auswahl von Beschreibungsmitteln für die Konzeptmodellerstellung bei der Simulation in der Automobilindustrie. Kassel: Diplomarbeit, Universität Kassel, 2008.

SIMPLAN AG: SimView – Simulationsergebnisse analysieren, visualisieren und präsentieren. http://www.simview.de/simview.html, Stand: 14.06.2010.

WENZEL, S.; WEIß, M.; COLLISI-BÖHMER, S.; PITSCH, H.; ROSE, O.: Qualitätskriterien für die Simulation in Produktion und Logistik – Planung und Durchführung von Simulationsstudien. Berlin: Springer-Verlag, 2008.

Integrationsaspekte der Simulation:
Technik, Organisation und Personal
Gert Zülch & Patricia Stock (Hrsg.)
Karlsruhe, KIT Scientific Publishing 2010

Plattform zur Unterstützung der Angebotsphase für Simulationsstudien

Web-based Planning of Offers for Simulation Studies

Björn Bockel, Martin Thees, Sigrid Wenzel
Universität Kassel, Kassel (Germany)
bjoern.bockel@simvisco.de, martin.thees@simvisco.de, s.wenzel@uni-kassel.de

Abstract: The article discusses an approach to support the planning of simulation studies during the bidding phase, which is implemented as part of the research project SimVisCo (SIMVISCO 2010). The aim of this project is the development of software for the preparation of offers and time scheduling using an online portal which supports a more participatory approach to target agreement between customers and simulation experts.

1 Einleitung

Die Simulation von Materialflüssen besitzt einen hohen Stellenwert in der Planungsabsicherung. Allerdings beinhalten Simulationsstudien oftmals nicht nur klassische Simulationsaufgaben, sondern auch ergänzende Tätigkeiten wie die Erstellung von Visualisierungen oder die Durchführung von Workshops zur Schulung von Mitarbeitern/innen. Diese müssen parallel zur Modellerstellung ablaufen und haben verschiedene Anknüpfungspunkte zum Standardvorgehen einer Simulationsstudie (vgl. VDI 3633, S. 9; WENZEL u.a. 2008, S. 6). Die Bearbeitung der erweiterten Inhalte kann auf verschiedene Projektpartner aufgeteilt sein, deren zeitliche und terminliche Aufwände erfasst und eingeplant werden müssen. Die genaue Festlegung der ergänzenden Inhalte einer Simulationsstudie findet oftmals erst während des Projektverlaufes statt. Ein zentraler Punkt des Projekterfolgs ist allerdings, diese Aufgaben genauso exakt wie die durchzuführenden Simulationsaufgaben in der Angebotsphase zu berücksichtigen und in ein schriftliches Angebot einzubringen. Die Verwendung derartiger Angebote findet zwischen Abteilungen im Unternehmen oder zwischen Simulationsdienstleistern und Unternehmen statt.

Ziel des hier vorgestellten neuen Ansatzes ist eine softwaregestützte Vorgehensmethodik, die die Angebotsphase bis zu einem teilautomatisch generierten Angebot unterstützt. Des Weiteren sollen schon frühzeitig die wichtigen Termine für Workshops und Schulungen berücksichtigt und dem Anwender visualisiert werden (z.B. in einem Gantt-Diagramm). Dieses hilft allen Beteiligten, die Termine frühzeitig zu planen und daher einen schnellen und reiblosen Ablauf der anstehenden Simulationsstudie zu garantieren.

Der vorliegende Beitrag erläutert ausgehend vom Stand der Technik zunächst die Angebotsphase bei der Planung und Durchführung von Simulationsprojekten. Im Anschluss wird das Konzept sowie der umgesetzte Prototyp vorgestellt und die gewonnenen Erkenntnisse aus einer ersten Evaluierungsphase diskutiert. Der Ausblick über zukünftige Erweiterungen des Werkzeugs rundet den Beitrag ab.

2 Stand der Technik

Die heutige Arbeitsweise in der Angebotsphase ist dadurch gekennzeichnet, dass für die interne Projekt- und Ressourcenplanung bei der Durchführung von Simulationsstudien beispielsweise auf dem Markt erhältliche Programme eingesetzt werden (z.B. Microsoft Project Server, OPX2, Projektron BCS; vgl. AHLEMANN 2005 S. 234 ff., S. 274 ff., S. 336 ff.). Viele Simulationsdienstleister entwickeln aber auch eigene Softwarelösungen in Form von Tabellen oder Programmen z.B. in Office-Anwendungen. Mit deren Hilfe wird zwar das Projektmanagement verbessert, jedoch ist es nur teilweise möglich, Projektinhalte, Ressourcen, Kostensätze und Termine für eine strukturierte Angebotsformulierung miteinander zu verknüpfen, um eine Grundlage für eine vollständige Planung einer Simulationsstudie zu schaffen. In der Angebotsphase erweist es sich oftmals auch als problematisch, dass der Kunde noch nicht genau weiß, welche Aufgabenstellung er beispielsweise in einem Produktionssystem analysieren möchte und welche Ziele mittels Simulation erreicht werden sollen. Hieraus resultierend können häufig die Inhalte der durchzuführenden Arbeitspakete einer Simulationsstudie nur bedingt präzisiert werden. Zum Teil fehlt Transparenz in Bezug auf die tatsächlich zu bearbeitenden Aufgaben und zu erreichenden Ziele; dies kann auch zu Missverständnissen bei der Terminplanung und Aufwandsabschätzung führen. Innerhalb des Projekts "Entwicklung unternehmensübergreifender, prozessintegrierter und webbasierter Simulationsdienstleistungen und Geschäftsmodelle für kleine und mittlere Unternehmen" (vgl. simKU 2010) wird daher beispielsweise versucht, die Simulation als Problemlösungsmethode den KMU transparent zu machen und spezielle Dienstleistungsangebote vorzubereiten. Das Lösungsangebot erstreckt sich über das internetbasierte Bereitstellen von Simulationsmodellen für unterschiedliche Anwendungsbereiche zum Kennenlernen bzw. eigenen Erfahren bis hin zum Durchführen von konkreten Simulationen. Eine unterstützende Angebots- und Terminplanung ist in diesem Kontext jedoch nicht vorgesehen.

3 Sollprozess zur Angebotsphase

Basis eines Angebots für eine Simulationsstudie ist in der Regel eine vom potenziellen Auftraggeber erstellte Zielbeschreibung. Nach Erstellung des Angebots wird diese ggf. vervollständigt und bildet gemeinsam mit dem Angebot die Grundlage für die spätere Erstellung der Aufgabenspezifikation im Rahmen der Simulationsstudie (vgl. WENZEL u.a. 2008, S. 7). Da in dieser Definitions- und Angebotsphase der Grundstein für den erfolgreichen Abschluss der Simulationsstudie gelegt wird, muss diese ganz besonders sorgfältig durchgeführt werden. Sind dagegen neben unpräzisen Untersuchungszielen und einer ungenauen Festlegung der erforderlichen Modelleigenschaften auch noch die Personalressourcen der Simulationsstudie falsch geplant, ist das Scheitern des Projektes vorprogrammiert. Daher ist folgende Frage zu stellen: Wie können die Erfahrungen aus vergangenen Projekten genutzt werden, um einerseits die Untersuchungsziele und Modelleigenschaften schnell und effektiv zu definieren und anderseits eventuell bestehende personelle Engpässe aufzudecken, um einen möglichst reibungslosen Ablauf des Projektes zu erreichen? Eine Antwort auf diese Frage soll nun kurz in diesem Kapitel gegeben werden.

Um gewonnene Erfahrungen aus abgeschlossenen Simulationsstudien nutzen zu können, hat sich der Einsatz von Checklisten zur Verwaltung von Expertenwissen (WENZEL u.a. 2009, S. 330) bewährt. Diese haben den Vorteil, dass sie bei Bedarf erweitert werden können und stellen somit eine gute Grundlage für die schnelle Präzisierung von Untersuchungszielen. Können die Merkmale eines Materialflusssystems beschrieben werden und findet eine Verknüpfung mit den Untersuchungszielen statt, lassen sich die notwendigen Aufgaben (z.B. Modellierung, Experimente, Auswertung) ableiten. Aus Aufgaben können, wenn auch nur grob, die anstehenden Tätigkeiten ermittelt werden. Werden diese noch mit Aufwänden kombiniert, ist es sogar möglich, die Zeitbedarfe der einzelnen Tätigkeiten grob in die Ermittlung von zeitlichen Umfängen für Arbeitspakete einfließen zu lassen. Mit Hilfe dieser Zeitbedarfsplanung kann die grobe Struktur der anstehenden Termine für Meilensteine, Sitzungen, Coachingmaßnahmen, Workshops usw. dargestellt und festgelegt werden. Leider ist die Verknüpfung von mehreren Checklisten manuell nicht zu handhaben und muss als teilautomatische Lösung implementiert werden. Wird die Software webbasiert umgesetzt und um Benutzerrollen ergänzt, erhält der Anwender eine praxisnahe Plattform zur begleitenden Unterstützung der Angebots- und Terminplanung für Simulationsstudien.

Das Vorgehen mittels einer Plattform und die hieraus folgenden Anforderungen werden nachfolgend in einem Sollprozess aus der Sicht eines Simulationsdienstleisters erklärt. Hierbei werden die in einem Angebot zu konkretisierenden Inhalte hinsichtlich Untersuchungsziele, Modellzweck, Ergebnisdarstellung und Modellnutzung (vgl. auch WENZEL u.a. 2008, S. 82 ff.) hintereinander abgefragt.

Nachdem sich ein potentieller Auftraggeber auf der Basis eines Vorgesprächs mit einem Simulationsdienstleister für die Durchführung einer Simulationsstudie entschieden hat, kann er selbstständig oder mit Unterstützung des Simulationsdienstleisters eine Angebotsvorplanung für die Simulationsstudie durchführen. Die Angebotsvorplanung enthält folgende Schritte:

1. Der potentielle Auftraggeber gibt die relevanten Anlagenmerkmale – soweit bekannt – direkt an seinem Arbeitsplatz online oder mit Unterstützung des Simulationsdienstleisters an dessen Laptop ein. Bezüglich der Anlagenmerkmale werden beispielsweise die Anzahl der Prozess- und Fertigungsschritte, die Anzahl der Maschinen, die Produkt- und Variantenvielfalt oder das Vorhandensein von Festverkettung oder Lagerbereichen abgefragt.

2. Danach wird der Zweck des zu erstellenden Simulationsmodells (explorative Analyse, Visualisierungs- und Präsentationsmodell oder betriebsbegleitende Simulation) festgelegt und – wenn möglich – die gewünschten Modelleigenschaften spezifiziert.

3. Zur schnelleren Auswahl von Untersuchungszielen der geplanten Simulationsstudie können diese bereits jetzt unter Berücksichtigung der Anlagenmerkmale gefiltert werden. Nach dieser Vorfilterung ist der Anwender in der Lage seine Ziele festzulegen. Die Untersuchungsziele sind nach Anlagenbereichen (z.B. Wareneingang, Logistik, Lagerung) untergliedert und verfeinern die eher globalen Fragen, die ein Kunde an seine Anlage stellt, in kleinere Pakete.
4. Für die Ergebnisaufbereitung sind Messgrößen, Anlagenkennzahlen und Auswertungsdiagrammtypen festzulegen. Der Anwender wird in diesem optionalen Schritt bereits aufgefordert, über die gewünschten Messgrößen nachzudenken, da diese erheblichen Einfluss auf den Detaillierungsgrad des späteren Modells haben können.

In den nächsten Schritten werden ggf. die simulationsergänzenden Aufgaben präzisiert.

5. Soll zu den 2D-Darstellungen von Kennzahlen auch eine 3D-Visualisierung beauftragt werden, kann der potentielle Auftraggeber Angaben zu den gewünschten Inhalten der 3D-Darstellungen machen und ggf. hierzu einzusetzende Softwarewerkzeuge auswählen.
6. Soll eine Simulationsstudie mit anschließender betriebsbegleitender Nutzung des Simulationsmodells durchgeführt werden, sind beispielsweise auch Coachingmaßnahmen für die späteren Nutzer einzuplanen. Der Auftraggeber kann aus den Vorgaben seine gewünschten Kursinhalte auswählen.
7. Nach vollständiger Eingabe der vorherigen Schritte wird automatisch eine Angebotsvorlage generiert. Diese zeigt das ideale Projektvorgehen einschließlich der Terminplanung, der notwendigen Detaillierung des Simulationsmodells und der erforderlichen Datenbasis. Mittels der Angebotsvorplanung im Sinne eines unverbindlichen Kostenvoranschlags hat der Auftraggeber einen ersten und transparenten Überblick zu den anstehenden Arbeitspaketen und dem erforderlichen Zeitrahmen.

Aufbauend auf der Angebotsvorplanung entwickelt der Simulationsdienstleister mit dem potentiellen Auftraggeber einen individuellen Zeitplan für die Simulationsstudie mit den zugehörigen Meilensteinen. Sind alle Inhalte der Simulationsstudie geplant, erstellt der Simulationsdienstleister ein Angebot. Hierbei unterstützt ihn die teilautomatische Generierung des Angebotsdokumentes. Optional kann der Simulationsexperte auch verschiedene Kostenschlüssel oder Stundensätze für die anstehenden Tätigkeiten, für die Rechnerlaufzeiten und die Mitarbeiter hinterlegen. Nach der Kalkulation findet eine Auflistung der Aufwände statt, die in das jeweilige Arbeitspaket einfließen. Die vorliegende Software gibt stets wichtige Anhaltspunkte zur Kalkulation, allerdings ist die Gefahr einer Fehleinschätzung bei ungenauen Vorgaben gegeben. Der Simulationsexperte muss selbstverständlich das Angebot prüfen und gegebenenfalls korrigieren.

4 Aufbau und Struktur der Plattform

Der im Kapitel 3 formulierte Sollprozess zur Angebotsphase fließt in die Entwicklung eines Prototyps für die Angebotsvorplanung ein. Dieser ist webbasiert mit PHP und MySQL-Datenbanken eingerichtet. Diese Datenbanken beinhalten neben den offenen Fragen zur Zielbeschreibung auch geschlossene Fragen der Angebotsvorplanung, die in Form von Checklisten hinterlegt sind. Durch diese gemischte Fragetechnik in Anlehnung an die Interviewtechnik (vgl. KROMREY 2006, S. 317 ff) wird versucht, eine unbewusste Eingrenzung zu vermeiden, um alle wichtigen Aspekte der Simulationsstudie erfassen zu können. Die Entwicklungen der Checklisten setzen dabei auf bestehende Vorarbeiten an der Universität Kassel auf. Diese Vorarbeiten fließen in Bewertungskriterien der standardisierten Abfrage der Anlagenmerkmale ein, die auch in der teilautomatischen Angebotsgenerierung im fertigen Konzept verwendet werden. Checklisten liegen für die Ermittlung der Datenbasis einer Simulation (CSANADY u.a. 2008), für die Auswahl von Beschreibungsmethoden in der Konzeptmodellerstellung (SCHMIDT 2008), für die Experimentplanung (DEIST 2009) oder die Auswahl der geeigneten Visualisierung (BOCKEL 2010) vor. Die in diesen Forschungsarbeiten gewonnenen Erfahrungen können bei Checklisten in der softwaregestützten Angebotsphase genutzt werden.

Die Ergebnisse des teilautomatischen Prozesses zur Angebotsgenerierung resultieren aus der Verknüpfung der ausgewählten Untersuchungsziele mit dem abgelegten Expertenwissen in den Checklisten. Zusätzlich sind die Aufwände abgeschlossener Projekte in einer Datenbank hinterlegt. Die in der Datenbank gespeicherten Projekte dienen zur Verfeinerung der Checklisten. Dies führt zu einer verbesserten Aufwandsabschätzung neuer Projekte. Je mehr Projekte in die Datenbasis integriert werden, umso höher ist die Schätzgenauigkeit.

Der Simulationsdienstleister erhält ein vorausgefülltes MS-Word-Dokument, in dem neben den Kosten die Anzahl der Tage für die Inhalte jedes Arbeitspaketes aufgeführt sind. Zusätzlich erhält der Simulationsdienstleister ein Diagramm, in dem alle Untersuchungsziele mit ihren Arbeitsinhalten gezeigt werden. Natürlich überschneiden sich diese Inhalte ganz oder teilweise. Der Simulationsdienstleister kann sich ausgesuchte Untersuchungsziele anzeigen lassen, und somit eine klare Zuordnung zu den Projektkosten zulassen. Die Untersuchungsziele mit wenigen Überschneidungen und hohen Kosten werden mit dem Kunden gesondert durchgesprochen, um den Projektaufwand wenn möglich zu minimieren. Für den Auftraggeber werden die Gesamtdauer und die Gesamtkosten ausgewiesen.

5 Beispielanwendung und Evaluation

Eine erste Evaluation und Praxisanwendung der entwickelten Lösung erfolgt an einem Projektbeispiel für die Simulation einer Lackieranlage, deren Modell betriebsbegleitend zur Ermittlung der notwendigen Gestellanzahl und zur Planung der Losgrößen einmal wöchentlich verwendet werden soll. Geplant ist, dass die Simulationsstudie innerhalb weniger Wochen abgeschlossen ist. Angesichts der Termine des Projektpartners ist bereits in der Terminübersicht zu erkennen, dass dieser Wunsch nicht erfüllt werden kann.

Die Abbildung 1 zeigt einen typischen Screenshot zur Auswahl des Modellzwecks.

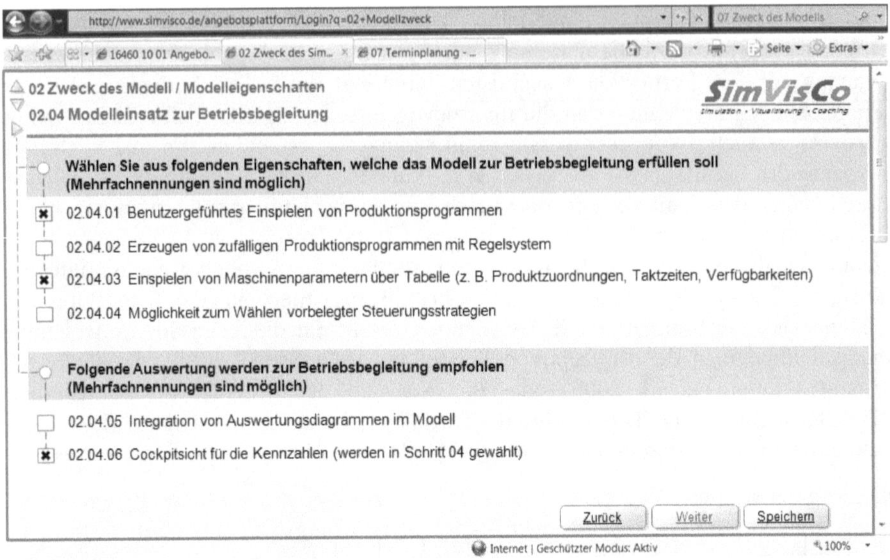

Abbildung 1: *Wahl der Modelleigenschaften zum betriebsbegleitenden Einsatz*

Die aus der Evaluation gewonnenen Erfahrungen vom ersten Gespräch bis zum Projektstart sind im Vergleich zu dem bisherigen Vorgehen einer Angebotsphase zu sehen (siehe Abb. 2). Für einzelne Punkte werden nachfolgend die Unterschiede oder Gemeinsamkeiten zu der neuen Vorgehensmethodik vorgestellt.

A) Das Vorgespräch ist kürzer, da die Partner schneller in die Zielabstimmung unter Verwendung der Plattform übergehen (auch als Offline-Version). Durch die Nutzung der Plattform als Leitfaden werden während des Gesprächsverlaufs keine Abstimmungsaspekte vergessen. In der Plattform bisher nicht enthaltene Aspekte können ergänzt werden.

B) Die Zielabstimmung der Projektinhalte ist zwar aufwändiger und dauert länger, aber weil schon während der Vorgespräche in die Zielabstimmung gewechselt und die Plattform als Präsentationsmedium genutzt wird, sind die Zielabstimmung für alle Teilnehmer nachvollziehbar und die Basis der weiteren Projektabwicklung transparent.

C) Durch die teilautomatische Aufwandsabschätzung und die Übernahme der Untersuchungsziele in MS-Word ist eine schnellere Angebotserstellung möglich. Zu diesem Zeitpunkt ist auch schon die Mehrzahl an Terminen für Besprechungen bekannt und kann vom Kunden und Simulationsdienstleister eingeplant werden, um Termine zu reservieren.

D) Die Wartezeit auf eine Beauftragung hängt vom Unternehmen ab und ist für beide Vorgehensweisen gleich.

Die direkte Integration des Auftraggebers in die Zielabstimmung schafft eine von Beginn an hohe Transparenz, was wiederum zu einer Aufwandsverringerung führt. Werden die Inhalte der Arbeitspakete sofort verstanden und konkretisiert, fällt kein Mehraufwand wegen ungeplanter Abstimmungsrunden an.

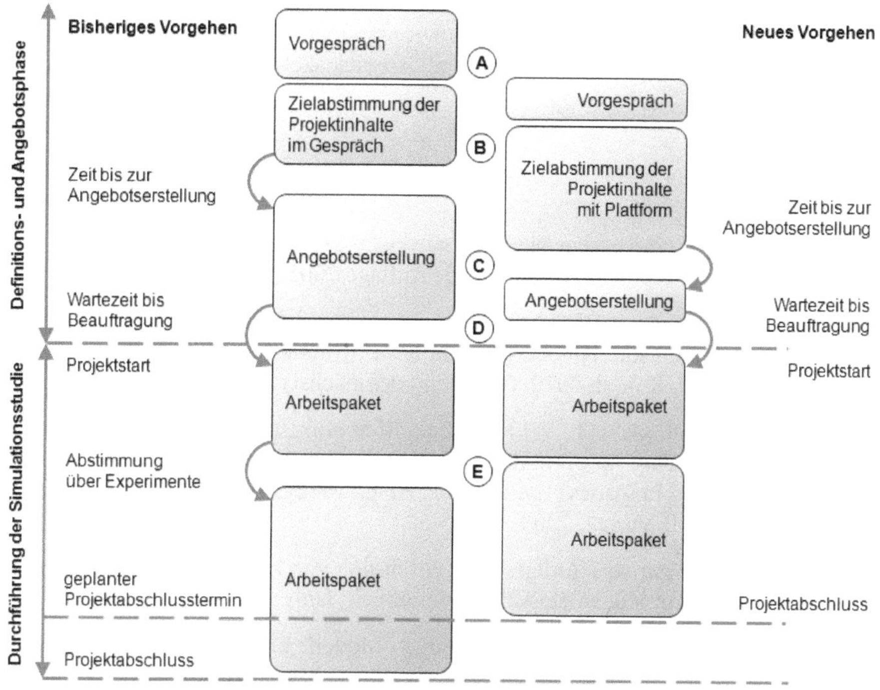

Abbildung 2: *Vergleich der Vorgehensweisen in der Angebotsphase*

Die Vorteile, die durch die direkte Integration der Auftraggeber in die Angebotsphase gewonnen werden können, liegen somit insgesamt in einer Verkürzung der Angebotsphase und einer Verringerung der Nachbesserungen nach Beauftragung.

6 Fazit und weiteres Vorgehen

Aus der Evaluierung des Prototyps lässt sich deutlich erkennen, dass die Angebots- und Terminplanungssoftware bei Kundengesprächen bereits in der Angebotsphase für Transparenz sorgt und der Informationsfluss zwischen potenziellem Auftraggeber und Simulationsdienstleister in der Angebotsphase deutlich verbessert wird. Das Werkzeug kann allerdings auch nur zur internen Angebotsverwaltung und -erstellung genutzt werden.

Erste Praxiseinsätze haben gezeigt, dass der Wunsch besteht, Funktionen zur organisatorischen Begleitung von Simulationsstudien zu ergänzen. Entwicklungen zur Erweiterung der Plattform auch über die Angebotsinhalte hinaus sollen nach weiteren Evaluationen und dem Abschluss des Forschungsvorhabens auch auf die Durchführung einer Simulationsstudie mit Funktionen zur Unterstützung der Modellierungsphase oder Checklisten zur Modellabnahme umfassen. Der Daten- und Informationsfluss soll für alle Beteiligten dokumentiert einsehbar sein. So sollen z.B. den Projektterminen Ort, Zeitpunkt, Teilnehmer und getroffene Entscheidungen zugeordnet werden. Um den Überblick für die Projektleitung bei mehreren ausführenden Personen zu verbessern, sind die Erweiterung der Auswertungen zum

Projektfortschritt und die Schaffung von Möglichkeiten zur Generierung von individuellen Kennzahlen-Cockpits für Simulationsstudien geplant, um die in der Angebotsphase gesetzten Meilensteine und Arbeitspakete im Projektverlauf überprüfen zu können.

Literatur

AHLEMANN, F.: Comparative Market Analysis of Project Management Systems. Osnabrück: Universität Osnabrück, 3. Auflage 2005.

BOCKEL, B.: Analyse von 3D-Visualisierungsqualität für die Simulation in Produktion und Logistik. Kassel: Dissertation Universität Kassel, Fachbereich Maschinenbau, Kassel, 2010. (Erscheint demnächst)

CSANADY, K.; BOCKEL, B.; WENZEL, S.: Methodik zur systematischen Informationsgewinnung für Simulationsstudien. In: Advances in Simulation for Production and Logistics Applications. Hrsg.: RABE, Markus. Stuttgart: Fraunhofer IRB Verlag, 2008, S. 595-604.

DEIST, F.: Konzept zur strukturierten Durchführung von Experimenten im Rahmen einer Simulationsstudie. Kassel: Diplomarbeit, Universität Kassel, 2009.

KROMREY, H.: Empirische Sozialforschung – Modelle und Methoden der standardisierten Datenerhebung und Datenauswertung. 11. Auflage, UTB für Wissenschaft Uni-Taschenbücher. Stuttgart: Lucius & Lucius Verlag, 2006.

SIMVISCO: EXIST Gründerstipendium - SimVisCo - Simulation, Visualisierung und Coaching für KMU, Die Ausgründung wird gefördert über ein EXIST-Gründerstipendium mit Mitteln des Europäischen Sozialfonds für Deutschland, der Europäischen Union sowie des Bundesministerium für Wirtschaft und Technologie durch einen Beschluss des Deutschen Bundestages, 2010.

SCHMIDT, J.: Ein Beitrag zur Auswahl von Beschreibungsmitteln für die Konzeptmodellerstellung bei der Simulation in der Automobilindustrie. Kassel: Diplomarbeit Universität Kassel, Fachbereich Maschinenbau, 2008.

simKMU: Projektseite zu "simKMU - Entwicklung unternehmensübergreifender, prozessintegrierter und webbasierter Simulationsdienstleistungen und Geschäftsmodelle für KMU". http://www.simkmu.de, Stand: 24.02.2010.

VDI 3633, Blatt 1: Simulation von Logistik-, Materialfluss- und Produktionssystemen, Grundlagen (Gründruck). März 2000.

WENZEL, S.; WEIß, M.; COLLISI-BÖHMER, S.; PITSCH, H.; ROSE, O.: Qualifikationskriterien für die Simulation in Produktion und Logistik – Planung und Durchführung von Simulationsstudien. Berlin: Springer-Verlag, 2008.

WENZEL, S.; BOCKEL, B.; DEIST, F.: Die Integration der Produktions- und Logistiksimulation in die Digitale Fabrik – Herausforderungen und Entwicklungstrend. In: Digital Engineering – Herausforderung für die Arbeits- und Betriebsorganisation. Hrsg.: SCHENK, M. Berlin: GITO mbH, 2009, S. 318-339.

Integrationsaspekte der Simulation:
Technik, Organisation und Personal
Gert Zülch & Patricia Stock (Hrsg.)
Karlsruhe, KIT Scientific Publishing 2010

Pedestrian Logistics Simulation – Crowd Management in Stadiums

Simulation von Fußgängerströmen – Lenkung der Menschenmassen in Stadien

Jeroen Adrian Jacob Steenbakkers, Simon Willem van der Weij
INCONTROL Simulations Solutions, Utrecht (The Netherlands)
Jeroen.Steenbakkers@IncontrolSim.com,
Simon.van.der.Weij@IncontrolSim.com

Abstract: The interest in simulation in the field of pedestrian logistics is growing. Simulation models can show results about quality and safety of the facility, by evaluating normal operation and performing evacuation scenario's. Simulation of pedestrian flows on a mesoscopic level is very suitable for evaluating large-scale infrastructures with many simultaneously moving pedestrians. In the case of the Philips soccer stadium the benefit of using simulation for crowd management has proved its value.

1 Introduction

Since the nineties of the last century there has been a fast growing interest in understanding and modelling pedestrian behaviour. In all kinds of environments the importance of analyzing and quantifying pedestrian flows is acknowledged. These range from urban design in public areas to effective product placement in a store to evacuation dynamics. Major reasons for this increased attention is that the quality of pedestrian flow and particularly the safety in pedestrian environments are more important than ever before.

Especially during emergency situations crowd management is an important aspect. Public facilities are getting bigger and bigger and still pedestrians have to be routed and evacuated through the building in a fast and efficient manner. Classical, qualitative manners of flow analysis are no longer sufficient. Therefore, simulation models are used to optimize proposed infrastructural designs and to test and improve the crowd management inside an existing or planned infrastructure.

Different approaches have been developed to model and simulate this pedestrian behaviour. In chapter 2 some general insight is created in the different models and approaches of pedestrian dynamics. In this article one of these approaches is discussed in detail, as it is the basis for the development of the stadium simulation model. Chapter 3 describes how this behaviour is captured in the pedestrian simulation tool. Using this simulation tool the Philips soccer stadium in Eindhoven, the Netherlands, is modelled to analyze the pedestrian dynamics inside and outside this stadium. This case study is presented in chapter 4. Finally, in chapter 5 conclusions and recommendations for further research are summarized.

2 Pedestrian modelling and approaches

The research of pedestrian behaviour is mainly based on observations and empirical studies. The focus in this research lies on observing human behaviour and capturing pedestrian movements. In this way existing theories are extended and new theories are developed. The basic properties of pedestrian movements and its research are:

- Speed (m/s)
- Density (person/m^2)
- Flow rate (persons/s)
- Throughput time (s)
- Inter-arrival time (s)

Figure 1: *Crowded train station*

In order to be able to model pedestrian movements the most important challenge is to capture the human behaviour, as result of the encountered circumstances. The most characteristic aspects of behaviour in pedestrian movements seem to be (HELBING et al. 2001):

- People select the quickest route to their destination and dislike taking alternative (slower) routes even if congestion arises on the initial route
- Each pedestrian has its own desired walking speed. This speed is dependent on both individual properties (e.g. age, gender, physical state, purpose of travel) as environmental properties (e.g. crowdedness, time, temperature)
- Pedestrians keep a certain distance to other pedestrians, walls and other obstacles. Dependant on the crowdedness in the area this distance between the pedestrian will differ.

These aspects are important to include in simulation models of pedestrian environments and can be found in almost every simulation tool used for research about pedestrian flows.

Approaches to model pedestrian dynamics can be classified into three main levels (TAUBÖCK 2005):

- **Microscopic level:** In the microscopic approach, each pedestrian is represented individually. The individual entities have a unique behaviour. Also the mutual behaviour of pedestrians, like collision avoidance, is taken into account. The microscopic models can be described in two main approaches, either continuous (e.g. social force, HELBING et al. 1995) or discrete (e.g. cellular automata, BLUE et al. 2001).
- **Macroscopic level:** This approach describes the flow of pedestrians as a fluid through space. The main subject of this approach lies with the behaviour of the combined pedestrians in a group. The corresponding mathematical models are partial differential sometimes similar to fluid equations (e.g. BAUER et al. 2007)
- **Mesoscopic level:** In a mesoscopic approach the individuality of each particle is maintained. During each time step, particles are aggregated to field quantities such as density, the velocities are computed from these densities, and then each individual particle is moved according to these macroscopic velocities (TAUBOCK et al. 2005).

3 Simulation

The simulation application that forms the basis for this study uses a mesoscopic approach and is developed with the discrete event simulation software Enterprise Dynamics. The basic concept of the application is the controlled movement of individual entities (pedestrians) between locations over a node network.

The position of the nodes in this network is determined by the infrastructure (e.g. train station, airport, and stadium) that is analyzed. In this infrastructure all relevant areas with their corresponding sizes are created by the user. Dependant to the infrastructure, the areas are connected by placing nodes in the area and connect them to each other. These nodes can represent either network intersections, passages or links to processes (see figure 2). Stairs and escalators are special types of nodes with adjusted speeds and capacities.

The application's purpose is to analyse the "performance" of a functional infrastructure, for example a train station, airport, exhibition hall or stadium. Based on the purpose and destination of the pedestrian it will have (multiple) sequential destinations inside the infrastructure. A traveller will for example go to a ticket machine first and then to the train platform. Based on the defined destination sequence of the pedestrian it will follow the shortest and or fastest route to fulfil its purpose within the infrastructure. At every node in the network (graph) the pedestrian passes, the next node in the route is determined by the Dijkstra Algorithm (DIJKSTRA 1959). This algorithm calculates the shortest routes over nodes in a graph network.

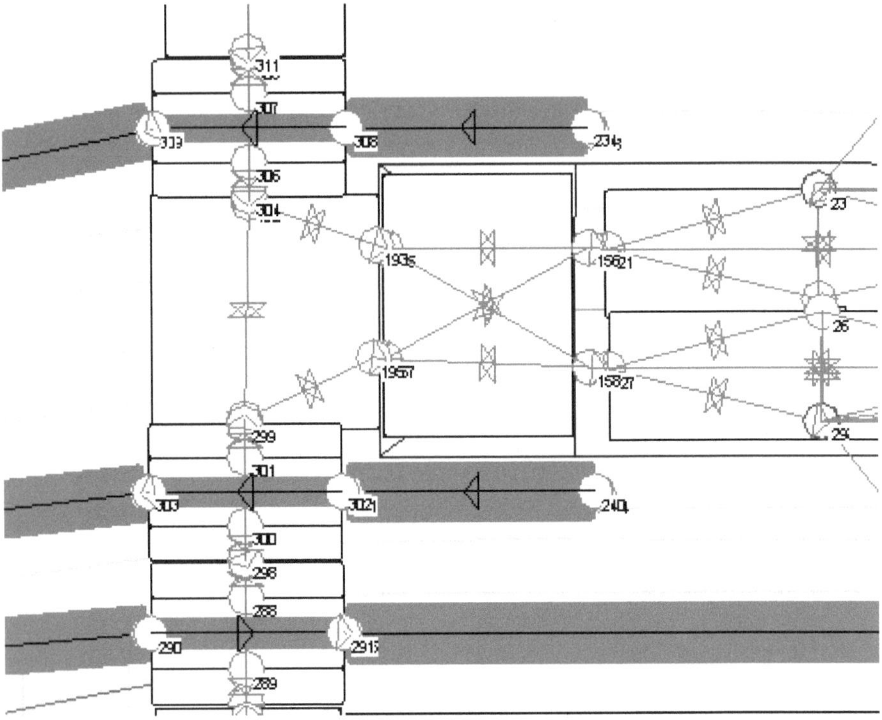

Figure 2: *Areas and node network*

Dependant to the properties (e.g. age, purpose, gender) of the pedestrian, it will have a desired walking speed. Based on the density in the area and the desired walking speed the pedestrian will have a certain walking speed, while travelling from one node to the next. Each time the pedestrian enters a node its walking speed is adapted according to the density of the area the pedestrian is in.

The degree of increase or decrease of the travel speed is a result of the speed-density relation, researched by FRUIN (1971). In figure 3 a graph is presented that shows the relation between desired walking speed and density.

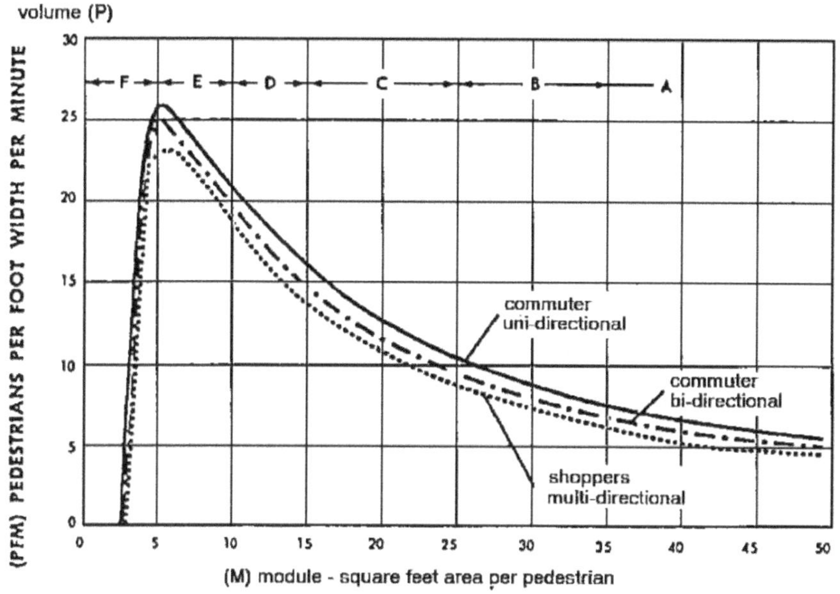

Figure 3: *Speed vs. Density*

Apart from the network and the walking behaviour also functional processes (e.g. ticket sales desks, ID check gates, shops) are taken into account. These processes are modelled as "servers" with corresponding properties (e.g. capacities, cycle times). As a result of the finite capacity, the cycle times and the distributed inter-arrival time of the pedestrians, queuing and congestion can arise.

Event-based simulation tools are very suitable for the mesoscopic simulation approach. Every time a pedestrian enters a process or node, an event is created for determining the current state (e.g. density) of the area. Based on this state, the pedestrian will act in accordance with certain pre-defined behaviour. This behaviour is extracted from microscopic research of pedestrian flows. For this study the discrete event simulation software Enterprise Dynamics has been applied.

Microscopic models often use forms of continues simulation. In these simulations the surrounding of a pedestrian (also called agent in this manner) is monitored continuously and the behaviour of the pedestrian is adapted instantly. Microscopic research is often used to validate a model that represents the exact behaviour of pedestrians in small areas. Due to the continuous monitoring of all the pedestrians in the model the required computer processor capacity of these models is very high.

Therefore large-scale microscopic simulation models are rare. Since the discussed mesoscopic simulation application is very well capable of dealing with large numbers of pedestrians and large scale routing networks, it is very suitable for modelling large infrastructures such as train stations, airports and soccer stadiums. Several simulation models have already reached a simultaneous content of over 70,000 pedestrians.

In the next chapter a practical application of the large scale pedestrian simulation tool is discussed.

4 Stadium Case study

The case study concerns the pedestrian dynamics in and around the Philips soccer stadium, home of the soccer team PSV Eindhoven in the Netherlands.

The goal of the stadium case was to develop a customized simulation model of this soccer stadium with over 35,000 seats. With this model, the security managers, who are responsible for safety and visitor protocols, must be able to perform:

- Analysis of pedestrian crowd flows, both inside and outside the stadium,
- Analysis on changing infrastructure and protocols,
- Development and analysis of evacuation scenarios, and
- Capacity planning of processes and personnel.

The security managers are the end-users of the application and must be able to modify settings and perform their analysis autonomous. Therefore the constraints for the application and its model were not just functionality, but also ease of use and adjustability.

Important performance indicators in this application are the densities in the different areas of the stadium and the waiting times at the different processes (e.g. entrance gates, ticket sales etc.) before, during and after a match and off course the evacuation time of the visitors.

Figure 4: *Philips Stadium, Eindhoven*

The main aspects that influence this performance in the stadium are:

- the lay-out of the stadium and its surroundings,
- the arrival intensities of the visitors,
- visitor properties,
- the entrance & exit gate distribution, and
- the use of processes (facilities).

Figure 5: *3D Visualization simulation model*

The model is constructed exactly on scale by using a CAD drawing of the infrastructure with all relevant floors taken into account and is visualized in both 2D as 3D. The model structure is created by defining all relevant walking areas and intersections (nodes). Within this node network links to processes are indicate, so that the pedestrians can go to the several (sub)destinations. In figure 5 a 3D screenshot of a stadium staircase area is presented.

4.1 Functionality

The following functionality was implemented in the routing management of the pedestrians both to simulate a truthful model and to allow the security team to evaluate alternative scenario's.

- **Arrival:** Visitors enter according to a Poisson distribution defined per time interval. In this way the effect of changing the intensity per time window before the game can be analyzed.
- **Entrance allocation:** Due to the internal infrastructure of the stadium on a general level the stadium is divided into four main sections (North, South, East, and West). In these sections several entrances (with turnstiles) and tribune areas are located. In the application the user is able to allocate turnstile entrances based on the tribune of destination and in that way to select an optimal allocation strategy for assigning pedestrians to one or more entrances.
- **Facility usage:** Based on user settings each pedestrian is assigned a random combination of facility properties. Examples are visiting a bar before the game or visiting the toilet during the break. Owing to these properties and the game status (before the match, during break or at the end) pedestrians walk to the local sub destination which represents the facility. After the process time and potentially a waiting time, the pedestrian can walk to a next process and finally

to its end destination, the tribune seat (during start-up and break) or the exit (at game end). By changing these facility usage properties the model user is able to analyze the effects of changing facility behaviour of the pedestrian on stadium performance.

- **Evacuation:** At any moment during the simulation run the user is able to start up an evacuation. At that point each visitor will receive an end destination node which is the closest available (emergency) exit. Also the desired walking speed of the pedestrian will be adapted according to a pre-defined distribution of emergency walking speeds. In order to evaluate a wide range of emergency situations, the user is able to close different sections or exits during an evacuation (e.g. to simulate a fire) and thus analyze the effect of this situation on the infrastructure usage and the selected protocols.

4.2 Performance

To analyze the "performance" – the quality and safety - of the selected crowd management decisions, several performance indicators are monitored within the simulation. In this case the most important indicators are area densities, travel times (including evacuation times) and waiting times.

- **Densities:** The density is stated as the m^2 per person. This density shows the level of comfort in this area. Based on the "level of service" concept (FRUIN 1971) six levels of comfort are stated in the output. This density is monitored per defined area per time interval. In this way the user is able to discover bottlenecks and their duration in the proposed pedestrian flow.
- **Travel and evacuation times:** The travel times between origin and final destination is monitored. This is especially important for the evacuation scenario. Since there are governmental guidelines for the maximum time needed to travel to a safe area, the user is able to test the available or proposed evacuation and emergency protocols. In figure 6 an example of the evacuation time distribution of a certain tribune is shown.
- **Waiting times:** The waiting times are monitored at both the entrance gates as the several facilities in the stadium in order to determine the "service" level of these processes. Results are presented in histogram classes for comparison with standards as dictated by the authorities.

This business case discusses the development of an application that is used by external users for operational analysis. They make crowd management decisions based on the results of experiments as expressed in these performance indicators.

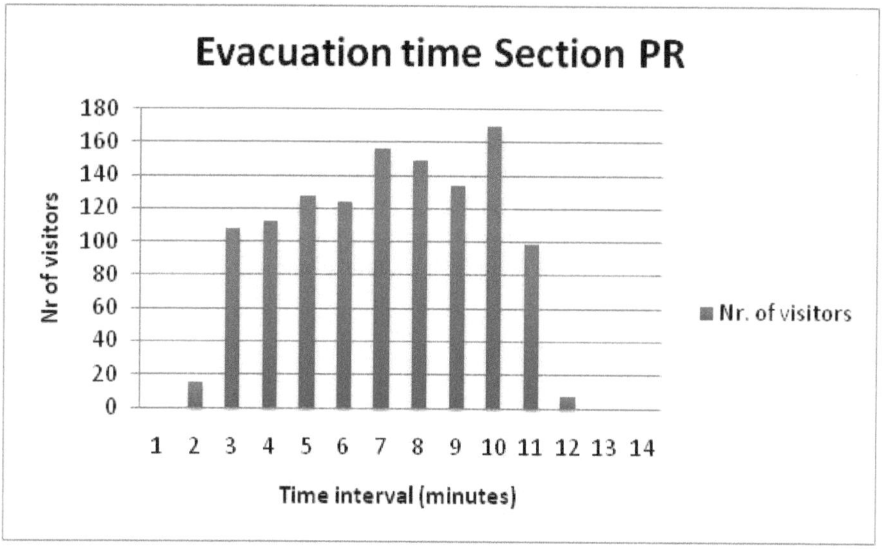

Figure 6. *Output Example; Section evacuation duration*

5 Final remarks

The benefit of simulation for the analysis of pedestrian flow was evident in this project. The user was able to perform scenarios which were never evaluated before, simply because it was practically to complex to attempt these scenarios in reality.

In general, it can be stated that due to the physical scale of the infrastructures in combination with the complexity and (financial) consequences of testing in reality, the developed simulation tool is very suitable to deal with these logistical pedestrian questions. The security managers of the Philips stadium use the model on operational basis to test and evaluate scenario's.

In relation to the majority of other simulators the main difference is that a mesoscopic approach is used instead of a macroscopic or microscopic approach. The application using this approach enables large scale pedestrian systems with huge numbers of moving entities (e.g. 70.000 visitors), while treating them as individuals with personal characteristics.

Regarding the mesoscopic approach some recommendations for further development and extensions of the model are stated.

- **Route selection:** In the current selection algorithm the shortest route is selected, disregarding the crowdedness on this route. In the current application the Dijkstra Algorithm is used to calculate the minimum distances between al network nodes. The cost of a route in this manner is only dependant on the distance. Suggested is to develop for example a dynamic Dijkstra algorithm that can be executed during a simulation run. Using this dynamic algorithm a pedestrian can select the optimal route to his destination based on a cost function. This cost calculation is then a function of variables such as distance, pedestrian preferences and crowdedness on the route.

- **Evacuation:** Although the application allows several variants, in the current evacuation scenario the pedestrians in the model will select the shortest emergency exit as destination. In reality this selection of an exit is very complex. From research (SOOMEREN 2007) it is concluded that the selection of an emergency exit is dependent on many factors such as pedestrian properties, crowdedness, signing, familiarity with the building and the used entrance. It is proposed to develop a more complex selection algorithm that can take all these factors into account.

References

BAUER, D.; SEER, S.; BRANDLE, N.: Macroscopic pedestrian flow simulation for designing crowd control measures in public transport after special events. Proceedings of the 2007 summer computer simulation conference. San Diego, CA: Society for Modeling and Simulation International, 2007, p. 1035-1042.

BLUE, V. J.; ADLER, J. L.: Cellular automata microsimulation for modeling bidirectional pedestrian walkways. In: Transportation Research Part B, Amsterdam et al., 35(2001)3, p. 293-312.

DIJKSTRA, E. W.: A Note on Two Problems in Connection with Graphs. In: Numerische Mathematik, Berlin, 1(1959)1, p. 269-271.

FRUIN, J. J.: Pedestrian planning and design: New York: Metropolitan Association of Urban Designers and Environmental Planners, 1971.

HELBING, D.; MOLNAR, P.; FARKAS, I. J.; BOLAK, K.: Self-organizing pedestrian movement. In: Environment and Planning B: Planning and Design, London, 28(2001)3, p. 361-383.

HELBING, D.; MOLNAR, P.: Social force model for pedestrian dynamics. In: Physical review E, College Park, MD, 51(1995), p. 4282-4286.

SOOMEREN, P.; STIENSTRA, H.; WEVER, J., KLUNDER, G.: Menselijk gedrag bij vluchten uit gebouwen (in Dutch), Publication commisioned by Dutch Ministery of Home Affairs, 2007.

TAUBÖCK, S. M.; BREITENECKER, F.: Spatial modelling approaches in DEVS Simulation Systems for Pedestrian Dynamics. In: Simulation News Europe SNE 16 (2005), p. 17-21.

Integrationsaspekte der Simulation:
Technik, Organisation und Personal
Gert Zülch & Patricia Stock (Hrsg.)
Karlsruhe, KIT Scientific Publishing 2010

Improvement of Process and Staff Utilization in a Maintenance Service by Using Simulation

Verbesserung der Prozess-und Personalplanung in der Instandhaltung mit Hilfe der Simulation

Halil Ibrahim Koruca, Gultekin Ozdemir, Erdal Aydemir, Tugce Turan
Suleyman Demirel University, Engineering and Architecture Faculty,
Department of Industrial Engineering, Isparta (Turkey)
koruca@mmf.sdu.edu.tr

Abstract: The telecommunication service providers brought services to their customers continuously and rapidly with a minimum level of cost during the last a couple of decades almost all around the World. Furthermore, quality level of maintenance processes of a telecommunication supplier is very important to guarantee customer satisfaction. The number and qualification of staff working in a maintenance team and organizational structure of the service provider affect the cost of maintenance. Therefore, process and staff planning become important issues in the maintenance processes of telecommunication sector.

The purpose of the current study is to investigate maintenance processes of a telecommunication system in Turkey by using simulation method. The system performance indicators which are the number of customers served, waiting times and resource utilization rates are the main interest to be forecasted by collecting data from a local maintenance unit which has four teams of a telecommunication company in Turkey. First, an initial simulation model is developed to analyze the current status of the maintenance process. The questions to be answered are the structure of the current breakdown occurrences, the resource utilization rates and the number of defects repaired in a time interval. Then, three alternative models have been developed and simulated to evaluate the same performance parameters for the process improvement and staff planning. The simulation results suggest that a new staff structure is necessary in maintenance teams to improve customer satisfaction.

1 Introduction

The telecommunication service providers brought services to their customers continuously and rapidly with a minimum level of cost during the last a couple of decades almost all around the World. Furthermore, quality level of maintenance processes of a telecommunication supplier is very important to guarantee customer satisfaction. The number and qualification of staff working in a maintenance team and organizational structure of the service provider affect the cost of maintenance. Therefore, process and staff planning become important issues in the maintenance processes of telecommunication sector.

Staff costs, economic stability and customer requirements are affected from the structure of maintenance services in companies directly. Alternatives in the different number of maintenance teams in companies have an effect on the utilization of members of maintenance teams. Qualifications of workers and working hours play an important role to construct the number of teams.

In this point, the customer demands for a telecommunication company can be grouped as Asymmetric Digital Subscriber Line (ADSL) problems, cable problems, connection line problems and new line connections. A simulation study is used to determine the parameters of a telecommunication system for maintenance in this paper.

Mainly, the queuing problems are discussed to reduce waiting time, total time per entity etc. Cost, time and quality are placed as primary components for manufacturing and service systems to be optimized. The combination of the working staff is related with the organizational structure of the system, utilization of resources, flexibility and environmental conditions. Furthermore, the simulation methods help to complex systems in decision making processes for cost and time related issues. Thus, different alternatives and strategies could be developed by using simulation.

This paper deals with improvements in the maintenance processes of a local area telecommunication system which serves to a population of 60,000 people supported from Turk Telecom (TT) Company. A real system with collected data is simulated and evaluated by using ARENA 7.1 simulation software. In conclusion, different organizational concepts are developed as alternatives for process and staff planning for analyzing the queue waiting times, utilization rates and outputs.

2 Background

In the literature, the simulation studies for the staff planning and measurement of service efficiency have presented in production systems, health service systems, shopping centers, education and finance facilities, traffic systems etc. in service systems (GIRGINER, SAHIN 2007).

Some research has been presented for staff or workforce planning with alternative structures of simulation models and performance measures, especially working hours are evaluated (ZÜLCH et al. 2002). A personnel-oriented simulation tool has been developed, and integrated as ESPE for modeling human reliability in production systems. They tested effectiveness of the new methods for quality-oriented assignments of staff to functions and workplaces (ZÜLCH et al. 2003). In automatic control engineering, a simulation model has been developed by using ARENA for electronic components to improve production processes. Three scenarios for working sequences are simulated and the mean process time per order and the mean quantity per order are compared. Consequently, the different allocation of resources and the best distribution of staff have been found for the individual scenarios (SCHULZ, BECKER 2008).

A practical discrete event simulation based policy has been developed as an analysis tool for maintenance of bridges. The significant improvements have been provided in the network conditions (DEVULAPALLI et al. 2002). In service systems, staffing problems arise and widely are used in applications. A staffing problem has been presented for telecommunications industry in a trouble diagnosis and repair system by using simulation to find effective performance visualizations and optimal staffing allocations. The results are evaluated by the analytic mean value analysis (BOYER, AMASON 2002). About preventive maintenance, another study at a distribution warehouse has been presented for a conveyor system. The integrating predictive maintenance strategies with production planning strategies have been used to reduce of downtime for the management of equipment breakdown and failure conditions by simulation with ARENA. For instance, the downtime was reduced more than 50 % and work in process inventory was reduced more than 65 % (CONTRERAS et al. 2002). The selection of the preventive maintenance schedule has been proposed by a multi criteria decision making approach. A simulation model has been developed by ARENA for production line utilization rate of a packing line process selection. The conceptual approach has occurred with multi criteria decision making analysis tool by using simulation modeling for this process (ALTUGER, CHASSAPIS 2009). An optimized maintenance design has been implemented to analyze the capability of an auto part manufacturing production system by using simulation. The maintenance scheduling procedures and their effects have been presented for the overall system performance. The results have been validated through real-life applications and this study has been demonstrated to help for manufacturing performance improvement (ALI et al. 2008).

3 The Case Study: Analysis of Maintenance Service by Simulation

In this study, a telecommunication system is examined in a local area with a population of 60,000 people by supporting Turk-Telecom (TT) Company. The purpose of this study is to investigate maintenance process of TT by using the ARENA simulation software that is based on mechanisms of event-oriented simulation. The feature of event-oriented simulation is that each planned event has a time of occurrence and its occurrence causes a certain transition of status.

3.1 The Workflow of Maintenance Process in a Telecommunication System

A telecommunication system is analyzed systematically. Then, a maintenance process workflow for a telecommunication system is presented. The customer requests and/or complaints are summarized in Figure 1. Figure 1 represents the sources of problems which are automatic arrivals from telecommunication lines and different requests of customers. In this point, some problems are solved with phone interviews. Remaining problems are transferred to maintenance teams. Four different groups of maintenance teams are placed in the system as follows:

- The ADSL Teams: Any ADSL problems and breakdowns are solved and replied to customer requirements.
- The Master Cable Teams: The team works on master communication lines as fiber optical lines.
- The Phone Line Teams: The team works for telephone lines only.
- The New Line Teams: The team works for new telephone line connections only.

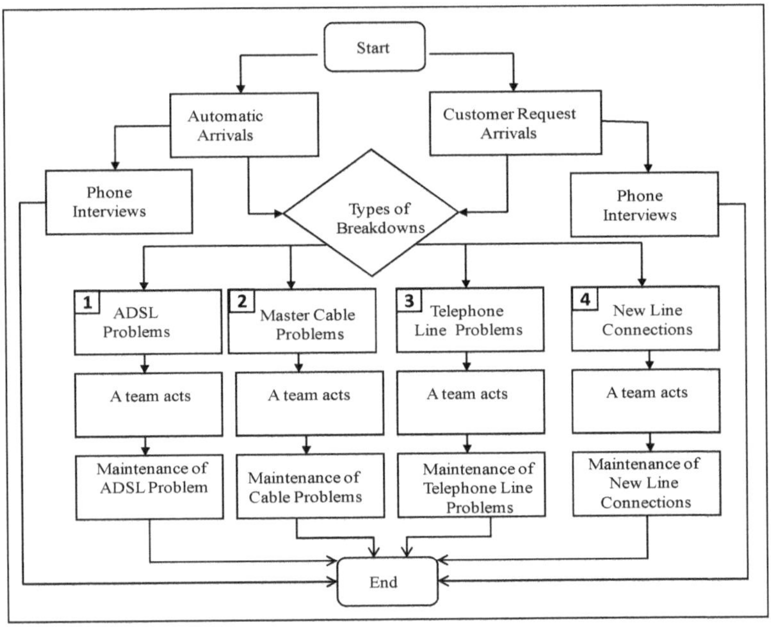

***Figure 1:** The Workflow Diagram for a Telecommunication Maintenance Unit*

3.2 Initial and Alternative Staff Structures in Maintenance Processes

In this section, three different scenarios other than the current situation are developed and evaluated for customer requirements. The team structures of all alternatives which are the initial situation (A0) and alternatives (A1, A2, and A3) are given in Table 1.

In the initial situation (A0); the ADSL line group which has one team with two persons, the phone line group has four teams with two persons in each team, the new phone line connection group has one team with two persons and the master cable line group which has one team with two persons. The entities are classified in two classes which are breakdown types and telephone connections. The percentage of arrivals to the system has a uniform distribution with parameters of 3 and 12 minutes, UNIF(3,12) minutes, for all departments. 32 % of arrivals are classified as

ADSL problem, 6 % of arrivals are classified as cable problems, 19 % of arrivals are classified as new phone line connections, 42 % of arrivals are classified as phone line problems and 1 % of arrivals are classified as other types of problems which are solved with phone interviews.

	A0	A1	A2	A3
The ADSL Teams	Team1	Team1	Team1, Team2	Team1
The Master Cable Teams	Team1	Team1, Team2	Team1, Team2	Team1, Team2
The Phone Line Teams	Team1, Team2, Team3, Team4	Team1, Team2, Team3, Team4	Team1, Team2, Team3, Team4	Team1, Team2, Team3, Team4
The New Line Teams	Team1	Team1	Team1	

Table 1: *The Initial Situation (A0) and Alternative Staff Structures (A1, A2, A3)*

The service time distribution parameters are given in Table 2 with details. In model-A1, the Team4 in PLT is allocated as a new team to MCT Group. In addition to A1, a new team is joined to ADSL Team in model-A2. Then, in the alternative structure A3 model, team4 in PLT is placed from PLT to MCT and team1 in New Line Team Group is placed into PLT as team4. Thus, the all of the staff of Phone Line Team has been assumed as the same qualification for phone line problems and new phone line connection (NLT) process. Process times are determined in two different ways. If an entity is arrived as a type in PLT, then its processing time is assigned as TRIA(5,25,35) minutes. If an entity is arrived as type in NLT, then it is assigned as EXPO(8) minutes in A4.

Team Name	**Distribution Type (min)**
The ADSL Teams	Uniform; UNIF (5,15)
The Master Cable Teams (MCT)	Triangle; TRIA (25,70,150)
The Phone Line Teams (PLT)	Triangle; TRIA (5,25,35)
The New Line Teams (NLT)	Exponential; EXPO (8)

Table 2: *Service Time Distribution*

The initial and alternative models are simulated for a month by collecting the data of the study in ARENA 7.1.

4 Experimental Results

In the beginning, the initial model (A0) is simulated and then the alternative scenarios are developed to find the better performance levels of staff allocations and qualifications. The results are evaluated to reduce waiting times in queues, and to increase the number of replies as outputs and better utilization rates in all three alternative scenarios.

The alternative one (A1) has been developed from A0 by adding a team to phone line problems group. Its results are examined and then the alternative model (A2) has been obtained by adding a team to ADSL group of A1. Some structural changes are provided for personnel qualifications of maintenance units to have A3. The phone line and the new line groups are combined with four teams and one team is assigned to the ADSL group and two teams are allocated to the master cable group to form the alternative three (A3). The alternatives are included personnel planning. The simulation results are given in Table 3 for all four alternatives.

Simulation Results			Outputs				Queuing Waiting Times (min)				Personnel Utilization Rates			
	Arrive Time	Process Time	A0	A1	A2	A3	A0	A1	A2	A3	A0	A1	A2	A3
ADSL Team	UNIF(3,12)	UNIF(5,15)												
		Team 1	653	662	407	660	44,36	72,20	10,82	60,03	0,98	0,99	0,61	0,98
		Team 2			395				8,72				0,59	
Master Cable Team	UNIF(3,12)	TRIA(25,70,150)												
		Team 1	117	69	81	63	154,03	22,30	21,59	14,00	0,93	0,55	0,65	0,48
		Team 2		68	71	68		11,30	14,50	15,85		0,52	0,52	0,51
Phone Line Team	UNIF(3,12)	TRIA(5,25,35)												
		Team 1	222	288	337	327	14,92	24,00	27,11	17,72	0,57	0,72	0,83	0,69
		Team 2	201	290	344	276	7,50	13,98	31,50	12,20	0,49	0,72	0,86	0,58
		Team 3	214	299	347	310	9,91	15,66	34,11	9,85	0,54	0,75	0,84	0,66
		Team 4	205			320	7,63			14,20	0,5			0,69
New Line Team	UNIF(3,12)	EXPO(8)												
		Team 1	386	409	486		6,28	7,27	9,95		0,49	0,54	0,65	

Table 3: The Simulation Results

The simulation models answered the questions that arisen in the beginning of the study. The all three alternative models are run for predefined simulation times. The results are given in Figure 2 to compare alternative models. These results can be summarized as follows:

- **The number of Outputs:** The number of outputs of the alternative A2 is better than A0 24 % in average. Therefore, more problems are solved and more new phone lines are connected in A2.
- **Queue waiting times:** Queue waiting times for A2 model is 19.79 minutes which is 43.4 % better than in alternative A0, which is 34.95 minutes in average. The average waiting time is 20.55 for all alternatives. The waiting time is 154.03 minutes, 29.85 minutes, 14.00 minutes and 15.85 minutes for alternatives A0, A1, A2, A3 respectively, for the cable problems group.
- **Resource utilization rates:** The utilization rates of phone line problems group in A0 are lower than the utilization rates of alternative A2. The difference is about 22 %. The other groups have sufficient rates for the study goals. The personnel utilization rates reduced from 93% in A0 to 48% in A2 and to 51% in A3 for the cable defects.

The simulation results show that some improvements are necessary to have better efficiency of the actual maintenance system for waiting times, utilization rates, and qualification of the staff for processes of the telecommunication system.

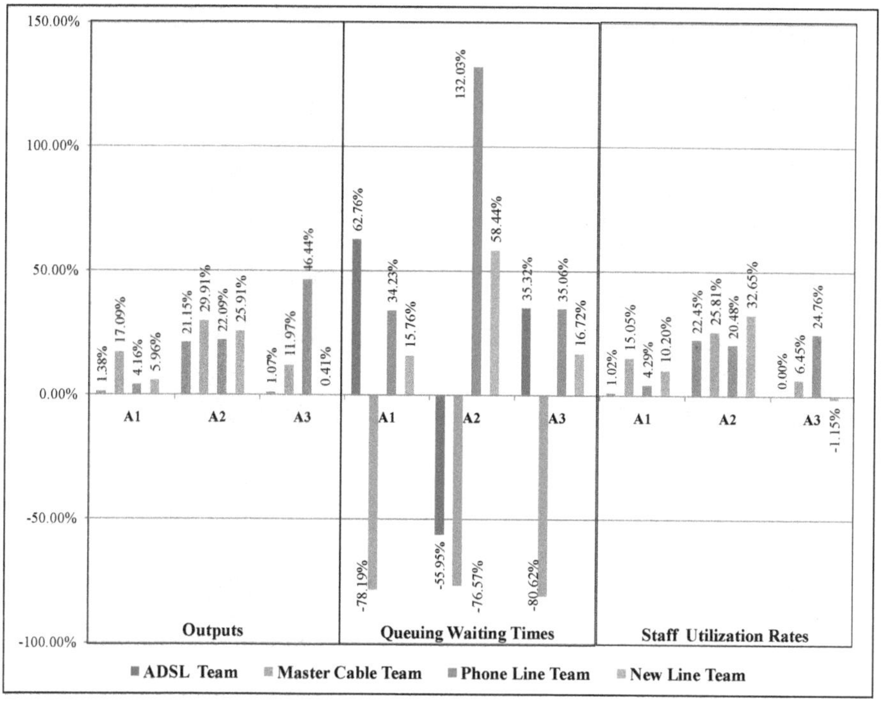

Figure 2: *The Comparison of the Results of Alternative*

5 Summary and Conclusion

The simulation models provide some opportunities to analyze the current situation of systems for improving system parameters with the performance measures. Some scenarios are analyzed before purchases of expensive equipments. Therefore, the better organizational structures are designed for the systems with many organizational goals as higher level of customer satisfaction.

A maintenance unit of a telecommunication system in Turkey is investigated with initial model and alternative models for evaluating queue waiting times and outputs of the performance measures first time in this study.

The results are discussed with the management of Kuşadası TT Company. This study has noticed them to start works on a new organizational development process. The further research can be assessment of working hours and cost analysis of staff with simulation method.

6 Acknowledgement

The authors thank to workers of Kuşadası Turk Telecom Co. in Turkey for their valuable remarks that helped improve the paper.

References

ALI, A.; CHEN, X.; YANG, Z.; LEE, J.; NI, J.: Optimized Maintenance Design for Manufacturing Performance Improvement Using Simulation. In: Proceedings of the 2008 Winter Simulation Conference. Eds.: MASON, S. J.; HILL, R. R.; MÖNCH, L. et al. Piscataway, NJ: IEEE, 2008, pp. 1811-1819.

ALTUGER, G.; CHASSAPIS, C.: Multi Criteria Preventive Maintenance Scheduling Through Arena Based Simulation Modelling. In: Proceedings of the 2009 Winter Simulation Conference; Energy Alternatives. Eds.: Rossetti, M. D.; HILL, R. R.; JOHANSSON, B.; DUNKIN, A.; Ingalls, R. New York, NY: Association for Computing Machinery Order Department; Piscataway, NJ: IEEE Service Center, 2009, p. 2123-2134.

BOYER, G.; ARNASON, A. N.: Application of Simulation and Mean Value Analysis to a Repair Facility Model for Finding Optimal Staffing Levels. In: Proceedings of the 2002 Winter Simulation Conference. Eds.: YÜCESAN, E.; CHEN, C.-H.; SNOWDON, J. L.; CHARNES, J. M. New York: Association for Computing Machinery et al., 2002, pp. 1871-1879.

CONTRERAS, L. R.; MODI, C.; PENNATHUR, A.; Integrating Simulation Modeling and Equipment Condition Diagnostics for Predictive Maintenance Strategies - A Case Study. In: Proceedings of the 2002 Winter Simulation Conference. Eds.: YÜCESAN, E.; CHEN, C.-H.; SNOWDON, J. L.; CHARNES, J. M. New York: Association for Computing Machinery et al., 2002, pp. 1289-1296.

DEVULAPALLI, S.; MARTINEZ, J. C.; GARZA, J. M. de la: Evaluation of Policies for the Maintenance of Bridges Using Discrete-Event Simulation. In: Proceedings of the 2002 Winter Simulation Conference. Eds.: YÜCESAN, E.; CHEN, C.-H.; SNOWDON, J. L.; CHARNES, J. M. New York: Association for Computing Machinery et al., 2002, pp. 1759-1764.

GIRGINER, N.; SAHIN, B.: A Case Study of Simulation for Queueing Problem in the Fitness Centers. In: Hacettepe Journal of Sport Sciences, Ankara, 18(2007)1, 2007, pp. 13-30.

SCHULZ, T.; BECKER, A.: Improvement in Production Processes in a Company in the Electronics Sector using Simulation. In: Advances in Simulation for Production and Logistics Applications. Ed.: RABE, Markus. Stuttgart: Fraunhofer IRB Verlag, 2008, pp. 329-336.

Zülch, Gert; Bogus, Thomas; Fischer, Jörg: Integrated Simulation and Workforce Assignment for the Evaluation of Flexible Working Time Models. In: System Simulation and Scientific Computing. Eds.: CHEN, Zongji; FEI, Minrui; HE, Guosen; PENG, Xiaoyuan; XIONG, Guangleng et al. Peking (Beijing): International Academic Publishers/Beijing World Publishing Corporation, 2002, Vol. I, pp. 353-357.

ZÜLCH, Gert; KRÜGER, Jan; SCHINDELE, Hermann; ROTTINGER, Sven: Simulation-aided planning of quality oriented personnel structures in production systems. In: Applied Ergonomics, London, 34(2003)4, pp. 293-301.

Integrationsaspekte der Simulation:
Technik, Organisation und Personal
Gert Zülch & Patricia Stock (Hrsg.)
Karlsruhe, KIT Scientific Publishing 2010

Using Agent-based Simulation and Distributed Computing to solve Vehicle Routing Problems

Einsatz der Agenten-basierten Simulation und des Verteilten Rechnens bei der Tourenplanung

Angel A. Juan, Josep M. Marull, Josep Jorba, Josh Hester,
Joan M. Marquès, Xavi Vilajosana
Open University of Catalonia, Barcelona (Spain)
ajuanp@uoc.edu, jmarull@uoc.edu, jjorbae@uoc.edu,
jmarquesp@uoc.edu, xvilajosana@uoc.edu, jchester@mit.edu

Abstract: This paper presents a hybrid approach for solving the Capacitated Vehicle Routing Problem. After introducing the problem and some related work, the basic ideas of this approach are explained. Our base algorithm uses Monte Carlo simulation to induce a biased random behavior into a classical heuristic. Moreover, it also uses splitting and cache techniques to accelerate convergence to pseudo-optimal solutions. The efficiency of our methodology is enriched further by considering an agent-based simulation approach in which multiple instances or clones of the base algorithm are executed in parallel. Each of these instances uses a different seed for the random number generator. The multi-agent model is tested against a set of classical benchmarks and its performance is analyzed for different scales of agents. Finally, a distributed computing model is proposed as a potential methodology that can add significant value to the decision-making process.

1 The Vehicle Routing Problem

The Capacitated Vehicle Routing Problem (CVRP) is a NP-hard problem in which a set of customer demands must be served by a fleet of homogeneous vehicles departing from a depot, which initially holds all available resources (TOTH, VIGO 2002). There are some tangible costs associated with the distribution of these resources from the depot to the customers. In particular, it is usual for the model to explicitly consider costs due to moving a vehicle from one node – customer or depot – to another. The classical goal here consists of determining the optimal set of routes that minimizes those tangible costs under the following set of constraints: (i) all routes begin and end at the depot; (ii) each vehicle has a maximum load capacity, which is considered to be the same for all vehicles; (iii) each customer has a well-known demand that must be satisfied; (iv) each customer is supplied by a single vehicle; and (v) a vehicle cannot stop twice at the same customer.

Even though this problem and some of its variants have been studied for decades, they still are attracting a great amount of attention from top researchers worldwide due to its potential applications, both to real-life scenarios and also to the development of new algorithms, optimization methods and metaheuristics for solving combinatorial problems. As a matter of fact, different approaches to deterministic and stochastic VRPs have been explored in recent years (GOLDEN et al. 2008). These approaches range from the use of pure optimization methods such as linear programming for solving small- to medium-size problems with relatively simple constraints, to the use of heuristics and metaheuristics that provide pseudo-optimal solutions for larger problems with more complex constraints (CORDEAU et al. 2004). Most of these methods focus on minimizing an aprioristic cost function, which usually models tangible costs subject to a set of well-defined and simple constraints. However, real-life problems can be very complex, with intangible costs, fuzzy constraints and desirable solution properties that are difficult to model (KANT et al. 2008). In other words, it is not always straightforward to construct an initial model which takes into account all possible costs, (environmental costs, work risks, etc.), constraints and desirable solution properties (time or geographical restrictions, balanced work load among routes, solution attractiveness, etc.). For this reason, there is a need for new methods that are able to provide a large set of alternative pseudo-optimal solutions with different properties so that decision-makers can choose among alternative solutions according to their specific needs and preferences, i.e., according to their utility function, which is usually unknown to the researcher. All in all, as some VRP specialists have pointed out already, there is a need for more simple and flexible methods to solve the problem, methods that can be used to handle – in reasonable computing times– the numerous side constraints that arise in practice (LAPORTE 2007).

2 Monte Carlo Simulation and the CVRP

Monte Carlo simulation (MCS) can be defined as a set of techniques that make use of random numbers and statistical distributions to solve certain stochastic or deterministic problems (LAW 2007). MCS has proved to be extremely useful for obtaining numerical solutions to complex problems, which cannot be efficiently solved by using analytical approaches. One of the fundamental ideas behind our previous work in the CVRP arena has been to add a biased random behavior to a classical heuristic (FAULIN et al. 2008). In order to do this, we combined MCS techniques with one of the best-known classical heuristics for the CVRP, namely the Clarke and Wright savings (CWS) heuristic (CLARKE, WRIGHT 1964). The CWS procedure uses the concept of cost savings, which are determined for each possible edge connecting two nodes. Generally speaking, the CWS first constructs a starting feasible solution, which is then improved by using an iterative process in which routes are merged under certain constraints. Specifically, at each step of this process the edge with the highest savings is selected from the list of possible edges and, if no constraint is violated, the two corresponding routes are merged. This process continues until the list of edges is empty. Since the CWS algorithm always chooses the edge with the highest savings value, it is a deterministic methodology, i.e.: the output of the CWS will always be the same no matter how many times it is run. In order to develop a stochastic version of the CWS, we proposed a procedure which assigns random probabilities during the edge-selection process (JUAN et al. 2009). This randomization of the CWS – which provides a different output each time it is run – is based on the use of right-skewed probability distributions, such as the geometric distribution or the decreasing triangular distribution. By assigning decreasing probabilities to the sorted savings list of edges, those edges with higher savings will be more likely to be selected from the list than those with lower savings. This approach was enriched by adding some cache and splitting techniques. Figure 1 summarizes the main steps of this algorithm (a more detailed description, including extensive validation tests, can be found in JUAN et al. (2009)): (1) initially, a CVRP instance is given; (2) the corresponding CWS solution is obtained; (3) a random solution is generated by executing the randomized CWS procedure; (4) the resulting random solution is compared against the CWS one; if the randomized CWS solution does not outperform the CWS one, then the process starts again from step 3; (5) otherwise, the randomized CWS solution is divided into two sets of routes, the front set and the back set; the front set is then considered as a new CVRP problem with the same initial constraints but with less nodes –which reduces the problem difficulty; (6) now, an inner loop starts; at each iteration of that loop, the new subproblem is solved by using the randomized CWS algorithm; once this inner loop has finished, the resulting solution is sorted and saved in a database, and the process restarts from step 3 (outer loop); notice that this restarting factor is decisive in order to avoid that the methodology gets trapped into a local minimum.

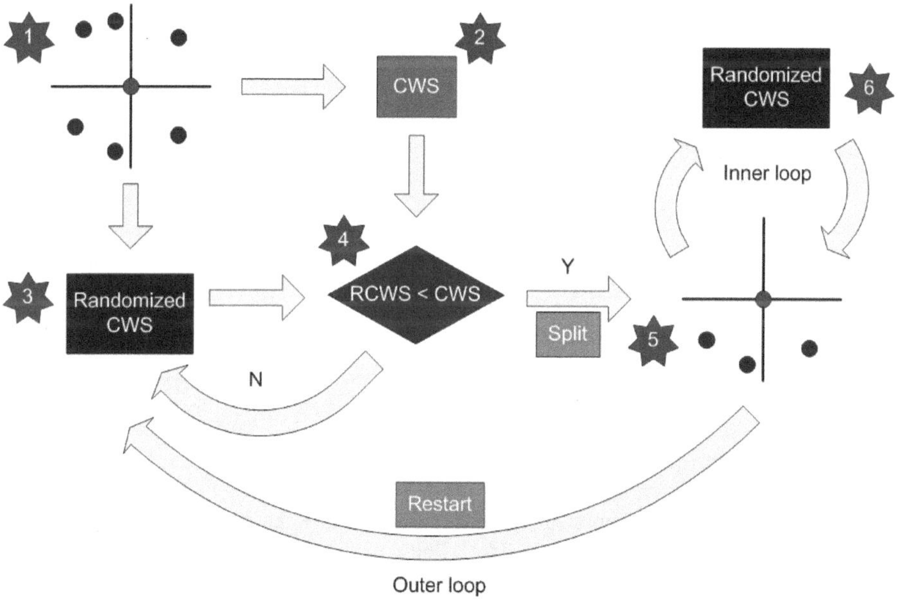

Figure 1: *Overview of the randomized base algorithm including splitting techniques*

3 Adding a Multi-agent Approach

The base algorithm described above has proven to be capable of offering pseudo-optimal solutions for the CVRP without needing to be adjusted or configured for the specific instance being studied. However, its efficiency can still be significantly improved by using parallelization techniques. Offering pseudo-optimal solutions to complex problems in real time and without adjustments beforehand still presents a challenge. In spite of this, we have noticed that it is possible to significantly reduce the execution time that the algorithm needs to obtain good solutions, depending on the seed that is chosen for the pseudo-random number generator. There are new processor design paradigms based on gaining computation capacity through the parallel execution of multiple processes and threads (multi-core). Also, new and affordable Graphic Processing Units (GPUs) have recently been introduced on the market, offering the capacity of executing hundreds – or even thousands – of threads concurrently. The goal is to execute multiple instances of the algorithm at the same time, each with a different seed. As shown in Figure 2, each of these instances can be considered as a cloned agent that is searching the solution space by using MCS.

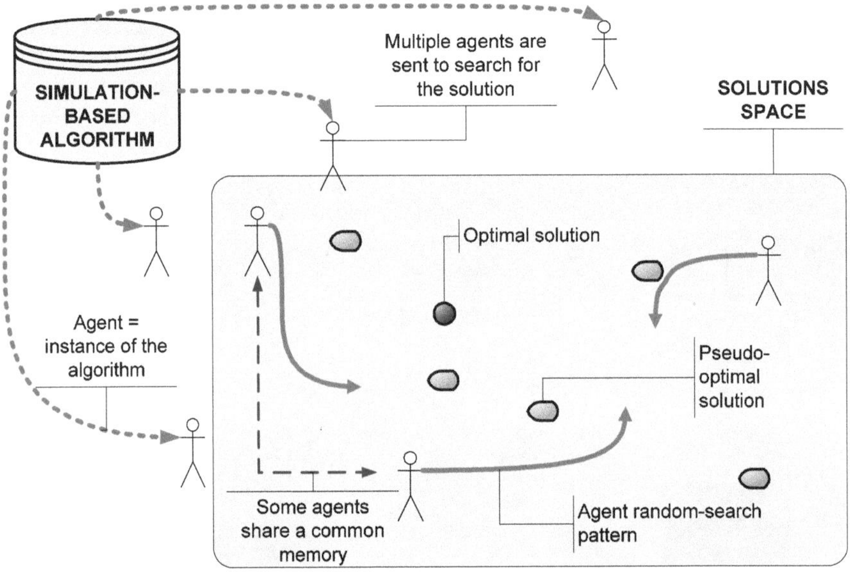

Figure 2: *Using a Multi-Agent Approach to perform the search*

Notice that several policies can be then considered regarding the level of communication and/or memory sharing among these cloned agents. In fact, communication processes among these agents can become quite complex to design and manage, and they constitute one of our future research lines. In this paper we only consider memory-sharing policies among some agents. In particular, agents running in the same machine will share a common hash table. This way, different agents are able to check the shared table and look up for the best-known route covering a given set of nodes (agents use this valuable information as part of a local search process). Also, agents are able to update the shared table whenever they find a better route for visiting a given set of nodes. As stated before, other communication policies among agents could be considered, but the main goal of this paper is to show that pseudo-optimal solutions can be obtained for most small- and mid-size VRP instances (up to 120 nodes) in "real-time" (less than 10 seconds) by parallelizing the simulation-based algorithm explained in the previous section. Another important goal of this paper is to estimate the number of agents needed to attain the aforementioned pseudo-optimal solutions in "real-time".

4 Computational Evaluation

With the objective of analyzing how an agent-based approach affects both the quality of the solutions provided by our algorithm and the associated computational time, we selected a subset of 11 large-size classical CVRP instances (each of them containing between 76 and 121 nodes) and performed two experiments: the first one was aimed at answering the following question: "for each instance, which is the best solution that our algorithm can provide in real-time (less than 10 seconds) using different scales of agents and without any fine-tuning processes?"; The second experiment was aimed at answering the following question: "for each instance, which is the best solution that our algorithm can provide in a reasonable time (less than 5 minutes) using different scales of agents and without any fine-tuning processes?". The following instances were selected: A-n80-k10, B-n78-k10, E-n76-k7, E-n76-k10, E-n76-k14, F-n135-k7, M-n101-k10, M-n121-k7, P-n76-k4, P-n76-k5 and P-n101-k4 (more details on these instances can be found at http://branchandcut.org). Five different scales of agents were considered in our tests: M1T10, M25T10, M50T10, M75T10 and M100T10, where M*n*T10 represents *n* machines with 10 threads (agents) per machine, which adds up to $10 \cdot n$ agents in total. As discussed in the previous section, for the experiments in this paper we designed a simple multi-agent model in which only those threads running in the same machine share a common memory (a hash table with best-known routes). Therefore, to avoid dealing with complex communication issues –which could be also time-consuming due to latency times, especially in distributed scenarios like the ones proposed in the next section–, agents running in different machines do not communicate among themselves. The tests were done using a multi-core processor Intel® Xeon E5504 and 4 GB of RAM. A multi-thread version of the algorithm implemented in C was executed under Windows® 7 Professional. As explained before, each agent (thread) was an instance of our algorithm defined by a different seed for the pseudo-random number generator. Notice also that no fine-tuning process was carried out, since one of our goals was to prove that our algorithm is robust and can provide efficient solutions to any CVRP problem without any initial adjustments. Figure 3 relates to the first experiment and it shows how the gap between our best "real-time" solution and the best-known solution evolves as the number of agents increases. Observe that, even for the smallest scale (M1T10 with 10 agents), the average gap is just 0.3 %, which is a remarkable result if we consider that: (a) these are relatively large and difficult-to-solve CVRP instances, (b) the maximum time allowed was just 10 seconds, and (c) no fine-tuning process has been performed. Notice also that this average gap is reduced to 0.1 % in the M25T10 scenario (250 agents). At this point, no significant improvement is obtained by further increasing the number of agents. In other words, for relative large CVRP instances, our parameter-free algorithm is able to provide pseudo-optimal solutions (average gap of 0.1 %) in real-time (less than 10 seconds) by employing 25 machines (250 agents) working in parallel. Alternatively, we could also say that our algorithm is able to provide pseudo-optimal solutions by employing one single machine (10 agents) working for about 250 seconds.

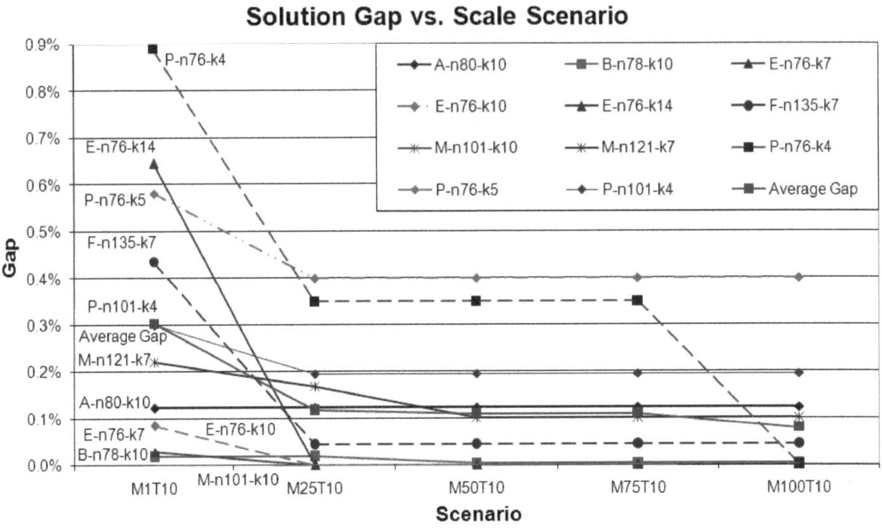

Figure 3: Solution gap versus scale scenario for experiment #1 (real-time)

Figure 4 relates to both experiments and shows average gaps versus average times for each scale scenario.

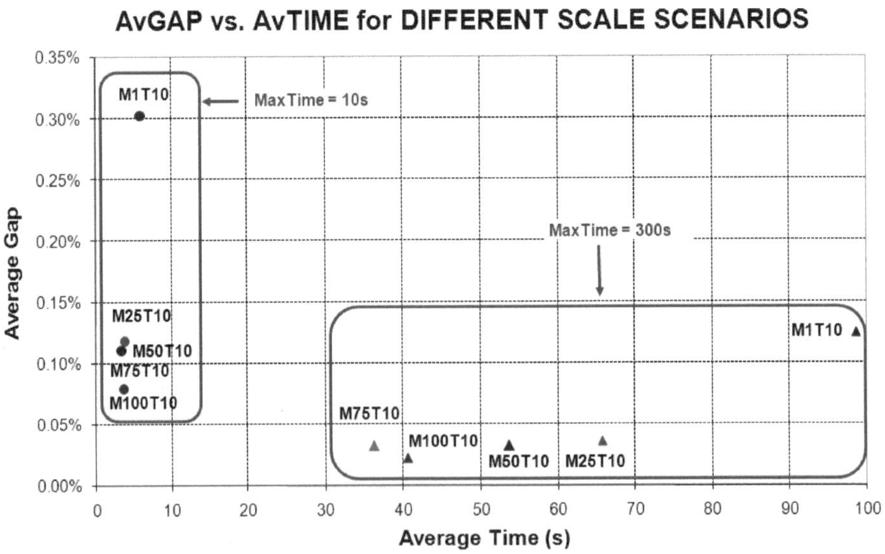

Figure 4: Average gap vs. average time for both experiments

Observe that for all the considered scenarios, the average gap between our solution and the best-known solution is significantly reduced (p-value = 0.04) by increasing the computational time from 10 seconds to 300 seconds. Also, as expected, there is a clear equivalence between the M25T10-10s and the M1T10-300s scenarios. An important conclusion from these experiments is that either of these alternative scenarios (250 agents during 10 seconds or 10 agents during 300 seconds, which have shown to be approximately equivalent as expected by design) is recommended over other scenarios that require many more machines or longer computational times for solving CVRP instances with up to 120 nodes. Of course, larger CVRP instances with several hundreds or even thousand or nodes might require far more computational resources and/or computational times to be satisfactorily solved.

5 The Role of Distributed Computing

Usually, small- and medium enterprises (SMEs) in the logistics business lack technical expertise and high-tech computational resources. It is not likely that they can afford buying expensive software or powerful computer systems to solve their complex routing problems in real time. In such scenarios, one possible approach to allow for real-time decision-making could be to employ modern GPUs. However, use of GPUs requires advanced algorithmic and programming skills. An alternative approach is to use a distributed problem-solving approach: the basic idea here is to construct a middleware that, relying on the so-called "Volunteer Computing", aggregates all existing computational power in a SME –or even better, in a group of federated SMEs– in order to concurrently execute thousands of clones or instances of our algorithm; this way, pseudo-optimal solutions for large and complex real-life problems might be obtained in nearly real time at an inexpensive monetary cost. In effect, a standard SME uses a large number of commodity computers distributed among their different departments and/or facilities. Most of these personal computers offer more computing capabilities than required to complete their daily activities (word processors, spreadsheets, e-mail, etc.). Moreover, they happen to be underutilized during nightly hours. Our proposal gathers the spare resources from each computer and aggregates them into a computational environment where hundreds or even thousands of instances of our algorithm can be run simultaneously. These cloned agents can either use a global collaborative memory or several local collaborative memories, depending on the characteristics of the distributed system. Moreover, resources from a SME may be federated with resources from other SMEs, therefore resulting in an even larger computational system. To avoid interferences with the current tasks executed in each computer, contributed resources may be provided through the use of virtual machines. As more computational resources become available, more agents (algorithm's instances) will be concurrently executed, thus increasing the chances of finding pseudo-optimal solutions in a reduced time-period. The idea of aggregating computational resources from different machines in a network has been successfully explored in several works and real-life applications. In particular, the Volunteer Computing platforms (MARQUES et al. 2007) aggregate computing capacities from the edges of Internet. Those platforms offer tools to create ad-hoc communities that perform massive computation by aggregating the resources of their participants.

6 Conclusion

We have presented a multi-agent approach for solving small- and mid-size Vehicle Routing Problems (up to 120 nodes) in "real-time" (10 seconds). The base algorithm (agent) in which our approach relies presents some advantages over some other metaheuristics: (a) it can be easily implemented, (b) it does not require any fine-tuning process, (c) it is able to provide a large set of alternative good solutions, and (d) multiple instances (agents) can be concurrently executed by changing the seed of the random number generator. Even in a single-workstation scenario, our approach has provided pseudo-optimal solutions in reasonable times for all considered benchmarks, so we expect to be able to solve even larger problems when using a cluster or a grid. We also discussed the possibility of using distributed computing as an economical and efficient way to solve large-scale vehicle routing problems.

References

CLARKE, C.; WRIGHT, J.: Scheduling of Vehicles from a central Depot to a Number of Delivering Points. In: Operations Research, Hanover, MD; 12(1964)4, pp. 568-581.

CORDEAU, J.; GENDREAU, M.; HERTZ, A.; LAPORTE, G.; SORMANY, J.: New Heuristics for the Vehicle Routing Problem. In: Logistics Systems: Design and Optimization. Eds.: LANGEVIN, A; RIOPEL, D. Boston: Kluwer, 2004, pp. 313-329.

FAULIN, J.; GILIBERT, M.; JUAN, A.; RUIZ, R.; VILAJOSANA, X. (2008): A Simulation-based Algorithm for the Capacitated Vehicle Routing Problem. In: Proceedings of the Winter Simulation Conference. Eds.: MASON, S.; HILL, R.; MONCH, L.; ROSE, O.; JEFFERSON, T.; FOWLER, J. Piscataway, NJ: IEEE, 2008, pp. 2708-2716.

GOLDEN, B.; RAGHAVAN, S.; WASIL, E. (Eds.): The Vehicle Routing Problem: Latest Advances and New Challenges. New York: Springer, 2008.

JUAN, A.; FAULIN, J.; RUIZ, R.; BARRIOS, B.; CABALLE, S.: The SR-GCWS hybrid algorithm for solving the capacitated vehicle routing problem. In: Applied Soft Computing, Amsterdam et al., 10(2010)1, pp. 215-224.

KANT, G.; JACKS, M.; AANTJES, C.: Coca-Cola Enterprises Optimizes Vehicle Routes for Efficient Product Delivery. In: Interfaces, Linthicum, MD, 38(2008)1, pp. 40-50.

LAPORTE, G.: What you should know about the Vehicle Routing Problem. Naval Research Logistics, New York, 54(2007)8, pp. 811-819.

LAW, A.: Simulation Modeling & Analysis. Boston, MA: McGraw-Hill, 2007.

MARQUES, J.; VILAJOSANA, X.; DARADOUMIS, T.; NAVARRO, L.: LaCOLLA: Middleware for Self-Sufficient Online Collaboration. In: IEEE Internet Computing, New York, 11(2007)2, pp. 56-64.

TOTH, P.; VIGO, D.: The Vehicle Routing Problem. New York: SIAM Monographs on Discrete Mathematics and Applications, 2002.

Integrationsaspekte der Simulation:
Technik, Organisation und Personal
Gert Zülch & Patricia Stock (Hrsg.)
Karlsruhe, KIT Scientific Publishing 2010

Graphical Layout Planning Module within a Semantic Web Framework for Modelling and Simulation

Modul zur graphischen Layoutplanung für eine Semantic-Web-Plattform zur Modellierung und Simulation

Pavel Gocev, Markus Rabe
Fraunhofer IPK, Berlin (Germany)
pavel.gocev@ipk.fraunhofer.de, markus.rabe@ipk.fraunhofer.de

Abstract: Based on an existing Semantic Web Framework for Modelling and Simulation the authors have developed a module to support the graphical layout planning of manufacturing systems in order to reduce the overall modelling and simulation effort. The benefit from the module is (a) to support the layout designer with the experience knowledge of other experts and project members that can be considered as constraints for the layout design and (b) therewith indirectly to consider the expert knowledge into the simulation model through the provision of the layout variants' results for the modelling and simulation.

1 Introduction

The process of design and development of manufacturing systems is characterized by the involvement of many project members who are utilising various software applications. When applying simulation to support these processes, the use of correct and accurate information is essential. Thus, an efficient and reliable link between the project members' applications and the simulation model is an extreme advantage, especially when different scenarios based on the variation of a parameter like product variants, technologies, production portfolio, or resource capacities have to be considered.

A core element of the manufacturing shop floor planning is the layout, as it depends on many parameters and allows for a very efficient communication among the project members. Unfortunately, in "real-world" planning projects, the constraints related to the layout design cannot be systematically used for capacity planning or material flow simulation, as they are not being formally documented. This leads to the risk that planning results do not match the prerequisites. In order to integrate the layout more closely with the planning information and to enable a flawless supply of the simulation experts with the updated information emerging from different layout variants, the Semantic Web Framework for Modelling and Simulation (SWFMS) developed by Fraunhofer IPK (RABE, GOCEV 2008a) has been extended with a module for Semantic Graphical Layout Planning (SGLP).

This paper is structured as follows: Chapter 2 gives a short overview of related work and the chapter 3 explains the SWFMS as the base for the plug-in development. The next two chapters define the functionalities of the graphical layout planning and their realisation within the SWFMS as a module for Semantic Graphical Layout Planning (SGLP).

2 State of the Art – Layout Planning and Constraints

The challenge during the preparation of a simulation study is to enable and support the project members in rapid development of layout variants in the early phase of the simulation project. Besides the material flow requirements, additional restrictions influence the spatial allocation of the layout objects like building, technical, economical, safety and legal issues (KETTNER, SCHMIDT, GREIM 1984, p. 239). The existing comprehensive solutions for layout planning as a part of the digital factory paradigm like Tecnomatix (SIEMENS 2010) and Delmia (3DS 2010) or CAD solutions like MicroStation (BENTLEY 2010) or JobDispo FAP (FAUSER 2010) focus on the constructive design process and thus on the development of detailed layout models necessary for later phases of factory planning. But, they hardly provide support for the formal and explicit modelling of the restrictions (constraints) that influence the layout design.

Most of the scientific methods for the facility layout problem are oriented towards the automated solution finding based on heuristic and meta-heuristic methods. A comprehensive overview of the available approaches like simulated annealing or genetic algorithms is given by (SING, SHARMA 2006). The biggest challenge of all these solutions is to provide a method for modelling the constraints which will be easy understandable and widely accepted by the human, but at the same time executable by machines.

The semantic web technologies (SW 2010) are addressing this gap by offering a possibility to model statements in the form of a triple subject-predicate-object. This construct, combined with the universal quantifier-∀ and the existential quantifier-∃ offers a base for modelling restrictions within an ontology that is understandable by human and executable by inference engines. Moreover, the semantic web technologies offer a modelling of rules in IF-THEN form upon which new triples can be generated, or constraints that can be evaluated on true or false. Still, no example has been found regarding the layout planning and material flow simulation. Referring to this, a solution for an interactive assistance system has been published which focuses on architectural design (HOFFMAN 2007). However, in the related implementation the available constraints are hard-coded and can thus not be adapted by the experts to specific requirements.

3 Semantic Web Framework for Modelling and Simulation

The Semantic Web Framework for Modelling and Simulation (SWFMS) is a set of ontologies that support the share and reuse of knowledge within the manufacturing domain. It is based on semantic web technologies like Resource Description Framework (RDF) and Web Ontology Language (OWL) and structured upon the widely accepted standard ISA-95 (2001). The platform offers a possibility to integrate information with different structures and notations within one company-specific Manufacturing Knowledge Base – MKB (RABE, GOCEV 2008b). Besides the possibility to model structures, concepts and instances of one particular manufacturing system, the semantic web technologies offer the possibility to explicitly describe the constraints that are characteristic for the manufacturing system. Therewith, multifaceted views for the project members and different roles can be obtained. Moreover, the SWFMS offers a basis for enrichment of the existing knowledge under the utilization of rules and deploying the predicate logic. As a result the project members are supported and enabled to generate the necessary information for the simulation of different scenarios in shorter time.

The core of the SWFMS is a manufacturing ontology (OWL-M). The classes and sub-classes are defined to structure the objects (e. g. process segments, products, machines, fixtures, etc.) as well as the work description. The relations between the instances are described as a triple subject-predicate-object.

4 Functionalities of a Layout Planning Module needed for Modelling and Simulation

A very common practice is to sketch the rough block-layout in the early phase of the project using a simple graphics application like MS Visio or MS PowerPoint. After finishing the layout planning; the simulation is provided with information about each layout variant. This includes e. g. the distances between machines and workstations, the areas around them for safety, handling and service, the assigned number of buffer places for the work in progress (WIP) as well as the maximum possible WIP area capacity. This information is usually delivered by the layout planner in additional spreadsheets which are neither explicitly related nor automatically updated with the changes on the particular layout. The information can be used by the simulation expert only after additional advice by the layout designer and other experts involved in the project. An even more critical issue is that the information acquired during the process of layout design and development, especially the gained experience about the constraints due to the layout, are documented implicitly and very often as casual statements within project documentations and team presentations. For example, the statement that two machines have to be placed at a minimum distance of 15 m is either kept by project members as experience knowledge or resides on some slide on a presentation from the project members meeting.

Summarizing, the following functionalities are required to be implemented within a SWFM:

- Modelling of an experience knowledge of experts that are not directly involved in the process of layout planning in form of constraints that could influence the layout design and development,
- Prompt alerting of the layout designer if constraints have been violated,
- Preparation of information from layout variants for the simulation.

These functionalities have been implemented as an extension of the Semantic Web Platform for Modelling and Simulation in the form of a module for Semantic Graphical Layout Planning.

5 Module for Semantic Graphical Layout Planning

5.1 Graphical User Interface and Reference Ontology

The module for Semantic Graphical Layout Planning (SGLP) is implemented in Java into the Eclipse environment and plugged-in to the SWFMS. It is developed for the support of layout planning in the early phase of a factory planning project and therewith depicts the planning area and the objects as simple textured rectangles only. The objects to be visualized on the layout are described within the MKB in the class of resources or in related sub-classes. The following manufacturing system elements can be visualized, manipulated, and positioned within the layout: Shop floor plan of the manufacturing area, machines, workstations, machine areas for handling and service, WIP buffer areas, material flow paths, as well as special areas and textual objects. In order to foster the visualisation, a picture of each resource can be attached to the objects and will then be displayed on the shop floor (Figure 1).

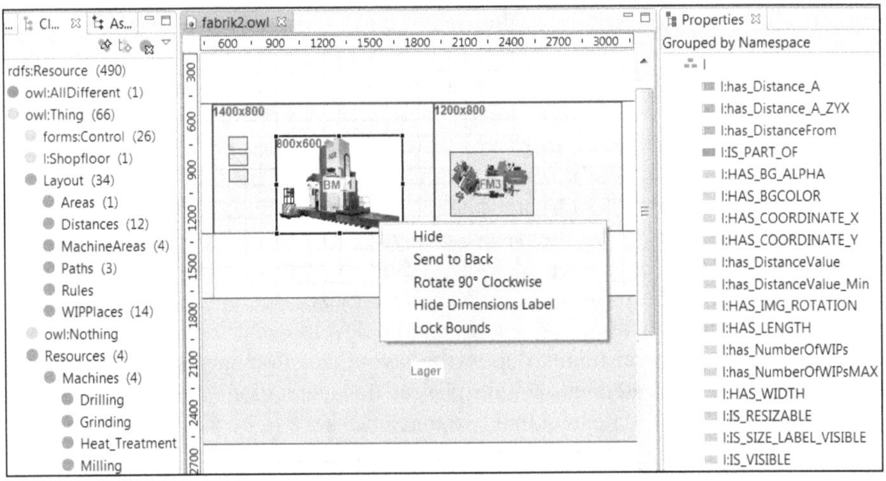

***Figure 1**: Semantic Graphical Layout Planning Module*

The relations between the resources to be displayed graphically and the module for SGLP are realised through the reference ontology *Fabriklayout.owl* which is imported into the MKB. Therewith the objects of the MKB are enriched by properties like the coordinates x and y, dimensions for length and width, rotation position expressing the angle related to the x-axle, colour defined as a standard RGB value, lock/unlock for ability to resize the object, etc. (Figure 2). Each machine belongs to a machine area that can also include other objects like WIP buffers or areas for transportation, handling and safety. The objects are related to the machine area with the property: *isPartOf*. As a result of any manipulation of the machine area on the layout like move and rotate, the actions are automatically assigned to the encapsulated objects and they are moved and rotated accordingly

The dimensions of the machine areas can be either calculated for each machine according to a given relation that considers the handling and service area needed around the machine, or can be arranged by the layout designer. If a buffer area is dedicated to the machine, the machine area has to be extended, too.

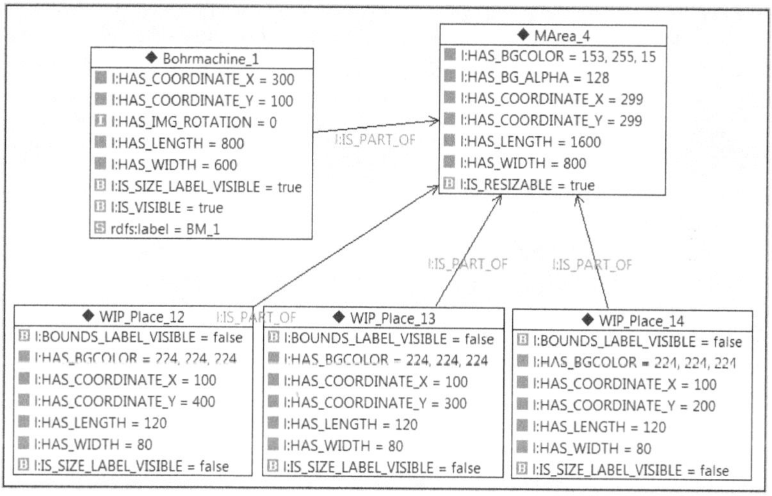

***Figure 2**: Fabriklayout.owl – An example with an overview of the properties*

The requirement for functionalities as described in the Chapter 4 has triggered a development of other properties needed to describe additional relations between the objects. These properties are essential for modelling of the constraints like for the expression of minimum allowed distances between two machine areas, maximum possible WIP buffer places within a machine area, etc. Due to the standard language used for the ontology development, further constraints can be added, e.g. about the minimum width of transport areas, required accessibility of gantry cranes etc.

5.2 Constraint-based Layout Planning

A challenging issue within the modelling and simulation project is to grasp the experience knowledge of the experts and project members and to formalize this knowledge. Usually, this demands time-consuming iterations of the design and development steps, which are needed for an evaluation of the layout design with respect to consistency. Moreover, time consuming meetings are needed to check if the constraints that are not formally documented have been considered in the layout design and therewith in the simulation. In order to reduce these iterations and to decrease the overall project efforts, a method for constraints modelling and their active inclusion into the layout design has been developed. The realisation of the constraint modelling has been performed in two ways.

The first method is the direct hard-coding of the constraints into the Java code of the Module for Semantic Graphical Layout Planning. An example for this solution is that the user cannot move a machine out of the resource area related with the property *isPartOf*. This method can be deployed for general system constraints that are not dependable from the manufacturing system to be planned. The disadvantage is that the whole knowledge about the rules and the constraints is hard-coded and can be manipulated by the IT developer only.

The second method of constraint modelling is more flexible and scalable, allowing a definition of the relations and constraints directly into the MKB by the modeller. It has been realised in the SPARQL Protocol and RDF Query Language (SPARQL) utilising the basic query forms as IF-conditions including threshold values that should not be violated. These conditions are to be modelled by the experts of particular domain as experience knowledge, defining parameters like: safety distances around the machines, safety distances between some machines, allowed noise on particular area, etc. During the layout design in the module for SGLP an inference engine monitors the constraints and generates an alert when a particular one is violated through some reaction of the layout designer. An example for a constraint is the minimum allowed distance between two machines. If the layout designer places the machines in a distance less than the allowed one, the inference engine generates an alert. The warning has been implemented in two different ways. The first is directly in the Java code of the SGLP with a method upon which the user cannot move one machine area to another one closer than the minimum distance defined by the constraint rule. The disadvantage of this solution is that for each particular constraint the Java code has to be changed. The second possibility is to send a message to the layout designer with an overview of the constraint that has been violated and the instances which caused that (Figure 3). The context of the message can be defined by the expert who modelled the constraint, but at the moment does not include the value of failure. This is very flexible method as there is no necessity to change the developing environment and no additional structures from the ontology have to be modelled in the Java code.

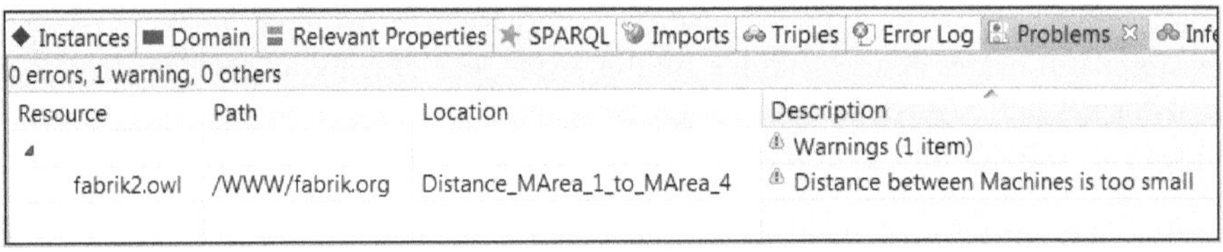

***Figure 3**: A warning alert for constraint violation*

This set of properties and functionalities was found sufficient for a rapid development of block layout variants as a mean for communication within factory planning projects. The benefit from the module for Semantic Graphical Layout Planning is that any layout change is directly updated in the MKB, enabling:

- the decision and the information being in conformance with the numerous constraints entered in the MKB as experience knowledge, and
- updated information being available for the simulation.

5.3 Provision of the Information for Simulation

After the completion of the layout variants without alerts and non-conformances each layout element has a defined position and dimensions. The affiliation of the objects to a particular class of the MKB and the values for the coordinates and dimensions are used for calculation of the parameters needed for simulation. The computation of number of available machines, distances, path lengths, surface areas and WIP capacities is performed for each layout variant again by the inference engine based on the CONSTRUCT queries in SPARQL notation. Therewith, new statements in form of triples are generated which enrich the MKB and provide input values that can be directly read the simulation model.

6 Conclusions and Future Developments

The Semantic Web Platform for Modelling and Simulation has been extended with a Module for Semantic Graphical Layout Planning. With this module, the current and up-to-date values from the layout planning are automatically prepared for the simulation experiments. A method for constraint definition has been developed that enables to model the experience knowledge and expert information in the MKB. These constraints are used by the inference engine that infers upon the ontology and alerts the user if any constraints are violated. Therewith, the users without awareness on "small issues" that usually are kept by experienced experts, can properly, correctly, and quickly design and develop the layout variants. The prepared results from the layout planning about distances defined and available capacities are fed into the MKB. These are essential to perform simulation experiments upon the layout variants under consideration. The overall result is reduced effort and time for the simulation project and increased reliability of the simulation results.

The constraints can be related to all layout objects and can also be defined as a function of particular parameters as a part of the MKB. The change of those parameters is performed by the related domain experts and will always be considered when a new layout variant is planned.

The method developed and described in this paper is a first step in the development of factory planning advisors suitable not just for modelling and simulation but also for design and development of production and logistic systems in general. The future work will be focused on development of more complex constraints that can be used to define parts of the decision logic in the simulation model. Moreover, constraints related to the objects of product definition like bill of materials and process plans have to be studied. Additional developments are necessary to improve the clearness of communication to the user in case of constraint violation and the issues related to the update of the MKB by the domain experts.

References

3DS: DELMIA Digital Manufacturing & Production – Dassault Systèmes. http://www.3ds.com/products/delmia/welcome/, visited on 01.06.2010.

BENTLEY: Bentley Systems, Incorporated: Ganzheitliche Software-Lösungen für den Lebenszyklus von Infrastruktur. http://www.bentley.com/de-DE/, visited on 27.05.2010.

FAUSER: Fauser AG. http://jobdispo.de/en/, visited on 24.05.2010.

HOFFMANN, Kai: Konzeption eines interaktiven Assistenzsystems zur Innenraumaufteilung. Bremen: Universität Bremen, Cognitive Systems, Fachbereich Informatik, Diplomarbeit, 2007.

ISA: Enterprise-Control System Integration, Part 2: Model Object Attributes. Instrument, Systems and Automation Society, Research Triangle Park (NC), 2001. http://www.isa.org, visited on 24.05.2010.

KETTNER, Hans; SCHMIDT, Jürgen; GREIM, Hans-Robert: Leitfaden der systematischen Fabrikplanung. München: Carl Hanser Verlag, 1984.

RABE, Markus; GOCEV, Pavel: Semantic Web Framework for Modelling and Simulation of Manufacturing Systems. In: Advances in Simulation for Production and Logistics Applications. Ed.: RABE, Markus. Stuttgart: Fraunhofer IRB Verlag, 2008a, p. 177-186.

RABE, Markus; GOCEV, Pavel: Semantic web framework for rule-based generation of knowledge and simulation of manufacturing systems. In: Enterprise interoperability III. New challenges and industrial approaches : I-ESA '08, Interoperability for Enterprise Software and Applications is the fourth in a series of conferences. Eds.: MERTINS, K.; RUGGABER, R.; POPPLEWELL, K.; XU, X. Guildford, Surrey: Springer, 2008b, p. 397-409.

RDF: Resource Description Framework. World Wide Web Consortium, Cambridge (MA), www.w3.org/standards/techs/rdf#w3c_all, visited on 18.05.2010.

SIEMENS: Tecnomatix-Product Lifecycle Management: Siemens PLM Software. www.plm.automation.siemens.com/en_us/products/tecnomatix, visited on 29.05.2010.

OWL: Web Ontology Language. World Wide Web Consortium, Cambrige (MA), www.w3.org/2004/OWL, visited on 29.05.2010.

SPARQL: SPARQL Protocol and RDF Query Language www.w3.org/standards/techs/sparql#w3c_all, visited on 01.06.2010.

SW: Semantic Web – W3C, http://www.w3.org/standards/semanticweb, visited on 30.05.2010.

SINGH S. P., SHARMA R. R. K.: A review of different approaches to the facility layout problems. In: The International Journal of Advanced Manufacturing Technology, London, 30(2006)5-6, p. 425-433.

Integrationsaspekte der Simulation:
Technik, Organisation und Personal
Gert Zülch & Patricia Stock (Hrsg.)
Karlsruhe, KIT Scientific Publishing 2010

VDI-Richtlinien zur Modellbildung und Simulation

VDI-Guidelines for Modelling and Simulation

Sigrid Wenzel
Universität Kassel, Kassel (Germany)
s.wenzel@uni-kassel.de

Abstract: Nowadays simulation is a well-defined and accepted methodology for planning, implementation and operation of systems in material handling, logistics and production. This paper introduces into the guideline activities of the professional committees FA 204 "Modelling and Simulation" and FA 205 "Digital Factory" within the technical division "Facility Planning and Business" of the VDI-Society "Production and Logistics". Starting with the existing parts of the VDI-Guidelines 3633 and 4499 this paper points out their topics and interdependencies and gives an overview about guideline activities planned in the next years.

1 Einleitung und Einordnung im VDI

Im Verein Deutscher Ingenieure (VDI) beschäftigen sich verschiedene Fach- und Richtlinienausschüsse innerhalb der Gesellschaft für Produktion und Logistik (VDI-GPL) mit der Standardisierung der Simulationstechnik in Produktion und Logistik für die industrielle Praxis. Hierbei orientieren sich die Richtlinienarbeiten an den aktuellen Entwicklungen des Marktes und unterstützen deren unternehmensübergreifende Abstimmung und Etablierung.

Zurzeit behandeln insbesondere die Fachausschüsse FA 204 "Modellierung und Simulation" und FA 205 "Digitale Fabrik" im Fachbereich "Fabrikplanung und -betrieb" der VDI-GPL die unterschiedlichen Facetten der Modellbildung und Simulation. Während sich der Fachausschuss FA 204 mit der Simulationstechnik im Bereich von Logistik-, Materialfluss- und Produktionssystemen sowohl aus methodischer Sicht als auch aus Anwendersicht auseinandersetzt und VDI-Richtlinien zu diesem Thema erarbeitet, hat der Fachausschuss FA 205 die aktuellen Bestrebungen in der Automobilindustrie, im Flugzeugbau und auch im Schiffsbau aufgegriffen und die Integration der Modellbildung und Simulation in das Gesamtkonzept der digitalen Fabrikplanung und -betriebsführung zum Ziel. Die FA 204 und FA 205 sind nach der Umstrukturierung des VDI und seiner Fachgesellschaften im Jahr 2009 aus dem ehemaligen und mehr als 20 Jahren existierenden Fachbereich A5

"Modellierung und Simulation" der VDI-Gesellschaft Fördertechnik Materialfluss und Logistik (VDI-FML) hervorgegangen.

Der fachlichen Nähe der beiden VDI-Fachausschüsse – die Simulation stellt eine wesentliche Methode innerhalb der Digitalen Fabrik dar – wird dadurch Rechnung getragen, dass sich die Vorsitzenden der Fachausschüsse (FA 204: Univ.-Prof. Dr.-Ing. Sigrid Wenzel; FA 205: Univ.-Prof. Dr.-Ing. Uwe Bracht) wechselseitig in den Gremien vertreten und auf diesem Wege den Informationsaustausch zwischen den beiden Fachausschüssen gewährleisten. Außerhalb des VDI arbeiten die Fachausschüsse eng mit der Arbeitsgemeinschaft Simulation (ASIM) in der Gesellschaft für Informatik e. V. und der dortigen ASIM-Fachgruppe "Simulation in Produktion und Logistik" zusammen. Eine weitere sehr enge Zusammenarbeit besteht mit dem VDA (Verein der Automobilindustrie) und der dortigen Arbeitsgruppe "Ablaufsimulation" unter der Leitung von Herrn Gottfried Mayer (BMW, München), die die Implementierung eines speziell auf die Automobilindustrie ausgerichteten Bausteinkastens für die ereignisdiskrete Simulation vorantreibt und damit die Integration der Simulation in die Konzepte der Digitalen Fabrik für die Automobilbranche umsetzbar machen will.

Die Vorgehensweise zur Erstellung von VDI-Richtlinien ist verbindlich in der VDI 1000 geregelt und soll daher an dieser Stelle nur kurz erläutert werden. VDI-Richtlinienausschüsse werden grundsätzlich ausgewogen aus Vertretern von Forschung, Lehre, Industrie und Verbänden zusammengesetzt und vom Fachausschuss konstituiert. Ist die Richtlinie in ihrem ersten Entwurf im Richtlinienausschuss erstellt und von Seiten des zugehörigen Fachausschusses bestätigt, wird sie als Gründruck veröffentlicht; danach folgt ein in der Regel sechsmonatiges Einspruchsverfahren mit einer anschließenden verbindlichen Festlegung als Weißdruck. Ungefähr alle fünf Jahre wird seitens des verantwortlichen Fachausschusses eine Überprüfung der Richtlinieninhalte angestrebt.

2 Die aktuellen Richtlinienblätter zur Simulation

Die bisher entstandenen Richtlinienblätter zur VDI 3633 dokumentieren gelebtes Erfahrungswissen und geben praktische Hinweise zur Nutzung der Simulationstechnik im industriellen Alltag. Sie stellen Arbeitsunterlagen, Entscheidungshilfen und Handlungsanleitungen dar und spiegeln den aktuellen Stand der Technik im Bereich der Simulation in Produktion und Logistik wider. Sie sind allerdings in keinem Fall ein Lehrbuch oder ein Ersatz dafür.

Das erste Blatt zur VDI-Richtlinie 3633 entstand bereits 1983 als Grundlagenblatt mit dem Thema "Anwendung der Simulationstechnik zur Materialflußplanung". Dieses Blatt wurde 1992 zurückgezogen und durch das Blatt 1 der VDI 3633 "Simulation von Logistik-, Materialfluß- und Produktionssystemen; Grundlagen" ersetzt und 1993 in Weißdruck gebracht. Das Richtlinienblatt hat die Aufgabe, die Grundlagen der Simulation zur Untersuchung von Materialflusssystemen systematisch, einheitlich und eindeutig den Simulationsanwendern darzustellen. Dem Simulationseinsteiger soll darüber hinaus eine Orientierungshilfe im Umgang mit der Simulationstechnik gegeben werden. Vor diesem Hintergrund entwickelte sich die Richtlinie in den vergangenen Jahren immer mehr zur Verständigungsbasis der an Simulationsprojekten beteiligten Personen. Um die methodischen und einsatzbedingten Veränderungen der letzten Jahre in Bezug auf die Simulation auch dem Endanwender transparent zu machen, wurde das Richtlinienblatt überarbeitet und auf den neuesten Stand gebracht. Heute liegt das Grundlagenblatt 1 der VDI 3633 als überarbeitetes Blatt im Gründruck vor (VDI 3633, Blatt 1).

Das Richtlinienblatt 1 zur VDI 3633 stellt die Ausgangsbasis für weitere Richtlinienblätter dar, die nach 1992 sukzessive entstanden sind. Abbildung 1 gibt einen Überblick zur Einordnung der existierenden Richtlinienblätter.

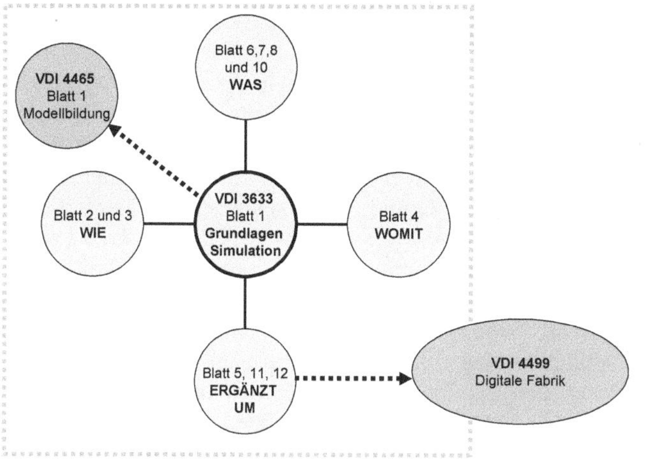

***Abbildung 1:** Richtlinienblätter zur VDI 3633 sowie weitere VDI-Richtlinien und ihre Beziehungen zueinander*

Die zunächst entstandenen Erweiterungsblätter 2, 3 und 4 der VDI 3633 beziehen sich auf die Vertiefung des methodischen Vorgehens im Umgang mit der Simulationstechnik (*WIE*) sowie der Frage nach der geeigneten Auswahl des einzusetzenden Simulationswerkzeuges (*WOMIT*). Die bereits in 1997 erschienene VDI 3633 Blatt 2 beschreibt die Bedeutung der Lasten- und Pflichtenhefterstellung für Simulationsstudien sowie deren zweckmäßigen Umfang und Inhalt. Ziel der Richtlinie ist es, die Leistungsbeschreibung für Simulationsstudien zu konkretisieren. Auch die VDI 3633 Blatt 3 aus dem Jahr 1997 vertieft das methodische Vorgehen zur Simulationsdurchführung. Im Rahmen der Richtlinie werden daher zum einen die Voraussetzungen für eine zweckmäßige Experimentdurchführung einschließlich Ergebnisauswertung diskutiert, zum anderen die Vorgehensweise zur zielorientierten Planung der Simulationsexperimente, die statistische Auswertung sowie Ergebnisdaten und ihre Aufbereitung erläutert.

Mit Etablierung der Simulation als Problemlösungsmethode in den Unternehmen entstand der Wunsch, Transparenz in den Markt der Simulationswerkzeuge zu bringen. Da alle Ausführungen in den Richtlinien der Produktneutralität unterworfen sind und funktionale Werkzeugbeschreibungen schnell veralten, wurde die Entwicklung einer eigenen VDI-Richtlinie 3633, Blatt 4 vorangetrieben, in der basierend auf dem 1991 entstandenen Marktspiegel (NOCHE, WENZEL 1991) Kriterienkataloge zur Verfügung gestellt werden, die die Auswahl eines Simulationswerkzeuges für das eigene Unternehmen erleichtern sollen.

Die Entwicklung ergänzender Richtlinien und ihre Abstimmung über personell unterschiedlich besetzte Richtlinienausschüsse erforderte zwangsläufig die Festlegung und Nutzung einer einheitlichen Terminologie. Die abgestimmten Begriffe sind in der VDI 3633 (ohne Nummer) zusammengeführt. Dieses VDI-Richtlinienblatt nimmt somit eine Sonderstellung ein. Es vereint die übergreifenden Definitionen aller im FA 204 entstandenen Richtlinien und wird in regelmäßigen Abständen entsprechend des Fortschreitens der Richtlinienarbeiten aktualisiert. Die fachliche Nähe zum FA 205 "Digitale Fabrik" hat darüber hinaus zu der Entscheidung geführt, dass sich auch die Richtlinienausschüsse des FA 205 an diesen Begriffsdefinitionen orientieren. Da dieses Blatt keine zusätzlichen Inhalte ergänzt, ist es in Abbildung 1 nicht aufgeführt.

Den Forschungs- und Entwicklungsaktivitäten der Jahre 1996 bis 2000, die sich verstärkt mit der informationstechnischen Vernetzung der Simulation im Unternehmen auseinandersetzen, Rechnung tragend erscheint im Jahr 2000 das Richtlinienblatt 5 (VDI 3633 Blatt 5) als Weißdruck, das sich mit Fragen der Integration der Simulation in das betriebliche Umfeld auseinandersetzt. Dies folgt dem Trend, dass die Simulation eine IT-basierte Methode ist und *ERGÄNZT UM* andere Methoden und Werkzeugen zum Einsatz kommt. Im Rahmen der Richtlinie wird beschrieben, wie die Simulationstechnik im Betrieb eingesetzt wird, wie sie datentechnisch und organisatorisch eingebunden werden kann und welche simulationsrelevanten betrieblichen Abläufe vorherrschen. Ein Schwerpunkt der Richtlinie bezieht sich auf die Beschreibung der datentechnischen Einbindung der Simulation und ihrer Schnittstellen zu den unternehmensinternen Werkzeugen beispielsweise zur Produktionsplanung und -steuerung oder zur Betriebsdatenerfassung. In diesem Zusammenhang werden auch Art und Umfang des Datenaustausches behandelt.

Weitere Richtlinienblätter, die den Aspekt *ERGÄNZT UM* behandeln, sind die Blätter VDI 3633 Blatt 11 und das noch in der Erstellung befindliche VDI 3633 Blatt 12. Blatt 11 (Simulation *und* Visualisierung) zielt darauf ab, Verfahren für die Visualisierung von Information, Daten und Ergebnissen im Kontext der Simulation in den Bereichen Fördertechnik, Materialfluss, Logistik und Produktion zu erläutern sowie die Zweckmäßigkeit des Einsatzes der verschiedenen Visualisierungsverfahren für die Simulation zu diskutieren. Das zurzeit in der Erstellung befindliche Blatt 12 (Simulation *und* Optimierung) erläutert die Unterschiede zwischen Simulation und Optimierung als Problemlösungsmethoden und zeigt Möglichkeiten auf, wie beide Methoden sinnvoll in Ergänzung eingesetzt werden können.

Mit der Umsetzung von Konzepten zur Digitalen Fabrik wird die ereignisdiskrete Simulation immer mehr zu einer von vielen Methoden, die sich der Notwendigkeit der Integration in die Werkzeuglandschaft der Unternehmen stellen muss. Der Fokus der Betrachtung wechselt in Richtung einer ganzheitlichen methodischen Unterstützung der Planung und laufenden Verbesserung aller Strukturen, Prozesse und Ressourcen. Aus diesen Entwicklungen resultieren neue Richtlinienarbeiten, die als VDI 4499 publiziert und in Kapitel 3 dieses Beitrags behandelt werden.

Parallel zu den Arbeiten *ERGÄNZT UM* beschäftigen sich weitere Richtlinienblätter der VDI 3633 mit Fragen der Abbildung von spezifischen Sachverhalten und Systemkomponenten (*WAS*). Die im Jahr 2001 veröffentlichte VDI 3633 Blatt 6 diskutiert die Frage nach Art und Umfang der Abbildung des Personals in Simulationsmodellen und definiert in Bezug auf den Untersuchungsschwerpunkt und den

Detaillierungsgrad bei der Modellierung von Personal die Begriffe personalintegriert und personalorientiert. Während der Fokus der personalintegrierten Modellierung und Simulation auf dem durch das Personal zu bedienenden System liegt, behandelt die personalorientierte Modellierung und Simulation die Untersuchung des Personals selbst (Ergonomiesimulationen, Belastungs- und Beanspruchungsanalysen). Darüber hinaus beschreibt Blatt 6 die unterschiedlichen Anforderungen an die jeweiligen Simulationsverfahren, spezifische Aspekte der Datenerfassung und -verwendung sowie der Experimentdurchführung und Ergebnisauswertung. Die im gleichen Jahr erschienene VDI 3633 Blatt 7 führt den Begriff der Kostensimulation ein, bei der in Ergänzung zu den klassischen Simulationsergebnisgrößen Auswertungen unter betriebswirtschaftlichen Aspekten durchgeführt werden. Die Richtlinie behandelt dabei sowohl Nutzungsaspekte der Kostensimulation, softwaretechnische Realisierungsmöglichkeiten, in der Simulation zu verwendende Kostenrechnungssysteme als auch die Planung und Auswertung von Simulationsexperimenten auf Basis der Kostensimulation. VDI 3633 Blatt 8 aus dem Jahr 2007 vertieft die Aspekte der maschinennahen Simulation, die als Simulation von Fertigungsmaschinen und ihrer Peripherie verstanden wird, und führt die Themen der 3D-Kinematiksimulation und der Mehrkörpersimulation aus. Weiterhin geht das Blatt auf den Einsatz der Simulation zum Funktionstest von Steuerungen, zur Untersuchung fertigungstechnischer Prozesse und zur Analyse des maschinennahen Materialflusses ein. Ein zurzeit noch in der Bearbeitung befindliches VDI-Richtlinienblatt 10 behandelt die spezifischen Aspekte der Modellierung und Simulation von Geschäftsprozessen. Da ein Beitrag zu dieser Richtlinienarbeit im gleichen Tagungsband (vgl. MUTZKE, RABE, WIENER 2010) veröffentlicht wird, wird an dieser Stelle auf weitere Ausführungen verzichtet.

Eine neuere Richtlinie (VDI 4465) konkretisiert die bisherigen Richtlinienarbeiten zur Simulationstechnik in Bezug auf die Aufgaben bei der Modellbildung von logistischen Systemen mit ihren zugehörigen Prozessen und Informationsflüssen. Sie untermauert die weitreichende Industrierelevanz der Nutzung von Modellen in der Systemanalyse und -gestaltung. Ziel der im Jahr 2011 erscheinenden Richtlinie ist es, Hinweise zur Vorgehensweise der Modellbildung (von einer (produktions-)logistischen Aufgabenstellung zu einem aussagefähigen Modell) zu geben. Hierbei werden auch typische Fragestellungen bei der Modellbildung wie z.B. zur Wahl eines geeigneten Detaillierungsgrades beantwortet und Hinweise zur Auswahl von geeigneten Beschreibungsmitteln für die unterschiedlichen Modellierungsaufgaben gegeben. Im Rahmen der Richtlinie werden – ausgerichtet auf simulationsgestützte und analytische Untersuchungen – ebenfalls die wichtigsten Beschreibungsmittel wie beispielsweise Geschäftsprozessmodelle, Datenflussdiagramme, Petrinetze, Programmablaufpläne, Simulationssprachen oder auch Modelle der explorativen Statistik kurz erläutert und hinsichtlich ihrer Anwendung kategorisiert. Anwendungsbeispiele veranschaulichen das Vorgehen der Modellbildung praxisnah.

3 Die Richtlinienblätter zur Digitalen Fabrik VDI 4499

Die VDI 4499 als Richtlinie des FA 205 "Digitale Fabrik" will über Begriffsbestimmungen und Handlungsanleitungen für die praxisgerechte Umsetzung der Digitalen Fabrik einen Beitrag zur Verbesserung der Wettbewerbssituation in der

Industrie leisten. Die Digitale Fabrik wird nach VDI 4499 Blatt 1 (S. 3) "als Oberbegriff für ein Netzwerk von digitalen Modellen, Methoden und Werkzeugen – u. a. der Simulation und 3D-Visualisierung –, die durch ein durchgängiges Datenmanagement integriert werden," verstanden; die Simulation stellt somit eine wichtige Methode in der Digitalen Fabrik dar. Das Grundlagenblatt bietet einen Einstieg in die Thematik der Digitalen Fabrik und zeigt ihren Fokus in der industriellen Anwendung auf. Dabei werden Ziele, Anwendungsgebiete und Nutzen der Digitalen Fabrik, Modelle und Methoden sowie Datenmanagement und Systemarchitektur diskutiert. Darüber hinaus werden konkrete Hinweise zur Einführung der Digitalen Fabrik und zu begleitenden organisatorischen Maßnahmen gegeben.

Das Grundlagenblatt wird über weitere Richtlinienblätter sukzessive ergänzt. Die 2009 bereits erschienene VDI 4499 Blatt 2 behandelt den digitalen Fabrikbetrieb und in Bezug hierzu die Phasen eines Produktionssystems von der Montage- und Fertigungsprozessplanung bis zur laufenden Serienproduktion. Die Anwendung des Digitalen Fabrikbetriebs in den Lebenszyklusphasen der Fabrik wird detailliert erläutert; Anwendungsbeispiele für den digitalen Fabrikbetrieb verdeutlichen die Vielschichtigkeit der Nutzung. Die Umsetzungsmöglichkeiten einer Dateninfrastruktur für den digitalen Fabrikbetrieb werden nur kurz angerissen, da sich ein drittes Richtlinienblatt zur VDI 4499 umfassend mit dem Thema Datenmanagement und Systemarchitektur in der Digitalen Fabrik auseinandersetzt. In diesem Richtlinienblatt werden verstärkt die IT-spezifischen Facetten der Digitalen Fabrik diskutiert und Fragen der unternehmensindividuellen Umsetzung beantwortet. Ein weiteres ebenfalls in der Bearbeitung befindliches Richtlinienblatt behandelt – ähnlich wie das Blatt 6 der VDI 3633 – die Abbildung des Menschen in der digitalen Planungswelt. In der VDI 4499 Blatt 4 werden für die digitale Planung relevante Menschmodelle und ihre Integration in die Konzepte der Digitalen Fabrik diskutiert.

4 Geplante neue Richtlinienausschüsse

Themen für neue Richtlinienausschüsse entstehen sowohl aus industriellen Anforderungen zur Klarstellung von Sachzusammenhängen oder zur Bereitstellung von Handlungsempfehlungen als auch aus dem von Universitäten und Forschungseinrichtungen getragenen Wunsch, methodische Präzisierungen vorzunehmen. Vor diesem Hintergrund sind mehrere neue Richtlinienausschüsse geplant.

Ein Richtlinienblatt, das als VDI 3633 Blatt 9 erscheinen soll, wird sich mit der Abgrenzung und sinnvollen Ergänzung von Methoden der Simulation und Tabellenkalkulation beschäftigen. Die VDI 4465 soll ein weiteres Richtlinienblatt (Blatt 2) zum Thema Distribution Centre Reference Model / Referenzmodell für Distributionszentren erhalten. Die Erstellung eines derartigen Referenzmodells soll unter dem Aspekt des Benchmarking und der Simulation diskutiert und bewertet werden. Ist die Erstellung dieser Richtlinie erfolgreich, sind weitere Richtlinienblätter zur Beschreibung von Referenzmodellen geplant.

Die VDI 4499 soll mittelfristig ebenfalls um zwei weitere Richtlinienblätter ergänzt werden; vorgesehen ist eine Richtlinie, die das zurzeit aktuelle Thema der PLM-Systeme (PLM – Product Lifecycle Management) aufarbeitet. Eine weitere Richtlinie soll die Technologie Augmented Reality für den Einsatz im Rahmen der Digitalen Fabrik beleuchten.

5 Abschließende Übersicht

Mit dem vorliegenden Beitrag wird ein kurzer historischer Abriss der bisherigen Richtlinienarbeiten zur Modellbildung und Simulation im VDI-GPL gegeben. Tabelle 1 stellt die in den Fachausschüssen FA 204 und FA 205 erarbeiteten bzw. zurzeit in Bearbeitung befindlichen Richtlinien in einer Übersicht dar. Die kursiv gekennzeichneten VDI-Richtlinienblätter befinden sich in Überarbeitung oder in der Erstellung; hier sind auch die Leiter/innen der Richtlinienausschüsse namentlich benannt.

FA 204 " Modellierung und Simulation"		**FA 205 "Digitale Fabrik"**
VDI 3633 Blatt – Begriffsdefinitionen (Gründruck 1996; in Überarbeitung; Dr. Grimm)		
VDI 3633 - Simulation von Logistik-, Materialfluss- und Produktionssystemen -	**VDI 4465 - Modellbildung -**	**VDI 4499 - Digitale Fabrik -**
Blatt 1 – Grundlagen (überarbeitet; neuer Gründruck in 2010) Blatt 2 – Lastenheft / Pflichtenheft und Leistungsbeschreibung für die Simulationsstudie (Weißdruck 1997) Blatt 3 – Experimentplanung und -auswertung (Weißdruck 1997) Blatt 4 – Auswahl von Simulationswerkzeugen (Weißdruck 1997) Blatt 5 – Integration der Simulation in die betrieblichen Abläufe (Weißdruck 2000) Blatt 6 – Abbildung des Personals in Simulationsmodellen (Weißdruck 2001) Blatt 7 – Kostensimulation (Weißdruck 2001) Blatt 8 – Maschinennahe Simulation (Weißdruck 2007) *Blatt 9 – Simulation und Tabellenkalkulation (konstituierend; Dr. Tolujew)* *Blatt 10 – Geschäftsprozessmodellierung und Simulation (in Erstellung; Dr. Rabe)* Blatt 11 – Simulation und Visualisierung (Weißdruck 2009) *Blatt 12 – Simulation und Optimierung (in Erstellung; Prof. Hanschke)*	*Blatt 1: Modellbildung (in Erstellung; Prof. Furmans)* *Blatt 2: Distribution Centre Reference Model (konstituierend; Prof. Furmans)*	Blatt 1 – Grundlagen (Weißdruck 2008) Blatt 2 – Digitaler Fabrikbetrieb (Gründruck 2009) *Blatt 3 – Datenmanagement und Systemarchitekturen (in Erstellung, Prof. Wenzel)* *Blatt 4 – Der Mensch in der Digitalen Fabrik (in Erstellung; Prof. Zülch)* In Planung sind Richtlinienblätter zu den Themen - PLM-Systeme - Augmented Reality

Tabelle 1: *Überblick über alle Richtlinienaktivitäten in den FA 204 und 205*

Die bereits veröffentlichten oder in diesem Jahr erscheinenden Richtlinien sind auch der Literaturliste zu entnehmen. Selbstverständlich sind die Inhalte der Richtlinien geprägt durch die ehrenamtliche Mitarbeit vieler Experten aus Industrie sowie Forschung und Lehre. Aktualität und Ausrichtung werden dabei bestimmt durch die Arbeiten und Eindrücke der beteiligten Fachexperten und drücken einen Kompromiss ihrer Erkenntnisse aus. Hierbei kann es durchaus vorkommen, dass wichtige Inhalte bisher noch nicht in die Richtlinien eingeflossen sind. Daher sind Anregungen, aber auch die aktive Mitarbeit in den Fachausschüssen als offene Gremien jederzeit willkommen.

Literatur

MUTZKE, Harald; RABE, Markus; WIENER, Kurt: Geschäftsprozessmodellierung und Simulation. In: Integrationsaspekte der Simulation: Technik, Organisation und Personal. Hrsg.: ZÜLCH, Gert; STOCK, Patricia. Karlsruhe: KIT Scientific Publishing, 2010, S. 551-558.

NOCHE, Bernd, WENZEL, Sigrid: Marktspiegel Simulationstechnik in Produktion und Logistik. Köln: TÜV Rheinland, 1991.

VDI 1000: Richtlinienarbeit - Grundsätze und Anleitungen. Juni 2010.

VDI 3633: Simulation von Logistik-, Materialfluss- und Produktionssystemen, Begriffsdefinitionen (Gründdruck). November 1996.

VDI 3633 Blatt 1: Simulation von Logistik-, Materialfluss- und Produktionssystemen, Grundlagen (Gründdruck). 2010.

VDI 3633 Blatt 2: Lastenheft/Pflichtenheft und Leistungsbeschreibung für die Simulationsstudie. Dezember 1997.

VDI 3633 Blatt 3: Simulation von Logistik-, Materialfluss- und Produktionssystemen – Experimentplanung und -auswertung. Dezember 1997.

VDI 3633 Blatt 4: Auswahl von Simulationswerkzeugen – Leistungsumfang und Unterscheidungskriterien. Dezember 1997.

VDI 3633 Blatt 5: Simulation von Logistik-, Materialfluss- und Produktionssystemen – Integration der Simulation in die betrieblichen Abläufe. Juni 2000.

VDI 3633 Blatt 6: Simulation von Logistik-, Materialfluss- und Produktionssystemen – Abbildung des Personals in Simulationsmodellen. Oktober 2001.

VDI 3633 Blatt 7: Simulation von Logistik-, Materialfluss- und Produktionssystemen – Kostensimulation. März 2001.

VDI 3633 Blatt 8: Simulation von Logistik-, Materialfluss- und Produktionssystemen – Maschinennahe Simulation. April 2007.

VDI 3633 Blatt 11: Simulation von Logistik-, Materialfluss- und Produktionssystemen – Simulation und Visualisierung. Oktober 2009.

VDI 4499 Blatt 1: Die Digitale Fabrik, Grundlagen. Februar 2008.

VDI 4499 Blatt 2: Die Digitale Fabrik, Digitaler Fabrikbetrieb (Gründruck). Dezember 2009.

Integrationsaspekte der Simulation:
Technik, Organisation und Personal
Gert Zülch & Patricia Stock (Hrsg.)
Karlsruhe, KIT Scientific Publishing 2010

Geschäftsprozesssimulation – Ergebnisse aus einem VDI-Richtlinienausschuss

Business Process Modelling and Simulation

Harald Mutzke
Siemens AG, Nürnberg (Germany)
harald.mutzke@siemens.com

Markus Rabe
Fraunhofer IPK, Berlin (Germany)
markus.rabe@ipk.fraunhofer.de

Kurt Wiener
BTC AG, Oldenburg (Germany)
kurt.wiener@btc-ag.com

Abstract: Simulation is an established method in the production and logistics (P&L) area. The German Engineers Association (VDI) has provided a set of guidelines (Series 3633), providing basic information, procedures, and templates. A work group founded in 2005 is amending the series by a consideration of business process simulation (BPS) in the P&L field. This paper summarizes some key results of the group and illustrates the benefits of BPS on two examples. The specific characteristics of business processes that influence the effort and constraints of BPW are discussed. Then, a procedure model is proposed that provides guidance from the needs initiating the BPS study through analysis and conceptual models to implemented simulation. The handling of data is discussed for this model, in order to enable parallel work (and thus accelerate the study), but also to clearly interlink the work on modelling and data acquisition and preparation.

1 Einleitung

Simulation in der Produktion und Logistik ist seit Beginn der 80er-Jahre als Technologie fest etabliert. Der VDI hat mit seinem Fachausschuss "Modellierung und Simulation" dieses Thema frühzeitig aufgenommen und mit der Richtlinienreihe 3633 grundlegende Definitionen, Vorgehensweisen, Voraussetzungen und Vorgehensmodelle vorgeschlagen. Diese Reihe behandelt in Blatt 1 die Grundlagen (VDI 2010) und ergänzt dann in weiteren Blättern einzelne Aspekte im Detail.

Der primäre Fokus dieser Richtlinienblätter liegt auf Materialfluss-, Logistik- und Produktionssystemen; die administrativen Aspekte werden eher am Rande behandelt. Der 2005 gegründete Richtlinienausschuss "Simulation – Geschäftsprozessmodellierung" soll die Blätter um ein weiteres (Blatt 10) ergänzen, in dem schwerpunktmäßig die Geschäftsprozesse betrachtet werden.

Zu beachten ist, dass Materialfluss und Geschäftsprozess in der Praxis von Systemen der Produktion und Logistik selten vollständig trennbar sein werden. Die Simulation eines Materialflusssystems wird in der Regel die Abbildung zumindest einiger Abläufe der übergeordneten Steuerung erfordern. Umgekehrt wird das Ziel der Geschäftsprozesssimulation häufig eine Optimierung von Durchlaufzeit, Nutzungsgrad o. ä. sein und daher eine Modellierung auch des Materialflusssystems (mindestens auf einem abstrakten Niveau) voraussetzen. Die Richtlinie trennt daher nicht in erster Linie nach der Art der zu betrachtenden Systeme, sondern konzentriert sich auf die spezifischen Aspekte des Vorgehens bei der Simulation von Geschäftsprozessen.

In diesem Zusammenhang ist besonders zu beachten, dass zur Geschäftsprozessgestaltung (oft unpräzise als Geschäftsprozessoptimierung bezeichnet) eigene typische Vorgehensmodelle existieren, die von der Zielstellung über eine Ist-Analyse zum Soll-Modell und dessen Umsetzung führen. Das Vorgehen der Geschäftsprozesssimulation ist in dieses (übergeordnete) Vorgehen einzubetten, wobei Simulation (als "Studie" durchgeführt) zu unterschiedlichen Zeitpunkten und auf unterschiedlichen Abstraktionsniveaus zum Einsatz kommen kann.

Dieser Beitrag ist wie folgt aufgebaut: Zunächst werden Besonderheiten der Geschäftsprozesssimulation, insbesondere im Vergleich mit der Materialflusssimulation, zusammengefasst. Danach wird ein Vorgehensmodell zur Simulation vorgestellt, das diese Besonderheiten berücksichtigt. Der Nutzen der Geschäftsprozesssimulation wird anhand von zwei Beispielen kurz dargestellt.

2 Besonderheiten der Simulation von Geschäftsprozessen

Die Besonderheiten von Geschäftsprozessen hinsichtlich ihrer Betrachtung durch Simulation liegen vor allem darin, dass Geschäftsprozesse weniger gut automatisierbar und dementsprechend in der Regel weniger präzise spezifizierbar sind als Materialflussprozesse. Als Ursachen können folgende Aspekte herausgestellt werden:

- Geschäftsprozesse weisen ein weniger stabiles Verhalten in Bezug auf Terminierung und Ressourcenverbrauch auf. Die Randbedingungen, die auf Geschäftsprozesse einwirken können, haben oft einen großen Einfluss auf den zeitlichen Ablauf von Prozessen. Ingenieurstätigkeiten wie die Entwicklung von Produkten erfordern das intensive Zusammenwirken von Menschen untereinander. Eine Ressourcenplanung kann hier nur grob erfolgen.

- Geschäftsprozesse können häufig nicht komplett im Voraus geplant werden und entstehen zum Teil situativ. Insbesondere bei Entwicklungs-, aber auch bei Serviceprozessen entsteht zur Prozesslaufzeit der Bedarf, diese individuell zu ändern oder sogar neu zu definieren und anzuwenden.

- Der Reifegrad der Prozessausführung kann für eine detaillierte Betrachtung unzureichend sein. Die Komplexität und die Flexibilität von Geschäftsprozessen führen dazu, dass Unternehmen ihre definierten Prozesse unterschiedlich genau anwenden.

- Die Akquisition und Plausibilisierung von Daten für die Geschäftsprozesssimulation bilden eine besondere Herausforderung, weil im Vergleich zur Simulation in Produktion und Logistik Daten (z. B. für die Dauer von Bearbeitungsvorgängen) oft nicht hinreichend erfasst sind, und insbesondere die kausalen Zusammenhänge (beispielsweise zwischen Zeitbedarf und Eigenschaften des Kundenauftrags) nicht hinreichend bekannt sind. Aus diesen Gründen ist auch eine ausreichende Validierung der Daten schwierig, was die Qualität der Simulationsergebnisse beeinträchtigen kann.

Für die Qualität des Geschäftsprozessmodells und damit für die Simulationsstudie ist eine intensive Beteiligung von Mitarbeitern als Know-how-Geber und Betroffene notwendig. Insbesondere die zuvor genannten Merkmale von Geschäftsprozessen bezogen auf die Reife und Vorhersagbarkeit machen die besondere Bedeutung der Partizipation deutlich.

Aus diesen Randbedingungen ergeben sich spezifische Vorgehensweisen für die Geschäftsprozesssimulation.

3 Vorgehensmodell zur Geschäftsprozesssimulation

Wie in Kapitel 1 ausgeführt, ist eine Simulationsstudie in das übergeordnete Vorgehen einer Geschäftsprozessgestaltung eingebettet. Dieses übergeordnete Vorgehen soll in diesem Beitrag ebenso wenig diskutiert werden, wie eine mögliche Nutzung der Geschäftsprozesssimulation in einem anderen Kontext, beispielsweise zur direkten Unterstützung im operativen Betrieb. Im Rahmen der Geschäftsprozessgestaltung kann Simulation in unterschiedlichen Phasen angewendet werden, beispielsweise zur Plausibilisierung von Ergebnissen der Ist-Analyse, zur Prüfung des Soll-Konzeptes oder zur Unterstützung der Umsetzungsvorbereitung.

In jedem Fall ist für die Simulation ein klar definiertes Vorgehen anzuwenden, das selbst wieder mehrere Phasen umfasst (innerhalb der jeweiligen Phase des Geschäftsprozessmanagements). Die grundsätzlichen Phasen sowie die zugehörigen Phasenergebnisse eines empfehlenswerten Vorgehensmodells zur Simulation sind in Abbildung 1 dargestellt. Dieses Vorgehen entspricht dem Vorgehensmodell der ASIM-Arbeitsgruppe "Verifikation und Validierung" (RABE u.a. 2008), wobei das dort vorgesehene "formale Modell" als Zwischenschritt zwischen Konzeptmodell und ausführbarem Modell hier nicht als expliziter Schritt enthalten ist. Der bereits in der Produktion und Logistik gültige Vorbehalt, dass ein "vollständig formales Modell ... nur selten entstehen" wird (a. a. O. S. 48), trifft in der Geschäftsprozesssimulation verstärkt zu, weil schon das unter Anwendung einer einheitlichen Modellierungsmethode entstandene Geschäftsprozessmodell unter Verwendung von vorgegebenen Konstrukten und Modellierungsregeln weitgehend formal entsteht. Der Ergänzungsbedarf bis zum Start der Implementierung ist daher aus Sicht des Fachausschusses eher gering und rechtfertigt nicht die Definition einer eigenen expliziten Phase. Dies ändert jedoch nichts daran, dass vor dem Start der Implementierung eine hinreichend formale Beschreibung vorliegen muss, sei es als entsprechend ausgearbeitetes Geschäftsprozessmodell, als entsprechende Spezifikation oder letztlich – wenn dem Umfang der erforderlichen weiteren Formalisierung angemessen – auch als separat behandeltes formales Modell.

Die administrativen Abläufe vor, während und nach einem Simulationsprojekt (z. B. Angebot, Beauftragung, Planung und Abwicklung des Kick-off-Meetings, Projektabnahme etc.) werden in dieser Richtlinie nicht behandelt. Hinweise und Checklisten zu diesen Abläufen sind (WENZEL u.a. 2008) zu entnehmen.

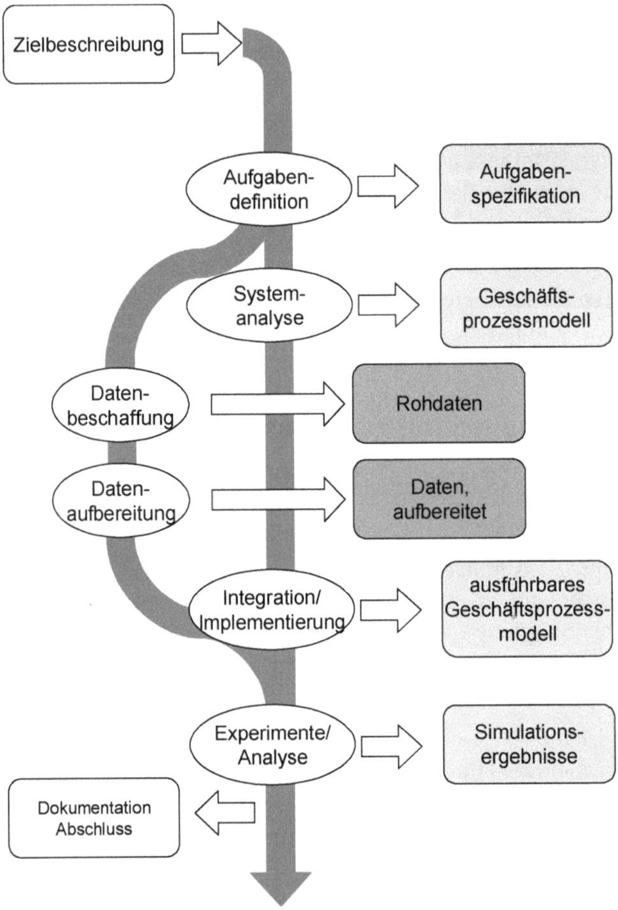

Abbildung 1: *Vorgehensmodell zur Durchführung der Simulation von Geschäftsprozessen*

Vor Beginn des Simulationsprojektes ist die Zielbeschreibung zu erstellen. Diese beinhaltet die mit der Simulationsstudie verbundenen Geschäftsziele, das Mengengerüst (welche Prozesse werden betrachtet, welche Organisationseinheiten sollen für die Studie untersucht werden) sowie die erwarteten Ergebnisse (Art und Granularität der Simulationsdaten, Anzahl der Varianten, Analysen).

Im nächsten Schritt wird als Einstieg in die Simulationsphase die Aufgabendefinition durchgeführt. Dazu werden:

- Prozessgrenzen und Objekttypen definiert, beispielsweise über eine Prozesslandkarte,
- das Analysekonzept definiert, das die erwarteten Key Performance Indicators (KPI) miteinander in Beziehung setzt sowie
- die Anforderungen an die Daten hinsichtlich Granularität und Qualität bestimmt.

Danach können die Modellierung der Prozesse sowie die Beschaffung und Aufbereitung der Daten zur Simulation parallel durchgeführt werden, wobei "parallel" nicht unbedingt "unabhängig" bedeutet. Vielmehr können sich die jeweils gewonnenen Erkenntnisse gegenseitig beeinflussen. Beispielsweise kann bei der Datenbeschaffung erkannt werden, dass manuelle Bearbeitungszeiten nur für einen ganzen Prozessabschnitt geschätzt werden können, aber nicht für dessen Teilabschnitte. In diesem Fall wird die einzelne Modellierung der Teilabschnitte in der Regel keine weiteren Erkenntnisse bringen und kann entfallen. Umgekehrt kann aus Entscheidungen über die Modellierung der Abläufe zusätzlicher Datenbedarf erkennbar werden.

Im Rahmen der Systemanalyse wird ein für die Aufgabenstellung hinreichend detailliertes Geschäftsprozessmodell als Konzeptmodell erstellt. Dazu sind systematische Modellierungsmethoden zu verwenden, die eine konsistente elektronische Weiterverarbeitung des Geschäftsprozessmodells sowohl für die anschließende Simulation als auch zur Nachnutzung ermöglichen. In diesem Geschäftsprozessmodell sind die für die Studie notwendigen Prozesse und Geschäftsobjekte in ihrer Logik miteinander formal und korrekt zu verknüpfen. Schon hier kann das Modell auf seine grundsätzliche Ablauffähigkeit hin überprüft werden Zur Konzeption des Modells sind die in Kapitel 2 aufgeführten Besonderheiten zu beachten. So ist der Detaillierungsgrad des Prozessmodells an die Reife der Prozessausführung im Unternehmen anzupassen. Instabile Prozesse sind daher hinreichend grob abzubilden. Jede Variante (aus Sicht der Prozesslogik als auch Ressourcensicht), die in der Realität vorkommen könnte, ist hinsichtlich Relevanz und Wiederholbarkeit zu überprüfen, bevor sie in das Modell aufgenommen wird. Wesentlich ist die Unterscheidung zwischen dem Detaillierungsgrad (wie fein muss das System mit seinen Elementen für den gegebenen Zweck abgebildet werden?) und der formalen Beschreibung, d. h. der Forderung, das Modell sei ohne weitere Analyse und ohne ergänzende Abstimmung mit den Fachexperten implementierbar (vgl. RABE u.a. 2008).

Das Ergebnis der nächsten Phase ist das ausführbare Geschäftsprozessmodell. Dieses beinhaltet die erforderlichen Merkmale von Prozessen und Objekten (in der Regel als Attribute) sowie die Steuerungsregeln. Die Implementierung kann (in Abhängigkeit von der verwendeten technischen Lösung) durch vorgefertigte Konstrukte unterstützt werden. Soweit Daten aus anderen Systemen übernommen oder Ergebnisse für andere Systeme bereitgestellt werden sollen, ist in dieser Phase auch die hierfür erforderliche Integration mit den externen Systemen zu schaffen.

Mit Hilfe von Parametervariationen können entsprechend der Experimentplanung Experimente durchgeführt und bewertet werden. Die Ergebnisse entstehen dabei sowohl in der Auswertung einzelner Varianten als auch in deren Gegenüberstellung und damit der Ableitung, welche Ursache-Wirkungsbeziehungen zwischen den Parametern oder strukturellen Varianten des Systems und seinen KPIs bestehen.

Die Dokumentation bildet den Abschluss der Simulationsstudie. Hier sollte es sich jedoch nur um eine Abschlussdokumentation handeln, da eine detaillierte Dokumentation jeder Phase wie oben beschrieben als Phasenergebnis zu erfolgen hat. Die Abschlussdokumentation hat daher vor allem die Aufgaben, alle Dokumente schlüssig zugänglich zu archivieren, die wesentlichen Ergebnisse und Nutzen der Studie zusammenzufassen und – soweit erforderlich – Detailergebnisse für eine weitere Nutzung (z. B. IT-Einführung, Logistikplanung) aufzubereiten.

4 Beispiel: Reklamationsprozess

Der Reklamationsprozess eines Unternehmens der Automobilzulieferindustrie wurde untersucht mit dem Ziel, Verbesserungsmöglichkeiten in folgenden Punkten aufzuzeigen und zu bewerten:

- schnelle Bearbeitung von Beanstandungen, von deren Eingang bis zur abschließenden Information an den Kunden,
- geringe Kosten trotz angemessener Prüfungen und
- hoher Nutzen für den Kunden.

Zunächst wurden, geführt durch ein erstes grobes Konzeptmodell, Interviews mit allen am Prozess beteiligten Mitarbeitern geführt und dabei deren Tätigkeiten, der Informations- und Datenfluss, die existierende EDV-Unterstützung sowie die hierarchische Strukturierung dieser Aktivitäten aufgenommen. Danach wurden durch Aufschreibungen die Liegezeiten zwischen einzelnen Vorgängen sowie die Eintrittswahrscheinlichkeiten einzelner Ereignisse systematisch gemessen.

Entsprechend der oben beschriebenen geringeren Stabilität der Prozesse und des teilweise notwendigen situativen Vorgehens wäre eine vollständige Erfassung aller auftretenden Prozessvarianten im Reklamationsprozess nicht zielführend gewesen. Daher wurde entschieden, diejenigen Varianten abzubilden, die etwa 80 % der täglichen Abläufe beinhalten. Diese Informationen wurden in ein Simulationsmodell überführt, dessen wesentliche Ausgabegrößen die durchschnittliche Abwicklungsdauer einer Beanstandung sowie die durchschnittlichen Kosten der Reklamationsabwicklung waren.

Als Ergebnis ließen sich beide Parameter teilweise auf eine hohe Arbeitsteilung im administrativen Bereich zurückführen. Dieses Ergebnis floss gemeinsam mit dem bereits in der Aufnahme erkannten Bedarf zur stärkeren Integration des Reklamationsmanagements in den Unternehmensprozess in die Gestaltungsvorschläge ein. Wiederum wurde Simulation eingesetzt, um die erarbeiteten Varianten bezüglich der Dauer und Kosten der Abwicklung zu untersuchen. Wie in Abbildung 2 zu erkennen, wurden der Ist-Situation drei alternative Abläufe gegenübergestellt, Durchlaufzeiten und Kosten simuliert und um eine qualitative Nutzwertanalyse zur Ermittlung des Kundennutzens erweitert.

5 Beispiel: Nachweis der Einhaltung einer Just-in-Sequence-Auftragsreihenfolge

Im Zuge eines Kooperationsprojektes zweier deutscher Automobilhersteller stellte sich die Aufgabe, einen Produktionsprozess für eine Sportwagenkarosserie in bestehende Abläufe eines Nutzfahrzeugherstellers einzubinden, wobei das Just-in-Sequence-Konzept (JIS) für die Logistik berücksichtigt werden sollte. Unter anderem war ein neues Verladekonzept für die Karosserien in den Ganzzug gefordert, mit dem der Transport zum entfernten Montageort durchgeführt wurde.

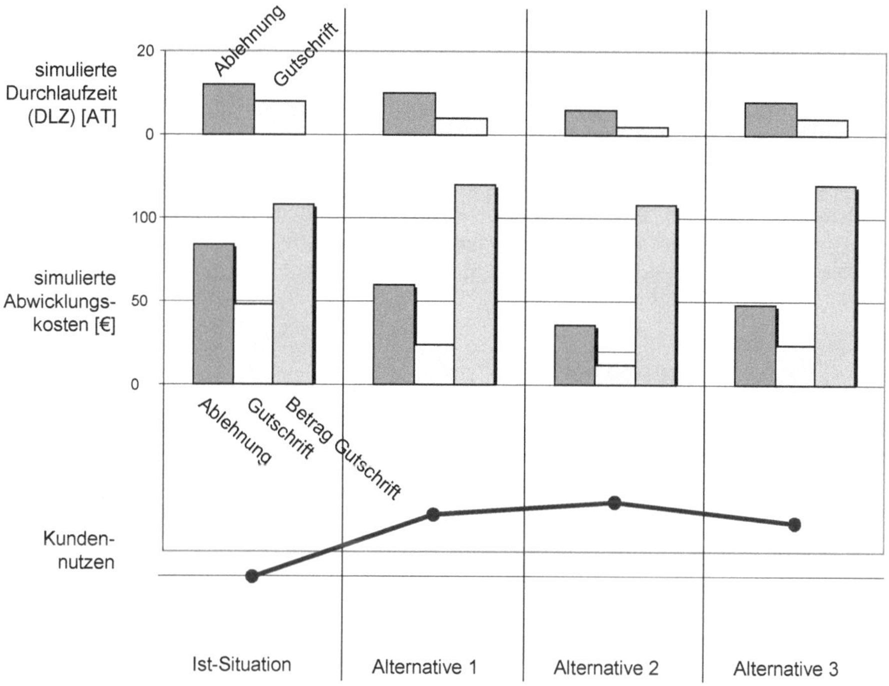

***Abbildung 2**: Bewertung quantitativer und qualitativer Kriterien*

Das gesamte Verladekonzept wurde dafür als Geschäftsprozess modelliert. Hier erforderte die Wiederherstellung der verwirbelten Karosserieaufträge besonderes Augenmerk. Die Anforderungen dabei waren

- Wiederherstellung (Resequenzierung) der vom Auftraggeber vorgegebenen Reihenfolge der eingelasteten Karosserieaufträge (Nachweis der Sequenzgüte),
- Einhaltung und Überprüfung der zeitlichen Vorgaben zwischen der Auftragseinplanung und der Abfahrt des verladenen Ganzzugs und
- Bestimmung der notwendigen Größe des Resequenzierungslagers.

Unter Einsatz der Business-Process-Management-Lösung BTC BONAPART® wurde die Resequenzierung als Geschäftsprozess abgebildet. Durch die in dieser Lösung enthaltene Simulation konnten verschiedene Varianten der Distribution daraufhin überprüft werden, ob und in welchem Maß sie die Anforderungen erfüllen. Das Simulationsmodell wies dabei folgende Abbildungscharakteristika auf:

- Nutzung der real beauftragten Sequenz als Eingangsgröße für die Simulation
- Berücksichtigung von Transport-, Bearbeitungs- und Liegezeiten
- Verwirbelung der Sequenz nach stochastischen Vorgaben
- Wiederherstellung der Sequenz durch die Verwendung von Speichern zur Zwischenlagerung bis zur Erreichung der auszubringenden Teilmenge

Die Vorteile des beschriebenen Vorgehens lagen im Wesentlichen in der ganzheitlichen Betrachtung von Geschäftsprozessen und Materialflüssen und von deren Wechselwirkungen. Auf Grundlage der identifizierten Varianten konnten das Hallenlayout und der Materialfluss unter Verwendung ergänzender Materialflusssimulation im weiteren Verlauf im Detail entwickelt werden.

In dem beschriebenen Projekt hat die Geschäftsprozesssimulation einen wichtigen Beitrag dazu geleistet, dass die Projektlaufzeit eingehalten wurde, das Resequenzierungslager erfolgreich realisiert und dabei die Durchlaufzeiten in Abhängigkeit von der Ausbringungsmenge qualitativ prognostiziert werden konnten.

6 Zusammenfassung

Die Simulation von Geschäftsprozessen im Anwendungsbereich der Produktion und Logistik eröffnet erhebliche Potentiale, weil sie eine integrierte Betrachtung von administrativ steuernden und logistischen Fragestellungen ermöglicht. Der bisher zurückhaltende Einsatz von Geschäftsprozesssimulation liegt vor allem darin begründet, dass durch die Besonderheiten der Geschäftsprozesse (im Vergleich zum Materialfluss) die Aktionen im realen System weniger formal definiert sind, und situative oder stark durch Erfahrung gesteuerte Entscheidungen einer formaleren Festlegung entgegenstehen. Die Verwendung eines Vorgehensmodells, bei dem das Simulationsmodell in einem durchgängigen und sauber dokumentierten Prozess aus den Anforderungen und der Ist-Analyse entsteht, trägt wesentlich dazu bei, den Aufwand bei der Modellerstellung zu reduzieren, von vornherein eine formalere, für die Simulation hinreichende Modellierung anzustreben und den gesamten Modellierungsprozess im Sinne der Fragestellung zu fokussieren.

Literatur

RABE, M.; SPIECKERMANN, S.; S.; WENZEL, S.: Verifikation und Validierung für die Simulation in Produktion und Logistik. Berlin: Springer, 2008.

VDI 3633; Blatt 1: Simulation von Logistik-, Materialfluss- und Produktionssystemen, Gründruck. Berlin: Beuth, 2010 (in Vorbereitung).

WENZEL, S.; WEISS, M.; COLLISI-BÖHMER, S.; PITSCH, H.; ROSE, O.: Qualitätskriterien für die Simulation in Produktion und Logistik. Berlin: Springer, 2008.

Integrationsaspekte der Simulation:
Technik, Organisation und Personal
Gert Zülch & Patricia Stock (Hrsg.)
Karlsruhe, KIT Scientific Publishing 2010

Digitaler Fabrikbetrieb

Virtual Manufacturing

Olaf Sauer, Miriam Schleipen
Fraunhofer IOSB, Karlsruhe (Germany)
olaf.sauer@iosb.fraunhofer.de, miriam.schleipen@iosb.fraunhofer.de

Christoph Ammermann
Institut für Fertigungstechnik und Werkzeugmaschinen (IFW),
Leibniz Universität Hannover, Hannover (Germany)
ammermann@ifw.uni-hannover.de

Abstract: Digital Factory Operation extends existing methods of the Digital Factory. This goes from the assistance of planning activities to the usage during plant operation. Methods and tools of the Digital Factory Operation and their efficient usage are explained. The contribution gives an overview of the contents of the VDI guideline 4499 – Part 2 and puts the results of the cooperation between research and industry up for discussion.

1 Ausgangssituation und Motivation

Nach der VDI-Richtlinie 4499 ist die Digitale Fabrik ein "Oberbegriff für ein umfassendes Netzwerk von digitalen Modellen, Methoden und Werkzeugen – u.a. der Simulation und 3D-Visualisierung – die durch ein durchgängiges Datenmanagement integriert werden. Ihr Ziel ist die ganzheitliche Planung, Evaluierung und laufende Verbesserung aller wesentlichen Strukturen, Prozesse und Ressourcen der realen Fabrik in Verbindung mit dem Produkt" (VDI 4499, Blatt 1, S. 3). Diese Definition verdeutlicht, dass die Digitale Fabrik bis in den realen Betrieb einer Fabrik hineinreicht; allerdings ist in Blatt 1 hauptsächlich beschrieben, wie sie Aufgaben der Fabrikplanung unterstützt. Darum hat eine weitere Arbeitsgruppe des VDI sich die Aufgabe gestellt, die Lebensphasen des Fabrikbetriebs, die zugehörigen Methoden und Werkzeuge sowie den Nutzen ihrer Anwendung zu beschreiben. Ergebnis ist das Blatt 2 der Richtlinie 4499 mit dem Titel "Digitaler Fabrikbetrieb". Der Digitale Fabrikbetrieb deckt damit einen Teilumfang der Digitalen Fabrik ab.

In der betrieblichen Praxis wird der durchgängigen methodischen Unterstützung von Fabrikplanung und anschließender Inbetriebnahme, Anlauf und auch laufendem Betrieb von Produktionsanlagen besondere Aufmerksamkeit geschenkt, da in diesen

Phasen noch Verbesserungspotentiale ausgeschöpft werden können, z.B. durch eine durchgängige Engineering-Kette ohne manuelle Datenübertragungen. Dieser durchgängige Engineering-Prozess von der Fabrikplanung bis in den realen Betrieb ist das erste Hauptziel des Digitalen Fabrikbetriebs.

Das zweite Hauptziel liegt darin, das aus der Entwicklung von Produkten bekannte Dilemma zwischen Kostenfestlegung und Kostenbeeinflussung (Abb. 1) anzugehen, indem in den frühen Phasen, in denen die Herstellkosten des Produkts und laufenden Kosten der Produktion beeinflusst und festgelegt werden, die Sicherheit erhöht wird, dass Planungsergebnisse der späteren Realität möglichst nahe kommen.

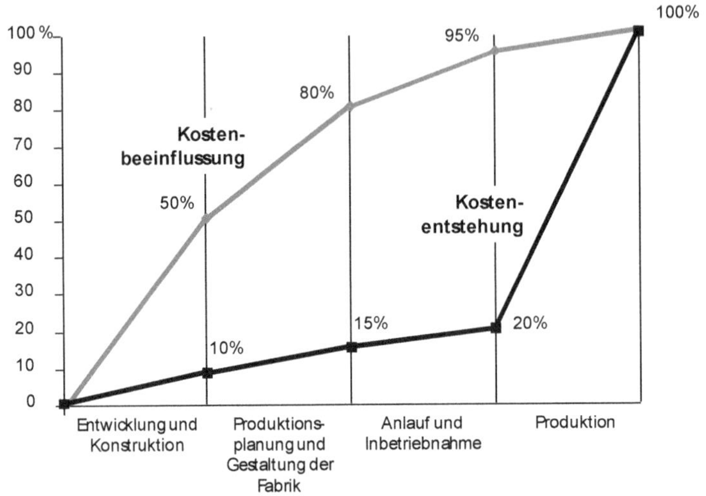

__Abbildung 1:__ Kostenfestlegung vs. Kostenentstehung (in Anlehnung an EHRLENSPIEL u.a. 2005, S. 11)

Die Autoren stellen im Folgenden einige methodische Ansätze und die im Unternehmen für deren effiziente Nutzung zu schaffenden Voraussetzungen vor.

2 Definition

Grundsätzlich muss ein Fabrikbetrieb, der im Rechner abgebildet, verifiziert und verbessert wird, die Anforderung erfüllen, den realen Betrieb einer Fabrik so realistisch wie möglich abzubilden, vor allem bezüglich seines Zeitverhaltens. Damit werden beispielsweise an den Digitalen Fabrikbetrieb Echtzeitanforderungen gestellt, wie sie im realen Betrieb auftreten. Daran scheitern heute noch viele Werkzeuge, vor allem dann, wenn mehr als eine einzelne Anlage oder Zelle betrieben werden soll. Die Arbeitsgruppe hat darum die folgende Definition für digitalen Fabrikbetrieb gewählt, deren Umsetzung in die Praxis vermutlich schrittweise, z.B. aufgrund leistungsfähigerer Hardware, erfolgen wird:

"Der Digitale Fabrikbetrieb bezeichnet die Nutzung und das Zusammenwirken von Methoden, Modellen und Werkzeugen der Digitalen Fabrik, die bei der Inbetriebnahme einzelner Anlagen, dem Anlauf mehrerer Anlagen und der Durchführung realer Produktionsprozesse eingesetzt werden. Ziele sind die Absicherung und Verkürzung des Anlaufs sowie die betriebsbegleitende und kontinuierliche Verbesserung der Serienproduktion.

Dazu wird das dynamische Verhalten einzelner Produktionsanlagen und komplexer Produktionssysteme und -prozesse einschließlich der Informations- und Steuerungstechnik realitätsnah abgebildet. Virtuelle und reale Komponenten können dabei miteinander gekoppelt sein.

Auf Basis eines durchgängigen Datenmanagements nutzt der Digitale Fabrikbetrieb die Ergebnisse der Produktionsplanung in der Digitalen Fabrik und stellt seinerseits Daten für operative IT-Systeme bereit. Bei der Nutzung in der Serienproduktion werden die Modelle laufend der Realität angepasst" (VDI 4499, Blatt 2, S. 2).

Das in der Definition als gegeben angenommene durchgängige Datenmanagement ist in der Praxis bisher nur in Ansätzen anzutreffen, da die ‚Welten' der Planung und des operativen Betriebs und damit auch die sie unterstützenden IT-Systeme nur langsam zusammenwachsen. Darum arbeiten weitere Arbeitsgruppen des VDI daran, dieses durchgängige Datenmanagement zu beschreiben bzw. konkrete Inhalte der zwischen den 'Welten' auszutauschenden Daten zu definieren (VDI 4499, Blatt 3 sowie VDI 5600, Blatt 2).

3 Situation in der produzierenden Industrie

Seit einigen Jahren fordern die globalen Märkte vieler Branchen neue und zunehmend individualisierte Produkte. Um die immer komplexer werdenden Produkt- und Produktionsentstehungsprozesse wirtschaftlich beherrschen zu können, greifen Unternehmen verstärkt auf Instrumente der Digitalen Fabrik zurück. Zur Fabrikplanung allein sind diese Instrumente jedoch nicht mehr ausreichend – die im Planungsprozess entstandenen Informationen müssen für den Anlauf und die Absicherung des laufenden Betriebs genutzt werden bis dahin, dass Änderungen im Betrieb der Produktionsanlagen direkt in Fabrikplanungswerkzeuge zurückgeführt und dort validiert werden (Abb. 2), z.B. Materialflusssimulatoren. Der Richtlinie liegt damit die Sichtweise zugrunde, dass die Digitale Fabrik die in Abbildung 2 unterlegten Funktionen und Systeme umfasst, einschließlich des hier beispielhaft aufgeführten Produktionsdatenarchivs. Erst damit entsteht die vielfach geforderte permanente Planungsbereitschaft.

4 Komponenten des Digitalen Fabrikbetriebs

In dem neuen Blatt 2 der VDI-Richtlinie 4499 haben Experten aus Industrie, Dienstleistung, Softwarehäusern und Instituten die Komponenten des digitalen Fabrikbetriebs und deren Anwendung auf zwei wesentlichen Anwendungsfeldern beschrieben: Digitaler Betrieb von Einzelmaschinen (Werkzeugmaschinen) und digitaler Betrieb automatisierter Produktionsanlagen. Wichtige Komponenten des Digitalen Fabrikbetriebs sind beispielsweise die virtuelle Inbetriebnahme oder die betriebsbegleitende (Realzeit-)Simulation. Am Übergang aus der Planung in die Inbetriebnahme und die Serienproduktion wirken virtuelle und/oder reale Maschinen und deren dynamisches Verhalten mit virtuellen und/oder realen Anlagensteuerungen als Abbild der Logik der Anlagen zusammen. Mit der Verbindung zu überlagerten Fertigungsmanagementsystemen erlaubt der Digitale Fabrikbetrieb Aussagen über das Gesamtverhalten von Maschinen und Anlagen vor deren realem Anlauf.

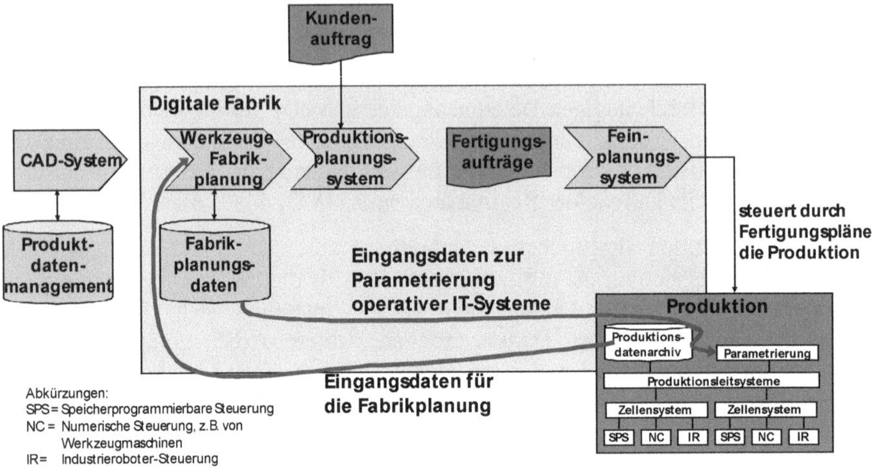

***Abbildung 2:** Die Digitale Fabrik als Datendrehscheibe bei Änderungen in der Produktion*

In der Richtlinie werden Zeit-, Qualitäts- und Kostenziele genannt, die mit Hilfe des Digitalen Fabrikbetriebs erreicht werden können (siehe Abb. 3). Beispielsweise kann durch eine Vorverlagerung der Inbetriebnahme in die virtuelle Welt Zeit eingespart werden. Gleichzeitig können durch frühzeitige Tests und Optimierungen Aufwände reduziert werden, da früher eine höhere Qualität erreicht wird.

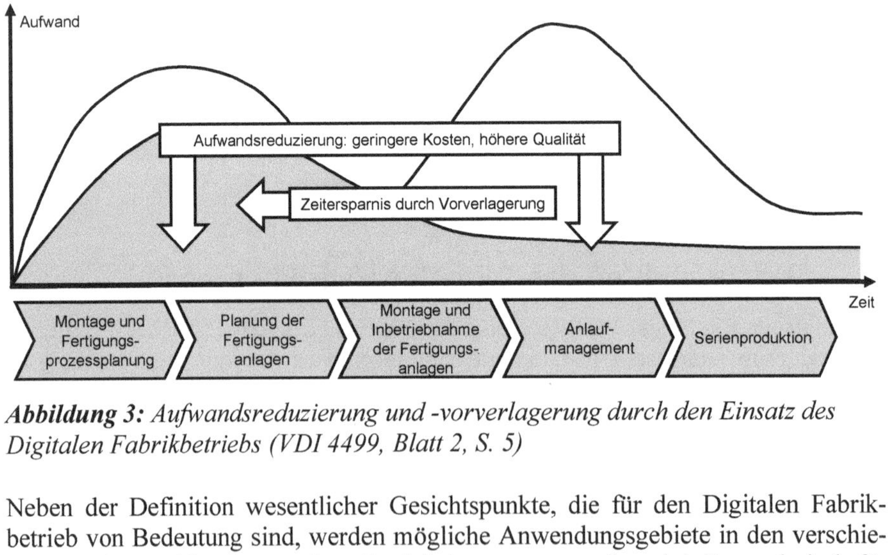

***Abbildung 3:** Aufwandsreduzierung und -vorverlagerung durch den Einsatz des Digitalen Fabrikbetriebs (VDI 4499, Blatt 2, S. 5)*

Neben der Definition wesentlicher Gesichtspunkte, die für den Digitalen Fabrikbetrieb von Bedeutung sind, werden mögliche Anwendungsgebiete in den verschiedenen Lebenszyklusphasen eines Produktionssystems aufgezeigt. Exemplarisch für die Hauptanwendungsgebiete werden die Inbetriebnahme komplexer Fertigungssysteme sowie Erzeugung von NC-Bearbeitungs- und Messprogrammen zum Betrieb von NC-Werkzeugmaschinen als Teil der Fertigungssysteme erläutert (DENKENA 2009a). Besonderes Augenmerk wird auf die verwendeten Informations- und Planungssysteme gelegt.

Weiterhin ergeben sich aus dem Einsatz dieser Systeme als Teil des Digitalen Fabrikbetriebs neue Möglichkeiten für ein durchgängiges Datenmanagement (DENKENA 2009b). Dieses stellt die Basis bereit, auf welcher der Digitale Fabrikbetrieb die Ergebnisse aus Planungsphasen der Digitalen Fabrik nutzt und um Daten für operative IT-Systeme ergänzt (SCHLEIPEN, SCHICK, SAUER 2008). Somit werden die Modelle der Digitalen Fabrik mit Informationen aus der realen Produktion gekoppelt und können während der Serienproduktion weiterverwendet und aktualisiert werden.

5 Digitaler Fabrikbetrieb in den Lebenszyklusphasen der Fabrik

Wie für jedes Produkt so existiert auch für die Fabrik ein Lebenszyklus (SAUER 2004). In der Richtlinie wird bezogen auf die einzelnen Lebenszyklusphasen beschrieben, wie diese durch den Digitalen Fabrikbetrieb verändert und verbessert werden.

Bei der virtuellen Inbetriebnahme von Produktionsanlagen werden wesentliche Teile der Anlage virtuell evaluiert, und zwar konkret das Zusammenwirken aus mechanischem Anlagendesign mit der Kinematik der Anlage und der Logik des Steuerungsprogramms. Dadurch verringert sich der Test- und Anpassungsaufwand während der realen Inbetriebnahme deutlich, da bereits entsprechende Tests während der virtuellen Inbetriebnahme durchgeführt und aufgedeckte Fehler korrigiert wurden.

Erstmals beschreibt eine Richtlinie außerdem den wichtigen Punkt der Nutzung von Informationen aus dem Digitalen Fabrikbetrieb für Fertigungsmanagementsysteme, die in der VDI-Richtlinie 5600 Blatt 1 detailliert beschrieben sind. Daten, die zur Projektierung operativer IT-Systeme, z.B. zur Anlagenüberwachung, erforderlich sind, können in einem neutralen Austauschformat aus verschiedenen Planungs- und Entwicklungssystemen ausgelesen und der Projektierung der überlagerten Systeme weitestgehend systemunabhängig zur Verfügung gestellt werden (siehe Abb. 2).

Die überlagerte Informationstechnik kann zur Evaluierung und Verbesserung der Modelle einzelner und verketteter Anlagen schon während der virtuellen Inbetriebnahme von Anlagen genutzt werden. Aktuell wird dabei darauf abgezielt, die überlagerte Informationstechnik mit Modellen in Betrieb zu nehmen, ebenso ist es dann aber möglich, die Modelle mit den Informationen aus der überlagerten Informationstechnik anzureichern und zu verbessern.

6 Einsatz des Digitalen Fabrikbetriebes in Anwendungsgebieten der Fertigung

Um den Einsatz sowie die Herausforderungen und Voraussetzungen des Digitalen Fabrikbetriebs in konkreten Anwendungsgebieten deutlich zu machen, wurde zwischen den Anwendungsgebieten Einzelmaschinen und verketteten Produktionsanlagen unterschieden. Einzelmaschinen, z.B. NC-Werkzeugmaschinen, fokussieren dabei auf die zu fertigenden Teile, während bei automatisierten Fertigungsanlagen die Ressourcen der Anlage selbst im Mittelpunkt der Planung stehen.

Die rechnergestützte Fertigungs- und Prozessplanung umfasst innerhalb des Digitalen Fabrikbetriebs alle rechnerunterstützten Tätigkeiten, die erforderlich sind, um für ein Bauteil, Bearbeitungs- und Messprogramme zur Steuerung einer NC-Werkzeugmaschine zu erstellen und in Betrieb zu nehmen. Die Bauteile durchlaufen dabei die Funktionsbereiche Konstruktion, Arbeitsvorbereitung und Fertigung (Abb. 4).

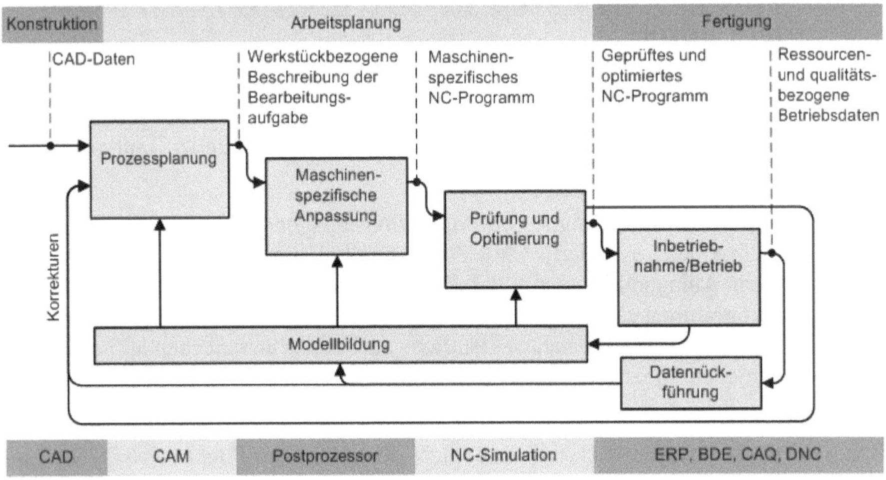

Abbildung 4: *Ablauf, Funktionsbereiche und Software der Teilefertigung (VDI 4499, Blatt 2, S. 11)*

Zunächst wird die Werkstückgestalt im CAD festgelegt und die zur Bearbeitung notwendigen Werkzeugwege und technologischen Prozessparameterwerden im CAM-System (Computer Aided Manufacturing) definiert. Nach Anpassung dieser Bearbeitungsbeschreibung an die jeweilige Maschine durch den Postprozessor, erfolgt die Prüfung und Optimierung des entstandenen NC-Programms mithilfe der NC-Simulation. Schließlich wird das NC-Programm auf die reale Maschine übertragen und in Betrieb genommen (DENKENA 2009a, S. 303). In der Richtlinie werden als wesentliche Funktionen des Digitalen Fabrikbetriebs das Zusammenspiel der unterschiedlichen Softwaresysteme, deren Rückgriff auf eine durchgängige Datenbasis zur Modellbildung, z.B. von NC-Steuerung, Werkzeugmaschine, Werkstücken und Werkzeugen, die Rückführung von Realdaten aus der Fertigung sowie die darauf basierende Aktualisierung der Modelle betrachtet.

NC-Werkzeugmaschinen können Teil einer automatisierten Produktionsanlage sein, z.B. wenn mehrere Werkzeugmaschinen durch ein automatisiertes Materialflusssystem verkettet sind. Bei automatisierten Produktionsanlagen spielen das Datenmanagement und die Modellierung der einzelnen Anlagenkomponenten eine zentrale Rolle. Im Sinne eines Digitalen Fabrikbetriebs ist es erforderlich, dass disziplinübergreifend gearbeitet und modelliert wird. Komponenten werden daher in mechatronischen Objekten als Teil einer umfassenden mechatronischen Bibliothek (siehe Abb. 5) beschrieben, die alle relevanten Teilaspekte umfasst. Diese mechatronische Bibliothek ist das Herzstück des Digitalen Fabrikbetriebs, da hier alle relevanten Daten für den späteren Betrieb zusammengeführt und in Beziehung zueinander gesetzt werden.

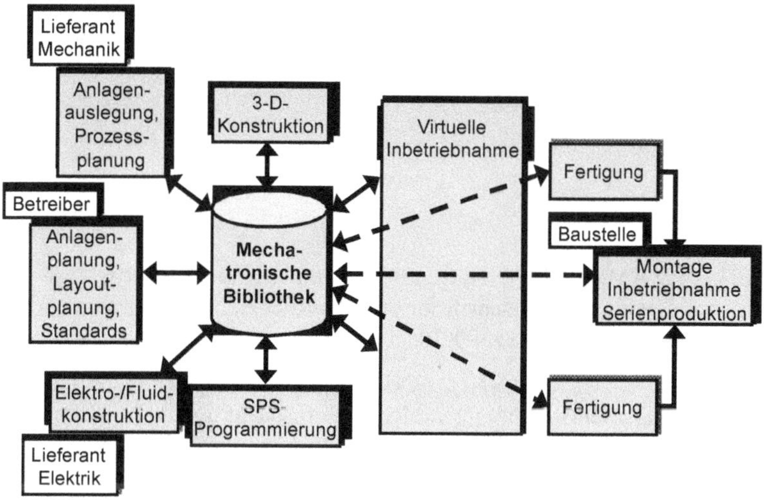

Abbildung 5: *Gemeinsame Arbeitsweise auf Basis eines gemeinsamen Planungs- und Entwicklungsmodells (VDI 4499, Blatt 2, S. 19).*

In der Richtlinie werden Planungsaufgaben geeignete Werkzeuge des Digitalen Fabrikbetriebs zugeordnet und deren spezifischen Anforderungen an das durchgängige Datenmanagement benannt. Hierbei wird auch die Notwendigkeit entsprechender Formate und Schnittstellen betont. Gleichzeitig werden auch daraus resultierende Probleme und Aufgaben wie beispielsweise ein adäquates Änderungsmanagement angesprochen.

7 Ausblick

Um Änderungen an Produktionsanlagen mitlaufend zum Betrieb zu erkennen und damit zu gewährleisten, dass die Digitale Fabrik mit der realen Fabrik abgeglichen wird, sind Softwarekomponenten eines Änderungsmanagements erforderlich. Aufgaben dieser Änderungsmanager sind, die Änderungen an einer Anlage zu detektieren und sie mit den Beteiligten eines Produktionssystems zu koordinieren. Steuerungs-Software-Manager übertragen Änderungen an die Steuerungskomponenten, überwachen die Steuerungskomponenten und melden Änderungen an den

Änderungsmanager, der wiederum ein übergeordnete Leitsystem triggert. Im Rahmen des BMBF-Forschungsprojekts "ProduFlexil" (SCHLEIPEN u.a. 2008) wurde bereits ein modulares Informationsmodell entwickelt, dem ein Mechanismus zu Grunde liegt, der es ermöglicht, die Daten aus einem Anlagensimulationstool in OWL (Web Ontology Language) zu repräsentieren und jederzeit über das standardisierte Austauschformat CAEX an ein Leitsystem zu übermitteln.

Ohne eine parallel zu den aktuellen Entwicklungsarbeiten laufende Standardisierung wird das Ziel einer permanenten Planungsbereitschaft in der Fabrik nicht zu erreichen sein. Darum arbeiten Mitarbeiter des Fraunhofer IOSB in diversen Standardisierungsgremien, z.B. im VDI-Fachausschuss "MES-Maschinenschnittstellen (VDI 5600, Blatt 2)" und wirken im Gremium "Durchgängiges Engineering von Leitsystemen (VDI-GMA FA 6.12)" mit. Mit AutomationML™ arbeitet ein industriegetriebenes Konsortium daran, für das Engineering von Produktionsanlagen einen Standard der Standards zu entwickeln, mit dem der oben geforderte durchgängige Datenaustausch unabhängig von Softwarewerkzeugen möglich ist (DRATH 2010).

Literatur

DENKENA, B.; AMMERMANN, C.: CA-Technologien in der Fertigungs- und Prozessplanung. In: Zeitschrift für wirtschaftlichen Fabrikbetrieb (ZWF), München, 104(2009)4, S. 300-305. (=2009a)

DENKENA, B.; AMMERMANN, C.; CHARLIN, F.: Analyse und Optimierung des Datenmanagements in variantenreicher Werkstattfertigung. In: Zeitschrift für wirtschaftlichen Fabrikbetrieb (ZWF), München, 104(2009)9, S. 787–790. (=2009b)

DRATH, R. (Hrsg.): Datenaustausch in der Anlagenplanung mit AutomationML. Berlin: Springer Verlag, 2010.

EHLENSPIEL, K.; LINDEMANN, U.; KIEWERT, A.: Kostengünstig Entwickeln und Konstruieren: Kostenmanagement bei der integrierten Produktentwicklung. Berlin: Springer-Verlag, 2005.

SAUER, Olaf: Einfluss der Digitalen Fabrik auf die Fabrikplanung. wt Werkstattstechnik online, Berlin, 94(2004)1-2, S. 31-34.

SCHLEIPEN, Miriam; SCHICK, Klaus; SAUER, Olaf: Layoutmanager für automatisch erstellte Prozessführungsbilder mit Hilfe von Daten aus der Digitalen Fabrik. In: Advances in simulation for production and logistics applications. Hrsg.: RABE; Markus. Stuttgart: Fraunhofer IRB Verlag, 2008, S. 397-406.

SCHLEIPEN, Miriam, u.a.: Veränderungen im Konzeptions- und Konstruktionsprozess durch modular aufgebaute Anlagen mittels Ambient Intelligence-Technologien. In: Tagungsband zum Stuttgarter Softwaretechnik Forum (Science meets business). Stuttgart, 2008, S. 57-67.

VDI Richtlinie 4499: Digitale Fabrik.
Blatt 1: Grundlagen und Planung. Februar 2008.
Blatt 2: Digitaler Fabrikbetrieb (Gründruck). Dezember 2009.

Integrationsaspekte der Simulation:
Technik, Organisation und Personal
Gert Zülch & Patricia Stock (Hrsg.)
Karlsruhe, KIT Scientific Publishing 2010

Simulationsbasierte Optimierung von Farbgebungsanlagen

Simulation-based Optimization of Paint Shops

Marco Lemessi
Deere & Company European Office, Mannheim (Germany)
LemessiMarco@JohnDeere.com

Simeon Rehbein, Thomas Schulze
Otto-von-Guericke-Universität Magdeburg, Magdeburg (Germany)
Simeon.Rehbein@st.ovgu.de, tom@iti.cs.uni-magdeburg.de

Abstract: The strategic planning of paint shops concerning a good factory layout is in reality influenced by several factors and restrictions. Hence classical mathematical optimization methods do not work properly due to the high level of complexity in factory planning. Recently simulation-based optimization has been becoming more and more common because simulation has more freedom in terms of system modeling. This paper presents the goals, restrictions and constraints for the simulation-based optimization of a factory layout alternative, bounded by a given painting process. We present the modeling environment and model generation with a generic strategy as well as an iterative heuristic optimization approach to improve a start layout alternative generated in the factory planning process.

1 Motivation

Die Nutzung von Simulationsmodellen zur betrieblichen Planungsunterstützung ist seit vielen Jahren bewährt. Dabei werden unterschiedliche Varianten durchgerechnet und auf der Grundlage des Ergebnisvergleiches die entsprechenden Varianten bewertet. In den letzten Jahren wuchs das Interesse an simulationsbasierter Optimierung. Grund dafür ist unter Anderem, dass reale betriebliche Entscheidungsprobleme oft durch ein hohes Maß an Komplexität gekennzeichnet sind und sich nicht analytisch oder durch Enumeration lösen lassen (WEIGERT u.a. 2008). Anwendungsgebiete sind sowohl in dem strategisch konzeptionellen Fabrikplanungsprozess (GÜRKAN 2000), als auch in der operativen Produktionssteuerung zu finden (WEIGERT u.a. 2008; KOHN u.a. 2009). Ziele des Einsatzes von simulationsbasierten Optimierungstechniken sind unter Anderem Verbesserung betrieblicher Abläufe und Reduzierung von Investitionskosten und Planungszeiten. Dabei steht oft das

Finden von "guten" und nicht immer der optimalen Variante im Vordergrund. Die verwendeten Optimierungsmethoden erstrecken sich von klassischen Methoden aus dem OR bis hin zu applikationsspezifischen Heuristiken. Dabei sollen "gute" Ergebnisse in kurzer Zeit berechnet werden können (WIEDEMANN u.a. 2003).

Die Planung von Farbgebungsanlagen ist ein komplexer Prozess. Ein Ziel bei der Dimensionierung derartiger Anlagen ist es, einen definierten Durchsatz beispielsweise in Teilen pro Tag oder Woche zu erreichen. Auf Grund der großen Teilevielfalt und unterschiedlichen Tagesprogrammen können diese Ergebnisse auf analytischem Weg nur sehr grob geschätzt werden. Daher werden Simulationsmodelle verwendet, die eine wesentlich exaktere Schätzung der benötigten Kennzahlen ermöglichen. Dieses gewünschte Ziel lässt sich mit unterschiedlichen Dimensionierungsvarianten erreichen, wobei die Anzahl der möglichen Varianten sehr groß ist. Das Ziel der Planung ist es nun, die Variante zu finden, die auf der einen Seite den geforderten Durchsatz garantiert und auf der anderen Seite mit minimalen Investitionskosten errichtet werden kann.

Aus diesem Grund wurde zur Unterstützung der Planung von Farbgebungsanlagen für ein existierendes generisches Simulationsmodell ein Optimierungs-Commander entwickelt, der selbstständig die zu untersuchenden Dimensionierungsvarianten aussucht und bewertet, sowie den Optimierungsvorgang nach entsprechenden Abbruchkriterien beendet. Die durchzuführenden Abläufe werden vor dem Nutzer verborgen. Ein dazugehöriges Interface mit grafischer Oberfläche gestattet einen nutzerspezifischen Zugang.

2 Generische Modellierung von Farbgebungsanlagen

Eine Farbgebungsanlage wird als Fördersystem (Power and Free Conveyor) betrachtet, in dem verschiedene Teiltypen auf Ladungsträgern durch das System geschleust werden. Zur Beschreibung des methodischen Vorgehens bei der Simulation von Farbgebungsanlagen sei auf (WILLIAMS 1997) verwiesen. Das zugrundeliegende Modell ist als Graph mit gerichteten Mehrfachkanten und Knoten zu betrachten. Abbildung 1 zeigt eine schematische Sicht auf die Modellstruktur.

Die Knoten im Netzwerk werden als Stationen und die Kanten als Pfade bezeichnet. An den Stationen werden dabei konkrete Arbeitsschritte vollzogen, wie die Be- und Entladung der Ladungsträger, oder Wertschöpfungsprozesse entsprechend den Erfordernissen der Teile. Des Weiteren bewegen sich die Ladungsträger auf den Pfaden, denen Bearbeitungsbereiche, wie Trockenöfen, zugeordnet werden können.

Die Grundidee eines generischen Simulationsmodells ist es, dass zur Laufzeit des Modells aus einer Modellklassen-Bibliothek die benötigten Objekte generiert und instanziiert werden, sowie die Simulation angestoßen wird. Bei der hier angewandten generischen Modellierung ist das konzeptuelle Modell vollständig in einer Datenbank gespeichert. Beim Start des Simulationsprogrammes wird die Datenbank ausgelesen und die entsprechenden aktiven und passiven Modellierungsobjekte aus einer entsprechenden Klassenbibliothek instanziiert. Danach erfolgt der Start des Simulators. Dieser Ansatz hat den Vorteil, dass nur ein konzeptuelles Modell erstellt werden muss und die Generierung des eigentlichen Simulationsmodells automatisch erfolgt. Im vorliegenden Fall wird als Simulationssystem SLX von der Wolverine Software Corporation genutzt.

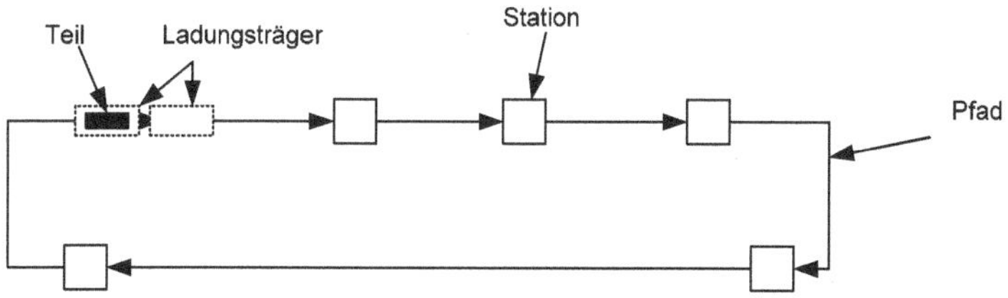

***Abbildung 1:** Schematische Darstellung des Simulationsmodells*

3 Optimierungsziel und -funktion

Die Anzahl der Ladungsträger und die notwendigen Längen der Pfade beeinflussen wesentlich die Investitionskosten einer Farbgebungsanlage. Das Optimierungsziel lässt sich somit als Minimierung der Investitionskosten in Abhängigkeit von den Kriterien minimale Investitionskosten für die Ladungsträger und minimale Investitionskosten für die Pfade beschreiben. Die Optimierungsalternative A_j besteht somit aus den Variablen $nL_{j,i}$ und $nP_{j,k}$, wobei $nL_{j,i}$ die Anzahl der Ladungsträger für den Ladungsträgertyp i und $nP_{j,k}$ die Länge für den Pfad k in der Alternative j darstellen.

$A_j = \begin{pmatrix} nL_{j,i} \\ nP_{j,k} \end{pmatrix}$, mit j = 1 ... m und i = 1 ... y und k = 1 ... z, wobei y die Anzahl der Ladungsträgertypen und z die Anzahl der Pfade wiederspiegelt.

$nL_{j,i} \in \mathrm{N}\ j = 1...\mathrm{m}$ und $\mathrm{i} = 1...\mathrm{y}$, $nP_{j,k} \in R^{+}\ j = 1...\mathrm{m}$ und $\mathrm{k} = 1...\mathrm{z}$ und $m, y, z \in N$.

Des Weiteren bezeichnet IK_j die benötigten Investitionskosten für eine Alternative j bestehend aus:

- Dem Produkt aus den Investitionskosten IKC_i für einen Ladungsträger des Typs i und seiner Anzahl $nL_{j,i}$ über alle Ladungsträgertypen y und
- Dem Produkt aus den Investitionskosten $IKPL_k$ für eine Längeneinheit des Pfades k und seiner Längen $nP_{j,k}$ über alle Pfade z.

Mit $IK_j \in R^{+} \forall j = 1...m$, $IKC_i \in R^{+} \forall i = 1...y$ und $IKPL_k \in R^{+} \forall k = 1...z$.

Ziel der Optimierung ist daher eine Alternative j zu finden, die die Kostenfunktion K minimiert.

$$\min \rightarrow IK_j = K(A_j) = \sum_i^y IKC_i \cdot nL_{j,i} + \sum_k^z IKPL_k \cdot nP_{j,k} \qquad (1)$$

Als lineare Nebenbedingungen gelten:

1. Die minimale Länge eines Pfades ist c_k und darf nicht unterschritten werden.

$$c_k \leq nP_{j,k} \forall k = 1...z, \forall j = 1...m \text{ und } c_k \in R^{+} \qquad (2)$$

2. Der aus der Simulation resultierende Produktionsdurchsatz $PD_{j,q}$ für jeden Produkttyp q, hat dem vorgebenden Zieldurchsatz ZD_q für jeden Teiletyp q zu entsprechen. In diesem Zusammenhang wird der zu erreichende Durchsatz für jeden Teiletyp in Teilen pro Zeiteinheit spezifiziert. Für die während der Optimierung erzeugten Alternativen A_j werden mehrere Simulationsläufe durchgeführt. Dies ermöglicht eine statische Auswertung, basierend auf dem Mittelwert und dem sich ergebenden Konfidenzintervall, bei gegebenen Konfidenzniveau. Das Ergebnis der Auswertung ist der Produktionsdurchsatz $PD_{j,q}$, für jeden Teiletyp q. Φ stellt in diesem Zusammenhang die Transformation von A_j, durch die mehreren Läufe, dar. Als Ergebnis der Transformation von A_j ergeben sich die gemittelten und auf Konfidenz überprüften Produktionsdurchsätze $PD_{j,q}$ und somit gilt:

$$\Phi(A_j) = PD_{j,q} \geq ZD_q \forall q = 1...w, \forall j = 1...m \text{ mit } PD_{j,q} \in R^+ \text{ und } ZD_q \in R^+, \quad (3)$$

wobei w der Anzahl der Produkttypen entspricht.

Eine Alternative j ist somit dann erfolgreich/valide, wenn beide Restriktionen (2) und (3) erfüllt sind.

4 Optimierungsverfahren

Das verwendete Optimierungsverfahren ist ein heuristisches Verfahren. Während der Optimierung sind beide Kriterien zu erfüllen. Im entsprechenden Algorithmus werden die Parameter für beide Kriterien nicht gleichzeitig sondern sequentiell verändert. Zuerst werden die Pfadlängen $nP_{j,k}$ über alle Pfade optimiert unter konstanten $nL_{j,i}$. Erst wenn keine Verbesserung entsprechend der Randbedingungen der Pfadlängen mehr erreicht werden kann, erfolgt die Optimierung der Anzahl der Ladungsträger $nL_{j,i}$ unter nun konstanten Pfadlängen.

Ein Zyklus durch diese Sequenz wird als "Loop" bezeichnet. Während der Optimierung können mehrere Loops durchlaufen werden. So kann die Minimierung der Pfadlängen einen neuen Ausgangszustand erzeugen, der wiederum durch eine erneute Reduzierung der Anzahl der Ladungsträger verbessert werden kann. Kann keine Reduzierung der beiden Kriterien mehr erfolgen, so wird die Optimierung abgebrochen.

Abbildung 2 zeigt den Ablauf der Teiloptimierung für die Reduzierung der Ladungsträger. Auch ist es möglich nur, eines der beiden Kriterien zu optimieren. In diesem Fall werden keine multiplen Loops durchgeführt.

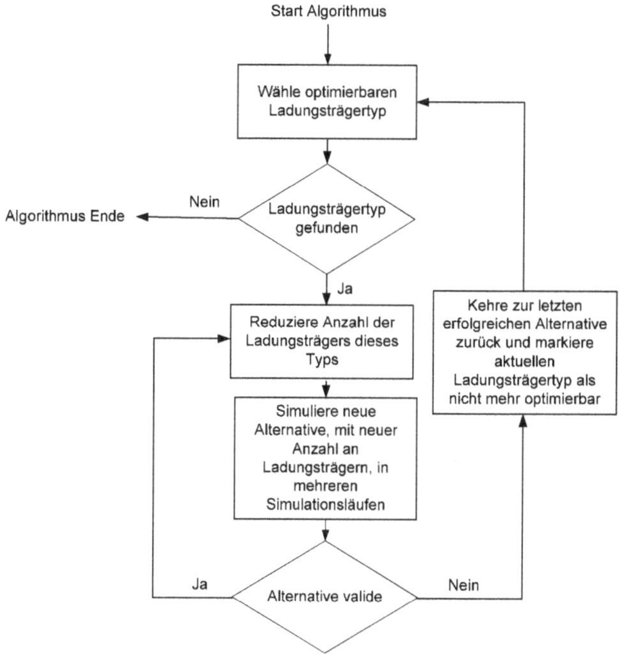

Abbildung 2: *Darstellung des Optimierungsalgorithmus für die Ladungsträgerreduktion*

5 Ausführungsgeschwindigkeit der Optimierung

Eine Anforderung an die IT-Lösung ist, dass die Optimierung in einer "akzeptablen" Zeit durchgeführt wird. Es sind häufig 80 bis 100 Varianten durchzurechnen, wobei aufgrund der Stochastik in den Eingangsdaten für jede Alternative durchschnittlich 30 Läufe zu berechnen sind. Es ergibt sich als grober Schätzwert eine Anzahl von 2700 Läufen ($90 \cdot 30$), die in Verbindung mit einer Optimierung auszuführen sind. Unter den Annahmen, dass die Optimierung innerhalb von 8 Stunden beendet sein soll und die Simulationsläufe sequentiell ausgeführt werden, ergibt sich eine mittlere Rechenzeit von 11 Sekunden pro Lauf. Dieses Zeitlimit stellt eine wesentliche Anforderung an die Implementierung der Optimierungslösung dar.

Der generische Modellierungsansatz erlaubt ein einfaches Adaptieren des erzeugten Modellquellcodes hinsichtlich der Rechengeschwindigkeit. Alle nicht für Optimierung notwendigen Verarbeitungsschritte, wie Ausgabe von speziellen Ergebnisdateien und die Berechnung von Animationsinformationen, werden nicht ausgeführt.

Des Weiteren werden das Lesen von nichtveränderbaren Eingabeparametern und das Instanziieren von stationären Objekten nur einmal ausgeführt. Nach einem Lauf werden temporäre Objekte vernichtet und stationäre Objekte werden mit entsprechenden Methoden zurückgesetzt, als auch die entsprechenden Zufallszahlengeneratoren neu initialisiert.

Durch die oben geschilderten Maßnahmen konnte die Ausführungsgeschwindigkeit für einen Lauf um 8 % erhöht werden.

6 Nutzerunterstützung bei der Optimierung

Eine weitere Anforderung ergibt sich aus der Sicht des Nutzers, der bei der Durchführung der Optimierung unterstützt werden muss. (WIEDEMANN u.a. 2003). Das bedeutet im Einzelnen, dass die notwendigen Aktivitäten, wie die Bewertung von Varianten, die Bestimmung einer neuen Variante, der Abbruch der Simulationsläufe für eine Variante und der Abbruch der Optimierung "automatisch", d.h. vor dem Nutzer verborgen, ablaufen.

Die Nutzerführung zur Optimierung wurde in eine bestehende graphische Benutzerschnittstelle zur SLX-basierten Modellgenerierung von Farbgebungs-anlagen integriert. Diese Softwarekomponente wird als Optimierungs-Commander bezeichnet. Dieser Commander hat die Aufgabe, den Nutzer bei der Konfiguration, der Durchführung und Auswertung bzw. Interpretation der Optimierung zu unterstützen. So werden beispielsweise vor dem Start der Optimierung festgelegt, welche Pfade optimierbar sind im Sinne der 1. Nebenbedingung und welcher maximale Zieldurchsatz durch das System erreicht werden soll.

7 Beispiel

Im Weiteren soll ein Anwendungsfall beschrieben werden, bei dem der obige Optimierungs-Commander eingesetzt wird, um den Fabrikplanungsprozess zu unterstützen. Die zu optimierende Farbgebungsanlage befindet sich in der konzeptionellen Planungsphase, in der die entsprechenden Förderstrecken zu dimensionieren und das Fabriklayout hinsichtlich der Farbgebungsanlage zu planen ist. Die Ausgangsparameter des Modells sind in Tabelle 1 dargestellt.

Parameter	**Wert**
Anzahl der Pfade	56
Gesamtlänge des Fördersystems	384,17[m]
Anzahl der Ladungsträger	80
Soll-Produktion (Über alle TeileTypen)	2330 [Teile/Woche]

Tabelle 1: *Ausgangsparameter des zu optimierenden Modells*

Eine schematische Sicht auf das Modell zeigt Abbildung 3. Das Modell besteht aus einem geschlossenen Kreislauf und jeweils aus einem Bereich für die Be- und Entladestationen, an dem die Ladungsträger beladen bzw. entladen werden. Die Funktionseinheiten entlang der gerichteten Kanten sind in dieser Ansicht nicht dargestellt, da diese für die Optimierung eine untergeordnete Rolle spielen.

Die Durchführung der Optimierung nimmt eine Gesamtrechenzeit von ca. 4,5 Stunden in Anspruch. Während der Optimierung werden 72 valide Alternativen gefunden, die dem geforderten Soll-Produktionsdurchsatz entsprechen, wobei für jede Alternative zwischen 10 und 15 Läufe durchgeführt werden. Die erreichte Endvariante der Optimierung reduziert die Ausgangsvariante um eine Förderstreckenlänge von 148 m und 16 Ladungsträger. Diese Änderung führt zu einer deutlichen Verringerung der Investitionskosten. Die optimierten Bereiche sind in Abbildung 3 mit Ellipsen hervorgehoben.

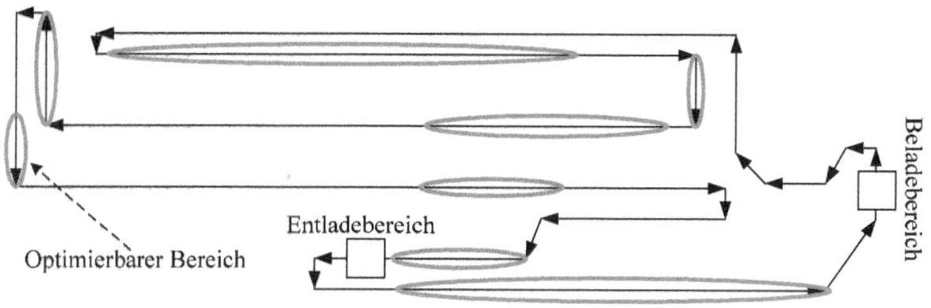

Abbildung 3: *Modellbespiel mit optimierten Bereichen*

Die im Zuge der Optimierung iterativ erreichten Reduzierungen sind in Abbildung 4 aufgezeigt. In einer ersten Phase werden die Pfadlängen bei konstanter Anzahl der Ladungsträger reduziert (siehe Abbildung 4, Alternative 49). Anschließend erfolgt bei konstanter Pfadlänge eine Reduzierung der Ladungsträger bis zur Alternative 62. Da beide Optimierungskriterien verbessert sind, wird ein zweiter Loop durchgeführt, wobei auch in diesem Loop beide Kriterien verbessert werden. Eine Terminierung erfolgt nach Alternative 72, da keine weitere Verbesserung der beiden Kriterien erreicht werden kann.

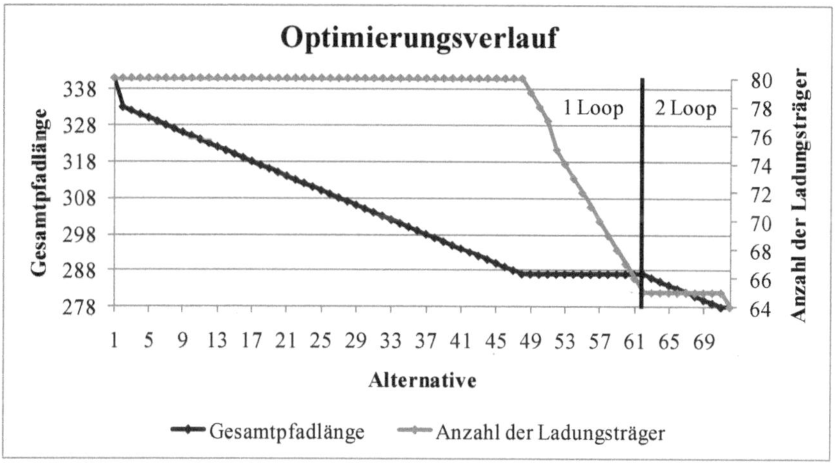

Abbildung 4: *Optimierungsverlaufs*

8 Zusammenfassung und Ausblick

Der Beitrag beschreibt die simulationsbasierte Optimierung von Farbgebungs-anlagen. Der verwendete heuristische Optimierungsalgorithmus minimiert die Investitionskosten in Abhängigkeit von den Kosten für die Ladungsträger und Pfade im Fördersystem. Dieser Algorithmus wurde als Ergänzungskomponente für ein existierendes, graphenbasiertes Simulationsmodell für Farbgebungsanlagen entwickelt. Er lässt sich auf andere Simulationsmodelle, die einen vergleichbaren Modellierungsansatz verwenden, übertragen. Zur Unterstützung des Anwenders wurden die mit der simulationsbasierten Optimierung notwendigen Aktionen in einem graphischen

Nutzerinterface gekoppelt. An einem realen Beispiel wird die Wirksamkeit des Algorithmus aufgezeigt.

In der aktuellen Implementierung werden die Investitionskosten nur mittelbar berücksichtigt. Im Ergebnis weiterführender Arbeiten werden diese Kosten unmittelbar berücksichtigt und das "optimierte" Layoutschema wird automatisch generiert und angezeigt.

Literatur

GÜRKAN, Gül: Simulation optimization of buffer allocations in production lines with unreliable machines. In: Annals of Operations Research, New York, 3(2000)1-4, S. 177-216.

KOHN, Robert; NOACK, Daniel; MOSINSKI, Marcin; ZHOU, Zhugen; ROSE, Oliver: Evaluation of Modeling, Simulation and Optimization Approaches for Work Flow Management in Semiconductor Manufacturing. In: Proceedings of the 2009 Winter Simulation Conference; Energy Alternatives. Hrsg.: Rossetti, M. D.; HILL, R. R.; JOHANSSON, B.; DUNKIN, A.; INGALLS, R. G. New York, NY: Association for Computing Machinery Order Department; Piscataway, NJ: IEEE Service Center, 2009, S. 1592-1600.

WEIGERT, Gerald; HENLICH, Thomas; KLEMMT, Andreas: Methoden zur Modellierung und Optimierung von Montageprozessen. In: Advances in Simulation for Production and Logistics Applications. Hrsg.: RABE, M. Stuttgart: Fraunhofer IRB-Verlag, 2008, 479-488.

WIEDEMANN, Thomas; KRUG, Wilfried: Actual and Future Options of Simulation and Optimization. In: Manufacturing, Organization and Logistics. Proceedings 15th European Simulation Symposium. Delft: SCS Europe, 2003, S. 627-637.

WILLIAM, Edward; SADAKANE, Shigeru: Simulation of a paint shop power and free line. In: Proceedings of the 1997 Winter Simulation Conference. Hrsg.: ANDRADÓTTIR, S.; HEALY, K. J.; WITHERS, D. H.; NELSON, B. L. New York: Association for Computing Machinery, 1997, S. 727-732.

Integrationsaspekte der Simulation:
Technik, Organisation und Personal
Gert Zülch & Patricia Stock (Hrsg.)
Karlsruhe, KIT Scientific Publishing 2010

Hybride Modellierung und simulationsgestützte Optimierung in der Planung von Produktionsprozessen

Hybrid Modelling and Simulation-based Optimization in Planning of Production Processes

Ulrich Donath
Fraunhofer-Institut für Integrierte Schaltungen, Dresden (Germany)
Ulrich.Donath@eas.iis.fraunhofer.de

Sven Pullwitt
DUALIS GmbH IT Solution, Dresden (Germany)
SPullwitt@dualis-it.de

Abstract: The discrete event simulation is well established in the planning of production processes. However, an information deficit arises when sub-processes are executed according to complex recipes. For the mathematical modelling of these recipes often differential-algebraic equations (DAEs) can be used. Using the example of chemical mechanical polishing (CMP) of the semiconductor manufacturing, the integration of DAEs in the process simulation is demonstrated. Moreover, the aging of materials and the consumption of consumables are included in the modelling. A compromise of wafer yield and consumables consumption is determined by means of Pareto-optimization.

1 Einleitung

Im Rahmen der operativen Planung von Produktionsprozessen hat sich die Ablaufsimulation als wichtiges Werkzeug etabliert. Sie zeigt, ob die Aufträge in der angegebenen Reihenfolge von den vorgesehenen Maschinen und Arbeitskräften termingerecht ausgeführt werden können. Basis der Ablaufsimulation ist ein Modell der Produktion, das nach den Planungsvorgaben aufgebaut wird. State-of-the-Art Simulatoren (LINDEMAN, SCHMID 2007) stellen dazu eine Objektbibliothek zur Verfügung, deren einzelne Objekte durch grafische Symbole repräsentiert werden. Per Drag and Drop werden mit diesen Symbolen Objekte in einer Modellansicht instantiiert und nachfolgend grafisch verknüpft. Dabei werden die räumlichen Koordinaten der Produktionsanlage übernommen. Die Objekte sind entweder statische Ressourcen, wie Maschinen oder Lager, oder mobile Ressourcen, wie Operatoren oder Transporter. Aufträge oder Produkte werden abstrakt als Entitäten aufgefasst und durch das Produktionsmodell bewegt. Die Wege werden in einem Verbindungsnetzwerk vorgegeben.

Ergebnis der bisher skizzierten Ablaufsimulation ist ein verifizierter Produktionsplan mit den Umlaufbeständen, dem Durchsatz von Produkten und der Auslastung der Ressourcen. Für die einzelnen Ressourcen werden neben dem Durchsatz die Statistik ihrer Zustände *idle*, *processing*, *blocked*, ... sowie die Minima, Maxima und Mittelwerte von Inhalt und Verweilzeit aufgezeichnet.

Die Feinplanung bereitet Probleme, wenn Teilprozesse Engpässe bilden, die durch diverse Qualitäten der Produkte und unterschiedliche Prozeduren (Rezepte) zu ihrer Erzeugung entstehen. Ein Beispiel ist die chemisch-mechanische Politur (CMP) (WIKIPEDIA 2010a) in der Halbleiterfertigung. Hier wird die Polierzeit durch die Topographie des Wafers, Druck und Geschwindigkeit im Poliergerät, das Poliermittel und die Qualität des Poliertuchs bestimmt.

Die mathematischen Modelle der oben genannten Teilprozesse sind bekannt. Es sind Systeme differential-algebraischer Gleichungen (DAEs; WIKIPEDIA 2010b):

$$\underline{F}\left(\underline{\dot{x}}(t), \underline{x}(t), \underline{p}, t\right) = \underline{0} \mid [t_0, t_S],\ \underline{x}(t_0)\,. \qquad (1)$$

Die Verfasser integrieren diese Gleichungen und ihre Lösungen in die Ablaufsimulation. Die Ausführung des so konstruierten hybriden Modells zeigt detailliert den Produktionsablauf für den dedizierten Planungsabschnitt. Am Beispiel der Halbleiterfertigung, speziell des CMP, wird im Folgenden das Vorgehen bei der hybriden Modellierung demonstriert. Der Ablaufsimulator wird außerdem mit einem Optimierungswerkzeug gekoppelt. Dieses wird benutzt, um die Zielfunktionen der Produktion für einen breiteren Planungshorizont zu sichern.

2 Ereignis-diskretes Ablaufmodell der Chip-Fertigung

Die Halbleiterherstellung wird in drei Abschnitte gegliedert:

- Wafer-Herstellung
- Front-End-Prozess: Realisierung der elektrischen Funktionen der Chips
- Back-End-Prozess: Vereinzeln der Chips und Montage in Gehäusen.

Im Front-End-Prozess werden die elektrischen Funktionen der Chips in Planartechnik erzeugt, indem man in mehreren aufeinanderfolgenden Prozessschritten Schichten mit spezifischen elektrischen Eigenschaften übereinander auf den Wafer aufbringt (HILLERINGMANN 2008). Der Zyklus der Prozessschritte umfasst Lithographie, Ätzen, Dotieren, Reinigen, Abscheiden und Planarisieren.

Der Produktionsplan beschreibt die Reihenfolge der Prozessschritte. Je nach Prozessschritt werden die Fertigungsgeräte (Tools) mit einem oder mehreren Fertigungslosen, bestehend aus einem oder mehreren Wafern, beladen. Die Fertigungslose werden in hermetisch abgeschlossenen Transporthilfsmitteln zwischen den Fertigungsgeräten transportiert und gelagert. Die Fertigungsgeräte sind in verschiedenen Zonen (Bay) gruppiert, so dass je nach Standort und Prozessschritt ein Transport innerhalb einer Zone oder zwischen den Zonen erforderlich wird.

Im ereignis-diskreten Modell des Front-End-Prozesses werden die Fertigungsgeräte durch Prozessoren mit definierten Bearbeitungszeiten (Process Times) abgebildet, die als Konstanten vorgegeben oder als Zufallsgrößen nach statistischen Verteilungsfunktionen generiert werden. Dem Beispiel, das hier eingeführt wird, ist zu Grunde gelegt, dass die Fertigungslose einzelne Wafer sind und die Geräte den jeweiligen Prozessschritt *wafer-by-wafer* ausführen. Jedem Prozessor ist eine Warteschlange vorgelagert, welche die Lagerkapazität der Ladestation des Fertigungsgerätes repräsentiert.

Der Transport von Fertigungsgerät zu Fertigungsgerät kann in unterschiedlicher Abstraktion modelliert werden:

a) Der Wafer wird ohne Hilfsmittel ohne Verzögerung von der Quelle zum Zielgerät übertragen.

b) Der Wafer wird von einem Transporter auf direktem Weg von der Quelle zum Zielgerät transportiert. Dabei werden die durchschnittlichen Transportzeiten (Transport Times) abgefragt, die vom realen System übernommen wurden.

c) Nach dem Vorbild des Produktionsprozesses wird ein Wege-Netz gebildet und entsprechend dem Verkehrsaufkommen im realen System (Anzahl der Transporter, Geschwindigkeiten, Abstände) parametriert. Der Wafer wird von einem Transporter auf dem Wege-Netz von der Quelle zum Zielgerät transportiert, wobei die Transportzeiten berechnet werden.

Das ereignis-diskrete Modell des Front-End-Prozesses wird gebildet, indem die einzelnen Prozessoren in der Modellansicht des Ablaufsimulators instantiiert und nach dem Produktionsplan verkoppelt werden. Ergänzt werden die Quellen und die Senken der Wafer, die nach der Statistik des vorgelagerten bzw. nachgelagerten Produktionsabschnitts erzeugt bzw. konsumiert werden. Der Transport wird nach der oben genannten Variante a) oder b) integriert. Die Wafer selbst werden abstrakt als Entitäten behandelt, die bei ihrer Erzeugung eine *identity number* und *wildcard attributes* erhalten, die im Prozessverlauf belegt werden.

3 Kontinuierliche Modelle für Teilprozesse

3.1 Modell für das Planarisieren

Über metallische Leiterbahnen oder andere aktive Gebiete des Chips wird Siliziumoxid SiO_2 aufgetragen, um diese von der nächsten aktiven Schicht zu isolieren. Dabei entsteht in Abhängigkeit von der Geometrie der überdeckten Strukturen ein Stufengebirge, dessen einzelne Erhebungen unterschiedlich dicht aneinander liegen. Ohne eine weitere Maßnahme könnte sich mit dem Auftrag der nächsten aktiven Schicht die Höhe des Stufengebirges akkumulieren. Als Folge sind Fehlfunktionen des Chips möglich. Die Oxidschicht wird daher vor dem nächsten Prozessschritt durch eine chemisch-mechanische Politur eingeebnet.

Beim CMP (Abbildung 1) wird der Wafer mit der zu bearbeiteten Oberfläche nach unten durch Unterdruck an einen Halter gezogen. Mit dem Halter wird der Wafer in Rotation versetzt und mit Druck über einen Poliertisch geführt, der sich ebenfalls dreht. Der Poliertisch trägt ein Poliertuch, auf dem ein flüssiges Poliermittel verteilt wird. Das Poliermittel enthält chemische Stoffe und Abrasivpartikel, die unter Druck mit dem Oxid an der Oberfläche reagieren und dieses durch die Rotationsbewegung abtragen.

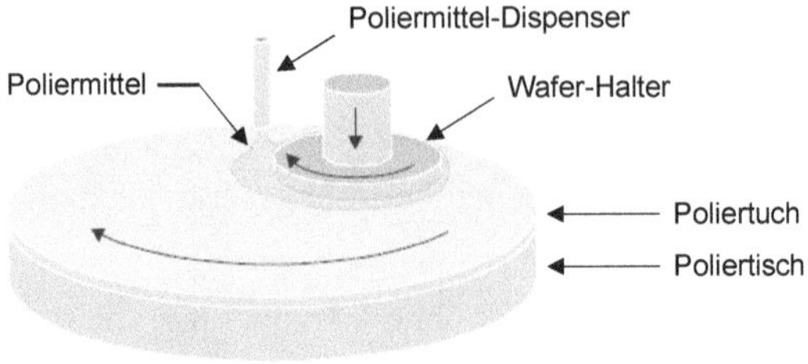

Abbildung 1: *Elemente des CMP (IC KNOWLEDGE 2010)*

Die Planarisierung des Wafers wird per Chip durch eine Menge von Differential-Gleichungssystemen (XIE 2007) beschrieben, die qualitativ identisch sind. Die einzelnen Gleichungssysteme (2) beschreiben die Schichtdicken- und Stufenhöhen-Reduzierung (Abb. 2) in Segmenten des Chips, die in einer (x,y)-Diskretisierung gebildet werden.

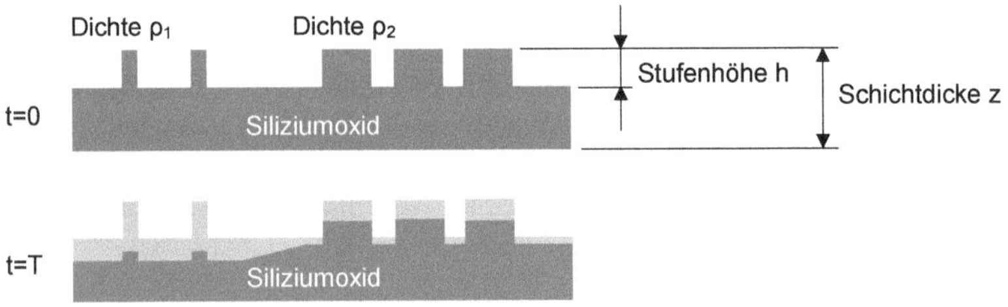

Abbildung 2: *Planarisierung des Wafers (MEYER 2003)*

$$d(z(t;x,y))/dt = -K_u(\rho, z, h)$$
$$d(h(t;x,y))/dt = -K_u(\rho, z, h) + K_d(\rho, z, h) \qquad (2)$$
$$K_d = K_0 \times e^{-\rho h / h_c}$$
$$K_u = \frac{1}{\rho} K_0 - \frac{1-\rho}{\rho} K_0 \times e^{-\rho h / h_c}$$

mit K_u und K_d Abtragsraten in up- und down-Gebieten und K_0 Abtragsrate für die plane Fläche.

Die Gleichungssysteme (2) werden gelöst, wenn der Wafer vom CMP-Prozessor aufgenommen wird. Vom vorgelagerten Prozessor sind die *wildcard attributes* des Wafers mit den Anfangswerten der Schichtdicken und Stufenhöhen $z_0(x,y) =$

$z(t{=}0;\, x,y)$ und $h_0(x,y) = h(t{=}0;\, x,y)$ sowie der Dichten der Stufen $\rho(x,y)$ belegt worden.

3.2 Modellierung von Alterung und Hilfsstoff-Verbrauch

Die in (2) benutzte Abtragsrate für die plane Fläche K_0 kann nur für den einzelnen Prozessschritt als konstant betrachtet werden.

In Realität gilt für die Abtragsrate K_0:

$$K_0 = K_0(t) = c \times P \times V \tag{3}$$

mit P Wafer-Anpress-Druck, V Relativgeschwindigkeit von Wafer und Poliertisch und c Materialkennwert.

Während P und V entsprechend der Rezeptur des Prozessschrittes eingestellt werden, fasst der Materialkennwert c die Qualitäten des Poliermittels und des Poliertuchs zusammen.

Untersuchungen zeigen, dass der Materialkennwert mit

$$c = c(t) = c_0 \times e^{-d \times t_{elapsed}} \tag{4}$$

näherungsweise bestimmt werden kann, mit c_0 Initialwert, $t_{elapsed}$ akkumulierter Wert der Bearbeitungszeiten und d Skalierungsfaktor.

$c(t)$ und $K_0(t)$ werden in der Simulation nach jedem Lauf des CMP-Prozessors nach (4) und (3) neu berechnet. Entsprechend der Lösung von (2) reduziert sich der relative Abtrag auf dem Wafer. Bei vorgegebener Zielfunktion muss demzufolge die Bearbeitungszeit verlängert werden oder die Einflussgrößen P oder V müssen erhöht werden.

Die Verlängerung der Bearbeitungszeiten zieht eine Erhöhung des Poliermittelverbrauchs nach sich. Während der Simulation wird nach jedem Lauf eines CMP-Prozessors k der Poliermittelvorrat neu berechnet:

$$S = S - \sum_k s^k_{rate} \times t^k_{process} \tag{5}$$

mit S Poliermittel-Vorrat, s_{rate} Poliermittel-Verbrauchsrate und $t_{process}$ Bearbeitungszeit. Unterschreitet der Poliermittel-Vorrat ein Minimum, werden alle involvierten CMP-Prozessoren suspendiert.

3.3 Modellierung von Bearbeitungsstrategien

Die Planarisierung des Wafers soll in zwei Schritten ausgeführt werden. Im ersten Schritt wird eine grobe Glättung in einer konstanten Bearbeitungszeit vorgenommen. In einem zweiten Schritt wird die Planarisierung so lange ausgeführt, bis das Stufengebirge bis zu einem Grenzwert abgetragen ist. Die Bearbeitungszeit dafür ist variabel, wird jedoch auf ein Maximum beschränkt. Es soll ein CMP-Gerät verwendet werden, das für den ersten Schritt einen Poliertisch (Prozessor A) und für den zweiten Schritt zwei Poliertische (Prozessor B1, Prozessor B2) zu Verfügung stellt (Abb. 3).

Unter dem Aspekt der Alterung wird für Prozessor A gefordert, dass der relative Abtrag q ein Minimum q_{min} überschreitet:

$$q = 1 - \sum_i h_i / h_{i_0} > q_{\min} \tag{6}$$

mit h_{i0} Stufenhöhe vor Planarisierung und h_i Stufenhöhe nach Planarisierung.

Für die Prozessoren B1 und B2 gilt, dass

$$\forall h_i < h_{\max} \quad \text{in} \quad t_{process} < t_{\max} \tag{7}$$

erreicht wird.

Die Verletzung der Bedingungen (6) und (7) werden einem Dispatcher gemeldet. Eine Menge von parallelen Zustandsautomaten beschreibt dessen Reaktionen. In den beiden genannten Fällen wird eine Poliertuch-Aufbereitung bilanziert, indem für ihre Dauer die Ports der involvierten Prozessoren geschlossen werden. Im Fall der Grenzwertunterschreitung des Poliermittelvorrats (5) werden die Ports aller Prozessoren für die Dauer der Poliermittelbeschaffung und -aufbereitung geschlossen.

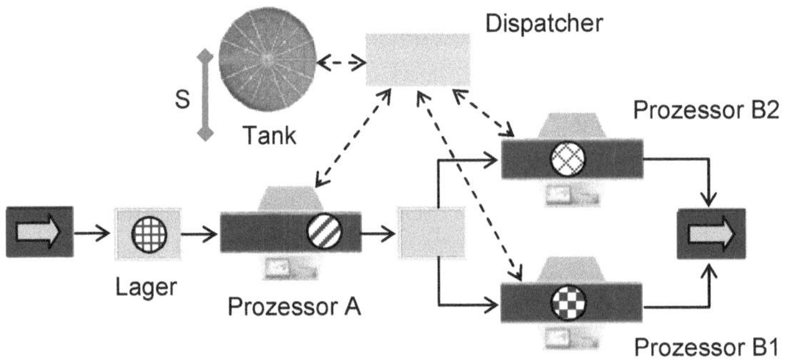

Abbildung 3: *Modell des CMP-Prozesses*

4 Pareto-Optimierung

Der Front-End-Prozess der Wafer-Fertigung soll hinsichtlich der Zielgrößen Wafer-Ausbringungsmenge und Kosten optimiert werden. Ein wesentlicher Kostenanteil wird durch den Poliermittelverbrauch beim Planarisieren der Wafer hervorgerufen, so dass die Optimierung zuerst für diesen Teilprozess vorgenommen wird.

Für das Planarisieren gelten damit die Ziele:

$$\#Wafer \rightarrow Maximum \quad \text{und} \quad Poliermittelverbrauch \rightarrow Minimum\ . \tag{8}$$

Die Maximierung der Wafer-Ausbringung und die Minimierung des Poliermittelverbrauchs in (8) werden mit den Gewichten 0.75 und 0.25 verfolgt. Freiheitsgrade für die Optimierung sind der Grenzwert q_{min} für den relativen Abtrag durch Prozessor A und die Zeitschranken t_{max} der Bearbeitungszeit für den Abtrag durch die Prozessoren B1 und B2.

Dabei gelten folgende Zusammenhänge:

- Je weiter die Toleranzgrenzen für den minimalen Abtrag und die maximale Bearbeitungszeit sind, desto mehr Poliermittel wird verbraucht.
- Je enger die Toleranzgrenzen liegen, desto eher muss das Poliertuch aufbereitet werden.
- Bei hohem Poliermittelverbrauch muss der Poliermitteltank nachgefüllt werden, was den Stillstand der Prozessoren verursacht und damit die Wafer-Ausbringungsmenge verringert.

Das Optimierungswerkzeug (KRUG 2002) kombiniert wahlfrei deterministische, stochastische und evolutionäre Suchstrategien. Die Suchstrategien werden parallel ausgeführt. Ergebnis der Suche sind die Pareto-Menge der Zielgrößen (Abbildung 4) und die optimalen Parameter für den CMP-Prozess (Tabelle 1).

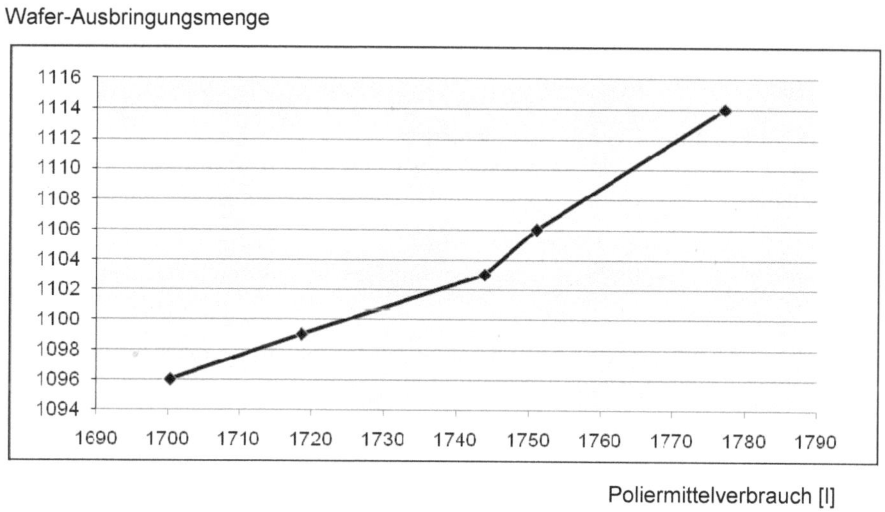

Abbildung 4: *Pareto-Menge der Zielgrößen*

Minimaler relativer Abtrag Prozessor A	Maximale Prozesszeit Prozessor B1 [s]	Maximale Prozesszeit Prozessor B2 [s]	Poliermittel-verbrauch [l]	Wafer-Ausbringung [#]
0.6	130	121	1700	1096
0.6	136	121	1718	1099
0.6	139	122	1751	1106
0.6	123	149	1743	1103
0.6	134	140	1777	1114

Tabelle 1: *Optimale Parameter für den CMP-Prozess*

5 Ausblick

Der Gleichungslöser für die in Abschnitt 3.1 exemplarisch dargestellte Problemstellung liegt als dynamische Bibliothek (Dynamic Link Library, DLL) vor. Diese Gleichungslöser-DLL kann über eine Interface-DLL von jedem Windows-basierten Ablaufsimulator geladen werden. Auf dieser Basis wurde die hybride Simulation des CMP-Prozesses mit den Simulatoren Flexsim (FLEXSIM 2010) und SpeedSIM (DUALIS 2010) ausgeführt. Die beiden Zugänge bestätigen die Portabilität der IT-Lösung. Die Arbeiten werden in Richtung der Integration und dem Test von Run-to-Run-Steuerungen und der Abbildung von Prozessleitsystemen bzw. SCADA-Systemen fortgesetzt. Die Kombination mit der multi-kriteriellen Optimierung ermöglicht dem Planer, den Produktionsprozess abschnittsweise zu optimieren.

Das Projekt wurde im Rahmen „Innovative technologieorientierte Verbundprojekte auf dem Gebiet der Zukunftstechnologien im Freistaat Sachsen“ vom Freistaat Sachsen und dem Europäischen Fonds für Regionale Entwicklung (EFRE) gefördert.

Literatur

DUALIS: SPEEDSIM. Der schnelle Simulator. http://www.dualis-it.de/downloads/Info-SpeedSIM-1106.pdf, Stand: 06.05.2010.

FLEXSIM: Flexsim 3D Simulation Software. http://www.flexsim.com/products/flexsim/FlexsimBrochure.pdf, Stand: 06.05.2010.

HILLERINGMANN, Ulrich: Silizium-Halbleitertechnologie. Wiesbaden: Vieweg + Teubner, 5. Auflage 2008.

IC KNOWLEDGE: Chemical Mechanical Planarization. http://www.icknowledge.com/misc_technology/CMP.pdf, Stand: 06.05.2010.

KRUG, Wilfried: Modellierung, Simulation und Optimierung für Prozesse der Fertigung, Organisation und Logistik. Delft u.a.: SCS, 2002. S. 160-180.

LINDEMAN, Marcus; SCHMID, Simone: Simulationswerkzeuge in Produktion und Logistik. In: PPS Management, Berlin, 12(2007)2, S. 28-35.

MEYER, Frank u.a.: Vom lokalen Stufenhöhenmodell zur erreichbaren Post CMP Topographie. In: Proceedings 11. CMP Nutzertreffen, Itzehoe, 2003. http://www.isit.fraunhofer.de/Veranstaltungen/Nutzertreffen

WIKIPEDIA: Halbleitertechnik. http://de.wikipedia.org/wiki/Halbleitertechnik, Stand: 06.05.2010. (=2010a)

WIKIPEDIA: Differential-algebraische Gleichung. http://de.wikipedia.org/wiki/Differential-algebraische_Gleichung, Stand: 06.05.2010. (=2010b)

XIE, Xiaolin: Physical Understanding and Modeling of Chemical Mechanical Planarization in Dielectric Materials. Cambridge, MA: Ph. D. Thesis, Massachusetts Institute of Technology. 2007. pp 109-111 and 120-125

Integrationsaspekte der Simulation:
Technik, Organisation und Personal
Gert Zülch & Patricia Stock (Hrsg.)
Karlsruhe, KIT Scientific Publishing 2010

Emulation von Logistik-Steuerungen in SAP-Umgebungen

Emulation of Logistic Controls in SAP-Environments

Jörg Kemper
SimPlan Integrations GmbH, Witten (Germany)
joerg.kemper@simplan.de

Sven Spieckermann
SimPlan AG, Maintal (Germany)
sven.spieckermann@simplan.de

Abstract: Emulation (Soft Commissioning) by means of simulation is getting increasingly important in the ramp-up of control software in logistic systems. At the same time, the SAP software modules LES/TRM and EWM are gaining importance as control software for logistic systems. Consequently, the emulation of SAP control software is a relevant field of simulation application. This paper summarizes the status quo in emulation of logistic controls in general and SAP logistics controls in particular.

1 Einleitung

Die virtuelle Inbetriebnahme von Softwarekomponenten mit Hilfe der Simulation hat sich in der Lagerlogistik in den letzten fünfzehn Jahren zunehmend etabliert und ist in zahlreichen Projekten erfolgreich eingesetzt worden. Beispiele für diese auch als Emulation (oder im englischen Sprachraum als "Soft Commissioning") bezeichnete Vorgehensweise finden sich etwa in GUTENSCHWAGER u.a. (2000), McGREGOR (2002) und NOCHE (1997).

Emulation kann als eine typische Anwendung der Simulation während der Inbetriebnahme eines Produktions- oder Logistiksystems angesehen werden. Die Richtlinie VDI 3633 führt aus, dass es Simulationsanwendungen über alle Phasen des Lebenszyklus von Produktions- und Logistiksystemen hinweg, von der Planung über die Inbetriebnahme bis zum operativen Betrieb gibt. Emulation wird vereinzelt auch während des laufenden Betriebs eingesetzt (vgl. z. B. MAYER, BURGES 2006), die Mehrzahl der Anwendungen liegt aber im Test der Funktionen von Rechnersystemen während der Inbetriebnahmephase. Einen ausführlichen Überblick und eine Einordnung unterschiedlicher Ansätze, Begriffe und Vorgehensweisen geben

AUINGER u.a. (1999), FOLLERT und TRAUTMANN (2006) sowie HIBINO und FUKUDA (2008).

Mit Emulation werden in der Lagerlogistik unter anderem die Funktionen von Lagerverwaltungssystemen (LVS) und Materialflussrechnern (MFR) getestet und in Betrieb genommen. Der sehr heterogene Markt für LVS und MFR ist bis heute durch eine Vielzahl unterschiedlicher Anbieter gekennzeichnet (vgl. WOLF 2008). In diesem Umfeld hat SAP in den zurückliegenden zehn Jahren zunehmend mehr Funktionalitäten angeboten. Ausgehend vom Modul "Warehouse Management" im SAP/R3, das bereits seit Ende der neunziger Jahre verfügbar ist, werden seit dem Jahr 2002 mit den Modulen SAP LES/TRM (Logistics Execution System / Transaction and Resources Management) Funktionalitäten für die weitere Steuerungsebenen angeboten. Dieses Angebot ist mit dem Modul SAP EWM (Extended Warehouse Management) konsequent weiterentwickelt worden.

Der folgende Artikel führt zunächst in die Emulationsanwendung im Bereich der Lagerlogistik ein. Das dritte Kapitel gibt einen kurzen Überblick über die Entwicklung der Logistiksteuerung mit SAP-Modulen. Der Emulationseinsatz bei Verwendung von SAP-Logistiksteuerungen ist dann Gegenstand des vierten Kapitels. In diesem Zusammenhang wird zunächst auf Erfahrungen aus der praktischen Anwendung eingegangen. Aus diesen Erfahrungen wird dann die Notwendigkeit für die Entwicklung standardisierter Schnittstellen abgeleitet. Das fünfte Kapitel schließt mit einer kurzen Zusammenfassung und einem Ausblick auf absehbare weitere Entwicklungen.

2 Emulationsanwendung in der Lagerlogistik

Die Anwendungen von Emulation im Bereich der Lagerlogistik lassen sich grob danach einteilen, welche Steuerungsebenen des betrachteten realen Systems emuliert werden und auf welchen Ebenen reale Steuerungssoftware zum Einsatz kommen soll. Der linke mit "Reale Anlage" überschriebene Teil von Abbildung 1 stellt in vereinfachter Form die typische Ebenenstruktur von Steuerungen in Logistiksystemen dar.

Das LVS tauscht Aufträge mit dem überlagerten Host-System aus und übernimmt unter anderem die Unterstützung der Wareneingangs- und Warenausgangsprozesse, die Verwaltung von Lagerplätzen und Lagerbeständen, die Steuerung der Kommissionierung und ggf. weitere Funktionen. Der MFR führt für das Lagerverwaltungssystem einzelne Transportaufträge durch, überwacht Fördertechnikstrecken und gibt die entsprechenden Daten an die Speicherprogrammierbaren Steuerungen (SPS) weiter, die ihrerseits die Kommunikation mit den Antrieben und Gebern der einzelnen Fördertechnikkomponenten übernehmen (vgl. zur Einordung und Abgrenzung der Begriffe TEN HOMPEL, SCHMIDT 2008, S. 8 ff., sowie zu einer genaueren Darstellung der Ebenen FOLLERT, TRAUTMANN 2006).

Welche der beschriebenen Ebenen nun mit Hilfe geeigneter (Simulations-)Modelle emuliert werden und für welche Ebenen mit den realen Systemen gearbeitet wird, ist vom jeweiligen Anwendungsfall abhängig. Zwei denkbare Fälle (Test des realen LVS und des MFR gegen die Emulation von SPS und Fördertechnik sowie Test des realen LVS gegen Emulation aller übrigen Subsysteme) sind in der Mitte und rechts in Abbildung 1 dargestellt und mit "Virtuelle Anlage zum MFR-Test" sowie "Virtuelle Anlage zum LVR-Test" überschrieben. Ebenfalls denkbar sind Emulationsumgebungen für die SPS-Ebene, die aber an etwas andere technische Rahmenbedingungen geknüpft sind, keinen speziellen Bezug zu SAP-Steuerungssoftware haben und daher im Rahmen dieses Artikels nicht betrachtet werden.

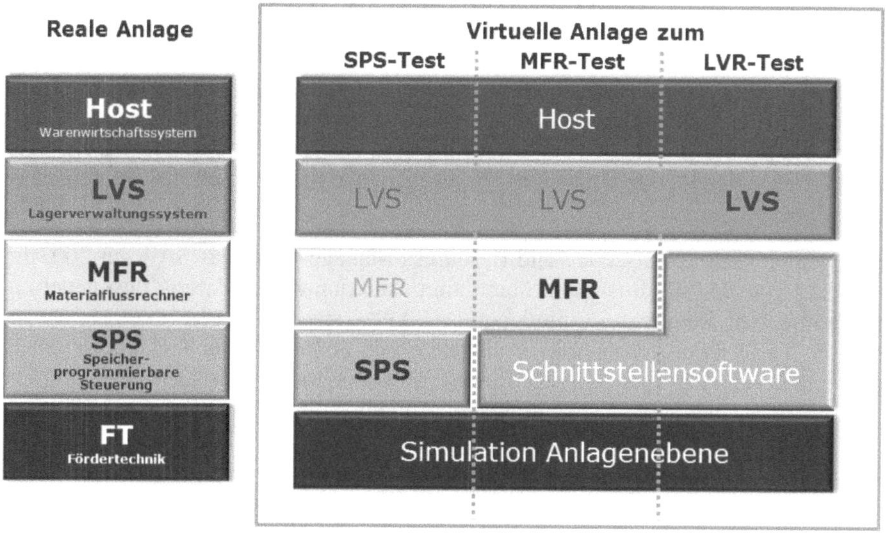

Abbildung 1: *Steuerungsebenen in Logistiksystemen und Emulation.*

Der Emulationseinsatz zur Inbetriebnahme von MFR und LVS ermöglicht sehr intensive Tests der Steuerungssoftware noch vor der Fertigstellung des realen Logistiksystems. Das führt zu einer Verringerung der Test- und Inbetriebnahmezeit der Software innerhalb der realen Anlage, damit in vielen Fällen zu einer früheren Betriebsbereitschaft der Anlage und letztlich zu verringerten Kosten sowohl für den Anlagenbetreiber als auch für den Anlagenlieferanten (vgl. GUTENSCHWAGER u.a. 2000). Diese in zahlreichen Projekten nachgewiesenen Vorteile haben dazu geführt, dass der Emulationseinsatz in den zurückliegenden Jahren deutlich zugenommen hat.

Technisch sind an den Einsatz eines Simulationsmodells in einer Emulationsumgebung eine Reihe von Voraussetzungen beispielsweise in Bezug auf die Architektur des Simulationsmodells, die Eigenschaften der verwendeten Simulationssoftware oder die Synchronisation von Simulationszeit und realer Zeit, geknüpft. Diese beispielsweise in GUTENSCHWAGER u.a. (2000) oder FOLLERT und TRAUTMANN (2006) beschriebenen Voraussetzungen sollen an dieser Stelle nicht im Einzelnen diskutiert werden. Ihre Einhaltung und Berücksichtigung ist für ein erfolgreiches Emulationsprojekt im SAP-Umfeld selbstverständlich genauso unabdingbar wie für jedes andere Emulationsprojekt auch.

3 SAP-Softwaremodule in der Logistiksteuerung

Das Walldorfer Softwarehaus SAP bietet, wie in der Einleitung bereits skizziert, seit mehreren Jahren innerhalb von SAP/R3 Softwaremodule für LVS- und MFR-Funktionalitäten an. Begonnen hat dieser Prozess bereits in den neunziger Jahren des letzten Jahrhunderts mit Bestandsverwaltung und einfachen Ein- und Auslagerungsfunktionen im Modul MM (Materials Management).

Diese Funktionalität wurde schrittweise um Logistikfunktionen für komplexere Läger erweitert und zu einem LVS ausgebaut, das seit 1998 unter der Bezeichnung LES (Logistics Execution System) am Markt angeboten wird. LES plant und verwaltet Transporte als Quelle-Ziel-Beziehungen in der für LVS charakteristischen Art und Weise. Die für den Transport erforderlichen einzelnen Schritte werden nicht betrachtet.

Das Modul TRM (Transaction and Resources Management), das SAP seit 2003 im Standard von SAP/R3 ausliefert, übernimmt Funktionen der Materialflusssteuerung und ermöglicht die direkte Anbindung von SAP an speicherprogrammierbare Steuerungen. TRM kann Transporte in einzelne Vorgänge zerlegen und entsprechend verwalten, hat sich aber für den Einsatz in automatisierten Lägern nicht durchgesetzt, insbesondere weil es keine Standardschnittstelle für die Kommunikation mit der SPS hat (vgl. z. B. KREUTZMEIER 2008).

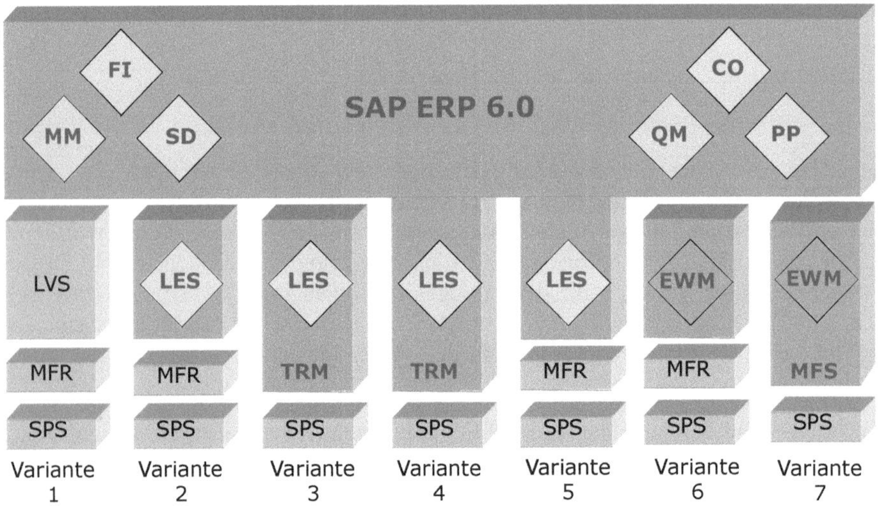

Abbildung 2: *Steuerungsebenen in Logistiksystemen bei Einsatz von SAP (Quelle: Fa. Prismat)*

Diese Lücke hat SAP mit dem seit 2007 verfügbaren Modul EWM (Extended Warehouse Management) nochmals verkleinert. Zum einen bietet EWM einen gegenüber TRM deutlich erweiterten Materialflusssteuerungsumfang. So können etwa Fördersegmente, Fördersegmentgruppen oder Ressourcen wie beispielsweise Regalbediengeräte angelegt und verwaltet werden. Ferner lassen sich Regeln für die Wegesteuerung (Routing) durch das Layout eines Logistiksystems definieren. Die direkte Kommunikation mit der unterlagerten SPS hat SAP mit EWM ebenfalls weiterentwickelt, auch wenn immer noch eine Anpassungsschicht zwischen den von SAP verwendeten RFCs (Remote Function Calls; Standard-Protokoll für den Datenaustausch mit SAP-Modulen) und der SPS-Ebene erforderlich ist (vgl. DÖMMING 2010).

In Anlehnung an die in Kapitel 2 eingeführte Ebenenstruktur zeigt Abbildung 2 sieben Varianten der Aufteilung von Steuerungsfunktionen vom LVS über den MFR zur SPS. Sechs dieser Varianten ergeben sich alleine durch die unterschiedlichen Möglichkeiten, heute verfügbare SAP-Module in die Logistiksteuerung einzubinden. So kann etwa LES mit einem MFR von einem anderen Softwareanbieter gekoppelt werden oder zusammen mit TRM zum Einsatz kommen. LES kann in eine SAP/R3-Installation integriert werden oder als dezentrale Applikation an SAP/R3 oder auch an ein anderes ERP-System angebunden werden. Auf diese Art und Weise kommt es zu den Varianten in Abbildung 2, wobei die Darstellung keinen Anspruch auf Vollständigkeit erhebt: weitere Konfigurationen und technische Details finden sich z. B. in IWL (2009).

Insgesamt ist aufgrund der Standardisierungsbestrebungen in der Informationstechnologie, der starken Verbreitung von SAP als ERP-System und der von SAP in den letzten Jahren kontinuierlich verkleinerten funktionalen Lücke zwischen den hauseigenen Logistiklösungen und den Paketen von anderen Softwareanbietern davon auszugehen, dass sich der Marktanteil von SAP/EWM erhöhen wird.

4 Emulation bei Einsatz von SAP-Modulen

Das vorhergehende Kapitel hat gezeigt, dass Softwaremodule von SAP zunehmend mehr Steuerungsfunktionen innerhalb von Logistiksystemen abdecken können. Auf diesem Weg spielt SAP eine immer größere Rolle im Markt für Lagerverwaltungssysteme und Materialflussrechner. Gleichzeitig gewinnt Emulation als spezielle Simulationsanwendung im Bereich der Lagerlogistik stetig an Bedeutung. Aus dieser Konstellation haben sich in den letzten Jahren fast zwangsläufig Projekte ergeben, bei denen es um die Emulation zur virtuellen Inbetriebnahme von SAP-Modulen wie LES, TRM oder EWM geht.

Ein Anwendungsfall, der beispielgebend in der Konsequenz des Emulationseinsatzes ist und bei dem eine Logistiksteuerung mit SAP LES eingesetzt wird, findet sich bei dem auf Logistik spezialisierten Unternehmen transpharm in Ulm, einem Tochterunternehmen des Pharmagroßhändlers ratiopharm (vgl. RÖDER 2007). Realisiert ist dort Variante 2 aus Abbildung 2: die Lagerverwaltung mit LES wird durch einen Materialflussrechner der Firma Siemens ergänzt. Die Projektverantwortlichen haben sich für einen umfassenden Test des Materialflussrechners durch Emulation entschieden. Getestet worden sind die Steuerungen der Regalbediengeräte sowie der Tablar- und der Palettenfördertechnik. Bereits damit ließen sich erhebliche Einsparungen realisieren (vgl. SEEBAUER 2004). Bemerkenswert an diesem Projekt ist nicht nur, dass die Beteiligten die Größenordnung der Einsparungen in der Inbetriebnahmephase mit 50 % im Vergleich zu "konventioneller" Arbeitsweise beziffern, sondern dass sich der Anlagenbetreiber entschieden hat, das Emulationsmodell und die entsprechende Testumgebung dauerhaft auf dem aktuellen Stand zu halten. So kann jeder neue Softwarestand von LES oder des Materialflussrechners vor der Einspielung in der realen Anlage virtuell getestet werden und Emulation wird zum betriebsbegleitenden Werkzeug.

Im zweiten hier vorgestellten Anwendungsfall hat sich die Firma Wollschläger, ein mittelständischer Lieferant von Metallwerkzeugen, zu einer Erneuerung der Steuerungssoftware eines vorhandenen Versandlagers entschlossen. Die seit mehreren Jahren eingesetzte und nicht mehr allen Anforderungen genügende "alte" Softwarelösung ist durch SAP-EWM abgelöst worden, wobei auch die Materialflusssteuerung aus SAP heraus erfolgt. Realisiert worden ist in diesem Beispiel also Variante 7 aus Abbildung 2. Die Emulation hat dabei in erster Linie dem Softwarehaus, das die EWM-Installation betreut, dazu gedient, das Modul einzurichten und virtuell in Betrieb zu nehmen. Ob der Anlagenbetreiber die Emulationsumgebung künftig auch einsetzen wird, ist derzeit noch nicht entschieden. Auch hier hat sich der modellgestützte Softwaretest bereits in der Inbetriebnahmephase amortisiert.

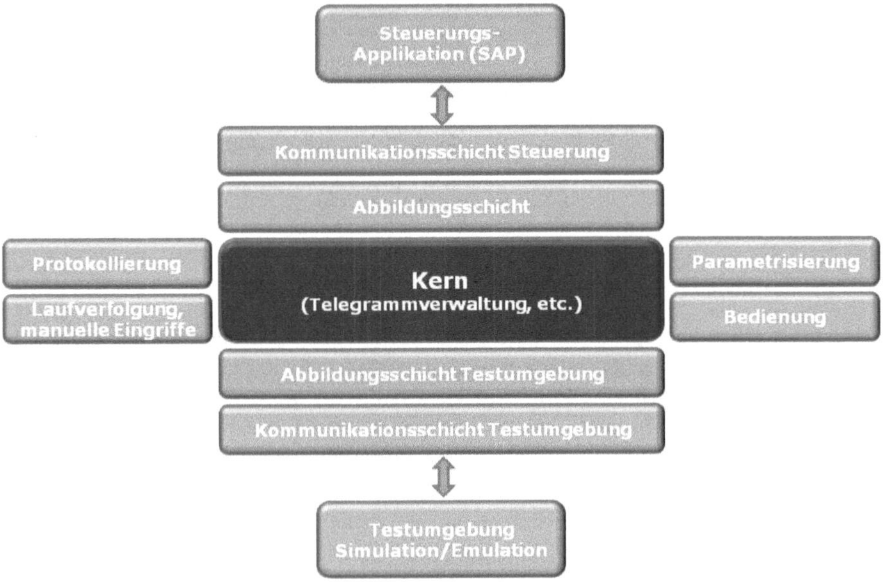

Abbildung 3: *Struktur einer Schnittstellensoftware zwischen SAP-Steuerungen und Emulationsmodellen*

So erfolgreich diese und weitere Anwendungsfälle für sich genommen auch sind, die zur Implementierung der Emulationsumgebung jeweils erforderliche Vorgehensweise unterscheidet sich nicht wesentlich von der Vorgehensweise in Emulationsprojekten, in denen die Logistiksteuerung nicht durch SAP-Module erfolgt: zur Realisierung des Datenaustauschs zwischen realer Steuerung und Emulationsmodell werden die erforderlichen Telegramme Schritt für Schritt im Modell oder in einer Schnittstellensoftware zwischen Steuerung und Modell (vgl. Abb. 2) umgesetzt. Diese Umsetzung ist in der Regel zeitintensiv und fehleranfällig. Sie steht auch in einem gewissen Kontrast zu der mit dem SAP-Einsatz grundsätzlich angestrebten Standardisierung. Eine einheitliche Schnittstelle zur Verknüpfung von SAP-Logistiksteuerungen mit unterlagerten Testumgebungen ist eine denkbare Antwort auf diese Problematik.

Abbildung 3 vermittelt einen Überblick über die mögliche Architektur einer Software an der Schnittstelle zwischen SAP und Emulationsmodellen. Die Kommunikationsschichten haben jeweils die Aufgabe, die entsprechenden Kommunikationsprotokolle wie RPC (vgl. Kap. 3) oder TCP/IP zur Verfügung zu stellen. Die Abbildungsschichten haben beispielsweise die Aufgabe, empfangene Telegramme zu zerlegen und abzuschickende Telegramme zu erstellen. Die Verwaltung, Spezifikation und Pflege der Telegrammtypen ist eine der Kernaufgaben der Software, wozu entsprechende Benutzerschnittstellen und Parametrisierungsmöglichkeiten erforderlich sind. Zur Laufzeit sind dann ferner Protokollfunktionen und Optionen für manuelle Interaktionen (die in der Realität etwa durch Kommissionierer durchgeführt werden) notwendig. Selbstverständlich sind auch bei einem Einsatz einer standardisierten Schnittstellensoftware projektspezifische Telegramme erforderlich. Das Ziel muss es aber sein, diese Telegramme durch einfache Anpassungen vornehmen zu können, ohne neue Kommunikationsstrukturen implementieren zu müssen.

5 Zusammenfassung und Ausblick

Der vorliegende Artikel vermittelt einen Überblick über den Status des Emulationseinsatzes in Logistiksystemen sowie über die Steuerung von Logistiksystemen mit SAP. Anhand von zwei Beispielen wurde verdeutlicht, dass eine standardisierte Logistiksteuerung nicht bedeutet, dass auch Testumgebungen in standardisierter Form zur Verfügung stehen. Eine geeignete Schnittstellensoftware, deren Struktur vorgestellt wurde, kann diesbezüglich zu Verbesserungen führen. Dies wird voraussichtlich nicht für alle der dargestellten Varianten von SAP-Steuerungen möglich sein, aber für eine ganze Reihe davon.

Literatur

AUINGER, Franz; VORDERWINKLER, Markus; BUCHTELA, Georg: Interface driven domain-independent modeling architecture for "soft commissioning" and "reality in the loop". In: Proceedings of the 1999 Winter Simulation Conference. Hrsg.: FARRINGTON, P. A.; NEMBHARD, H. B.; STURROCK, D. T.; EVANS, G. W. Piscataway : IEEE, 1999, S. 798-805.

DÖMMING, Daniel: Automatiksteuerung direkt aus SAP. In: FM Das Logistik-Magazin, Stuttgart, (2010)3, S. 52-53.

FOLLERT, Guido; TRAUTMANN, Andreas: Emulation intralogistischer Systeme. In: Simulation in Produktion und Logistik 2006. Tagungsband 12. Fachtagung der ASIM-Fachgruppe Simulation in Produktion und Logistik. Hrsg.: WENZEL, S. Erlangen: SCS Publishing House, 2006, S. 521-530.

GUTENSCHWAGER, Kai; FAUTH, Karl-August; SPIECKERMANN, Sven; VOSS, Stefan: Qualitätssicherung lagerlogistischer Steuerungssoftware durch Simulation. In: Informatik Spektrum, Berlin, 23(2000)1, S. 26-37.

HIBINO, Hironori; FUKUDA, Yoshiro: Emulation in Manufacturing Engineering Processes. In: Proceedings of the 2008 Winter Simulation Conference. Hrsg.: MASON, S. J.; HILL, R. R.; MÖNCH, L.; ROSE, O.; JEFFERSON, J. W.; FOWLER, J. W. San Diego: SCS International, 2008, S. 1785-1793.

IWL: Lagerverwaltung unter SAP 1999-2009. White Paper, Ulm: IWL AG, http://www.iwl.de/web/iwl.nsf/files/pm/$file/IWL_SAP_WhitePaper.pdf, Stand: 30.07.2010.

KREUTZMEIER, Micheal: Marktorientierter Ansatz für Logistik-Software-Entwürfe. In: MM-Logistik Softwareführer 2007/2008. Würzburg: Vogel-Industrie-Medien, 2008, S. 12-15.

MAYER, Gottfried, BURGES, Ulrich: Virtuelle Inbetriebnahme von Produktionssystemen in der Automobilindustrie mittels Emulation. In: Simulation in Produktion und Logistik 2006. Tagungsband zur 12. ASIM-Fachtagung. Hrsg.: WENZEL, S. Erlangen: SCS Publishing House, 2006, S. 541-550.

McGREGOR, Ian: The Relationship between Simulation and Emulation. In: Proceedings of the 2002 Winter Simulation Conference. Hrsg.: YÜCESAN, E.; CHEN, C.-H.; SNOWDON, J. L.; CHARNES, J. M. Piscataway: IEEE, 2002, S. 1683-1688.

NOCHE, Bernd: Kopplung von Simulationsmodellen mit Leitrechnern. In: Fortschritte in der Simulationstechnik. Tagungsband 11. ASIM-Symposium. Hrsg.: KUHN, A.; WENZEL, S. Braunschweig: Vieweg, 1997, S. 170-178.

RÖDER, Gerhard: Simulation – Emulation – Innovation. Die Lebenszyklen des ratiopharm-Logistikzentrums. In: Intralogistik bewegt – mehr Effizienz, mehr Produktivität. Tagungsband 16. Deutscher Materialfluss-Kongress. Düsseldorf: VDI-Verlag, S. 143-148. (VDI-Bericht 1978)

SEEBAUER, Anja: Expansion. Der Arzneimittelhersteller Merckle/Ratiopharm startet in eine neue Logistikära. In: Logistik heute, München, (2004)7-8, S. 14-17.

TEN HOMPEL, Michael; SCHMIDT, Thorsten: Warehouse Management – Organisation und Steuerung von Lager- und Kommissioniersystemen. Berlin: Springer, 3. Auflage 2008.

VDI 3633, Blatt 1, Simulation von Logistik-, Materialfluss- und Produktionssystemen. Berlin: Beuth 2007.

WOLF, Oliver: Entwicklungen und Trends des WMS-Marktes. In: Ident Jahrbuch 2008, Rödermark: Ident, S. 92-95.

Integrationsaspekte der Simulation:
Technik, Organisation und Personal
Gert Zülch & Patricia Stock (Hrsg.)
Karlsruhe, KIT Scientific Publishing 2010

Auf dem Weg zum Standard – Virtuelle Inbetriebnahme von IT-Steuerungssystemen in der Produktionssteuerung

The Way to Standardization – Virtual Implementation of IT Control Systems in Production Control

Ulrich Grillitsch
BMW AG, Regensburg (Germany)
ulrich.grillitsch@bmw.de

Gottfried Mayer
BMW AG, München (Germany)
gottfried.mayer@bmw.de

Abstract: After finishing some virtual ramp up's in separate plants and subsections like bodyshop, paintshop and motor compartment using emulation, there is the need for a standardization and improvement of emulation applications. This article shows a standardization approach using the example of a specific project.

1 Einleitung

Nachdem die reale Inbetriebnahme der Produktionssteuerungssysteme in verschiedenen Werken und Fertigungsabschnitten in den Technologien Karosseriebau, Lackiererei und Motorenbau mittels Emulation (FOLLERT, TRAUTMANN 2006, S. 521 ff.) erfolgreich verlaufen ist (MAYER, BURGES 2006, S. 541 ff.), stellt sich die Frage nach einer verbesserten Vorgehensweise, die mit einfachen, schlanken sowie parametrisierbaren Bausteinen ein schnelles Aufbauen von Emulationsmodellen ermöglicht, die in einem breiten Anwendungsgebiet eingesetzt werden können.

Die Potentiale einer Verbesserung der Vorgehensweise sind:

- Deutliche Reduzierung des Modellierungsaufwandes.
- Vereinfachung von Betrieb und Wartung der Modelle.
- Unabhängigkeit vom verwendeten Steuerungssystem.
- Erleichterung von Know-How-Transfer sowie Wissenssicherung.

- Deutliche Verkürzung der Inbetriebnahmezeiten und der Aufwände in den beteiligten Fachbereichen und IT-Stellen.
- Ausweitung der Nutzung für Schulungen von Steuerungs- und Instandhaltungspersonal.

Gegebene Randbedingung für die Standardisierung ist die Nutzung des VDA (Verband der Automobilindustrie) Bausteinkastens (MAYER, HEINRICH 2006, S. 423 ff.).

Dieser Artikel ist wie folgt strukturiert: im zweiten Kapitel wird die Vorgehensweise zur Standardisierung beschrieben. Das dritte Kapitel beinhaltet eine Projektbeschreibung zur Verdeutlichung der im vorherigen Kapitel beschriebenen Maßnahmen. Im vierten Kapitel ist eine Zusammenfassung sowie einen Ausblick auf weitere Vorhaben im Bereich der virtuellen Inbetriebnahme zu finden.

2 Vorgehensweise

Aus einer Analyse der bislang angewendeten Bausteine und des Ablaufs vergangener Projekte ergeben sich eine Reihe von Ansätzen zur Standardisierung und Verbesserung. Beides, die Analyse und das Ergebnis von Verbesserungen, werden in diesem Kapitel beschrieben.

Analyse der vorhandenen Modelle und Bausteine:

Bei der Analyse hat sich herausgestellt, dass die für den Telegrammverkehr benötigten Informationen in den Simulationsmodellen sehr schwer zu finden und in ihrer Bedeutung kaum nachvollziehbar sind. So wurden Telegramminhalte zum Teil in Methoden als feste Zeichenketten abgespeichert sowie in verschiedenen Tabellen an unterschiedlichen Stellen im Modell abgelegt. Ferner wurden Tabellen nicht zentral gepflegt, sondern mussten in den einzelnen Instanzen bearbeitet werden. Dadurch wurde der Aufwand für den Modellaufbau erheblich höher und auch fehleranfälliger. Die vorhandenen Emulationsmodelle hatten unterschiedliche Bausteinstände, die kaum konsolidierbar waren. Als Folge war eine Wartung der Modelle kaum noch möglich. Bei der Modellierung wurde nicht durchgängig auf die Vererbungshierarchie geachtet, somit waren gleiche Bausteine in unterschiedlichen Ordnern abgelegt und abgeleitet. Die Updatefähigkeit, die einer der großen Vorteile bei der Verwendung des VDA-Bausteinkastens ist, war damit praktisch nicht mehr gegeben.

Eine weitere Besonderheit ergibt sich auch aus der Socket-Schnittstelle, die Grundlage der Kommunikation zwischen Simulationsmodell und realem IT-System ist. Die in der Socket-Schnittstelle des Simulators Plant Simulation implementierte TCP-IP Protokollversion entspricht nicht dem RFC1006 Standard und bildet bei Lasttests Telegrammpakete, welche die reale Steuerung nicht verarbeiten kann. Im Einzelnen gibt es die folgenden Unterschiede:

Verhalten des TCP Protokolls:

Wenn Daten mit Hilfe des TCP Protokolls übertragen werden, dann erfolgt die Übertragung datenstromorientiert. Es werden dabei weder Informationen zur Länge noch Informationen über Anfang und Ende einer Nachricht übertragen. Beim Senden ist dies unproblematisch, da der Sender weiß, wie viele Datenbytes er verschicken will. Der Empfänger kann jedoch nicht erkennen, wo eine Nachricht im Datenstrom aufhört und wo die nächste im Datenstrom beginnt.

Verhalten der RFC1006 Protokollerweiterung:

In den meisten Anwendungen in der Automatisierungstechnik ist es jedoch unerlässlich, nachrichtenorientiert zu arbeiten. Es werden abgeschlossene Nachrichtenblöcke über eine Verbindung gesendet, die vom Empfänger auch als solche erkannt werden. Die Protokollerweiterung RFC1006 spezifiziert nun, welche Informationen in Form eines als Header bezeichneten Telegrammkopfs den zu übertragenden Daten hinzugefügt werden müssen, um dies zu gewährleisten. RFC1006 stellt also Anwendungen, die auf dem datenstromorientierten TCP Protokoll aufsetzen, eine nachrichtenorientierte Übertragung zur Verfügung.

Neustrukturieren und Vereinfachen der Bausteine:

Auf Basis der Analyseergebnisse wurden die Bausteine überarbeitet und neu entwickelt. Die Anzahl der Objekte hat sich dabei erheblich reduziert, wodurch die Übersichtlichkeit deutlich erhöht wurde. Im Wesentlichen wurden die einzelnen Telegrammtabellen in einer zentralen Tabelle zusammengefasst und in Ihrer Funktionalität erweitert. Die für jede Telegrammtabelle existierende Verarbeitungs-Methode wurde entfernt und deren Funktionsweise in einer zentralen Methode integriert und dynamisiert. Es wurde darauf geachtet, dass keine hartcodierten Zeichenketten in den Methoden verwendet werden.

Die speziellen Zusatzanforderungen einer sogenannten Master-SPS (Speicherprogrammierbare Steuerung) wurden in den Standardtelegrammablauf integriert. Master-SPSen können unabhängig vom Materialfluß Telegramme senden, z. B. Auftragsanforderungen. Ebenso muß der Master-SPS Baustein in diesem Standardablauf Telegramme verarbeiten können, die direkt von der übergeordneten Steuerung gesendet werden. Ein Emulationsmodell kann viele SPS- und Materialflußbausteine enthalten. Um nicht jedes Objekt einzeln aufrufen und parametrisieren zu müssen, wurde die Konfiguration der Bausteine in einer zentralen Tabelle zusammengeführt. Das hat auch den Vorteil, dass beim Aktualisieren der Bausteine die Parametrisierungen einfacher gesichert und wieder aufgeprägt werden können (siehe auch Kapitel 3, Randbedingungen).

Einrichten eines TCP-Protokollkonverters:

Der intern entwickelte Protokollkonverter übernimmt die oben beschriebene, in der Socket-Schnittstelle von Plant Simulation fehlende Funktion des TCP-IP RFC1006 Protokolls. Er wird als Prozeß auf der Kommunikationsmaschine der übergeordneten Steuerung installiert.

Integration von An- bzw. Abschaltoptionen einzelner Bausteinkomponenten:

Die Flexibilität und Nutzbarkeit von Modellen soll beim Einsatz so hoch wie möglich sein. Am Beispiel des sogenannten "OFFLINE-Telegrammtests" wird der Punkt erläutert: Um ein Modell auch ohne Verbindung zur realen Steuerung aufbauen und testen zu können, wurde eine Möglichkeit geschaffen, Antworttelegramme im Modell selbst zu erzeugen und damit eine Verbindung zur Steuerung zu simulieren. Dadurch kann zum einen getestet werden, ob die Telegramme richtig parametrisiert wurden und zum anderen, ob die internen Modellsteuerungen funktionieren. Das

Modell hat dadurch zum Zeitpunkt der ersten Funktionstests mit der realen Steuerung bereits einen ausgereiften Stand.

Erstellen von verbindlichen Referenzobjekten:

Alle für die Emulation relevanten Objekte existieren in einem einzigen verbindlichen Objektstand. Alle Änderungen in bestehenden Modellen werden in das Referenzobjekt übernommen. Dadurch ist gewährleistet, dass alle Emulationsmodelle mit den gleichen Bausteinen aufgebaut werden und mit geringem Aufwand aktualisiert werden können. Damit fließt auch automatisch die Erweiterung der Funktionalität in alle Modelle ein.

Anlegen einer klaren und durchgängigen Vererbungshierarchie:

Dieser Schritt ist zwingend notwendig, um die oben bereits erwähnte Updatefähigkeit der Bausteine zu gewährleisten. So kann durch die Export- und Importfunktion von Plant Simulation das komplette Emulationsobjekt ausgetauscht werden. Um dabei nicht die Parametrisierungen der Instanzen zu verlieren, wurde die Möglichkeit geschaffen, auf Knopfdruck alle Parameter auszulesen und in einer zentralen Tabelle abzuspeichern. Nach erfolgreichem Import können wiederum auf Knopfdruck alle Parameter auf die Instanzen (Bausteine) aufgeprägt werden.

Dialogsteuerung für jedes Emulationsmodell:

Da im Regelfall die Modelle auch vom Inbetriebnahmepersonal verwendet werden, das in der Handhabung des Simulationswerkzeugs nicht geschult ist, muß eine einfache Steuerung des Modells gewährleistet sein. Abgesehen vom Modellstart und -stop, Verbindungsaufbau und -abbau können über Anwenderdialoge Auftragslisten erstellt und bearbeitet, das SPS-Verhalten sowie das Materialfluß-Verhalten beeinflußt werden. Auch für den Simulations- bzw. Emulationsexperten bedeutet die Dialogsteuerung eine Erleichterung bei der Bedienung.

Durchgängige und verständliche Dokumentation:

Für jedes einzelne Modell wird ein Benutzerhandbuch für das Inbetriebnahmepersonal erstellt. Für die Modellentwickler wird laufend ein Emulationshandbuch zur Wissenssicherung auf den neuesten Stand gebracht.

Abstraktion des Materialflusses:

Die Priorität liegt bei der virtuellen Inbetriebnahme der übergeordneten Steuerungssoftware. Daher wird im Bereich der Fördertechnik abstrahiert, um unnötige Modellierungsaufwände zu vermeiden. Je nach Anforderung werden auch logische Layouts, wie sie in der Realität für Visualisierungen der Steuerungssoftware verwendet werden, eingesetzt.

Einen Überblick über den Telegrammverkehr innerhalb eines Emulationsmodells bei Verwendung der überarbeiteten Bausteine gibt Abb. 1.

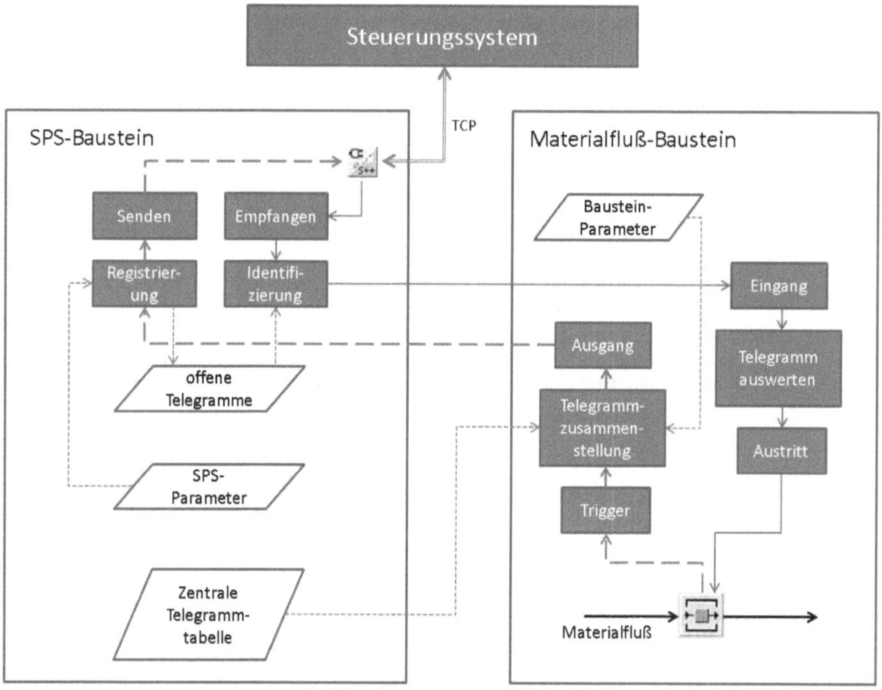

Abbildung 1: *Schematischer Ablauf des Telegrammverkehrs*

3 Projekt Kabelbaum-Lagersteuerung

Eine erste Validierung der standardisierten Bausteine erfolgte im Rahmen eines Arbeitsauftrages zur Unterstützung der Umstellung des Kabelbaumlagers im Werk Dingolfing auf die Lagersteuerungssoftware ASL.

Im Einzelnen wurden die folgenden Randbedingungen für die Implementierung festgelegt:

- Keine Vorbelegung der Fördertechnik im Simulationsmodell, um Inkonsistenzen zwischen Modell und Steuerungs-Datenbank zu vermeiden.
- Vernichtung der Behälter im Modell nach erfolgter Einlagerung. Dadurch entfällt eine aufwendige, modellinterne Speicherverwaltung, die nicht Fokus der Emulation ist.
- Erzeugen der Behälter beim Empfang von Auslageraufträgen.
- Leerfahren des Systems nach jedem Funktions- und Lasttest.
- Änderung der angezeigten Behältersymbole durch eine Bildsteuerung. So können Behälter, die sich gerade im Telegrammverkehr befinden, identifiziert werden (vgl. Abbildung 3).
- Einstellmöglichkeit, welche Quellen Behälter erzeugen sollen und welche nicht. Interessant ist die Aktivierung bzw. Deaktivierung einzelner Quellen, wenn nur Modellabschnitte bzw. Teilfunktionen getestet werden sollen.

- Zentrale Verwaltung von Telegrammen in einer Tabelle. In dieser Tabelle wird pro Telegrammname die Zuordnung zu den Materialflußbausteinen, die dieses Telegramm senden, sowie deren Struktur eingestellt (vgl. Abbildung 1, SPS-Baustein).
- Zentrale Verwaltung von den Materialflußbausteinen mit Telegrammverkehr in einer Tabelle. In dieser Tabelle werden pro Materialflußbaustein alle relevanten Parameter, die für den Telegrammverkehr notwendig sind, eingestellt (vgl. Abbildung 1, Materialfluß-Baustein).
- Dynamische, tabellengesteuerte Master-SPS Funktion (zyklische SPS-Telegramme, die nicht von einem Behälter im Materialfluß ausgelöst werden).

Getestet worden sind in diesem Projekt der Einlagerungs- und der Auslagerungsprozess. Die entsprechenden Abläufe werden im Folgenden kurz skizziert.

Zu Beginn des Einlagerungsprozesses (vgl. Abbildung 2) werden die Kabelbäume am Aufsetzpunkt mit einem Telegramm von der ASL Steuerung erfasst und in eine der drei Gassen disponiert. Wenn sich ein Kabelbaum am Gasseneingang meldet, wird er vom Regalfahrzeug übernommen und eingelagert. Voraussetzung hierfür ist jedoch, dass ein Einlagerungsauftrag von ASL an die SPS des jeweiligen Regalfahrzeugs (RFZ) einer Gasse geschickt und von der SPS empfangen wurde. Die SPS sendet solange zyklisch Einlagerungsanforderungen an ASL, bis eine Einlagerung ausgeführt wird. Erst wenn die Einlagerung mit einem Telegramm von ASL quittiert wurde, wird wieder die zyklische Einlagerungsanforderung von der SPS gesendet.

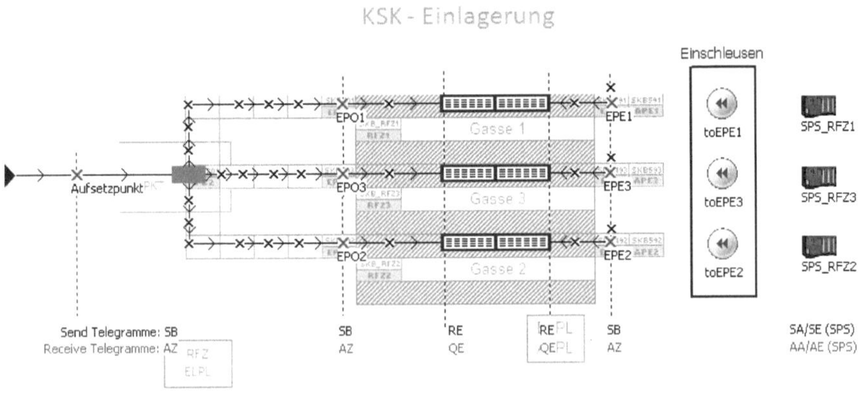

Abbildung 2: *Layout Einlagerung Kundenspezifischer Kabelbaum (KSK)*

Im Rahmen des Auslagerungsprozesses (vgl. Abbildung 3) senden die SPSen der drei Gassen zyklisch Auslageranforderungen an ASL. Wird von ASL ein Auslagerauftrag an die Regalfahrzeug-SPS einer Gasse gesendet, wird von der Speicherkontrolle ein Kabelbaum-Behälter erzeugt, mit den relevanten Telegramminformationen versehen, auf den Auslagerplatz umgelagert und ein Auslagervollzugs-Telegramm gesendet, das von ASL quittiert wird. Erst danach sendet die RFZ-SPS erneut eine Auslageranforderung an die übergeordnete Steuerung (ASL). Jetzt befindet sich der Kabelbaum auf der Förderstrecke und sendet an den Dispo-Punkten Telegramme, hauptsächlich um dem Kabelbaum eine Zielvorgabe mitzugeben.

Nach dem Modellaufbau wurden zuerst Funktionstests mit einzelnen Kabelbaum-Behältern durchgeführt. Bereits in dieser Phase konnten Fehler sowohl im Emulationsmodell als auch in der Steuerungssoftware entdeckt und behoben sowie Verbesserungen implementiert werden. Anschließend erfolgten umfangreiche Lasttests, die mit verschiedenen ASL Konfigurationen durchgeführt wurden. Nach dem Abschluss der Tests konnte die reale ASL Lagersteuerung fehlerfrei in Betrieb genommen werden.

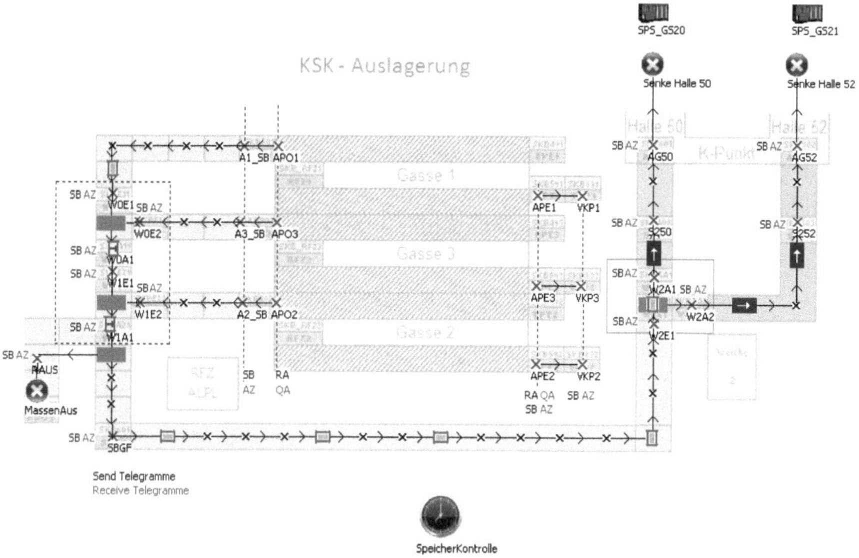

Abbildung 3: Layout Auslagerung kundenspezifischer Kabelbaum (KSK)

Wäre die virtuelle Inbetriebnahme des Kabelbaumlagers auf Basis der nicht standardisierten Bausteine erfolgt, hätte das folgende Auswirkungen auf das Projekt gehabt:

- Gefährdung der vorgegebenen Inbetriebnahme-Termine.
- Erheblicher Mehraufwand beim Modellaufbau.
- Analyse-Probleme bei Funktions- und Lasttest-Fehlern.
- Eingeschränkte Wiederverwendbarkeit des Modells für nachfolgende, ähnlich aufgebaute Lager-Inbetriebnahmen.

4 Zusammenfassung und Ausblick

Durch Umsetzung der in diesem Artikel beschriebenen Maßnahmen zur Standardisierung von Emulationsbausteinen konnte eine deutliche Reduzierung der Modellierungs- und Inbetriebnahme-Aufwände erzielt werden. Im vorgestellten Beispiel hat das maßgeblich dazu beigetragen, dass die reale Inbetriebnahme mit Hilfe der Emulation erfolgreich und termingerecht abgeschlossen werden konnte. Der Weg der Standardisierung der Emulationsbausteine hat sich bewährt und wird kontinuierlich weiter verfolgt. Unabhängig von der durchzuführenden Inbetriebnahme läßt sich prognostizieren, dass unter Beachtung der aufgezeigten Schritte und Maßnahmen auch in anderen Fertigungsbereichen ähnliche Ergebnisse und Aufwandsreduzierungen erreichbar sind.

Nicht nur die standardisierten Kommunikationsbausteine der Emulation sind ein wesentlicher Bestandteil einer effizienten virtuellen Inbetriebnahme, sondern auch der Zugriff auf standardisierte Simulationsmodelle im Unternehmen, die nach einer Struktur aufgebaut sind, die die Integration dieser Kommunikationsbausteine ohne Probleme ermöglichen (vgl. Abbildung 4). Dazu ist es notwendig, schon bei der Erstellung von sogenannten Betreiber- und Planungsmodellen die Anforderungen der Emulation zu kennen, zu berücksichtigen und umzusetzen. Dieser Aspekt wird derzeit konzeptionell ausgearbeitet und danach in einer Pilotanwendung auf Praktikabilität geprüft.

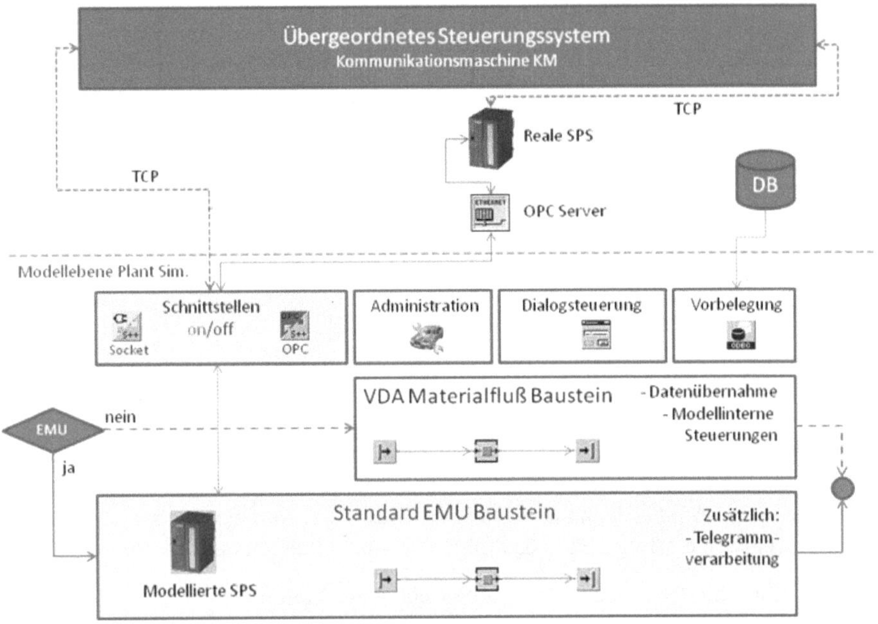

Abbildung 4: *Schema eines kombinierten Simulations-/Emulationsmodells*

Literatur

FOLLERT, Guido; TRAUTMANN, Andreas: Emulation intralogistischer Systeme. In: Simulation in Produktion und Logistik 2006. Hrsg.: WENZEL, Sigrid. Erlangen: SCS Publishing House, 2006, S. 521-530.

MAYER, Gottfried; BURGES, Ulrich: Virtuelle Inbetriebnahme von Produktionssteuerungssystemen in der Automobilindustrie mittels Emulation. In: Simulation in Produktion und Logistik 2006. Hrsg.: WENZEL, Sigrid. Erlangen: SCS Publishing House, 2006, S. 541-550.

MAYER, Gottfried; HEINRICH, Stefan: Ablaufsimulation im VDA – ein Bericht aus der Arbeitsgruppe. In: Simulation in Produktion und Logistik 2006. Hrsg.: WENZEL, Sigrid. Erlangen: SCS Publishing House, 2006, S. 423-428.

Integrationsaspekte der Simulation:
Technik, Organisation und Personal
Gert Zülch & Patricia Stock (Hrsg.)
Karlsruhe, KIT Scientific Publishing 2010

Kennzahlen zur Bewertung logistischer Systeme

Performance Indicators for the Evaluation of Logistics Systems

Gerald Weigert
Technische Universität Dresden,
Institut für Aufbau- und Verbindungstechnik der Elektronik, Dresden (Germany)
gerald.weigert@tu-dresden.de

Oliver Rose
Technische Universität Dresden,
Institut für Angewandte Informatik, Dresden (Germany)
oliver.rose@tu-dresden.de

Pavel Gocev
Fraunhofer IPK/Bereich Unternehmensmanagement, Berlin (Germany)
pavel.gocev@ipk.fraunhofer.de

Gottfried Mayer
BMW AG/Forschungs- und Innovationszentrum, München (Germany)
gottfried.mayer@bmw.de

Abstract: A lot of performance indicators for the evaluation of manufacturing and logistics systems can be found in the literature, industrial instructions as well as in several standards. For the simulation experts the difficulties start when they have to deliver precise values, because a lot of performance indicators are not defined clearly enough or have different meaning, depending of industrial domain. Therefore an open discussion platform is necessary where simulation experts as well as the industrial users collect, exchange and sort their views and experiences. To facilitate this discussion we set up a wiki of terms and performance indicators which can be used to start the process of collecting and fostering terms and their definitions in the area of performance indicators.

1 Motivation

Im Mittelpunkt der folgenden Ausführungen stehen Produktionssysteme, unabhängig von ihrer jeweiligen Ausprägung als einzelne Maschine, Produktionsabteilung oder auch als ganzes Produktionsunternehmen und unabhängig von der jeweiligen Industriebranche. In Produktionssystemen treten viele verschiedene Aspekte in

Erscheinung und miteinander in Wechselwirkung, wie etwa Technologie, Energie, Information oder Kosten. Im Folgenden werden die Produktionssysteme jedoch ausschließlich unter ihrem logistischen Aspekt betrachtet, das heißt, es handelt sich in der Verallgemeinerung um Systeme, in denen einzelne Objekte bewegt, bearbeitet und gelagert werden. Genau das ist der Gegenstand vieler ereignisdiskreter Simulationssysteme, die für eine verlässliche Analyse der Objektbewegungen inzwischen unverzichtbar sind. Die mit den logistischen Parametern in engem Zusammenhang stehenden monetären Kennzahlen wurden bewusst ausgeklammert, da dafür zusätzliche Fachkompetenz erforderlich wäre.

Anders ausgedrückt handelt es sich dabei um den zeitlichen Aspekt der Produktion, der sich z.B. in Kenngrößen wie *Durchsatz*, *Auslastung*, *Bestand* oder *Durchlaufzeit* ausdrückt. Leider existiert ein gut standardisiertes Kennzahlensystem, wie es insbesondere aus der Sicht der Simulationsexperten benötigt wird, bislang noch nicht. Das beginnt mit den Begriffen an sich, die je nach Industriebranche unterschiedlich sein können, und endet schließlich bei der exakten mathematischen Definition. Für die Bewertung des Simulationsmodells, aber auch für die Schlussfolgerungen, die aus den Simulationsexperimenten zu ziehen sind, benötigt man jedoch verlässliche Kennzahlen, insbesondere sollten die Simulationsexperten und ihre Auftraggeber die gleiche Sprache sprechen. Um diesen Bedarf zu befriedigen, wurde 2007 im Rahmen der ASIM Fachgruppe "Produktion und Logistik" zunächst eine Interessengruppe "Begriffe und Kennzahlen" ins Leben gerufen, die ein Jahr später in eine reguläre Arbeitsgruppe umgewandelt wurde. Ziel dieser Arbeitsgruppe kann und soll es nicht sein, neue Kennzahlen zu erfinden, vielmehr geht es darum, die vorhandenen Kennzahlensysteme zu ordnen und zu vergleichen bzw. - falls möglich - auf ihre Wurzeln zurückzuführen. Die Mittel und Methoden sowie die Ergebnisse dieser Arbeit sollen im Folgenden vorgestellt werden. Der Leser sollte jedoch keine endgültige Darstellung und Systematisierung, etwa im Sinne eines Standards, erwarten. Vielmehr geht es darum, das Problembewusstsein zu schärfen und eine geeignete Diskussionsplattform für einen möglichst breiten Teilnehmerkreis, insbesondere Entwickler und Anwender von Simulationssystemen aber auch Praktiker, bereitzustellen.

2 Vorhandene Definitionen

Um einen Überblick über die Definitionen von Kennzahlen und Begriffen im Umfeld der Arbeitsgruppe zu erhalten, wurde recherchiert, welche Richtlinien, Vorschriften usw. bereits vorhanden sind. Die Anzahl der im Anschluss aufgeführten Sammlung, die keinen Anspruch auf Vollständigkeit erhebt, verdeutlicht das Problem: Es gibt für viele Bereiche spezifische Definitionen, es fehlt aber an einer allgemein gültigen Definition von Kennzahlen und Begriffen im Umfeld der Simulation in Produktion und Logistik.

Eine wichtige Quelle sind die VDI-Richtlinien, hier vor allem die Nummern 3649 (Anwendung der Verfügbarkeitsrechnung in Förder- und Lagersystemen), 3423 (Verfügbarkeit von Maschinen und Anlagen - Begriffe, Definitionen, Zeiterfassung und Berechnung), 2525 (Praxisorientierte Logistikkennzahlen für kleine und mittelständische Unternehmen), 2689 (Leitfaden für Materialflussuntersuchungen), 2689 (Leitfaden für Materialflussuntersuchungen) und 2893 (Auswahl und Bildung von

Kennzahlen für die Instandhaltung). Weitere Informationen findet man in den VDI-Richtlinien 4400, Blatt 1 bis 3 (Logistikkennzahlen für Beschaffung, Produktion und Distribution) sowie in der VDI-Richtlinie 4490 (Operative Logistikkennzahlen von Wareneingang bis Versand). Im Bereich Halbleiterproduktion wird der Standard durch die SEMI (Semiconductor Equipment and Materials International) gesetzt. Wichtig in diesem Zusammenhang sind: E10-0304 (Specification for Definition and Measurement of Equipment Reliability, Availability, and Maintainability), E105-0701 (Provisional Specification for CIM Framework Scheduling Component) und E124-1103 (Provisional Guide for Definition and Calculation of Overall Factory Efficiency and other Associated Factory-Level Productivity Metrics).

Industrieverbände wie der VDA (Verband der Automobilindustrie) und der VDMA (Verband Deutscher Maschinen- und Anlagenbauer) haben eigene Richtlinien entwickelt wie z.B. VDMA 66412 (Manufacturing Execution Systems – Kennzahlen). Für die Verpackungsindustrie z.B. gibt es eine eigene DIN (8743, Verpackungsmaschinen – Begriffe für Verpackungsmaschinen und Verpackungsanlagen, Zeitbegriffe, Kenngrößen, Nachweise). Daneben gibt es ein Kennzahlensystem der AWF-Arbeitsgemeinschaften für Vitale Unternehmensentwicklung und nicht zu vergessen die Kennzahlen des REFA-Verbandes, der sich traditionell mit der Zeiterfassung in Produktion und Logistik befasst und zweifellos eine wichtige Instanz auf diesem Gebiet darstellt.

Ebenso zahlreich ist die Literatur zu diesem Gebiet. Für den Praktiker bietet sich hier z.B. an MEINBERG und TOPOLEWSKI (1995), DANGELMAIER und WARNECKE (1997), KURBEL (1999), GÜNTHER und TEMPELMAIER (2005), sowie HOPP und SPEARMAN (2001). Aber auch in der wissenschaftlichen Literatur zur Theorie der Ablaufplanung finden sich, insbesondere unter dem Stichwort Zielgrößen, wichtige Beiträge zur Kennzahlenproblematik. Beispielhaft seien hier genannt DOMSCHKE u.a. (1997), BRUCKER (2007) und PINEDO (2008).

3 Sammeln und Systematisieren logistischer Kennzahlen und Begriffe

Die gewählte Methode zum Aufbau einer Datenbank kann grob wie folgt beschrieben werden: Zunächst werden so viele Kennzahlen und Begriffe wie möglich gesammelt. Als Quelle dienten die einschlägigen Standards usw. Im Ergebnis entsteht eine unstrukturierte Sammlung, die anschließend einer ersten vergleichenden Analyse unterzogen wurde mit dem Ziel, synonym verwendete Begriffe ebenso herauszufinden wie Bezeichnungen, die in unterschiedlichem Zusammenhang unterschiedlich verstanden werden können. Das Systematisieren erfolgte dabei in zwei Schritten:

1. Definition logistischer Grundkategorien (Schlüsselbegriffe)
2. Zuordnung aller Begriffe zu den Kategorien

Die Schlüsselbegriffe sollten mit Sicherheit grundlegend unterschiedliche logistische Sachverhalte widerspiegeln, andererseits die logistischen Aspekte eines Produktionssystems, insbesondere aus dem Blickwinkel der Simulationsmethoden, möglichst vollständig abbilden. Folgende Schlüsselbegriffe sind das Ergebnis der Analyse:

- *Durchsatz*
- *Bestand*
- *Durchlaufzeit*
- *Auslastung*
- *Termin*
- *Ausbeute*

Die drei Begriffe *Durchsatz*, *Bestand* und *Durchlaufzeit* werden durch das Gesetz von Little (siehe HOPP und SPEARMAN (2001)) miteinander verknüpft und bilden so etwas wie das unverzichtbare Fundament bei der Leistungsbewertung logistischer Systeme:

$$\textit{Bestand} = \textit{Durchsatz} \bullet \textit{Durchlaufzeit} \quad (1)$$

Der Begriff der *Auslastung* ist im strengen Sinne bereits eine abgeleitete Kenngröße. Auslastung bezieht sich im Folgenden auf Ressourcen aller Art, vorwiegend auf Maschinen und Ausrüstungen aber auch auf Personal oder Lagerkapazität. Der Begriff des *Termins* stellt eine entscheidende Erweiterung dar. Während die anderen Kennzahlen lediglich auf Zeitintervallen fußen, benötigt man für die Kennzahlenkategorie *Termin* ein Datum. Zwischen beiden, dem Zeitintervall und dem Datum, muss man klar unterscheiden. Für die Bewertung eines Zeitintervalls genügt eine Angabe wie 2 Stunden oder 1 Tag. Bei der Bewertung der *Termineinhaltung* dagegen werden konkrete Zeitpunkte angegeben, beispielsweise "10.2.2010, 12:00 Uhr" oder "11.2.2010, 6:00 Uhr". Formal lassen sich zwar auch die beiden Kalenderdaten in Zeitintervalle umrechnen, allerdings ist – im Gegensatz zum Zeitintervall – die Summe aus beiden Kalenderdaten sinnlos. Der *Termin*-Begriff ist zentral für die operative Ablaufplanung und somit unverzichtbar für Simulationsanwendungen zur Unterstützung der Kurzfristplanung und -steuerung von Produktionssystemen.

Der Begriff der *Ausbeute* wird traditionell in der Halbleiterproduktion verwendet, lässt sich aber auch auf andere Branchen sinngemäß übertragen. Die *Ausbeute* bezeichnet das Verhältnis von verwertbaren Teilen zur Gesamtzahl der produzierten Teile und bezieht sich eigentlich auf die Kategorie Qualität, ist also keine logistische Kenngröße im engeren Sinne. Gerade in technologisch anspruchsvollen, hochkomplexen Produktionssystemen mit einer Vielzahl integrierter Mess- und Prüfschritte kann die Ausbeute jedoch maßgeblichen Einfluss auf die Logistik haben. Als Beispiel sei hier nur die Wirkung auf den Systemdurchsatz oder auch auf die Durchlaufzeit eines Auftrags verwiesen.

Der zweite Schritt, die Kategorisierung der gesammelten Begriffe, erwies sich jedoch als schwieriger als zunächst angenommen. Das sei an einigen Beispielen knapp erläutert. Der Begriff *Durchsatz* wird in anderen Zusammenhang auch als *Ausbringung* oder als *Leistung* bezeichnet. Abgesehen davon, dass insbesondere der Leistungsbegriff außerordentlich unscharf ist und sich daher besonders schwer fassen lässt, würde dieses Beispiel darauf hinauslaufen, entsprechende Synonyme zu finden und anschließend mit einem einheitlichen Begriff (z.B. *Durchsatz*) zu bezeichnen. Verwechslungen wären so ausgeschlossen.

Leider gibt es aber auch andere Begriffe, bei denen die gleiche Bezeichnung zur Beschreibung unterschiedlicher logistischer Sachverhalte herangezogen wird. Ein typisches Beispiel hierfür ist der Begriff der *Kapazität*, die einmal als Aufnahmefähigkeit eines Lagers (Kategorie *Bestand*) aber auch als maximal möglicher *Durchsatz* eines Systems verwendet wird. Ähnlich steht es mit dem Begriff der *Zykluszeit*, die sowohl aus der Sicht der Maschine als Periode für immer wiederkehrende Arbeitsabläufe als auch aus Sicht der Arbeitsgegenstände (der Produkte) als Zeitspanne zwischen Beginn und Ende eines technologischen Ablaufs verstanden werden kann.

Wie an diesen wenigen Beispielen bereits deutlich wird, lassen sich die gesammelten Begriffe nicht einfach nach Kategorien und deren Unterkategorien widerspruchsfrei ordnen. Vielmehr muss man, je nach Industriebranche und Betrachtungsperspektive unterschiedliche Strukturierungen vornehmen, wie in Abbildung 1 dargestellt.

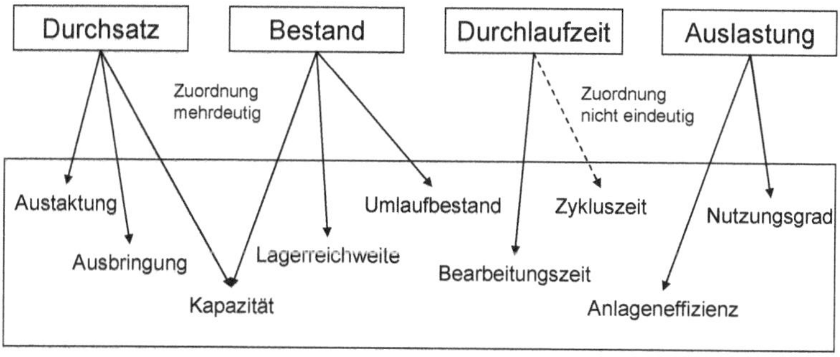

Abbildung 1: *Ausgewählte Begriffe und ihre Zuordnung zu Schlüsselbegriffen*

4 Grundlagen für die Berechnung und Analyse von Kennzahlen

Viele Unklarheiten bei der Berechnung von Kennzahlen werden dadurch verursacht, dass die Rahmenbedingungen, für die eine Kennzahl definiert wurde, nicht oder nicht umfassend genug bekanntgegeben werden. Das mag trivial erscheinen, aber in der Praxis kommt es häufig vor, dass Simulationsexperte und Auftraggeber dabei von unterschiedlichen Annahmen ausgehen. Unterschiedliche Werte für die Kennzahlen sind dann die logische Folge. Daher sollten Kennzahldefinitionen mindestens folgende Daten enthalten:

- Zeit (Zeitpunkt oder Zeitintervall der Messung),
- Ereignis (z.B. Start Rüsten, Start Bearbeitung, Ende Bearbeitung),
- Ort bzw. Ressource (z.B. Puffereingang, Pufferausgang)
- Material (z.B. Teil, Komponente, Baugruppe oder Produkt)

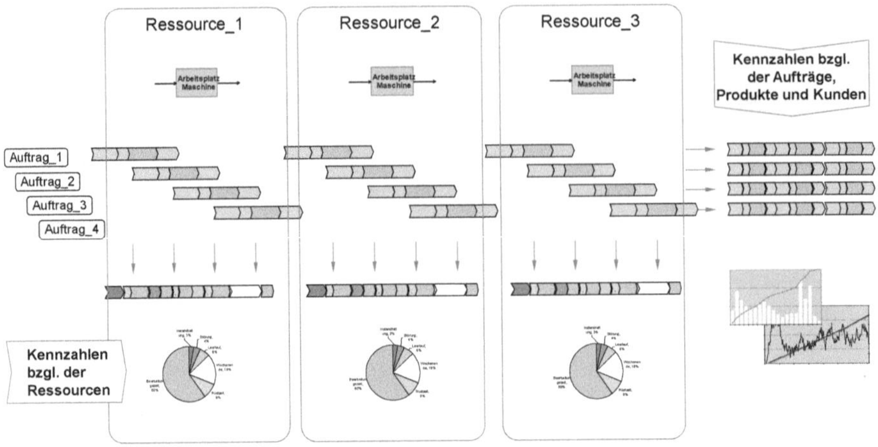

Abbildung 2: *Die Kennzahlen sind gebunden an Ressourcen, Aufträge und Zeit*

Eine vollständige und ununterbrochene Erfassung von Betriebsdaten und deren Rückmeldung aus der Simulation oder der echten Fertigung für einen Zeitraum ist notwendig für die Kennzahlenkalkulation. Durch geeignete Berechnungsformeln und Aggregation der aufgenommenen Daten lassen sich Kennzahlen für beliebige Granularitäten von Material, Zeitraum und Ressource ermitteln bzw. berechnen. Dadurch entstehen innerhalb eines Projekts spezifische Bewertungssysteme, die abhängig sind vom jeweiligen Auftrag und der zugehörigen Ressource (siehe Abbildung 2). Eine hinreichende Bedingung für eine zuverlässige Auswertung des Systems ist aber die Festlegung der Bedeutung von Kennzahlen und Begriffen sowie der zugehörigen Messmethoden und Berechnungsformeln. Hier ist z.B. auch festzulegen, wie die Durchlaufzeit bei einer Batch-Fertigung gemessen und berechnet wird. Dies trifft insbesondere zu, wenn ab einem bestimmten Fertigungsschritt zu bearbeitende Teile eines Fertigungsauftrags in verschiedenen Batches gesplittet werden oder wenn einem Fertigungsauftrag die Nacharbeitsteile eines vorigen Fertigungsauftrags zugeführt werden. Ein anderes Beispiel ist die Berechnung der Ressourcenkapazitäten, insbesondere wenn die Projektmitglieder keinen Bezugswert für die Auslastung abgestimmt haben, aber Prozentwerte vergleichen, die unabhängig voneinander berechnet wurden. Das führt nicht selten dazu, dass der gleiche Kapazitätsbedarf (gemessen in Arbeitsstunden) verschiedene Auslastungswerte ergibt. Im ungünstigsten Fall können sich dann sogar Auslastungswerte größer 100 % ergeben.

5 Ergebnisse und Erkenntnisse

Eine endgültige und allgemein gültige Systematik für die Begriffe und Kennzahlen zu definieren, auf die sich jeder Simulationsexperte, unabhängig vom jeweiligen Anwendungsfall stützen kann, ist sicher nicht möglich. Zudem sollte den zahlreich vorhandenen Standards und branchenspezifischen Vorschriften keinesfalls ein neuer Standard entgegengesetzt werden. Im Sinne der angestrebten Diskussionsplattform erscheint ein Wiki, bei dem jeder Interessent mitarbeiten kann, als besser geeignet. Um dabei die Verletzung von Urheberrechten auszuschließen und gleichzeitig die

Qualität auf einem hohen Niveau zu halten, muss ein solches Wiki dauerhaft moderiert werden. Zwar besitzt ein Wiki bei weitem nicht die Verbindlichkeit eines Standards oder die Dauerhaftigkeit eines Buches, dafür ist es aber ein dynamisches Medium, mit dessen Hilfe möglichst viele Anwender miteinander Informationen austauschen können. Es soll dazu einladen, eigene Erfahrungen und Sichtweisen einzubringen, neue Begriffe aufzunehmen und eventuell auf eigene Weise zu systematisieren. Bisher wurden ca. 50 Begriffe gesammelt. Jeder Begriff wird dabei nach einem einheitlichen Muster wie in Abbildung 3 beschrieben.

Beschreibung

Der Durchsatz (engl.: throughput) beschreibt die Leistung eines Materialflusssystems. Er wird an einer definierten Stelle (z.B. ein Statuspunkt) ermittelt und ist ein wichtiger Index für die Effizienz in der Fertigung (VDMA 66412-1;5.3).

Synonyme

- Throughput (rate)
- Leistung
- Ausbringung

Arten

- Actual throughput rate (SEMI E124-1103)
- Theoretical throughput rate (SEMI E124-1103)
- Bottleneck throughput rate (SEMI E124-1103)

Formeln

$$Durchsatz = \frac{PM}{DLZ} \left[\frac{Mengeneinheit}{Zeiteinheit} \right]$$

- PM - Produzierte Menge [Mengeneinheit]
- DLZ - Durchlaufzeit [Zeiteinheit]

Messmethodik

Bezüge

- Produkt
- Auftrag
- Produktionseinheit

Literaturverweise

- VDMA 66412-1;5.3
- SEMI E124-1103

***Abbildung 3**: Beispiel für die Kennzahl "Durchsatz".*

Synonym verwendete Begriffe werden nicht neu definiert sondern kenntlich gemacht. Umgekehrt werden getrennte Definitionen aufgenommen, wenn ein Begriff unterschiedliche Bedeutung haben kann (z.B. *Kapazität*, *Zykluszeit*). Im Fall der *Kapazität*, bei der man die bestandsorientierte von der durchsatzorientierten Sicht unterscheiden muss, handelt es sich somit um zwei Begriffe mit gleichem Namen. Es existiert zunächst keine Hierarchie, d.h., alle Begriffe sind gleichrangig. Systematisiert werden die Begriffe erst nachfolgend, indem eine Struktur in Form von Zuordnungen zu den genannten Schlüsselbegriffen erfolgt bzw. eine Einteilung in mehrere Ebenen von Unterkategorien vorgenommen wird. So entstehen Strukturen in der Menge der Begriffe, die die jeweilige Sicht oder Anwendung widerspiegeln:

- Verwendung in der Fertigung oder für die Simulation
- Simulation für Planung oder Steuerung
- Maschinen- oder produktbezogene Sicht (z.B. *Zykluszeit*)
- Lang- oder kurzfristige Bewertung (operatives oder strategisches Betriebsergebnis)
- Stellung in der Hierarchie der Produktion (z.B. Liniensteuerung oder Management)

6 Ausblick

Das Wiki "Begriffe und Kennzahlen" richtet sich in erster Linie an die Simulationsexperten. Jeder Interessent ist eingeladen, sich an der Diskussion aktiv zu beteiligen. Natürlich ist der gegenwärtige Stand noch nicht zufriedenstellend. Aber das Wesen einer solchen offenen Diskussionsplattform besteht ja gerade darin, dass ihre Qualität durch aktive Mitarbeit vieler allmählich verbessert wird. Viele Fragen sind auch nach wie vor offen, etwa die Frage, auf welcher Basiseinheit der *Durchsatz* bei Montageprozessen oder wie genau der Begriff *Leistung* definiert werden soll. Auch sind die einfachen, manuell entwickelten Strukturen keinesfalls ausreichend. Gegenwärtig wird daran gearbeitet, eine Ontologie zu entwickeln, die eine explizite Beschreibung der semantischen Beziehungen und Abhängigkeiten zwischen den Objekten der Domäne "Kennzahlen und Begriffe" zulässt. Es bleibt daher zu hoffen, dass das Interesse an einer Weiterführung der Plattform nicht nachlässt.

Literatur

BRUCKER, Peter: Scheduling Algorithms. Berlin: Springer-Verlag, 2007.

DANGELMAIER, Wilhelm; WARNECKE, Hans-Jürgen: Fertigungslenkung – Planung und Steuerung des Ablaufs der diskreten Fertigung. Berlin: Springer-Verlag, 1997.

DOMSCHKE, Wolfgang; SCHOLL, Armin; VOSS, Stefan: Produktionsplanung – Ablauforganisatorische Aspekte. Berlin: Springer-Verlag, 1997.

GÜNTHER, Hans-Otto; TEMPELMAIER, Horst: Produktion und Logistik. Berlin: Springer-Verlag, 2005.

HOPP, Wallace J.; SPEARMAN, Mark L.: Factory Physics – Foundations of Manufacturing Management. Boston: Irwin McGraw-Hill, 2001.

KURBEL, Karl: Produktionsplanung und -steuerung. München: R. Oldenbourg Verlag, 1999.

MEINBERG, Uwe; TOPOLEWSKI, Frank: Lexikon der Fertigungsleittechnik – Begriffe, Erläuterungen, Beispiele. Berlin: Springer-Verlag, 1995.

PINEDO, Michael: Scheduling: Theory, Algorithms and Systems. Berlin: Springer-Verlag, 2008.

Integrationsaspekte der Simulation:
Technik, Organisation und Personal
Gert Zülch & Patricia Stock (Hrsg.)
Karlsruhe, KIT Scientific Publishing 2010

Kennzahlen in der automatisierten Fertigung

Key Performance Indicators in Automated Production

Franz Fuchs
GEFASOFT AG, München (Germany)
franz.fuchs@gefasoft.de

Abstract: Meaningful KPIs are needed to assess a complex automated production process. Only a KPI system and the corresponding reporting enable the management to effectively control and guide production.

For data entry, calculation, archiving, and presentation of the KPIs, autonomous systems data collecting solutions or function modules are used in integrated production systems (e.g. ERP or MES). For all systems, it is important to have the option of online accessibility of production controls (only online data ensure consistent high data quality) and a flexible visualization/reporting tool. Data that are not presented in an attractive manner are ultimately not used.

The quality of simulations, planning simulation as well as operational simulation, depends to a great extent on the quality of the input data. Typical examples of this are the influence of malfunctions on the equipments (e.g. represented by the mean values MTTR – Meantime to Repair and MTBF – Meantime between Failures) and Cycle Time profiles. To achieve statistically adequate quality, the provided KPIs must be determined on the basis of a sufficiently large volume of data (more than one year).

1 Überblick

Die Beurteilung eines komplexen Produktionsprozesses erfordert aussagekräftige Kennzahlen. Nur ein Kennzahlensystem und das dazugehörende Reporting ermöglicht dem Management die effektive Kontrolle und Steuerung der Produktion. In der automatisierten Produktion sind vor allem Kennzahlen von einzelnen Maschinen und Anlagen, wie z.B. die "Technische Verfügbarkeit" von Bedeutung. Eine vernetzte Produktion ermöglicht auch eine automatisierte, und damit kostengünstige, Erhebung der Daten.

Gleichzeitig können Kennzahlen die Ergebnisse von Simulationen entscheidend verbessern, da sie eine Rückkopplung realer Systemdaten in verdichteter Form erlauben. Für die Planungssimulation werden vor allem statistische Daten zum Störverhalten der Maschinen und Anlagen als Eingangsdaten herangezogen. Zur Betriebssimulation werden Daten aus der Betriebdatenerfassung, wie z.B. Nutzungsgrade und Stückzahlen, verwendet, welche zyklisch an die Simulation übergeben werden.

Zur Datenerfassung, Berechnung, Archivierung und Präsentation der Kennzahlen werden eigenständige Systeme (z.B. BDE-Lösungen, BDE steht für Betriebsdatenerfassung) oder Funktionsmodule in integrierten Produktionssystemen (z.B. ERP oder MES, MES steht für Manufacturing Execution System) eingesetzt. Die nachfolgend beschriebenen Eigenschaften beziehen sich auf ein MES, das als Standardsystem bei verschiedenen Automobilherstellern im Einsatz ist. Drei Aspekte, die besonders im Umfeld der hoch automatisierten Fertigung zum Tragen kommen, sind besonders hervorzuheben:

- Eine Online-Anbindung der Produktionssteuerungen (vorzugsweise über Ethernet / TCP/IP) erlaubt eine zeitnahe qualitativ hochwertige Datenerfassung.
- Die Berechnung der Kennzahlen muss flexibel an die Bedürfnisse verschiedener Produktionsbereiche angepasst werden können.
- Ein flexibles Visualisierungs- und Reporting-Werkzeug für die erfassten Rohdaten und für die berechneten Kennzahlen wird benötigt. Denn Daten, die nicht ansprechend verteilt werden, werden letztlich auch nicht genutzt. Zur Zeit ist ein Trend zur Vereinfachung des Reportings auf möglichst wenige Kennzahlen mit "Dashboards" oder "Ampellösungen" zu beobachten. Dies mag zur Erstbeurteilung einer Situation ausreichen, ermöglicht aber keine weitere Analyse und damit auch keine Ableitung von Maßnahmen. Das Reporting der Kennzahlen sollte deshalb Möglichkeiten zum "Drill-Down" bieten (wie setzt sich der Wert zusammen und welche Teilaspekte waren wesentlich) und auch die Historie der Kennzahl (ist der Wert im Trend oder eher ein Ausreißer) in der gleichen Ansicht bereitstellen.

2 Welche Kennzahl darf's denn sein?

Diese Frage kann nicht eindeutig und generell beantwortet werden – zu unterschiedlich sind die Voraussetzungen der Produktionsanlagen und auch die Blickwinkel der Nutzer.

Im industriellen Umfeld, mit dem meist hohen Automatisierungsgrad, hat sich die **OEE** (Overall Equipment Efficiency = Produkt aus Verfügbarkeit, Leistungsrate und Qualitätsrate) als universeller Gradmesser etabliert (KOSCHNITZKE 2008, S. 17). Der Faktor Verfügbarkeit spiegelt die Zuverlässigkeit der Maschinen und Anlagen und berücksichtigt Störeinflüsse. Der Faktor Leistungsrate gibt Aufschluss über Leerlaufzeiten und Taktzeitüberschreitungen und die Qualitätsrate repräsentiert Verluste aus Qualitätsproblemen.

Die OEE ist somit ein Indikator, der alle relevanten Einflüsse einschließt (vgl. Abb. 1). Sie liefert damit einen ersten Indikator für eine generelle Beurteilung, erlaubt aber kaum eine tiefer gehende Ursachenforschung. Für detaillierte Betrachtungen sind die Einzelfaktoren bzw. andere Kennzahlen, die problemspezifisch angepasst werden, in der Regel besser geeignet. Besonders der Faktor "Verfügbarkeit" wird in vielen Anwendungen sehr unterschiedlich berechnet und auch interpretiert. Eine Gliederung der Verfügbarkeit in "technische" (aus Sicht der Anlage / Maschine), "systembedingte" (Stillstände die von angrenzenden Anlagen / Maschinen verursacht wurden) und "organisatorische" Anteile ist ein Beispiel für eine solche Detaillierung. In die OEE fließt dann eine "Gesamtverfügbarkeit" ein, die sich aus einer von Überlappungen bereinigten Betrachtung der drei genannten Teilaspekte ergibt.

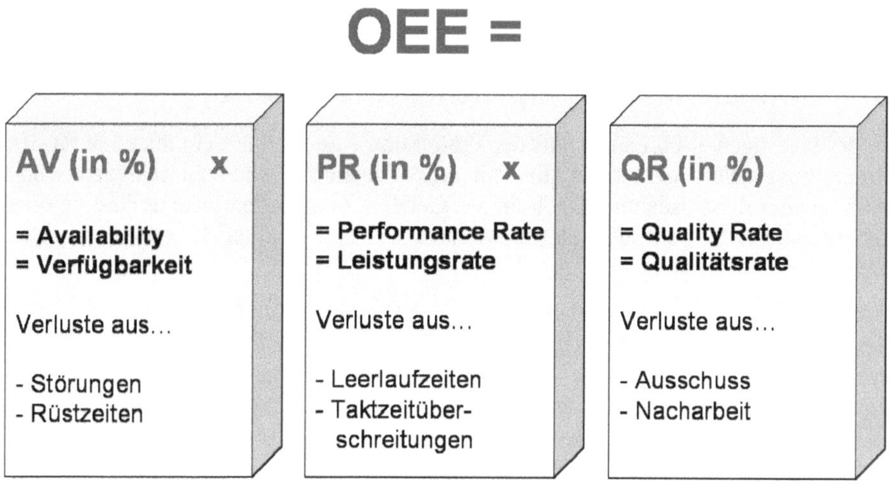

Abbildung 1: Die drei Bestandteile der OEE und die darin enthaltenen Verlustfaktoren

3 Die Datenbasis entscheidet über die Aussagekraft

3.1 Betrachtungszeitraum

In der industriellen Produktion ist eine "Schicht" als Betrachtungszeitraum zur Erhebung von Produktionskennzahlen etabliert. Im Schichtrhythmus werden üblicherweise Produktionsvorgaben definiert (z.B. Menge und Produkte) und auch die Produktionsmitarbeiter arbeiten im Schichtbetrieb. Damit werden Soll- / Ist-Vergleiche möglich und die Mitarbeiter haben unmittelbaren Bezug zu den Kennzahlen "ihrer" Schicht.

In kontinuierlichen Prozessen arbeiten Maschinen und Anlagen oft ohne Schichtbezug. Für diese Fälle wird eher eine Tagesbetrachtung oder noch besser eine Kennzahlenermittlung im Rahmen der Produktionseinheit (z.B. Charge oder Los) benötigt.

3.2 Online Berechnung

Die Berechnung von Kennzahlen in definierten Betrachtungszeiträumen bietet den Vorteil der Vergleichbarkeit und liefert Trendaussagen über längere Zeiträume. Eine unmittelbare Reaktion durch die Produktionsleitung oder Instandhaltung auf ungenügende Ergebnisse ist aber immer erst am Ende der Periode möglich. Dieses Manko behebt die Online-Ermittlung der Kennzahlen. Zu jedem Zeitpunkt innerhalb der Schicht können die Verantwortlichen auf Basis dieser Werte korrigierend eingreifen.

3.3 Datenerfassung aus dem Prozess (MDE)

In der heterogenen IT-Landschaft der Produktion sind Online-Schnittstellen zu den Produktionssteuerungen meist nur mit erheblichem Aufwand zu realisieren und deshalb eher die Ausnahme. Doch im Vergleich zur manuellen Datenerfassung über so genannte BDE-Terminals ist die Aussagekraft und Qualität der online erfassten Daten wesentlich höher.

Belastbare Kennzahlen erfordern deshalb Online-Schnittstellen. Zur Verringerung des Aufwandes für die Anbindung werden diese Schnittstellen projekt- oder firmenspezifisch standardisiert. Ein "Standardsoftwarepaket" zur Datenerfassung wird einmalig entwickelt und an Lieferanten der Maschinen- / Anlagensteuerungen verteilt. In der Praxis wird diese Vorgehensweise auf Grund des einmaligen Basisaufwands nur für größere Projekte (Anzahl der Maschinen / Anlagen > 50) angewendet.

Der Detaillierungsgrad und die Qualität der erfassten Daten haben entscheidenden Einfluss auf die Güte der Kennzahlen. So kann z.B. die oben erwähnte Verfügbarkeit je Anlage / Maschine bereits mit einer "Sammelstörmeldung" je Maschine abgebildet werden. Will man jedoch diesen Wert in die Bestandteile "technisch", "organisatorisch" und "systembedingt" zerlegen, benötigt man bereits drei "Störmeldungen" aus dem Prozess. Um diese Thematik flexibel zu Lösen, hat sich die Einführung eines "Klassen-Konzeptes" bewährt (vgl. Tab. 1).

ID der Klasse	***Beschreibung der "Unterbrechungsart"***	***Priorität***
-3	*TPM Pause*	*1*
-2	*Zusätzliche Pause*	*1*
-1	*Geplante Pause*	*1*
1	*Technisch*	*2*
2	*Systembedingt*	*3*
3	*Organisatorisch*	*3*
4	*Sonstige*	*3*

Tabelle 1: *Beispiel eines Klassenkonzeptes aus einem realen MES in der Automobilproduktion*

Durch die Einführung einer "Priorität" kann das System bei gleichzeitig gemeldeten Stillständen aus verschiedenen Klassen entscheiden, welcher "Verfügbarkeitsart" ("technisch", "organisatorisch", "systembedingt") der Stillstand zugeordnet werden soll. Die Aussagekraft der Kennzahl "Verfügbarkeit" wird dadurch stark verbessert.

Für eine Betriebssimulation, mit der z.B. die Produktion der nächsten Tage simuliert werden soll, sind neben den Störeinflüssen (Verfügbarkeit der Anlagen) auch die Betriebszeiten wichtig. Die Schichtpläne der einzelnen Anlagen werden in der Regel mit einigem Vorlauf ebenfalls im MES gepflegt (vgl. Abb. 2) und über eine Schnittstelle an die Betriebssimulation übergeben.

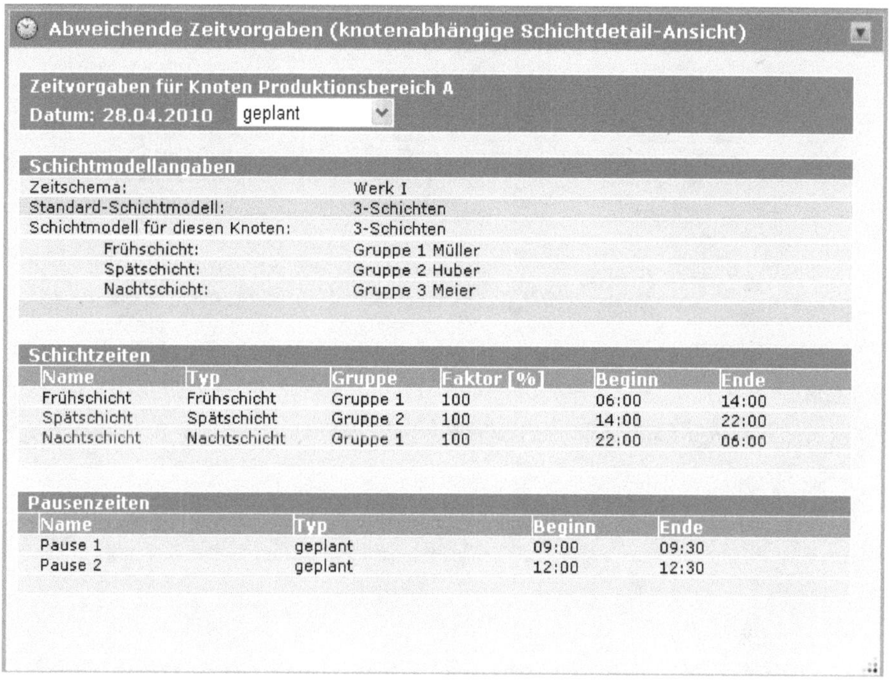

Abbildung 2: *Die Festlegung der Schicht- und Pausenzeiten erfolgt im MES je Anlage und Kalendertag*

4 Archivierung und Präsentation der Kennzahlen

Die Archivierung erfolgt zweckmäßig im Raster des Betrachtungszeitraums, also z.B. je Schicht (siehe oben). Reports werden aber auch für längere Zeiträume benötigt. Dies erfordert eine "Verdichtung" der Kennzahlen auf andere Betrachtungszeiträume, wobei zu beachten ist, dass die Aussagekraft von Durchschnittswerten (z.B. durchschnittliche Verfügbarkeit über 1 Jahr) meist gering ist. "Rohdaten", die zur Ermittlung der Kennzahlen herangezogen wurden (z.B. Einzel-Störmeldungen), können aber bei hohem Datenaufkommen nicht beliebig in der Datenbasis gehalten werden. Diese Werte müssen dann ebenfalls je Betrachtungszeitraum verdichtet und archiviert werden. Am Beispiel der Einzel-Störmeldungen ist eine Verdichtung über die Werte "Anzahl", "Durchschnittliche Stördauer" und "Summierte Stördauer" je Störklasse und Anlage / Maschine möglich.

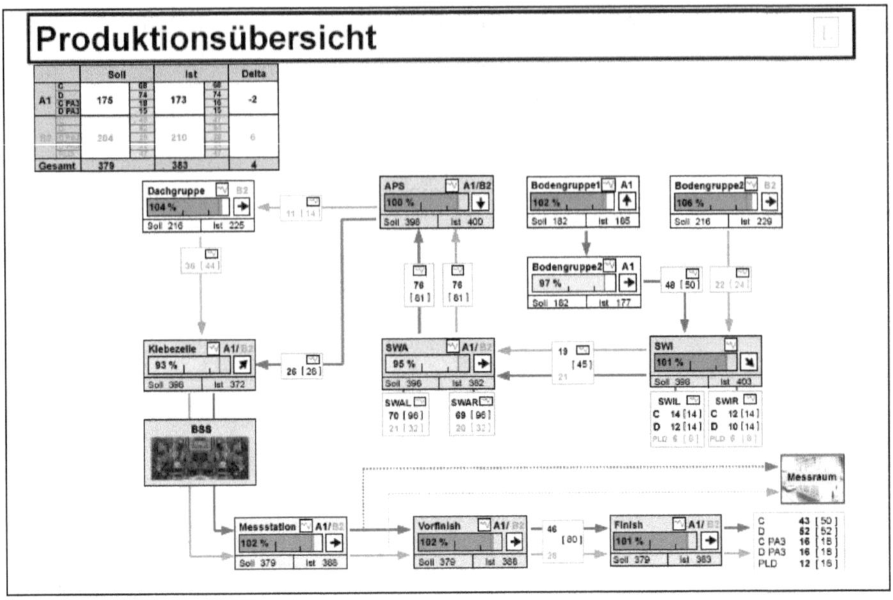

Abbildung 3: Beispiel zur Darstellung von "Online-Kennzahlen" (mit laufender Aktualisierung) in einem Produktionslayout je Anlage

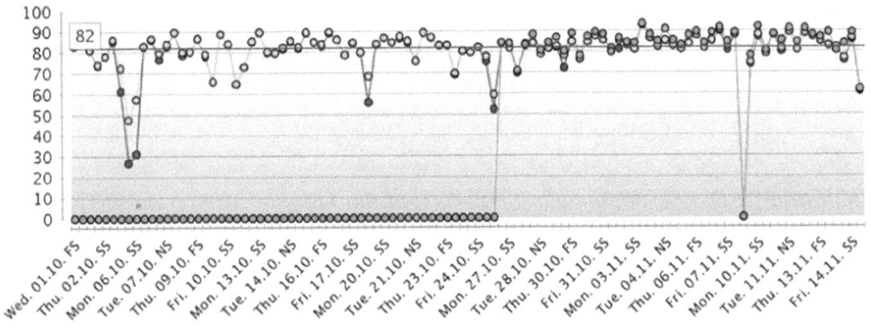

Abbildung 4: Darstellung der "Verfügbarkeit" über die Zeit mit einem Wert je Schicht (Frühschicht, Spätschicht, Nachtschicht)

Wie eingangs dargestellt, ist der Nutzen des gesamten Kennzahlensystems entscheidend vom Bedienkomfort und einer übersichtlichen Präsentation abhängig. Bunte Bilder mit "Ampeln" oder endlose Tabellen mit Zahlen sind die Extrempositionen auf der Skala der Darstellung. Die Wahrheit liegt dazwischen – oder besser gesagt in einer sinnvollen Kombination von Grafik und Zahlen mit der Möglichkeit zur Interaktion durch den Benutzer. Wenn ein Wert, z.B. repräsentiert durch einen Farbumschlag oder eine Warnmeldung, auffällig ist, muss der Benutzer durch einfaches "Drill-Down" die Ursache für die Abweichung erkennen. Im oben dargestellten Beispiel eines Blockbildes (Abb. 3) ist das aktuelle Verhältnis der Ist-Stückzahl zur Soll-Stückzahl in einem Balken und als %-Wert abgebildet. Bewegt man den Mauszeiger über diesen Balken, werden die zu Grunde liegenden Rohdaten eingeblendet. Zur mittel- und langfristigen Betrachtung eignen sich Trenddiagramme mit Kennzahlen, die auf einen definierten Betrachtungszeitraum verdichtet sind (vgl. Abb. 4). Die Forderung nach "Drill-Down-Funktionen" und freier Konfigurierbarkeit der betrachteten Aspekte erfüllen heute vor allem so genannte BI-Systeme (Business Intelligence). Ist ein solches System bereits im Betrieb etabliert, kann das Kennzahlensystem seine Daten dem BI-System online übergeben.

5 Kennzahlen als Basis für die Ablaufsimulation

Die Ablaufsimulation wird zur Absicherung und Optimierung von Planungen (z.B. für neue Produktionsanlagen) oder aber zur Unterstützung und Optimierung des laufenden Betriebs angewendet. In beiden Fällen können belastbare Kennzahlen aus der Produktion die Ergebnisse entscheidend verbessern. Die beiden Arten der Simulation, Planungs- bzw. Betriebssimulation, benötigen auch andere Kennzahlen bzw. andere Abläufe zur Übergabe dieser Kennzahlen:

5.1 Betriebssimulation mit Online-Kopplung

Die Betriebssimulation soll eine Planung der Produktion für die nähere Zukunft unterstützen. Interessant sind vor allem die zur erwartenden Produktionsmengen in einer definierten Periode je Produkt.

Gestartet wird in der Regel mit einem Prozessabbild der aktuellen Fertigung. Das Prozessabbild basiert auf aktuell in den Produktivsystemen gehaltenen Daten, welche durch Onlinekopplungen zyklisch an die Simulation übergeben werden. Typische Beispiele dafür sind Ist- und Solltaktzeiten (tägliche Übergabe), Schicht- und Zeitmodelle bzw. davon abgeleitete Netto-Produktionszeiten (tägliche Übergabe mit Vorlauf in die Zukunft) oder Störmeldungen als Einzelmeldungen mit Klasseninformationen.

5.2 Planungssimulation

Die Planungssimulation zur Auslegung der Maschinen und Anlagen erhält als wesentliche Eingangsdaten Parameter und Kennzahlen, die aus historischen Ist-Daten bestehender Systeme gewonnen werden.

Die Güte der Planungssimulation und damit der Planungsabsicherung/-optimierung hängt wesentlich von der Qualität dieser Eingangsdaten ab. Folgende Daten werden u. a. vom MES an die Planungssimulation als Werte übergeben:

- Störungseinflüsse auf die Anlagen, repräsentiert durch die Werte MTTR und MTBF.

Die Meantime to Repair (MTTR) ist die mittlere Reparaturzeit. Es ist die Zeit um einen Fehler zu erkennen, ihn zu identifizieren und das defekte Bauteil oder eine Komponente auszutauschen. Es ist die Zeitdauer zwischen dem Auftreten eines Fehlers in einem Gerät oder System und der Behebung des Fehlers. Die MTTR, die nicht nur in der Geräte- und Systemtechnik benutzt wird, sondern auch in der Industrie und der Fertigung, sollte möglichst gegen Null gehen. Je geringer sie ist, desto besser ist die Zuverlässigkeit und Verfügbarkeit eines Systems. (N.N. 2010a)

Bei der mittleren Ausfallzeit (MTBF = Meantime between Failures) handelt es sich um die Zeit, die im normalen Betrieb eines Systems, einer Einrichtung oder einer Systemkomponente wahrscheinlich vergeht, bevor es ausfällt. Die MTBF gibt die Zeit in Stunden an, die bis zum nächsten Fehler vergeht. So besagt ein MTBF Wert von beispielsweise 10.000, dass das Gerät im Mittel 10.000 Stunden fehlerfrei arbeitet (N.N. 2010b)

- Anlagentaktzeiten

Die Simulation benötigt auch eine statistische Verteilung dieser Werte. So wird z.B. für die MTTR (Stördauer) eine "Erlang-Verteilung" und für die MTBF (Abstand der Störungen eine "Negative Exponentialverteilung" angewendet. Um eine statistisch ausreichende Qualität zu erreichen, werden die Verfügbarkeits- und Taktzeitdaten auf Basis einer hinreichend großen Datenmenge (Umfang größer 1 Jahr) ermittelt. Die Rohdaten werden durch das MES deshalb auch für mindestens 12 Monate archiviert.

Literatur

KOSCHNITZKE, Thomas: Kontinuierliche Verbesserung mit Total Productive Management. Ziele und Kennzahlen für Verbesserungsprogramme in der Produktion. Hamburg: Diplomica Verlag GmbH, 2008.

N.N.: MTBF (mean time between failures). http://www.itwissen.info/definition/lexikon/mean-time-between-failures-MTBF-Mittlere-Ausfallzeit.html, Stand: 26.05.2010. (=2010a)

N.N.: MTTR (mean time to repair). http://www.itwissen.info/definition/lexikon/mean-time-to-repair-MTTR.html, Stand: 26.05.2010. (=2010b)

Author Index

Kolibri 360 GmbH
Ferdinand-Jühlke-Straße 7
99095 Erfurt, Deutschland
produktsicherheit@kolibri360.de